U0137407

当今研究进化问题的科学家们在进化机制的某些细节上存在着严重的分歧，我们尚不能断定哪一方将在这些争论中获胜。然而无论是哪一方获胜，都不会影响人们普遍承认达尔文的学说以及对这一学说加以改进的各种现代学说，把它作为阐明地球上的生命如何发展的根本理论。

——艾萨克·阿西莫夫（美国著名生物学家、化学家、科幻小说家）

进化理论的发展不仅是一项"科学方面的伟大的冒险事业"，而且也是与人类直接有关的文化事业。

——皮埃尔·蒂利埃 （法国巴黎大学科学史教授）

本书列入"十三五"国家重点图书出版规划

科学元典丛书

The Series of the Great Classics in Science

主　　编　　任定成

执行主编　　周雁翎

策　　划　　周雁翎

丛书主持　　陈　静

　　科学元典是科学史和人类文明史上划时代的丰碑，是人类文化的优秀遗产，是历经时间考验的不朽之作。它们不仅是伟大的科学创造的结晶，而且是科学精神、科学思想和科学方法的载体，具有永恒的意义和价值。

科学元典丛书

动物和植物在家养下的变异

The Variation of Animals and Plants under Domestication

[英] 达尔文 著　叶笃庄　方宗熙 译

北京大学出版社

PEKING UNIVERSITY PRESS

图书在版编目(CIP)数据

动物和植物在家养下的变异/(英)达尔文(Darwin,C.R.)著;叶笃庄,方宗熙译.—北京:北京大学出版社,2014.5

(科学元典丛书)

ISBN 978-7-301-24151-6

Ⅰ.动… Ⅱ.①达… ②叶… ③方… Ⅲ.①科学普及 ②动物遗传学—研究 ③植物遗传学—研究 Ⅳ.①Q953 ②Q943

中国版本图书馆 CIP 数据核字(2014)第 079537 号

THE VARIATION OF ANIMALS AND PLANTS UNDER DOMESTICATION

(2nd Edition)

By Charles Darwin

London: J. Murray, 1875

书　　　名	动物和植物在家养下的变异
	DONGWU HE ZHIWU ZAI JIAYANG XIA DE BIANYI
著作责任者	[英]达尔文　著　叶笃庄　方宗熙　译
丛 书 策 划	周雁翎
丛 书 主 持	陈　静
责 任 编 辑	陈　静
标 准 书 号	ISBN 978-7-301-24151-6
出 版 发 行	北京大学出版社
地　　　址	北京市海淀区成府路 205 号　　100871
网　　　址	http://www.pup.cn　　新浪微博:@北京大学出版社
微信公众号	科学元典(微信号:kexueyuandian)
电 子 信 箱	zyl@ pup.pku.edu.cn
电　　　话	邮购部 62752015　发行部 62750672　编辑部 62707542
印 刷 者	北京中科印刷有限公司
经 销 者	新华书店
	787 毫米×1092 毫米　16 开本　40.5 印张　16 插页　900 千字
	2014 年 5 月第 1 版　2021 年 7 月第 3 次印刷
定　　　价	118.00 元

未经许可,不得以任何方式复制或抄袭本书之部分或全部内容。

版权所有,侵权必究

举报电话:010-62752024　电子信箱:fd@pup.pku.edu.cn

图书如有印装质量问题,请与出版部联系,电话:010-62756370

弁　言

　　这套丛书中收入的著作，是自古希腊以来，主要是自文艺复兴时期现代科学诞生以来，经过足够长的历史检验的科学经典。为了区别于时下被广泛使用的"经典"一词，我们称之为"科学元典"。

　　我们这里所说的"经典"，不同于歌迷们所说的"经典"，也不同于表演艺术家们朗诵的"科学经典名篇"。受歌迷欢迎的流行歌曲属于"当代经典"，实际上是时尚的东西，其含义与我们所说的代表传统的经典恰恰相反。表演艺术家们朗诵的"科学经典名篇"多是表现科学家们的情感和生活态度的散文，甚至反映科学家生活的话剧台词，它们可能脍炙人口，是否属于人文领域里的经典姑且不论，但基本上没有科学内容。并非著名科学大师的一切言论或者是广为流传的作品都是科学经典。

　　这里所谓的科学元典，是指科学经典中最基本、最重要的著作，是在人类智识史和人类文明史上划时代的丰碑，是理性精神的载体，具有永恒的价值。

一

　　科学元典或者是一场深刻的科学革命的丰碑，或者是一个严密的科学体系的构架，或者是一个生机勃勃的科学领域的基石，或者是一座传播科学文明的灯塔。它们既是昔日科学成就的创造性总结，又是未来科学探索的理性依托。

　　哥白尼的《天体运行论》是人类历史上最具革命性的震撼心灵的著作，它向统治西方思想千余年的地心说发出了挑战，动摇了"正统宗教"学说的天文学基础。伽利略《关于托勒密与哥白尼两大世界体系的对话》以确凿的证据进一步论证了哥白尼学说，更直接地动摇了教会所庇护的托勒密学说。哈维的《心血运动论》以对人类躯体和心灵的双重关怀，满怀真挚的宗教情感，阐述了血液循环理论，推翻了同样统治西方思想千余年、被"正统宗教"所庇护的盖伦学说。笛卡儿的《几何》不仅创立了为后来诞生的微积分提供了工具的解析几何，而且折射出影响万世的思想方法论。牛顿的《自然哲学之数学原理》标志着 17 世纪科学革命的顶点，为后来的工业革命奠定了科学基础。分别以惠更斯的《光论》与牛顿的《光学》为代表的波动说与微粒说之间展开了长达 200 余年的论战。拉瓦锡在《化学基础论》中详尽论述了氧化理论，推翻了统治化学百余年之久的燃素理论，这一智识壮举被公认为历史上最自觉的科学革命。道尔顿的《化学哲学新体系》奠定了物质结构理论的基础，开创了科学中的新时代，使 19 世纪的化学家们有计划地向未知领域前进。傅立叶的《热的解析理论》以其对热传导问题的精湛处理，突破了牛顿的《自然哲学之数学原理》所规定的理论力学范围，开创了数学物理学的崭新领域。达尔文《物种起源》中的进化论思想不仅在生物学发展到分子水平的今天仍然是科学家们阐释的对象，而且 100 多年来几乎在科学、社会和人文的所有领域都在施展它有形和无形的影响。《基因论》揭示了孟德尔式遗传性状传递机理的物质基础，把生命科学推进到基因水平。爱因斯坦的《狭义与广义相对论浅说》和薛定谔的《关于波动力学的四次演讲》分别阐述了物质世界在高速和微观领域的运动规律，完全改变了自牛顿以来的世界观。魏格纳的《海陆的起源》提出了大陆漂移的猜想，为当代地球科学提供了新的发展基点。维纳的《控制论》揭示了控制系统的反馈过程，普里戈金的《从存在到演化》发现了系统可能从原来无序向新的有序态转化的机制，二者的思想在今天的影响已经远远超越了自然科学领域，影响到经济学、社会学、政治学等领域。

　　科学元典的永恒魅力令后人特别是后来的思想家为之倾倒。欧几里得的《几何原本》以手抄本形式流传了 1800 余年，又以印刷本用各种文字出了 1000 版以上。阿基米德写了大量的科学著作，达·芬奇把他当作偶像崇拜，热切搜求他的手稿。伽利略以他的继承人自居。莱布尼兹则说,了解他的人对后代杰出人物的成就就不会那么赞赏了。为捍卫《天体运行论》中的学说,布鲁诺被教会处以火刑。伽利略因为其《关于托勒密与哥白尼两大世界体系的对话》一书,遭教会的终身监禁,备受折磨。伽利略说吉尔伯特的《论磁》一书伟大得令人嫉妒。拉普拉斯说,牛顿的《自然哲学之数学原理》揭示了宇宙的最伟大定律,它将永远成为深邃智慧的纪念碑。拉瓦锡在他的《化学基础论》出版后5年被法国革命法庭处死,传说拉格朗日悲愤地说,砍掉这颗头颅只要一瞬间,再长出这样的头颅100年也不够。《化学哲学新体系》的作者道尔顿应邀访法,当他走进法国科学院会议厅时,院长和全体院士起立致敬,得到拿破仑未曾享有的殊荣。傅立叶在《热的解析理论》中阐述的强有力的数学工具深深影响了整个现代物理学,推动数学分析的发展达一个多世纪,麦克斯韦称赞该书是"一首美妙的诗"。当人们咒骂《物种起源》是"魔鬼的经典""禽兽的哲学"的时候,赫胥黎甘做"达尔文的斗犬",挺身捍卫进化论,撰写了《进化论与伦理学》和《人类在自然界的位置》,阐发达尔文的学说。经过严复的译述,赫胥黎的著作成为维新领袖、辛亥精英、"五四"斗士改造中国的思想武器。爱因斯坦说法拉第在《电学实验研究》中论证的磁场和电场的思想是自牛顿以来物理学基础所经历的最深刻变化。

在科学元典里,有讲述不完的传奇故事,有颠覆思想的心智波涛,有激动人心的理性思考,有万世不竭的精神甘泉。

二

按照科学计量学先驱普赖斯等人的研究,现代科学文献在多数时间里呈指数增长趋势。现代科学界,相当多的科学文献发表之后,并没有任何人引用。就是一时被引用过的科学文献,很多没过多久就被新的文献所淹没了。科学注重的是创造出新的实在知识。从这个意义上说,科学是向前看的。但是,我们也可以看到,这么多文献被淹没,也表明划时代的科学文献数量是很少的。大多数科学元典不被现代科学文献所引用,那是因为其中的知识早已成为科学中无须证明的常识了。即使这样,科学经典也会因为其中思想的恒久意义,而像人文领域里的经典一样,具有永恒的阅读价值。于是,科学经典就被一编再编、一印再印。

早期诺贝尔奖得主奥斯特瓦尔德编的物理学和化学经典丛书"精密自然科学经典"从1889年开始出版,后来以"奥斯特瓦尔德经典著作"为名一直在编辑出版,有资料说目前已经出版了250余卷。祖德霍夫编辑的"医学经典"丛书从1910年就开始陆续出版了。也是这一年,蒸馏器俱乐部编辑出版了20卷"蒸馏器俱乐部再版本"丛书,丛书中全是化学经典,这个版本甚至被化学家在20世纪的科学刊物上发表的论文所引用。一般把 1789 年拉瓦锡的化学革命当作现代化学诞生的标志,把 1914 年爆发的第一次世界大战称为化学家之战。奈特把反映这个时期化学的重大进展的文章编成一卷,把这个时期的其他 9 部总结性化学著作各编为一卷,辑为 10 卷"1789—1914 年的化学发展"丛书,于 1998 年出版。像这样的某一科学领域的经典丛书还有很多很多。

科学领域里的经典,与人文领域里的经典一样,是经得起反复咀嚼的。两个领域里的经典一起,就可以勾勒出人类智识的发展轨迹。正因为如此,在发达国家出版的很多经典丛书中,就包含了这两个领域的重要著作。1924 年起,沃尔科特开始主编一套包括人文与科学两个领域的原始文献丛书。这个计划先后得到了美国哲学协会、美国科学促进会、科学史学会、美国人类学协会、美国数学协会、美国数学学会以及美国天文学学会的支持。1925 年,这套丛书中的《天文学原始文献》和《数学原始文献》出版,这两本书出版后的 25 年内市场情况一直很好。1950 年,沃尔科特把这套丛书中的科学经典部分发展成为"科学史原始文献"丛书出版。其中有《希腊科学原始文献》《中世纪科学原始文献》和《20 世纪(1900—1950 年)科学原始文献》,文艺复兴至 19 世纪则按科学学科(天文学、数学、物理学、地质学、动物生物学以及化学诸卷)编辑出版。约翰逊、米利肯和威瑟斯庞三人主编的"大师杰作丛书"中,包括了小尼德勒编的 3 卷"科学大师杰作",后者于 1947 年初版,后来多次重印。

在综合性的经典丛书中,影响最为广泛的当推哈钦斯和艾德勒 1943 年开始主持编译的"西方世界伟大著作丛书"。这套书耗资 200 万美元,于 1952 年完成。丛书根据独创性、文献价值、历史地位和现存意义等标准,选择出 74 位西方历史文化巨人的 443 部作品,加上丛书导言和综合索引,辑为 54 卷,篇幅 2 500 万单词,共 32 000 页。丛书中收入不少科学著作。购买丛书的不仅有"大款"和学者,而且还有屠夫、面包师和烛台匠。迄 1965 年,丛书已重印 30 次左右,此后还多次重印,任何国家稍微像样的大学图书馆都将其列入必藏图书之列。这套丛书是 20 世纪上半叶在美国大学兴起而后扩展到全社会的经典著作研读运动的产物。这个时期,美国一些大学的寓所、校园和酒吧里都能听到学生讨论古典佳作的声音。有的大学要求学生必须深研 100 多部名著,甚至在教学中不得使用最新的实验设备,而是借助历史上的科学大师所使用的方法和仪器复制品去再现划时代的著名实验。至 20 世纪 40 年代末,美国举办古典名著学习班的城市达 300 个,学员 50 000 余众。

相比之下,国人眼中的经典,往往多指人文而少有科学。一部公元前 300 年左右古希腊人写就的《几何原本》,从 1592 年到 1605 年的 13 年间先后 3 次汉译而未果,经 17 世纪初和 19 世纪 50 年代的两次努力才分别译刊出全书来。近几百年来移译的西学典籍中,成系统者甚多,但皆系人文领域。汉译科学著作,多为应景之需,所见典籍寥若晨星。借 20 世纪 70 年代末举国欢庆"科学春天"到来之良机,有好尚者发出组译出版"自然科学世界名著丛书"的呼声,但最终结果却是好尚者抱憾而终。20 世纪 90 年代初出版的"科学名著文库",虽使科学元典的汉译初见系统,但以 10 卷之小的容量投放于偌大的中国读书界,与具有悠久文化传统的泱泱大国实不相称。

我们不得不问:一个民族只重视人文经典而忽视科学经典,何以自立于当代世界民族之林呢?

<h1 style="text-align:center">三</h1>

科学元典是科学进一步发展的灯塔和坐标。它们标识的重大突破,往往导致的是常规科学的快速发展。在常规科学时期,人们发现的多数现象和提出的多数理论,都要用科学元典中的思想来解释。而在常规科学中发现的旧范型中看似不能得到解释的现象,其重要性往往也要通过与科学元典中的思想的比较显示出来。

在常规科学时期,不仅有专注于狭窄领域常规研究的科学家,也有一些从事着常规研究但又关注着科学基础、科学思想以及科学划时代变化的科学家。随着科学发展中发现的新现象,这些科学家的头脑里自然而然地就会浮现历史上相应的划时代成就。他们会对科学元典中的相应思想,重新加以诠释,以期从中得出对新现象的说明,并有可能产生新的理念。百余年来,达尔文在《物种起源》中提出的思想,被不同的人解读出不同的信息。古脊椎动物学、古人类学、进化生物学、遗传学、动物行为学、社会生物学等领域的几乎所有重大发现,都要拿出来与《物种起源》中的思想进行比较和说明。玻尔在揭示氢光谱的结构时,提出的原子结构就类似于哥白尼等人的太阳系模型。现代量子力学揭示的微观物质的波粒二象性,就是对光的波粒二象性的拓展,而爱因斯坦揭示的光的波粒二象性就是在光的波动说和粒子说的基础上,针对光电效应,提出的全新理论。而正是与光的波动说和粒子说二者的困难的比较,我们才可以看出光的波粒二象性学说的意义。可以说,科学元典是时读时新的。

除了具体的科学思想之外,科学元典还以其方法学上的创造性而彪炳史册。这些方法学思想,永远值得后人学习和研究。当代诸多研究人的创造性的前沿领域,如认知心理学、科学哲学、人工智能、认知科学等,都涉及对科学大师的研究方法的研究。一些科学史学家以科学元典为基点,把触角延伸到科学家的信件、实验室记录、所属机构的档案等原始材料中去,揭示出许多新的历史现象。近二十多年兴起的机器发现,首先就是对科学史学家提供的材料,编制程序,在机器中重新做出历史上的伟大发现。借助于人工智能手段,人们已经在机器上重新发现了波义耳定律、开普勒行星运动第三定律,提出了燃素理论。萨伽德甚至用机器研究科学理论的竞争与接受,系统研究了拉瓦锡氧化理论、达尔文进化学说、魏格纳大陆漂移说、哥白尼日心说、牛顿力学、爱因斯坦相对论、量子论以及心理学中的行为主义和认知主义形成的革命过程和接受过程。

除了这些对于科学元典标识的重大科学成就中的创造力的研究之外，人们还曾经大规模地把这些成就的创造过程运用于基础教育之中。美国几十年前兴起的发现法教学，就是在这方面的尝试。近二十多年来，兴起了基础教育改革的全球浪潮，其目标就是提高学生的科学素养，改变片面灌输科学知识的状况。其中的一个重要举措，就是在教学中加强科学探究过程的理解和训练。因为，单就科学本身而言，它不仅外化为工艺、流程、技术及其产物等器物形态，直接表现为概念、定律和理论等知识形态，更深蕴于其特有的思想、观念和方法等精神形态之中。没有人怀疑，我们通过阅读今天的教科书就可以方便地学到科学元典著作中的科学知识，而且由于科学的进步，我们从现代教科书上所学的知识甚至比经典著作中的更完善。但是，教科书所提供的只是结晶状态的凝固知识，而科学本是历史的、创造的、流动的，在这历史、创造和流动过程之中，一些东西蒸发了，另一些东西积淀了，只有科学思想、科学观念和科学方法保持着永恒的活力。

然而，遗憾的是，我们的基础教育课本和科普读物中讲的许多科学史故事不少都是误讹相传的东西。比如，把血液循环的发现归于哈维，指责道尔顿提出二元化合物的元素原子数最简比是当时的错误，讲伽利略在比萨斜塔上做过落体实验，宣称牛顿提出了牛顿定律的诸数学表达式，等等。好像科学史就像网络上传播的八卦那样简单和耸人听闻。为避免这样的误讹，我们不妨读一读科学元典，看看历史上的伟人当时到底是如何思考的。

现在，我们的大学正处在席卷全球的通识教育浪潮之中。就我的理解，通识教育固然要对理工农医专业的学生开设一些人文社会科学的导论性课程，要对人文社会科学专业的学生开设一些理工农医的导论性课程，但是，我们也可以考虑适当跳出专与博、文与理的关系的思考路数，对所有专业的学生开设一些真正通而识之的综合性课程，或者倡导这样的阅读活动、讨论活动、交流活动甚至跨学科的研究活动，发掘文化遗产、分享古典智慧、继承高雅传统，把经典与前沿、传统与现代、创造与继承、现实与永恒等事关全民素质、民族命运和世界使命的问题联合起来进行思索。

我们面对不朽的理性群碑，也就是面对永恒的科学灵魂。在这些灵魂面前，我们不是要顶礼膜拜，而是要认真研习解读，读出历史的价值，读出时代的精神，把握科学的灵魂。我们要不断吸取深蕴其中的科学精神、科学思想和科学方法，并使之成为推动我们前进的伟大精神力量。

任定成

2005 年 8 月 6 日

北京大学承泽园迪吉轩

▲ 达尔文 (Charles Robert Darwin, 1809—1882)

◀ 达尔文的祖父伊拉兹马斯·达尔文（Erasmus Darwin，1731—1802），医生、地质学家、博物学家、政治进步人士，主张无神论，著有《动物生理学》。

▲ 达尔文的父亲罗伯特·韦林·达尔文（Robert Waring Darwin，1766—1848）。他19岁时就出版了一部医学著作。他慈爱但过于严厉，一心希望达尔文长大后当医生，常常批评达尔文读书不用功。达尔文对父亲很是尊敬和爱戴，却又害怕会令父亲失望。

▲ 达尔文的母亲苏珊娜（Susannah Wedgwood，1765—1817）。她也出身于显赫的家族，其父亲是英国著名的"韦奇伍德"美术瓷器厂创办人，1769年建立了伊特鲁里亚工业示范城。达尔文的祖父和外祖父是好朋友。

▲ 1809年2月12日，达尔文出生在这所位于英格兰西部城市什鲁斯伯里（Shrewsbury）的房子里。

▲ 达尔文就读的什鲁斯伯里中学。达尔文称这是他枯燥的学习生涯的开始。那时候达尔文无心学习诸如语言、历史、文学等传统文化课，却不知疲倦地观察植物、昆虫和鸟类。

◀ 达尔文在爱丁堡学医时的学生卡。达尔文16岁时在父亲的意愿下进入该校攻读医科。在这里，枯燥的课程使他对医学彻底失望，他不得不把兴趣转移到自己的爱好上面来。但后来他却十分后悔没在这里好好学习解剖学。

◀ 达尔文在剑桥大学曾居住过的宿舍（庞虹摄）。1827年，18岁的达尔文毅然转学到剑桥大学，他仍然兴趣广泛，一边攻读文凭，一边饶有兴致地学习几何学、自然神学以及艺术等。

▲ 达尔文在"贝格尔号"上随身携带的《圣经》。

▲ "贝格尔号"上举行的庆祝穿越赤道典礼。1831年12月27日，达尔文随"贝格尔号"进行环球航行，与喜怒无常的费次罗伊（FitzRoy）船长共用一个拥挤的船舱。达尔文只能睡在一张吊床上，随着船体的每一次颠簸，吊床都会无情地摇晃。整个航程中，他备受晕船折磨。在旅行日记的开头，他就消沉地写道："没有房间是一种令人难以忍受的折磨，再也没有其他折磨能抵得上它。"随船航行的5年里，达尔文每天记录生活中的主要事件，他的勘探、科学考察以及思想和感情。这次旅行后写出的著作用了8年时间才分期出版完。

▲ 现代仿制的"贝格尔号"模型。"贝格尔号"取名自Bigle，意为"四处打探""到处搜索"。

◀ 1838—1842年，达尔文和妻子埃玛住在伦敦Upper Gower 街的一个小房子里。埃玛于1839年嫁给达尔文，她是个虔诚的宗教徒，但达尔文却变成一个无神论者，这让埃玛常常感到忧心忡忡。幸运的是，达尔文尊重妻子的信仰。

◀ 33岁之后的达尔文一直住在肯特郡Down House，直到去世。图为肯特郡教堂的钟塔。在这里，达尔文除了少量的拜访活动，基本上足不出户。他也在此接待过许多杰出的人物，比如胡克、莱伊尔、赫胥黎、海克尔、华莱士等。

▶ 钟塔墙上刻着的关于达尔文的碑文。

▶ Down house的书房。尽管体弱多病，但达尔文以惊人的毅力，顽强地坚持进行科学研究和写作，连续出版了《物种起源》《人类的由来及性选择》《人类和动物的表情》《动物和植物在家养下的变异》等著作。达尔文本人认为他"一生中主要的乐趣和唯一的事业"是他的科学著作。

▶ Down House的花园。达尔文经常在这里散步。这里不仅是家庭休闲之地，同时也是达尔文进行各种实验的地方。他在这里养过鸽子等多种动物，解剖世界各地寄给他的标本。

▶ Down House的花房。达尔文在这个花房里培育各种各样的植物，同时进行细致的观察。

▲ 1882年在威斯敏斯特教堂举行的达尔文葬礼。10名抬棺者中除了一名威斯敏斯特大教堂的教士，还包括皇家学会会长（代表科学界）、一名伯爵和两名公爵（代表政府，其中一位是达尔文的母校剑桥大学的校长）、美国大使（代表外宾）以及达尔文最亲密的朋友中还健在的三位：约瑟夫·胡克、华莱士、托马斯·赫胥黎。在"得智慧，得聪明的，这人便为有福"的赞美诗歌声中，达尔文被埋在了牛顿墓碑的下方。

▲ 英国自然历史博物馆里的达尔文坐像。（庞虹 摄）

▲ 中山大学生命科学学院教学楼前的达尔文雕像。（庞虹 摄）

目　录

导　　读

贺雄雷

（中山大学生命科学学院　教授）

· *Introduction to Chinese Version* ·

　　本书大体可以分为两部分来阅读。第一部分是对数十种人工驯化的动植物的历史及其形态或行为特征的描述，即使在今天，凭一己之力收集整理出如此全面详实的资料仍然是难以想象的。在此基础上，达尔文令人信服地阐述了人工选择可以造就新的物种。第二部分是达尔文对遗传和变异的思考。由于历史的局限性和问题本身的复杂性，他在这个问题上没有成功，但这并不妨碍我们跟随他的思路，从一个半世纪前一位顶级思考者的视角去剖析这一问题。从某种意义上来说，阅读第二部分能给读者带来更大的享受。

如果说达尔文 5 年环球旅行所看到的自然状态下物种的变异激发了对他物种起源的大胆猜想，那么对家养动植物的研究几乎为这一理论猜想提供了直接实验证据，因为这些家养动植物的驯化过程通常是有历史记载，并且与人们的直接生活生产经验吻合。达尔文很清楚这一点，曾计划将这一块内容作为《物种起源》的开篇。由于时间和篇幅上的考虑，他在这一问题上的大量调查和思考并没有在 1859 年出版的《物种起源》中体现，因此 9 年之后有了本书。

本书大体可以分为两部分来阅读。第一部分是对数十种人工驯化的动植物的历史及其形态或行为特征的描述，即使在今天，凭一己之力收集整理出如此全面翔实的资料仍然是难以想象的。在此基础上，达尔文令人信服地阐述了人工选择可以造就新的物种。第二部分是达尔文对遗传和变异的思考。由于历史的局限性和问题本身的复杂性，他在这个问题上没有成功，但这并不妨碍我们跟随他的思路，从一个半世纪前一位顶级思考者的视觉去剖析这一问题。从某种意义上来说，阅读第二部分能给读者带来更大的享受。

这是一部巨著，无论从内容还是从篇幅来看。在快节奏的今天要完成这样一本书的阅读不容易，坦白说我是和我的助手刘黎博士以及我的研究生们一起完成本书的阅读和导读的撰写。我们最大的一个感触是在那个中国人还留着长辫子的年代，达尔文一个人已经整理出如此系统、几乎是包罗万象的资料，并从中演绎归纳出一个普适性的规律。不过有意思的是，达尔文对规律普适性的追求可能是他在遗传变异这一问题上不成功的原因。没有证据表明达尔文读过孟德尔的论文，但可以想象的是，即使他读过，也很有可能认为豌豆上表现出来的这些规律不具代表性，因为大部分表型的遗传乍看并不符合那样的规律。所以，孟德尔单点突破，不问其他的思路是勇敢的，也是幸运的。而对这些前辈高人的谈论给我们的启示是，在对未知世界的探讨中不需要拘泥于任何既定模式。

第一章至第十一章：各种动植物在家养条件下的变异

这一部分列举了家狗、家猫、马、驴、猪、牛、羊、果树、花卉等不同动植物在家养条件下变异的大量事实，来阐述在长期家养情况下，动植物会发生较大的变异，这些变异和地理分布、气候、食物等的差异有一定联系。通过选择，某些优良性状被保留并且遗传给后代。

第一章～第八章　各种动物在家养条件下的变异

此八章中，达尔文详尽考察了家狗、家猫、马、猪等动物的起源、各品种的特性以及演

◀达尔文在 Down House 花房里。（木版画）

化。由于各地区家狗的品种与相应地区狼的物种的相似性,达尔文断定其应当是多起源的。而狗类在驯化上的便利进一步支持了这一结论。对于家猫,由于其强烈的杂交倾向,品种之间很容易融合,故达尔文并不强调其起源与演化的问题。尽管杂交阻止了选择与品种形成的进程,但是该物种仍不可避免地存在诸多差异。达尔文对马的起源问题并没有找到决定性的证据,因而也没有下最后结论,只是说明单一起源学说是可能的。此外,马的颜色及条纹形状特征也对该物种的起源和返祖现象有所启示。对于家猪,达尔文将头骨以及牙齿等性状作为主要辨别标准。在此部分中,达尔文已经开始讲述不同的物种起源、生活条件、自发突变、人工有意识及无意识的选择这几个要素对于物种特征形成的作用,从而为后面的选择理论奠定了基础。

达尔文认为家养状态使得家养兔在发育上受到损害,因为充分而富有营养的食物供给、自身运动的缺乏以及人们对最重的个体不断选择,导致家养兔骨重增加,头骨长度虽然增加但脑容量缩小,即脑子缺乏训练。之后,达尔文用两个章节的内容详细考证了鸽子的表型,精确到其中的族与亚族。达尔文发现,在普通不易变化的部分中所发生的改变,比在某种显著部分中所发生的改变更为重要。各个不同品种的骨骼变异性很大,但品种变异频率的差异性不构成品种特征。部分品种的头骨比例、轮廓及相对方向上有巨大差异。变异存在紧密的相关性,不断选择轻微变异,经过时间积累从而大大改变某一部分,这常常无意识引起其他部分的变异,如喙同舌、喙同鼻孔裂缝长度,等等。达尔文提出了选择是产生新族的重要力量,同时,选择又会不可避免地导致早期和改良较少类型及中间型的退化及灭绝。人们实现了短期鸽子性状的改进目标后,很难预计许多代后性状会如何变化。

通过观察当时在英国能够见到和了解到的家鸡的品种和亚品种,达尔文驳斥了“鸡是从若干原始祖先传下来”的观点,他指出这个观点完全忽略了一个最重要的问题——无意识或无计划的选择。达尔文详尽地记录了他在不同品种之间的卵、雏鸡、次级性征、翼羽和尾羽、鸣声以及头骨和椎骨进行比较研究的观察结果和测量数据,提出所有的家鸡品种都是从原鸡这一单一物种发生出来的。而且杂交实验中出现的返祖现象和相似变异都可以用该原理进行解释。

第九章～第十一章:各种植物在家养条件下的变异

此三章中,达尔文考察了谷类、蔬菜、果树、观赏树、花卉等栽培植物的起源与变异。通过众多栽培植物的实例,达尔文论证了栽培可以改变植物的原有性状。古代人类通过尝试找出有用的原始野生植物,在居住地就近种植,进而种子种植,而后通过栽培实现改进,变为现有的栽培植物。因此,达尔文提出人工选择对栽培植物的改进非常重要。达尔文发现,树木和花卉的变异具有不同的特征:树木没有经过连续的选择,变种是单独一次变异产生的,而花卉的许多种类是由两个及以上物种杂交产生的,即多源。在第十一章中,达尔文重点讨论了植物所特有的一种变异方式——芽变,以及与其相关的一种繁殖方式——嫁接杂种。达尔文考证了植物界存在的许多芽变现象,即在全部一般的性质上突然发生变异的倾向。他认为土壤可影响芽变枝的性状,而变种中最常见的芽变可归因于返祖。他发现,一个杂种植物,无论是变种间或种间的,会时常在其叶、花、果部分甚至全部的出现返祖现象。

【评述:可以看到,达尔文对各种动植物在家养情况下的变异进行了大量的、细致的、令人叹为观止的考证。在这些事实的基础上,达尔文进行了开拓性的思考,提炼出人工选择在这些动植物演化过程中的重要作用,以及对现如今动植物构成的影响。即使当时并未发现遗传物质的存在,达尔文也提出,产生一个新物种的要素并不一定由雄性或雌性器官形成,而是存在于细胞组织之中,这无疑是非常具有前瞻性的结论。同样,由于这一局限性,达尔文接受了拉马克"获得性遗传"的理论,通过该理论比较了使用和不使用对于鸡的一些身体部位的影响。我们也需谨记这位优秀的观察家告之的经验:在观察到极端类型的时候,必须切记中间阶段,尽管大部分中间阶段已经消亡,即变化是渐进而非跳跃的。这将是理解物种起源的前提。】

第十二章至第十四章:遗传与返祖

在这一部分,达尔文阐述了遗传是生物固有的性质而普遍存在,并通过大量的事实说明了遗传所具有的一些特性。理论上来说,亲本所有的特征基本都可以遗传下去,同时,遗传并不妨碍新性状的不断出现,遗传是普遍的规律,不遗传才是变则。个体之间的遗传能力是存在差异的。最值得注意的是后代出现了原非亲本所固有的性状,这些新性状是从极遥远的祖先那里获得遗传的,这就是返祖的现象。通过返祖,可以重现某些在亲本中看似消失的特性,这些特性往往是在双亲祖先时期杂交获得的。因此,毫无疑问,杂交引起了一种返祖的倾向,重现长久或短暂消失的性状。遗传优势在同一物种的雌雄两性中可能是相等的,但某一性常比另一性表现得更加强烈。当遗传受到性的限制的时候,最初呈现某种性状的那一性一般会承继这种性状。次级特征的发生、保存以及积累充分说明了遗传强烈受到性的限制,即性选择。

第十二章:遗传

达尔文发现,生物存在丰富多样的变异新性状,不论正常的或不正常的,有害的或不利的,也不论对于重要器官发生影响的或对不重要器官发生影响的,都是普遍地可以遗传下去。后代获得亲本所具有的某种特殊性状的遗传,是显而易见也是易于接受的,畸形以及疾病易感的例子充分说明了这一点,然而,遗传的力量是善变的,有些后代并没有表现出亲本所具有的某些特殊性状,一些会在隔代或者隔几代再次出现,一些则表现出亲本完全不具有的特征。在这些事实面前,遗传力仿佛失去了作用,对于这种抑制遗传的现象,达尔文认为可能存在的解释是:第一,生物处于不利于某一性状的环境条件;第二,变化的环境不断诱发新的变异。

第十三章：返祖

返祖是一种比较特殊的遗传现象。达尔文通过分析大量的事实，将返祖分为两大类：其一，一个没有杂交过的变种或族由于变异而丧失了某种先前所具有的性状，以后这种性状又重现了，即纯粹的，未杂交的类型所丢失的性状的返祖，家养条件下的牛羊角的有无以及马和驴条纹的特征，都不时重现具有野生物种一些特征的性状；其二，一个具有某种可区别的性状个体，在以前某一个时期曾经杂交过，从这个杂交中产生出来的一种性状消失了一代或数代后，又突然重新出现了，即在亚变种、族和物种的场合中返归来自杂交亲本的性状。杂交品种的这种返祖强烈倾向引发了无穷的争论，同一个不同品种进行一次杂交后，要经过多少代，这个品种才可以被看做是纯粹的，脱离返祖的倾向？大量的事实显示，返祖的遗传力量是如此的强烈，因此，达尔文有如下推论：几乎每一种类的性状都能在长久消失之后又重新出现。

第十四章：遗传优势以及性选择

达尔文观察到，不同性状有不同的遗传能力，即存在着遗传优势。当生活条件保持不变，性状往往会持续纯粹遗传下去。而当某一性状不能纯粹地遗传下去，达尔文认为这并不是因为遗传能力不中用了，而是变化了的生活条件诱发了某些改变。

达尔文认为遗传优势与性选择之间存在着联系，而性选择的作用对动物和植物的强度是不同的。当两个特征显著的物种进行杂交时，后代在两性中有同等的表现，或者会在某一性别中远比另一性别中表现得更加强烈，在动物中屡屡出现把某一特征显著的遗传给某一性别的现象，在植物中却并非如此，由于次级特征的存在，使得杂交品种难于跟他们的双亲进行比较。另外，有些性状的遗传受到了性的限制，使得遗传优势这个问题显得极其错综复杂，至今没人能够订出一些一般的规律。

【评述：受当时科学发展水平所限，达尔文未能解释变异是如何产生的。但达尔文通过大量的例子观察分析，已经得出了遗传所具有的一些基本特征，初步解释了变异是如何传递给后代，在论证遗传的普遍性，返祖现象以及性选择等遗传优势规律后，达尔文凭借自己的科学悟性，从这些基本特种中看到了通过变异性和自然选择为新物种类型的产生所作的充分准备。人们惊讶于达尔文翔实的科学举例论证，更惊叹于他天才般的推理学说。后人在巨人的肩膀上，为回答一系列达尔文在遗传上未能解决的问题，建立了分子遗传学、群体遗传学、数量遗传学等学科，具体阐发变异如何产生以及如何传递给后代，并试图推导出一些基本的规律法则，推进人类对生物进化的认识。】

第十五章至第二十一章：杂交与选择

这一部分达尔文主要阐述了杂交的作用，即消除品种间的差异，促进新品种的形成。杂交多数情况下会降低能育性，而家养的环境则倾向于改善这种能育性。达尔文还讨论了人工选择与自然选择的差异，以及选择对物种的影响。

第十五章～第十九章：杂交

达尔文首先介绍了杂交的基本作用——消除杂交品种的差异，导致性状的吸收融合，促进新品种的形成。只有在明确了这种基本作用之后，才能进一步讨论杂交对于家养动物的其他种种影响。达尔文提供了很多的例证，表明杂交在多数情况下会不同程度地降低能育性。对于家养动物而言，能育性，即生育的能力，是农业、家畜养殖业里考虑的一个重要因素。因此，能育性是影响变种自由杂交的可行性及优劣评判。而家养的环境则倾向于改善这种能育性。这为育种提供了一定的启发。

在此部分中，达尔文给出了家畜养育中杂交的必要性的证据，如杂交能使得某些正常情况下或特殊情况下自交不稔的植物获得能稔性。他认为家禽养育中杂交甚至比家畜养育更为必要。他同样强调就优良性状的保持而言，近亲交配是有明显优势的，只是多数情况下，杂交的运用有更广泛的优势。达尔文并没有刻意在批判哪一种育种方式，而是客观地进行描述和论证。此外，达尔文还用具体的案例为我们分析了改变生活条件为生物的生长带来的各种可能的影响，分析了生物不育性的各种原因，如大多数时候，动物在拘禁中不繁育。

第二十章～第二十一章：选择

此两章中，达尔文对动植物变异与遗传的重要推动力量——选择，进行了系统的阐述。选择是一种很困难的技术，因为一种新性状或者一种古老性状中的某种优越性最初是模糊的，而且不是强烈遗传的。达尔文将选择分为有计划选择。无意识选择、自然选择三种。大量例子证明半开化的人会实行有计划的选择。无意识选择和有计划选择是混淆不清的，但是，毫无疑问，有计划选择比无意识选择所产生的结果要迅速得多。

选择，取决于那种由于我们而被称为自发的或偶然的变异性。由于生活所要求的性状或性质处于对立的状态，有时会造成选择的困难。家养生物在一定程度上受到了自然选择的作用，比如颜色——人类和动物的肤色和易于感染某些疾病是相关的。相对长的时间内培育大量个体有利于人工选择。达尔文认为，无论是有计划的或无意识的选择，永远有走向极点的倾向，中间的和价值较小的类型容易受到忽视和缓慢灭绝。

【评述：达尔文通过大量事实证明了杂交的必要性，这对于家畜养育具有非常重要的指导意义；也充分地认识到近亲交配与杂交的特点。达尔文很明确的讽刺了当时流行的对于血统纯正的盲目崇拜。这种强调杂交优势的观点无疑也有一定的社会以及文化的冲击力，正如进化和自然选择之于神创论一般。】

第二十二章至第二十七章——变异法则和泛生论

通过本书前面的篇幅介绍了众多动物、植物在长期家养条件下发生的各种变异现象，达尔文在最后这一部分将其归结为一些支配变异性的重要法则，并提出了泛生论——"芽球"作为遗传、再生基本单位的概念，芽球的增值、传递及散播与再生、发育和繁殖的关系——来解释变异、发育阻止和遗传的诸多现象与机制。

第二十二章～第二十三章：变异的原因

生物在若干世代中遭到任何变化时，无论是处在什么样的生活条件下，都有变异的倾向；达尔文认为，生活条件的任何种类的变化，哪怕是极端微小的变化，也常常是可以引起变异性的。杂交是引起变异性的一个因素，而且可能是一个有力的因素。除此之外，达尔文还考证了外界生活条件的变化对变异的影响。他认为极微小的变化有时也可能以一定的方式对家养产物发生作用；特别是气候、食物等对于家养生物发生的作用，以致新变种或族在没有人工选择或自然选择的帮助下也可以这样形成。但是，在引起任何特殊的改变上，生活条件在大多数场合中所起的作用是次要的。有些时候，变异的性质取决于该物种所属的整个近似物种群的遗传的性质或体质。

第二十四章～第二十六章：变异的法则

达尔文先从"形成努力"——生物的调整力和恢复力说起，生物——如水螅、蝾螈——某部分在受到损伤后，相应部位都具有一定的再生并且会影响到其附属结构的能力，其称之为"再生力"，但这种再生力并非永远可以完全地作用，其同有机体年龄成反比。当体制等级越低时，这种再生力越强。之后达尔文继续演绎，从骨折、脱臼后机体的恢复中发现，吸收对于再生的重要作用，提出体制是在不断更新着的，而不更新部分常常会被吸收。再生包含老组织的再生以及新构造的形成，对于再生力引起相关部位周围组织的变化，达尔文认为这是体制调整力具有使所有部分彼此调和的倾向所造成的，这个观点在以后的章节中也有大量详细实例来支持。

关于变异的用进废退法则，达尔文提出了两个方面来阐述：其一，器官在增强使用的情况下，其功能会大大增强；其二，在"无用"情况下，由于发育的被阻止导致构造改变——或称畸形。通过对家养动物世代变化的考察,达尔文发现以上变化都有可遗传的倾向,并且这些改变都是缓慢和"级进"的。

达尔文还把之前的各种变异现象进行横向和纵向比较和联系,提出了"相关"的假说,即一部分的改变会带动个体其他部分的改变,器官之间的"相关",生长的早期阶段发生的改变往往会影响此后的发育并关连其他器官。同源部分有按照同样方式进行变异的倾向,并且体制会在发生变异后"调和"其他部分。

【评述:在这一部分中,我们可以隐约地看到涉及遗传机制的现象出现,即某些性状在杂交后消失,但在之后的后代中重现的现象(达尔文称之为"返祖")——即基因的分离与自由组合定律。但限于当时并没有分子生物学,遗传的分子机制没有建立,这些现象并没有得到很好地解释,可见技术的革命带动理论的更新是多么重要,人类还是要借助工具来探知未知的世界,突破自身的局限。此外,达尔文还提到性状之间、性状与性别之间连锁出现的现象——基因的连锁定律,由于不清楚遗传的分子机制,其对这个现象也并没有很好的解释。但是这些现象的汇总却给后来的遗传学家提供了证据,所以其对生物学的贡献是值得敬仰的。】

第二十七章　关于泛生论的暂定假说

达尔文在此章中提出了之前的"各种繁殖"——再生、嫁接、受精、发育、变异、遗传及返祖现象发生的物质基础,即这类现象之所以存在的原因。达尔文称之为泛生论——整个体制的每一个独立部分都可以繁殖自己,胚珠、精子、花粉粒及受精卵都含有由各个独立部分、即单位放出的胚种(germ)组成,后来演绎出芽球(gemmules)这个概念。芽球很小,遍布于体制中,并且可以转移到其他部位形成相应的结构。

他给出结论:假定身体的所有单位除了拥有自我分裂能力的生长力以外,还散布出遍布整个系统的芽球,它们能同其他个体所含的物质结合并形成有机体的每一个单位,芽球生长、增殖并且集合成芽和性生殖要素,他们的发育取决于同其他初发细胞或单位的结合,并且可以在一种休眠状态下传递给连续的世代。返祖则是因为祖先把芽球遗传给后代,这些芽球偶尔在某种条件下发育起来了。

【评述:达尔文试图用"芽球"这一万能的机制来解释关于遗传和变异的各种现象。虽然如今分子遗传学告诉我们并非如此简单,但是不得不说,"芽球"是如此接近遗传的基本单位——基因!】

第二十八章　结束语

本章为全书的回顾总结部分。在长期家养情况下,动植物会发生较大的变异,这些变异和地理分布、气候、食物等的差异有一定联系。通过选择,某些优良性状被保留并且遗传给后代,但在一些情况下,动植物会出现"返祖"现象,达尔文将这些变异情况归结为用进废退的诱导和一定程度的返祖现象,变异性主要取决于变化了的生活条件。而且这些作用多赋予生殖器官影响后代的性状。

达尔文有提到变异的发生是自然的,通过人们带有目的性的选择使整个物种的演化方向发生改变,而无意识的选择对于动植物发生作用,无意识的选择导致的变化往往要比有意识的重要,而这些选择往往都是体现在杂种优势上,而无意识的选择可以保持性状数量的稳定,不会出现某些性状丢失以至于之后条件变化的时候无法显示其"潜在"优势。

最后,达尔文提出了"万物共祖",即基于大量观察结果和理论分析,他认为一切生物都由一个共同的祖先演变而来,这一点可以在不同层次的"返祖"现象中体现出来。经过不同的变异、调和、选择,一些偶然或非偶然原因造成现在如此众多的物种。达尔文在最后驳斥了"造物主"观点,他认为这种脱离实际和不符合客观规律的神创论——注定着每一事物并且预见着每一事物是自由意志和宿命论的观点,这无法用来解决自然界的实际问题。

原文第二版前记

　　本书第一版自 1868 年刊行以来，已经七年了，在这期间，我曾就我的能力所及，继续地注意了同一问题；由此我积累了大量的补充材料，这主要是通过许多通讯者的亲切帮助而得到的。在这些材料中，我只能采用我认为比较重要的那些。我删去了一些叙述，并且修正了一些错误，这些错误的发现应归功于惠予批评的人们。我还补充了许多参考文献。变动最大的是第十一章以及讨论泛生说的那一章，其中有些部分已经重新改写过；不过为了持有本书第一版的人们的方便，我把比较重要的变动列表* 如后。

　　　　　　　　　　　　　　　　　　　　　　　　达尔文
　　　　　　　　　　　　　　　　　　　　　　　　1875 年

---

　　* 译者因为觉得这个表对于我国读者并不需要，所以没有译出。——译者注

▲ 胡鸽（beard pigeon）

绪　　论

· *Introduction* ·

　　本书的目的并不是要描述人所饲养的动物和所栽培的植物的一切族（race）；即使我拥有必需的知识，如此巨大的工作在这里也是不必要的。我的意图是：在各个物种的标题下仅仅提供出我所能搜集到或观察到的事实，来说明动物和植物在人的干预下所经历过的或者与变异的一般原理有关的变化量和变化性质。

　　对于仔细读过《物种起源》的人们，这个"绪论"将是多余的。因为我在该书中曾提过我不久会发表书中结论所依据的事实，所以在这里我要请读者原谅我由于长期的疾病而迟迟发表这一著作。

本书的目的并不是要描述人所饲养的动物和所栽培的植物的一切族(race);即使我拥有必需的知识,如此巨大的工作在这里也是不必要的。我的意图是:在各个物种的标题下仅仅提供出我所能搜集到或观察到的事实,来说明动物和植物在人的干预下所经历过的或者与变异的一般原理有关的变化量和变化性质。只在一个例子中,即在家鸽的例子中,我要充分地描述所有主要的品种,它们的历史、它们之间的差异量和差异性质以及它们所赖以形成的大概步骤。正如以后我们会看到的,我选择这个例子是因为这个材料比任何其他例子的材料更好;对于一个例子加以充分描述,事实上就会说明一切其他例子。不过对于家养的兔、鸡和鸭我还要进行相当充分地描述。

本书所讨论的问题是如此相互联系着,所以决定怎样最好地安排它们是没有什么困难的。我决定在第一部分中在各种动物和植物的标题下提出大量的事实,其中有些事实可能起初显得同我们的问题没有多大关系;在第二部分中则作一般的讨论。无论何时,我感到有必要举出大批细节来支持任何主张或结论时,就采用小体字印出。我想,读者会感到这一种办法是方便的,因为如果他不怀疑结论或者不关心细节,他能够容易地略过它们;可是请允许我说,用小体字印出的有些讨论还是值得注意的,至少从专门的博物学者的眼光看来是如此。

对于没有阅读过"自然选择"*的人们,如果我在这里就这整个问题以及它同物种起源的关系作一简要的叙述,可能是有用的①。因为不可能在本书里避开将来一些著作中将要加以充分讨论的许多论点不谈,所以这样做就更有必要了。

从遥远的时期起,在世界的很多地区,人早就把许多动物和植物饲养起来或者栽培起来了。人没有改变绝对的生活条件的力量;他不能改变任何地区的气候;他没有增加新的元素到土壤里去;但是他能把一种动物或植物从一种气候或土壤移到另一种气候或土壤,并且把它在自然状况下所不赖以为生的食物给它。说人"干预自然"并且引起变异,这是一种错误。如果一个人把一块铁放在硫酸里,严格地不能说他造成了硫酸铁,他所做的只是让它们的选择的亲和性(elective affinities)发生作用。如果生物不具有变异的内在倾向,人大概什么也不会做成的②。他无意地把他的动物和植物暴露在各种不同的生活条件下,变异就发生了;这,他甚至不能够阻止或抑制。考虑一下一种简单的情形吧:一种植物长期以来被栽培在它的原产地,因此没有遭遇到气候的任何变化。它在某种程度上被保护着不同其他种类植物的根相竞争;它一般被栽培在施过肥的土壤上,不过那种土壤并不比许多冲积平原的土壤来得肥沃;但最后,它遭遇了生活条件的变化,因

◀ 突胸鸽。

---

* 指《物种起源》一书。——译者注

① 对于仔细读过《物种起源》的人们,这个"绪论"将是多余的。因为我在该书中曾提过我不久会发表书中结论所依据的事实,所以在这里我要请读者原谅我由于长期的疾病而迟迟发表这一著作。

② 普谢(M. Pouchet)最近主张家养下的变异对于物种的自然变异并没有投射任何光明(《生物族的多样性》,*Plurality of Races*,英译本,1864 年,第 83 页及其他)。我还不能看出他的论点有什么力量,更精确地说,我看不出他的上述的断言有什么力量。

为它有时被栽培在这一地区，有时被栽培在另一地区的不同土壤中。在这样的情况下，几乎不能举出一种植物，甚至以最粗糙方式栽培的植物，不曾产生过若干新品种。在这地球所经历过的许多变化中，并且在植物从一陆地或从一岛屿到不同物种所居住的另一陆地或另一岛屿的自然的迁徙中，很难认为这等植物不会经常地遭遇到同几乎必然引起栽培植物变异的条件变化相似的条件变化。毫无疑问，人选择了变异着的个体，播种它们的种子，再选择它们的变异着的后代。但是人所借以工作的最初的变异，是由生活条件的轻微变化所引起的，这种变化一定经常在自然界里发生。因此，可以说人在进行着一种规模巨大的实验；这种实验就是自然界在悠长时间里曾经不断地进行着的。由此可见，培育驯化的原理对于我们是重要的。这主要的结果是，饲养和栽培的生物大大地变异了，而且这些变异是遗传的。这显然是某些少数博物学者长久以来相信物种在自然状况下发生变化的主要原因之一。

我将在本书就我的材料所许可的范围对于家养下的变异的整个问题进行充分的讨论。我们希望由此对变异的原因——对支配变异的法则，例如气候和食物的直接作用、使用和不使用的影响、相关生长的影响——以及对家养生物可能发生的变化量，得到一些哪怕是微小的光明。我们将对遗传的法则、不同品种的杂交后果的法则以及生物离开了它们自然的生活条件所经常发生的不育性和过分近亲交配所发生的不育性，多少有所了解。在这一考察中，我们将看到"选择"原理是高度重要的。虽然人并不引起变异，甚至也不能够阻止变异，但人能够用他挑选的任何方法把自然的手所交给他的变异加以选择、保存和累积；而且由此他肯定地还能产生出巨大的结果。选择可以有计划地和有目的地进行，也可以无意识地和无目的地进行。人可以按照预先提出的概念，以改良和改变品种的明确目的来选择和保存每一延续性变异；并且由于把没有训练的眼睛所觉察不到的、经常是如此轻微的变异这样地累积起来，他曾经产生了可惊的变化和改进。还能够清楚地阐明，人纵使没有改良品种的任何意图或思想，但依靠在相连续的世代中保存他最珍视的个体和毁灭最没有价值的个体，也会缓慢地然而是确定地引起重大的变化。因为人的意志是这样发生作用的，所以我们便能理解家养品种怎样会对他的需要和嗜好表现出适应。我们还能进一步理解家养动物和栽培植物的族同自然的物种相比较，怎样会经常显示出一种异常的性状；因为它们的变化不是适于它们自己的利益而是适于人的利益的。

如果时间和健康许可，我将在另一著作里讨论生物在自然状况下的变异；这就是动物和植物所表现出来的个体差异以及被博物学者们列为变种或地理族的、比较稍为大些的并且一般是遗传的差异。我们将会看到，因为那些特征较不显著的类型有时已经得到命名，所以要把族和亚种区别开来是多么困难，毋宁说是往往多么不可能；亚种和真实物种之间的情形也这样。我将进一步试图阐明，普通的、分布广泛的物种，即可以被叫做优势的物种，最常发生变异；总是大的和繁荣的属含有最大数目的变异着的物种。正如我们将会看到的，变种可以被正当地叫做初生物种（incipient species）。

但是可以指出，假定生物在自然状况下呈现出某些变种——它们的体制在某些程度上是可塑的；假定许多动物和植物在家养下大大地发生了变异，并且假定人依靠他的选择力是曾经把这等变异继续积累到他制造出特征强烈显著而坚定遗传的族；假定了所有这一切，还是可以发问：物种在自然状况下是怎样产生的？自然界的变种之间的差异是轻微的；然而同一属的物种之间的差异是相当大的，不同属的物种之间的差异是巨大的。这些较小的差异怎样会增大成较大的差异呢？变种，即我称为初生物种的，怎样会转化成真实的、界限分明的物种呢？每一个新的物种怎样会适应了周围的自然条件并且怎样适应了同它有任何关系的其他生物类型呢？在我们的周围我们看到无数的、曾经正当地引起了每一观察者的最高赞美的适应和装置。例如，有一种瘿蚊（Cecidomyia）①，它把卵产在一种玄参属（Scrophularia）植物的雄蕊内，并且分泌出一种毒质以产生出为幼虫所吃的树瘿；但是另有一种昆虫（Misocampus），它把卵产在那树瘿内的幼虫的体内，这样以活的猎物为营养；结果是一种膜翅类的昆虫依赖于一种双翅类的昆虫，这双翅类昆虫又依赖于它在一定植物的一定器官里产生怪异的生长物的能力。情形就是这样，这以比较显著或较不显著的方式表现出来，也见于成千成万的例子中，也见于最低等的和最高等的自然产物里。

变种转化成物种——这就是说，作为变种的特征的轻微差异增大成作为物种和属的特征的较为巨大的差异，包括每一生物对于其复杂的有机生活条件和无机生活条件的可赞美的适应在内——这一问题已经在我的《物种起源》里简要地讨论过了。在那书里阐明了，一切生物毫无例外地都有以如此高比率进行增加的倾向，以致没有一个地区，没有一个地点，能够容纳单独一对生物的经过一定代数以后的后代，甚至全地表和全海洋也容纳不下它们。这不可避免的结果就是经常发生的"生存斗争"。已经老实地说过，整个自然界都在战争中；最强的终于得胜，最弱的则不免于失败；我们还很知道无数的类型已经在这地球面上消逝不见了。那么，如果生物在自然状况下由于周围条件的变化（在这方面我们有丰富的地质学证据），或由于其他原因，即使轻微程度地发生变异；如果在悠长的岁月里对于处在极端复杂而变化的生活关系中的任何生物有任何益处的、能遗传的变异曾经发生；而如果有利的变异从未发生，这将是奇怪的事，因为人为了他自己的利益或嗜好曾经利用过多么多的已经发生了的有利变异；如果上述的事情确曾发生，而且我不知道对它们发生的可能性，怎么能够怀疑，那么，剧烈的、经常发生的生存斗争就会决定那些不论如何轻微的有利变异必被保存或选择出来，那些不利变异必被消灭。

我曾把构造上、体制上或本能上具有任何优越性的变种在生活战场中被保存下来，叫做"自然选择"；赫伯特·斯宾塞（Herbert Spencer）先生用"最适者生存"很好地表示了同一概念。"自然选择"在某些方面是一个不好的用语，因为它似乎有着自觉选择的含义；不过稍为熟悉以后，这就会被置之度外了。没有人反对化学家说"选择的亲和力"（elective affinity）；一种酸同一种碱结合肯定不会比生活条件决定一种新类型是否被选择或保存有更大的选择作用。这个用语，就它把家养族通过人的选择力量而被育成同变种在自然状况下得到自然的保存这两件事联系起来而言，是一个好的用语。为了简便起见，我有时把自然选择说得好像是一种智慧的力量——有如天文学家说引力管理着星体的运行，或农学家说人运用他的选择力量创造出家养族。在这种场合里同在另一种场合

---

① 杜福（Léon Dufour），《自然科学年报》（*Annales des Seienc. Nat.*）（第三辑，动物学），第五卷，第6页。

里一样*，没有变异，选择不能做出什么，而变异则以某种方式取决于周围环境对于生物的作用。还有，我常常把"自然"这个词儿拟人化了；因为我感到很难避免这种含糊处；但我认为"自然这一用语只是意味着许多自然法则的综合作用及其产物——而法则只是意味着确定了的事物的因果关系"。

许多事实已经表明，每一地域由于它的居住者在构造上和体制上的巨大分歧或歧异才能支持最大量的生命。我们也已经看到，新类型通过自然选择而不断产生（这意味着每一新变种比其他变种多少有些优越性），这无可避免地导致了较老的或改进较少的类型的绝灭。较老的或改进较少的类型在构造上以及在系统上差不多一定是介于最后产生的类型和它们的原始亲种之间的。现在，我们假定某一个物体产生了两个或更多的变种，这些变种在时间的历程中又产生了其他变种，由构造分歧所引起的利益一般会导致分歧最大的变种的保存；这样，作为变种特征的较小差异就增大成作为物种特征的较大差异，并由于较老的中间类型的绝灭，新种就作为界限分明的对象而告成了。这样，我们又将了解，借着所谓的自然分类法，生物怎样能够被分类在不同的类群中——即物种在属下，属在科下。

因为每一地区的生物由于它们高度的生殖率，就可以都在努力增加数目；因为每一类型同许多其他类型在生活斗争中进行竞争——因为任何一个类型被毁灭了，它的位置就会被其他类型所夺取；因为体制的每一部分有时会轻微地发生变异；并且因为自然选择唯有通过保存有利于生物能生活在异常复杂的条件下的变异才发生作用，所以这样产生出来的装置和适应性在数目、独特性和完善化方面都是没有止境的。一种动物或一种植物在其构造和习性上可以同许多其他动物和植物以及同其住处的自然条件，缓慢地发生了最错综的关系。体制上的变异在某些情形下会受到习性（即器官的使用和不使用）的帮助，而它们又会被周围自然条件的直接作用以及相关生长所支配。

依据这里简要叙述的原理，每一生物体内并没有使自己在体制等级中前进的内在的或必需的倾向。我们几乎不能不承认身体各部或器官为了不同机能而发生的专业化或分化是向前发展的最好的或甚至唯一的标准；因为依靠这种分工，身心的每一机能才会更好地运行。因为自然选择唯有通过构造上有利变异的保存才发生作用，又因为每一地域的生活条件由于居住在那里的不同类型的数目增加以及由于大部分的这些类型获得了愈来愈完善的构造而一般变得愈来愈复杂，所以我们可以确信：整个说来，体制是进步了。虽然如此，适于在很简单的生活条件下生活的、很简单的类型大概还可以在无限长的年代里保持不变或者没有改进；因为，譬如说，一种浸液小虫或肠寄生虫如果变得有高度的体制，会得到什么好处呢？甚至高等类群的成员也可以变得适于比较简单的生活条件，而这显然是常常发生的；在这种情况下，自然选择就有使体制简化或者退化的倾向，因为复杂的机构对于简单的活动是无用的或者甚至是有害的。

对于反对"自然选择"学说的诸论点，在我的《物种起源》一书中已经就其篇幅所许可的范围按照以下的项目讨论过了：在理解很简单的器官如何由细小而级进的步骤转化成高度完善而复杂的器官方面所存在的困难点；有关"本能"的奇异事实；有关"杂种性"

---

* 指人工选择和自然选择。——译者注

(hybridity)的整个问题；最后，有关在已知的地层中联结一切近似物种的无数环节的缺如。虽然这些难点的一部分具有很大的分量，我们将看到大多数都可以按照自然选择学说得到解释的，而不按照自然选择学说就无法解释了。

在科学研究中，是允许创造任何假说的，而且，如果它说明了大量的、独立的各类事实，它就上升到富有根据的学说的等级。以太(ether)的波动，甚至它的存在都是假设的，可是大家现在都接受光的波动学说。可以把自然选择的原理看做只是一种假说，但是它由于下述各点在某种程度上便成为有根据的了：我们确实知道生物在自然状况下有变异——我们确实知道有生存斗争以及因此几乎不可避免会引起有利变异的保存——并且家养族是按照相似的方式形成的。现在可以把这个假说试验一下——依我看来，这是考虑整个问题的唯一公正的、合法的方式——看看它是否说明了若干类大而独立的事实；例如生物在地质上的连续，它们过去和现在的分布情况，它们的相互的亲缘关系和同源。如果自然选择的原理确实说明了这些以及其他大量的事实，它就应该被接受。按照每一物种分别创造出来的通常观点，这些事实的任何一件都得不到科学的解释。我们只能说"造物主"高兴命令世界上的过去和现在的生物以某种次序在某种地区出现；只能说"他"使它们印上了最奇异的类似，并且按照类群下还有类群的方式把它们加以分类。但是我们从这样的叙述里得不到新的知识，我们并没有把事实同法则联结起来；我们什么也没有说明。

起初，就是对像这样的大量事实的考虑引起了我来研究现在这个问题。当我在"贝格尔号"(H. M. S. Beagle)的航行中探访离开南美约 500 海里的太平洋中的加拉帕戈斯群岛(Galapagos Archipelago)的时候，我发现我的周围尽是在世界别处没有的鸟类、爬行类和植物的特殊物种。可是它们又都几乎带着美洲的印记。在效舌鸫(mockingthrush)的歌声中，在食尸鹰(carrion-hawk)的刺耳的叫声中，在大烛台似的仙人掌(opuntias)中，我清楚地觉察到了美洲的邻近，虽然有那么多海里路的海洋把这些岛屿从大陆隔开，而且在它们的地质构成上和气候上也有很大的差别。更加值得惊奇的是这样一个事实：在这小群岛中的每一个分开的岛屿上，大部分生物都是不相同的物种，虽然它们大多数都是彼此密切近似的。这群岛具有无数的火山口和裸露的熔岩流，看来它是最近形成的；因此，我幻想我自己看见了创造的动作。我常常问自己，这许多奇怪的动物和植物是怎样产生出来的：最简单的答案似乎是这若干岛上的生物相互传自共同的祖先，而在相传的历程中发生了变异；并且这群岛的一切生物都是从最近陆地、即美洲的生物传下来的，移住者大概会自然地来自那个地方。但是如何才能达到变异的必需程度，对我来说曾经是一个长期不能解决的问题，如果我不去研究家养生物并且由此获得了关于选择力量的正确概念，它将永远成为不能解释的。我一旦充分理解了这个概念，在阅读了马尔萨斯(Malthus)的《人口论》之后，我便看到"自然选择"是一切生物迅速增加的无可避免的结果；因为在此以前我对于动物的习性已经有过长期的研究，在理解生存斗争上便有所准备了。

在探访加拉帕戈斯群岛前，我在美洲两岸从北向南的旅行中已经采集了许多动物，并且在每一地方，不论其生活条件有多么不同，美洲的类型总是可以遇到的——同一特殊属的物种代替了另一物种。例如在登上科迪勒拉(Cordilleras)时，或穿过茂密的热带森林时，或在美洲的淡水中采集时，情形都是这样。以后，我探访了其他地方，那里在一切生活条件上同南美的某些部分的相似远不是该大陆的不同部分彼此之间的相似所可比拟的；可是在这些地方，例如在澳洲或南非，旅行者不能不被它们的生物的全然不同所打动。我再一次地不得不考虑到，只用南美洲的早期生物的起源共同性大概就可以说明美洲类型为什么在那整个巨大的地域里占有广泛的优势。

一个人用自己的手发掘出灭绝的、巨大的四脚兽的骨，就把物种连续性的整个问题生动地提到他的面前来；而我就在南美洲找到了同被覆在现存矮小犰狳（armadillo）身上的完全一样而不过是非常巨大的、大块镶嵌式的甲胄；我找到了像现存树獭（sloth）的牙齿那样的巨齿以及像豚鼠的骨那样的骨。近似类型的连续性，以前在澳洲也有过相似的情况。于是，在这里我们看到了在同一地域里同一模式在时间上和空间上好像是由于传续而得到了优势；不论在上述哪一种情形下，生活条件的相似性都不足以说明生物类型的相似性。密切相连续的地层里的化石遗物在构造上的密切近似，是大家都知道的事；而我们能够立刻理解这种事实，如果说它们的密切近似是由于传续。同一属的许多不同物种在一长系列地层中的延续似乎是不间断的，即连续的。新的物种一个又一个地逐渐出现。古代的灭绝了的生物类型在性状上常常是中间的，恰如一种死了的语言的字同由它派生出来的语言（即活语言）的关系一样。所有这些事实，依我看来，都指出家系变化是新种产生的方法。

世界上过去的和现在的无数生物都被最独特的、最复杂的亲缘关系联结在一起，并且能够按照类群下有类群的方式对它们加以分类，有如变种可以被列在物种下、亚变种可以被列在变种下一样，只是其差异的程度大得多吧了。这些复杂的亲缘关系和分类规则，根据家系变化学说结合着引起性状分歧和中间类型灭绝的自然选择的原理，就会得到合理的解释。按照分别创造的理论，人的手、狗的脚、蝙蝠的翅膀和海豹的前肢的相似的型式是多么不可理解呀！按照对同一祖先的分歧后代中的连续而微小的变异进行自然选择的原理，其解释又是多么简单呀！同样的情形也见于同一动物或植物的某些部分或器官，例如，螃蟹的颚和腿，花的花萼、雄蕊和雌蕊。随着时间的行进生物遭遇了许多变化，在这等变化中某些器官或部分有时最初是变得没有什么用处，终于变成为多余的了；而这些部分还在痕迹的和无用的状态中被保存着，根据家系变化学说这是可以理解的。可以阐明，构造的变异一般是在祖先表现各个连续变异的同一年龄中被遗传给后代；还可以进一步阐明，变异的发生一般不是在胚胎发育的很早时期，依据这两个原理，我们便能理解整个博物学（natural history）中的最奇异的事实，即同一大纲中胚胎的密切近似——例如，哺乳类、鸟类、爬行类和鱼类的胚胎的近似。

使我相信依据自然选择的家系变化学说基本上是真实的正是对于这般事实的考虑和解释。这些事实按照"独立创造"的学说直到今日还没有得到解释；它们不能被归纳在单独一个观点下，而每一事实只能被看做是最终的事实。因为生命在这地球上的最初起源以及每一个体的生命的继续的问题现在还完全处在科学范围以外，我并不希望很强调最早创造的是少数类型或单独一个类型那种观点比在无数时期里必然会创造无数奇迹的观点更加简明；虽然这个比较简明的观点同莫培督（Maupertuis）的"最小作用原理"（least action）的哲学格言很相吻合。

在考虑到自然选择学说的应用范围可以扩展到何处的时候——这就是说,在确定这世界上的生物是从多少祖先传下来的时候,我们可以作出这样的结论:至少,同一纲的一切成员是从单一祖先传下来的。许多生物之所以被归入到同一纲内,是因为不管它们的生活习性如何,它们都在构造上表现出同一基本的模式,而且还因为它们相互之间的差异渐次增减。还有,在大多数场合里可以阐明同一纲的成员在早期的胚胎阶段中是密切相似的。按照它们从一个共同类型传下来的信念,这些事实都能得到解释;因此可以稳妥地承认同一纲的一切成员都是从同一祖先传下来的。但是因为完全不同纲的一些成员在构造上多少有些共同之处,而且在体制上有很多共同之处,类比之法就会引导我们前进一步,而推想一切生物大概都是从单一原始型传下来的。

我希望读者在对自然选择学说作出任何最后的、敌对的结论以前,先停下来想一想。为了对这整个问题有一概括的认识,读者可以参阅我的《物种起源》;但是他必须信赖该书中的许多叙述。在考虑自然选择学说时,他一定会遇到严重的难点,不过这些难点主要是关于我们显然无所知的那些问题——例如,地质记录的完全程度、分布的方法、器官过渡的可能性,等等;而且我们还不知道我们无知到怎样的程度。如果我们比一般所设想的更为无知,这些难点大部分就完全消失了。让读者仔细想一想用一个新观点来考虑整大类事实的难处吧。让他注意一下莱伊尔的关于地球表面现今逐渐进行变化的崇高观点如何缓慢地然而确实地被认为足以说明我们所能看到的地球的过去历史吧。自然选择在现在似乎多少是在发生作用的;但是我对于这个学说的真实性则信而不疑,因为它把许多显然独立的诸类事实归结在一个观点下,并且提出了合理的解释①。

---

① 在研究本书和我的其他著作所包含的若干问题时,我曾经不断地向许多动物学家、植物学家、地质学家、动物饲养家和园艺家要过材料,而且我一向从他们那里得到了最慷慨的帮助。没有这种帮助,我所能做的将很有限。我曾经不断地向外国人、向英国商人和住在远地的政府官员要过材料和标本,除了很少的例外,我都得到了迅速的、慷慨的和有价值的帮助。我深深地感谢帮助我的这许多人,并且我相信他们会同样高兴地帮助其他从事任何科学研究的人。

▲ 不同版本的《物种起源》

第一章

家狗和家猫

· Domestic Dogs and Cats ·

狗的古代变种——在各个不同地区里家狗同本地狗类的物种的类似——同人不熟悉的动物，起初不怕人——同狼和胡狼相似的狗——吠叫习性的获得和丧失——野化的狗——茶色的眼斑——怀孕期——臭气味——杂交时族的能育性——若干族间的差异一部分是由于起源于不同的物种——头骨和牙齿间的差异——身体、体制间的差异——重要的差异很少由选择所固定——气候的直接作用——具有蹼足的水狗——某些英国族的狗通过选择逐渐发生变化的历史——改进较少的亚品种的灭绝

猫，同若干物种的杂交——只在分离的地区里才会找到不同的品种——生活条件的直接影响——野化的猫——个体差异

家　狗

这一章的首要之点在于研究家狗的许多变种是从单独一个野生种传下来的还是从若干野生种传下来的。有些作者相信一切狗都是从狼传下来的，或者都是从胡狼传下来的，或者都是从一个未知的、已经灭绝的物种传下来的。另外有些作者相信它们是从若干已经灭绝的和近代的物种经过或多或少的相互杂交而传下来的；这是晚近受到欢迎的一种说法。我们恐怕永远不能毫无疑问地确定狗变种的起源。古生物学①对于这一问题并没有投射很多的光明，这一方面是由于已经灭绝的以及现存的狼和胡狼在头骨上的密切相似，另一方面也是由于家狗的若干品种在头骨上的非常不相似。虽然如此，在第三纪后期的沉积物中所发现的遗骸，与其说是狼的，莫如说是像一种大型狗的，这种发现支持了得布兰威（De Blainville）关于狗都是一个灭绝种的后代的信念。另一方面，某些作者走得那么远，认为每一主要的狗品种都必定有它的野生的原始型。后面这种意见是极端不可能的：它没有估计到变异；它没有考虑到某些品种的近乎畸形的性状；它几乎必须假定自从人饲养了狗之后已经有大量的物种灭绝了；然而我们清楚地看到狗科的野生成员很不容易被人消灭；甚至在像 1710 年这样近的年代，狼还生存在像爱尔兰这样小的岛上。

使不同作者推论出我们的狗是从一个以上的野生种传下来的理由有如下述②。第一，若干品种之间有巨大的差异；但是当我们看到确实从单一亲类型传下来的各种家养动物的若干族之间的差异是何等巨大之后，这一理由将会显得比较不重要了。第二，更

◀ 达尔文在 Down House 花园里散步。

① 欧文（Owen）：《英国的化石哺乳类》（*British Fossil Mammals*），第 123—133 页。匹克推特（Pictet），《古生物学》（*Traité de Pal.*），1853 年，第一卷，第 202 页。得布兰威在其所著《狗骨学》（*Ostéographie, Canidae*）第 142 页里广泛地讨论了这整个问题，并作出如下的结论：一切家狗的灭绝的祖先在体制上同狼最相近，在习性上同胡狼最相近。再请参阅包依得·道金斯（Boyd Dawkins）的《洞穴狩猎》（*Cave Hunting*），1874 年，第 131 页等，以及他的其他著作。珍特尔斯（Jeitteles）在《奥鲁米犹兹市的史前古迹》（*Die vorgeschichtlichen Alterthümer der stadt Olmütz*），第二卷，1872 年，第 44 页到结束，曾详细地讨论了史前时期狗品种的性状。

② 我相信，帕拉斯（Pallas）在《圣彼得堡科学院院报》（*Act. Acad. St. Petersburgh*），1780 年，第二部分里创立了这个理论。爱伦堡（Ehrenberg）宣传了这个理论，这见于得布兰威的《狗骨学》，第 79 页。史密斯上校（Col. Hamilton Smith）在《博物学者丛书》（*Naturalist Library*）第九和第十卷里把它发展到极端的程度。马丁（W. C. Martin）先生在其卓越的著作《狗的历史》（*History of the Dog*）（1845 年）中采用了它；美国的莫尔登博士（Dr. Morton）以及诺特（Nott）和哥里顿（Gliddon）也采用了它。罗（Low）教授在他的《家养动物》（*Domesticated Animals*）中（1845 年，第 666 页）作出同样的结论。在这方面谁也比不上爱丁堡的已故詹姆斯·威尔逊（James Wilson）在苏格兰高地魏尔那农业学会（Highland Agricultural and Wernerian Societies）所宣读的各种论文那么清晰和有力。小圣伊莱尔《普通博物学》*Hist. Nat. Gén.* 1880 年，第三卷，第 107 页，虽然相信大多数狗是从胡狼传下来的，可是也相信有些狗是从狼传下来的。热尔韦（Gervais）教授仔细讨论了一切狗都是单一物种的变化了的后代以后，说道："赞成这种意见的人大概是没有的，而且实际上也不是这种情形。"（《哺乳动物志》，*Hist. Nat. Mamm.* 1855 年，第二卷，第 69 页）

加重要的事实是,在有史以来的最古时代中曾经有若干品种存在过,它们彼此很不相像,而同现今依然生存的品种密切相似或完全一样。

让我们简要地追寻一下历史记载。从第 14 世纪到古罗马时代这一期间的材料是显著缺乏的[①]。在古罗马时代,已经有各个品种、即猎狗、家狗、膝狗(lap-dogs)等存在了;但是,正如瓦尔塞(Walther)博士所指出的,要来对于大多数品种——加以确实的鉴定是不可能的。虽然如此,尤亚特(Youatt)还按照安东林娜斯别墅(villa of Antoninus)的两只幼灵缇(greyhound)的刻绘过一张画。约在公元前 640 年的亚述纪念碑上就有过一种巨獒(mastiff)的绘像[②];并且据罗林逊(H. Rawlinson)爵士说(我在大英博物馆听说的),与此相似的狗至今还输往往这同一国家。我曾参阅过来普修斯(Lepsius)和罗塞林尼(Rosellini)的巨大著作,而且在第四到第十四王朝(即公元前 3400—前 2100)的埃及碑刻上还看到过狗的几个变种;它们大半同灵缇犬近似;在这些时代的后期曾绘过一只类似猎狗的狗,它具有下垂的耳朵,但同我们的猎狗比起来,它的背较长,头较尖。还有一只曲膝狗(turnspit),具有短而弯曲的腿,同现存变种密切类似;但是这种畸形如此常见于各种动物,例如安康羊(Ancon sheep),并且据伦格(Rengger)说,甚至见于巴拉圭的美洲虎(jaguar),所以要把碑刻上的动物看做是一切我们曲膝狗的祖先就未免轻率了;赛克斯(Sykes)[③]上校也曾描述过一只印度黄色野狗,它具有相同的畸形性状。在埃及碑刻上的最古的狗是最奇特东西之一;它类似灵缇犬,但有长而尖的耳朵和短而弯卷的尾巴:一个密切近似的变种现今还存在于北非;因为沃尔南·哈科特(E. Vernon Harcourt)[④]先生说,阿拉伯的猎猪狗(boar-hound)是"一种像车奥普斯王(Cheops)在打猎时使用过的那种奇怪象形文字上的动物,同粗野的苏格兰的猎鹿狗(deer-hound)多少有相似之处;它们的尾巴紧紧地卷在它们的背上,它们的耳朵垂直地竖着"。同这最古的变种同时存在的还有一种类似印度黄色野狗的狗。

这样,我们知道在四五千年以前的时期里,如印度黄色野狗、灵缇、普通猎狗、獒、家狗、膝狗和曲膝狗等各个品种都已经存在了,并且或多或少地同我们的现存品种密切类似。但是没有任何充足的证据可以证明任何这些古代的狗同我们现在的狗都属于同一亚变种[⑤]。只要相信人存在于地球上只不过 6000 年左右,那么,在这样早的时代里品种

---

① 波捷奥(Berjeau):在《古雕刻和图画里的狗的变种》(*The Varieties of the Dog；in old Sculptures and Pictures*),1863 年。瓦尔塞(F. L. Walther)博士,《狗》(*Der Hund*),基生,1817 年,第 48 页:这位作者似乎仔细地研究了关于这一问题的一切古典著作。再请参阅沃尔兹(Volz)的《文化史》(*Beiträge zur Kultorgeschichte*),莱比锡,1852 年,第 115 页。《尤亚特论狗》(*Youatt on the Dog*),1845 年,第 6 页。得布兰威在其《狗骨学》里详细地叙述了狗的历史。

② 我曾经看到来自哈顿(Esar Haddon)之子的坟墓的这种狗的图绘,并且在大英博物馆(British Museum)中看到过泥塑的模型。诺特和哥里顿在他们的《人类的诸型》(*Types of Mankind*),1854 年,第 393 页,印制了这些图绘。这种狗曾被叫做西藏獒,但是奥尔特非尔得(H. A. Oldfield)先生熟悉所谓西藏獒,并且观察了大英博物馆的图绘,他告诉我说,他认为它们是有区别的。

③ 《动物学会会报》(*Proc. Zoolog. Soe.*),1831 年,7 月 12 日。

④ 《阿尔及利亚的狩猎》(*Sporting in Algeria*)第 51 页。

⑤ 波捷奥发表了埃及图绘的临暮本。马丁先生在其《狗的历史》(1845)中,从埃及碑刻上临摹下了几张图,并且非常有信心地说它们同现存的狗完全一样。诺特和哥里顿先生(《人类的诸型》,1854,第 388 页)发表了更多的图绘。哥里顿先生确信有一种卷尾的灵缇同最古代碑刻上的狗类似,这种狗在婆罗洲(Borneo)是普通的;但是酋长勃鲁克爵士(Sir T. Brooke)告诉我,并没有这种狗生活在那里。

的巨大多样性这个事实就成了一种很有分量的论点来说明它们系起源于若干不同的野生祖先,因为那时大概还没有足够的时间可以让它们发生分歧和变化。但是,现在我们在经过巨大的地理变化的地区中发现了同灭绝动物的遗骸埋在一起的燧石工具,我们从这个发现里知道,人的存在远比上述时期长得多,并且要记住,最不开化的民族也有家养的狗,那么时间不充分的这个论点就大大减少了它的价值。

远在有任何历史记录的时期以前,狗在欧洲就被饲养了。在新石器时代的"丹麦贝塚"(Danish Middens)里埋存着一种狗类动物的骨,斯登斯特鲁普(Steenstrup)巧妙地推论出这些骨就是家狗的骨;因为保存在残留物中的很大一部分鸟骨是长的骨,从试验中发现狗不能吞吃它们①。这种古代的狗在丹麦到了青铜时代便为一种比较大型的、略有差异的狗所延续,后者在铁器时代又被更大的种类所延续。在瑞士,据卢特梅耶教授说②,在新石器时代有一种中等大小的家狗存在过,它的头骨同狼和胡狼的头骨之间的差异差不多是一样的,并且多少具有我们的灵缇和谍狗(Setters)或猎狗(Jagdhund 和 Wachtehund)的性状。卢特梅耶极力主张这种已知的最古的狗在很长时期里保持了形态的稳定性。在青铜时代,一种更大的狗出现了,这种狗在颚的方面密切类似丹麦同一时期的一种狗。许麦林(Schmerling)③在一个洞穴里找到了两个显著不同的狗变种的遗骸;不过它们的年代还不能确实地被鉴定出来。

在整个新石器时代中在形态上保持特别稳定的只有一个族,这同我们所知道的在埃及碑刻那个相继时代里一些狗族发生的变化相比以及同我们现存的狗相比,是一个有趣的事实。这种动物在新石器时代的性状,如卢特梅耶所提出的,支持了得布兰威的观点——他认为我们的狗变种是从一个未知而已经灭绝的类型传下来的。但是我们必须不要忘记,我们对于世界温暖地带的人类古代情况毫无所知。不同种类的狗在瑞士和丹麦的相继出现,被认为是由于战胜的部落带着他们的狗一齐移入的结果;这一观点符合于在不同的地区饲养了不同的野生狗类动物的信念。姑且不谈新民族的移入,从由锡的合金组成的青铜之广泛存在看来,我们就可知道全欧洲在极其古远时期所进行的商业活动一定非常频繁,所以狗在当时大概也会被交易的。现在,在圭亚那(Guiana)腹地的未开化人中,达鲁马印第安人(Taruma Indians)被认为是狗的最好训练者,他们拥有一种大型品种,以高价同其他部落进行交易④。

支持若干狗品种是不同野生种类的后代的主要论据是:它们在各个不同地区里同现今还在那里生存的物种是类似的。但是,必须承认,野生动物同家养动物的比较只有在极少数例子中曾以充分的准确性进行过。在进入详细讨论以前,指出以下一点是有好处的;相信若干狗类的物种曾被驯化并没有既定的困难。狗科的成员几乎栖息于整个世界;并且有若干物种在习性和构造上同我们的若干家狗很相一致。高尔顿(Galton)先生

---

① 关于丹麦遗骸的这些事实以及下述的事实系引自莫洛特(M. Morlot)的最有趣的论文,见于《沃多斯自然科学学会》(Soc. Vaudoise des Sc. Nat.)第六卷,1860 年,第 281、299、320 页。

② 《湖上住居动物志》(Die Fauna der Pfahlbauten)1861 年,第 117、162 页。

③ 得布兰威,《狗骨学》。

④ 肖恩勃克(R. Schomburgk)爵士曾在这问题上向我提供了材料。再请参阅《皇家地理学会杂志》(Journal of R. Geograph. Soe.),十三卷,1843 年,第 65 页。

曾指出①未开化人多么喜欢饲养和驯服一切种类的动物。群居性的动物最容易被人驯服,而狗科的若干物种又是合群猎食的。关于狗以及其他动物,值得注意的是,在极其古远的时期,当人第一次进入任何地区时,生活在那里的动物对人不会感到本能上的或遗传上的恐惧,因而使它们驯服大概就会比今日容易得多。例如,当人第一次探访福克兰(Falkland)岛时,那巨大而似狼的狗(Canis antarcticus)毫无畏惧地前来迎接拜伦(Byron)的水手们,水手们把这种天真的好奇误以为凶暴,因而跑进水里去躲避它们;甚至最近,一个人有时在晚上一只手拿着一块肉,一只手拿着一把刀,就可以刺杀它们。在阿拉海(Sea of Aral)的一个岛上,当巴达科夫(Butakoff)第一次发现它时,那岛上的沙葛羚羊(saigak antelopes)"一般是很胆怯而警惕的,并不跑开我们,但相反地却以一种好奇的样子注视着我们"。还有,在毛里求斯(Mauritius)沿岸,海牛起初一点也不怕人,海豹和海象在世界的若干地方的情形也这样。我在其他地方曾指出②若干岛上的本地鸟如何缓慢地获得了和遗传下有利于它们的对人畏惧:在加拉帕戈斯群岛,我用枪口去推一只停在树枝上的鹰,又拿出水帚让其他鸟来栖息在上面喝水。很少被人打扰的四足兽和鸟类,并不比在野外取食的英国的鸟、牛或马更加怕人。

更加重要的一个论据是,狗的若干物种(正如下一章将要阐明的)在拘禁下并不表现强烈的嫌恶或不能生育;而在拘禁下不能生育是家养工作的最普通的障碍之一。最后,正如我们将在"选择"一章中看到的,未开化人对于狗非常重视;甚至半驯化的狗对于他们也是高度有用的;北美的印第安人让他们的半野生的狗同狼杂交,这样就使得它们比以前更加野蛮,但却更加勇敢;圭亚那的未开化人捕获并且部分地驯服和使用狗属(Canis)两个野生种的幼兽,有如澳洲的未开化人对于澳洲野狗(wild dingo)的幼兽那样。菲利普·金(Philip King)先生告诉我,他有一次训练了一只澳洲野狗的幼兽去赶牛,觉得它很有用处。从这些考察看来,我们知道相信人可以在不同地区饲养了不同的狗类的物种,并没有什么困难。如果在整个世界上曾被饲养的只有一个物种,这倒的确是一件奇怪的事。

我们现在进行细节的讨论。精确而明智的里卡逊(Richardson)说:"北美狼(Canis lupus var. occidentalis)和印第安人的家狗之间的类似是这样的巨大,以致只有狼的大小和力气似乎才是唯一的差异。我曾不止一次地把一群狼误认为某一印第安人部落的狗;这两种动物的嗥吠声是由如此一致的声调来延长,甚至印第安人的有经验的耳朵也常常不能辨别它们。"他又说,更往北的爱斯基摩狗不但在形态和颜色上极端类似北极的灰色狼,并且在大小上也几乎相等。肯恩(Kane)博士在他的雪车狗群中常常看到狼所固有的那种斜视的眼睛(这是某些博物学者所十分重视的性状)、下垂的尾巴和惊慌的面貌。爱斯基摩狗在性情上同狼没有什么区别,并且据海斯(Hayes)博士说,它们能够对人无所依恋,它们是如此野蛮,以致在饥饿时甚至会攻击它们的主人。据肯恩说,它们是容易野化的。它们同狼的亲缘关系非常密切,所以它们常常彼此杂交,而且印第安人就拿狼的幼

---

①《动物的家养化》(Domestication of Anlmals),"人种学会"(Ethnological Soc.),1863 年 12 月 22 日。

②《调查日志》(Journal of Researches)等,1845 年,第 393 页。关于 Canis antarcticus 狗,参阅第 193 页。关于羚羊,参阅《皇家地理学会会报》,第二十三卷,第 94 页。

兽来"改良他们的狗的品种"。这种杂种狼（据拉马-皮考［Lamare-Picquot］说）有时不能被驯服，"虽然这种情形是稀少的"；不过它们不到两三个世代以后是不能完全驯服的。这些事实阐明了爱斯基摩狗同狼之间的不育性，如果有的话也是很轻微的，否则它们就不会被用来改良品种了。按照海斯的说法，这些狗"毫无疑问地就是驯服了的狼"①。

北美有第二种狼栖息着，这是草原狼（Canis latrans），所有博物学者现在都认为它同普通狼不是同一物种；并且按照罗得（J. K. Lord）先生的意见，它的习性在某些方面介于狼和狐之间。里查逊爵士描述了在许多方面不同于爱斯基摩狗的兔形印第安狗（Hare Indian dog）以后说，"它同草原狼的关系有如爱斯基摩狗同大灰狼的关系"。事实上他不能查出它们之间有显著的差异；诺特（Nott）和哥里顿（Gliddon）先生举出了更多的细节来表明它们之间的密切类似。从上述两种野生祖先而来的狗能彼此杂交，也能同野生狼、至少是同北美狼杂交，而且还能同欧洲狗杂交。据巴特拉姆（Bartram）说，在佛罗里达（Florida），印第安人的黑色狼狗（wolf-dog）同那个地区的狼除了嗥叫声以外，并没有任何差异②。

转来看一看新世界的南部，哥伦布（Columbus）在西印度发现了两种狗；斐南得兹（Fernandez）③描述了三种墨西哥的狗：在这些土著狗中有一些是哑的——就是说，不吠的。在圭亚那，从布丰（Buffon）的时代起就知道土人使他们的狗同本地的原种（显然是Canis cancrivorus）进行杂交。曾经如此仔细探测过这些地区的肖恩勃克（R. Schomburgk）爵士写信告诉我说："居住在海边的亚拉瓦克（Arawaak）印第安人不止一次地告诉我，他们让他们的狗同一个野生种进行杂交以改进品种，并且把个别的狗指给我看，它们比普通的品种的确更加类似上述的原种（C. cancrivorus）。印第安人很少为了家庭的用途而饲养这个原种（C. cancrivorus），也很少为了同一目的而饲养爱伊狗（Ai），这是野生狗的另一物种，我想它就是史密斯（H. Smith）所说的 Dusicyon silvestris，现在亚理鸠那人（Arecunas）常常用它去打猎。达鲁马（Taruma）印第安人的狗是十分不同的，并且很像布丰所说的圣道明哥（St. Domingo）灵缇。"这样看来，圭亚那的土人有两个半家养化的土著种，并且还用他们的狗同它们进行杂交；这两个物种同北美和欧洲的狼属于一个十分不同的类型。关于一种无毛狗在欧洲人第一次探访美洲时就被饲养的事情，一位谨慎

---

① 上述引文的作者如下：里查逊：《北美动物志》（*Fauna Boreali-Americana*）1829 年，第 64，75 页；肯恩博士：《北极探险》（*Arctic Explorations*），1856 年，第一卷，第 398，455 页，海斯：《北极航行记》（*Arctic Boat Journey*），1860 年，第 167 页。佛兰克林（Franklin）的《记事》（*Narrative*），第一卷，第 269 页上引述了一个例子说印第安人带走了一只黑色狼的三只幼兽。帕里（Parry），里查逊以及其他人曾记述过狼同狗在北美东部地方自然进行杂交的事情。西曼（Seeman）在他的《先驱号航海记》（*Voyage of H. M. S. Herald*），1853 年，第二卷，第 26 页中说道，爱斯基摩人常把狼捉去同他们的狗杂交，由此来增大它们的大小和体力。拉马·皮考（M. Lamare-Picquot）在《驯化学会会报》（*Bull. de la Soc. d'Acclimat.*）第七卷，1860 年，第 148 页，对于半杂种的爱斯基摩狗进行了很好的描述。

② 《北美动物志》，1829 年，第 73，78，80 页，诺特和哥里顿：《人类的诸型》，第 383 页。史密斯在《博物学者丛书》第十卷，第 156 页引述了博物学者和旅行家巴特拉姆（Bartram）的著作。一种墨西哥的家狗似乎也与同一地区的野生狼相似；但这野生狗可能是郊狼。另一位有才能的鉴定者罗得先生在《博物学者在温哥华岛》（*The Naturalist in Vancouver Island*），1866 年，第二卷，第 218 页，说靠近洛基山的斯波坎斯（Spokans）的印第安狗"毫无疑问是一种驯化了的山狗即郊狼"，即 Canis latrans。

③ 我这里引述的是希尔（R. Hill）先生关于墨西哥家狗（Alco）的卓越的记述，载于高斯（Gosse）的《一个博物学者在牙买加的侨居记》（*Naturalist's Sojourn in Jamaica*），1851 年，第 329 页。

的观察者伦格（Rengger）①举出了一些可以相信的理由：在巴拉圭某些这等狗至今还是哑的，茨得（Tschudi）②说它们在科迪勒拉受到了寒冷的侵害。但是，这种无毛狗十分不同于保存在比鲁古墓地中的那种狗，后者在银哥狗（Canis ingoe）的名称下被茨得描述为能够很好地抵抗寒冷并且能够吠叫。现在还不知道这两种不同的狗是不是土著种的后代，可以争论说，当人第一次移入美洲时，就从亚洲大陆带来了不会吠叫的狗；但是这一观点似乎不是正确的，因为土人在他们从北向南的前进路线中，正如我们已经看到的，至少驯服了两个北美的狗科物种。

再来谈谈"旧世界"，有些欧洲狗同狼密切类似；例如匈牙利平原上的牧羊狗是白色的或红褐色的，它有尖的鼻子，短而竖起的耳朵，蓬松的毛，和毛茸茸的尾巴，它同狼非常类似，提出这个描述的佩吉特（Paget）先生说，他听说一个匈牙利人曾把一只狼错认为是他自己的狗。珍特尔斯（Jeitteles）也指出匈牙利的狗同狼是密切相似的。意大利的牧羊狗在古代一定同狼密切类似，因为哥留美拉（Columella，第七卷，第 12 页）主张饲养白色的狗，接着他说："牧人为了不把狗误认为狼，而把它们打死，都希望养白色的狗。"有若干关于狗同狼自然进行杂交的报道；并且普林尼（Pliny）说，高卢人（Gauls）*把他们的母狗缚在树林里以便它们同狼进行杂交③。欧洲狼同北美狼稍有差异，并且被许多博物学者列为不同的物种。印度的普通狼也被某些人看做是第三个物种，在那里我们再度看到印度某些地区的印度黄色野狗同印度狼是显著类似的④。

关于胡狼，小圣伊莱尔（Isidore Geoffroy St. Hilaire）⑤说，在它们的构造和狗的小型族的构造之间，不能指出一个固定的差异。它们在习性上是密切一致的：驯服了的胡狼，当受到它们的主人召唤时，就摇摆它们的尾巴，舐他的手，弯腰低头蹲伏着，并且在地上仰天打滚；它们嗅其他狗的尾处，并且斜着撒尿；它们在死尸或它们所杀死的动物上用脚把它们滚转前进；最后，在兴高采烈时，它们把尾巴夹在腿间兜圈子或走"8"字⑥。从居尔登斯铁特（Güldenstädt）的时代到爱伦堡（Ehrenberg）、赫姆普里许（Hemprich）和克列市马（Cretzschmar）的时代，许多卓越的博物学者都用强烈的语气对亚洲和埃及的半家养化狗同胡狼的类似，表示了意见。例如，诺特曼（M. Nordmann）先生说："阿瓦西（Awhasie）

---

① 《巴拉圭哺乳动物志》（*Naturgeschichte der Säugethiere von Paraquay*），1830 年，第 151 页。

② 载于洪堡（Humboldt）的《自然的面貌》（*Aspects of Nature*）（英译本），第一卷，第 108 页。

* 高卢是欧洲的一个古国，其领土包含现在意大利北部、法、比、荷兰、瑞士的一部分。——译者注

③ 佩吉特（Paget）的《匈牙利和德兰斯菲尼亚游记》（*Travels in Hungary and Transylvania*），第一卷，第 501 页。珍特尔斯，《匈牙利高原动物志》（*Fauna Hungariaen Superioris*），1862 年，第 13 页。参阅普林尼，《世界史》（英译本），第八卷。第十一章关于高卢人使他们的狗杂交的事。再参阅亚里士多德（Aristotle）《动物史》（*Hist. Animal*）第八卷，第 28 章。关于狼同狗在庇里尼斯附近自然杂交的良好证据，参阅莫达特（M. Mauduyt），《关于狼及其族》（*Du Loup et de ses Races*），波亚叠（Poitiers），1851 年，再参阅帕拉斯，《圣彼得堡科学院院报》，1780 年，第二部，第 94 页。

④ 这一叙述依据卓越的权威勃里斯先生（署名 Zoophilus）的材料，见《印度狩猎评论》（*Indian Sporting Review*），1856 年 10 月，第 134 页。勃里斯先生说，孔坡（Cawnpore）西北部的茸尾族野狗同印度狼之间的类似打动了他。关于涅巴达（Nerbudda）流域的狗他提出了确实的证据。

⑤ 关于狗同胡狼相似的无数而有趣的细节，参阅小圣伊莱尔，《普通博物学》，1860 年，第三卷，第 101 页。再请参阅热尔韦教授，《哺乳动物志》，1855 年，第二卷，第 60 页。

⑥ 再参阅居尔登斯铁特，"*Nov. Comment. Acad. Petrop*"，第 20 卷，1775 年，第 449 页。再参阅沙尔文（Salvin），《陆和水》（*Land and Water*），1869 年 10 月。

的狗同胡狼非常类似。"①爱伦堡肯定地说道，下埃及（Lower Egypt）的家狗和某些木乃伊狗以本地区的一种狼（C. lupaster）作为它们的野生模式；另一方面，努比亚（Nubia）的家狗和某些其他木乃伊狗同同一地区的一个野生种（C. sabbar）之间的关系最为密切，而这一野生种不过是普通胡狼的一个类型而已。帕拉斯（Pallas）断言，东方的胡狼同狗有时自然地进行杂交；在阿尔及利亚（Algeria）②就记载过这样一个例子。大部分博物学者都把亚洲和非洲的胡狼分为几个物种，但是有少数博物学者则把它们列为一个物种。

我可以补充说，在圭亚那沿岸的家狗是狐狸样的动物，而且是哑的③。据埃尔哈特（S. Erhardt）牧师告诉我，在非洲东海岸南纬4°到南纬6°之间，并且在距离那里有十天左右路程的腹地，有一种半家养化的狗被饲养着，土人断言它是从相似的一种野生动物而来的。里许登斯坦（Lichtenstein）④说，波斯捷曼斯（Bosjemans）的狗甚至在颜色上（除了背部的黑色条纹外）都表现得同南非的黑脊胡狼（C. mesomelas）显著类似。雷雅得（E. Layard）先生告诉我，他看见过一种开弗尔（Caffre）＊狗，它同爱斯基摩狗非常相似。在澳洲，澳洲野狗有家养的，也有野生的；虽然这种动物原来大概是由人引进来的，可是必须把它看做几乎是本地产的类型，因为曾经发现它的遗骸同绝灭的哺乳类在一起，并且二者在相似的状态中保存着，所以它一定是在古代被引进来的⑤。

从若干地区的半家养狗同仍旧生活在那里的野生种的这种类似看来——从它们能够经常那么容易地进行杂交看来——从甚至半驯服的动物也受到未开化人的如此重视看来——以及从以前提到过的有利于它们家养化的其他条件看来，高度可能的是：世界上的家狗，是从两个界限十分分明的狼的物种（即 C. lupus 和 C. latrans）、从两个或三个其他可疑物种（即欧洲的、印度的和北美的狼）、从至少一个或两个南美的狗类的物种、从胡狼的几个族或物种、而且也许从一个或一个以上的灭绝物种传下来的。虽然说被引进到任何地区的家狗在那里繁育许多世代以后获得那个地区的本地狗科动物所固有的某些性状不仅是可能的，甚至好像是确有其事的，可是我们几乎不可能这样来解释被引进去的狗曾经在同一地区产生出同两个本地种相类似的两个品种，就像上述的圭亚那和北美的情形那样⑥。

不能用这些动物难于驯服的事来反对自古已经有几个狗类的物种被家养了的观点：

① 引自得布兰威，《狗骨学》第79,98页。

② 参阅巴拉斯，见《圣彼得堡科学院院报》，1780年，第二部，第91页。关于阿尔及利亚，参阅小圣伊莱尔，《普通博物学》，第三卷，第177页。在那两个国家里都是雄胡狼同雌家狗交配。

③ 约翰·巴拔特（John Barbut）；《1746年圭亚那沿岸记》（Description of the Coast of Guinea in 1746）。

④ 《南非旅行记》（Travels in South Africa），第二卷，第272页。

＊ 开弗尔是南非一种黑人。——译者注

⑤ 塞尔温（Selwyn），《威多利亚的地质》（Geology of Victoria）；《地质学会学报》（Journal of Geolog. Soc.）第十四卷，1858年，第536页，以及第十六卷，1860年，第148页；马可亦（M. Coy）教授见《博物学年报》（Annals and Mag. of Nat. Hist.）（第三辑），第九卷，1862年，第147页。澳洲野狗同波利尼西亚诸岛（Polynesian islands）中部的狗有所不同。戴芬巴哈指出（《游记》，第二卷，第45页）新西兰的本地狗也同澳洲野狗有所不同。

⑥ 华莱士先生对莱伊尔的《地质学原理》，1872年，第二卷，第295页中的狗的多元说提出了一些批评，我想后面这些意见对他的批评作了充分的答复。

关于这个问题已经提出了一些事实，但我可以补充一点，霍奇森（Hodgson）先生①把印度蛮狗（Canis primoevus）的幼兽弄驯服了，它表现得非常聪明，有如同一年龄的任何猎狗一样。正如我们已经阐明过的而且进一步还要看到的，在北美印第安人的家狗和那个地区的狼之间，或者在东方的印度黄色野狗和胡狼之间，或者在各个不同地区野化了的狗和那一种的几个自然种之间，并没有多大习性上的差异。虽然如此，几乎为一切家狗所共有的吠叫习性，则是一种例外，因为没有一个自然种具有吠叫的特性，虽然有人对我断言北美郊狼（Canis latrans）的吠叫非常接近狗的吠声。但是这一习性在狗野化了的时候，便立即失去，而当它们再度被家养后，又立即恢复。胡安-斐南德斯（Juan Fernandex）岛上的野狗变为哑狗的例子常被引述，我们有理由可以相信②它是在 33 年的期间内变哑的；另一方面，乌罗亚（Ulloa）从这一岛上带来的狗又缓慢地重新获得了吠叫习性。属于郊狼型的麦肯兹河（Mackenzie-river）狗被带到英国以后，从来没有把吠叫学好；但是在"动物园"里③产生的一只却"同同一年龄和同一大小的其他狗叫得一样响亮"。据尼尔逊（Nillson）④教授说，被母狗养育起来的幼狼能够吠叫。小圣伊莱尔展览过一只胡狼，它吠叫得同任何普通狗吠叫的声调一样⑤。关于一些在印度洋的胡安·得诺瓦（Juan de Nova）野化了的狗，克拉克（Clarbe）先生⑥曾做过有趣的报道：在拘禁几个月以后，"它们便完全失去了吠叫的性能；它们失去了同其他狗结成伴侣的倾向，也没有获得它们的叫声"。在那个岛上，它们聚成大群，捕捕海鸟，其娴熟就像狐狸所能表现的完全一样。拉普拉塔（La Plata）的野化狗并没有变哑；它们的体形大，单独地或成群地捕猎，并且掘洞来保护幼兽⑦。在这些习性上，拉普拉塔的野化狗同狼和胡狼相似；后两者都单独地或成群地捕猎，并且掘洞⑧。这些野化狗在胡安-斐南德斯、胡安·第·诺瓦、或拉普拉塔所呈现的颜色并没有变得一致⑨。普匹哥（Poeppig）描述古巴的野化狗几乎都是鼠色的，具有短的耳朵和淡蓝的眼睛。史密斯上校说⑩圣道明哥的野化狗是很大的，同灵缇那样地呈单纯的淡蓝灰色，具有小的耳朵和大而淡褐的眼睛。金（P. P. King）先生告诉我，甚至澳洲野狗，虽然远在古代就在澳洲归化了，"在颜色上还有相当的变异"；在英国⑪养育起来

① 《动物学会会刊》（Proceedings Zoolog. Soc.），1833 年，第 112 页。关于普通狼的驯养，请再参阅洛伊得（L. Lloyd），《斯堪的纳维亚探险记》（Scandinavian Adventures），1854 年，第一卷，第 460 页。关于胡狼，参阅热尔韦教授，《哺乳动物自然史》，第二卷，第 61 页。关于巴拉圭的 aguara，参阅伦格的著作。

② 罗林（Roulin），见《法国科学院当代各门科学论文集》（Mém. présent. par divers Savans），第六卷，第 341 页。

③ 马丁：《狗的历史》，第 14 页。

④ 为洛伊得所引述，见《欧洲北部的田野游猎》（Field Sports of North of Europe），第一卷，第 387 页。

⑤ 夸垂费什（Quatrefages），《驯化学会会报》，1863 年 5 月 11 日，第 7 页。

⑥ 博物学年报，第十五卷，1845 年，第 140 页。

⑦ 亚莎拉（Azara）：《南美航海记》（Voyages dans L'Amér. Mérid.'）第一卷，第 381 页；他的记载为伦格所完全证实。夸垂费什记述过一只从耶路撒冷带到法国去的雌狗，它掘了一个洞，并且在洞内生育。

⑧ 关于狼掘洞，参阅里查逊，《北美动物志》，第 64 页，贝西斯坦（Bechstein），《德国的博物学》（Naturgeschichte Deutschlands），第一卷，第 617 页。

⑨ 参阅普匹哥（Poeppig），《智利旅行记》（Reise in Chile）第一卷，第 290 页；克拉克先生，同前书；伦格，同前书，第 155 页。

⑩ 《狗》，《博物学者丛书》，第十卷，第 121 页；南美的一种本地狗似乎也曾在这一岛上野化了。参阅高斯：牙买加，第 340 页。

⑪ 罗，《家养动物》，第 650 页。

的一只杂种的澳洲野狗表现有掘洞的倾向。

从上述的若干事实看来，我们知道返归野生状态并没有表现土著亲种的颜色或大小。虽然如此，有一个关于家狗颜色的事实，我在某一时期曾希望它会对它们的超源投射若干光明；为了阐明颜色甚至在狗这样自古就已完全家养化的动物中如何遵循法则，这是值得提一提的。具有黄褐色脚的黑狗，不论它们属于那一品种，几乎在每一只眼睛的上方内侧的角上一定有一个黄褐色斑点，而且它们的嘴唇一般也具有同样的颜色。关于这一规律的例外，我只看到过两个，即在一只猎狗（spaniel）和一只小猎犬（terrier）中看到这种情形。淡褐色的狗在两眼上往往各有一个更淡的黄褐色斑点；有时斑点是白色的，有一只杂种小猎犬的斑点是黑色的。卫林（Waring）先生亲切地为我在沙福克（suffolk）观察了15只灵缇；其中有11只是黑色的，或是黑白相间的，或是棕色斑纹的，这些狗并没有眼斑；但是其中有三只是红色的，有一只是石板青色的，这四只狗在它们的双眼上各有深色的眼斑。眼斑的颜色虽然这样有时彼此不同，但它们都强烈地倾向于黄褐色；我所看到的四只猎狗、一只谍狗（setter）、两只约克郡（Yorkshire）牧羊狗、一只大型杂种狗以及一些狐缇证实了这一点，它们都是黑白相间的，除了眼斑和有时在脚上呈现一点黄褐色以外，其余体部没有一丝黄褐色。后面这些例子和许多其他例子清楚地阐明了脚和眼斑在颜色上是以某种方式相关的。我曾注意到在各个不同品种中从黄褐色的整个面部到黄褐色的眼圈，乃至眼睛内的黄褐色小斑，存在着连续的各级。眼斑见于小猎犬和猎狗的各个亚品种；见于谍狗；见于各种猎狗，包括类似曲膝狗的德国猎獾狗（badger hound）；见于牧羊狗；见于一只杂种狗（它的双亲都不具眼斑）；见于一只纯种的斗牛犬（bull-dog），虽然它的眼斑几乎是白色的；见于灵缇——不过真正的黑色同黄褐色相间的灵缇异常稀少；虽然如此，瓦维克（Warwick）先生还向我肯定地说，有一只上述颜色的灵缇在1860年4月举行的"苏格兰锦标竞赛会"上参加赛跑，它"完全具有黑色同黄褐色相间的小猎犬的特征"。这只狗或者另一只完全同一颜色的狗在1865年3月21日参加"苏格兰全国俱乐部"的赛跑；我听布朗（C. M. Browne）先生说，"没有理由把这种不平常的颜色的出现归因于父方或母方"。斯温赫（Swinhoe）先生在我的请求下对中国厦门的狗进行了观察，他立刻注意到一只褐色的狗具有黄色眼斑。史密斯上校[1]描绘了西藏的魁梧的黑色獒，它在眼、脚和颊上各有一条黄褐色的条纹；更为奇特的是，他描绘了一只墨西哥土著家狗（Alco），它是黑白相间的，具有狭窄的黄褐色眼圈；1863年5月在伦敦举行的狗"展览会"上展出了一只来自墨西哥西北部的所谓森林狗，它有淡黄褐色的眼斑。这些黄褐色眼斑出现在生活于世界各个不同部分的如此极端不同的品种中，使得这个事实高度地值得注意。

我们将在以后看到，特别在论"家鸽"那一章里，色斑是高度遗传的，它们经常帮助我们发现我们家养族的原始类型。因此，如果任何野生狗类的物种曾清楚地呈现出黄褐色眼斑，那么大概可以论断这就是几乎一切我们家养族的亲类型。但是观察了许多彩色图版和"英国博物馆"的兽皮的整个采集品以后，我不能找到任何物种具有这样的标志。没有疑问，可能有某些灭绝物种具有这样的标志。另一方面，在观察各个不同的物种时，可

---

[1]　《博物学者丛书》，《狗》，第十卷，第4,19页。

以看出在黄褐色的腿和脸之间似乎有相当清楚的相关性；在黑色的腿和黑色的脸之间，似乎也有相关性，但不如上述那样常见；颜色的这一普遍规律在某种程度上说明了上面所举出的关于眼斑和脚色之间的相关的例子。还有，某些胡狼和狐有白眼圈的痕迹，例如，黑脊胡狼（C. mesomelas），胡狼（C. aureus），以及（根据史密斯上校的绘图）其他两个物种（C. alopex 和 C. thaleb）。其他物种（例如 C. variegatus，cinereo-variegatus，fulvus，以及澳洲野狗）。在眼角上有一条黑线的痕迹。因此我愿作出这样的结论：在各个不同品种的狗中黄褐色斑点出现在眼睛上的倾向同得玛列（Desmarest）所观察的下述情况是相似的，即狗的任何部分如果出现了白色，尾的尖端总是白色的。"由此想起了大部分野生狗的尾端都具有那种颜色"①。但是，捷塞（Jesse）先生向我断言，这个规律并不是永远有效的。

有人反对说，我们的家狗不能从狼或胡狼传下来，因为它们妊娠的时期不相同。这种设想的不同是以布丰、吉里伯特（Gilibert）、贝西斯坦（Bechstein）和其他人的叙述为根据的；不过现在已经知道这些叙述是错误的；现在发现狼、胡狼和狗的妊娠期的一致可以密切到我们所能预料的程度，因为妊娠期在某种程度上常常是变异的②。密切注意这一问题的得谢尔（Tessier）认为狗的妊娠期有四天的差异。福克斯（Rev. W. D. Fox）牧师给过我三个仔细记载下来的有关拾猎狗（retriever）的例子，在这些例子中，母狗只同公狗交配一次；从交配的翌日计算到分娩的那一天，其妊娠期为 59 天、62 天和 67 天。平均是 63 天；但是伯林格里（Bellingeri）说，这只适用于大型的狗；关于小型的族，那是 60 天到 63 天；对狗富有经验的伊顿地方的伊顿（Eyton）先生也告诉我，大型狗的妊娠期比小型狗的妊娠期有长一些的倾向。

弗·居维叶（F. Cuvier）反对说，人不会养胡狼，因为它具有臭气；不过未开化人对于这一点并不敏感。还有，气味的程度随着不同的胡狼种类而有所不同③；史密斯上校用一个不发臭气的性状对这一类群作了区分。另一方面，狗——例如，多毛和少毛的小猎犬——在这方面差异很大；高德龙（M. Godron）先生说，无毛的所谓土耳其狗比其他狗更有气味。小圣伊莱尔说④，用生肉喂养一只狗，它的气味会变得同胡狼的一样。

相信我们的狗是从狼、胡狼、南美狗科和其他物种传下来的，还意味着一个远为重要的难点。这些动物，在它们还没有家养化的状态下，如果杂交，按照广泛的类似情况来判断，在某种程度上将是不育的；而一切相信杂交类型的能育性的削弱是物种区别的一个确切准则的人们，会承认这种不育性几乎是必然的。无论如何，这些动物在它们共同居

---

① 热尔韦教授在《哺乳动物志》第二卷，第 66 页引述过。

② 亨特（J. Hunter）指出布丰所说的 73 天的长妊娠期，如以母狗在 16 天的时期里同雄狗进行了多次交配，即可容易地得到说明（《皇家学会会报》，Phil. Transact. 1787 年，第 353 页）。亨特发现狼同狗之间的杂种的妊娠期（《皇家学会会报》，1789 年，第 160 页）显然是 63 天；因为她同雄狗交配了一次以上。一只杂种狗同胡狼杂交后，其妊娠期为 59 天。居维叶发现狼的妊娠期是（《博物学分类辞典》，Dict. Class. d'Hist. Nat. 第 4 卷，第 8 页）两个月零几天，这同狗的妊娠期是一致的。小圣伊莱尔讨论过这整个问题，并且我从他那里引述了伯林格里的意见，小圣伊莱尔说（《普通博物学》，第三卷，第 112 页）在法国"植物园"里发现胡狼的妊娠期是 60 天到 63 天，这同狗的妊娠期是完全一致的。

③ 参阅小圣伊莱尔，《普通博物学》第三卷，第 112 页，关于胡狼的气味。史密斯上校，见《博物学者丛书》，第十卷，第 289 页。

④ 为夸垂费什所引述，见于《驯化学会会报》，1863 年 5 月 11 日。

住的地区是保持界限分明的。另一方面，在这里被假定从若干不同物种传下来的一切家狗，在已知的范围内部都是杂交能育的。但是，正如勃洛加（Broca）曾经很好指出的那样①，关于杂种狗的连续世代的能育性，从来没有以检查物种杂交时被认为所不可缺少的谨慎态度去检查过。有少数事实导致了这样的结论：即若干不同族的狗在杂交时的性欲情绪和生殖能力有所不同，这些事实是（但仅仅由于大小不同而致生育困难的事不在讨论之列）：墨西哥的阿鲁考（Alco）狗②显然不喜欢其他种类的狗，但严格讲起来这或者不是一种性欲情绪；巴拉圭的无毛本地狗，据伦格说，欧洲族交配的比自己彼此交配的为少；据说德国的尖耳狗（Spitzdog）比其他品种更容易同狐杂交；霍奇金（Hodgkin）博士说，在英国的一只母澳洲野狗吸引一些雄的野生狐发性了。如果后面这些叙述可以信赖的话，它们便证明了在狗的品种中有某种程度的性差异。但是下述的事实仍然是真实的：在外部构造上有如此重大差异的我们的家狗，同它们的假定的野生祖先相比，我们有理由相信前者远远是更加能育的，帕拉斯（Pallas）③认为家养的悠长过程消除了那种只有最近被捕获的原种才会表现出来的不育性；还没有支持这一假说的明确事实被记录下来；但是依我看来，支持我们家狗是从几个野生原种传下来的证据是如此强有力（姑且不谈从其他家养动物方面得到的证据），以致我愿承认这个假说的真实性。

随着我们家狗从几个野生种传下来的理论，发生了另一个密切相似的难点，即它们同它们的假定的祖先进行交配似乎并不是完全能育的。但是还没有十分充分地做过这种试验；例如，在外貌上同欧洲狼如此密切类似的匈牙利狗，应该让它同这种狼进行杂交；应该让印度黄色野狗同印度狼和胡狼进行杂交；以及其他类似的情形。未开化人不怕麻烦地使某些狗同狼以及其他狗科动物进行杂交，这阐明了它们之间的不育性是很轻微的。布丰从狼同狗的杂交中连续得到了四个世代，两杂种之间又是彼此完全能育的④。但是最近佛罗伦斯（M. Flourens）先生从他的许多实验结果肯定地叙述了狼和狗的杂种如果进行自交，到第三代便成为不育的，胡狼和狗的杂种自交在第四代便成为不育的⑤。但是，这些动物是严密拘禁的；正如我们将在后面一章看到的，许多野生动物由于在拘禁中便某种程度地成为不育的了，或者甚至完全成为不育的了。澳洲野狗在澳洲同从欧洲输入的狗可以自由地杂交而生育，但在巴黎的植物园（Jardin des Plantes）*里虽然反复地

---

　　① 《生理学学报》（*Journal de la Physiologie*），第二卷，第385页。
　　② 参阅希尔先生对这一品种的卓越记载，见于高斯的《牙买加》第338页；伦格的《巴拉圭的哺乳动物》，第153页。关于尖耳狗（Spitz），参阅贝西斯坦的《德国的博物学》，1801年，第一卷，第638页。关于霍奇金博士在英国科学协会上的发言，参阅《动物学者》（*The Zoologist*），第六卷，1845—46年，第1097页。
　　③ 《圣彼得堡科学院院报》，1780年，第二部，第84，100页。
　　④ 勃洛加指出（《生理学学报》，第二卷，第353页）布丰的实验常被误解。勃洛加搜集了（第390—395页）许多关于狗、狼和胡狼的杂交能育性的事实。
　　⑤ 佛罗伦斯，《发情期》（*De la Longévité Humaine*）。1855年，第143页。勃里斯先生说（《印度狩猎评论》，第二卷，第137页），他在印度看到过若干印度野狗同胡狼之间的杂交；还看到其中一个杂种同小猎犬之间的杂交。亨特关于胡狼的实验是众所熟知的。再参阅小圣伊莱尔，《普通博物学》，第三卷，第217页，他说胡狼的杂交后代在三个世代中是完全能育的。
　　* 这里的"植物园"系直译，实际上其中包括植物园、动物园和自然博物馆三大部分。——译者注

同狗进行杂交,却是不育的①。由登邯(Denham)少校从非洲中部带来的某些猎狗在伦敦塔*内从来不生育②;相似的不育性的倾向会传给野生动物的杂种后代。再者,在佛罗伦斯先生的实验里,杂种似乎在三四个世代中都是在严密的自交中繁育的;这种情形几乎一定会增加不育的倾向。几年前,我看到拘禁在伦敦动物园里的一只由英国狗同胡狼杂交而生出来的雌性杂种,它甚至在第一代就如此不育,据她的看守者说,她并不充分地表现她的正常的发情期;但是这一例子必定是例外的,因为从这两种动物的杂交中产生出能育的后代有着很多的例子。在几乎一切关于动物杂交的实验中都有那么多的可疑原因,所以要得到任何肯定的结论是极端困难的。但是无论如何,对于相信我们的狗是从几个物种传下来的那些人们来说,似乎不仅必须承认它们的后代经过长期的家养过程之后一般在杂交时会丧失一切不育性的倾向;而且必须承认在某些品种的狗和某些它们的假定的原始亲代之间残存了或者甚至可能获得了某种程度的不育性。

尽管有上述最后两段中的关于能育性的一些难点,但当我们考虑到对于像狗科动物这样广泛分布、这样容易驯化、这样有用的类群,人在全世界范围内只饲养过一个物种有着内在的不可能性的时候;当我们考虑到不同品种的极端古远性的时候;特别是当我们考虑到许多地区的家狗同仍然生活在同一地区的野生种之间在外部构造上和习性上的密切相似的时候,论据就大大地有利于我们狗的多源说。

狗的若干品种间的差异 如果若干品种是从几个野生原种传下来的,那么它们的差异显然可以部分地借它们的亲种的差异来说明。比方说,灵缇的类型可以部分地借从瘦长的具有长吻的阿比西尼亚**狗(Canis simensis)③那样的动物传下来的事情来解释;大型狗的类型是从大型狼传下来的,小型而细长的狗是从胡狼传下来的:而且这样我们便可以解释某些体制上和气候上的差异。但是设想此外就没有大量的变异④,那将是巨大的错误。若干土著野生种的杂交以及随后形成的族的杂交大概曾经增加了品种的总数,并且正如我们将要看到的,这曾经大大地改变了某些品种。但是,我们不能用杂交来解释像纯种的灵缇、血缇(blood hound)、斗牛犬(bull dog)、布伦海姆狗(Blenheim spaniel)、小猎犬、猿面狗(pug)等极端类型的起源,除非我们相信在上述这些不同之点上具有同样的或更加显著的特征的类型曾经存在于自然界。但是几乎没有人如此大胆地假定过如此不自然的类型曾经存在于或者能够存在于野生状态中。同狗科的一切已知成员相比较,它们的不同而异常的起源便暴露出来了。关于未开化人曾经饲养过血缇、猎狗、真正的灵缇这等狗的事例,还没有记录过:它们是长期不断的文化的产物。

狗的品种和亚品种的数目是巨大的;比方说,尤亚特(Youatt)就描述了 12 个种类的灵缇。我并不试图列举或描述这些变种,因为我们不能分辨出它们的差异有多少是由于

---

① 根据居维叶的材料,见勃龙(Bronn)的《自然界的历史》(*Geschichte der Natur*),第二卷,第 164 页。

* 英国伦敦的名胜之一。——译者注

② 马丁:《狗的历史》,1845 年,第 203 页。金先生经过广泛的观察机会以后,告诉我说,在澳洲,澳洲狼同欧洲狗是常常杂交的。

** 阿比西尼亚现在的国名是埃塞俄比亚。

③ 留贝尔(Rüppel),《阿比西尼亚的新脊椎动物》(*Neue Wirbelthiere von Abyssinien*),1835—1840 年;《哺乳类》,第 39 图,第 14 图。大英博物馆藏有这个动物的标本。

④ 即便是帕拉斯也承认这一点;参阅《圣彼得堡科学院院报》,1780 年,第 93 页。

变异，有多少是由于从不同的原种传下来的。但是简要地提一提某些点大概还是值得的。先从头骨讲起，居维叶认为①它们的形态上的差异"比同属的野生种的头骨之间的差异还要大"。不同骨的比例；下颚骨的弯曲度，同牙齿平面有关的髁（condyle）的位置（居维叶以此为分类的依据），颧的下颚的后枝的形状，颧弧（zygomatic arch）以及颞孔（temporal fossae）的形状；枕骨（occiput）的位置——这一切都有相当的变异②。大型品种和小型品种的狗在脑的大小上的差异"是颇为惊人的"。"某些狗的脑的前部是高而圆的，某些狗的脑的前部是低长而狭的"。在后者，"当从上方观察脑的时候，嗅叶大抵有一半是看得见的，但是在其他品种中它们则完全被大脑半球遮掩住了"③。狗正常地有六对臼齿在上颚，七对臼齿在下颚；但是若干博物学者曾经看到常常在上颚多生出一对④；热尔韦（Gervais）教授说，"上颚生七对、下颚生八对的狗也是有的"。得布兰威⑤曾经就牙齿数目的变异频率提出过详细的记载，并且阐明了多生出来的牙齿并不永远是同一个牙齿。据缪勒（H. Müller）⑥说，在短吻的族中，臼齿是斜生的；而在长吻的族中，臼齿是纵生的，齿间留有空隙。无毛的所谓埃及狗或土耳其狗的牙齿非常少⑦——有时每一边除了一个臼齿之外再没有其他牙齿了；这一点虽然是这个品种的特征，但必须看做是一种畸形。吉拉尔得（M. Girard）⑧先生似乎密切注意过这个问题，他说在不同种类的狗中恒齿的出现时期是不相同的，在大型狗中出现较早；例如，mastiff 生下四五个月就具有恒齿，而西班牙小狗生出恒齿，有时要在生下七八个月以后。另一方面，小型狗在一岁时便成熟了，并且母狗已达到了生育的最适宜时期，而大型狗"在这个时候还处于幼狗的状态，并且需要加倍的时间来完成身体各部分的发育"⑨。

关于细小的差异，没有多说的必要。小圣伊莱尔⑩曾指出某些狗在大小上比其他狗长出六倍（尾除外）；身高同身长的比例变动于 1：2 和 1：4（弱）之间。苏格兰猎鹿狗（deer-hound）的雌雄之间在大小上有惊人而显著的差异⑪。每一个人都知道在不同品种中耳朵在大小上的变异是多么大，而且随着耳朵的大量发育，耳朵的肌肉便萎缩了。关于某些品种的狗在鼻孔和唇之间有一条深沟，曾经有过记载。按照居维叶的材料（上面最后两点是依据他的材料的）。尾椎在数目上有变异；英国的牛和某些牧羊狗几乎是没

①　小圣伊莱尔所引述，见《普通博物学》，第三卷，第 453 页。

②　居维叶，《博物馆年报》（*Annales du Muséums*），第十八卷，第 337 页；高德龙，《物种》（*De l' Espèce*），第一卷，第 342 页；史密斯上校，《博物学者丛书》，第九卷，第 101 页。再参阅比安科尼（Bianconi）教授，《达尔文学说》（*La Théorie Darwinienne*），1874 年，第 279 页，关于某些品种的头骨退化的观察。

③　勃尔特·外尔得（Burt Wilder）博士，《美国科学促进协会》（*American Assoc. Advancement of Science*），1873 年，第 236，239 页。

④　小圣伊莱尔，《畸形史》（*Hist. des Anomalies*），1832 年，第一卷，第 660 页。热尔韦，《哺乳动物志》，第二卷，1855 年，第 66 页。得布兰威（《狗骨学》，第 137 页）也看到颚的两边生有多余的臼齿。

⑤　《狗骨学》，第 137 页。

⑥　沃尔兹勃格（Würzburger），《医学杂志》（*Medicin. Zeitschrift*），1860 年，第一卷，第 265 页。

⑦　雅尔列（Yarrell）先生，《动物学会会报》，1833 年，10 月 8 日。华特豪斯先生（Mr. Waterhouse）给我看过这类狗的一个头颅，它每一边只有一根臼齿和一些不完全的门齿。

⑧　引自《兽医》（*The Veterinary*），伦敦，第八卷，第 415 页。

⑨　引自大权威司顿亨（Stonehenge）：《狗》（*The Dog*），1867 年，第 187 页。

⑩　《普通博物学》，第三卷，第 448 页。

⑪　司克罗普（W. Scrope），《猎鹿的技术》（*Art of Deer-stalking*），第 354 页。

有尾巴的。乳房的数目变异在 7～10 之间；都本顿（Danbenton）检查过 21 只狗之后，发现有 8 只狗每一边各具 5 个乳房；8 只狗每一边各具 4 个乳房；其余的狗在两边各具不同数目的乳房[1]。狗的前脚正常有五趾；后脚正常有四趾，但往往也有第五趾生出；居维叶说，当第五趾存在的时候，就有第四楔形骨（Cuneiform bone）发育出来；在这种情况下，那巨大的楔形骨有时会被举起，并在内侧提供一个大的关节面，同距骨（astragalus）相连；结果，甚至骨的相互联系（这是一切性状中最稳定的）也发生了变异。但是，狗脚上的这些变异并不是重要的，因为正如得布兰威所指出的，应该把它们列为畸形[2]。虽然如此，有趣的是，它们同身体的大小相关，因为在獒和其他大型狗中发生这种情形远比在小型狗中为多。但是密切近似的变种有时在这方面也有所不同；例如霍奇森先生说，西藏獒的黑褐色拉萨变种具有第五趾，而麦斯当（Mustaug）亚变种就没有这样的特征。趾间皮肤发育的程度变异很大；但是这点留待以后再谈。各个不同品种的感官、性情和遗传的习性在完善化程度上的差异是大家所熟知的。品种间呈现有某些体质上的差异：尤亚特[3]说，脉搏"随着品种而显著地不同，也随着动物的大小而不同"。不同品种的狗对于各种疾病的感染有不同的程度。它们对于长期生活于其下的不同气候必然已经适应了。众所周知，我们欧洲的最优良品种大多数在印度都变坏了品质[4]。埃维瑞斯特（R. Everest）牧师[5]相信没有人能够在印度把纽芬兰狗长期地养活下来；按照里许登斯坦的说法[6]，甚至在好望角，情形也是这样。西藏獒在印度平原上退化了，它只能生活在山地[7]。洛伊得（Lloyd）断言我们的血缇和斗牛犬都曾受到过考验，它们是不能忍受北欧森林地带的寒冷的[8]。

　　看到狗的族在许多性状上所表现的差异，想起居维叶承认它们的头骨的差异比任何自然属的物种的头骨的差异还要大，并且记得狼、胡狼、狐以及其他狗科动物的骨如何密切一致，那么我们遇到一再提起的关于狗的族在重要性状上没有差异的说法，就值得注意了。一位高度有才能的判断者热尔韦教授[9]承认"如果我们毫无拘束地去认识这等器官所发生的变化，那么家狗之间在其他方面的差异比物种间和属间的差异恐怕还要大得多"。上面列举的这些差异之中有些从一方面来看是比较没有价值的，因为它们没有构成不同品种的特征：没有人会冒昧地认为多余的臼齿或乳房的数目是品种的特征；多余的趾一般见于獒，而且头骨和下颚的某些比较重要的差异或多或少地构成了各个品种的特征。但是我们必须不要忘记，选择的强大力量没有应用到任何这等例子中；重要器官

---

[1]　引自史密斯上校，《博物学者丛书》，第十卷，第 79 页。

[2]　得布兰威，《狗骨学》，第 134 页。居维叶：《博物馆年报》，第十八卷，第 342 页。关于獒，参阅史密斯上校，《博物学者丛书》，第十卷，第 218 页。关于西藏獒，参阅霍奇森先生，《孟加拉亚细亚学会学报》（*Journal of As. Soc. of Bengal*），第一卷，1832 年，第 342 页。

[3]　《狗》，1845 年，第 186 页。关于疾病，尤亚特断言（第 167 页）意大利灵缇的子宫和阴道很容易感染黏膜疮。獚狗和哈巴狗（第 182 页）最容易感染气管炎。不同品种感染狗瘟热（第 232 页）的程度极不相同，关于狗瘟热，参阅哈特金逊（Hutchinson）上校的《狗疯》（*Dog Breaking*），1850 年，第 279 页。

[4]　参阅《尤亚特论狗》，第 15 页，《兽医》，伦敦，第十一卷，第 235 页。

[5]　《孟加拉亚细亚学会学报》，第三卷，第 19 页。

[6]　《旅行》，第二卷，第 15 页。

[7]　霍奇森，见《孟加拉亚细亚学会学报》，第一卷，第 342 页。

[8]　《欧洲北部的田野游猎》，第二卷，第 165 页。

[9]　《哺乳动物志》，1855 年，第二卷，第 66，67 页。

虽有变异，但其差异还没有被选择所固定。人关心的是他的灵缇的体型和敏捷性，他的獒的大小，并且以前还关心他的斗牛犬的颚部的力量，等等；不过他并不关心它们的臼齿、乳房或趾的数目；同时我们并不知道这等器官的差异同人所确切关心的身体其他部分的差异是相关的，或者是由于它们的发育而发育的。研究过选择问题的人们都会承认，"自然"提供了变异，人如果对于这等变异进行选择，就能使五个趾固定在某些品种的狗的后脚上，正如固定在"道根鸡"（Dorking fowl）的脚上那样有把握：他大概也能够，不过要困难得多，把多余的一对臼齿固定在颚的每一边，有如他曾把多余的角固定在某些品种的绵羊头上那样；如果他愿意产生出一个没有牙齿的狗品种，并且有牙齿不完全的所谓土耳其狗做材料，他大概也能够成功，因为他曾经成功地培育出没有角的牛和绵羊的品种。

对于使狗的若干族变得彼此这样大不相同的精确的原因和步骤，正如对于大多数其他事例一样，我们还是深刻无知的。我们可以把外部形态以及体质的差异一部分归因于不同的野生原种的遗传，即归因于在家养以前它们在自然界里已经发生了的变化。我们还必须把一部分归因于若干家养族和自然族之间的杂交。但是我很快地就要谈一谈族间的杂交。我们已经看到未开化人如何经常地使他们的狗同野生的自然种进行杂交；并且盆南特（Penuant）有过一个奇妙的记载①，他说"苏格兰的弗恰勃尔斯（Fochabers）地方充满了大量的在外貌上极其类似狼的杂种狗"，这是从带到那个地方的一只杂种狼传下来的。

看来气候似乎在某种程度上直接改变了狗的形态。我们最近知道若干英国品种不能在印度生活，并且有人确定地断言，它们在那里繁育少数几代以后，不仅在智力上，而且在外形上都退化了。仔细注意过这个问题的威廉逊（Williamson）船长②说，"猎狗退化最快，灵缇和向导狗退化也很快"。但是，獚狗经过八代或九代，并且没有同欧洲种杂交过，仍旧像它们的祖先一样好。法更纳（Falconer）博士告诉我，大家都知道的斗牛犬在起初被带进这个国家时，甚至可以用它的躯体压服一只象，可是经过两三代之后，不仅它的勇敢和凶猛衰落了，而且下颚的突出的性状也丧失了；它们的吻部变得更细了，它们的身体变得更轻了。输入到印度的英国狗是如此的有价值，大概人们会适当地注意不让它们同本地狗进行杂交；所以那退化是不能用杂交来解释的。埃维瑞斯特牧师告诉我，他曾得到一对出生在印度的谍狗，它们完全类似它们的苏格兰祖先；他在德里（Delhi）让它们生育了几胎小狗，严禁它们杂交，但是他从来不能成功地得到一只在大小或体格上类似它的父母的小狗，虽然在印度这仅仅是第二代；它们的鼻孔比较收缩，它们的鼻子比较尖，它们的身体比较小，它们的四肢比较瘦弱。据波斯曼（Bosman）说，在圭亚那沿岸的情形也是这样，在那里，狗"奇怪地改变了；它们的耳朵生得长而硬，像狐的耳朵，它们在颜色上也倾向于狐的颜色，所以在三四年以后它们便退化成很丑陋的动物了；并且在三胎或四胎以后，它们的吠叫声变成了嗥叫"③。欧洲狗在印度和非洲的气候下迅速退化的显

---

① 《兽类史》（*History of Quadrupeds*），1793 年，第一卷，第 238 页。

② 《东方的野猎》（*Oritental Field Sports*），为尤亚特所引述，见《狗》，第 15 页。

③ 穆瑞（A. Murray）在他的《哺乳类的地理分布》（*Geographical Distribution of Mammals*，1866 年）中写过这一段话（第 8 页）。

著倾向大部分可以归因于返归原始的状态,这我们以后将看到,许多动物当它们的体质在任何方面受到干扰时,都是这样表现的。

作为若干狗品种的特征的某些特点大概是突然出现的;它们虽然是严格遗传的,却可以叫做畸形;例如,欧洲和印度的曲膝狗的腿和身体的形状;斗牛犬和哈巴狗(pug dog)的头和突出下颚的形状,它们在这一方面是这样的相似,而在一切其他方面又是那样的不相似。但是,突然出现的因而在某种意义下可以称为畸形的特点可以由人的选择而增强起来和固定下来。我们几乎不能怀疑长期连续的训练,像训练灵缇追赶山兔,像训练水狗(water-dog)游泳——以及缺乏运动,如膝狗——必然会在它们的构造和本能上产生某些直接的效果。但是我们立刻就要看到,变化的最有效的原因大概是对微细的个体差异的选择——有计划的和无意识的选择,后一种选择的发生是由于在数百代间把那些为了某些目的以及在某种生活条件下最有用的一只一只狗偶然保存下来的结果。在将来讨论"选择"的一章中我将阐明甚至未开化人对于他们的狗的品质也是密切注意的。人所进行的这种无意识选择会得到自然选择的帮助;因为未开化人的狗必须寻找它们自己的一部分食物:例如,我们听宁得(Nind)①先生说,在澳洲,狗有时因缺少食物不得不离开它们的主人而自己去寻食;不过一般在几天以后它们就回来了。我们可以推想,具有不同形状、大小和习性的狗在不同的环境中大概会得到最好的生存机会——在开阔而不毛的平原上,它们必须穷追它们的猎物——在多岩石的海岸上,它们必须以在退潮积水中的蟹和鱼为生,像在新几内亚(New Gvinea)和火地(Tierra del Fuego)的情形就是这样。在后一个地方里,传道士布里奇斯(Bridges)先生告诉我,狗把海边上的石头翻开,来抓躲在下面的甲壳类,并且它们"是这样敏捷,在第一击之下就会把牡蛎打破";因为,如果做不到这样,大家知道牡蛎是具有一种不能征服的附着力的。

已经提到狗脚的蹼在程度上是有所不同的。纽芬兰品种的狗显著具有喜于在水中的习性,据小圣伊莱尔②说,这等狗的趾间皮肤扩展到第三趾,而一般的狗只扩展到第二趾。在我所检查的两只纽芬兰狗中,把趾展开并从下方看时,可以看到皮肤在趾腹(balls of the toes)外缘之间几乎成直线地展开;然而在不同亚品种的两只小猎犬中,把趾展开并进行同样观察时,可以看到皮肤深深地凹陷进去。在加拿大,有一种为那里所特有的并且在那里很普通的狗,这种狗具有"半蹼的脚,并且喜欢水"③。据说英国水獭猎犬(otter hound)具有蹼脚:一位朋友为我检查了两只水獭猎犬的脚,以一些兔缇和血缇作比较;他发现趾间皮肤在一切狗中的扩展度都是不同的,但是水獭猎犬的比其他狗的更加发达④。属于十分不同"目"(order)的水栖动物既然有蹼脚,那么没有疑问,这种构造对于常下水的狗是有用处的。我们可以有把握地推论,没有人曾经依据狗的趾间皮肤发达的程度来选择水狗的;但是他所做的只是让那些在水里最善于捕猎的或最善于把受伤

---

① 为高尔顿先生所引用,见《动物的家养化》,第13页。

② 《普通博物学》,第三卷,第450页。

③ 格林豪(Greenhow)先生论加拿大狗,见《博物学杂志》(*Mag. of Nat. Hist.*),伦敦,第六卷,1833年,第511页。

④ 参阅格鲁姆·拿比尔(C. O. Groom-Napier)先生的论水獭猎犬后脚的蹼,见《陆和水》,1866年10月13日,第270页。

猎物衔回来的那些个体保存下来并生育后代，这样，他就无意识地选择了蹼脚比较稍微发达的狗了。由于经常张开趾而产生的使用的效果也会助成这种结果。人就这样密切地模仿了"自然选择"。在北美我们可以看到关于这同一过程的最好例证，据里查逊爵士①说，所有那里的狼、狐和土著家狗的脚都比"旧世界"的相当物种的脚阔大，"很适于在雪上奔跑"。在这等北极地区，每一动物的生存或死亡常常取决于它是否能够在雪松软时捕猎；而这又部分地取决于脚是否阔大；然而脚必须不可阔大到这样的程度，以致妨碍这种动物当土地胶粘时的活动，或者妨碍它掘洞的能力，或者妨碍其他必需的生活习性。

家养品种的改变，不管是由于对个体变异或是由于对杂交所产生的差异的选择，都发生得非常缓慢，以致在任何一个时期里都不会受到注意；因为这种改变在了解我们家养生物的起源上，并且同样在间接阐明自然界里所发生的改变上是最重要的，所以我愿详细描述我所能搜集到的这类例子。特别注意狐缇的历史的劳伦斯（Lawrence）②在1829年写道：八九十年以前，"通过育种家的技巧，一种全新的狐缇被培育出来了"。南方的旧有猎狗的耳朵缩短了，骨和躯体减轻了，腰部的长度增加了，而且身材多少高了些。人们相信这是同灵缇杂交的结果。关于后一种狗，在论述方面一般是小心谨慎的尤亚特③说，灵缇在最近50年里，即在本世纪开始以前，"获得了一种性状，同它一度所具有的多少有些不同。它现在以漂亮的对称体形而出名，这是它以前所没有的，并且它的速度比以前所表现的更加快了。它不再被用来同鹿斗争，而是用来同它的伙伴在一场短而快的赛跑中竞争"。一个有才能的作者④相信我们英国的灵缇是早在第三世纪就已存在于苏格兰的大型而粗野的灵缇的逐渐改进了的后代。有人猜想，它在以前的某一时期曾同意大利灵缇杂交过；但是想到这后一品种的软弱性时，似乎不大可能进行过这种杂交。如所熟知，奥尔福特（Orford）勋爵曾使他的勇气衰退的著名灵缇同斗牛犬杂交——选择后一品种是因为错误地认为它缺少嗅的能力；尤亚特说，"经过六七代以后，斗牛犬的形态一点也没有保存住，但是它的勇气和不屈不挠的品性却保存下来了"。

尤亚特从查理斯王的猎狗的古画同现存的狗的比较中推论说："今天的品种显著地向坏的方面改变了。"吻部变得比较短了，前额比较突出了，眼睛比较大了；在这一例子中的改变大概是由于简单的选择。这位作者在另一地方说道：谍狗"显然是从大型猎狗改进到今天它所特有的那种大小和美丽的地步，并且被训练成采取另一种方法去追踪它的猎物。如果这样来解释狗的形态不能充分令人满意的话，我们便可以求助于历史"。于是他引述了1685年的有关这一问题的一个文件，并补充地说道，纯种的爱尔兰谍狗并没有显示出同向导狗杂交过的任何形迹，虽然某些作者猜测向导狗同英国谍狗杂交过。斗牛犬是一个英国品种，我听捷塞先生说，⑤它似乎是在莎士比亚的时代以后，从獒发生的，但是正如浦列茨韦克·埃顿（Prestwick Eaton）的信件所示，它于1631年一定已经存在了。没有疑问，今天玩赏用的斗牛犬由于不再用来搞逗牛的把戏了，所以它们的大小便

---

① 《北美动物志》，1829年，第62页。
② 《马的一切变种》（*The Horse in all his Varieties*）等，1829年，第230，234页。
③ 《狗》，1845年，第31，35页，关于查理斯王的猎狗，第45页；关于谍狗，第90页。
④ 《田猎百科全书》（*Encyclop. of Rural Sports*），第557页。
⑤ 《英国狗的历史的研究》（*Researches into the History of the British Dog*）的著者。

大大地缩小了，而选种者显然一点也没有这种意图。我们的向导狗一定是从一个西班牙的品种传下来的，正如它们现在的名称，Don，Pouto，Carlos 等等所表示的；据说，1688 年革命以前在英国并没有它们①；但是这个品种自从被引进以后就发生了大量的变异，因为非常熟悉西班牙的狩猎者波罗（Borrow）先生告诉我，他在那个国家里没有看见过任何品种"在外貌上相当于英国向导狗；但是在西列斯（Xeres）附近有真正的向导狗，英国绅士曾经输入过它们"。纽芬兰狗提供一个几乎平行的例子，这种狗一定是从那个国家带到英国来的，但是它以后的改变是这样大，以致正如几位作者所观察的，它现在同现存的任何纽芬兰本地狗都不密切类似②。

这几个关于我们英国狗缓慢而逐渐改变的例子是有一些趣味的；因为这些改变虽然一般是、但并不永远是由于同一个不同的品种进行了一次或两次杂交而发生的，可是从众所熟知的杂交品种的极端变异性看来，我们可以确定，为了按照一定的方向改进它们，严格而长期不断的选择必定实行过。任何品系或家族一旦稍微有所改进或者能够更好地适应改变了的环境条件，它就有代替较旧的或改进较少的品系的倾向。譬如说，旧的狐缇一旦由于同灵缇进行了一次杂交或者由于简单的选择而得到改进，并且取得了它现在的性状——这种改变大概由于我们猎人增加了速度从而希望提高它的速度——它就迅速地分布到整个国家里，并且现在几乎是到处一致的。但是改进的过程还在继续进行，因为每一个人都试图时时从最好的狗群中得到一些狗来改进他的品系。经过这种逐渐代替的过程，旧的英国斗牛犬已经被消灭了；这种情形也见于爱尔兰狼狗、旧的英国斗牛犬和几个其他品种如捷塞先生告诉我的阿兰特（Alaunt）狗。但是助成旧品种灭绝的，显然还有其他原因；因为无论什么时候一个品种的个体如果饲养得很少，像现在所饲养的血缇，它的繁育就有一些困难，显然，这是由于长期不断的近亲交配的不良后果。因为狗的若干品种在最近一两世纪这样短的时期内由于对最优良个体进行选择而发生了轻微的、但可以觉察的改变，并且由于同其他品种进行杂交而发生了改变；同时还因为我们在以后将要看到的，狗的繁育就像现在依然受到未开化人的注意那样，自古就被注意了，所以我们可以做出这样的结论：选择，纵使这是偶然进行的，也是一种使生物发生改变的有效手段。

家　　猫

在东方，猫从古代就被饲养了；勃里斯（Blyth）先生告诉我，在 2000 年前的一种"梵文"作品里就提到过猫，在埃及，就碑刻上的图画和它们的木乃伊所表明的，可以知道它

---

① 参阅史密斯上校论向导狗的古代史，见《博物学者丛书》，第十卷，第 196 页。
② 人们相信纽芬兰狗起源于爱斯基摩狗同大型法国猎狗的杂交。参阅霍奇金，《英国科学协会会报》，1844 年，贝西斯坦的《德国的博物学》，第一卷，第 574 页，《博物学者丛书》，第十卷，第 132 页；再参阅求克斯（Jukes）先生的《纽芬兰游记》（*Excursion in and about Newfound land*）。

们有更古老的历史。这些木乃伊，按照特别研究这个问题的得布兰威的说法①，它们至少属于三个物种，即 *F. caligulata*，*bubastes* 和 *chaus*。据说前两个物种，现今在埃及的某些部分还可以找到野生的以及家养的。其中之一（*F. caligulata*）的下颚第一臼齿（乳齿）同欧洲家猫的同一臼齿有所不同，这使得布兰威做出以下结论：它不是我们的猫的亲类型之一。几位自然学者如帕拉斯、得明克（Temminck）、勃里斯都相信家猫是几个物种混血后的后代：猫确实很容易同各个不同的野生种杂交，看来家养品种的性状，至少在某些例子中，是这样受到影响的。查丁（W. Jardine）爵士并不怀疑，"在苏格兰北部，曾经有时同我们的本地野生种（*F. sylvestris*）杂交，这些杂交的结果已经保留在我们的家屋里"。他补充说："我看到许多猫密切类似野猫，而且有一两只猫几乎同野猫没有什么区别。"对于这一段话，勃里斯先生②说道："但是在英国南部从来没有看到过这样的猫；如果同任何印度驯化了的猫相比较，这种普通的英国猫同我们的本地野生种（*F. sylvestris*）的亲缘关系还是很清楚的；并且我猜想，这是由于当驯化了的猫第一次被引进到英国而且依然是少数的时候，野生种远比现在多得多，那时彼此会常常杂交的。"在匈牙利，珍特尔斯（Jeitteles）③根据可靠的权威材料断言在一只野生的雄猫同一只家养的雌猫杂交了，而且杂种长期生活在家养状况下。阿尔及尔（Algiers）的家猫曾同该国的野猫（*F. lybica*）杂交过④。雷雅得先生告诉我，在南非，家猫很容易同野生的开弗尔猫（*F. caffra*）杂交；他看见过一对杂种，它们十分驯服并且特别依恋把它们养大的那位妇人；福来（Fry）先生发现这些杂种是能育的。在印度，据勃里斯先生说，家猫曾同四个印度物种杂交过。关于其中的一个物种（*F. chaus*），一位卓越的观察者伊利阿特（W. Elliot）爵士告诉我，他在马得拉斯（Madras）附近曾杀死一窝野猫，它们显然是野猫同家猫之间的杂种；这些幼小的动物有一条多毛的山猫似的尾巴，并在前臂的内侧有作为 *F. chaus* 的特征的宽阔的褐色横斑。伊利阿特爵士补充说，他常常在印度家猫的前臂上看到同样的横斑。勃里斯先生说，在孟加拉（Bengal）有许多家猫，它们的颜色大致同 *F. chaus*，相似，但是形状并不类似那个物种；他又说："这样的颜色完全不见于欧洲猫，而正常的虎斑（黑色中间带着灰色条纹，特殊而对称地排列着），在英国猫里是这样地常见，在印度猫里则从未看到。"萧特（D. Short）博士向勃里斯先生⑤肯定地说道，在汗西（Hansi）有普通猫和一种野猫（*F. ornata* 或 *torquata*）之间的杂种，"印度的那一部分的许多家猫同野生的 *F. oruata* 是难于区别的"。亚莎拉（Azara）说（但这只是根据当地居民的材料），在巴拉圭，猫同两个本地的物种杂交过。根据这些例子，我们知道，在欧洲、亚洲、非洲和美洲，比起大多数其他家养动

---

① 得布兰威：《狗骨学》，第 65 页，关于 *F. caligulaia* 的性状；第 85,89,90,175 页，关于其他木乃伊的物种。他引用了爱论堡的关于木乃伊化的 *F. maniculata* 的记载。

② 加尔各答的亚细亚学会；博物馆长报告，1856 年，8 月。查丁爵士的一段话从这一报告里引来。曾经特别研究过印度的野猫和家猫的勃里斯先生在这个报告里非常有趣地讨论了它们的起源。

③ 《匈牙利高原动物志》（*Fauna Hungariae Sup.*）1862 年，第 12 页。

④ 小圣伊莱尔，《普通博物学》，第三卷，第 177 页。

⑤ 《动物学会会报》，1863 年，第 184 页。

物过着更为自由生活的普通猫,曾经同各个不同的野生种杂交过;并且在某些事例中,杂交的经常进行已经足以影响到品种的性状了。

家猫不论是从几个不同物种传下来的也好,或者只是由于偶然的杂交而发生了变异也好,就现在所知,这都不会损害它们的能育性。在一切家养品种的构造和习性中,大型安哥拉(Angora)或波斯猫是最特别的;帕拉斯相信(但并没有清楚的证据),它是由中亚细亚的一种野猫(F. manul)传下来的;勃里斯先生向我断言,安哥拉猫能够自由地同印度猫杂交,如我们已经看到的,印度猫显然曾经同 F. chaus 进行过大量的杂交。在英国,半杂种的(half-bred)安哥拉猫彼此是完全能育的。

在同一个国家里,我们不会遇见不同族的猫,而狗以及大多数其他家养动物的情形就不是这样;虽然同一国家的猫呈现出相当大量的彷徨变异。其解释显然是这样:由于它们的夜行的和漫游的习性,人们极其难以阻止它们杂乱地进行杂交。在这里选择不能发生作用来产生不同的品种,或者把从外地输入的品种保持住。另一方面,在完全彼此分开的岛屿和地区里,我们遇到彼此多少有所不同的品种;这些例子是值得指出的,因为它们表明了同一地区的缺少不同族并不是由于这种动物缺少变异而引起的。曼岛(Isle of Man)的无尾猫同普通猫的区别据说不仅在于尾的缺如,而且也在于它们的后腿比较长,以及头部大小和习性上的差异。尼克尔逊(Nicholson)先生告诉我,安的瓜岛(Antigua)*的西印度猫(Creole cat)比英国猫较小,而且头较长。思韦茨先生(Thwaites)写信告诉我,在锡兰,每人首先注意到的是本地猫同英国猫的外貌不一样;它身体较小,毛紧贴在皮上;它的头细小,前额后退;但是耳朵大而尖;总的说来,它具有所谓"下级"('low-caste')的外貌。伦格①说,在巴拉圭繁育了 300 年的家猫,同欧洲猫有显著的异差;它小了四分之一,身体比较瘦长,它的毛短、有光泽、稀少,并且紧贴着皮肤——特别在尾巴上更加是这样;他又说,在巴拉圭的首都亚松森(Ascension)这种变化较少,这是由于同新近输入的猫连续杂交的缘故;这个事实很好地说明了隔离的重要性。在巴拉圭,生活条件似乎并不是高度有利于猫的;因为它们虽然半野化了,但没有像如此众多的其他从欧洲来的动物那样地完全野化了。在南美的另一部分,据罗林(Roulin)②说,引进去的猫丧失了可厌的夜嗥的习性。福克斯牧师在朴次茅斯(Portsmouth)购得一只猫,人们告诉他,这只猫来自圭亚那海岸;它的皮呈黑色而绉,毛呈蓝灰色而短,它的耳朵很少毛,腿长,整个外表是奇特的。这个"黑人"猫同普通猫杂交是能育的。在非洲的另一相对的海岸,在旁巴斯(Bombas),奥温船长(Captain Owen, R. N.)③说,所有的猫都长着短而硬的毛,而不是软毛;关于一只从阿果阿湾(Algoa Bay)得到的猫,他写过一篇奇妙的报道,这只猫曾在船上饲养过一个时期,能够肯定无误地验明它的正身;这只动物只在旁巴斯停留了

---

* 西印度的一岛。——译者注

① 《巴拉圭的哺乳动物》,1830 年,第 212 页。

② 《法国科学院当代各门科学论文集》,第六卷,第 346 页。高玛拉(Gomara)在 1554 年最初注意了这个事实。

③ 《航海记述》(*Narrative of Voyages*),第二卷,第 180 页。

八个星期,就在这短短的时期里它"发生了完全的变化,丧失了它的砂色的软毛"。得玛列描述过一只来自好望角的猫,他说它之所以值得注意,是因为有一条红色的条纹贯穿着它的整个背部。在一个巨大的区域里,即马来群岛、泰国*、佩古(Pegu)和缅甸,所有猫的尾巴都是截形的,只有正常长度的一半左右①,而且在尾端常常有一个结。在加罗林群岛(Caroline archipelago),猫有很长的腿,并且它们呈红黄色②。在中国有一个品种具有下垂的耳朵。据哥美林(Gmelin)说,在托波儿斯克(Tobolsk)有一个红色的品种。在亚洲,我们还会找到众所熟知的安哥拉品种或波斯品种。

在若干地方家猫已经野化了,并且就简短的记载来判断,它们在各地取得了一致的性状。在拉普拉塔,靠近麻尔顿那多(Maldouado)地方,我射死了一只看来是完全野生的猫;这只猫曾受到华特豪斯先生③的仔细检查,他认为除了身体巨大以外它并没有什么特殊的地方。在新西兰,据载芬巴哈(Dieffenbach)说,野化猫取得了像野猫那样的灰色条纹,苏格兰的高地(Highland)的半野生猫也是这种情形。

我们已经知道遥远的地方有着不同的猫的家养族。这种差异部分地可能是由于从若干土著种传下来的,或者至少是由不同它们的杂交。在某些例子中,例如在巴拉圭、旁巴斯和安的瓜岛,那差异似乎是由于不同生活条件的直接作用所致。在其他例子中,自然选择也可能发生一些轻微作用,因为猫在许多情形下必须大部分自谋生活和逃避各种危险。但是由于使猫交配是困难的,人在实行有计划选择方面便毫无成就;而在实行无计划选择方面,大概也很少成就;虽然在每一胎中,人一般总是保留最漂亮的,并且非常着重善捉小家鼠或家鼠的品种。那些有袭击鸟兽的强烈倾向的猫,一般会被陷阱所毁灭。因为猫如此受到人的宠爱,一个品种同其他猫的关系如果像膝狗同大型狗的关系一样,大概就会非常受到重视;如果选择能够被应用了,那么在每一个文化悠久的国家里一定会有许多品种,因为那里有大量的变异可以作为材料。

在英国,我们看到猫的大小有相当的多样性,身体的比例也有一些差异,而颜色则呈现了极端的变异性。我只是最近才注意到这个问题的,但是已经听到一些奇特的变异的例子了;在西印度出生的一只猫没有牙齿,而且终生没有牙齿。推葛梅尔(Tegetmeier)先生把一只雌猫的头骨给我看,它的犬齿是这样发达以致突出在嘴唇以外;这牙齿连同它的齿根是 0.95 英寸长,齿肉以外的部分是 0.6 英寸长。我曾听到有若干六趾猫的家族,在某一个家族里那特征只少传递了三代。尾的长度大有变异;我看到过一只猫,它高兴

---

* 现改名为泰国。

① 克劳弗得:有关《印度群岛的记载汇编》(*Descrip. Dict. of the Indian Islands*),第 255 页。据说马达加斯加(Madagascar)的猫具有扭曲的尾巴;参阅得玛列,《哺乳类百科全书》(*Encyclop. Nar. Mamm.*),1820 年,第 233 页,由此可以知道某些其他品种的材料。

② 《留凯号旗舰航海记》(*Admiral Lvtké's Voyage*),第三卷,第 308 页。

③ 《贝格尔号航海中的动物研究》(*Zoology of the Voyage of the Beagle*),《哺乳类》,第 20 页。载芬巴哈,《新西兰游记》(*Travels in New Zealand*),第二卷,第 185 页。圣约翰(Ch. St. John),《苏格兰高地的野猫》,1846 年,第 40 页。

时就把尾紧贴在背上。耳的形状有变异,英国的某些品系在耳的尖端上遗传着长度在四分之一时以上的像铅笔那样的毛从;据勃里斯先生说,印度某些猫也具有同样的特征。在尾的长度上以及在耳朵生着山猫般的丛毛上所表现的巨大变异性显然是同猫属的、某些野生种的差异相类似的。另一个重要得多的差异是:据都本顿①说,家猫的肠子比同一大小野生猫的肠子较宽,而且长出三分之一;这显然是由于家猫不像野生猫那样严格限于肉食缘故。

---

① 为小圣伊莱尔所引述,见《普通博物学》,第三卷,第 427 页。

第二章

马 和 驴

· *Horses and Asses* ·

马——品种间的差异——个体变异——生活条件的直接影响——能耐严寒——选择大大地改变了品种——马的颜色——斑纹——脊、腿、眉和额上的暗色条纹——黄棕色马具有条纹的最多——条纹的出现大概是由于返归马的原始状态。

驴——品种——颜色——腿部条纹和肩部条纹——肩部条纹有时缺如、有时分成两叉

马

马在古代的历史情况已经模糊不清了。在新石器时代的瑞士湖上住所中发现过这种动物在家养状态下的遗骸①。现在马的品种是很多的，查阅一下有关马的任何论文，就可以知道②。只要看一看大不列颠的土著驮马（Pony），就可知道谢特兰岛（Shet land Isles）、威尔斯（Wales）、新森林区（New Forest）*以及得文群（Devonshire）各地的驮马是有区别的；这样的事例还有不少，在那广大马来群岛（Malay Archipelago）的各个岛上的马也有差异③。某些品种在大小、耳形、鬃长、体部比例、左右肩胛骨间的背部隆起、臀部的形状上、特别是在头的形状上，表现了巨大的差异。比较一下竞跑马（race-horse）、挽马（dray-horse）以及谢特兰岛驮马的大小、姿势和性情吧；并且看一看它们之间的差异比马属（Equus）的其他现存的七八个物种之间有大得多的差异吧。

关于那些没有构成特殊品种的特征的以及没有大到或残损到足以叫做畸形的个体变异，我没有搜集许多例子。"西兰塞斯特农学院"（Cirencester Agricultural College）的布朗（G. Brown）先生特别注意过我们的家养动物的齿系，他写信向我说过，"数次看到颚中的永久门齿为 8 对，而不是 6 对"。只有雄马应当有犬齿；但偶尔在雌马中也会发现有犬齿，虽然是小型的④。肋骨的正常数目为 18 对，但是尤亚特⑤肯定地说过具有 19 对肋骨的并不罕见，多余的一对肋骨永远是生在后面的。一个值得注意的事实是：在梨具吠陀（Rig-Vêda）中记载的古代印度马只有 17 对肋骨；曾经叫人注意这个问题的皮埃垂门（M. Piétrement）⑥举出种种理由来说明这种叙述是充分可信的，他特别指出印度人在往昔是仔细计算动物的骨的。我曾读过有关腿骨变异的若干报告；波赖斯（Price）先生⑦谈到在爱尔兰马中踝关节部有一块多余的骨并且胫骨和距骨之间有某些畸形物，这种情形

▲达尔文认为，马的变异与其生活条件的改变有直接的关联。

---

① 卢特梅耶，《湖上住所动物志》，1861 年，第 122 页。
② 参阅：尤亚特的《马论》；劳伦斯的《论马》，1829 年；马丁的《马的历史》（*History of the Horse*），1845 年；史密斯（H. Smith）上校在《博物学者丛书》（1841 年，第十二卷）中的关于马的著作；费特（Veith）教授的《家畜史》（*Die Naturgesch. Haussäugethiere*），1856 年。
　* 在南普顿（Southrrnpton）。——译者注
③ 克劳弗得（Crawfurd），有关《印度群岛的记载汇编》，1856 年，第 153 页。"那里有许多品种，每一个岛屿至少有一个特殊的品种"。例如，在苏门答腊至少有两个品种；在阿琴（Achih）和巴图巴拉（Batubara）有一个品种；在爪哇有几个品种；在巴里（Bali）、琅波克（Lomboc）、松巴瓦（Sumbawa）、坦波拉（Tambora）、毕玛（Bima）、顾南加皮（Gunungapi）、西里伯（Celebes）、松巴（Sumba）以及菲律宾各有一个品种；在松巴瓦的是最优良的品种之一。佐林格（Zollinger）在《印度群岛杂志》（*Journal of the Indian Archipelago*，第五卷，第 343 页）中举出过其他品种。
④ 约翰·劳伦斯：《马》（*The Horse*），1829 年，第 14 页。
⑤ 《兽医学》，伦敦，第五卷，第 543 页。
⑥ 《关于具有十七对肋骨的马的报告》（*Mémoire sur les chevaux à trente-quatre côtes*），1871 年。
⑦ 《兽医学会会报》（*Proc. Veterinary Assoc.*），见于《兽医学》，第八卷，第 42 页。

是很普通的，但这不是因病而发生的。按照高得里（M. Gaudry）①的材料，常常可以观察到具有机骨（trapezium）和第五掌骨痕迹的马，这样"人就看到了三趾马——一种近似而灭绝了的动物——的脚的正常构造以畸形方式在马的脚中出现"。在许多地方，曾经观察到在马的额骨上有角状突起：在波西瓦尔（Percival）先生描述的一个例子中，这等角状突起约比眼窝突起高出二英寸，并且"同5~6个月的牛犊的角很相似"，它们的长度从半英寸到四分之三英寸②。亚莎拉（Azara）描述过南美的两个例子：这等角状突起的长度竟在8~4英寸之间，在西班牙也有其他的事例。

当我们考虑一下现今在全世界、甚至在同一国家内生存的马的品种的数量时，当我们知道自从最早的已知记录以来马品种的数量大大增加时③，马曾经发生过大量的遗传变异就无可怀疑了。甚至像颜色那样无常的性状，赫法克（Hofacker）④发现在同一颜色马交配的216个例子中，只有11对产生了颜色完全不同的马驹。正如罗武（Low）教授⑤所说的，英国竞跑马在遗传上提供了一个最适切的证据。在判断它的获胜可能性中一种竞跑马的系谱比它的外貌更加有价值；"赫洛得王"（King Herod）曾得奖金201505英镑，获胜497回；"蔼克立"（Eclipse）获胜334回。

各个不同品种间的全部差异量是不是在家养下发生的，还是一个疑问。根据最不相同的品种⑥在杂交时的能育性，博物学者们认为所有品种都是从单一物种传下来的。很少人同意史密斯（H. Smith）上校的意见，他相信它们是从不下五个颜色不同的原种传下来的⑦。但是，因为在第三纪（Tertiary periods）的后叶已有几个马的物种和变种存在了⑧，并且因为卢特梅耶发现已知的最早家养马在头骨的大小和形状上是有差异的⑨，所以我们不应就认为所有品种都是从单一物种传下来的这种说法是可以深信无疑的。北美和南美的土人都会把野化的马重新养驯，所以世界各地的土人曾经饲养过一个以上的当地种或自然族，并不是不可能的。散逊（M. Sanson）⑩认为他证明了有两个不同的物种曾被饲养过，一在东方，一在北非；并且这两个物种在腰椎的数目以及其他种种部分上都有差异；不过散逊似乎认为骨骼上的性状很少变异，这肯定是一个错误。我们确知现在

---

① 《地质学会会报》（Bulletin de la Soc. Géolog.），第二十二卷，1866年，第22页。

② 波西瓦尔先生关于 Enniskillen Dragoons 的记载，见《兽医学》，第一卷，第224页；参阅亚莎拉的《巴拉圭的四足兽》（Des Quadrupèdes du Paraguay），第二卷，第313页。亚莎拉著作的法文译者举出过胡沙得（Huzard）提到的其他曾在西班牙发生的例子。

③ 高德龙：《物种》（l'Espèce），第一卷，第378页。

④ 《关于性状》（Ueber die Eigenschaften），1828年，第10页。

⑤ 《不列颠群岛的家养动物》（Domestieated Animals of The British Islands），第527532页。我所阅读过的一切有关兽医的论文的作者都非常强调地主张马的所有优良品质和恶劣品质都是遗传。遗传原理实际上在马的身上并不见得比在任何其他动物的身上表现得更加强有力，只是因为它有价值，所以它的遗传的倾向被观察得比较仔细一些。

⑥ 安德鲁·奈特（Andrew Knight）使挽马同挪威驮马那样大小不同的品种杂交过；参阅瓦克尔（A. Walker）的《近亲婚姻》（Intermarriage），1838年，第205页。

⑦ 《博物学者丛书、马部》，第十二卷，第208页。

⑧ 热尔韦（Gervais），《哺乳动物志》，第二卷，第143页。奥温，《不列颠的化石哺乳类》，第383页。

⑨ 《化石马的知识》（Kenntniss der fossilen pierde），1863年，第131页。

⑩ 《科学报告》（Comptes rendus），1866年，第485页；《解剖生理学杂志》（Journal de l'Anat. et de la Phys.），5月，1868年。

已经没有任何原始的或真正野生的马存在了；因为一般相信东方的野生马是逃跑出去的家养动物①。所以，如果说我们的家养品种是从若干物种或自然族传下来的话，那么所有这些都已经在野生状态下灭绝了。

关于马曾经发生变异的原因，生活条件似乎产生了相当的直接作用。福勃斯（D. Forbes）先生有过非常好的机会去比较西班牙马和南美马，他告诉我说，智利马的生活条件同它们的祖先在安达鲁西亚的生活条件几乎是一样的，所以它们没有发生变化，而彭巴草原（Pampas）马和普诺（Puno）驮马则相当地改变了。无疑地由于生活在山岳和岛屿上，马大大缩小了并且外观也改变了；这显然是因为营养不足或缺少多种食物的缘故。谁都知道北方诸岛（Northern Islands）以及欧洲山岳上的驮马是多么小而且多么粗陋。科西加（Corsica）和撒地尼亚（Sardinia）两地都有土著的驮马；在弗吉尼亚（Virginia）沿岸的一些岛屿上过去有②、而且现在还有同谢特兰岛驮马相似的驮马，人们相信这种驮马是由于处在不适宜的环境条件中而发生的。我听福勃斯先生说，栖息在科迪勒拉（Cordillera）山脉的极高地带的普诺驮马是非常小的，同它们的祖先——西班牙马很不相似。1764年有一些马输入到更南的马尔维纳斯群岛，它们的后代在大小和体力上退化得如此厉害③，以致不适于骑着它们用套索去捕捉野牛；所以为着这个目的必须花巨大费用从拉普拉塔去运新马。在南方各岛和北方各岛以及在若干山系中繁殖的马之所以缩小，简直不能说是由于寒冷的缘故，因为在弗吉尼亚的各岛以及地中海的各岛上也有同样缩小的情形发生。马能耐严寒，因为野生马群在北纬 56°西伯利亚（Siberia）平原上生活着④，而且马原来一定曾经生活在每年降雪的地方，因为马长期地保存了把雪扫走去找食下面草类的本能。东方的野生鞑粗马（tarpan）就有这种本能；苏利文（Sulivan）海军上将告诉我说，近来和以前由拉普拉塔引进到马尔维纳斯群岛的某些已经野化了的马，也有了这种本能；后面这一事实值得注意，因为这等马的祖先在拉普拉塔已经有许多代没有这种本能了。另一方面，马尔维纳斯群岛的野生牛却从来不会把雪扫走，当地面长期覆雪的时候，它们就要饿死。在美洲北部的马是由占领墨西哥的西班牙人引进的那些马传下来的，它们具有同样的习性，土著野牛（Bison）也有这种习性，但从欧洲引进的牛却不这样⑤。

马能在严寒下同时也能在酷热下繁盛，因为它们在阿拉伯和北非据知已经达到了最高度的完善化，虽然并不高大。多湿对于马的害处显然比热或冷还要厉害。在福克兰诸岛的马由于潮湿而受到了很大的损害；这种情形或者可以用来部分地解释下述的奇异事

---

① 马丁先生在反对所有东方的野生马不过是野化马这种信念时说道，在一个物种现今能够大量生存的地方，人类在古代不可能把这个物种消灭掉。

② 《马里兰科学院院报》（*Transact. Maryland Academy*），第一卷，第一部，第 28 页。

③ 玛金南（Mackinnon）：《马尔维纳斯群岛记》（*The Falkland Islands*），第 25 页。据说福克兰马的平均高度为 14 掌幅 2 英寸。再参阅我的《调查日志》（*Journal of Researches*）。

④ 帕拉斯：《圣彼得堡科学院院报》，1777 年，第二部，第 265 页。关于鞑粗马的扫雪问题，参阅史密斯上校者在《博物学者丛书》（第十二卷，第 165 页）中的著作。

⑤ 富兰克林：《记事》，第一卷，第 87 页，里卡得逊（J. Richardson）爵士注释。

实，即在孟加拉湾①以东的广大潮湿区域——阿瓦（Ava）、别古、暹罗（Siam）、马来群岛、琉球群岛（Loo Chuo Islands）以及中国的大部分地方找不到充分大的马。我们向东走去，一直到日本，马又重新获得了充分大的体格②。

大多数家养动物的一些品种之所以受到饲养，是由于它们的珍奇或美丽；但是马完全由于它们的实用才受到人们的重视。因此，半畸形的品种就没有被保存下来；大概所有现存品种不是由于生活条件的直接作用就是由于个体差异的选择而缓慢形成了的。无疑地半畸形品种大概也曾形成过：例如华特顿（Waterton）先生③记载过一个例子：有一匹雌马连续产生了三匹没有尾巴的马驹；所以形成一个像狗和猫那样的无尾族是有可能的。一个俄国马的品种据说生有卷曲的毛，亚莎拉说④，在巴拉圭偶尔会生出这样的马：它们的毛同黑人的头发一样，不过这种马一般是要被杀掉的；这种特征甚至被传递给半杂种（Half-breeds）。这是相关作用的一个奇妙例子：这等马的鬣和尾都短，而且蹄形特别，同骡的蹄相似。

在马的若干品种的形成中，长期不断地选择那些对于人类有用的性质几乎无可怀疑地是一个主要的动因。看一看挽马吧，它们多么适于拉曳重荷，而且在外貌上同任何近似的野生动物又多么不相像。英国的竞跑马据知混有阿拉伯马、土耳其马和波斯马（Barbs）的血统，但是在英国自从很古的时代以来就进行了的选择⑤，再加上训练，便使它成为了很不同于它的原始祖先的一种马。有一位在印度作者⑥对于纯种阿拉伯马显然是熟知的，他问道，现在无论谁"看到今日竞跑马这个品种时，能够想象到它们是阿拉伯雄马同非洲雌马的结合的结果吗"？它的改进是如此显著，以致在"古德伍德杯"（Goodwood Cup）的竞赛中，阿伯马、土耳其马和波斯马的第一代被允许有 18 磅的体重折扣；如果两亲都是这等国家的马，则允许有 36 磅的折扣。众所周知，阿拉伯人同我们一样曾经长期地注意了他们的马的系谱，这意味着对于繁育工作的巨大而不断的注意。看到在英国由于仔细的繁育而产生了怎样的结果之后，我们能够怀疑阿拉伯人在若干世纪间对于它们的马的品质一定也会同样地产生显著的影响吗？但是我们可以追溯到很古很古以前，因为在《圣经》中有关于细心饲养种马作为繁育之用的记载，也有关于从各国以高价输入马匹的记载⑦。所以我们可以做出这样的结论：不管现存的各个马的品种是从一个原种发生出来

---

① 慕尔（J. H. Moor）先生，《关于印度群岛的报告》（*Notices of the Indian Archipelago*），新加坡版，1837 年，第 189 页。有一匹爪哇驮马曾被献给女皇，它的高度只为 28 英寸（《英国科学协会会报》（*Athenaeum*）1842 年，第 718 页）。关于琉球群岛，参阅比奇伊（Beechey）的《航海记》（*Voyage*），第四版，第一卷，第 499 页。

② 克劳弗得，《马的历史》；《皇家陆海军研究所杂志》（*Journal of Royal United Service Institution*），第四卷。

③ 《博物学论文集》（*Essays on Natural History*），第二辑，第 161 页。

④ 《巴拉圭的四足兽》，第二卷，第 333 页。坎菲尔得（Canfield）博士告诉我说，通过选择，一个卷毛的品种在北美的洛杉矶（Los Angeles）形成了。

⑤ 有关这个问题的证据，参阅《陆和水》（*Land and Water*），5 月 2 日，1868 年。

⑥ 罗武教授，《家养动物》（*Domesticated Animals*），第 546 页。关于印度的那位作者，参阅《印度狩猎评论》（*India Sporting Review*），第二卷，第 181 页。劳伦斯说过（《马》，第 9 页），"关于四分之三纯种马（即它的祖父母之一不是纯种）在两海里竞赛中可以赶上完全纯种马的事例，恐怕还没有发生过"。关于八分之七纯种马的成功事例，在纪录中还有少数几个。

⑦ 热尔韦教授对于这个问题搜集了许多事实（《哺乳动物志》，第二卷，第 144 页）。例如所罗门王（Solomon）以高价在埃及买过一些马。

的也好，还是从更多的原种发生出来的也好，大量的变化是由环境的直接作用而产生的，人类对于微小的个体差异所进行的长期不断的选择，大概曾经产生了更加大量的变化。

在若干家养的鸟兽中，某些有色的斑记或者是强烈遗传的，或者有在长期消失之后重新出现的倾向。以后我们将会看到，这个问题是重要的，所以对于马的颜色我将充分地谈一谈。所有英国的品种以及印度的和马来群岛的品种，无论在大小和外貌上怎样不相像，但在颜色的范围以及变化上则是一样的。然而，据说英国的竞跑马从来没有黄棕色的[1]；但是，阿拉伯人认为黄棕色的和奶油色的马是没有价值的，"只适于给犹太人骑"[2]，这种颜色由于长期不断的选择可能已被消除掉了。各种颜色的马，以及像挽马、短腿马（Cob）和驮马那样非常不同的种类的马，偶尔都具有斑纹[3]，其显著的情形就同灰色马的斑纹一样。这个事实对于探知马的原始祖先的颜色并没有投射任何光明；这只是一个相似变异（analogous variation）的例子，因为甚至驴有时也有斑纹，并且我在大英博物馆中看到过一个驴和斑马之间的杂种在臀部上也有斑纹。我用相似变异这个名词（此后我将有机会常常使用这个名词）来表示一个物种或变种所发生的同另一个不同物种或变种的正常性状相类似的一种变异。像在以后一章中将要说明的那样，相似变异的发生可能是由于两个或两个以上的具有同样体质的类型暴露在同样的环境条件下——或者是由于两个类型中的一个通过返祖重新获得了另一类型从它们的共同祖先遗传来的一种性状——或者是由于两个类型都返归了同样的祖代性状。我们就要看到，马偶尔表现了一种倾向：它们的身体大部分都具有条纹；因为我们知道在家猫的一些变种中以及在猫科的若干物种中条纹易于变成斑点或云状纹——甚至单色狮子生出来的小狮子也有在淡色底子上具有深色的斑的——所以我们可以想象被某些作者以惊奇的眼光来注意的马的斑纹就是出现条纹的那种倾向的一种变化或痕迹。

马出现条纹的这种倾向在若干方面都是一个有趣的事实。各种颜色的、最不相同的品种的世界各地的马常有一条暗色条纹沿着背脊从鬐一直伸延到尾；这种情形是非常普通的，我不必特别地去讨论它[4]。马偶尔在腿上有横斑，主要是在腿的后侧；比较罕见的是马在肩部有一条明显的条纹，就像驴的肩部的条纹那样；或者在肩部有一个代替条纹的深色而宽阔的块斑。在我进入详细讨论之前，我必须先说明黄棕色这个名词的含义是模糊的，它意味着三组颜色：第一是介乎奶油色和红褐色之间的颜色，并且逐渐过渡到淡栗色——这种颜色我相信往往被称为鹿黄棕色（fallow-dun）；第二是铅色或石板青色或鼠黄棕色（mouse-dun），并且逐渐过渡到灰色；第三是介乎褐色和黑色之间的暗黄棕色。我在英格兰检查过一匹相当大的轻型的、鹿黄棕色得文郡驮马（图1），它沿着背部有一条显著的条纹，在前腿的后侧有淡色的横条纹，在双肩上各有四条平行的条纹。在这四条

---

① 《大地》（*The Field*），7月13日，1861年，第42页。

② 沃尔南·哈科特：《阿尔及利亚的狩猎》（*Sporting in Algeria*），第26页。

③ 我叙述这一点，是根据我自己若干年来对于马的颜色的观察。我看到过奶油色的、淡黄棕色的以及鼠黄棕色的马具有斑纹，我之所以要说这一点，是因为有人说过（马丁，《马的历史》，第134页）黄棕色马从来不具斑纹。马丁提到过具有斑纹的驴（第205页）。在《兽医》（*Parrier*，伦敦版，1828年，第453,455页）一书中载有一些有关马的斑纹的良好叙述；在史密斯上校的《马》一书中也有同样良好的叙述。

④ 有一些细节见《兽医》，1828年，第452,455页。我所看见过的最小一匹驮马是鼠色的，它有显著的脊条纹。一匹小型的印度栗色驮马具有同样的条纹，其显著情形同重型的栗色二轮车马的一样。竞跑马常常具有脊条纹。

条纹中,最后的一条很小而且模糊不清;相反地,最前的一条则长而宽,但中断了,其下端呈截形,前角延长成细的尖端。我之所以提到后面这一事实,是因为驴的肩条纹偶尔也呈现了完全一样的外貌。有人送给我一张小型的、纯种的、鹿黄棕色威尔斯驮马的轮廓图和它的说明,它有一条脊条纹,每一支腿上有一条横条纹,还有三条肩条纹;相当于驴的最后一条肩条纹的那条条纹是最长的,而从鬐部出发的那两条前面的平行条纹则缩短了,这同上述得文郡驮马的肩条纹的情形正相反。我曾看到一匹光亮的鹿黄棕色短腿马,它的两条前腿的后侧各具非常显著的横斑;还有一匹暗铅色的鼠色驮马具有同样的腿条纹,但不像前者那样显著;还有一匹光亮的鹿黄棕色马驹,它的四匹祖父母中有三匹是纯种的,它的腿上的横条纹很明显;还有一匹栗色的二轮车马(Cart-horse),它有显著的脊条纹,肩条纹的痕迹明显,但没有腿条纹;我还能举出更多的例子。我的儿子为我画过一张大形的、重型的比利时二轮车马的图,它是鹿黄棕色的,脊条纹显著,腿条纹仅有痕迹,两条平行的肩条纹(相距三英寸)约长七八英寸。我曾看见过另一匹颇为轻型的二轮车马,它的奶油色污而暗,具有腿条纹,在一肩上有一大而轮廓不清的云状块斑,在另一肩上有两条模糊的平行条纹。所有上面提到的例子都是有关种种不同的黄棕色的;但是爱德华(W. W. Edwards)先生看见过一匹接近纯种的栗色马,它有脊条纹而且在腿上也有明显的横斑;我看见过两匹栗色的四轮车马,它们具有黑色的脊条纹,其中一匹在两肩上各有一条淡色条纹,另一匹在两肩上各有一条轮廓不清的黑色宽条纹并且在中途斜向下方;这两匹马都没有腿条纹。

图 1　具有肩条纹、脊条纹和腿条纹的黄棕色得文郡驮马

我遇到过的一个最有趣的例子是在我自己养的一匹马驹身上发生的。一匹栗色雌马[从一匹暗褐色福列密西雌马(Flemish mare)同一匹浅灰色土耳其雄马(Turcoman horse)的交配中产生出来的]同一匹纯种的暗栗色赫求利斯马(Hercules)交配了,后者的父亲[金斯顿(Kingston)]和母亲都是栗色的。产生出来的马驹最终变成褐色的了;不过当它降生后两周间都是污栗色的并且混着鼠灰色,还有一些部分混着浅黄色;它的脊条纹只有一点痕迹,腿上有少数模糊的横斑;但是全身几乎布满了很细的暗色条纹,大部分体部上的这等条纹非常模糊,就像小黑猫身上的条纹那样地非在一定的光亮下看不清楚。臂部上的这等条纹是明显的,它们在那里从脊柱上分歧出来,其末端微向前方;许多这等条纹当从脊柱上分歧出来的时候变得稍微有点分叉,同在一些斑马的物种中所看到的情形完全一样。两耳之间的额部条纹最为明显，它们在那里形成了一连串的尖弧形，一个靠着一个，愈接近嘴愈小；在"南非斑马"（quagga）和"白氏斑马"（Burchell's zebra）的额部可以看到完全一样的斑记。这匹马驹降生两三个月之后，它的所有条纹全都消失了。我看见过一匹充分成长的、鹿黄棕色的、短腿马似的马，它的额部具有同样的斑记，脊条纹显著，两条前腿的横斑清楚。

挪威（Norway）产的马或驮马都是黄棕色的，从接近奶油色的到暗鼠色的都有；在那里一匹马除非具有脊条纹和腿条纹就不被看做是纯种的[①]。我的儿子估计过他在那个国家看到的驮马有三分之一具有腿条纹；他数过一匹驮马的前腿条纹为七条，后腿条纹为两条；只有少数的驮马呈现有肩条纹的痕迹；不过我听到有一匹从挪威输入的短腿马，它的肩条纹以及其他部分的条纹都是很发达的。史密斯[②]上校曾经提到过在西班牙的塞拉（Sierras）地方生存的黄棕色马具有脊条纹；并且在南美的某些地方生存的原产于西班牙的马现今还是黄棕色的。伊利阿特爵士告诉我说，他检查过输入到马得拉斯（Madras）的一个包括300匹南美马的马群；其中有许多在腿上具有横条纹，并且还有短的肩条纹；其中有一匹条纹最显著的马（我收到它的一张彩色图），它是鼠黄棕色的，肩条纹微有分叉。

在印度西北部具有条纹的马不止一个品种，这显然比在世界其他任何地方都更普通，关于那里的具有条纹的马，我从若干官员、特别是从普尔（Poole）上校、克尔提斯（Curtis）上校、坎贝尔（Campbell）少校、圣约翰（St. John）旅长等收到过一些材料。"凯替华马"（Kattywar horses）的高度常达15或16"掌幅"（hand）[*]，它虽然是轻型的，但发育很好。它们颜色是各式各样的，但是几个黄棕色的种类都占有优势；这等马具有条纹的是如此普遍，以致没有条纹的就不被看做纯种。普尔上校相信所有黄棕色马都有脊条纹，腿条纹一般也是存在的，并且他认为约有二分之一的黄棕色马具有肩条纹；这等肩条纹有时是双重的或三重的。普尔上校常常看到在颊以及鼻的两侧也有条纹。他看见过灰色的和栗色的"凯替华马"在初生时就具有条纹，但不久便消失了。我还收到过其他的记载说，奶油色的、栗色的、褐色的和灰色的"凯替华马"具有条纹。勃里斯先生告诉我说，在印度以东的掸邦（Shan，缅甸北部）驮马具有脊条纹、腿条纹和肩条纹。伊利阿特爵士告诉我说，他看到两匹栗色的别古驮马具有腿条纹。缅甸驮马和爪哇驮马往往是黄棕色的，并且具有三种不同的条纹，"其程度就像英格兰驮马一样"[③]。斯温赫先生告诉我说，他检查过两个中国品种的两匹淡黄棕色驮马，即"上海驮马"和"厦门驮马"，二者都有脊条纹，"厦门驮马"还有不清楚的肩条纹。

于是我们看到，世界各地的马的品种无论多么不同，只要是黄棕色的（在这个名词下包括从奶油色到污黑色的广大范围的颜色）就都有数种上述条纹，而带有黄色的、灰色的和栗色的色调的接近白色的马有时也是如此，不过这很罕见。具有白鬣和白尾的黄色

① 通过克罗威（J. R. Crowe）总领事的善意协助，我从倍克（Boeck）教授，拉斯克（Rasck）和埃斯马克（Esmarck）得到了一些有关挪威驮马颜色的材料。再参阅《大地》，1861年，第431页。

② 史密斯上校：《博物学者丛书》，第十二卷，第275页。

* "掌幅"是计算马的高度时采用的单位，一"掌幅"约为四英寸。——译者注

③ 克拉克（G. Clark）先生，《博物学年报》，第二辑，第二卷，1848年，第363页。华莱士（Wallace）先生告诉我说，他在爪哇看见过一匹具有脊条纹和腿条纹的黏土色般的黄棕色马。

马,有时也被称做黄棕色的,我从来没有看见过它们具有条纹①。

根据在后面"返祖"一章中所举出的理由,我曾竭力追查黄棕色马(它们具有条纹的比其他颜色的马多得多)是否从两匹都不是黄棕色的马的交配中产生出来的,但收获很少。我所问到的大多数人都相信亲代之一必须是黄棕色的;而且一般都确认,如果亲代之一是黄棕色的,那么黄棕色和条纹就都是强烈遗传的②。然而我自己观察过一个例子:从一匹黑色雌马同一匹栗色雄马产生出来的马驹当充分成长之后,成为暗黄棕色的了,而且具有虽然细但明显的脊条纹。赫法克③举出过两个事例:从两个不同颜色的、但都不是黄棕色的亲代产生了鼠黄棕色马驹。

所有种类的条纹一般在马驹的身上都比在成长马的身上来得明显,并且普通在第一回脱毛时就消失了④。普尔上校相信,"在'凯替华'品种中当小马刚一降生时,其条纹最为明显;从此到第一回脱毛后便逐渐模糊起来,然后又表现得同以前一样地明显,不过随着马的年龄的增长,条纹也肯定地常常消失了"。另外还有两种记载指出在印度的老马中这种条纹消失的情形。另一方面有一位作者说,马驹在降生时常常不具条纹,而是在马驹长大时条纹才逐渐出现。有三位权威者都肯定地说,在挪威,马驹身上的条纹不如成长马身上的来得明显。在我以前描述过的关于几乎整个身体都具有细条纹的幼小马驹的例子中,无疑地条纹在早期就完全消失了。爱得华先生为我检查过竞跑马的 22 匹马驹,其中有 12 匹的脊条纹或多或少是明显的;这一事实以及我收到的一些其他记载使我相信,当英国竞跑马长大了的时候,它们的脊条纹就往往消失了。在自然的物种中幼体常常呈现在成体时就消失的性状。

条纹的颜色易于变异,不过永远比身体其余部分的颜色较深。它们绝不是永远在身体的不同部分同时存在:不具肩条纹的,却可能在腿上有条纹,或者相反的情形也会发生,但比较罕见;不过我从来没有听到过不具脊条纹的马会有肩条纹或腿条纹。在所有条纹中脊条纹最常见;这是可以料想得到的,因为它是马属的其他 7~8 个物种的特征。值得注意的是,像肩条纹为两重或三重这样微小的一种性状会出现在如此不同的"威尔斯驮马""得文郡驮马""撑邦驮马"、重型的二轮车用马、轻型的"南美马"以及瘦长的"凯替华马"各个品种中。史密斯上校相信在他所想象的五个原种之中有一个是黄棕色并且具有条纹的;所有其他品种的条纹都是由于在古代同这个原始的黄棕色种杂交之后所产生的结果;但是,要说在如此辽远的世界各地生活的不同物种都曾同任何一个原种杂交过,却是极端不可能的。而且没有任何理由可以使我们相信,一次杂交的效果,像这种观点所暗示的那样,可以蔓延到如此众多的世代。

关于马的原始颜色是黄棕色的问题,史密斯上校⑤搜集了大量的证据,这些证据阐明

---

① 关于这一点,再参阅《大地》,7 月 27 日,1861 年,第 91 页。

② 《大地》,1861 年,第 431,493,545 页。

③ 《关于性状》,1828 年,第 13,14 页。

④ 冯·那修西亚斯(Von Nathusius),《畜产讲话》(*Vorträge über Viehzucht*),1872 年,第 135 页。

⑤ 《博物学者丛书》,第十二卷(1841 年),第 109,156,163,280,281 页。从奶油色至伊萨贝拉色(即伊萨贝拉女皇的污亚麻色)的马在古代似乎是常见的。再参阅帕拉斯的关于东方野马的记载,他说黄棕色和褐色是这等马的主要颜色。在被认为是在十二世纪时写作的《冰岛英雄故事》(*Icelandic Sagas*)中曾经提到过具有黑色脊条纹的黄棕色马;参阅达生特(Dasent)的译本,第一卷,第 169 页。

了,远在亚历山大时代东方的黄棕色马就是常见的,西亚和东欧的野生马现在是或者最近还是各种不同色调的黄棕色的。似乎在不很久以前,普鲁士的皇家花园还保存了一个具有脊条纹的黄棕色马的野生品种。我从匈牙利的来信中得知这个国家的人民把具有脊条纹的黄棕色马看做是原种,而且在挪威也是如此。黄棕色驮马在得文郡、威尔斯和苏格兰的山岳部分并不罕见,原始品种在那里大概有被保存下来的最良好机会。在亚莎拉的时代,马在南美大体已经野化了 250 年,那个时候的马在 100 匹中有 90 匹是栗色(bai-châtains)的,其余 10 匹则是非灰非白之纯暗色(zains)、即褐色的;在 2000 匹马中没有一匹是黑色的。北美的野化马(feral horses)表现有各种色调莘毛(roan)的强烈倾向;但是我听坎菲尔得(Canfield)博士说,在北美的某些地方它们大都是黄棕色而且具有条纹的[①]。

在下面讨论"鸽"的一章中我们将会看到,各种颜色的纯系鸽子偶尔会产生出青色的鸽子来,当这种情形发生时,在翅和尾上不可避免地要出现某些黑斑;还有,当各种不同颜色的品种杂交时,往往会产生出具有同样黑斑的青色个体。我们进一步还会看到,这等事实可以根据所有品种都是从有斑的青色岩鸽(*Columba livia*)传下来的这种观点得到解释,同时,为这种观点提供了强有力的证据。但是在马的各个品种——如果是黄棕色的——中出现条纹的事情,并不像在鸽子的场合中那样,为它们都是来自单一原种提供了如此良好的证据:因为我们还不知道有可以作为比较标准的确是野生的马;因为纵使条纹出现了,而它们的性状是易于变异的;因为还没有足够充分的证据来说明不同品种的杂交会产生条纹;最后,因为马属的所有物种都有脊条纹,而且还有若干物种有肩条纹和腿条纹。尽管如此,最不相同的品种在它们的颜色的一般范围方面,在它们的斑纹方面,以及在腿条纹和两重的或三重的肩条纹的偶尔出现方面(特别是在黄棕色马中)都是一致的,把这些情形放在一起来看,则说明了下述的事情是可能的:即所有现存的族都是从黄棕色的、多少具有条纹的单一原种传下来的,因而我们的马偶尔会返归原种的这种性状。

驴

除了斑马以外,博物学者们描述过四个驴的物种。关于我们的家驴是从阿比西尼亚驴(*Equus taeniopus*)[②]传下来的,今天几乎是没有什么可以怀疑的了。人们常常把它当做一个事例来说明自古就被家养的驴——正如我们从《旧约圣经》得知的那样——只发

---

① 亚莎拉:《巴拉圭的四足兽》,第二卷,第 307 页。卡特林(Catlin)描述过北美的野马(第二卷,第 57 页),他相信它们是从墨西哥的西班牙马传下来的;有各种颜色;黑色的,灰色的,栗红褐色中密杂灰白色的,以及前一种颜色带有栗色斑驳的。米巧克斯(F. Michaux)描述过两匹墨西哥的野生马是栗红褐色中密杂灰白色的(《北美旅行记》*Travels in North America*,英译本,第 235 页)。马在马尔维纳斯群岛的野化不过 60 年到 70 年的光景,我听说那里的马的主要颜色为栗红褐色中密杂灰白色以及铁灰色的。这几个事实阐明了马并不会很快地返归祖先的任何一种单一的颜色。

② 斯雷特尔(Sclater)博士,《动物学会会报》,1862 年,第 164 页。哈特曼(Hartmann)说,这种动物在野生状态下并不见得永远在腿上都有横条纹(《农学年报》*Annalen der Landw*,第四十四卷,第 222 页)。

生过很轻微程度的变异。但这绝不是严格正确的，因为只在叙利亚（Syria）就有四个品种[①]：第一个是轻型而优美的品种，步调均匀，适于妇女骑乘；第二个是阿拉伯品种，专适于放上鞍子来骑乘；第三个是粗壮的品种，适于耕地以及其他种种用处；最后一个是大型的大马士革（Damascus）品种，身体和耳朵都特别长。在法国南部也有几个品种，其中一个特别大，它的某些个体同充分大小的马一样。在英国，驴的外貌虽然绝不是一致的，但还没有形成不同的品种。这大概可以用养驴的主要是穷人这种情形来解释的，他们饲养的头数不多，也不注意交配和选择幼畜。这因为像我们在后面一章将要看到的那样，通过选择，驴的大小和体力可以容易地得到重大的改进，毫无疑问这还要结合着好的饲料；并且我们可以推论它的所有其他性状大概也会由于受到选择而有所改进。英国的和北欧的驴之所以小，由于缺少注意繁育的缘故显然比由于寒冷的缘故为大；因为，印度西部的下层等级（lower castes）的一些人把驴当做驮运东西的动物来使用，那里虽然不冷，但它比纽芬兰的狗大不了多少，"一般的高度不会超出 20～30 英寸"[②]。

驴的颜色有重大变异；在英国以及其他国家——例如中国——它的腿、特别是前腿偶尔具有比黄棕色马的腿条纹还要明显的条纹。有人数过驴的前腿以及后腿有各具 13 条或 14 条横条纹的。在马的场合里偶尔出现腿条纹的事情，是用返归一个假想的原始类型来解释的；在驴的场合里我们可以确信这种解释是对的，因为阿比西尼亚驴据知在腿上有横条纹，虽然其程度是轻微的而且也不是完全没有例外。人们相信家驴在幼小时期在腿上出现条纹的事情最为常见，而且这时的条纹也最为清楚[③]，这同马的情形是一样的。肩条纹虽然如此显著地构成了物种的特征，但其宽度、长度以及末端的样式还是有变异的。根据我的测计，有一条条纹的宽度相当于另一条的四倍，而且有些条的长度相当于其他的两倍以上。有一匹淡灰色驴，它的肩条纹只有六英寸长，并且细得像一根线；另外还有一匹同样颜色的驴，在相当于肩条纹的地方只有一个暗影。我听说有三匹白驴，并不是白变种，它们连一点肩条纹和脊条纹的痕迹都没有[④]；我曾看到九匹驴不具肩条纹，而且其中有些也不具脊条纹。在这九匹中，有三匹是浅灰色的，一匹是深灰色的，另一匹是介乎灰色和红灰色之间的，其余都是褐色的——其中有两匹在身体的一些部分带有红色或栗色的色调。所以，灰色的和红褐色的驴如果受到不断的选择并且加以繁育，那么它们的肩条纹大概就会几乎像在马的场合中那样一般地而且完全地消失了。

驴的肩条纹有时是双重的，勃里斯先生曾经看到过甚至有三条或四条平行条纹的[⑤]。我曾在十个例子中观察到肩条纹的下端顿成截形，其前角延长成一个细的尖端，同上述黄棕色得文郡驮马的情形完全一样。关于肩条纹末端部分急骤地而且尖锐地弯曲的情形，我看到过三个例子；关于肩条纹明显地但微小地分叉的情形，我看到和听到过四个例

---

① 马丁：《马的历史》，1845 年，第 207 页。

② 赛克斯上校，《哺乳动物一览表》（*Cat. of Mammalia*），《动物学会会报》，7 月 21 日，1831 年。威廉逊，《东方野外狩猎》，第二卷，马丁引用，第 206 页。

③ 勃里斯，《查理斯沃茨博物学杂志》（*Charlesworth's Mag. of Nat. Hist.*），第四卷，1840 年，第 83 页。有一位育种者肯定地向我说过，事实确系如此。

④ 马丁在《马》一书（第 205 页）中举过一个例子。

⑤ 《孟加拉亚细亚学会学报》，第二十八卷，1860 年，第 231 页。马丁，《马》，第 205 页。

子。关于肩条纹在前腿上部明显地分成两叉的情形,虎克(Hooker)博士一行在叙利亚为我观察了不下五个同样的事例。在普通的骡子中有时也有同样分叉的情形。当我最初注意到肩条纹的分叉和尖锐地弯曲时,我已充分地看过了各个不同马属物种的条纹,这就使我相信甚至如此不重要的一种性状也有其明显的意义,于是我被引导着去注意这个问题。现在我发现在"白氏斑马"和"南非斑马"的身上相当于驴的肩条纹的那些条纹以及颈部的一些条纹都是分成两叉的,并且肩部附近的一些条纹的末端都是尖锐地向后弯曲的。肩条纹的分成两叉以及尖锐地弯曲,显然同体部和颈部两侧的接近垂直的条纹转换方向而成为腿部的横条纹有关。最后,我们知道在马的身上会出现肩条纹、腿条纹和脊条纹——在驴的身上偶尔没有这等条纹——在马和驴的身上会出现两重的或三重的肩条纹,并且这等条纹以同样的方式终止于下方——所有这些都是在马和驴中所发生的相似变异的例子。这等情形大概不是由于同样的环境条件对于同样的体质发生了作用的缘故,而是由于在颜色方面部分地返归了马属的共同祖先的缘故。以后我们还要讨论这个问题,而且要更加充分地予以讨论。

第三章

猪——牛——绵羊——山羊

· Pigs—Cattle—Sheep—Goats ·

猪属于两个不同类型，即普通野猪（*Sus scrofa*）和印度野猪（*Sus indicus*）——沼泽野猪（Torfschwein）——日本猪——杂种猪的能育性——高度家养族的头骨变化——性状的趋同——妊娠——单蹄的猪——奇妙的颚垂坠——牙的缩小——具有纵条纹的幼猪——野化猪——杂交品种

牛——瘤牛，一个不同的物种——欧洲牛大概是从三个野生类型传下来的——现今所有的族都杂交能育——英国的园圃牛——关于原种的颜色——体质上的差异——南非族——南美族——尼亚太牛——各个牛族的起源

绵羊——著名品种——只限于公羊的变异——羊毛——半畸形品种

山羊——它的显著变异

猪

近来对于猪的品种的研究比对于其他任何家养动物的品种的研究都更加细致,虽然还有很多工作留待我们去做。这些研究的成果见于哈尔曼·冯·那修西亚斯的那两部可钦佩的著作,特别是他较后发表的那一部有关若干猪族的头骨的著作,并且也见于卢特梅耶的那部著名著作——《瑞士湖上住所动物志》①。那修西亚斯阐明了所有已知的品种可以分为两大类群:其中一个类群在所有重要之点上都同普通野猪相似,而且无疑是从普通野猪传下来的;因此可以叫做普通野猪(Sus scrofa)类群。另一类群在若干重要的和稳定的骨骼性状上有差异;它的野生祖代类型还不知道;按照学名优先权的惯例,那修西亚斯给它起的名字是 Sus indicus Pallas(帕氏印度野猪)。虽然这是一个不幸的名字,但今天还必须采用它,我这样说,是因为野生原种并不产在印度,而这个类群的最知名品种是从泰国和中国输入的。

先谈一谈那些同普通野猪相似的"普通猪"的品种。按照那修西亚斯的材料(《猪的头骨》,第 75 页),这些品种迄今还存在于中欧和北欧的各处地方;以前每一个王国②以及英国的几乎每一州都拥有它自己的当地品种;不过现在这些品种到处都迅速地消灭了,而代以有"印度野猪"血统的改良品种。普通野猪型的品种的头骨在所有重要之点上都同欧洲野猪的相似;不过同头骨的长度比较起来,它变得较高而且较宽了(《猪的头骨》,第 63—68 页),其后部也变得比较笔直了。然而这等差异在程度上有种种不同。这些品种虽然在主要的头骨性状上同普通野猪相似,但在其他方面,例如耳长和腿长、肋骨的弯曲度、颜色、毛的多少以及身体的大小和比例,都显著地彼此有所差异。

野生的"普通野猪"有广泛的分布范围,根据卢特梅耶在骨骼性状方面所提出的证据,在欧洲和北非有它的分布,根据那修西亚斯在同一方面所提出的证据,在印度斯坦(Hindostan)也有它的分布。但是生存于这等地方的野猪在外部性状上彼此差异得如此厉害,以致有些博物学者把它们分类为不同的物种。按照勃里斯先生的说法,即便在印度斯坦之内,这等动物在不同地区也形成了很不相同的族;埃维瑞斯特牧师告诉我说,在印度的西北部野猪的高度从来没有超过 36 英寸的,而在孟加拉有一头的高度竟达 44 英寸。在欧洲、北非以及印度斯坦的家猪据知都曾同当地的野生种杂交过③;在印度斯坦的

◀"我们还有理由相信,无意识地进行的选择——无论在何时都没有改进或改变品种的任何明确意图的那种选择——曾经在长久期间内改变了我们的大多数牛。"

---

① 那修西亚斯:《猪的族》(Die Racen des Schweines),柏林,1860 年;《历史的预备研究》(Vorstudien für Geschichte),《猪的头骨》(Schweineschadel),柏林,1864 年。卢特梅耶,《湖上住所的动物志》,巴塞尔(Basel),1861 年。

② 那修西亚斯:《猪的族》,柏林,1860 年。其中有极好的附录,介绍各国品种的已经发表的和可以信赖的图绘。

③ 关于欧洲,参阅贝西斯坦的德国的《博物学》,1801 年,第一卷,第 505 页。关于野猪同家猪之间的后代的能育性,曾经发表过若干著作,参阅勃尔达契(Burdach)的《生理学》以及高德龙的《物种》,第一卷,第 370 页。关于非洲,参阅《驯化学会会报》,第四卷,第 389 页。关于印度,参阅那修西亚斯的《猪的头骨》,第 148 页。

一位正确的观察者伊利阿特爵士[①]当描述了印度野猪同德国野猪之间的差异以后曾说道，"在这两处地方的家猪中可以看到同样的差异"。所以我们可以作出这样的结论：普通野猪型的品种是从那些可以分类为地理族（但按照一些博物学者的意见，它们应当分类为不同的物种）的猪传下来的，或者是同这些猪杂交而发生改变的。

印度野猪型的猪是作为中国品种而最为英国人所熟知。根据那修西亚斯的描述，印度野猪的头骨在若干比较细微之点上同普通野猪的头骨有差异，例如，在它的头骨的较大宽度上，在牙齿的一些细节上；但主要是在泪骨的短小上，在腭骨前部的较大宽度上，以及在小臼齿的分歧上。特别值得注意的是，普通野猪的家养类型连一点也没有获得后面这等性状。读过那修西亚斯的议论和描述之后，在我看来，怀疑印度野猪是否应当被分类为一个物种，简直是语言游戏；因为上面列举出来的差异，比狐同狼、驴同马之间的任何差异都更加强烈显著。如上所述，还不知道有在野生状态下的印度野猪；不过按照那修西亚斯的意见，印度野猪的家养类型同爪哇野猪（*S. vittatus*）以及它的一些近似种是接近的。在阿鲁群岛（Aru Islands）发现的一头野猪（《猪的头骨》，第 169 页）显然是同印度野猪一样的；但它是不是真正的土著动物，还是一个疑问。中国的、交趾支那（Cochin-China）的、泰国的家养品种都是属于这个型的。罗马品种、即那不勒斯品种（Neapolitan breed），安达鲁西亚品种（Andalusian），匈牙利品种，具有细卷毛的、在东南欧和土耳其栖息的、由那修西亚斯命名为"克劳斯猪"（Krause）的品种，以及小型的、瑞士的、由卢特梅耶命名为"布恩得内尔猪"（Bündtnerschwein）的品种，在比较重要的头骨性状上都同印度野猪是一致的，并且人们认为它们都同这个类型广泛地杂交过。这种型的猪在地中海沿岸已经生存了很久的时期，因为在赫鸠娄尼恩（Herculaneum）的埋没城市中发现过一些猪的图，它同现存的"那不勒斯猪"是密切相似的。

卢特梅耶的以下发现是值得注意的：在瑞士的新石器时代有两个家养类型、即普通野猪（*S. scrofa*）和沼泽野猪（*S. Scrofa Palustris* 或 Torfschwein）同时生存着。卢特梅耶发觉后一个类型同东方品种接近，并且按照那修西亚斯的意见，它肯定是属于印度野猪这个类群的；但是卢特梅耶此后阐明了两者在一些十分显著的性状上有所差异。这位作者以前相信他所谓的"沼泽野猪"在石器时代的初期是野生的，在石器时代的后期才成为家养的[②]。那修西亚斯虽然十分承认卢特梅耶最初观察到的奇妙事实，即家养动物和野生动物的骨可以由它们的不同外形来加以区别，但由于在猪骨的场合中有特殊困难（《猪的头骨》，第 147 页），所以他不相信上述结论是正确的；而且卢特梅耶本人现在似乎也有些怀疑这个结论了。其他博物学者们，都站在那修西亚斯这一边[③]，进行了热烈的论争。

在身体的比例上、在耳的长度上、在毛的性质上、在颜色上等等有所差异的若干品种都被看做是印度野猪型的。这并没有什么值得惊奇，因为无论在欧洲或是在中国这个类

---

① 伊利阿特爵士：《哺乳动物一览表》，载于《马得拉斯文学与自然科学学报》（*Madras Journal of Lit. and Science*），第十卷，第 219 页。

② 《湖上住所的动物志》，第 163 页。

③ 参阅舒兹（J. W. Schütz）的一篇有趣的论文，《关于沼泽野猪》（*Zur Kenntniss des Torfschweins*），1868 年。这位作者相信沼泽野猪是从一个不同的物种、即中非的一个物种（*S. sennariensis*）传下来的。

型的饲养已经非常悠久了。一位卓越的中国学者①相信这个国家饲养猪的时期从现在起至少应当追溯到 4900 年以前。同一位学者还举出了在中国生存的许多地方品种;现在中国人在猪的饲养和管理上费了很多苦心,甚至不允许它们从这一个地点走到另一个地点②。因此,正如那修西亚斯所指出的③,这等猪显著地呈现了高度培养族所具有的那些性状;所以,无可怀疑地它们在改进我们的欧洲品种中是有高度价值的。那修西亚斯做过一个值得注意的叙述:普通野猪的一个品种如果混有 1/32 甚至 1/64 的印度野猪的血统,这就是可以使前者的头骨明显地发生变异。这个奇特的事实或者可以用以下的情形来解释,即印度野猪的若干主要不同性状,例如泪骨的短小等等,是该属的若干物种所共有的;而在杂交中,许多物种所共有的性状显然要比只是少数物种所特有的那些性状占优势。

　　以前曾在动物园(Zoological Gardens)中展览过的日本猪(*S. pliciceps* of Gray)*因为具有短的头、宽的额和鼻、大而多肉的耳以及深皱纹的皮,所以外貌异常。下面的木刻图是根据巴列特(Bartlett)④先生赠送的一张图复制的。不仅面部有绉纹,而且在肩部和臂部也垂有皮的厚折,这比其余部分较硬,几乎同印度犀牛身上的皮肤板一样。它的颜色是黑的,脚白,可以纯粹地繁育。它们在那里被饲养的时期已经很久,这几乎是无可怀疑的;甚至从它的幼猪不具纵条纹这一点也可推论出这种情形;因为包括在野猪属以及近似属之内的所有物种在自然状态下都具有这一性状⑤。格雷(Gray)博士⑥曾经描述过这种动物的头骨,他不仅把它分类为一个不同的物种,而且把它编入野猪属的不同部类(Section)。然而,那修西亚斯在仔细地研究了整个类群之后,明确地说道(《猪的头骨》,第 153—158 页),它的头骨在所有主要性状上都同印度野猪型的中国短耳品种的头骨密切相似。因此,那修西亚斯认为日本猪不过是印度野猪的一个家养变种而已:如果确是这样的话,那么这是一个可惊的事例,它说明在家养下能够产生多大的变异量。

　　以前在太平洋中央的各岛上有过一个奇特的猪的品种。根据台尔曼(D. Tyerman)牧师和本内特(G. Bennet)⑦的描述,这种猪是小型的,背有隆肉,头部长得同其他部分不成比例,耳短而向后翻,尾蓬松,长不过两时,好像从背上生出来似的。自从欧洲猪和中

---

　　① 关于朱利恩(Stan. Julien)的说法。得布兰威在《骨学》一书(Ostèograghie)中曾加以引用,见第 163 页。

　　② 里卡逊:《猪及其起源》(*Pigs, their Origin*),第 26 页。

　　③ 《猪的族》,第 47,64 页。

　　* 本书的日文译者阿部余四男教授认为 Japan pig 恐系 Javan pig(爪哇猪)之误[《育成动植物の趋异》,岩波文库版,昭和十五年(1935 年),第 129 页]。他说:"日本产的猪不是这样的;而在爪哇不仅有这样的猪,同时还有叫做 Sus verrucosus 的野生种,这种猪在面部有疣,耳大,幼猪呈黑色而不具纵条纹,同这种'畸面猪'很相似。两者之间是有亲缘关系的,这种猪大概产生于爪哇,后来输入到中国。"

　　④ 《动物学会会报》,1861 年,第 263 页。

　　⑤ 斯雷特尔,《动物学会会报》,2 月 26 日,1862 年,第 13 页。

　　⑥ 《动物学会会报》,1862 年,第 13 页。此后卢凯(Lucae)教授在很有趣的一篇论文[畸面猪的头骨(Der Schädel del Maskenschweines),1870 年]里对于猪的头骨做了更充分的描述。他证实了那修西亚斯的有关这种猪的亲缘关系的结论。

　　⑦ 《1821 年到 1829 年海陆旅行日记》(*Journal of Voyages and Travels from* 1821 *to* 1829),第一卷,第 300 页。

国猪引进到这等岛屿之后，按照上述作者们的材料，这个品种由于同它们不断地进行杂交，在 50 年内就几乎完全消灭了。可以预料到，与世隔绝的岛屿对于特殊品种的产生和保存似乎是适宜的；例如，奥克尼群岛（Orkney IsIands）的猪在记载中是很小的，耳直立而尖，"在外貌上同那些从南方带来的猪完全不同"①。

因为属于印度野猪型的中国猪在骨骼性状上以及在外貌上同普通野猪型的猪有非常大的差异，所以它们势必被看做是不同的物种，不过值得注意的一个事实是，中国猪同普通野猪不断地以各种方式进行了杂交，但它们的能育性并没有受到损害。使用过纯种中国猪的一位优秀的育种者肯定地向我说过，第一代杂种以及它们的再杂交的后代在能育性方面实际上是提高了；而且这是农学者们的一般信念。再者，日本猪在外貌上同一切普通猪是如此不一样，以致人们要高度扩展相信的程度才会承认它只是一个家养变种；然而这个品种同"巴克郡猪"进行杂交，被发现是完全能育的；伊顿（Eyton）先生告诉我说，他曾使它们的半杂种自行交配，发现它们是十分能育的。

图 2　日本猪、即畸面猪（masked pig）的头

（根据巴列特先生的一篇论文中的图复制的，该文载于《动物学会会报》，1861 年，第 263 页。）

在最高度受到培养的族中，头骨的变异是可惊的。为着了解头骨变化的量，应当一读附有精美绘图的那修西亚斯的著作。它的外貌的所有部分都改变了：头骨的后面不是向后倾斜，而是直向前方，其他部分也因此相伴随地发生了许多变化；额部深向下陷；眼窝的形状有差异；耳道的方向和形状有差异；上下颚的门齿不能合在一起，并且它们在上下颚都超出臼齿的平面；上颚的犬齿位于下颚的犬齿之前，这种异常的情况是值得注意的；枕骨髁的关节面在形状上的变化是如此巨大，以致像那修西亚斯所指出的那样（《猪的头骨》，第 133 页），没有一个博物学者只看到了头骨的这一重要部分之后，还会想象它

---

① 罗武收师：《奥克尼群岛动物志》（Fauna Orcadensis），第 10 页。再参阅希勃特（Hibert）博士的有关谢特兰群岛的猪的论文。

是属于野猪属的。这等以及其他各种变异，正如那修西亚斯所说的，简直不能被看做是畸形，因为它们是没有损害的，而且是严格遗传的。整个头部都大大缩短了，在普通品种中头部长度同体部长度的比例为 1 对 6，在"受到高度培养的族"中其比例则为 1 对 9，近来甚至有 1 对 11 的①。下面有一幅野猪和大型约克郡品种母猪的头部木刻图②（后者是根据一张相片复制的），这对于阐明在受到高度培养的族中其头部发生了何等巨大的变异和缩短，可能有所帮助。

图 3　野猪和大型约克郡品种"黄色时代"（Golden Days）的头部图，后者是根据一张相片复制的
（根据尤亚特的《猪》复制，西得内版）

那修西亚斯很好地讨论了头骨和体部形状在高度受到培养的族中发生了显著变化的原因。这等变异主要是在印度野猪型的纯系的和杂交的族中发生的；但在普通野猪型的稍为改良的品种中也可以清楚地看到它们的萌芽③。那修西亚斯根据一般经验以及他自己试验的结果，肯定地说道（《猪的头骨》，第 99，103 页），营养丰富的和多量的食物在猪的幼小时期由于某种直接作用有使其头部增宽和缩短的倾向；而恶劣的含物则会招致相反的结果。他非常强调以下的事实：即所有野生的和半家养的猪在幼小时期用嘴掘土的时候，势必使用附着在头后部的强有力的肌肉。在受到高度培养的族中这种习性不再存在了，因而头骨后部的形状发生了变异，同时其他部分也伴随着发生了其他变化。习性上如此重大的变化会影响到头骨，几乎是无可怀疑的，但这种情形对于头骨的大大缩短以及额部的向下凹陷能够解释到怎样的程度，似乎还是颇可怀疑的。众所周知（那修西亚斯本人举出过许多例子，《猪的头骨》，第 104 页），许多家养动物——如斗牛犬和巴儿狗、尼亚太牛、羊、波兰鸡、短面翻飞鸽以及鲤鱼的一个变种——都强烈地具有面骨大大缩短这种倾向。在狗的场合中，像缪勒（H. Müller）曾经阐明的那样，这似乎是由原始

①　《猪的族》，第 70 页。

②　这些木刻图是根据尤亚特的《猪》（西得内先生的优秀版本，1860 年）一书中所载的绘图复制的。参阅第 1，16，19 页。

③　《猪的头骨》，第 74，135 页。

软骨(primordial cartilage)的一种异常状态所引起的。然而我们可以毫不勉强地承认,在许多世代中多量而营养丰富的食物的供给,将会使体部的增大获有遗传的倾向,并且由于不使用,四肢将会变得细而短①。我们在后面一章中还会看到,头骨和四肢显然在某种方式下是相关的,所以一方的任何变化都有影响另一方发生变化的倾向。

那修西亚斯做过如下的叙述,而且这是一个有趣的意见:即头骨和体部的特殊形态在受到最高度培养的族中并没有构成任何一个族的特征,而是为所有改进到同样标准的族所共有的。例如,体大、耳长、后头部凸出的英国品种和体小、耳短、后头部凹陷的中国品种,当被培育到同样完善化的地步时,它们在头部和体部的形态上大致是相似的。如此看来,这种结果一部分是由于同样的变化原因对于若干族发生了作用,一部分是由于人类对于猪的繁育只有一个目的,即在于获得最大量的肉和脂肪;所以选择永远是为着一个同样的目的。在大多数家养动物中,选择的结果会引起性状的分歧,而在猪的场合中它却引起了性状的趋同(convergence)②。

在许多世代中供给猪的食物的性质对于肠的长度显然是有影响的;因为,按照居维叶的意见③,肠长对体长的比例,在野猪中为 9 对 1;在欧洲普通家猪中为 13.5 对 1;在泰国品种中为 16 对 1。在后一品种中,肠较长的情形,可能由于它们是从一个不同的物种传下来的,也可能由于饲养时期的比较悠久。乳房的数目同妊娠期的长短一样,也有变异。这方面的最近权威者说道④,"妊娠期平均是从 17 到 20 周",不过我想在这个叙述中一定存在着某种错误;根据得谢尔对于 25 头猪的观察,其妊娠期是从 109 到 123 天。福克斯牧师给过我 10 个慎重记录下来的有关优良品种的猪的例子,其中说明它们的妊娠期是从 101 到 116 天。按照那修西亚斯的意见,早熟的族,妊娠期最短;但是它们的发育过程实际上似乎并没有缩短,因为根据头骨的状况来判断,刚刚生下来的这等小猪并不如在普通野猪的场合中发育得那样充分,也就是说它们还比较在胎期状态⑤。在高度培养的和早熟的族中,牙齿也发育较早。

像伊顿先生⑥所观察的那样,并且像下表所列举的那样,在不同种类的猪中椎骨和肋骨的数目是有差异的,这等差异常常被人引述。非洲母猪大概是属于普通野猪型的;并且伊顿告诉我说,自从这篇论文发表之后,希尔勋爵发现非洲族同英国族之间的杂种是完全能育的。

有些半畸形的品种值得注意。自从亚里士多德的时代到现在,单蹄的猪偶尔出现于世界各地。这种特性虽然是强烈遗传的,但是要说所有单蹄的个体都是从同一个祖先传

① 那修西亚斯:《猪的族》,第 71 页。
② 《猪的族》,第 47 页。《猪的头骨》,第 104 页。比较一下"爱尔兰品种"和改良的"爱尔兰品种"的图,载于里卡逊的《猪》,1847 年。
③ 小圣伊莱尔在《普通博物学》一书中曾加以引用,见第三卷,第 441 页。
④ 西得内:《猪》,第 61 页。
⑤ 《猪的头骨》,第 2,20 页。
⑥ 《动物学会会报》,1837 年,第 23 页。因为奥温教授曾指出胸椎和腰椎之间的差异完全以肋骨的发育来决定,所以我曾把胸椎和腰椎的数目加在一起(《林奈学会会报》,第二卷,第 28 页)。尽管如此,猪的肋骨在数目上的差异还是值得注意的。散逊列举了各种猪的腰椎数目:《法兰西科学院报告》(Comptes Rendus),第六十八卷,第 843 页。

下来的，这几乎是不可能有的事情；比较可能的是，同一特性重新出现于不同时代和不同
地点。斯楚塞（Struthers）博士最近对于猪脚的构造做过描述和图解[①]；无论论在前脚或后
脚中，两个大趾的末节趾骨都成为一个单一的、大型的、有蹄的趾骨，而且在前脚中，中节
趾骨成了这样一根骨：它的下端是单一的，它的上端则有两个分离的关节。根据其他记
载看来，有时也会生出一个多余的中间趾来。

	英国长腿公猪	非洲母猪	中国公猪	野猪（根据居维叶）	法国家猪（根据居维叶）
胸椎 腰椎	15 6	13 6	15 4	14 5	14 5
胸椎和 腰椎荐椎	21 5	19 5	19 4	19 4	19 4
椎骨总数	26	24	23	23	23

另一种畸形是颌下的垂坠，根据尤得-得隆卡姆（M. Eudes-Deslongchamps）的描述，
它常常构成诺曼底猪（Norrnaudy pigs）的特征。这等垂坠总是附着在同一地方，即附着
在下颚的拐角处；它们是圆筒形的，约三英寸长，披着刺毛，并且还披着从一侧之窦（Si-
nus）生长出来的刺毛；它们的中央部分生有软骨，在软骨上附着两条小纵肌；它们或是
在面部的两侧对称地生出，或是仅在一侧生出。里卡逊绘制过瘦削的老龄爱尔兰灵缇猪
（Irish Greyhound pig）的这种垂坠的图；那修西亚斯说，在所有长耳品种中都偶尔会出现
这种垂坠，但它们不是严格遗传的，因为在同一胎中有的小猪具有这种垂坠，有的却没
有[②]。因为，据知没有任何野猪具有相似的垂坠，所以现在我们还没有理由来假定它们的
出现是由于返祖；如果这是由于返祖的话，那么我们势必被迫承认有一种稍为复杂的构
造，虽然好像是没有用处的，可能不在选择的帮助之下而突然发达起来。

图4　爱尔兰猪及颚的垂坠（根据里卡逊的《猪及其起源》复制）

---

① 《爱丁堡新学术杂志》（Edinburgh New Philosoph. Journal），4月，1863年。再参阅得布兰威的《骨学》，第
128页，其中载有各个权威者对于这个问题的意见。

② 尤得·得隆卡姆：《诺曼底林奈学会会志》（Mémoires de la Soc. Linn. de Normandie），第七卷，1842年，第
41页。里卡逊，《猪及其起源》，1847年，第30页。那修西亚斯，《猪的族》，1863年，第54页。

有一个值得注意的事实，那所有家养品种的猪的长牙（tusks）都远比野猪的为短。许多事实阐明了许多动物由于无遮无盖地处在各种天气之下，或者由于得到了保护设备，其毛的状态会受到很大的影响；我们知道土耳其狗的毛和长牙是相关的（以后还要举出一些其他类似的事实），那么我们是不是可以推论在家猪中长牙的缩小是同它生活在猪舍中而引起的毛的退化有关联呢？另一方面，我们即将看到，野化猪由于不再有防御天气的设备，它们的长牙和毛又会重新发达起来了。长牙所受到的影响要比其他牙齿为大，这并没有什么值得惊奇；因为作为次级性征而发达起来的部分总是易于发生更大的变异的。

众所熟知，欧洲野猪和印度野猪的猪仔在降生后的最初六个月都具有淡色的纵条纹[①]。这种性状一般在家养下就消失了。然而土耳其家猪的猪仔就像威斯特伐利亚（Westphalia）猪仔那样地"不论它们的颜色如何"[②]，都具有条纹；后者同土耳其猪是否都属于同一个卷毛的品种，我不知道。牙买加（Jamaica）的野化猪和新格拉那达（New Granada）的半野化猪，凡是黑色的，或者是黑色而具有由腹部常常伸延到背部的白色带斑的，都恢复了这种原始祖先的性状并且产生了具有纵条纹的猪仔。关于在非洲海岸的赞比西（Zambesi）殖民地的那些逃走了的猪，同样有、至少偶尔有这种情形[③]。

一般都相信所有家养动物当野化了的时候，就会完全返归原种的性状，根据我所能看出的说来，这一信念主要是以野化猪为基础的。但是，甚至在这种场合中这一信念的根据也是不够充分的；因为两个主要的类型、即普通野猪和印度野猪在野生状态下也是不能区别开的。像我们刚才看到的那样，猪仔重新获得了它们的纵条纹，并且大猪必然会恢复它们的长牙。根据它们在寻找食物中必须增大运动量这一点看来，我们大概可以预料到，它们在身体的一般形状上、在腿和嘴的长度上也会返归野猪的状态。牙买加的野化猪没有达到欧洲野猪的充分大小，前者"的肩高从来没有超过 20 英寸的"。它们在各个不同地力恢复了鬃毛的原始状态，但其程度不同，这要看该地的气候如何来决定；例如，按照罗林的材料，在新格拉那达的酷热山谷中生存的半野化猪的鬃毛是很稀疏的；然而在高达 7000～8000 英尺的帕拉摩斯（Paramos），它们的鬃毛下面便生有一厚层绒毛，

---

① 约翰逊（D. Johnson），《印度野外狩猎速写》（*Sketches of Indian Field Sports*），第 272 页。克劳弗得先生告诉我说，在马来半岛的猪中也有同样的情形。

② 关于土耳其猪，参阅得玛列（Desmarest）的《哺乳动物学》（*Mammalogie*），1820 年，第 391 页。关于威斯特伐利亚猪，参阅里卡逊的《猪及其起源》，1847 年，第 41 页。

③ 关于上述和下述的野化猪，参阅罗林的文章，《法国科学院当代各门科学论文集》（*Mém. présentés par divers Savans à l'Acad.*），巴黎，第六卷，1835 年，第 326 页。应该知道，他的记载并不适用于真正的野化猪；而是适用于长期引进到该地之后的并且在半野生状态下生存的猪。关于牙买加的真正野化猪，参阅高斯的《牙买加侨居记》（*Sojourn in Jamaica*），1851 年，第 386 页；再参阅史密斯上校的著作，《博物学者丛书》，第九卷，第 93 页。关于非洲，参阅利威斯东（Livingstone）的《赞比西探险记》（*Expedition to the Zambesi*），1865 年，第 153 页。关于印度西部野化猪的长牙，拉巴特（P. Labat）的记载最为精确（罗林曾引用过）；但是这位作者把这等猪的状态归因于它们是从一种他在西班牙看见过的家猪传下来的。苏利文海军上将有过充分的机会来观察位于马尔维纳斯群岛中的鹰岛（Eagle Island）上的野猪；他告诉我说，它们具有大的长牙并且在脊背上富有刺毛。在布宜诺斯艾利斯（Buenos Ayres）地方野化的猪没有返归野猪型（伦格［Rengger］，《哺乳动物》，第 331 页）。得布兰威（《骨学》，第 132 页）谈到过两头家猪的头骨，这是多比内（AI. d'Orbigay）从巴塔哥尼亚（Patagonia）寄给他的，这两个头骨的枕骨隆起同欧洲野猪的一样，但是就整个头部来说，"则比欧洲野猪的短而厚"。他还谈到过北美野化猪的皮，他说："实际上同小型野猪很相似，但几乎是完全黑色的，形状也比较肥。"

同法国真正野猪的情形一样。这等帕拉摩斯的半野化猪是小而矮的。印度的野猪据说在尾的末端生有排列得像矢羽一般的鬃毛，而欧洲的野猪只有一个簇状尾；奇妙的是，许多的，但不是所有的从一个西班牙种产生出来的牙买加野化猪都有矢羽状的尾[①]。关于颜色，野化猪一般都返归野猪的颜色；但在南美的某些地方，像我们所看到的那样，有些半野化猪在它们的腹部横穿着一件白色带斑；在其他炎热地方，猪是红色的，在牙买加的野化猪中偶尔也会观察到这种颜色。从这几个事实看来，我们知道猪野化了之后，就有一种返归野生模式的强烈倾向；但这种倾向大部分是受气候的性质、运动的多少以及引起它们发生变化的其他原因所支配的。

最后值得注意的一点是，我们拥有非常良好的证据，说明现今完全可以保持纯度的品种是从若干不同品种的杂交中产生出来的。例如，埃塞克斯改良猪（Improved Essex Pigs）就很能纯粹地繁育，但是，它们现在的优良品质无疑地大部分是来自起初威斯特恩（Western）勋爵用它们同那不勒斯族的杂交，随后又同"巴克郡品种"（这个品种是由于同"那不勒斯品种"进行了杂交而被改进的）的杂交，它们大概也同萨塞克斯品种（Sussex breed）杂交过[②]。现在发现在这样用复杂的杂交来形成品种中，许多世代中的极其仔细而不断的选择是不可缺少的。主要是由于进行了如此复杂的杂交，某些著名的品种才经历了迅速的变化；例如，按照那修西亚斯的材料[③]，1780 年的巴克郡品种同1810 年的巴克郡品种颇有不同；而且自从1810 年以后，在这个名字下至少有两个不同的类型。

牛

家牛同我们在狗和猪的场合中所阐明了的情形一样，肯定是从一个以上的野生类型传下来的。博物学者们一般把牛分为两大类：一是栖息于热带的背部具有隆肉的种类，叫做印度瘤牛（Zebus），学名为 *Bos indicus*；一是背部不具隆肉的普通牛，一般包括在黄牛（*Bos taurus*）这一名称之下。瘤牛的被家养，根据在埃及的碑刻中所看到的，至少是在埃及第十二王朝，即公元前2100年。它们在各种骨骼性状上同普通牛都有差异，按照卢特梅耶的材料[④]，其差异的程度甚至比史前的欧洲化石种、即原牛（*Bos primigenius*）同长额牛（*Bos longifrons*）之间的差异还要大。勃里斯先生[⑤]特别注意过这个问题，他说，它们在一般姿态上，在耳形上，在颈下垂肉的始点上，在角的独特的弯曲上，在休息时摆动

① 高斯，《牙买加》，第 386 页，其中引用了《威廉逊东方野外狩猎》；史密斯上校，《博物学者丛书》，第九卷，第 94 页。

② 尤亚特，《猪》，西得内版，1860 年，第 7，26，27，29，30 页。

③ 《猪的头骨》，第 140 页。

④ 《湖上住所动物志》，1861 年，第 109，149，222 页。再参阅老圣伊莱尔的《博物学纪要》（*Mém. du Mus. d' Hist. Nat.*），第十卷，第 172 页；以及他的儿子的小圣伊莱尔的《普通博物学》，第三卷，第 69 页。威塞（Vasey），《牛族图集》（*Delineations of the Ox Tribe*），1851 年，第 127 页，他说瘤牛有四个荐椎，普通牛有五个荐椎。霍奇森先生发现肋骨的数目为十三或十四，参阅《印度原野》（*Indian Field*，1858 年，第 62 页）中的注释。

⑤ 《印度原野》，1858 年，第 74 页，勃里斯先生在这里对于野化瘤牛提出了权威的意见，皮克林（Pickering）在他的《人种》（*Races of Man*，1850 年，第 274 页）一书中也曾说过瘤牛叫得同猪一般。

头部的样子上,在颜色的普通变异上,特别是在脚上屡屡出现"印度羚羊(Nilgau)般的斑记"上,也有差异,而且"一方在生下来的时候其牙齿就突出颚外,一方则不然"。它们具有不同的习性,它们的叫声也完全不同。印度的瘤牛"很少找一个阴凉的地方待着,而且从来不到没膝的水中站着,像欧洲牛那样"。它们在奥得(Oude)和罗西尔坎得(Rohil-cund)的一些地方野化了,并且能够在一个虎害很多的地区生存下来。它们产生了许多族,在大小上,在具有一块或两块背部隆肉上,在角的长度上,以及在其他方面,都有重大的差异。勒里斯先生强调地做出了这样的结论:必须把具有背部隆肉的牛和不具背部隆肉的牛看成是不同的物种。当我们考虑到同骨骼上的重要差异无关的外部构造和习性的许多差异之点,并且考虑到这等差异之点有许多大概不是由于受到家养的影响而发生的,几乎无可怀疑地必须把具有背部隆肉的牛和不具背部隆肉的牛分类为不同的物种,尽管有些博物学者们在这方面还持有反对的意见。

不具背部隆肉的欧洲品种是很多的。罗武教授列举了 19 个英国品种,其中只有少数是同欧洲大陆上的品种相同的。即便是顾恩塞(Guernsey)、捷尔塞(Jersey)和阿尔得尼(Alderney)那样小的海峡岛也各自拥有自己的亚品种①;而且这等品种同其他英国的岛屿,如盎格尔西(Anglesea)和苏格兰的西方各小岛上的品种又有所不同。曾经注意过这个问题的得玛列描述了 15 个法国的族,而亚品种以及从其他地方输入的品种还不在内。在欧洲的其他部分也有若干不同的族,例如灰色的匈牙利牛,它的步伐轻快,角非常长,其两端之间的长度有时超过五英尺②;波多里亚牛(Podolian cattle)也以它们的前肢的高度而闻名于世。在最近出版的有关牛的著作中③,有 55 个欧洲品种的图刻;然而其中有若干大概只有很小的差异,或者只是同物异名而已。千万不可假定只在文化悠久的国家中才有许多牛的品种,因为我们就会看到南非的未开化人也饲养了若干种类。

关于若干欧洲品种的系系,我们从尼尔逊的论文④中、特别是从卢特梅耶以及包依得·道金斯的一些著作中已经知道了很多。在欧洲的第三纪后期的沉积物中或在欧洲的史前遗物中发现了两三个牛属(Bos)的物种或类型,它们同现在依然生存的家养族是密切近似的。根据卢特梅耶的说法,有如下的各种牛:

原牛(*Bos primigenius*)——这个巨大而著名的物种是于新石器时代在瑞士被人饲养的;甚至在这样早的时期它已经发生了些许的变异,它显然同其他族杂交过了。欧洲大陆上的某些族,例如佛里斯兰牛(Friesland)等,以及英国的盘布鲁克牛(Penbroke),在主要构造上都同原牛密切相似,而且无疑是它的后代。尼尔逊也持有同样的意见。原牛在恺撒(Caesar)时代*是作为一种野生动物而存在的,现在虽然在大小上大大退化了,但

---

① 玛奎恩得(H. E. Marquand),《时代》(*The Times*),6 月 23 日,1856 年。

② 威塞,《牛族的图集》,第 124 页。勃来斯(Brace),《匈牙利》(*Hungary*),1851 年,第 94 页。按照卢特梅耶的说法(《欧洲牛的驯养》,*Zahmen Europ. Rindes*,1866 年,第 13 页),匈牙利牛是从原牛传下来的。

③ 摩尔和加约(Moll and Gayot),《牛的起源》(*La Cornnaissance Gén du Boeuf*),巴黎,1860 年,图 82 就是波多里亚品种。

④ 它的译文分作三部分发表于《博物学年报》,第二辑,第四卷,1849 年。

* 即公元前 100—前 44 年。——译者注

在奇玲哈姆（Chillingham）的园囿中已经成为半野生的了。因为，谭克威（Tankeville）勋爵曾经送给卢特梅耶教授一只头骨，后者告诉我说，奇玲哈姆牛从真正的原牛型所发生的改变，比任何其他已知品种都小①。

轮角牛（*Bos trochoceros*）——这个类型不包括在上述三个物种之内，因为卢特梅耶现在认为它是原牛的最早的雌性家养类型，并且是他所谓的大额族（*frontosus race*）的祖先。我可以补充说，有其他四种化石牛获得了物种的名称，不过现在认为它们就是原牛②。

长额牛（*Bos longifrons of Owen*），一名短角牛（*B. brachyceros*）——这个很不同的物种是小型的，体部短，腿细。按照道金斯的研究③，它在很早时期就作为一种家养动物被引进到英国来了，并且是供给古罗马军团（Roman legionaries）的食品④。在爱尔兰的湖上住所中发现过它的一些遗骸，这时期据信是在公历843—933年⑤。它也是瑞士新石器时代中的处于家养状态下的一个最普通的类型。欧文教授⑥认为威尔斯牛（Welsh cattle）和高地牛（Highland cattle）*都是从这个类型传下来的；按照卢特梅耶的研究，某些现存的瑞士品种也是从这个类型传下来的。这等瑞士品种有各种不同的颜色，从浅灰色一直到黑褐色，并且沿着脊柱有一条比较浅色的条纹，但它们不具纯白色的斑。另一方面，北威尔斯和苏格兰高地的牛一般都是黑色的或暗色的。

大额牛（*Bos frontosus of Nilsson*）——这个物种同长额牛是近似的；按照大权威道金斯的意见，它就是长额牛，不过有些判断者认为它们是不同的。二者在同一地质时代的末期同时生存于斯坎尼亚（Scania）⑦，而且在爱尔兰的湖上住所中都曾发现过它们⑧。尼尔逊相信他命名的大额牛可能是挪威山牛（mountain cattle）的祖先；二者在角的基部之间的头骨上具有高的隆起。因为欧文教授及其他都相信苏格兰的高地牛是从长额牛传下来的，所以一位有能力的判断者⑨的意见是值得注意的，他说他在挪威没有看到过同高地品种相似的牛，但是它们同得文郡品种都比较接近。

总起来说，特别是根据道金斯的研究，我们可以做出如下的结论：欧洲牛是从两个物种传下来；这个事实并非不可能，因为牛属是容易家养的。除了这两个物种以外，还有瘤

---

① 再参阅卢特梅耶的《反刍动物史》（*Beiträge pal. Gesch. der Wiederkäuer*），巴塞尔，1865年，第54页。

② 匹克推特的《古生物学》（*Paléontologie*），第一卷，第365页（第二版）。关于轮角牛，参阅卢特梅耶的《欧洲牛的驯养》，1866年，第26页。

③ 道金斯《论英国的化石牛》，载于《地质学会学报》（*Journal of the Geolog. Soc.*），8月，1867年，第182页。《曼彻斯特哲学学会会报》（*Proc. Phil. Soc. of Manchester*），11月14日，1871年，《洞穴狩猎》，1875年，第27，138页。

④ 《英国更新世哺乳动物》（*British Pleistocene Mammalia*），道金斯、散德福得（W. A. Sandford）合著，1866年，第15页。

⑤ 外德（W. R. Wilde），《关于动物遗骸的论文》（*An Essay on the Animal Remains*），爱尔兰皇家科学院，1860年，第29页。《爱尔兰皇家科学院院报》（*Proc. of R. Irish Acadamy*），1858年，第48页。

⑥ 《大不列颠皇家研究所：讲演集》（*Lecture: R. Institution of G. Britain*），5月2日，1856年，第4页。《英国的化石哺乳类》，第513页。

* 高地在苏格兰的西北部。——译者注

⑦ 尼尔逊，《博物学杂志》，1849年，第四卷，第354页。

⑧ 参阅外德的上述文献；勃里斯，《爱尔兰科学院院报》，5月5日，1864年。

⑨ 雷恩（Laing），《挪威漫游记》（*Tour in Norway*），第110页。

牛、牦牛(yak)、大额牛以及阿尼牛(Arni)①也家养化了(水牛或水牛属[Bubalus]并不在内);这一共组成了牛属的六个物种。瘤牛和那两个欧洲种已经没有野生的了。虽然在欧洲牛的某些族于很古时期就被家养了,但这并不等于说它们最初就是在那里被家养的。那些非常信赖语言学的人们主张牛是从东方输入的②。它们原始栖息的地点大概是温和的或寒冷的地带,但不是长期覆雪的地方;因为我们的牛,像我们在讨论马的那一章中所看到的那样,并没有把雪扫去而取食下面草类的本能。没有一个人在南半球的风吹雨打的马尔维纳斯群岛上看见过巨大的野牛,也没有人会认为那里的气候是美妙地适于它们的。亚莎拉曾指出,在拉普拉塔的温带地区,牛到两岁时即可受孕,而在巴拉圭的酷热地方,它们非到三岁不能受孕;于是他又说"根据这个事实,便可以作出这样的结论:牛在热带地方不会很好地繁殖的"③。

几乎所有的古生物学者都把原牛和长额牛分类为不同的物种;如果仅仅因为它们的后代今天能够非常自由地杂交,就抱有不同的观点,这未免是不合理的。所有欧洲品种既然如此常常有意识地和无意识地进行了杂交,所以在这等结合中如果发生了任何不育的情形,那么肯定是会被发觉出来的。因为瘤牛栖息在辽远的和酷热的地方,而且因为它们在如此众多的性状上同欧洲牛有所差异,所以为了确定这两个类型在杂交时是否能育,我下了很多的功夫。已故的泡伊斯(Powis)勋爵输入了几头瘤牛,并且使它们同士洛普郡(Shropshire)的普通牛进行了杂交;他的管家肯定地向我说过,这等杂种同亲代的任何一方进行交配都是完全能育的。勃里斯先生告诉我说,在印度具有各种不同比例的混血的杂种都是十分能育的;而且这种情形不会不被知道,因为在某些地区④是允许两个物种自由交配的。最初引进到塔斯马尼亚(Tasmania)的牛大多数具有背部隆肉,所以某一个时期在那里有成千上万的杂种牛;奥尼尔·威尔逊(B. O'Neile Wilson)硕士从塔斯马尼亚写信告诉我说,他从来没有听到有人看见过不育的情形。他自己以前有过一群这等杂种牛,所有都是完全能育的;它们是如此能育,以致他甚至想不起来曾有一只母牛不能生小牛的事。这几个事实为帕拉斯学说提供了重要的证据,他的学说是,异种的后代当最初被家养时,如果进行杂交,非常可能有某种程度的不育性,但经过了长期的家养之后,它们就会变成完全能育的。在后面一章中我们将会看到这个学说对于"杂种性质"(Hybridism)这一困难问题提供了某种解释。

我刚才提到了"奇玲哈姆园囿"的牛,按照卢特梅耶的说法,这等牛从原牛型变化得很少。这个公园非常古老,在1220年的纪录中就曾提到过它。那里的牛在本能和习性方面都是真正野生的。它们是白色的,耳的内侧呈红褐色,眼边为黑色,嘴褐,蹄黑,角呈白色、但其顶端为黑色。在33年之内,约生出12头"在颊部和颈部具有褐色的和青色的斑点的牛犊;但是这等牛犊同具有其他缺点的牛犊一齐都被杀掉了"。按照贝韦克(Bewick)的材料,约在1770年,出现了一些具有黑耳的牛犊;但它们也被饲养者杀掉了,此后再没有出现过黑耳。在汉弥尔顿公爵(Duke of Hamilton)的园囿中的野生白牛,据

---

① 小圣伊莱尔,《普通博物学》,第三卷,第96页。
② 同前书,第三卷,第82,91页。
③ 《巴拉圭的四足兽》,第二卷,第360页。
④ 瓦尔特(Walther),《牛类》(Das Rindvieh),1817年,第30页。

谭克威勋爵说，是较"奇玲哈姆园囿"中的那些牛为劣的，我听说在前一处也出现过一头黑色的牛犊。由库恩斯勃利公爵（Duke of Queensberry）饲养到 1780 年的牛具有黑色的耳、嘴和眼眶，不过现在它们已经灭绝了。自从极古时代就在查特雷（Chartley）生存的那些牛同奇珍哈姆的牛密切相似，不过前者比较大一些，并且"在耳的颜色上也有某种小差异"。"它们往往有变成完全黑色的倾向；在那附近流行着一种奇特的迷信，就是说，如果有一头黑色牛犊生下来，就会有某种灾祸降临弗瑞尔斯（Ferrers）的家门。所有黑色的牛犊都被杀掉了"。约克郡的勃吞区（Burton Constable）的牛具有黑色的耳、嘴和尾端，不过现在已经灭绝了。还有，约克郡的吉斯本（Gisburne）的牛，据贝韦克说，它的嘴有时不是黑色的，而且只在耳的内侧是褐色的；据说它们在另外地方，身体是矮而无角①。

上述园囿中的牛所表现的若干差异，虽然是微小的，但值得记载，因为它们阐明了几乎生活在自然状态下的并且处在几乎一致的环境中的动物，如果不允许它们自由地漫游并且同其他类群杂交，就不会像真正野生动物那样地保持一致。为了保存一种一致的性状，甚至在同一个园囿中，某种程度的选择——即把暗色的牛犊杀掉——显然还是必须的。

道金斯相信园囿中的牛是从古代家养的、而不是真正野生的牛传下来的；由于偶尔有暗色牛犊的出现，作为它们的祖先的原牛不可能是白色的。奇怪的是，处在非常不同生活条件下的野生的或野化的牛所表现的全身变白而具有有色耳朵的倾向是何等强烈。如果古代的两位作者贝修斯（Boethius）和列斯里（Leslie）②是可以信赖的话，那么苏格兰的野牛曾是白色的并且具有大的鬣；不过关于野牛耳的颜色没有被提到。在 10 世纪威尔斯③的某些牛被描述为白色的并且具有红色的耳。有 400 头这种颜色的牛送给了约翰国王（King John）；在一种古代的记载中曾经说道，100 头具有红耳的牛可以用来赎某种罪，如果是暗色的或黑色的牛，那就需要 150 头才可以，北威尔斯的黑牛，像我们已经知道的那样，显然是属于小型的长额牛型的；因为 100 头具有红耳的白牛可以用 150 头暗色牛来替换，所以我们可推测前一种牛是比较大型的而且可能是属于原牛型的。尤亚特曾指出，今日短角品种的牛只要是白色的，它们的耳端就多少带有红的色调。

在彭巴草原、得克萨斯（Texas）以及非洲的两处地方的野化牛已经几乎变成一致的暗红褐色了④。位于太平洋上的德拉仑群岛（Ladrone Islands）上有无数在 1741 年就野

---

① 关于这种野牛的材料以及送给卢特梅耶教授的头骨，我非常感激现在的谭克威伯爵的帮助。关于"奇玲哈姆牛"，以辛得马西（Hindmarsh）的记载最为充分，这则已故的谭克威勋爵的一封信一齐发表于《博物学杂志》，第二卷，1839 年，第 274 页。参阅贝韦克的《四足兽》，第二版，1791 年，第 35 页的注释。关于库恩斯勃利公爵的牛，参阅盆南特的《苏格兰漫游记》（Tour in Scotland），第 109 页。关于查特雷的《牛》，参阅罗武的《英国的家养动物》，1845 年，第 238 页。关于吉斯本的牛，参阅贝韦克的《四足兽》以及《田园狩猎百科全书》（Encyclop. of Roral Sports），第 101 页。

② 贝修斯生于 1470 年，《博物学杂志》，第二卷，1839 年，第 281 页；第四卷，1849 年，第 424 页。

③ 尤亚特论牛，1834 年，第 48 页：关于短角牛，参阅第 242 页。贝尔（Bell）在他的《英国的四足兽》（British Quadrupeds，第 423 页）一书中说道，他在长期注意了这个问题之后，发现白牛一定具有有色的耳朵。

④ 亚莎拉，《巴拉圭的四足兽》，第二卷，第 361 页。关于非洲的野化牛，亚莎拉引用过布丰的著作。关于得克萨斯，参阅《时代》，2 月 18 日，1846 年。

化了的牛群,它们被描述为"乳白色的,不过双耳一般是黑色的"①。远在南方的马尔维纳斯群岛,那里的生活条件同拉德仑的完全不同,提供了一个更加有趣的例子。牛在那里野化已经有八九十年了;在南部地区它们大多数是白色的,它们的脚或者整个头部或者是双耳是黑色的,不过在这等岛上长期居住过的苏利文海军上将②告诉我说,他不相信有过它们是纯白色的情形。所以我们知道在这两处群岛上的牛有全身变白而具有有色耳朵的倾向。在马尔维纳斯群岛的其他部分,别种颜色占了优势:在快乐港(Pleasant Port)附近,褐色是普通的,在阿斯本山(Mount Usbom)周围,某些牛群中约有一半是铅色、即鼠色的,这在其他地方则是一种异常的颜色。后面这种牛虽然一般都栖息于高原地带,但其妊娠期都比前者的短一个月;这种情形在保持它们的区别方面以及在存续一种特殊颜色方面大概有所帮助。回想一下在白色"奇玲哈姆牛"的身上偶尔会出现青色的或铅色的斑,不是没有意义的。马尔维纳斯群岛不同地方的野牛群在颜色上是如此明显不同,以致当射猎它们的时候,苏利文海军上将告诉我说,总是在某一个地区在远山上观索白色的点儿,而在另一个地区则是观索暗色的点儿。在中间地区,中间颜色占优势。马尔维纳斯群岛上的牛都是从拉普拉塔输入的少数牛传下来的,不管原因是什么,它们分化成三种不同颜色的牛群的这种倾向是一个有趣的事实。

回头来谈一谈几个美国的品种,短角牛(Short horns)、长角牛(现已少见)、赫福特牛(Herefords)、高地牛、阿尔得尼牛等等之间在外貌上的差异一定是众所熟知的。这种差异部分地可以归因于它们是从不同的原种传下来的;但是我们可以肯定在这里曾经发生了相当的变异。甚至在新石器时代,家养牛在某种程度上也呈现了变异。近代以来,大多数品种由于仔细的和有计划的选择而被改变了。从改良品种的售价来看,我们可以推论出这样获得的性状能够多么强烈地遗传下去;科林(Colling)的短角牛当在第一次出售的时候,11头公牛的价值就达到214镑,公短角牛的最近售价为1000几尼(Guinea),而且被输出到世界各地。

现在我们谈一谈某些体质上的差异。短角牛到达成熟期远比野性较强的品种(例如威尔斯牛或高地牛)为早。西蒙兹(Simonds)先生③有趣地阐明了这个事实,他列了一张有关它们生齿的平均期间的表,这张表证明了在永久门齿的出现方面,至少有六个月的差异。根据得谢尔对于1131头母牛所作的观察,妊娠期的长短可以有81天的差别;更加有趣的是,勒弗尔(M. Lefour)确定了"大型德国牛的妊娠期比小型品种的为长"④。关于受胎的时期,阿尔得尼牛和则特兰牛常比其他品种早一个月⑤,这似乎已经是肯定的

---

① 安逊(Anson)的《航海记》。参阅克尔和泡特尔(Kerr and Porter)的《采集记》(Collection),第十二卷,第103页。

② 再参阅玛金南的关于《福克兰诸岛》的小册子,第24页。

③ 《牛、羊、猪的年龄》(The Age of the Ox, Sheep, Pig),詹姆斯·西蒙兹教授著,"皇家农学会"推荐出版。

＊1663—1813年间英国发行的金币名,1717年其价值定为21先令。——译者注

④ 《法国农学记录》(Ann. Agricult. France),4月,1837年,在《兽医学》(第十二卷,第725页)中曾被引用。关于得谢尔的观察,我是从尤亚特论牛(第527页)中转引的。

⑤ 《兽医学》,第十三卷,第618页;第十卷,第268页。罗武的《家养动物》,第297页。

了。最后，因为四个充分发达的乳房在牛属中是属的性状①，所以值得注意的是：在英国的家养母牛中两个痕迹的乳房常很发达而且可以分泌乳汁。

因为一般只是在文化悠久的国家里才会发现很多的品种，所以把以下的情形说明一下是有好处的：在野蛮民族居住的某些地方，由于他们往往是彼此敌对的，所以交通很不通畅，在这等地方现今存在着或者以前曾经存在过几个不同的品种。1720年列古阿特（Leguat）在好望角观察到三个种类②。今天各式各样的旅行者们都曾经注意过南美各品种间的差异。几年以前安德鲁·史密斯（Andrew Smith）爵士告诉我说，开弗尔人（Caffres）*虽然是在同一纬度下和同一性质的地方上彼此靠近地生活着，但他们的不同部落所拥有的牛还是有差异的，他对这一事实表示非常惊奇。安得逊（Anderson）先生曾经描述过③达马拉（Damara）、伯楚阿那（Bechuana）和那马瓜（Namaqua）各地的牛；他在一封信中告诉我说，在尼雅米湖（Lake Nyami）以北的牛同样是有差异的，并且高尔顿听说本盖拉（Benguela）的牛也是如此。那马瓜牛在大小和形状上同欧洲牛接近，不过前者具有短而粗的角以及大的蹄。达马拉牛很特殊，它们的骨骼大，腿细，脚小而硬；尾部具有几乎可以触到地面的蓬松毛簇，而且它们的角非常之大。伯楚阿那牛的角甚至还要大，现在在伦敦有一个这种牛的头骨，按照角的两端之间的直线来量，其长度为8英尺8.25英寸，按照角的两端之间的曲线来量，其长度竟不下13英尺5英寸！安得逊先生在他的信中告诉我说，他虽然不愿冒险地描述属于不同亚部落（sub-tribes）的品种之间的差异，但差异肯定是存在的，因为土人可以非常容易地识别它们。

我们从在南美看到的情形可以推论出许多牛的品种是通过变异而发生的，在这里且不谈它们是从不同的物种传下来的这一点；南美没有土著的牛属，现存的如此大量的牛都是从西班牙和葡萄牙输入的少数牛的后代。罗林④描述过两个哥伦比亚（Columbia）的特殊品种，即"佩隆牛"（Pelones）和卡隆果牛（Calongos），前者的毛非常稀而细，后者则是完全无毛的。按照卡斯得尔诺（Castelnau）的说法，在巴西有两个族，一似欧洲牛，一以具有显著的角而有所差异。亚莎拉描述过一个叫做"奇沃"（Chivos）的巴拉圭品种，它肯定是原产于南美的，"因为它们具有直形而垂直的角，角呈圆锥形，基部很大"。他还描述过一个哥连得（Corrientes）地方的矮生族，它的腿短而体部比普通牛的为大。无角的牛以及逆毛的牛也是原产于巴拉圭的。

另一个畸形品种叫做"尼亚太"或"尼太"（niatas or nitas），我在普拉塔河北岸看见过两小群这种牛，它们是如此稀奇，所以值得加以比较充分的描述。这个品种同其他品种之间的关系，就像斗牛犬或巴儿狗同其他狗之间的关系，或者按照冯那修西亚斯所说的，

① 奥格列比（Qgleby）先生，《动物学会会报》，1836年，第138页；1840年，第4页。夸垂费什（Quatrefages）引用过菲利普（Philippi）的观察（《科学界评论》，*Revue des Cours Scientifiques*）：皮阿孙诺（Piacentino）的牛具有13个胸椎和肋骨，而正常数目应为12个。

② 列古阿特的《航海记》，威塞在他的《牛族图集》（第132页）中曾加以引用。

* 即Kafir，是南非的一种黑人。——译者注

③ 《南美旅行记》，第317,336页。

④ 《法国科学院当代各门科学论文集》，第六卷，1835年，第333页。关于巴西，参阅《科学报告》，6月15日，1846年。再参阅亚莎拉的《巴拉圭的四足兽》，第二卷，第359,361页。

像改良猪同普通猪之间的关系一样①。卢特梅耶相信这等牛是属于原牛型的②。它们的额部很短而宽，头骨的鼻骨一端以及上臼齿列的叠面都向上弯曲。下颚突出于上颚以外，而且相应地向上弯曲。有趣的是，根据法更纳（Falconer）博士告诉我说的，印度的灭绝了的巨大西洼兽（Sivatherium）具有几乎同样的特征，而在其他任何反刍类（ruminant）中都不知道有这样的特征。它们的上唇向后缩得很厉害，鼻孔的位置高高在上而且是大开的，眼睛向外突出，角大。在行走的时候头低垂，颈短。后腿同前腿的比较，显得比一般的情形为长。露出的门齿、短的头以及向上翻着的鼻孔使得这种牛具有一种非常可笑的、自信心很强的挑战气氛。对于我赠给"医学院"的一个头骨，奥温教授③做过这样的描述："由于它的鼻骨、前颌骨以及下颚前部的发育不全而值得注意，下颚前部非常向上弯曲，以致可以接触到前颌骨。鼻骨约为普通长度的三分之一，但其宽度则几乎保持正常。在鼻骨、额骨和泪骨之间有一三角形的空隙，泪骨同前颌骨接合在一起了，这样便隔断了上颌骨同鼻骨的任何连接。"所以某些骨的连接情形甚至也发生变化了。还有其他的差异：髁的平面发生了相当的变异，并且前颌骨的末端形成了弧状。其实，同普通牛的头骨比较起来，几乎没有一块骨的形状是完全一样的，而且整个头骨的外貌表现了可惊的差异。

关于这个族的简单记述，最初是由亚莎拉于1783—1796年间发表的；但是，亲切地为我搜集过材料的鲁克散（Luxan）的慕尼兹（F. Muniz）先生说道，1760年左右在布宜诺斯艾利斯（Buenos Ayres）附近就有人把这种牛当做珍奇物来饲养了。它们的来源还不十分清楚，但它们一定是在牛最初被引进来的1552年以后才发生的。慕尼兹先生告诉我说，人们相信这种牛是同普拉他河以南的印第安人一齐兴起的。甚至今日在普拉他附近饲育的那些牛还表现了比较强的野性，例如它们比普通牛凶猛，并且当人们如果过于常常去观看母牛，母牛很容易抛弃她的初生的牛犊。这个品种很纯，"尼亚太"的公牛同母牛交配，产生出来的小牛一定是"尼亚太"。这个品种至少已经存续一个世纪了。"尼亚太"公牛如果同普通母牛杂交，或者普通公牛同"尼亚太"母牛杂交，产生出来的后代的性状是中间的，不过"尼亚太"的性状表现得比较强烈。慕尼兹先生认为，同农学家们在类似的场合中所持的信念正相反，有最明显的证据可以证明：尼亚太母牛同普通公牛杂交比尼亚太公牛同普通母牛杂交，能够更强烈地传递尼亚太牛的特性。当牧草长得相当大的时候，这种牛可以用它们舌和鳄同普通牛一样好地吃草；但是在大旱的期间，当大批动物在彭巴草原上死亡的时候，尼亚太品种就陷于非常不利的状态，如果不给予照顾，它们大概就会灭绝的；因为普通牛可以像马那样地用它们的唇去吃嫩树枝或芦苇；而"尼亚太"牛由于不能把它们的唇合在一起，所以不能吃得像普通牛那样好，因而它们就要死在

---

① 《猪的头骨》，1864年，第104页。那修西亚斯说道，"尼亚太"牛，所特有的头骨形状偶尔会在欧洲牛中出现；但以后我们将会看到，他对于这种牛并不形成一个族的假定是错误的。剑桥的外曼（Wyman）教授告诉我说，普通鳕鱼呈现了同样的畸形，渔夫们把它叫做"斗牛犬鳕鱼"（bull-dog cod）。外曼教授在拉普拉塔做了许多调查之后还作出如下的结论："尼亚太"牛把它们的特性传递下去，因而形成了一个族。

② 《欧洲家养牛的种类》（*Ueber Art des zahmen Europ. Rindes*），1866年，第28页。

③ 《医学院关于骨骼搜集品的描述目录》（*Descriptive Cat. of Ost. Collect. of College of Surgeons*），1853年，第624页。威塞在他的《牛族图集》一书中刊载了这个头骨的图；我曾把它的照像送给卢特梅耶教授。

普通牛之前。这种情形在我看来是一个良好的例证,可以用来说明我们根据一种动物的普通习性很少能够判断决定它的稀有或灭绝的条件——这间隔很久才发生的——究竟是什么。这种情形还向我们阐明了,尼亚太牛的变异如果是在自然状态下发生的,自然选择将会怎样地决定这种变异的受到排斥。

在描述了半畸形的尼亚太品种之后,我再谈一谈一种白色的公牛,据说它是由非洲带来的,1829 年曾在伦敦展览过,哈威(Harvey)先生曾经精确地把它画了出来[1]。它有背部隆肉,并且还有鬐。它的垂肉特殊,在两条前腿之间分成两个平行的部分。它的侧蹄每年脱落一次,长达 5～6 英寸。它的眼睛很特殊,显著地突出,"就像一个剑球玩具(cup and ball)一般,这样便使这种动物能够同样容易地看到四面八方;瞳孔小而呈椭圆形,毋宁说像一个切去两端的平行四边形,横位于眼球之上"。如果进行细心的繁育和选择,大概可以从这种牛育成一个新奇品种的。

我曾常常思索大不列颠的各个隔离地区在以往都各自拥有牛的特殊品种的可能原因;这个问题恐怕在南非的场合下甚至还要更加错综复杂。现在我们知道它们之间的差异可能部分地是由于从不同物种传下来的缘故;不过这种原因还远远不够充分。不列颠各地的气候以及牧草性质的微小差异难道说未曾在牛中直接诱发了相应的差异吗? 我们已经知道,在几处英国园囿中生活的半野生牛的颜色或大小并不是一致的,而且为了保持它们的纯度,某种程度的选择还是必需的。几乎可以确定的是,在许多世代中丰富食物的供给,直接影响了一个品种的大小[2]。气候直接影响了皮和毛的厚度,同样也是确定的;例如罗林肯定地说道[3],在炎热的拉诺斯(Llanos)生存的野化牛的皮"永远比在波哥大(Bogota)高地饲育的那些牛的皮轻得多;而且前者的皮在重量上以及在毛的密度上都劣于那些在高耸的帕拉摩斯生存的野化牛"。在荒凉的马尔维纳斯群岛饲育的牛的皮同在温暖的彭巴草原饲育的牛的皮也表现了同样的差异。罗武曾指出[4],在不列颠的比较潮湿部分生存的牛比其他英国牛具有较长的毛和较厚的皮。如果我们把高度改进了的,在牛舍中饲育的牛同野性比较强的品种比较一下,或者把山岳品种同低地品种比较一下,我们就不能怀疑引致四肢和肺部之自由使用的活泼生活会影响整个身体的形状和比例的。有些品种、例如半畸形的尼亚太牛,有些特征、例如无角等等,可能是由于在我们无知的情况下被叫做自发变异(spontaneous variation)的东西,突然出现了,不过即便是在这种情形下,一种粗略形式的选择还是必要的,而且至少必须把具有这样特征的动物部分地同其他动物隔离开。然而,甚至在我们预料不到的那样文化低的地区里有时也会进行这种程度的措施,例如南美的尼亚太牛、奇沃牛以及无角牛就是这样产生出来的。

有计划的选择近代在改变我们的牛方面达到了可惊的成果,谁也不会怀疑这一点。在有计划选择的过程中,偶尔会发生比仅仅是个体差异更加强烈显著的、然而决不足以

---

① 拉乌顿:《博物学杂志》,第一卷,1829 年,第 113 页。关于这种动物的细部图,如蹄、眼和肉垂,曾在那里刊出。

② 罗武:《不列颠群岛的家养动物》,第 284 页。

③ 《法国科学院当代各门科学论文集》,第六卷,1835 年,第 332 页。

④ 《法国科学院当代各门科学论文集》,第六卷,第 304,368 页等。

被称为畸形的构造偏差被利用的事情：例如，著名的公的长角牛莎士比亚（Shake-speare），虽然是纯的坎雷（Canley）品种，但"除了它的角以外，却几乎没有遗传到长角品种的任何一点"①。然而在弗奥勒（Fowler）先生的手中，这种公牛却大大地改进了他的品种。我们还有理由相信，无意识地进行的选择——无论在何时都没有改进或改变品种的任何明确意图的那种选择——曾经在长久期间内改变了我们的大多数牛；因为在这种选择的过程中，再加上比较丰富食物的帮助，所有低地的英国品种自从亨利七世（Henry VII）②以后在体格上都大大变大了，并且在成熟期上也大大提早了。永远不要忘记，我们年年势必屠宰许多动物，所以每一个养畜者都必须决定杀掉哪些，并且保存哪些作为繁育之用。正如尤亚特所指出的那样，在各个地区都有喜爱当地品种的偏见；所以具有在各个地区被认为最有价值的品质的那些动物，不论这些品质是什么，生存下来的机会最多；这种无计划的选择在长期的进行中肯定会对整个品种的性状发生影响。但是可以这样发问：像南美土人那样的未开化人能够实行这种粗略形式的选择吗？在下面讨论"选择"的那一章中，我们将会看到他们确能在某种程度上做到这样。所以，当我考虑了以前在英国若干地区生存的许多牛的品种的起源之后，我作出如下的结论：虽然气候、食物等等的性质上的微小差异，以及生活习性的变化，再加上生长相关作用的帮助，还有由于未知原因而偶尔出现的构造上的较大偏差，大概都曾发挥了它们的作用；然而在各个地区那些被各个养畜者认为最有价值的个体动物的不时被保存，恐怕在若干英国品种的产生中发挥了甚至更大的作用。当两个或两个以上的品种一旦在任何地区被形成以后，或者当那些从不同的物种传下来的新品种被引进以后，它们之间的杂交，特别是如果再有某种选择的帮助，将会使品种的数目增多起来，并且会改变当地品种的性状。

绵　　羊

关于这个问题我将概略地讨论一下。大多数作者都认为我们的家养绵羊是从几个不同的物种传下来的。细心注意过这个问题的勃里斯先生相信现存的野生种有 14 个，不过"没有一个可以被证明是那些无数家养族中的任何一个族的祖先"。热尔韦认为绵羊属（Ovis）有六个物种③，但我们的家养绵羊却属于另外一个现今已经完全灭绝了的属。一位德国博物学者④相信我们的绵羊是从 10 个不同的原种传下来的，其中只有一个现今还在野生状态下生存着！另一位巧妙的观察者⑤，虽然不是一位博物学者，却大胆不顾以地理分布为根据的一切既知事情，竟然推论仅仅大不列颠的绵羊就是 11 个土著英国类

---

① 尤亚特《论牛》，第 193 页。关于这种公牛的详细记载，采引自马歇尔（Marshall）的著作。

② 尤亚特《论牛》，第 116 页。斯宾塞（Spencer）勋爵曾就这个问题有过著作。

③ 勃里斯《论绵羊属》，见《博物学杂志》，第七卷，1841 年，第 261 页。关于品种的系统，参阅勃里斯先生的优秀论文，见《陆与水》，1867 年，第 134，156 页。热尔韦，《哺乳动物志》（*Hist. Nat. des Mammifères*），1855 年，第二卷，第 191 页。

④ 费津加尔：《关于家羊的族》（*Ueber die Racen des Zahmen Schafes*），1860 年，第 86 页。

⑤ 安得逊（J. Anderson），《农业和博物学中的乐趣》（*Recreations in Agriculture and Natural History*），第二卷，第 264 页。

型的后代！在这种没有希望解决的疑惑状态下，详细地来描述各个品种，对于我的目的不会有什么应用处；但是我还要提出一些补充的意见。

绵羊自从很古以来就被饲养了。卢特梅耶[①]在瑞士湖上住所中发现了一个小型品种的遗骸，它的腿细而长，角似山羊，这样便同现在知道的任何种类颇有所差异。几乎每一个国家都有它自己的特殊品种；而且许多国家有几个彼此非常不同的品种。特征最强烈显著的族之一是一个东方的族，它有长的尾，按照帕拉斯的材料，它的尾中有 20 块椎骨，而且非常富于脂肪，脂肪是这样多，有时得把它的尾放在一辆小车上，让它拖着车走。这种羊虽然被费津加尔（Fitzinger）分类为一个不同的原种，但它们的垂耳却是它们长期被家养的标志。臀部具有两大块脂肪的、尾已经陷于痕迹状态的那种绵羊也是如此。长尾族的安哥拉变种（Angola variety）在头的后部以及颚的下部有奇妙的脂肪块[②]。霍奇森先生在一篇关于喜马拉雅山绵羊的可钦佩的论文[③]中根据若干族的分布情形作出如下的推论："尾巴在发育各阶段的这种增大，可以说是这些优秀的高山动物退化的一个例证。"角的性状表现了无限的变化；不具角的情形并不罕见，特别在雌性中更加如此，另一方面，角的数目竟有达到四根、甚至八根之多的。角如果是多数的，它们就从额骨的一块隆起生出，后者升高的方式是奇特的。值得注意的是，多数的角"一般伴随着长而粗糙的羊毛"[④]。然而这种相关远远不是一般性的；例如，福勃斯告诉我说，在智利的西班牙绵羊在毛和所有其他性状上都同它们的亲代美利奴族（Merino-race）相似，除了它们的角不是一对，而是两对以外。一对乳房在绵羊属以及若干近似的类型中是属的性状；尽管如此，霍奇森还指出下列的情形："这种性状甚至在纯系的和真实的绵羊中也不是绝对稳定的：因为我不止一次看到卡佳羊［Cágias，一个亚喜马拉雅的（sub-Himalayan）家养族］具有四个乳房。"[⑤]这个例子更加值得注意，因为任何部分或器官同近似类群的同一部分相比，如果在数目上减少了，一般它就很少发生变异。趾间的凹窝（interdigital pits）在绵羊中同样也被看做是一种属的区别；不过小圣伊莱尔[⑥]证明了有些品种没有这等凹窝或囊袋。

在绵羊中有这样一种强烈的倾向：即那些显然是在家养下获得的性状只为雄性所独有，或者在雄性中比在雌性中有着更加高度的发达。例如，许多品种的母羊的角都发育不全，虽然野生的母摩弗仑羊（Musmon）*偶尔也有同样的情形。"沃雷其亚品种"（Wallachian breed）公羊的"角几乎垂直地从额骨生出，于是呈美丽的螺旋状；母羊的角几乎直角形地从头上突出，于是呈奇特的扭曲状"[⑦]。霍奇森先生说道，在若干外国品种中如此高度发达的极端弧形的鼻（即 Chaffron）只是构成了公羊的特征，而且显然这是家养的结果[⑧]。我听勃里斯先生说，在印度平原的肥尾绵羊中，公羊积累的脂肪比母羊的为多；费

① 《湖上住所》，第 127,193 页。
② 尤亚特《论羊》，第 120 页。
③ 《孟加拉亚细亚学会学报》，第十六卷，第 1007,1016 页。
④ 尤亚特《论羊》，第 142—109 页。
⑤ 《孟加拉亚细亚学会学报》，第十六卷，1847 年，第 1015 页。
⑥ 《普通博物学》，第三卷，第 435 页。
＊ 即 Mouflon。——译者注
⑦ 尤亚特《论羊》，第 138 页。
⑧ 《孟加拉亚细亚学会学报》，第十六卷，1847 年，第 1015,1016 页。

津加尔①指出,在非洲的有鬐族中,公羊的鬐远比母羊的发达得多。

绵羊的各族之间也像牛那样地在体质上表现了差异。例如,改良品种到达成熟期比较早,西蒙兹先生通过它们的比较早的生齿平均期已经很好地阐明了这一点。若干族对于不同种类的牧草和气候已经适应了:例如,没有人能够在契威奥特羊(Cheviots)繁盛的山岳地带养好莱斯特羊(Leicester sheep)的。正如尤亚特所指出的,"在大不列颠的各个地区,我们发现各个绵羊品种都能美妙地适应它们所占据的场所。没有人知道它们的起源;它们天然地属于那里的土壤、气候、牧草以及它们吃草的场所,它们似乎是为了适应这种环境而形成的,并且似乎是被这种环境所形成的"②。马歇尔③叙述了在一片广大的牧羊场里同时饲育了一群重型的"林肯郡绵羊(Lincolnshire sheep)和一群轻型的诺福克绵羊(Norfork sheep)",这片牧场的一部分是低的、肥沃的和湿润的,另一部分是高的、干燥的和生有糠穗草(benty grass)的,当把这两群羊放出来的时候,它们截然地分成两起;重型的绵羊群集在沃肥的场所,轻型的绵羊则走向它们自己所喜爱的地方;所以"当那里有大量牧草生长的时候,这两个品种就保持自己不相混,好像白嘴鸦(rooks)和鸽子一般"。长期以来,伦敦动物园从世界各地引进了无数的绵羊;但是,作为一个兽医对它们照料过的尤亚特指出,"很少或者没有一头是死于肝脏病的,而它们都患有肺结核病;没有一头从热带运来的羊可以活过第二年,而且在它们死的时候,肺部都有结核"。④ 有很好的证据可以说明在法国不能成功地饲养英国品种的绵羊⑤。甚至在英国的某些部分发现了不能饲养某些品种的绵羊;例如,在乌西河(Ouse)岸的一个农庄里莱斯特羊会由于感染肋膜炎(pleuritis)而如此迅速地死去⑥,以致养畜者不能再饲养这种绵羊;而那些具有比较粗糙的毛皮绵羊则从来不受感染。

从前认为妊娠期是如此不变的一种性状,以致把狼同狗之间的这种假定的差异看做是一个物种间区别的确切标志;不过我们已经知道改良品种的猪以及大型品种的牛在妊娠期方面比这两种动物的其他品种为短。现在我们根据冯·那修西亚斯⑦的卓越的权威意见得知,当美利奴羊和南丘羊(Southdownsheep)长期被养在完全一样的生活条件之下时,它们的妊娠期的平均天数还是有差异的,下表指出了这一点:

美利奴羊 ·· 150.3 天

南丘羊 ·· 144.2 天

美利奴羊和南丘羊的血统各一半的杂种(即两者的半杂种) ·············· 146.3 天

四头祖父母中南丘羊的血统占三份的杂种(即 3/4 南丘羊血统的杂种) ··· 145.5 天

八头曾祖父母中南丘羊的血统占七份的杂种(即 7/8 南丘羊血统的杂种) ··· 144.2 天

---

① 《家羊的族》,第 77 页。

② 《诺福克的农村经济》(*Rural Economy of Norfolk*),第二卷,第 136 页。

③ 尤亚特《论羊》,第 312 页,关于同一问题,参阅《艺园者记录》,1858 年,第 868 页中所发表的优秀论文。关于"奇沃羊"同莱斯特羊的杂交试验,参阅尤亚特《论羊》,第 325 页。

④ 尤亚特《论羊》,第 491 页,注释。

⑤ 玛林季-努尔(M. Malingié-Nouel),《皇家农学会学报》,第十四卷,1853 年,第 14 页。由卓越的权威者皮尤西(Pusey)先生翻译,所以得到了他的赞同。

⑥ 《兽医学》,第十卷,第 217 页。

⑦ 他的论文的译文载于《皇家驯化学会会报》,1862 年,第 723 页。

从具有不同比例的南丘羊血统的杂种动物所表现的级进差异看来,我们知道这两种妊娠期多么严格地得到遗传了。那修西亚斯指出,因为南丘羊在降生之后便以显著快的速度成长起来,所以莫怪它的胎内发育期间就要缩短了。当然这两个品种之间的这种差异可能是由于它们从不同的亲种传下来的缘故;但是,因为南丘羊的早熟性长期以来就受到了育种者们的仔细注意,所以这种差异更可能是这种注意的结果。最后,若干品种之间在妊娠力上有很大差异,有些一般在一胎中能产两头、甚至三头羊羔,关于这一点,最近在动物园中展览过的引人注意的上海绵羊(它们具有截形而痕迹的耳以及罗马式的大鼻子)提供了一个显著的事例。

绵羊恐怕比几乎任何其他家养动物更容易受到生活条件的影响。按照帕拉斯的以及更近的埃尔曼(Erman)的材料,肥尾的吉尔吉斯羊(Kirghisian sheep)在俄国繁育少数几代之后就退化了,而且脂肪块变小了,"草原上的贫乏的和苦味的牧草对于它的发育似乎是非常必要的"。帕拉斯对于克里米亚品种(Crimean breeds)之一也做过相似的叙述。勃尔恩斯说道,产生细美的、卷曲的、黑色的贵重羊毛的卡拉库尔品种(Karakool breed)当从它们的原产地布克拉(Bokhara)附近移入波斯(Persia)或其他地方以后,就失去了这种羊毛的特性①。然而,在所有这等场合中,生活条件的任何一种变化大概都会引起变异性的发生,其结果则是性状的亡失,而不是说某些性状的发育必须有某些生活条件才可以。

然而,酷热对于羊毛似乎有直接的作用;关于从欧洲输入的羊在西印度群岛发生变化的情形,已有若干记载发表。安的瓜(Antigua)的尼克尔逊(Nicholson)博士告诉我说,三代以后,除了腰部以外,整个体部的绒毛都消失了;这时的绵羊看来就好像在背部搭着一块肮脏的擦脚垫的山羊。据说在非洲西岸②也有同样的变化发生。另一方面,有许多生着绒毛的绵羊都生活于炎热的印度平原上。罗林肯定地说道,在科迪勒拉的低下而炎热的山谷中,小羊的绒毛长到一定厚度的时候,如果立刻把它们剪掉,此后的绒毛就会像普通那样地生长;如果不剪掉的话,绒毛就会成为一片一片的,而且此后长出来的毛同山羊的有光泽的短毛一样。这种奇妙的结果似乎仅仅是美利奴品种所固有的一种倾向的扩大,因为一位卓越的权威者梭梅维尔(Somerville)勋爵指出,"我们美利奴羊的绒毛在剪毛时期以后,竟会硬而粗糙到这样的程度,以致使人几乎不可能想象同一动物所产生的绒毛在品质上会同已经剪掉的羊毛如此相反:当着气候冷了以后,羊毛又恢复了它的柔软的品质"。在所有品种的羊中,羊毛天然都是由较长的和较粗糙的上毛以及其下的较短的和较柔和的绒毛组成的,所以羊毛在炎热气候下常常发生的变化,大概仅仅是不均等发育(unequal development)的一个例子;因为,即便是像山羊那样披着上毛的绵羊

---

① 埃尔曼,《西伯利亚旅行记》(*Travels in Siberia*),英译本,第一卷,第 228 页。关于帕拉斯所说的肥尾羊,引自安得逊的《俄国的绵羊》(*Sheep of Russia*),1794 年,第 34 页。关于克里米亚羊,参阅帕拉斯的《旅行记》(*Travels*,英译本,第二卷,第 454 页。关于卡拉库尔羊,参阅勃尔恩斯的《布克拉旅行记》(*Travels in Bokhara*),第三卷,第 151 页。

② 参阅"萨拉热窝公司"的经理的报告,该报告在怀特(White)的《人类的级进》(*Gradation of Man*)一书中曾被引用(第 95 页)。关于绵羊在西印度群岛发生了变化的情形,参阅得威(Davy)的文章,见《爱丁堡新学术杂志》,1 月,1852 年。关于罗林的叙述,参阅《法国科学院当代各门科学论文集》,第六卷,1885 年,第 347 页。

也总有少量的下部绒毛①。北美的野山羊（*Ovis montana*）的毛也有相似的季节变化；"它们的绒毛在早春脱落，然后在这等脱落的地方长出像麋（clk）毛那样的上毛；这种毛的变化在性质上完全不同于一切有毛动物的上毛在冬季厚化的情形——例如，马和牛等等在春季就要脱换它们的冬毛"②。

气候和牧草的微小变化有时对于羊毛也可发生轻度的影响，甚至在英格兰的不同地区也曾看到过这种情形，从澳洲南部输入的羊毛的非常柔软性很好地阐明了这一点。但是，正如尤亚特所反复主张的那样，应当注意到这种变化的倾向一般会由于细心选择的反作用而受到抑制。拉斯特里（M. Lasterye）在讨论了这个问题之后，作出如下的结论："在好望角，在荷兰的泽地，在瑞典的酷烈气候下，美利奴族都能非常纯粹地被保存下来了，这一点为我的不可改变的原理——即只要有勤勉的人和聪慧的育种者，无论在什么地方都可以饲养细毛绵羊——提供了一个另外的根据。"

有计划的选择使绵羊的若干品种发生了重大的变化，对于这个问题稍微有所理解的人都不会怀疑这一点的。由埃勒曼（Ellman）改良的南丘羊的例子似乎提供了一个极为显著的例证。无意识的或偶然的选择，像我们将要在讨论"选择"一章中所看到的那样，曾经缓慢地同样产生了巨大的效果。杂交大大改变了某些品种，阅读过有关这个问题的著作［例如斯普纳（Spooner）先生的论文］的人都不会对此有所争论；但是，要想在杂交品种中产生一致性，细心的选择以及这位作者所谓的"严格的淘汰"则是不可缺少的。③

在少数一些事例中新品种是突然发生的；例如，1791 年在马萨诸塞（Massachusetta）产生了一头公羊羔，它的腿短而弯，背部长，看来就像一只曲膝狗（turnspit）似的。从这一头羊羔竟育成了一个叫做奥特尔（Otter）或安康（Ancon）的半畸形品种；因为这种羊不能跳过围栅，所以曾经认为它们大概是有价值的；不过它们已经受到美利奴羊的排斥，因而这样被消灭了。这种绵羊以非常能够纯粹地传递它们的性状而著名，汗夫雷斯（Humphreys）上校④从来没有听到过一个有关公安康羊同母安康羊交配而不产生安康后代的"可疑例子"。当它们同其他品种杂交时，其后代除了极少数例外都完全类似亲代的一方，而不具有中间的性状；甚至在双生的场合中，也是有一头类似这一亲，而另一头类似那一亲。最后，"当把安康羊放在其他绵羊群中，它们会离开这个羊群而自己聚集在一起"。

在朱利斯（Juries）所写的有关大展览会（1851 年）的报告中记载了一个更加有趣的例子，即 1828 年在莫恰姆（Mauchamp）农庄产生了一头美利奴公羊羔，它以长的、柔滑的、直的和丝样的毛而受到了人们的注意。1833 年哥罗（M. Graux）已经育成了足够他的整个羊群作为交配之用的公羊，又经过少数几年之后，他就能出售他的新品种了。它们的

---

① 尤亚特论羊，第 69 页，在这里引用了梭梅维尔勋爵的著作。关于上毛之下生有绒毛的情形，参阅该书 117 页。关于澳洲绵羊的毛，参阅 185 页。关于选择对任何变化的倾向所发生的反作用，参阅 70,117,120,168 页。

② 奥杜旁（Audubon）和巴哈曼（Bachman），《北美的四足兽》（*The Quadrupeds of North America*），1846 年，第五卷，第 365 页。

③ 《英国皇家农学会学报》，第二十卷，第二部，斯普纳论杂交育种。

④ 《皇家学会会报》，伦敦，1813 年，第 88 页。

毛是如此特殊而有价值，以致其售价比最优良的美利奴羊的毛还要高出 25％甚至半杂种的毛也是有价值的，并且在法国以莫恰姆-美利奴而闻名。这个例子是有趣的，因为它阐明了任何构造上的显著偏差都会多么一般地伴随着其他的偏差，例如最初的那头公羊以及它的直系子代都是小型的，并且具有大的头、长的颈、狭的胸以及长的胁；不过这等缺点由于适宜的杂交和选择都被取消了。长而柔滑的毛还同光滑的角相关；因为毛和角是同原构造（homologous structures），所以我们能够理解这种相关的意义。如果莫恰姆品种和安康品种发生于一二百年以前，我们大概不会掌握它们诞生的纪录；而且许多博物学者们无疑地将会主张它们是各自从某一个未知的原始类型传下来的，或者曾经同它杂交过，特别是在"莫恰姆族"的场合中他们更要这样主张。

山　羊

根据勃兰得（M. Brandt）的最近研究，大多数博物学者现在相信所有我们的山羊都是从亚洲山地的野山羊（*Capra aegagrus*）传下来的，可能还同近似的捻角山羊（*C. falconeri*）有过混血的情形[①]。新石器时代家养山羊在瑞士比绵羊还要普通；而且这个古代的族在任何方面同现在的瑞士普通品种都没有差异[②]。今日在世界的若干地方发现的许多族彼此有很大差异；尽管如此，就所试验的结果来说[③]，它们在杂交时还是十分能育的。品种是如此之多，克拉克先生[④]关于输入到毛里求斯的一个岛上的山羊就描述了八个不同的种类。某一个种类的耳朵非常发达，根据克拉克先生的测计，它的长度不下 19 英寸，宽度为 4.75 英寸。同牛的情形一样，那些定时挤奶的品种有着非常发达的乳房；并且正如克拉克先生所指出的，"它们的乳头接触到地面的情形并不罕见"。下面的一些例子表明了变异的异常之点，所以值得注意。按照高德龙的材料[⑤]，不同品种的乳房在形状上有重大差异，普通山羊的乳房是长形的，安哥拉族的乳房是半圆形的，叙利亚和努比亚的山羊的乳房是二裂而分离的。按照同一位作者的材料，某些品种的公羊已经失去了它们普通有的那种难闻的气味。有一个印度品种的公羊和母羊的角在形状上有很大差异[⑥]；并且某些品种的母羊根本没有角[⑦]。南锡（Nancy）的拉姆尤（M. Ramu）告诉我说，

[①]　小圣伊莱尔，《普通博物学》，第三卷，第 87 页。勃里斯先生得到了同样的结论（《陆与水》，1867 年，第 37 页）。不过他认为某些东方的族恐怕部分地是从亚洲的羷（Markhor）传下来的。

[②]　卢特梅耶，《湖上住所》，第 127 页。

[③]　高德龙，《物种》，第一卷，第 402 页。

[④]　《博物学杂志》，第二卷（第二辑），1848 年，第 363 页。

[⑤]　《物种》，第一卷，第 406 页，克拉克先生也谈到了乳房形状的差异。高德龙说，努比亚族的阴囊是两裂的；克拉克先生对于这个事实举出了一个可笑的证据，因为他在毛里求斯看到有人把一头玛斯凯特品种（Muscat breed）的公山羊当做乳量充足的母山羊用高价买了进来。阴囊的这等差异大概不是由于它们从不同物种传下来的缘故：因为克拉克先生说，这一部分在形状上变异很大。

[⑥]　克拉克先生，《博物学杂志》，第二卷（第二辑），1848 年，第 361 页。

[⑦]　得玛列，《哺乳动物分类法百科全书》（*Encyclop. Méthod Mammalogie*），第 480 页。

那里的许多山羊在喉的上部生有一对具毛的垂坠，长 70 毫米，直径约 10 毫米，它的外貌同上述猪的颚下垂坠相似。四足全都具有趾间凹窝或腺曾被认为是绵羊属的特征，而不具这等趾间凹窝则被认为是山羊属（Capra）的特征；不过霍奇森先生发现大多数喜马拉雅山羊的前脚也都具有这等趾间凹窝①。霍奇森先生量过丢给尤族（Dúgú）的两头山羊的肠子，他发现大肠和小肠的比例长度有相当的差异。其中一头的盲肠（caecum）的长度为 13 英寸，而另一头的盲肠的长度竟不下 36 英寸！

---

① 《孟加拉亚细亚学会学报》，第十六卷，1847 年，第 1020，1025 页。

第四章

兔

· Domestic Rabbits ·

　　家养兔是从普通的野生兔传下来的——古代的饲养——古代的选择——大型垂耳兔——各个不同的品种——彷徨的性状——喜马拉雅品种的起源——遗传的奇异例子——牙买加和马尔维纳斯群岛的野化兔——波托·桑托的野化兔——骨骼的性状——头骨——半垂耳兔的头骨——头骨的变异同异种山兔之间的差异相似——椎骨——胸骨——肩胛骨——使用和不使用对于四肢和体部的比例所发生的影响——头骨的容量和退化的脑——关于家养兔的改变的提要

据我所能知道的，所有博物学者，除了一人之外，都相信兔（rabbit）的几个家养品种全是从普通的野生种传下来的；所以我对于它们的描述将比对以前一些例子的描述更加仔细一些。热尔韦（Gervais）教授①说道，"纯粹的野生兔（wild rabbit）比家养兔为小；它的体部的比例也不完全相同；它的尾较小，耳较短而且耳上的毛较多；这些性状，且不谈颜色，就是许多证据，它们同主张把这些动物放在同一个种名之下的那种意见是相抵触的"。很少博物学者会同意这位作者认为这等微小差异足以把野生兔和家养兔分为不同的物种的。如果严密的拘禁，完全的驯养、人工的食物以及小心的育种——所有这些措施持续了许多世代之后而未曾产生一点效果的话，那该是多么异常的事啊！驯兔自古以来就被饲养了。孔子认为兔在动物中可以列为向神贡献的祭品，因为他规定了它的繁殖法，所以中国大概在这样古老的时期已经饲养兔。若干古代作者都曾提到过兔的事情。1631 年，热尔韦兹·玛卡姆（Gervaise Markham）写道："像在其他家畜的场合中那样，你不要专注意它们的外形，而应当注意它们的丰满，选择你所能得到的最大的和最好的小兔作为公兔；关于毛皮的华美，据说黑毛和白毛相等地混合在一起的是最好的，不过黑毛比白毛稍微多一点的较好；毛应当是厚的、长的和有光泽的……它们具有肥而大的身体，当其他毛皮值两三个便士的时候，它就值两个先令。"根据这一详细的叙述，我们知道在那个时期英国已经有银灰色的兔；而远为重要的是，我们知道当时已经仔细地注意到兔的育种或选择了。1637 年，阿尔祝万狄（Aldrovandi）根据几位古代作者的权威著作（例如，斯加利季尔 Scaliger 在 1557 年发表的著作）描述了各种不同颜色的兔，他说其中有些像山兔（hare），而且还说瓦列林奈斯（P. Valerianus，1558 年逝世，享有高龄）在威罗那（Verona）看到的兔比我们的兔大四倍还要多②。

从兔在古代就被家养这一事实看来，我们必须在旧世界的北半球，而且只在那里的温暖地带来寻找它们的原始祖先类型，因为兔在像瑞典那样寒冷的地方，如果受不到保护，就不能生存，虽然它们在像牙买加那样的热带岛屿上曾经发生过野化，但从来没有在那里大量繁殖过。它们现今生于欧洲的温暖部分，而且很久以前就生存在那里了，因为在几处地方曾经发现过它们的化石遗骸③。家养兔在这些地方容易野化，当各种不同颜色的种类野化之后，它们一般地都会返归普通的灰色④。野生兔在幼小的时候，是能够

◀"如果我们记住，家兔由于在许多世代中的被家养和严密拘禁，因而无须在逃避各种危险以及寻求食物中运用它们的智力、本能、感觉以及随意运动（voluntary movements），那么我们就可以作出这样的结论：它们的脑子缺乏训练，结果便在发育上受到了损害。这样我们就看到了，在整个体制中最重要而且最复杂的器官也是被用进废退这一法则所支配的。"

① 热尔韦：《哺乳动物志》，1854 年，第一卷，第 288 页。
② 阿尔祝万狄：《趾行四足兽类》（*De Quadrupedibus digitatis*），1637 年，第 383 页。关于孔子和玛卡姆，参阅一位曾经研究过这个题目的作者的文章，见《家庭艺园者》（*Cottage Gardener*），1 月 22 日，1861 年，第 250 页。
③ 奥温（Owen）：《英国的化石哺乳类》，第 212 页。
④ 贝西斯坦：《德国的博物学》，1801 年，第一卷，第 1133 页。关于英格兰和苏格兰，我接到过相似的报告。

家养化的,虽然这种手续一般说来很麻烦①。各个家养族常常杂交,而且人们相信它们的杂交是十分能育的,并且可以看到一个完全的级进(gradation)存在于具有非常发达的耳朵的最大型家养种类和普通野生种类之间。它们的祖先类型一定是一种掘土的动物,据我所能发现的,山兔属(Lepus,或译为野兔属)中的其他任何物种都没有这种习性。在欧洲生存的,确知只有一个野生种;但是赛奈山(Mount Sinai)的兔(如果这是真实的兔的话)以及阿尔及利亚(Algeria)的兔表现有微小的差异;而某些作者认为这些类型是不同的物种②。但是这等微小的差异对于我们解释几个家养族的比较巨大的差异并没有多大帮助。如果说家养兔是两个或两个以上密切近似物种的后代,那么这些物种,除了普通兔以外,在野生状态下都已经绝灭了;这是很不可能的,因为这种动物能够多么顽强地生存下去。根据这几个理由,我们可以安全地推论,所有家养品种都是普通野生种的后代。但是从我们所听到的法国人在培育山兔和兔的杂种中获得可惊的成功来说③,很可能,某些具有山兔那样颜色的大型兔是由于同山兔进行了杂交而发生改变的,虽然从进行第一次杂交中所存在的巨大困难来看,这不一定可能。尽管如此,几个家养品种在骨骼上的主要差异,像后面就要说到的那样,不会是由于同山兔进行了杂交而发生的。

有许多品种可以多少纯粹地遗传它们的性状。任何人都看到过在我们展览会上展出的大型垂耳兔;在欧洲大陆上饲育着种种不同的近似的亚品种,例如,所谓安达鲁西亚兔(Andalusian)的,据说它有大的头和圆的额,而且体部比任何其他种类的都大;另一个大型的巴黎品种(Paris breed)叫做鲁安内(Rouennais),它有方形的头;所谓巴塔哥尼亚兔(Patagonian rabbit)则有显著的小耳朵和大而圆的头。虽然我没有看见过所有这些品种,但我对它们在头骨形状上是否有显著的差异,是有些怀疑的④。英国垂耳兔的重量常达到8磅或10磅,在展览会上展出的一只重达18磅;然而一只充分成长的野生兔的重量也只有3.25磅左右。在我检查过的所有大型垂耳兔中,它们的头、即头骨的长度在同宽度的比例上远比在野生兔中为大。许多垂耳兔在喉下都生有松的皮肤横皱、即垂皮,它几乎可以拉到颚的两端。它们的耳朵非常发达,悬垂在面部的两侧。1867年展出过这样一只垂耳兔:它的一只耳朵的尖端到另一只耳朵的尖端的长度为22英寸,每只耳朵的宽度为 $5\frac{3}{8}$ 英寸。1869年展出的一只垂耳兔的耳朵,用同样方法去量,其长度为 $28\frac{1}{8}$ 英寸,宽度为5.5英寸;"这样,它便超过了任何在有奖展览会上展出的兔"。我发现一只普通野生兔的双耳从尖端到尖端只有 $7\frac{5}{8}$ 英寸长, $1\frac{7}{8}$ 英寸宽。在大型兔中,身体的重量和耳朵的发达是获奖的条件,所以受到了小心的选择。

具有野兔色的兔,即时常被叫做比利时兔(Belgian rabbit)的,除了体色之外,同其他

①《鸽和兔》(*Pigeons and Rabbits*),得拉玛尔(E. S. Delamer)著,1854年,第133页。税勃赖特(Sebright)非常强调说,这是困难的(《关于本能的观察》,*Observations on Instinct*,1836年,第10页)。但是这种困难并不是不可以克服的,因为我曾接到过两个报告,指出在驯化和繁殖野生兔上获得了完全的成功。再参阅勃浴加博士的文章。见《生理学学报》,第二卷,第363页。

② 热尔韦:《哺乳动物志》,第一卷,第292页。

③ 参阅勃洛加博士关于这个问题的一篇论文,见布朗-税奎(Brown-Séquard)主编的《生理学学报》,第二卷,367页。

④ 这些品种的头骨在《园艺学报》(*Journal of Horticulture*,5月7日,1861年)上曾大略地被描述过。

大型品种并没有任何区别；然而一位饲养这种兔的育种大家、南普顿（Southampton）的杨恩（J. Young）先生告诉我说，根据他的观察，所有雌比利时兔只有六个乳房；我有过两只雌兔确实是这样的。然而勒连特（B. P. Brent）先生向我保证说，其他家养品种的乳房数目是不一致的。普通野生兔的乳房永远是 10 个。安哥拉兔（Angora rabbit）以长而细的毛为人所注意，甚至在它足蹠上的毛也有相当的长度。这是唯一的一个品种，在精神状态上不同于其他的品种，据说它比其他家兔更喜群居，而且雄兔没有表现咬死它的幼兔的欲望①。从莫斯科给我带来过两只活兔，约同野生种的大小相等，但毛长而软，并且同"安哥拉兔"的毛有区别。这两只莫斯科兔的眼睛是粉红色的，除了耳朵、鼻子附近的两个斑点以及尾巴的上下和后肢是黑褐色的以外，其余都是雪白色的。总之，它们的颜色同后面就要谈到的喜马拉雅兔（Himalayan rabbits）的颜色很接近，只是在毛的性质上有所不同。还有两个品种，即银灰兔（Silver-greys）和岑其拉兔（Chinchillas），在颜色上已经固定了，但在其他方面并没有任何不同。最后，可以提一提尼卡得兔（Nicard），即荷兰兔，这种兔的颜色是多种多样的，并且以体小而引起人们的注意，某些个体的重量只有 $1\frac{1}{4}$ 磅；这个品种的兔是其他比较娇弱种类的最好的授乳者②。

　　某些性状是非常彷徨不定的，换句话说，就是家养兔把它们遗传下去的能力是很微弱的；例如，一位育种者告诉我说，关于较小的种类，他几乎从来没有育出过一胎全是具有同样颜色的小兔，关于大型垂耳品种，一位卓越的判断者③说道："育出的小兔全同亲代的颜色一样是不可能的，不过进行谨慎的交配，大致还可以做到接近这一点。养兔者应当知道母兔是怎样来的，换句话说，就是应当知道母兔的双亲的颜色。"尽管如此，某些颜色，我们就要谈到，还是可以纯粹地遗传下去的。喉下垂皮

图 5　半垂耳兔（转载自得拉玛尔的著作）

不是严格遗传的。垂耳兔的耳朵完全悬挂在面部的两侧，但这种性状一点也不能纯粹地被遗传下去。得拉玛尔（Delamer）说道："关于玩赏兔，虽然它的双亲有完善的形态、典型的耳朵以及美丽的斑记，但它们的后代并不一定全是这样的。"当一亲或者甚至双亲具有桨状的耳朵、即两只耳朵笔直竖立着的时候，或者，当一亲或双亲具有半垂耳、即只有一只耳朵垂下的时候，它们的后代都很可能是双垂耳的，仿佛它的双亲都是双垂耳的那样。不过有人告诉我说，如果双亲的耳朵是直立的，它们生下来的小兔几乎没有是双重耳的。

---

①　《园艺学报》，1861 年，第 380 页。

②　《园艺学报》，5 月 8 日，1861 年，第 169 页。

③　《园艺学报》，1861 年，第 327 页。关于耳朵，参阅得拉玛尔，《鸽和兔》，1854 年，第 141 页；《家禽纪录》（Poultry Chronicle），第二卷，第 499 页，同前，1854 年，第 586 页。

在某些半垂耳兔中,垂下的那只耳朵比直立的那只耳朵既宽且长①;这样我们就有了一个左右不对称的异常例子。这种在两只耳朵的位置和大小上的差异可能暗示着垂耳是它的巨大长度和重量的结果,无疑这是由于不使用而致筋肉衰弱的缘故。安得逊②提到过一个只有一只耳朵的品种;热尔韦教授提到过一个双耳俱缺的品种。

现在谈一谈喜马拉雅品种,它有时也被称为中国兔,波兰兔或俄国兔。这种可爱的兔除了耳朵、鼻子、脚、尾的上方全是黑褐色的以外,其余部分都是白色的,有时是黄色的;但是,因为它们的眼睛是红色的,或者可以把它们看成为白变种(albinoes)。我曾接到过几个报告说,它们可以纯粹地繁殖下去。根据它们的对称的斑,最初它们曾被分类为不同的物种,而且一时曾被命名为 *L. nigripes*③。有些优秀的观察者认为在它们的习性上可以找出一种差异,所以极力主张它们形成了一个新种。这个品系的起源无论从它本身来说或者从它对于复杂的遗传法则提供了一些解释来说,都是引人注意的,所以值得详细谈一谈。不过首先需要大略地描述一下其他两个品种:银灰兔的头和脚一般是黑色的,而且在它们的灰色细毛中交织着无数白色的和黑色的长毛。这种性状可以纯粹地遗传下去,在养兔场中曾经长期地饲养过它们。当它们逃跑了并且同普通兔杂交之后,我曾听列塞姆·赫尔(Wretham Hall)的外尔雷·倍契(Wyrley Birch)说过,其子代并不具有两种混合的颜色,而是一半像亲代的一方,其他一半像亲代的另一方。第二个品种是岑其拉兔,即驯化的银灰兔(我愿用前一个名字),在它们淡鼠色或石板色的短毛中交织着微黑色的、石板色的和白色的长毛④。这个品种可以完全纯粹地繁殖下去。1857年,一位作者说⑤,他用下述方法育成了喜马拉雅兔。他用岑其拉兔同普通黑兔进行杂交,它们的后代有的是黑兔,有的是岑其拉兔。他用后者再同其他岑其拉兔(也曾同银灰兔交配过的)杂交,从这样复杂的杂交中便育成了喜马拉雅兔。根据这些和其他相似的记载,巴列特先生⑥在动物园中仔细地作了一次试验,他发现从银灰兔同岑其拉兔的简单杂交中他永远可以得到少数的喜马拉雅兔;不管喜马拉雅兔的产生是怎样突然,如果对它们进行隔离饲养,还是可以完全纯粹地繁殖下去的。不过最近有人向我保证说,任何亚品种的纯粹银灰兔偶尔也会产生喜马拉雅兔的。

喜马拉雅兔当最初生下来的时候是完全白色的,这时可以说是纯粹的白变种。但是经过几个月之后,它们逐渐获得了黑色的耳、鼻、脚、尾。然而乌勒尔(W. A. Wooler)先生和福克斯牧师告诉我说,喜马拉雅兔有时生下来就具很淡的灰色,而且乌勒尔先生曾送给过我这种毛皮的标本。不过,这种灰色当它们到达成熟的时候就消失了。所以喜马拉雅兔只限于在它们的幼小时期,才有一种返归成长的银灰色亲种的颜色的倾向。另一方面,非常幼小的银灰兔和岑其拉兔的颜色同幼小的喜马拉雅兔的颜色有显著的不同,因

---

① 得拉玛尔,《鸽和兔》,第 136 页。再参阅《园艺学报》,1861 年,第 375 页。

② 《关于俄国绵羊的不同种类的一个报告》(*An account of the different Kinds of Sheep in the Russian Dominions*),1794 年,第 39 页。

③ 《动物学会会报》,6 月 23 日,1857 年,第 159 页。

④ 《园艺学报》,4 月 9 日,1861 年,第 35 页。

⑤ 《家庭艺园者》,1857 年,第 141 页。

⑥ 巴列特先生,《动物学会会报》,1861 年,第 40 页。

为它们生下来是完全黑色的,不久才会得到特有的灰色或银色。灰色的马也有同样的情形,当它们还是马驹的时候,一般都是接近黑色的,但是不久就变成灰色的了,而且随着年龄的增长,又逐渐变成白色的。因此,通常的规律是,喜马拉雅兔生下来是白色的,以后在体部的某些部分变为深色的;而银灰兔生下来是黑色的,以后变为交织着白色的。然而,具有直接相反性质的例外有时在两种场合里都会发生。因为我听倍契先生说,在养兔场里生下来的银灰色幼兔有时是奶油色的,但是最后变为黑色的了。另一方面,一位富有经验的业余养兔者说[①],喜马拉雅兔有时在一胎中只生下一个黑色的小兔;而这个小兔不到两个月就变成完全白色的了。

把这整个的奇异例子总结起来说:野生银灰兔可以被看做是在生命早期变成灰色的黑兔。当它们同普通兔进行杂交时,据说其后代不具有混合的颜色,而只同亲代的一方相似;在这一点它们同大多数四足兽的黑色变种和白色变种是类似的,因为后者常常按照同样的方式遗传它们的颜色。当它们同岑其拉兔、即同一个淡色的亚品种进行杂交时,其后代在最初是完全白色的,但不久体部的某些部分就变成深色的了,这时它们就被称为喜马拉雅兔。然而幼小的喜马拉雅兔有时在最初是淡灰色的或完全黑色的,但是不论在哪一种场合里,都经过一些时候就变为白色的了。在后面的一章,我将提出大量的事实来阐明:当两个不同于亲代颜色的变种进行杂交时,其子代就有返归祖代颜色的强烈倾向;而且非常值得注意的是,这种返祖现象有时不在降生以前而是在该动物的生长期间中发生。因此,如果能够证明银灰兔和岑其拉兔是从一个黑色变种同白色变种的杂交中所产生出来的后代,而且这两种颜色完全混合在一起的话——这种假定本身并不是不可能的,同时在养兔场中的银灰兔有时会产生奶油色的小兔,这些小兔最后还会变为黑色的,这种事情也支持了上述的假定——那么上面所说的有关银灰兔及其后代喜马拉雅兔的颜色变化的一些矛盾事实,就会在返祖法则之下得到说明,这就是说,在不同的生长时期中和不同的程度上返归作为原始祖先的黑色变种或白色变种。

还值得注意的是,喜马拉雅兔虽然是突然产生的,不过可以纯粹地繁殖下去。但是,因为它们在幼小时是完全白色的,所以这个例子就落在一个很一般的规律之内了;众所熟知,白化(albinism)是强烈遗传的,例如白鼠和许多其他的白色四足兽,甚至白色的花,都是这样的。但是可以这样问:为什么除了耳、尾、鼻、脚返归黑色以外,其他部分并不这样呢?这显然是决定于一般通用的一个法则,即一属中的许多物种所共有的性状——其实这意味着这种性状是从该属的古代祖先长期遗传下来的——比仅限于个别物种所具有的性状更顽强地抗拒变异,或者,即使已经消失了,更容易再现。现在,在山兔属中大多数物种的耳朵以及尾巴的上部都是黑色的;不过在那些冬季变白的物种中最好地表现了这些斑点的顽固性:例如,苏格兰的雪兔(L. variabilis)[②]在穿着冬装时,其鼻子是暗色的,耳的尖端是黑色的;西藏兔(L. tibetanus)的耳朵是黑色的,尾的上部是灰黑色的,足蹠是褐色的;冰兔(L. glacialis)的冬季毛皮除了足蹠和耳的尖端以外全是纯白色的。甚至在多种多样颜色的玩赏兔中,我们也常常可以观察到这样的倾向,即上述这些部分的

---

① 《喜马拉雅兔中的珍品》(*Phenomenon in Himalayan Rabbits*),《园艺学报》,1 月 27 日,1865 年,第 102 页。

② 华特豪斯,《哺乳动物志》:啮齿类:(*Natufal Hist. of Mammalia:Rodents*),1846 年,第 52,60,105 页。

颜色比身体其余部分的颜色较深。这样,喜马拉雅兔在长大时呈现几种颜色的斑点,就是可以理解的了。我可以补充一个近似的例子:玩赏兔在它们的前额上生有一个白星是很常见的;我曾亲自观察过,普通的英国山兔在它们的前额上一般也都生有一个相似的白星。

当把各种颜色的兔在欧洲放走,因而使它们处于它们的自然条件之下时,这些兔一般地都会返归原始的灰色;这可能是部分地由于在一切杂种动物中,如最近所观察的那样,都有一种返归原始状态的倾向。但是这种倾向并不永远都占优势;例如在养兔场饲养的银灰兔虽然处于几乎是自然的条件之下,但还能保持它们的纯度;不过在养兔场中不能同时饲养银灰兔和普通兔;否则"经过几年之后除了普通的灰色兔之外,就不会再有别的了"①。当兔在异地的新生活条件之下野化时,它们决不永远都返归原始的颜色。在牙买加,野化的兔被这样描述过:"在颈、肩和背上具有石板色并交织着很浓的白色;到了胸部和腹部便逐渐变淡,而为青白色。"②但在这样的热带岛屿上,生活条件并不利于它们的增殖,因而它们从来没有广泛地散布开过,我听希尔先生说,由于那里的森林发生过一次大火,现在它们已经灭绝了。在马尔维纳斯群岛,兔经过许多年之后已经野化了;它们在该处的某些地方是繁盛的,但没有广泛地散布开。它们的大多数是普通灰色的;海军上将苏利文告诉我说,它们的少数是山兔色的,并且有许多是黑色的,常在面部具有接近对称的白色斑点。因此,列逊(M. Lesson)把黑色变种在麦哲伦兔(L. Magellanicus)的名字下描述为不同的物种,但是我曾在他处指出过,这是一个错误③。最近期间,捕海豹的水手们曾在马尔维纳斯群岛周围的一些小岛上放入了若干兔,我听海军上将苏利文说,在帕勃尔小岛(Pebble Islet)上它们大部分是山兔色的,但在兔岛(Rabbit Islet)上它们大部分是青色的,在其他任何地方都没有看见过兔有这种颜色。放在这些小岛上的兔怎样变成了那样的颜色,还不晓得。

关于在马德拉(Madeira)附近的波托·桑托(Porto Santo)岛上野化的兔,值得比较详细的来谈一谈。1418 年或 1419 年,冈沙列斯·沙尔科(J. Gonzales Zarco)④偶然把一只雌兔带在船上,这只雌兔在航海中生下来一些小兔,于是他把所有这些小兔放走在上述的岛上。不久它们便非常迅速地增殖起来了,以致成为最讨厌的一种东西,实际上它们迫使人们放弃了在该岛植民。37 年之后,卡达·摩斯托(Cada Mosto)说,它们已经是无数之多了;这并不是什么值得惊奇的事情,因为该岛没有任何食肉兽或任何陆栖哺乳类动物。我们不知道那只雌兔的性状,不过它大概是普通的家养种类。沙尔科航海到过的西班牙半岛自从极古的有史时代以来就知道充满了普通的野生种;因为这些兔是用作

---

① 得拉玛尔,《鸽和兔》,第 114 页。

② 高斯《牙买加旅行记》,1851 年,第 441 页,载有优秀观察者希尔的叙述。关于兔在热带地方野化,这是唯一知道的一个例子。然而在洛兰斯(Loands)可以饲养它们(参阅利威斯东的《旅行记》,Livingstone's 'Travels',第 407 页)。勃里斯先生告诉我说,在印度的一些地方可以很好地繁殖它们。

③ 达尔文,《调查日志》(Journal of Researches),第 193 页;《贝格尔航海中的动物学:哺乳类之部》(Zoology of the Voyage of the Beagle:Mammalia),第 92 页。

④ 吉尔(Kerr),《航海采集记》(Collection of Voyages),第二卷,第 177 页;205 页载有卡达·摩斯托的叙述。根据 1717 年在里斯本(Lisbon)出版的一本《岛屿志》(Historia Insulana)(一个耶苏会会员写的),兔是在 1420 年被放进去的。某些作者认为该岛是在 1413 年被发现的。

船上食品的，所以大概不是什么特殊的品种。它们的雌兔在航海中生过小兔，这阐明了这个品种是相当家养化的。华拉斯登（Wollaston）先生根据我的请求带回来两只这种野化的兔，它们是被放在酒精中的；其后，黑乌得（H. Haywood）先生又送给我三只盐渍标本和两只活的。这七个标本虽然是在不同的时间捉到的，但彼此密切相似。从它们的骨的状态看来，它们都是充分成长的。根据它们的异常迅速的增殖，可以证明波托·桑托岛上的生活条件显然是高度有利于兔的，尽管如此，它们还以细小的身体显著不同于英国的野生兔。从门齿到肛门测量了四只英国兔，其长度为 17 到 17.75 之间，而两只波托·桑托兔从门齿到肛门的长度只有 14.5 和 15 英寸。重量是身体缩小的最好证明；四只英国野生兔平均每只的重量为 3 磅 5 盎司，一只波托·桑托兔在动物园中生活了四年，变得瘦了，它的重量只有 1 磅 9 盎司。更公正的一个测计是把在该岛杀死的波托·桑托兔的肢骨弄得十分干净之后，同一只普通大小的英国野生兔的肢骨进行比较，它们在比例上的差异不到 5：9。所以波托·桑托兔的体长几乎减少了三英寸，体重几乎减少了一半①。头的长度并没有按照身体的比例来减少；不过脑袋的容量，像我们将要看到的那样，是奇妙地变异了。我剥制了四个波托·桑托兔的头骨，它们彼此之间的差异一般比英国野生兔的头骨彼此之间的差异为小；它们在构造上所表现的唯一差异是额骨的上眼窝突起比较狭小。

波托·桑托兔在颜色上和普通兔很不相同；前者的上部比较红，很少交织着黑色的或末端黑色的毛。喉部以及下面的某些部分一般是淡灰色或铅色的，而不是纯白色的。但是最显著的差异是在耳朵和尾上；我曾检查过许多新鲜的英国兔以及大英博物馆从各地搜集来的兔皮，所有这些兔子在尾的上部和耳的尖端都披着黑灰色的毛；在大多数著作中都认为这是兔的物种的性状之一。在七只波托·桑托兔中，尾的上部是红褐色的，耳的尖端没有一点黑色的痕迹。但是这里我们遇到了一件奇妙的事情：1861 年 6 月，我检查了刚送给动物园的两只波托·桑托兔，它们的尾和耳的颜色同上面所说的一样，但在 1865 年 2 月我得到了其中的一只死体，它的两只耳朵显著地具有黑色尖端，尾的上部披着黑灰色的毛，整个身体的红色也减退了；所以在英国的气候之下，这一兔的个体在不满四年的时间内就恢复了它的毛的固有颜色！

在动物园饲养的两只小波托·桑托兔在外貌上和普通种类有显著的不同。它们非常野而活泼，所以许多人看到它们的时候都赞叹地说，与其说它们像兔，莫如说它们更像大老鼠。它们的夜动习性非常强，而且它们的野生性一点也没有驯伏；所以动物园的高级管理员巴列特先生向我保证说，在他管理之下的动物没有比它们更野的了。当我们考虑到它们是从一个家养品种传下来的时候，这真是一个引人注意的事实。我对此感到非常奇怪，所以我请求黑乌得先生就地进行调查，看看当地居民是否曾经大量地狩猎过它们，或者鹰、猫或其他动物曾经迫害过它们；但情形并非如此，于是关于它们的野生性便提不出任何原因了。它们生活于中部的高岩地带以及接近海蚀岩崖的地带，由于它们非

①　在利帕拉（Lipara）岛发生过同样的事情，斯帕兰赞尼（Spallanzani）说（高得龙在《物种》第 364 页上引用的《西西里二岛航海记》，*Voyage dans les deux Siciles*），一个乡下人带到郡里几只兔，后来便大事繁殖起来了，不过斯帕兰赞尼说，"利帕拉岛上的兔比家养兔要小一些"。

常多疑和胆小，所以很少在较低的栽培地带出现。据说它们一胎可以产生四到六只小兔，繁殖期是在七月和八月。最后，这是一个高度值得注意的事实：巴列特先生从来没有能够成功地使这两只波托·桑托雄兔同屡屡被放在一起的其他几个品种的雌兔和平共处，或者同她们交配。

如果不知道这些波托·桑托兔的历史，大多数博物学者当看到它们的非常缩小的身体、它们的上红下灰的颜色、它们的没有黑色尖端的尾和耳时，大概都会把它们分类为不同的物种的。看到它们生活在"动物园"中并且听到它们拒绝同其他兔进行交配，上述的观点大概更会强有力地得到证实。然而，无疑会被这样分类为不同物种的这种兔，都肯定是在 1420 年以后才发生的。最后，从在波托·桑托、牙买加、马尔维纳斯群岛上这三个野化兔的例子看来，我们知道这些兔，不像大多数作者所一般主张的那样，在新生活条件下并不返归或者保持它们的祖先的性状。

骨骼的性状

如果我们一方面想到人们多么常常地说构造的重要部分绝不变异；另一方面又想到化石物种在骨骼上的差异是多么微小，那么家养兔的头骨以及其他骨的变异性就值得我们很好地注意了。一定不能假定下面就要谈到的那些比较重要的差异严格地是任何一个品种所特有的；所能说的只是在某些品种中一般地都有这些差异。我们应当记住，选择未曾用来固定骨骼上的任何性状，并且家养兔在一致的生活习性下也不必自谋生存。对于大多数的骨骼上的差异，我们还不能解释，但是我们将会看到由于小心的营养和不断的选择而引起的身体的增大，对于头部发生了特别的影响。甚至耳朵的增长和垂下也稍微地影响了全部的头骨。缺少运动显然改变了四肢在同体部比较下的比例长度。

我准备了两只肯特（Kent）野生兔的骨骼，一只谢特兰群岛（Shetland Islands）兔的骨骼以及一只爱尔兰的安垂姆（Antrim）兔的骨骼，作为比较的标准。因为来自如此远隔地区的四个标本的所有骨都是彼此密切相似的，几乎没有呈现任何可以觉察的差异，所以可以作出这样的结论：野生兔的骨在性状上一般是一致的。

头骨 我曾仔细地检查了 10 只大型垂耳兔的头骨和 5 只普通家养兔的头骨，普通家养兔同垂耳兔的唯一差异，只是前者没有后者那样大的体部或耳朵，然而两者都比野生兔大。先谈一谈那 10 只垂耳兔：在所有这些垂耳兔中，头骨的长度在同其宽度的比较下都是显著长的。一只野生兔的头长是 3.15 英寸，一只大型玩赏兔的头长是 4.3 英寸；然而那包容脑子的头颅的宽度，在二者却几乎是完全一样的。甚至取颧弧（zygomatic arch）的最宽部分作为比较的标准，垂耳兔的头骨长度在同其宽度的比较下还长出四分之三英寸。头的高度几乎同头的长度成正比例地增加了，只是宽度没有增加。包容脑子的顶骨和枕骨无论从纵的方面来看，或从横的方面来看，其弧度都比野生兔的为小，所以头颅的形状是稍有差异的。头骨的表面是比较粗糙的，凸凹不平，缝合线比较显著。

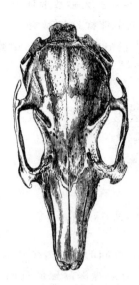

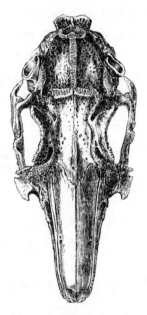

图 6　野生兔的头骨　　　　　　　图 7　大形垂耳兔的头骨

当把大型垂耳兔的头骨同野生兔的头骨进行比较时,虽然其长度在同其宽度的比例上是很长的,但在同其体部大小的比例上它并不是很长的。我检查的大型垂耳兔,并不算肥,它的体重还超过了野生标本的两倍;但其头骨的长度则远远地没有达到两倍长。即使我们取比较合理的体长标准——即从鼻子到肛门,头骨的长度平均还比其应有的长度短三分之一英寸。另一方面,小型的野化波托·桑托兔的头长在同其体长的比例上约长四分之一英寸。

这种头骨的长度在同头骨的宽度的比例上所表现的增长,我发现是一种普遍的性状,不仅大型垂耳兔是如此,所有人工育成的品种都是如此;例如,安哥拉兔的头骨就很好地说明了这一点。最初我对这一事实感到非常奇怪,而且不能想象家养为什么会产生这样一致的结果;但它的解释似乎在于以下的情形:人工育成的族在无数世代中都处在严密被拘禁的状况下,因而很少有机会去使用它们的感觉、智能或随意肌(voluntary muscles);结果它们的脑子,就像我们将要充分看到的那样,并没有按照身体大小的比例有所增大。因为脑子没有增大,包容脑子的那个骨箱也就不会增大;通过相关作用,这就影响了整个头骨从这一端到那一端的宽度。

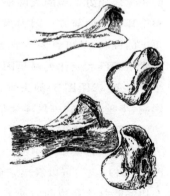

在大型垂耳兔的所有头骨中,额骨的上眼窝板、即上眼窝突起远比在野生兔的头骨中为宽,而且一般地更向上方突出。颧弧的后方、即颧骨的突出一端是比较宽而钝的;图 8 中的标本以显著的程度表示了这种情形。这一端比在野生兔中更接近于耳道(auditory meatus),在图 8 中可以很好地看到;不过这种事情主要是取决于耳道方向的变化的。在几

图 8　颧弧的一部分,表示听道颧骨突出的一端

上:野生兔。下:山兔色的垂耳兔

个头骨中,间顶骨(inter-parietal bone,参阅图 9)的形状大有差异;一般它比野生兔的更椭圆一些,换句话说,就是沿着头骨的纵轴方向更伸长一些。在大多数垂耳兔中,枕骨的"四角高台"①的后缘既不是削成平面的,也不像在野生兔中那样地微微突出,而是尖形的(如图 9C)。副乳嘴骨(paramastoids)在同头骨大小的比较下一般都比野生兔的为厚。

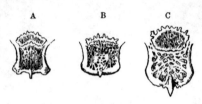

图 9　头骨的后端

A. 野生兔;B. 马德拉附近的波托·桑托岛上的野化兔;C. 大形垂耳兔

图 10　枕骨孔

A. 野生兔;B. 垂耳兔

枕骨孔(图 10)表现了某些显著的差异:在野生兔中,髁间的下方边缘显著地而且几乎尖锐地凹进去,其上方边缘深深地而且四方地成凹形;因此,纵轴比横轴长。在垂耳兔的头骨中,横轴比纵轴长;因为在这等头骨中没有一个髁间的下方边缘是深深凹进去的;其中五只兔没有上方边缘的凹口,三只兔有一点凹口的痕迹,只有两只兔的凹口是很发育的。枕骨孔的这等差异是值得注意的,因为非常重要的构造——脊髓在这里通过,虽然脊髓的轮廓显然并不受这个孔道形状的影响。

在所有大型垂耳兔头骨中,外耳道骨(bony auditory meatus)都显著地比野生兔的为大。4.3 英寸长的一个头骨,其宽度仅比一个野生兔的头骨(3.15 英寸长)稍长,但耳道的长径恰比野生兔的大两倍。耳道口更扁平,耳道的接近头骨一侧的边缘比外侧较高。整个耳道更向前方。因为当培育垂耳兔时,耳的长度以及由于它们的长度而致沿着面部垂下的性状,是可贵的主要点,所以,同野生兔相比,它们在大小、形态、外耳道骨方向上所发生的巨大变化无疑是因为对于那些具有愈益增大的耳朵的个体进行了继续的选择。半垂耳兔(参阅图 5)的头骨(我曾检查过三个)很好地阐明了外耳对于外耳道骨所发生的影响,半垂耳兔的一只耳朵是直立的,另一只较长的耳朵则是垂下的。在这等头骨中,两边的外耳道骨的形态和方向有着明显的差异。更加有趣的一个事实是,外耳道骨的改变方向和增大稍微影响了同一边的整个头骨的构造。这里我举出一张半垂耳兔头骨的绘图(图 11);我们可以看出它们的顶骨和额骨的缝合线并不严格地同头骨的纵轴成直角;左边的额骨比右边的向前突出;垂耳一边的左颧弧的前后边缘都比右方的稍微靠前。甚至下颚也受到了影响,左右两边的髁不完全对称,左边的比右边的稍微靠前。在我看来这是有关生长相关的一个显著的例子。谁会料想到,人把一种动物在拘禁下饲养了许多

---

①　华特豪斯:《哺乳动物志》,第二卷。第 36 页。

代，因而招致了耳朵筋肉的不使用，并且连续选择了那些具有最长最大的耳朵的个体来繁育，人竟会这样地对头骨的几乎所有的缝合线和下颚的形状间接地发生了影响！

大型垂耳兔的下颚和野生兔的下颚之间的唯一区别就是，前者的上行支（ascending ramus）的后方边缘较宽而更弯曲。上颚和下颚的牙齿并没有任何差异，除了大门齿下面的小门齿稍微长一些。臼齿的大小，通过颧弧来测量，随着头骨宽度的增加也比例地增加了，但同头骨的增加了的长度不成比例。野生兔上颚中的臼齿齿槽的内缘完全是直线形的；但是在垂耳兔的某些最大头骨中，这条内缘显然是向内弯曲的。在一个标本中，在上颚两边的臼齿和前臼齿之间各有一枚多余的臼齿；但是这两个多余臼齿的大小并不一样，而且因为啮齿类没有七枚臼齿，所以这仅是一种畸形，虽然它是一种奇特的畸形。

在普通家养兔的其他五个头骨中，有些头骨在大小上接近上述的最大头骨，而其余的只比野生兔的头骨大一点，它们的头骨之所以值得注意，仅仅因为在上述大型垂耳兔的头骨和野生兔的头骨之间的差异上表现了一个完全的级进。然而，所有这些家养兔的上眼窝板都比野生兔的稍微大一点，并且所有这些家养兔的耳道随着外耳的增大都比野生兔的为大。在这五个头骨中，有些枕骨孔的下方凹口并不像野生兔的那样深，但是所有枕骨孔的上方凹口都是发育得很好的。

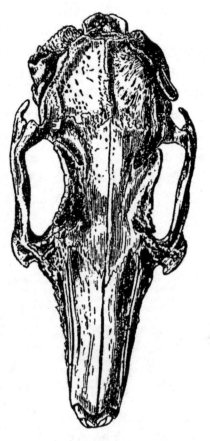

图 11 半垂耳兔的头骨

阐明了左右两边耳道的不同方向，以及一般由此而引起的头骨的歪斜。左耳（图的右边）是垂下的

安哥拉兔的头骨，就像后五个头骨那样，在一般比例上、在大多数其他性状上都是介于大型垂耳兔和野生兔之间的。安哥拉兔只表现了一个奇异的性状：头骨的长度虽然远比野生兔的为长，但从后眼窝裂所测得的头骨的宽度则比野生兔的小三分之一左右。银灰兔、岑其拉兔和喜马拉雅兔的头骨都比野生兔的为长，上眼窝板也较宽；不过在其他方面则很少差异，除了枕骨孔的上方凹口和下方凹口没有野生兔的那样深，即不像野生兔的那样发达以外。莫斯科兔的头骨同野生兔的很少差异。波托·桑托的野化兔的上眼窝板一般都比英国野生兔的既狭又尖。

因为在我制成标本的最大型垂耳兔中，有些同山兔的颜色几乎一样，并且因为山同兔被肯定最近在法国曾经进行过杂交，所以大概可以这样设想：在上述的性状中有些是由于在远昔时期同山兔进行了杂交而发生的。因此，我对山兔的头骨进行了检查，但是这对于大型兔的头骨的特性并没有能够提供任何解释。然而有一个有趣的事实：当我把大英博物馆中的山兔的十个物种的头骨加以比较时，我发现了它们彼此之间的差异主要表现在同家养兔之间的差异完全一样的那几点上——即关于全体的比例、上眼窝板的形状和大小、颧骨的游离端的形状以及隔离枕骨和额骨的缝合线；这个事实例证了某一物种的变种往往表现有同属的其他物种的性状这一规律。还有家养兔的两种显著容易变异的性状，即枕头孔的轮廓以及枕骨"高台"（raised platform）的形状，在同种山兔的两个例子中也是同样容易变异的。

椎骨　在我检查过的所有骨骼中，椎骨的数目都是一致的，不过其中有两个例外：一是野化的小形波托·桑托兔，一是大型的垂耳兔。这二者像普通情形那样地具有七个颈椎、十二个带肋骨的胸椎，不过它们有八个腰椎，而不是七个腰椎。这一点是值得注意的，因为热尔韦发表的整个山兔属的腰椎数目都是七个。尾椎大体上相差两三个，不过我没有注意它们，正确地数出它们的数目是困难的。

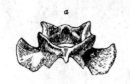

图 12　寰椎，斜看它的下面
上图：野生兔。下图：山兔色的大形垂耳兔。a. 上面正中突起；b. 下面正中突起

在野生标本的第一颈椎、即寰椎（atlas）上，神经弧（neural arch）的前方边缘稍微有一点变异；或者是接近平滑的，或者是具有一个小型的上面正中突起；图中所示是我看到过的一个最大的突起（图 12a）；但是应当注意，同大型垂耳兔的比较起来，它显得多么小，而且形状多么不同。大型垂耳兔的下面正中突起（b）在比例上也更厚而长。翼状部（alae）在轮廓上稍微呈现一点方形。

第三颈椎　在野生兔中（图 13、Aa），这个椎骨从下面看，有一个横突起，它斜向后方，而且是由单独一个尖形棒形成的；在第四椎骨上这个突起于正中稍现分叉。大型垂耳兔的这个突起是在第三椎骨分叉的（Ba），就像野生兔在第四椎骨分叉的情形那样。但是如果比较野生兔的和大型垂耳兔的前关节面，它们的第三颈椎之间的差异还要显著；因为野生兔的前上突起全然是圆形的，而大型垂耳兔的前上突起则是三裂的，并且有一个深的中央孔隙。大型垂耳兔的脊髓管漕在横的方面比野生兔的为长；而且动脉的通路在形状上也稍有不同。我认为在这个椎骨上所表现的这几种差异是很值得注意的。

第一胸椎　野生兔的髓棘（neural spine）有种种长度；有时很短，不过一般比第二胸椎的髓棘的一半长一点；我曾看到两个大型垂耳兔的第一胸椎的髓棘只有野生兔的第二胸椎的髓棘的四分之三长。

第九和第十胸椎　野生兔的第九胸椎的髓棘比第十胸椎的髓棘稍厚一点，其程度不过刚刚可以觉察得出；第十胸椎的髓棘明显地比前面椎骨的髓棘既厚而短。大型垂耳兔的第十、第九、第八椎骨的髓棘远比野生兔的厚得多，而且具有颇为不同的形状，甚至第七椎骨的髓棘多少也是这样。所以，脊椎的这一部分在外貌上和野生兔的同一部分是相当不同的，而它同某些山兔的物种的同一部分都以有趣的方式密切类似。安哥拉兔的、岑其拉兔的和"喜马拉雅兔"的第八、第九椎骨的髓棘只比野生兔的稍微厚一点。另一方面，有一只野化的"波托·桑托兔"它的大多数性状那同普通野生兔的不同，并且同大型垂耳兔的性状正好相反，而它的第九、第十椎骨的髓棘一点也不比几个前面椎骨的髓棘为大。在这同一个波托·桑托兔的标本上,第九椎骨的前横突起连一点痕迹都没有(参阅图 14),而这个突起在所有英国野生兔中都是明显发达的,在大型垂耳兔中就更加发达了。从桑顿猎园(Sandon Park)捉到了一只半野生兔[①],它的第十二胸椎下面的脉棘(haemal spine)是很发达的,我在其他标本中还没有看见过这些情形。

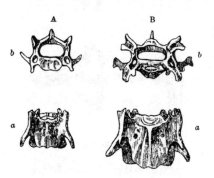

图 13　第三颈椎

A. 野生兔;B. 山兔色的大型垂耳兔。a,a. 下面;b,b. 前关节面

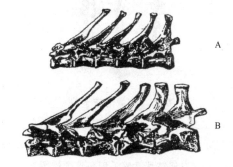

图 14　第六至第十胸椎,侧面图

A. 野生兔;B. 山兔色的、大型的所谓西班牙兔

　　腰椎　我已经叙述了有八个腰椎而不是七个腰椎的两个例子。在一个英国野生兔的和一个野化的波托·桑托兔的骨骼中,第三腰椎有一个脉棘;下过在四个大型垂耳兔的骨骼中,第三腰椎则有一个很发达的脉棘。

　　骨盆　在四个野生标本中,骨盆的形状几乎是完全一样的;但是在几个家养品种中则可看出少许的差异。在大型垂耳兔中,肠骨的整个上部是笔直的,即比野生兔的向外倾斜较小;肠骨的前上部内唇(inner lip)上的结节在比例上更为显著。

　　胸骨　在野生兔中,后胸骨的后端(图 15 A)是薄的而且稍微扩大一些;在某些大型垂耳兔(B)中,后胸骨的后端扩大得很多;而在其他标本(C)中,这一端到那一端的宽度几乎是一样的,不过末端非常粗。

　　肩胛骨　肩峰(acromion)伸出一个长方形的棒,其末端为一斜结节,在野生兔中(图 16A),这个结节的形状和大小都微有变异,就像肩峰的顶端的尖锐性和正在长方形棒下面的那部分的宽度微有变异一样。但在野生兔中,这些方面的变异是很微小的;在大型垂耳兔中,它们的变异是相当大的。例如,在一些标本(B)中,末端的斜结节发展成一个短棒的样子,而同长方形棒成一钝角。在另一个标本(C)中,这两个不相同的棒几乎成一直线。肩峰的顶端在宽度和尖锐性上有很大的变异,把图中的 B,C 和 D 加以比较即可看出。

---

　　① 这种兔在桑顿猎园以及在斯塔福郡和士洛普郡的其他地方已经野化相当久了。据猎场看守人告诉我说,它们起源于各种颜色的家兔。它们的颜色现在已经发生变异了;不过许多这种兔的颜色是对称的,例如它们具有白色的脊纹,耳朵上的条斑,以及黑灰色头部上具有某些标记。它们比普通家兔的体部稍微长一点。

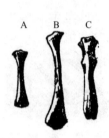

图 15　胸骨的末节骨

A. 野生兔；B. 山兔色的垂耳兔；C. 山兔色的
"西班牙兔"（注：B 图中上关节端的左方之角被
损坏了，并且偶然地弄成了现在这个样子）

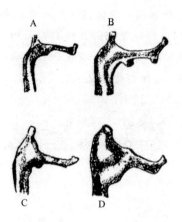

图 16　肩胛骨的肩峰

A. 野生兔；B,C,D. 大型垂耳兔

四肢　在四肢上，我没有找出任何变异来；不过非常仔细地去比较它们的脚骨就太麻烦了。

现在我已经描述了我观察到的骨骼上的一切差异。要是不被许多骨的高度变异性或可塑性所打动，简直是不可能的。人们曾经反复不断地说过：只有作为肌肉之附着物的骨的隆起才在形状上发生变异，而且只有不重要的部分才能在家养下被改变，我们知道这种说法是多么错误。例如，没有人会说，枕骨孔、寰椎或第三颈椎是不重要的部分。如果图中所指出的野生兔和垂耳兔的几种椎骨是在化石状态下被发现的话，那么古生物学者们大概都会毫不犹豫地宣告它们属于不同的物种。

体部的使用和不使用的效果　在大型垂耳兔中，同一肢的诸骨的比例长度以及前肢同后肢的比例长度，同在野生兔中的几乎一样；但是在重量上，大型垂耳兔的后肢显然没有按照前肢的适当比例而有所增加。根据我的检查，大型垂耳兔的整个体部的重量相当于野生兔的 2 倍或 2.5 倍；大型垂耳兔的前肢和后肢的诸骨的总重（脚骨未计，因为其中小骨非常之多，难以弄干净）几乎按照同样的比例而有所增加；因此，四肢的骨重按照它们所支持的体重的适当比例而增加了。如果我们取体部的长度作为比较的标准，那么大型垂耳兔的四肢长度比按照比例而应增加的长度短一时半。还有，如果取头骨的长度作为比较的标准（头骨的长度，如前所述，并没有按照体部长度的适当比例而有所增加），那么四肢的长度比野生兔的短半英寸至四分之三英寸。因此，无论用什么作为比较的标准，大型垂耳兔的肢骨重量虽然按照其他部分的骨骼重量的相当比例而增加了，但其长度并不如此；我认为这一点大概可以用它们在许多世代中所过的少动生活来解释的。同时，肩胛骨的长度也没有按照体部长度的适当比例而有所增加。

包容脑子的骨箱的容量是更加有趣的一点，如前所述，在所有家养兔中，头骨的长度同其宽度的比例，比在野生兔中的都增大了。如果我们拥有同野生兔的大小大致相等的大量家养兔，那么测计和比较它们的头骨容量将是一件简单的工作，但是情形并非如此，因为几乎所有家养品种的体部都比野生兔的为大，而大型垂耳种类的重量比野生兔的大一倍以上。因为一种小型动物势必同一种大型动物一样地使用它的感觉、智力和本能，所以我们决不应当期望在体部方面大两倍或三倍的一种动物，也会在脑子方面大两倍或三倍①。我称过四只野生兔的和四只大型但不肥的垂耳兔的体重之后，我发现前者对后者的平均体重是 1∶2.17；体部的平均长度为 1∶1.41；而头骨的容量则为 1∶1.15。由此我们可以知道，头骨的容量、也就是脑子的大小，同身体增加了的大小相比，则增加得很少；这一事实解释了在所有家养兔中为什么头骨的宽度在同它的长度比较下是狭的。

在下表的上半部我列举了 10 只野生兔头骨的统计数字，在下半部我列举了 11 只彻底家养化的种类的头骨的测计数字。因为这些个体在大小上大有不同，所以需要有某种标准，以资比较它们的头骨容量。我选择了头骨的长度作为最好的标准，因为在大型兔中，头骨的长度，如前所述，并没有像体部的长度那样地有所增加；但是，因为头骨同任何其他部分一样，在长度上是不同的，所以无论是头骨或者任何其他部分都不能提供一个完善的标准。

表中第一栏以英寸为单位举出了头骨全长的数字。我知道这些数字冒充了比实际可能的更大的精确性，但是我发现把用两脚规测得的正确长度记录下来，是麻烦最少的。第二列和第三列举出了观察时的体长和体重。第四列以小子弹重量表示了头骨的容量（头颅腔是用小子弹来填满的）；但不能说这些数字没有几喱（grains）之内的误差。第五列举出了按照同第 1 号野生兔相比较的头骨长度计算出来的应有头骨容量；第六列举出了实际容量和计算容量之差；第七列举出了增加或减少的百分率。例如，因为第 5 号野生兔比第 1 号野生兔的体部既短且轻，所以大概会预料到它的头骨容量也会较小；它的由于弹重量所表示的实际容量是 875 喱，比第一号野生兔的少 97 喱。但是，当比较这两只兔的头骨长度时，我们看到第一号的头骨长度为 3.15 英寸，第五号的头骨长度为 2.96 英寸；按照这个比率，以子弹的重量来表示，第 5 号的脑的容量应为 913 喱，比上述的实际容量仅多 38 喱。或者从另一方面来看（如第 7 列所示），这只第五号小兔的脑子每 100 喱仅轻 4 喱——这就是说，如果同第 1 号标准兔进行比较，还应重 4%。我之所以取第 1 号兔作为比较的标准，是因为它的头骨有着充分的平均长度，而且有着最小的容量；所以它对于我要阐明的结论是最不利的；我的结论是：所有长期被家养的兔的脑子，尤论是在实际上或者在同其头长和体长的比较上，都比野生兔的脑子缩小了。如果我用第 3 号爱尔兰兔作为标准，以下的结果还要更加显著一些。

再看一看表：前四只野生兔的头骨长度是一样的，而且这些头骨在容量上的差异也很微小。桑顿兔（Sandon rabbit）是有趣的，因为它们现在虽是野生的，但正像它们的特殊颜色和较长体部所阐明的那样，我们知道它是从一个家养品种传下来的；尽管如此，它们的头骨还是取得了野生种的正常长度和充分容量。以下的三只兔是野生的，但体部较小，并且它们的头骨容量也稍微小一些。三只波托·桑托的野化兔（8—10 号）提供了一个令人困惑的例子；同英国野生兔相比较，它们的体部大大地缩小了，头骨的长度和容量也缩小了，不过其程度较轻。但是当我们比较这三只波托·桑托兔的头骨容量时，我们便会观察到其间有可惊的差异，这种差异同头骨长度的微小差异不发生关系，而且据我

①　参阅奥温对这个问题的意见，他的论文曾于 1862 年在"英国动物学会"宣读，题为《人脑的动物学的意义》（Zoo-logical Significance of the Brain, &c., of Man, &c.）；关于鸟类，参阅《动物学会会报》，1 月 11 日，1848 年，第 8 页。

所信,同体部大小的任何差异也不发生关系;但是我没有个别地称过它们的体重。我几乎不能设想这三只生活在同样条件之下的兔在脑髓方面的差异会像头骨容量的比例差异所表示的那样大;而且我也不知道一个脑子是否可能比另一个脑子包含有多得多的液体。因此,我一点也不能解释这个例子。

表的下半部举出了关于家养兔的测计数字;由此我们可以看出,同第 1 号野生兔相比较,所有家养兔的头骨容量都比我们根据头骨长度所预计出来的为小,不过其程度是很不相同的。第 22 项举出了七只大型垂耳兔的平均测计数字。这里就有问题发生了:在这七只大型垂耳兔中头骨平均容量的增加是否有我们根据大大增大了的体部所预计出来的那么大? 我们可以试着从两方面来回答这个问题:在表的上半部中,我们举出了关于六只小型野生兔(第 5 号到第 10 号)的测计数字,我们发现它们的平均头骨长度比表中前三只野生兔的平均头骨长度短 0.18 英寸,平均头骨容量小 91 喱。这七只大型垂耳兔的平均头骨长度为 4.11 英寸,平均头骨容量为 1136 喱;所以它们的头骨长度比那六只小型野生兔的减少了的头骨长度增加五倍以上;因此,我们大概可以预计这七只大型垂耳兔的头骨容量会比那六只小型野生兔的减少了的头骨容量增加五倍;这样,平均增加的容量应为 455 喱,而实际只有 155 喱。再者,大型垂耳兔在体部的重量和大小上几乎同普通山兔一样,不过前者的头部更长;因而,垂耳兔如果野化了,那么大概可以预计它们的头骨容量会和山兔的头骨容量大致相同。但是情形远非如此;因为表中两只山兔(第 23 号,24 号)的平均头骨容量远比那七只垂耳兔的平均头骨容量为大,以致后者必须增加 21%,才能赶得上山兔的标准[①]。

品种名 野生兔和半野生兔	I 头骨的长度 英寸	II 体长(从门齿到肛门)英寸	III 体部的总重量(磅,盎司)	IV 头骨的容量(根据小子弹的测计)(喱)	V 头骨的容量(根据同第一号相比较的头骨长度来计算的)(喱)	VI 头骨的实际容量和计算容量之差(喱)	VIII 从头骨长度的计算,阐明在同第一号野生兔脑子的比较下,其脑子过轻或过重的百分率
1. 野生兔,肯特产	3.15	17.4	3 5	972	··	··	
2. 野生兔,沙特兰岛产	3.15	··	··	979	··	··	2%过重
3. 野生兔,爱尔兰产	3.15	··	··	992	··	··	
4. 家兔,野化的,桑顿产	3.15	18.5	··	977	··	··	
5. 野生的普通变种,小形标本,肯特产	2.96	17.0	2 14	875	913	38	4%过轻
6. 野生的鹿毛色变种,苏格兰产	3.1	··	··	918	950	32	3%过轻

---

① 这个标准显然是相当低的,因为克利斯卜(Crisp)博士指出(《动物学会会报》,1861 年,第 86 页),体重七磅的一只山兔的脑子的实际重量为 210 喱,体重三磅五盎司的一支兔的脑子的重量为 125 喱,这只兔的重量同表中第一号兔的重量相等。那么,表中第一号兔的头骨容量,根据子弹来测计应为 972 喱;而按照克利斯卜的 125 对 210 的比例,山兔的头骨,用子弹来测计应为 1632 喱,而不只是 1455 喱(在我的表中的最大一只山兔)。

品种名 野生兔和半野生兔	I 头骨的长度 英寸	II 体长（从门齿到肛门） 英寸	III 体部的总重量（磅，盎司）	IV 头骨的容量（根据小子弹的测计）（喱）	V 头骨的容量（根据同第一号相比较的头骨长度来计算的）（喱）	VI 头骨的实际容量和计算容量之差（喱）	VIII 从头骨长度的计算，阐明在同第一号野生兔脑子的比较下，其脑子过轻或过重的百分率
7. 银灰的小型标本,帖特福得·瓦仑产	2.95	15.5	2　11	938	910	28	3%过重
8. 野化的家兔,波托·桑托产	2.83	··	··	893	873	20	2%过重
9. 野化的家兔,波托·桑托产	2.85	··	··	756	879	123	16%过轻
10. 野化的家兔,波托·桑托产	2.95	··	··	835	910	75	9%过轻
三只波托·桑托兔的平均	2.88	··	··	828	888	60	7%过轻
家兔							
11. 喜马拉雅兔	3.5	20.5	··	963	1080	177	12%过轻
12. 莫斯科兔	3.25	17.0	3　8	803	1002	199	24%过轻
13. 安哥拉兔	3.5	19.5	3　1	697	1080	383	54%过轻
14. 岑其拉兔	3.65	22.0	··	995	1126	131	13%过轻
15. 大型垂耳兔	4.1	24.5	7　0	1065	1265	200	18%过轻
16. 大型垂耳兔	4.1	25.0	7　13	1153	1265	112	9%过轻
17. 大型垂耳兔	4.07	··	··	1037	1255	218	21%过轻
18. 大型垂耳兔	4.1	25.0	7　4	1208	1265	57	4%过轻
19. 大型垂耳兔	4.3	··	··	1232	1326	94	7%过轻
20. 大型垂耳兔	4.25	··	··	1124	1311	187	16%过轻
21. 大型山色兔家兔	3.86	24.0	6　14	1131	1191	60	15%过轻
22. 上述七只大型垂耳兔的平均	4.11	24.62	7　14	1136	1268	132	11%过轻
23. 山兔（*L. timidus*）英国产	3.61		7　0	1315			
24. 山兔（*L. timidus*）德国产	3.82		7　0	1455			

　　我在上面曾经说过,如果我们拥有许多同野生兔的平均大小相等的家养兔,那么比较它们的头骨容量就会容易了。这里,喜马拉雅兔、莫斯科兔、安哥拉兔（第 11 号、12 号、13 号）在体部和头骨上都比野生兔刚刚大一点,并且我们知道,它们的实际头骨容量比野生兔的为小,如果根据它们的头骨长度之差来计算（第七列）,还要显著地小。这三只家养兔的脑袋的狭窄可以明显地看出来,而且从外形的测计上可以得到证明。岑其拉兔（第 14 号）显著地比野生兔为大,然而它的头骨容量只比野生兔的稍微大一点。第 13 号安哥拉兔提供了一个极其值得注意的例子;它的纯白色以及丝一般的长毛说明了它是长

期被家养的。它的头部和体部都显著地比野生兔的为长,但是它的头骨的实际容量甚至比小形的野生波托·桑托兔还要小。根据头骨长度的标准,它的容量只有它应有的一半! 我养过这种兔,它既非不健康,也不愚钝。这个关于安哥拉兔的例子使我非常吃惊,所以我重复了所有的测计,发现其中并无错误。我还用过其他标准——即体部的长度和重量以及肢骨的重量,来比较安哥拉兔同野生兔的头骨容量;即使根据这些标准,它们的脑子似乎还是显得太小了,虽然当用肢骨作为标准时,其程度较轻一些;后一种情形大概可以用下面一点来解释:这种自古以来就被家养的品种的四肢重量由于长期不断的少动生活而大大减少了。因此,在这个比其他品种更加安静、更易群居的安哥拉兔中,我推论它们的头骨容量确是显著地缩小了。

根据以上所举出的若干事实——即第一,喜马拉雅兔、莫斯科兔、安哥拉兔虽然在所有方面都比野生兔稍大,但它们的头骨实际容量则比野生兔的为小;第二,大型垂耳兔的头骨容量没有按照较小野生兔的头骨容量减少的同样比率而有所增加;第三,这些大型垂耳兔的头骨容量远比同它的大小几乎一样的山兔的头骨容量为小——我作出如下的结论:尽管在小型波托·桑托兔以及大型垂耳种类中头骨容量有着显著的差异,在所有长期被家养的兔中,它们的脑子决没有按照头部长度和体部大小增加的适当比例而有所增加,而且这些动物如果生活在自然状况之下前者的脑子实际上比后者是缩小了。如果我们记住,家兔由于在许多世代中的被家养和严密拘禁,因而无须在逃避各种危险以及寻求食物中运用它们的智力、本能、感觉以及随意运动(voluntary movements),那么我们就可以作出这样的结论:它们的脑子缺乏训练,结果便在发育上受到了损害。这样我们就看到了,在整个体制中最重要而且最复杂的器官也是被用进废退这一法则所支配的。

最后,让我们把家养兔所经历过的比较重要改变以及我们所能隐约知道的原因总结一下。由于充分而富有营养的食物的供给,再加上运动的缺乏,并且由于对最重个体所进行的继续不断的选择,大型品种的体重便达到一倍以上。全部肢骨的重量按照体重增加的适当比例而增加了,不过后肢比前肢增加的为少;但是四肢的长度并没有按照适当的比例而增加,这可能是由于缺乏适当的运动而引起的。随着体部的增大,第三颈椎获得了第四颈椎所固有的性状;并且第八和第九胸椎同样地获得了第十和第十以下的胸椎所固有的性状。大型品种的头骨长度增加了,但没有按照体长增加的适当比例而增加;脑子没有按照适当的比例而增加,实际上甚至缩小了,因而脑袋是狭窄的,并且由于相关作用,面骨以及头骨总长便受到了影响。这样。它们的头骨便获得了狭窄的特性。由于未知的原因,额骨的上眼窝突起以及颧骨的游离一端在宽度上增加了;而且大型品种的枕骨孔一般远比野生兔的为浅。肩胛骨的某些部分以及胸骨的末端在形状上变为高度变异的。耳朵通过继续不断的选择在长度和宽度上格外地增大了;耳朵的重量,大概同肌肉的不使用有关,引起了它们的下垂;并且这影响了外耳道骨的位置和形状;由于相关作用,还轻微地影响了头骨上半部的几乎所有的骨,甚至影响了下颚的髁的位置。

第五章

家　鸽

· Domestic Pigeons ·

我曾特别仔细地研究过家鸽,因为关于它的一切家养族都是从一个既知原种传下来的证据,远比其他任何自古以来就被家养的动物清楚得多。第二,因为有用若干语言写成的关于鸽的许多论文,其中有些论文是古老的,所以我们可以追踪若干品种的历史。最后,因为从我们可以部分地理解的原因看来,鸽子的变异量曾是非常大的。详细缕述常常会细微得令人生厌;但是只要一个人真的理解家养动物的变化过程,特别是他饲养过鸽子,注意过品种之间的巨大差异,同时注意过大多数的鸽子能够纯粹地繁殖它们的种类,他就不会怀疑这种微细的叙述还是值得的。尽管在所有品种都是单一物种的后代这方面有明显的证据,我还是经过了几年之后我才能使自己信服:它们之间的差异量是在人类开始饲养了野生家鸽之后才发生的。

我曾饲养过我能够在英国或从欧洲大陆获得的一切最不相同的品种;并且我还制作过所有它们的骨骼标本。我曾收到过来自波斯*的鸽皮和来自印度的以及来自世界其他各地的大量鸽皮①。自从我参加了伦敦的两个养鸽俱乐部之后,我得到许多最卓越的养鸽爱好者们的最亲切的帮助②。

可以区别的和可以纯粹繁殖的鸽族是非常多的。包依塔(M. M. Boitard)和考尔比(Corbie)③详细地描述过122个种类;我还能补充若干他们不知道的种类。根据我收到的鸽皮看来,在印度有许多我们不知道的种类;伊利阿特爵士告诉我说,在一个印度商人由开罗(Cairo)和君士坦丁堡(Constantinople)输入到马德拉斯的搜集品中,有若干印度没有的种类。我确信能够纯粹繁殖的并且曾分别得到不同名字的鸽子远比150种更多。但是其中的大多数仅以不重要的性状而有所差异。关于这些差异在这里略而不谈,我将

◀ 家鸽。

---

* 1935年改称伊朗(Iran)。——译者注

① 穆瑞议员(The Hon. C. Murray)赠给我一些很有价值的波斯标本;开茨·阿包特(Keith Abbott)领事给过我关于波斯鸽的报告。我深深感激瓦尔特·伊利阿特(Walter Elliot)爵士,蒙他赠予大量的马德拉斯(Madras)鸽子以及有关它们的详细报告。勃里斯先生慷慨地函告我有关这一问题以及同此有关的其他问题的丰富知识。詹姆斯·勃鲁克(James Brooke)赠给我一些婆罗洲(Borneo)的标本,斯温赫(Swinhoe)领事赠给我一些中国厦门的标本,但尼尔(Daniell)博士赠给我一些非洲西海岸的标本。

② 在家鸡文献方面有过贡献的著名的勃连特(B. P. Brent)先生若干年来给予了我种种帮助;推葛梅尔(Teget-meier)先生也以不倦的亲切帮助了我。推葛梅尔以他的家鸡著作而闻名于世,并且他还育成了许多种鸽子,他曾阅读过这一章和以下几章。布尔特(Bult)先生曾叫我看过他的无比的突胸鸽(Pouters)搜集品,并且蒙他赠给我一些标本。我曾看见过威金(Wicking)先生的搜集品,其中所包含的种类比在其他任何地方所能看到的都多;他总是非常慷慨地赠给我标本和报告。海恩斯(Haynes)先生和苛克(Corkcr)先生赠给我一些美丽的信鸽(Carriers)标本。我同样地感激哈利逊·威尔(Harrison Weir)先生。我也不能不提起伊顿(J. M. Eaton)先生、贝克尔(Baker)先生、伊文斯(Evans)先生以及山街的小贝利(J. Baily)先生都曾给过我的帮助。后一位先生曾赠给我一些有价值的标本。对于这些先生我致以衷心的和热烈的感谢。

③ 《鸟笼和鸽舍之鸽》(Les Pigeons de Volière et de Colombier),巴黎,1824年。考尔比45年来的唯一职业是为贝利公爵夫人养鸽子。旁尼兹(Bonizzi)描叙过大量的意大利有色变种:《家鸽的变种》(La variazioni dei colombi Domestici),帕得瓦(Padova),1873年。

专门讨论构造上的比较重要之点。我们就要看到，重要的差异是很多的。我曾参观过大英博物馆所收藏的有关鸠鸽科（Columbidae）的大量搜集品，除了少数类型以外（例如 *Didunculus*、*Calaenas*、*Goura* 等），我可以毫不犹豫地肯定：岩鸽的家养族之间在外部性状上的差异，完全同最不相同的自然属之间的差异一样大。在 288 个已知的物种中[①]，我们找不到像短面翻飞鸽（short-faced tumbler）那样的小而圆锥形的喙；排字鸽（barb）那样的宽而短的喙；英国信鸽（carrier）那样的具有很大肉垂的、笔直而狭窄的长喙；扇尾鸽（fantail）那样展开而举起的尾；以及突胸鸽（pouter）那样的食道。我绝不是说，家养族彼此之间在整个体制上的差异，同较不相同的自然属之间的差异一样大。我谈的只是外部性状，但是必须承认大多数鸟类的属是以这些外部性状为根据的。当我们在后面讨论到人工选择原理的时候，我们将会看到家养族之间的差异为什么只局限于外部的性状，至少是只局限于在外部可以看得到的那些性状。

图 17　岩鸽（*Columba livia*）[②]。一切家鸽的原始类型

由于若干品种之间存在着差异量和差异诸级，我发现以下的分类法是必需的，即把

---

① 波那帕特亲王（Prince C. L. Bonaparte）：鸽目管窥（Coup d'Oeil sur l'Orde des Pigeons），巴黎，1855 年。这位作者把 288 个物种分类在 85 个属中。

② 这张图是根据一只死鸽绘出来的。下面的图 18 至图 23 这六张图是路克·威尔士（Luke Wells）先生根据推葛梅尔先生所选出的活鸽非常细心地绘出来的。可以确信，绘出来的这六只鸽子的性状一点也没有被夸张。

它们分类在群（groups）、族（races）和亚族（sub-races）之下；而且还必须常常添加能够把固有性状严格遗传下去的变种和亚变种。甚至同一变种的一些个体，如被不同的爱好者所饲养，有时也会被认为是不同的品系（strains）。如果若干族的具有显著特征的类型是在野生状态下被发现的话，那么毫无疑问，所有都会被分类为不同的物种，而且其中一些还肯定地会被鸟类学者们放入不同的属里去。由于许多类型之间可以相互渐次过渡，所以对于若干家养品种进行恰当的分类是极端困难的；不过奇怪的是，这同对于自然生物中的难以分类的群进行分类时所遭遇的困难完全一样，而且两者都必须服从同样的法则。采用"人为分类法"比采用"自然分类法"困难较少；不过采用"人为分类法"时，有许多明显的亲缘关系就会被割断。对于极端的类型，可以容易地划出界限；但是中间的和麻烦的类型常常会破坏我们的定义。叫做"变体"的那些类型有时必须被放入到它们并非正确地隶属的群中。所有种类的性状都必须加以使用；不过，就像在自然状态下的鸟类那样，喙的性状是最好使用而且最容易鉴别的。为了使群和亚群具有同样的价值势必采用一切性状，要想衡量这一切性状的重要性是不可能的。最后，一个群可能只包含一个族，而另一个界限比较不明确的群可能包含几个族和亚族，在这种场合里，就像在进行自然物种的分类时一样，很难避免对于某一个群所包含的类型数目给予过高的评价。

我在测计工作中从来不信赖眼睛；当我说一个部分是大的或小的时，总是以野生岩鸽（*Columba livia*）作为标准而言的。测得的数字是以英寸为单位的[①]。

现在我将对所有的主要品种作一简略的叙述。下面的图解对于读者认识它们的名字和了解它们的亲缘关系可能有所帮助。岩鸽（在这个名字下包含着后面所描述的两三个密切近似的亚种或地理族）如我们在下一章将要看到的那样，可以有把握地把它看成为共同的原始类型。右边加有着重点的名字是最不相同的品种，或者可以说是曾经经历过最大变化量的品种。虚线的长度大致表示了各个品种同原始祖先之间的差异程度，同一栏中的诸品种名字的次序表示相互密切关系的程度。品种间的虚线距离大致表示了它们之间的差异程度。

---

① 我常常涉及岩鸽的大小，所以举出两只野生岩鸽的平均测计数字，是会有些方便的，这两只鸽是埃得孟特斯东（Edmondstone）从谢特兰岛赠给我的。

从喙的生羽基部到尾端的长度 ……… 14.25 英寸	喙——从鼻孔末端垂直测得的厚度 …… 0.23 英寸
从喙的生羽基部到油腺的长度 ……… 9.5 英寸	喙——从同处测得的宽度 ……… 0.16 英寸
从喙端到尾端的长度 ……… 15.02 英寸	脚——从中趾末端（爪不计）到胫
尾羽的长度 ……… 4.62 英寸	骨末端的长度 ……… 2.77 英寸
翅膀从这一端到那一端的长度 ……… 26.75 英寸	脚——从中趾末端到后趾末端
翅膀合起时的长度 ……… 9.25 英寸	（爪不计）的长度 ……… 2.02 英寸
喙——从喙端到生羽基部的长度 …… 0.77 英寸	体重 ……… 14.25 盎司

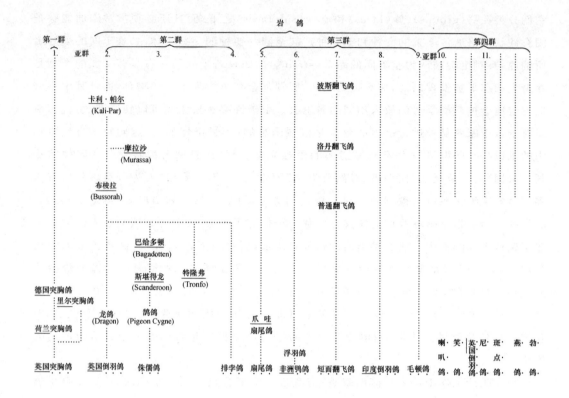

第 一 群

这一群只包含一个族，即突胸鸽。如果拿特征最显著的亚族——"改良的英国突胸鸽"为例，那么，这恐怕是所有家鸽中的一个最不同的品种。

第一族 突胸鸽（德文为 Kropftauben，法文为 Grosses-gorges 或 boulans）

食道大而且同嗉囊几乎没有分开，常常膨胀。体和腿长。喙大小中等。

第一亚族：改良的英国突胸鸽 当它的嗉囊充分膨胀起来的时候，便呈现了一种确可令人惊奇的外观。嗉囊稍微膨胀的习性是一切家鸽所共有的，不过在突胸鸽中这种习性发展到了极端。它的嗉囊除了大小以外，同其他鸽子的嗉囊并无差异；不过它的食道以斜缩肌（oblique constriction）同嗉囊分开的情形不如其他家鸽显著。食道上部的直径非常大，甚至接近了头部。我有一只突胸鸽，当它的食道充分扩大起来时，它的喙几乎完全被埋没了。雄鸽比雌鸽更能膨胀，特别是当它激动时更加如此；而且雄鸽夸示它的这种能力。如果一只鸽子，用术语来说，不"玩把戏"，养鸽者可以像我亲自看见的那样，把它的喙放在他的嘴里吹气，把它吹得像一只气球，于是这只鸽子便由空气和骄傲而膨胀起来，大摇大摆地走来走去，尽量把它的巨大体积保持到最长的时间。突胸鸽常常在嗉囊膨胀起来之后才开始飞翔。我的一只突胸鸽当饱餐了一顿豌豆和水之后，它便飞起以便吐出这些食物去喂它的刚刚生出羽毛的雏鸽，这时我听到在膨胀起来的嗉囊中的那些豌豆就像在浮囊中一样地嘎啦嘎啦乱响。当飞翔时，它们的两只翅膀的背面常常互相拍打，这样便弄出了啪哒啪哒的声响。

突胸鸽当站立时是非常笔直的，它们的体部细而长。同这种体部形态有关的是，它们的肋骨比其他品种的较宽，而椎骨也多得多。从它们的站立姿势看来，它们腿似乎比实际的情形长一些，虽然同岩鸽的腿比较起来，它们的腿和脚实际上是比较长的。翅膀显着非常细长，但根据测计，按照体长的比例来说，它们并不长。喙也同样地显着比较长，但按身体大小的比例以及同岩鸽的喙的比较来说，其实它的喙还是比较短一点（约短0.03英寸）。突胸鸽虽然不是庞大的，但可以说是一种大型的鸟；我曾测计过一只；从翅膀的这一端到那一端为34.25英寸，从喙端到尾端为19英寸。谢特兰岛的一只野生岩鸽从翅膀的这一端到那一端仅为28.25英寸，从喙端到尾端仅为14.75英寸。突胸鸽有许多不同颜色的亚变种，这里都略而不谈。

第二亚族：荷兰突胸鸽　这似乎是改良英国突胸鸽的祖先类型。我养过一对，但我怀疑它们不是纯系的。它们比英国突胸鸽较小，而且在一切性状上都较不发达。纽美斯特（Neumeister）[1]说道，它的两个翅膀横遮尾部，而没有达到尾的末端。

图 18　英国突胸鸽

第三亚族：里尔（Lille）突胸鸽　我只是从文献上得知这个品种[2]。它在一般形态上接近荷兰突胸鸽，不过它的膨胀的食道是球形的，好像吞下了一个大柑橘，这个大柑橘正位在喙的下面。据说这个膨胀的球可以上升到头顶的水平。只有中趾被有羽毛。包尔塔和考尔比描述过这个亚族的一个变种——喝彩鸽（Claquant）；它膨胀得不大，但有在背上激烈拍打翅膀的习性，这是它的特色；英国突胸鸽也有这种习性，不过程度较轻。

第四亚族：普通德国突胸鸽　我只是从准确的纽美斯特所提出的绘图和描述中知道这

① 《鸽的饲养》（*Das Ganze der Taubenzucht*），魏玛（Weimar）著，1837年，第11和12图。
② 包依塔和考尔比：《鸽》（*Les Pigeons*）等，第177页，第6图。

种鸽子的；我发现在鸽子研究中他是永远可以信赖的少数作者之一。这个亚族似乎是相当不同的。它的食道上部膨胀得很少。站立的姿势比较不笔直。脚不被羽毛，腿和喙较短。在这些方面它同普通岩鸽的形态是接近的。尾羽很长，而翅膀收起来的时候，其末端超出尾端之外；翅膀从这一端到那一端的长度以及体部的长度都比英国突胸鸽的为长。

第 二 群

这一群包含三个族，即信鸽（Carriers）*、侏儒鸽（Runts）和排字鸽（Barbs），它们彼此之间是明显地相似的。实际上某些信鸽和侏儒鸽以无法觉察的级进而彼此连续，所以不得不在它们之间划出一条主观的界限。信鸽还会通过外国的品种而逐渐同岩鸽相连续。然而，特性显著的信鸽和排字鸽（参阅图 19 和图 20）如果作为野生种而存在的话，那么，大概没有一个鸟类学者会把它们放在同属之中，或者把它们和岩鸽放在同属之中。这一群照例可以根据以下的情形加以识别：它们的喙是长的，鼻孔上面的皮是鼓起的而且常生肉瘤、即肉垂；围绕眼睛的皮是裸出的，也同样生有肉瘤。嘴很宽阔，脚大。虽然如此，必须被分类在这一群里的，排字鸽的喙却是很短的，而且某些侏儒鸽的眼睛周围的皮裸出得很少。

第二族　信鸽（德文为 Türkische Tauben；法文为 Pigeons Turcs Dragons）

喙很长，狭而尖；眼睛周围的皮大部分是裸出的，一般生有肉瘤；颈和体都很长。

第一亚族：英国信鸽　这是一种美丽的大型鸟，密生羽毛，一般是暗色的，颈长。喙细而非常长：在一个标本中，从生羽基部到末端的喙长为 1.4 英寸，所以几乎有岩鸽喙长的一倍，后者的喙长只有 0.77 英寸。无论什么时候我比较信鸽和岩鸽的任何部分时，我总是以从喙基到尾端的体部长度作为比较的标准；根据这个标准，某一只信鸽的喙几乎比岩鸽长半英寸。它的上颌常常稍成弧状。舌很长。眼睛周围的、鼻孔上面的、下颌上面的肉瘤状的皮、即肉垂是非常发达的。某些标本的眼睑，从纵的方向来测计，恰有岩鸽眼睑的一倍长。鼻孔的入口、即鼻沟也有岩鸽的一倍长。嘴张开时，在一个例子中其最宽阔的部分为 0.75英寸，而岩鸽的嘴张开时，其最宽阔的部分只有 0.4 英寸。在骨骼中下颚支（ramus of the lower jaw）的反曲边缘阐明了嘴的这种巨大宽阔度。头骨扁平，眼窝的中隔狭窄。脚大而粗糙；在两个标本中从后趾末端到中趾末端的长度（爪不计）为 2.6 英寸；如果同岩鸽比较起来，几乎长出四分之一英寸。一支很美丽的信鸽的翅膀从这一端到那一端的长度为 31.5 英寸。这一亚族的鸟太珍贵，不作为信鸽来使用。

第二亚族：龙鸽（Dragons）；波斯信鸽　英国龙鸽和"改良的英国信鸽"是不同的，前者在所有方面都较小，眼睛周围的以及鼻孔上面的肉垂较少，下颌上面的肉垂根本没有。伊利阿特爵士从马德拉斯给我送来过一只巴哥带得信鸽（Bagdad Carrier,有时叫做"汗得西"，Khandési），它的名字阐明了它的原产地是波斯；这大概是一种很瘦弱的龙鸽；它的体部只有

---

* Carrier 亦可译作瘤鼻鸽，因其喙基有瘤状的肉垂；军队中使用的信鸽为"Homing Pigeon"，二者不同。——译者注

岩鸽那样大,喙也不比岩鸽的长多少,即从喙端到生羽基部只有 1 英寸长。眼睛周围的皮只有轻微的肉垂,而鼻孔上面的肉垂则很发达。穆瑞议员直接从波斯给我送来过两只信鸽;它们同马德拉斯鸽的性状几乎一样,体部几乎同岩鸽相等,不过其中一只的喙长为1.15英寸;鼻孔上面的肉垂只是中等的,眼睛周围差不多没有肉垂。

图 19　英国信鸽

第三亚族:纽美斯特所谓的巴给多顿鸽(Bagadotten-Tauben of Neumeister,Pavdot-ten-Tauben 或 Hocker-Tauben)　我很感激小贝利先生,他从德国输入这个奇异品种的一只死标本给我。它肯定是同侏儒鸽近似的;然而由于它同信鸽有密切的亲缘关系,所以在这里对它加以描述是方便的。它的喙是长的,而且非常显著地弯向下方而成一钩形,当我以后讨论到骨骼的时候,可以从木刻图中看到这种情形。眼睛周围有一大块亮红色的皮,在这上面以及在鼻孔上面生有中等的肉垂。胸骨显著隆起,急骤弯向外方。脚和跗很长,比第一流英国信鸽的还要大。从整体来说,它是大型的,不过翼羽和尾羽按照身体大小的比例看来,则是短的;一只相当小型的野生岩鸽的尾羽有 4.6 英寸长;而大型的巴给多顿鸽的尾羽长度几乎没有超过 4.1 英寸以上的。雷得尔(Reidel)[1]说这是一种很安静的鸽子。

第四亚族:布梭拉信鸽(Bussorah Cartier)　伊利阿特爵士从马德拉斯给我送来过两只标本,一只是泡在酒精中的,一只是剥制的。这个名字说明了它的原产地是波斯。它在印度很受珍贵,并且被认为同形成我的第二亚族的巴哥带得鸽是不同的品种。最初我怀疑这两个亚族大概是由于同其他品种进行了杂交而在最近被形成的,虽然从对它们的评价看来,这是不可能的,但是在一篇据信大约在一百年前写成的波斯的论文中[2],巴哥带得鸽和布梭拉鸽曾被描述为不同的品种。布梭拉信鸽的大小大约同野生岩鸽相等。喙的形状以及鼻孔上面的稍带肉瘤的皮——非常长的眼睑——宽阔的嘴(从内侧测计)——狭窄的头——此岩鸽稍长一点的脚——以及一般的外观,在此说明了这种鸽子

---

[1]　《鸽的饲养方法》(*Die Taubenzucht*),乌勒姆(Ulm)著,1824 年,第 42 页。

[2]　这一论文的作者是慕萨利(Sayzid Mohammed Musari),死于 1770 年;我非常感激伊利阿特爵士,他为我把这篇珍贵的论文翻译出来。

无疑就是信鸽;然而其中一只标本的喙长竟同岩鸽的喙长完全一样。另一只标本的喙(以及鼻孔的入口)稍长一点,即长出 0.08 英寸。眼睛周围裸出的和稍有肉瘤的皮虽然相当大,但鼻孔上面的皮仅有轻微程度的皱纹。伊利阿特爵士告诉我说,这种鸽子在活着的时候,它的眼睛是显著地大而突出的,在那篇波斯的论文中也提到过同样的事实;不过骨眼窝(bony orbit)只比岩鸽的大一点。

在伊利阿特爵士从马德拉斯给我送来的几个品种中,有一对卡利·帕尔鸽(Kali Par),它们是黑色的,喙稍长,鼻孔上面的皮稍丰满,眼睛周围的皮裸出不多。这一品种同信鸽的关系比同任何其他品种的关系都更为密切,它几乎介于布梭拉信鸽和岩鸽之间。

在欧洲各地以及在印度给几个信鸽种类所起的名字,都说明了这个族的原产地是波斯或其周围的国家。特别值得注意的是,纵使我们轻视卡利·帕尔鸽的可疑来源,我们还可以从岩鸽通过布梭拉鸽(它的喙有时一点也不比岩鸽的长,而且眼睛周围和鼻孔上面的裸皮仅有很轻微的隆起和肉瘤),并且通过亚族巴哥带得鸽和龙鸽,直到同岩鸽非常不同的改良英国信鸽而得到一个仅在很小步骤上不相衔接的系列。

第三族　侏儒鸽(又名 Scanderoons,德文为 die Florentiner Tauben and Hinkeltauben of Neumeister;法文为 Pigeon Bagadais,Pigeon Romain)

喙长而粗;体大。

在侏儒鸽的分类、亲缘关系和命名上有难于解决的混乱状况。在其他鸽子中一般相当稳定的几种性状,如翼长、尾长、腿长、颈长以及眼睛周围的裸皮程度,在侏儒鸽中是非常容易变异的。如果鼻孔上面和眼睛周围的裸皮相当发达和生有肉垂并且体部不是很大的话,侏儒鸽就会以不可觉察的方式逐渐过渡到信鸽,因而只能完全武断地划出二者之间之区别。它们在欧洲的不同部分有着不同的名字也阐明了这一事实。尽管如此,如果采用一些最特殊的类型,那么至少有五个亚族(其中有些包含特征显著的变种)是可以被区别开的,这些亚族在构造的如此重要之点上表现了差异,以致它们如果处于自然状态下,大概会被视为真实的物种的。

第一亚族:英国作者所谓的斯堪得龙鸽(Scanderoon,德文为 die Florentiner and Hinkeltauben of Neumeister)　我曾养过这一亚族的一只鸽子,此后还看过两只,它们同纽美斯特所谓的巴给多顿鸽唯一不同之点,就是喙没有向下弯曲得那样厉害,而且眼睛周围和鼻孔上面的裸皮几乎完全没有肉垂。尽管如此,我还认为不得不把巴给多顿鸽放入第二族(信鸽),把斯堪得龙鸽放入第三族(侏儒鸽)。斯堪得龙鸽的尾很短,狭窄,并且是举起的;翅膀极短,因此它的第一初级飞羽并不比小形翻飞鸽的长。颈长而非常弯曲;胸骨高。喙长,从末端到生羽基部的长度为 1.15 英寸;垂直方向厚;微向下弯曲。鼻孔上面的皮隆起,没有肉垂;眼睛周围的裸皮宽阔,微具肉瘤。腿长;脚很大。颈皮呈亮红色,常常在正中显出一条裸出的皮,翅膀的桡骨末端处有裸出的红斑。我养的那只,从喙基到尾根的长度比岩鸽的足长 2 英寸;但它的尾只有 4 英寸长,而远为小型的岩鸽的尾却有 $4\frac{5}{8}$ 英寸长。

纽美斯特所谓的辛克尔鸽(Hinkel-Taube)或佛罗伦斯鸽(Florentiner-Taube)(表13,图 1)在所有特殊性状上都同上述记载相符合(因为没有描述它的喙),只是纽美斯特强调说过它的颈是短的,而我的斯堪得龙鸽的颈则是显著地长而弯曲的;所以辛克尔鸽形成了一个特征显著的变种。

第二亚族：鹄鸽，包依塔和考尔比所谓的巴给达斯鸽（Pigeon cygne and Pigeon bagadais of Boitard and Corbié；法国作者称为斯堪得龙鸽） 我养过两只这种鸽子，是从法国输入的。它们同第一亚族纯系斯堪得龙鸽不同之点在于：前者的翅膀和尾远比后者的为长，但喙没有后者的那样长，而头部的皮则比后者生有更多肉瘤。颈皮是红色的；不过翅膀上没有裸斑。在我养的那两只鸽子中，有一支的翅膀长度从这一端到那一端为38.5英寸。如果以体长作为比较的标准，则它的两个翅膀长于岩鸽的不下 5 英寸！尾长6.25英寸，所以比大小几乎相等的斯堪得龙鸽的长 2.25 英寸。按照同体长的比例来说，它的喙比岩鸽的较长，较厚并且较宽。眼睑、鼻孔以及嘴的内会合线（internal gape）就像信鸽的那样，在比例上都是很大的。从中趾末端到后趾末端的脚长实际为 2.85 英寸，如果从它同岩鸽的体部大小的比较看来，前者的脚比后者的长 0.32 英寸。

第三亚族：西班牙侏儒鸽，一名罗马侏儒鸽（Spanish and Roman Runts） 我不敢肯定把这些侏儒鸽列为一个不同的亚族是否正确；但是，如果我们拿那些特征显著的个体为例，这样区别无疑是适宜的。它们是笨重的鸽子，颈、腿、喙都比上述那些族的较短。鼻孔上面的皮隆起，但没有肉瘤；眼睛周围的裸皮并不很宽阔，而且只微具肉瘤；我看见过一只美丽的所谓西班牙侏儒鸽，它的眼睛周围几乎没有任何裸皮。在英国有它的两个变种，其中之一是比较罕见的，它的翅膀和尾都很长，同第二亚族相当密切一致；另一个变种的翅膀和尾都较短，它显然是包依塔和考尔比所谓的普通罗马鸽（Pigeon romain ordinaire）。这些侏儒鸽像扇尾鸽那样地容易发颤。它们不善飞翔。不多几年之前，古利瓦（Gulliver）先生[①]展览过一只侏儒鸽，重达 1 磅 14 盎司；推葛梅尔先生告诉我说，两只来自法国南部的侏儒鸽最近曾在水晶宫展览过，每只重达 2 磅 2.5 盎司。一只谢特兰岛的上好岩鸽只有 14.5 盎司重。

第四亚族：阿尔祝万狄所谓的特隆弗鸽（Tronfo of Aldronvandi，莱亨侏儒鸽，Leghorn Runt?） 在阿尔祝万狄于 1600 年发表的著作中，刊载了一幅大型的意大利鸽的粗糙木刻图，它有举起的尾、短的腿、粗大的体部以及短而厚的喙。后一性状在这一群中是很异常的，所以我曾猜想这只鸽子是由于恶劣的绘图而把它的喙画错了；不过慕尔在他1735 年发表的著作中说道，他有一只莱亨侏儒鸽，"它的喙对于这样一只大鸟来说是很短的"。在其他方面，慕尔的鸽子类似第一亚族（斯堪得龙鸽），因为它有长而弯曲的颈、长的腿、短的喙、举起的尾，而且头部没有很多的肉垂。所以阿尔祝万狄的鸽子和慕尔的鸽子一定曾经形成了不同的变种，在欧洲这二者现在似乎都灭绝了。然而，伊利阿特爵士告诉我说，他曾在马德拉斯看见过一只短喙的侏儒鸽，它是从开罗输入的。

第五亚族：马德拉斯的摩拉沙鸽［Murassa（adorned pigeon）of Madras］ 伊利阿特爵士从马德拉斯给我送来过一些这种美丽的、带有斑点的鸽子的皮。它们比最大型的岩鸽稍大一点，并且喙较长而粗大。鼻孔上面的皮稍丰满而且肉瘤很少，眼睛周围有一些裸皮；脚大。这一品种介于岩鸽和侏儒鸽或信鸽的一个很瘦弱的变种之间。

根据这些描述，我们知道在侏儒鸽中，就像在信鸽中那样，从岩鸽（特隆弗鸽分化成

---

① 《家禽记录》，第二卷，第 573 页。

不同的一枝）到我们的最大型而最粗笨的侏儒鸽有一系列的微小级进。但是侏儒鸽和信鸽之间的亲缘关系以及许多类似之点使我相信，这两个族不是从岩鸽各自沿着独立的系统传下来的，而是像前表所指出的那样，是从某一个共同的祖先传下来的，它们的祖先已经获得了中等长短的喙，鼻孔上面的皮稍隆起，而且眼睛周围的裸皮微具肉瘤。

第四族　排字鸽（Barbs；德文为 Indische Tauben；法文为 Pigeons Polonais）

喙短、宽而厚；眼睛周围的裸皮宽阔而具肉瘤；鼻孔上面的皮稍隆起。

由于被它的极短的和异常形状的喙所迷惑，我最初并没有觉察到这一族同信鸽有着密切的亲缘关系，后来还是勃连特先生把这一事实给我指明的。其后，我检查了"布梭拉信鸽"，这时我才知道它转变成排字鸽并不需要很大的变异量。短喙侏儒鸽和长喙侏儒鸽之间相似的差异支持了排字鸽和信鸽有着亲缘关系的这一观点；另一事实，即在孵化以后 24 小时之内的幼小的排字鸽和"龙鸽"之间的类似远比同等差异程度的其他品种的幼鸽密切得多，更加有力地支持了这种观点。在这样幼小的时期，二者的喙长、稍微张开的鼻孔上面隆起的皮、嘴的会合线、脚的大小都是相同的；虽然这些部分此后会变得大有差异。这样，我们就看到了胚胎学（或者可以称为对于极其幼小动物的比较研究）在家养变种的分类上，像在自然物种的分类上一样，是有用处的。

图 20　英国排字鸽

养鸽者把排字鸽的头和喙同鸴（bullfinch）的头和喙相比拟，是有一些道理的。排字鸽如果是在自然状态下被发现的话，大概肯定会被放在一个新属中。它的体部只比岩鸽的大一点，而它的喙则比岩鸽的短 0.2 英寸；它的喙虽然较短，但从其宽度和垂直方向来看，却较厚。由于它的下颚支曲向外方，所以嘴的内部很广阔，同岩鸽的比例为 0.6 对 0.4。整个头部是宽阔的。鼻孔上面的皮隆起，但不具肉瘤，只有第一流的排字鸽才在老龄时稍具肉瘤；然而眼睛周围的裸皮是宽阔的，并且有很多肉瘤。那里的肉瘤有时是如此发达，以致哈利逊·威尔（Harrison Weir）先生养的一只鸽子几乎不能使用眼睛从地上啄取食物。有一个标本的眼睑的长度几乎比岩鸽的大一倍。脚粗糙而强壮，但比岩鸽的稍短。羽衣一般是暗色的，呈单色。总之，排字鸽可以被称为"短喙信鸽"，它同信鸽的关系就像阿尔祝万狄的特隆弗鸽同普通侏儒鸽的关系一样。

第 三 群

这是人为分类的一个群,它包含着不同类型的一个异质集体。对于这一群可以根据以下的情形来下定义:在几个族的特征显著的标本中,它们的喙比岩鸽的为短,并且眼睛周围的皮并不十分发达。

第五族 扇尾鸽

第一亚族:欧洲扇尾鸽(德文为 Pfauentauben;法文为 Trembleurs) 尾向上展开,由许多羽毛形成;油腺退化;头和喙稍短。

在鸽属中尾羽的正常数目为 12 支;但扇尾鸽的尾羽为从仅仅 12 支(已被确定)到 42 支(根据包依塔和考尔比的意见)。在我养的扇尾鸽中,我数过一只的尾羽,为 33 支;勃里斯先生在加尔各答①数过一只扇尾鸽,它的不完全的尾羽为 34 支。伊利阿特爵士告诉我说,在马德拉斯其标准数目为 32 支;但是在英国,对于尾羽数目的评价并没有对于尾的位置和展开程度的评价为高。尾羽的排列是双行而不规则的;尾羽的恒久的扇形展开以及向上直立,比起它们的增多了的数目更是使人注意的性状。它们的尾可以像其他鸽子一样地进行运动,并且能够向下压低到刷扫地面的程度。它们的尾从一个比其他鸽子较为阔大的基部举起;在三个骨骼中有一两个额外的尾椎。我曾检查过许多来自不同地方的各种不同颜色的标本,但一点也找不到油腺的痕迹;这是有关退化的一个奇妙例子②。颈细,向后弯曲。胸阔而突出。脚小。扇尾鸽的步态和其他鸽子的很不相同;优良的扇尾鸽的头部可以触及尾羽,因而尾羽常被弄得乱七八糟。它们有发颤的习性:它们的颈好像痉挛性地前后摇动得非常厉害。优良扇尾鸽的步态很特别,走起来,它们的脚好像是僵硬的一样。由于它们的尾大,所以在刮风的时候,就飞得很吃力。暗色变种一般比白色扇尾鸽为大。

现今在英国生存的最优良扇尾鸽和普通扇尾鸽之间,在尾的位置和大小、头和颈的运动、颈的痉挛性摇动、步态以及胸的宽阔上虽然有巨大的差异,但这些差异以非常微小的级进而消失了,以致不可能把它们分类为一个以上的亚族。然而,一位古代的卓越权威慕尔③说,在 1735 年有两个阔尾的发颤的种类(即扇尾鸽),"一个种类的颈远比另一个种类的颈既细且长",而且勃连特先生告诉我说,一种现存的德国扇尾鸽的喙是较厚而且较短的。

第二亚族:爪哇扇尾鸽 斯温赫先生从中国厦门给我送来过一只扇尾鸽的皮,这只扇尾鸽据知是属于一个从爪哇输入的品种。它的颜色特别,不像任何欧洲的扇尾鸽;而

---

① 《博物学年报》,第十九卷,1847 年,第 105 页。

② 大多数鸟都有这种腺,但是尼采(Nitzsch)在他的《羽域学》(*Pterylographie*),1840 年,第 55 页中说道,在鸽属的两个物种中,在鹦鹉属(Psittacus)的几个物种中,在鸨属(Otis)的一些物种中,以及在驼鸟科(Ostrich family)的大多数成员或者全部成员中,都没有这种腺。缺少这种油腺的鸽属的两个物种具有异常数目的尾羽、即十六支尾羽,在这一点上它同羽尾鸽是相似的,这很难说是一种偶然的巧合。

③ 参阅伊顿的最优秀著作关于《论玩赏鸽》(*A Treatise on Fancy Pigeons*),1852 年版和 1858 年版。

图 21　英国扇尾鸽

且作为扇尾鸽来说,它的喙是显著短的。虽然它是这个种类中的一只优良鸽子,但它只有 14 支尾羽;不过斯温赫先生曾经数过这个品种的其他鸽子的尾羽,它们是从 18 到 24 支。根据我收到的一张草图看来,它们的尾甚至还不如第二流欧洲扇尾鸽的尾展开或举起得那样厉害。这种鸽子和我们的扇羽鸽一样地摇动它们的颈。它们的油腺很发达。在印度远于 1600 年以前就知道有扇尾鸽了,以后我们将会谈到这一点;我们可以设想在爪哇扇尾鸽中我们看到了这个品种的较早期的和较少改进的状态。

第六族　浮羽鸽和鸮鸽(Turbit and Owl;德文为 Möventauben;法文为 Pigeons à Cravate)

羽毛沿着颈和胸的前部散开;喙很短,垂直方向稍厚;食道稍扩大。

浮羽鸽和鸮鸽在头的形状上彼此微有不同;前者有一羽冠,而且喙钩曲得不同;不过把它们分类在一起,可能是方便的。这些可爱的鸽子有些是很小的,它们的羽毛像一种绉边沿着颈的前部不规则地散开,这同毛领鸽(Jacobin)的羽毛沿着颈的后部不规则地散开的情形一样,不过前者的程度较轻。它们有一种显著的习性,即继续地和一时地使食道上部膨胀起来,这就引起了褶皱部分的运动。当一只死鸽的食道被吹得膨胀起来的时候,可以看出它们的食道比其他品种的为大,而且食道同嗉囊分开得并不那样明显。突胸鸽可以使真的嗉囊和食道都膨胀起来;浮羽鸽只能使食道膨胀,而且其程度远比前者为轻。浮羽鸽的喙很短,按照身体大小的比例来说,浮羽鸽的喙比岩鸽的短 0.28 英寸;沃尔南·哈科特(E. Vernon Harcourt)先生从突尼斯(Tunis)带来的某些鸮鸽的喙甚至还要更短些。它们的喙从垂直方向看来比岩鸽的较厚,恐怕也宽阔一点。

第七族　翻飞鸽(Tumblers;德文为 Tümmler 或 Burzeltauben;法文为 cul butants)

在飞翔时向后翻筋斗,体部一般小;喙一般短,有时非常短而成圆锥状。

这一族可以分为四个亚族,即波斯翻飞鸽,洛丹翻飞鸽,普通翻飞鸽和短面翻飞鸽。这些亚族包含许多可以纯粹繁殖的变种。我曾检查过各种翻飞鸽的八个骨骼:除了一个不完全的和可疑的标本以外,它们只有七根肋骨,而岩鸽则有八根肋骨。

图 22　非洲鸮鸽

第一亚族：波斯翻飞鸽　穆瑞议员直接从波斯给我送来过一对。它们比野生岩鸽稍微小一点，约同普通鸮鸽（dovecot）的大小相等，白色而有斑点，脚稍具羽毛，喙刚刚可以看得出比岩鸽的喙短一点。开茨·阿包特领事告诉我说，它们在喙长上的差异非常之小，所以只有经验丰富的波斯养鸽者才能对这种翻飞鸽和该国的普通鸽子加以辨别。他还告诉我说，它们成群地在高空中飞翔，而且筋斗翻得非常之好。它们之中偶尔有些似乎翻得头晕眼花，以致翻落在地上；关于这一点，它们同我们的某些翻飞鸽是相似的。

第二亚族：洛丹翻飞鸽，印度地面翻飞鸽（Lotan or Lowtun：Indian Ground Tumblers）　这种鸽子表现了一种空前的最特别的遗传的习性或本能。伊利阿特爵士从马德拉斯给我送来过一些标本，它们是白色的，脚微具羽毛，头部羽毛倒生；它们比岩鸽或鸮鸽稍小。喙只比岩鸽的稍为短一点而且细一点。如果把这种鸽子温和地摇晃几下之后，立即放在地上，它们便开始头朝下翻筋斗，而且会这样继续不断地翻，直到把它们拿起并使它们镇定下来为止——一般是向它们的脸部吹吹风，好像使受过催眠的人苏醒过来那样。据说如果不把它们拿起来，它们会继续不断地翻到死。关于这些奇异的特性有着丰富的证据；不过使我们更值得注意这种情形的是，这种习性远在 1600 年以前就得到遗传了，因为在一部阿拉伯文古书（Ayeen Akbery）[①]中已对这个品种有过清楚的描述了。伊文斯先生在伦敦养过一对，是由威尼舰长（Captain Vigne）输入的；他肯定地向我说过，他曾看见它们在空中翻筋斗，并且也看见它们像上述那样地在地上翻筋斗。然而，在伊利阿特从马德拉斯给我的信中写道，他听说它们只在地上翻筋斗，或者在距离地面很低的空中翻筋斗。他还提到另一个亚变种，只要用一根小棍触一触它的颈，它就会开始翻筋斗。

---

①　英译本，格赖得文（Gladwin）译，第四版，第一卷。在前述约于一百年前发表的那篇波斯的论文中也曾描述过洛丹翻飞鸽，当时的洛丹翻飞鸽一般是白色的，并且像今天一样地生有羽冠。勃里斯先生在《博物学年报》中（第十四卷，1847 年，第 104 页）描述过这种鸽子；他说，"在加尔哥答的任何卖鸟的商店中都会看到它们"。

第三亚族：普通英国翻飞鸽 这种鸽子有着同波斯翻飞鸽一样的习性，不过筋斗翻得更好一些。英国翻飞鸽比波斯翻飞鸽稍微小一点，并且前者的喙明显地比后者的为短。同岩鸽相比较，按照体部大小的比例来说，英国翻飞鸽的喙比岩鸽的短 0.15～0.2 英寸左右，不过并不较细。普通翻飞鸽有几个变种，即秃头翻飞鸽（Baldheads）、髭翻飞鸽（Beards）以及荷兰翻飞鸽。我曾养过荷兰翻飞鸽；它们有着不同形状的头、长的颈和带羽毛的脚。它们翻得非常厉害，像勃连特先生①所说的那样："每几秒钟就翻一次，每次要翻一个、两个或三个筋斗。它们到处非常敏捷而迅速地翻，像车轮般地旋转，虽然有时会失掉平衡，以致颇不雅观地坠落下来，并且偶尔会碰上东西而受伤。"我曾从马德拉斯收到过几只印度的普通翻飞鸽标本，它们彼此之间在喙的长度上稍有差异。勃连特先生送给我一只死的室内翻飞鸽（House-tumbler）②的标本，这是一个苏格兰的变种，在一般外观和喙的形状上它同普通翻飞鸽并无差异。勃连特先生说，这种鸽子开始翻筋斗一般是在"几乎刚刚飞得好的时候，它们在生下三个月的时候就翻得很好了，不过它们还是飞得很多，在五六个月的时候，它们就翻得非常厉害了；在第二年，由于它们翻得非常厉害而且高兴在地上生活，所以大多数都放弃了飞翔。有些随着鸽群环飞，每隔数码就利落地翻一次筋斗，直到它们由于头晕眼花和筋疲力尽才被迫停止下来。这些鸽子被称为空中翻飞鸽（Air Fumblers），它们普通在一分钟内可翻 20～30 个筋斗，每一个筋斗都翻得干净利落。我有一只红色的雄鸽，有两三次我用我的表计算时间，它在一分钟内翻了 40 个筋斗。其他的翻飞鸽并不这样翻筋斗。最初它们只翻一个筋斗，接着翻两个，终于继续不断地翻起来了，于是飞翔便告中止，因为它们飞了几码之后便开始翻，直至翻到落在地上为止。我的一只鸽子便这样摔死了，另一只把腿碰断了。它们之中有许多仅离地面几英寸之上就翻筋斗，并且在飞过它们的鸽舍时要翻两三次。这些鸽子被称为室内翻飞鸽，因为它们在室内翻筋斗。这种翻飞的动作似乎是不能被它们控制的，这大概是一种它们试图制止的不随意运动（involuntary movement）。我曾看见过一只鸽子努方向上直飞一两码，当它努方向前飞的时候，有一种冲动的力量拉着它向后。如果突然受到惊吓，或者在一个生疏的地方，它们似乎比在它们所习惯的鸽舍中安静栖息的时候更难起飞。"这种室内翻飞鸽同洛丹翻飞鸽或印度地面翻飞鸽是不同的，因为它们不需要摇晃就可以开始翻筋斗。这个品种大概仅仅是由于选择最优良的普通翻飞鸽而被形成的，虽然它们在很久以前可能同洛丹翻飞鸽杂交过。

第四亚族：短面翻飞鸽（Short-faced Tumblers） 这是一种奇异的鸽子，并且是许多养鸽者认为光荣和可以夸耀的东西。它们的喙非常短而尖，呈圆锥形，鼻孔上面的皮很不发达，在这些方面它们几乎离开了鸠鸽科的模式。它们的头接近球形，而且直立于前，所以一些养鸽者③说，"它们的头就像一颗樱桃，其上插着一粒大麦"。这是鸽子中最小的一个种类。埃斯奎兰特（Esquilant）先生有一只二龄的青色"秃头翻飞鸽"，在饲喂之前，

---

① 《园艺学报》，10 月 22 日，1861 年，第 76 页。

② 参阅《家庭园艺者》，1858 年，第 285 页，其中载有关于在格拉斯哥饲养的室内翻飞鸽的文章。再参阅勃连特先生的论文，载于《园艺学报》，1861 年，第 76 页。

③ 伊顿：《论鸽》，1852 年，第 9 页。

其活重仅为 6 盎司 5 打兰(drams)*;其他两只各重 7 盎司。我们知道,一只野生岩鸽的重量是 14 盎司 2 达兰,一只侏儒鸽的重量是 34 盎司 4 达兰。短面翻飞鸽的姿势是非常笔直的,胸突出,翅下垂,脚很小。一只优良短面翻飞鸽的喙长,从末端到生羽基部仅为 0.4 英寸;一只野生岩鸽的喙长恰好比此大一倍。因为短面翻飞鸽的体部比野生岩鸽的较短,当然它们的喙也应当较短;不过按照体部的比例来说,它们的喙比应当有的长度还短 0.28 英寸。再者,这种鸽子的脚比岩鸽的脚实际短 0.45 英寸,比例地短 0.21 英寸。中趾只有 12 片或 13 片鳞甲(Scutellae),而不是 14 片或 15 片鳞甲。初级飞羽常常是九支而不是十支的,并不罕见。改良的短面翻飞鸽几乎失去了翻飞的能力,但是有几种可信的记载说明它们偶尔还翻飞。它们有许多亚变种,例如"秃头翻飞鸽"、"髭翻飞鸽"、斑色翻飞鸽(Mottles)、扁桃翻飞鸽(Almonds);后者直到脱换羽毛三次或四次之后才获得完整颜色的羽衣,它因此而引起人们的注意。有充分的理由可以相信,这些亚变种(其中有些可以纯粹地繁殖)的大多数是在 1753 年的慕尔论文[1]发表之后才发生的。

图 23 英国短面翻飞鸽

最后,关于翻飞鸽的整个群,不可能想象有一个比现在放在我面前的更加完整的级进——即从岩鸽通过波斯翻飞鸽、洛丹翻飞鸽和普通翻飞鸽直到奇异的短面翻飞鸽;大概没有一个鸟类学者仅仅根据外部构造的判断,会把短面翻飞鸽和岩鸽放在同属中去的。在这一系列中连续诸级之间的差异不会比不同地方的鹑鸽之间的差异为大。

第八族 印度倒羽鸽(Indian Frill-Back)

喙很短;羽倒生。

伊利阿特爵士从马德拉斯给我送来过一只这种鸽子的标本,是泡在酒精中的。它同常常在英国展览的倒羽鸽完全不同。它是一种略微小一点的鸽子,约同普通翻飞鸽的大小相等,但是它的喙在所有比例上都像英国短面翻飞鸽的喙。从末端到生羽基部的喙长

---

* 每一达兰(dram)等于 1.8 克。——译者注
[1] 伊顿:《论鸽》,1858 年版,第 76 页。

仅为 0.46 英寸。整个体部的羽毛都是倒生的,这就是说向后翻卷的。如果这种鸽子是在欧洲发生的话,我大概会以为它不过是我们的改良翻飞鸽的一个畸形变种而已;但是在印度并没有短面翻飞鸽,所以它一定是一个不同的品种。这恐怕是 1757 年哈塞尔奎斯特(Hasselquist)在开罗见过的那个品种,而这个品种据说是由印度引进的。

第九族　毛领鸽(Jacobin;德文为 Zopftaube 或 Perrückentaube;法文为 nonnain)

颈羽作头巾状;翅和尾长;喙中等短。

从它的头巾状的羽毛立刻可以把这种鸽子辨识出来,这种头巾状的羽毛几乎环绕头部一周而在颈的前部会合。这种头巾似乎不过是头上倒生羽冠的一种夸大表现而已,羽冠是许多亚变种所共有的,在拉兹鸽(Latztaube)①中,这种羽冠是处于头巾和羽冠的中间状态的。头巾状的羽毛是长的。翅膀和尾也是非常长的;例如,毛领鸽虽然是多少比较小型的鸟,但它的合起来的翅膀还比岩鸽的翅膀足长 1.25 英寸。如果以体长(尾不计)作为比较的标准,它的合起来的翅膀比岩鸽的长 2.25 英寸,并且两个翅膀从这一端到那一端来计算,比岩鸽的长 5.25 英寸。这种鸽子非常安静,很少飞翔或走来走去,贝西斯坦和雷得尔在德国②也做过同样的记载。雷德尔还描述过它的翅膀和尾。按照体部大小的比例来说,它的喙比岩鸽的约短 0.2 英寸;不过嘴的内会合线相当宽。

第　四　群

这一群鸽子的特点是在构造上的一切重要之点上、特别是在喙上都同岩鸽相似。喇叭鸽(Trumpeter)形成了唯一的特征显著的族。关于许多其他的亚族和变种,我只对少数我会看过和养过的那些最不同的鸽子加以说明。

第十族　喇叭鸽(德文为 Trommeltaube;法文为 Pigeon Tambour,Glouglou)

喙基的羽簇向前翻卷;脚具很多的羽毛;鸣声很特殊;体比岩鸽大。

这是一个特征显著的品种,鸣声特殊,同其他任何鸽子的鸣声都完全不一样。咕咕的鸣声迅速地重复着,而且要继续好几分钟之久;因此它们被称为喇叭鸽。它们还有一个特点,即喙基的长羽簇向前翻卷,这是其他任何品种所不具有的。它们的脚生有非常多的羽毛,看来几乎好像小翅膀似的。它们比岩鸽大,但它们的喙在比例的大小上几乎同岩鸽相等。它们的脚稍小。这个品种在 1735 年慕尔的时代已完全具有这些特征了。勃连特先生说,它有两个变种,大小有所不同。

第十一族　在构造上同野生岩鸽简直没有差异。

第一亚族:笑鸽(Laughers)　比岩鸽小;鸣声很特殊。这种鸽子虽然比岩鸽小,但几乎在所有比例上都同岩鸽一样;要不是因为它的鸣声特殊——在鸟类中鸣声被假定是一种很少变异的性状,我想它是不值得一提的。笑鸽的鸣声虽然同喇叭鸽的很不相同,但在我的喇叭鸽中有一只常常发出像笑鸽那样的单一音调。我养过笑鸽的两个变种,其中

---

① 纽美斯特,《鸽的饲养》(*Taubenzucht*),第 4 表,第 1 图。

② 雷德尔,《鸽的饲养》(*Taubenzucht*),1824 年,第 26 页。贝西斯坦,《德国博物学》,第四卷,第 36 页,1795 年。

一个变种仅因为具有倒生的羽冠而有所不同，蒙勃连特先生的厚意相赠的那光头的笑鸽变种，除了它的特殊音调以外，还常发出一种奇妙而悦耳的咕咕鸣声，我和勃连特先生都各自发现这种鸣声同雉鸽（turtle-dove）的鸣声相似。这两个变种都来自阿拉伯。1735年慕尔已经知道这个品种了。1600年在那部阿拉伯文古书（Ayeen Akbery）中提到过一种似乎叫做"雅克-罗"（Yak-roo）的鸽子，这大概是同一个品种。伊利阿特爵士从马德拉斯还给我送来过一只叫做"雅回"（Yahui）的鸽子，据说它来自麦加（Mecca），在外观上同笑鸽没有什么不同；"它的鸣声像雅胡（Yahu）那样地深沉而凄惨，并且常常重复这种鸣声"。"雅胡，雅胡"是"上帝呵，上帝呵"的意思，慕萨利在那篇约于一百年前写成的论文中说道，这种鸽子"不让飞翔，因为它们反复鸣叫最可尊敬的上帝的名字"。然而开茨·阿包特先生告诉我说，普通鸽子在波斯就叫做"雅胡"。

第二亚族：普通倒羽鸽（德文为 die Strupptaube）　喙比岩鸽的稍长；羽倒生。这是一种相当大于岩鸽的鸽子，按照体部大小的比例来说，它的喙稍比岩鸽的长一点（即长出0.4英寸）。它的羽毛，特别是复羽（wing-coverts），在顶端向上或者向后翻卷。

第三亚族：尼鸽（Nuns；法文为 Pigeons Coquilles）　这种优美的鸽子比岩鸽小。它的喙虽然同岩鸽的喙一样厚，但比岩鸽的喙实际上短1.7英寸，按照体部大小的比例来说，则比岩鸽喙短0.1英寸。在幼小的尼鸽中，跗和趾上的鳞甲一般是铅黑色的；这是一种值得注意的性状（虽然在某些其他品种中这种性状也有比较轻微程度的表现），因为在任何品种中成熟鸽子的腿色很少有变异。我曾两三次数过它的尾羽，它们是13只或14只；在一个叫做盔鸽（Helmets）稍微不同的品种中也同样有过这种情形。尼鸽的颜色是对称的，它的头、初级飞羽、尾、尾部复羽的颜色是一样的，即呈黑色或红色，体部的其余部分则呈白色。自从1600年阿尔祝万狄的著作发表以来，这个品种就保持了同样的性状。我从马德拉斯收到过几乎一样颜色的鸽子。

第四亚族：斑点鸽（德文为 Blasstauben；法文为 Pigeons Heurtés）　这种鸽子比岩鸽大得很少，喙在所有方面只比岩鸽的小一点，脚则决定地比岩鸽的小。它们的颜色是对称的，额部有一斑点。尾羽和尾部复羽具有同样的颜色，体部的其余部分都是白色的。这个品种在1676年就已经存在了[①]；慕尔在1735年指出它们可以纯粹地繁殖，这一点同今日的情形是一样的。

第五亚族：燕鸽（Swallows）　从翅膀的这一端到那一端来测计，或者从喙端到尾端来测计，这种鸽子比岩鸽大；但是它们的体部的大小远不如岩鸽，它们的腿和脚也是比较小的。喙的长度约同岩鸽的相等，但稍细。在所有外貌上它们同岩鸽都相当不同。它们的头和翅膀具有同样的颜色，体部的其余部分则是白色的。它们的飞姿据说是特别的。这似乎是一个近代的品种，然而在1795年之前德国已经有这个品种了，因为贝西斯坦描述过它。

除了上述几个品种之外，晚近在德国和法国存在过、或者现今还存在着三四个其他很不相同的种类。第一是我自己没有看见过的卡尔梅利特鸽（Karmeliten），又称卡姆鸽（Carme pigeon）；据描述，它是小形的，腿很短，而喙极短。第二是芬尼金鸽（Finnikin），

---

① 威尔比（Willughby），《鸟类学》（*Ornithology*），雷伊（Ray）刊行。

它在英国已经灭绝了。根据 1735 年发表的慕尔的论文①,头的后部有一羽簇,像马鬃那样地垂到背部。"当它发情时,它便飞到雌鸽的身上,拍着翅膀打三四个圈儿,然后朝其他方向逆转,再打三四个圈儿"。另一方面,旋转鸽(Turner)"当同雌鸽调情时,只朝着一个方向旋转"。这些异常的叙述是否可以信赖,我并不知道;但是当我们看到有关印度地面翻飞鸽的情形之后,大概可以相信任何习性都是遗传的。包依塔和考尔比描述过一种鸽子②,它有一种奇异的习性;在天空中不拍翅膀就能滑翔相当长的时间,像猛禽的飞翔一般。关于坠耶尔鸽(Draiyers)、斯麦特鸽(Smiters)、芬尼金鸽、旋转鸽、喝彩鸽等所发表的混乱记载,从 1600 年阿尔祝万狄的时代起直到今日是严重的,这些鸽子都是以它们的飞姿而引起人们的注意。勃连特先生告诉我说,他在德国看见过这些品种中的一个由于常常拍击翅膀而致翼羽受到损伤,但他没有看见过它们飞翔。大英国博物馆收藏的一只"芬尼金鸽"的剥制标本,它并没有表现任何显著的性状。第三,有一种奇异的鸽子,在一些论文中都提到它的尾是双叉的;贝西斯坦③大略地叙述过这种鸽子,并且绘过它的图,他说"它的尾具有同燕尾完全一样的构造",贝西斯坦是一位非常优秀的博物学者,绝不会把任何不同的物种同家鸽混淆在一起,所以这种鸽子一定曾经一度存在过。第四,有一种从比利时引进的异常鸽子,最近曾在伦敦菲罗养鸽协会(Philoperisteron Society)展览过④,"它的颜色是淡红的,而且具有鸮鸽或排字鸽那样的头,它的最显著的特点是尾和翼羽特别长,翅膀交叉在尾部以外,使它呈现着一种巨大的褐雨燕(Cypselus)或长翼鹰的容貌"。推葛梅尔先生告诉我说,这种鸽子的重量只有 10 盎司,而从喙端到尾端的长度为 15.5 英寸,从这一端到那一端的翅膀长度为 32.5 英寸;野生岩鸽的重量则为 14.5 盎司,从喙端到尾端的长度为 15 英寸,从这一端到那一端的翅膀长度仅为 26.75 英寸。

现在我已经描述了我所知道的一切家鸽,并且根据可靠的权威材料补充了少数其他几个例子。我把它们分类在四个群之下,以便指出它们的亲缘关系和差异程度;不过第三群是人为的分类。我调查过的种类可以分为 11 个族,并且包含若干亚族;甚至这些亚族,如果是在自然状态下对它们进行观察的话,所表现的差异也肯定会被认为具有物种的价值。亚族同样也包含许多可以严格遗传的变种;所以,如前所述,可以区别的种类一定在 150 以上,虽然这种区别一般是以极其微小的性状为依据的。鸟类学者们认为鸠鸽科的许多属彼此之间的差异并不怎样大;如果把这点放在考虑之中,那么若干特征最强烈显著的家养类型,假如是在野生状态下被发现的话,无疑地至少会被纳入五个新属之中。这样,为了容纳改良的英国突胸鸽,大概会设一个新属;为了信鸽和侏儒鸽要设第二个属;这将是一个内容广泛的属,因为它要容纳不具肉垂的普通西班牙侏儒鸽、特隆弗鸽那样的短喙侏儒鸽,以及改良的英国信鸽;为了排字鸽要设第三个属;为了扇尾鸽要设第四个属;最后为了短喙的、不具肉垂的鸽,例如浮羽鸽和短面翻飞鸽,要设第五个属。其余的家养类型大概可以和岩鸽放在同一个属中。

---

① 慕尔的论文,伊顿版(1858 年),第 98 页。
② 《潜水羽脚鸽》(*Pigeon pattu plongeur*)。《鸽》等,第 165 页。
③ 贝西斯坦:《德国博物学》,第四卷,第 47 页。
④ 推葛梅尔:《园艺学报》,1 月 20 日,1863 年,第 58 页。

个体的变异性；显著性质的变异

上面所考察的那些差异是不同品种的特征；但是还有只限于个体所具有的差异，或者往往为某些品种所具有但并不构成它们的特征的差异。这些个体差异是重要的，因为在大多数场合中它们可以借着人的选择力量而被保存下来和积累起来；这样，一个现存的品种就会大大地被改变，或者形成一个新品种。饲育者只注意和选择那些在外表上看得见的轻微差异；但是整个体制由于生长的相关作用是如此紧密地联系在一起，以致某一部分的变化屡屡会引起其他部分的变化。所有种类的改变对我们的目的来说，都是同等重要的，在普通不易变化的部分中所发生的改变，比在某种显著部分中所发生的改变更具有重要性。一个十分稳定品种的任何看得见的性状上的偏差在今天都被当做一种缺点而被排斥掉；但是在特征显著的品种被形成以前的古老时代，这等偏差决不会受到排斥；相反地，它们大概会作为一种珍奇的东西而被热心地保存下来。并且像我们以后要更加清楚看到的那样，这等偏差由于无意识选择的过程而被慢慢地扩大了。

我曾对若干品种的身体的各种不同部分进行过多次测计，但我几乎从来没有看见过同一品种的个体是完全一样的——这等差异比我们普通在同一地区的野生种中所遇到的差异还要大。先从翅膀的初级飞羽和尾谈起；但我首先必须提到，因为有些读者可能还不晓得这一点，在野生鸟类中初级飞羽和尾羽的数目一般是固定的，这不仅构成了全属的特征，甚至还构成了全科的特征。如果尾羽的数目非常多，例如天鹅（swan）的尾羽，那么尾羽在数目上就容易变异；但这一点并不能应用于鸠鸽科的若干物种和属，因为它们的尾羽决不会少于 12 支或者多于 16 支（根据我所听到的）；这种尾羽的数目，除了少数例外，构成了全亚科的特征[1]。野生岩鸽有 12 支尾羽。扇尾鸽的尾羽，如我们已经看见过的，是从 14 支到 42 支。我曾数过同巢的两只幼鸽的尾羽，一是 22 支，一是 27 支。突胸鸽很容易发生多余的尾羽，有几次我曾看到我养的突胸鸽的尾羽为 14 支或 15 支。布尔特（Bult）先生有一个标本，经过雅列尔先生的检查，其尾羽为 17 支。我有一只尼鸽，其尾羽为 13 支，另一只尼鸽的尾羽则为 14 支；我数过一只盔鸽的尾羽，为 15 支，这个品种同尼鸽仅稍有区别，并且我还听到过其他相同的事例。另一方面，勃连特先生有一只龙鸽，它的尾羽在其一生中从来没有多于 10 支；我有一只龙鸽，是勃连特先生养的龙鸽的后代，它的尾羽只有 11 支。我曾看到一只秃头翻飞鸽，它的尾羽只有 10 支；勃连特先生有一只空中翻飞鸽，其尾羽也是 10 支，但另一只空中翻飞鸽的尾羽则为 14 支。在勃连特先生繁育的空中翻飞鸽中，有两只是值得注意的——一只空中翻飞鸽的两支中央尾羽在方向上稍有分歧，另一只空中翻飞鸽的两支外侧尾羽比其余的长 $\frac{3}{8}$ 英寸；所以在这两个场合中，它们的尾都表现了一种分叉的倾向，不过表现的方式有所不同。这种情形

---

[1] 《鸽目管窥》，波那帕特著。《报告书》，1854—1855 年。勃里斯先生（《博物学年报》，第十九卷，1847 年，第 41 页）提到过一个很奇特的事实："Ectopistes 有两个物种彼此密切近似，其中一个物种的尾羽为十四支，而另一个物种——北美旅鸽（Passenger pigeon）的尾羽只有正常的数目，即十二支。"

向我们阐明了，像贝西斯坦所描述的燕尾品种是怎样经过细心的选择而被形成的。

关于初级飞羽，根据我所知道的，在鸠鸽科中其数目永远是 9 支或 10 支。在岩鸽中其数目为 10 支；但我曾经看到不下八只短面翻飞鸽的初级飞羽只有 9 支。并且这种数目的出现受到了养鸽者们的注意，因为白色的 10 支初级飞羽是短面秃头翻飞鸽的特点之一。然而勃连特先生有一只空中翻飞鸽（不是短面的），它在两翅上生有 11 支初级飞羽。苟克先生，一位获奖信鸽的卓越育种者，肯定地向我说，在他养的鸽子中有一些在两翅上生有 11 支初级飞羽。我曾看见过两只突胸鸽在一翅上生有 11 支初级飞羽。有三位养鸽者肯定地向我说，他们曾看到斯堪得龙鸽有 12 支初级飞羽，但是，纽美斯特肯定地说过，近似的"佛罗伦斯侏儒鸽"的中央飞羽常常是双重的，所以这 12 的数目可能是由于 10 支初级飞羽中有 2 支各具两个羽轴而造成的。次级飞羽（secondary wing-feathers）很难数清，不过它的数目似乎变动于 12～15 支之间。翅长和尾长对体部的比例，以及翅长对尾长的比例，肯定是有变异的；我特别在毛领鸽中注意过这一点。从布尔特先生所搜集的非常多的突胸鸽看来，翅和尾在长度上的变异是巨大的；有时它们会长到难以直立活动的地步。关于少数初级飞羽的比例长度，我只观察到轻微程度的变异性。勃连特先生告诉我说，他曾观察过初级飞羽在形状上有很轻微的变异。但后边所说的这些方面的变异如果同在鸠鸽科的自然物种中所观察到的那些差异比较起来，还是极其轻微的。

我曾看到同一品种的个体在喙的方面有很显著的差异，例如在细心繁育的毛领鸽和喇叭鸽中就是如此。信鸽的喙在细小和钩曲的程度上常常有显著的差异。在许多品种中也确有这样情形：例如我有黑色排字鸽的两个品种，它们在上颌的钩曲方面显然有所不同。在嘴的宽阔度方面，我发现两只燕鸽有巨大的差异。在具有第一流优点的扇尾鸽中，我曾看到某些个体的颈远比其他个体的长而细。还可以举出其他类似的事实。我们已经说过所有扇尾鸽（爪哇产的亚族除外）的油腺都退化了，我还可以补充地说，这种退化的倾向具有如此强烈的遗传性，以致我用扇尾鸽同突胸鸽所育成的某些杂种也不具油腺，虽然并非全部都是这样；在许多燕鸽中我查得有一只，在尼鸽中有两只，不具油腺。

在同一品种中，趾上的鳞甲常常发生变异，有时甚至同一个体的两只脚上的鳞甲也有差异；谢特兰岩鸽的中趾有 15 片鳞甲，后趾有六片鳞甲；然而我曾看见过一只侏儒鸽，它的中趾有 16 片鳞甲，后趾有 8 片鳞甲；一只短面翻飞鸽在同样的两个趾上只有 12 片和 5 片鳞甲。岩鸽在趾间没有可以看得见的皮；但是我有一只斑点鸽和一只尼鸽在两个内趾（inner toes）之间有皮，其幅为四分之一英寸。另一方面，脚上生有羽毛的鸽子，其外趾基部由皮连在一起是很一般的，以后还要对此进行更充分的阐明。我有一只红色翻飞鸽，它的咕咕之声不像它的同伴，而同笑鸽的音调接近；这种鸽子有一种习性，常常把翅膀举起成一弧形而优雅地漫步，我从来没有看见过任何其他鸽子可以比得上这种程度的。几乎在每一个品种中，体部大小、颜色、脚上的羽毛以及头上的倒生羽毛都有巨大的变异性，关于这些情形我不必再多说了。但是我可以提一提在"水晶宫"展览过的一只值得注意的翻飞鸽[①]，它的头上生有不规则的羽冠，好像波兰鸡（Polish fowl）头上的羽簇似的。布尔特先生育成过一只雌毛领鸽，它的大腿上的羽毛长得可以接触地面，而且他还育

① 《家禽记录》，第三卷，1855 年，第 82 页中有过记载和绘图。

成过一只具有同样特点的雄毛领鸽,不过其程度较轻:他从这两只鸽子繁育出一些具有同样性状的其他鸽子,这些鸽子曾在"菲罗养鸽协会"展览过。我育成过一只杂种鸽子,它生有丝一般的羽毛,而且翅膀和尾羽是如此之短和不完善,甚至不能飞到一英尺高。

在鸽子的羽毛方面有许多奇特的和可以遗传的特点:例如,扁桃翻飞鸽直到脱换羽毛三次或四次之后,才能获得完全的斑点羽毛;鸢形翻飞鸽(kite tumbler)最初只有黑色和红色的虎斑纹,但是"当它脱换了初生羽毛之后,就几乎变成黑色的了,一般生有一条浅蓝色的尾,并且初级飞羽的内羽片(inner webs)一般是微带红色的"[1]。纽美斯特描述过一个黑色品种,它的翅膀有白条纹,它的胸部有一个白色新月状的斑;这些斑在第一次脱换羽毛时一般是暗红色的,但是在第三次或第四次脱换羽毛之后,它们便发生了变化,同时翼羽和头部的冠羽也变成白色或灰色的了[2]。

有一个重要的事实,即各个品种的被人看做有价值的那些特别性状都是显著容易变异的,而且我相信对于这一规律几乎没有例外:例如,在扇尾鸽中,尾羽的数目和方向、体姿以及战栗的程度都是高度容易变异的;在突胸鸽中,胸的膨胀程度以及嗉囊膨胀时的形状;在信鸽中,喙的长度、狭窄和钩曲,以及肉垂的多少;在短面翻飞鸽中,喙的短、额的突出以及一般的步态[3],在扁桃翻飞鸽中,羽衣的颜色;在普通翻飞鸽中,翻转的样子;在排字鸽中,喙的宽和短,以及眼睛周围的肉垂的多少;在侏儒鸽中,体部的大小;在浮羽鸽中,颈毛的浮凸,最后,在喇叭鸽中,咕咕的鸣声以及鼻孔上面的羽簇的大小。这些都是若干品种的所赖以区别的和被选择的性状,它们都是显著容易变异的。

关于若干品种的性状,还有一个有趣的事实,即这些性状常常在雄鸽中表现得最为强烈。如果把雄信鸽和雌信鸽分别在不同的围栏中展出,那么可以明显地看出雄信鸽的肉垂远比雌信鸽的肉垂发达,虽然我曾看见过海恩斯(Haynes)先生养的一只雌信鸽具有很多的肉垂。推葛梅尔先生告诉我说,在琼斯(P. H. Jones)先生所拥有的 20 只排字鸽中,雄者的眼睛周围的肉垂一般最多;埃斯奎兰特先生也相信这一规律,但第一流判断者威尔却对这个问题抱有一些怀疑。雄突胸鸽可以把它们的嗉囊膨胀得远比雌突胸鸽所能做到的为大;然而我曾看到伊文斯先生所拥有的一只雌突胸鸽能够使胸突起得非常好;不过这是一种异常的情形。获奖扇尾鸽的成功育种者威尔先生告诉我说,他的雄鸽的尾羽数目常比雌鸽的为多。伊顿先生说[4],如果雄翻飞鸽和雌翻飞鸽具有同等的优点,那么雌翻飞鸽的价钱就要高一倍;因为鸽子总是一夫一妇,所以为了繁殖,同等数目的雄者和雌者是必要的,这似乎阐明了具有高贵优点的雌者比具有高贵优点的雄者为少。浮羽鸽的颈羽、毛领鸽头巾状羽毛的、喇叭鸽羽簇的、翻飞鸽翻转的发达程度,在雌雄之间并没有差异。这里我可以补充一个颇为不同的例子:在法国[5]

---

① 《鸽之书》(*The Pigeon Book*),勃连特著,1859 年,第 41 页。
② Die staarhälsige Taube. Das Ganze &c.,第 21 页,第 1 表,第 4 图。
③ 《论扁桃翻飞鸽》(*A Treatise on Almond-Tumbler*),伊顿著,1852 年,第 8 页等。
④ 《论扁桃翻飞鸽》(*A Treatise on Almond-Tumbler*),伊顿著,1852 年,第 10 页。
⑤ 包依塔和考尔比:《鸽》,1824 年,第 173 页。

有一个葡萄酒色的突胸鸽变种，它的雄者一般生有黑斑，而雌者从来不生黑斑。贾波犹斯[①]说，在某些淡色的鸽子中，雄者的羽毛具有黑色的条纹，这种条纹每当脱换羽毛一次就扩大一次，所以雄者最后便带有黑色斑点了。信鸽的喙上的肉垂和眼睛周围的肉垂，以及排字鸽的眼睛周围的肉垂，都是与年俱增的。性状随着年龄的增长而扩大，特别是雌雄之间在上述几点上的差异，都是值得注意的事实，因为在原始的岩鸽中，雌雄之间在任何年龄都没有可以看得见的差异；并且在整个鸠鸽科[②]中雌雄之间也常常没有任何强烈显著的差异。

骨骼的性状

各个不同品种的骨骼具有很大的变异性；虽然在某些品种中某些差异频频发生而其他差异很少发生，然而这都不能绝对构成任何品种的特征。鉴于特征强烈显著的家养族主要是借人工选择而形成的，所以我们不应期望在骨骼中会发现巨大而稳定的差异；因为饲育者对于内部骨骼构造的变异既没有看见，也不会注意到。同时我们也不应期望，由于生活习性的变化，在骨骼中会发生什么变化；因为最不相同的品种在顺从同样的习性方面有着各种便利，而且大大变异了的族决不需要在外漫游并以种种方法获取它们自己的食物。再者，当我比较了解被所有分类学者分类在两个或三个不同而近似的属中的四种鸽（*Columba livia*，*oenas*，*palumbus*，*turtur*）的骨骼之后，我发现它们之间的差异是极其微小的，肯定地要比某些最不相同的家养品种的骨骼之间的差异为小。野生岩鸽的骨骼究竟稳定到怎样程度，我还无法判断，因为我只检查过两只。

头骨 个别的头骨，特别是基部的头骨在形状上并没有差异。但是某些品种的整个头骨在比例上，在轮廓上，以及在各种头骨的相对方向上，却有巨大的差异，比较图 24（A）野生岩鸽、(B)短面翻飞鸽、(C)英国信鸽、(D)巴给多顿鸽（纽美斯特命名）即可看出上述一点；这些都是侧面图，原大。在信鸽中，除了面骨伸长以外，眼窝之间的间隔在比例上也比岩鸽的狭一点。在巴给多顿鸽中，上颌骨显著地成弧形，前颌骨在比例上比较宽。在短面翻飞鸽中，头骨较圆；所有面骨都大为缩短，头骨的前部以及降鼻骨（descending nasal bones）几乎都是垂直的；上颌轭骨弓（maxillo-jugal arch）和前颌骨几乎形成了一条直线。眼窝的突出边缘之间的间隔是扁平的。在排字鸽中，前颌骨大为缩短，而且它们的前部比岩鸽的为厚，鼻骨的下部也是如此。在两只尼鸽中，升前颌骨的分支（ascending branches of the premaxillaries）在接近末端处稍细，这种鸽子的枕骨孔上的枕

---

① 《比利时的信鸽》（*Le Pigeon Voyageur Be | ge*），1865 年，第 87 页。我曾在《人类的由来》（第六版，第 466 页）一书中根据推葛梅尔先生的权威著作举出过一些奇妙的例子：银色（即很淡的青色）鸽子一般是雌的，具有这样特征的族很容易产生出来。旁尼兹说，在雌雄两性中某种颜色的斑点常常是不同的，并且某种颜色在雌鸽中比在雄鸽中更为普遍（参阅《家鸽的变种》，1873 年）。

② 牛顿（A. Newton）教授说（《动物学会会报》，1865 年，第 716 页），关于表现有任何显著的性差异的物种，他一个也不知道；但是华莱士（Wallace）先生告诉我说，在赤胸绿鸠（Treronidæ）的亚科中，雌雄两性在颜色上是相当不同的。关于鸠鸽中的性差异，再参阅高尔得（Gould）的《澳洲鸟类手册》（*Handbook to the Birds of Australia*），第二卷，第 109—149 页。

骨突起,以及其他一些鸽子的、例如斑点鸽的枕骨孔上的枕骨突起,比岩鸽的相当突出。

许多品种的下颚的关节面(articular surface)的比例都比岩鸽的小;其垂直径,特别是关节面外部的垂直径相当短。这是不是可以由以下的情形来解释呢?即对于高度改良的鸽子长期给予了营养丰富的食物,所以它们使用下颚就减少了。在侏儒鸽、信鸽和排字鸽中,接近关节末端的下颚全侧面高度显著地向内弯曲(在其他品种中,其程度较轻);下颌支的上缘超越了中间的程度,也同等显著地弯曲,在附图中同岩鸽的颚加以比较即可看出。下颚上缘的这种弯曲显然是同嘴的非常宽阔的会合线(gape)有关联,关于这一点,在侏儒鸽、信鸽和排字鸽中已经有所叙述。图 26 是侏儒鸽头骨的正面图,它很好地阐明了这种弯曲的情形;在该图中,两侧的下颚边缘和前颌骨边缘之间有一广阔开张的空隙。在岩鸽中以及在若干家养品种中,两侧的下颚边缘同前颌骨很接近,所以没有留下开阔的空隙。下颌的末端半部向下弯曲的程度在某些品种中也表现了极度的差异,在(A)岩鸽、(B)短面翻飞鸽、(C)纽美斯特所谓的巴给多顿信鸽的绘图中可以看出。在某些侏儒鸽中下颚的联合非常坚固。谁也不会轻易相信,在上述各点上具有如此巨大差异的下颌是属于同一物种的。

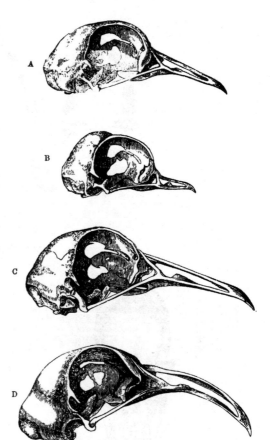

图 24　鸽的头骨,侧面

A. 野生岩鸽;B. 短面翻飞鸽;C. 英国信鸽;
D. 巴给多顿信鸽

椎骨　所有品种都具有 12 个颈椎[①]。但有一只来自印度的布梭拉信鸽,它的第十二颈椎带着一个四分之一英寸长的、具有完全双重关节的小肋骨。

胸椎永远是八个。在岩鸽中,所有八个胸椎都带着肋骨;第八肋骨很薄,第七肋骨没有突起。在突胸鸽中,所有肋骨都极宽,我检查过四副骨骼。其中三副的第八肋骨比岩鸽的宽一倍甚至三倍;第七对肋骨有显著的突起。许多品种只有七个肋骨,例如,在各种翻飞鸽的八副骨骼中,有七副是如此,在扇尾鸽、浮羽鸽和尼鸽的若干骨骼中也是如此。

---

① 我不敢肯定我是否正确地指出了不同种类的椎骨;不过我看到不同的解剖学者在这一方面遵循着不同的规则,同时因为当我对于所有骨骼进行比较时,我使用了同一术语:所以我希望这一点不会有重大影响。

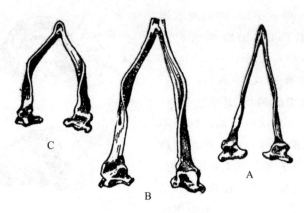

图 25　下颌正面

A. 岩鸽；B.侏儒鸽；C. 排孛鸽

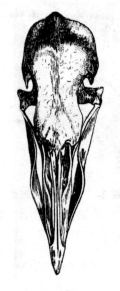

图 26　侏儒鸽头骨正面

本图阐明了下颌末端的弯曲边缘

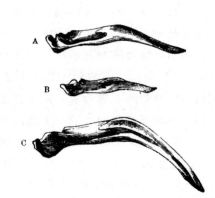

图 27　下颌侧面

A. 岩鸽；B. 短面翻飞鸽；C. 巴给多顿信鸽

　　所有这些品种的第七对肋骨都是很小的，而且缺少突起，在这一点它们同岩鸽的同一肋骨有所不同 *，在一只翻飞鸽中以及在布梭拉信鸽中，甚至第六对肋骨也没有突起。第二胸椎的椎体下突（hypapophysis）在发育上有很大的差异；有时几乎同第三胸椎的椎体下突一样地突出；而且左右两个椎体下突有形成一个骨化弓（ossified arch）的倾向。由第三胸椎和第四胸椎的椎体下突形成的弓在发育上也有显著的差异，就像第五胸椎的椎体下突在大小上有所不同一样。

---

　　* 前一节曾说到岩鸽的"第七肋骨没有突起"，这里又说"在这一点（缺少突起——译者注）它们同岩鸽的同一肋骨有所不同"，前后似有矛盾。不过两种的日译本、其他第二版版本以及德文译本都是这样说的。所以可能不是排版的错误。——译者注

岩鸽有 12 个荐椎；但在不同品种中，荐椎在数目、相对的大小、彼此区分上都有变异。在突胸鸽中，随着它们的细长体部，其荐椎为 13 个甚至 14 个；并且像我们即将看到的那样，尾椎的数目也多出了。在侏儒鸽和信鸽中，荐椎的数目一般是正常的，即为 12 个，但是有一只侏儒鸽和布棱拉信鸽，其荐椎只有 11 个。翻飞鸽的荐椎为 11 个、12 个或者 13 个。

岩鸽的尾椎为 7 个。在尾部非常发达的扇尾鸽中，尾椎为 8 个或 9 个，而且在一个例子中，显然为 10 个，同时它们比岩鸽的尾椎稍微长一点，而且它们的形状也有相当的变异。突胸鸽的尾椎也是 8 个或 9 个。我看到过一只尼鸽和毛领鸽，其尾椎为 8 个。翻飞鸽虽然是如此小型的鸽子，但它们总有正常数目的尾椎，即 7 个；信鸽也是如此，不过有一个例外，其尾椎仅为 6 个。

下表可以把上述情形总括一下，它将阐明我所观察的椎骨和肋骨在数目上的最显著偏差：

	岩　鸽	突胸鸽(布尔特先生赠)	翻飞鸽(荷兰翻飞鸽)	布棱拉信鸽
颈椎	12	12	12	12 第十二颈椎 带有一个小肋骨
胸椎	8	8	8	8
肋骨	8 第六对肋骨有突起， 第七对没有突起	8 第六对和第七对 肋骨都有突起	7 第六对和第七对 肋骨都没有突起	7 第六对和第七对 肋骨都没有突起
荐椎	12	14	11	11
尾椎	7	8 或 9	7	7
椎骨总数	39	42 或 43	38	38

任何品种的骨盆差异都很小。然而肠骨(ilium)的前缘比起岩鸽的肠骨有时在左右两侧都比较同等地圆一点。坐骨(ischium)也往往比较稍长一些。有时闭锁孔(obturator-notch)，例如在许多翻飞鸽中，有时不如岩鸽的发达。在大多数侏儒鸽中，肠骨上的隆起很突出。

在肢骨中，除了它们的比例长度以外，我找不到任何差异；例如，一只突胸鸽的蹠(metatarsus)为 1.65 英寸长，而一只短面翻飞鸽的只有 0.95 英寸长；这比起它们按照身体大小不同而自然产生的差异较大；但是突胸鸽的长腿和翻飞鸽的小脚是人们的选择之点。有些突胸鸽的肩胛骨比岩鸽的稍直，有些翻飞鸽的肩胛骨还要更直一些，不过其顶端不如岩鸽的细长；在图 28 中表示了(A)岩鸽的肩胛骨，和(B)短面翻飞鸽的肩胛骨。连接叉骨两端的喙状骨(coracoid)顶上的突起所形成的腔

图 28　肩胛骨

A. 岩鸽；B. 短面翻飞鸽

（cavity）在某些翻飞鸽中比在岩鸽中较为完整：在突胸鸽中，这种突起比较大而且具有不同的形状，同时喙状骨末端的外角，即同胸骨相连接的地方，是比较方形的。

突胸鸽的叉骨两叉，按其长度的比例来说，比岩鸽的叉骨两叉的分开程度较小；两叉的联合也较为坚固并且较尖。在扇尾鸽中，两叉的分开程度有显著的变异。在图 29 中，B 和 C 表示两只扇尾鸽的叉骨；由此我们可以看到，扇尾鸽（B）的叉骨甚至比小形短面翻飞鸽（A）的叉骨的分开程度还稍小，而扇尾鸽（C）的叉骨则同岩鸽的叉骨或突胸鸽（D）的叉骨相等，虽然后者是一种远为大型的鸽子。叉骨的两端，即同喙状骨相连接的地方，在轮廓上有相当的变异。

胸骨在形状上差异很小，不过其孔眼的大小和轮廓是例外，它们无论在大型品种中或小型品种中有时都是小的。这些孔眼有时是接近圆形的，有时却像在信鸽中常常看到的那样，是长形的。后部的孔眼偶尔是不完善的，只在后端开孔。形成前部孔眼的边缘骨凸（marginal apophyses）在发育程度上有巨大变异。胸骨后部的突出程度有很大差异，有时几乎是完全扁平的。某些个体的胸骨柄（manubrium）比其他个体的胸骨柄稍突出，并且直接位于它下面的孔在大小上有巨大变异。

生长的相关 我用这个术语来表明的是：整个的体制是如此紧密地相关联，以致某一部分一发生变异，其他一些部分也要发生变异；但是两个相关变异之中的哪一个应当被看做是原因，哪一个应当被看做是结果，或者它们都是由于某种共同原因而产生出来的结果，我们很少能够知道或者一点也不知道。对于我们有趣的一点是，当饲育者由于不断地选择了轻微变异而大大改变了某一部分的时候，他们常常无意识地引起了其他部分的变异。例如，喙是容易受到选择的作用的，随着喙长的增大或减小，舌长也会增大或减小的，不过并非按照适当的比例；因为，有一只排孛鸽和一只短面翻飞鸽，它们的喙都很短，但它们的舌，如果以岩鸽作为比较的标准，则在比例上缩短得还不够，然而两只信鸽和一只侏儒鸽的舌，按照同喙的比例来说，却伸长得不够，这样，第一流英国信鸽的喙从末端到生羽基部恰为第一流短面翻飞鸽的三倍长，而舌只有两倍长多一点。但是舌在长度上的变异也有同喙没有关系的：例如，一只信鸽的喙为 1.2 英寸长，舌为 0.67 英寸长；然而有一只侏儒鸽在体长上以及在翅膀从这一端到那一端的长度上都同这只信鸽相等，但它的喙为 0.92 英寸长，舌为 0.73 英寸长，所以它的舌实际上比长喙的信鸽的舌为长。这只侏儒鸽的舌的基部也很宽。有两只侏儒鸽，其中一只的喙比另一只的长 0.23 英寸，而舌短 0.14 英寸。

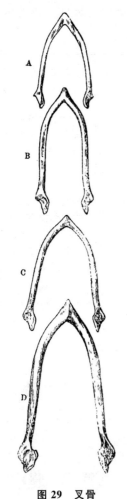

图 29　叉骨

A. 短面翻飞鸽；

B、C. 扇尾鸽；D. 突胸鸽

随着喙长的增大或减小，形成鼻孔的裂缝的长度也有变异，不过并非按照适当的比例,因为,如以岩鸽作为比较的标准,有一只短面翻飞鸽的鼻孔裂缝的缩短和它的很短的喙并不成适当的比例。另一方面(这是预料不到的),三只英国信鸽的、巴给多顿信鸽的以及一只侏儒鸽的鼻孔,比起按照它们的喙长同岩鸽的喙长的比例所应有的鼻孔长度,长出十分之一英寸以上。有一只信鸽的鼻孔为岩鸽的三倍长,虽然这只鸽子的体部和喙长还没有岩鸽的两倍大。这种鼻孔长度的大大增大似乎部分地同上颌以及鼻孔上面的具有肉垂的皮的扩大相关;这正是养鸽者所选择的一种性状。还有,信鸽和排字鸽的眼睛周围的宽阔的、裸出的、具有肉垂的皮也是一种被选择的性状;同此显然相关的是,它们的眼睑从纵的方面来测计,比例地比岩鸽的眼睑长出二倍以上。

在岩鸽、翻飞鸽和巴给多顿信鸽中,下颌弯曲的巨大差异(参阅图 27)显然同上颌的弯曲有明显的关联,特别是同上颌轭骨弓和前颌骨所形成的角度有关联。但是在信鸽、侏儒鸽和排字鸽中,下颚中部的上方边缘的奇特反转(参阅木刻图 25),并不严格地同前颌骨的阔度或张开度相关(从木刻图 26 中可以清楚地看出),而是同上颌的角质的和柔软的部分的宽度相关,这一部分总是被下颌的两端所遮盖。

在突胸鸽中,体部的细长是一个被选择的性状,并且像我们所看到的那样,肋骨一般变得很宽,第七对肋骨具有突起;荐椎和尾椎的数目增多了;同样的,胸骨在长度上比起按照它的较大体部同岩鸽体部的比较所应有的长度增加了 0.4 英寸(胸峰的高度并没有增加)。在扇尾鸽中,尾椎的长度和数目增加了。因此,在变异和选择的逐渐的进行中,内部的骨骼结构和外部的体形在某种程度上以相关的方式发生了变异。

翅和尾虽然往往在长度上各不相干地发生变异,但是它们一般有相关地变长或变短的倾向,这几乎是无可怀疑的。在毛领鸽中可以清楚地看到这一点,在侏儒鸽中就更加明显,有些侏儒鸽变种的翅和尾都是很长的,而其他变种的翅和尾却都是很短的。关于毛领鸽,它的尾羽和翼羽的异常长度并不是养鸽者有意识选择的一种性状;但是养鸽者试图增加它的颈上逆羽的长度已有数世纪了,至少从 1600 年以后就如此;所以它的头巾状羽毛可能更加完善地把头包围起来了;可以猜想:翼羽和尾羽的长度的增加是同颈羽的长度的增加相关的。短面翻飞鸽的短翅膀几乎同它们的体部的缩小成适当的比例;但是,因为初级飞羽的数目在大多数鸟中都是一种稳定的性状,所以值得注意的是这种翻飞鸽只有 9 支而不是 10 支飞羽。我亲自在八只短面翻飞鸽中观察到这一点;创新养鸽协会(Original Columbarian Society)[①]曾把秃头翻飞鸽的白色飞羽的标准从 10 支降到 9 支,他们认为一只鸽子由于没有 10 支白色飞羽而只有 9 支就不能获奖,是不公平的。另一方面,在体形大、翅膀长的信鸽和侏儒鸽中,偶尔看见过 11 支初级飞羽。

关于相关作用,推葛梅尔先生告诉过我一个奇妙的、不可解释的例子,即所有品种的幼鸽如果在成熟时变为白色、黄色、银色(即极端的淡青色)或暗褐色的,它们在生下来的时候几乎都是没有羽毛的,而其他颜色的鸽子在生下来的时候则披有很多的绒羽。

我曾观察到另一个相关作用的例子,最初看来它似乎是十分不可解释的,但是,在以

———————————

①　伊顿的论文,1858 年,第 78 页。

后一章中我们将会看到，同原部分按照同样方式发生变异这一法则可以对于这个例子投射一些光明。这个例子是：当脚生有很多羽毛的时候，羽根就被一种皮肤的网络连接起来，显然同此相关的是，外侧的二趾相当宽阔地被皮连接起来了。我曾在突胸鸽、喇叭鸽、燕鸽、打滚翻飞鸽（Roller-tumblers）的很多标本中观察到这一点（勃连特先生在最后一个品种中也同样地观察到达一点），并且在其他具有羽脚的鸽子中也有这种情形，不过其程度较轻。

小型品种和大型品种的脚当然远比岩鸽的脚更小或者更大；但是趾和跗上的鳞甲或鳞（scales）不仅在大小上有所减少或增加，而且在数目上也同样地有所减少或增加。只举一个例子：我曾数过一只侏儒鸽的后趾上的鳞甲为八片，而短面翻飞鸽的后趾上的鳞甲则只有五片。在处于自然状态下的鸟类中，鳞甲的数目通常是一种稳定的性状。脚长和喙长显然是相关的；但是，因为不使用显然影响了脚的大小，所以这种情形还是放在下一节中来讨论为佳。

关于不使用的效果　为了使读者对于以下的讨论有一些信赖，我愿先说明一下，关于下述的脚、胸骨、叉骨、肩胛骨和翅膀所做的一切测计都是按照同样方法进行的，并且当我作这些测计的时候，我一点也没有想到要把它们应用于下述的目的。

我从喙的生羽基部（喙的长度本身变异很多）到尾端并且到油腺测计了大多数我所拥有的鸽子，但不幸的是（除了少数例外），我没有从喙的生羽基部到尾根进行测计；我从两极端测计了每一只鸽子的翅膀；并且我从初级飞羽的顶端到桡骨的关节测计了翅膀末端的折叠部分的长度。我从中趾末端到后趾末端测计了脚（爪不计）；并且测计了跗骨和中趾的总长。在每一个例子中，我都用两只来自谢特兰岛的野生岩鸽的平均测计数字作为比较的标准。下表指出了每种鸽子的脚的实际长度；以及按照各种鸽子的体部大小同岩鸽的体部大小和脚长的比较所应有的脚的长度同实际长度之差，这是根据从喙基到油腺的体部长度的标准而计算出来的（除了少数的特殊例外）。我之所以采用这个标准是由于尾长的变异性很大。不过我曾用翅膀从这一端到那一端的长度作为标准，并且在大多场合中也曾用过从喙基到尾端的长度作为标准，进行过同样的计算；所得的结果总是密切相似的。兹举一例：表中的第一只鸽子是短面翻飞鸽，它远比岩鸽为小，它的脚自然也应当较小；但是根据计算，按照这两只鸽子的体部大小的比例（从喙基到油腺的长度），短面翻飞鸽的脚同岩鸽的脚比较起来在实际长度上要短0.11英寸。再者，如用这只翻飞鸽和岩鸽的翅膀长度或体部的最大长度来比较它们，则这只翻飞鸽的脚长几乎还是短 0.11 英寸。我充分晓得，虽然我要求这些测计有最大可能的精确性，不过在各个例子中把用两脚规测得的实际数字写下来要比把概数写下来，可以省去许多麻烦。

表1　按照体部大小的比例，一般比岩鸽的喙较短的鸽子

品种名称 野生岩鸽（平均测计）	脚的实际 长度 2.02 （英寸）	脚的实际长度同计算长度（按照同岩 鸽的脚长和体部大小的比例）之差	
		过短	过长
短面翻飞鸽，秃头的 ……………	1.57	0.11	··
短面翻飞鸽，扁桃色的 ……………	1.60	0.16	··
翻飞鸽，（红色痳鸽，red magpie） ………	1.75	0.19	··
翻飞鸽，普通红色的（以到尾端为标准） …	1.85	0.07	··
翻飞鸽，普通秃头的 ……………	1.85	0.18	··
翻飞鸽，打滚的 ………………	1.80	0.06	··
浮羽鸽 ……………………………	1.75	0.17	··
浮羽鸽 ……………………………	1.80	0.01	··
浮羽鸽 ……………………………	1.84	0.15	··
毛领鸽 ……………………………	1.90	0.02	··
喇叭鸽，白色的 …………………	2.02	0.06	··
喇叭鸽，斑点的 …………………	1.95	0.18	··
扇尾鸽（以到尾端为标准） ………	1.85	0.15	··
扇尾鸽（以到尾端为标准） ………	1.95	0.15	··
扇尾鸽，有羽冠的变种（以到尾端为标准） ……	1.95	0.0	0.0
印度倒羽鸽（以到尾端为标准） ……	1.80	0.19	··
英国倒羽鸽 ………………………	2.10	0.03	··
尼鸽 ………………………………	1.82	0.02	··
笑鸽 ………………………………	1.65	0.16	··
排孛鸽 ……………………………	2.00	0.03	··
排孛鸽 ……………………………	2.00	··	0.03
斑点鸽 ……………………………	1.90	0.02	··
斑点鸽 ……………………………	1.90	0.07	··
燕鸽，红色的 ……………………	1.85	0.18	··
燕鸽，青色的 ……………………	2.00	··	0.03
突胸鸽 ……………………………	2.42	··	0.11
突胸鸽，德国的 …………………	2.30	··	0.09
布梭拉信鸽 ………………………	2.17	··	0.09
标本的数目 ………………………	28	22	5

在这表1和表2中，第一栏指出了属于不同品种的36只鸽子的实际脚长，其他两栏指出了：按照鸽子的大小，在同岩鸽的比较下，它们的脚短了多少或长了多少。在表1中，有22个标本的脚是过短了，平均过短十分之一英寸稍强（即0.107英寸）；有五个标本的脚稍微过长一点，平均过长0.07英寸。后面的某些例子大概是能够得到解释的；例如，关于突胸鸽，长的腿和长的脚是被选择之点，因此在脚的长度上任何自然的缩减倾向都会受到阻止的。在燕鸽和排孛鸽中，如果不用现在所使用的这个比较标准（即从喙基到油腺的体部长度），而用任何其他比较标准来计算，它们的脚就过小了。

表 2　按照体部大小的比例,比岩鸽的喙较长的鸽子

品种名称 野生岩鸽(平均测计)	脚的实际长度 2.02(英寸)	脚的实际长度同计算长度(按照同岩鸽的脚长和体部大小的比例)之差	
		过短	过长
信鸽 ……………………………	2.60	‥	0.31
信鸽 ……………………………	2.60	‥	0.25
信鸽 ……………………………	2.40	‥	0.21
信鸽(龙鸽) …………………	2.25	‥	0.06
巴给多顿信鸽 ………………	2.80	‥	0.56
斯堪得龙鸽,白色的 ………	2.80	‥	0.37
斯堪得龙鸽(鹄鸽) …………	2.85	‥	0.28
侏儒鸽 ………………………	2.75	‥	0.27
标本的数目	8	‥	8

　　在表 2 中一共有 8 只鸽子,它们的喙无论在实际上或同体部大小的比例上都远比岩鸽的喙为长,而且它们的脚同等显著地较长,即比例地平均长出 0.29 英寸。这里我应当指出,在表 1 中有少数几个例外,它们的喙比例地比岩鸽的喙较长:例如,英国倒羽鸽的喙刚刚比岩鸽的喙稍微长一点,布梭拉信鸽的喙和岩鸽的喙一样长或者稍微长一点。斑点鸽、燕鸽和笑鸽的喙比岩鸽的喙短得很少,或者具有同样的长度,不过较细。尽管如此,把这两张表结合起来看,它们相当清楚地示明了在喙的长度和脚的大小之间存在着某种相关。牛和马的育种者们相信,肢长和头长之间有着相似的关联;他们确言具有挽马头形的竞跑马以及具有斗牛犬头形的灵缇(grey-hound)都是畸形的产物。因为玩赏鸽一般是被养在小的鸽舍中并且被饲以丰富食物的,所以它们一定远比岩鸽走的少;大概可以承认,表 1 中的 22 只鸽子的脚的缩小非常可能是由于不使用所引起的[①],并且这种脚的缩小由于相关作用而影响了表 1 中的绝大多数鸽子的喙。另一方面,当由于对喙的长度的连续和微小的增加进行了不断选择而喙大大增长的时候,脚由于相关作用,即便使用减少了,在同野生岩鸽的脚的比较下,也同样地大大变长了。

　　我曾从中趾之端到跗骨之跟(heel)对于岩鸽以及上述 36 只鸽子进行过测计,并且作了同上述相似的计算,所得的结果是一样的——即,在短喙品种中同在上述场合中一样,除了同样少的几个例外,中趾和跗骨的总长缩小了;然而在长喙品种中,中趾和附骨的总长增大了,虽然并不像在上述场合中那样地十分一致,因为某些侏儒鸽变种的腿在长度上变异很大。

　　因为玩赏鸽一般都被限制在适度大小的鸽舍中,甚至当对它们不加限制时,它们也无须自己去找寻食物,所以它们许多代以来都很少使用翅膀,同野生岩鸽使用翅膀的情形无法作比。因此,在我看来,对飞翔有帮助的所有骨骼大概都会缩小的。我对不同品种的 12 只鸽子并对来自谢特兰岛的两只野生岩鸽仔细测计了胸骨的全长。在比较上,

---

　　① 鸠鸽科的某些自然群由于比其他近似的群具有更大的地面生活习性,而有较大的脚,这是一种类似的、但相反的现象。参阅波那帕特亲王的《鸽目管窥》。

我对于这 12 只鸽子使用了以下三种测计标准,即从喙基到油腺的长度,从喙基到尾端的长度,翅膀的两极端的长度。在每一个场合里所得的结果几乎都是一样的,这就是说,它们的胸骨永远比野生岩鸽的胸骨为短。我只列出一张表,这张表是根据从喙基到油腺的这个标准计算出来的;因为这个结果接近从其他两个标准所得到的、结果的平均。

这张表指出了,这 12 个品种的胸骨,按照它们的体部大小的比例来说,平均比岩鸽的胸骨短三分之一英寸(精确数字为 0.332);所以胸骨缩短了全长的七分之一到八分之一之间,这种缩短是相当可观的。

胸骨的长度

品种名称	实际长度(英寸)	过短	品种名称	实际长度(英寸)	过短
野生岩鸽	2.55	…	排孛鸽	2.35	0.34
斑点斯堪得龙鸽	2.80	0.60	尼鸽	2.27	0.15
巴给多顿信鸽	2.80	0.17	德国突胸鸽	2.36	0.54
龙鸽	2.45	0.41	毛领鸽	2.33	0.22
信鸽	2.75	0.35	英国倒羽鸽	2.40	0.43
短面翻飞鸽	2.05	0.28	燕鸽	2.45	0.17

我还对 21 只鸽子(包括上述的 12 只)测计了胸峰的高度,这是在同胸骨长度的比较下、而不是在同体部大小的比较下进行的。在这 21 只鸽子中,有 2 只鸽子的胸峰具有同岩鸽一样的比例高度;有 7 只的胸峰较高;但在这 7 只中有 5 只(一只扇尾鸽、两只斯堪得龙鸽、两只英国信鸽)之所以具有这样较大的高度,在某种程度内是可以得到解释的,因为一种高的胸峰是被养鸽者所称赞并受到选择的;其余 12 只鸽子的胸峰比较低。因此结论是:在同岩鸽的比较下,胸峰表现了一种微小的、虽然并不确定的倾向——它们在高度上的减低比胸骨长度在同体部大小的比较下的缩短的程度为大。

我测计了 9 个不同的大型品种和小型品种的肩胛骨的长度,所有这些肩胛骨比例地都比野生岩鸽的为短(采用以前的标准)。它们的肩胛骨的缩短约当岩鸽的肩胛骨的五分之一英寸,或其长度的九分之一。

在我所比较的一切标本中,叉骨的两叉,在同体部大小的比例上,都比在岩鸽中分开得为小;而且整个叉骨比例地也是较短的。例如,在一只侏儒鸽中,它的翅膀从这一端到那一端的长度为 38.5 英寸,它的叉骨只比岩鸽的长出很少一点(两叉几乎没有更大的分开),而岩鸽的翅膀从这一端到那一端的长度只有 26.5 英寸。在一只排孛鸽中,所有对于它的测计都比岩鸽的大一点,但它的叉骨却比岩鸽的短四分之一英寸。在一只突胸鸽中,它的叉骨并没有按照其体部增长的比例而变长。在一只短面翻飞鸽中,它的翅膀从这一端到那一端的长度为 24 英寸,只比岩鸽的短 2.5 英寸,但它的叉骨长度仅为岩鸽的叉骨长度的三分之二。

这样,我们清楚地看到了胸骨、肩胛骨和叉骨在比例长度上都缩减了,但是,当我们转来看一看翅膀的时候,我们便发现最初出现的是一种完全不同而出乎意料的结果。这里我想声明一下,我并没有只选用那些有利于我的结论的标本,而是采用了每一个我所做过的测计。如果以从喙基到尾端的长度作为比较的标准,我发现在不同品种的 35 只鸽子中,有 25 只的翅膀在比例长度上比岩鸽的为大,10 只的翅膀在比例长度上比岩鸽的为小。但是,因为尾的长度和翼羽的长度往往是相关的,所以最好用喙基到油腺的长度作为比较的标准;在根据这个标准进行测计的同样的 26 只鸽子中,有 21 只的翅膀是过长的,只有 5 只的翅膀是过短的。这 21 只鸽子的翅膀平均比岩鸽的翅膀长 $1\frac{1}{3}$ 英寸;而那 5 只鸽子的翅膀只比岩鸽的翅膀短 0.8 英寸。被严密拘禁的鸽子的翅膀会常常这样增加它们的长度使我大为惊奇,后来我想到,这大概仅仅是由于翼羽的较大长度的缘故;因为关于具有非常长的翅膀的毛领鸽,情形确系如此。在几乎每一个我所测计的折叠起来的翅膀中,我从张开的翅膀中减去了这一末端部分的长度,这样我相当正确地得到了左右桡骨两端之间的翅膀长度,这是相当于人臂中从腕骨到腕骨之间的那一部分的。对于同样的 25 只鸽子进行了这样的测计之后,所得的结果大不相同;因为它们的翅膀这样同岩鸽的翅膀比较起来,有 17 只鸽子的翅膀是过短的,只有 8 只的翅膀是过长的。在这 8 只鸽子中,有五只是长喙的①,这一事实或者暗示了喙的长度同翼骨的长度恐怕是有某种相关的,就像喙的长度同脚和跗骨的长度是相关的情形一样。这 17 只鸽子的肱骨和桡骨的缩短,就像在附着有翼骨的肩胛骨和叉骨的场合中一样,大概可以归因于不使用。另一方面,翼羽的增长,因而翅膀从这一端到那一端的扩大,就像我们的长毛狗和长毛羊身上的毛的生长一样,同使用和不使用是全然无关的。

总起来说:我们可以大胆地承认,胸骨的长度以及多数胸峰的高度、肩胛骨和叉骨的长度,同岩鸽的这些相同部分比较起来,都缩短了。我认为这种情形可以归因于不使用或缺少锻炼。从桡骨的两端来测计,翅的长度也一般地缩短了;但是,由于翼羽的增长,翅膀从这一端到那一端的长度普通是比岩鸽的翅膀较长的。脚以及同中趾的跗骨在大多数场合里也同样地缩短了;这大概是由于它们的缺少使用所引起的;但是,脚和喙之间存在的某种相关比不使用的效果更加清楚地来阐明这一点。我们还模糊地知道,在翅膀的主骨和喙之间也存在着类似的相关。

关于若干家养族之间的以及个体之间的诸点差异的提要 喙以及面骨在长度、宽度、形状和曲度上有显著的差异。头骨在形状上有差异,并且在前颌骨、鼻骨和上颌轭骨弓所形成的角度上有巨大的差异。下颌的曲度、它的上方边缘的反转以及嘴的会合线有高度显著的差异。单独来看也好,从同喙长的相关方面来看也好,舌在长度上的变异很大。鼻孔上面的和眼睛周围的裸出的、具有肉垂的皮在发育上有极度的变异。眼睑和鼻孔在长度上有变异,并且在某种程度上同肉垂的发育程度相关。食道和嗉囊的大小、形状以及它们的膨胀能力有巨大差异。颈的长度有变异。随着体部形状的变异,肋骨的宽度和数目、突起的有无、荐椎的数目以及胸骨的长度都有变异。尾椎的数目和大小有变异,这显然同尾的增大相关。胸骨孔眼的大小和形状以及叉骨两叉的大小和开张程度有差异。油腺在发育上有变异,有时全然缺如。某些羽毛的方向和长度大大被改变了,例

---

① 值得注意的是,除了这五只鸽子以外,在那八只中有两只是排字鸽;就像我曾表明过的那样,应当把它们同长喙的信鸽和侏儒鸽分类在一群中的。排字鸽大概可以被称为短喙的信鸽。所以看来似乎是在它们的喙缩短的过程中。它们的翅膀还保有作为最近亲属和祖先的特征的过分长度。

如毛领鸽的头巾和浮羽鸽的颈羽。翅膀和尾羽一般在长度上相伴地发生了变异,但有时却彼此无关,而且同体部大小也无关。尾羽的数目和位置有无可比拟的变异。初级飞羽和次级飞羽偶尔在数目上有变异,这显然同翅膀的长度相关。腿的长度和脚的大小,以及同后者有关的鳞甲数目,都有变异。如果脚有羽毛,内侧二趾的基部之间有时会被皮膜连接起来,而且外侧二趾之间几乎不可避免地要被皮膜连接起来。

体部大小有巨大的差异:据知有一只侏儒鸽比一只短面翻飞鸽重五倍以上。卵在大小和形状上有差异。按照帕门泰尔(Parmentier)[①]的材料,某些族用很多的草去筑巢,而其他一些族则用很少的草去筑巢;不过我还没有听到最近有人赞成这种说法。孵化所需要的时间长短在所有品种中是一致的。某些品种的特有羽衣的生出时期,以及羽衣颜色的一定变化的发生时期,是有差异的。幼鸽在最初孵化时所被绒羽的程度是不同的,而且以奇特的方式同羽衣的颜色相关。飞翔的方式,某些遗传下来的动作,例如拍翅膀、在空中或地上翻筋斗,以及追求雌性的方式,都表现了最奇特的差异。这若干族在性情上有差异。某些族很安静;其他一些族鸣叫得非常特别。

虽然许多不同的族在若干世纪中纯粹地保持了它们的性状,这正如我们以后将要更加充分看到的那样,但是在最稳定的品种中所表现的个体变异性,远比在野生鸽中所表现的为大。那些现在最为养鸽者所珍视和注意的、因而现在得到改进和继续被选择的性状最容易变异,对于这一规律几乎没有任何例外。当养鸽者诉说以下情形时,他们间接地承认了上述这一点,即他们认为把玩赏鸽育成到特别优良的标准远比育成只在颜色上有所区别的所谓玩具鸽(toy pigeons)要困难得多;因为特殊的颜色一旦被获得,就不容易继续改进和增大。某些性状由于完全不知的原因在雄性中比在雌性中表现得更加强烈;所以在某些族中有一种出现次级性征的倾向[②],而这种次级性征在原种岩鸽中连一点影子都没有。

---

① 得明克,《鸠鸽类和鹑鸡类的普通博物学》(*Hist Nat. Gén. des Pigeons et des Gallinacés*),第一卷,1813年,第170页。

② 约翰·亨特(John Hunter)用这个术语来表明直接同生殖行为无关的雌雄两性间在构造上的差异,例如孔雀的尾、鹿的角等。

NO:20111221102956064001

第六章

家鸽(续)

· Pigeons(Continued) ·

关于几个家养族的原始亲种——生活习性——岩鸽的野生族——鸼鸽——几个族起源于岩鸽的证据——各族杂交时的能育性——返归野生岩鸽的羽衣——有利于各族的形成的环境条件——主要族在古代的情况及其历史——它们的形成的途径——选择——无意识的选择——养鸽者选择他们的鸽子时所给予的注意——微有差异的品种逐渐变成特征显著的品种——中间类型的灭绝——某些品种保持不变,同时其他品种发生变化——提要

如果前章所叙述的 11 个主要家养族不都是从单一野生祖先传下来的,它们之间的以及同族诸个体之间的差异就没有什么意义了。所以有关它们的起源的问题是具有根本重要性的,因而必须以相当的篇幅加以讨论。谁如果考虑到各族间的巨大差异量,晓得许多族是多么古老以及它们今日能够多么纯粹地进行繁殖,他就不会认为这种讨论是多余的。养鸽者们几乎一致认为不同的族是从几个野生祖先传下来的,而大多数的博物学者们则相信所有的族都是从岩鸽(*Columbia livia*)传下来的。

得明克①曾很好地指出原始亲种一定是一个在岩石上栖息和筑巢的物种,高尔得先生也向我提出过同样的意见;我可以补充地说,它一定是一种合群的鸟。因为所有家养族都是高度合群的,并且现在还不知道有习惯于在树上筑巢或栖息的。我的夏季别墅靠着一株老龄的核桃树,我在那里养的某些鸽子偶尔落在它的秃枝上,其落下时的笨拙情形是显而易见的②。然而斯考特·斯客乌恩(R. Scot skirving)先生告诉我说,他在上埃及(Upper Egypt)常常看到成群的鸽子宁愿落在矮树上(但不是棕榈树上),而不落在土人的小泥屋上。在印度有人向勃里斯先生③肯定地说,在那里有野生岩鸽的一个变种(*C. livia* var. *intermedia*)有时在树上栖息。这里我愿举出一个引人注意的例子来说明强制的条件引导了习性的改变:尼罗河(Nile)两岸在北纬 28°30′以上有很长的一段是岸壁垂直的,所以当河水满溢的时候,鸽子就不能停在岸边饮水,斯客乌恩先生屡次看到成群的鸽子落在水面上,在随波漂浮而下的过程中饮水。从远处望去,这些鸽群就像海面上的鸥群一般。

如果任何家养族是从一个不合群的或者在树上筑巢和栖息的物种④传下来的,那么养鸽者的慧眼对于如此不同的原始习性肯定会发觉出一些痕迹的。因为我们有理由可以相信,原始习性在家养下会长久被保持着。例如,在普通的驴中我们还可以看到它的原始沙漠生活的痕迹,它非常不愿意渡过最小的河流,而它高兴在尘土上打滚。很古以来就被人饲养的骆驼同样地非常不愿意渡过小河。猪虽然非常驯化了,但当幼猪惊恐的时候,有时还趴在地上,以便把自己隐藏起来,甚至在一个空旷没有树林的地方也是如此。幼小的火鸡(turkeys)、有时甚至幼小的家鸡,当母鸡发出报告危险的鸣叫时,就会像幼小的鹧鸪和雉一样地跑开并隐藏起来,以便让它们的母鸡飞走,虽然母鸡已经失去了飞翔的能力。麝香鸭(*Cairina moschata*)在它的原产地常在树上栖息⑤,我们的家养麝香鸭,虽然如此呆钝,但"喜欢在谷仓、墙壁等的顶上栖息,如果让它们在鸡舍内过夜,雌鸭

◀岩鸽。

---

① 得明克:《鸠鸽类的普通博物学》,第一卷,第 191 页。
② 莱伊尔爵士告诉我,巴克莱(Buckley)小姐说,某些在伦敦附近饲养多年的半杂种信鸽习惯地于昼间停在邻近的树上,并且当拿走它们的幼鸽而把鸽舍搅乱了之后,它们在夜间栖息在树上。
③ 《博物学年报》,第二辑,第二十卷,1857 年,第 509 页;以及最近一卷的亚细亚学会(Asiatic Society)的会报。
④ 在养鸽者所写的关于鸽子的著作中,有时我看到他们错误地相信被博物学者们叫做地面鸽(groundpigeons)的物种(同树栖鸽——arboreal pigeons 相对而言)不在树上栖息和筑巢。同时在这些养鸽者所写的著作中常常写道:同主要的家养族相类似的野生种存在于世界各地,但是博物学者完全不知道这等物种。
⑤ 肖恩勃克爵士:《皇家地理学会学报》(*Journal R. Geograph. Soc.*),第十三卷,1844 年,第 32 页。

一般地便就埘子母鸡之旁，但公鸭太重，很不容易上到那里去"①。我们知道无论多么充分地和按时地给狗吃东西，它们还会像狐狸那样地把多余的食物埋藏起来；并且我们看到它们在毛毡上来回打转，好像要把草踩踏下来，作一个睡处似的；我们还看到它们在无土的铺石道路上用脚向后爬，好像是要把土爬起盖着它的粪便似的，我相信即便在有土的地方，这也决不会做到。小羊和小山羊高兴成群地在小丘上戏跃，这是它们的高山习性所留下的痕迹。

所以我们有很好的理由可以相信，所有鸽子的家养族都是从在岩石上栖息和筑巢的并且具有合群性的某一个物种或几个物种传下来的。因为只有五六个野生种具有这样的习性，并且它们在构造上很接近家养鸽，所以我愿把它们一一列举出来。

第一是喜马拉雅野鸽（*Columba leuconota*），它们在羽衣上同某些家养变种类似，但是它有一种显著的和毫无例外的差异，即在尾端不远的地方有一个白环横绕尾部。还有，这个物种栖息于喜马拉雅山（Himalaya）的接近雪线的地方；所以，正如勃里斯先生所说的，它不像是我们的家养品种的祖先，因为家养品种繁盛于最热的地带。第二是中央亚细亚野鸽（*C. rupestris*），它介于喜马拉雅野鸽和普通岩鸽（*C. livia*）之间②；但是它的尾色和前一物种的几乎相同。第三是马来群岛野鸽（*C. littoralis*），按照得明克的说法，它们在马来群岛的岩石上筑巢和栖息；它们除了翅膀的一些部分和尾端是黑色的以外，全身都是白色的；它们的腿是青灰色的，而这种性状在任何成长的家鸽中都没有出现过；我没有必要在这里叙述这个物种以及同它密切近似的一个物种（*C. luctuosa*），因为事实上它们都是属于乌鸠属（*Carpophaga*）的。第四是基尼野鸽（*Columba guinea*），它们分布于基尼（Guinea）到好望角之间③，它们按照地方的状况，或者栖息在树上，或者栖息在岩石上。这一物种属于来因巴哈（Reichenbach）所谓的 Strictaenas，但这一属同鸽属（*Columba*）密切近似；它的颜色在某种程度上同某些家养族相似，据说它在阿比西尼亚是被家养的；但是搜集阿比西尼亚鸟类的并且知道这个物种的曼斯斐尔得·帕金斯（Mansfield Parkyns）先生告诉我说，这是一个错误。再者，基尼野鸽有一种特性，它的颈羽的末端是奇妙地凹进去的——这种性状在任何家养族中都没有出现过。第五是欧洲野鸽（*C. aenas*），它们在树上栖息，并且在树洞或地面的洞中筑巢；就其外部性状看来，这个物种大概是几个家养族的祖先，不过它们虽然可以容易地同真正岩鸽进行杂交，但其后代像我们将要看到的那样，是不育的杂种，而这种不育性在家养族的彼此杂交中连一点影子都没有。还须注意的是，如果我们不顾一切不可能性来承认任何上述五个或六个物种是我们某些家养鸽的祖先，那么对于那十一个特征极其显著的族彼此之间的主要差异就不会提供任何解释。

现在让我们看一看最熟知的 *Columba livia*，它在欧洲常常特别被命名为岩鸽（Rock-pigeon），而且博物学者们相信它是所有家养品种的祖先。这种鸽子在每一个主要性状上都同那些只有微小变异的品种相一致。它同所有其他物种的差异之点在于：它是石板青

---

① 狄克逊（E. S. Dixon），《观赏的家鸡》（*Ornamental Poultry*），1848 年，第 63、66 页。

② 《动物学会会报》，1859 年，第 400 页。

③ 得明克：《鸠鸽类的普通博物学》，第一卷；克尼卜（Knip）和得明克，《鸽》（*Les pigeons*）。然而波那帕特在他的《鸽目管窥》中认为有两个密切近似物种在这个名称下混淆在一起了。得明克说，西印度群岛的 *C. leucocephala* 是一种岩鸽；但是高斯先生告诉我说，这是一个错误。

色的,在翅膀上有两条黑带,并且臀部是白色的。在非罗(Faroe)和赫布里得群岛(Hebrides)偶尔有一些个体不具黑带,而代以两三个黑斑点;勃列姆(Brehm)①命名这个类型为 *C. amaliae*,但其他鸟类学者并不承认这是一个不同的物种。葛拉巴(Graba)②甚至发现,在非罗的同一个体中左翅和右翅上的黑带是不同的。在英格兰的岩石上真正野生或者野化的还有另一个稍微不同的类型,勃里斯③先生怀着疑惑地命名它为 *C. affinis*,但是现在他已经不再把它看成为一个不同的物种了。*C. affinis* 比苏格兰诸岛的岩鸽稍小,它的外观很不相同,因为它的复羽具有黑色的棋盘斑,这种黑斑常常伸延到背部。这种棋盘斑是由每根羽毛的两侧、但主要是由外侧的大黑点组成的。在真正岩鸽和具有棋盘斑的变种中,翅膀上的黑带事实上都是由同样的、但较大的斑点对称地横穿次级飞羽和大复羽而形成的。因此,棋盘斑的发生仅仅是由于这些斑点伸延到羽衣的其他部分罢了。具有棋盘斑的鸽子并不只限于在英格兰沿岸才有;因为葛拉巴发现在非罗有这样的鸽子,汤普逊(W. Thompson)说④,在伊斯雷(Islay)过半数的野生岩鸽都具有棋盘斑。亥司(Hythe)的金上校(Colonel King)把他在奥克尼群岛从集中提到的野生鸽养在鸽舍中;蒙他慷慨地赠给我几个标本,这些鸽子都明显地具有棋盘斑。这样,我们看到具有棋盘斑的鸽子在三个地方(即非罗、奥克尼群岛、伊斯雷)都是同真正岩鸽混在一起的,所以羽衣中的这种自然变异不会有什么重要性。

伟大的物种鉴定者波那帕特亲王⑤列举了意大利的 *C. turricola*,道利亚(Daouria)的 *C. rupestris*,以及阿比西尼亚的 *C. schimperi*,他不肯定地认为这些鸽子是不同于岩鸽(*C. livia*)的;不过这几种鸽子只在极不重要的性状上同岩鸽有所不同。在大英博物馆中有一只来自阿比西尼亚的具有棋盘斑的鸽子,它大概是波那帕特所谓的 *C. schimperi*。此外,还有西非的一种鸽子,即季·格雷(G. R. Gray)所谓的 *C. gymnocyclus*,它的差异稍微更大一些,它的眼睛周围的裸皮比岩鸽的较多;不过但尼尔博士告诉我说,这种鸽子是不是野生的,还值得怀疑,因为在基尼沿岸是饲养鹁鸽(这我曾观察过的)的。

印度的野生岩鸽[斯垂克兰得(Strickland)所谓的 *C. intermedia*]更加普遍地被认为是一个不同的物种。它的主要差异在于它的臀部是青色的,而不是雪白色的;但是勃里斯先生告诉我说,这种颜色有种种不同,有时是微带白色的。当这个类型家养化之后,就出现了具有棋盘斑的个体,恰像真正野生岩鸽在欧洲所发生的情形一样。再者,我们立刻就要来证明,青色的和白色的臀部是一种高度容易变异的性状;并且贝西斯坦⑥肯定地说,在德国的鹁鸽中,这是羽衣的所有性状中最容易变异的一种。因此,可以作出这样的结论:不能把 *C. intermedia* 分类为不同于岩鸽的一个物种。

在马德拉有一种岩鸽,少数的鸟类学者曾经怀疑过它是不同于岩鸽的。我曾检查过哈科特先生和梅先生所搜集的大量标本。它们比来自谢特兰岛的岩鸽稍小,它们的喙明

---

① 《德国鸟类手册》(*Handbuch der Naturgesch. Vögel Deutschlands*)。
② 塔哥巴哈(Tagebuch),《非罗旅行记》(*Reise nach Färo*),1830 年,第 62 页。
③ 《博物学年报》,第十九卷,1847 年,第 102 页。这篇关于鸽子的优秀论文很有参考的价值。
④ 《爱尔兰的博物学》(*Natural History of Ireland*),鸟部,第二卷,1850 年,第 11 页。关于葛拉巴,参阅上述文献。
⑤ 《鸽目管窥》,《报告书》,1854—1855 年。
⑥ 《德国的博物学》,第四卷,1795 年,第 14 页。

显地较细,但喙的厚度在几只标本中有变异。羽衣显著是各色各样的;有些标本的每一根羽毛(我是在做过实际比较之后才这样说的)都同岩鸽的一样;有一些标本同来自英格兰的悬崖的 *C. affinis* 一样,具有棋盘斑,不过其程度一般较甚;整个的背部几乎都是黑色的;有一些标本在臀部的青色程度上同印度的所谓 *C. intermedia* 相等;同时还有一些标本的臀部呈很深的灰青色或暗青色,而且同样具有棋盘斑。如此巨大的变异性引起这样强烈的猜想:这些鸽子是野化了的家鸽。

根据这些事实,几乎无可怀疑的是,*C. livia*,*affinis*,*intermedia* 以及波那帕特以疑问号来区别的那些类型都应当包括在单独一个物种之中。但是,除非特征更加强烈显著的族彼此之间的差异能够因此得到任何解释,那么这些类型是否应当这样区分,并且这些类型之中是否有些是各个不同家养种类的祖先或者它们全部都是家养种类的祖先,就完全无关紧要。在世界各地饲养的普通鹁鸽是从一个或几个上述岩鸽的野生变种传下来的,比较过它们的人不会怀疑这一点。但是,在略谈鹁鸽之前应当指出,现在已经知道野生岩鸽在若干地方是容易养驯的。我们知道金上校二十多年以前在亥司把从奥克尼群岛捉到的幼小野生岩鸽养在他的鸽舍中,此后它们便大量繁殖起来了。正确的麦克季利夫雷(Macgillivray)①肯定地说道,他在赫布里得完全养驯了一只岩鸽;并且有几篇文章记载了这些鸽子在谢特兰岛曾于鸽舍中繁育过。赫顿(Hutton)船长告诉我说,野生岩鸽在印度是容易被养驯的,而且可以容易地同家养种类交配生仔;勃里斯先生②肯定地说道,野生的鸽子屡屡光临鸽舍并且无拘束地同那里的居住者混生在一起。在古代的一种阿拉伯文书籍(Ayeen Akbery)中写道,如果捉来了少数几只野生鸽子,"很快就会有上千只的它们种类来参加它们"。

鹁鸽是以半家养状态饲养在鸽舍中的鸽子;因为对于它们并没有给予特别照顾,除了在最严酷的气候之下,它们都是自己去求食的。在英格兰,并且根据包依塔和考尔比的著作来判断,也在法国,普通鹁鸽同岩鸽的具有棋盘斑的变种完全类似;但是我曾看到来自约克郡的鹁鸽就像谢特兰岛的野生岩鸽一样,没有一点棋盘斑的痕迹。来自奥克尼群岛的具有棋盘斑的鹁鸽,被金上校饲养了二十多年以后,在羽衣的暗色上以及在喙的厚度上,彼此之间都表现了微小的差异;它们的最细的喙比马德拉鸽的最粗的喙还要粗。按照贝西斯坦的材料,德国的鹁鸽没有棋盘斑。在印度它们常常变得具有棋盘斑,并且有时具有白斑;勃里斯先生告诉我说,它的臀部也变成接近白色的了。勃鲁克爵士曾赠给我几只鹁鸽,它们原系来自马来群岛中的南那塔纳斯群岛(S. Natunas Islands),并且它们曾同新加坡的鹁鸽杂交过;它们是小型的,其中最暗色的变种同来自马德拉的青色臀部的、具有暗色棋盘斑的变种极端类似;但是它们的喙并没有马德拉变种的那样细,虽然肯定地比来自谢特兰岛的岩鸽的喙较细。斯温赫从中国福州给我送来过一只鹁鸽,它

---

① 《不列颠鸟类志》(*History of British Birds*),第一卷,第 275—284 页。安德鲁·邓肯(Andrew Duncan)先生在谢特兰岛养驯过一只岩鸽。詹姆斯·巴科雷(James Barclay)和威亚·桑得(Uyea Sound)的史密斯先生都说野生岩鸽是容易养驯的;前一位先生肯定地说道,养驯了的岩鸽每年生育四次。劳伦斯·埃得孟特斯东告诉我说,有一只野生岩鸽在谢特兰岛的巴尔达·桑得(Balta Sound)光临了他的鸽舍并且在那里定居下来了,它同它的鸽子交配生仔;他还告诉过我另一个事例:他曾捕获一只幼小的野生岩鸽,并且可以在拘禁中生育。

② 《博物学年报》,第十九卷,1847 年,第 103 页;以及 1857 年第一卷,第 512 页。

也是稍微小一点的，但在其他方面并没有任何差异。蒙但尼尔博士的善意，我还得到了来自萨拉热窝（Sierra Leone）①的四只活鸽鸽；它们的大小可以充分地同谢特兰岛岩鸽相匹敌，其体部甚至还要粗大一些。有些个体的羽衣同谢特兰岛岩鸽的羽衣是一样的，不过它具有金属性的色泽，显然更加稍微光亮一些；有些个体具有青色的臀部，同印度 *C. intermedia* 的具有棋盘斑的变种相似；还有些个体的棋盘斑是如此之多，以致接近黑色了。这四只鸽子的喙在长度上彼此稍有差异，不过所有它们的喙肯定地都比谢特兰岛岩鸽的或英格兰鹁鸽的喙较短、较粗而且较有力。如果把这些非洲鸽子的喙同野生马德拉鸽子标本的最细的喙加以比较，其差异是鲜明的；前者的喙在垂直方向比后者的喙充分地厚出三分之一；所以任何人最初大概都会倾向于把这些鸽子分类为不同的物种；然而在上述变种之间所形成的一个级进的系列是多么完全，以致显然不可能把它们分开。

总起来说：野生岩鸽（在这个名称下包含着 *C. affinis*，*intermedia*，以及其他亲缘关系更加密切的地理族）的分布范围很广，从挪威的南部海岸和非罗诸岛到地中海沿岸，到马德拉和加那利诸岛，到阿比西尼亚、印度和日本，都有它的分布。它的羽衣有巨大变异，在许多场合中具有黑色棋盘斑，并且具有白色的或青色的臀部；它的喙和体部在大小上也微有变异。没有人不同意鹁鸽是从一个或一个以上的上述野生类型传下来的，它在羽衣、体部大小、喙的长度和厚度上表现了相似的变异，不过变异的范围更大。臀部的青色或白色和野鸽以及鹁鸽的居住地方的气温之间，似乎有某种关系；因为几乎所有欧洲北部的勃鸽都像野生欧洲岩鸽那样地具有白色的臀部；而且几乎所有印度的鹁鸽都像印度的 *C. intermedia* 那样地具有青色的臀部。因为已经知道野生岩鸽在各个不同地方都是容易养驯的，所以非常可能的是，世界各地的鹁鸽至少是两个或者两个以上的野生祖先的后代；但是这些祖先像我们已经看到的那样，不能被分类为不同的物种。

关于岩鸽的变异，我们可以进行进一步的讨论，不必害怕什么矛盾。养鸽者们相信所有主要的族，如信鸽、突胸鸽、扇尾鸽等等都是从不同的原始祖先传下来的，但他们都承认所谓玩具鸽——除了颜色以外，同岩鸽很少有差异——是从岩鸽传下来的。所谓玩具鸽是这样的一些鸽子，例如欧洲的斑点鸽、尼鸽、盔鸽、燕鸽、教士鸽（Priests）、僧侣鸽（Monks）、瓷器鸽（Porcelains）、斯威宾鸽（Swabians）、大天使鸽（Archangels），胸鸽（Breasts）、盾鸽（Shields）及其他，此外还有印度的许多鸽子。假设所有这些鸽子都是从如此众多的不同野生祖先传下来的，就像假设醋栗、三色堇或大丽菊的许多变种都是从不同的野生祖先传下来的一样，诚然是幼稚的。然而所有这些种类都能纯粹地进行繁育，其中有许多还包含着同样能纯粹传递它们的性状的亚变种。它们彼此之间以及和岩鸽之间在羽衣上有巨大的差异，在体部的大小和比例上，在脚的大小上，以及在喙的长度和厚度上，也有微小的差异。在这些方面它们之间的差异比鹁鸽之间的为大。虽然我们可以安全地承认，变异微小的鹁鸽，以及由于更加高度的家养而变异更大的玩具鸽，是从岩鸽（在这个名称下包含着上述的野生地理族）传下来的；但是当我们考虑到那 11 个主要的族，其中大多数已经发生了深刻的改变，那么问题就远远地更加困难了。然而根据

---

① 在约翰·巴布特（John Barbut）的《基尼沿岸记》一书中提到过普通种类的家鸽是相当多的（第 215 页），该书于 1746 年出版；按照它们的名称，据说它们是被引进的。

具有完全肯定的性质的间接证据，我们可以阐明，这些主要的族并不是从如此众多的野生祖先传下来的；如果一旦承认了这一点，很少人还会不同意它们是岩鸽的后代，岩鸽在习性上和大多数性状上同它们如此密切相似，岩鸽在自然状态下是有变异的，并且岩鸽像玩具鸽的情形那样，必然经历了大量的变异。我们就要进一步地看到，在那些受到比较小心照顾的品系中对大量变异的发生曾经提供了多么显著有利的环境条件。

我们的结论是，若干主要的族不是从若干原始的和未知的亲种传下来的，其理由可以分为以下六点。第一，如果那 11 个主要族不是由于某一个物种及其一些地理族发生变异而发生的话，那么它们一定是从若干极端不同的原种传下来的；因为只在六七个野生类型之间无论进行怎样多的杂交，也不能产生像突胸鸽、信鸽、侏儒鸽、扇尾鸽、浮羽鸽、"短面翻飞鸽"、毛领鸽和喇叭鸽那样不同的族。例如，除非两个假想的原始亲种具有突胸鸽或扇尾鸽的显著性状，否则它们的杂交怎能产生出这两个品种来呢？我知道有一些博物学者们追随着帕拉斯的意见，相信杂交有一种产生变异的强烈倾向，而这些变异同两亲遗传下来的性状并无关联。他们相信从不具有突胸鸽或扇尾鸽的性状的两个不同物种的杂交来育成这两个族，要比从任何单一物种来得更加容易。可以支持这种学说的事实，我所能找到的很少，而且我只在有限的程度内相信它，不过在将来的一章中我还必须再讨论这个问题。这一点对于我们现在的讨论并不重要。同我们有关的问题是，自从人类开始饲养鸽子之后，许多新而重要的性状是不是发生了。按照普通的观点，变异性的发生是由于改变了的生活条件；按照帕拉斯的学说，变异性的发生，即新性状的出现，是由于两个物种杂交所产生的某种神秘作用，而这两个物种并不具有问题中的性状。在某些少数事例中，特征显著的族可能是由杂交形成的；例如排孛鸽恐怕是由长喙的、具有大量眼睛肉垂的信鸽和某种短喙的鸽子之间的杂交而形成的。由于杂交许多族在某种程度上发生了改变，某些只在特殊颜色上有所区别的变种是从不同颜色的变种之间的杂交而产生的，这几乎都是肯定的。所以，按照主要族之所以有差异是由于它们从不同物种传下来的这一学说，我们必须承认至少有 8 个或 9 个、更可能是 12 个物种——它们都具有在岩石上繁育和栖息以及群居的同样习性——现在在某处生存，或者以前曾经生存过，不过现在已经灭绝不再作为野生鸽了。如果考虑到在世界各地多么注意地采集了野生鸽，而且它们是多么惹人注目的鸟，特别是当它们经常出现在岩石上面的时候，那么，很久以前就被家养的、因而一定曾经在某一古代知名的地方栖息过的 8—9 个物种现在依然在野生状态下生存，而不被鸟类学者所知道，这是极端不可能的事情。

有人认为这等物种以前曾经存在过，不过现在已经灭绝了，这个假说比较有一些可能性。但是，要说如此众多的物种在有史时期以内都灭绝了，则是一个大胆的假说，因为我们看到人类在消灭同家养族的生活习性相一致的普通岩鸽上所发生的影响是非常微小的。岩鸽现在繁生于北方的非罗小岛、远离苏格兰海岸的许多岛屿、撒地尼亚、地中海沿岸以及印度的中部。养鸽者们有时幻想那若干被假定的亲种原来都局限于小岛上，这样它们就会容易地灭绝了；但是刚才举出来的事实并不有利于它们的灭绝，甚至在小岛上也是如此。根据我们所知道的鸟类分布情形来看，要说在欧洲附近的岛屿上曾经栖息过鸽的特殊物种，也是不可能的；如果我们假设遥远的海洋岛是假想亲种的原产地，那么我们必须记住古代的航行是非常慢的，而且那时的船只不能很好地贮藏新鲜食物，所以把活的鸟带回家中大概是不容易的。我提到古代的航行，因为几乎所有的鸽族都在 1600 年以前就被人知道了，所以假想的野生种一定是在此以前就被捉获和被家养了。

第二，认为主要的族是从若干原种传下的学说，意味着以前曾有若干物种是如此彻底地家养化了，以致在拘禁中也可以容易地繁育。虽然大多数的野生鸟是容易养驯的，但经验告诉我们，让它们在拘禁中自由地繁育却是困难的；当然必须承认在鸽子方面比在大多数其他鸟类方面其困难还是比较小的。在最近两三百年的期间，有许多种鸟都是养在鸟舍中的，但是在我们的彻底驯化的物种名单中几乎没有增添过一个；然而根据上述的学说，我们必须承认在古代几乎有 12 个种类的鸽子彻底家养化了，而现今在野生状态下已经不见了。

第三，大多数的家养动物已经在世界各地野化了；不过鸟类显然由于部分地失去了飞翔能力，所以比四足兽的野化情形较少。尽管如此，我还看到过一些文章记载了普通的鸡在南美、恐怕也在西非以及若干岛屿上野化的情形：有一个时期火鸡在帕拉那（Parana）的两岸几乎野化了；珠鸡（Guinea-fowl）在亚松森（Ascension）和牙买加完全野化了。在牙买加岛，孔雀也"变成一种褐红色的鸟了"。在诺福克，普通家鸭逃出了它们的家，几乎变得野化了。在北美、比利时以及里海（Caspian Sea）附近曾经射猎到一些普通家鸭和野化的麝香鸭之间的杂种。据说鹅在拉普拉塔也有野化的。普通鹁鸽在胡安-斐南德斯（Juan Fernan-dez）、诺福克岛、亚松森、大概也在马德拉以及苏格兰沿岸野化了，并且有人肯定地说，普通鹁鸽在北美的哈得逊河（Hudson）两岸野化了[①]。但是，如果我们转过头来看一看被某些作者假定从许多不同物种传下来的那 11 个主要的家养鸽族，其情形是多么不同！没有一个人曾经说过在世界任何地方发现过任何一个这等族是野生的；然而，它们被输送到所有地方，而且其中有一些一定被带回到它们的原产地。根据所有族都是变异的产物这种观点，我们便能理解它们为什么没有野化，因为它们所发生的大量变化表明了它们的被家养已经多么悠久地并且多么彻底；这就会使得它们不适于野生的生活了。

第四，如果假设各个不同家养族之间的作为特征的差异是因为它们起源于若干原种，那么我们必须作出这样的结论：即人类在古代有意识地或者偶然地选择了一系列最畸形的鸽子来家养；因为无可怀疑的是，同突胸鸽、扇尾鸽、信鸽、排孛鸽、短面翻飞鸽、浮羽鸽等相似的物种和大鸠鸽科的所有现存成员比较起来，大概都是最高度畸形的。这样，我们便势必相信人类在以往不仅成功地彻底家养了若干高度畸形的物种，而且这些物种此后都完全灭绝了，或者现在至少不被人知道了。这种双重的偶然是如此极端不可

---

① 有关鸽子野化的记载——关于胡安·斐南得的，参阅勃特洛（Bertero）的文章，载于《博物学会年报》（Annal des Sc. Nat.），第二十卷，第 351 页。关于诺福克岛的，参阅狄克逊牧师根据高尔得先生的权威材料在《鹁鸽》（1851 年第 14 页）中所作的叙述。关于亚森森的，我信赖雷雅得给我的报告。关于哈得逊河沿岸的，参阅勃里斯的文章，见《博物学年报》，第二十卷，1857 年，第 511 页。关于苏格兰的，参阅麦克季利夫雷的《不列颠的鸟类》（British Birds），第一卷，第 275 页；以及汤普逊的《爱尔兰的博物学》，鸟部，第二卷，第 11 页。关于鸭，参阅狄克逊牧师的《观赏的家鸡》，1847 年，第 122 页。关于普通家鸭和麝香鸭之间的野化的新种，参阅奥杜旁的《美国鸟类志》（American Ornithology），以及塞勒斯-郎切姆卜斯（Selys-Longchamps）的《鸭科的杂种》（Hybrides dans la Famille des Anatides）。关于鹅，参阅小圣伊莱尔的《普通博物学》，第三卷，第 498 页。关于珠鸡，参阅高斯的《博物学者在牙买加侨居记》，第 124 页；要了解更详细的情形，参阅他的牙买加的鸟类（Birds of Jamaica）。我在亚松森看见过野生珠鸡。关于孔雀，参阅《皇家港的一周》（A Week at Port Royal），有才能的权威希尔先生著，第 42 页。关于火鸡，我信赖口头的报告，我肯定它们不是凤冠鸟（Curassow）。关于鸡，我将在下一章提出参考文献。

能,以致认为如此众多的畸形物种曾经存在过的这种假设大概还需要最有力的证据来支持的。另一方面,如果所有的族都是从岩鸽传下来的,那么,像以后还要更加充分来解释的那样,我们便能理解最初出现的构造上的任何多么微小的偏差都会通过特征最显著的个体的保存而不断地被增大;并且因为选择力量的应用是按照人类的爱好,而不是按照鸽子本身的利益,所以同在自然状态下生活的鸽子的构造比较起来,其被积累起来的偏差就必然会具有畸形的性质。

我已经举出这个值得注意的事实,即主要家养族之间的不同特征是非常容易变异的;我们在扇尾鸽的尾羽数中、在突胸鸽的嗉囊发达中、在翻飞鸽的喙的长度中、在信鸽的肉垂状态中等等的巨大差异里可以清楚地看到这一点。如果这些性状是连续变异被选择所累加起来的结果,那么我们便能理解它们为什么是如此容易变异的;因为自从鸽子被家养以来,发生变异的就是这些部分,所以它们现在可能依然发生变异;再者,这些变异最近由于人的选择被积累了而且现在依然被积累着,所以它们还没有牢稳地固定下来。

第五,所有家养族都能容易地交配,同等重要的是,它们的杂种后代都是完全能育的。为了确定这一事实,我做过许多试验,详见下面的脚注中;最近推葛梅尔先生做过同样的试验,所得的结果是一样的①。准确的纽美斯特肯定地说道,如果鹆鸽同任何其他品种的鸽子进行杂交,它们的杂种是极其能育的而且是强壮的②。包依塔和考尔比③根据他们的广泛经验确言,愈不相同的品种进行杂交,它们的杂种后代的生殖力就愈强。我承认帕拉斯最先提倡的学说是高度可能的,纵使对于它还没有实际的证明,这个学说是:在自然状态下的、或者最初被捉获的密切近似物种如果进行杂交,大概在某种程度上是不育的,但经过长期的家养过程之后,这种不育性就会消失;然而当我们考虑到像突胸鸽、信鸽、侏儒鸽、扇尾鸽、浮羽鸽、翻飞鸽这等族彼此之间的巨大差异时,它们在极其复杂的杂交中所表现的完全的、甚至增大了的能育性这一事实,就成为一个强有力的论点来支持它们都是从单一物种传下来的。如果我们听到(我把我搜集的所有例子都列入下面的

---

① 我曾做过一个长表来列举养鸽者在若干家养品种间所进行的各种不同杂交,但是我认为这没有发表的价值。我为了这个特殊的目的,曾亲自做过许多杂交,所有都是完全能育的。我曾在一只鸽子中混合了五个极其不同的族,如果耐心地进行,无疑我可以把所有的族都如此混合起来的。五个不同品种混合在一起而其能育性并没有受到损害,这种情形是重要的,因为该特纳(Gartner)曾指出,几个物种之间的复杂的杂交是非常不育的,他认为这是很一般的、虽然不是普遍的规律。我只看到两三个例子指出某些族的后代当杂交时是不育的。皮斯特(Pistor)肯定地说道,排字鸽和扇尾鸽之间杂种是不育的(《野鸽的饲养方法》,*Das Ganze der Feldtaubenzucht*,1831年,第15页):我证实了这是一个错误,因为不仅这些杂种同若干其他具有相同血统的杂种进行杂交是完全能育的,而且杂种的兄妹之间的交配也是完全能育的。得明克说道(《鸠鸽的普通博物学》,第一卷,第197页),浮羽鸽或鹆鸽不容易同其他品种进行杂交:但是我的浮羽鸽当没有拘束地同"扁桃翻飞鸽"以及喇叭鸽处在一起时,它们能杂交;浮羽鸽和鹆鸽以及尼鸽之间也发生过同样的情形(狄克逊牧师:《鹆鸽》,第107页)。我曾杂交过浮羽鸽和排字鸽,它们的杂种像包依塔所说的那样(第34页),是很能育的。浮羽鸽和扇尾鸽之间的杂种据知是能育的(雷得尔、《鸽的饲养》,第25页;贝西斯坦,《德国的博物学》,第四卷,第44页)。浮羽鸽曾同突胸鸽杂交过、毛领鸽杂交过,并且同毛领鸽-剌叭鸽的杂种杂交过(雷得尔,第26,27页)。然而雷得尔关于浮羽鸽同某些其他杂交品种进行杂交时的不育性做了一些模糊的叙述(第22页)。但是我并不怀疑狄克逊牧师对于这等叙述所作的解释是正确的,这就是说,有个别的鸽同浮羽鸽或其他品种杂交偶尔是不育的。

② 《鸽的饲养方法》,第18页。

③ 《鸽》(*Les Pigeons*),第35页。

脚注中)①几乎没有一个靠得住的事例表明两个真实鸽种之间的杂种进行杂交是能育的，甚至同它们的纯系亲代之一进行杂交时也是如此，那么上述的论点就更加有力了。

第六，除了某些重要的作为特征的差异以外，主要族彼此之间以及和岩鸽之间在所有方面都极为密切一致。例如，像以前说过的，所有都是非常合群的；所有都不喜欢在树上栖息而且讨厌在树上筑巢；所有都产两个卵，不过对于鸠鸽科，这并不是一个普遍的规律；就我所能听到的来说，所有都需要同样的时间来孵卵；所有都能同样地忍耐广大的气候范围；所有都喜欢同样的食物，而且热烈地高兴吃盐；当追求雌性时，所有都表现了同样的特殊姿势（芬尼金鸽和旋转鸽肯定是例外，不过它们在其他任何性状上并没有多大差异），所有都以同样的特殊声音鸪鸪地鸣叫，这种鸣声不同于其他任何野生鸽的鸣声（喇叭鸽和笑鸽是例外，但它们在其他任何性状上也没有多大差异）。所有带色的品种都在胸部呈现了同样的特殊金属般的色泽，不过这在鸽类中绝不是一种一般的性状。各个族在颜色变异上几乎有同样的范围；并且在大多数的族中，幼鸽的绒羽发育和将来的羽衣颜色之间存在着同样奇妙的相关。所有它们的趾的长度和初级飞羽的长度几乎都是同样成正比例的——这是在鸠鸽科的若干成员中容易出现差异的性状。有些族在构造上表现了某种显著的偏差，例如扇尾鸽的尾，突胸鸽的嗉囊，信鸽和翻飞鸽的喙，等等，但在这些族中其他部分却几乎保持不变。现在每一个博物学者都会承认，要在任何一科中挑选出 12 个在习性和一般构造上密切一致而只在少数性状上有巨大差异的自然物种，简直是不可能的。这一事实通过自然选择学说便可以得到解释；因为每一个自然物种在构造上的每一个连续变异仅仅由于它有用而得到保存；这等变异当大量被积累时，就意味着生活习性中的一种巨大变化，而这几乎必然会引起整个体制发生其他构造上的变化。另一方面，如果几个鸽族是通过选择和变异而人为地产生出来的话，那么我们就可以容易地理解到，为什么它们在那些人类无意改变的习性和

---

① 家鸽同近似的欧洲岩鸽容易杂交（贝西斯坦，《德国的博物学》，第四卷，第 3 页）；勃连特先生在英国也做过几次同样的杂交，但是幼鸽在十天左右很容易死去；一个欧洲岩鸽和雄安特卫普信鸽的杂种同一只龙鸽交配过，不过从来没有下过卵。贝西斯坦进一步说（第 26 页），家鸽会同斑鸠（C. palumbus）、斑鸠（Turtur risoria）以及普通雉鸠（Turtmr vulgaris）进行过杂交，但是一点也没有谈到它们杂种的能育性，如果它们的杂种确是能育的话，大概会被提到的。在"动物园"中一个普通雉鸠和家鸽之间的雄性杂种"同鸽的以及鹁鸽的若干不同物种交配过，但没有一个卵是好的"（根据詹姆斯·汉特先生给我的报告原稿）。C. aenas 和 gymnophthalmos 之间的杂种是不育的。据说一个雄性杂种（雄普通"雉鸠和雌性奶油色斑鸠"之间的杂种）同一个雌斑鸠交配了两年，而且下了许多卵，但都是不育的，此事载于拉乌顿出版的《博物学杂志》，第七卷，1834 年，第 154 页。包依塔和考尔比说道（《鸽》，第 235 页），这两种雉鸠之间的杂种彼此杂交以及同任何一个纯系亲代进行杂交，永远是不育的。这是考尔比所作的试验"关于一个顽固的物种"；莫达特和威洛特（Vieillot）所作的试验也是如此。得明克也发现从这两个物种产生出来的杂种是十分不育的。但贝西斯坦（《德国的博物学》，第四卷，第 101 页）确言这两种雉鸠间的杂种彼此杂交是能育的，同时同纯系之间进行杂交也是同等能育的，并且一位作者在《大地》(Field) 新闻中也有过同样肯定的说法（1858 年 11 月 10 日的读者来信），根据前述这一定是错误的，虽然我不知道错误在哪里，因为贝西斯坦至少一定知道斑鸠有一个白色变种；如果同样的两个物种有时产生极端能育的后代，有时产生极端不育的后代，这大概是一件空前的事实。在"动物园"的报告原稿中说道，Turtur oulgaris 和 Suratensis 之间的杂种以及 T. vulgaris 和 Ectopistes migretorius 之间的杂种都是不育的。后面的两个雄性杂种和它们的纯系亲代（即 T. vulgaris 和 E. migratorius）交配过，而且也和 T. risoria 以及 C. aenas 交配过，结果产生了许多卵，但都是不育的。在巴黎曾育成过 Turtur auritus 和 T. cambayensis 之间的以及和 T. suratensis 之间的杂种（小圣伊莱尔，《普通博物学》，第三卷，第 180 页），但是没有谈到它们的能育性。在伦敦的动物园中，Goura coronata 和 Victoriae 产生了一个杂种，这个杂种和纯系的 G. coronata 交配了，并且产了几个卵，但是这些卵都被证明是不育的。1860 年在同一动物园中 Columba gymnophthalmos 和 maculosa 产生了一些杂种。

许多性状上依然彼此类似，而在那些打动了他们的眼睛的并且适合于他们的爱好的部分却发生了如此巨大程度的差异。

除了上面所列举的家养族和岩鸽之间的以及它们彼此之间的相似之点以外，还有一点特别值得注意。野生岩鸽是石板青色的；翅膀上有两条横斑；臀部的颜色有变异，欧洲鸽子的臀部一般是白色的，印度鸽子的臀部是青色的；尾的近末端处有一条黑色横斑，外侧尾羽的外翈除了顶端以外都是白色的。除了岩鸽以外，在任何野生鸽中还没有发现过兼有上述这些性状的。我曾仔细地观察了大英博物馆收藏的大量的鸽子搜集品，我发现在尾端具有一条黑色横斑是普通的；外侧尾羽具有白色外缘的并不罕见；不过白色的臀部是极端稀有的，翅膀上的两条黑色横斑，除了喜马拉雅野鸽和中央亚细亚野鸽以外，在任何其他鸽子中都没有发生过。现在我们如果转过来看一看家养族，那么高度值得注意的是，像一位卓越的养鸽者威金向我所说的那样，无论什么时候在任何族中出现了一只青色的鸽子，它的翅膀几乎必然会有两条黑色横斑①。初级飞羽可能是白色的，也可能是黑色的，整个体部可能具有任何颜色，但复羽如果是青色的，那么肯定会有两条黑色横斑出现。我曾亲自在下列的族中看见过（或者在这方面掌握有如下可以信赖的证据②）青色鸽子在翅膀上具有黑色横斑，臀部是白色的、淡灰色的或者暗青色的，尾端具有一条黑色横斑，外侧尾羽的外缘是白色的或者是淡灰色的。就像我在各个场合中、即在突胸鸽、扇尾鸽、翻飞鸽、毛领鸽、浮羽鸽、排字鸽、信鸽、侏儒鸽的三个不同变种、喇叭鸽、燕鸽以及许多其他玩具鸽中所仔细观察的那样，这些族似乎都是完全纯系的。因为玩具鸽和岩鸽密切近似，所以不必多加叙述。这样，我们便可以知道，在欧洲的每一个已知的纯系族中，有时会出现青色鸽子，它们具有其他野生种所没有的而为岩鸽所特有的一切特征。勃里斯先生对于印度的各个不同家养族也做过同样的观察。

同样的，在岩鸽中，在鸮鸽中，以及在所有高度改变了的族中，某些羽衣方面的变异是共同的。例如，它们的臀部颜色的变异，都是从白色到青色，在欧洲白色的居多，在印

---

① 在原产于德国的燕鸽的一个亚变种中有一个例外，纽美斯特绘过它的图，并且由威金先生示我。这只鸽子是青色的，但没有黑色的翅横斑；然而在我们追踪主要族的起源方面，这个例外并没有多大意义，因为燕鸽在构造上同岩鸽密切接近。在许多亚变种中黑色横斑被各种不同颜色的横斑代替了。纽美斯特的绘图充分阐明了：如果只是翅膀是青色的，黑色的翅横斑就会出现。

② 我曾在下列的一些族中观察了具有上述一切特征的青色鸽子，这些鸽子似乎都是纯系的，而且在各种展览会上展览过。具有两条黑色翅横斑的、白色臀部的、尾端附近有一暗色横斑的、并且外侧尾羽的外缘为白色的突胸鸽。具有一切这等同样性状的浮羽鸽。具有这等同样性状的扇尾鸽，不过在某些扇尾鸽中其臀部带有青色或为完全青色的。威金先生从两只黑色个体育成了青色的扇尾鸽。具有一切这等特征的信鸽（包括纽美斯特所谓的巴给多顿鸽在内）；我检查过的两只鸽子具有白色的臀部，还有两只具有青色的臀部；它们的外侧尾羽都没有白缘。一位伟大的育种者苛克先生肯定地向我说过，如果黑色信鸽在许多连续的世代中进行交配，那么它们的后代就会最初变成灰色的，然后变成青色的，并且具有黑色的翅横斑。长形品种的侏儒鸽也具有同样的特征，不过其臀部是淡青色的；它们的外侧尾羽具有白缘。纽美斯特画过一只大型的佛罗伦斯侏儒鸽，它是青色的，并且具有黑色横斑。毛领鸽很少是青色的，但是我曾接到过可以信赖的报告，其中至少有两个事例指出了具有黑色横斑的青色变种曾在英格兰出现过；勃连特先生从两只黑色个体育成了青色的毛领鸽。我曾看见过无论是印度的或英国的普遍翻飞鸽、短面翻飞鸽都是青色的，具有黑色的翅横斑，在尾端具有黑色横斑，并且外侧尾羽具有白缘；所有翻飞鸽的臀部都是青色的，或者是极端淡青色的，但从来没有绝对白色的。青色的排字鸽和喇叭鸽似乎非常之少；但是可以绝对信赖的纽美斯特绘过这两种鸽子的青色变种，而且都具有黑色翅横斑。勃连特先生告诉我说，他曾看见过一只青色的排字鸽；并且推葛梅尔先生告诉我说，威尔先生有一次从两只黄色个体育成了银色的排字鸽（就是说它是很淡青色的）。

度青色的很一般①。我们已经知道,欧洲的野生岩鸽和世界各地的鸼鸽的上复羽都常常具有黑色棋盘斑;而且最不相同的族如果是青色的,也偶尔具有完全一样的棋盘斑。例如,我曾看到青色的突胸鸽、扇尾鸽、信鸽、浮羽鸽、翻飞鸽(印度的和英国的)、燕鸽、秃头鸽(bald-pates)以及其他玩具鸽都具有棋盘斑;并且埃斯奎兰特先生看见过一只具有棋盘斑的侏儒鸽。我从两只纯系的青色翻飞鸽育出来一个具有棋盘斑的个体。

上述的事实指出了,在纯系的族中偶尔会出现翅上具有黑色横斑的青色个体,同样地也会出现青色的和具有棋盘斑的个体;但是,现在我们即将看到,当属于不同族的两个个体相杂交时,尽管没有一个族的羽衣在许多世代中有过或者可能有过青色的痕迹或翅横斑的痕迹以及其他特征的痕迹,而它们很常常产生出青色的杂种后代,有时具有棋盘斑,有时具有黑色翅横斑,等等;纵使不是青色的,也会具有多少明显发达的若干特征。我之所以研究这个问题,是因为包依塔和考尔比②肯定地说过从某些品种的杂交中,像我们所知道的那样,除了具有普通特征的青色鸼鸽以外,很少会得到其他任何东西的。以后我们将会看到,这个问题纵使离开我们现在的目的而论,也是相当有趣的,所以我将把我自己的试验结果充分地写出来。我选做试验之用的是这样一些族:它们如果是纯系的,所产生的个体很少是青色的或者很少在翅膀和尾上具有黑色横斑。

尼鸽是白色的,不过具有黑色的头、尾和初级飞羽;远在 1600 年就已经有这个品种了。我曾使一只雄尼鸽和一只红色的普通雌翻飞鸽杂交过,后一变种一般可以纯粹地进行繁育。这样,任何一个亲代的羽衣都没有一点青色的痕迹,而且它们的翅膀和尾也没有一点黑色横斑的痕迹。我应当先提一下,普通翻飞鸽在英格兰很少是青色的。从上述的杂交中,我育成了几只幼鸽:其中一只的整个背部都是红色的,不过它的尾却青得同岩鸽的尾一样;然而,没有尾端的横斑,外侧尾羽却具有白缘;第二只和第三只大体上同第一只相似,不过这两只在尾端呈现了一点横斑的痕迹;第四只带有褐色,它的翅膀呈现了两条横斑的痕迹;第五只的整个胸部、背部、臀部以及尾部都是淡青色的,不过颈部和初级飞羽则带红色;翅膀上呈现了两条明显的红色横斑;尾部没有横斑,不过外侧尾羽具有白缘。我使最后这一个具有奇特颜色的个体同一只具有复杂血统的黑色杂种进行杂交,这个杂种是由黑色排字鸽、斑点鸽和扁桃翻飞鸽育成的,所以从这个杂交中产生出来的两只幼鸽包含有五个变种的血统,而这五个变种的任何一个都没有青色的痕迹或者翅横斑和尾横斑的痕迹:在这两只幼鸽中有一只是黑褐色的,并且具有黑色的翅横斑;另一只是暗红色的,并且具有红色的翅横斑,不过比体部的其余部分较淡,它的臀部是灰青色的,尾部带有青色并且在末端具有横斑的痕迹。

伊顿先生③使两只短面翻飞鸽交配过,雄的是带斑点的,雌的是鸢色的(它们都不是青色的或具有横斑的),他从第一窝中得到了一个完全青色的个体,从第二窝中得到了一

①　勃里斯先生告诉我说,所有印度的家养族都具有青色的臀部,但这并不是一成不变的,因为我有一只非常淡青色的西玛利(Simmali)鸽,它的臀部是完全白色的,这只鸽子是伊利阿特爵士从马德拉斯给我送来的。一只石板青色的和具有棋盘斑的鸽子只在臀部上生有一些白色的羽毛。其他一些印度的鸽子只在臀部生有少数的白色羽毛,而且我在来自波斯的一只信鸽中看到过同样的事实。爪哇扇尾鸽(输入到厦门之后给我送来的)臀部是完全白色的。

②　《鸽》,第 37 页。

③　《论鸽》,1858 年,第 145 页。

个银色的、即淡青色的个体，这两只幼鸽无论从哪方面来看，无疑都呈现了普通的特征。

我使两只黑色的雄排字鸽同两只红色的雌斑点鸽杂交过。这种红色斑点鸽的整个体部和翅膀都是白色的，在前额有一斑点，尾和尾部复羽是红色的；这个族至少在 1676 年就已经存在了，而且现在能够完全纯粹地进行繁育，据知在 1735 年①就是这样了。排字鸽是单色的，甚至在翅膀和尾上也很少有横斑的痕迹；据知它们能够很纯粹地进行繁育。这样育成的杂种是黑色的或者近乎黑色的，也有暗褐色或淡褐色的，有时还微带白斑：在这些鸽子中，至少有六只呈现了两条翅横斑；有两只的翅横斑是显著的而且是十分黑的；有七只的臀部出现了一些白色羽毛；有两三只的尾端表现有横斑的痕迹，不过外侧尾羽具有白缘的并没有一只。

我使黑色排字鸽（两个最优良品种的）同雪白色的纯系扇尾鸽杂交过。它们的杂种一般是完全黑色的，少数的初级飞羽和尾羽是白色的；另外一些是暗红褐色的，还有一些是雪白色的；但没有一只具有翅横斑或白色的臀部。于是我使其中两个杂种进行交配，一是褐色的，一是黑色的，它们的后代呈现了模糊的翅横斑，但其褐色比体部的其余部分较深。从相同的亲代产生出来的第二窝中，出现了一个褐色的个体，它只在臀部上生有若干白色羽毛。

我使一只属于在若干世代中都是黄棕色而没有翅横斑的种类的黄棕色雄龙鸽同一只全身红色的排字鸽（从两只黑色排字鸽育成的）进行杂交；它们的后代呈现了肯定的、但是模糊的翅横斑痕迹。我使一只全身红色的雄侏儒鸽同一只白色的喇叭鸽杂交过，它们的后代具有青色的尾，在尾端具有一条横斑，并且外侧尾羽具有白缘。我还使一只具有黑白相间的棋盘斑的雌喇叭鸽（是一个不同于上述的品种）同一只雄"扁桃翻飞鸽"杂交过，它们没有呈现一点青色的痕迹，而且也没有白色的臀部或者在尾端具有横斑：这两只鸽子的祖先在许多世代中也不可能表现过任何这等性状；因为我甚至从来没有听到在英国有过青色的喇叭鸽，并且我的扁桃翻飞鸽是纯系的；然而它们的杂种的尾却带有青色，在尾端有一宽条黑斑，而且它们的臀部是完全白色的。在若干这等场合中可以观察到，尾部由于返祖而最初表现了青色的倾向；只要一个人注意过鸽子的杂交，他就不会对尾和尾部复羽②的这种颜色的稳定性表示惊奇。

最后我举出的这个例子是非常奇妙的。我使一个排字鸽和扇尾鸽之间的雌性杂种同一个排字鸽和斑点鸽之间的雄性杂种杂交过，这两个杂种一点也不带青色。让我们记住，青色排字鸽是非常稀有的；并且，像已经说过的那样，斑点鸽的特征在 1676 年就已经完全固定下来了，而且它们能够完全纯粹地进行繁育；白色扇尾鸽同样也是如此，我从来没有听到白色扇尾鸽产生过其他任何颜色的个体。尽管如此，从上述两个杂种产生出来的后代的整个背部和翅膀却都是青色的，其青色的程度同来自谢特兰岛的野生岩鸽的完全一样；两条黑色的翅横斑是同等显著的；尾部的所有性状都同岩鸽的完全一样，并且臀部是纯白的；然而它们的头部显然是由于斑点鸽的遗传关系而带有红色，而且头部的青色比岩鸽的较淡，腹部也是如此。所以两只黑色排字鸽、一只红色斑点鸽以及一只白色

---

① 慕尔：《鸠鸽类》（Columbarium），1735 年，又伊顿版，1852 年，第 71 页。

② 我可以举出无数的例子来；不过有两个已经够了。一个杂种的四个祖父母是白色浮羽鸽、白色喇叭鸽、白色扇尾鸽以及青色突胸鸽，这个杂种除了头部和翅膀上的很少数羽毛以外，全身都是白色的，不过整个的尾部和尾部复羽则是暗青灰色的。另一个杂种的四个祖父母是一只红色侏儒鸽、白色喇叭鸽、白色扇尾鸽以及同一只青色突胸鸽，这个杂种除了淡黄褐色的尾和上尾部复羽以及两条同样淡黄褐色的极其模糊的翅横斑以外，全身都是纯白色的。

扇尾鸽作为四个纯系的祖父母而产生了一只像野生岩鸽那样全身青色的并且具有岩鸽的一切特征的鸽子。

杂交的品种屡屡产生具有黑色棋盘斑的青色个体，而且它们在所有方面都同鸹鸽以及岩鸽的具有棋盘斑的野生变种相似，关于这一点，上面所引用的包依塔和考尔比的记载几乎是足够的了；但是我还要举出三个事例来说明这等个体从只有一个青色的而不具棋盘斑的亲代或曾祖父母的杂交中的出现。我使一只青色的雄浮羽鸽同一只雪白色的喇叭鸽进行杂交，翌年我又使这只青色的雄浮羽鸽同一只暗铅褐色的短面翻飞鸽进行杂交；从第一次杂交中产生出来的后代完全和任何鸹鸽一样地具有棋盘斑；从第二次杂交中产生出来的后代是黑色的，其黑色的程度同来自马德拉的具有最暗色棋盘斑的岩鸽几乎一样。另一只鸽子是石板青色的，而且具有同鸹鸽完全一样的棋盘斑，它的曾祖父母是一只白色喇叭鸽、一只白色扇尾鸽、一只白色的红斑点鸽、一只红色侏儒鸽以及一只青色突胸鸽。这里我还要提一下威金先生向我说的话，在英国他在育成种种颜色的鸽子方面比其他任何人都富有更多的经验，他说，如果一只具有黑色翅横斑的青色鸽子或一只兼有黑色翅横斑的和棋盘斑的青色鸽子一旦在任何族中出现了，并且让它交配产卵，那么这等性状就会非常强烈地遗传下去，要想消除它们，是极端困难的。

所有主要的家养族都有这样一种倾向：即当纯粹地进行繁育时，特别是当进行杂交时会产生出青色的后代，这些后代具有同岩鸽一致的特殊色斑，同岩鸽一样地发生变异；那么，从这种倾向我们可以作出怎样的结论呢？如果我们承认这些族都是从岩鸽传下来的话，那么没有一个育种者会怀疑具有这等特征的青色个体的偶尔出现是可以根据返祖原理来解释的。为什么杂交会引起如此强烈的返祖倾向，我们还不能确实地知道；但是有关这一事实的丰富证据将在以下几章中加以叙述。如果我繁育纯系的黑色排字鸽、斑点鸽、尼鸽、白色扇尾鸽、喇叭鸽等，即便在一个世纪中大概也不会得到一个青色的或具有横斑的个体；然而我使这些品种进行杂交，就可以在第一代和第二代，仅仅在三四年的期间内，育成多少明显地具有青色的而且具有大多数这等特征的大量个体。当黑色个体同白色个体以及黑色个体同红色个体进行杂交时，在两亲中似乎存在着一种产生青色后代的微小倾向，这种倾向当交配时压倒了任何一亲产生黑色的、白色的或红色的后代的那种分离倾向。

如果我们排斥所有鸽族都是岩鸽的改变了的后代这种信念，同时假定它们都是从若干原种传下来的，那么我们必须从下述三个假定中选择其一：第一，假定以前曾经存在过八九个原来就具有各式各样颜色的物种，但以后以完全一样的方式发生变异，而变得都具有了岩鸽的颜色；不过这一假定对于在各族的杂交中出现了这等颜色和色斑，并没有提供任何解释。第二，我们可以假定所有原种都是青色的，并且具有翅横斑以及岩鸽的其他特征——这是一个非常不可能的假定，因为除了岩鸽这一物种以外，没有一个鸠鸽科的现存成员兼有这些综合的性状；并且关于几个物种在羽衣上是一致的，但在构造的重要点上却表现有同突胸鸽、扇尾鸽、信鸽、翻飞鸽等那样的差异，大概还不可能找出任何其他例子。第三，不论所有的族是否从岩鸽传下来的或是从若干原种传下来的，我们可以假定这些族虽然受到育鸽者非常细心的培育和高度的珍视，但它们都曾在12代或者20代内同岩鸽杂交过，因而获得了产生具有那些特征的青色个体的倾向。我已经说过必须假定各个族在 12 代、最多在 20 代内同岩鸽杂交过；因为没有理由可以使我们相信，杂交后代经过了比此更多的世代还能返归它们的祖先之一。一个品种如果只杂交过一次，它的返祖倾向自然就会一代一代地愈来愈小，因为在每一代中异品种的血愈来愈少；但是，如果没有同异品种杂交过，而且在两亲中具有一种返归久已亡失的性状的倾向，那么我们所能看到的情形便同上述正相反：这种倾向可以在无限世代中毫不减弱地传递下去。这两种不同的返祖情形常被那些写作有关遗传论文的人们混淆在一起了。

一方面由于刚才所讨论的这三种假定的不可能性，另一方面由于这些事实如果根据返祖原理便能多么简单地得到解释，所以我们可以作出这样的结论：在所有族中，当纯粹地繁育时，特别是当杂交时，偶尔出现了青色个体，并且有时具有棋盘斑、两条翅横斑、白色的或青色的臀部、位于尾端的一条横斑以及外侧尾羽的白缘，这一事实对于支持所有的族都是从岩鸽（在这个名称下包含有三、四个以前说过的野生变种或亚种）传下来的观点提供了一个极其有力的论据。

上述的六个论据都是同认为主要的家养族至少是 8 个、9 个乃至 12 个物种的后代这一信念相反，我之所以要说 8 个、9 个乃至 12 个物种，是因为比此为少的物种之间的杂交大概不会在若干族间产生那样作为特征的差异；现在把这 6 个论据总结一下。第一，要说有如此众多的物种现在依然生存于某地，但不被鸟类学者所知道，这是不可能的，或者说它们在有史时代以后就灭绝了，虽然人类在消灭野生岩鸽方面所发生的影响非常之小，这也是不可能的。第二，要说人类在很久以前的时代里能使如此众多的物种彻底家养化，并且能使它们在拘禁中生育，这是不可能的。第三，这些假想的物种没有在任何地方野化过。第四，这是一个可惊的事实：人类曾经有意识地或偶然地选择了若干具有极端畸形性状的物种来家养，而且那些使得这些假想的物种成为如此畸形的构造诸点现在还是高度容易变异的。第五，所有的族虽然在许多重要的构造之点上有所差异，但能产生出完全能育的杂种；而在鸠鸽科中甚至密切近似的物种之间产生出来的杂种都是不育的。第六，是刚才谈到的一个值得注意的事实：所有族当纯粹地进行繁育时和杂交时，在颜色的无数细微之点上具有返归野生岩鸽的性状并且按照同样方式发生变异的倾向。除了这些论据之外，还可以补充一点：要说以前曾经存在过这样大量的物种，它们彼此之间在少数构造之点上有巨大的差异，但在其他构造之点上，如在鸣声和所有生活习性上，却彼此密切相似得同家养族一样，这是极端不可能的。如果我们对于这几个事实和论据加以相当的考虑，那就需要有压倒多数的证据才能使我们承认主要的家养族是从若干原始祖先传下来的；但这等证据是绝对没有的。

关于主要家养族是从若干野生祖先传下来的这一信念之所以发生，无疑是由于认为自从人类第一次饲养岩鸽以来，在构造上显然不可能发生如此巨大的变异。关于有些人在承认它们是从共同祖先传下来的时候表示踌躇，我并不感到惊奇：以前当我走进我的鸽舍并且观察像突胸鸽、信鸽、排字鸽、扇尾鸽和短面翻飞鸽等这些鸽子时，我也不能使我自己相信：所有这些鸽子都是从同一个野生祖先传下来的，所以在某种意义上人类创造了这些显著的变化。因此对于它们的起源问题，我进行了广泛的讨论，某些人也许会认为这未免讨论得过多了。

最后，可以支持所有的族都是从单一祖先传下来的这一信念，还有一个事实，即以岩鸽为名的这个物种现今依然存在而且广为分布,它能够在各地被家养而且曾经在各地被家养过。这个物种在构造的大多数之点上,在所有生活习性上,并且偶尔在羽衣的每一细微之点上,都同若干家养族一致。这个物种可以自由地同家养族交配繁育,并且产生能育的后代。它在自然状态下有变异①,当半家养化时更加如此,用萨拉热窝鸽子同印度鸽子来比较,或者同在马德拉显然野化的鸽子来比较,就可以阐明这一点。在无数玩具鸽的场合中所发生的变异量还要大,但谁也不会设想它们是从不同的物种传下来的;然而有些玩具鸽几世纪以来纯粹地传递了它们的性状。那么,为什么我们要对于产生那11个主要族所需要的更大变异量表示犹疑呢? 应当记住,在特征最显著的两个族、即信鸽和短面翻飞鸽中,极端类型可以由级进的差异同亲种连接在一起,这等级进差异并不大于在不同地方栖息的鹁鸽之间的级进差异,也不大于玩具鸽的各个不同种类之间的级进差异——这等级进是必须肯定地归因于变异的。

　　现在就来说明一下通过变异和选择曾经显著有利于鸽子改变的有哪些环境条件。正如来普修斯教授向我指出的那样,关于鸽子在家养状态下的最早记录见于纪元前3000年左右的埃及第五王朝②;但是大英博物馆的倍契先生告诉我说,在比此为早的王朝的一张菜单上就已经出现了鸽子。在《创世记》、《利未记》(Leviticus)、以赛亚书(Isaiah)③中都曾提到过家鸽。普林尼(Pliny)说④,在罗马时代鸽子值钱很多:"是的,因为能够评定它们的系谱和族,才是这样的。"约在1600年,印度的亚格伯汗(Akber Khan)非常重视鸽子:在他的宫廷中饲养过两万只鸽子,商人们卖给他很值钱的搜集品。宫廷史官写道:"伊朗(Iran)王和都兰(Turan)王送给他一些很稀有的品种。陛下用了杂交——这是从来没有使用过的方法——可惊地改进了他的品种。"⑤亚格伯汗拥有十七个不同的种类,其中有八个种类仅仅由于它们美观而被看重。约在1600年的同一时期,按照阿尔祝万狄的材料,荷兰人同古罗马人一样地热心于养鸽。15世纪在欧洲和印度饲养的品种彼此显然有些差异。泰瓦尼尔(Tavernier)在他的1677年《旅行记》中曾经谈到过波斯的大量鸽舍,卡丁(Chardin)在1735年也这样说过;并且泰瓦尼尔说,因为基督教徒不准养鸽子,所以有些平民仅仅为了养鸽才改奉回教。在慕尔于1377年发表的论文里曾经提到摩洛哥(Marocco)的皇帝有他宠爱的养鸽人。在英国,从1678年威尔比时代起直到今日,在德国以及在法国,曾经发表了无数的有关鸽子的论文。约在一百年以前,在印度发表过一篇波斯语的论文;该文作者认为这不是一件轻而易举的工作,因为他开始便以庄严的祈祷说道,"在大慈大悲的神的名义之下"。在英国和美国的许多大城市里今日都有热心的养鸽者的团体:在伦敦现今有三个这样的团体。我听勃里斯先生告诉我说,印度的德

---

　　①　不仅岩鸽有几个野生类型被某些博物学者当做物种,同时又被其他一些博物学者当做亚种或者只当做变种,就是几个近似属的物种也是如此,这种情形同变异的一般问题有关,所以值得注意。勃里斯先生告诉我说:关于绿鸠(Treron)、斑鸠(Palumbus)和雉鸠(Turtur)也是如此。

　　②　《纪念碑》(Denkmäler),第二部,第70图。

　　③　《鸽》,狄克逊著,1851年,第11—13页。匹克推特说,在古代梵文中有25乃至30个鸽的名字,波斯文的名字有15个或16个,其中没有一个是同欧洲语言共同的(《印度-欧洲语起源》,Les Origines lndo-Européennes,1859年,第399页)。这一事实指出了东方鸽的饲养是很悠久的。

　　④　英译本,1601年,第十册,第三十七章。

　　⑤　Ayeen Akbery,格赖得文译,第四版,第一卷,第270页。

里以及其他一些大城市的居民都是热心的养鸽者。雷雅得先生告诉我说,在锡兰饲养着大多数已知的品种。按照厦门的斯温赫和上海的洛克哈特(Lockhart)的材料,在中国,人们细心地饲养着信鸽、扇尾鸽、翻飞鸽以及其他变种,尤其是和尚和教士特别喜欢养鸽子。中国人把一种哨子拴在鸽子的尾羽上,当鸽群盘旋于天空时,便发出一种悦耳的声音。在埃及,已故的阿巴斯·帕卡(Abbas Pacha)是一位伟大的扇尾鸽饲育者。在开罗和君士坦丁堡饲养着许多鸽子,伊利阿特爵士告诉我说,这些鸽子都是晚近由本地商人从印度南部输入的,而且售价很高。

上面所叙述的事实表明了,在何等众多的地方、在何等悠久的期间里有许多人曾热烈地致力于鸽子的繁育工作。听一听现在的一位热心养鸽者说的话吧:"如果当贵族和绅士理解扁桃翻飞鸽的性质的时候,并且知道他们可以从它们得到莫大的安慰和喜悦,我想不设置扁桃翻飞鸽鸽舍的贵族和绅士大概是很少的。"[1]这样发生的喜悦是非常重要的,因为它引导着业余爱好者细心地去记载和保存那些引起他们所爱好的构造上每一个细小偏差。鸽子常常在它们整个一生中处于严密的拘禁状态之下;它们不能吃到像在自然状态下那样变化多端的食物;它们常常从一种气候被输送到另一种气候之下;所有这些生活条件的变化大概都容易引起变异性。鸽子的被家养已经有五千年左右了,并且曾经在许多地方被饲养过,所以在家养下育成的鸽子数目一定是非常大的:这是另一个高度重要的条件,因为它显然有利于构造上的稀有变异的偶然出现。所有种类的轻微变异都几乎会一定被观察到,如果这些变异是被珍视的话,由于以下的情形,大概都会非常容易地被保存下来而加以繁育。鸽子同其他任何家养动物都不同,它们可以容易地终身相配,虽然同其他鸽子养在一起,雌雄之间也很少有彼此不忠实的。甚至当雄鸽破坏结婚誓约时,他也不会永远抛弃他的第一个伴侣。我在同一个鸽舍中养过许多不同种类的鸽子,但从来没有育出过一支血统不纯的鸽子。因此,养鸽者可以非常容易地选择他的鸽子来交配。他还可以看到他的细心工作的优良结果;因为鸽子的繁育速度非常之快。因为幼鸽是最好的食品,所以人可以自由地排除劣等的个体。

主要鸽族的历史[2]

在讨论主要鸽族的形成的途径和步骤以前,稍微谈一谈它们的历史细节是有好处的,因为我们所知道的鸽子历史虽然不多,但所知道的比其他家养动物的历史还要多一些。有些例子是有趣的,因为它们证实了家养变种可以在多么长久的期间内以完全一样的或者几乎一样的性状来繁育;还有一些其他更加有趣的例子,因为它们阐明了鸽族在连续的世代中曾经多么缓慢地、但稳定地发生了巨大的变异。我在上一章叙述过,在鸣声方面非常值得注意的喇叭鸽和笑鸽似乎在 1735 年就已经完全具有这种特征了;而笑鸽在印度显然于 1600 年以前就被知道了。斑点鸽在 1678 年,尼鸽在阿尔祝万狄的时

---

① 伊顿:《论"扁桃翻飞鸽"》(*Treatise on the Almond Tumbler*),1851 年;序言,第 6 页。

② 在下文我常常说到"现在",所以我应当指出本章是在 1858 年完成的。

代，即在 1600 年以前，已经具有同现在完全一样的颜色了。在印度普通翻飞鸽和地面翻飞鸽于 1600 年以前已经呈现了同今天一样的异常飞翔特性。因为在一种阿拉伯文古书（Ayeen Akbery）中对于这样的特征有过很好的描述。这些品种的存在时间可能比此还要悠久；不过我们只知道它们在上述期间已经完全具有那样的特性了。家鸽的平均寿命大概为五、六年；如果是这样的话，那么在这些族中有些已经完善地把它们的性状至少保持到四五十代了。

突胸鸽　这种鸽子按照很短的记载所能提出的比较来说，大概在阿尔祝万狄的时代[1]，即在 1600 年以前，已经完善地具有这样的特征了。体长和腿长在今天是两个最主要的优点。第一流的养鸽者慕尔于 1735 年说道（参阅伊顿先生编的版本），他有一次看到一只鸽子的体长达 20 英寸，"虽然 17 英寸或 18 英寸已经被承认是很好的长度了"；并且他曾看见过腿长有接近 7 英寸的，然而腿长达到 6.5 英寸或 6.75 英寸的，"一定就会被认为是很优良的个体了"。全世界最成功的突胸鸽育种者布尔特先生告诉我说，现在（1858 年）的体长标准不小于 18 英寸；但是他曾测计过一只鸽子，其体长为 19 英寸，并且他还听到过有达 20 英寸和 22 英寸的，不过他怀疑后一说法的正确性。现在的腿长标准为 7 英寸，但是布尔特先生最近在他所拥有的鸽子中测计过两只、其腿长为 7.5 英寸。所以自从 1735 年以后，经过了 123 年，在体长的标准上几乎没有任何增加；17 英寸和 18 英寸在以前被承认是很好的长度，现在 18 英寸是最低的标准；不过腿长似乎增加了，因为慕尔从来没有看见过有足够 7 英寸长的；现在腿长的标准 7 英寸，在布尔特先生的鸽子中有两只的腿长为 7.5 时。在晚近 123 年以来，突胸鸽除了腿长以外改进得极其微小；正如布尔特先生告诉我的那样，这可能是部分地由于直到最近二三十年以前它们并没有受到注意的关系。约在 1765 年[2]，时尚有所改变，细而接近裸出的腿不如粗大而多具羽毛的腿时兴了。

扇尾鸽　在那种阿拉伯文古书（Ayeen Akbery）中指出[3]，最初注意到这个品种的存在的是在印度，这是 1600 年以前的事情了；根据阿尔祝万狄的判断，这个时期在欧洲还不知道有这个品种。1677 年威尔比谈过有一只扇尾鸽具有 26 支尾羽；1735 年慕尔看到过一只具有 36 支尾羽；1824 年包依塔和考尔比确言具有 42 支尾羽的鸽子可以容易地在法国找到。在英国，现在对尾羽的数目并不如对尾的向上方位和开张程度那样地重视了。同样的，鸽子的一般步态现在也是非常受到重视的。古文献对于后述各点是否有过巨大改进所作的描述是不够充分的；但是，像现在那样的头尾可以相触的扇尾鸽如果在以前曾经存在过，那么这一事实几乎肯定是会被注意到的。有关步态这一点，现在的印度扇尾鸽大概示明了该族被引进到欧洲时的状态；我养过一些扇尾鸽，据说是从加尔哥答带来的，它们的步态显著地比我们展出的鸽子的步态为劣。爪哇扇尾鸽在步态方面表现了同样的差异；斯温赫先生虽然在他的鸽子中看到过具有 18 支和 24 支尾羽的，但是他送给我的一个第一流标本只有 14 支尾羽。

---

①　《鸟类学》，1600 年，第二卷，第 360 页。
②　《关于家鸽的一篇论文》（*A Treatise on Domestic Pigeons*），献给梅耶尔先生的，1765 年，序言，第 14 页。
③　勃里斯先生翻译过"Ayeen Akbery"的一部分，发表于《博物学杂志》，第十九卷，1847 年，第 104 页。

毛领鸽 这个品种在 1600 年以前就存在了,不过从阿尔祝万狄发表的绘图来判断,它的头巾状羽毛并不像现在那样地几乎完全把头部都遮盖住了;那时的头部并不是白色的;而且翅和尾也不像现在那样的长,不过后一性状可能是被粗心的绘图者忽略了。在 1735 年慕尔的时代,毛领鸽被认为是鸽中最小的一个种类,并且据说它们的喙是很短的。因此,毛领鸽以及当时同毛领鸽作比较的其他种类自从 1735 年以后一定相当地被改变了;为什么这样说呢,因为慕尔(必须记住他是第一流的判断者)的描述,就体长和喙长来说,显然同现在毛领鸽的情况不相符合。根据贝西斯坦的材料来判断,这个品种在 1795 年就已经获得了今天这样的性状。

浮羽鸽 关于鸽子的古代作者一般都设想浮羽鸽就是阿尔祝万狄所谓的科特贝克鸽(Cortbeck);但是,如果是这样的话,它们特有的颈羽未曾被注意到,却是一个异常的事实。再者,科特贝克鸽的喙被描述得同毛领鸽的喙密切相似,这表明了其中有一个族的喙已经发生了变化。威尔比在 1677 年曾描述过浮羽鸽,当时它已生着特有的颈羽,并且有着同现在一样的名字;据说它的喙像鹭的喙——这是一个适当的比较,不过现在它更严格地同排字鸽的喙相像。一个叫做鸮鸽的亚品种在 1735 年的慕尔时代已被熟知了。

翻飞鸽 只就翻筋斗这一点来说,1600 年以前在印度就有完善的普通翻飞鸽和地面翻飞鸽了;这一时期在印度似乎已经像现在那样地非常注意种种不同的飞翔方式了,例如夜间飞翔,高空飞翔,以及下降的方式。1555 年贝隆(Belon)[①]在帕夫拉哥尼亚(Paphlagonia)看见过他所描述的以下情形,"这是一件很新鲜的事情:鸽子在空中飞得如此之高,以致达到看不见它们的程度,但是它们还可以不离散地返归鸽舍"。这就是我们现在的翻飞鸽所特有的飞翔方式,不过他所描述的鸽子如果会翻筋斗。显然他会对这种动作加以描述的。1600 年,在欧洲还不知道翻飞鸽,因为讨论过鸽子翻飞的阿尔祝万狄并没有提到过它们。1687 年威尔比大略地谈到过翻飞鸽,他说这是一种小型的鸽子,"在空中表现得和足球一般"。这一时期还没有短面的族,因为威尔比不会忽略了体部如此显著小的、喙如此显著短的鸽子。我们甚至能够追踪产生这个族所经过的一些步骤。1735 年慕尔正确地举出了他们的主要优点,但是对于几个亚品种并没有做过任何描述;伊顿先生根据这一事实推论[②]短面翻飞鸽在那时还没有达到充分完善化的地步。慕尔甚至谈到过毛领鸽是一种最小的鸽子。30 年以后,即 1765 年,在献给梅耶尔(Mayer)的一篇论文中对于短面扁桃翻飞鸽已经作了充分的描述,不过该文作者,一位最优秀的养鸽者,在序言中明确地说道(第 14 页):"由于在繁育它们的时候花了很大的心思和费用,它们已经达到了如此非常完善的地步,并且同它们二三十年以前的情形如此不同,以致守旧的养鸽者会非难它们,这不是为了别的原因,而只是为了它们同以往时尚中所惯于被认为优良的鸽子不相像了。"因此,在这一时期左右,"短面翻飞鸽"的性状大概发生了一种颇为急骤的变化;而且有理由可以推测,一种矮小的和半畸形的鸽子,即若干短面亚品种的亲类型在那时出现了。我之所以如此推测,是因为短面翻飞鸽按照它们的体部大小

---

① 《鸟类志》(*L' Histoire de la Nature des Oiseaux*),第 314 页。

② 《鸽论》,1852 年,第 64 页。

的比例来说，生下来就具有成体那样短的喙（经过细心的测计而确定下来的）；关于这一点，它们和所有其他品种都大不相同，因为后者是在成长期间缓慢地获得了它们种种不同的特有性质的。

自从 1765 年以后，短面翻飞鸽的主要性状之一，即喙的长度发生了某种变化。养鸽者从喙的尖端到眼球的前缘来测计它们的"头和喙"。约在 1765 年左右，"头和喙"按照普通方法来测计如果达到 $\frac{7}{8}$ 英寸长，就被认为是优良的[①]；现在则不应超过 $\frac{5}{8}$ 英寸；然而像伊顿先生坦白说到的那样，"其至达到 0.75 英寸长，这只鸽子也会被认为是可爱的或端正的，但是超过了这个长度，它一定会被认为是不值得注意的了"。伊顿先生说，在他的一生中看到"头和喙"的长度不超过半英寸的，也不过两三只；"我还相信经过几年之后，头和喙的长度将会缩短，而且头和喙的长度为半英寸的鸽子就不会像今天这样地被看成是一种莫大的珍奇物了"。如果考虑到伊顿先生在我们的展览会中获得了奖励，那么他的这种意见无疑是值得注意的。最后，根据以上的事实，对于翻飞鸽可以作出这样的结论：它最初是由东方引进到欧洲的，而且大概是先引进到英国的；那时它同英国的普通翻飞鸽相似，或者更可能同波斯翻飞鸽或印度翻飞鸽相似，它的喙比普通鹁鸽的喙刚刚短到可以觉察的程度。关于短面翻飞鸽，在东方还不知道有它的存在，在它的头、喙、体、腿的大小方面以及在一般步态方面所发生的可惊的全体变化，几乎无可怀疑的是由于在最近两个世纪中所进行的不断的选择，大概还有 1750 年左右在某处产生出来的一只半畸形鸽子的帮助。

侏儒鸽 关于它的历史，能够谈的很少。在普林尼的时代，据知坎佩尼亚（Campania）的鸽子是最大型的；某些作者仅根据这一事实就确言它们是侏儒鸽。在 1600 年阿尔祝万狄的时代，有两个亚品种存在，不过其中一个品种现在在欧洲已经灭绝了。

排字鸽 尽管有相反的议论，不过在我看来，要从阿尔祝万狄的描述和绘图中鉴定出排字鸽是不可能的；然而在 1600 年已经有四个品种显然同排字鸽和信鸽相似了。为了阐明要鉴定阿尔祝万狄所描述的某些品种是多么困难，我将对于上述的四个种类，即印度鸽（C. indica），克里特鸽（Cretensis），蔷薇色细颈鸽（gutturosa），波斯鸽（Persica），提出不同的意见，威尔比认为印度鸽是一种浮羽鸽，但卓越的养鸽者勃连特先生却认为它们是一种劣等的排字鸽。关于具有短喙并在上颌具有肉瘤的克里特鸽无法作出鉴定。蔷薇色细颈鸽（命名有误）由于喙短而粗并且生有肉瘤，所以在我看来，它同排字鸽极接近，但是勃连特先生相信它是一种信鸽；最后，关于波斯鸽，勃连特先生认为它们是一种稍具肉垂的短喙信鸽，我十分同意他的意见。1667 年在英国就知道排字鸽了，威尔比描述过它的喙同浮羽鸽的喙相似；但是不能相信他的排字鸽具有现今英国排字鸽那样的喙，因为如此精确的一位观察者不会忽略了它的巨大宽度。

英国信鸽 我们在阿尔祝万狄的著作中找不到任何鸽子同我们获奖的信鸽相似；这位作者所谓的波斯鸽是最接近信鸽的，不过据说它有一个短而粗的喙；所以它的性状一定接近排字鸽，而同我们的信鸽大不相同。在 1677 年威尔比的时代，我们可以清楚地辨

---

① 伊顿：《论扁桃翻飞鸽的繁育和管理》(*Treatise on the Breeding and Managing of the Almond Tumbler*)，1851 年。请把序言第 5 页和本文第 9, 32 页比较一下。

认信鸽,然而他又说,"喙并不短,并且中等长";谁也不会把这一描述应用在现今的英国信鸽身上,因为后者有如此显著的特别长的喙。在欧洲给信鸽超过的旧名字以及现今在印度所使用的几个名字都指出了信鸽最初是来自波斯的;威尔比的描述完全可以应用于现今在马得拉斯生存的布梭拉信鸽。晚近我们已经可以在英国信鸽中部分地追踪它们的变化过程了:慕尔在 1735 年说道:"虽然很优良的信鸽的喙没有超过 1.25 英寸的,但是 1.5 英寸的喙才被认为是长的。"这等鸽子一定同上述的现今生存于波斯的信鸽相似,或者比它们稍微优越一点。像伊顿先生①所说的那样,今天在英国"有的喙已经达到 1.75 英寸长(从眼边到喙端),少数的喙甚至达到了二英寸长。"

根据这些历史材料,我们知道几乎所有的主要家养族在 1600 年以前就存在了。仅以颜色为特征的鸽子似乎同现在的品种是一样的,有些是几乎一样的,有些是相当不同的,有些是后来灭绝了。像芬尼金鸽、旋转鸽、贝西斯坦命名的燕鸽以及卡姆赖特鸽(Carmelite)那样的几个品种似乎在这同一时期内发生了而且消灭了。今天访问了一座内容丰富的英国鸽舍的任何一个人大概都会肯定地把下述的鸽子作为最不同种类挑选出来的,这些鸽子是:粗壮的侏儒鸽,具有可惊的长喙和巨大肉垂的信鸽,具有短而宽的喙和眼睛周围的肉垂的排字鸽,具有圆锥形小喙的短面翻飞鸽,具有大嗉囊、长腿和修长体部的突胸鸽,具有向上的、广阔开张的和多羽的尾部的扇尾鸽,具有褶边状颈羽和短而钝的喙的浮羽鸽,具有头巾状羽毛的毛领鸽。如果同一个人能够看到 1600 年以前亚格伯汗在印度饲养的鸽子和阿尔祝万狄在欧洲饲养的鸽子,那么他大概会看到:毛领鸽,它们具有比较不完善的头巾状羽毛;浮羽鸽,它们显然没有褶边状的颈羽;突胸鸽,它们具有比较短的腿以及各种比较不显著的性状(这就是说,阿尔祝万狄的突胸鸽如果同以往的德国种类相似的话);扇尾鸽,它们在外貌上远不如今天那样地奇特,同时它们的尾羽也远不如今天那样地多;他大概会看到非常善于飞翔的翻飞鸽,但他不会找到奇异的短面翻飞鸽;他大概会看到同排字鸽近似的鸽子,但他所遇到的是不是我们的真正排字鸽,却极其值得怀疑;最后,他大概还会发现那时信鸽的喙和肉垂在发达上简直无法和英国信鸽的相比。他可能像今天一样地把大多数的品种分类在同样的群中;但是这些群间的差异远不如今天那样强烈地显著。总之,在这样早的时期,若干品种同它们的原始共同祖先、即野生岩鸽的分歧还没有达到今天这样巨大的程度。

主要族的形成途径

现在我们来更详细地考察一下主要族所赖以形成的可能步骤。当勃鸽在它们的原产地被养于鸽舍中并且在它们的选择和交配方面得不到任何注意而处于半家养状况下的期间,它们的变异只比野生岩鸽的多一点点,这些变异不过是翅膀上的黑色棋盘斑、臀部的青色或白色以及体部的大小而已。然而,当勃鸽被输送到像萨拉热窝内、马来群岛以及马德拉这许多各不相同的地方时,它们便处于新的生活条件之下;结果,显然会以多

---

① 《鸽论》,1852 年,第 41 页。

少比较大一点的程度发生变异。当它们被严密拘禁的时候,不论这是为了观赏的乐趣或是为了防止它们逃走,它们便处于相当不同的生活条件之下,甚至在原来的气候中也是如此;因为它们不能像在自然状态下那样地得到各种各样的食物;而且大概更重要的是,它们有大量的食物可吃,但不能从事很多的运动。用所有其他家养动物的例子来类推,我们可以预料到,它们在这样环境条件下所发生的个体变异量一定比野生鸽为大;而且情形也确系如此。运动的缺少显然会引起脚的大小和飞翔器官的退化;于是,由于生长相关的法则,喙显然要受到影响。根据现今在我们鸽舍中所看到的偶然发生的情形,我们可以作出这样的结论:突然的变异,例如头上羽冠、羽脚、新色泽、尾和翅上的过多羽毛的出现,大概自从鸽子最初被家养以来所经过的许多世纪中已经稀疏地发生了。今天,这等突然变异一般被当作瑕疵而遭到了排斥;而且在鸽子的繁育中存在着如此重大的神秘性,以致一种有价值的突然变异如果确实发生了,它的历史也往往会被隐蔽起来的。在 150 年以前,把任何这等突然变异的历史记载下来,几乎是没有可能的。但是决不能据此就断言,当以往鸽子发生变异很小的时候,这等突然变异会遭到排斥。我们对于每个突然的而且显然自发的变异的原因是深刻无知的,同时我们对于同科中鸟类之间所存在的无限多的色泽差异也是深刻无知的。但是在将来的一章里,我们将会看到所有这等变异似乎都是生活条件中某种变化的间接结果。

因此,经过长期的家养过程之后,我们大概可以预料到在鸽子中会发生很大的个体变异、偶尔的突然变异、由于某些部分的减少使用以及生长相关的作用所引起的微小改变。但是,如果不进行选择,所有这些只能产生轻微的结果,或者根本不会产生什么结果;因为没有这样的帮助,所有种类的差异就会由于以下的两个原因而迅速消失。在健康的和精力旺盛的鸽群中,被杀掉用作食品的和死去的幼鸽比可以活到成熟时期的幼鸽为多;所以具有任何特殊性状的个体,如果得不到选择,遭到毁灭的机会是很多的;纵使没有遭到毁灭,这种问题中的特征一般也会由于自由交配而消失掉。然而,偶尔可能发生这样的事情:由于特殊的和一致的生活条件的作用,同一变异会反复出现,在这样场合下,就是不进行选择,这种变异也会得势的。但是,当选择发生作用的时候,一切就都改变了;因为选择是新族形成的基础;关于鸽子,像我们已经看到的那样,环境条件是非常有利于选择的。如果呈现某种显著变异的个体被保存下来了,并且对于它的后代进行了选择,细心地使它们交配,再行繁育,这样在连续世代中不断地进行下去,那么这一原理就会明显到如此地步,以致不必对它再多说什么了。这可以称为有计划的选择(methodical selection),因为育种者在他心目中已经有了一个明确的目的,即把某种实际出现的性状保存下来;或者根据他心目中已经存在的蓝图来创造某种改进。

另一种选择的方式几乎没有被那些讨论这一问题的作者们注意到,但是它甚至更为重要。这种方式可以称为无意识的选择(unconscious selection),因为育种者是无意识地、不知不觉地而且没有方法地选择他的个体的,然而他可以肯定地、虽然缓慢地产生巨大的结果。我所指的是由于各个养鸽者按照他的技巧并且按照各代中的优良性的标准最初获得了他所能获得的优良个体并且此后培育它们的后代因而发生的那种效果。他没有永久改变一个品种的愿望;他并不展望遥远的将来,或者推测连续的微小变化在许多世代中缓慢积累的最后结果;如果他能拥有优良的一群,他就会满足了,如果他能胜过他的竞争者,他就会更加满足了。当阿尔祝万狄时代的养鸽者在 1600 年赞美他自己的毛领鸽、突胸鸽或信鸽的时候,他决不会想到它们的后代在 1860 年将会变成什么样子;如果他看到了我们的毛领鸽、改良的英国信鸽以及我们的突胸鸽,恐怕还要大吃一惊呢;他可能否认这是他一度赞美过的那些鸽子的后代;他也许不会重视它们,这不是为了别的原因,而只是为了像 1765 年间所写的那样:"它们和以往时尚中所惯于被认为优良的鸽子不相像了。"谁都不会把信鸽的增长了的喙、短面翻飞鸽的缩短了的喙、突胸鸽的增长了的腿、毛领鸽的更加完善地遮盖了头部的头巾状羽毛等等——这是在阿尔祝万狄的时代以后、甚至在更晚的期间以后发生的变化——归因于生活条件的直接作用。为什么这样说呢,因为这几个族虽然被养在同样的气候条件之下并且在一切方面得到了尽可能一致的处理,但它们却朝着种种不同的方向、甚至完全相反的方向进行改变。在喙的长和短上、在腿的长度上以及在其他方面的每一个轻微变化,无疑是间接地和遥远地由这个鸽子所遭遇到的生活条件中的某种变化所引起的但是我们必须把最终的结果,像在多少有点历史纪录的那些场合中所显示的那样,归因于对许多微小的连续变异所进行的不断的选择和积累。

只就鸽子来说,无意识选择的作用是取决于有关人类本性的一项普遍原理的,即决定于我们的竞争心以及胜过邻人的那种欲望。我们在每一个变幻无常的时尚中、甚至在我们的服装中都会看到这一点,它引导养鸽者努力去扩大他的品种的每一个特点。从事鸽子研究的一位大权威者[①]说道,"养鸽者们不会而且将来也不会赞美中庸的、不此不彼的中间标准,他们所赞美的是极端"。当说完短面翻飞鸽爱好者所希求的是一种很短的喙、长面翻飞鸽爱好者所希求的是一种很长的喙之后,关于中间的长度,他这样说道:"不要自欺。你能片刻想象短面翻飞鹤爱好者或长面翻飞鸽爱好者会把这样一只鸽子作为天赐之物而接受下来吗? 肯定是不会的;短面翻飞鸽爱好者不能在它身上看到任何美丽的东西;长面翻飞鸽爱好者将会咒骂在它身上找不到什么有用的东西,等等。"在这篇严肃写作的、但是滑稽的文章中,我们看到了曾经反复不断地指导着养鸽者们并且曾经在所有家养族中导致如此巨大改变的原理,这些家养族完全以它们的美丽和奇异而受到重视的。

在鸽子繁育中所流行的时尚可以持续长久的期间;我们不能像改变服装那样快地去改变鸽子的构造。在阿尔祝万狄的时代里,无疑地突胸鸽愈能膨胀起它的嗉囊就愈有价值。尽管如此,时尚在某种程度上还是有变化的;最初是构造上的这一点受到注意,然后是另一点受到注意;这就是说,在不同的时代和不同的地方赞美着不同的品种。刚才提到的那位作者说过,"爱好有盛衰;一个彻底的养鸽者今天决不会屈身于玩具鸽的繁育工作";然而就是这等玩具鸽今天在德国却被非常细心地繁育着。今天在印度被认为高度有价值的品种,在英国却一文不值。无疑地当品种受到忽视的时候,它们就会退化;我们还可以相信,只要它们被养在同样的生活条件之下,一度获得的性状将会部分地长久保持下去,并且可能为将来的选择过程形成一个起点。

不要因为养鸽者没有观察到或者注意到极其微小的差异就来反对无意识选择可以

①　伊顿:《鸽论》,1858 年,第 86 页。

发生作用这一观点。只有那些同养鸽者交往过的人们才能体会到他们在长期实践中所获的正确辨别能力以及他们在鸽子身上投下去的注意和劳动。我知道有过一位养鸽者继以日夜地审慎研究他的品种,以便决定哪些应该放在一起交配,哪些应当淘汰。请看一看这一问题即便对于一位最优秀的和富有经验的养鸽者也是何等困难的吧。多次获奖的伊顿先生说,"这里我愿提醒你们注意,不要饲养太多的各色各样的鸽子,否则你对于所有的种类虽然可以了解一点,但对于应当了解的一个种类却一点也不能了解"。"可能有少数的养鸽者对于若干观赏鸽具有丰富的一般知识,但是强不知以为知在迷妄中工作的人们还是很多的"。专就一个亚变种、即短面扁桃翻飞鸽而论,他谈到某些养鸽者为获得优良的头和喙,便牺牲了所有其他的性质,而另外一些养鸽者却为了羽衣,便牺牲了所有其他的东西,接着他又说,"某些年青的养鸽者贪心太大,希望一次得到所有的五样性质,但结果却一样也没有得到"。勃里斯先生告诉我说,在印度也同样非常注意鸽子的选择和交配。我们切不要用现今所重视的差异来判断现存变种中有哪些轻微变异在古代会受到重视;现今的差异是在如此众多的族形成以后——各个族都已达到了自己的完善标准,都由于我们的无数"展览会"而保持了一致——受到重视的。最富精力的养鸽者不必试图形成一个新品种而由于在既经确立的品种方面难于凌驾其他养鸽者大概就可以使其野心得到充分的满足。

有关选择力量的一个难点或者已在读者心中发生了,即引导养鸽者们最初企图创造像突胸鸽、扇尾鸽、信鸽等那样奇异的品种是什么呢?但是无意识选择的原理恰恰消除了这个难点。毫无疑问,没有一个养鸽者曾经有过这样的企图。我们所需要假设的只是,有一种,显著到足可以吸住某一位古代养鸽者的有辨别能力的眼睛的变异发生了,于是在许多世代中继续施行着的无意识选择,即后继的养鸽者们希图胜过他们的竞争者的那种欲望,便解决了其余的问题。在扇尾鸽的场合中,我们可以假定这个品种的最初祖先,就像现今在某些侏儒鸽[①]中可以看到的那样,具有一个只是稍微直竖的尾,并且尾羽的数目增加了一些,就像现今在尼鸽中偶尔发生的情形那样。在突胸鸽的场合中,我们可以假定某一只鸽子可以使它的嗉囊膨胀得比其他鸽子稍大一些,就像现今浮羽鸽可以使它的食道膨胀得稍大一些一样。我们不知道普通翻飞鸽的起源,但是我们可以假定有一只鸽子生来就有某种脑筋的疾病,使它在空中翻筋斗[②],而且在1600年以前,以各色各样的飞翔方式为特征的鸽子在印度已经受到了重视,同时根据亚格伯汗皇帝的诏令,这种鸽子受到了不倦的训练,并且对于它们的交配也给予了密切的注意。

在上述的例子中,我们假定了最初出现的是一种显著到足以吸住养鸽者的眼睛的突然变异;但是,在变异过程中甚至这样突然的程度对于一个新品种的形成并不是必要的。当同一种类的鸽子已经保持了它们的纯度并且经过了两个或两个以上的养鸽者的长期繁育的时候,在这个品系中往往还能辨识出微小的差异。例如,我曾看见过某一个人养的第一流毛领鸽在若干性状上肯定地同另一个人养的毛领鸽微有不同。我拥有一些最

---

①　参阅纽美斯特的《鸽的饲育》中的第13图,"佛罗伦斯侏儒鸽"。

②　关于印度的地面翻飞鸽,慕尔过充分的记载(《印度医学新报》,Indian Medical gazette,一月号和二月号,1873年),他并且说道,刺戳脑的基部,同时施以氢氰酸(hydro-cyanic acid)和番木鳖碱(Stry-chnine),就可使一只正常的鸽子发生同翻飞鸽完全一样的痉挛性运动。有一只被刺戳过脑子的鸽子,它虽然完全复原了,但此后还有时翻筋斗。

优良的排字鸽，它们是从一对获奖的鸽子传下来的，我还拥有另外一群排字鹤，它们是从著名的养鸽者塞勃来特爵士以前饲养的一群传下来的，这二者在喙的形状方面显然有所差异；但是差异非常之小，以致几乎不能用言语来形容。再者，普通的英国翻飞鸽和荷兰翻飞鸽之间在喙的长度和头的形状方面的差异多少还要大一些。最初引起这些微小差异的是什么，关于这一点我们所能解释的并不比我们对于某一个人为什么鼻子长而另一个人为什么鼻子短所能解释的为多。在不同的养鸽者们长期分别饲养的品系中，这等差异是如此普遍，以致我们不能用以下的情形来解释它们：即原来就具有同今天一样差异的鸽子最初偶然地被选择作为繁育之用了。它的解释无疑是，微有差异的性状在各个场合中得到了选择；因为没有两个养鸽者的趣味是完全一样的，所以没有两个人在选择和细心交配他的鸽子方面会完全一样。因为每个人天然地都赞美他自己的鸽子，所以不管它们可能具有多么微小的特点，他也会用选择的方法来继续不断地扩大这些特点的。如果养鸽者们居住在不同的地方，并且他们不互作比较，也不追求一个共同的完善的标准，那么就尤其会发生上述这种情形了。这样，当仅仅是一个品系形成了的时候，无意识的选择就有一种倾向来扩大它的差异量，于是使这个品系变成了亚品种，最终使它变成了特征显著的品种或族。

决不要忽略了生长相关的原理。大多数鸽子的脚都是小的，这显然是由于它们的减少使用而引起的，而且可能同此相关的是，它们的喙也同样缩短了。喙是一种显著的器官，一旦它们缩短到可以觉察的程度，养鸽者几乎肯定地会不断选择具有最短喙的个体，努力使它们的喙更加缩短；同时，其他一些养鸽者，就像我们所知道的实际情形那样，则在其他亚品种中努力增加喙的长度。随着喙的增长，舌也大大变长了，这就像随着眼睛周围的肉垂的增强发育，眼睑的发育也增强了一样；随着脚的增大或缩小，鳞甲的数目也变异了；随着翅长的变化，初级飞羽的数目出现了差异；并且随着突胸鸽的体部的增长，荐椎的数目也增加了。这些重要而相关的构造上的差异并不一定都会构成任何品种的特征，但是，如果对于它们所给予的注意和选择就像对于更加显著的外在变异那样地谨慎小心，那么这些差异几乎无可怀疑地将会成为固定的。养鸽者的确可以创造翻飞鸽的一个族，不具 10 支初级飞羽，而具 9 支初级飞羽，因为，纵使他们没有希望过这种事情并且在白翅变种的场合中的确还同他们的希望相反，而 9 支这个数目多么屡屡地出现，如果椎骨是可以看得见的，并且受到了养鸽者们的注意，同样的，多余数目的椎骨的确可以容易地在突胸鸽中固定下来。如果这两种性状一旦稳定了，我们或者从来不会猜想到它们最初是高度容易变异的，也不会猜想到它们是由于相关作用而发生的：在一种场合中它们是由于同短翅膀相关而发生的，在另一种场合中则是由于同长体部相关而发生的。

为了理解主要的家养族怎样变得彼此互有明显的区别，记住以下的事情是重要的：即养鸽者经常试着用最优良的个体去繁育，结果那些在所需要的品质上表现低劣的个体在每一代中都遭到了忽视；所以经过一个时期之后，改进较少的原种以及此后形成的许多中间程度的个体都灭绝了。在突胸鸽、浮羽鸽和喇叭鸽的场合中都发生过这种情形，因为在这些高度改良的品种之间今天并没有任何环节可以把它们密切地连接在一起，或者把它们同原种岩鸽密切地连接在一起。诚然，在其他一些地区没有付出过同样的注意，或者没有流行过同样的时尚，所以往昔的类型在那里还可以长期保持不变，或者只有微小程度的改变,这样,我们有时便能重新找到中间的环节。翻飞鸽和信鸽在波斯和印度就是这种情形,在那里,它们在喙的比例方面同岩鸽只有微小的差异。还有,爪哇的扇尾鸽有时只有十四支尾羽,而且尾的直竖和开张的程度也远不如我们改良了的扇尾鸽那样大;所以爪哇扇尾鸽在第一流扇尾鸽和岩鸽之间便形成了一个环节。

有时在同一地区内,某一个品种可能同它的高度变异了的后代或者同一些因为具有某种不同性质而被认为有价值的亚品种相处在一起,但前者在某种特殊品质方面却保持了几乎不变的状态。我们在英国就可以看到这种例子,那里的普通翻飞鸽仅是由于它们的飞翔方式而受到重视,它同亲类型,东方翻飞鸽并没有多大差异;而短面翻飞鸽所发生的变异却非常之大,它之所以受到重视并不仅仅由于它的飞翔方式,而且也由于它的其他品质。但是,普通飞法的欧洲翻飞鸽已经开始分歧出一些差异微小的亚品种,例如普通英国翻飞鸽、荷兰翻滚鸽(Dutch Roller)、格拉斯哥室内翻飞鸽(Glasgow House-tumbler)以及长面翻飞鸽(Longfaced Beard Tumbler)等等;在若干世纪的过程中,除非时尚有巨大的变化,这些亚品种将会通过无意识选择的缓慢而不可察觉的过程发生分歧,并且它们的变异程度愈来愈大。经过一段时期以后,现今把所有这些亚品种连接在一起的完全级进的环节将会消失,因为保持这等大量的中间亚变种并没有任何意义,却有很大的困难。

分歧原理以及许多既往存在过的中间类型的灭绝对于理解家养族的起源以及对于理解在自然状况下的物种的起源是如此重要,以致我愿就这个问题多谈一点。我们的第三个主要群包含信鸽、排字鸽和侏儒鸽,它们彼此之间显然有密切的关系,然而在若干重要性状上都有明显的区别。根据在上一章里所提出的观点,这三个族大概是从一个具有中间性状的未知的族传下来的,而这个族又是从岩鸽传下来的。人们相信它们在特征上的差异是由于不同的育种者在早期对于构造上的不同特点有着各自的爱好;于是,根据赞美极端的公认原则,育种者并没有想到将来,只是继续不断地繁育尽可能优良的鸽子——信鸽爱好者选择肉垂多而喙长的——排字鸽爱好者选择眼睛周围肉垂多的和喙短而厚的——侏儒鸽爱好者并不注意喙或肉垂,却只注意体部的大小和重量。这一过程将会导致对于初期的、低劣的和中间性的鸽子的忽视,因而引起它们的最后灭绝;于是便发生了这样的事情:这三个族在欧洲表现了异常的不同。但是在它们的原产地东方,时尚是不同的,而且我们看到那里的品种连接着高度变异了的英国信鸽和岩鸽,并且还有其他品种在某种程度上连接着信鸽和侏儒鸽。回头看一看阿尔祝万狄的时代,我们便可发现1600年以前在欧洲存在着四个同信鸽和排字鸽密切近似的品种,但是有资格的权威者并不能把它们同我们现在的排字鸽和信鸽等同起来;而且也不能把阿尔祝万狄的侏儒鸽同我们现在的侏儒鸽等同起来。这四个品种彼此之间的差异肯定不如我们的现有英国信鸽、排字鸽和侏儒鸽那样大。这些都是我们完全可以预料到的事情。如果我们能够搜集到从罗马时代以前一直到今天曾经生存过的所有鸽子,我们便可以把它们分类在从原种岩鸽分歧出来的几个系统之下。各个系统都是由几乎不可觉察的级进构成的,但有时会被稍微大一点的变异或突然变异所打断,并且各个系统都是以一个现今高度变异了的类型为终点的。在许多既往的中间环节中,有些没有留下任何子孙而绝对地绝灭了,其他一些虽然灭绝了,但可能作为现存族的祖先而被识别起来。

我曾听到把以下的情形作为一件奇怪的事情来说，即我们有时听到家养族局部地或者全部地灭绝了，然而关于它们的起源却什么也没有听到。曾经这样问过：这些损失是怎样补偿的呢？并且是怎样超过了补偿的呢？因为我们知道自从罗马时代以后，几乎所有家养动物的族在数目上都大大增加了。根据这里提出来的观点，我们便能理解这种表面上的矛盾。在有史时期以内，一个族的灭绝是一件可能受到注意的事情；但是，它通过无意识选择所发生的逐渐而几乎不可觉察的变化，此后它在同一地方、更普通是在遥远地方分化为两个或两个以上的品系，以及这些品系逐渐转变成亚品种并且这些亚品种转变成特征显著的品种，都是一些很少受到注意的事情。一株巨树之死，被记录下来了；小树的缓慢生长以及它们的数目的增加，却没有引起任何注意。

如果相信选择有巨大的力量，并且相信变化了的生活条件除了可以引起体制的一般变异性和可塑性以外只有很小的直接力量，那么，关于鹁鸽自从极古时代以来就保持了不变的状态，以及关于不在颜色方面而在其他方面同鹁鸽很少差异的某些玩具鸽把同一性状保持了几个世纪，就不值得惊奇了。因为这些玩具鸽如果有一只一旦获得了美丽的和对称的颜色——例如，如果产生了这样一只斑点鸽；它的头上羽冠、尾以及尾部复羽的颜色是一致的，而其余体部的颜色是雪白的——那么，就不会再希求什么变化或改进了。另一方面，关于我们高度育成的鸽子在这同一段时间内发生了可惊的变化，也是不值得惊奇的；因为养鸽者对于它们的希求并没有一定的限度，而且它们的性状的变异性也没有已知的限度。有什么可以阻止养鸽者希求使他的信鸽具有愈来愈长的喙或者阻止他们希求使他的翻飞鸽具有愈来愈短的喙呢？喙的变异性也没有极限，如果有这种极限，那还没有达到。尽管短面扁桃翻飞鸽在近代得到了巨大的改良，但是伊顿先生还说，"改良工作的战场还同 100 年前一样地向新进的竞赛者敞开着"；但这恐怕是一种夸大的论断，因为高度改良了的玩赏鸽都极其容易害病而致死亡。

我曾听到有这样的反对意见，即认为若干鸽的家养族的形成对于鸠鸽科的野生种的起源并没有提供任何见解，因为它们之间的差异并不是同一性质的。例如，家养族在初级飞羽的相对长度和形状方面，在后趾的相对长度方面，或者在生活习性方面（例如在树上栖息和筑巢的习性），都没有差异，纵使有差异，也是非常小的。但是这种反对意见表明了选择原理多么完全地被误解了。由于人类的反复无常的兴趣而得到选择的性状同在自然状态下由于直接对各个物种有用或者由于和其他变异了的有用构造相关而被保存下来的差异彼此相似的事情，大概是不会有的。除非人类选择了在翼羽或趾方面有所差异的鸽子，我们便不应期望这些部分会发生明显的变化。除非这些部分恰巧在家养状况下发生了变异，人类也是无能为力的。我并不积极地肯定事实就是如此，虽然我在翼羽而且确实在尾羽方面看到了这等变异性的痕迹。脚在大小和鳞甲上多么容易变异，所以如果说后趾的相对长度绝不会发生变异，大概是一个奇怪的事实。关于家养族不在树上栖息或筑巢的情形，养鸽者们显然决不会注意到或选择习性中的这等变化的；但是我们看到埃及的鸽子为了某种原因不喜欢在土人的低小茅泥屋上停留，它们显然是由于一种强制的力量才成群地在树上栖息的。我们甚至可以肯定地说，如果我们的家养族在上述任何一点发生了巨大的变异，并且能够证明养鸽者们从来没有注意过这些点，或者这些点并不同其他被选择的性状相关，那么这个事实对于本章所提倡的原理来说则是一个严重的难点。

让我们把以上有关鸽子的两章概略地总结一下。我们可以有信心地作出这样的结论：尽管所有家养族有着巨大程度的差异，它们都是从包含着某些野生族的岩鸽传下来的。但是野生族之间的差异对于区别家养族的性状并没有提供任何见解。各品种或亚品种中的个体比处于自然状态下的个体容易发生变异；它们有时以突然的或强烈显著的方式发生变异。体制的这种可塑性显然是由生活条件的变化所引起的。不使用使身体的某些部分退化了。生长相关如此紧密地把体制联系在一起，以致某一部分发生变异，其他部分也会同时发生变异。当几个品种一旦形成了之后，它们之间的杂交，对于变异的过程就会有所帮助，甚至会产生新的亚品种。但是，建筑一座房屋，如果没有建筑师的技术，只有石和砖也是没有什么用处的，同样的，在产生新的族中，选择是主要的力量。饲养者用选择的方法可以对非常微小的个体差异发生作用，也可以对那些叫做突然变异的较大差异发生作用。当饲养者按照一个特点的既定标准来试图改良和改变一个品种时，选择就是有计划地进行的；当他们只试图育成尽可能优良的鸽子而没有任何改变品种的希求或意愿时，选择就是无计划地和无意识地进行的。选择的进行几乎不可避免地要导致早期的和改良较少的类型以及各个悠长系统中的许多中间环节遭到忽视和最终的灭绝。这样，我们大多数的现存族彼此之间以及它们同原种岩鸽之间便出现了如此显著的差异。

第七章

家　鸡

· *Fowls* ·

　　主要品种的略述——支持它们传自若干物种的论据——支持所有品种传自原鸡的论据——在颜色上的返祖现象——相似的变异——家鸡的古代历史——几个品种之间的外在差异——卵——雏鸡——次级性征——翼羽和尾羽，鸣声，性情等——在头骨、椎骨等方面所表现的骨骼上的差异——使用和不使用对于某些部分的影响——生长的相关

有些博物学者可能还不熟悉家鸡的主要品种,所以对于它们加以概略的描述会有好处的[①]。根据我阅读的材料以及我看到的从世界各地带来的标本,我相信大多数的主要品种都已经引进到英国来了,不过在英国不知道的亚品种大概还有许多。下面有关各个品种的起源以及它们在特征上的差异的讨论并不是完全的,但对于博物学者可能多少还是有趣的。就我所能知道的来说,对于家鸡品种不能进行自然的分类。品种间的彼此差异程度是不同的,而且它们没有提供彼此从属的性状,根据这些性状才能在群之下再分成群。它们似乎都是从独立的和不同的道路由单一原型分歧出来的。每一个主要品种都包含有不同颜色的亚变种,大多数亚变种都能纯粹地进行繁育,不过对于它们加以描述大概是多余的。我把各种具有羽冠的家鸡作为亚品种,分类在波兰鸡(Polish fowl)之下;但我很怀疑这是不是一种表明亲缘关系或血统关系的自然排列。要想避免把一个品种的普遍性作为重点,几乎是不可能的;如果某些外国亚品种在这个国家被大量饲养着,那么它们大概会被提高到主要品种的等级的。若干品种在性状上是畸形的;这就是说,它们在某些点上同所有野生鸡都不相同。最初我把家鸡品种分为正常的和畸形的,但结果完全不能令人满意。

1. 斗鸡品种(Game Breed) 它可以被视为一个模式的品种,因为它同野生的原鸡(*Gallus bankiva*)* ——更正确地恐怕应当称为 *ferrugineus*——只有微小的偏差。喙坚固;肉冠单一而直立。趾长而锐。羽毛紧贴身体。尾羽数目正常,为 14 支。卵常呈淡黄色。禀性有难以屈服的勇敢,甚至母鸡和雏鸡也有这种表现。不同颜色的变种非常之多,例如黑胸和赤褐胸的,鸭翅色的,黑色的,白色的,羊毛色的,等等,它们的腿色也是各种各样的。

2. 马来品种(Malay Breed) 体大,头、颈、腿都长;步态轩昂;尾小,向下斜倾,尾羽一般为 16 支;肉冠和肉垂小;耳朵和颜面呈红色;皮带黄色;羽毛紧贴身体;颈羽短、细而硬。卵常呈淡黄色。雏鸡的羽毛迟出。禀性野蛮。原产于东方。

3. 交趾品种或上海品种(Cochin, or Shanghai Breed) 形大;翼羽短,呈弧形,大部藏于柔软绒毛的羽衣中;飞翔困难;尾短,一般具有 16 支尾羽,在雄雏鸡中发育迟;腿粗,生有羽毛;趾短而粗;中趾的爪扁平而宽阔;具有一个多余趾的并不罕见;皮带黄色。肉冠和肉垂很发达。头骨正中有一条深沟;枕骨孔接近三角形,垂直方向长。鸣声特殊。卵粗糙,呈淡黄色。禀性极其安静。原产于中国。

4. 道根品种(Dorking Breed) 形大;体呈四角形,结实;脚有一个多余趾;肉冠很发达,但在形状上变异很大;肉垂很发达;羽衣的颜色是各种各样的。头骨的眼窝之间非常

◀家鸡。

① 我根据种种材料写成了这个简单的摘要,不过主要是根据推葛梅尔先生给我的材料。他亲切地校阅了这一章;从他的博学看来,这里所作的叙述是充分可信的。推葛梅尔先生以各种可能的方法帮助我获得了有关的材料和标本。我必须借此机会来对著名家禽作者勃连特先生表示深切感谢,因为他不断地给予我帮助,并且赠给我许多标本。

* 即 *Gallus gallus*(Linné)。——译者注

图 30　西班牙鸡

宽阔。原产于英国。

白色道根鸡可以被看做一个不同的亚品种，体重较轻。

5. 西班牙品种（Spanish Breed，见图 30）体高，步态雄壮；跗长；肉冠单一，大形，缺刻深；肉垂极发达；大耳朵和颜面两侧呈白色。羽衣呈黑色而有绿色的光泽。不孵卵。体质纤弱，肉冠常有冻伤。卵呈白色，平滑，大形。雏鸡的羽毛迟出，但雄雏鸡表现了雄赳赳的性质，在幼小时期即鸣叫。原产于地中海地方。

安达鲁西亚鸡（*Andalu-sians*）可以被看做一个亚品种：它们是石板青色的，雏鸡生有很多的羽毛。某些作者把小形的、短腿的荷兰亚品种描述为一个不同的亚品种。

6. 汉堡品种（Hamburgh Breed，见图 31）中等大小；肉冠扁平，向后突出，其上生有无数的小突起；肉垂大小中等；耳朵呈白色；腿细，带青色。不孵卵。头骨中前颌骨的上升枝尖端同鼻骨稍微分开；额骨的前缘不如普通的扁平。

有两个亚品种：一是点斑汉堡鸡（Spangled Hamhurgh），原产于英国，羽毛尖端有一暗色斑点；一是条斑汉堡鸡（Pencilled Hamburgh），原产于荷兰，羽毛生有暗色横条，而且体部稍小。这两个亚品种都包含有金黄色的和银白色的变种以及其他亚变种。黑色汉堡鸡是从同西班牙品种的杂交中产生出来的。

7. 羽冠品种或波兰品种（Crested or Polish Breed，见图 32）　头上生有大而圆形的羽冠，包容脑的前部的额骨的半球形突起支持着这个羽冠。前颌骨的上升枝以及鼻骨的内突起大大地缩短了。鼻孔向上，为新月形。喙短。无肉冠，

图 31　汉堡鸡

或者具有新月形的小肉冠；肉垂有的存在，有的被须状羽簇所代替。腿呈铅青色。性的差异在生活的后期才出现。不孵卵。有几个美丽的变种，在颜色上有差异，在其他方面也微有差异。

下述几个亚品种具有多少发达的羽冠，如果生有肉冠，则为新月形的，在这些方面它们同波兰鸡是一致的。头骨表现了几乎同真正波兰鸡一样显著的构造特征。

亚品种（a）萨尔坦（*Sultans*）——这是一个土耳其品种，它同白色波兰鸡相似，具有大

型羽冠和须,腿短而生有很多的羽毛。尾部生有多余的镰刀状羽毛。不孵卵①。

亚品种(b)塔尔密干(*Ptarmigan*)——这是一个劣等的品种,同前一个亚品种密切近似,白色,小形,腿生有很多的羽毛,羽冠尖;肉冠小,凹形;肉垂小。

亚品种(c)冈杜克(*Ghoondooks*)——这是另一个土耳其品种,外观异常,色黑而无尾;羽冠和须大形;腿生有羽毛。两块鼻骨的内突起彼此相接,这是由于前颌骨的上升枝完全缺如的缘故。我曾看见过一个来自土耳其的白色而无尾的近似品种。

亚品种(d)克列布·哥尔(*Crève-coeur*)——这是一个法国品种,大形,飞翔困难,腿短而黑,头上生有羽冠,肉冠产生出两个尖、即两个角,有时像鹿角那样地微有分叉;须和肉垂都有。卵大。秉性安静②。

亚品种(e)角鸡(*Horned fowl*)——羽冠小;肉冠产生出两个大尖,由两个骨性隆起支持着它们。

亚品种(f)赫丹(*Houdan*)——这是一个法国品种;中等大小,腿短,有五个很发达的趾;羽衣一定具有黑色的、白色的和草黄色的斑点;头上的羽冠位于横生的三叉肉冠之上;肉垂和须都有③。

亚品种(g)顾尔德兰得(*Guelderland*)——不具肉冠据说头上生有一个柔软得像天鹅绒般的纵向羽冠;据说鼻孔是新月形的;肉垂很发达;腿生羽毛;色黑。原产于北美。勃列达鸡(*Breda fowl*)似乎同顾尔德兰得鸡密切近似。

图32　波兰鸡

8. 班塔姆品种(Bantam Brreed)　原产于日本④,唯一的特征是体小;步态雄壮而轩昂。它有几个亚品种,例如交趾班塔姆鸡(Cochin)、班塔姆斗鸡(Game)以及塞勃来特班塔姆鸡(Sebright Bantams),其中有些是最近在各种杂交中形成的。黑色班塔姆鸡的头骨形状是不同的,它的枕骨孔同交趾鸡的相似。

9. 无臀鸡(Rumpless Fowls)　它的性状如此容易变异⑤,以致几乎不值得把它叫做一个品种。无论谁只要检查一下它的尾椎,就会知道这是一个多么畸形的品种。

10. 爬鸡或跳鸡(Creepers or Jumpers)　它们的特征是腿短得近乎畸形,所以与其说它们走,莫如说它们跳;据说它们不用爪挖土。我曾检查过缅甸的一个变种,它的头骨

① 瓦兹(Watts)小姐对于萨尔坦鸡的记载,可以说是最好的,该文载于《养鸡场》(*The Poultry Yard*),1856年,第79页。我很感激勃连特先生,他为我检查了这个品种的一些标本。

② 关于这个亚品种,在《园艺杂志》,6月10日,1862年,第206页,有过很好的描述,并附图。

③ 关于这个品种,在《园艺杂志》,6月3日,1862年,第186页有过描述。有些作者描述它的肉冠分成两个角。

④ 克劳弗得先生,《有关印度群岛的记载汇编》,第113页。大英博物馆的倍契先生告诉我说,在古代的《日本百科全书》中曾提到过班塔姆鸡。

⑤ 《观赏鸡和家鸡》(*Ornamental and Domestic Poultry*),1848年。

稍具异常的形状。

11. 卷毛鸡或开弗尔鸡（Frizzled or Cafre Fowls） 这种鸡在印度很普通，羽毛倒卷，初级飞羽和尾羽不完全；骨膜呈黑色。

12. 丝羽鸡（Silk Fowls）*生有丝一般的羽毛，初级飞羽和尾羽不完全；皮和骨膜呈黑色；肉冠和肉垂呈暗铅青色；耳朵带青色；腿细，常常生有一个多余趾。体稍小。

13. 煤黑鸡（Sooty Fowls）——这是一个印度品种，它的外观特别，在白色上着有煤黑色，皮和骨膜都呈黑色。只是母鸡具有这种特征。

根据这个概略的描述我们知道，若干品种之间的差异是相当大的，如果能够有像鸽子那样充分的证据来证明它们都是从一个亲种传下来的，那么对于我们来说，它们大概也会像鸽子那样的有趣。大多数的养鸡者都相信鸡是从若干原始祖先传下来的。狄克逊牧师①强烈地主张这一点；有一位养鸡者甚至用如下的质问来攻击反面的结论，他说："难道我们没有发觉这种精神、自然神教信徒（Deist）的精神是普遍存在的吗？"除了少数的例外，如得明克，大多数博物学者都相信所有品种是从单一物种发生出来的；但是权威者很少谈论这一点。养鸡者们把世界各地都当做自己不知道的原种的可能产地，这样，地理分布的法则便被忽视了。他们很知道若干种类甚至可以把颜色纯粹地遗传下去。他们断言大多数的品种都是极其古老的，但是像我们所知道的那样，这种断言的根据是很薄弱的。主要种类之间的巨大差异在他们当中产生了强烈的印象，他们来势汹汹地问道，气候、食物或管理上的差异能够产生出像漆黑的堂皇的西班牙鸡、小型的和优美的班塔姆鸡、具有许多特点的大型交趾鸡以及具有大型羽冠和隆起头骨的波兰鸡那样如此不同的鸡来吗？但是，养鸡者们虽然承认了、甚至过高地估计了各个品种杂交的效果，他们并不充分地注意在若干世纪过程中偶尔产生具有畸形而可以遗传的特点的个体的可能性；他们忽略了生长相关的效果，长期不断的使用和不使用的效果，以及由食物和气候的变化所引起的某种直接结果，虽然关于后一问题，我还没有找到充分的证据；最后，就我所能知道的来说，所有他们都完全忽略了一个最重要的问题——无意识的或无计划的选择，虽然他们很知道他们养的鸡在个体之间是有差异的，并且用选择最优良个体的方法在少数几个世代中就能改进他们的鸡群。

一位业余养鸡者写道②："家鸡直到最近在爱好者的手中几乎没有受到什么注意，并且它们完全被限制在为了供应市场的生产者的支配范围之内，只是这一事实就暗示了：使两亲所没有表现过的可以遗传的形态出现在后代中所需要的那种不断坚持的注意，在繁育中不可能有。"最初看来，这种说法似乎是正确的。但是在将来讨论"选择"的那一章中，将举出大量的事实来阐明，在古代以及在文化很低的民族中不仅施行了细心的繁育，而且也施行了实际的选择。在鸡的场合中，我还不能提出直接的事实来阐明在古代已经施行了选择；不过罗马人在公历纪元的开始已经饲养了六七个品种，而且哥留美拉特别

---

* 又名乌鸡。——译者注
① 《观赏鸡和家鸡》，1848年。
② 弗哥逊（Ferguson），《稀有鸡和获奖鸡图绘》（*Illustrated Series of Rare and Prize Poultry*），1854年，序文，第6页。

推荐那些具有五趾和白耳的种类是最优良的①。15世纪在欧洲已经知道并且描述过若干品种;在中国于同一时期前后命名了七个种类。更加显著的一个例子是,现今在菲律宾群岛(Philippine Islands)的一个岛上,半开化居民对于不下九个斗鸡的亚品种起了不同的土名②。在前世纪末从事写作的亚莎拉(Azara)③说道,在南美腹地,(我不会期望在那里对于鸡会给予任何注意),却饲养着一个黑皮和黑骨的品种,因为它被认为是能育的,而且它的肉被认为对病人有好处*。现在,每一个养过鸡的人都知道,除非极其注意地把雌雄分开饲养,要想保持几个品种不混杂是多么不可能。那么,不可以说在古代和半开化地方那些苦心保持品种的,因而重视品种的人们会不时地杀死劣等的个体和保存最优良的个体吗?这就是所需要的一切。这并不是说古代的任何人会希图形成一个新的品种或者按照某种理想优点的标准去改变一个旧有的品种。照管鸡的人只是希求获得尽可能优良的个体,然后再繁育它们;但是,这种不时把最优良个体保存下来的事情,经过一段期间,就会改变这个品种,其确实的程度有如今天有计划选择所能做到的一样,虽然决没有那样快。只要在一百人中或一千人中有一个人注意到鸡的繁育,那就够了;因为这样受到注意的鸡将会很快地胜过其他的鸡,而且会形成一个新品系;这个品系在特征上的差异就像在上一章所说明的那样,将会缓慢地扩大,最后转变成一个新的亚品种或品种。但是,品种常常在某一时期中会遭到忽视而致退化;然而,它们会部分地把它们的性状保持下来,并且此后大概还会再度时兴,因而上升到比它们的以往标准更加完善的标准;这种情形最近在波兰鸡中就曾实际发生过。然而,如果一个品种遭到了极端的忽视,它就会灭绝,波兰鸡的亚品种之一曾发生过这种情形。在过去的若干世纪间,无论什么时候出现了一只具有某种微小的畸形构造的个体,例如云雀般的羽冠,它大概常常会被保存下来的,这是由于对新奇爱好的缘故;这种爱好引导着某些人在英国饲养无臀鸡,引导着另外一些人在印度饲养卷毛鸡。往后,这等畸形的外貌,由于被看成是品种的纯度和优点的标志,大概会被细心地保存下来;我之所以这样说,因为罗马人在18世纪以前就根据这个原则把具有五趾和白耳朵的鸡看成是有价值的了。

这样,由于畸形性状的偶尔出现(虽然在最初只有微小的程度);由于器官的使用和不使用的效果;可能由于变化了的气候和食物的直接效果;由于生长的相关;由于偶尔返归往昔的和长久消失了的性状;由于品种间的杂交(当一个以上的品种形成了的时候);更重要的是由于在许多世代中所进行的无意识选择,那么,相信所有品种都是从某一个亲种传下来的,就我所能判断的来说,并没有不可克服的困难。我们能够指出这样一个物种——我们可以合理地假定所有品种都是从它那里传下来的吗?原鸡(*Gallus bankiva*)显然是可以满足各方面的要求的。我已经尽可能公平地叙述了支持诸品种多源论的观点;现在我将谈一谈支持它们都是从原鸡传下来的观点。

但是,让我们首先对于原鸡属(*Gallus*)的一切已知物种加以概略的描述是有好处的。

---

① 狄克逊牧师在他的《观赏鸡》(*Ornamental Poultry*)一书中(第203页)提到过哥留美拉的著作。

② 克劳弗得先生:《关于家养动物和文明的关系》(*On the Relation of the Domesticated Animals to Civilization*),单行本,第6页;最初在牛津英国科学协会宣读,2年。

③ 《巴拉圭的四足兽》(*Quadrupèdes du Paraguay*),第二卷,第324页。

* 在我国西南一带也认为乌鸡是补品。——译者注

灰原鸡(G. sonneratii)的分布达不到印度北部;按照赛克斯①上校的材料,它在葛茨山
(Ghauts)的不同高度上有两个或者值得叫做物种的特征强烈显著的变种。有一个时期
认为它就是所有家养品种的原始祖先,这说明了它在一般构造上同普通鸡是密切接近
的;但是它的颈羽的一部分是由非常特别的角质片形成的,其上有三种颜色的横带;我没
有看见过一个可以信赖的记载提到在任何家养品种中有过任何这等性状②。这个物种的
肉冠为细锯齿形的,并且其臀部缺少真正的饰羽,在这方面它同普通鸡也有巨大的差异。
它的鸣声完全不同。在印度它可以容易地同家养的母鸡杂交;勃里斯先生③这样育成了
将近一百个杂种小鸡;但是它们是纤弱的,大多数在幼小时就死去了。长大了的那些杂
种鸡当彼此杂交或同亲代任何一方杂交时都是不育的。然而,在"动物园"中同一血统的
某些杂种并不是那样完全不育的:狄克逊先生告诉我说,他在雅列尔先生的帮助之下,对
于这个问题进行过特别的研究,他确定在 50 个卵中只能孵出五六只雏鸡。然而,在这些
半杂种鸡中有些同它们的亲代之一、即班塔姆鸡进行了杂交,并且产生了少数非常衰弱
的雏鸡。狄克逊先生育成过一些这等同样的鸡,并且用几种方法使它们进行杂交,都是
或多或少不育的。在"动物园"中最近大量进行了大致一样的试验,其结果几乎是一样
的④。从灰原鸡、原鸡和戟尾鸡(G. varius)之间各种第一次杂交中所得到的以及从它们
的杂种所得到的 500 个卵中,只孵出了 12 只雏鸡,其中只有 3 只雏鸡是在杂种彼此之间
的杂交中产生出来的。根据这些事实,并且根据上述家鸡和灰原鸡之间在构造上强烈显
著的差异,我们可以不承认灰原鸡这个物种是任何家养品种的原始祖先。

锡兰这个岛有一种特有的鸡,即锡兰鸡(G. stanleyii);这个物种同家鸡非常密切接
近(除了肉冠的颜色),所以雷雅得先生和开拉尔特(Kellaert)先生⑤告诉我说,如果不是
因为它们的鸣声特别不同,他们大概会把它看成是鸡的原始祖先之一。这种鸡就像上
面谈到的那种鸡一样,可以容易地同家鸡杂交,而且它甚至访问僻静的农庄来强奸家鸡。
米特弗得(Mitford)先生发现这样产生出来的一个雄的和一个雌的杂种是完全不育的;这
两个杂种都遗传有锡兰鸡的特殊鸣声。那么,这个物种多半也不能被看成是家鸡的原始
祖先之一。

在爪哇以及东到佛罗勒斯(Flores)的诸岛上都有戟尾鸡(又名 G. furcatus),它有如
此多的不同性状——绿色羽衣、没有缺刻的肉冠、位于正中的单一肉垂,以致没有人会设
想它就是任何一个家养品种的原始祖先;然而克劳弗得先生⑥告诉我说,在公戟尾鸡同普
通母鸡之间的杂交中,一般是可以产生杂种的,并且由于它们非常美丽,所以被人们饲养
着,不过它们总是不育的。然而在动物园中产生出来的几只并不是这种情形。有一个时

---

① 《动物学会会报》,1832 年,第 151 页。

② 马歇尔博士描述过这些羽毛,见《动物园》(Der Zoolog. Garten),4 月,1874 年,第 124 页。我曾检查过在动
物园育成的公灰原鸡和母红色斗鸡之间的某些杂种的羽毛,它们表现了灰原鸡的真正性状,除了角质片远比灰原鸡
的为小。

③ 再参阅勃里斯先生的一封关于印度鸡的优秀通讯,载于《艺园者记录》(Gardener's chronicle),1851 年,第
619 页。

④ 沙尔特先生在《博物学评论》(Natural History Review),4 月,1863 年,第 276 页发表的文章。

⑤ 再参阅雷雅得先生的论文,《博物学年报》,第二辑,第十四卷,第 62 页。

⑥ 再参阅克劳弗得先生的《有关印度群岛记载汇编》,1856 年,第 113 页。

期认为这些杂种是不同的物种，并且命名它为 *G. aeneus*。勃里斯先生和其他一些人都认为特明基鸡（*G. Temminckii*）①（它的来历不明）是同样的杂种。勃鲁克爵士从婆罗洲（Borneo）给我送来一些家鸡的皮，其中一只的尾巴，据推葛梅尔先生的观察，有青色的横带，这种横带同他看到的在"动物园"中从戟尾鸡育成的杂种的尾羽上的横带相似。这个事实显然暗示了婆罗洲的某些鸡由于同"戟尾鸡"杂交而受到了轻微的影响，不过这也可能是相似变异的一个例子。我愿提一下大型鸡（*G. giganteus*），在有关家鸡的著作中往往把它看做一个野生种；不过第一个命名者玛斯丹（Marsden）②却认为它是一个驯化品种；大英博物馆收藏的大型鸡标本明显地具有家养变种的形态。

应当提到的最后一个物种，即原鸡，远比上述三个物种的地理分布范围为广；它栖息在印度北部和西到信德（Sinde）的各地，并且在喜马拉雅山高达四千英尺的地方也有它的踪迹；它还栖息在缅甸、马来半岛、印度、菲律宾群岛以及从马来群岛东到帝汶岛（Timor）的各地*。这个物种在野生状态下相当容易变异。勃里斯先生告诉我说，来自喜马拉雅山附近的标本，无论是雄的或雌的，在颜色方面都比来自印度其他部分的标本稍淡；同时来自马来半岛和爪哇的标本在颜色方面则比印度的鲜明。我曾看见过来自这些地方的标本，它们在颈羽色泽上的差异是显著的。母马来鸡的胸部和颈部的颜色比母印度鸡的为红。公马来鸡的耳朵一般是红色的，而印度鸡的耳朵则是白色的；但是勃里斯先生看见过一只印度鸡标本，它的耳朵不是白色的。印度鸡的腿是铅青色的，而马来鸡和爪哇鸡标本的腿多少具有趋于黄色的倾向。勃里斯先生发现印度鸡的跗在长度上有显著的变异。按照得明克的意见③，帝汶鸡是作为一个地方族而同爪哇鸡有所差异。这几个野生变种还没有被分类为不同的物种，但此后把它们分类为不同的物种并不见得不可能，如果这样分类的话，那么就家养品种的血统和差异来说，这并不是重要的事情。野生原鸡在颜色以及所有其他方面都同黑胸红色斗鸡品种非常密切一致，不过前者比较小，并且尾的位置比较是平放的。但是在我们的许多品种中尾的位置是高度容易变异的，因为，像勃连特先生告诉我说的那样，马来鸡的尾向下倾斜得很厉害，斗鸡以及一些其他品种的尾则是直竖的，而道根鸡和班塔姆鸡等等的尾直竖得尤其厉害。此外还有一种差异，即原鸡的颈羽在第一次脱换之后，按照勃里斯先生的材料，在两三个月期间内生出来的不是像家鸡那样的颈羽，而是带黑色的短羽④。然而勃连特先生曾经说过，在野生鸡中这等黑色羽毛一直保持到下部颈毛发育出来之后，而在家鸡中二者是同时出现的：所以唯一的差别是，下部颈羽在野生鸡中比在家鸡中被代替得比较缓慢；不过因为我们知道拘禁有时会影响雄鸟的羽衣，所以这种微小的差异不能被视为具有任何重要性。有一个重要的事实，勃里斯先生和其他一些人都曾记载过，即无论公原鸡或母原鸡的鸣声都同

---

①　季·格雷（G. R. Gray）的描述，见《动物学会会报》，1849 年，第 62 页。

②　逊克逊先生在《家鸡之书》（*Poultry Book*）第 176 页中此引用的玛斯丹的一段。现在没有一个鸟类学者把这种鸡分类为不同的物种。

*　原鸡也分布于我国的云南、广西、海南岛等地。——译者注

③　《印度群岛瞥见》（*Coup-d'aeil général sur l'Inde Archipélaglque*），第三卷（1849 年），第 177 页；再参阅勃里斯先生的《印度狩猎评论》（*Indian Sporting Review*），第二卷，第 5 页，1856 年。

④　勃里斯先生，《博物学年报》，第二辑，第一卷，（1848 年），第 455 页。

普通的公家鸡和母家鸡的鸣声密切相似；不过野生鸡鸣叫的尾声比较稍微短一些。以从事印度的博物学研究而闻名的赫顿船长告诉我说，他曾看见过几只野生鸡同中国班塔姆鸡的杂交后代；这些杂种鸡可以自由地同班塔姆鸡交配生育，但不幸的是，它们彼此之间不能交配。赫顿船长用原鸡的卵孵出来一些小鸡；它们在最初虽然是很野的，但以后则变得如此驯顺，以致绕着他的脚鸣叫。他没有能够成功地把它们养大；不过他说："没有任何野生鸡最初吃硬的谷粒而能很好地成长。勃劳斯先生也发现在拘禁中饲养原鸡是很困难的。然而，菲律宾群岛的土人在这方面一定可以作得更成功一些，因为他们饲养野生公鸡，为的是使它们同家养斗鸡相斗。"[①]伊利阿特爵士告诉我说，一个别古的当地品种的母鸡同野生母原鸡并没有什么区别；并且他们用公家鸡在森林中同公野鸡相斗来捕捉公野鸡[②]。克劳弗得先生说：根据语原学大概可以主张，最初养鸡的是马来人和爪哇人[③]。还有一个奇妙的事实，这是勃里斯先生肯定地向我说过的，即来自孟加拉湾以东各地的野生原鸡远比印度的野生原鸡容易驯养；这并不是一个唯一的事实，因为洪堡（Humboldt）在很久以前就曾说道，同一物种在某一个地方比在另一个地方表现出更容易驯养的禀性。如果我们假定原鸡最初是在马来养驯的，并且以后引进到印度，那么我们便能理解勃里斯先生告诉我的一个评语：印度的家鸡并不比欧洲的家鸡更加密切类似印度的野生原鸡。

根据原鸡和斗鸡之间在颜色、一般构造、特别是鸣声方面极其密切的类似；根据它们在杂交时的能育性（就已经确定了的来说）；根据野生种驯养的可能性；并且根据它在野生状态下的变异，我们可以有信心地把它看成是所有家养品种中的一个最典型品种，即斗鸡的原始祖先。有一个重要事实，即在印度的几乎所有熟悉原鸡的博物学者，如伊利阿特爵士、瓦得（S. N. Ward）先生、雷雅得先生、季尔顿（J. C. Jerdon）先生以及勃里斯先生[④]，都相信它是大多数家养品种或全部家养品种的原始祖先。但是，纵使承认原鸡是斗鸡品种的原始祖先，可能还有人主张，其他野生种是其他家养品种的原始祖先；并且这些野生种现在依然生存于某处地方，但还没有被人们知道，或者已经灭绝了。然而，几个鸡种的灭绝，则是一种令人难信的假说，因为四个已知物种在古老的和人口最稠密的东方并没有灭绝。实际上，在其他种类的家养鸟的场合中，还没有一个种类的野生亲类型是不被知道的，或已经灭绝了的。为了发现原鸡属的新种或者重新发现旧种，我们不应像养鸡者们常常作的那样，把眼光放在全世界。正如勃里斯先生所说的那样[⑤]，大型鸡类的分布范围一般是有限制的：在印度有这种情形的很好例证，原鸡属在那里栖息于喜马拉雅山的基部，*Gallophasis* 栖息于较高的地方，雉属（*Phasianus*）栖息于更高的地方。澳洲

---

① 克劳弗得：《有关印度群岛的记载汇编》，1856 年，第 112 页。

② 我听勃里斯先生说，在缅甸野鸡和家鸡经常不断地杂交，可以看到各式各样的过渡类型。

③ 克劳弗得：《有关印度群岛的记载汇编》，第 113 页。

④ 季尔顿先生在《马德拉斯文学与自然科学学报》（*Madras Journ. of Lit. and Scienee*），第二十二卷，第 2 页，谈到原鸡的时候说道："毫无问题它是我们的普通家鸡的大多数变种的起源。"关于勃里斯先生，参阅《艺园者记录》，1851 年，第 619 页；《博物学年报》，第二十卷，1847 年，第 388 页，其中载有他的优秀的论文。

⑤ 《艺园者记录》，1851 年，第 619 页。

以及它的各岛完全不可能是原鸡属的未知物种的原产地。原鸡属也不可能在南美栖息①。就像在"旧世界"中找不到一只蜂鸟（humming bird）一样。从非洲其他鸡类的鸟的性状来看，原鸡属的原产地大概也不会是非洲。我们不必把眼光放在亚洲的西部，因为研究过这个问题的勃里斯先生和克劳弗得先生对原鸡属甚至是否在野生状态下曾经在遥远西方的波斯生存过都表示怀疑。虽然最古的希腊作者们认为鸡是一种波斯的鸟，但这可能只示明了鸡的引进的路线。为了发现未知的物种，我们必须把眼光放在印度、印度支那各国以及马来群岛的北部。中国的南方最像是这样的地方；不过勃里斯先生告诉我说，中国在长久期间内向外输出鸡皮，并且鸡在那里是被大量地养在鸡舍中的，所以原鸡属的任何活物种大概都已被知道了。大英博物馆的倍契先生为我翻译了 1609 年出版的《中国百科全书》（Chinese Encyclopaedia）*的一些片段（不过这部书是从更古老的文献汇编成的），在这里面说道，鸡是西方的动物，是在公元前 1400 年的一个王朝的时代引进到东方（即中国）的。不管对于这样古老的时代有怎样的想法，但我们知道中国人以往是把印度支那和印度看成是鸡的原产地的。根据这几种考察，为了发现以前曾被家养过的并且现今在野生状态下还是未知的那些物种，我们必须把眼光放在原鸡属的现今中心地，即亚洲的东南部分；不过最有经验的鸟类学者们并不认为发现这等物种是可能的。

　　当我们考察家养品种究竟是从一个物种、即原鸡传下来的还是从若干物种传下来的，我们不应完全忽视有关能育性的试验的重要性，虽然我们不应对此有所夸大。我们的大多数家养品种如此常常地杂交，而且它们的杂种如此大量地被饲养着，所以它们之间如果存在有任何程度的不育性，几乎肯定会被发觉。另一方面，原鸡属的四个既知

---

　　① 关于这个问题，我曾请教过一位卓越的权威者斯雷特尔先生，他认为我还没有把我的主张表示得非常有力。我知道一位古代作者阿考斯塔（Acosta）说过，鸡在它被发现的时期已经栖息于南美了；最近，约在 1795 年，奥利威尔·得塞尔斯（Olivier de Serres）谈到过圭亚那森林中的鸡；这些大概是野化鸡。但尼尔博士告诉我说，在赤道下非洲西海岸发生过鸡野化的情形；然而，它们可能不是真正的鸡，而是属于雉一类的鸟。古代的航海者巴布特说，在圭亚那没有野生鸡。爱伦（W. Allen）船长描述过伊拉·都罗拉斯岛（Ilha dos Rollas）的野生鸡（《黑人地带探险记》，Narrative of Nigger Expedition，1848 年，第二卷，第 42 页），该岛位于非洲西海岸的圣·汤姆斯（St. Thomas）附近；土人告诉他说，当地的鸡是在许多年以前从一只遇难的船逃到岛上去的，它们非常野，"它们的鸣声同家鸡的完全不同"，而且它们的外表多少也有所改变。因此，不管土人怎样说，它们是不是真正的鸡，大可怀疑。在若干岛屿上鸡野化了则是肯定的。非常有能力的判断者福来先生在一封信中告诉雷雅得先生说，在亚松森野化了的鸡"几乎全都返归了它们的原始颜色，公鸡是红而黑色的，母鸡是烟灰色的"。但不幸的是，我们不知道这种鸡在变色以前是什么颜色。鸡在尼考巴群岛（Nicobar Islands）野化了（勃里斯，《印度原野》，1858 年，第 62 页），并且在拉得命群岛野化了（《安逊航海记》，Anson's Voyage）。在皮卢群岛（Pellew Islands）发现的鸡相信是野鸡（克劳弗得）；最后，还有人肯定地说，鸡在新西兰野化了，但我不知道这种说法是否正确。

　　* 我们在《物种起源》中曾认为这可能指的是《古今图书集成》。但《古今图书集成》出版于 1726 年，同本书所说的出版年代（1596 年或 1609 年）不合。另一方面，L. Giles 的"An Alphabetical Index to the Chinese Encyclopaedia (Chhin Ting Ku Chin Thu Shu Chi Chhêng)"出版于 1911 年；W. F. Mayers 的"Bibliography of the Chinese Imperial Collections of Literature"，也曾谈到"古今图书集成"，出版于 1876 年；O. Franke 的"Zwei wichtige literarische Erwerbungen des Seminars für Sprache und Kultur Chinas zu Hamburg (on the Yung-Lo Ta Tien and the Thu Shu Chi Chhêng)，发表于 1914 年。而达尔文正式开始写这部书的时间是在 1860 年 1 月，1868 年出版；达尔文死于 1882 年 4 月 19 日，所以他不会看到上述有关《古今》图书集成的论著。

　　查 1609 年出版的比较著名的中国类书，只有《三才图会》（明，王圻编），该书共分天文、地理、人物、时令……鸟兽、草木等 14 门，但是否有英文、法文或德文的译本或介绍文章，何时发表；当待查考。——译者注

物种当彼此杂交时，或者，除了原鸡以外，同家鸡杂交时，所产生的杂种都是不育的。

最后，关于所有品种都是从单一原始祖先传下来的，在鸡的场合中并不像在鸽的场合中有那样良好的证据。在这两种场合中，对于能育性的讨论一定是有些用处的；在这两种场合中，都不可能有以下的情形：人类在古代可以成功地彻底家养若干想象的物种——大多数这等想象的物种同它们的自然的近似物种比较起来是极端畸形的——所有这等想象的物种现在或者还不被知道，或者已经灭绝了，虽然任何其他家养鸟类的原始亲类型并没有消失。但是，在探求各个鸽品种的想象的原始祖先时，我们可以专在具有特殊生活习性的物种中去探求；而鸡的习性同其他鸡类的习性并没有显著不同的地方。我在鸽的场合中曾示明了，各个族的纯系个体以及各个族的杂交后代往往在一般颜色和各种特征上同野生岩鸽相似，即发生返祖现象。在鸡的场合中也有相似性质的事实，不过不如鸽子那样强烈地显著，现在我就要对这一问题进行讨论。

返租和相似变异　在纯系的斗鸡、马来鸡、交趾鸡、道根鸡、班塔姆鸡中，并且我听推葛梅尔先生说，在丝羽鸡中，往往地或者有时地看到一些个体在羽衣方面同野生原鸡几乎一样。这是一个充分值得注意的事实，如果我们考虑到这些品种的区别是非常显著的话。业余养鸡者把具有这样颜色的鸡叫做黑胸红鸡。汉堡鸡本来具有很不相同的羽衣；尽管如此，根据推葛梅尔先生告诉我说的，"在繁育金色点斑变种的公鸡时，所遭遇的重大困难是它们趋于黑胸红背的倾向。白色公班塔姆鸡和白色公交趾鸡当到达成熟的时期往往稍带黄色或番红花色；而且黑色公班塔姆鸡的长颈羽①，当它们到达两三岁时，就变成红色的了，这并不是稀奇的事；黑色班塔姆鸡偶尔甚至会脱换成铜色的翼羽，或者实际是红色的肩"。所以在这几种场合中我们看到了一种返归原鸡颜色的明显倾向，甚至在一个个体的一生中都是如此。关于西班牙鸡、波兰鸡、条斑汉堡鸡、银色点斑汉堡鸡以及一些其他比较不普通的品种，我从来没有听到出现过黑胸红色个体。

根据我对于鸽子的经验，我做过如下的杂交。首先我把我所有的鸡都杀光了，在我家的附近也没有其他的鸡，于是在推葛梅尔先生的帮助之下，我获得了第一流的黑色公西班牙鸡和如下的纯系母鸡——白色斗鸡、白色交趾鸡、银色点斑汉堡鸡以及白色丝羽鸡。在这些品种中没有出现过一点红色的痕迹，而且当它们纯粹地进行繁育时，我也从来没有听到出现过一根红色羽毛；虽然在白色斗鸡和白色交趾鸡的场合中红色的出现大概不是很不可能的。从上述六种杂交中所育成的大部分雏鸡的绒羽和最初羽衣都是黑色的；有些是白色的；还有很少数是黑白杂色的。从白色母斗鸡或白色母交趾鸡同黑色公西班牙鸡的杂交中产生出来的 11 个卵，孵出了 7 只白色的雏鸡，黑色的只有四只。我举出这个事实是为了阐明羽衣的白色是强烈遗传的，并且那种认为雄者在传递它的颜色方面具有优势的力量不见得永远都是正确的。雏鸡是在春季孵出来的，在 8 月下旬有几只小公鸡开始发生变化，翌年这些变化在一些公鸡中又增强了。这样，银色点斑波兰鸡生出来的一个雄性个体，在最初羽衣方面是煤黑色的。并且在肉冠、羽冠、肉垂和须方面结合了两亲的性状；但是当它两岁时，次级飞羽上出现了大的和对称的白斑；原鸡的颈羽多是红色的，而这只鸡的颈羽沿着羽轴的地方则是绿黑色的，并且它还镶有一狭条褐黑

---

① 赫维特（Hewitt）先生，在推葛梅尔的《家鸡之书》（1866 年，第 248 页）中引用。

色边缘，其上又镶有一宽条很淡的黄褐色边缘；所以从一般外表来看，它的羽衣并没有变成黑色的，而是变成淡色的了。在这个例子中，随着年龄的增加，虽有重大的变化发生，但没有返归原鸡的红色。

无论是从银色点斑汉堡鸡产生出来的、还是从银色条斑汉堡鸡产生出来的一只具有正常蔷薇色肉冠的公鸡在最初同样也是完全黑色的；但是不到一年之后，就像刚才谈到的那个例子一样，颈羽就变得稍带白色了，同时臀羽则变成明显的红黄色了；在这里我们看到了返祖现象的第一个征候；在一些其他小公鸡的场合中也有同样的情形发生，不过没有必要在这里加以叙述了。有一位育种者还曾记载过[1]如下的情形：他用两只母银色条斑汉堡鸡同一只公西班牙鸡进行杂交，并且育出了一些雏鸡，所有这些雏鸡都是黑色的，公的具有金黄色的颈羽，母的具有褐色的颈羽；所以这个例子同样地也表示了一种明显的返祖倾向。

我的白色斗鸡生下来的两只小公鸡最初都是雪白色的；以后其中一只的颈羽，主要是臀部的羽变成淡橙色的了，另一只的颈羽、臀羽和上复羽的绝大部分都变成橙红色的了。在这里我们又看到更加明确的、虽然是部分的返归原鸡颜色的现象。其实这第二只公鸡的颜色同劣等的羊毛色斗鸡的颜色是相似的；推葛梅尔先生告诉我说，现在用黑胸红色斗鸡同白色斗鸡杂交，就可产生出这个亚品种，并且这样产生出来的这个羊毛色亚品种此后可以进行纯粹的繁育。所以我们看到一个奇妙的事实，即用光亮的黑色公西班牙鸡或黑胸红色公斗鸡同白色母斗鸡杂交，产生出来的后代几乎具有同样的颜色。

我从白色公丝羽鸡同母西班牙鸡的杂交中育成过几只雏鸡：所有都是煤黑色的，所有的肉冠和骨都稍带黑色，这明显地阐明了它们的血统；但它们都未遗传有所谓丝羽，其他的人们也曾观察到这种性状的不遗传。母鸡在羽衣方面从来没有发生过变异。当小公鸡长大了的时候，其中一只的颈羽变成白色，但稍带黄色，在同母汉堡鸡的杂交场合中也有相当类似的情形；还有一只变得很美丽，一个朋友把它保存下来了，并且仅仅由于它的美丽把它剥制为标本了。它的高视阔步同野生原鸡密切相似，不过它的羽毛的红色稍深。如果进行精密的比较，就可以看出一种相当的差异：它的初级飞羽和次级飞羽的边缘是绿黑色的，而原鸡的初级飞羽和次级飞羽的边缘则是黄褐色和红色的。深绿色羽毛横过背部的地方也较宽，而且肉冠稍带黑色。在所有其他方面，甚至在羽衣的微细之点上都非常密切相似。总之，用这只鸡先同原鸡相比，然后同它的光亮的绿黑色西班牙鸡的父亲相比，再同它的小型的白色丝羽鸡的母亲相比，便呈现了一种奇异的景象。这种返祖的情形是更加异常的，因为我们长久以来就知道西班牙品种是纯系的，而且没有记载过一个例子说它长过一根红色羽毛。丝羽鸡同样也是纯系的，而且相信它是一个古老的品种，因为阿尔祝万狄在 1600 年以前曾经提到过的一个品种，大概就是它，并且描述过它的羽毛像羊毛。它在许多性状上是如此特殊，以致某些作者认为它是另一个物种；然而像我们现在看到的那样，当它同西班牙鸡杂交时，所产生出来的后代同野生原鸡密切相似。

---

[1]　《园艺学报》，1 月 14 日，1862 年，第 325 页。

根据我的请求,推葛梅尔先生非常亲切地又重复了一次公西班牙鸡同母丝羽鸡之间的杂交,他获得了同样的结果;因为他这样育成了七只具有黑色体部和多少具有橙红色颈羽的公鸡和一只黑色母鸡。翌年,他用这只黑色母鸡同它的兄弟之一进行杂交,结果育成了三只小公鸡,都像它们的父亲,此外还有一只黑白颜色小母鸡。

从上述六种杂交中,母鸡几乎没有呈现返归母原鸡的褐色斑驳的羽衣的任何倾向;然而,白色母交趾鸡生下来的一只母鸡最初是煤黑色的,其后则变得微带褐色或煤烟色。若干母鸡在长久期间内都是雪白色的,当它们长大了的时候,则获得少数几根黑色羽毛。白色斗鸡生下来的一只母鸡在长久期间内完全是黑色的,并且带有绿色的光泽,当它两岁的时候,它的一些初级飞羽变成灰白色,它的无数体部羽毛具有狭而对称的白色尖端,或镶以白色边缘。我曾期望过某些雏鸡在初生绒羽的时候会有纵条纹,这在鸡类中是很一般的;但没有一个例子发生过这种情形。只有两三只的头部周围是红褐色的。不幸的是,我失掉了几乎全部从第一次杂交中得到的白色雏鸡;所以黑色在孙代中便占了优势;但它们的颜色是多样的,有些是煤烟色的,有些是带有斑驳的,还有一只稍带黑色的雏鸡,它的羽毛奇怪地具有褐色的尖端和条纹。

这里我再举出同返祖现象和相似变异法则有关系的少数琐事。正如在前一章中谈到的那样,这一法则意味着某一个物种的变种屡屡模拟另一个不同而近似的物种;按照我所主张的观点来说,这个事实可以用近似的物种都是从一个原始类型传下来的这一原理得到解释。根据赫维特先生和奥尔东(R. Orton)先生的观察,具有黑皮和黑骨的丝羽鸡在英国的气候条件下退化了;这就是说,虽然相当注意地防止了任何杂交,它还在皮和骨方面返归了普通鸡的正常颜色。一个具有黑骨和黑色羽衣而不是丝状羽衣的不同品种在德国[①]也同样地退化了。

推葛梅尔先生告诉我说,当不同品种进行杂交时,产生出来的鸡在它们的羽毛上往往具有暗色的狭而横的条纹。这种现象可以用直接返归原始类型、即母原鸡得到部分的解释;因为母原鸡的所有上部羽毛都具有黑色的和红褐色的微细斑驳,这种斑驳部分地而且不清楚地排列成横的条纹。但是,这种具有条斑的倾向大概由于相似变异的法则而被大大加强了,因为原鸡属的其他一些物种的母鸡具有更加明显的条斑,并且属于其他属的许多鸡类的母鸟,如鹧鸪,也具有条斑的羽毛。推葛梅尔先生还向我说过,虽然家鸽的颜色是非常多种多样的,但我们从来没看见过它们的羽毛具有条斑或点斑;根据相似变异的法则就可以理解这一事实,因为无论野生岩鸽或任何密切近似的物种都不生这样的羽毛。在杂种鸟中屡屡出现条斑,大概可以说明在斗鸡、波兰鸡、道根鸡、交趾鸡、安达鲁西亚鸡和班塔姆鸡各品种中的杜鹃(cuckoo)亚品种的存在。这些鸡的羽衣是石板青色或灰色的,每一根羽毛都具有比较暗色的横条纹,在某种程度上同杜鹃的羽衣相似。有一个奇特的事实,即杜鹃般的羽衣常常传递给公鸡,在杜鹃道根鸡中尤其如此,我说它奇特是因为原鸡属的任何物种的雄鸟一点也不具有这样的条纹;更加奇特的是,金色条

---

① 《鸡和孔雀的饲育》(*Die Hühner und Pfauenzuchr*),乌勒姆(Ulm),1827 年,第 17 页。赫维特先生关于白色丝羽鸡的叙述,见《家鸡之书》,推葛梅尔著,1866 年,第 222 页。承奥尔吞先生的帮助,他在给我的一书信中论述了同一问题。

斑的和银色条斑的汉堡鸡的条纹是这个品种的特征，而它们的雄性几乎完全不具条纹，这种羽衣只限于雌性才有。

　　另一个相似变异的例子是汉堡鸡、波兰鸡、马来鸡和班塔姆鸡的点斑亚品种的发生。点斑的羽毛在尖端上有一个完全新月形的暗色斑；而条斑的羽毛则呈现若干横带。点斑的发生不会是由于返归原鸡，并且我听推葛梅尔先生说，也不是由于不同品种杂交所往往发生的结果；这是一种相似变异的情形，因为许多鸡类的鸟都有点斑的羽毛——例如普通雉就是如此。因此，点斑品种往往被叫做雉鸡。在若干家养品种中的另一个相似变异的例子是费解的；即当黑色西班牙鸡、黑色斗鸡、黑色波兰鸡和黑色班塔姆鸡的雏鸡初生绒羽时，全都具有白色的喉和胸，而且往往在翅膀上表现有一些白色[①]。《家禽记录》[②]的编者说，本来具有红色耳朵的品种偶尔会产生具有白色耳朵的个体。这种说法特别适用于斗鸡，在所有品种中，斗鸡同原鸡最接近；我们知道这个品种如果生活在自然状态下，它的耳朵在颜色上有变异，例如在马来各地是红色的，在印度一般是、但不一定是白色的。

　　在总结这一部分问题的时候，我愿重复地说，原鸡属中有一个广为分布的、变异多端的普通物种，即原鸡，它可以驯养，当同普通鸡进行杂交时可以产生能育的后代，并且在整个构造、羽衣和鸣声方面都同斗鸡品种密切相似；因此可以稳妥地认为它是斗鸡品种——一个最典型的家养品种——的祖先。我们已经看到，在相信其他现今还不被知道的物种是其他家养品种的祖先，是有很大困难的。我们知道，所有品种在构造和习性的大多数之点上的相似性以及发生变异的相似方式都表明了它们是最密切近似的。我们还知道，在最不相同的品种中有若干品种偶尔地或者时常地同原鸡的羽衣密切相似；并且不具这样颜色的其他品种的杂种后代在返归这同样羽衣方面表现了或强或弱的倾向。有些品种看来似乎是非常特殊的，一点也不像从原鸡发生出来的，例如波兰鸡，具有隆起的和骨化很少的头骨，交趾鸡具有不完全的尾和小的翅膀，这些性状表现了它们的人为起源的明显标志。我们充分知道，近年来有计划的选择大大地改进了和固定了许多性状；我们有各种理由可以相信，进行了许多世代的无意识选择曾经稳定地扩大了每一个新的特点，而且这样产生了新品种。一旦两三个品种形成了之后，杂交在改变它们的性状和增加它们的数目方面便发生作用。根据最近在美国发表的一篇文章，勃拉玛·波特拉斯（Brahma Pootras）提供了一个良好的事例来说明一个最近由杂交形成的品种可以纯粹地进行繁育。著名的塞勃来特·班塔姆鸡（Sebright Bantams）提供了另一个相似的事例。因此，可以作出这样的结论：不仅是斗鸡品种，并且是所有我们的品种都是原鸡的马来变种或印度变种的后代。如果是这样的话，那么这个物种自从最初被家养以来已经发生了巨大的变异；但是我们现在就要阐明，这是经过了充分的时间的。

---

　　① 　狄克逊：《观赏鸡和家鸡》，第 253,324,335 页。关于斗鸡，参阅弗哥逊的《获奖的家鸡》，第 260 页。
　　② 　《家禽记录》，第二卷，第 71 页。

　　鸡的历史　　卢特梅耶尔在瑞士的湖上住所中没有发现鸡的遗骸；但是，按照珍特尔斯①的材料，自从那时以后鸡确曾同灭绝动物和史前遗物混在一起被发现了。所以，有一个奇怪的事实是：在《旧约圣经》中没有提到过鸡，在古代的埃及碑刻上也没有画过鸡。荷马（Homer）或黑西奥得（Hesiod）——约在公历纪元前900年左右——都没有谈过鸡；不过塞奥哥尼斯和阿里斯托芬（Aristophanes）——在公历纪元前400年到500年之间——都曾提到过鸡。在纪元前六世纪到七世纪间的一些巴比伦圆柱上有过鸡的图刻，雷雅得先生曾赠给我一张这种拓片；在纪元前600年左右的利西亚（Ly-cia）的鸟身女面怪神（Harpy）墓中也有过鸡的图刻：由此看来，鸡在家养状况下被引进到欧洲的时间显然是在纪元前6世纪左右。在耶稣纪元时代，鸡的分布更向西推进，因为恺撒（Julius Caesar）在不列颠发现了鸡。在印度，鸡的被家养一定是在《玛奴法典》（*Institutes of Manu*）完成的时候，因为法典中载有只许杀食野鸡，禁止杀食家鸡；按照琼斯（W. Jones）爵士的意见，法典的完成是在纪元前1200年，不过按照晚近的权威者威尔逊先生的意见，是在纪元前800年。像以前所说过的那样，如果古代的《中国百科全书》是可以信赖的话，那么鸡的被家养还要提前几个世纪，因为在该书中曾说道，鸡从西方引进到中国是在纪元前1400年。

　　现在还没有足够的资料可以供我们追踪各品种的历史。约在耶稣纪元开始的时候，哥留美拉提到过一个五趾的斗鸡品种以及一些地方品种；但是对于这些品种我们什么也不知道。他还提到过矮的鸡；但这种矮的鸡不会同我们的班塔姆鸡是相同的，因为克劳弗得先生曾经指出，班塔姆鸡是由日本引进到爪哇的班塔姆的。倍契先生告诉我说，在古代的《日本百科全书》中曾经提到过一种矮的鸡，这大概才是真正的班塔姆鸡。在1596年出版的《中国百科全书》*中曾经提到过七个品种，包括现在我们称为跳鸡即爬鸡的，以及具有黑羽、黑骨和黑肉的鸡，其实这些材料还是从各种更古的典籍中搜集来的。阿尔祝万狄在1600年描述过七八个鸡的品种，这是能够赖以考证欧洲品种的发生时代的最古记录。*Callus turcicus* 似乎肯定是条斑汉堡鸡；但是最有才能的判断者勃连特先生认为阿尔祝万狄"所画的显然是他偶尔碰到的个体，并不见得是该品种的最优良个体"。实际上勃连特先生认为所有阿尔祝万狄的鸡都是不纯的品种；不过更加恰当的观点则是，自从阿尔祝万狄的时代以来所有我们的品种都大大改进和改变了；因为他既然肯花钱画了那样多的图，所以他大概会设法去搜集一些具有特征的标本的。无论如何丝羽鸡在那

---

　　① 《史前的太古时代》（*Die vorgeschichtlichen Alterthümer*），第二部，泰尔1872年，第5页。《人种》（*Races of Man*），1850年，第374页，皮克林博士说道，鸡头和鸡颈曾列在献给陶特摩西斯三世（Thoutmousis III）的贡物中（纪元前1445年）；但是大英博物馆的倍契先生却怀疑该图所表示的是否就是鸡的头。当谈到在古代埃及碑刻上没有鸡的图的时候，必须小心一点，因为对于鸡的嫌恶是强烈地而且广泛地流行着的。埃尔哈特（S. Erhardt）牧师告诉我说，在非洲东海岸，赤道以南的4°到6°之间，大多数非基督教的部落至今还嫌恶鸡。皮卢群岛的土人大概不吃鸡，南美某些地方的印第安人也是不吃鸡的。关于鸡的古代历史，还可参阅沃尔兹（Volz）的《文化史》，1852年，第77页；以及小圣伊莱尔的《普通博物学》，第三卷，第61页。克劳弗得先生在他的《家养动物和文化的关系》那篇论文中对于鸡的历史做过可称赞的叙述，该文曾于1860年在牛津"英国科学协会"上宣读，其后并以单行本出版。从这篇论文里，我引用了希腊诗人塞奥哥尼斯（Theognis），并且引用了费劳斯（Fellowes）所描述的鸟身女面怪神墓。关于《玛奴法典》引自勃里斯先生给我的一封信。

　　* 前面曾说于1609年出版。——译者注

时大概是以现在的状态存在的，卷毛鸡几乎肯定也是这样的。狄克逊先生[1]认为阿尔祝万狄的帕丢安鸡(Paduan fowl)就是波兰鸡的一个变种，然而勃连特先生相信它同马来鸡更加密切近似。1656年泡列利(P. Borelli)已经注意到波兰品种的头骨在解剖学上的特点。我还愿意补充一点，1737年已经知道有一个波兰鸡的亚品种、即金色点斑鸡了；不过根据阿尔宾(Albin)的描述来判断，当时的肉冠比今天的为大，羽冠远比今天的为小，胸部的斑点不如今天的细致，并且腹部和股部的颜色远比今天的为黑：这样的金色点斑波兰鸡在今天大概是没有什么价值的。

品种间在外部构造和内部构造上的差异：个体的变异性——鸡所处的生活条件是多种多样的，并且像我们刚才看到的那样，对于大量的变异和无意识选择的作用是有充分时间的。因为对于相信所有品种都是从原鸡传下来的，有良好的根据，所以稍微详细地来描述主要差异之点是值得的。先谈谈卵和雏鸡，然后谈谈它们的次级性征，最后再谈谈它们在外部构造和骨骼上的差异。我详细叙述以下各点主要是为了阐明在家养状态下每一个性状都是多么容易地发生变异。

卵　狄克逊先生说[2]："每一个母鸡产的卵在形状、颜色和大小上的个别特点，只要它是健康的话，终生决无变化，常常取卵的人们对它的熟悉就像对他们的最亲近朋友们的笔迹的熟悉一样。"我相信这种说法一般是正确的，如果养的鸡不多，每一个鸡产的卵几乎永远可以被识别出来。大小不同的品种所产的卵自然在大小上也有很大的差异；但是，这显然并非永远都同母鸡的大小有严格的关系：例如，马来鸡比西班牙鸡大，但马来鸡一般并不产那样大的卵；白色班塔姆鸡产的卵据说比其他班塔姆鸡产的卵小[3]。另一方面，我听推葛梅尔先生说，白色交趾鸡产的卵肯定比浅黄色交趾鸡产的卵大。无论如何，不同品种的卵在性状上是有相当变异的；例如，巴兰斯(Ballance)先生说[4]，他的"未满一岁的马来小母鸡产的卵在大小上同任何鸭子产的卵相等，而两三岁大的其他马来母鸡产的卵只比相当大小的班塔姆鸡产的卵大不了很多。有些卵同母西班牙鸡产的卵一样白，还有一些卵是从淡奶油色到深黄色，甚至还有褐色的"。形状也有变异，交趾鸡卵的两端圆度远比斗鸡卵或波兰鸡卵的两端圆度更加相等。西班牙鸡的卵比交趾鸡的卵平滑，交趾鸡的卵壳一般都有小突起。交趾品种的卵壳，特别是马来品种的卵壳往往比斗鸡品种或西班牙品种的卵壳厚；但是，西班牙鸡的一个亚品种小形西班牙鸡(Minorcas)据说产的卵比真正西班牙鸡产的卵坚硬[5]。颜色有相当的差异——交趾鸡产淡黄色的卵；马来鸡产各种不同程度的较浅的淡黄色的卵；斗鸡卵的淡黄色还要浅。比较暗色的卵似乎是最近来自东方的那些品种的特征，或者是现在依然在那里生存的同上述品种密切近似的那些品种的特征。按照弗哥逊的材料，卵黄的颜色以及卵壳的颜色在斗鸡的一

---

[1]　《观赏鸡和家鸡》，1847年，第185页；关于译自哥美拉的片段，参阅第312页。关于金色汉堡鸡，参阅阿洛姆(Alom)的《鸟类志》(*Natural History of Birds*)，第三卷，附图，1731—1738年。

[2]　《观赏鸡和家鸡》，第152页。

[3]　弗哥逊：《珍奇的获奖鸡》(*Rare Prize Poultry*)，第297页。我听说这位作者一般是不可信赖的。然而关于卵，他绘过图并且提供了大量的资料。参阅第34,235页，关于斗鸡卵的部分。

[4]　参阅《家鸡之书》，推葛梅尔先生著，1866年，第81,78页。

[5]　《家庭艺园者》，10月，1855年，第13页。关于斗鸡卵的厚度，参阅摩勃雷(Mowbray)的《家鸡》，第七版，第13页。

些亚品种中是微有差异的。勃连特先生也告诉我说过,深鹧鸪色的母交趾鸡产的卵在颜色上比其他交趾亚品种产的卵为深。卵的香味和浓味在不同品种中肯定是不同的。若干品种的生产力是很不同的。西班牙鸡、波兰鸡和汉堡鸡已经失去了孵卵的本能。

  雏鸡 几乎所有鸡类的幼雏,甚至黑色凤冠鸟(Curassow)和黑色松鸡(Grouse),当初生绒羽时,在背上都有纵条纹——而到成熟时,这种性状在雄性或雌性中连一点痕迹也不留下——所以大概可以料想得到所有家养的雏鸡也会具有同样的条纹①。然而,如果雌雄两性的成长以后的羽衣发生了如此重大的变化,而变成完全白色和黑色,那么这样的性状就几乎不能有了。各个白色品种的雏鸡都呈均匀的淡黄白色,而黑骨的丝羽鸡的雏鸡则变成金丝雀般的亮黄色了。白色交趾鸡的雏鸡一般也是这种情形,但是我听祖尔赫斯特(Zurhost)先生说,它们有时是淡黄色或栎树色的,一切具有后面这种颜色的个体据观察都是雄性的。淡黄色交趾鸡的雏鸡是金黄色的,白色交趾鸡的颜色比较淡,所以二者容易分别,并且前者往往具有暗色的条纹:银肉桂色交趾鸡的雏鸡几乎永远都是淡黄色的。白色斗鸡品种和白色道根鸡品种的雏鸡当被放在某种光线之下时,有时会表现出不清楚的纵条纹痕迹(根据勃连特先生)。完全黑色的鸡,即西班牙鸡、黑色斗鸡、黑色波兰鸡和黑色班塔姆鸡,呈现有一种新的性状,因为它们的雏鸡的胸部和喉部都或多或少是白色的,有时在身体的其他部分也有着一点白色。西班牙品种的雏鸡在绒羽是白色的地方,其第一次真羽(first true feathers)的尖端偶尔在某一时期内也是白色的(勃连特)。大多数斗鸡亚品种的雏鸡都保持初期具有条纹的这种性状(勃连特,狄克逊);道根鸡,交趾鸡的鹧鸪色亚品种和松鸡色亚品种也是如此(勃连特),但是,像我们已经看到的那样,其他亚品种已经失去了这种性状;雉色马来鸡还保持这种性状(狄克逊),但其他马来鸡显然已经失去了这种性状(关于这一点我感到非常奇怪)。以下的品种和亚品种只有一点纵条纹或者完全没有:金色的和银色的条斑汉堡鸡,它们在绒羽期间彼此简直没有什么区别(勃连特),二者在头部和臀部都生有少数的暗色斑点,在背部和颈部有时有一条纵条纹(狄克逊)。我只看见过一只银色点斑汉堡鸡的雏鸡,而这只雏鸡沿着背部有一条模糊的纵条纹。金色点斑波兰鸡的雏鸡具有一种令人感到温暖的红褐色(推葛梅尔);银色点斑波兰鸡的雏鸡是灰色的,它的头、翅膀、胸有时发赭色(狄克逊)。杜鹃色和暗青色的鸡在绒羽期间都是灰色的(狄克逊)。塞勃来特·班塔姆鸡的雏鸡全身都是深褐色的,而褐胸红色班塔姆斗鸡的雏鸡则是黑色的,不过它的喉部和胸部则是白色的。从这些事实中我们知道不同品种的雏鸡、甚至同一主要品种的雏鸡在初生羽衣方面是有很大差异的;虽然所有野生鸡类的雏鸟都有纵条纹,但若干家养品种已经失去了这种性状。成长鸡的羽衣同成长原鸡的羽衣愈不相同,其雏鸡失去这种条纹的程度就愈完全,这种情形恐怕可以作为一般的规律来看。

  关于各个品种所特有的性状最初出现的时期,显然地,像多余趾那样的构造一定在孵化很久以前就形成了。波兰鸡的头骨前部的异常隆起在雏鸡走出卵壳以前就充分地

---

  ① 关于绒羽时期的雏鸡,我的材料很不完善,这些材料主要引自狄克逊先生的《观赏鸡和家鸡》。勃连特先生和推葛梅尔先生都曾函告我许多事实。在每一个例子中我都在括号内写出名字指明我的根据。关于白色丝羽鸡,参阅推葛梅尔的《家鸡之书》,1866年,第221页。

发育了①；但位于这种隆起上的羽冠最初发育得并不好，直到第二年，它的羽冠才达到充分的大小。公西班牙鸡的大型肉冠是超群的，它的肉冠在非常早的时期就发育了，所以只在它们孵化几个星期之后，就可以把小公鸡和小母鸡区别开来，在其他品种中不会这样早；小公鸡鸣叫得也很早，这就是说，在它们孵化后六个星期左右就能鸣叫了。西班牙鸡的荷兰亚品种的白色耳朵比普通西班牙品种的发育较早②。交趾鸡的小型尾巴是它的特征，小公鸡的尾巴在异常晚的时期才发育③。斗鸡以好斗而著名；小公鸡甚至在它们的母鸡保护之下时就会鸣叫，拍翅膀并且顽强地彼此相斗④。有一位作者说道⑤："我往往有整窝的雏鸡，还没有长好羽毛，就彼此斗得眼睛看不见东西；相斗的对手们在隅角里烦躁不安，但一旦它们恢复了视觉，又重新相斗起来了。"所有鸡类的雄鸟的武器和好斗性显然都是为了占有雌性；所以小斗鸡在非常早期所表现的这种好斗倾向，不仅是无益的，而且是有害的，因为它们由于负伤而受到了很大的损害。在早期练习相斗，对于野生原鸡来说可能是自然的；但是，人类在它们的许多世代中继续不断地选择了战斗性最顽强的公鸡，所以更加可能的是，它们的好斗性不自然地增强了，而且不自然地传递给小公鸡了。同样的，公西班牙鸡的异常发达的肉冠可能无意识地传递给小公鸡了；因为养鸡者大概不会注意它们的小鸡是否有大型肉冠，而只是选择具有最好看的肉冠的大鸡作为繁育之用，不管它们的肉冠在幼小时是否发达。最后需要注意的一点是，西班牙鸡和马来鸡的雏鸡虽然生有丰富的绒羽，但真羽的生出却在非常晚的时期，所以雏鸡在某一期间是部分无毛的，并且容易受寒冷的侵害。

次级性征　在原始类型——原鸡中，雌雄两性在颜色上的差异很大。在我们的家养品种中，雄雄两性的差异绝不比原鸡大。而往往比原鸡的差异为小；并且差异的程度甚至在同一主要品种的亚品种中也是不同的。例如，某些斗鸡的差异像原鸡的差异那样大，而黑色亚品种和白色亚品种在羽衣方面并没有什么差异。勃连特先生告诉我说，他曾看见过黑胸红色斗鸡的两个品系，它们的公鸡虽没有什么区别，但一个品系的母鸡是鹧鸪褐色的，另一个品系的母鸡是黄褐色的。在褐胸红色斗鸡的一些品系中也看见过同样的情形。"鸭翅斗鸡的母鸡是极其美丽的"，并且同所有其他的斗鸡亚品种都很不相同；但是，它们像青色的和灰色的斗鸡以及羊毛色斗鸡的某些亚品种那样，在羽衣的变异方面，雌雄两性之间表现有相当密切的关系⑥。当我们比较交趾鸡的几个变种时，显然也会看到同样的关系。在金色点斑的和银色点斑的以及淡黄色的波兰鸡的雌雄两性中，全部羽衣的颜色和斑纹一般是很相似的，当然，颈羽、羽冠和须并不是这样。在点斑汉堡鸡中，雌雄两性之间也有相当程度的相似性。另一方面，在条斑汉堡鸡中，雌雄两性之间的不相似性却是很大的；作为母鸡的特征的条斑在金色变种和银色变种的公鸡中几乎是不

---

① 这是根据我听推葛梅尔先生说的；再参阅《动物学会会报》，1856年，第366页。关于羽冠的发育迟，参阅《家禽记录》，第二卷，第132页。

② 关于这几点，参阅《家禽记录》，第三卷，第166页；以及推葛梅尔的《家鸡之书》，1866年，第105,121页。

③ 狄克逊：《观赏鸡和家鸡》，第273页。

④ 弗哥逊《珍奇的获奖鸡》，第261页。

⑤ 摩勃雷的《家鸡》，第七版，1834年，第13页。

⑥ 参阅推葛梅尔《家鸡之书》中，1866年，第131页，其中有关斗鸡品种的充分描述。关于杜鹃道根鸡，参阅第97页。

存在的。但是，像我们已经看到的那样，不能把公鸡绝不会有条斑的羽毛作为一般的规律，因为"杜鹃道根鸡的雌雄两性都有几乎一样的斑纹，因而闻名于世"。

有一个奇特事实，即某些亚品种的公鸡已经失掉了它们的次级雄性征，所以常常被称为似母鸡的公鸡（Henuies）。关于这样的公鸡是否有任何程度的不育性，则议论纷纷；它们有时部分地不育，这似乎是明显的①，不过这可能是由近亲繁殖所引起的。它们不是完全不育的，而且这整个的情形同老母鸡表现有雄性性状的情形是广泛不同的，这些情形从若干这等"似母鸡的公鸡"的亚品种曾经长期繁育下来的事实可以清楚地知道。金边的和银边的塞勃来特·班塔姆鸡的雌雄两性，除了根据它们的肉冠、肉垂和距以外，彼此几乎没有什么区别，因为它们的颜色都是一样的，而且公鸡没有颈羽，也没有飘垂的镰刀般的尾羽。最近对于具有母鸡那样尾巴的一个汉堡鸡亚品种评价很高。还有一个斗鸡的品种，它的公鸡和母鸡如此密切近似，以致公鸡在斗鸡场中常常把具有母鸡那样羽毛的对手误认为真的母鸡，因而丧失了自己的生命②。公鸡虽然生有母鸡的羽毛，但它们是"猛烈的，并且常常证明它们是勇敢的"；甚至对于一只有名的具有母鸡那样尾巴的胜利者还刊行过一张木刻图。推葛梅尔先生③曾经记载过有关褐胸红色公斗鸡的一个值得注意的例子；它在长出了完全的雄性羽衣之后，于翌年秋季其羽毛便变成雌性的了；但是它并没有失去雄性的鸣声、距、力量和生殖力。这只鸡已经把这种性状保持了五季，而且它的后代有生雌性羽毛的，也有生雄性羽毛的。葛兰特雷·弗·巴尔克雷（Grantley. F. Berkeley）先生叙述过一个更加奇特的例子，即鸡貂色斗鸡的一个品系几乎在每一窝中都生一只"似母鸡的公鸡"。"在这样的鸡中，有一只具有非常的特点：随着季节的转换，它并不永远是'似母鸡的公鸡'，也不永远具有黑色鸡貂般的颜色。在某一季节它具有鸡貂色的、'似母鸡的公鸡'的羽毛，可是脱换了这种羽毛之后，它的羽衣就变成十足雄性的黑胸红色，而在翌年它的羽衣又变得同以前一样了"④。

我在《物种起源》一书中曾说道，在同属的物种间次级性征容易有很大的差异，在同种的个体间次级性征的变异非常之大。像我们已经看到的那样，在鸡的一些品种的场合中就羽衣颜色来说也是这样的，而且关于次级性征也是这样的。第一，在不同品种中肉冠的差异很大⑤，它的形状显著地构成了各个品种的特征，不过道根鸡是例外，它的肉冠的形状还没有被养鸡者所确定，而且也没有被选择所固定下来。单一的、深锯齿状的肉冠是典型的和最普通的形状。肉冠在大小上有很大的差异，西班牙鸡的肉冠非常发达，一个叫做红帽的地方品种的肉冠有时在前部向上的宽度为三英寸，而从后方末端来测计，其长度则在四英寸以上。⑥ 某些品种的肉冠是双重的，当肉冠的两端接合在一起的时候，便形成了一个杯形肉冠；还有一种蔷薇肉冠，它是扁平的，布有小突起，向后突出，在

---

① 赫维特先生，推葛梅尔的《家鸡之书》，1866 年，第 246,156 页。关于"似母鸡的公鸡"，参阅第 131 页。

② 《大地》，4 月 20 日，1861 年。作者说他曾看见过六只公鸡是这样牺牲的。

③ 《动物学会会报》，3 月，1861 年，第 102 页。刚刚提到的那张"似母鸡的公鸡"、木刻图曾在"动物学会"展览过。

④ 《大地》，4 月 20 日，1861 年。

⑤ 我非常感激勃连特先生，他把有关他所知道的肉冠变异的纪录给我，并附 3 图；即将谈到的有关尾部的情形也是他告诉我的。

⑥ 《家鸡之书》，推葛梅尔著，1866 年，第 234 页。

所谓有角的克列布·哥尔鸡中，肉冠分成了两个角；在具有豆形肉冠的勃拉玛鸡中，肉冠是三重的；在马来鸡中，肉冠是短而截形的；在顾尔德兰得鸡中，肉冠是缺如的。在有缨的斗鸡中，有少数长羽从肉冠的后面生出；并且在许多品种中羽冠代替了肉冠。羽冠如果不很发达，它是从一个肉块上长出来的，但是羽冠如果很发达，它便是从头骨的半球状突出部长出来的。最优良的波兰鸡的肉冠非常发达，我曾看到过一些个体因此而几乎不能啄取食物；一位德国作者断言[1]，它们结果容易受到鹰的袭击。这种畸形的构造在自然状态下大概会这样受到抑制。肉垂在大小上也变异很大，马来鸡以及某些其他品种的肉垂是小形的，在某些波兰鸡的亚品种中，肉垂被一种叫做须的大型羽簇所代替了。

不同品种的颈羽并没有多大差异，不过马来鸡的颈羽短而硬，似母鸡的公鸡没有颈羽。在一些目(orders)中，雄鸟有异常形状的羽毛，例如其裸出的羽轴在尖端为圆盘状的，等等，因此以下的例子是值得提一提的。在野生原鸡中以及在我们的家鸡中，从颈羽顶端的两侧生出来的羽支是裸出的、即不生小羽支，所以它们类似刚毛；但是，勃连特先生从一只幼小的公桦木色鸭翅斗鸡拔下来一些肩部颈羽送给我，在这些颈羽中裸羽支在接近顶端处又变得密被小羽支；所以一个由羽支的裸露部分形成的对称形状的透明环带把这些具有金属光泽的暗色顶端同下部分开了。因此，这种颜色的顶端看来就像分离的小型金属圆盘似的。

镰刀形尾羽在公鸡中为三对，并且显著地构成了它们的特征，但不同品种的镰刀形尾羽有很大的差异。在某些汉堡鸡中它们是偃月刀形的，而不像在典型的品种中那样，是长而飘垂的。在交趾鸡中它们非常短，而在"似母鸡的公鸡"中它们一点也不发达。在道根鸡和斗鸡中，它们以及整个尾部都是直竖的；但在马来鸡和某些变趾鸡中它们下垂得很厉害。多余数目的侧生镰刀形尾羽构成了萨尔坦鸡的一个特征。距的变异很大，它们在胫部的位置有的高一些，有的低一些；斗鸡的距极长而说，交趾鸡的距钝而短。交趾鸡似乎感到它们的距并不是有效的武器；因为在相斗中它们虽然有时还使用距，但推葛梅尔先生告诉我说，它们更加常常使用的是它们的嘴，来彼此撕揪。勃连特先生从德国得到过一些印度的公斗鸡，他告诉我说，它们在每只腿上的距为三个、四个、甚至五个[2]；而且这个品种的距几乎常常位于腿的外侧。在《中国古代百科全书》中曾经提到过双重距(double spurs)的事情。它们的发生或者可以看做是相似变异的一个例子，因为某些野生鸡类，如孔雀雉(Polyplectron)，就有双重距。

根据鹑鸡科(Gallinaceae)中一般区别雌雄两性的差异来判断，某些性状在我们的家鸡中似乎从一性传给了另一性。在所有物种中(三趾鹑[Turnix]除外)，如果雌雄两性之间在羽衣方面有任何显著的差异，那么雄性的羽衣总是最美丽的；但是母金色点斑汉堡鸡同公金色点斑汉堡鸡是一样美丽的，而且比原鸡属的任何自然物种的雌性表现有不能相比的美丽；所以在这里一种雄性的性状是传给雌性了。另一方面，在杜鹃·道根鸡中以及在其他杜鹃的品种中，条斑——在原鸡属中是雌性所特有的——却传给了雄性：根

---

① 《鸡和孔雀的饲育》，1827年，第11页。

② 《家禽记录》，第一卷，第595页。勃连特先生告诉过我同样的事实。关于道根鸡的距的位置，参阅《家庭艺园者》，9月18日，1860年，第380页。

据相似变异的原理，这种传递并不值得惊奇，因为在许多鸡类的属中，雄性都具有条斑。在大多数的这等鸡中，雄性的所有种类的头部装饰都比雌性的更加充分发达；但是波兰鸡的羽冠、即在雄性中代替肉冠的顶瘤，在雄雄两性中是同等发达的。在由于母鸡的羽冠小而被称为百灵（lark）羽冠的一些其他品种的公鸡中，一个单一的直立肉冠有时几乎完全地代替了羽冠①。根据后述的这个例子，特别是根据就要谈到的有关波兰鸡的头骨突起的一些事实，这个品种的羽冠应当被看做是一种传给雄性的雌性性状。我们知道西班牙品种的雄性有巨大的肉冠，并且这种肉冠部分地传给了雌性，因为雌性的肉冠异常大，虽然并不直立。在斗鸡中雄性的勇敢而野蛮的禀性也同样大部分传给了雌性②；而且雌性有时甚至有生距的这样显著雄性性状。关于能育的母鸡生距，曾经记载过许多例子；按照贝西斯坦的材料③，丝羽鸡的距有时是很长的。他还提到另一个具有同样特征的品种，这个品种的母鸡是优良的产卵者，但由于它们生距，卵容易受到扰动或被弄破。

雷雅得先生④记载过锡兰的一个鸡的品种，它的皮、骨和肉垂都是黑色的，但它的羽毛则是普通的，"把它譬喻成一只从满布煤烟的烟筒中拉出来的白鸡，是再好没有的形容了"。雷雅得先生接着说，"然而这是一个值得注意的事实：纯粹的煤烟色变种的公鸡几乎同玳瑁色的公猫一样地稀少"。勃里斯先生发现，同样的规律对于在加尔哥答附近生存的这个品种也是适用的。另一方面，黑骨的欧洲丝羽品种的雄性和雌性彼此并没有差异；所以在某一个品种中黑骨、黑皮以及同一种类的羽衣是雌雄两性所共有的，而在另一个品种中，这些性状只限于雌性才有。

现在所有波兰鸡的品种在它们的头骨上都生有大型的骨突起，它们包含有部分的脑子并且支持着羽冠，在雌雄两性中它们是同等发达的。但是以前在德国，只有母鸡的头骨才生突起：特别注意家养动物的畸形特性的布鲁曼巴哈（Blumenbach）⑤在1805年说道，情形确系如此；贝西斯坦在此以前，即在1793年，也观察到同样的事实。后一位作者不仅在鸡的场合中，而且也在鸭、鹅和金丝雀的场合中，仔细地描述了羽冠对于头骨所发生的影响。他说道，在鸡的场合中羽冠如果不很发达，它是由一个脂肪块来支持的；但羽冠如果很发达，它总是由一个种种大小的骨突起来支持的。他充分地描述了这种突起的特点；他还注意到脑子的改变形状对于这等鸡的智力所发生的影响，并且他反驳了帕拉斯的有关这等鸡是愚笨的叙述。于是他清楚地指出，他从来没有观察过公鸡生有这种突起。因此，毫无疑问，波兰鸡的头骨上的这种异常性状以前在德国只限于雌性才有，但是现在已经传给了雄性，因而为雌雄两性所共有了。

---

① 狄克逊：《观赏鸡和家鸡》，第320页。

② 推葛梅尔先生告诉我说，每斗鸡是如此好斗，以致现在一般都把它们分别放在不同的围栏中来展览。

③ 《德国的博物学》，第三卷，1793年，第339，407页。

④ 《关于锡兰的鸟类学》，载于《博物学年报》，第二辑，第十四卷，1854年，第63页。

⑤ 《比较解剖学手册》（*Handbuch der vergleich. Anatomie*），1805年，第85页，注释。推葛梅尔先生在《动物学会会报》（11月25日，1856年）中关于波兰鸡的头骨做过很有趣的叙述，他没有看过贝西斯坦的文章，他对于布鲁曼巴哈的叙述的正确性有所争论。关于贝西斯坦，参阅《德国的博物学》，第三卷（1793年），第399页，注释。我可以补充一点：在"动物园"举行的第一届家鸡展览会上（1845年5月），我看到过一些叫做弗瑞兹兰得（Friezland）的鸡，它们的母鸡具有羽冠，并且公鸡具有肉冠。

不同性别相联系的品种间以及个体间的外部差异

体部在大小上差异很大。推葛梅尔先生已经晓得"勃拉玛鸡"的重量为 17 磅；一只优良的公马来鸡为 10 磅；而第一流的塞勃来特·班塔姆鸡的重量几乎没有超过 1 磅的。最近二十年以来，我们的某些品种的大小由于有计划的选择而大大增加了，同时其他品种的大小则大大缩小了。我们已经看到，即便在同一个品种中颜色的变异是多么大；我们知道野生原鸡在颜色方面只有轻微变异；我们知道在所有我们的家养动物中颜色是容易变异的；尽管如此，一些卓越的养鸡者对于变异性的信心还是如此之小，以致他们实际上还在争论说那些除了颜色以外在其他方面并没有差异的主要斗鸡亚品种是从不同的野生种传下来的！杂交往往会引起颜色的奇妙改变。推葛梅尔先生告诉我说，如果淡黄色交趾鸡同白色交趾鸡杂交，在雏鸡中几乎不可避免地要有一些是黑色的。按照勃连特先生的材料，黑色交趾鸡同白色交趾鸡杂交，有时会产生石板青色的雏鸡；并且推葛梅尔先生告诉我说，白色交趾鸡同黑色西班牙鸡杂交，或者白色道根鸡同黑色小型西班牙鸡杂交[①]，也会产生石板青色的雏鸡。一位优秀的观察者[②]说道，有一只第一流的母银色点斑汉堡鸡逐渐失去了这个品种的特征，因为它的羽毛的黑色边缘消失了，并且它的腿从铅青色变成为白色：但使这个例子引人注意的却是，这种倾向已经渗入到血统中，因为它的姐妹同样地、但程度较轻地发生了变化；同时由后述这只母鸡产生出来的雏鸡最初几乎都是白色的，"但是脱换羽毛之后，它便变成黑色的了，并且长出一些点斑的羽毛，不过这些点斑几乎已经消失而模糊不清了"。所以一个新变种就这样奇妙地发生了。不同品种的皮在颜色上有很大差异，普通种类是白色的，马来鸡和交趾鸡是黄色的，丝羽鸡是黑色的；因此，像高德龙[③]所评述的那样，这模拟了人类的三个主要类型的皮肤。同一位作者又说道，因为不同种类的鸡生活在遥远的和隔离的各地，具有黑皮和黑骨，所以这种颜色一定在不同时代和不同地方曾经出现过。

体部的形状和步态，以及头的形状，有很大差异。喙的长度和钩曲度有微小变异，其差异远不如在鸽子的场合中那样厉害。在大多数具有羽冠的鸡中，鼻孔呈现一种显著的特点，即它的轮廓是新月形的并且是隆起的。交趾鸡的初级飞羽是短的；一只公交趾鸡的重量一定有原鸡的重量的两倍以上，而二者的初级飞羽在长度上则是一样的。我在推葛梅尔先生的帮助之下，曾经数过 13 只不同品种的公鸡和母鸡的初级飞羽；其中有 4 只——2 只汉堡鸡、1 只交趾鸡和 1 只班塔姆斗鸡——的初级飞羽是 10 支，而不是正常的数目 9 支；但是当我数这些羽毛时，我追随了养鸡者们的计算方法，我没有把刚刚四分

---

① 《家庭艺园者》，1 月 3 日，1860 年，第 218 页。

② 威廉斯(Williams)先生在都柏林(Dublin)博物学会宣读的一篇论文，在《家庭艺园者》，1856 年，第 161 页中引用。

③ 《物种》，1859 年，第 442 页。关于在南美发现乌鸡。参阅罗林的文章，见《法国科学院院报》(*Mém de l' Acad. des Sciences*)，第六卷，第 351 页；以及亚莎拉的《巴拉圭的四足兽》，第二卷，第 324 页。我有一只卷毛鸡来自马得拉斯，它是鸟骨的。

之三英寸长的第一小初级飞羽计算在内。初级飞羽在相对长度上有相当的差异,第四支或第五支,或第六支,是最长的;第三支同第五支相等,或者比第五支短了许多。在野生鸡类的物种中,主翼羽和尾羽的相对长度以及数目是极其固定的。

尾在直立性和大小上有很大的差异,马来鸡的尾小,交趾鸡的尾很小。在我检查过的那 13 只不同品种的鸡中,有五只的尾羽数目是正常的,为 14 支,在这 14 支尾羽中包含有两支中央镰刀形尾羽;其他六只(公开弗尔鸡、公金色点斑波兰鸡、母交趾鸡、母萨尔坦鸡、母斗鸡、母马来鸡各一只)的尾羽为 16 支;还有两只(一只老公交趾鸡和一只母马来鸡)的尾羽为 17 支。无臀鸡没有尾,并且我拥有的一只没有油腺,这只鸡的尾骶骨(coccyges)虽然极不完备,但有尾的痕迹,它在外尾羽的位置上生有两支稍微长一点的羽毛。这只鸡来自这样一个家庭,据说这个品种在那里已经纯粹地繁育了 20 年;不过无臀鸡常常产生有尾的雏鸡[①]。一位卓越的生理学者[②]最近曾经谈到这个品种是一个不同的物种;如果他检查过尾骶骨的残缺状态,他决不会作出这样的结论的;他大概误信了在一些著作中曾经说过的无尾鸡在锡兰是野生的那种叙述;但是精密研究过锡兰鸟类的雷雅得先生和开拉尔特博士向我肯定地说,这种叙述是完全错误的。

跗在长度上有相当的变异,同野生原鸡相比,西班牙鸡和卷毛鸡的跗在同腿节(femur)的比较下是相当长的,而丝羽品种和班塔姆品种的跗则较短;不过原鸡的跗,像我们已经看到的那样,在长度上有变异。跗常常生有羽毛。许多品种的脚生有多余趾。据说金色点斑波兰鸡[③]的趾间的皮很发达:推葛梅尔先生观察过一只有这种情形,但我检查过的一只并不是这样。霍夫曼(Hoffmann)教授送给我一张吉森(Giessen)的普通品种的鸡脚的绘图,它在三个趾间生着蹼,蹼长约为趾的三分之一。交趾鸡的中趾据说[④]比侧趾几乎长二倍,所以远比原鸡的或其他鸡的长,但我检查过的两只并不是这样。这个品种的中趾的趾甲是非常宽而扁平的,不过在我检查的两只中其程度是不同的,趾甲这种构造在原鸡中只留有一点痕迹。

狄克逊先生告诉我说,鸣声几乎在每一个品种中都有微小的差异。马来鸡[⑤]的鸣声高、深沉而且拉得颇长,不过个体之间有相当的差异。赛克斯上校说,在印度饲养的公库尔姆鸡(Kulm cock)的鸣声不像英国鸡的鸣声那样尖锐而嘹亮,"它的音阶似乎受到更大的限制"。虎克(Hooker)博士对于公锡金(Sikhim)* 鸡的"长而噑吠般的尖锐鸣声"感到惊奇[⑥]。交趾鸡和普通公鸡鸣叫得不一样是闻名的而且可笑的。不同品种的性情是广泛不同的;从斗鸡的野蛮而好斗的脾气一直到交趾鸡的极端平和的脾气。有人肯定地说:"交趾鸡所吃的野草的范围远比其他任何变种都大。"任何品种都比西班牙鸡耐寒。

---

① 赫维特先生,见推葛梅尔的《家鸡之书》,1866 年,第 231 页。

② 勃洛加博士,见布朗-税奎主编的《生理学学报》(*Journal de Phys.*),第二卷,第 361 页。

③ 狄克逊:《观赏鸡》,第 325 页。

④ 《家禽纪录》,第一卷,第 485 页。推葛梅尔的《家鸡之书》,1866 年,第 41 页。关于交趾鸡吃草,参阅同书,第 46 页。

⑤ 弗哥逊:《获奖鸡》,第 87 页。

* 一名哲孟雄。——译者注

⑥ 赛克斯上校:《动物学会会报》,1832 年,第 151 页。虎克博士的《喜马拉雅山日记》(*Himalay. Journals*),第一卷,第 314 页。

在我们讨论骨骼之前，注意一下诸品种同原鸡有多大程度的差异是必要的。有些作者认为西班牙鸡是区别最大的品种之一，而且一般的外貌也是如此；不过它的特征上的差异并不是重要的。在我看来，马来鸡似乎区别得更大，因为它的体材高，尾小而下垂并且具有 14 支以上的尾羽，同时它的肉冠和肉垂小；尽管如此，还有一个马来鸡的亚品种在颜色上几乎同原鸡完全一样。某些作者认为波兰鸡是有很大区别的；但是它的具有突起的和不规则孔眼的头骨表明了它是一个半畸形的品种。交趾鸡在所有品种中大概是区别最大的，因为它的额骨具有深的沟，枕骨孔的形状特别，翼羽短，尾短并且具有 14 支以上的尾羽，中趾的趾甲宽，羽衣柔软得像绒毛，卵粗糙并呈暗色，特别是它的鸣声特殊。如果有任何一个我们的品种是从某一个不同于原鸡的未知物种传下来的话，那么这个品种大概就是变趾鸡；但是斟酌证据的结果，并不有利于这种观点。交趾品种的所有特征上的差异或多或少都是容易变异的，而且在其他品种中也可以找到这些差异，虽然其程度有大有小。我们的交趾鸡的一个亚品种在颜色上同原鸡密切相似。脚生羽毛，常常具有多余的趾，翅膀不能用于飞翔，性情极端安静，这表示了长期被家养的过程；而且交趾鸡是来自中国的，我们知道在那里植物和动物长久以来就受到了非常细心的管理，因而我们可以希望在那里发现深刻改变了的家养族。

骨骼上的差异　我曾检查过 27 只不同品种的骨骼和 53 只不同品种的头骨，其中包含有三只原鸡；这些头骨的将近一半是蒙推葛梅尔先生赠送的，其中有三只骨骼是伊顿先生赠送的，谨此致谢。

不同品种的头骨在大小上有重大差异，最大型的交趾鸡的头骨长度为班塔姆鸡的二倍，但其宽度则不到后者的二倍。在所有头骨中，从枕骨孔到头骨前端的底面之骨（包含有方骨和翼状骨）在形状上都是绝对一样的。下颌骨也是如此。雌雄两性的额骨往往有看得出的微小差异，这显然是由于肉冠的存在与否而引起的。在每一个场合里我都用原鸡的头骨作为比较的标准。四只斗鸡、一只母马来鸡、一只公非洲鸡、一只马得拉斯公卷毛鸡、两只乌骨丝羽鸡没有值得注意的差异。在三只公西班牙鸡中，眼窝之间的额骨形状有相当的差异；一只是相当扁平的，其他二只则稍微突出并且正中有一深沟；母西班牙鸡的眼窝之间的额骨是平滑的，在赛勃来特·班塔姆鸡的三个头骨中，顶骨比原鸡的为圆，并且达到枕骨的倾斜度较急。在一只缅甸的班塔姆鸡或跳鸡中，这等同样的性状表现得更加显著，而且上枕骨更尖。一只黑色班塔姆鸡的头骨并不那样圆，枕骨孔很大，并且同就要谈到的交趾鸡的枕骨孔几乎一样，呈准三角形；在这个头骨中，前颌骨的两个上升枝由于鼻骨的突出而奇妙地重叠在一起，但是，因为我只检查过一个标本，所以在这等差异中可能有些是个体的差异。关于交趾鸡和勃拉玛鸡（后者是一个杂交族，同交趾鸡密切接近），我检查七个头骨；前颌骨的上升枝同额骨相接合的那一点的表面是非常凹陷的，在这个洼的正中有一条深沟伸向后方，其长度随个体而异；这个沟的边缘稍微隆起，其高度有如眼窝以后和以上的头骨顶部。这等性状在母

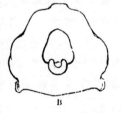
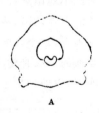

图 33　枕骨孔

A. 野生原鸡；B. 公交趾鸡

鸡中比较不发达。翼状骨以及下颌骨的突起在同头部大小的比例上,比原鸡的为宽;在大型的道根鸡中,情形也是如此。在交趾鸡中,舌骨的分叉比在原鸡中宽二倍,而舌骨其他部分的长度只为三与二之比。但是,最显著的性状是枕骨孔的形状:在原鸡(A)中,水平线上的宽度超过了垂直线上的高度,而且它的轮廓是接近圆形的;而在交趾鸡(B)中,枕骨孔的轮廓是准三角形的,并且垂直线比水平线长。在上面谈到的黑色班塔姆鸡中也有同样的形状发生,在某些道根鸡中可以看到近似的形状,在某些其他品种中也有这种情形,不过其程度较轻。

关于道根鸡,我检查过三个头骨,其中一个是属于白色亚品种的;值得注意的一个性状是额骨的宽度,在它的正中有适度的沟;例如一个头骨的长度比原鸡的短一倍半,而其眼窝之间的宽度恰为原鸡的二倍。关于汉堡鸡,我检查过条班亚品种的四个头骨(雄性的和雌性的)和点班亚品种的一个头骨(雄性的);它们的鼻骨显著地分开,但其分开的程度不同;因而在稍微短一些的前颌骨的两个上升枝顶端之间,以及在这等上升枝和鼻骨之间,留下了狭小的被膜的间隔。同前颌骨的上升枝相接合的额骨表面凹陷得很小。这等特性无疑同作为汉堡鸡的特征的宽而扁平的蔷薇肉冠有密切关系。

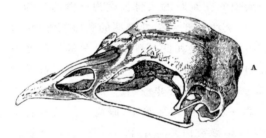

图 34 头骨正面图(稍斜)

A. 野生原鸡;B. 具有白色羽冠的公波兰鸡

我还检查过波兰鸡的以及其他具有羽冠的品种的 14 个头骨。它们的差异是异常的。先谈一谈英国的波兰鸡的不同亚品种的头骨。在附图中大概可以看清楚额骨的半球形隆起[①],(B)是具有白色羽冠的波兰鸡的头骨,系正面斜视图,(A)是原鸡的头骨,位置同上。图 35 系波兰鸡头骨的纵断面图;还刊载了同等大小的交趾鸡头骨的纵断面图,作为比较。在所有波兰鸡中,额头隆起所在的位置都是一样的,不过其大小有很大差异。在我的九个标本中,有一个额骨隆起是极其微小的。隆起的骨化程度有巨大差异,骨的某些部分或大或小地由膜代替了。在某一个标本中只有一个开着的孔;一般则有许多各种形状的开着的孔隙,骨形成了不规则的网状。一般都保存有正中线上的纵弧状骨带,不过在一个标本中,整个隆起没有一点骨头,当把这个头骨洗干净之后,从上面来看,它就像一个水盆似的。头骨整个内部形状的变化之大是可惊的。脑子,如在那两个纵断面图中所表明的,相应地发生了值得加以深入考察的改变。头骨可以分为三部分,上前部分的腔有很

---

① 参阅推葛梅尔先生的关于波兰鸡的文章,并附木刻图,见《动物学会会报》,11 月 25 日,1856 年。关于其他文献,请参阅小圣伊莱尔的《畸型史》(*Hist. Gén. des Anomalies*),第一卷,第 287 页。达列斯特(M. C. Dareste)怀疑这隆起不是由额骨形成的,而是由硬膜(dura matter)骨化后形成的(《关于生活环境的研究》,*Recherches sur les Conditions de la Vie*,*Soc.*,*Lille*,1863 年,第 36 页)。

大改变；在同等大小的交趾鸡头骨中这个腔显然是比较大得多的，而且超出眼窝中隔向前伸出得很多，不过侧面的深度比较浅。推葛梅尔先生告诉我说，这个腔完全充满了脑髓。在交趾鸡的和所有普通鸡的头骨中，有一条显著的内侧的骨隆起线把前腔和中央腔分开；但是在这里绘出的波兰鸡的头骨中，这条隆起线已经完全不存在了。在波兰鸡中，中央腔的形状是圆的，在交趾鸡的头骨中则是细长的。在这两个头骨中，后腔的形状、位置、大小以及神经通过的孔眼的数目，有很大差异。有一个纹孔深深地贯穿了交趾鸡的枕骨，但这个波兰鸡的头骨就完全没有这个纹孔，而在另一个标本中它却很发达。在这第二个标本中，后腔的整个内部表面在形状上同样有某种程度的差异。我还切断过其他两个头骨——一是波兰鸡的头骨，它的隆起奇怪地不发达，一是萨尔坦鸡的头骨，它的隆头比较发达一点；当把这两个头骨放在下面两个图（图 35）之间时，便可在内部表面的各个部分的形状上追踪出一个完全的级进。在具有小型隆起的波兰鸡的头骨中，前腔和中央腔之间的隆起线是存在的，但低陷；在萨尔坦鸡的头骨中，这条隆起线由一条位于宽阔隆起上面的狭窄的沟代替了。

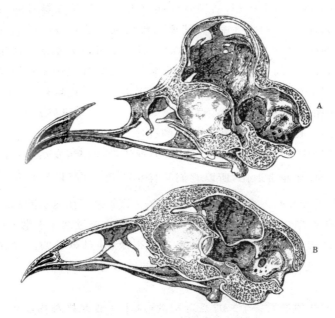

图 35　头骨的纵断面（侧面图）

A. 公波兰鸡；B. 公交趾鸡，由于它们的大小几乎相等，所以选来作为比较之用。

自然可以这样发问：在脑髓形状上所发生的这等改变是否会影响波兰鸡的智力；某些作者说，它们是极端愚笨的，不过贝西斯坦和推葛梅尔先生指出，决不一般都是这样。尽管如此，贝西斯坦[①]还说，他有一只母波兰鸡，"是精神错乱的，终日不安地走来走去"。我有一只母鸡，它的禀性是孤独的，并且常常如此凝神于冥想，以致能够触碰它；它非常奇怪地缺乏认路的能力，如果它在距离饲养地方的百码处迷了路，它就要完全陷于糊涂的境地，于是它会执拗地向着错误方向走去。我还收到过其他相似的记载说，波兰鸡看

———————————

① 《德国博物学》，第三卷，1793 年，第 400 页。

来好像是愚笨的或半白痴的[①]。

再回头来谈一谈波兰鸡的头骨。它的后部从外面看,同原鸡的没有多大差异。在大多数的鸡中,额骨的后面侧突起和鳞骨的突起长在一起了,并且在接近顶端处骨化了;然而这两种骨的接合并不是在任何品种中都是这样的;在羽冠品种的 14 个头骨中,有 11个头骨的这种突起完全没有接合在一起。这等突起当没有接合在一起的时候,就像在所有普通品种的场合中那样,并不向前倾斜,而且向下同下颌骨成一直角;在这种场合里,耳的骨内腔的长轴也比在其他品种中更加垂直。当鳞骨的突起在顶端并不扩大而是游离的时候,它就退化成非常细而尖的针形,其长度则是各式各样的。翼状骨和方骨没有表现任何差异。腭骨在其后端比较稍微向上弯曲。额骨在其隆起前方的部分,就像在道根鸡的场合中那样,是很宽阔的,不过其程度种种不一。左右鼻骨有的分开很远,汉堡鸡就是这样,有的几乎彼此接触,并且在一个例子中左右鼻骨骨化在一起了。每一个鼻骨本来在前方都有两个长度相等的长形突起伸出,这样便形成了一个叉;不过在所有波兰鸡的头骨中,除了一个例外,内部突起是相当短的并且有些向上弯曲,但其程度种种不一。在所有头骨中,除了一个例外,前颌骨的两个上升枝不是在鼻骨的突起之间向上升而同筛骨接在一起,而是它们大大缩短,其顶端成为钝形并且有些向上弯曲。在那些鼻骨十分密切接近的或骨化在一起的头骨中,前颌骨的上升枝大概不可能达到筛骨和额骨的;因此我们看到甚至骨同骨的相互关联也发生了变化。显然由于前颌骨的上升枝以及鼻骨的内部突起多少有些向上弯曲,所以鼻孔才朝向上方并且具有新月形的轮廓。

关于某些外国的羽冠品种,我必须再稍微地谈一谈。一只具有羽冠的、无臀的白色土耳其鸡的头骨的隆起很小,而且在头骨上的孔眼开得很小;它的前颌骨的上升枝却很发达。在另一个叫做冈杜克的土耳其品种中,头骨的隆起相当发达,而且孔眼开得很大;不过前颌骨的上升枝却非常退化,所以它们只伸出 $\frac{1}{15}$ 英寸;而且鼻骨的内部突起也完全退化了,所以应当具有突起的表面是十分平滑的。于是我们在这里看到这两种骨发生了极度的改变。关于萨尔坦鸡(另一个土耳其品种),我检查过两个头骨;母鸡的隆起远比公鸡的为大。在这两个头骨中,前颌骨的上升枝很短,并且鼻骨的内突起的鼻部骨化在一起了。这等萨尔坦鸡的头骨在位于隆起前方的额骨方面同英国的波兰鸡的头骨有所不同,因为它不宽阔。

我需要加以描述的最后一个头骨是奇特的,这个头骨是推葛梅尔先生借给我的:它在大多数性状上同一只波兰鸡的头骨相似,但是没有那样大的额骨隆起;然而它有两个不同性质的圆瘤位于更前的泪骨之上。这等奇怪的瘤没有脑髓在其中,由一条深沟在正中把它们分开;并且有少数的小孔。鼻骨的距离稍宽,它们的内部突起和前颌骨的上升枝向上弯曲而短。这两个瘤无疑是支持肉冠的两个大型角状突起的。

从上述事实看来,我们知道在羽冠鸡中某些头骨所发生的变异是何等惊人。隆起在某种意义上肯定地可以被称为畸形,因为在自然状态下它同任何东西都完全不一样;但是在普通场合中它对于鸡并没有害处,而且它是严格遗传的,因此在另一种意义上它简直不能被称为畸形。从具有很小羽冠的、在头骨上只有少数小孔的、但在构造上并没有

---

① 《大地》,5 月 11 日,1861 年。勃连特和推葛梅尔二位先生写信告诉过我同样的效果。

其他变化的乌骨丝羽鸡开始,大概可以形成一个系列;从这第一阶段出发,我们便可以前进到具有中等大小羽冠的、但在头骨上没有任何隆起的鸡,按照贝西斯坦的意见,这等羽冠是位于一个肉质块之上的。我可以补充一点:我在羽冠鸭的头上也曾看到过相似的肉质块或纤维质块支持着那羽簇;在这个场合中,头骨没有实际的隆起,不过它变得比较圆一点罢了。最后,当我们到达具有大大发达的羽冠的鸡的时候,头骨的隆起就变得大了,并且其上有无数不规则的贯通的孔隙。羽冠同骨隆起大小之间的密切关系在另一方面也得到阐明了;因为推葛梅尔先生告诉我说,如果在刚刚孵化的雏鸡中,把那些具有大型骨隆起的个体选择出来,那么当它们长大以后,就会生有大型羽冠。无疑地,波兰鸡的饲育者们在先前只是注意羽冠,并不注意头骨;尽管如此,由于他在使羽冠增大方面获得了非常的成功,他便无意识地使头骨隆起发达到可惊的程度;并且通过生长相关的作用,他同时影响了前颌骨和鼻骨的形状以及相互的接合,鼻孔的形状,额骨的宽度,额骨和鳞骨的后面侧突起的形状,耳的骨内腔的轴的方向,以及整个头骨的内部形状和脑髓的形状。

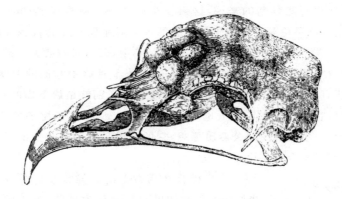

图 36　角鸡的头骨正面图(稍斜)(推葛梅尔所有)

椎骨　原鸡有 14 个颈椎,有 7 个胸椎具有肋骨,表面上有 15 个腰椎和荐椎,还有 6 个尾椎[1];不过腰椎和尾椎如此紧密地愈合在一起,以致我不能肯定它们的数目,因此在比较若干品种的椎骨总数时便发生了困难。我刚才说有 6 个尾椎,因为最下面的一个尾椎几乎同骨盆完全愈合在一起了;但是我们如果把它看做 7 个,那么尾椎在所有骨骼中便都一致了。颈椎有如刚才所说的,从表面看来为 14 个,但是在易于检查的 23 个骨骼中,有 5 个骨骼(即两只斗鸡、两只条斑汉堡鸡、一只波兰鸡)的第十四椎骨具有肋骨,这些肋骨虽然小,但生有双重关节而是发育完全的。这些小肋骨的存在不能被看做是一个很重要的事实。因为所有颈椎都具有肋骨的代理物;但是它们在第十四椎骨上的发育使得横突起中的管孔缩小了,并且使得这个椎骨完全同第一胸椎相似。这些多余小肋骨的生出并不只是对第十四颈椎发生影响,因为第一真正胸椎的肋骨本来是缺少突起的,但在第十四颈椎具有小肋骨的某些骨骼中,第一对真正肋骨却具有充分发育的突起。如果

---

① 我没有正确地识别椎骨的分类也未可知,因为一位大权威派克(W. K. Parker)先生说,这个属具有颈椎 16,胸椎 4,腰椎 15,尾椎 6。不过我在以下所有的描述中都使用了同样的术语。

我们知道麻雀（sparrow）只有 9 个颈椎，而天鹅（swan）有 23 个颈椎①，那么我们对于鸡类的颈椎数目的变异就不必惊奇了。

具有肋骨的胸椎为 7 个：第一胸椎同以下 4 个胸椎绝不愈合在一起，虽然这 4 个胸椎一般是愈合在一起的。然而有一只萨尔坦鸡，它的最先两个胸椎是游离的。在两个骨骼中第五胸椎是游离的；一般第六胸椎是游离的（如原鸡），但有时只在同第七胸椎接触的后端是游离的。在各个场合中，除了一只公西班牙鸡以外，第七胸椎都同腰椎愈合在一起了。所以说这些中间的胸椎的愈合程度是有变异的。

真正肋骨的正常数目为 7 对，不过有两只萨尔坦鸡的骨骼（它的第十四颈椎不具小肋骨），它的肋骨是 8 对；第八对肋骨似乎是在相当于原鸡第一腰椎的一个椎骨上发育的；第七和第八胸肋没有达到胸骨。在第十四颈椎具有肋骨的 4 个骨骼中，如果把这些颈肋包括在内，共有 8 对肋骨；但是有一只公斗鸡，它的第十四颈椎具有肋骨，而它只有六对真正的胸肋；在这个场合中，第六对肋骨不具突起，所以同其他骨骼的第七对肋骨相似；根据胸椎的外观所能判断的来说，这只公斗鸡的一个胸椎及其肋骨都完全消失了。于是我们知道，肋骨（不论第十四颈椎所附着的那一对小肋骨是否计数在内）总是变异于 6 对到 8 对之间。第六对往往不具突起。在交趾鸡中，第七对胸肋极宽而且完全骨化了。如前所述，要数清腰荐椎几乎是不可能的；不过在若干骨骼中它们的形状和数目肯定是不一致的。在所有骨骼中尾椎是密切相似的，唯一的区别就是最下面的一个尾椎是否同骨盆愈合在一起；它们甚至在长度上也几乎没有什么变异，在短尾羽的交趾鸡中并不比在其他品种中为短；然而有一只公西班牙鸡，它的尾椎是稍微长一点的。有三只无臀鸡，它们的尾椎少，而且愈合成一个畸形的骨块。

图 37　第六颈椎侧面
A. 野生原鸡；B. 公交趾鸡

个别椎骨在构造上的差异很小。在寰椎（atlas）中，围绕枕骨髁的腔如果不是骨化为环状，就是像在原鸡中那样，其上缘是开放的。在交趾鸡中髓管的背弓（upper arc）由于枕骨的形状而比在原鸡中稍为弯曲一点。在若干骨骼中可以观察到一种不很重要的差异，这种差异开始表现在第四颈椎，以在第六、第七或第八椎骨上表现的差异最大；这种差异就是脉下降突起（haemal descending processes）同椎体被一种支持物结合在一起了。在交趾鸡、波兰鸡、某些汉堡鸡中，并且可能在其他品种中可以观察到这种构造；但是在斗鸡、道根鸡、西班牙鸡、班塔姆鸡以及我检查过的其他若干品种中，这种构造并不存在，或者只有一点点发育。在交趾鸡中第六颈椎背面上的三个隆起点比斗鸡或原鸡的相当椎骨上的三个隆起点发达得多。

骨盆　若干骨骼的骨盆在少数之点上表现有差异。最初一看，肠骨的前缘在轮廓上似乎发生了很大变异，但这主要是由于中部的边缘同椎骨的隆起骨化在一起的程度；然而它的轮廓在班塔姆鸡中是比较截形的，在某些品种中（如交趾鸡）是比较圆形的，所以它们是有差异的。坐骨孔的轮廓有相当差异，在班塔姆鸡中是接近圆形的，而不像在原

---

① 麦克季利夫雷：《不列颠的鸟类》（*British Birds*），第一卷，第 25 页。

鸡中那样是卵形的,并且在某些骨骼中它的椭圆形更加规则,例如在西班牙鸡中就是这样。闭锁孔在某些骨骼中也远不如在其他骨骼中那样长。耻骨之端表现了最大差异;在原鸡中它几乎没有扩大;在交趾鸡中它是相当地和逐渐地扩大的,并且在其他品种中其扩大程度较差;在班塔姆鸡中它是急骤地扩大的。有一只班塔姆鸡,它的耻骨超出肠骨之端很少。这只鸡的整个骨盆在它的比例上表现了广泛的差异,如果同它的长度相比,它的宽度远比在原鸡中宽得多。

胸骨 胸骨的变形一般非常厉害,所以在若干品种中严格比较它的形状几乎是不可能的。侧突起的三角端的形状有相当差异,有的是接近等边三角形的,有的是很细长的。龙骨突起的前缘多少是垂直的并且变异很大,后端的弯曲度和下面的扁平度也是如此。胸骨柄的突起在轮廓上也有变异,在原鸡中是楔形的,在西班牙品种中是圆形的。叉骨的弯曲度大小不一,从附图中可以看出叉骨在板状顶端的形状上有重大差异;但是这一部分的形状在两只野生原鸡的骨骼中只有很小的差异。喙状骨没有任何值得注意的差异。肩胛骨的形状有变异,在原鸡中它的宽度是接近一致的,在波兰鸡中它的中部特别宽,在两只萨尔坦鸡中它在接近顶端处突然变窄了。

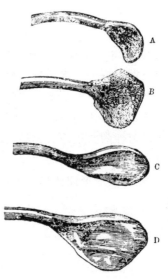

图38 叉骨之端侧面

A. 野生原鸡;B. 点斑波兰鸡;

C. 西班牙鸡;D. 道根鸡

我把一些我认为最可能出现差异的品种的各个腿骨和翼骨同野生原鸡的同样的骨进行了仔细比较,这些品种是:交趾鸡、道根鸡、西班牙鸡、波兰鸡、缅甸班塔姆鸡、印度卷毛鸡以及乌骨丝羽鸡;骨的大小虽然有重大差异,但每一个突起、关节以及孔都是多么绝对地一致,这真是可惊的。这种一致性比在骨骼的其他部分中更加绝对得多。当我这样说的时候,我并没有涉及各种骨的相对厚度和相对长度;因为跗骨在这两点上都有相当的变异。但是其他肢骨甚至在相对长度上也变异得很少。

最后,因为我所检查的骨骼数目还不够充分,所以我不敢说任何上述差异,除了头骨以外,是否构成了若干品种的特征。某些差异在某些品种中显然比在其他一些品种中更加常见,例如在汉堡鸡和斗鸡中附着在第十四颈椎的多余肋骨,以及在交趾鸡中趾骨顶端的宽度。在两只萨尔坦鸡的骨骼中胸椎都是八个,并且肩胛骨之端多少都变得细了一些。在头骨中,额骨上的正中深沟以及在垂直方向伸长了的枕骨孔似乎构成了交趾鸡的特征,额骨的巨大宽度构成了道根鸡的特征;前颌骨上升枝的顶端和鼻骨之间的分离而留下来的空隙,以及头骨前部的稍微凹陷,构成了汉堡鸡的特征;头骨后部的球形似乎构成了花边班塔姆鸡的特征;最后,头骨隆起和前颌骨上升枝的部分退化,以及上述的其他差异,显著地构成了波兰鸡和其他羽冠鸡的特征。

但是我从检查骨骼中所得的最显著的结果是,肢骨以外的所有骨都具有巨大的变异性。我们在某种程度上可以理解骨骼在构造上为什么有那样厉害的彷徨变异;鸡曾经处在非自然的生活条件下,它们的整个体制就这样成为容易变异的了;但是育种者完全没有注意到并且从来没有有意识地选择骨骼中的任何变异。外在性状——例如在野生鸟中一般是固定的尾羽和翼羽的数目以及它们的相对长度，如果没有受到人类的注意，那么在我们的家鸡中它们就像骨骼的若干部分那样地显示了彷徨变异。多余趾在道根鸡中是一个"特点"并且变成了固定的性状，但是在交趾鸡和丝羽鸡中它却是变异的。羽衣的颜色和肉冠的形状在大多数品种中、甚至在亚品种中显然都是固定的性状；但是在道根鸡中这些特点未曾受到注意，所以还是变异的。如果骨骼中的任何改变同人类认为有价值的某些外在性状有关联，那么它便受到了无意识选择的作用，并且多少变成为固定的。我们在头骨的可惊的隆起方面可以看到这种情形，头骨的隆起在波兰鸡中是支持羽冠的，由于相关作用它还影响了头骨的其他部分。我们在支持角鸡的角的两个隆起上，以及在由扁平而宽阔的"蔷薇肉冠"所引起的汉堡鸡的头骨前部的扁平形状上，可以看到同样的结果。关于多余的肋骨，或者枕骨孔的变化了的轮廓，或者肩胛骨和叉骨顶端的变化了的形状，究竟是在任何方面同其他构造相关，还是由家鸡所蒙受了的生活条件和生活习性的变化而引起的，我们一点也不知道；但是没有任何理由可以怀疑骨骼中的这种种改变由于直接的选择或者由于相关构造的选择而成为固定的并且构成了各个品种的特征，其情形同体部的大小和形状、羽衣的颜色以及肉冠的形状是一样的。

器官不使用的效果

根据欧洲鸡类的习性来判断，原鸡在它的原产地使用腿和翅膀的时候一定比家鸡多，家鸡除了上栖木以外是很少飞的。丝羽鸡和卷毛鸡由于翅膀不完善，完全不能飞；而且有理由可以相信，这两个品种都是古老的，所以它们的祖先在许多世代中就已经不能飞了。交趾鸡也由于翅膀短和身体重而几乎不能飞上低栖木。所以大概可以预料到这些品种的、特别是头两个品种的翼骨将是相当退化的，但实际情形并非如此。关于每一个标本，我都拆开了它的骨并且把它们洗刷干净，然后我把翅膀的两根主骨以及腿的两根主骨的相对长度同原鸡的相当部分加以仔细的比较；可惊的是，它们保持了多么完全一样的相对长度（跗骨是一个例外）。这个事实是引人注意的，因为它表明了一种器官纵使在许多世代中没有进行过充分的运动，但它的比例还是可以纯粹地遗传下去。于是我把几个品种的股骨和胫骨的长度同肱骨和尺骨的长度加以比较，并且还把这些骨同原鸡的相当部分加以比较；其结果是，在所有品种中（具有异常短腿的缅甸跳鸡是例外），翼骨同腿骨相比是稍微短一些的；不过短得如此微小，以致可能是由于用作比较标准的原鸡标本偶然具有比寻常稍微大一点的翅膀也未可知；所以测得的数字没有举出的价值。但值得注意的是，完全不能飞的丝羽鸡和卷毛鸡的翅膀同它们的腿相比，几乎比在任何品种中都缩短得少！我们知道家鸽的翼骨长度多少是缩短了的，而初级飞羽的长度则稍微增加了一些；在丝羽鸡和卷毛鸡的场合中，由于不使用所引起的翼骨长度的缩短倾向，通过补偿法则（law of compensation）、即通过翼羽成长的减退所引起的养分供给的增多而受到了抑制，并不是不可能的。然而这两个品种的翼骨，如果用胸骨或头骨的长度作为标准来判断并同原鸡的相当部分来比较，那么它们翼骨的长度是稍微缩短了些的。

12 个品种的腿主骨和翼主骨的实际重量见下表的头两栏。在同原鸡的翼骨对腿骨的比较下计算出来的翼骨对腿骨的相对重量,见第三栏——原鸡的翼骨重量定为 100[①]。

品种名称		股骨和胫骨的实际重量(喱)	肱骨和尺骨的实际重量(喱)	在同原鸡翼骨对腿骨的比较下翼骨对腿骨的相对重量
	原鸡 ………… 野生、雄性	86	54	100
1	交趾鸡 ………… 雄性	311	162	83
2	道根鸡 ………… 雄性	557	248	70
3	小型西班牙鸡 ……… 雄性	386	183	75
4	金色点斑波兰鸡 ……… 雄性	306	145	75
5	黑胸斗鸡 ………… 雄性	293	143	77
6	马来鸡 ………… 雌性	231	116	80
7	萨尔坦鸡 ………… 雄性	189	94	79
8	印度卷毛鸡 ………… 雄性	206	88	67
9	缅甸跳鸡 ………… 雌性	53	36	108
10	条斑汉堡鸡 ………… 雄性	157	104	106
11	条斑汉堡鸡 ………… 雌性	114	77	108
12	鸟骨丝羽鸡 ………… 雌性	88	57	103

表中前八只鸡是属于不同品种的,我们看到它们的翼骨重量确定地减少了。

在不能飞的印度卷毛鸡中减少得最厉害,即减了本来的比较重量的 33％。在以次的四只鸡中(包括不能飞的丝羽鸡在内),翅膀同腿相比,还稍微增加了一点重量;但应当看到,如果这些鸡的腿由于任何原因而减少了重量,那么大概会造成翅膀在相对重量上有所增加的假象。在缅甸跳鸡中的确发生了这种性质的减少情形,缅甸跳鸡的腿是异常短的,而且那两只汉堡鸡的和丝羽鸡的腿虽然不短,却是由显著薄而轻的骨构成的,我作这样的叙述,并不只是根据目测来判断的,而且我还根据我唯一能用的两个比较标准,即头骨和胸骨的相对长度,来计算同原鸡的腿骨相比的腿骨重量;因为我不知道原鸡的体重,如果我知道的话,那就是一个更好的标准了。按照上述标准,这四只鸡的腿骨显著地远比其他任何品种的腿骨都轻得多。因而可以作出这样的结论:在腿由于某种未知的原因而没有大大减轻的所有场合中,翼骨对腿骨的相对重量在同原鸡的翼骨对腿骨的比较下是减轻了。而这样的减轻重量,在我看来,可以稳妥地归因于不使用。

要想使上表十分令人满意,就应当指出前八只鸡的腿骨并没有超出同其余体部的正当比例以外而实际增加了重量;我不能指出这一点,因为,如前所述,我不知道野生原鸡

---

① 对第三栏怎样计算出来的加以解释可能是有好处的。在原鸡中腿骨对翼骨为 86∶54 或 100∶62(小数以下不计);在交趾鸡中为 311∶162 或 100∶52;在道根鸡中为 557∶248 或 100∶44,其他品种以此类推。这样我们便得出原鸡、交趾鸡、道根鸡等的相对重量为 62,52,44……现在我们所使用的原鸡的翼骨重量为 100,而不是 62,于是我们按照另一规律便算出交趾鸡的翼骨重量为 83,道根鸡的为 70,第三栏中其余的数字以此类推。

的重量①。我的确有些以为道根鸡（表中第 2 号）的腿骨在比例上太重了；不过这只鸡是很大的，重达 7 磅 2 盎司，虽然它很瘦。它的腿骨竟比缅甸跳鸡的腿骨重 10 倍！我曾试图确定同体部和骨骼的其分部分相比的腿骨和翼骨的长度；但是如此长久被家养的这些鸡的整个体制非常容易变异，所以没有得出任何肯定的结论。例如上述公道根鸡的腿，在同胸骨长度的比较下，约比原鸡的短四分之三英寸；在同头骨长度的比较下，则比原鸡的长四分之三英寸。

在下表的前两栏中，我们看到以英寸为单位的胸骨长度和着有胸肌的胸骨的龙骨突起的最大高度。在第三栏中我们可以看到在同原鸡的同样部分比较下计算出来的同胸骨长度相比的龙骨突起的高度②。

	品种名称		胸骨长度（英寸）	胸骨的龙骨突起的高度（英寸）	同胸骨长度相比的龙骨突起的高度（在同原鸡比较下）
	原鸡 ……………………	雄性	4.20	1.40	100
1	交趾鸡 …………………	雄性	5.83	1.55	78
2	道根鸡 …………………	雄性	6.95	1.97	84
3	西班牙鸡 ………………	雄性	6.10	1.83	90
4	波兰鸡 …………………	雄性	5.07	1.50	87
5	斗鸡 ……………………	雄性	5.55	1.55	81
6	马来鸡 …………………	雌性	5.10	1.50	87
7	萨尔坦鸡 ………………	雄性	4.47	1.36	90
8	母卷毛鸡 ………………	雄性	4.25	1.20	84
9	缅甸跳鸡 ………………	雌性	3.06	0.85	81
10	汉堡鸡 …………………	雄性	5.08	1.40	81
11	汉堡鸡 …………………	雌性	4.55	1.26	81
12	丝羽鸡 …………………	雄性	4.49	1.01	66

在第三栏中我们看到，在每一个例子里同胸骨长度相比的龙骨突起的高度都比原鸡的缩小了，缩小的程度一般是在 10%～20% 之间。不过缩小的程度有很大变异，部分地这是由于胸骨屡屡变形而引起的。在不能飞的丝羽鸡中，龙骨突起的高度比它应有的高度减少 34%。在所有品种中的龙骨突起的这种缩小，大概可以说明前面所说的叉骨在弯曲度上的巨大变异性以及它的胸骨端在形状上的巨大变异性。医学者们认为高等阶级的妇女的脊柱很多是畸形的，这是由于附着在脊柱的肌肉没有得到充分锻炼的缘故。我们的家鸡也是如此，因为它们很少使用胸肌；在我检查过的 25 副胸骨中，只有 3 副是完全对称的，10 副是相当歪的，12 副是极度变形了的。然而罗玛内斯（Romanes）先生认为这种畸形是因为雏鸡把它们的胸骨压在栖木上所引起的。

---

① 勃里斯先生说（《博物学年报》，第二辑，第一卷，1848 年，第 456 页），一只充分成长的公原鸡的重量为 $3\frac{1}{4}$ 磅；不过根据我所看到的各个品种的皮和骨骼，我不能相信我的两只原鸡标本有那样重。

② 第三栏是根据 168 页脚注①中的同一原则计算出来的。

最后，关于鸡的各个品种，我们可以得到这样的结论：翼主骨的缩短程度大概极其轻微；所有品种的翼骨同腿骨相比都肯定地减轻了，不过腿骨异常短的和纤弱的情形除外；着有胸肌的胸骨的龙骨突起都一律变低了，整个的胸骨也极其容易变形。我们可以把这些结果归因于翅膀的减少使用。

生长的相关　这里我将把我搜集到的有关这一个难解的、但重要的问题的一些事实总结一下。在交趾鸡和斗鸡中，羽衣的颜色和卵壳的暗色恐怕有某种关联。在萨尔坦鸡中，尾部的多余的镰刀形羽显然和具有羽毛的脚、大型羽冠以及须所阐明的一般多羽性有关。在我检查过的两只无尾鸡中，油腺退化了。大型羽冠，像推葛梅尔先生所说的那样，似乎总是同肉冠的大大缩小或者几乎完全缺如相伴随的。大量的须同样地也是伴随着肉垂的缩小或缺如。上面这几种情形显然是受生长的补偿或平衡的法则所支配的。下颌下面的大量的须和头骨上的大顶瘤常常相伴发生。肉冠如果是任何特殊形状的，例如角鸡、西班牙鸡和汉堡鸡的肉冠，那么位于它的下面的头骨就要相应地受到它的影响；我们还看到，在"羽冠鸡"中，当羽冠大大发达的时候，上述情形多末奇妙地同事实相符。伴随着额骨的隆起，头骨和脑髓的内面形状也发生了重大改变。羽冠的存在以某种未知的方式影响了前颌骨的上升枝的发育以及鼻骨的内突起的发育；同样也影响了鼻孔的形状。在羽冠和头骨的骨化不完全之间存在着一种明显而奇妙的相关。这种情形不仅适用于几乎所有的羽冠鹅，同样适用于羽冠鸭，而且郡塞（Günther）博士告诉我说，也适用于德国的羽冠鹅。

最后，在公波兰鸡中，构成羽冠的羽毛同颈羽相似，但同母波兰鸡的羽冠的羽毛形状大有差异。公鸡的颈、复羽和臀原来都具有长羽，而且这种形状的羽毛似乎由于相关作用已经扩展到公鸡的头部。这一个小事实是有趣的；因为某些野生鸡类的雌鸟和雄鸟虽然在它们的头上具有同样的饰羽，然而构成它们的羽冠的羽毛在大小和形状上却常常有差异。再者，在某些场合中，例如在雄锦鸡（*P. pictus*）和雄阿姆赫斯特雉（*P. amherstiae*）中，头部羽毛和臀部羽毛之间在颜色上以及构造上都是密切相关的。这样看来，无论是在自然条件下生活的物种，还是在家养下发生了变异的鸟类，它们的头部和体部的羽毛状况似乎都受着同一法则的支配。

第八章

鸭——鹅——孔雀——火鸡——珠鸡——
金丝雀——金鱼——蜜蜂——家蚕

Duck—Goose—Peacock—Turkey—Guinea-Fowl—
Canary-Bird—Gold-Fish—Hive-Bees—Silk-Moths

鸭的几个品种——家养的进程——起源于普通野鸭——不同品种间的差异——骨骼上的差异——使用和不使用对于肢骨的影响

鹅的古代家养情形——变异少——塞巴斯托堡品种

孔雀、黑肩品种的起源

火鸡的品种——同美国种的杂交——气候的影响

珠鸡、金丝雀、金鱼、蜜蜂

家蚕的物种和品种——古代的家养——细心的选择——不同族间的差异——在卵、幼虫和茧时期的差异——性状的遗传——不完善的翅膀——亡失了的本能——相关的性状

鸭

我将同以前一样地先对鸭的主要品种加以概略的描述。

品种 1，普通家鸭（Common Domestic Duck） 在颜色和体部的比例方面有很大变异，并且在本能和禀性方面同野鸭有差异。有几个亚品种如下：（1）爱尔斯保利鸭（Aylesbury），大型，白色，喙和腿呈浅黄色；腹部的皮囊非常发达。（2）卢昂鸭（Rouen），大型，颜色同野鸭的相似，喙呈绿色或有斑点；皮囊非常发达。（3）羽冠鸭（Tufted Duck），具有一个由绒羽形成的大型顶羽簇，支持它的是一个肉质块，在它下面的头骨有孔。我从荷兰引进过一只这种鸭子，它的顶羽簇的直径为两英寸半。（4）腊布拉多鸭（Labrador），又名加拿大鸭（Canadian）、或布宜诺斯艾利斯鸭（Buenos Ayres）、或东印度群岛鸭（East Indian）；羽衣完全是黑色的；喙的宽度同长度相比，比野鸭的宽；卵稍呈黑色。这个亚品种恐怕应当被分类为一个品种；它包括两个亚变种，一同普通家鸭一样大，我养过这种鸭，一比普通家鸭小而且往往有飞翔的能力[①]。我推测在法国[②]被描述为善飞的、相当野的并且在烹调后具有野鸭风味的大概就是后面这个亚变种；尽管如此，这个亚变种还是一夫多妻的，所以同其他家鸭相似，而同野鸭不同。这种黑色的腊布拉多鸭可以纯粹地繁育；不过特尔拉勒（Turral）博士关于法国产的这个亚变种举出过一个例子：它产生出来的雏鸭在头和颈上生有一些白色羽毛，并且在胸部生有一个赭色斑块。

品种 2，钩喙鸭（Hook-billed Duck） 这种鸭由于喙向下钩曲，所以呈现一种异常的外观。头上往往生有羽簇。普通是白色的，不过有些同野鸭的颜色相似。这是一个古老的品种，1676 年已经受到人们的注意了[③]。它像终年产卵的鸡那样，几乎不间断地产卵，这阐明了它的长期家养过程[④]。

品种 3，饶舌鸭（Call Duck） 由于它的体小以及雌鸭的非常善于饶舌而著名。喙短，这种鸭如果不是白色的，就同野鸭的颜色相似。

品种 4，企鹅鸭（Penguin Duck） 在所有品种中它是最惹人注意的，这种鸭似乎起源于马来群岛。它走起路来身体笔直，细颈向上直伸。喙稍短。尾向上卷，只具有十八支尾羽。股骨和蹠骨长。

几乎所有博物学者都承认这几个鸭品种都是从普通野鸭（*Anas boschas*）传下来的；

◀ 孔雀。

[①] 《家禽记录》，1854 年，第二卷，第 91 页；第一卷，第 333 页。

[②] 特尔拉勒博士：《驯化学会会报》，第七卷，1860 年，第 541 页。

[③] 威尔比：《鸟类学》，雷伊出版，第 381 页。1734 年，阿尔宾在他的《鸟类志》一书中（第二卷，第 86 页）也曾刊载过这个品种的绘图。

[④] 居维叶在《博物馆年报》（第九卷，第 128 页）中说道，这种鸭只在脱羽和孵抱时才停止产卵。勃连特先生也做过同样的叙述，见《家禽记录》，1855 年，第三卷，第 512 页。

另一方面,大多数的养鸭者却照例持有不同的见解①。除非我们认为持续若干世纪的家养不能够影响其至像颜色、大小那样不重要性状并且也不能够轻微地影响身体大小的比例以及性情,我们就没有任何理由来怀疑家鸭是从普通野生种传下来的,因为它们彼此之间在重要性状上并没有什么差异。关于鸭的家养时期及其进程,我们掌握有若干历史的证据。古埃及人、《旧约》时代的犹太人以及荷马时代的希腊人都不知道有鸭②。约在1800年以前,哥留美拉③和瓦罗(Varro)谈到养鸭必须像养其他野生鸟那样地把它们放在网围中,所以在这个时期是有飞跑之危险的。再者哥留美拉向那些希图增殖鸭群的人们提出过一项计划,建议他们搜集野鸭的卵,叫母鸡来孵抱,正如狄克逊先生所说的,这个计划阐明了"这时的鸭在罗马人的养鸡场中还没有变成归化的和多产的同住者"。像阿尔祝万狄在很久以前所说的那样,几乎在每一种欧洲文字中二者的名字都是一样的,从此也可以看出家鸭是起源于野鸭的。野鸭有广泛的分布范围,从喜马拉雅到北美都有它的踪迹。野鸭可以容易地同家鸭杂交,而且它们的杂种后代是完全能育的。

不论在北美或在欧洲,野鸭被发现是容易驯养和繁殖的。提布尔求斯(Tiburtius)在瑞典仔细地进行过这种试验;他成功地把野鸭养育了三代,虽然他处理它们同处理家鸭一样,但它们甚至连一根羽毛都没有发生变异。野鸭产生出来的雏鸭如果在冷水中游泳就会得病④,虽然这是一个奇怪的事实,但我们知道普通家鸭产生出来的雏鸭确系如此。一位精确的和著名的英国观察者⑤曾经详细地记载了他在饲养野鸭方面常常反复从事的成功试验。叫班塔姆鸡来孵它们的卵,雏鸭就会容易地孵化出来;但是要想成功,千万不可把野鸭的卵和家鸭的卵同时叫一只母鸡来孵抱,因为在这种情形下,"野鸭的雏就会死去,留下它们的比较健壮的同胞不受干扰地来享受养母的照顾。由于新孵化出来的雏鸭具有不同的习性,几乎一开始就会肯定地造成这种结果"。野小鸭对于照顾它们的那些人从一开始就是驯顺的,只要他们穿着同样的服装;同时对于那家的狗和猫也是一样。它们甚至用喙去啄狗,从它们所垂涎的任何地点把狗赶走。但是看到生人和生狗,它们却会大起惊慌。在瑞典发生的情形有所不同,赫维特先生发现他的雏鸭经过两三个世代总要在性状上发生变化和退化;尽管非常小心地防止它们同家鸭杂交,也是如此。三代以后,他的野鸭便失去了野生种那样的堂堂步伐,并且开始取得普通鸭的步态。每一代它们的大小都有所增加,而腿的美丽都有所减少。野鸭所具有的白色颈环变得较宽而且较不规则,同时一些较长的初级飞羽或多或少地变成白色了。当这种情形发生以后,赫维特先生就把他的整个鸭群几乎全都杀掉,并且从野鸭的巢中采集新卵;所以他从来没有能够把同一族的野鸭繁育到五六代以上。他的鸭永远是一夫一妻的,从来不会像普

① 狄克逊牧师,《观赏鸡和家鸡》,1848年,第117页。勃连特先生,《家禽纪录》,第三卷,1855年,第512页。

② 克劳弗得:《家养动物和文化的关系》,1860年在牛津英国科学协会上宣读。

③ 丢鲁·得拉玛尔(Dureau de la Malle):《自然科学年报》,第十七卷,第164页;第二十一卷,第55页。狄克逊牧师,《观赏鸡》,第118页。沃尔兹在他的《文化史》里曾提到过在亚里士多德时代还不知道有家鸭。

④ 这一点引自《家鸭和天鹅的饲育法》(Die Enten- und Schwanenzucht),乌勒姆,1828年,第143页。参阅奥杜旁的《鸟类学记》(Ornithological Biography),第三卷,第168页,关于密西西比(Mississippi)的家鸭部分。关于在英国所发生的同样情形,参阅华特顿先生的文章,载于拉乌顿的《博物学杂志》,第八卷,1835年,第542页,以及圣约翰先生的《野外狩猎和高原上的博物学》(Wild Sports and Nat. Hist. of the Highlands),1846年,第129页。

⑤ 赫维特先生:《园艺学报》,1862年,第773页;1863年,第39页。

通家鸭那样地保持一夫多妻的关系。我之所以叙述这些细节，是因为据我所知，关于野鸭在家养状况下被培育几代之后所发生的变化过程，由有能力的观察者如此仔细记载下来的，还没有其他例子。

从这些考察可以知道，野鸭几乎无可怀疑地是普通家养种类的祖先；并且关于比较不同的品种——即企鹅鸭、饶舌鸭、钩喙鸭、羽冠鸭和腊布拉多鸭——的血统，我们也不必向其他物种去寻求。我不拟在此重复前一章所使用的一些论点：例如，论述人类在古代曾经家养过若干物种，其后不可能便不为人所知道或灭绝了，虽然鸭在野生状态下是不容易灭绝的——论述在假想的原种中有一些同鸭属的其他所有物种相比较，就像同钩喙鸭、企鹅鸭相比较时那样，具有异常的性状——就所能知道的来说，论述所有品种都是杂交能育的①——论述所有品种都具有相同的一般禀性、本能等。但是有一个同这个问题有关系的事实却值得注意：在种类繁多的鸭科中，只有一个物种即雄野鸭（*A. boschas*）具有四支向上卷曲的中央尾羽；上面所说的每一个家养品种现在都具有这样的卷曲尾羽，如果我们假定它们是从不同的物种传下来的，那么就必须假设人们在以前所得到的那些物种都具有现在那样独特的性状。再者，各个品种的亚变种的颜色同野鸭的几乎完全一样，我看到的最大型品种和最小型品种，如卢昂鸭和饶舌鸭就是这样，并且勃连特先生说②，钩喙鸭也系如此。这位先生告诉我说，他曾使一只白色的雄爱尔斯保利鸭同一只黑色的雌腊布拉多鸭进行杂交，当雏鸭长大了的时候，其中有一些取得了野鸭羽衣的颜色。

关于企鹅鸭我没有看见过许多标本，并且其中没有一只的颜色精确地同野鸭的相似；不过詹姆斯·勃鲁克爵士从马来群岛中的琅波克和巴里给我送来过三张鸭皮，其中两只雌鸭比野鸭的颜色较浅并且较红，而雄鸭则不同，它的整个上面和下面（除了颈、尾部复羽、尾和翅膀）都是银灰色的，并且具有暗色细条纹，而同野鸭羽衣的某些部分密切相似。但是我发现这只雄鸭在每一根羽毛上都同一个普通品种的变异个体完全一样，这个个体是从肯特的农庄里得到的，并且我偶尔在其他地方也看到过同样的标本。在像没有野生种的马来群岛那样特殊气候下繁殖的一只雄鸭竟同偶尔在我们农庄里出现的鸭的羽衣完全一样，这真是一个值得注意的事实。尽管如此，马来群岛的气候显然有使鸭发生巨大变异的倾向，因为当佐林格③谈到企鹅鸭的时候说道，在琅波克"有一个异常的和令人惊奇的鸭的变种"。我饲养的一只雄企鹅鸭同从琅波克送来的皮有所不同，前者的胸部和背部有一部分是栗褐色的，所以它同野鸭更加相像。

根据上述这些事实，特别是根据所有品种的雄鸭都有卷曲的尾羽，并且根据各个品种中的某些亚变种有时在一般的羽衣方面同野鸭相似，我们可以有信心地作出这样的结论：所有品种都是从野鸭传下来的。

---

①　有关若干品种的杂交能育性，我看到过一些叙述。雅列尔先生肯定地告诉我说，饶舌鸭和普通鸭的杂交是完全能育的。我使钩喙鸭同普通鸭、企鹅鸭同腊布拉多鸭杂交过，这等鸭的杂交是十分能育的，但是没有叫它们的杂种进行相互的杂交，所以这个试验进行得还不够充分。我使半杂种企鹅鸭以及腊布拉多鸭同企鹅鸭再度进行杂交，此后我又使它们的杂种进行相互的杂交，它们是极其能育的。

②　《家禽记录》，1855年，第三卷，第512页。

③　《印度群岛杂志》，第五卷，第334页。

现在我要谈一谈若干品种所具有的特点。卵的颜色有变异；某些普通鸭所产的卵是淡绿色的，而其他鸭的卵则是完全白色的。黑色腊布拉多鸭在每一个产卵期中最初产的卵稍带黑色，好像抹上一层墨水似的。一位优秀的观察者肯定地告诉我说，有一年，他拥有的这个品种的鸭所产的卵几乎完全是白色的。还有一个奇妙的例子表明了何等奇特的变异有时会出现而且会遗传；汉塞尔（Hansell）先生[1]说，他有一只普通鸭常常产这样的卵：它的卵黄是深褐色的，就像溶化了的皮胶那样；而且从这些卵孵化出来的雏鸭也产同样的卵，因此不得不把这个品种毁掉。

钩喙鸭是高度值得注意的（参阅图 39）；它的特殊的喙至少在 1676 年以后就被遗传了。这种构造同在巴给多顿信鸽中所描述的那种构造显然是相似的。勃连特先生[2]说道，当钩喙鸭同普通鸭杂交之后，"产生出来的许多雏鸭的上嘴比下嘴短，这种情形常常招致雏鸭的死亡"。在鸭的头上生有羽簇绝不是一种罕见的现象；在真正的羽冠品种，钩喙鸭、普通农庄的种类以及从马来群岛给我送来的不具其他特征的一只鸭中，都在头上生有羽簇。羽簇因为对于头骨发生了影响，它是有趣的，羽簇使头骨变得稍微圆了一些，并且其上贯穿着无数小孔。饶舌鸭以它的非常饶舌而著名：雄鸭只像普通鸭那样嘶嘶地叫；然而当它同普通鸭杂交之后，产生出来的雌性后代却有一种嘎嘎大叫的强烈倾向。这种饶舌性最初似乎是在家养下获得的一种奇特性状。但是不同品种的鸣声有变异；勃连特先生[3]说，钩喙鸭是很饶舌的，卢昂鸭的"鸣声沉重、喧噪而单调，有经验的耳朵可以容易地把这种叫声辨别出来"。因为饶舌鸭的饶舌非常有用处，所以这种鸭被用作媒鸟（decoys），这种性质大概由于选择而增大了。例如，赫克（Hawker）上校说，如果不能找到野小鸭作为媒鸟之用，那么"可以权宜地选择那些叫嚣得最厉害的家鸭，纵使它们的颜色不像野鸭也是管用的"。[4] 有人说饶舌鸭卵的孵化时间比普通鸭卵的孵化时间短[5]，但这是一种错误的说法。

企鹅鸭在所有品种中是最惹人注意的；它走起路来身体笔直，细颈向上直伸；翅膀小；尾向上卷；股骨和蹠骨按照同野鸭的股骨和蹠骨的比较来说，是相当长的。在我检查过的五只标本中，它们只具有 18 支尾羽，而不像野鸭那样地具有 20 支尾羽；不过我还看到过两只腊布拉多鸭，其中一只的尾羽为 18 支，一只的尾羽为 19 支。在三只标本中，其中趾具有 27 片或 28 片鳞甲，而在两只野鸭中，其中趾则具有 31 片或 32 片鳞甲。企鹅鸭进行杂交之后，可以非常有力地把体部的特殊形状和步态传递给它的后代；在动物园中养育过一只企鹅鸭同一只埃及鹅（Anser aegyptiacus）之间的一些杂种，这些杂种就表现了上述的情形[6]，并且我由企鹅鸭同腊布拉多鸭之间的杂交中育成过一些杂种，它们也表现了同样的情形。对于某些作者主张这个品种一定是从一个未知的和不同的物种传下

---

[1] 《动物学者》（The Zoologist），第七、八卷（1849—1850 年），第 2353 页。

[2] 《家禽记录》，1855 年，第三卷，第 512 页。

[3] 《家禽记录》，第三卷，1855 年，第 312 页。关于卢昂鸭，参阅同杂志，第一卷，1854 年，第 167 页。

[4] 赫克上校，《青年狩猎者指导》（Instructions to Young Sportsmen），引自狄克逊先生的《观赏鸡》，第 125 页。

[5] 《家庭艺园者》，4 月 9 日，1861 年。

[6] 塞勒斯一郎切姆勃斯在《布鲁塞尔皇家科学院院报》（Bulletins Acad. Roy. de Bruxelles），第十二卷，第 10 号中描述过这些杂种。

来的，我并不非常感到惊奇；但是根据已经举出来的理由，在我看来，它是由于在不自然的条件下进行家养而大事变异了的野鸭的后代。

骨骼上性状　若干品种的头骨之间的差异以及同野鸭的头骨之间的差异都很小，不过前颌骨的比例长度和弯曲度除外。在饶舌鸭中前颌骨是短的，从前颌骨之端到头骨之顶这一条线几乎是笔直的，而在普通鸭中这一条线却是中凹的；所以饶舌鸭的头骨同小型鹅的头骨相似。在钩喙鸭中（图 39），如图所示，前颌骨以及下颌骨非常显著地向下弯曲。在腊布拉多鸭中，前颌骨比野鸭的稍宽；并且在这个品种的两个头骨中，上枕骨两边的垂直隆起很显著。在企鹅鸭中，前颌骨相对地比野鸭的短，并且副乳突（paramastoids）的下尖端比较显著。在一只荷兰羽冠鸭中，巨大羽簇下面的头骨稍微比较圆一些，并且有两个大孔；这个头骨的泪骨向后延伸的很远，所以呈现了不同的形状，而且几乎同额骨的后方侧突起碰在一起，这样便几乎完成了骨眼窝。因为方骨和翼状骨具有如此复杂的形状，而且同如此众多的骨有关联，所以我比较了一切主要品种的方骨和翼状骨；但是除了大小以外，它们并没有表现任何差异。

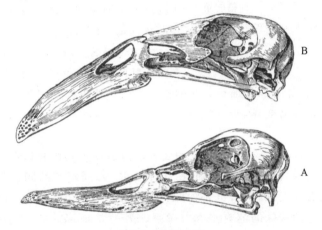

图 39　头骨侧面

A. 野鸭；B. 钩喙鸭

椎骨和肋骨　在一只腊布拉多鸭的骨骼中，具有正常的 15 个颈椎和带有肋骨的 9 个胸椎；在另一只的骨骼中则有 15 个颈椎和带有肋骨的 10 个胸椎；就我们所能判断的来说，这不仅是由于在第一腰椎上有一对肋骨发育了；因为在这双方的骨骼中，腰椎的数目、形状和大小都同野鸭的完全一致。在两只饶舌鸭的骨骼中，具有 15 个颈椎和 9 个胸椎；在第三只的骨骼中，所谓第十五颈椎生有小肋骨，而肋骨便成为 10 对；但是这十对肋骨并不相当于上述腊布拉多鸭的十对肋骨，这就是说，它们的肋骨不是从同样的椎骨发生出来的。在第十五颈椎生有小肋骨的饶舌鸭中，第十三、第十四（颈椎）和第十七（胸椎）椎骨的脉棘相当于野鸭的第十四、第十五和第十八椎骨的脉棘；所以每一个这等椎骨获得了在它后面的一个椎骨所特有的构造。在这同一只饶舌鸭的第八颈椎中（图 40，B），脉棘的两个分叉远比在野鸭（A）中更加密切地靠近在一起，而且脉下降突起大大缩短了。在企鹅鸭中，颈由于细而直，而呈现了一种大大加长了的假象（根据测计所确定的），但是颈椎和胸椎并没有表现任何差异；然而，后方的胸椎比在野鸭中更加完全地同骨盆愈合

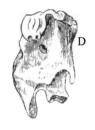

图 40　颈椎

A. 野鸭的第八颈椎,从脉突的表面看;B. 饶舌鸭的第八颈椎,从上面看;C. 野鸭的第十二颈椎,从侧面看;D. 爱尔斯保利鸭的第十二颈椎,从侧面看。

在一起了。爱尔斯保利鸭具有 15 个颈椎和带有肋骨的 10 个胸椎,但就所能查明的来说,它们的腰椎、荐椎和尾椎的数目同野鸭的都一样。在这同一只鸭中,颈椎(图 40,D)的宽度同其长度相比,远比野鸭的(C)宽得多而且厚得多;因为它们的差异显著,所以我认为把这两只鸭的第十二颈椎的略图刊载出来是值得的。根据上述,我们知道,第十五颈椎有时会变成胸椎,如果有这种情形发生,所有邻接的椎骨都要发生改变。我们还知道带有一对肋骨的一个多余的胸椎有时会生长出来,而颈椎和腰椎显然保持着同通常一样的数目。

我检查过企鹅鸭、饶舌鸭、钩喙鸭、腊布拉多鸭以及爱尔斯保利鸭诸品种的气管的骨膨大部,其形状都是一样的。

骨盆是显著一致的;不过在钩喙鸭的骨骼中它的前部向内弯曲得很厉害;在爱尔斯保利鸭以及其他品种中坐骨孔并不那样细长。在胸骨、叉骨、喙状骨以及肩胛骨方面,彼此的差异非常微小,而且非常容易变异,所以没有介绍的价值,不过在两只企鹅鸭的骨骼中,肩胛骨的末端部分是非常尖细的。

在腿骨和翼骨方面看不到有形状上的变异。但是在企鹅鸭和钩喙鸭中,翼端的指骨稍微短了一些。在企鹅鸭中,股骨和蹠骨(但不是胫骨)同野鸭的同一部分相比,显著地增长了,并且同两者的翼骨相比,也是如此。在活企鹅鸭的场合中也可以看到腿骨的这种增长,无疑这同它的特殊的笔直步态有关系。另一方面,在一只大型的爱尔斯保利鸭的腿骨中,胫骨同其他骨相比,是唯一稍微长一点的。

肢的增多使用和减少使用的效果　在所有品种中,同腿骨相比的翼骨(清洁后分别加以测计)都比野鸭的同一部分稍短,从下表中可以看出这一点。

品种名称	股骨、胫骨和蹠骨的总长(英寸)	肱骨、桡骨和掌骨的总长(英寸)	二者之比
野鸭	7.14	9.28	100∶129
爱尔斯保利鸭	8.64	10.43	100∶120
羽冠鸭	8.25	9.83	100∶119
企鹅鸭	7.12	8.78	100∶123
饶舌鸭	6.20	7.77	100∶125
野鸭(另一个标本)普通家鸭	同上诸骨的长度(英寸)	所有翼骨的长度(英寸)	
	6.85	10.07	100∶147
	8.15	11.26	100∶138

从上表中我们看到同腿骨相比的翼骨长度都比野鸭的缩短了,它们缩短得虽然微小,但是一致的。在饶舌鸭中缩短得最少,这种鸭常常有飞的能力和习性。

从下表中可以看出腿骨和翼骨之间在重量上有更大的相对差异。

品种名称	股骨、胫骨和蹠骨的重量（喱）	肱骨、桡骨和掌骨的重量（喱）	二者之比
野鸭	54	97	100：179
爱尔斯保利鸭	164	204	100：124
钩喙鸭	107	160	100：149
羽冠鸭（荷兰的）	111	148	100：133
企鹅鸭	75	90.5	100：120
腊布拉多鸭	141	165	100：117
饶舌鸭	57	93	100：163
野鸭（另一个标本）普通家鸭	所有腿骨和脚骨的重量（喱）	所有翼骨的重量（喱）	
	66	115	100：173
	127	158	100：124

在这些家鸭中，翼骨的重量是减少了（即比它们所固有的比例重量平均减少了25％），并且它们的长度同腿骨相比也稍微减少了，这大概是由于腿骨的重量和长度有所增加，而不是由于翼骨的重量和长度有任何实际的减少。下表的第一部分阐明了同整个骨骼的重量相比的腿骨实际上增加了重量；但是第二部分却阐明了按照同一标准翼骨实际上也减少了重量；所以在前表中所指出的同野鸭相比的翼骨和腿骨之间所表现的相对不均衡，部分是由于腿骨的重量和长度的增加，部分是由于翼骨的重量和长度的减少。

关于下表，我首先说明，我是用另一只野鸭的骨骼和一只普通家鸭的骨骼来做测计的，并且我用所有的腿骨同所有的翼骨作了比较，其结果是一样的。从该表的第一部分，我们看到在每一个例子中腿骨的实际重量都增加了。大概可以预料：随着整个骨骼的重量的增加或减少，腿骨会在比例上变得重一点或者轻一点；但是，关于在所有品种中腿骨同其他骨相比而表现的较大重量，只有根据这等家禽在行走和站立方面使用腿的时候远比野鸭多得多，才能得到解释，因为它们从来不飞，并且经过人工较多的品种也很少游泳。从该表的第二部分我们看到，除了一个例外，翼骨的重量都明显地减少了，这无疑是减少使用所引起的结果。这个例外就是福克斯先生所赠的那只饶舌鸭，其实这并不算一个例外，因为这种鸭经常具有飞的习性；我曾看到它每日从我的庭园飞起，在天空中绕着圆圈，其直径总在一海里以上。这只鸭的翼骨重量同野鸭的相比，不仅没有减少，实际还有所增加；这大概是由于骨骼中的所有骨显著地轻而细的缘故。

品种名称	整个骨骼的重量（因为在两个标本中偶然失去了一个蹠骨和一只脚，所以在各个骨骼中它们都被剔出来了。）（喱）	股骨、胫骨和蹠骨的重量（喱）	二者之比
野鸭	839	54	1000：64
爱尔斯保利鸭	1925	164	1000：85
羽冠鸭（荷兰的）	1404	111	1000：79
企鹅鸭	871	75	1000：86
饶舌鸭（福克斯先生赠）	717	57	1000：79

续表

	骨骼的重量（同上）（喱）	肱骨、桡骨和掌骨的重量（喱）	
野鸭	839	97	1000：115
爱尔斯保利鸭	1925	204	1000：105
羽冠鸭（荷兰的）	1404	148	1000：105
企鹅鸭	871	90	1000：103
饶舌鸭（贝克尔先生赠）	914	100	1000：109
饶舌鸭（福克斯先生赠）	717	92	1000：129

最后，我称了一只野鸭和一只普通家鸭的叉骨、喙状骨和肩胛骨的重量，并且我发现它们的重量同整个骨骼的重量相比，在前者为 100，在后者为 89；这说明了这些骨在家鸭中比它们应有的比例重量减少了 11％。在所有家养品种中，胸骨的龙骨突起的高度同其长度相比，也大大缩小了。这些变化显然是由翅膀的减少使用而引起的。

众所周知，属于不同"目"（orders）的、栖息于海洋岛上的若干鸟类的翅膀都大大缩小了，以致缩小到不能飞翔的程度。我曾在《物种起源》一书中指出，因为这等鸟类没有受到任何敌对动物的迫害，所以它们的翅膀的缩小大概是由逐渐不使用所引起的。因此，在缩小过程的初期这等鸟类在飞翔器官的状态方面大概同我们的家鸭是相似的。特利斯坦·达昆雅（Tristan d'Acunha）的一种黑水鸡（*Gallinula nesiotis*）就是如此，这种鸟"稍微能够拍击翅膀，但它们显然用腿而不用翅膀作为逃走的方法"。现在斯雷特尔先生[①]发现这种黑水鸡的翅膀、胸骨和喙状骨同欧洲的黑水鸡（*G. chloropus*）的同样部分相比，显然在长度上都缩短了，而且它的胸骨的龙骨突起的高度也减低了。另一方面，股骨和骨盆的长度却增加了，股骨同普通黑水鸡的同样部分相比，增加了四"赖因"（lines）[*]。因此，在这个自然物种的骨骼中所发生的变化几乎同我们的家鸭一样，不过变化的程度稍大一点罢了；我想没有人会争论这是由于翅膀的减少使用和腿的增加使用而引起的结果。

鹅

这种鸟多少值得注意一下，因为任何其他从古代就被家养的鸟兽所发生的变异几乎没有像鹅那样少的。我们从荷马的某些诗中得知鹅在古代已被家养了；在罗马的朱皮特神堂（Capitol）内饲养过鹅作为献给朱诺（Juno）的祭品（公元前 388 年），向神供献祭品意味着这是非常古老的事情[②]。博物学者们对于它的野生原始类型的意见并不一致，由此

[①] 《动物学会会报》，1861 年，第 261 页。

[*] 等于 $\frac{1}{12}$ 英寸。——译者注

[②] 《锡兰》（*Ceylon*），谈嫩特（J. E. Tennent）爵士著，1859 年，第一卷，第 485 页；以及克劳弗得于 1860 年在英国科学协会上宣读的《家养动物和文化的关系》。再参阅《观赏鸡》，狄克逊牧师著，1848 年，第 132 页。在埃及的碑刻上刻绘的鹅似乎是埃及的红鹅。

我们可以推论鹅在某种程度上是有变异的；虽然其难点主要是由于有三四个密切近似的野生欧洲种存在着①。大多数有才能的判断者都相信我们的鹅是从野生灰腿雁（A. ferus）传下来的；它们的小雁能够容易地驯养②。1849 年我确实听说这个物种同家鹅进行杂交，在动物园中产生了完全能育的后代③。雅列尔④曾经观察到家鹅的下部气管有时是扁平的，而且在喙的基部有时围绕着一个白色羽环。最初一看，这种性状似乎是一个良好的证据来说明在以前某一时期它曾同白额雁（A. albifrons）进行过杂交；不过这种白环在白额雁中是容易变异的，而且我们千万不要忽略了相似变异的法则，即某一物种呈现了近似物种的某些性状的这个法则。

因为鹅的体制被证明在长期不断的家养下很少变异，所以关于它曾经发生过的变异量是值得提一提的。它的大小增加了并且生产力也提高了⑤；同时由白色变成为微带黑色。若干观察者⑥都曾说过，雄鹅比雌鹅更常常呈现白色，而且雄鹅在年老的时候几乎总是都要变成白色的；但是原始类型——灰腿雁并不如此。在这里，相似变异的法则可能又发生作用了，因为几乎完全雪白的雄岩鹅（Bernicla antarctica）同它的微带黑色的雌性伴侣站立在海岸上的景象，是那些穿过火地群岛（Tierra del Fuego）和马尔维纳斯群岛的海峡的人们所熟知的。某些鹅生有顶瘤；并且像以前所说的那样，顶瘤下面的头骨是有孔的。晚近有一个亚品种形成了，它的头和颈的背面生有倒羽⑦。喙在大小上变异很少，并且比野生种的喙稍带黄色；不过喙的颜色和腿的颜色都有微小的变异⑧。后面这个事实值得注意，因为在辨别若干密切近似的野生类型的时候⑨，腿和喙的颜色是高度有用处的。有两个品种在我们的展览会上被展览过，即恩登鹅（Emden）和土鲁斯鹅（Toulouse）；但是除了颜色以外，它们之间并没有任何差异⑩。最近从塞巴斯托堡（Sebastopol）引进来一个较小而奇特的变种⑪，它的肩羽（我听赠给我标本的推葛梅尔先生这样说）极长，卷曲，甚至会卷成螺旋形。这等羽毛的边缘由于羽枝和羽小枝的分离而成为羊毛状的，所以它们在某种程度上同澳洲黑天鹅的背羽相似。这等羽毛同样以它们的中央羽轴而惹人注意，中央羽轴非常细而且是透明的，并且分裂成丝状，它们有一段是游离的，然后有时又结合在一起。这是一个奇特的事实：这等丝状物的两侧规则地被有

---

① 麦克季利夫雷：《英国的鸟类》，第四卷，第 593 页。

② 斯垂克兰得先生养育过一些野生的幼雁，发现它们在习性上以及所有性状上都同家鹅一样（《博物学年报》，第三辑，第三卷，1859 年，第 122 页）。

③ 再参阅亨特的《论文集》，奥温编，第二卷，第 322 页。

④ 雅列尔：《英国的鸟类》，第三卷，第 142 页。

⑤ 洛得，《斯堪狄那维亚探险记》（Scandinavian Adventures），1854 年，第二卷，第 413 页；他说野雁每次产五到八个卵，远比家鹅的产卵数为少。

⑥ 詹宁斯（L. Jenyns）牧师似乎最初在他的《英国的动物》（British Animals）一书中发表了这种观察。再参阅雅列尔和狄克逊的《观赏鸡》（第 139 页）以及《艺园者记录》，1857 年，第 45 页。

⑦ 1860 年 2 月巴列特先生在"动物学会"展出具有这种特征的一只鹅的头和颈。

⑧ 汤普逊：《爱尔兰的博物学》（Natural History of Ireland），1851 年，第三卷，第 31 页。关于颈和喙在颜色上的变异，狄克逊牧师给过我一些材料。

⑨ 斯垂克兰得：《博物学年报》，第三辑，第三卷，1859 年，第 122 页。

⑩ 《家禽纪录》，第一卷，1854 年，第 498 页；第三卷，第 210 页。

⑪ 《家庭艺园者》，9 月 4 日，1860 年，第 348 页。

细绒毛或羽小枝,恰似原来羽支上的羽小枝一般。这种羽毛的构造可以传递给半杂种的后代。在灰原鸡中羽支和羽小枝混淆在一起了,并且形成了同羽轴性质一样的角质薄片;在这个鹅的变种中,羽轴分裂成丝状,并且具有羽小枝,这样便同真正的羽支相似。

家鹅虽然同任何野生种肯定地都有几分差异,然而它所发生的变异量同大多数家养动物所发生的变异量相比,则是异常小的。这个事实根据选择未曾发挥大的作用可以得部分的解释。包含有许多不同族的一切鸟类都是作为玩物或观赏品才受到人们的珍视的;没有人会把鹅作为玩物来养;其实它的名字在许多种语言中都可以当作骂人的名词来用*。鹅之所以有价值在于它的体大和肉味香,在于它的洁白的羽毛(这添增了价值),并且也在于它的多产性和容易养驯。家鹅和它的野生原始类型之间的区别就是所有这些点;而这些正是曾经受到选择的各点。甚至在古代,罗马的饕餮者已经珍视白鹅的肝了;皮埃尔·贝隆[①]在 1555 年谈到过两个变种,其中一个比另一个较大、较肥而且颜色较美;他强调地说优秀的养鹅者们是注意他们小鹅的颜色的,所以他们可以知道哪些应当保存下来并选作繁育之用。

孔　雀

除了有时是白色的或斑色的以外,它是在家养下几乎没有发生过变异的另一种鸟。华特豪斯先生告诉我说,他仔细地比较了印度野生孔雀和家养孔雀的皮,它们在各个方面都是一样的,除了家养孔雀的羽衣或者比较厚。我们的孔雀究竟是从那些在亚历山大时代引进到欧洲的孔雀传下来的呢,还是以后输入的呢,这是一个疑问。它们在英国不能很自由地繁育,而且大群饲养的情形也很少,这些情形对于逐渐的选择和新品种的形成都大有妨碍。

关于孔雀有一个奇怪的事实:即在英国偶尔会出现漆黑的或黑肩的种类。根据斯雷特尔先生的高度权威意见,这个类型最近被作为一个不同的物种而命名为黑羽孔雀(*Pavo nigripennis*),他相信今后会在某一地方发现野生的黑羽孔雀,但不是在印度,在那里肯定不知道有这种孔雀。这种雄黑羽孔雀在次级飞羽、翼羽、肩羽、复羽以及大腿的颜色上都同普通孔雀有显著的差异,我认为它们是更加美丽的;它们比普通的种类稍小,并且我听坎宁(A. S. G. Canning)说,在同普通孔雀的相斗中它们总是吃败仗的。雌性的颜色远比普通种类的雌性的颜色浅得多。坎宁先生告诉我说,刚刚孵化出来的雄性和雌性都是白色的,而它同白色变种的幼鸟之间的差异仅是在于前者的翅膀微带一种特殊的淡红色而已。这种漆黑的孔雀,虽然是在普通种类的群中突然出现的,但能十分纯粹地繁育它们的种类。虽然它们同印度孔雀(*P. cristatus*)和爪哇孔雀(*P. muticus*)之间的杂种并不相似,但在某些性状上是介于这两个物种之间的;斯雷特尔先生认为这个事实支

---

* goose 有笨蛋,胆小鬼之意。——译者注

① 《鸟类志》,贝隆著,1555 年,第 156 页。关于罗马人喜吃白鹅的肝,参阅小圣伊莱尔,《普通博物学》,第三卷,第 58 页。

持了这样的观点：它们形成了一个不同的自然物种①。

另一方面，赫朗（R. Heron）爵士说②，据他记忆所及，这个品种是在布朗罗（Brown-low）勋爵的斑色孔雀、白色孔雀和普通孔雀的大群中突然出现的。在垂威利安（J. Tre-velyan）爵士的清一色普通种类的群中，以及在骚恩吞（Thornton）先生的普通孔雀和斑色孔雀的群中，都发生过同样的事情。值得注意的是，在后述的两个事例中黑肩种类虽然是较小的和较弱的孔雀，但很好地繁殖起来了，并且"招致了以前存在的品种的灭绝"。我还通过斯雷特尔先生得到过胡得逊·革尼（Hudson Gurney）先生的一份报告，他说许多年以前他曾从普通种类育成了一对黑肩孔雀；另一位鸟类学者牛顿教授说，五六年以前在他的一群普通孔雀中产生了一只雌孔雀，它在所有方面都同黑肩种类的雌性相似，他的这群孔雀二十多年以来并没有同任何其他品系的孔雀杂交过。珍纳·威尔（Jenner Weir）先生告诉我说，在布拉克希茨（Blackheath）有一只孔雀，当它幼小的时候是白色的，但是当它长大了的时候便逐渐呈现了黑肩变种的性状；而它的双亲都是普通孔雀。最后，坎宁先生举过一个例子：在爱尔兰有一只这个变种的雌鸟出现于一群普通孔雀中③。关于漆黑的孔雀晚近在大不列颠突然出现于普通孔雀群中，在这里我们有七个很可信的例子，这个变种以前一定还在欧洲出现过，因为坎宁先生看见过一些旧日的这个变种的绘图，并且在《大地杂志》（Field）中也引用过这个变种的另一张绘图。在我看来，这些事实暗示了漆黑的孔雀是一个特征强烈显著的变种或"突变种"（sport），它在所有时期和许多地方都有再现的倾向。以下的事实支持了这种观点，即漆黑孔雀的幼鸟最初和白色变种的幼鸟一样，也是白色的，而白色变种无疑是一种变异。相反地，如果我们相信漆黑孔雀是一个不同的物种，那么我们必须假定在所有上述的例子中普通品种在以前于某一时期曾同这个种类杂交过，但已经完全失去了杂交的痕迹；然而这等孔雀的后代通过返祖突然地而且完全地重新获得了黑羽孔雀的性状。我还没有听到过在动物界或植物界中有过其他这样的例子。为了体会这种情形的完全不可能性，我们可以试作如下的假定：一个狗的品种在以前某一时期同狼杂交过，但它以后完全失去了杂交过的任何迹象，然而这个品种却在七个例子中，在同一地方而且在不很长的期间内，都产生出狼来，它的每一个性状都完全同狼一样；我们还必须进一步假定：在其中的两个例子里，新产生出来的狼此后自发地增多起来了，以致增多到引起了狗的亲品种的灭绝。像黑羽孔雀那样引人注意的一种鸟，在最初输入的时候，大概售价很高；所以它不可能是不声不响地被引进来的，而且它此后的历史也不可能亡失。总之，在我看来，而且赫朗爵士也是这样的看法，关于漆黑的或黑肩的品种是由某种未知原因所引起的一种变异，是有有利的确证的。根据这一观点，可以说在曾经记载下来的有关新类型突然出现的场合中这是一个最引人注意的例子，而这个新类型同一个真的物种如此相像，以致蒙骗了一位当今最有经验的鸟类学者。

---

① 斯雷特尔先生论拉塔姆（Latham）的黑肩孔雀，见《动物学会会报》，4 月 24 日，1860 年。斯温赫先生有一时期相信在交趾支那（Cochin China）发现过这个种类的野生孔雀（同上杂志，7 月，1868 年），不过后来他告诉我说，他对于这一问题还抱有很大的怀疑。

② 《动物学会会报》，4 月 14 日，1835 年。

③ 《大地》，5 月 6 日，1871 年。我非常感激坎宁先生，蒙他赠给我有关这种鸟的材料。

火　鸡

高尔得先生[①]似乎已经很好地证明了火鸡(turkey)按照它的最初引进历史来说是从一个野生的墨西哥类型传下来的,在发现美洲之前该地的土人已经饲养这个类型了,现在一般都把它分类为一个地方族,而不把它分类为一个不同的物种。不管怎么样,这个例子是值得注意的,因为在美国的野生雄火鸡有时向从墨西哥类型传下来的家养雌火鸡求爱,"而且一般很受到她们的欢迎"[②]。关于在美国从那些同普通品种杂交过的和混血过的野生种的卵孵化出小火鸡的情形,也有若干文章发表过。在英国的若干园囿里也饲养过同样的物种;福克斯牧师从其中的两个园囿获得了一些个体,它们可以自由地同普通的家养种类杂交,并且他告诉我说,经过许多年之后,邻近的火鸡明显地呈现了杂交血统的迹象。这里我们看到家养族由于同一个不同的野生族或野生种杂交而被改变的一个事例。米巧克斯[③]在 1802 年怀疑过普通的家养火鸡不单是从美国种传下来的,同时也是从一个南方类型传下来的,他甚至相信英国火鸡和法国火鸡之所以不同,是因为它们所具有的两个原始类型的血液在比例上是不同的。

英国火鸡比上述两个野生类型都小。它们没有任何重大程度的变异;不过有一些可以区别的品种——例如诺福克火鸡(Norfolks),萨福克火鸡(Sufolks)白色火鸡(whites)、铜色火鸡(copper-coloured)即剑桥火鸡 (Cambridge),所有这些品种如果不同其他品种杂交,都能纯粹地繁殖它们的种类。在这些种类中最特别的要算小型的、健壮的、深黑色的诺福克火鸡了,它们的雏是黑色的,偶尔在头部周围呈现白色块斑。其他一些品种除了颜色以外几乎没有任何差异,它们的雏一般在身体上满布灰褐色的斑纹[④]。下尾部复羽在数目上有变异;按照一种德国的迷信来说,雄火鸡有多少下尾部复羽,雌火鸡就会产多少卵[⑤]。阿尔宾在 1738 年,得明克在比此晚得多的时期,都描述过一个美丽的品种,它微带暗黄色,背面呈褐色,腹面呈白色,具有一个柔软的大型羽冠。雄性的距已经退化得只有一点痕迹了。这个品种很久以前在欧洲就已经灭绝了,不过晚近从非洲东海岸输入了一个活标本,它还保存有羽冠,同样的一般颜色以及退化成痕迹的距[⑥]。威尔摩特(Wilmot)先生描述过[⑦]一只白色雄火鸡,它的羽冠的羽毛"长约 4 英寸,羽根裸出,并且在其顶端生有白色而软绒的羽簇"。许多小火鸡都遗传有这种羽冠,但长大以后它便脱落

---

① 《动物学会会报》,4 月 8 日,1856 年,第 61 页。贝尔德(Baird)教授认为我们的火鸡是从一个西印度群岛的物种传下来的,不过这个物种现在已经灭绝了(在推葛梅尔的《家鸡之书》,1866 年,第 269 页中曾引用过)。且不谈在这等食物丰富的大岛上一种鸟在很久以前就灭绝了是不可能的,而火鸡在印度似乎是退化了的,这一事实暗示着它原本不是热带低地的居住者。

② 奥杜旁:《鸟类记》,第一卷,1831 年,第 4—13 页;《博物学者丛书》,第十四卷,鸟部,第 138 页。

③ 米巧克斯:《北美旅行记》,1802 年,英译本,第 217 页。

④ 《观赏鸡》,狄克逊牧师著,1848 年,第 34 页。

⑤ 贝西斯坦:《德国博物学》,第三卷,1793 年,第 309 页。

⑥ 巴列特先生:《陆和水》,10 月 31 日,1868 年,第 233 页;推葛梅尔先生,《大地》,7 月 17 日,1869 年,第 46 页。

⑦ 《艺园者记录》,1852 年,第 699 页。

了或被其他个体啄掉了。这是一个有趣的事实，因为如果给予注意，新品种大概还会形成的；这种性质的羽冠在某种程度上似乎同若干近似属[例如 Euplocomus，凤头雉属（Lophophorus），孔雀属（Pavo）]的雄性的羽冠相像。

人们相信野生火鸡完全都是从美国输入的，在泡伊斯、莱斯特（Leicester）、希尔、德尔比（Derby）诸勋爵的园囿中养有这种野生火鸡。福克斯牧师从前两个园囿中得到了一些火鸡，他告诉我说，它们在身体的形状上以及在翼羽的横斑上肯定都有一点差异。这等火鸡同希尔勋爵所拥有的也有差异。埃季尔吞（P. Egerton）爵士在奥尔吞（Oulton）养过几只希尔勋爵的火鸡，虽然禁止它们同普通火鸡杂交，但它们还偶尔产生非常淡色的个体，其中有一只几乎是白色的，但不是白变种。这等半野生的火鸡在彼此稍有差异这一点上同在若干英国园囿中饲养的野生牛的情形是相似的。我们必须假定这等差异是由于禁止那些分布在广大区域中的个体自由进行交配并且由于它们在英国所处的环境条件有些变化而引起的结果。印度的气候显然致使火鸡发生了更大的变化，因为根据勃里斯先生[1]的描述，它们的大小大大减缩了，"完全不能用翅膀飞起"，色黑，并且"在喙部上面的长形下垂附属物非常发达"。

珠 鸡

现在一些博物学者相信家养珠鸡（Guinea fowl）是从东非珠鸡（Numida ptilorhynca）传下来的，这种珠鸡栖息于东部非洲的很热的、有些部分是非常干燥的地区；所以它们在英国所遇到的生活条件是极端不同的。尽管如此，它们除了羽衣呈现深浅不同的颜色以外，几乎完全没有发生变异。有一个奇特的事实：它在潮湿的、但炎热的西印度群岛和西班牙本土所发生的颜色变异比在欧洲为大[2]。珠鸡在牙买加和圣道明哥彻底变得野化了[3]，它的大小减缩了，并且腿是黑色的，而非洲原种的腿据说是灰色的。这个小变化值得注意，因为人们不断地重复一种说法，即认为所有野化动物在每一个性状上不可避免地都要返归它们的原始模式。

金 丝 雀

因为这种雀是在最近350年以内才被家养的，所以它的变异性值得注意。它曾同雀科（Fringillidae）的九、十个物种杂交过，杂种中有些几乎是完全能育的；但是关于从这等

---

① 勃里斯：《博物学年报》，1847年，第二十卷，第391页。

② 罗林的这种意见见《法国科学院各门科学论文集》，第六卷，1835年，第239页。西班牙城的希尔先生给我写过一封信，其中描述了牙买加的五个珠鸡的变种。我看见过从巴佩道斯（Barbadoes）和德莫拉拉（Demerara）输入的一些非常浅色的变种。

③ 关于圣道明哥，参阅赛尔（M. A. Salle）在《动物学会会报》（1857年，第236页）发表的文章。希尔先生在写给我的信中曾谈到牙买加野化鸟的褪色。

杂交中产生出任何不同品种的事情,我们还没有任何证据。尽管饲养金丝雀是近代的事情,但有许多变种产生了;甚至 1718 年以前在法国就发表过一张 27 个变种的目录①,1779 年伦敦金丝雀协会印刷了一张有关金丝雀的理想品质的长表,这样看来,有计划的选择已经进行了相当长的时期。大多数的变种只是在颜色上和羽衣的斑纹上有所差异。然而有些品种在形状上也表现了差异,例如弓形金丝雀(hooped or bowed canaries)和细长身体的比利时金丝雀。勃连特先生②量过一只比利时金丝雀的体长,为八英寸,而野生金丝雀的体长只有 5.25 英寸。还有生有羽冠的金丝雀;奇怪的是,如果两个生有羽冠的个体交配了,产生出来的小雀一般都是秃顶的,并不具有很漂亮的羽冠,或者在它们的头上甚至有一块伤疤③。这样看来,羽冠似乎是由于某种病态而发生的,当两个生有羽冠的个体交配时,这种病态就会增进到有害的程度。有一个在脚上生羽的品种,还有一个品种,它的颈羽一直向下延伸到胸部。另一个性状值得注意,因为这种性状只出现在一生中的一定时期,并且因为这种性状是在同一时期被严格遗传的;即获奖的金丝雀的翼羽和尾羽都是黑色的,不过这种颜色只能保持到第一次换羽的时候,一旦换羽之后,这种特征即行消失④。金丝雀在禀性和气质方面有很大差异,在鸣声方面也微有差异。它们每年产卵三至四次。

金　鱼

除了哺乳类和鸟类以外,属于其他"纲"(class)的动物被人饲养的还为数不多;但是为了阐明一个差不多是普遍性的法则——即动物一旦离开了自然的生活条件就要发生变异,并且当选择被采用之后一些族就能形成;所以对于金鱼、蜜蜂、家蚕讲上几句是有必要的。

金鱼(*Cyprinus auratus*)被引进到欧洲不过是两三个世纪以前的事情;但在中国自古以来它们就在拘禁下被饲养了。勃里斯先生⑤根据其他种鱼的相似变异,推测金色的鱼不是在自然状态下发生的。这等鱼往往是在极不自然的条件下生活的,并且它们在颜色、大小以及构造上的一些重要之点所发生的变异是很大的。骚威内(M. Sauvigny)对于不下 89 个变种进行了描述并且绘制了彩图⑥。然而有许多变种,例如三尾金鱼等,都应当叫做畸形;但是在变异和畸形之间难于划出任何明确的界线。因为金鱼是作为观赏品或珍奇物来饲养的,并且因为"中国人正好会隔离任何种类的偶然变种,并且从其中找出

---

① 勃连特先生:《金丝雀,英国的雀》(*The Canary, British Finches*),第 21,30 页。

② 《家庭艺园者》,12 月 11 日,1855 年,第 184 页;这里把所有变种都列举出来了。关于野生金丝雀的许多测计,参阅哈科特的记载,见同杂志,12 月 25 日,1855 年,第 223 页。

③ 贝西斯坦:《笼鸟志》(*Naturgesch der Stuben Vögel*),1840 年,第 243 页;关于金丝雀在鸣声方面的遗传,参阅第 252 页。关于它们的秃头,参阅基得(W. Kidd)的《鸣禽论说》(*Treatise on Song-Birds*)。

④ 基得:《鸣禽论说》,第 18 页。

⑤ 《印度原野》,1858 年,第 255 页。

⑥ 雅列尔:《英国的鱼类》(*British Fishes*),第一卷,第 319 页。

对象,让它们交配"①。所以可以预料,在新品种的形成方面曾大量进行过选择;而且事实
也确系如此。在一种中国古代著作中曾经说道,朱红色鳞的鱼最初是在宋朝(始于公元
960年)于拘禁情况中育成的,"现在到处的家庭都养金鱼作为观赏之用"。在另一种更加
古老的著作中也曾说道,"没有一家不养金鱼的,他们从事颜色上的争奇斗胜,并且把它
作为赢利之源"。等等②。虽然有许多品种存在,但奇怪的是,它们的变异往往不遗传。
赫朗爵士③养过许多这等鱼,他把所有畸形的鱼,例如没有脊鳍的,具有双重臀鳍的或三
尾的,完全养在一个池中;但它们"产生出来的畸形后代在比例上并不比完善的后代为
大"。

　　且不谈颜色的几乎无限的多样性,我们看一看构造上的最异常的变异。例如在伦敦
买到的约24个标本中,雅列尔先生观察到有些金鱼的脊鳍长度为脊背长度的一半以上;
其他的脊鳍却退化得只有五、六根鳍刺;还有一条不具脊鳍。臀鳍有时是双重的,并且尾
鳍常常为三个。后面这种构造上的偏差一般似乎是"由于部分地或者全部地牺牲了某种
其他的鳍"④而发生的;但是包利・得圣温慎特(Bory de St.-Vincent)⑤在马德里(Ma-
drid)看见过兼有脊鳍和三尾的金鱼。一个变种在头的附近的背上生有一个瘤,这便构成
了它的特征;詹宁斯(L. Jenyns)牧师⑥描述过一个从中国输入的奇特变种,它几乎是球
形的,同刺河豚(diodon)的形状相似,"尾的肉质部分好像被切掉了一般;尾鳍的位置稍后
于脊鳍,而恰在臀鳍之上"。这种鱼的臀鳍和尾鳍都是双重的;臀鳍垂直地附着于体部;
眼睛特别大而且凸出。

蜜　蜂

　　除了一般在冬季给它们一点食物以外,蜜蜂都是自己去寻求食物的,如果这种情形
实际上也能叫做一种家养的话,那么可以说蜜蜂自古以来就被家养了。它们的住所不是
树上的洞,而是一种蜂巢。然而蜜蜂几乎被运到世界的各个角落,所以气候应当产生它
所能够产生的直接效果。往往有人肯定地说,蜜蜂在大不列颠的不同部分,其大小、颜色
和禀性也有所不同;高德龙⑦说,在法国南部的蜜蜂一般比在法国其他部分的都大一些;
也曾有人肯定地说过,如果把勃干底高原(High Burgundy)的小型褐色蜜蜂运到拉布累
斯(La Bresse),它们在第二代就会变成大型的和黄色的。但是这等记载还有待证实。只

---

　　①　参阅勃里斯先生的文章,见《印度原野》,1855年,第255页。
　　②　梅耶尔(W. F. Mayers),《中国杂记和答问》(*Chinese Notes and Queries*),8月,1868年,第123页。
　　③　《动物学会会报》,5月25日,1842年。
　　④　雅列尔:《英国的鱼类》,第一卷,第319页。
　　⑤　《博物学分类辞典》,第五卷,第276页。
　　⑥　《博物学观察》(*Observations in Nat. Hist.*),1846年,第211页。格雷博士描述过一个近似的变种,但不具
脊鳍,见《博物学年报》,1860年,第151页。
　　⑦　《物种》,1859年,第459页。关于勃干底的蜜蜂,参阅节拉尔得(M. Gérard)在《博物学大辞典》(*Dict. Univ-
ers. d' Hist. Nat.*)中对于"物种"的叙述。

就大小来说,我们知道在很旧的巢房中产生出来蜜蜂是比较小的,这是因为蜂房由于连续留下来的旧茧而变小了。最优秀的权威们①都一致认为除了就要谈到的力究立亚(Liguria)族或物种以外,在英国或欧洲大陆上并没有不同的品种存在。然而,甚至在同一蜂群中其颜色也有某种变异性。例如,乌得巴利(Woodbury)先生说②,他曾数次看到普通种类的蜂王具有微带黄色的力究立亚种蜂王那样的环纹,并且后者也有像普通蜜蜂那样暗色的。他还观察到雄蜂在颜色上并不随着同巢中的蜂王或工蜂的颜色发生变异。伟大的养蜂者济埃尔宗(Dzierzon)在回答我关于这个问题的询问时说道③,在德国某些群的蜜蜂肯定是暗色的,同时其他群则以它们的黄色而引人注意。蜜蜂的习性在不同地方似乎也有所不同,因为济埃尔宗还说,"许多群携带它们的后代进行分封的倾向较大,而其他群则贮蜜较多,所以养蜂者甚至对于分封的蜜蜂和采蜜的蜜蜂也要加以区别,这种已经变成第二本性(second nature)的习性是由养蜂的惯常方法和该地的蜜源所引起的。例如,关于这一点人们可以看到昌内堡(Lüneburg)荒地的蜜蜂同这个国家的蜜蜂之间存在着多么大的差异"!……"把老蜂王拿走,代以当年产的幼蜂王,在这里是防止最强的蜂群分封和雄蜂繁殖的最可靠方法;然而在汉诺威(Hanover)蜜蜂中采用同样的方法,大概肯定不会有什么效果的"。我从牙买加得到一个充满死蜜蜂的蜂巢,蜜蜂在那里已经归化很久了;我在显微镜下用我自己的蜜蜂同它们进行比较,我没有能够找出一点差异来。

无论在什么地方饲养的蜜蜂都是显著一致的,这大概可以这样来解释:即用特殊的蜂王和雄蜂进行交配以使选择发生作用是非常困难的,或者说是不可能的,因为这等昆虫的交配完全是在飞翔时进行的。而且也没有任何记录(除了一个唯一的局部例外)说明任何人曾经在一座蜂巢中把那些呈现了某种差异的工蜂加以分离和繁育。为了形成一个新品种,据我们现在所知道的,同其他蜜蜂进行隔离大概是必需的;因为自从力究立亚蜜蜂被引进到德国和英国之后,发现它们的雄蜂飞开自己的蜂巢至少达二海里,并且常常同普通蜜蜂的蜂王进行杂交④。力究立亚蜜蜂同普通种类的蜜蜂进行杂交虽然是完全能育的,但大多数博物学者都把它分类为一个不同的物种,同时也有一些人把它分类为一个变种:不过在这里对于这个类型并没有介绍的必要,因为没有任何理由可以使我们相信它是家养下的产物。盖尔斯得克(Gerstäcker)博士⑤把埃及蜜蜂以及其他一些蜜蜂分类为地方族,而其他高度有才能的判断者们并不这样分类;他的结论主要是建筑在下列事实上面的:在某些地区,例如在克里米亚(Crimea)和罗得斯(Rhodes),这等蜜蜂的颜色变异得如此之大,以致若干地方族可以由中间类型密切地连接起来。

关于一个特殊蜜蜂群的分离和保存,我刚才提到有一个唯一的事例。洛乌(Lowe)先

----

① 参阅在答复我的问题时对于这个题目所进行的讨论,见《园艺杂志》,1862年,第225—242页;再参阅比万·福克斯(Bevan Fox)的文章,见同杂志,1862年,第284页。

② 这位最优秀的观察者是可以充分信赖的;参阅《园艺学报》,7月14日,1863年,第39页。

③ 《园艺学报》,9月9日,1862年,第463页;克来内(Kleine)先生曾就同一问题做出如下的总结:德国蜜蜂虽然在颜色上有某种变异性,但找不出它们有任何固定的或可以觉察得出的差异(同杂志,11月11日,第643页)。

④ 乌得巴利先生发表过几篇有关这一方面的文章,见《园艺学报》,1861年和1862年。

⑤ 《博物学年报》,第三辑,第十一卷,第339页。

生[①]从离爱丁堡（Edinburgh）几海里远的一个别墅得到了一些蜜蜂，他发觉它们的头上和胸前的毛同普通蜜蜂的有所差异，前者的颜色较淡而且数量较多。从力究立亚蜜蜂引进到大不列颠的日期来看，我们可以肯定这等蜜蜂没有同力究立亚蜜蜂杂交过。洛乌先生繁育了这个变种，但不幸的是，他没有把这群蜜蜂同他的其他蜜蜂隔离开，经过了三个世代之后，新性状几乎完全都消失了。尽管如此，像他补充说的那样，"大多数的蜜蜂还保持了原来蜂群的一些痕迹，虽然这是模糊不清的"。这个例子向我们阐明了，只对工蜂进行仔细的和长期不断的选择，将会发生怎样的效果；我们知道对于蜂王和雄蜂是不能进行选择而使它们交配的。

家　蚕

这种昆虫在若干方面对我们来说是有趣的，特别是因为它们在生命的早期呈现重大的变异，并且这等变异在相应的时期遗传给后代。家蚕之所以有价值，完全在于它们的茧，所以在茧的构造和品质上的每一种变化都受到了深刻的注意，并且产生了一些在茧的方面差异很大、但在成虫状态中几乎完全没有差异的族。关于大多数其他家养动物的族，则是在幼小时期彼此密切相似，而在成熟时期彼此差异很大。

把家蚕的许多种类都一一加以描述，纵使是可能的，也是无益的。在印度和中国有若干可以生产有用的蚕丝的物种，最近在法国已经证实其中有些物种能够自由地同普通家蚕进行杂交。赫顿船长[②]说，全世界被饲养的家蚕至少有六个物种；并且他认为在欧洲饲养的家蚕有两三个物种。然而特别注意法国家蚕饲育的若干有才能的判断者们并不持有这种意见，而且这种意见同我们就要谈到的一些事实也很难一致。

普通家蚕（Bombyx mori）是在 6 世纪被带到君士坦丁堡的，其后从那里又带到意大利，1494 年输入到法国[③]。所有条件对于这种昆虫的变异都是有利的。人们相信中国饲养家蚕是在公元前 2700 年。它曾在不自然的和多样的生活条件下被饲养着，并且被运送到许多地方。有理由可以相信给予幼虫的食物的性质在某种程度上对于品种的性状是有影响的[④]。不使用在抑制翅膀的发育上显然起了帮助的作用。但是在许多现存的、大大改变了的族的产生中，最重要的因素无疑是在许多地方长期地对于每一个有希望的变异给予了密切的注意。在欧洲对于选择作为繁育之用的最优良的茧和蛾所赋予的注意，是众所周知的[⑤]，并且在法国的一些地方，种卵的生产是作为一种特殊的生意来进行的。我曾通过法更纳博士做过一些询问，我得到的肯定答复是，印度的当地人在选择的

---

① 《家庭艺园者》，5 月，1860 年，第 110 页；《园艺学报》，1862 年，第 242 页。

② 《昆虫学会会报》（*Transact. Entomolog. Soc.*），第三辑，第三卷，第 143—173 页；第 295—331 页。

③ 高德龙：《物种》，1859 年，第一卷，第 140 页。关于中国古代养蚕的情形，见于斯塔尼司拉斯·朱里恩（Stanislas Julién）的权威著作。

④ 参阅威斯特乌得（Westwood）教授、赫尔塞（Hearsey）将军以及其他人士 1861 年 7 月在伦敦昆虫学会会议上的发言。

⑤ 参阅夸垂费什的《家蚕的真正病害的研究》（*Etudes sur es Maladies actuelles du Ver á Soie*），1859 年，第 101 页。

过程中也是同样非常细心的。在中国种卵的生产是限定在某些适宜的地区内进行的；根据法律，种卵的生产者不得从事丝的生产，这样他们的全部注意力便必然要集中在这唯一的目的上了①。

下述有关若干品种之间的差异的细节，在不说到相反的意见的时候，都是引自罗比内(M. Robinet)的卓越著作②，这部著作充分表现了作者的深思熟虑和丰富经验。不同族的卵在颜色上、在形状上(有圆的、椭圆或卵形的)以及在大小上都有变异。在法国南部六月产的卵，在中部七月产的卵，直到翌年春季才孵化；据罗比内说，把它们放在逐渐增高的温度下以加速幼虫发育的做法是失败了。然而，不知道因为什么，偶尔会产生一块卵，立刻开始进行特有的变化，在20～30天间便行孵化了。根据这等以及一些其他类似的事实可以断言意大利的垂沃尔提尼蚕(Trevoltini silkworms)，如一向所说的那样，并不一定形成了一个不同的物种，虽然其幼虫于15～20天间即可孵化出来。在温暖地方生活的品种所产的卵虽然不能凭借人工加热而立刻孵化，但把它们移到热的地方来养，它们就会逐渐获得像垂沃尔提尼蚕那样迅速发育的性状③。

幼虫　它们在大小和颜色上变异很大。皮肤一般是白色的，有时呈现黑色的或灰色的斑纹，而且偶尔还有完全黑色的。然而罗比内肯定地说道，它们的颜色并不是固定的，甚至在完全纯系的品种中也是如此；不过虎斑族(race tigrée)是一个例外，它以具有黑色横条纹而得到这个名称。因为幼虫的一般颜色同丝的颜色并不相关④，所以养蚕者并不注意这种性状，因而没有被选择作用所固定。赫顿船长在上述那篇论文里，极力主张在各个品种的幼虫的晚期脱皮中如此屡屡出现的深色虎斑纹是由于返祖的缘故；因为若干近似的家蚕野生种具有同样的颜色和斑纹。他分离了一些具有虎斑纹的幼虫，翌春从它们育出来的几乎所有幼虫都具有深色的虎斑纹(第149,298页)，而且到了第三代其颜色变得更深。从这些幼虫羽化出来的蛾在颜色上也变得较深了⑤，并且同野生的一种蚕(B. huttoni)的颜色相似。根据虎斑纹是由于返祖而出现的这一观点看来，它们在遗传上的顽固性便可以理解了。

几年前怀特比(Whiteby)夫人煞费苦心地繁育了大量的家蚕，她告诉我说其中有些幼虫具有黑色的眉。这大概是向着虎斑纹返祖的第一步，关于如此微小的性状是否遗传，我涌起了好奇心。根据我的请求，她在1848年分离出20个这等幼虫，并且把由它们羽化出来的蛾也加以分离，然后采取它们的卵。在这样育成的许多幼虫中，"每一个幼虫都毫无例外地有眉，有些颜色较深并且明确地比其他的眉更加显著，不过所有这些幼虫的眉都是或多或少可以明显看得见的"。在普通种类的幼虫中偶尔会出现黑色的幼虫，但其情形非常不一致；按照罗比内的说法，同一个族在某一年完全产生白色的幼虫，而在

---

① 关于我的叙述的典据，见论"选择"一章。

② 《养蚕手册》(Manuel de l'Educateur de Vers á Soie)，1848年。

③ 罗比内，同前书，第12,318页。我可以补充一点：北美家蚕的卵拿到散得维契群岛(Sand wich Islands)的时候，变蛾的时期很不规则；这样繁殖出来的蛾所产的卵在这一点上甚至更坏。有些卵到十天就孵化了，而其他则非到许多月之后不孵化。无疑地最终还能获得以前那样的在规则期间内变蛾的性状。参阅《英国科学协会会报》(Athenaeum)中对于甲威斯(J. Jarves)的《散得维契群岛的风光》(Scenes in the Sandwich Islands)一书的述评。

④ 《家蚕养育技术》(The Art of rearing Silkworms)，丹多洛伯爵(Count Dandolo)的著作的译本。

⑤ 《昆虫学会会报》，同上，第153,308页。

翌年就会产生许多黑色的；尽管如此，我还听到日内瓦（Geneva）的包西（M. A. Bossi）向我说过：如果把这等黑色幼虫分离开加以繁育，就会产生出同样的颜色；但是从它们育出来的茧和蛾则没有呈现任何差异。

欧洲的幼虫在进入作茧的阶段之前普通要脱皮四回；不过也有"脱皮三回"的族，例如垂沃尔提尼族就只脱三回皮。或许有人认为如此重要的生理上的差异，大概不会是由家养所引起的；但是罗比内说[1]，一方面普通的幼虫有时只在脱皮三回后就作茧，另一方面，"在我们试验中的几乎所有脱皮三回的族实际上在第二年或第三年就脱皮四回，这大概证明了它们由于被放置在适宜的环境中而返归在不适宜影响下所消失了的原来性质"。

茧　幼虫作茧以后大约失去体重的百分之五十；但是消失的量由于品种的不同而有差异，这对养蚕者来说是具有重要性的。不同族的茧表现有特性上的差异，这种差异有大有小——有的茧接近球形而不是葫芦状的，例如洛里奥尔族（Race de Loriol）的茧就是这样，有的茧为圆筒形并且在中部有一个深浅不等的沟，而呈葫芦状；还有的在两端或只在一端多少呈尖形。丝的粗细和品质也有差异，而且有的是接近白色的（但由两种颜色构成），有的是黄色的。丝的颜色一般不是严格遗传的；但是在论"选择"一章中，我将举出一项奇特的记载：在法国有一个品种，它的黄色茧的数目在 65 代的过程中由 10％缩减到 3.5％。按照罗比内的说法，一个叫做西那（Sina）的白色族由于在晚近 75 年间得到了细心的选择，"而达到在一百万个白色茧中没有夹杂一个黄色茧的纯粹状态"。[2] 众所周知，有时会形成完全没有丝的茧，但还能产生蛾；不幸的是，怀特比夫人由于受到一种意外的阻碍而没有能够确证这种性状是否可以遗传下去。

成虫阶段　关于最不相同的族的蛾之间是否存在有任何固定的差异，我没有找到一点记载。怀特比夫人肯定地向我说过，在她繁育的若干种类之间没有任何固定的差异，我从卓越的博物学者夸垂费什那里也得到过同样的叙述。赫顿船长也说[3]，所有种类的蛾在颜色方面的变异很大，但其不固定的情形几乎是一致的。鉴于若干族的茧具有何等重大的差异，所以上述事实是有趣的，而且大概可以根据像幼虫颜色有彷徨变异性那种同样的原理来解释——即对于选择和存续任何特殊的变异未曾有过一点动因。

野生家蚕科（wild Bombycidae）的雄蛾"日夜敏速地飞翔着，但是雌蛾一般很迟钝而不活泼"。[4] 在这一科中有几种雌蛾的翅膀是发育不全的，但还不知道有雄蛾不会飞的事例，因为在这种场合中这个物种就很难存续下去。在家蚕中雌蛾和雄蛾的翅膀都是不完善的而且是绉的，因而都不能飞；不过在雌雄两性之间还存在有微小的特性上的差异；因为我比较了许多雄蛾和雌蛾，虽然没有能够在它们的翅膀发育上找出任何差异，然而怀特比夫人肯定地向我说过，她繁育出来的雄蛾比雌蛾使用翅膀的时候较多，并且前者能够鼓翅而下，虽然从来不能向上。她还说雌蛾刚刚从茧中出来的时候，其翅膀不如雄蛾

---

[1] 罗比内，同前书，第 317 页。

[2] 罗比内，同前书，第 306—317 页。

[3] 《昆虫学会会报》，同上，第 317 页。

[4] 斯蒂芬（Stephen）的说明，见《吻管类》（Haustellata），第二卷，第 35 页。再参阅赫顿船长的文章，载于《昆虫学会会报》，同上，第 152 页。

的开展。然而在不同的族中以及在不同的环境条件下翅膀的不完善程度有很大差异。夸垂费什①说道,他曾看到许多蛾的翅膀缩小到正常大小的三分之一、四分之一或十分之一,甚至缩小到仅仅是一根短而直的棍棍儿:"在我看来,这大概是局部的发育的真实判定。"另一方面,他却描述安得列·季恩品种(André Jean)的雌蛾的"翅膀非常开展,只有一只的翅膀是不规则地弯曲的而且非常皱"。因为在拘禁下从野生幼虫育成的所有种类的蛾和蝶往往都有萎缩的翅膀;同样的原因,不管这是什么性质的,对于家蚕大概也会发生作用,不过可以猜想得到,它们的翅膀在许多世代中的不被使用同样也会发生作用的。

许多品种的蛾不能把它们的卵胶着在产卵地方的表面②,但是按照赫顿船长的说法③,这种情形之所以发生,不过是由于产卵管的黏液分泌腺衰弱了的缘故。

同其他长期被家养的动物一样,家蚕的本能也受到了损害。当把幼虫放在一株桑树上的时候,它们常常会奇怪错误地去吃它们正在吃着的叶子基部,因而会掉落下来;但是按照罗比内④的说法,它们还能再爬到树干上去。有时甚至连这种能力也失去了,因为马丁⑤曾把一些幼虫放在一株树上,那些掉落下来的就不能再爬上去,以致饿死;它们甚至不能从这一片叶子爬到另一片叶子上去。

家蚕所发生的有些变异是彼此相关的。例如,作白茧的蛾所产的卵同作黄茧的蛾所产的卵在颜色上有差异。作白茧的幼虫的腹足永远是白色的,而作黄茧的幼虫的腹足一定是黄色的⑥。我们已经知道由具有虎斑纹的幼虫羽化出来的蛾在颜色上比其他的蛾较深。在法国吐白丝的那些族的幼虫以及黑色幼虫对于近来蹂躏养蚕地区的病害比其他族具有较大的抵抗能力,这一点似乎已被充分证实了⑦。最后,族同族之间在体质上也有差异,因为有些族并不像其他族那样地能够在温带气候下得到繁荣;而且潮湿地方对于所有族的损害也不一样⑧。

根据这种种事实,我们知道了家蚕同高等动物一样,在长期不断的家养下发生了重大变异。我们还知道了一个更加重要的事实:变异可能在生命的种种不同的时期中发生,而在相应的时期中遗传给后代。最后,我们知道了本能是受伟大的"选择原理"所支配的。

---

① 《家蚕的真正病害的研究》,1859 年,第 304,209 页。
② 夸垂费什,同前书,第 214 页。
③ 《昆虫学会会报》,同上,第 151 页。
④ 《养蚕手册》,第 26 页。
⑤ 高德龙:《物种》,第 462 页。
⑥ 夸垂费什,同前书,第 12,209,214 页。
⑦ 罗比内,同前书,第 303 页。
⑧ 罗比内,同前书,第 15 页。

第九章

栽培植物：谷类和蔬菜

· Cultivated Plants: Cereal and Culinary Plants ·

关于栽培植物的数目和系统的初步讨论——栽培的第一步——栽培植物的地理分布

谷类——关于物种数目的疑问——小麦的变种——个体的变异性——改变了的习性——选择——变种的古代历史——玉蜀黍的巨大变异——气候的直接作用

蔬菜——甘蓝在叶和茎上，而不是在其他部分上的变异——它的系统——芸薹属的其他物种——豌豆；几个变种主要在荚和种子上的差异量——某些变种是稳定的，某些变种是高度不稳定的——不杂交——大豆——马铃薯；繁多的变种——除去块茎外，差异很小——遗传的性状

关于栽培植物的变异性，我将不像在家养动物的情形下那样地进行详细的讨论。这个题目含有很大困难之点。植物学者们通常把那些不值得他们注意的栽培品种忽略了。在若干情形下，野生的原型还未被知道或者模糊地被知道；在其他情形下，野化实生苗（escaped seedlings）同真正的野生植物也难以区分，所以在判断假定的变化量上就没有可靠的比较标准。不少的植物学者们都相信，若干古远栽培的植物已经发生了如此深刻的变异，以致现在不可能辨认出它们的原始祖先类型。同样叫人困惑的是如下的疑问：它们之中的一些究竟是来自一个物种，还是来自几个物种由于杂交和变异而完全混合在一起？变异常常同畸形相连续，而且彼此不能区分；不过畸形对本书的目的并没有多大的重要性。许多变异仅由接枝、接芽、压条、鳞茎等等而繁殖下来，它们的特点能由种子生殖中传递多少，则常常不知道。尽管如此，还能把一些有价值的事实聚集在一起；其他的事实此后也可以附带地谈到。以下两章的主要目的之一就在于说明我们的栽培植物有多少性状已经成为易于变异的了。

在进行详细讨论之前，先就栽培植物的起源先作些一般的叙述。得康多尔[①]关于这个问题有过可钦佩的讨论，在讨论中他显示了可惊的丰富知识，他把最有用的 157 种栽培植物列成一张表。他相信其中有 85 种在它们的野生状态下几乎肯定地已被知道，但是关于这一点，其他有才能的判断者[②]还抱有很大的怀疑。其中有 40 种，或是由于同野生状态下的最近似种类比较时表现了某种程度的差异，或是由于野生状态下的最近似种类可能不是真正的野生植物而只是从栽培里逃出的野化实生苗，所以得康多尔承认它们的起源是暧昧的。在全部 157 种中，得康多尔认为仅有 32 种的原始状态是十分不明的。但是应当知道，在那张表里他没有放进去若干性状不明确的植物，如南瓜、黍、高粱、四季豆、藕豆、番椒、蓝靛等的各种类型。他也没有把花卉植物放进去，而若干比较古远栽培的花卉植物，如某些蔷薇、皇家百合（imperial lily）、晚香玉乃至紫丁香，据说[③]还不知道它们的野生状态。

根据上述的比较数字，并且根据其他重要的论证，得康多尔得出结论说，很少见植物由于栽培而改变得如此之大，以致不能同它的野生原型视为同一的东西。但是，根据这个观点，鉴于未开化人以前大概不会选取稀有植物进行栽培，同时有用植物一般都是显眼的，它们过去不会是不毛之地或者最近才被发现的远隔诸岛上的植物，所以我觉得奇怪的是，怎么会有如此众多的栽培植物至今在野生状态下还未被知道或者只是模糊地被知道。相反地，如果说许多这等植物曾经由于栽培而发生了深刻的改变，这个难点就会迎刃而解。如果说它们在文明向前发展的期间被消灭了，这个难点也可以得到解决；但是得康多尔曾指出这种情形大概很少发生。一种植物一旦在任何地方被栽培之后，该地

◀ 水稻。

[①] 《理论植物地理学》（*Géographie botanique raisonnée*），1855 年。
[②] 边沁先生对塔季奥尼-托则特（A. Targioni-Tozzetti）的评论，题为《有关栽培植物的历史的笔记》（*Historical Notes on Cultivated Plant*），见《园艺学报》，第九卷，1855 年，第 133 页；又见《爱丁堡评论》（*Edingburgh Review*），1866 年，第 510 页。
[③] 有关栽培植物的历史的笔记。

的居民就没有必要再在整个地区内去搜寻它，所以不会引起它的灭绝；甚至在饥荒年间如果发生了这种情形，一些休眠的种子大概还会被遗留在地上。洪堡（Humboldt）很久以前就曾说过，热带地方自然界的猛烈的繁茂力压倒了人类的微弱的劳力，在久已开化的温带地方，土地的整个表面已经发生了巨大变化，不容怀疑那里的一些植物已经灭绝了；尽管如此，得康多尔还指出，历史上最初在欧洲栽培的全部植物，在那里至今都还在野生状态下存在着。

罗兹列尔·德隆卡姆（M. M. Loiseleur-Deslongchamps）[①]和得康多尔都曾说过，我们的栽培植物，特别是谷类，原来一定以近乎现在的状态存在过；否则它们就不会作为食料而被注意和被珍视。但是这些作者显然没有考虑到一些旅行者就未开化人搜集恶劣食物的情形所写下来的许多记载。我曾读过一段关于澳洲未开化人的记载，他们在饥馑的年头用各种方法调煮许多种植物，以便把它们弄成无毒的和更富营养的。虎克博士曾看到，在锡金（Sikkim）的一个村庄里陷于半饥饿状态的居民把白星海芋的根部（arum-roots）[②]捣碎，然后让它们发酵几天，以便部分地去掉它们的毒性，他们吃了这些东西之后受到了巨大的损害；他还说，他们还调煮和吃食其他许多种有毒植物。安德鲁·史密斯爵士（Sir Andrew Smith）告诉我说，在南非大多数的果实、多汁的叶子、特别是根部，在食物缺乏的时候，都作为食用。那里的土人知道许多植物的性质，有一些植物在饥馑时被发现是能吃的，另外一些被发现是对健康有害的，甚至可以致死的。他曾遇到过被征服者组鲁人（Zulus）驱逐出来的一群巴奎那人（Baquanas），他们数年来都是以任何的根和叶为生，这些东西提供了仅少的营养并且填满了他们的胃囊，以便缓和饥饿的苦痛。他们好像是行走的骷髅，并且大大地感受便秘的疾苦。安德鲁·史密斯爵士还告诉我说，土人在这等时节就要观察野生动物、特别是狒狒和猴子吃些什么，以作为他们自己的张本。

根据各个地方未开化人在极端需要下所作的无数试验，并把他们的结果用口头相传下来，一些最不见得对人有用处的植物的营养性、刺激性和药用性大概最早被他们发现了。例如，居住在世界上三处远隔地区的未开化人，在无数的野生植物中发现了茶或"马得"（mattee）[*]的叶子、咖啡的果实都有刺激性和营养性（现在知道的它们的化学成分是同样的），最初看来这似乎是一个不可理解的事实。我们还知道苦于严重便秘的未开化人大概自然地会观察他们所吃的植物根部是否有泻剂的作用。在原始未开化状况下生存的人们，曾经经常被食物的严重缺乏所迫，不得不尝试几乎每一种可以嚼碎和咽下去的东西，我们在几乎所有植物的效用方面的知识大概都要归功于这些人。

根据我们所知道的世界许多地方的未开化人的习惯，我们没有理由去假定我们的谷类原来就同今天那样地对人类有价值。让我们只看看一个大陆——非洲的情况：巴茨（Barth）[③]说，非洲中部的大部分地方的奴隶定时地采集一种野草——狼尾草（Pennise-

---

[①] 《关于谷类的考察》（*Considérations sur les Céréales*），1842年，第37页。《植物地理学》，1855年，第930页。"如果想象一下古代的农业，并且追溯到愚昧的时代，恐怕农民从最初起大概都要选择效果确实的种子"。

[②] 这个情况是虎克博士告诉我的。又见他的《喜马拉雅山纪行》（*Himalayan Journals*），1854年，第二卷，第49页。

[*] 即 Yerva Maté。——译者注

[③] 《非洲中部旅行记》（*Travels in Central Africa*），英译本，第一卷，第529页和第390页；第二卷，第29、265、270页。利威斯东的《旅行记》，第551页。

tum distichum)的种子；他在另一地区看到妇女们用一种篮子在丰饶的草地上摇摆，以采集一种早熟禾(*Poa*)的种子。利威斯东在特特(Tete)附近看见过土人采集一种野草的种子；安得逊告诉我说，在更南的地方土人大量煮食一种草的种子，其大小有如金莲花的种子那样。他们还吃某些芦苇的根部，并且每个人都曾读过布什曼人(Bushmen)徘徊于田野之间用一种被火烧得坚固的棒子去掘取各种植物的根。关于在世界其他地方采集野草种子的情形，还可以举出一些类似的事实来①。

因为我们已经习惯于上等的蔬菜和甘美的果实，所以我们很难使自己相信野生的胡萝卜和美洲防风(parsnip)的线一般的根，或是野生石刁柏、野生西沙砂果、野生李的细小嫩茎等等会曾经被人珍视过；然而，根据我们所知道的澳洲未开化人和南非未开化人的习惯来看，我们不必怀疑这一点。瑞士人在石器时代就采集野生的西沙砂果、李、西洋李、蔷薇的果实、西洋接骨木的浆果、山毛榉的果实以及其他野生的浆果和果实②。杰美•布顿(Jemmy Button，在贝格尔号船上的一个火地人)告诉我说，火地的可怜的酸味黑色穗状醋栗在他尝起来是极甜的。

各地未开化的居民从许多艰苦的试验中找出了什么植物是有用的，或者通过各种不同的调煮手续使它们成为有用的，这样，他们不久就会在住所附近种植它们，这便在栽培中走了第一步。利威斯东③说，巴托卡(Batokas)未开化人常常把野生果树原样地留在他们的庭园里，有时甚至进行栽植，"而在其他土人中还没有看到过这样做的"。但是丢•夏鲁看到过他们栽植一株棕榈树和其他几种野生果树；而且他们把这些树视作私有财产。栽培中的第二步是种植有用植物的种子，这大概需要很少的一点远见；而且因为茅屋附近④的土地上常常会得到某种程度的肥料，改进的变种将会迟早出现。或者一种土著植物的野生而优良的变种吸引了某些未开化的聪明老人的注意；于是他们就会移植它，或者种植它的种子。有如爱沙•格雷(Asa Gray)⑤所举出的美洲的山楂、李、樱桃、葡萄、胡桃的物种那样。偶尔发现野生果树的优异变种的事情肯定会有的。道宁(Downing)还指出，某些北美胡桃的野生变种的果实比"普通物种的更大而且更具有优美的风味"。我之所以举出美洲果树，是因为在这个例子里我们不必为变种是不是从栽培中逃出的野化实生苗这一问题所烦扰。移植任何优异的变种，或者种植它的种子，并不意味着需要超过文明的幼稚初期所能有的那种远见。甚至澳洲野蛮人"也订有一条规约，即在任何能结种子的植物开花之后，不许把它们掘掉"；格雷爵士(Sir G. Gray)⑥说，这条规约显然是为了保存植物而订的，从来没有看到它被触犯过。我们在火地人的迷信中可以

① 例如北美和南美的情形。埃得沃茨(Edgeworth)说(《林奈学会会报》，第四卷，1862 年，第 181 页)，在旁遮普(Punjab)的沙漠中，贫穷的妇女"用一个撢子扫集在草篮子里去的有四个草属的种子，即剪股颖属、黍属、狼尾草属、申契拉司草属(Cenchrus)"。

② 喜尔(Heer)教授，《湖上住居之植物》(*Die Pflanzen der Pfahlbauten*)，1866 年 1 月，"自然科学协会"出版。克瑞斯特(H. Christ)，见卢特梅耶的《湖上住居动物志》，1861 年，第 445 页。

③ 《旅行记》，第 535 页。丢•夏鲁(Du Chaillu)：《赤道非洲探险记》(*Adventures in Equatorial Africa*)，1861 年，第 445 页。

④ 在火地的以前土人小屋所在地，从老远就可望到那里的土著植物的鲜明绿色。

⑤ 《美国科学院》(*American Acad. of Arts and Sciences*)，1860 年 10 月 4 日，第 413 页，道宁：《美国的果树》(*The Fruits of America*)，1845 年，第 261 页。

⑥ 《澳洲探险杂志》(*Journals of Expeditions in Australia*)，1841 年，第二卷，第 292 页。

看到同样的精神,他们相信在水禽的幼龄时期把它们杀死,将会引起"大雨,大雪,大风"①。我还可以补充一点来表明最不开化的野蛮人的远见:火地人当发现一条搁浅在岸上的鲸鱼时,就会把它们的大部分埋在砂中,然后在反复袭来的饥馑期间,不辞长途跋涉,去取食那半腐败的残肉。

常常有人说②,我们没有一种有用植物原产于澳洲或好望角——这些是土著物种非常丰富的地方,或者原产于新西兰,或者原产于普拉他河以南的美洲;并且根据某些作者的意见,也没有一种有用植物原产于墨西哥以北的美洲。我不相信任何食用植物或贵重植物,除了加那利䕦草(Canary-grass)*以外,是来自海洋岛或无人岛的。如果欧洲、亚洲、南美的近乎所有的有用植物从原始起就是以它们的现在状态存在的话,那么在上述那些大区域中完全缺少相似的有用植物,的确是一件令人惊奇的事。但是,如果这些植物曾经通过栽培而发生了如此巨大的改变和改进,以致不再密切类似任何自然的物种,那么我们就能理解上述各地为什么没有向我们提供有用植物,因为居住在那里人们没有开垦该处——如澳洲和好望角——的土地,或者没有完全开垦该处——如美洲的某些部分——的土地。这等地方的确生产对于未开化人有用的植物;虎克③博士仅于澳洲一地就举出了不下 107 个这等物种;但是这些植物没有被改进,结果就不能同那些在文明地方被栽培了和被改进了数千年之久的植物进行竞争。

我们虽然没有从新西兰这个美丽的岛上得到任何广泛栽培的植物,但是它的情形似乎还同上述的观点相反;因为在最初发现该岛时,那里的土人已栽培几种植物了;但是所有调查者根据土人的传说都相信,早期的波利尼西亚的(Polynesian)移民带来了种子、植物根以及狗,这些东西是在他们的长期航海中被聪明地保存下来的。波利尼西亚人常常在大洋上迷失方向,所以任何漂流的一群大概都会有这种程度的细心。因此,早期的新西兰的移民,同以后的欧洲的移民一样,对于土著植物的栽培大概不会有强烈要求的。按照得康多尔的意见,我们有 33 种有用植物来自墨西哥、秘鲁和智利;想到那些地方居民的文化状态,这并不足为奇。下列事实可以说明他们的文化状态:他们施行人工灌溉,他们不用铁器和火药就能造成通过坚硬岩石的隧道,而且就动物来说,他们(在下一章就要谈到)充分认识了重要的选择原理,因而在植物的场合里大概也会有此认识。我们有些植物来自巴西;早期的航海者魏司卜修斯(Vespucius)和卡勃列尔(Cabral)描述过这个国家,说它是一个人口稠密和广为耕种的地方。南美的土人种植"和我们的种类完全不同的"玉蜀黍、南瓜、葫芦、大豆和豌豆,而且他们还种植烟草;如果我们假定在我们的现有植物中没有一种是从这些北美类型传下来的,那么可以说这种假定是没有理由的。如

---

① 达尔文:《调查日志》,1845 年,第 215 页。
② 得康多尔在他的《植物地理学》(第 986 页)中曾以最有趣的方式,把一些材料列成表。
* 即 Phalaris canariensis。——译者注
③ 《澳洲植物志》(*Flora of Australia*)的绪论,第 110 页。

果北美①同亚洲或欧洲一样，有长久的文化和稠密的人口，那里土著的葡萄、胡桃、桑、西洋砂果、李在长久的栽培过程中大概会产生大量的变种，其中有些是极端不同于它们的祖先的，而且野化实生苗在"新世界"，就如在"旧世界"一样，在物种的区别和系统②方面大概曾经引起了极大的混乱。

谷类 现在我要进行详细的讨论。在欧洲栽培的谷类有四属：小麦、黑麦、大麦、燕麦。近代第一流的学者③把小麦分成四个或五个，甚至七个不同的物种；黑麦有一个物种；大麦有三个物种；燕麦有两个、三个或四个物种。所以不同的作者把我们全部谷类分为 10～15 个物种。这些物种产生了大量的变种。有一个值得注意的事实：植物学者们对于任何一种谷类植物的原始祖先类型普遍抱有不一致的意见。例如，一位杰出的学者在 1855 年④写道："我们可以毫不迟疑地相信，在谷类植物中没有一个是以它们现在的状态真正野生的，或者曾经野生过，所有都是今日在南欧或西亚大量生长着的物种的栽培变种；因为一切最可靠的事实证明了这一点。"另一方面，得康多尔⑤提出了大量的证据指出普通小麦（*Triticum vulgare*）在亚洲各处不同地方的野生情况，在这等地方普通小麦不像是从栽培中逃出来的野化植物。高德龙的意见是有一些力量的，他认为，如果假定这些植物是野化实生苗⑥，当它们自己在野生状态下繁育几代之后，还继续保持同栽培小麦的类似，那么这种情形大概就会使人们认为栽培小麦还保有原种的性状。但是大多数小麦变种在遗传上所表现的强烈倾向（这不久就要谈到的），在这里是被大大地低估了。喜尔特勃兰（Hildebrand）⑦教授的意见也很有价值，他说，如果栽培植物的种子或果实在作为散布手段方面具有不利的性质，那么我们几乎肯定地知道这些植物已不再保有它们的原种的状态了。相反地，得康多尔却极力主张：在澳洲领域内黑麦和一种燕麦显然处于野生状态下的情形，是屡屡发生的。除了这两个颇为暧昧的例子，并且除了他相信的有关两个小麦类型、一个大麦类型曾被发现真是野生的例子，得康多尔似乎并不充

---

① 关于加拿大，参阅卡泰尔（J. Cartier）的《航海记》（*Voyage*，1534 年）；关于佛罗里达参阅那尔威兹（Narvaez）和得骚特（Ferdinand de Sotos）的《航海记》。因为我是在一般的"航海记"查出这些和其他的古代航海形形，所以我不详细指出页数。关于几个参考资料，请参阅爱沙·格雷，《美国科学杂志》（*American Journal of Science*），第二十四卷，十一月号，1857 年，第 441 页。关于新西兰士人的传说，参阅克劳弗得的《马来语的文法和辞典》（*Grammer and Dict. of the Malay Language*），1852 年，第 260 页。

② 例如，参阅赫维特或华生（C. Watson）关于我们的野生李、樱桃、西洋砂果的叙述：《不列颠的赛贝尔》（*Cybele Britannia*），第一卷，第 330、334 页等。凡蒙斯（Van Mons）在他的著作 *Arbres Fruitiers*（1835 年，第一卷，第 444 页）中宣称，他曾在野生实生苗中发现了所有我们的栽培品种的模式，但是跟着他把这些实生苗看成是物种的如此众多的原始祖先。

③ 参阅得康多尔的《植物地理学》，1855 年，第 928 页以次。高得龙：《物种》，1859 年，第二卷，第 70 页；梅兹加：《谷物的种类》（*Die Getreidearten*）等，1841 年。

④ 边沁对托则特的评论，题为《有关栽培植物的历史的笔记》，见《园艺学报》，第九卷，1855 年，第 133 页。他告诉我说，他至今还坚持同样的意见。

⑤ 《植物地理学》，第 928 页。整个的问题以可称赞的知识被充分地讨论了。

⑥ 高德龙：《物种》，第二卷，第 72 页。几年前，法布尔（M. Fabré）的优秀观察（虽然这是错误的）使许多人相信，小麦是阿季洛卜斯草（Ægilops）的改变了的后代；但是高德龙根据仔细的试验证明了（第一卷，第 165 页），这一群的第一阶段，即 Ægilops triticoides，是小麦和 Æ. ovata 之间的杂种。这些杂种自然发生的频率，以及 Æ. triticoides 变成小麦的逐渐方式，还为高德龙的结论留下了一些疑问。

⑦ 《植物的分布手段》（*Die Verbreitungsmittel der Pflanzen*），1873 年，第 129 页。

分满意所报告的有关其他谷类祖先类型的发现。按照巴克曼（Buckmann）[①]的材料，英国的一种野生燕麦（*Avena fatua*）如果受到几年的细心栽培和选择之后。就可以变得同两个很不同的栽培族差不多相等的类型。各种谷类植物的起源和物种差别的整个问题，是一个极困难的问题；但是当我们考察了小麦曾经经历过的变异量之后，我们或者可以进行比较好一点的判断。

梅兹加（Metzger）描述过小麦的七个物种，高德龙举出过五个物种，而得康多尔只举出过四个物种。除了在欧洲所知道的种类之外，大概不可能没有其他特性显著的类型存在于世界上更为遥远的地方；因为罗兹列尔·德隆卡姆说[②]，曾有三个新种或变种由中国的蒙古引进到欧洲，他认为这些都是那里的原生种。慕尔克罗夫特（Moorcroft）[③]也谈过拉达克（Ladakh）的哈梭拉小麦（Hasora wheat）是很特别的。有些植物学者相信至少有七个物种是作为小麦原种而存在过，如果他们是正确的话，那么小麦通过栽培，在任何重要性状上曾经经历过的变异量一定是微小的了；但是，如果仅有四个或更少的物种曾经作为原种而存在过的话，那么，所发生的变种显然具有非常显著的特征，以致有才能的判断者都要把它们看成是不同的物种。但是决定哪些类型应列入物种、哪些类型应列入变种是不可能的，所以就无法详细指出不同小麦种类之间的差异。一般说来，营养器官之间的差异是小的[④]；但是有些种类是紧密地和直立地生长着，而其他种类则是扩散地生长着，而且匍匐在地面上。藁杆在中空的多少上以及在性质上有差异。穗[⑤]的颜色和形状有差异，有的是四边形的，有的是扁平形的，有的是圆柱形的；小花在它们彼此密接上、在它们的茸毛上以及在长度的大小上都有差异。芒的有无是一个显著的差异，在某些禾本科植物中芒的有无甚至可以作为属的性状[⑥]。但是高德龙[⑦]曾指出，芒的存在在某些野草里是有变异的，特别是那些惯常同谷类作物混在一起生长的以及因此而被偶然栽培的一种雀麦（*Bromus secalinus*）和一种毒麦（*Lolium temulentum*）之类的野草，更加如此。谷粒在大小、重量、颜色上有差异；在一端的软毛多少上，在平滑或皱折上，在近乎球形、椭圆形或长形上，都有差异；最后，在内部组织上，即软的或硬的，甚至角质的，以及在所含麸素（gluten）的比例上也都有差异。

正如高德龙[⑧]所指出的，小麦的几乎一切族或物种都以完全平行的方式发生变异——种子的软毛的有无以及种子的颜色——小花的芒的有无等。那些相信所有种类的小麦都是来自一个野生种的人们，可能把这种平行的变异解释为由于相似体质的遗传而发生的，因而其结果就会有按照同样方式发生变异的倾向；而那些相信家系变化的一般学说的人们，可以把这一观点扩展到几个小麦种去，如果这等小麦种曾经在自然状态下存在过的话。

---

① 《给英国科学协会的报告》（*Report to British Association*），1857 年，第 207 页。
② 《关于谷物的考察》（*Considérations sur les Céréales*），1842—1843 年，第 29 页。
③ 《喜马拉雅地方旅行记》，1841 年，第一卷，第 224 页。
④ 考特尔上校（Col. J. Le Couteur）：《小麦的变种》（*Varieties of Wheat*），第 23、79 页。
⑤ 罗兹列尔·德隆卡姆：《关于谷类的考察》，第 11 页。
⑥ 参阅《植物学学报》（*Journ. of Botany*），第八卷，第 82 页，注释，虎克的优秀评论。
⑦ 《物种》，第二卷，第 73 页。
⑧ 《物种》，第二卷，第 75 页。

虽然小麦变种很少呈现显著的差异，但是小麦变种的数目是很多的。达尔勃瑞特（Dalbret）在三十年里栽培了 150 个至 160 个种类，除了谷粒的品质以外，它们都保持了纯度；考特尔上校拥有 150 个以上的变种，菲利普（Phillippar）拥有 322 个变种①。由于小麦是一年生的，所以我们可以知道许多性状上的微细差异多么确实地通过许多世代被遗传下来了。考特尔上校极力主张这同一事实。他在培育新变种的不屈不挠而有所成功的努力中发现：只有一个"安全的方法可以保证纯种的成长，即从一个谷粒或一个穗去培育它们，然后再贯彻一项计划——只播种最大生产力的产物，以便形成一个品系"。但是哈列特（Major Hallett）②又大大地向前跨进了一步，他对于由同一个穗的谷粒所生产出来的植株一代一代地进行连续选择，这样便形成了闻名于世界各地的他的"小麦（和其他谷类）之谱系"。同一变种的一些植株中的巨大变异量是另一个有趣之点，但是除了长久从事这种工作的人的眼睛，决不会发觉这一点的；因此考特尔上校③说，在他的一块麦田里（他认为这块地上的小麦同任何邻近的小麦在纯度上至少是一样的），拉·加斯卡（La Gasca）教授发现了 20 个种类；汉斯罗（Henslow）教授也观察到相似的事实。除了这等个体变异之外，那些特征充分显著到有价值而成为广泛栽培的类型常常是突然出现的；例如，希瑞夫（Shirreff）先生在他的一生中就幸运地培育出来了 7 个新变种，这些变种今日还在不列颠的许多地方被广泛地栽培着④。

同许多其他植物的情形一样，某些变种，无论是旧的或新的，在性状上远比其他一些变种更为稳定。考特尔上校怀疑他的某些新亚变种不是从杂交中产生出来的，所以不得不把它们作为不可矫正的产物而丢掉。另一方面，哈列特⑤曾指出，某些变种，虽然是古老的，虽然是被栽培在各个不同地方的，还具有多么可惊的稳定性。关于变异的倾向，梅兹加⑥根据他自己的经验举出过几个有趣的事实：他叙述过三个西班牙的亚变种，特别是其中有一个在西班牙已被知道是稳定的亚变种，在德国只能把它们的固有性状保持一个炎热的夏季；另一个变种只能在良好的土地上保持它的纯度，但是经过 25 年的栽培之后，它变得更加稳定了。他说，有其他两个亚变种，在最初是不稳定的，但是后来显然没有经过任何选择，而在它们的新环境中驯化了，并且保持了它们的固有性状。这等事实指出了，生活条件中多么小的一点变化就可以引起变异，并且进而指出了，一个变种是可以变得习惯于新生活条件的。人们最初都愿像罗兹列尔·德隆卡姆那样地断言，栽培在同一地区的小麦是处在显著一致的条件之下的；但是施肥有不同，同时这一块土地上的种子被播种在另一块土地上，而且远为重要的是，小麦是处在很少同其他植物进行斗争的环境之下的，这样它们就能在种种不同的条件下生存。自然状态下的各种植物是受到它们从周围其他植物所能夺取到的特殊地点和特定养分种类所限制的。

---

① 关于达尔勃瑞特和菲利普，参阅罗兹列尔·德隆卡姆的《关于谷类的考察》，第 45、70 页。

② 参阅他的关于"小麦之谱系"的论文，1862 年；在"英国科学协会"上宣读的论文，1869 年；以及其他出版物。

③ 《小麦的变种》，绪论，第 6 页。马歇尔在他的《约克郡的农村经济》（*Rural Economy of Yorkshire*）（第二卷，第 9 页）一书中说道："在每一块玉蜀黍的地里，就如在一群牛里那样，有着同样多的变种。"

④ 《艺园者记录和农业新报》（*Agricultural Gazette*），1862 年，第 963 页。

⑤ 《艺园者记录》，十二月号，1868 年，第 1199 页。

⑥ 《谷物的种类》，1841 年，第 66、91、92、116、117 页。

小麦取得新的生活习性是迅速的。林奈把夏种和冬种分为不同的物种；但是摩尼尔（M. Monnier）[①]曾经证明它们之间的差异仅是暂时的。他在春季播种冬性小麦，在 100 棵植株中，只有 4 棵产生了成熟的种子；反复播种这些种子，三年后所有植株被培育得都能结实了。相反地，在秋季播种夏性小麦，几乎所有的植株都被霜打死了；但是少数被保存了下来，而且产生了种子，三年以后这些夏性品种变成了冬性品种。因此以下的情形就不奇怪了：小麦很快地会在某种程度上变得驯化于各地的风土，而且从远地引进的种子播种在欧洲，最初，甚至在一个相当长的时期内[②]，其生长情况同欧洲品种有所不同。按照卡尔姆（Kalm）[③]的材料，加拿大的最早移民发现了那里的冬季对于他们从法国带去的冬性小麦过于寒冷，并且那里的夏季对于他们带去的夏性小麦也往往太短；直到他们得到欧洲北部的夏性小麦之前（能够充分成功地在那里生长），他们认为加拿大是不适于栽培谷类作物的。麸素的比率在不同气候下有很大的差异，这是众所周知的事情。谷粒的重量也会很快地为气候所影响，罗兹列尔·德隆卡姆[④]在巴黎附近播种过 54 个从法国南部和黑海地区引进的品种，其中 52 个品种所结的种子在重量上比其亲种大 10%～40%。他把这些较重的种子又送回法国南部去种，结果它们立即产生了较轻的种子。

所有密切注意这个问题的人都主张，小麦的无数品种对于甚至同一地区的土壤和气候都具有密切的适应性，例如考特尔上校[⑤]说过："由于各种品种适应于各种的土壤，农民在一定地区栽培某一品种才能够交上地租，而改种一个表面上较好的品种时则不能交纳地租。"这可能是一部分由于各个种类已经习惯于它的生活条件，如同梅兹加所指出的那样，确有这种情形发生；但这大概主要是由于各个品种之间的内在差异。

关于小麦品质的退化有过很多的记载：麦粉的品质、谷粒的大小、开花的时期以及硬度都可以由于气候和土壤的不同而有所改变，这似乎是几乎肯定的事情了；但是没有什么理由可以使我们相信，任何一个亚变种的整体曾经变成过另一个完全不同的亚变种。按照考特尔[⑥]的材料，发生的情形显然是这样：在一块田地上，常常会发现某一个亚变种比许多其他亚变种更为丰产，于是它就会逐渐代替最初被栽培的变种。

关于不同变种的自然杂交，证据是相互矛盾的，但是大部分否定杂交的经常发生。许多作者主张，受精是在闭合的花中发生的，但是根据我自己的观察，我可以肯定并不是这样的，至少我曾观察过的那些变种并不是这样的。因为我将在另一著作中讨论这个问题，故从略。

总之，所有作者都承认在小麦中曾有无数的变种发生过；但是，除非某些所谓物种被列为变种的时候，变种之间的差异并不重要。有些人相信小麦属的四个到七个野生种原

---

① 高德龙：《物种》，第二卷，第 74 页。梅兹加（《谷物的种类》，第 18 页）说夏性大麦和春性大麦也有同样的情形。

② 罗兹列尔·德隆卡姆：《谷类》，第二部，第 224 页。考特尔的著作，第 70 页。还能举出其他的记载。

③ 《北美旅行记》，1753—1761 年，英译本，第三卷，第 165 页。

④ 《谷类》，第二部，第 179—183 页。

⑤ 《关于小麦的变种》，绪论，第 7 页。参阅马歇尔的《约克郡的农村经济》，第二卷，第 9 页。关于燕麦变种的适应性的同样情形，参阅《艺园者记录》和《农业新报》（1850 年，第 204、219 页）中的一些有趣的文章。

⑥ 《关于小麦的变种》，第 59 页。最高权威希瑞夫先生说道："我从来没有看见过由于栽培而改进了的或退化了的一个谷粒可以把这种变异传给下一代。"（《艺园者记录和农业新报》，1862 年，第 963 页）

来就以同现在几乎一样的状态存在过，他们的信念的根据，主要是小麦的若干类型[①]自从很古以来就存在的。我们最近从喜尔（Heer）[②]的可称赞的研究中得知一个重要的事实：甚至在那么早的新石器时代，瑞士的居民已经栽培了不下十种谷类作物，即五个种类的小麦，其中至少有四个种类通常可以被视作不同的物种，三个种类的大麦，一种稷，一种粟。如果可以示明，在农业的最早黎明期已经栽培了五个种类的小麦和三个种类的大麦，我们当然不得不把这些类型看做不同的物种。但是，正如喜尔所指出的，甚至在新石器时代，农业也已经有了相当的进步；因为，除了谷类以外，豌豆、罂粟、亚麻已被栽培了，而且显然也有苹果的栽培。从一个叫做埃及小麦的那个变种，从我们所知道的有关稷和粟的原产地的情形，以及从当时同作物混生在一起的野草的性质，我们也可以推论出湖上居民如果不是同南方民族依然保有商业的往来，那么他们就是南方民族迁移到这里去的。

罗兹列尔·德隆卡姆[③]曾经主张，如果我们的谷类植物是在栽培下大大地改变了，那么惯常同它们混生在一起的杂草大概也会发生同等改变的。但是这个论点表明选择原理是怎样完全地被忽视了。华生先生和爱沙·格雷教授的意见是，这等杂草没有变异过，至少在目前没有任何极度的变异，这是他们告诉我的；但是谁敢说杂草没有发生过像小麦的同一亚变种的诸个体植株所发生的那样多的变异呢？我们已经看到，栽培在同一块地上的小麦纯变种表现了细小的变异，这些变异可以被选择出来而加以个别繁育；并且偶然也会有更为强烈显著的变异出现，正如希瑞夫所证明的，这就很值得进行广泛的栽培了。除非我们对于杂草的变异性和选择给予同等的注意，那么认为它们在无意识的栽培下是不变的这种论点并没有任何价值。根据选择原理，我们可以理解为什么若干小麦栽培品种的营养器官的差异如此之小；因为，如果一个具有特殊形状的叶子的植株出现了，它不会受到重视，除非它的籽粒同时在品质和大小上都是优良的。在古代，哥留美拉和西尔苏斯（Celsus）就曾极力奖励[④]过对于种子进行选择，而且威吉尔（Virgil）曾经说道：“我曾看见过一些最大的种子，虽然是小心地注视着它们，如果没有勤劳的手每年拣选最大的种子，它们还会退化的。”

我们听到在古代已经多么勤勉地进行了选择工作（这是考特尔和哈列特所发现的），但是当时这种工作是不是有计划地进行了的，诚然还可以怀疑。选择原理虽然非常重要，然而人类经过数千年间的不断努力[⑤]，希图使作物产量和谷粒养分优于古埃及时代的情形，但在这方面所获得的效果很小，这似乎可以用来对于选择的效力进行有力的反对。不过我们必须不要忘记，在相继的各个时代里农业的状况和对土地施肥的数量是会决定生产力的最大限度的；因为，除非能够充分供给土地以必要的化学要素，栽培一个高产量的品种大概是不可能的。

现在我们知道，人类在非常古远的时期已经充分知道进行土地的耕作；所以很久以

---

① 得康多尔：《植物地理学》，第 930 页。
② 《湖上住居的植物》，1868 年。
③ 《谷种》，第 94 页。
④ 考尔特在他的著作中的引文。
⑤ 得康多尔：《植物地理学》，第 932 页。

前小麦的改进大概已经达到在当时农业状态下所可能达到的优良标准了。有一小类事实支持着谷类的缓慢而逐渐改进的这一观点。在瑞士湖上住所的极古时代，人们还仅仅使用燧石器，那时极其广泛栽培的小麦已经是一个具有显著小的穗和谷粒的特殊种类了[①]，"近代类型的麦粒的断面是 7～8 毫米长，从湖上住所找到的大型麦粒的断面是 6 毫米长，7 毫米长的很少见，而最小的只有 4 毫米长。这样，它的穗就远远比现今类型的穗为狭，而且小穗也更加水平地伸出"。关于大麦也是这样，极其广泛栽培的最古种类的穗是小的，而且谷粒比现今的谷粒"较小、较短、彼此较为接近；除去壳，长为 2.5'赖因'，宽不足 1.5'赖因'，而现在的谷粒，长达 3'赖因'，宽度几乎同长度相等"。[②] 喜尔相信，这些小麦和大麦的小粒变种是某些现存的近似变种的祖先类型，这些现存的近似变种已经取其祖先的地位而代之了。

喜尔举出一项有趣的记载，说明了在瑞士的早期相继时代内相当广泛栽培的、一般同现存变种多少有所不同的若干植物的最初出现和最后消灭。上面已经说过，小穗和小粒的特殊小麦在石器时代已是最普通的种类了；它们一直延续到瑞士湖上住所时代和罗马时代，以后就灭绝了，第二个种类在起初是稀少的，以后就愈来愈多了。第三个种类，埃及圆锥小麦（T. turgidum），同任何现存的变种差异不大，而且在石器时代是稀少的。第四个种类二粒小麦（T. dicoccum）同一切小麦的既知变种都不同。第五个种类单粒小麦（T. monococcum）在石器时代只生一个穗。第六个种类（普通的斯俾尔达小麦 T. spelta）直到青铜时代才在瑞士栽培。关于大麦，除了短穗和小粒的种类以外，还有其他两个种类的栽培，其中一个很稀少，而且类似今日的普通大麦（H. distichum）。在青铜时代黑麦和燕麦已被栽培；燕麦谷粒比现存变种的谷粒稍微小一些。在石器时代罂粟已有大量的栽培，这大概是为了榨油的缘故；但是当时的变种现在已经湮没无闻了。一种小粒的特殊豌豆从石器时代一直延续到青铜时代，此后就灭绝了；还有一种小粒的特殊大豆出现于青铜时代，一直延续到罗马时代。这些详述同古生物学者对于埋藏在地质构成的连续地层中的化石物种之最初出现、渐次稀少乃至最后灭绝或变化的叙述颇为一致。

最后，小麦、大麦、黑麦、燕麦的若干类型，究竟是从现在大部已不知道或已经绝灭的10 个乃至 15 个物种传下来的呢，还是从可能曾经同我们现在的栽培类型密切类似的、或者曾经广泛不同到不能作为同一类的四个到八个物种传下来的呢，这就必须要每一个人自己去判断哪一种情形的可能性更大了。我们必须断言，在后一种情形中，人类在非常古远的时代已经栽培谷类，而且以前就进行了某种程度的选择工作。我们或者可以进一步相信，当小麦最初被栽培时，它的穗和谷粒一定会迅速增大，就像我们知道的野生胡萝卜和美洲防风的根部在栽培下迅速增大的情形一样。

玉蜀黍 植物学者们几乎一致认为所有栽培种类都是属于同一个物种。玉蜀黍的

① 喜尔：《湖上住居的植物》，1866 年。这一节是克瑞斯特博士引自卢特梅耶尔博士的《湖上住居动物志》，1861 年，第 225 页。

② 喜尔，沃哥特（Vogt）在《关于人类的讲话》（Lectures on Man）中引述，英译本，第 355 页。

原产地无疑是在美洲[1]，从新英格兰到智利的美洲大陆上的土人都种植玉蜀黍。玉蜀黍的栽培一定是极古的，因为茨德（Tschudi）[2]叙述过两个种类，它们是从显然早于"印加"（Incas）王朝的坟墓中找到的，今天在秘鲁已经灭绝或者不被知道了。甚至还有比此更加有力的证据，我在秘鲁[3]海岸发现过一些玉蜀黍穗同18个近代海贝种一起被埋置在比海面至少高出85英尺的海滩中。从这种自古以来的栽培中，无数的美洲变种相应地发生了。到那时为止，并没有发现过在野生状态下的原始类型。据说在巴西有一个野生的固有种类[4]，它的谷粒不是裸露的，而是被一个11"赖因"长的壳包起来的，但是这种说法的证据并不充分。几乎可以肯定的是，原始类型的谷粒大概是由壳来保护的[5]，但是爱沙·格雷教授告诉我说，还有两篇发表过的文章也曾指出，巴西变种的种子所产生的后代有带壳的、也有不带壳的，那么一个野生种一开始被栽培就有这样迅速和这样巨大程度的变异，是不可相信的。

玉蜀黍曾经发生过异常而显著的变异。特别注意这种植物栽培的梅兹加[6]把它们分类为具有无数亚变种的12个族，在亚变种中有的是相当稳定的，有的是十分不稳定的。不同的族在高度上有变异，从15～18英尺，一直到波拿法斯（Bonafous）所描述的矮生变种那样高的16～18英寸。整个穗部在形状上有变异，有的长而细，有的短而粗或者分枝。某一变种的穗比一个矮生种类的穗长四倍。穗上种子的排列从6行甚至到20行，或者排列得不规则。种子的颜色有白的，浅黄的，橙黄的，红的以及紫的，或者有漂亮的黑色条纹[7]；而且在一个穗上有时有两种颜色的种子。我在不多的采集品中就发现了某一个变种的一颗谷粒的重量几乎等于另一个变种的七颗谷粒的重量。种子的形状有巨大的变异，有的呈扁平形，有的近于球形，有的呈椭圆形；有的宽度大于长度，有的长度大于宽度；有的是平而无尖的，有的生有尖锐的齿状突起，而且这种齿状突起有时向后弯曲。某一个变种（波拿法斯的皱纹变种，在美国作为甜玉米被广泛栽培着）的种子有奇异的皱纹，使得整个穗表现了一种特别的外观。另一个变种（波拿法斯的聚散花状变种）的穗丛生在一起，所以叫做花束玉蜀黍（maïs à bouquet）。某些变种的种子含有多量的葡萄糖，而不是淀粉。雄花有时混生在雌化中间，司各脱（J. Scott）先生最近观察到一种更为罕见的情形：雌花生在一个真正的雄花的圆锥花序上，同时还有生两性花的[8]。亚莎

---

① 参阅得康多尔在《植物地理学》（第 942 页）中的长篇讨论。关于新英格兰，参阅西利曼主编的《美国学报》（*American Journal*），第四十四卷，第 99 页。

② 《秘鲁旅行记》（*Travels in Peru*），英译本，第 177 页。

③ 《南美的地质考察》（*Geolog. Observat. on South America*），1846 年，第 49 页。

④ 在波拿法斯（Bonafous）的巨著《玉蜀黍志》（*Hist. Nat. du Mais*，1836 年，第五图）里，同时在《园艺学会学报》（*Journal of Hort. Soc.*，第一卷，1846 年，第 115 页）里，载有这种玉蜀黍的图，并且记载了种植其种子的结果。一个印度人看见过这种玉米，并且告诉老圣伊莱尔说（参阅得康多尔：《植物地理学》，第 951 页），在他家乡的潮湿森林里它是野生的。得采玛契尔（Teschemacher）先生在《波士顿历史学会会报》（*Proc. Boston Soc. Hist.*，10 月 19 日，1842 年）里叙述了这种种子的种植。

⑤ 摩坤·丹顿（Moquin-Tandon）：《畸形学原理》（*Éléments de Tératologie*），1841 年，第 126 页。

⑥ 《谷物的种类》，1841 年，第 208 页。我曾按照波拿法斯的巨著《玉蜀黍志》（1836 年）变更了梅兹加的少数叙述。

⑦ 高德龙：《物种》，第二卷，第 80 页；得康多尔：同前书，第 951 页。

⑧ 《爱丁堡植物学会会报》（*Transact. Bot. Soc. of Edinburgh*），第八卷，第 60 页。

拉①描述过一个巴拉圭的变种,它的谷粒很软,并且他说有几个变种适于用各种不同的方法来煮食。玉蜀黍的变种在成熟期方面也有巨大的差异,并且对于干旱和强风的抵抗力有所不同②。上述的某些差异在自然状态下的植物中会肯定被看做是具有物种的价值的。

雷伯爵(Le Comte Ré)说,所有他栽培过的变种的谷粒最终都是黄色的。但是,波拿法斯③发现他连续种了十年的变种大部分都纯粹地保持了固有的颜色;而且他还说,在庇里尼斯的山谷中和皮得蒙(Piedmont)的平原上有一种白玉蜀黍栽培了一个世纪以上,而它的颜色并没有任何改变。

在南方生长的,因而处于酷热之下的高生种类,其种子的成熟需要六到七个月;而在北方和较冷气候下生长的矮生种类,其种子的成熟只需要三到四个月④。皮特尔·卡尔姆⑤是特别注意这种植物的一个人,他说,在美国这种植物由南向北逐渐变小。把北纬37°的弗吉尼亚的种子播种在北纬43°～44°的新英格兰时,长出来的植株所结的种子不能成熟,或者极其困难地才能成熟。从新英格兰引进到北纬45°～47°的加拿大的种子也有同样的情形。如果一开始就给予很大的注意,南方种类经过几年栽培之后,其种子就能在北方完全成熟,这同夏性小麦变成冬性小麦或冬性小麦变成夏性小麦的情形是类似的。当高生种类同矮生种类种植在一起的时候,矮生种类在高生种类仅仅开放一朵花以前就已经盛花了;在潘西威尼亚(Pennsylvania),矮生玉蜀黍的种子比高生玉蜀黍的种子早成熟六个星期。梅兹加也说过,一种欧洲玉蜀黍的种子比另一个欧洲种类的种子早成熟四个星期。这些事实多么明显地阐明了风土驯化的遗传性,因此我们可以容易地相信卡尔姆所说的话:在北美,玉蜀黍或其他植物的栽培是一步一步向北方推进的。所有作者都一致承认,为了保持玉蜀黍变种的纯度,必须把它们分开种植,以免异花授粉。

欧洲气候对于美洲变种的作用是高度显著的。梅兹加曾从美洲的各种不同地方引进种子,把若干种类栽培在德国。我将举出在从美洲温暖地带引进来的一个高生种类(*Zea altissima*)的例子中所观察到的变化的大概情形⑥。第一年,它的株高达 12 英尺,只有少数种子成熟;穗上的下部种子纯粹地保持了固有的形状。但是上部种子有微小的变化。第二代,株高 9～10 英尺,种子成熟得比以前较好;种子外侧的沟洼几乎消失了,而且原有的鲜艳白色变暗了。某些种子的颜色甚至变成黄的了,并且在圆形上接近了普通的欧洲玉蜀黍。第三代,所有同原来的和很不相同的美洲亲类型的类似之点几乎都消失了。第六代,这种玉蜀黍同被描述为第五族的第二个亚变种的一个欧洲变种就完全类似了。当梅兹加发表他的著作的时候,这个变种还在海德堡(Heidelberg)附近被栽培着,只有根据它们的稍微旺盛一点的生长力,才能把它们同普通种类区别开。栽培另一个美

---

① 《南美航海记》(*Voyages dans l' Amérique Méridionale*),第一卷,第 147 页。

② 波拿法斯:《玉蜀黍志》,第 31 页。

③ 同前书,第 31 页。

④ 梅兹加:《谷物的种类》,第 206 页。

⑤ 卡尔姆:《玉蜀黍的描述》(载于《瑞典法令》,1752 年,第四卷),我参考的是古英译本。

⑥ 《谷物的种类》,第 208 页。

洲族，也得到过近似的结果：白齿玉蜀黍（white-tooth corn）的齿状突起甚至在第二代就几乎消失了。第三个族，雏鸡玉蜀黍（chicken corn）没有那样大的变化，但是种子的光泽和透明度都减少了。在上述的例子中，种子是由温暖气候的地带引进到寒冷气候的地带中去的。但是弗瑞芝·缪勒（Fritz Müller）告诉我说，具有小而圆的种子的一个矮生变种（papa-gaien-mais）从德国引进到巴西南部以后，它们的植株变得同当地普通栽培种类的植株一样高，而且其种子也变得同当地普通栽培种类的种子一样扁平。

关于气候对于一种植物的直接而迅速的作用，以上的事实是我所知道的最显著事例。茎的高度、成长的时期、种子的成熟都会这样受到影响，这是可以预料到的；然而最奇怪的是，种子发生的变化是如此迅速而巨大。但是，种子是花的产物，花是由茎和叶的变态而形成的，所以茎和叶这等器官的任何变异，通过相关作用，大概都会容易地扩展到结实器官的。

甘蓝（*Brassica oleracea*）　每一个人都知道，不同种类的甘蓝在外观上表现了何等巨大的差异。在捷尔塞岛上，由于特殊的栽培方法和特殊的气候，它的茎高达 16 英尺，而且"喜鹊巢就搭在它的顶端的春季新梢上"；高达 10～12 英尺的木质茎干并不稀奇，并且在那里把它们作为椽子[①]和手杖来用。因此，我们想起，在某些地方，属于十字花科的一般草本性质的植物发展成乔木了。每一个人都能鉴别以下的差异：具有一个大叶球的绿色甘蓝和红色甘蓝；具有多数小叶球的抱子甘蓝（brussel-sprouts）；具有大多数发育不全的花朵的木立花椰菜（broccolis）和花椰菜（cauliflowers），它们大部分的花都不能产生种子，并且只有密集的伞房花序，而不是开放的圆锥花序；具有烫伤状叶子的绉叶甘蓝（savoys）；以及同野生亲类型极为接近的羽衣甘蓝（borecoles）和无头甘蓝（kaits）。还有种种不同的卷缩而条裂的种类，有些具有如此美丽的颜色，以致威尔摩林（Vilmorin）在他的 1851 年的目录中，列举了 10 个专作装饰用的变种。还有一些不很出名的种类，如"Pourtugues Couve Tronchuda"，它的叶脉非常肥大；芜菁甘蓝（choux-raves）的茎的地上部分长得像大洋芜菁那样大；并且最近形成的芜菁甘蓝的新族[②]，已经包含有九个亚变种，它们地下肥大部分同洋芜菁一样。

虽然我们在叶和茎的形状、大小、颜色、排列和生长方式上，以及在木立花椰菜和花椰菜的花茎的形状、大小、颜色、排列和生长方式上，看到这等巨大的差异，但值得注意的是，花的本身、种子荚和种子表现了极其轻微的差异，或者没有差异[③]。我比较过所有主要种类的花；Couve Tronchuda 的花是白色的，比普通甘蓝的花些许小一点；朴茨茅斯木立花椰菜（Portsmouth broccoli）的花萼比普通的较狭，花瓣较小而稍短；而在其他甘蓝中还未能发觉任何差异。关于种子荚，只有紫色的芜菁甘蓝表现了差异，比普通的些许长一点和狭一点。我曾搜集过 20 个不同种类的种子，大多数都是无法区别的；如果有任何

---

① 《甘蓝木材》，《艺园者记录》，1856 年，第 744 页，引自虎克主编的《植物学学报》。由甘蓝茎干制成的一个手杖曾在邱园博物馆展览过。

② 法国皇家《园艺学会学报》（*Journal de la Soc. Imp. d'Horticulture*），1855 年，第 254 页。引自《园艺植物志》，1855 年。

③ 高德龙：《物种》，第二卷，第 5 页；梅兹加：《栽培甘蓝的物种的分类学记载》（*Syst. Beschreibung der Kult. Kohlarten*），1833 年，第 6 页。

差异的话,也是极其微小的;例如,把各种木立花椰菜和花椰菜的种子聚集在一堆的时候,它们的颜色只是表现得些许红一点;早熟绿色乌尔姆羽衣甘蓝的种子比普通的稍小;勃瑞达无头甘蓝的种子比普通的稍大,但不大于威尔士海边的野生甘蓝的种子。如果我们一方面把各个种类甘蓝的叶和茎同它们的花、荚和种子比较一下,一方面我们把玉蜀黍变种以及小麦变种的相应部分比较一下,那么,在变异量方面所表现的对照是多么强烈呀!对于它们的解释是明显的;在谷物中只有种子是有价值的,而且所选择的是种子的变异;但是甘蓝的种子、种子荚以及花却被完全地忽视了。因为居尔特人(Celts)①已经栽培甘蓝,所以自从非常古远的时代以来,甘蓝的叶和茎的许多有用变异就受到注意并被保存下来了。

对于甘蓝的大批族、亚族、变种进行分类学的描述②是不必要的;但可以提一提林德雷(Lindley)博士关于以顶叶芽和侧芽为基础的分类法的主张③。(1)所有叶芽都是积极生长的和开放的,如野生甘蓝和无头甘蓝等。(2)所有叶芽都是积极生长的,但形成一些叶球,如抱子甘蓝等。(3)只有顶叶芽是积极生长的,形成一个叶球,如普通甘蓝、绉叶甘蓝等。(4)只有顶叶芽是积极生长的和开放的,大多数的花是发育不全的和肉质的,例如花椰菜和木立花椰菜。(5)所有叶芽那是积极生长的和开放的,大多数的花是发育不全的和肉质的,如抱子木立花椰菜(sprouting-broccoli)。最后这一个变种是新的,它同普通木立花椰菜的关系就像抱子甘蓝同普通甘蓝的关系一样,它是在普通花椰菜的苗床上突然出现的,而且忠实地遗传了它所新获得的显著性状。

甘蓝的主要种类至少早在16世纪就已经存在了④,所以构造上的无数变异的遗传已经经历了长久的时间。这是一个更加值得注意的事实,因为它说明了在阻止不同种类的杂交方面一定有过严密的注意。关于这一点,我举一个证明:我培育过233株的不同种类的实生苗,并且有目的地把它们种植得彼此很近,其中不下155株明显地退化了,而且变成了杂种;其余的78株也未能完全保持它们的纯度。许多固定的变种是否曾经在有意识的和偶然的杂交中形成的,尚可怀疑;因为这等杂交出来的植物被发现是很不稳定的。然而,有一个叫做贫农无头甘蓝(cottager's kail)的种类,是最近从普通无头甘蓝同抱子甘蓝进行杂交、再同紫色木立花椰菜进行杂交⑤而产生出来的,据说它是稳定的;但是我培育出来的植株并没有任何普通甘蓝种类所具有的那样近乎不变的性状。

如果小心地防止杂交,大部分种类虽然可以保持它们的纯度,但是苗床的检查还必须每年进行一次,而且一般会发现少数的实生苗是假的;甚至在这种场合里也表明了遗传的力量,因为梅兹加当谈到抱子甘蓝时说道⑥,变异一般是在"亚种"(unter art)或主要的族中出现的。但是,为了任何种类的纯粹繁育,那里的生活条件必须没有大的变化;例如,甘蓝在炎热的地方不会形成叶球,一个英国变种于一个极热而潮湿的秋季生长在巴

---

① 列哥尼尔(Regnier):《居尔特人的一般经济》(l'Économic Publique des Celts),1818年,第438页。
② 参阅《园艺学会会报》(第五卷)中老得康多尔的意见,以及梅兹加的《甘蓝的种类》等。
③ 《艺园者记录》,1859年,第992页。
④ 得康多尔:《植物地理学》,第842,989页。
⑤ 《艺园者记录》,二月号,1858年,第128页。
⑥ 《甘蓝的种类》,第22页。

黎附近，就发生了同样的情形①。非常瘠薄的土壤也可以影响某些变种的性状。

大多数作者相信一切甘蓝族都是从欧洲西部海岸的野生甘蓝传下来的；但是得康多尔②根据历史的和其他的理由有力地主张：更加可能的是，一般被列为不同物种的、目前仍在地中海生存的两三个密切近似类型是各个不同栽培种类的祖先，所有它们都混杂在一起了。就像我们在家养动物中所看到的情形一样，假定的甘蓝多种起源的说法，并不能解释栽培类型之间在性状上的差异。如果栽培甘蓝是三四个不同物种的后代，那么原来在它们之间可能存在的任何不育性可以说现在都完全消失了，因为，要不非常注意地防止杂交，没有一个变种能够保持它的独特性质的。

按照高德龙和梅兹加③所采用的观点，芸薹属的其他栽培类型是从两个物种——油菜（B. napus）和芜菁（B. rapa）传下来的；但是按照其他植物学者的意见，是从三个物种传下来的；另外的一些植物学者们则极力主张：所有这些类型——不论是野生的或栽培的，都应当被列在一个物种之内。油菜产生了两个大群，一是芜菁甘蓝（Swedish turnips，它的起源被认为是杂种）④，一是菜子菜（colzas），它的种子用作榨油。芜菁［科哈（Koch）］也产生了两个族：一是普通芜菁，一是榨油用的油菜。这后两种植物，虽然在外观上如此不同，但是属于同一物种，在这一点上有着非常明显的证据；因为科哈和高德龙观察到芜菁在未耕地里不生肥大的根；而且当油菜和芜菁被种在一起的时候，它们杂交得如此厉害，以致几乎没有一株是纯粹的⑤。梅兹加通过栽培把二年生的冬性油菜改变为一年生的夏性油菜——冬性油菜和夏性油菜是两个变种，但被某些作者认为是不同的物种⑥。

关于大的、肉质的、芜菁状的茎的产生，我们在一般被看做不同物种的三个类型中看到了类似的变异。但是，像茎和根的肉质肥大——作为植物自己将来用的养分贮藏——那样容易获得的变异简直可以说没有。在我们的萝卜、甜菜和一般较少知道的芜菁根芹菜（turnip-rooted celery），以及茴香（finocchio）、即普通茴香（fennel）的意大利变种中，可以看到上述一点。巴克曼先生最近根据他的有趣的试验证明了，能够多么迅速使野生美洲防风的根部肥大起来，这像威尔摩林以前在胡萝卜的场合中所证明的情形一样⑦。

栽培的胡萝卜同野生的英国胡萝卜，除了一般的繁茂生长以及根的大小和品质以外，简直没有任何性状上的差异；但是在根的颜色、形状和品质方面表现有差异的十个胡萝卜变种，在英国被栽培着，而且可以用种子进行纯粹的繁育⑧。因此，胡萝卜，同许多其

---

① 高德龙：《物种》，第二卷，第 54 页；梅兹加：《甘蓝的种类》，第 22 页。

② 《植物地理学》，第 840 页。

③ 高德龙：《物种》，第二卷，第 54 页；梅兹加：《甘蓝的种类》，第 10 页。

④ 《艺园者记录和农业新报》，1856 年，第 729 页。特别参阅同刊，1868 年，第 275 页，作者说道：他把一个甘蓝变种（B. oleracea）种在芜菁旁边，并且从杂种实生苗中培育出真正的芜菁甘蓝。所以后者应当同甘蓝或芜菁分类在一起，而不应当分类在油菜之下。

⑤ 《艺园者记录和农业新报》，1855 年，第 730 页。

⑥ 梅兹加：《甘蓝的种类》，第 51 页。

⑦ 许多作者引用了威尔摩林的这些试验。卓越的植物学者德开斯内教授（Prof. Decaisne）根据他自己所得到的相反结果，最近对于这个问题表示了怀疑，但是相反的结果同正面的结果不能等价齐观。另一方面，卡瑞埃尔（M. Carriére）最近说道（《艺园者记录》，1865 年，第 1154 页）：他把野生胡萝卜的种子种在距离任何栽培地都非常远的处所，而他的实生苗的根甚至在第一代就表现了差异，而成为纺锤状的，比野生胡萝卜的根较长、较软、较少纤维。他从这些实生苗中育成了几个不同的变种。

⑧ 拉乌顿（Loudon）：《园艺百科辞典》（Encyclop. of Gardeaing），第 835 页。

他情形一样,例如同萝卜的无数变种和亚变种一样,好像只有人类所重视的那一部分发生了变异。真实的情形是,只有这一部分的变异被选择下来了;实生苗遗传到按照同样方式发生变异的倾向,相似的变异一次又一次地被选择下来,直到最后达到了大量的变化。

关于萝卜,卡瑞埃尔把野生萝卜(*Raphanus raphanistrum*)的种子播种在肥沃的土壤上,并且在几个世代中进行了连续的选择,他培育出许多变种,其根部同栽培萝卜(*R. sativus*)和奇异的中国变种鼠尾萝卜(*R. caudatus*)密切相似(参阅《实用农业杂志》,*Journal d'Agriculture pratique*,第一卷,1869 年,第 159 页;以及一篇独立论文《栽培植物的起源》*Origine des Plants Domestiques*,1869 年)。野生萝卜和栽培萝卜常常被列入不同的物种,而且因为它们的子实的差异,甚至被列入不同的属;但是霍夫曼教授现在指出,它们的子实的差异虽然是显著的,但是彼此逐级相互连续,鼠尾萝卜的子实就是中间性质的(《植物新报》,*Bot. Zeitung*,1872 年,第 482 页)。霍夫曼栽培了几个世代的野生萝卜,也获得了一些结有同栽培萝卜的子实相似的植株。

豌豆(*Pisum sativum*) 大多数植物学者都把栽培豌豆和野生豌豆(*P. arvense*)看做不同的物种。后者野生于欧洲南部;但只有一个采集者在克里米亚发现过栽培豌豆的原始祖先[1]。费契牧师(A. Fitch)告诉我说,安德鲁·奈特用野生豌豆同一个著名的栽培品种——普鲁士豌豆进行杂交,这个杂交似乎是完全能育的。阿尔斐勒德博士(Dr. Alefeld)最近仔细地研究了这个属[2],当他栽培了 50 个左右的变种之后,他断言它们肯定都属于同一物种。前面已经举出过一个有趣的事实:按照喜尔的材料[3],在石器时代和青铜时代的瑞士湖上住所中找到的豌豆是属于一个灭绝变种的,这个变种的种子非常小,同野生豌豆的种子近似。普通栽培豌豆的变种是很多的,而且彼此都有相当的差异。我曾同时种植过 41 个英国的和法国的变种,以资比较。它们在高度上有差异,即从 6 英寸和 8 英寸一直到 8 英尺[4],在生长方式上和成熟期上也有差异。有些只有两三英寸高,甚至在一般外貌上都有差异。普鲁士豌豆分枝很多。高生变种比矮生变种的叶子为大,但同它们的高度不成严格的比例:蒙摩茨矮生豌豆(Hairs Dwarf Monmouth)有很大的叶子,早熟矮生豌豆(Pois nain hatif)以及中等高的蓝色普鲁士豌豆(Blue Prussian)的叶子只有最高种类的叶子三分之二大。丹克劳夫特豌豆(Danecroft)的小叶稍小而尖;皇后矮生豌豆(Queen of Dwarfs)的叶子稍圆;英国皇后豌豆(Queen of England)的叶子宽而大。这三种豌豆的叶子形状稍有差异,其颜色也微有不同。大型甜豌豆(Pois géant sans parchemin)开紫色的花,幼小植株的小叶有红色的边缘;所有开紫花的豌豆,其托叶都有红色的痕迹。

在不同变种中,长在同一花梗上的有一朵花、两朵花或一小簇花;这种差异在某些荚

---

① 得康多尔:《植物地理学》,第 960 页。边沁先生相信栽培豌豆和野生豌豆都属于同一物种(《园艺学报》,第九卷,1855 年,第 141 页);在这一点上,他同塔季奥尼(Targioni)的意见不同。

② 《植物新报》,1860 年,第 204 页。

③ 《湖上住居的植物》,1866 年,第 23 页。

④ 在《园艺学会会报》(第二部),第一卷(1835 年),第 374 页,高德龙先生说过:有一个叫做"Rounciva"的变种达到这种高度,我从这篇论文里引用了一些事实。

果科植物（Leguminosæ）* 中被看做具有物种的价值。在所有变种中，花除了颜色和大小以外，都彼此密切类似。它们的花一般是白色的，有时是紫色的，但是，甚至在同一个变种中花的颜色也不稳定。一个高生种类"瓦尔纳皇帝"的花几乎比早熟矮生豌豆的花大一倍；大叶的蒙摩茨矮生豌豆也有大的花。维多利亚大豌豆（Vietoria Marrow）的花萼是大的，而主教长荚豌豆（Bishop's Long Pod）的萼片就稍狭。在其他种类的花上，没有任何差异。

豌豆的荚和种子，在自然物种中具有非常一致的性状，在栽培变种中则有巨大的差异；荚和种子是有价值的，因而它们是被选择的部分。大型甜豌豆以它的薄荚皮而著名，当它们幼小的时候，可以连荚一齐煮食；但是按照高德龙先生的意见，这一群包含有 11 个变种，而它们的荚彼此差异极大；例如，路易斯黑荚豌豆（Lewis's Negropodded pea）的荚是笔直的、宽阔的、平滑的和暗紫色的，它的外皮不像其他种类的那样薄；另一个变种的荚非常弯曲；大型甜豌豆的荚顶非常尖；大荚豌豆（à grands cosses）这个变种的荚中豆粒可以透过外皮被人看见，特别是当干燥的时候更是如此；最初很难辨认它们是豌豆的荚。

在普通变种中，荚在大小方面有很大的差异。荚在颜色方面也有很大的差异，乌得弗德绿色大豌豆（Woodford's Green Marrow）的荚当干燥时是亮绿色的，而不是浅褐色的，紫荚豌豆正像它的名字所表示的那样。荚在平滑方面有很大的差异，丹克劳夫特豌豆的荚非常光滑，终局豌豆（Ne plue ultra）的荚则凸凹不平，荚在形状上有很大的差异，有的近乎圆柱形，有的宽而平。此外荚的顶端有的是尖形的，如塞尔斯东的信用（Thurston's Reliance），有的是非常截断形的，如"美洲矮生"（American Dwarf）。奥沃内豌豆（Auvergne pea）的荚的整个顶端是向上弯曲的。皇后矮生豌豆和弯刀豌豆（Scimitar pea）的荚几乎是半月形的。这里我把我栽培豌豆所产生的四种极其不同的荚图示如下。

豆粒本身表现有各种颜色，从几乎纯白色的，一直到褐色、黄色、浓绿色；甜豌豆的诸变种也表现有上述这些颜色，此外还表现有红色，通过鲜紫色一直到暗巧克力色。这些颜色有的分布得很均匀，有的表现为点、线或苔状斑块；在某些场合里，它是透过种皮的子叶颜色，在其他场合里，它就是豆粒本身的外皮的颜色。在不同变种中，按照高德龙先生的意见，豆荚包含有 11 个、12 个一直到仅仅 4 个或 5 个豆粒。最大豆粒的直径几乎相当于最小豆粒的直径的一倍；而最矮生的种类并不永远结最小的豆粒。豆粒在形状上有很大的差异，有的是平滑而球形的，有的是平滑而长椭圆形的，有的是近乎阔椭圆形的，（如皇后矮生），有的是近乎立方形而折皱的（如许多大粒种类）。[①]

关于主要变种之间的差异的价值，如果开紫花的、在异常形状的薄皮豆荚中含有大而暗紫色豆粒的高生甜豌豆，野生在开白花的、具有灰绿色圆形叶子的、在弯刀形豆荚中含有成熟期不同的长椭圆形、平滑而浅色的豆粒的"皇后矮生"之旁，或者野生在具有大型叶子、尖形荚以及大型、绿色、褶皱、近乎立方形的豆粒的一个大型种类（如"英国锦镖"——Champion of England）之旁，那么毫无疑问，这三个种类会被分类为三个不同的物种的。

---

* 又译作豆科。——译者注

① 《皇家学会会报》（*Phil. Tract.*），1799 年，第 196 页。

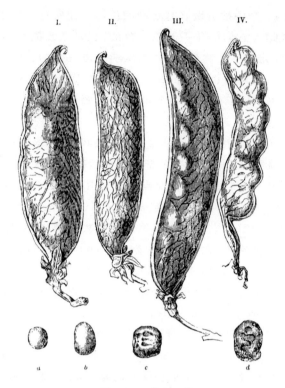

图 41　豆荚和豆粒

Ⅰ. 皇后矮生；Ⅱ. 美洲矮生；Ⅲ. 塞尔斯东的信用；Ⅳ. 大形甜豌豆。

a. 达恩·奥·罗克豌豆(Dan O'Rourk Pea)；b. 皇后矮生；c. 奈特高生白色

大豌豆(Knight's Tall White Marrow)；d. 路易斯黑荚豌豆。

　　安德鲁·奈特曾经说过，豌豆变种由于不是虫媒的关系，颇能保持它们的纯度。关于保持纯度的事实，育成过若干新种类因而闻名于世的堪特尔巴利(Canterbury)的马斯特(Master)先生告诉我说，某些变种在一个相当长的期间内保持了稳定的状态，例如约在 1820 年育成的"奈特青色矮生"(Knight Blue Dwarf)①，就是如此。但是，大多数变种的存在期间都奇怪地短：例如，拉乌顿(Loudon)说②，"1821 年被高度嘉许的种类，现在，1833 年，已经在任何地方都找不到了"；我比较过 1833 年和 1855 年的目录，发现差不多所有的变种都改变了。马斯特先生告诉我说，土壤的性质可以使某些变种失去它们的性状。同其他植物的情形一样，某些变种能够纯粹地繁育，而其他一些变种则表现有决定的变异倾向；例如，马斯特先生在同一个荚内发现了两种不同形状的豆粒，一种是圆的，另一种是褶皱的，但是从折皱种类培育出来的植株总是表现了产生圆形豆粒的强烈倾向。马斯特先生还从另一个变种培育出来四个不同的亚变种，它们结有青而圆的、白而圆的、青而折皱的、白而折皱的豆粒；虽然他把这四个变种隔离地连续种了几年，但是每一个种类所产生的后代总是这四个种类混在一起的！

―――――――――――

① 《艺园者杂志》(*Gardener's Magazine*)，第一卷，1826 年，第 153 页。

② 《园艺百科辞典》，第 823 页。

关于变种间不进行自然杂交这一点，我曾确定地说过，豌豆同其他一些荚果科植物不同，没有昆虫的帮助，完全能够孕育。我曾看见过当土蜂吸取花蜜的时候，把龙骨瓣压下，它身上沾的花粉如此之多，以致这些花粉不会不落在它访问的第二朵花的柱头上。尽管如此，紧密生长在一起的变种很少杂交；我有理由可以相信，这是因为它们的柱头在英国由自花的花粉而过早受精的缘故。这样，培育种用豌豆的园艺家们就能把不同的变种紧密地栽培在一起，而不致有不良的结果；我自己曾经发现，在这些条件下①，肯定可以把纯种至少保持几个世代。费契先生告诉我说，他曾栽培一个变种达20年之久，虽然它同其他一些变种紧密地生长在一起，但永远保持着它的纯度。根据四季豆（kidney-beans）的情形来类推，我想②处在这些条件之下的一些变种大概会偶尔杂交的；我将在第十一章里举出两个例子来说明这种情形是曾经发生过的，因为一个变种的花粉对于另一个变种的种子起了直接的作用（以后再进行说明）。许多不断出现的新变种是否由于这种偶然的和意外杂交，我不知道。我也不知道几乎所有的大批变种的短命究竟是仅仅由于时尚的变化，还是由于长期不断的自花受精而产生的衰弱体质。然而，值得注意的是，比大多数种类存在较久的安德鲁·奈特的若干变种是在18世纪末用人工杂交法育成的；它们当中的某些变种，我相信在1860年时还是兴盛的；但是现在，1865年，一位作者当谈到③奈特的四个大型豌豆种类时说道，它们已经获得了著名的历史，但它们的繁荣已经一去不复返了。

关于蚕豆（*Faba vulgaris*），我只稍微谈一谈。阿尔斐勒得博士曾经举出过④40个变种的简单性状。每一个看见过大豆采集品的人，一定会被蚕豆在形状、厚度、长同宽的比例、颜色和大小上所表现的巨大差异所打动。温德莎（Windsor）大豆同蚕豆（*Horsebean*）的对照是多么显著！同豌豆的情形一样，我们的现存变种的先驱者是青铜时代瑞士⑤的一个结有很小子粒的、现已灭绝的特殊变种⑥。

马铃薯（*Solanum tuberosum*）　关于马铃薯的由来，很少疑问；因为栽培品种在一般外观上同野生种差异极小，而野生种在它的原产地一看就可以被辨识出来⑦。在不列颠栽培的变种是非常多的，例如罗逊（Lawson）⑧描述过175个种类。我曾在连接的行间栽植过18个种类；它们的茎和叶仅有些许的差异，但在某些场合里，同一变种的个体之间的差异就像不同变种之间的差异那样大。花的大小有差异，花的颜色从白到紫，此外，除了一个种类的萼片稍许长一点以外，在其他任何方面都没有差异。曾经被描述过的一个

---

① 安德逊博士在《巴斯学会农业论文集》（*Bath Soc. Agricultural Papers*，第四卷，第87页）里谈到同样的效果。

② 我在《艺园者记录》（1857年，10月25日）里发表过关于这个问题的详细试验记载。

③ 《艺园者记录》，1865年，第387页。

④ "Bonplandia"，第十卷，1862年，第348页。

⑤ 喜尔：《湖上住居的植物》，1866年，第22页。

⑥ 边沁先生告诉我说，在波都（Poitou）和法国的邻接地方普通菜豆（*Phaseolus vulgaris*）的变种非常多，它们彼此之间的差异如此之大，以致萨威（Savi）把它们描写成不同的物种。边沁先生相信所有都是从一个未知的东方种传下来的。虽然变种在形态和种子方面有很大的差异，但是"在叶和花的被忽视的性状上，特别是在小苞的一些不重要性状上——甚至植物学者的眼睛都看不出它们的重要性，却表现了显著的一致"。

⑦ 达尔文：《调查日志》，1845年，第825页。萨巴恩（Sabine），《园艺学会会报》，第五卷，第249页。

⑧ 威尔逊的《英国的农业》（*British Farming*）第317页中所引述的《苏格兰的蔬菜概观》（*Synopsis of the Vegetable Products of Scottland*）。

奇异变种总是开两类花，一类是重瓣而不稔的，一类是单瓣而能稔的①。果实或浆果也有差异，但程度微小②。变种对于卡拉瑞斗（Colorado）马铃薯甲虫的抵抗力很有差异③。

另一方面，块茎呈现了可惊的多样性。这一事实同所有栽培植物的有价值的和被选择的部分表现有最大变异量的原理是符合的。它们在大小和形状上有差异，有球形的、阔椭圆形的、扁平形的、肾形的或圆柱形的。一个秘鲁变种的块茎被描述④为笔直的，至少有六英寸长，虽然并不比人的手指为粗。幼芽在形状、位置、颜色上都有差异。块茎在所谓根部、即根状茎上的排列方式是不同的；例如，胡瓜状马铃薯（gurken-kartoffeln）的块茎形成一个倒金字塔形，而另一个变种的块茎则深深地埋入地中。根的本身或者接近地面，或者深入地中。块茎在平滑和颜色方面都有差异；它的外部颜色有白的、红的、紫的或者近乎黑的，它的内部颜色有白的、黄的或者近乎黑的。它们在味道和品质方面有差异，有的是烛质的，有的是粉质的；此外在成熟期方面，在贮藏力方面，也有差异。

许多植物是用鳞茎、块茎、插条等被长久繁育的，这样，同一个体在长久的期间内便处在了各式各样的条件之下，同这等植物的情形一样，实生马铃薯呈现了无数轻微的差异。在芽变那一章里我们将看到，若干变种，甚至用块茎来繁育时，也表现得非常不稳定。安得逊博士⑤种过爱尔兰紫色马铃薯的种子，它们同任何其他种类距离很远，所以至少在当代不会发生杂交，但是许多实生苗在每一个可能之点上都发生了变异，因而"没有两株是彼此完全相似的"。有些植株的地上部分彼此密切类似，但其块茎并不一样；有些块茎的外观几乎没有区别，但当煮食的时候，其品质则有广泛的差异。甚至在这种极端变异的情形下，原始祖先对于它们的后代也有一些影响，因为大多数的实生苗在某种程度上是同爱尔兰马铃薯亲本相类似的。肾形马铃薯一定可以被列入最高度栽培的和人工选择的族中；尽管如此，它们的特性还常常可以用种子得到严格的繁育。最高权威利威尔（Rivers）先生⑥说道，"槲叶状肾形马铃薯的实生苗同它们的亲本非常类似。卵形的肾形马铃薯的变种类似它们的祖先的情形更为显著，因为我在两季中进行了大量的密切观察，在块茎的早熟性、丰产性、或者大小、或者形状方面，没有看到一点差异"。

---

① 麦肯兹爵士（Sir G. Mackonzie），《艺园者记录》，1845 年，第 790 页。

② 布夏和威尔塔（Putsche and Vertuch）：《关于马铃薯的一篇论文》（*Versuch einer Monographie der Kartof-feln*），1819 年，第 15 页。再参阅安得逊：《农业的改造》（*Recreations in Agriculturc*），第四卷，第 325 页。

③ 华尔许（Walsh）：《美国的昆虫学者》（*The American Entomologist*），1869 年，第 160 页。再参阅安得逊博士：《农业的改造》，第四卷，第 325 页。

④ 《艺园者记录》，1862 年，第 1052 页。

⑤ 《巴斯学会农业论文集》，第五卷，第 127 页。《农业的改造》，第五卷，第 86 页。

⑥ 《艺园者记录》，1863 年，第 643 页。

第十章

植物(续)——果树、观赏树、花卉

· Plants (Continued)—Fruits—Ornamental Trees—Flowers ·

果树——葡萄——在奇异的、微小的特点上的变异——桑—柑橘类—杂交的奇异结果——桃和油挑——芽变——近似的变异—同巴旦杏的关系——杏——李—核的变异——樱桃—奇异的变种——苹果——梨——草莓—原始类型的混杂——醋栗—果实形状的稳定的增大——它的变种——胡桃——榛子——葫芦科植物—可惊的变异

观赏树——变异的程度和种类——梣树—苏格兰枞树—山楂

花卉——许多种类的多种起源——体质上特性的变异——变异的种类——蔷薇—几个栽培的物种——三色堇——大丽菊——洋水仙—它的历史和变异

葡萄（*Vilis vinifera*）　第一流的权威们认为所有我们的葡萄都是现在亚洲西部的一个野生种的后代，它在青铜时代野生于意大利[①]，而且最近在法国南部的凝灰岩堆积层中发现了它的化石[②]。然而某些作者对于我们的栽培品种只有一个祖先这一说法抱有很大怀疑，因为在欧洲南部发现了很多的半野生类型，特别是因为像克列门特（Clemente）[③]所说的，在西班牙的一个森林中发现了很多半野生类型；但是，因为葡萄在欧洲南部自由地散布它们的种子，并且因为几个主要种类由种子传递它们的性状[④]，同时因为其他类型非常容易变异，所以在自从极古以来就栽培这种植物的地方，一定会有许多不同的野生类型存在。根据有史以来的变种数目的大量增加，我们可以推论出，当用种子来繁育葡萄时，它的变异是非常大的。在新式温室中几乎每年都有变种发生；例如[⑤]，最近在英国由一种黑葡萄而不借助于杂交，育成了一个金黄色的变种。凡蒙斯[⑥]从被完全隔离的一种葡萄的种子育成了大量的变种，所以至少在当代不会有任何杂交发生，它的实生苗表现了"类似一切种类"，而在果实和叶子上几乎没有一个性状是相同的。

栽培品种是非常多的：奥达特伯爵（Count Odart）说，他不否认在全世界可能有700～800、甚至1000个变种，但是其中有任何价值的还不足三分之一。伦敦园艺园的栽培果树目录（1842年）上载有99个变种。凡是有葡萄生长的地方，就会有许多变种发生：帕拉斯描述了克里米亚的24个变种，勃尔恩斯（Burnes）举出了卡布尔（Cabool）的10个变种。葡萄变种的分类使一些作者们大感困惑，奥达特伯爵不得不采用了地理分类法；我不准备讨论这个问题，也不讨论变种之间的许多巨大差异。我仅根据奥达特的非常可珍视的著作[⑦]，举出少数奇异而微小的特点，以便指出这种植物的各式各样的变异性。西门（Simon）曾把葡萄分为两个大类，一类生有茸毛的叶子，一类生有平滑的叶子，但是他承认一个叫做列巴佐（Rebazo）的变种，既有平滑的叶子，也有茸毛的叶子；奥达特说（第70页），在某些变种中只有叶脉是茸毛的，而在其他变种中，幼叶是茸毛的，老叶则是平滑的。皮得罗-爱克西曼斯（Pedro-Ximenes）葡萄（奥达特，第397页）有一种特性，根据这种特性可以在一大批变种中把它辨认出来，这种特性是，当果实将近成熟的时候，叶脉、甚至整个全叶面部变成黄色的了。根据巴勃拉·达斯提（Barbara d'Asti）葡萄的几个性状（第426页），可以清楚地从其他种类中把它辨认出来，"它的一些叶子，永远是枝条最下部的叶子，会突然变成暗红色"。几位作者在作葡萄分类时，把它们的主要区别放在圆形

◀桑椹。

①　喜尔：《湖上住居的植物》，1866年，第28页。

②　得康多尔：《植物地理学》，第872页；塔季奥尼-托则特博士，《园艺学会会报》，第九卷，第133页。化石葡萄是普兰肯（G. Planchon）博士发现的，参阅《博物学评论》，1865年，四月号，第225页。参阅得萨泡达（M. De Saporta）的《关于法国第三纪植物》的有名著作。

③　高德龙：《物种》，第二卷，第100页。

④　参阅乔丹（Alex Gordan）所引用的韦伯尔特（M. Vibert）的试验记录，见《里昂科学院纪要》（*Mém. de l'Acad. de Lyon*），第二卷，1852年，第108页。

⑤　《艺园者记录》，1864年，第488页。

⑥　《果树》（*Arbres Fruitiers*），1836年，第二卷，第290页。

⑦　奥达特：《世界野生葡萄志》（*Ampélographie Universelle*），1849年。

浆果或长椭圆形浆果之上；奥达特承认这种性状的价值，然而有一个叫做马卡比奥（Maccabeo）的变种（第 71 页）常常在同一枝上结着小而圆形的和大而长椭圆形的浆果。叫做内比奥洛（Nebiolo）的某些葡萄（第 429 页）表现了一种稳定的性状，据此足以辨认它们，"当把浆果横着切开的时候，种子周围的果肉极少附着在浆果的其余部分上"。一个莱茵变种（第 228 页）据说喜欢干燥的土壤；果实成熟得很好，但是在成熟期间如果遇到大雨，浆果就容易腐烂；另一方面，一个瑞士变种的果实（第 243 页）因为能够长久地忍耐潮湿，而被人重视。后一个变种在晚春发芽，但是果实的成熟期早；其他变种（第 362 页）有一个缺点：过多的被四月里的太阳所刺激，因而会受到霜害。一个斯提利恩（Styrian）变种的果柄脆弱，所以果丛常被吹落；据说这个变种特别能吸引黄蜂和蜜蜂。其他一些变种有着坚固的果柄，可以抗风。还有许多其他变异的性状可以举出，但是上述事实已经足够表明葡萄在何等多的微小的构造上和体质上的细微之点发生了变异。在法国的病害流行期间，某些古老变种群[①]遭受白粉病（mildew）的袭击远比其他变种群为甚。例如，"具有很多变种的卡塞拉（Chasselas）这一群，没有一个能够幸免的"；某些其他群受害就非常轻；例如，真正的古老勃干底（Burgundy）受害就比较轻，同样地卡密那（Carminat）对于病害也有抵抗力。属于不同种的美洲葡萄在法国可以完全逃避病害；这样，我们可以知道，那些可以最好地抵抗病害的欧洲变种，一定轻微程度地获得了同美洲种一样的体质上的特点。

白桑（*Morus alba*） 我谈这种植物，是因为它在某些性状上，即叶的组织和品质上，发生了在其他植物中观察不到的变异，而适于作为家蚕的食物。然而这不过是对于桑树的变异给予了注意、进行了选择并且使它们多少稳定下来所发生的结果。得夸垂费什[②]大略地描述过法国某一山谷中的 6 个栽培种类：其中，阿牟罗梭（Amourouso）的叶子最优良，但很快就被放弃了，因为它们的果实大量地同叶子混在一起生长；安托芬诺（Antofino）生有品质极其优良的深缺刻的叶子，但是产量不大；克拉罗（Claro）的叶子，容易采集，所以很受欢迎；最后，罗梭（Roso）生有强壮的叶子，产量大，但有一种不便，即它最适于四眠后的蚕食用。然而，里昂的甲奎梅-鲍奴芳（MM. Jacquemet-Bonnefont）在他们的目录中（1862 年）提到，在罗梭的名字下，有两个亚变种被混淆了，一个亚变种的叶子太厚，不适于幼虫食用，另一个亚变种的叶子有价值，因为可以容易地从枝上采集它的叶子，而不会撕破它们的树皮。

在印度，桑树也有许多变种。许多植物学者认为印度类型是不同的物种；但是，罗伊尔（Royle）说[③]，"通过栽培，产生了这样多的变种，以致很难确定它们是否都属于一个物种"。他还说，它们数目之多有如蚕的变种。

柑橘类 关于几个种类的物种区别及其祖先，我们在这里遇到了非常混乱的情形。

---

① 鲍恰达特（M. Bouchardat）在《报告书》（1851 年 10 月 1 日）发表的，后在《艺园者记录》（1852 年，第 435 页）引用。赖雷（C. V. Riley）说，某些少数的美洲拉勃鲁斯坎葡萄变种可以抵抗蚜虫：参阅《关于密苏里里昆虫的第四次年报》（*Fourth Annual Report on the Insects of Missouri*），1872 年，第 63 页；以及 1873 年，第 66 页。

② 《关于家蚕的直正疾病之研究》（*Etudes sur les Maladies actuelles du ver à Soie*），1859 年，第 321 页。

③ 《印度的生产资源》（*Productive Resources of India*），第 130 页。

加列肖(Gallesio)①几乎对这个问题研究了一辈子,他认为有四个物种,即甜柑、苦柑、柠檬和香橼,每一个物种有整群的变种、畸形和假定的杂种。一位卓越的权威者②相信这四个被承认的物种都是野生的枸橼(*Citrus medica*)的变种,但是柚(*Citrus decumana*)还没发现有野生的,它是一个不同的物种;然而另一位关于这个问题的权威者,即布坎南·汉密尔顿(Buchanan Hamilton),却怀疑这种区分。相反地,得康多尔——一位最优秀的判断者——提出③,他认为有足够的证据可以证明,柑橘(他怀疑甜的种类和苦的种类是不是不同的物种)、柠檬、枸橼都有野生的,因而它们是不同的物种。他举出日本和爪哇的其他两个类型,他把它们列为确定的物种;当他谈到变异极大而且未曾发现有野生的文旦(shaddock)时,抱有更大的疑问;最后,他认为某些类型,如莱姆果(Adam's apple)*和别尔加摩特(bergamotte)大概都是杂种。

我简单扼要地叙述了这些意见,是为了要向对于这个问题从来没有研究过的人表明问题是如何地错综复杂。所以,在这里概略地举出若干类型之间的显著差异,对于我的目的是没有用的。当决定所发现的野生类型究竟是真的祖先还是野化实生苗时是一再有困难的,除此以外还有困难的问题,即必须被列为变种的许多类型几乎完全可以由种子传递它们的性状。甜橙和苦橙,除了它们的果实味道以外,在任何重要之点上都没有差异,但是加列肖④非常强调这两个种类都能绝对确实地用种子来繁育。因此,按照他的简单的定律,他把它们分为不同的物种,就像他把甜扁桃和苦扁桃、桃和油桃分为不同的物种一样。然而他承认,软皮松树不仅产生软皮的实生苗,而且也产生一些硬皮的实生苗,所以按照这个规律,遗传力如果大一些的话,大概会把软皮松树抬高到原始被创造的物种的地位。麦克费登(Macfayden)⑤断言,牙买加产的甜橙的小种子,依据土壤的性质,或是甜的,或是苦的,这种说法大概是错误的;因为得康多尔告诉我说,自从他的伟大著作发表之后,他从圭亚那、安提列斯(Antilles)*、毛里求斯接到了一些报告说,在这等地方甜橙忠实地传递了它们的性状。加列肖发现柳叶柑和中国小柑都能产生它们的固有叶子和果实;但是实生苗在特性上并不同它们的亲本完全一样。相反地,红肉柑就不能产生固有的性状。加列肖还观察到其他几个奇异变种的种子都产生了具有特殊外观而部分类似它们的亲本的树。我还能举出另外一个例子:桃金娘叶柑,所有学者都把它当做变种,但是它在一般外观上很有不同。在我父亲的温室里,它许多年来没有结过一个果实,直到最后才产生了一个果实;由这个果实培育出来的树同其亲本完全一样。

----

① 《柑橘类的研究》(*Traité du Citrus*),1881 年。《植物繁育的理论》(*Teoria della Riproduzione Vegetale*),1816 年。我主要引自第二本书。加列肖在 1839 年出版了一册对开本的书,名为"*Gli Agrumi dei Giard. Bot. di Firenze*",他在这本书里对于所有类型的假想关系做了一个奇妙的图解。

② 边沁先生,对于塔季奥尼-托则特的评论,《园艺学会会报》,第九卷,第 133 页。

③ 《植物地理学》,第 863 页。

* 即 *Citrus Limetta*。——译者注

④ 《植物繁育的理论》,第 52—57 页。

⑤ 虎克:《植物学杂记》(*Bot. Misc.*),第一卷,第 302 页,第二卷,第 111 页。

* 西印度群岛的总称。——译者注

在决定几个类型的等级上还有另一个更为严重的难点，即按照加列肖[1]的意见，没有人为的帮助，它们也可以大量进行杂交；这样，他便肯定地说，同一个普通被认为异种的枸橼混生在一起的柠檬树（*C. lemonum*）的种子产生了介于这两个类型之间的一系列级进变种。还有，长在柠檬和枸橼附近的甜橙的种子产生了莱姆果。但是这等事实在决定这些类型究应列为物种还是变种上，并不能给予我们什么帮助；因为我们现在知道，毛蕊花属、柑橘属、岩蔷薇属（*Cistus*）、报春花属（*Primula*）、柳属等的一些确实物种，都在自然状态下不断地进行杂交。如果能够确实证明从这些杂交中培育出来的柑橘族植物甚至是部分不稳的，那么这大概可以作为一个有力的论据来支持把他们列入物种的等级。加列肖认为确是如此；但是他没有把由杂交所引起的不稳性和由栽培所引起的不稳性区别开来；但是他的另一议论[2]却破坏了这一议论，即当他用一些柑橘的确实变种的花粉使普通柑橘的花受精时，产生了畸形的果实，它的"果肉很少，而且没有种子，或者仅有不完善的种子"。

我们在这一族植物中遇到两个高度值得注意的有关植物生理学的事实：加列肖[3]用柠檬的花粉使一种柑橘受精，母本结的果实具有在颜色和味道上都同柠檬一样的凸出条纹的果皮。但其果肉则同柑橘一样，而且只含有不完善的种子。关于一个变种或物种的花粉对另一个变种或物种的果实发生直接影响的可能性这一问题，将在下章加以充分的讨论。

第二个值得注意的事实是，柑橘和柠檬之间的或者柑橘和枸橼之间的假定变种[4]（因为它们的杂种性质还没有被确定），在同一株树上产生了亲本双方的叶、花和果实，以及混合的、即杂交性质的叶、花和果实。把任何一个枝条上的芽，嫁接在另一株树上，就会产生属于任何一方的纯粹种类，或者产生一个不定性的树——它会产生三个种类。我不知道，甜柠檬在同一个果实内包含有不同味道的果肉部分[5]是不是一种相似的情形。但是关于这个问题，以后还要谈到。

我愿引用利梭（A. Risso）[6]所写的有关普通柑橘的一个很奇异变种的简短纪录作为结论。它是酸橙的一个变种（*Citrus aurantium fructu variabili*），在幼小新梢上生有黄色斑点的卵圆形叶子，在叶柄上生有心脏形的翼叶；当这些叶子脱落之后，在没有翼叶的叶柄上继续生起钝波形边缘的、润饰着黄色的浅绿色的比较长而狭的叶子。果实在幼小时是梨形的，黄色，有纵条纹，味甜；但当成熟时，它就变成球形的了，红黄色，味苦。

桃和油桃（*Amygdalus persica*） 第一流权威者们几乎一致认为从未发现过野生的桃。桃是在纪元前不久的时候由波斯引进到欧洲的，而且在那个时期变种很少。得康多尔[7]根据桃在较早时期不是从波斯散布出来的事实，并且根据它没有道地的梵文名字或希伯来文名字，相信它不是原产于亚洲西部，而是来自中国的"未知之地"。然而，有人假

---

[1] 《植物繁育理论》，第 53 页。
[2] 同前书，第 69 页。
[3] 同前书，第 67 页。
[4] 同前书，第 75、76 页。
[5] 《艺园者记录》，1841 年，第 613 页。
[6] 《博物馆年报》，第二十卷，第 188 页。
[7] 《博物馆年报》，第二十卷，第 188 页。

设桃是由扁桃(almond)变化来的,扁桃在比较晚近期间才获得了它现在那样的性状,我认为这个假设大概可以解释这些事实;根据同一原则,也可以解释桃的后代——油桃只有少数的土名,而且在还要晚的时期内才在欧洲闻名的。

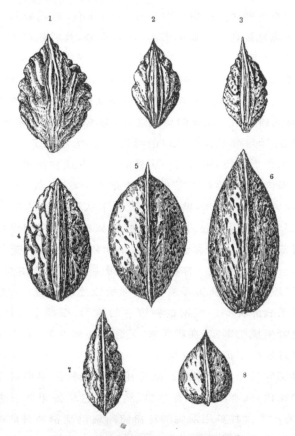

图 42　桃和扁桃的核,原大,从核脊看

1. 普通英国桃;2. 深红重瓣花中国桃;3. 中国水蜜桃;4. 英国扁桃;5. 巴西隆那(Barcelona)扁桃;

6. 麻拉加(Malaga)扁桃;7. 软皮法国扁桃;8. 斯密尔那(Smyrna)扁桃

　　安德鲁·奈特[1]曾经发现,用桃的花粉使甜扁桃受精,长出来的实生树结有同桃完全一样的果实,因此他猜想桃树是由扁桃变化来的;很多作者[2]都符合他的这种说法。第一等桃同扁桃肯定是大不相同的,前者几乎都是球形,果肉软而甜,果核坚固、多沟纹、稍扁平;而后者的果核软、稍有沟纹、很扁平、狭长,果肉绿色、硬而苦。边沁[3]先生特别注意到扁桃核在扁平程度上远比桃核为甚。在几个扁桃的变种中,核在扁平程度、大小、形状、坚固、沟纹的深度上都大不相同;请参阅图 42(4～8),其中是我所能搜集到的几个种类的

---

① 《园艺学会会报》,第三卷,第 1 页;第四卷,第 396 页;第 370 页的注。关于这一杂种有一个彩图。

② 《艺园者记录》,1856 年,第 532 页。一位作者(可能是林德雷)提到在扁桃和桃之间可能形成的完整系列。另一位非常富有经验的卓越的权威者利威尔(Rivers)先生极其怀疑《艺园者记录》,1863 年,第 27 页):如果把桃放置在自然状态下,经过长久的时间,它会退化为厚肉的扁桃的。

③ 《园艺学会会报》,第九卷,第 168 页。

核。桃核(1～3)的扁平程度和长度也有变异;中国水蜜桃(3)的核在长度和扁平程度上远比斯密尔那扁桃核(8)为甚。图中的几个标本是骚勃赖季沃茨(Sawbridgeworth)的利威尔先生赠给我的,他有非常丰富的园艺经验,他使我注意到连接桃和扁桃之间的若干变种。在法国有一个变种叫做"桃-扁桃"(peach-almond),是利威尔先生以前栽培的,在法国的目录中它被正确地描述为阔椭圆形的,富含水分,具有桃的外观,核坚固而被围以有时是可食的果肉①。刘则特(Luizet)先生最近在《园艺评论》(Revue Horticole)②中发表的言论是值得注意的,即把桃-扁桃嫁接在一株桃树上,它在 1863 年和 1864 年只结扁桃,而在 1865 年结了 6 个桃,并没有结扁桃。卡瑞埃尔为了说明这个事实,曾经举出过一个例子:一株重瓣花扁桃结了几年的扁桃之后,突然继续结了两年球形的、肉质的、同桃相似的果实,但是在 1865 年它又回到以前的状态,结大扁桃了。

再者,利威尔先生告诉我说,重瓣花中国桃的生长方式和花都同扁桃的相类似;它的果实很长而且扁平,果肉有甜的,也有苦的,但不是不能吃的,据说它在中国表现有较好的品质。从这一阶段向前跨进一步,就可以导致偶尔从种子育成的劣等桃的发生,例如,利威尔先生播种了很多从美国引进的桃核,这些桃核在美国是用作培育砧木之用的,他育成的桃树当中,有些在外观上同扁桃很相似,小而硬,果肉直到晚秋才软化。凡蒙斯③也说过,有一次他从一个桃核育成一株桃树,具有野生树的外观,果实同扁桃相似。只要经过一个小的过渡阶段,就可以从劣等桃(像上面所叙述的那些)通过坏品质的粘核种类而到达最优良的、最柔软的种类。根据这种级进的情形,根据上述的突然变异的一些例子,根据没有发现过野生桃的事实,在我看来,最合理的观点是:桃是扁桃的后代,而且得到了惊人的改进,并且发生了惊人的改变。

然而,有一个事实同这个结论相反。奈特用桃的花粉使甜扁桃受精,育成了一个杂种,它的花有很少的花粉,或者根本没有花粉,然而从它结的果实看来,好像是由邻近的油桃而受精似的。另一个杂种是用油桃的花粉使甜扁桃受精而育成的,它在最初三年开的花都是不完全的,但是以后就开具有丰富花粉的完全花了。如果不能用树的幼龄(这种情形常常可以减低能稔性)、或者花的畸形状态、或者该树的环境条件来解释这种轻微程度的不稔性,那么这两个例子大概可以作为很好的论证来反对桃是扁桃的后代这一说法的。

不管桃是不是从扁桃变来的,而油桃,即法国人称为滑桃的,肯定是从扁桃变来的。桃和油桃的大多数变种都能用种子纯粹地进行繁殖。加列肖④说,他曾在 8 个桃族中证实了这一点。利威尔⑤先生根据他自己的经验举出了一些显著的事例,并且众所周知:在北美用种子不断地育成了优良的桃。许多美洲的亚变种,如白花桃(white blossoms)、黄色果肉离核桃(yellow-fruited freestone)、血色粘核桃(blood elingstone)、荒地桃

---

① 这和卡瑞埃尔最近提到的居间桃(Persica intermedia)是不是同一个变种,我不知道;据说这个变种几乎在一切性状上都介于扁桃和桃之间;它在连续的年代中产生了很不相同的果实。

② 引自《艺园者记录》,1866 年,第 800 页。

③ 引自《法国皇家园艺学会学报》,1855 年,第 238 页。

④ 《植物繁育的理论》,1816 年,第 86 页。

⑤ 《艺园者记录》,1862 年,第 1195 页。

(heath)、柠檬粘核桃(lemon clingstone)，都是能够纯粹繁殖它们的种类的，或者几乎能够纯粹繁殖它们的种类的。另一方面，我们知道粘核桃可以产生离核桃①。在英国有人观察到实生苗从它们的亲本方面继承了同样大小和同样颜色的花。然而，某些性状，同可以预料它们能够出现的情形正相反，并不遗传；例如叶腺的存在和形状就是如此②。关于油桃，无论是粘核的或离核的，我们知道在北美都可以用种子纯粹地进行繁殖③。英国的新白油桃是老白油桃的实生苗，并且利威尔④先生曾经记载过几种相似的情形。根据桃和油桃所表现的这种强烈的遗传倾向；根据它们性质中的某些轻微的体质差异⑤；并且根据它们的果实在外观上和味道上的巨大差异，一些作者把它们列为不同的物种，是没有什么可以奇怪的，虽然它们没有任何其他方面的差异，或者像利威尔先生告诉我说的，它们在幼龄时甚至无法区分。加列肖并不怀疑它们是不同的物种；甚至得康多尔似乎也没有完全肯定它们是相同的物种。一位卓越的植物学者最近主张⑥，油桃"大概构成了一个不同的物种"。

因此，关于油桃起源的一切证据是值得提一提的。事实本身是奇异的，当以后讨论芽变那个重要问题时，还必须谈到它们。有人主张⑦波士顿油桃是从一个桃核产生出来的，而且这种油桃可以用种子纯粹地进行繁殖⑧。利威尔先生说⑨，他用三个不同桃变种的核育成了三个油桃变种；在这三种场合里，没有一株油桃是靠近桃树生长的。在另一个事例里，利威尔先生从桃育成了油桃，并且在其后一世代中，他又从这个油桃育成了桃⑩。还有用信件告诉我的一些相似的事例，不必一一列举。相反的情形，从油桃育成桃（无论是离核的，还是粘核的），利威尔先生曾经记载过六个确定的事例，其中有两个事例是，亲本油桃曾经是其他油桃的突生苗⑪。

还有更奇异的情形，即充分成长的桃树会由芽变而突然产生油桃，这种实例是非常多的；还有一个良好的实例，即在同一株树上结有桃和油桃，或者结有一半桃、一半油桃的果实；就是说一半完全是桃，另一半完全是油桃。

彼得·考林逊(Peter Collinson)在1741年记载了桃产生油桃的第一个例子⑫，1766年他又补充了其他两个事例。在同一著作中，编辑者史密斯(J. E. Smith)叙述了一个更

---

① 利威尔先生：《艺园者记录》，1859年，第774页。

② 道宁：《美洲的果树》(*Fruits of America*)，1845年，第475，489，492，494，496页。米巧克斯：《北美洲旅行记》，英译本，第228页。在法国也有同样的情形，参阅高德龙的《物种》，第二卷，第97页。

③ 勃利克勒(Brickell)：《北卡罗林那的博物学》(*Natural History of North Carolina*)，第102页；道宁：《果树》(*Fruit Trees*)，第505页。

④ 《艺园者记录》，1862年，第1196页。

⑤ 桃和油挑在同样土壤上不能同样好地生长，参阅林德雷的《园艺》，第351页。

⑥ 高德龙：《物种》，第二卷，1859年，第97页。

⑦ 《园艺学会会报》，第四卷，第394页。

⑧ 道宁：《果树》，第502页。

⑨ 《艺园者记录》，1862年，第1195页。

⑩ 《园艺学报》，1866年2月5日，第102页。

⑪ 利威尔先生：《艺园者记录》，1859年，第774页；1862年，第1195页；1865年，第1059页。《园艺杂志》，1866年，第102页。

⑫ 《林奈书信集》(*Correspondence of Linnæus*)，1821年，第7、8、70页。

加值得注意的例子：在诺福克（Norfolk）有一株树，平常结有桃和油桃两种；但是在连续的两季中它结了一半桃、一半油桃的性质的果实。

萨利斯巴利（Salisbury）先生在 1808 年[①]记载了其他六株桃树产生油桃的情形。其中有三个变种被命名为：阿勒勃尔季（Alberg），贝勒·契乌利乌斯（Belle Chevreuse），皇家乔治（Royal George）。最后一个变种几乎永远都结有双方的果实。关于一半桃、一半油桃的果实，他举出过另一个例子。

在得文郡[②]的赖得福特（Radford）地方，有一株树是作为财政大臣（Chancellor）品种被购买的，于 1815 年栽植，在 1824 年它只结桃，此后，它在一个枝条上结了 12 个油桃，1825 年在同一个枝条上结了 26 个油桃，1826 年结了 36 个油桃，还有 18 个桃。其中有一个桃在一侧几乎同油桃一样的平滑。所结的油桃同埃尔瑞季（Elruge）一样的黑，不过较小。

在巴克勒（Baccles）有一株皇家乔治桃树[③]，它结了一个果实，有"四分之三是桃，四分之一是油桃，在外观上以及在味道上都十分不同"。两部分的界线，像木刻中所表示的那样，是纵向的。有一株油桃树在距离这株树五码的地方生长。

贾波曼（Chapman）教授[④]说，他在弗吉尼亚经常看见很老的桃树结着油桃。

一位作者在《艺园者记录》中写道，15 年以前栽植的一株桃树[⑤]在今年结了一个油桃，这个油桃在两个桃之间；有一株油桃树在邻近生长。

1844 年[⑥]，一株先锋（Vanguard）桃树在正常的果实中间结了一个红色的罗马（Roman）油桃。

卡勒威尔（Calver）[⑦]先生说，在美国育成的一株实生桃树，结有桃和油桃两种。

道根附近[⑧]，在特东·得维那斯（Téton de Vénus）桃树的一个枝条上结有"如此值得注意的突出尖形的桃，以及稍小、形状很好而十分圆的油桃；特东·得维那斯是可以用种子纯粹进行繁殖的"[⑨]。

以上的例子都是说的桃突然产生油桃的事情，但是在卡克留（Carclew）[⑩]发生过一种非常的情形，即一株在 20 年前用种子育成的、而且从未嫁接过的油桃树，结了一个半桃半油桃的果实；此后就结完全的桃了。

把以上的事实加以总结；我们有最好的证据可以证明：桃核产生油桃树，油桃核产生桃树——同一株树上结有桃和油桃——桃树由芽变突然产生油桃（这等油桃可以由种子繁殖油桃），以及部分油桃、部分桃的果实——最后，一株油桃树最初结半桃半油桃的果

---

① 《园艺学会会报》，第一卷，第 103 页。
② 拉乌顿出版的《艺园者杂志》（Gardener's Mag.），1826 年，第一卷，第 471 页。
③ 同前书，1828 年，第 53 页。
④ 同前书，1830 年，第 597 页。
⑤ 《艺园者记录》，1841 年，第 617 页。
⑥ 《艺园者记录》，1844 年，第 589 页。
⑦ 《植物学者》（Phytológist），第四卷，第 299 页。
⑧ 《艺园者记录》，1856 年，第 531 页。
⑨ 高德龙：《物种》，第二卷，第 97 页。
⑩ 《艺园者记录》，1856 年，第 531 页。

实，此后就结真正的桃了，因为桃的存在比油桃在前，根据返祖的法则，大概可以预料油桃由芽变或种子产生桃，比桃产生油桃更为经常；但是事实决非如此。

关于这些转变，有两种解释被提出来。第一种解释是：亲本树在任何场合里都是桃和油桃之间的杂种[①]，并且由芽变或种子返归了纯粹亲本类型之一的性状。这种观点本身并不是很不合理的；因为奈特用紫色早熟油桃（violette hâtive nectarine）[②]使红色肉豆蔻桃（red nutmeg peach）受精，育成了山桃（mountaineer peach），据说它结的桃时常呈现油桃的平滑性和味道。但必须注意的是，前表中不下 6 个出名的桃变种和若干无名的变种由芽变突然产生了完全的油桃；而且要说在许多地区栽培了多年的、没有一点混杂祖先的痕迹的所有这些桃变种都是杂种，大概是一个非常轻率的假设。第二种解释是，桃的果实直接受了油桃花粉的影响；虽然这肯定是可能的，但是这种解释并不能在这里应用；因为我们没有一点证据可以证明，一个结有直接受外来花粉影响的果实的枝条，会发生这样深刻的变化，以致此后所产生的芽继续结出新的改变类型的果实。现在我们知道当一株桃树上的芽一旦结了一个油桃，同一枝条在若干场合里就会继续连年产生油桃。另一方面，卡克留油桃最初产生了半桃、半油桃的果实，以后就产生真正的桃了。因此，我们可以大胆地接受普通的观点：油桃是桃的变种，它可以由芽变或种子产生。在下一章将举出许多有关芽变的相似例子。

桃变种和油桃变种是平行地发生的。在这两类中，变种之间的差异都是：白色、红色或黄色的果肉；粘核或离核；大型花或小型花以及花的某些其他性状上的差异；不具腺的锯齿状叶，或具有球形、肾形腺的纯锯齿状叶[③]。根据每一个油桃变种都是由相应的桃变种传下来的这一假想，很难解释上述的平行现象；因为，我们的油桃虽然肯定是若干种类桃的后代，然而大多数油桃还是其他油桃的后代，并且当它们这样被繁殖的时候，它们发生了很大的变异，所以我们不能接受上述的解释。

桃变种的数目自从纪元以来大大地增加了，当时的桃变种只知道有两个到五个[④]；并不知道有油桃的变种。今天，据说除了存在于中国的许多变种以外，道宁说，在美国，有 79 个本地的和引进的桃变种；林德雷[⑤]在几年以前，举出了生长在英国的 164 个桃变种。我已经指出若干变种之间的主要差异。油桃，甚至当由不同种类的桃产生出来的时候，也总是具有它们自己的特殊味道，并且平滑而小。粘核桃和离核桃除了成熟的果肉牢固地粘着在核上或者容易地脱离核这一差异以外，在核本身的性状上也有差异；离核桃的核的裂沟较深，裂沟的边缘较粘核桃的核较平。在各个不同的种类中，花不仅在大小上有差异，而且在较大的花中，花瓣的形状也不相同，它的复瓦状较甚，中央部分一般是红色的，愈向边缘颜色愈浅；而在较小的花中，花瓣边缘的颜色通常更加深暗。有一个变种

---

①　得康多尔：《植物地理学》，第 886 页。

②　汤姆逊：拉乌顿出版的《园艺百科辞典》（Loudon's Encyclop. of Gardening），第 911 页。

③　《园艺学会果园的果实目录》（Catalogue of Fruit in Garden of Horticultural Soc.），1842 年，第 105 页。

④　塔季奥尼-托则特博士，《园艺学会杂志》，第九卷，第 167 页。得康多尔：《植物地理学》，第 885 页。

⑤　《园艺学会会报》，第五卷，第 554 页。卡瑞埃尔：《桃的变种的描述和种类》（Description et Class. des Variétés de Pêachers）。

的花几乎是白色的。叶子或多或少是锯齿状的,或者没有腺,或者具有球形或肾形的腺①;某些少数的桃,如勃鲁哥男(Brugnen),在同一株树上生有球形腺和肾形腺的叶子②。罗勃逊(Robertson)③认为,生着有腺的叶子的树,容易罹水泡病(blister),但不容易罹白粉病;而生着无腺的叶子的树容易罹萎缩病(curl)、白粉病并且容易受蚜虫的袭击。各变种在成熟期上、在果实能否良好贮藏上以及在耐寒性上都有差异,耐寒性这一问题在美国受到特别的注意。某些变种,如贝勒加得(Bellegard),在促成栽培方面,较其他变种为优。中国的蟠桃(flat-peach)是所有变种中最值得注意的一个;它的顶端是如此之扁,以致围绕着核的不是果肉层,而只是粗糙的果皮④。另一个中国变种,叫做水蜜桃(honey-peach),由于果实的顶端长而尖,引起人们的注意;它的叶子没有腺,为宽阔的牙齿形状⑤。俄国皇帝桃(The Emperor of Russia peach)是第三个奇异的变种,它生有双重深锯齿状的叶子;果实中裂很深,这一半比那一半显著突出;它的原产地在美洲,并且它的实生苗遗传有相似的叶子⑥。

桃在中国还产生了一小类具有观赏价值的树,即重瓣花的桃树;其中有五个变种现在已被引进到英国,花的颜色从纯白,通过淡红,一直到深红⑦。其中有一个叫做"山茶花"的变种,开有直径 $2\frac{1}{4}$ 英寸以上的花朵,而那些结果的种类的花,其直径最多不会超过 $1\frac{1}{4}$ 英寸。重瓣花桃树的花具有一个奇异的性质⑧,它常常结生双重或三重的果实。最后,有一个良好的理由可以使我们相信桃是深刻改变了的扁桃;但是,不论它的起源怎样,毫无疑问的是,它在过去的 1800 年间产生了许多变种,其中有些获得了显著的特性,并且属于桃和油桃的类型。

杏(*Prunus armeniaca*) 普遍承认杏是由现在高加索地区野生的单独一个物种传下来的⑨。按照这种观点,它的变种是值得注意的,因为它们说明了在扁桃和李中被某些植物学者认为具有物种价值的差异。描述过 17 个变种的汤普逊⑩先生所写的杏的专著是最优秀的。我们已经知道桃和油桃的变异是以严格平行的方式进行的;在形成了一个密切近似属的杏中,我们又遇到了同桃的变异以及同李的变异相似的变异。各变种在叶的形状上有相当的差异,有些叶子是锯齿状的,有些是纯锯齿状的,有时在叶的基部上有耳状的附属物,有时在叶柄上有腺。花一般是相同的,但玛斯鸠林(Masculine)的花是小的。果实在大小、形状上变异很大,有的缝线稍显著,有的没有缝线;果皮,如同柑橘杏(orange-apricot)那样,有的是平滑的,有的是茸毛的;果肉有的粘核,如柑橘杏,有的容易离

---

① 拉乌顿出版的《园艺百科辞典》,第 907 页。
② 卡瑞埃尔:《艺园者记录》,1865 年,第 1154 页。
③ 《园艺学会会报》,第三卷,第 332 页。《艺园者记录》,1865 年,第 271 页,有同样的记载。《园艺杂志》,1865年 9 月 26 日也有同样的记载。
④ 《园艺学会会报》,第四卷,第 512 页。
⑤ 《园艺杂志》,1853 年 9 月 8 日,第 188 页。
⑥ 《园艺学会会报》,第四卷,第 412 页。
⑦ 《艺园者记录》,1857 年,第 216 页。
⑧ 《园艺学会杂志》,第二卷,第 283 页。
⑨ 得康多尔:《植物地理学》,第 879 页。
⑩ 《园艺学会会报》(第二部),第一卷,1835 年,第 56 页。《园艺学会果园的果实目录》,第三版,1842 年。

核,如土耳其杏(Turkey-apricot)。我们看到所有这些差异都同桃变种和油桃变种的差异有着最密切的近似。核有更加重要的差异,这些差异在李的场合中被估价有物种的价值;某些杏核几乎是球形的,而其他则是极端扁平形的,有的前端是尖形的,或者两端都是钝形的,有时沿着背面有纵沟,有时沿着两方的边缘有尖锐的棱起。慕尔公园(Moorpark)的核,而且一般海姆斯克(Hemskirke)的核,呈现有一种奇异的性状,即核有穿孔,一束纤维衔接着孔的两端。按照汤普逊的意见,最稳定而最重要的性状是,仁是甜的或苦的;然而在这一点上,有一种级进的差异,西波雷(Shipley)杏的仁很苦;海姆斯克的仁较某些其他种类的仁不苦;皇家的仁微苦;勃瑞达(Breda)、安高摩伊斯(Angoumois)及其他的仁"甜得像榛子一般"。某些卓越的权威者认为扁桃核的苦的程度暗示着物种的差异。

罗马杏在北美能够忍耐"寒冷而不利的环境条件,除了玛斯鸠林外,其他种类都不能如此"。① 利威尔先生②认为实生杏的性状同它们的族偏差很小;阿勒勃尔季(Alberge)在法国不断地由种子来繁殖,但变异很小。慕尔克罗夫特③认为,在拉达克栽培有 10 个彼此很不相同的杏变种,除了一个是芽接的以外,所有都是从种子培育出来的。

李(*Prunus insititia*) 以前认为刺李(*P. spinosa*)是我们的所有李的祖先;但是现在普遍认为这个荣誉应归于乌荆子李(*P. insititia*),它在高加索和印度西北部被发现为野生的,而且在英国已经归化了④。按照利威尔先生⑤所作的一些观察,被某些植物学者列入物种等级的这两个类型可能是栽培李的祖先,这种说法并不是完全不合理的。另一个假想的祖先类型西洋李(*P. domestica*)据说在高加索被发现是野生的。高德龙说⑥,栽培品种可以分为两个大类,他假定它们是从两个原始祖先传下来的;一类具有长椭圆形的果实、两头尖的核、狭而分离的花瓣以及直立的枝条;另一类具有圆形的果实、两头钝的核、圆形花瓣以及铺开的枝条。根据我们所知道的桃花的变异性以及各种不同果树的多种多样的生长方式,对于花瓣的形状和枝条的生长方式这等性状很难给予重大价值。关于果实的形状,我们有确实的证据可以说明它们是极端容易变异的;道宁⑦举出过两种实生李的轮廓,即由绿李(green gage)育成的红李(red gage)和帝国李(Imperial gage);二者的果实都比绿李的果实为长。绿李的核钝而宽,而帝国李的核是"卵圆形的而且两头尖"。它们在生长方式上也有差异,绿李的节很短,生长缓慢,枝条具有铺开的和矮生的习性,而它的后代,帝国李则"自由而迅速地向高处生长,并且具有长而暗色的新梢"。著

---

① 道宁:《美洲的果树》,1845 年,第 157 页;关于阿勒勃尔季杏在法国的情形,参阅第 153 页。

② 《园艺者记录》,1863 年,第 364 页。

③ 《喜马拉雅山旅行记》,第一卷,1841 年,第 295 页。

④ 华生:《不列颠的植物名隶》(*Cybele Britannica*),第四卷,第 80 页;其中有关于这一问题的优秀讨论。

⑤ 《艺园者记录》,1865 年,第 27 页。

⑥ 《物种》,第二卷,第 94 页。得康多尔:《植物地理学》,第 878 页;其中谈到李的由来。塔季奥尼-托则特,《园艺学会会报》,第九卷,第 164 页。巴宾顿(Babington),《英国植物学便览》(*Manual of Brit. Botany*),1851 年,第 87 页。

⑦ 《美洲的果树》,第 276、278、284、310、314 页。利威尔先生(《艺园者记录》,1863 年,第 27 页)从 Prune-pêche(在坚固而强壮的新梢上结有大的、圆形的、红色的李。)培育出一株实生苗,它在纤弱得几乎垂下的新梢上结有卵圆形的、较小的果实。

名的华盛顿李的果实是球形的,但是它的后代翡翠球(Emerald drop)的果实几乎同道宁所绘的最长形的李(即曼宁的修剪,Manning's prune)一样长。我曾做过 25 个种类的李核的小搜集,它们从最钝形渐次到最尖形。因为从种子产生出来的性状一般在分类上具有高度的重要性,所以我认为把我的小小搜集品中的极不相同的种类绘成图还是值得的;可以看到它们在大小、轮廓、厚度、核脊的突出以及表面状态上有着可惊的差异。值得注意的是,核的形状并非永远同果实的形状严格地相关;例如华盛顿李是球形的,两端是扁的,而它的核多少是长一点的;而高利阿茨(Goliath)的果实比华盛顿的果实长一些,但前者的核则比后者的短一些。再者,顿耶尔的维多利亚(Denyer's Victoria)和高利阿茨的果实彼此是密切相似的,但是它们的核却大不相同。相反地,收获(Harvest)和墨玛该特(Black Margate)的果实很不相同,却含有密切相似的核。

李的变种是很多的,而且在大小、形状、品质和颜色上有巨大的差异,它的颜色有亮黄的、绿的、差不多白的、青的、紫的或红的。有一些奇特的变种,如重瓣花李、即暹罗李(Siamese),以及无核李;后者的仁处于仅仅被果肉包围的广阔空洞中。北美的气候似乎特别适于李的新优良变种的产生;道宁描述了不下四十个变种,其中有七个第一级品质的变种最近被引进到英国[1]。变种有时对于一定的土壤有一种内在的适应性,其表现的强烈极乎同生长在极其不同的地质层中的自然物种一样;例如,帝国李在美洲同几乎所有的其他种类都不相同,"特别适于干燥的轻土壤,许多种类在这种土壤上是要落果的",而在肥沃的重土壤上,它所结的果实常常是无味的[2]。我父亲从来没有能够成功地使酒酸(Wine-Sour)在士鲁兹巴利(Shrewsbury)附近的沙土果园中获得甚至一个中等的收成,但是在士鲁兹巴利的一些部分。以及在它的原产地约克郡,它都是丰产的,我的一个亲戚也曾在斯塔福郡(Staffordshire)的一处砂地上不断地试着进行栽培这个变种,但都失败了。

利威尔先生[3]举出过大量的有趣事实来指明许多变种能够多么纯粹地由种子来繁殖。他播种了 20 蒲式耳(bushels)的绿李的核,为了培育砧木;并且他密切地观察了实生苗,"所有实生苗都具有'绿李'那样的平滑新梢、突出的芽以及光泽的叶子,但是大多数实生苗的叶和棘都较小"。野李(damson)有两个种类,一是士洛普郡野李,具有茸毛的新梢,一是肯提士野李(Kentish),具有平滑的新梢,它们在其他方面差异很小。利威尔先生播种了几蒲式耳的肯提士野李,所有实生苗都具有平滑的新梢,但是它们的果实有些是卵圆形的,有些是圆形的或近乎圆形的;而且少数的几个果实是小的,除了甜味以外,同野生李的果实密切类似。利威尔先生举出其他几个有关遗传性的显著事例:例如,他从普通的德国细长大型李(Quetsche)育出八千株实生苗,"它们在叶子和习性上没有一点变异"。从黄色小型李(Petite Mirabelie)中也可以观察到相似的事实,然而我们知道后一个种类(以及德国细长大型李)产生了一些很稳定的变种,不过利威尔先生认为它们同黄色小型李都属于同一个群。

---

① 《艺园者记录》,1855 年,第 726 页。

② 道宁:《果树》,第 278 页。

③ 《艺园者记录》,1863 年,第 27 页。萨哥瑞特(Sageret)在他的《果树生理学》(*Pomologie Phys.*)第 346 页中举出五个在法国能够用种子来繁育的种类。再参阅道宁:《美洲的果树》,第 305、312 等页。

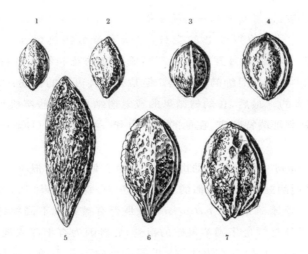

图 43 李核,原大,侧面图

1. 乌荆子李;2. 士洛普郡野李;3. 青李;4. 奥利阿恩(Orleans);5. 埃勒

瓦斯(Elvas);6. 顿耶尔的维多利亚;7. 金刚钻

樱桃(*Prunus cerasus*,*avium* 等) 植物学者们相信我们的栽培樱桃是从一个、两个、四个甚至更多的野生祖先传下来的[①]。奈特先生曾用埃尔顿(Elton)樱桃的花粉使摩瑞洛(Morello)樱桃受精,育成了 20 个杂种,从这些杂种的不稔性我们可以推论,至少应当有两个亲种;因为这些杂种一共只产生了五个樱桃,其中仅有一个樱桃有一粒种子[②]。汤普逊先生[③]根据花、果、叶的性状,用明显的自然方法,把变种分为两个主要的群;但是在这个分类中相距辽远的变种,当杂交时是十分能稔的;例如,奈特早熟黑樱桃(Knight's early black cherries)就是由这等两个种类的杂交中产生出来的。

奈特先生说,实生樱桃比任何其他果树更易变异[④]。在园艺学会的 1842 年目录中列举了 80 个变种。某些变种表现了奇异的性状:例如"丛生"(Cluster)樱桃的花竟含有 12 本雌蕊,其中大多数是发育不全的;据说它们一般可以产生两个到四个或六个樱桃,聚集在一个果梗上。在果酒(Ratafia)樱桃中,若干花梗从一个长达一英寸以上的总花梗发生出来。加斯考尼心形(Gascoigne's Heart)樱桃的果实顶部是球形的,即滴状的;白色匈牙利基恩(Hungarian Gean)樱桃的果肉几乎是透明的。福列密西(Flemish)樱桃是"一种外观很奇怪的果实",顶部和基部都非常扁平,基部有很深的沟,长在一个强壮而很短的果柄上。在肯提士(Kentish)樱桃中,果核如此牢固地附着在果柄上,以致拿住果柄就可以把果核从果肉中拉出来;这很适于把果实作成干果。萨哥瑞特和汤普逊说,烟草叶樱桃(Tobacco leaved cherry)生有一英尺以上、有时甚至 18 英寸长,半英尺宽的巨大叶子。相反地,垂枝樱桃(Weeping cherry)仅仅有观赏的价值,道宁说:"它是一种可爱的

---

① 比较以下的著作:得康多尔的《植物地理学》,第 877 页;边沁和塔季奥尼-托则特在《园艺杂志》,第九卷,第 163 页所发表的文章;高德龙的《物种》,第二卷,第 92 页。

② 《园艺学会会报》,第五卷,1824 年,第 295 页。

③ 同前书,第二部,第一卷,1835 年,第 248 页。

④ 同前书,第二卷,第 138 页。

小树,生有细长的垂枝,披着几乎同一种桃金娘叶一般的小叶。"此外还有一个桃叶变种。

萨哥瑞特描述了一个值得注意的变种,叫做万圣节樱桃(le griottier de la Toussaint),它能同时,甚至晚到九月开放各种不同成熟度的花和结生各种不同成熟度的果实。劣等品质的果实生在长而细的果柄上。但是有一种可惊的描述:所有带叶的新梢都是从老的花芽生出来的。最后,在幼树结果的或老树结果的那些樱桃种类之间是有重要的生理区别的;但是萨哥瑞特断言,在他的果园内有一种碧加罗(Bigarreau),无论在幼树上或老树上都结果[①]。

苹果(*Pyrus malus*)　关于苹果的由来,植物学者们有一个根本的疑问,即除了苹果(P. malus)以外,其他两三个密切近似的野生类型——森林苹果(*P. acerba*)＊、林基海棠果(*P. praecox*)＊＊或乐园苹果(*P. paradisiaca*)是否有被列入不同物种的资格。某些作者[②]认为林基海棠果就是矮生乐园苹果砧的祖先,后者因为有不深入地下的须根,所以非常广泛地被作为嫁接之用;但是有人主张[③]乐园苹果砧不能用种子进行纯粹的繁殖。普通的野生小苹果(wild crab)在英国发生了相当的变异;但是人们相信它的许多变种是野化的实生苗[④]。每一个人都知道,在几乎无数的苹果变种之间,叶、花、特别是果实的生长方式,是有巨大差异的。它们的种子(我从比较中知道的)在形状、大小和颜色上也有相当的差异。果实有的适于生食,有的适于煮食,有各种不同的用途;并且有的仅能保存少数几个星期,有的可以保存将近两年。某些少数种类的果实像李子那样地被有一层叫做果粉的粉状分泌物;"特别值得注意的是,这种情形几乎专门只在栽培于俄国的变种中才发生"。[⑤] 另一种俄国苹果,白色阿斯特拉肯(white Astracan),具有一种奇异的性质:当成熟时,就像某些种类的小苹果那样,变得透明。明星苹果(api étoilé)像它的名字的意义那样,具有五个显著的棱角;黑色苹果(api noir)是近乎黑色的;双生苹果(twin duster pippin)结的果实是成对的[⑥]。若干种类的苹果树在长叶期和开花期方面有巨大的差异;在我的果树园里,吊鹊苹果(Court Pendu Plat)的叶子长得如此之晚,以致在几个春季我以为它是死了。午餐苹果(Tiffin)在盛花的时候,几乎不长一个叶子;相反地,康恩瓦尔小苹果(Cornish crab)在盛花的时候,却长了很多的叶子,连花都看不见了[⑦]。某些种类

---

① 这几个叙述引自以下四种著作,我认为这些著作是可以信赖的:汤普逊,《园艺学会会报》,参阅上述;萨哥瑞特的《果树生理学》,1830 年,第 358、364、367、379 页;《田艺学会果园的果实目录》,1842 年,第 57、60 页;道宁,《美洲的果树》,1845 年,第 189、195、200 页。

＊ 即 *Malus sylvestris*。——译者注

＊＊ 即 *Malus prunifôlia*, var. *Rinki*, Baily。——译者注

② 罗先生(Mr. Lowe)在他的《马德拉植物志》(*Flora of Madeira*)中说道(引自《艺园者记录》,1862 年,第 215 页),具有几乎无柄果实的苹果比具有长柄果实的森林苹果向南分布得更远,后者在马德拉、加拿利(Canaries)完全没有,在葡萄牙似乎也没有。这个事实支持了这两个类型可以称为物种的信念。但是区别它们的性状是不重要的,而且在其他栽培果树中这些性状是变异的。

③ 卡雷多尼亚园艺学会理事会编:《园艺竞赛会记事》(*Journ. of Hort. Tour. by Deputation of the Caledonian Hort. Soc.*),1823 年,第 459 页。

④ 华生:《不列颠的植物名录》,第一卷,第 334 页。

⑤ 拉乌顿:《艺园者杂志》,第四卷,1830 年,第 83 页。

⑥ 《园艺学会果园的目录》,1842 年;道宁:《美洲的果树》。

⑦ 拉乌顿:《艺园者杂志》,第四卷,1828 年,第 112 页。

的果实在仲夏成熟;另外一些种类的果实迟至秋季才成熟。在长叶、开花、结果上的这些差异并不一定是相关的,因为,正如安德鲁·奈特①所说的,谁也不能根据一株新实生苗的早期开花,或者根据早期落叶,或者根据叶的变色,来判断它的果实是否能够早熟。

　　苹果变种在体质上有巨大的差异。众所周知,我们的夏季温度对于皮平·新城苹果(Newtown Pippin)②是不够热的,这种苹果是纽约附近的果园的荣誉;它同我们从欧洲大陆引进的几个变种是一样的。相反地,我们的威克宫廷(Court of Wick)却能很成功地在加拿大的严酷气候下生长。米考得·红色·卡勒威(Calville rouge de Micoud)往往在同一年内有两次收成。瘤根苹果(Burr Knot)满布小瘤,这些小瘤非常容易生根,所以把一个具有花芽的枝条插入地中,即可生根,甚至在第一年就能结几个果实③。利威尔先生最近描述了④某些实生苗,它们的价值在于它们的根部近于地表。这些实生苗中有一株是值得注意的,因为它长得非常矮,"它变成只有几英寸高的矮株"。许多变种在某些土壤中特别容易罹腐蚀病(canker)。不过最奇异的体质上的特性大概是,玛借丁冬季苹果(Winter Majetin)不受害虫或介壳虫的危害;林德雷⑤说道,在诺福克的一个果园中,这些害虫很猖獗,但玛借丁完全不受害,虽然它的砧木遭到了侵袭。奈特对于一种制酒用的苹果做过相似的叙述,并且还说,他只有一次在距离砧木很近的地方看到这些害虫,不过三天之后它们就完全消失了;然而,这种苹果是从金哈威(Golden Harvey)同西伯利亚小苹果的杂交中培育出来的;我相信某些作者认为西伯利亚小苹果是不同的物种。

　　关于著名的圣·瓦雷瑞苹果(St. Valery apple)是必须谈一谈的;它的花有二重萼,萼有10个裂片,并且有14本花柱,花柱顶上有独特的斜柱头;但是它没有雄蕊或花冠。果实的中央部分狭窄,有五个种子室,在它们的上面还有九个室⑥。由于没有雄蕊,所以必须进行人工授粉;圣·瓦雷瑞地方的少女每年都去"制造她自己的苹果",每一个人在她自己的果实上做出一条带形的标记;如果使用不同的花粉,果实也有所不同,在这里我们看到外来花粉对于母本植株的直接影响的事例。这些畸形的苹果,如同我们看到的,含

---

　　①　《苹果的栽培》,第43页。凡蒙斯对于梨也有同样的叙述,《果树》,第二卷,第414页。

　　②　林德雷:《园艺学》,第116页。奈特关于苹果树的叙述,见《园艺学会会报》,第四卷,第229页。

　　③　《园艺学会会报》,第一卷,1812年,第120页。

　　④　《园艺杂志》,1866年3月13日,第194页。

　　⑤　《园艺学会会报》,第四卷,第68页。关于奈特的例子,参阅第六卷,第547页。当介壳虫最初在这个国家出现时,据说(第二卷,第163页)它危害小苹果砧木比危害嫁接在它上面的苹果来得厉害。玛借丁被发现在澳洲的墨尔本(Melbourne)同样地不受介壳虫的危害(《艺园者记录》,1871年,第1065页)。这种树的木质在那里被分析过,据说(但这似乎是一个奇怪的事实)它的灰含有50%以上的石灰,而小苹果的灰只含有不足23%的石灰。魏得(Wade)先生在塔斯马尼亚(Tasmania)培育了西伯利亚的苦甜种(Bitter Sweet)作为砧木之用(《新西兰研究所汇报》,第四卷,1871年,第431页),他发现其中只有百分之一是受介壳虫危害的。赖雷(Riley)指出,某些苹果变种在美国非常吸引介壳虫,而其他变种则很少这样(《关于密西西比州的第五次昆虫报告》,1873年,第87页)。再来看一看很不相同的一种害虫。即某种蛾(Carpocapsa pomonella)的幼虫,华尔许断言,少女红(Maiden-blush)完全不受苹果虫的危害(《美国昆虫学者》,四月号,1869年,第160页)。据说某些少数其他变种也是这样;然而其他一些变种则"特别容易受到这种小害虫的侵袭"。

　　⑥　《巴黎林奈学会纪要》(Mém de la Soc. Linn. de Paris),第三卷,1825年,第164页。塞林季(Seringe),《植物学报告》(Bulletin Bot.),1830年,第117页。

有 14 个种子室;相反地,鸽子苹果(Pigeon apple)①只有四个种子室,而不是像普通苹果那样地具有五个种子室;这一点肯定是一种值得注意的差异。

在园艺学会的 1842 年苹果目录中列举了 897 个变种;不过它们之间的差异是比较不重要的,因为它们不能严格地被遗传下去。例如,没有人能从皮平·瑞勃斯东(Ribston Pippin)的种子培育出一株同种类的树;据说皮平·瑞勃斯东姐妹(Sister Ribston Pippin)是一种白色的、半透明的、酸味的苹果,或者毋宁说它是大型的小苹果(crab)②。然而,假定大多数变种的性状不含有某种程度的遗传,那是错误的。在从两个特征显著的种类培育出来的两群实生苗中,将会有许多没有价值的、小苹果那样的实生苗出现,但是现在知道,这两群不仅通常彼此有差异,而且在某种程度上类似它们的亲本。我们在锈色苹果类(Russets)、甜苹果类(Sweetings)、考得林苹果类(Codlins)、梨形苹果类(Pearmains)、莱茵特苹果类(Reinettes)③的几个亚群中的确看到了上述的情形,大家都相信这些种类是从同名的其他变种传下来的,而且知道有许多种类就是这样传下来的。

梨(*Pyrus communis*) 关于这种果树,我不必多说;它在野生状态下变异很大,当栽培时,它的果、化、叶会变异到惊人的程度。欧洲最著名的一位植物学者德开斯内曾经细心地研究过许多变种④;虽然他以前相信它们是从一个以上的物种发展出来的,但是他现在认为所有都起源于一个物种。他得出这一结论,是因为他在几个变种中于最极端的两个性状之间发现了完整的级进的变化;这一级进的变化是如此完整,以致他主张不可能用任何自然的方法来进行变种的分类。德开斯内从四个不同的种类培育出许多实生苗,他并且细心地记载了每一株实生苗的变异。尽管它有非常程度的变异性,可是我们现在肯定知道许多种类还可以从种子遗传这一族的主要性状⑤。

草莓(*Fragaria*) 这种果实所以值得注意,是因为它的栽培的物种多,并且因为它在晚近 50～60 年间改进得很快。如果任何人把品评会上展出的一个最大型变种的果实同野生木本草莓的果实比较一下,或者更为公平的一种比较,同野生的美洲弗吉尼亚草莓(Virginian Strawberry)的稍大果实比较一下,他就会看出园艺曾经产生了多么巨大的成果⑥。同样的,变种的数目也以非常迅速的方式增加了。1746 年,在很早栽培这种水果植物的法国,只知道有三个种类。1766 年引进了五个物种,同今天栽培的那些是一样的,不过只产生了高山草莓(Fragaria vesca)的五个变种以及一些亚变种。今天,若干物种的变种几乎是无数的了。第一,木本的或高山的栽培草莓,它们是从原产于欧洲和北美的高山草莓传下来的。根据丢切斯内(Duchesne)的分类,高山草莓有八个野生的欧洲

---

① 《艺园者记录》,1849 年,第 24 页。

② 汤普逊:《艺园者记录》,1850 年,第 788 页。

③ 萨哥瑞特:《果树生理学》,1830 年,第 263 页。道宁:《果树》,第 130、134、139 等页。拉乌顿编的《艺园者杂志》,第八卷,第 317 页。亚力克斯·乔丹(Alexis Jordan):《诸变种的起源》(*De l'Origine des diverses Variétés*),载于《里昂皇家科学院纪要》,第二卷,1852 年,第 95,114 页。《艺园者记录》,1850 年,第 774,788 页。

④ 《报告书》,1863 年 7 月 6 日。

⑤ 《艺园者记录》,1856 年,第 804 页;1857 年,第 820 页;1852 年,第 1195 页。

⑥ 大多数大型栽培草莓都是大花草莓或智利草莓的后代,关于这些类型在野生状态下的记事,我还没有看见过,美茨恩猩红草莓(Methuen's Scarlet)有最大形的果实(道宁:《果树》,第 527 页),并且属于起源于"弗吉尼亚草莓"的部类;爱沙·格雷教授告诉我说,这个物种的果实只比高山草莓,即普通的木本草莓的果实大一点。

变种,但是其中有几个是被某些植物学者当做物种的。第二,绿色草莓,是从欧洲的考利纳草莓(F. colina)传下来的,在英国少有栽培。第三,欧洲草莓(Hautbois),是从欧洲的白花草莓(F. elatoir)传下来的。第四,猩红草莓(Scarlets),是从原产于北美全境的弗吉尼亚草莓传下来的。第五,智利草莓(Chili),是从生在北美和南美温带地方的西部海岸的草莓(F. chiloensis)传下来的。最后,黑褐色草莓(Pines),卡罗林那[Carolinas,包括老黑草莓(Old Black)],被大多数作者列入不同的物种,把它称作大花草莓(F. grandiflora),据说它生在斯利那姆(Surinam)*;但这是一个显著的错误。卓越的权威者盖伊(M. Gay)认为这一类型不过是智利草莓的一个特征显著的族而已[1]。大多数植物学者把这五六个类型列为不同的物种;不过这是可以被怀疑的,因为培育出不下 400 个草莓新种的安德鲁·奈特[2]断言,基维尼亚草莓、智利草莓、大花草莓(grandiflora)"可以无差别地在一起进行繁育",而且根据相似变异的原理,他发现了,"同样的变种可以从它们当中的任何一个变种的种子产生出来"。

自从奈特那一时代以来,关于美洲类型的自发杂交的范围,已有丰富的、日益增多的证据[3]。大多数最优良的现存变种的确都是由这等杂交中产生出来的。奈特用欧洲木本草莓同美洲猩红草莓、或者同欧洲草莓进行杂交,没有能够成功。然而,皮特玛斯东(Pitmaston)的威廉斯先生却成功了;但从欧洲草莓产生出来的杂种后代虽能很好地结果,却从不产生种子,不过只有一个例外,它结了种子,并且由种子繁育了亲杂种类型[4]。垂威尔·克拉克(R. Trevor Clarke)少校告诉我说,他用黑褐色草莓的两个种类(Myatt's B. Queen 和 Keen's Seedling)同木本草莓以及欧洲草莓进行了杂交,在每一个场合里,他只育成了一株实生苗;其中之一结果了,但几乎没有种子。约克的史密斯(W. Smith)先生曾经育成过相似的杂种,得到了同等可怜的成功[5]。这样,我们知道[6]欧洲种同美洲种的杂交虽然多少有一些困难,但总是可以成功的;不过由此大概没有产生出值得栽培的充分能育的杂种。这一事实是可惊的,因为爱沙·格雷教授告诉我说,这些类型在构造上并没有广泛的不同,而且在它们野生的地区往往是被可疑的中间类型连接在一起的。

认真地栽培草莓还是晚近的事情,而且在大多数场合里栽培品种都可以分类在上述的某一个土著种之下。因为美洲草莓如此自由地和自发地发生了杂交,所以我们几乎不能怀疑它们最终会混乱到不可分解的地步。我们诚然知道,园艺家们在今天对于一些少数变种的分类还持有不同的意见;一位作者在 1840 年的《优秀艺园者》(Bon Jardinier)中说道,以前把一切变种分类在某一物种之下是可能的,但是现在对于美洲类型就不可能了,因为新的英国变种已经完全把它们之间的空隙填满了[7]。关于两个或两个以上的

---

* 位于南美洲的北端。——译者注

[1] 得拉姆勃尔特伯爵(le Comte L. de Lambertye):《草莓》(Le Fraisier),1864 年,第 50 页。

[2] 《园艺学会会报》,第三卷,1820 年,第 207 页。

[3] 参阅德斯内教授和其他人在《艺园者记录》(1862 年,第 335 页;1858 年,第 172 页)中发表的文章,以及巴内特(Barnet)在《园艺学会会报》(第六卷,1826 年,第 170 页)中发表的论文。

[4] 《园艺学会会报》,第五卷,1824 年,第 294 页。

[5] 《园艺学报》(12 月 30 日,1862 年,第 779 页)同书,1863 年,第 418 页,蒲林斯先生的同样记事。

[6] 如果要更多的证据,参阅《园艺学报》,1862 年 12 月 9 日,第 721 页。

[7] 拉姆勃尔特伯爵:《草莓》,第 221、230 页。

原始类型混合在一起的事情,我们有任何理由可以相信这是在我们的某些古代栽培生物中发生过的,不过我们今天在草莓中确实看到了这种情形的发生。

栽培的物种提供了一些值得注意的变异。黑太子(Black Prince)是基恩皇家(Keen's Imperial,是白色卡罗林那———一种很白的草莓———的实生苗)的实生苗,它由于"它的特殊黑色和光滑的表面,并且由于表现了同任何其他种类完全不同的外观"而著名[①]。虽然不同变种的果实在形状、大小、颜色、品质方面有非常巨大的差异,可是所谓种子(相当于李的整个果实),除了埋在果肉中深一些或者浅一些这点之外,按照得乔纽(De Jonghe)的意见[②],是完全一样的;我们无疑可以用种子对于人类没有价值因而未曾受到选择的情形来解释上述的情形。草莓在正常的情况下是三叶的,可是丢切斯内在 1761 年育成了一个欧洲木本草莓的单叶变种,林奈不肯定地把它提高到物种的等级。这个变种的实生苗,同那些经过长久不断选择而没有固定的大参数变种的实生苗一样,常常返归祖先的普通状态,或者呈现中间的状态[③]。麦亚特(Myatt)[④]先生育成的一个变种好像是属于一个美洲类型的,但它表现了一种相反性质的变异,因为它是五叶的;高得龙和拉姆勃尔特(Lambertye)也提到过考利纳草莓的一个五叶变种。

红色丛性高山草莓(red buch alpine strawberry, *F. vesca* 系的一个种类)不生纤匐枝,这种构造上的显著偏差可以由种子纯粹地遗传下去。另一个亚变种,白色丛性高山草莓也有相似的特性,但当用种子进行繁育时,它常常退化,并且产生具有纤匐枝的植株[⑤]。一个美洲黑褐色草莓(American pine)系的种类据说也只生仅少的纤匐枝[⑥]。

关于草莓的性别,已经有过很多记载;纯系欧洲草莓的雌雄器官在正常情况下是分别生在不同植株上面的[⑦],因而丢切斯内称它为雌雄异株(dioica);但是它常常产生雌雄同体的植株;林德雷[⑧]曾用纤匐枝来繁育这种植物,同时把雄株毁掉,他很快就育成了自花受精种。其他物种常常表现了不完全的性分化的倾向,我在温室里促使植物早熟中看到过这种情形。几个英国变种在这个国家并没有这种倾向,但当栽培在北美气候下的肥沃土壤上的时候[⑨],它普通会产生两性分化的植株。例如,整亩的基恩实生苗在美国由于没有雄花而几乎是不稔的;但是,更为一般的规律是雄株比雌株多。某些辛辛纳提园艺学会(Cincinnati Horticultural Society)会员特别被指定来研究这个问题;他们的报告是,"很少变种在雌雄两性器官中生有完全的花"等等。俄亥俄州(Ohio)的一位最成功的栽培者每隔 7 行雌株种一行雌雄同体的植株,由后者向双方提供花粉;但是雌雄同体的植株由于在产生花粉上有所消耗,所以比雌株结的果实少。

---

① 《园艺学会会报》,第六卷,第 200 页。

② 《艺园者记录》,1858 年,第 173 页。

③ 高德龙:《物种》,第一卷,第 161 页。

④ 《艺园者记录》,1851 年,第 440 页。

⑤ 哥劳德(F. Gloede),《艺园者记录》,1862 年,第 1053 页。

⑥ 道宁:《果树》,第 532 页。

⑦ 巴内特:《园艺学会会报》,第六卷,第 210 页。

⑧ 《艺园者记录》,1847 年,第 539 页。

⑨ 关于美洲草莓的若干叙述,参阅道宁:《果树》,第 524 页;《艺园者记录》,1843 年,第 188 页;1847 年,第 539 页;1861 年,第 717 页。

变种在体质上有差异。某些最优良的英国种类对于北美的某些地方来说,就显得过于纤弱,而一些其他英国的和许多美国的变种却能完全成功地在那里生长。不列颠皇后(British Queen)那样最优良的变种只能在英国或法国的少数地方栽培;不过这种情形取决于土壤比取决于气候为多;一位著名的艺园者说,"没有人能够在舒勃兰公园(Shrubland Park)栽培不列颠皇后,除非把那里的土壤性质整个地改换一下"。① 康斯坦丁(La Constantine)是一个最耐寒的种类,它能抵抗俄国的冬寒,但它容易遭受日烧灼,所以不能成功地在英国或美国的某些土壤上生长②。斐尔勃特黑褐色草莓(Filbert Pine Strawberry)"比其他变种需要更多的水;如果它一度遭到干旱,此后就很少能够恢复,或者完全不能恢复"。③ 卡其尔黑太子草莓(Cuthill's Black Prince Strawberry)对于感染露霉病表现了特别的倾向;关于这个变种严重感染露霉病的例子,有不下六次的记载,而在它旁边生长的,并且完全按照同样方式处理的其他变种,却完全没有感染这种霉菌④。不同变种的成熟期大不相同;属于木本的、即高山系的种类连续地在整个夏季都有收获。

醋栗(*Ribes grossularia*) 我相信今天不会再有人怀疑所有醋栗的栽培品种都是起源于欧洲中部和北部的到处可见的野生醋栗了;因此我希望简略地举出所有的变异之点,虽然它们是很不重要的。如果承认这些差异是由于栽培而产生的,那么作者们恐怕就不会轻易假定我们的栽培植物有大量未知的野生祖先了。古代作者们没有提到过醋栗。特纳尔(Turner)在1573年提到过醋栗,帕金逊(Parkinson)在1629年举出了8个变种;1842年的《园艺学会目录》载有149个变种,兰开郡(Lancashire)苗圃的目录据说载有300个以上的名称⑤。我在1862年的《醋栗栽培者的登记簿》(*Gooseberry Grower's Register*)上发现了在不同时期中获奖的243个不同变种,所以一定有大量的变种被展出过。许多变种之间的差异无疑是很小的;但是,汤普逊先生在为园艺学会进行醋栗分类时,发现了醋栗的命名比其他任何果树的命名更少混乱,他把这种情形归因于"争取奖励的栽培者们对于检查具有错误名称的种类持有很大的兴趣",这说明了醋栗的种类虽然很多,但所有的种类都能确实地被辨认出来。

植株在生长方式上有差异,有的是直立的,有的是平铺的,有的是下垂的。生叶和开花的时期彼此有绝对的和相对的差异;例如,白色史密斯(White-Smith)开花早,没有叶的保护,人们相信它的结果因此受到了不断的损失⑥。叶子在大小、色泽以及缺刻的深度上有变异;叶表面有的是光滑的,有的是茸毛的。枝条有的多少是茸毛的,有的是带刺的;"猬(Hedgehog)醋栗大概是由于它的新梢和果实生有奇妙的刚毛而得到这个名字"。我可以指出,野生醋栗的枝条,除了芽的基部有刺以外,都是光滑的。刺本身或者是很小、很少、单独一个,或者是很大、三叉;它们有时是反曲的,而且基部非常膨大。不同变

---

① 比东(D. Beaton)先生:《家庭艺园者》,1860年,第86页。同前书,1855年,第88页;以及其他许多权威者的记事。关于欧洲大陆,参阅哥劳德在《艺园者记录》(1862年,第1053页)中发表的文章。

② 拉克利夫牧师(Rev. W. F. Radclyffe),《园艺学报》,1865年3月14日,第207页。

③ 达勃尔得伊(H. Doubleday),《艺园者记录》,1862年,第1101页。

④ 《艺园者记录》,1854年,第254页。

⑤ 拉乌顿:《园艺百科辞典》,第930页;得康多尔:《植物地理学》,第910页。

⑥ 拉乌顿编的《艺园者杂志》,第四卷,1828年,第112页。

种的果实在产量上，在成熟期上，在直到萎缩还可悬挂在枝条上，都有变异，而且在大小上有巨大变异，"某些种类的果实在生长的初期就长得很大，而其他种类的果实直到接近成熟期还长得很小"。果实在颜色上也有很大的变异，有红色、黄色、绿色和白色——一种深红色醋栗的果肉杂有黄色的斑痕；在味道上有很大的变异；在光滑或茸毛上有很大的变异——红色醋栗具有茸毛的居少数，而所谓白色醋栗具有茸毛的则居多数；或者生有非常多的刚毛，所以有一个种类被称为汉得逊的豪猪（Henderson's Porcupine）。有两个种类的果实当成熟时生有果粉。果皮的厚度和筋脉有变异，最后，果实的形状也有变异——球形的、长椭圆形的、卵形的或倒卵形的①。

我栽培过 54 个变种，果实的差异是非常巨大的，而奇怪的是所有这些种类的花都非常密切相似。只在少数的变种中，我发觉花冠的大小和颜色些许有一点差异。萼的差异程度要稍微大一些，因为某些种类的萼远比其他种类的萼为红；而且一种光滑的白色醋栗的萼非常红。萼的基部也有差异，有的是光滑的，有的是茸毛的，有的则生有腺状的毛。值得注意的是，光滑的红色醋栗的萼是显著多毛的，这同我们可以期望从相关法则所得到的结果正相反。运动员（Sportsman）醋栗的花具有很大而带颜色的苞；这是我看到过的最奇异的构造偏差。这些花在花瓣的数目上，而且偶尔在雄蕊和雌蕊的数目上，也有很大的变异；所以说它们的构造是半畸形的，然而它们却能产生大量的果实。汤普逊先生说，在"消遣"（Pastime）醋栗中，"额外的苞常常附着在果实之侧"。②

在醋栗历史中最有趣的一点就是它的果实体积的稳定的增大。曼彻斯特（Manchester）是醋栗栽培者的中心地，每年对于最重的果实授予五个先令以致五镑或十镑的奖金。每年出版一册《醋栗栽培者登记簿》；据知最早的一册是在 1786 年出版的，但是奖金评判会肯定在前几年就举行了③。1845 年的"登记簿"记载了该年于各地举行的醋栗品评会共有 171 次之多，由此可见当时栽培的规模是多么大。野生醋栗的果实的重量据说④为四分之一盎司或 5 本尼威特（dwts）*，即 120 喱（grains）；约在 1786 年，展出的醋栗的重量已达 10 本尼威特，这就是说，它的重量那时增加了一倍；1817 年，达到 26 本尼威特又 17 喱；直到 1825 年没有进展，该年达到 31 本尼威特又 16 喱；1830 年，提沙尔（Teazer）重达 32 本尼威特又 13 喱；1841 年，奇异（Wonderful）重达 32 本尼威特又 16 喱；1844 年，伦敦（London）重达 35 本尼威特又 12 喱，次年重达 36 本尼威特又 16 喱；1852 年，在斯塔福郡同一变种的果实达到了可惊的重量，为 37 本尼威特又 7 喱⑤，即 896 喱；这就是说，相当于野生果实重量的七至八倍之间。我发现一个 6.5 英寸圆周的小苹果有着恰恰相等的重量。伦敦醋栗（到 1852 年它一共得到了 333 次奖金）直到今年（1875 年），从来没有

---

① 汤普逊先生在《园艺学会会报》（第一卷，第二辑，1835 年，第 218 页）中对于醋栗做过最充分的记载，大部分的上述事实引自该文。

② 《园艺学会果园的果实目录》，第三版，1842 年。

③ 曼彻斯特的克拉克逊（Clarkson）先生论醋栗的栽培，载于拉乌顿编的《艺园者杂志》，第四卷，1828 年，第 482 页。

④ 道宁：《美洲的果树》，第 213 页。

* 1 本尼威特等于 1/20 盎司。——译者注

⑤ 《艺园者记录》，1844 年，第 811 页，其中载有一张表；又 1845 年，第 819 页。关于所达到的最高重量，参阅《园艺学报》，1864 年 7 月 26 日，第 61 页。

超过 1852 年的重量。醋栗的果实现在恐怕已经达到了最大可能的重量,除非今后有一个不同的新变种发生。

从前世纪的后半叶到 1852 年,这种重量的逐渐的、大体稳定的增加,可能大部分是由于改进了的栽培方法,因为现在对于它们进行了非常细心的管理;修整了枝和根,制造了混合肥料,进行了地面覆盖,并且在每一植株上只留下少数的浆果①;但是重量的增加,无疑地主要还是由于对那些被发现愈来愈能够产生这种惊人的果实的实生苗进行了不断的选择。毫无疑问,拦路强盗(Highwayman)在 1817 年不能产生像吼狮(Roaring Lion)在 1825 年所产生的那样果实;而吼狮,虽然被许多人栽培在许多地方,也不能获取伦敦醋栗在 1852 年所赢得的最高荣誉。

胡桃(*Juglans regia*)　这种树和普通壳果类所属的目同上述果树大不相同,所以这里要提一下。胡桃在高加索山和喜马拉雅山中是野生的,虎克博士②发现那里的胡桃果实个儿极大,但"同泽胡桃(hickory nut)一样地坚硬"。萨泡达(M. de Saporta)告诉我说,在法国的第三纪层中曾发现过它的化石。

在英国,胡桃在果实的形状和大小上,在果皮的厚度上以及在壳的薄度上,表现了相当的差异;薄壳这一品质是有价值的,因此产生了一个薄壳变种,但它受山雀(tit-mice)③的危害。仁在壳内充满的程度有很大的变异。在法国有一个变种叫做葡萄胡桃(Grape)或丛生胡桃(Cluster-walnut),它的坚果"10 个、15 个、甚至 20 个长在一起"。另一个变种在同一株树上生有不同形状的叶子,就像异叶性的千金榆(hornbeam)那样;这一变种还以具有垂枝和结生长形的大薄壳坚果而著名④。卡丹(M. Cardan)详细地描述了⑤六月生叶变种(June-leafing variety)的某些奇特的生理特性,它生叶和开花比普通变种晚四五个星期;在 8 月里虽然看来它的发育状态好像同其他种类完全一样,但它的叶子和果实一直可以保持到深秋。这些体质上的特性是可以严格遗传下去的。最后,胡桃树本来是雌雄同株的,可是有时完全不产生雄花⑥。

榛子(*Corylus avellana*)　大多数植物学者把所有变种都分类在普通野生榛⑦这一个物种之下。壳,即总苞,有巨人的差异,"巴尔·西班牙"(Barr's Spanish)的非常短,大榛(filberts)的非常长,而且是收缩的,以防止坚果的下落。这种壳还可以保护坚果不受鸟类的危害,因为有人看到过⑧山雀飞过大榛而去危害在同一果园内生长的考卜大榛(Cob)和普通榛子。紫色大榛的壳是紫色的,鬈缩大榛(frizzled-filbert)的壳具有奇异的条裂;红色大榛的仁的薄皮是红色的。某些变种的壳是厚的,但是考斯福特榛(Cosford's nut)的壳是薄的,某一个变种的壳竟是蓝色的。坚果本身在大小和形状上有很大的差异,大

① 兰开斯特的骚尔先生,拉乌顿编的《艺园者杂志》,第三卷,1828 年,第 421 页;以及第十卷,1834 年,第 42 页。
② 《喜马拉雅山纪行》(*Himalayan Journals*),1854 年,第二卷,第 334 页。慕尔克罗夫特(《旅行记》,第二卷,第 146 页)描述过克什米尔(Kashmir)的四个栽培品种。
③ 《艺园者记录》,1850 年,第 723 页。
④ 拉乌顿编的《艺园者杂志》,1829 年,第五卷,第 202 页所载的译文。
⑤ 《艺园者记录》,1849 年,第 101 页的引文。
⑥ 《艺园者记录》,1847 年,第 541、558 页。
⑦ 以下各点引自《园艺学会果园的果实目录》(1842 年),以及拉乌顿编的《园艺百科辞典》,第 943 页。
⑧ 《艺园者记录》,1860 年,第 956 页。

榛的坚果是卵形而扁平的；考卜大榛和西班牙榛的坚果是大而接近圆形的；考斯福特榛的坚果是椭圆形的并且有纵条纹；商业区四方形榛（Downtown Square nut）的坚果是钝四棱形的。

葫芦科植物（*Cucurbitaceous plants*）　这等植物很久以来就是植物学者们的耻辱；很多的变种被分类为物种，并且把今天必须被看做是物种的类型分类为变种，虽然这是比较稀有的情形。由于一位卓越的植物学者诺丹（M. Naudin）[1]的一些可称赞的试验研究，这一类群的植物最近才得了大量的光明。诺丹许多年来观察了并试验了从世界各个角落里搜集来的 1200 个以上的活标本。在葫芦属中现在可以辨识出来的有 6 个物种；但是同我们有关系的和被栽培的只有三个物种：即包含一切南瓜、葫芦、食用葫芦（vegetable marrow）的番南瓜（*C. maxima*）和西葫芦（*C. pepo*）；此外还有南瓜（*C. moschata*）。这三个物种还不知道有野生的；但是爱沙·格雷[2]提出很好的理由可以使我们相信某些南瓜是原产于北美的。

这三个物种是密切近似的，并且具有同样的一般习性，不过按照诺丹的意见，根据某些几乎固定的性状，永远可以辨识出它们的无数变种来的；更重要的是，它们在杂交中不产生种子，或者只产生不稔的种子；然而变种之间却能非常自由地进行自发的杂交。诺丹极力主张（第 15 页），这三个物种虽然在许多性状上发生了巨大的变异，然而它们是密切近似的，就像在一些小麦类型、两个桃的主要族以及其他情形中所见到的那样，它们的变种可以在几乎平行的系统中加以排列。虽然某些变种的性状是不稳定的，然而其他变种，当被放在一致的生活条件下进行隔离栽培时，就像诺丹所反复主张的那样（第 6、16、35 页），"纵使同最富有特性的物种相比，也还具有相当的稳定性"。一个叫做罗兰捷恩（l'Oraugin）的变种能够如此优先遗传它的性状，以致当它同其他变种杂交时，绝大多数的实生苗都能保持纯粹的状态（第 43、63 页）。关于西葫芦，诺丹说道，它的一些族"同纯种不同之点，只是在于它们的后代没有失去繁殖力，可以通过杂交的方式彼此交配"。如果我们只相信外在的差异，而放弃不稔性的测验，那么在这葫芦属的三个物种的变种中大概会发现大量的物种。在我看来，今天许多博物学者对于不稔性的测验太不重视了；然而不同的植物种在经过长久的栽培和变异的过程之后，它们彼此之间的不稔性并不是不可能消失的，在家养动物中我们有各种理由可以相信曾经发生过这种情形。同时在栽培植物的情形下，我们也不能假定变种从来没有获得轻微程度的彼此不稔性，在下一章将根据该特纳和开洛依德（Gärtner and Kolreuter）[3]的高度权威著作举出某些事实，那时我们对于上述一点将进行更加充分的讨论。

诺丹把西葫芦的一些类型分成 7 个部类，每一个部类都有一些隶属的变种。他认为这种植物大概是世界上最容易变异的东西。某一变种的果实之所以有价值，是因为它比另一变种的果实多两千个以上的褶皱（第 33、46 页）！果实如果是很大的，果实的数目就

---

[1]　《植物学年报》（*Annales des Sc. Nat. Bot.*），1856 年，第四辑，第六卷，第 5 页。

[2]　《美洲科学杂志》（*American Journ. of Science*），1857 年，第二辑，第二十四卷，第 442 页。

[3]　该特纳：《杂种之生成》（*Bastarderzeugung*），1849 年，第 87、169 页；关于玉蜀黍。同前书，第 92、181 页；以及他的《授精之知识》（*Kenntniss der Befruchtung*），第 137 页；关于毛蕊花属。关于烟草属，参阅开洛依德：第二堡（Zweite Forts），1764 年，第 53 页；虽然这是一个稍微不相同的例子。

少(第 45 页);果实如果小,数目就多。同样可惊的是果实形状的变异(第 33 页):典型的形状在外观上是卵形的,但是它可以拉长成圆筒形的,或者缩短为平圆盘形的。在果实的颜色和表面状态上,在果壳和果肉的硬度上,在果肉的味道上(有极甜的,有粉质的,也有微苦的),有几乎无限的变化。种子在形状上也有轻微程度的差异,但在大小上则有可惊的差异(第 34 页),即种子的长度从 6 或 7 毫米一直到 25 毫米。

在直立生长、即不攀爬的变种中,卷须,虽然没有用处(第 31 页),或者依然存在,或者表现为种种不同的半畸形器官,或者完全缺如。在某些攀缘的变种中,卷须甚至也不存在了,不过它们的茎大大伸长了。奇怪的是,在所有短茎的变种中,叶的形状是彼此密切相似的。

那些相信物种不变的博物学者们常常主张,甚至在最容易变异的类型中,被他们认为具有物种价值的性状也是不变的。兹举一例,一位谨慎的作者,他信赖诺丹的工作,[1]当谈到南瓜属(*Cucurbita*)的物种时说道,"在果实发生一切变化的时候,茎、叶、萼、花冠、雄蕊无论在什么时候都不发生变化"。然而,诺丹在描述西葫芦时说道,"再者,发生变化的不仅是果实,叶或者树姿整体也同样发生变化。尽管如此,如果注意到我企图阐明的差异的特征,我相信常常可以容易地把这个物种同其他两个物种区别开。这等特征有时是非常不显著的,甚至它的大部分几乎完全消失了。然而总还常常残存一些,依然可以作为观察的头绪"。关于所谓物种的性状的不变性,这一节同上述引用高德龙的一句话在我们的头脑中产生了多么重大的分歧。

我再补充一点:博物学者们不断地主张,重要器官决不变异;但当他们这样说的时候,不自觉地就陷入了循环的谬论;因为无论一个什么样的器官如果是高度变异的,就会被认为是不重要的;根据分类学的观点,这是正确的。但是,只要把不变性作为重要性的标准,那么一种重要器官的确很久以前就可以被证明是变化的了。柱头的扩大形态以及子房顶端上的无柄柱头的位置,一定会被认为是重要性状的,而且加斯帕利尼(Gasparini)就用这些性状把某些南瓜区分为不同的属;不过诺丹说道(第 20 页),这些部分没有不变性,而且在番南瓜的土尔班(Turban)变种的花中,它们常常恢复它们的正常构造。再者,在番南瓜中,土尔班的心皮有三分之二的长度突出花托以外,因而花托退化成一种平台的样子;但是,这种显著的构造只发生于某些变种之中,而且逐渐变化成那种心皮几乎完全包藏在花托之中的普通类型。南瓜(*C. moschata*)的子房(第 50 页)在形状上有巨大的变异,或为卵形,或为近球形,或为圆筒形;上部多少膨大,或者中部周围狭窄;有的是笔直的,有的是弯曲的。如果子房是短而卵形的,它在内部构造上同番南瓜和西葫芦并无差异,但是,子房如果是长形的,那么心皮只占据末端的膨大部分。我再补充一点,胡瓜(*Cucumis sativus*)的某一变种的果实有规则地含有五个心皮,而不是三个心皮[2]。在生理上具有高度重要性的器官表现了巨大变异性,而且对于大多数植物来说那些在分类上具有高度重要性的器官也表现了巨大变异性,我以为这些事例是不可争辩的。

---

① 高德龙:《物种》,第二卷,第 64 页。
② 诺丹,《自然科学年报》,第四辑,相物篇,第十一卷,1859 年,第 28 页。

萨哥瑞特①和诺丹发现胡瓜不能同这一属的任何其他物种进行杂交;所以它同甜瓜(melon)无疑不是同一个物种。这对于大多数人来说,可能是一种不必要的陈述;但是诺丹②告诉我们说,甜瓜有一族,其果实同胡瓜的果实非常相似,"除了根据它们的叶子之外,简直不能从外在的和内在的性状来区别它们"。甜瓜的变种似乎是无限的,因为诺丹进行了六年的研究之后,还没有把它搞完;他把它们分为 10 个部类,其中包含无数的亚变种,这些亚变种都能完全容易地彼此交配。③ 植物学者们从诺丹所认为变种的类型中,确定了 30 个不同的物种!"而且他们一点也不知道自从他们的时代以来所出现的大量新类型"。如果我们考虑一下它们的性状能够多么严格地由种子遗传下去,而且它们的外观表现了多么可惊的差异,那么关于创造如此众多的物种的说法,就一点也不值得惊奇了。诺丹说道,"叶或习性的差异固然是可惊的,而果实的差异就更加是可惊的了"。果实是有阶值的部分,按照一般的规律,这是最容易变异的部分。某些甜瓜只有李子那样大,而其他的则可重达 66 磅。某一个变种竟结猩红色的果实! 另一个变种的果实直径不到一英寸以上,而它的长度有时比一码还多,"四面八方地扭转得像一条蛇"。奇妙的是,在这个变种中,植物的许多部分,如茎、雌花梗、叶的中央裂片,特别是子房和成熟的果实,都表现有一种伸长的强烈倾向。有几个甜瓜变种是有趣的,因为它们呈现有不同物种的、甚至不同属(虽然是近似的属)的特征;例如,"蛇甜瓜"(Serpent-melon)同一种括蒌(*Trichosanthes anguina*)的果实有某种类似之处;我们知道还有其他一些变种同胡瓜密切类似;某些埃及变种的种子附着在果肉的一部分,这是某些野生类型的特性。最后,来自阿尔及尔(Algiers)的一个甜瓜变种由于以"自发的和几乎突然的离位(dislocation)"来宣告它的成熟,而引起注意,当深的裂隙突然出现的时候,果实便坠落成粉碎了;野生的苦瓜(*C. momordica*)便有这种情形发生。最后,诺丹正确地指出,"从一个单独的物种产生出非常多的族和变种,以及它们在没有杂交来干涉的情形下所具有的稳固性,都是值得深思熟虑的现象"。

有用树和观赏树

有些树,由于它们有很多的变种,而且在早熟性上,在生长方式上,在叶子上,以及在树皮上,都有差异,所以值得大略地提一提。例如,关于普通梣树(*Fraxinus excelsior*),爱丁堡的劳逊商店的目录登载了 21 个变种,其中有些在树皮上表现了很大的差异;有一个黄色的变种,有一个具有条纹的白里带红的变种,有一个紫色的变种,有一个疣状树皮的变种,还有一个菌状树皮的变种④。关于构骨叶冬青树(hollies),有不下 84 个变种彼

---

① 《葫芦科植物纪要》(*Mémoire sur les Cucurbitacées*),1826 年,第 6、24 页。
② 《温室植物志》(*Flore dos Serres*),1861 年 10 月,《艺园者记录》,1861 年,第 1135 页引用。我常参考诺丹的《关于胡瓜的研究报告》,并从其中引用了一些事实,该文载于《自然科学年报》,第四辑,植物篇,第十一卷,1859 年,第五页。
③ 参阅萨哥瑞特的《纪要》,第 7 页。
④ 拉乌顿的《植树园和果树园》(*Arboretum et Fruticetum*),第二卷,第 1217 页。

此并排地生长在保罗（Paul）先生的苗圃中①。在树的场合里，根据我所能发现的来说，所有被记录下来的变种都是由于单独一次变异而突然产生的。要培育许多世代的树需要长久的时间，对于奇异变种又很少重视，这就说明了连续的变异为什么没有由于选择而被积累下来；因此，我们在英国也没有遇到过隶属于变种的亚变种，以及这些变种再隶属于更高的类群。然而，在欧洲大陆上，对于森林的研究比在英国进行得较为仔细，得康多尔②说道，在那里没有一个林学家不从被他们估计为最有价值的变种中去搜寻种子的。

我们的有用树曾经很少遇到过环境条件的任何巨大变化；对它们没有施用过丰富的肥料，英国的种类一直在固有的气候下生长着。然而，当检查苗圃内的实生苗的广大苗床时，一般可以观察到它们还是表现了相当的差异；当我在英国旅行时，同一个物种的外观在绿篱树中和森林中所表现的差异量，使我感到了惊奇。但是，因为植物在真正的野生状态下发生了如此巨大的变异，我认为甚至一位熟练的植物学者大概也很难断定绿篱树所发生的变异比生长在原始森林中的树所发生的变异更大。当人把树栽在森林或绿篱中时，它们的生长地方并不像在自然状况下生长的地方——在那里它们大概能够抵抗大群的竞争者而保持自己的地位，所以它们所处的环境条件并不是严格自然的；甚至这种微小的变化恐怕就足以致使由这等树培育出来的实生苗容易发生变异。按照一般的规律，不论半野生的英国树是否比生长在原始森林中的树更容易变异，而它们曾经产生过大量的特征显著而奇特的构造变异，简直是无可怀疑的。

关于生长方式，有柳、桲、榆、栎、紫杉以及其他树的垂枝变种；这种垂枝的习性有时是遗传的，虽然遗传是在非常不定的方式下进行的。在伦巴底（Lombardy）*的边境，山楂、桧、栎等的向上直生的、即圆锥形变种的生长方式则正相反。赫生栎（Hessian oak）③以向上直生的习性和它的体积而著名，它在一般外观上同普通栎简直没有任何相似之处；"它的橡果并不一定产生具有同样习性的植株；但是其中有些则可长得同亲本一样"。据说在庇里尼斯发现过另一种野生的向上直生的栎，这是一件可惊的事情；它一般能够由种子非常纯粹地进行繁殖，以致得康多尔认为它是不同的物种。④　向上直生的桧（J. suecica）同样也能由种子传递它的性状⑤。法更纳博士告诉我说，酷热使得加尔哥答植物园中的苹果树变成向上直生的了；我们还可以看到由于气候的作用和某种未知的某因所产生的同样结果⑥。

在叶的方面，我们看到常常可以遗传下去的斑叶；欧洲榛、刺蘗（barberry）、山毛榉生有深紫色或红色的叶子，后两种树的叶色有时强烈地、有时微弱地被遗传下去⑦。有的叶

①　《艺园者记录》，1866 年，第 1096 页。

②　《植物地理学》，第 1096 页。

*　意大利北部。——译者注

③　《艺园者记录》，1842 年，第 36 页。

④　拉乌顿：《植树园和果树园》，第三卷，第 1731 页。

⑤　同前书，第四卷，第 2483 页。

⑥　高德龙《物种》，第二卷，第 91 页）描述过四个洋槐属（Robinia）的变种，由于它们的生长方式而著名。

⑦　卡列多尼亚园艺学会（Caledonian Hort. Soc.）编的《园艺旅行日记》（*Journal of a Horticultural Tour*），1823 年，第 107 页。得康多尔：《植物地理学》，第 1083 页。沃尔洛特（Verlot）：《关于变种的产生》（*Sur la Production des Variétés*），1865 年，第 55 页，关于刺蘗。

有深缺刻;有的叶有刺,就像被恰当地称为极多刺的(ferox)的构骨叶冬青树的一个变种的叶子那样,这些性状据说都可以由种子遗传下去①。其实,几乎所有的特殊变种或多或少地都具有一种可以由种子纯粹地繁殖它们自己的强烈倾向②。按照包斯克(Bosc)③的意见,榆的三个变种,即宽叶榆、白粉叶榆、扭曲榆(它的木质纤维是扭曲的),在一定程度上都是那样的。异形叶千金榆(*Carpinus betulus*)在每一个树枝上都生有两种不同形状的叶子,"从种子培育出来的若干植株都保持了同样的特性"④。关于叶的变异,我再举另外一个显著的例子:栖有两个生有单叶、而不是羽状叶的亚变种,并且它们一般都可以由种子传递它们的性状⑤。在属于大不相同的"目"的树中,垂枝的和向上直生的变种的发生,以及生有深缺刻叶的、斑叶的、紫叶的树的发生,都阐明了这些构造的偏差一定是根据某些很一般的生理学法则所产生的结果。

并不比上述更为显著的、一般外观的和叶的差异,曾经使一些优秀的观察者们把现在仅仅被认为变种的某些类型分类为不同的物种。例如,几乎每一个人都把在英国长久栽培的法国梧桐(plane-tree)看做是一个北美物种,但是,虎克博士告诉我说,现在根据旧有的记载已经确定它是一个变种。再者,垂枝侧柏(*Thuja pendula*,即 *filiformis*)曾被如此优秀的观察者们如兰勃尔特(Lambert)、华利希(Wallich)及其他分类为一个真正的物种;但是现在知道,原来的植物,一共五棵,是在罗底季(Loddige)先生苗圃中的实生苗床上从侧柏(*T. orientalis*)突然出现的;而且虎克博士提出了卓越的证据,说垂枝侧柏的种子在秋林(Turin)地方产生过它的祖先类型——侧柏⑥。

每一个人一定都注意过,某些树的个体比同种的其他个体多么规则地早一些或晚一些生叶和落叶。在巴黎皇宫的花园(Tuileries)中有一株著名的七叶树(horse-chestnut),由于它的叶生长得比其他的树早得多而得到它的名称。在爱丁堡附近有一株栎树,直到很晚的时期还不落叶。某些作者把这些差异归因于该树生长于其上的土壤的性质;但是,华特利(Whately)大主教把一个早生叶的山楂嫁接在晚生叶的山楂上面,又把晚生叶的嫁接在早生叶的上面,两个嫁穗都保持了它们的相差约两周的本来生叶期间,好像它们还在它们自己的砧木上生长一般⑦。榆有一个康恩瓦尔变种(*Cornish variety*),差不多是常绿的,它如此纤弱,以致它的新梢常常会被霜冻死;土耳其栎(*Q. cerris*)的一些变种可以被分为落叶的、半常绿的以及常绿的⑧。

苏格兰赤松(*Pinus sylvestris*) 我们的绿篱树比起那些在严格自然条件下生长的树,具有较大的变异性;我提出苏格兰赤松,正是因为它同这个问题有关。一位博学的作

---

① 拉乌顿:《植树园和果树园》,第二卷,第 508 页。

② 沃尔洛特:《变种》,1865 年,第 92 页。

③ 拉乌顿:《植树园和果树园》,第三卷,第 1376 页。

④ 《艺园者记录》,1841 年,第 687 页。

⑤ 高德龙:《物种》,第二卷,第 89 页。在拉乌顿的《艺园者杂志》(第十二卷,1836 年,第 371 页)中描述过一种斑叶的丛性栖树,并有绘图,它生有单叶,原产于爱尔兰。

⑥ 《艺园者记录》,1863 年,第 575 页。

⑦ 引自皇家爱尔兰科学院,见《艺园者记录》,1841 年,第 767 页。

⑧ 拉乌顿的《植树园和果树园》:关于榆树,参阅第三卷,第 1376 页;关于栎树,参阅第 1846 页。

者说①,苏格兰赤松在它原产地苏格兰的森林中只有少数的变种;但是,"离开它的原产地,经过几个世代之后,它的树姿和叶,以及它的球果的大小、形状和颜色,都会发生很大的变异"。几乎无可怀疑的是,高地变种和低地变种在木材的价值上是有差异的,而且它们能够由种子纯粹地进行繁育;这样便证明了拉乌顿的意见是正确的,他说"一个变种所具有的重要性往往同一个物种一样,而且有时还会超过它"。② 关于这种树偶尔发生变异的情形,我可以提出颇为重要的一点;松柏纲(Cornferae)的分类是以同一叶鞘包含二个、三个或五个叶子为基础的;苏格兰赤松的叶鞘正当地只包含两个叶子,但曾看到过在一个叶鞘中包含三个叶子的标本③。在半栽培的苏格兰赤松中,除了上述这些差异以外,在欧洲的若干地方还有被某些作者分类为不同物种④的自然的或地理的族。拉乌顿⑤把具有若干亚变种(如 *mughus*,*nana* 等)的偃松(*P. pumilio*)看做是苏格兰赤松的高山变种,它们如果被栽植在不同的土壤中,就表现出很大差异。如果这一点被证明是确实的话,那么当我们指出由于长久处于严酷气候下所发生的矮化结果在某种程度上是可以遗传的时候,上述的情形大概是一件有趣的事实。

山楂(*Crataegus oxyacantha*) 有很大的变异。除了在叶子的形状上以及在浆果的大小、硬度、多肉性和形状上所发生的无数比较轻微的变异之外,拉乌顿⑥还列举了 29 个特征显著的变种。除了那些为着它们的美丽花朵而被栽培的变种之外,还有结生金黄色的、黑色的、带白点的浆果的变种;还有结生带茸毛的浆果的变种;而且还有生反曲刺的变种。拉乌顿正确地指出了山楂之所以比其他大多数的树产生了更多变种的主要理由,是因为苗圃的经营者们从大量的实生苗床中选择了任何值得注意的变种,这些实生苗是为了建造绿篱而年年被培育的。山楂的花通常含有一到三个雌蕊;但是在名为单雌蕊山楂(*C. monogyna*)和西伯利亚山楂(*C. sibirica*)的两个变种中,只生有一个雌蕊;达梭(d'Asso)说,西班牙的普通山楂经常是这种状态的⑦。还有一个变种,它的花是无瓣的,或者花瓣已退化到仅仅是一种痕迹的地步。著名的哥拉斯东巴利山楂(Glastonbury)在将近十二月末的时候还开花和生叶,这时从早期开的花所产生出来的浆果已经成熟了⑧。值得注意的是,山楂以及椴树和桧树的若干变种当幼小的时候,它们的叶子和习性是很不相同的,但是经过三四十年之后,却变得彼此极其相似⑨;这就使我们想起一件众所周知的事实:喜马拉雅雪松(deodar)、黎巴嫩杉和阿特拉斯杉(Atlas)在幼小的时候可以非常容易被区别开,而在长大的时候就困难了。

---

① 《艺园者记录》,1849 年,第 822 页。

② 《植树园和果树园》,第四卷,第 2150 页。

③ 《艺园者记录》,1852 年,第 693 页。

④ 参阅克瑞斯特博士的《关于欧洲松的物种的报告》(*Beiträge zur Kenntniss Europäischer Pinus-arten von Dr. Christ*):1864 年的植物志。他指出苏格兰赤松和瑞士松(*montana*)被一些中间的环节连接着。

⑤ 《植树园和果树园》,第四卷,第 2159、2189 页。

⑥ 《植物园和果树园》,第二卷,第 830 页;拉乌顿的《艺园者杂志》,第六卷,1830 年,第 714 页。

⑦ 《植物园和果树园》,第二卷,第 834 页。

⑧ 拉乌顿的《艺园者杂志》,第九卷,1833 年,第 123 页。

⑨ 同前书,第十一卷,1835 年,第 503 页。

花卉植物

由于若干理由，我将不详细讨论那些专门为了花而被栽培的植物的变异性。今日我们所爱好的许多种类都是由两个或两个以上的物种进行杂交和混合而产生出来的后代，仅是这种情形就为发现那些由于变异而发生的差异造成了困难。例如，我们的蔷薇、撞羽朝颜（Petunias）、荷包花（Calceolarias）、吊金钟（Fuchsias）、马鞭草（Verbenas）、唐菖蒲（Gladioli）、天竺葵（Palatgonium）等肯定都是多源的。一个熟悉祖先类型的植物学者大概可以在它们的杂交的和栽培的后代中发现某些奇特的构造差异；而且大概还一定可以观察到许多新的和显著的体质上的特性。我愿举出同天竺葵属有关的少数事例，这些事例主要引自著名的天竺葵栽培者贝克（Beck）先生[1]；有些变种比其他变种需要更多的水分；有些变种"很讨厌刀子，如果在修剪中过多地使用刀子的话"；有些变种当被盆栽时，"它的根部几乎不穿出土块以外"；有一个变种需要把它相当紧密地压在盆中，才能抽出花茎；有些变种在季节之初茂盛地开花，而其他变种则在季节之末；据知[2]有一个变种甚至可以忍耐"凤梨所能忍耐的高温，并且一点也不显得萎缩，就好像生长在普通温室里一样；'白花（Blanche Fleur）变种'好像是为了在冬季生长（像许多鳞茎那样地）、在夏季休息而被形成了的"。这些体质上的奇异特性大概会使在自然状态下生存的一种植物去适应大不相同的环境和气候。

从我们的现在观点来看，花卉植物是没有多大趣味的，因为它们的被注意和被选择几乎完全是为了花的美丽颜色、大小、完美轮廓以及生长方式。在这些特性上，简直没有一种长久栽培的花卉植物没有发生过巨大变异的。实际上，除了结实器官的形状和构造能够为花添加一些美丽之外，花卉栽培者对于结实器官还注意些什么呢？如果的确是这样的话，那么花在一些重要之点上发生了改变：雄蕊和雌蕊可能变成花瓣，而且像一切重瓣花的情形那样，多余的花瓣可能得到发展。在逐渐选择的过程中，花瓣会变得愈来愈重叠，而且变化过程中的每一步骤都可以遗传下去，这种情形在若干事例中都有所记载。在菊科的所谓重瓣花中，中央小花的花冠发生了巨大的改变，而且这些改变同样是可以遗传的。耧斗菜（Aquilegia vulgaris）的一些雄蕊变成了花瓣，它们具有蜜腺的形状，而且彼此匀整地重叠在一起，但是有一个变种的雄蕊却变成了花的单瓣[3]。在开放重叠花（hose in hose）的报春花中，花萼带有鲜艳的颜色，而且扩大得像一个花冠；乌勒尔先生告诉我说，这种特性可以遗传下去；因为他曾用普通的西洋樱草（Polyanthus）同带色花萼的西洋樱草进行杂交[4]，结果在实生苗中有些承继了带色的花萼至少达六个世代之久。在雏菊的一个变种（hen-and-chicken）中，主花被一群小花围绕着，这些小花是由总苞鳞

① 《艺园者记录》，1845年，第623页。

② 比东先生，《家庭艺园者》，1860年，第377页。参阅贝克先生《论麦勃皇后（Queen Mab）的习性》，见《艺园者记录》，1845年，第226页。

③ 摩坤-丹顿：《畸形学原理》，1841年，第213页。

④ 参阅《家庭艺园者》，1860年，第133页。

片的叶腋上的芽发展成的。一种奇异的罂粟曾被描述过，它的雄蕊变成了雌蕊；这种特性可以非常严格地遗传下去，所以在 154 株实生苗中只有一株返归了正常的和普通的模式①。在一年生的鸡冠花（*Cetosia cristata*）中，有几个族的花茎是可惊地"扁化"了，即变成为扁平的了；被展览过②的一个族的花茎实际宽达 18 英寸。大岩桐（*Gloxinia speciosa*）和金鱼草（*Antirrhinum majus*）的具有反常正齐花的族可以由种子进行繁育，它们同典型的类型在构造和外观上有着可惊的差异。

关于寒地秋海棠（*Begonia frigida*），威廉（William）爵士和虎克博士③记录了非常值得注意的变异。这种植物的雄花和雌花在正常的情况下是长在同一个密缀花序之上的；在雌花中的花被是较大的；但是在邱园（Kew）*有一株，除了正常的花之外，还产生了接近完全两性花的构造的其他花；在这些花中花被较小。为了指出这种变异在分类学观点下的重要性，我愿引用哈威教授的意见，他说，"如果这是在自然状态下发生的，而且如果一位植物学者采集了一个生有这等花的植株，他大概不仅会把它放在和秋海棠属不同的一个属中，而且可能把它看成是一个自然的新目的模式"。这种变异在某种意义上不能被当做畸形来看，因为像在虎耳草族（*Saxifragae*）和马兜铃科（*Aristolochiaceae*）的场合里那样，相似的构造自然地会在其他"目"中发生。克罗克尔（C. W. Crocker）先生的观察为这个例子大大地增添了趣味，他看到正常花的实生苗所产生的具有较小花被的两性花，其比例有如它的亲本植株所产生的一样。两性花进行自花授粉是不稔的。

如果花卉栽培者除了对于美丽的构造变异之外，还注意其他的构造变异，而且加以选择，用种子进行繁育，那么大群的奇异变种肯定会被育成的；它们大概可以如此纯粹地传递它们的性状，以致会使栽培者感到烦恼，因为像在蔬菜的场合中那样，如果整个苗床没有呈现一致的外观，他们就会感到烦恼的。花卉栽培者在某些场合里还曾注意过植物的叶子，因此产生了白色的、红色的、绿色的极其优雅而对称的形式，这些变异就像在天竺葵属的场合中那样，有时是可以严格遗传的④。惯常在花园和温室中对于高度栽培的花卉植物进行调查的任何人，都会观察到构造上的无数偏差；不过大多数的这种偏差只能被列为畸形，而且只有当阐明体制在高度栽培下多么具有可塑性的时候，它们才是有趣的。从这种观点来看，像摩坤·丹顿教授所写的《畸形学》（*Tératologie*）那样的一些著作可以说是高度有益的。

蔷薇（Roses） 这种花卉植物提供了一个事例，说明一般被分类为物种的许多类型（即 *Rosa centifolia*，*gallica*，*alba*，*damascena*，*spinosissima*，*bracteata*，*indica*，*semperflorens*，*moschata* 等）曾经发生过大量的变异，而且彼此进行过杂交。蔷薇属是著名有困难的一属，在上述类型中虽然有些被所有植物学者们认为是不同的物种，但其他类

---

① 得康多尔引自《万有文库》（*Bibl. Univ.*），1862 年 11 月，第 58 页。

② 奈特：《园艺学会会报》，第四卷，第 322 页。

③ 《植物学杂志》（*Botanical Magazine*），第 5160 表，第 4 图；虎克博士，《艺园者记录》，1860 年，第 190 页；哈威教授，《艺园者记录》，1860 年，第 145 页；克罗克尔先生，《艺园者记录》，1861 年，第 1092 页。

* 伦敦附近的一个著名的植物园。——译者注

④ 得康多尔：《植物地理学》，第 1083 页；《艺园者记录》，1861 年，第 433 页。在天竺葵属中白色的和金黄色的纹带的遗传大部取决于土壤的性质。比东，《园艺学报》，1861 年，第 64 页。

型则是有疑问的;例如,关于不列颠的类型,巴宾顿分类为 17 个物种,而边沁只分类为五个物种。从某些最不相同的类型——例如,用西洋蔷薇(*R. centifolia*)的花粉使月季花(*R. indica*)受精——所得到的杂种产生了大量的种子;我是根据利威尔先生[①]的权威著作来叙述这一点的,以下的叙述大多是引自他的著作。因为从各个地方引进的几乎一切原始类型都曾进行过杂交和再杂交,所以,无怪乎当塔季奥尼-托则特谈到意大利花园中的普通蔷薇时说道,"大多数野生蔷薇类型的原产地和真实形态是非常不肯定的"[②]。尽管如此,利威尔先生在谈到月季花时说道(第 68 页),"一个精密的观察者一般地可以辨认出每一个类群的后代"。同一作者常常谈到蔷薇很少进行杂交;不过显然的是,在很多场合里由于变异或杂交所发生的差异现在只能推测地加以区分。

物种由种子和芽都曾发生过变异;这等变异了的芽往往被艺园者们称为芽变。在下一章我将对于芽变问题进行充分的讨论,并且阐明芽变不仅可以由枝接和芽接,而且常常也可以由种子得到繁殖。只要一种具有特殊性状的新蔷薇出现了,不论它是怎样产生的,如果它能够结子,利威尔就希望它会变成一个新种类的亲类型(第 4 页)。某些种类像在"乡村姑娘"(Village Maid)的场合中那样(利威尔,第 16 页),具有如此强烈的变异倾向,以致当它们生长在不同土壤中时就会在颜色上发生非常巨大的变异,所以有人认为它们已经形成了若干不同的种类。虽然种类的数目是很多的:例如,德波尔特(M. Deportes)在他的 1829 年目录中列举了 2562 个在法国栽培的种类,但这些种类的大部分无疑是徒有其名的。

列举各个不同种类之间的许多差异之点虽没有什么用处,但有关某些体质上的特性则可以提一下。几种法国蔷薇(利威尔,第 12 页)不能成功地在英国生长;一位优秀的园艺家[③]指出,"你会发现,甚至在同一花园中,一株蔷薇能在北墙下生长得很好,却不能在南墙下有所表现。保罗·约瑟夫(Paul Joseph)在这里就是如此。它在靠近北墙的地方能够旺盛地生长,而且美丽地开花。但在南墙下的七个植株一直三年没有什么表现"。许多蔷薇适于促成栽培,"许多则完全不适于促成栽培,甲奎米诺将军(General Jaquemi-not)[④]就是其中的一个"。利威尔先生根据杂交和变异的效果,热心地期待(第 87 页)以下的日子将会到来,那就是,所有我们的蔷薇、甚至苔蔷薇(moss-rose)都会生长常绿的叶子、漂亮而芬芳的花朵,并且具有从 6 月到 12 月都能开花的习性。"这似乎是一个遥远的将来,但是,如果在栽培中坚持不屈不挠的精神,就可以获得奇迹",因为奇迹确曾这样被获得过。

大略地谈一谈一个蔷薇种类的著名历史,大概是值得的。1793 年,某些野生的苏格兰蔷薇(*R. spinosissima*)被移植到花园中去了;[⑤]其中有一株开的花微带红色,从这一株育成的另一株开放带有红色的半畸形花;从它的花产生出来的实生苗开放半重瓣花,经过不断的选择,在九年或十年中,育成了八个亚变种。在不到 20 年的时间,这些重瓣苏

---

① 利威尔:《蔷薇业余栽培者指南》(*Rose Amateur's Guide*),1837 年,第 21 页。
② 《园艺学会会报》,第九卷,1855 年,第 182 页。
③ 拉克利夫牧师,《园艺学报》,1865 年 3 月 14 日,第 207 页。
④ 《艺园者记录》,1861 年,第 46 页。
⑤ 萨巴恩先生,《园艺学会会报》,第四卷,第 285 页。

格兰蔷薇的数目和种类便大大地增多了；萨巴恩先生描述过 26 个特征显著的变种，被分为 8 个部类。1841 年[①]，据说在格拉斯哥（Glasgow）附近的苗圃中可以找到 300 个变种；它们的花有微带红色的、深红色的、紫色的、红色的、斑色的、两色的、白色的以及黄色的，而且在大小和形状上有很大的差异。

三色堇（*Viola tricolor* 等） 这种花卉植物的历史似乎是众所熟知的；1687 年它被栽培在伊威林（Evelyn）的花园中；但是直到 1810—1812 年孟克（Monke）夫人和著名的苗圃经营者利先生一齐努力栽培它们之前，没有人注意过它的变种；在很少的几年中，我们就可以买到 20 个变种了[②]。约在同一时期，即 1813 年或 1814 年，盖姆拜尔（Gambier）勋爵采集了一些野生的植株，他的园丁汤姆逊先生把它们同一些普通的栽培品种种在一起，不久就引起了巨大的改进。最初发生的巨大变化是，花的中央部分的一些黑线变成了黑的眼或中心，当时是没有看到过这样的花的，但是现在这已经成为第一流花的主要条件之一了。1835 年出版了一本专论这种花卉植物的书，而且有四百个超过名字的变种在出售。从以上这些情形来看，我认为这种植物是值得研究的，特别是从野生三色堇的花同在展览会展出的三色堇的花的对照来看，我更认为它是值得研究的；前者的花是小的、单调的、细长的、不规则的，后者的花则是美丽的、扁平的、对称的、圆形的、天鹅绒般的，直径竟达二英寸以上，而且具有各种不同的华丽颜色。但是当我开始进行更仔细的研究时，我发现了它的变种虽然是晚近产生的，但关于它们的祖先还存在有很大的混乱和疑问。花卉栽培者们相信它的变种[③]是从几个野生祖先（即 *V. tricolor*，*lutea*，*grandiflora*，*amaena*，*altaica*）传下来的，它们或多或少地彼此杂交过。当我查看植物学著作以便确定这些类型是否应当被分类为物种的时候，我发现了同等的疑问和混乱。阿尔泰堇（*V. altaica*）似乎是一个不同的类型，但是它在我们的变种起源上发生过什么作用，我还不知道；据说它曾同黄色堇（*V. lutea*）杂交过。现在所有植物学者都把阿美那堇（*V. amaena*）[④]看成为大花堇（*V. grandifiora*）的一个自然变种；它和萨得提卡堇（*V. sudetica*）已被证明同黄色堇是一个东西。黄色堇和三色堇（包括它的被承认的变种 *V. arvensis*）被巴宾顿（Babington）、同样也被对这一属特别注意的盖伊[⑤]分类为不同的物种；但是把黄色堇三色堇分为不同的物种，主要的根据是，一种严格是多年生的，另一种并不严格是多年生的，此外还根据在茎和托叶的形态上所表现的一些其他微小而不重要的差异。边沁把这两个类型放在一起了；并且关于这个问题的卓越权威者华生[⑥]说道，"三色堇一方面既然可以变成野生三色堇（V. arvensis），另一方面又同黄色堇和克提西堇（V. curtissi）非常接近，区别它们简直是不容易的"。

因此，当我仔细地比较了很多变种之后，我便放弃了这种企图，因为这对于任何人来

---

① 拉乌顿：《植物百科辞典》，1871 年，第 443 页。
② 拉乌顿：《艺园者杂志》，第十一卷，1835 年，第 427 页；《园艺学报》，1863 年 4 月 14 日，第 275 页。
③ 拉乌顿：《艺园者杂志》，第八卷，第 575 页；第九卷，第 689 页。
④ 史密斯爵士：《英国植物志》，第一卷，第 306 页。华生：《不列颠的赛贝尔》，第一卷，1847 年，第 181 页。
⑤ 引自《植物学杂志》（第一卷，1835 年，第 159 页）的附录"科学年报"。
⑥ 《不列颠的赛贝尔》，第一卷，第 173 页。并参阅赫伯特（Herbert）论移栽的植株中的颜色变化，以及大花堇的自然变异，见园艺学会学报，第四卷，第 19 页。

说都是太困难的,除非他是一位专门的植物学者。大多数变种所表现的性状是如此不稳定,以致当它们生长在瘠薄土壤上时,或者当它们超过了正常季节才开花时,它们的花的颜色就会变得不同,并且变得很小。栽培者们谈到过这个或那个种类是显著稳定的或纯粹的,但他们的意思并不是说,像在其他场合里那样,这个种类可以由种子传递它的性状,他们的意思只是说个体植株在栽培下并不发生很大的变化。然而遗传原理对于三色堇的不稳定的变种在某种程度上还是适用的,因为要想获得优良种类,就必须播种优良种类的种子。尽管如此,几乎在每一个大的实生苗床上,通过返祖,少数接近野生的实生苗还会再现。在把最精选的变种同最近似的野生类型进行比较时,除了花的大小、轮廓和颜色有差异以外,叶的形状有时也有差异,就像萼片的长度和宽度有所差异那样。蜜腺形态的差异是特别值得注意的;因为这个器官的性状曾被大事用来区分堇菜属(Viola)的大多数物种。在 1842 年我所比较的堇菜属的大部分的花中,我发现大多数的蜜腺是直的;其他蜜腺的顶端则微微地向上或者向下或者向内弯曲,形成了完全的钩状;还有一些蜜腺不是钩状的,而是先 90 度地向下弯曲,然后再向后和向上弯曲;还有一些蜜腺的顶端相当地扩大了;最后,还有一些蜜腺的基部是凹下的,像常见的情形那样,两侧朝向末端而压缩。另一方面,1856 年我在英国的另一个地方的苗圃中,观察过大量的花,蜜腺简直完全没有发生过变异。现在盖伊说道,在某些地区,特别是在奥威尔内(Auvergne),野生的大花堇(V. grandiflora)的蜜腺就像刚才描述过的情形那样,发生了变异。我们是否必须由此做出结论说,最初提到的那些栽培品种都是由大花堇(V. grandiflora)传下来的,第二群虽然有着同样的一般外观,却是由三色堇传下来的吗?(据盖伊说,三色堇的蜜腺是不容易变异的)或者,这两个野生类型在其他环境条件下会被发现是按照同样的方式和程度发生变异的,因而这就表明不应当把它们分类为不同的物种,这岂不是更可能吗?

大丽菊(Dahlia) 几乎每一位发表过关于植物变异的文章的作者都谈到过大丽菊,因为人们相信所有变种都是从单一物种传下来的,而且因为所有变种在法国都是从 1802 年以后发生的,在英国都是从 1804 年以后发生的[①]。萨巴恩先生说,"在自然的植物的固定性质消失掉并且开始发生我们现在所如此喜爱的变化之前,似乎需要相当的栽培时间"。[②] 花的形状发生了巨大的变异,从扁平形变成了球形。类似银莲花属(Anemone)和毛茛属(Ranunculus)的族[③]发生了,它们在小花的形态和排列上有差异;还有矮生族也发生了,其中之一的高度只有 18 英寸。种子在大小上发生了很大的变异。花瓣的颜色有的是均匀的,有的是点点的,有的是条条的,色泽的变化几乎是无尽的。从同一植株育成了 14 种不同颜色的实生苗[④];然而,女萨巴恩先生所说的,"有许多实生苗还追随它们的亲代颜色"。开花期相当地提早了,这大概是不断选择的效果。萨利斯巴利在 1808 年写

---

① 萨利斯巴利,《园艺学会会报》,第一卷,1812 年,第 84、92 页。1790 年在马德里(Madrid)产生过一个半重瓣变种。

② 《园艺学会会报》,第三卷,1820 年,第 225 页。

③ 拉乌顿的《艺园者杂志》,第六卷,1830 年,第 77 页。

④ 拉乌顿的《园艺百科辞典》,第 1035 页。

作时说道，当时它们是在 9 月到 12 月开花；1828 年一些新的矮生变种开始在 6 月开花[1]；葛瑞夫（Grieve）先生告诉我说，在他花园中的矮生紫色则林达（Zelinda）在 6 月中旬有时甚至还要更早一些就大量开花了。某些变种之间发生了轻微的体质上的差异：例如，某些种类在英国的某一处地方比在另一处地方能够更好地生长[2]；有人注意到某些变种比其他一些变种需要更多的水分[3]。

香石竹（carnation）、普通郁金香（common tulip）和洋水仙（hyacinth）被认为是各自从一个单独的野生类型传下来的，这等花卉植物有无数的变种，几乎专在花的大小、形状和颜色上有差异。这些以及一些长久由短匐茎、插穗（pipings）和鳞茎来繁殖的古老栽培植物格外容易变异，几乎每一个由种子培育出来的植株都会形成一个新变种，如老节拉尔得在 1597 年所写的，"详细描述所有的变种，就像滚动西西弗斯（Sisyphus）*的石头和数砂子的粒数一样"。

洋水仙（*Hyacinthus orientalis*）　无论如何，关于这种植物，是值得简短地叙述一下的，1596 年这种植物从地中海沿岸（Levant）被引进到英国[4]。保罗先生说，本来的花瓣是狭的、皱缩的、尖形的，而且它的组织是脆弱的；现在它的花瓣则是宽阔的、光滑的、坚固的、圆形的。整个穗状花序的直立性、宽度和长度，以及花的大小都增加了。颜色变深了而且多样化了。节拉尔得在 1597 年列举了四个变种，帕金逊在 1629 年列举了八个变种。现在的变种非常之多，而在一世纪以前它的变种还更多。保罗先生说，"把 1629 年的洋水仙同 1864 年的洋水仙比较一下，并且记出它们的改进，是有趣的。自从那时起，235 年已经过去了，这种简单的花卉植物充分地证明了自然的原始类型并不是固定的和不变的，至少在栽培的情形下是如此。当我们观察两极端的类型时，无论如何必须记住那里还有中间阶段，这些中间阶段的大部分对我们来说是已经亡失了。自然界有时会放任自己去跳跃一下，但是她的前进照例是缓慢而逐渐的"。他还说，栽培者应当"在他的头脑中有一种美的理想，为了实现这种理想，他必须手脑并用"。这样我们便可知道，这位非常成功的洋水仙栽培者保罗先生多么清楚地评价了有计划选择的作用。

1768 年在阿姆斯特丹[5]（Amsterdam）发表了一篇奇特而显然可以信赖的论文，这篇文章谈到当时已经知道有将近 2000 个种类，但是，1864 年保罗先生在哈尔列姆（Haarlem）的一个最大的花园中只找到 700 个种类。这篇论文谈到，还不知道有一个事例可以说明任何一个变种能够用种子来繁殖它自己，但是白色的种类现在[6]几乎永远产

---

① 《园艺学会会报》，第一卷，第 91 页；拉乌顿的《艺园者杂志》，第三卷，1828 年，第 179 页。

② 威德曼（Wildman）先生，《艺园者记录》，1843 年，第 87 页。《家庭艺园者》，1856 年 4 月 8 日，第 33 页。

③ 费维尔对于中国报春花的连续变异做过有趣的记载，它是在 1820 年被引进到欧洲的：见《科学界评论》，1869 年 6 月，第 428 页。

* 希腊神话：古时有一国王西西弗斯因作恶多端，死后打入地狱，被罚推石上山，但推上又滚下，永远如此，劳苦无已。——译者注

④ 我所看到过的最优秀的、最完善的关于这种植物的记载，是华尔塔母的著名园艺家保罗先生在《艺园者记录》（1864 年，第 342 页）中所写的那篇文章。

⑤ 《洋水仙，它的解剖、繁殖和栽培》（*Des Jacinthes，de leur Anatomie，Reproduction，et Culture*），阿姆斯特丹，1768 年。

⑥ 得康多尔：《植物地理学》，第 1082 页。

生白色的洋水仙,而黄色的种类也几乎可以纯粹地繁殖它们自己。洋水仙由于产生了开放亮蓝色的、桃红色的、纯黄色的花朵的变种而值得注意。在其他任何物种的变种中都没有出现过这三种原色,甚至在同属的不同物种中,这三种原色也不常常出现。洋水仙的若干种类除了颜色之外,虽然彼此的差异非常轻微,但是每一个种类都有它自己的独特性状,高度有训练的眼睛一看就能够辨认出这些性状;例如,阿姆斯特丹论文的作者断言(第 43 页),某些有经验的花卉栽培者,如著名的沃尔亥姆(G. Voorhelm),在上述 1200 个采集品中,只凭鳞茎就可以辨认出每一个变种! 同一位作者提到某些少数的奇妙变异:例如,洋水仙普通生有六个叶子,但是有一个种类(第 35 页)简直没有生过三个以上的叶子;另一个种类从来没有生过五个以上的叶子;同时其他一些种类则规则地生有 7 个或 8 个叶子。一个叫做主角(la Coryphée)的变种永远生有两个花茎,它们结合在一起并且由一个外皮包着(第 116 页)。另一个种类的花茎在叶子出现之前,由一个带色的鞘包着而长出地面(第 128 页),因而它容易受到霜害。还有一个变种总是在第一个花茎开始发育之后,才抽出第二个花茎。最后,具有红色、紫色或紫罗兰色的中心的白色洋水仙最容易枯萎(第 129 页)。这样,洋水仙同许多上述的植物一样,如果经过长久栽培和加以密切注意,是会发生许多奇特变异的。

在以上两章里,我相当详细地叙述了为着各种目的而栽培的多数植物的变异范围,并就所知,谈到了它们的历史。但是,有一些最容易变异的植物,如菜豆、辣椒、粟,高粱等,则略而未谈;因为植物学者们关于哪些种类应被分类为物种、哪些种类应被分类为变种,完全没有一致的意见;而且野生的亲种还没有被发现[①]。长久在热带地方栽培的许多植物,如香蕉,曾产生过无数的变种;但是对这些植物还没有做过很好的描述过,所以在这里也从略了。尽管如此,所举例子的数目已经足够,或者已经超出了足够的程度,所以关于栽培植物所曾经发生过的变异的巨大程度和性质,读者自己大概能够作出判断了。

---

① 得康多尔:《植物地理学》,第 983 页。

第十一章

论芽变，论繁殖和变异的某些变常方式

On Bud-Variation, and on Certain Anomalous Modes of Reproduction and Variation

由变异了的果实所表明的桃、李、樱桃、葡萄、醋栗、穗状醋栗、香蕉的芽变——花卉植物：山茶花、落叶杜鹃花、菊花、蔷薇等的芽变——香石竹的颜色变化——在叶上所表现的芽变——由吸根、块茎、鳞茎所发生的变异——郁金香的变色——由生活条件所引起的芽变的逐渐变化——嫁接杂种——由芽变所引起的实生杂种中的亲代性状的分离——异花粉对于母本的直接作用——雌性动物的前受胎对于以后的后代的影响——结论和提要

这一章主要用来讨论在许多方面都是重要的一个问题，即芽变。我把那些在充分成熟植物的花芽和叶芽中偶尔发生的构造上和外观上的突然变化都包括在这一术语之中。艺园者把这等变化叫做奇变（sports）；但是，像前面所说的那样，这是一个很不明确的名词，因为它常常应用于实生植物中的特征显著的变异。种子繁殖和芽繁殖之间的差异并不像初看起来那么大；因为在某种意义上来说，每一个芽就是一个新而不同的个体；但这等个体是在不受任何器官的帮助之下，通过各个种类的芽的形成而被产生出来的，而能稔的种子却是由于两种生殖质的结合而被产生出来的。由芽变所引起的变异一般在任何程度上都能够用枝接、芽接、扦插和鳞茎等来繁殖的，而且偶尔甚至能够用种子来繁殖。某些少数最美丽的和最有用的植物是由芽变而发生的。

到现在只在植物界中观察到芽变；但是，群栖动物，如珊瑚，假如长久处于家养之下，它们大概也会由芽而发生变异；因为它们在许多方面都同植物类似。例如一种群栖动物所表现的任何新的或特殊的性状都是由芽繁殖的；不同颜色的水螅（*Hydra*），以及高斯（Gosse）先生所曾示明的真正珊瑚的一个奇异变种，就是这样。水螅的一个变种也曾被接在另一变种上，而且保持了它们的性状。

我首先将叙述我所能搜集的有关芽变的所有例子，然后再指出它们的重要性①。这些例子证明了像帕拉斯先生那样的一些作者们的错误，因为他们把一切变异都归因于不同族的或者属于同族而彼此多少有些差异的不同个体的杂交；而且也证明了另外一些作者们的错误，他们把一切变异都归因于两性结合的作用。我们还不能在所有场合里都用返归常久亡失的祖代性状的原理来解释通过芽变所出现的新性状。谁如果愿意去判断生活条件在直接引起各个特殊变异上有多大作用，他就应当仔细推敲一下即将提出的事例。我首先要叙述的是在果实上所表现的芽变，其次谈一谈花，最后再谈一谈叶子。

桃（Amygdalus persica）　关于桃-扁桃和重瓣花扁桃突然产生了密切类似真桃的果实，我在上一章举出了两个例子。关于桃树的芽发展成枝条之后，产生了油桃，我也举出了许多例子。我们已经看到，6 个已被命名的和几个未被命名的桃变种就这样产生了油桃变种。我曾阐明以下的情形是高度不可能的：那就是，所有这些桃树（其中有些是古老的变种，而且曾被繁殖过无数次）都是桃和油桃的杂种；并且我也曾阐明以下的情形是完全不合乎道理的：那就是，把桃树上偶尔产生油桃的事情归因于来自某种邻近油桃树的花粉所发生的直接作用。其中有几种情形是高度值得注意的：第一，因为这样产生出来的果实有时一部分是油桃、一部分是桃；第二，因为这样突然产生出来的油桃曾经由种子繁殖了自己；第三，因为用种子以及用芽都可由桃树产生油桃。另一方面，油桃的种子偶尔也产生桃；而且我们在一个事例中曾经看到一株油桃树由于芽变而产生了桃。因为桃

◀ 樱桃。

---

①　自从本书第一版问世以后，我发现"博物馆附属养成所所长"卡瑞埃尔在他的一篇优秀论文《变种的产生和固定》（*Production et Fixation des Variéteés*，1865）里列举了许多芽变的例子，要比我的广泛很多；但这些主要是同法国所发生的情形有关，所以我还保留我的，只是添加少数从卡瑞埃尔和其他人那里引用的事实。愿意充分研究这个问题的任何人都应当看一看卡瑞埃尔的论文。

肯定是最古老的、即原始的变种，所以从油桃产生出来桃，无论是用种子或者用芽，恐怕都可以看做是一种返祖的情形。还有某些树被描述为可以产生桃也可以产生油桃，这大概可以看做是极度的芽变。

蒙特洛伊（Montreuil）的大型深红桃（grosse mignonne peach）由一个芽变枝产生了晚熟深红桃（grosse mignonne tardive），这是一个最优良的变种，它的果实成熟期比亲本树要晚两周，但是同等的好[①]。同一种桃树由于芽变也产生过早熟深红桃（early grosse mignonne）。亨特大型黄褐色油桃（Hunt's large tawny nectarine）是从亨特小型黄褐色油桃产生出来的，但不是通过种子繁殖的[②]。

李（plums） 奈特先生说，一株生长 40 年的、总是结生正常果实的黄色大型美李（magnum bonums plum）长出一个枝条，它产生了红色大型美李[③]。骚勃赖季沃茨的利威尔先生告诉我说（1863 年 1 月），紫色种类的早熟丰产李（early prolific plum）是由一个结生紫色果实的古老法国变种传下来的，在它的 400 株或 500 株树中，只有一株在十年生时产生了非常鲜艳的黄色李；除了颜色以外，它同其他树的果实毫无不同之处，但是它同任何其他已知的黄色种类的李并不相似[④]。

樱桃（Prunus cerasus） 奈特先生曾经记载过（同前书）一种情形："五月公爵"（May-Duke）樱桃的一个枝条，虽然肯定从未嫁接过，但它的果实总是比其他枝条上的果实成熟较晚而且形状较长。关于在苏格兰的两株五月公爵樱桃树，有过另一项记载：在它们的枝条上所结的长椭圆形的和很优良的果实，像奈特所说的情形那样，永远比其他樱桃晚熟两周[⑤]。卡瑞埃尔举出过无数的相似情形（第 37 页），而且有一株树结生三个种类的果实。

葡萄（Vitis vinifera） 黑色或紫色弗朗提南（Frontignan）在一种场合下连续两年地（无疑是永久地）产生了结有白色弗朗提南葡萄的芽条。在另一种场合下，在同一果柄上，下面的浆果是"完全黑色的'弗朗提南'；靠着果柄的浆果，除了一个黑色的和有条纹的之外，都是白色的"；在那个同一果柄上，一共有 15 个黑色的和 12 个白色的浆果。另一种类的葡萄在同一果柄上产生了黑色的和琥珀色的浆果[⑥]。奥达特伯爵描述过一个变种，它在同一果柄上经常结生小而圆的和大而长椭圆的浆果；虽然说浆果的形状一般是一种固定的性状[⑦]。最优秀的权威者卡瑞埃尔提出过另一个显著的例子[⑧]："一株黑色汉堡（Hamberg）葡萄（佛兰肯特尔，Frankenthal）被伐倒了，它产生了三个吸根；其中之一被压在地上，不久产生了远比普通浆果为小的浆果，而其成熟期总是比其他浆果至少早两

---

① 《艺园者记录》，1854 年，第 821 页。

② 林德雷：《果园指南》（Guide to Orchard），曾在《艺园者记录》，1852 年，第 821 页引用。关于早熟深红色桃（mignonne peach），参阅《艺园者记录》，1864 年，第 1251 页。

③ 《园艺学会会报》，第二卷，第 160 页。

④ 参阅《艺园者记录》，1863 年，第 27 页。

⑤ 《艺园者记录》，1852 年，第 821 页。

⑥ 《艺园者记录》，1852 年，第 629 页，1856 年，第 648 页；1864 年，第 986 页。勃农在《复壮法》（Rejuvenescence）中举出过其他例子，见《雷伊学会植物学纪要》（Ray Soc. Bot. Mem.），1853 年，第 314 页。

⑦ 《关于葡萄的研究》（Ampélographie），1849 年，第 71 页。

⑧ 《艺园者记录》，1866 年，第 970 页。

周。在其余的两个吸根中，有一个每年产生优美的葡萄，而其他的一个虽然可以产生大量的果实，但只有少数能成熟，这些成熟的果实的品质也是低劣的。"

醋栗（Ribes grossularia）　林德雷博士[①]描述过一个值得注意的情形；有一株醋栗同时结有不下四个种类的浆果，即红色而多毛的——红色、小形而光滑的——绿色的——杂有浅黄的黄色的；后两个种类在香气上和红色浆果有所不同，并且它们的种子是红色的。这株醋栗有三个小枝密切相连；第一个小枝结有三个黄色的和一个红色的浆果；第二个小枝结有四个黄色的和一个红色的浆果；第三个小枝结有四个红色的和一个黄色的浆果。拉克斯东（Laxton）先生还告诉我说，他看见过一株红色华铃东（Red Warrington）醋栗在同一枝条上结有红色的和黄色的果实。

穗状醋栗（Ribes rubrum）　有一株穗状醋栗是作为香槟（champagne）而被买来的，香槟是一个结生介于红、白之间的淡红色果实的变种；这株穗状醋栗 14 年以来在不同的枝条上或者在同一枝条上结生了红色的、白色的以及像香槟变种那样的浆果[②]。自然地会发生这样怀疑：这个变种可能是由红色变种同白色变种的杂交而产生出来的，同时以上的变化大概可以用返归两亲类型得到解释；但是从上述醋栗的复杂情形看来，这种见解是有问题的。在法国有一株约十年生的红色穗状醋栗，在接近枝梢的地方产生了五颗白色浆果，在下方于红色浆果之中产生了一颗半红半白的浆果[③]。亚历山大·勃农（Alxander Braun）[④]也曾看见过在白色醋栗的枝条上结有红色醋栗。

梨（Pyrus communis）　丢鲁·得拉马尔说，在一个古老变种多水易烂梨（doyenné galeux）的某些树上，有些花被霜冻死了；而其他的花则在 7 月开放，结了 6 个梨；这些梨在果皮和味道上同一个不同变种（大型白色多水梨，gros doyenné blanc）的果实非常相似，但是在形状上则同基督教徒梨（bon-chrétien）相似。这个新变种能否用芽接或枝接来繁殖，目前还不能确定。同一作者把基督教徒梨嫁接在榅桲上，除了它那固有的果实外，它还产生了一种显然是新的变异——结生特殊形态的和厚而粗糙的果皮的果实[⑤]。

苹果（Pyrus malus）　在加拿大，有一株叫做一磅甜味（Pound Sweet）变种的苹果树[⑥]，在两个原有那样的果实之间产生了一个十分锈色的、小型的、不同形状的而且具有短花梗的果实。因为没有锈色苹果在附近生长，所以显然不能用异花粉的直接作用来解释上述的情形。卡瑞埃尔（第 38 页）提到过一个相似的事例。关于苹果树规则地产生两个种类的果实或者产生介于二者之间的果实，我将在以后举出一些例子；这些树一般被假定是杂种亲本的后代，而且它们的果实返归了双亲类型，这种说法大概是正确的。

香蕉（Musa sapientium）　肖恩勃克爵士说，他在道明哥看见过斐格香蕉（Fig Banana）

---

① 《艺园者记录》，1855 年，第 597、612 页。

② 《艺园者记录》，1842 年，第 873 页；1855 年，第 646 页。麦肯兹先生在《艺园者记录》，第 876 页里说道，这个植株还继续结生三个种类的果实，"虽然它们每年并不相同"。

③ 《园艺评论》，在《艺园者记录》（1844 年，第 87 页）中引用。

④ 《自然界中的复壮》（Rejuvenescence in Nature），见《雷伊学会植物学纪要》，1853 年，第 314 页。

⑤ 《报告书》，第四十一卷，1855 年，第 804 页。权威高地巧得（Gaudichaud）举出过第二种情形，同前书，第三十四卷，1852 年，第 748 页。

⑥ 这个例子见《艺园者记录》，1867 年，第 403 页。

上有一个总状花序，接近它的基部结有 125 个固有种类的果实；在这些果实的上方，就像普通的情形那样，生着雄花，在这些雄花的上方又结着 420 个果实，它们具有大不相同的外观，而且成熟期比原有果实为早。这种异常的果实，除了比较小一些以外，同一般被分类为不同物种的中国香蕉（*Musa chiensis*，即 *cavendishii*）密切类似①。

花　曾经记载过许多这样的情形：整个植株，或者单独一个枝条，或者一个芽突然产生了在颜色、形态、大小、重瓣性或者其他性状上不同于固有模式的花。花的一半，或一小部分，有时改变了颜色。

山茶属（Camellia）　桃金娘叶山茶花（*C. myrtifolia*）以及普通物种的两三个变种据知都开六角形和不完全四角形的花；开这等花的枝条是由嫁接来繁殖的②。绒球（Pompon）变种常常开"四种明显不同的花——纯白色的，杂有红色斑点的；具有虎斑纹的桃红色的，蔷薇色的；把开这等花的枝条加以嫁接，可以相当确实地把它们分离开"。再者，有人看到在蔷薇色变种的一株老树上有一个枝条"返归了纯白的颜色，这种情形比由白色变为其他颜色的情形较为稀少"③。

山楂（Crataegus oxyacantha）　据知一株深桃红色的山楂开了一簇纯白色的花；④贝德福（Bedford）的苗圃经营者克拉法姆（Clapham）先生告诉我说，他的父亲曾把深红花山楂嫁接在白花山楂上，几年间它总在接穗的上方开放白色、桃红色和深花色的花簇。

杜鹃（Azalea indica）　常常由芽产生新变种，这是众所熟知的。我自己就看见过若干这种情形。曾被展出过的一个杂色杜鹃（*Azalea indica variegata*）的植株开了一簇格列斯坦西杜鹃（*A. ind. gledstanesii*）的花，"它开的这种花是如此纯真，以致可以证明这个优美变种的起源。"在杂色杜鹃的另一个植株上开了一朵赖特瑞佳杜鹃（*A. ind. lateritia*）的完全花；所以格列斯坦西杜鹃和赖特瑞佳杜鹃无疑原来都是作为杂色杜鹃的芽变枝而出现的⑤。

木槿（Paritium tricuspis）　在萨哈伦波（Saharunpore）⑥，这种植物的一株实生苗产生了这样一些枝条，"它上面的叶子和花都同正常形态大不相同"。"这种异常的叶子远比正常形态的叶子分裂为小，而且不是锐尖形的。花瓣相当地大，而且不分裂。在新鲜状态下，每个萼片的背面具有充满黏质分泌物的、显著的、大而长的腺"。金博士（Dr. King）以后管理过这些苗圃，他告诉我说，在那里生长的一株木槿（大概同上面所说的是同一株）的枝条显然是偶然地被埋在地下；这个枝条的性状可惊地变化了，它像一株矮灌木那样地生长着，它的花和叶子同另一个物种（*P. tiliaceum*）的花和叶子的形状相类似。从这个植株的近地面处抽出来的一个小枝返归了亲本类型。这两个类型在几年间用插条得到了广泛的繁殖，而且完全保持了它们的纯度。

蜀葵（Althaea rosea）　一种重瓣、黄花的蜀葵突然变成了单瓣、纯白花的种类；以后

---

① 《林奈学会会报》，第二卷，植物篇，第 131 页。
② 《艺园者记录》，1847 年，第 207 页。
③ 赫伯特：《石蒜科》（*Amaryllidaceae*），1838 年，第 369 页。
④ 《艺园者记录》，1843 年，第 391 页。
⑤ 在伦敦园艺学会展出。报告见《艺园者记录》，1844 年，第 337 页。
⑥ 贝尔先生，《爱丁堡植物学会志》，5 月，1863 年。

在单瓣白花种类的枝条之中，重现了一个开放原来的重瓣黄花的枝条①。

天竺葵属（Pelargonium）　这种高度栽培的植物似乎特别容易发生芽变。我只举出一些少数明显的例子。该特纳曾经看见过②一株"马缔纹天竺葵"（P. zonale）生有一个白色边缘的枝条，这个枝条若干年来都保持不变，而且它的花比普通花的红色较深。一般说来，这等枝条在它们的花上表现了很小的差异，或者根本没有表现差异；例如，一位作者③在一株马缔纹天竺葵上摘取了一个主梢，它抽出了三个枝条，在叶和茎的大小以及颜色上彼此都有差异；但这三个枝条上的"花都是一样的"，不过绿茎变种的花最大，斑叶变种的花最小；以后这三个变种都被繁殖了，而且分布开了。一个叫做密生（Compactum）的变种的许多枝条或整个植株开放带有橙色的猩红色花，但是有人看到过它开桃红色的花④。喜勒·海克特（Hill Hector）是一个浅红色的变种，但它产生了一个开放紫丁香色花以及红色和紫丁香色花簇的枝条。这显然是一种返祖的情形，因为喜勒·海克特是一个紫丁香色变种的实生苗⑤。下面所说的是一种更好的返祖情形：从复杂的杂交中产生出来的一个变种，经过几个世代的种子繁殖之后，由芽变产生了三个很不相同的变种，这些变种同"在某一时期中曾为这种植物的祖先"⑥的一些植物没有分别。在所有天竺葵属植物中，罗利逊唯一（Rollisson's Unique）似乎最容易发生芽变；它的起源还没有肯定地知道，但是人们相信它是从杂交中产生出来的。哈麦史密斯（Hammesmith）的沙尔特（Salter）先生说道⑦，他自己知道这个紫色变种产生过紫丁香色变种、带有玫瑰色的深红色变种（即 Conspicuum）以及红色变种（即 Coccineum）；最后一个变种还产生过爱神蔷薇（rose d'amour）；所以罗利逊唯一由芽变一共产生了四个变种。沙尔特先生说，这四个变种"现在可以被认为是固定的了，虽然它们偶尔还开固有颜色的花。今年红色变种（Coccineum）在同一个花簇中开了三种不同颜色的花，即红色的、玫瑰色的以及紫丁香色的，在其他花簇中则有一半是红色的，一半是紫丁香色的"。除了这四个变种以外，据知还有两个猩红色的唯一变种存在，它们都偶尔开同罗利逊唯一一样的紫丁香色花⑧；但是其中至少有一个不是通过芽变而发生的，人们相信它是罗利逊唯一的一株实生苗⑨。作为商品⑩出售的，还有其他两个微有不同的罗利逊唯一的变种，它们的来源还不知道；所以关于由芽条和种子所发生的变异，是非常复杂的⑪。还有一种更加复杂的情形：拉法林（M. Rafarin）说，一个淡玫瑰色的变种产生了一个开深红色花的枝条。"从这个'芽变枝'切取了一些插条，由这些插条培育出 20 个植株，它们在 1867 年开花了，当时发现简

---

① 《园艺评论》，在《艺园者记录》（1845 年，第 475 页）中引用。

② 杂种生成，1849 年，第 76 页。

③ 《园艺学报》，1861 年，第 336 页。

④ 阿瑞斯（W. P. Ayres），《艺园者记录》，1842 年，第 791 页。

⑤ 阿瑞斯，同前书。

⑥ 麦克斯韦尔·马斯特博士，《通俗科学评论》（Pop. Science Review），7 月，1872 年，第 250 页。

⑦ 《艺园者记录》，1861 年，第 968 页。

⑧ 同前，1861 年，第 945 页。

⑨ 保罗：《艺园者记录》，1861 年，第 968 页。

⑩ 保罗，《艺园者记录》，1861 年，第 945 页。

⑪ 关于这个变种的芽变的其他情形，参阅《艺园者记录》，1861 年，第 578，600，925 页。关于天竺葵属的芽变的其他不同情形，参阅《家庭艺园者》，1860 年，第 194 页。

直没有两朵花是相似的"。有些同亲本类型相似,有些同芽变枝相似,有些开双方的花;甚至在同一朵花上有些花瓣是玫瑰色的,而其他则是红色的①。一种英国的野生植物老鹳草(*Geranium pratense*)当被栽培在花园中时,可以看到在同一植株上开有蓝色的、白色的以及白底蓝条纹的花②。

菊花(Chrysanthemum) 这种植物由侧枝而且偶尔由吸根常常发生芽变。由沙尔特先生培育出来的一株实生苗曾经由芽变产生过六个不同的种类,其中有五个在颜色上表现了差异,一个在叶子上表现了差异,所有这些种类现在都固定了③。一个叫做塞斗·努利(*cedo nulli*)的变种开黄色小花,但它习惯地产生开白花的枝条;达伊尔(Dyer)教授看见过一个在园艺学会展出的标本。 从中国最初引进的那些变种如此富有变异性,"以致很难说出哪是变种的本来颜色,哪种是芽变枝的颜色"。同一植株在某一年只开浅黄色的花,而在下一年只开玫瑰色的花;然后又改变过来,或者同时开两种颜色的花。现在这些彷徨变种都消失了,当一个枝条变成为一个新变种的时候,一般都能被繁殖下去而且保持它们的纯度;但是,像沙尔特先生所说的,"每一个芽变枝在确实被认为是固定的以前,应当在不同土壤中受到彻底的试验,因为,据知有许多芽变枝被种植在肥沃的施有堆肥的土壤中时又还原了;不过,如果在试验中付出充分的注意和时间,则可免去以后失望的危险"。沙尔特先生告诉我说,在所有变种中最普通的芽变就是产生黄色的花,因为这是原色,所以这些情形都可归因于返祖。沙尔特先生给过我一张表,上面列举了 7 种不同颜色的菊花,所有这些都曾产生过开黄花的枝条,不过其中有三个也曾变成过其他颜色。随着花色的任何变化,一般在叶子上也相应地表现了明暗的变化。

另一种菊科植物,即蓝色矢车菊(*Centauria cyanus*),当被栽培在花园中时,常常在同一株上开四种不同颜色的花,即蓝色的、白色的、深紫色的以及杂色的④。黄春菊属(*Anthemis*)的花在同一植株上也有变异⑤。

蔷薇(Roses) 人们已经知道或者相信许多蔷薇的变种是由芽变而发生的⑥。约在1735年⑦,普通的重瓣苔蔷薇从意大利被引进到英国。它的起源还不知道,但是根据推论,它大概是由卜洛万(Provence)蔷薇(*Rosa centifolia*)的芽变而发生的;因为,据知在普通苔蔷薇的一些枝条上有几次开了完全没有或者部分没有苔的卜洛万蔷薇花;我曾看见过这样的一个事例,而且还有其他若干事例也被记载下来了⑧。利威尔先生向我说过:他从古老的单瓣苔蔷薇的种子培育出两三种卜洛万类的蔷薇⑨;单瓣苔蔷薇是在 1807 年由普通苔蔷薇的芽变产生出来的。白花苔蔷薇也是在 1788 年由普通红色苔蔷薇的一枝

---

① 麦克斯威尔·马斯特博士,《通俗科学评论》,7 月,1872 年,第 254 页。

② 勃瑞教师(Rev. W. T. Bree),拉乌顿的《艺园者杂志》,第三卷,1832 年,第 93 页。

③ 《菊花,它的历史和栽培》(*The Chrysanthemum: its History and Culture*),沙尔特(Salter)著,1865 年,第 41 页等。

④ 勃瑞,拉乌顿的《艺园者杂志》,第八卷,1832 年,第 93 页。

⑤ 勃龙,《自然史》(*Geschichte der Natur*),第二卷,第 123 页。

⑥ 利威尔,《蔷薇业余栽培者指南》(*Rose Amateur's Guide*),1837 年,第 4 页。

⑦ 谢勒尔(Shailer)先生,在《艺园者记录》(1848 年,第 759 页)中引用。

⑧ 《园艺学会会报》,第四卷,1822 年,第 137 页;《艺园者记录》,1842 年,第 422 页。

⑨ 参阅拉乌顿的《树木园》(*Arboretum*),第二卷,第 780 页。

短匐茎产生出来的;最初它是浅红色的,不过由于继续不断的芽接,它变成白色的了。把开白花苔蔷薇的枝条切取下来,它抽出两个新梢,这两个新梢上的芽长出了美丽的带有条纹的花。普通苔蔷薇由芽变不但产生了古老的单瓣红花苔蔷薇,而且还产生了古老的猩红花半重瓣苔蔷薇以及鼠尾草叶的苔蔷薇,后者的花"具有优美的贝壳形状和美丽的浅红色;现在(1852年)它已接近灭绝了"[1]。据知有一种白花苔蔷薇的花,一半是白色的,一半是桃红色的[2]。虽然几种苔蔷薇肯定是由芽变而发生的,但是大多数苔蔷薇大概还是由苔蔷薇的种子产生出来的。因为利威尔先生告诉我说,他从古老的单瓣苔蔷薇得到的实生苗几乎总是产生苔蔷薇;而且古老的单瓣苔蔷薇,就像我们所看到的那样,是原本从意大利引进的重瓣苔蔷薇的芽变的产物。从上述一些事实并且从得茂(de Meaux)苔蔷薇(也是多叶蔷薇的一个变种)[3]曾经作为普通的得茂蔷薇的芽变枝而出现的这一事实看来,原始苔蔷薇大概是芽变的产物。卡斯巴利(Caspary)教授仔细描述过[4]一株六年生的白花苔蔷薇的情形:它长出几个吸根,其中之一是有棘的,而且开红花,没有苔,同卜洛万蔷薇的花完全相似;在另一个新梢上开有两种花,此外还开有带纵条纹的花。因为白色苔蔷薇是嫁接在卜洛万蔷薇上面的,所以卡斯巴利教授把上述变化归因于砧木的影响;但是,从已经举出来的一些事实和即将举出的其他事实看来,芽变伴随着返祖大概是一个充分的解释。

还可以举出蔷薇由芽发生变异的许多其他事例。白色卜洛万蔷薇显然是由芽变而发生的[5]。卡瑞埃尔说(第36页),他自己知道有五个变种就是这样由卜瑞沃斯特公爵夫人(Baronne Prévost)产生出来的。重瓣的和富有色彩的颠茄(Belladonna)蔷薇由吸根产生了半重瓣的白花蔷薇和几乎单瓣的白花蔷薇[6];然而从这种半重瓣白花蔷薇之一生出来的吸根又返归了完全典型的颠茄蔷薇。在圣道明哥,由插条繁育出来的中国蔷薇的变种,在一两年之后又返归了古老的中国蔷薇[7]。关于蔷薇突然变成杂色的,即它们的裂片在性状上发生了变化,曾经有许多例子被记载下来:卡勃瑞兰伯爵夫人(Comtesse de Chabrillant)本来是蔷薇色的,可是在1862年展出的一些植株[8]的花,却在蔷薇色的底子上着有一片片的深红色。我曾看到台球美人(Beauty of Billiard)的花的四分之一乃至一半几乎是白色的。澳洲野蔷薇(R. lutea)生有开纯黄色花的枝条的,并不罕见[9];汉斯罗教授看见过花的一半恰好是黄色的,我看见过在一个花瓣上有黄色细条纹,而其余部分则是普通铜色的。

---

① 所有这些关于苔蔷薇的几个变种的起源的叙述,都是引自谢勒尔的权威著作,他和他的父亲曾从事它们的原种繁殖。参阅《艺园者记录》,1852年,第759页。

② 《艺园者记录》,1845年,第564页。

③ 《园艺学会会报》,第二卷,第242页。

④ 《开尼斯堡农业经济学会会报》(*Schriften der Phys. Oekon Gesell. zu Konigsberg*),2月3日,1865年,第4页。卡斯巴利博士在阿姆斯特丹园艺大会会报(1865年)上发表的论文。

⑤ 《艺园者记录》,1852年,第759页。

⑥ 《园艺学会会报》,第二卷,第242页。

⑦ 萧恩勃克爵士:《林奈植物学会会报》,第二卷,第132页。

⑧ 《艺园者记录》,1862年,第619页。

⑨ 霍普喀克(Hopkirk):《畸形植物志》(*Flora Anomala*),第167页。

下面的情形是高度值得注意的。利威尔先生告诉我说,他有一株新法国蔷薇,它具有纤弱而光滑的新梢、淡海绿色的叶子,以及带深红色条纹的浅肉色半重瓣花;然而在具有这样特性的枝条上不止一次地出现了叫做卜瑞沃斯特男爵夫人的著名古老蔷薇,它具有强壮而多棘的新梢,以及大型的、一致而浓厚的颜色的重瓣花;所以在这种场合里,新梢、叶子和花都同时由芽变而改变了它们的性状。沃尔洛特说①,一个叫做对生叶蔷薇(*Rosa cannabifolia*)的变种生有特殊形状的小叶,它的叶子同这一科的任何成员的叶子都不同,是对生的,而不是互生的,而它突然在生长于卢克森包尔公园中的一株白花蔷薇上出现了。最后,克尔提斯先生观察到②在古老的阿米·威勃特·诺赛(Aimée Vibert Noisette)上生有"一个匍匐枝",他把这个匍匐枝芽接在"塞林"(Celine)上。这样,一个攀缘的阿米·威勃特(Aimée Vibert)便最初产生了,而且以后被繁殖了。

石竹属(Dianthus) 关于芳香威廉(Sweet William,即美洲石竹,*D. barbatus*),常常可以看见它们在同株上开不同颜色的花;我曾观察到在一个花簇里有四种不同颜色的暗色花。香石竹和石竹(*D. caryophyllus* 等)偶尔由压条而发生变异;某些种类的性状非常不稳定,所以花卉栽培者把它们叫做善变花(Catch flowers)③。狄克生(Dickson)巧妙地讨论了杂色的和带条纹的香石竹的"变异",并且说道,这不能用它生长于其中的堆肥土来解释:"从同一个开纯白花的植株上取下一些压条,甚至精确地给予同样的处理,也会有一部分开纯白花,一部分开带有污斑的花;而且常常会出现只有一朵花受到污斑的影响,其余的花则完全是纯白色的。④ 杂色花的这种变异显然是由芽而返归了该物种的原来的一致颜色。

我将大略地提一提其他一些芽变的情形,以阐明属于许多目的许多植物在它们的花上发生了变异;除了这些,大概还可以举出许多其他的事例。我曾看见过在同一株的金鱼草(*Antirrhinum majus*)上面开有白色的、桃红色的以及带条纹的花,而且在红色变种的一些枝条上开有带条纹的花。我还看见过在一株重瓣一年生紫罗兰(*Mathiola incana*)上,生着有一个开单瓣花的枝条;而且在黄色紫罗兰(*Cheiranthus cheiri*)的一个暗紫色重瓣变种上生有一个返归了原来的铜色花的枝条。在同一植株的其他枝条上有些花是紫色的,有些花是铜色的;不过接近这些花的中心有些小花瓣是带铜色条纹的紫色的,或者是带紫色条纹的铜色的。一种仙客来草(*Cyclamen*)⑤据观察开有白色的和桃红色的两种花,一种类似波斯品系(*Persicum strain*),一种类似科姆品系(*Coum strain*)。有人看见过二年生月见草(*Oenothera biennis*)⑥开有三种不同颜色的花。杂种卡勒威利唐菖蒲(*Gladiolus colvillii*)时常开一样颜色的花,但是曾经记载过一种情形⑦:一个植株上的所有花都改变了颜色。有人看见过吊金钟⑧开两个种类的花。秘鲁紫茉莉(*Mirabilis jalapa*)

---

① 《关于变种的产生和固定》,1865 年,第 4 页。
② 《园艺学报》,1865 年 3 月,第 233 页。
③ 《艺园者记录》,1843 年,第 135 页。
④ 同前,1842 年,第 55 页。
⑤ 《艺园者记录》,1867 年,第 235 页。
⑥ 该特纳:《杂种的生成》,第 305 页。
⑦ 比东先生:《家庭艺园者》,1860 年,第 250 页。
⑧ 《艺园者记录》,1850 年,第 536 页。

是特别容易变异的,有时在同一株上开着有纯粹红色的、黄色的和白色的花,有时开有这三种颜色的不同配合的花①。如列考克(Lecoq)教授所指出的,开有这等非常容易变异的花的紫茉莉属植物,在大多数的、可能在所有的场合里,都是起源于不同颜色的变种之间的杂交。

叶子和新梢 果实和叶子通过芽变所发生的变化就谈到这里为止;我也曾说到蔷薇、木槿的叶子和新梢所发生的显著变异,同时比较少地谈过天竺葵、菊花的叶子所发生的显著变异。现在我再补充少数几个在叶芽中发生变异的例子。沃尔洛特说②,三叶楤木(*Aralia trifoliata*)正当地生有具三个小叶的叶子,可是在它的一些枝条上常常出现各种形态的单叶;这些枝条可以由芽接和枝接来繁殖,而且据他说,已经产生了几个名义上的物种。

关于树,在具有奇异的或观赏的叶子的许多变种中,只有少数变种的历史是已被知道的;但是,有几个变种大概是由芽变而发生的。这里有一个例子:——在内克东(Necton)的土地上生长着的一株老梣树(*Fraxinus excelsior*),如梅生(Mason)先生所说的,"多年来生有一个大枝,其性状完全不同于该树的其余枝条,而且也不同于我曾看见过的其他任何梣树的枝条;它的关节短,密被树叶"。这个变种被确定可以由嫁接来繁殖的③。具有切叶(cut leaves)的某些树的变种,如栎叶毒豆(oak-leaved laburnum)、香芹菜叶葡萄(parsley-leaved vine)、特别是羊齿叶山毛榉(fern-leaved beech)都容易由芽返归普通的形态④。山毛榉的羊齿状的叶子有时只是部分地返归普通的形态,而在它的枝条上还到处生有具普通叶子的、羊齿状叶子的以及各种形状叶子的嫩芽。这等情形同所谓异叶形的变种并没有多大差别,在后一种场合里,树惯常地生有各种不同形态的叶子;但是大多数异叶形的树可能是作为实生苗而产生的。有一个垂柳的亚变种,它的叶子卷成为螺旋形的卷儿;马斯特先生说,这种树在他的花园中二十五年以来都保持了它的纯度,然后抽出了一个直生的枝,它具有平坦的叶子⑤。

我曾常常注意山毛榉和其他一些树的单独一个小枝和一些枝条上的叶子在其他枝条上的叶子展开之前就已经充分展开了;因为在它们的外观或性状上找不到什么可以说明这种差异的地方,所以我假定它们就像桃和油桃的早熟和晚熟变种那样地是作为芽变而出现的。

隐花植物容易发生芽变,同一株羊齿上的叶子常常呈现显著的构造偏差。从这等异常的羊齿叶子上取下来的具有芽的性质的孢子,在通过有性世代的阶段之后⑥,可以非常正确地繁殖出同样的变种。

关于颜色,叶子常常由芽变而变得带有白色的、黄色的和红色的条、斑或点;甚至在

---

① 勃农:《雷伊学会植物学纪要》,1853 年,第 315 页;霍普略克:《畸形植物志》,第 164 页;列考克:《欧洲植物地理学》,第三卷,1854 年,第 405 页;以及《关于繁殖》(*De la Fécondation*),1862 年,第 303 页。

② 《变种》(*Des variétés*),1865 年,第 5 页。

③ 梅生:《艺园者记录》,1843 年,第 878 页。

④ 勃农:《雷伊学会植物学纪要》,1853 年,第 315 页;《艺园者记录》,1841 年,第 329 页。

⑤ 马斯特博士:《皇家研究所讲义》(*Royal Institution Lecture*),1860 年,3 月 16 日。

⑥ 参阅勃赖季曼(W. K. Bridgeman)先生在《博物学年报》(12 月,1861 年)上所发表的奇妙论文,以及司各脱先生在《爱丁堡植物学会志》(6 月 12 日,1862 年)上所发表的论文。

自然状态下的植物也时常发生这种情形。然而斑叶在由种子产生的植物中更是常常出现；甚至子叶也受到这种影响①。关于斑叶是否应当被认为一种病，曾经进行了无休的争论。在下一章，我们将看到无论在幼苗的场合里或是在成熟植物的场合里，土壤的性质对于它有非常大的影响。在苗期具有斑叶的植物一般是由种子把它们的性状传递给大部分后代的；沙尔特先生曾经给过我一张表，上面列举了八个属，都曾发生过这种情形②。波洛克（F. Pollock）爵士给过我更精确的消息：他播种了一种唇形科植物的 *Ballota nigra* 的野生斑叶植株的种子，结果 30％的实生苗是斑叶的，然后再播种后者的种子，结果 60％的实生苗是斑叶的。如果枝条由芽变而成为斑叶的，并且用种子来繁殖这个变种，那么它的实生苗很少是斑叶的；沙尔特先生发现属于 11 个属的植物都有这种情形，其中大多数的实生苗都被证明是绿叶的；然而少数实生苗则是斑叶的，或者它们的叶子是完全白色的，不过没有一株值得保存下来。斑叶植物，不论原来是由种子或芽产生出来的，一般都能由芽接、枝接等来繁殖的；但是所有它们都容易由芽变返归它们的原来的叶子。然而，这种倾向甚至在同种的一些变种中也有差异；例如，正木（*Euonymus japonicus*）的一个金黄色条纹变种"很容易返归绿叶的状态，而银色条纹变种简直不发生什么变化"③。我曾看见过一个构骨叶冬青树的一个变种，在它的叶子中央有黄色的斑点，它无论在什么地方都会部分地返归原来的叶子，所以在同一个小枝条上有许多生两种叶子的新梢。在天竺葵属里，并且在其他一些植物里，斑叶一般伴随着某种程度的矮小，花花公子（Dandy）天竺葵就是一个很好的例证。当这等矮生变种由芽或吸根变回原来的叶子时，它的矮小构造却依然保持不变④。值得注意的是，如果一些枝条由斑叶返归非斑叶的状态⑤，那么从这些枝条繁殖出来的植物总是同产生这个斑叶枝条的原来的非斑叶植物不完全相似（或者如某一位观察者所主张的，决不相似）。一种植物由芽变从非斑叶变成斑叶，然后再由斑叶变回非斑叶，一般在某种程度上都要受到一些影响，而表现了微有不同的外观。

由吸根、块茎、鳞茎而发生的芽变　所有上述在果实、花、叶、新梢上所发生的芽变，除了附带提到的蔷薇、天竺葵、菊花中的吸根发生变异的少数情形以外，都是局限于茎或枝上的芽的。现在我举出少数几个在地下芽中、即在吸根、块茎和鳞茎中发生变异的事例；然而这不是说地下芽同地上芽有什么本质上的差别。沙尔特先生告诉我说，福禄考（*Phlox*）的两个变种是作为吸根而发生的；如果不是沙尔特先生经过反复的试验之后发现他不能用"根节"（root-joints）来繁殖它们，我大概会认为这是不值得一提的。然而斑叶的款冬（*Tussilago farfara*）就由"根节得到安全的繁殖"⑥。不过后一种植物可能是作为斑叶实生苗而发生的，这大概可以说明它的性状的较大固定性。刺蘗（*Berberis vul-*

①　《园艺学报》，1861 年，第 336 页；沃尔洛特：《变种》，第 76 页。
②　参阅沃尔洛特：《变种》，第 74 页。
③　《艺园者记录》，1844 年，第 86 页。
④　《艺园者记录》，1861 年，第 968 页。
⑤　《艺园者记录》，1861 年，第 433 页；《家庭艺园者》，1860 年，第 2 页。
⑥　勒摩奴（M. Lemoine，在《艺园者记录》，1867 年，第 74 页引用）最近观察了具有斑叶的一种紫草科植物（Sgmphtum）不能用分根的方法来繁殖。他还发现在用分根方法来繁殖的 500 株具有条纹花的"福禄考"中，只有七、八株开带条纹的花。关于条纹的天竺葵，参阅《艺园者记录》，1867 年，第 1000 页。

garis）提供了一个相似的例子；有一个著名的变种，它的果实没有子，能够由插条或压条来繁殖，但由吸根来繁殖时，总是返归果实有子的普通类型①。我父亲反复地进行了这个试验，总是得到同样的结果。这里我愿提一下玉蜀黍和小麦有时像甘蔗那样地从茎或根产生一些新变种②。

现在谈一谈块茎：在普通马铃薯（Solanum tuberosum）中一个单独的芽或眼有时发生了变异，并且产生了一个新变种；或者，偶尔地一个块茎上的所有芽眼同样地而且同时地都发生了变异，所以整个块茎获得了一种新的性状，这是一件更加值得注意的事情。例如，古老的四十折马铃薯（Forty-fold potato）——一个紫色变种——的块茎上的一个单独的芽眼据观察③变成白色的了；这个芽眼被切下来，进行单独的栽植，于是这个种类此后便大大繁殖起来了。肯波马铃薯（Kemp's potato）原来是白色的，但是在兰开郡的一个植株产生了两个红色的块茎，以及两个白色的块茎；红色种类按照普通的方法用芽眼来繁殖，它保持了新获得的颜色，由于它被发现是一个产量比较高的变种，所以很快地在泰勒四十折（Taylor's Forty-fold）④这个名字之下广泛地被人们知道了。古老的四十折马铃薯已经说过是一个紫色变种；但是有一个长久栽培在同一块土地上的植株，像上面所说的那种情形一般，产生了不是一个单独的白色芽眼，而是一个整个的白色块茎，这个白色块茎以后被繁殖了，并且保持了它的纯度⑤。关于整行马铃薯的大部分微微地改变了它们的性状，也曾有若干例子被记载下来⑥。

由块茎繁殖的大丽菊在圣道明哥的炎热气候下发生了很大的变异；肖恩勃克爵士举出过一个蝴蝶变种（Butterfly variety）的例子，这个变种第二年在同一植株上开了"重瓣的和单瓣的花；一种花瓣是白色的而镶以栗色的边，一种花瓣是一致深栗色的"⑦。勃瑞先生也曾提到过一个植株，"它开两种单色的花，还有这两种颜色美丽地混合在一起的第三种花"⑧。另一个例子是，"紫花大丽菊开了带紫色条纹的白花"⑨。

鉴于鳞茎植物的栽培是多么长久和广泛，而且由种子产生出来的变种是多么众多，这些植物由短匍茎——即由新鳞茎的产生——所发生的变异恐怕没有预期的那样大。然而关于洋水仙，卡瑞埃尔曾经举出过几个事例。关于一个蓝色变种的情形，也曾有过

---

① 安得逊：《农业的再建》，第五卷，第 152 页。

② 关于小麦，参阅《谷类的改进》，希瑞夫著，1873 年，第 74 页。关于玉蜀黍和甘蔗，卡瑞埃尔，同前书，第 40、42 页。关于甘蔗，毛里求斯的考德威尔（J. Caldwell）先生说道（《艺园者记录》，1874 年，第 316 页），"丝带甘蔗"（Ribbon cane）在这里"从同一个头状花变成了一种完全绿色的甘蔗和一种完全红色的甘蔗。"我自己也证实了这一点，我在同一块耕地上看到至少 200 个例子，这一事实完全推翻了我们的关于颜色的差异是不变的那种先人之见。带条纹的甘蔗变成绿色甘蔗并不罕见，而变成红色甘蔗是普遍不被相信的，这两种现象发生于同一植株上也是难被相信的。然而，我在弗列希曼（Fleischman）的《关于 1848 年在路易安那栽培甘蔗的报告》（美国专利局出版）中发现了同样的情形，可是他说他自己从未看见过这种情形。

③ 《艺园者记录》，1857 年，第 662 页。

④ 《艺园者记录》，1841 年，第 814 页。

⑤ 《艺园者记录》，1857 年，第 613 页。

⑥ 同前，1857 年，第 679 页。关于其他类似的记载，参阅菲利普（Philips）的《蔬菜史》，第二卷，第 91 页。

⑦ 《林奈学会杂志》，第二卷，植物篇，第 132 页。

⑧ 拉乌顿的《艺园者杂志》，第八卷，1832 年，第 94 页。

⑨ 《艺园者记录》，1850 年，第 536 页；1842 年，第 729 页。

记载，它在连续三年中生出了一些短匐枝，在它上面开有具红色中心的白花①。另一种洋水仙②在同一个花簇上开有完全桃红色的和完全蓝色的花。我曾看见过一个鳞茎同时生有三种不同颜色的花簇，一种开有优美的蓝色花，另一种开有优美的红色花，第三种一边是蓝色的花、一边是红色的花；其中还有几朵花具有红色的和蓝色的纵条纹。

约翰·司各脱先生告诉我说，1862 年在爱丁堡植物园的猩红花君子兰（*Imatophyllum miniatum*）生出一个和普通形态不同的吸根，它的叶子是二列的而不是四列的。叶子也比较小，叶面是凸起的而不是有纵沟的。

在郁金香的繁殖中，曾经培育出一些叫做单色花（selfs）或种苗（breeders）的实生苗来，它们的花色是"由以白色或黄色为底子的一种单色构成的"。如果把这些实生苗栽培在干燥而稍为瘠薄的土壤中，它们就会变成杂色的，因而产生出一些新变种。在它们发生这种变异以前所经过的时间是不一样的，从一年到二十年，或者更多，而且有时永远不发生这种变化③。对于一切郁金香有价值的变色或杂色都是由于芽变而发生的；因为，虽然拜勃洛曼（Bybloemens）以及一些其他种类是从几个不同的种苗培育出来的，但是据说所有的巴盖特（Baguets）都是从单独一株种苗或实生苗培育出来的。这种芽变，按照威尔摩林和沃尔洛特的观点④看来，恐怕是返归该物种所固有的标准颜色的一种尝试。然而，已经变色的一种郁金香，如果被施以过强的肥料，则有呈现红色或由于返祖的第二次作用（second act of reversion）而失去杂色的倾向。某些种类，如弗劳罗斯皇后（Imperatrix Florum），远比其他种类容易呈现红色；狄克生先生主张⑤这同其他植物的变异一样地不容易解释。他认为英国的栽培者们由于从杂色的花而不是从单色的花小心地选择种子，所以一定程度地减弱了在已经变色的花中所发生的返归本来颜色的倾向、即第二次返祖的倾向。卡瑞埃尔认为（第 65 页）剑叶鸢尾（*Iris xiphium*）同许多郁金香几乎一样地发生变化。

在金黄色老虎花（*Tigridia conchiflora*）⑥的一个苗床上所有早开的花连续两年都同古老的红色老虎花（*T. pavonia*）的花相似；但是后开的花的颜色则为优雅的固有黄色，并且缀有深红色的点儿。关于萱草属（*Hemerocallis*）的两个类型，曾经发表过一个显然可信的报告⑦，这两个类型普遍被认为是不同的物种，彼此转变；因为，如果把黄褐色大花萱草（*H. fulva*）的根分开，栽植在不同的土壤和不同的地方，它就会产生黄色小花萱草（*H. flava*）以及一些中间的类型。这等情形是否可以像杂色的郁金香呈现红色以及杂色的香石竹的"变色"——这就是说它们要多少完全地返归一种一致的颜色——那样地应当被放在芽变之下，或是应当把它们保留下来而放在我讨论生活条件对于生物的直接作用那一章里，还是难以决定的。不过这等情形同芽变很有共同之处，因为它们的变化

---

① 《洋水仙》（*Des Jacinthes*）等，阿姆斯特丹，1768 年，第 122 页。

② 《艺园者记录》，1845 年，第 212 页。

③ 拉乌顿的《园艺百科辞典》，第 1024 页。

④ 《变种的产生》，1865 年，第 63 页。

⑤ 《艺园者记录》，1841 年，第 782 页；1842 年，第 55 页。

⑥ 《艺园者记录》，1849 年，第 565 页。

⑦ 《林奈学会会报》，第二卷，第 354 页。

不是由于种子生殖的作用,而是由于芽的作用。相反地,它们也有不同之处——在芽变的正常情况下,只有一个芽发生变化,而在上述的情形中,同株的所有芽都一齐发生变化。关于马铃薯,我们看见过一种中间的情形,因为某一个块茎上的所有芽眼都同时改变了它们的性状。

我用少数几个类似的情形——它们既可以放在芽变之下,也可以放在生活条件的直接作用之下,作为本节的结束。当普通獐耳细辛(Hepatica)从它的原产森林地带中被移植出来的时候,它的花色甚至在第一年就改变了[1]。众所周知:色三色堇的改良品种被移植时,它常常产生了一些在大小、形状和颜色上都大为不同的花;例如,正当一个大形、颜色一致、深紫色花的变种盛开花朵的时候,我移植了它,于是它产生了远比原来为小的细长形花,而且下方的花瓣是黄色的;接着开了带有紫色斑点的花,最后,在将近该年夏末的时候,又开了原来的深紫色花。安德鲁·奈特[2]认为某些果树由于被一再嫁接在各种不同砧木上[3]而发生的轻微变化是同芽变密切相似的。再者,还有一种情形:幼小果树当成长的时候改变了它们的性状;例如,实生梨随着树龄的增长而失去了它们的刺并且改进了它们的果实的风味。垂枝桦树(birch-trees)当被嫁接在普通的变种之上时,直到成长以后,才有完全的枝条下垂的习性;相反地,此后我将举出一种情形来说明某些椴树缓慢而逐渐地获得了直生的习性。所有这些随着年龄而发生的变化,都可以同前章所提到的许多树在自然状况下所发生的变化相比;譬如,黎巴嫩的雪松(Deodar)和西洋杉(Cedar)在幼龄时不相似,而在老龄时则密切相似;还有某些栎树以及椴树的一些变种都是这样的[4]。

嫁接杂种　在我作出有关芽变的提要之前,我将讨论一下多少同这个问题有关的一些奇特而异常的情形。我将以亚当金雀花(Adam's laburnum)、即 Cytisus adami 作为开始,它是两个很不相同的物种,即金链花(C. laburnum)* 和普通的紫色金雀花(C. purpureus)之间的一个类型或杂种;不过关于这种树已经屡有描述,所以我尽量简略地来谈一谈。

在整个欧洲的不同土壤中和不同气候下,这种树的枝条上的花和叶曾经反复地而且突然地返归两个亲种。看到在同一株树上具有大不相同的叶子和生长方式的枝条开有暗红色的、亮黄色的以及紫色的花簇,真是一种奇观。在同一个总状花序上时常开有两种花;我曾看见过单独一朵花恰好分成两半,一半是亮黄色的,一半是紫色的;所以旗瓣(standard petal)的一半是黄色而大型的,其他一半则是紫色而比较小的。在另一朵花里,整个花冠是亮黄色的,不过萼的恰好一半是紫色的。在另一朵花里,暗红色的翼瓣之一,生有亮黄色的细条纹;最后,在另一朵花里,稍具叶状的雄蕊之一,一半是黄色的,一

---

① 高德龙:《物种》,第二卷,第 84 页。

② 《园艺学会会报》,第二卷,第 160 页。

③ 卡瑞埃尔最近在《园艺评论》(12 月 1 日,1866 年,第 457 页)描述过一种异常的情形。他曾两次把茸毛花楸(Aria vestita)嫁接在盆栽的山楂树(thorn-tree)上;当接穗长大的时候,它的新梢的皮、芽、叶、叶柄、花瓣、花茎都同花楸的大不相同。被嫁接的新梢比未嫁接的更强壮些而且开花也早些。

④ 关于栎树,参阅《万有文库》(日内瓦,11 月,1862 年)中得康多尔的著作;关于椴树,参阅拉乌顿的《艺园者杂志》,第十一卷,1835 年,第 503 页。

* 即 Laburnum anagyroides。——译者注

半是紫色的;所以性状分离或返祖的倾向甚至会影响到一个单独的部分或器官①。关于这种树最值得注意的是,它在中间状态下,甚至在两个亲种附近生长,也是十分不稔的;但是当花变成黄色或紫色的时候,它们就结子了。我相信黄花所结的荚可以产生全数的种子;它们肯定会产生数量较多的种子。赫伯特先生从这等种子②培育出两株实生苗,它们在花茎上呈现了紫色;不过我培育出的几株实生苗,除了其中有些生有显著长的总状花序以外,在每一个性状上都同普通的金链花(C. laburnum)相似;这些实生苗是完全能稔的。突然从杂种性和不稔性非常强的一个类型重新获得这等性状的纯粹性以及能稔性,是一个可惊的现象。最初看来,开有紫花的枝条同紫色金雀花的枝条非常相似;不过当仔细比较之后,我发现它们同紫色种是不相同的,前者的新梢较粗,叶子稍宽,花稍短,花冠和萼的紫色稍不鲜明;旗瓣的基部也明显地呈现有黄色斑点的痕迹。所以它们的花并没有完全恢复它们的真正性状,至少在这个事例中是如此;同时它们并不是完全能稔的,因为许多荚没有结子,有些只结一个子,很少数结两个子;而在我的花园中一株纯粹紫色金雀花上的无数荚却结有三个、四个或五个优良的种子。还有,它们的花粉也不是很完善的,大多数的花粉粒小而枯萎;这是一个奇异的事实;因为,我们就要看到,亲本树上暗红色的和不稔的花中的花粉粒在外观上具有远为好看的形态,而且含有很少的枯萎花粉粒。返祖后的紫色花的花粉尽管是在可怜的状况下,可是它们的胚珠形成得很好,而且它们的成熟了的种子,可以自由地发芽。赫伯特先生从返祖后的紫色花的种子培育了一些植株,它们同紫色金雀花的普通状态很少有差异。我培育出来的一些植株同纯种紫色金雀花同样地没有任何差异,无论是在花的性状上或整个植株的性状上都是如此。

卡斯巴利教授检查过欧洲大陆上的几株亚当金雀花上的暗红色的和不稔的花中的胚珠③,发现它们一般是畸形的。我在英国检查过三株,它们的胚株同样也是畸形的,珠心的形状变得很大,并且不规则地伸出本来的外膜之外。相反地,花粉粒从它们的外观看来则是非常好的,并且容易地伸出了它们的花粉管。经过在显微镜下反复计算劣质花粉粒的比例数,卡斯巴利教授确定仅有 2.5% 是劣质的,这个比例数比在金雀花属(Cytisus)的三个处于栽培状况下的纯种、即紫色金雀花、金链花和高山金雀花(C. alpinus)的花粉中的比例数为低。虽然亚当金雀花的花粉在外观上是好的,但是按照诺丹对于紫茉莉属的观察④,它在机能上并不是有效的。亚当金雀花的胚珠是畸形的而它的花粉显然是健全的这一事实是非常值得注意的,因为它不仅和大多数杂种所通常发生的情形相反⑤,而且和同属的两个杂种(即 C. pur pureo-elongatus 和 C. alpinolaburnum)所发生的情形也相反。在这两个杂种中,根据卡斯巴利和我自己的观察,它们的胚珠都形成得很好,而多数的花粉粒则形成得不好;卡斯巴利教授确定,后一个杂种的花粉粒有 20.3% 是劣质的,而前一个杂种的花粉粒不下 84.8% 是劣质的。卡斯巴利教授曾把雌雄两生殖要

---

① 关于相似的事实,参阅勃农:《复壮》,见《雷伊学会植物学纪要》,1853 年,第 320 页;《艺园者记录》,1842 年,第 397 页;以及勃农在《博物学研究会议事报告》(Sitzungsberichte der Ges. naturforschender Freunde,6 月,1873 年,第 63 页)上所发表的著作。

② 《园艺学会杂志》,第二卷,1847 年,第 100 页。

③ 参阅《阿姆斯特丹的园艺学大会会报》,1865 年;但是以下记事的大部分是取自卡斯巴利教授的来信。

④ 《博物馆新报》(Nouvelles Archives du Muséum),第一卷,第 143 页。

⑤ 关于这个问题,参阅诺丹的著作,同前书,第 141 页。

素的这种异常情况当做一个论证来反对把这种植物看成是一个从种子产生出来的正常杂种;但是我们应当记住,关于杂种,对于胚珠并不曾像对花粉那样地常常进行过精密的考察,而且对胚珠的考察可能远比一般所设想的还要更加常常是不完善的。安提贝斯(Antibes)的包尔内特(E. Bornet)博士告诉我说(通过特拉哈恩·摩格瑞季先生,Mr. J. Traherne Moggridge),杂种半日花(*Cisti*)的子房往往是变形的,胚珠在某些场合里完全缺如,在其他一些场合里则不能受精。

有几种理论曾被提出来说明亚当金雀花的起源和它所发生的变化。某些作者把整个的情形都归因于芽变;但是,考虑到两个自然种金链花和紫色金雀花之间的广泛差异,同时考虑到中间类型的不稳性,这种观点可能立刻就会遭到拒绝的。我们将要看到,关于杂种植物,两个性状不同的胚可能在同一个种子内发育而结合起来;有人假定亚当金雀花就是这样起源的。许多植物学者主张亚当金雀花是按照普通方式由种子产生出来的一个杂种,并且由芽而返归了双亲类型。负的结果并没有多大价值;不过雷赛克(Reisseck)、卡斯巴利和我自己都试着使亚当金雀花和紫色金雀花杂交过,但没有成功;当我用后者的花粉使前者受精的时候,我几乎成功了,因为荚已经形成了,但是过了十六天随着花的凋谢,它们也脱落了。尽管如此,这等杂种曾经在这一属中发生过的事实,支持了亚当金雀花是这两个物种之间的自然产生的一个杂种这一信念。黄色金雀花(*C. elongatus*)曾在紫色金雀花的附近生长,而且大概通过昆虫的媒介由后者的花粉而受精(我根据试验得知这在金链花的受精上起着重要的作用);于是在黄色金雀花的实生苗床上出现了不稳的杂种(*C. purpureo-elongatus*)[1]。瓦特勒(Waterer)先生告诉我说,这样在一个实生苗床上也自然地出现了瓦特勒金链花(*C. alpino-laburnum*)[2]。

另一方面,我们看到培育这种植物的亚当(M. Adam)给予泡陶(Poiteau)[3]的一份清楚而不相同的报告,他认为亚当金雀花不是一个正常的杂种;而是一个所谓的嫁接杂种(graft-hy-brid),这就是说从两个不同物种的细胞组织之结合而产生出来的一种东西。亚当按照普通的方式把"紫色金雀花"的一块楯状树皮插入金链花砧木中;它的芽同往常一样休眠了一年,于是这块楯状树皮产生了许多芽和新梢,其中之一比紫色金雀花的新梢更加直生而且生长势更强,并且具有较大的叶子,结果它被繁育了。特别值得注意的是,亚当在这些植物开花之前把它们当做一个变种出售,而且泡陶在它们开花之后和表现出返归两个亲种的显著倾向以前,发表过一个报告。所以这里难以想象有造假的动

---

① 勃农:《雷伊学会植物学纪要》,1853 年,第 28 页。

② 这个杂种从来没有被描述过。它在叶子、开花期、旗瓣基部的深色条纹、子房的多毛性以及几乎每一个性状上都是完全介于亚当金雀花(*C. laburnum*)和高山金雀花(*alpinus*)之间的,但是它的颜色同前一个物种更接近,而且总状花序也比前一个物种的为长。以前我们曾看到它的花粉粒有 20.3% 是劣质的和没有价值的。我的植株虽然同两亲的距离不超过 30 或 40 码,但在几个季节中不结良质的子;不过 1866 年它非常能稔,而且它的长总状花序产生了一个、偶尔甚至四个荚。许多荚没有良质的种子,不过一般的都含有 一个显然是良质的种子,有时是两个,在一个场合中是三个。这些种子之中的一些发芽了,我从它们培育出两株树:一株同现在的形态相似,另一株的叶子小,具有显著的矮生性状,不过它还没有开花。

③ 《巴黎园艺学会年报》(*Annales de la Soc. de l'Hort. de Paris*),第七卷,1830 年,第 93 页。

机,同时也很难看出这里会有错误①。如果我们承认亚当的报告是真实的话,那么我们就必须承认下面的这个异常的事实:两个不同的物种能够由它们的细胞组织而结合在一起,随着产生了这样一个植株,它的叶子和不稔的花在性状上介于接穗和砧木之间,而且它的芽容易返祖;简单说来,它在每一个重要之点上都同按照正常方式由种子生殖而形成的一个杂种相类似。

关于在没有生殖器官参加下的种间杂种或变种间杂种的形成,我将举出所有我能够搜集的事实。因为,如果这是可能的话(我现在相信这是可能的),这就是一个极端重要的事实,它迟早会改变生理学者对于有性生殖所持的观点。以下所提出的大量事实将阐明由芽变而发生的两亲类型的性状分离,如在亚当金雀花场合中所发生的那种情形,虽然是一种可惊的现象,但不是一种罕见的现象。我们进而还会看出整个的芽这样地返祖了,或者只有一半、或者只有某一更小的部分返祖了。

著名的比莎利亚橙(Bizzarria orange)提供了一个同亚当金雀花严格相似的例子。一位艺园者 1644 年在佛罗伦萨(Florence)育成了这种树,他宣称它是一株曾被嫁接过的实生苗;当着接穗死了之后,砧木发芽了,于是产生了比莎利亚。加列肖仔细地检查了几株活标本并且把它们同原来的描述者内托(P. Nato)②的描述加以比较之后,他说该树同时产生同苦橙和佛罗伦萨枸橼完全一样的叶、花和果实;并且还生有复合果(compound fruit),把两个种类的果实混合在一起,或者是作内部和或外部的混合或者是作各式各样的分离。这种树可以由插条来繁殖,并且可以保持它的多样的性状。亚历山大(Alexandria)和斯密尔那(Smyrna)的所谓三面橘(trifacial orange)③在一般性质上都同比莎利亚相似,唯一不同之处只是前者的柑橘是属于甜的种类的;这种甜的柑橘和枸橼混合在一个果实内,或者分别地长在同一株树上;关于它的起源一点也不知道。许多作者相信比莎利亚是一个嫁接杂种;相反地,加列肖则认为它是一个正常的杂种,具有由芽部分地返归两亲类型的习性;我们已经看到这一属的物种经常自然地发生杂交。

众所熟知,如果把斑叶的茉莉(jessamine)芽接在普通种类之上,砧木就时常会产生带有斑叶的芽;利威尔先生告诉我说,他曾看见过这种事例。欧洲夹竹桃(oleander)也发生过同样的情形④。利威尔先生根据一位可以信任的朋友的权威意见说道,当金黄色斑叶梣树的芽被插接在普通梣树之上时,除去一个,都死去了;但是梣树砧木却受到了影响⑤,在带有死芽的树皮上的插接点的上方和下方都生出具有斑叶的新梢。安得逊·亨利(J. Anderson Henry)先生写信向我说过非常相似的情形:波尔茨(Perth)的布朗先生许多年前在一个高原的溪谷中观察过一种黄叶梣树;把这种树的芽插接在普通梣树之上,结果后者受到了影响,因而产生出一个变种(Blotched Breadablane Ash)。这个变种

---

① 《艺园者记录》(1857 年,第 382,400 页)曾经发表过一个报告,指出在普通的亚当金雀花之上插接紫色金雀花(C. purpureus),于是它逐渐得到了亚当金雀花的性状;但是我有一点怀疑,卖给不是植物学者的买主的可能是亚当金雀花,而不是紫色金雀花(C. purpureus)。我确知在另一个场合中发生过这种情形。

② 加列肖,"Gli Agrumi dei Giard Bot. Agrar. di. Firenze.",1839 年,第 11 页。他在他写的《论柑橘属》(Traité du Citrus)中说道,这个复合果的一部分好像是柠檬,不过这显然是一种错误的说法。

③ 《艺园者记录》,1855 年,第 628 页。参阅卡斯巴利教授的意见,见《阿姆斯特丹园艺学大会会报》,1865 年。

④ 该特纳(杂种的生成,第 611 页)关于这个问题屡有所论及。

⑤ 勃赖伯雷(Brabley)在他的《耕作论》(Treatise no Husbandary,1724 年,第一卷,第 199 页)中做过近似的叙述。

被繁育了，而且在晚近五十年间保持了它的性状。垂枝栲树被芽接在受到过影响的砧木之上时也同样地变成斑叶的了。曾经反复地证明过，如果把斑叶的苘麻（*Abutilon thompsonii*）嫁接在苘麻属（*Abutilon*）的几个物种之上，后者也变成斑叶的了①。

许多作者认为斑叶是一种患病的结果；上述的情形可以被看成是一种疾病的感染或某种衰弱的直接结果。摩兰（Morren）在刚才提到的一篇优秀论文中几乎证明了情形确是如此，他指出甚至把一片叶子的叶柄插接在砧木的树皮中，虽然这片叶子不久就死去了，它也充分能够把斑叶传给砧木。甚至苘麻属砧木上的充分形成了的叶子有时也会受到接穗的影响，而变成斑叶的。我们就要看到，植物生长在其中的土壤的性质对于斑叶的影响是非常之大的；某些土壤在树液或组织中所引起的无论什么变化，是不是把它叫做疾病都可以，由插接的一块树皮传给砧木，似乎并非是不可能的。但是这种变化不能被看成具有嫁接杂种的性质。

有一个像铜色山毛榉的叶子那样的深紫色叶子的欧洲榛子的变种：没有一个人把这种颜色归因于疾病，这显然仅是在普通榛子叶子上可能常常看到的一种颜色的夸张表现而已。当把这个变种嫁接在普通欧洲榛子之上时②，如已经被确定了的那样，它时常使砧木的叶子着上颜色；虽然反面证据没有多大价值，我还愿指出拥有很多这等嫁接树的利威尔先生从来没有看见过一个这样的事例。

该特纳③引述两个独立的报告，说明用各种不同的方法使深色果实的和白色果实的葡萄相结合的事情，例如把它们纵向劈开然后接合等等；这些枝条产生了两种不同颜色的葡萄果丛，而其他枝条则产生了带条纹的或者具有中间的、即新的颜色的果丛。在一种场合里甚至叶子都成为斑色的了。这些事实之所以更值得注意，是因为安德鲁·奈特在用深色葡萄的花粉使白色葡萄受精来培育一种斑色葡萄时，从来没有成功过；虽然，像我们曾经看到过的那样，他用已经斑色化了的深色阿列泡（Aleppo）葡萄的花粉使一个白色变种受精，因而获得了一些具有斑色的果实和叶子的实生苗。该特纳把上述的情形完全归因于芽变；不过非常一致的是，只有按照特殊方式来嫁接的枝条才这样地发生了变异；阿道内·得采尔纳（H. Adorne de Tscharner）肯定地说，他不止一次地得到了上述的结果，而且能够随心所欲地做到这一点，只要按照他所说的枝条的劈开和结合的方法。

《关于洋水仙》④（*Des. Jaeinthes*）的作者不仅以他的广泛知识而且以他的诚实使我受到感动，因此我引用下述的例子：他说，把蓝花洋水仙和红花洋水仙的鳞茎各切而为二，它们可以接合在一起，并且抽出一个结合了的茎（我曾亲自看见过），在这个茎上开的花对面地具有两种颜色。不过值得注意的一点是，它开的花时常是两种颜色混合在一起

①　摩兰：《比利时皇家科学院院报》（*Bull. de l'Acad. R. des Sciénces de Beligue*），第二辑，第二十八卷，1869年，第 434 页。马格纳斯（Magnus），《柏林博物学者协会》（*Gesellschaft naturforschender Freuade, Berlin*），2 月 21 日，1871 年，第 13 页。同书，6 月 21 日，1870 年，以及 10 月 17 日，1871 年。《植物学新报》（*Bot. Zeitung*），2 月 24 日，1871 年。

②　拉乌顿的《树木园》，第四卷，第 259 页。

③　《杂种的生成》，第 619 页。

④　《阿姆斯特丹》，1768 年，第 124 页。

的，这就使得这种情形同在结合了的葡萄枝条上生有混合颜色的葡萄的情形非常相似了。

在蔷薇的场合里，有人假定曾经形成过几个嫁接杂种，但是，由于正常的芽变的频繁出现，关于这些情形还有很多疑问。据我知道最可靠的只有一个由波颜特（Poynter）所记载的一个事例①，他在一封信里向我保证他的叙述是完全确实的。得文郡蔷薇（*Rosa devoniensis*）几年以前曾被芽接在一株白色斑克希亚蔷薇（Banksian rose）上；当得文郡蔷薇和班克希亚蔷薇还正在继续生长的时候，在大事变粗了的接合点上抽出了第三个枝条，它既不是纯得文郡蔷薇，也不是纯班克希亚蔷薇，而是兼有二者的性状；它的花同叫做拉马克（Lamarque，Noisettes 之一）的变种的花相似，不过它的性状却比后者优越，同时它的新梢在生长方式上同班克希亚蔷薇的新梢相似，只是前者更长一些，更强健一些，而且有刺。这种蔷薇曾在伦敦园艺学会花卉委员会上展出过。林德雷博士研究过它，并且得出结论说，它肯定是由班克希亚蔷薇同像得文郡蔷薇那样的蔷薇之混合而产生出来的，"因为，正当它在生长势上大事增强和在所有部分大事增大的时候，它的叶子则介于班克希亚蔷薇和茶香蔷薇（Tea-scented rose）之间"。好像蔷薇栽培者已预先知道斑克希亚蔷薇时常会影响其他蔷薇似的。由于波颜特先生的新变种在果实和叶子上都介于砧木和接穗之间，并且由于它是从二者之间的接合点发生出来的，所以它的起源很可能是由于芽变，而同砧木和接穗的互相影响无关。

最后，谈一谈马铃薯。垂尔（R. Trail）先生 1867 年在爱丁堡植物学会说道（此后他给过我一份更为充分的报告），几年以前他把 60 个蓝色的和白色的马铃薯从芽眼处切成两半，然后小心地把它们接合在一起，并且同时毁掉其他的芽眼。这样结合了的一些块茎产生了白色的块茎，其他则产生了蓝色的块茎；然而有些产生了部分白色的，部分蓝色的块茎；此外有四、五个块茎均匀地着上了两种颜色。我们可以断言，在后面这些情形中一个茎由于二分的芽眼的结合、即由于嫁接杂交而被形成了。

喜尔特勒兰教授在《植物学新报》（*Botanische Zeitung*，5 月 16 日，1868 年）中写过一篇报告，并附有彩图，报告中叙述了他对于两个在同一季节中表现了稳定性状的变种的试验，这两个变种是形状稍长的粗皮红色马铃薯以及圆形的光皮白色马铃薯。他把这两个种类的芽眼相互地插接在对方上，并且毁掉其他的芽眼。这样，他育成两个植株，每一个植株所产生的块茎在性状上都介于两个亲类型之间。从嫁接在白色块茎上的红色芽所产生出来的块茎，其一端是红色而粗皮的，就像它如果没有受到影响而整个块茎都应当如此的一样；它的中间部分是光皮而具红色条纹的，另一端则同砧木一样，是光皮而全白的。

泰勒（Taylor）先生收到过几个关于某一马铃薯变种被楔形嫁接在另一变种上的报告，他对于这一问题虽然有所怀疑，却还进行了 24 次试验，试验的详细情形曾在"园艺学会"②上报告过。这样，他培育出许多新变种，有些像接穗，有些像砧木，另外一些则具有中间性状。若干人都曾亲眼看见过这些嫁接杂种所产生的块茎从地里被挖出来，其中的

---

① 《艺园者记录》，1860 年，第 672 页，附有木刻图。
② 参阅《艺园者记录》，1869 年，第 220 页。

一位詹姆逊(Jameson)先生是一个马铃薯大商人,他这样写道:"它们是如此混合起来的一大堆,以前我没有看到过这样的,以后我也没有看到过。它们具有一切的颜色和形状,有些很难看,有些很美观。"另一位目击者说道,"有些是圆形的,有些是肾形的,还有些是具有紫色芽眼的肾形的,以及带有斑纹的,红、紫杂色的,它们具有一切的形状和大小"。其中有一些变种被发现是有价值的,因而得到了广泛的繁殖。詹姆逊拿走了一个大的、带有斑纹的马铃薯,把它切成五块加以繁殖;于是它们产生了圆形的、白色的、红色的以及带有斑纹的马铃薯。

费兹帕垂克(Fitzpatrick)先生按照一个不同的计划进行工作[①],他把黑色、白色和红色马铃薯的变种的幼茎嫁接在一起,而不是用它们的块茎。在这些孪生子、即结合了的植株之中有三个产生了有异常颜色的块茎,一个块茎几乎恰好一半是黑色的,一半是白色的,所以一些人看到它的时候都以为这是把两个马铃薯切开了,然后再接合在一起的;其他一些块茎则按照接穗和砧木的颜色,有的是半红半白的,有的是奇妙的红、白杂色的,有的是红、黑杂色的。

费恩(Feun)先生所提出的证据是很有价值的,因为他是一位用普通方法进行不同种类的杂交而育成了许多新变种的"著名马铃薯栽培者"。虽然他怀疑这等嫁接杂种是否有价值[②],但是他认为它"证实了"新的中间变种可以由块茎的嫁接而被产生出来。他进行过许多次试验,得到了同样的结果,并且把一些标本在"园艺学会"展出。不仅是块茎受到了影响——如有些块茎的一端是光皮和白色的,另一端是粗皮和红色的,就连茎和叶也在它们的生长方式、颜色和早熟性上被改变了。有些这等嫁接杂种经过了三年繁殖之后还在茎上表现了不同于亲本种类的新性状。费恩先生送给栽培马铃薯的亚历山大·狄恩(Alex. Dean)先生 12 个第三代块茎,以前他对于嫁接杂交是一个完全的怀疑论者,这时他却变成一个信仰者了。为了进行比较,他在这 12 个块茎的旁边栽植了纯粹的亲类型;发现从前者长出来的许多植株[③]在早熟性上,在茎的伸长性、直生性、接合性以及强健性上,在叶的大小和颜色上,都是介于两亲类型之间的。

另一位试验者林洵尔(Rintoul)先生嫁接了不下 59 个形状不同(有些是肾形的)、光滑不同、颜色不同的块茎[④],这样育成的许多植株"在块茎和茎上都表现了中间的状态"。他描述了一些最动人的例子。

1871 年我接到美国波士顿的梅瑞克(Merrick)先生写来的一封信,他说:"一位很谨慎的试验者、很有价值的《美国的蔬菜园艺》(*The Garden Vegetables of America*)一书的作者斐尔令·布尔(Fearing Burr)先生在产生不同杂色的奇异的马铃薯上获得了成功,这些显然是嫁接杂种,因为他把蓝色的或红色的马铃薯的芽眼插接在去掉芽眼的白色马铃薯上。我曾亲自看见过这些马铃薯,它们是很奇异的。"

现在我们谈一谈自从喜尔特勃兰教授的论文发表以后在德国所进行的一些试验。

---

① 《艺园者记录》,1869 年,第 335 页。

② 《艺园者记录》,1869 年,第 1018 页,载有马斯特关于结合在一起的楔状物的附着力的意见。参阅同书,1870年,第 1277,1283 页。

③ 《艺园者记录》,1871 年,第 837 页。

④ 《艺园者记录》,1870 年,第 1506 页。

马格纳斯先生介绍了①路透（Reutr）和林德慕特（Lindemuth）两位先生所做的无数试验的结果，他们二位都是隶属于"柏林皇家花园"（Royal Gardens of Berlin）的。他们把红色马铃薯的芽眼插接在白色马铃薯上，并且进行了相反的插接。这样，便获得了许多兼有接芽和砧木二者的性状的类型；例如有些块茎是白色而具有红色的芽眼的。

翌年马格纳斯先生在同一学会（1872 年 11 月 19 日）展出了纽勃尔特（Neubert）博士所作的黑色、白色、红色马铃薯之间的嫁接物，它们不仅是从块茎的结合而被嫁接在一起，而且也是从幼茎的结合而被嫁接在一起的，就像费兹帕垂克所作的那样。其结果是值得注意的，因为所有这样产生出来的块茎都具有中间性状，不过其程度有所不同。黑色马铃薯同白色马铃薯、或者黑色马铃薯同红色马铃薯之间的产物在外观上是最动人的。在白色马铃薯同红色马铃薯之间的产物中有些一半是白色的，另一半是红色的。

马格纳斯先生在该学会的下一次会议上报告了海曼（Heimann）博士的试验结果，他把红色撒克逊（Saxon）、蓝色以及长形白色的马铃薯嫁接在一起了。芽眼是用一种圆筒状的工具挖出来的，然后插接在其他变种的相应的孔穴内。这样得到的一些植株产生了大量的块茎，它们在形状上，在肉色和皮色上都是介于两亲类型之间的。

路透先生进行了一项试验②，他把长形白色墨西哥马铃薯的楔形小块插接在黑色肾形马铃薯上。这两个种类据知都是很稳定的，它们不但在形状和颜色上有所差异，而且在芽眼上也是不同的：黑色肾形的芽眼是深深陷下去的，白色墨西哥的芽眼是浅在表面的，而且具有不同的形状。从这些杂种产生出来的块茎在颜色和形状上都是介于中间的，并且有些块茎在形状上同接穗、即白色墨西哥相似，但是它的芽眼则像在黑色肾形、即砧木中那样地深深陷入，同时具有同后者的芽眼一样的形状。

任何人只要注意地去考察现在所举出的几个国家的许多观察者所作的一些试验的摘要，我想他就会相信把两个马铃薯的变种用各种不同方法嫁接在一起，是可以产生杂种植物的。应当注意到，在这些试验者之中，有些是园艺科学家，有些是大规模栽培马铃薯的人，他们以前对于嫁接杂种虽有所怀疑，但是终于相信了它的可能性，甚至认为这是容易做到的。唯一逃避这个结论的道路，就是把所有记录下来的例子都归因于简单的芽变。就像我们在本章所看到的那样，马铃薯的确有时会、虽然不是常常会由芽发生变异；但是应当特别注意，对于由嫁接杂交产生出来的许多新类型表示无限惊奇的，正是那些以寻找新变种为职业的有经验的马铃薯栽培者。可以这样主张，引起如此异常大量的芽变，只是由于嫁接的手术，而不是由于两个种类的结合；但是马铃薯普通是由切成小片的块茎来繁殖的，在嫁接杂种的场合中唯一不同之点就是把一半、或者更小的一部分、或者一个圆筒体紧紧对着另一个变种的组织放在一起，这一事实立刻就回答了上述的反对意见。再者，在两个例子中被嫁接在一起的是幼茎，而且这样结合起来的植株同块茎结合在一起所产生的结果是一样的。最有分量的一个论点是，由简单的芽变产生出来的变种往往呈现完全新的性状；而在上述所有的例子中，如马格纳斯所主张的，嫁接杂种的性状

---

① 《柏林博物学者协会议事报告》（Sitzungsberichte der Gesellschaft naturforschender Freunde zu Berlin），10 月 17 日，1871 年。

② 《柏林博物学者协会议事报告》，11 月 17 日，1874 年。参阅马格纳斯先生的优秀意见。

是介于两亲类型之间的。如果说这种结果不是由于一个种类影响了另一个种类而被产生出来,是不可令人相信的。

不论用什么方法去进行嫁接,所有种类的性状都会受到嫁接杂交的影响。这样育成的植株所产生出来的块茎兼有双亲的种种颜色、形状、表皮状态,芽眼的位置和形状;而且根据两位谨慎的观察者的意见,它们在某些体质特性上也是介于中间的。但是我们应当记住,在所有马铃薯的变种中,块茎之间的差异比其他任何部分的差异都大。

马铃薯对于嫁接杂种的形成的可能性提供了最好的证据,但是不应忽略了亚当的关于著名的亚当金雀花起源的报告(看不出他有任何造假的动机),以及关于比莎利亚橙通过嫁接杂交的起源的报告。也不应低估下述情形的价值,即葡萄、洋水仙、蔷薇的不同变种和物种嫁接在一起,因而产生了一些中间类型。显然,在某些植物中(如马铃薯)远比在其他一些植物中(如普通果树)能够更容易形成嫁接杂种;因为无数的人在许多世纪中进行了果树的嫁接,虽然接穗常常受到轻微的影响,但这是否仅仅由于养分供给的多少,是很难决定的。尽管如此,上述的情形在我看来,还证明了嫁接杂交在某些未知的条件下是可以实现的。

马格纳斯先生非常正确地主张,嫁接杂种在所有方面都同实生杂种相似,包括它们性状的巨大多样性在内。然而,这里有部分例外,因为两亲类型的性状并非常常均匀地在嫁接杂种中混合在一起。它们远比实生杂种更加普遍地发生分离现象——即在一些部分中或先或后地发生了返祖的情形。这似乎是因为生殖要素在嫁接的情况下并不像在有性生殖中那样完全地被混合起来缘故。但是这种分离现象在实生杂种中也不罕见,我们就要谈到这一点。最后,我想必须承认,我们从上述的情形中弄明白了一个高度重要的生理学上的事实,即产生一种新生物的要素并不一定是由雄性或雌性器官形成的。这些要素就存在于细胞组织中,它们在没有有性器官的帮助下也可以结合在一起,因而产生了兼有两亲类型的性状的一个新芽。

关于两亲的性状在实生杂种中通过芽变而发生的分离 现在我将举出足够的例子来阐明这种分离,即由芽变而发生的分离,可以在从种了育成的正常杂种中发生。

该特纳从不攀缘旱金莲(*Tropaeolum minus*)和旱金莲(*Tropaeolum majus*)[1]的杂交中育成了一些杂种,它们开始开的花在大小、颜色和构造上都介于两亲之间;但是在季节末的时候,其中有些植株开的花在所有方面都同母本类型相似,这些花同那些依然保持普通中间形态的花混生在一起。在外观大不相同的两种山影掌属(*Cereus*)植物、即仙人鞭(*C. speciosissimus*)和扁平茎仙人鞭(*C. phyllanthus*)[2]的杂交中产生了一个杂种,它在最初三年生长出来的茎是角形、五面的,然后又生长出来一些同扁平茎仙人鞭的茎相似的扁平茎。开洛依德也举出过关于杂种半边莲(*Lobelias*)和杂种毛蕊花(*Verbascums*)的一些例子,它们最初开一种颜色的花,但在季节末的时候,却开不同颜色的花。[3] 诺丹[4]

---

① 《杂种的生成》,第549页。然而这些植物究应分类为物种或变种,当难决定。

② 该特纳,同前书,第550页。

③ 《生理学学报》(*Journal of Physique*),第二十三卷,1873年,第100页。《圣彼得堡科学院院报》(*Act. Acad. St. Petersburgh*),1871年,第一集,第249页。

④ 《博物馆新报》,第一卷,第49页。

用光果曼陀罗（*Datura laevis*）的花粉使曼陀罗（*D. stramonium*）受精，育成了 40 个杂种；其中有三个杂种产生了许多蒴果，这些蒴果的一半、或者四分之一、或者更小的一部分同纯种光果曼陀罗的蒴果相似，是光滑而小型的，其余部分则同纯种曼陀罗的蒴果相似，是带刺而大型的；从这种复合蒴果之一，育成了一些完全类似两亲的植株。

现在谈一谈变种。在法国曾描述过一种实生苹果，据推测它有杂种的血统①，它的果实的一边比另一边大，大的一边是红色的，味酸而具有特殊的香气；小的一边是黄绿色的，而且很甜。据说它简直没有生过完全发育的种子。我猜想这同高地巧得②在法国科学院展出的那种树是不相同的，它在同一枝条上结了两种苹果，一种是红色莱茵特（Reinette rouge），另一种像加拿大浅黄色莱茵特（Reinette Canada jaunatre）：这一结有两种果实的变种可以由接穗来繁殖，而且继续结生两种果实；它的起源还不知道。拉陶修牧师（Rev. J. D. La Touche）给过我一张他从加拿大带回来的一个苹果的彩图，它的一半、即围绕和包括萼的全部以及花梗的附着点的部分是绿色的，另一半是褐色的，并且具有灰色苹果（Pomrne gris）的性质；这两部分的界线是明确的。这是一株嫁接树，拉陶修先生认为结有这种奇异苹果的枝条是从接穗和砧木的接合点生出来的：如果这一事实被确定下来，那么这种情形大概可以被放在上述嫁接杂种之列。但是这种枝条可能是从砧木生出来的，砧木无疑是实生的。

列考克教授做过秘鲁紫罗兰的不同颜色变种之间的大量杂交③，他发现在实生苗中，颜色很少混合，而是形成不同的条纹；或者花的一半是一种颜色，另一半是另一种颜色。某些变种规则地开放带有黄色的、白色的和红色的条纹的花；但是这等变种的一些植株偶尔在同株上产生开放这三种颜色的单色花的枝条，而在其他枝条上则开放一半这种颜色一半那种颜色的花，在另外一些枝条上开放带条纹的花。加列肖④进行了香石竹的互相杂交，它的实生苗是带条纹的；不过某些带条纹的植株也开完全白色的和完全红色的花。这等植株有些只开一年红色的花，在下一年就开带条纹的花了；或者相反地，有些植株在开两三年带条纹的花之后，又回头来开完全红色的花。我曾用淡色的蝴蝶（Painted Lady）豌豆的花粉使紫色甜山豌豆（Purple Sweet-pea, *Lathyrus odoratus*）受精，这大概值得在这里提一提。从同一个荚培育出来的实生苗的性状不是中间的，而是完全同某一个亲本相似。最初开放蝴蝶甜豌豆那样花朵的一些植株，在夏末开放了带紫色的条纹和斑点的花；它在这等暗色的斑纹中表现了一种返归母本变种的倾向。安德鲁·奈特⑤曾用阿列泡葡萄的花粉使白色葡萄受精，前者在叶子和果实上都带有深暗的杂色。结果是，幼小实生苗在最初不是杂色的，而在翌夏全都变成杂色的了；除了这一点，在同株上还结了完全黑色的、或者完全白色的、或者铅色而带白色条纹的、或者白色而带黑色斑点的果丛；而且一切带有这等颜色的葡萄常常出现在同一个花梗上。

----

① "L'Hermès"，1 月 14 日，1837 年，在拉乌顿的《艺园者杂志》中引用。

② 《报告书》，第三十四卷，1852 年，第 746 页。

③ 《欧洲植物地理学》（*Gèograph. Bot. de l'Europe*），第三卷，1854 年，第 405 页；《关于受精作用》（*De la Fécondation*），1862 年，第 302 页。

④ 《柑橘论》（*Tralté du Citrus*），1811 年，第 45 页。

⑤ 《林奈学会会报》，第九卷，第 268 页。

我再举一个奇妙的例子，它不是芽变，而是在同一个种子中的、不同性状的两个愈合的胚。一位著名的植物学者思韦茨先生①说道，从卵形狭叶吊金钟（*Fuchsia coccinea*）被卵形宽叶吊金钟（*Fuchsia fulgens*）的受精中所得到的一粒种子，含有两个胚，它是"一个真正的植物的孪生子"。从这两个胚产生出来的两个植株"在外观和特性上非常不同"，虽然它们都和同时从相同的双亲产生出来的其他杂种相似。这对孪生植株"在两对子叶之下，紧密地愈合成一个圆筒状的茎，因此以后看来好像是一个干上的两个枝条"。如果这两个结合起来的茎长到充分的高度而不死去，那么一个奇异混合了的杂种大概会产生出来的。萨哥瑞特描述过一个杂种甜瓜②，它恐怕就是这样发生的；因为从两个子叶芽（Cotyledon-buds）长出来的两个主枝结了很不相同的果实——在一个枝条上结的果实像父本变种的果实，而在另一个枝条上结的果实则在一定程度上像母本变种（中国甜瓜）的果实。

在变种杂交的大多数场合中以及在物种杂交的一些场合中，当实生苗最初开花的时候，两亲所固有的颜色或以条纹或以更大的部分而出现，或者在同一植株上长着不同种类的整朵花或整个果实；在这种情形下，两种颜色的出现严格说来不是由于返祖，而是由于融合能力的不足。然而，在同一季节后期或翌年或下一世代开的花和结的果实，如果变成带条纹的或一半这种颜色、一半那种颜色的，那么这两种颜色的分离就是一种由芽变而发生的严格返祖现象。所有关于带条纹的花和果实的被记载下来的许多例子，是否由于既往的杂交和返祖，还是完全不明白的，桃和油桃以及苔蔷薇等就是一例。在下一章我将阐明，在具有杂种血统的动物中，已知同一个体在成长中改变了它的性状，而返归最初同它不相似的亲代之一。最后，根据现在举出来的各种事实看来，同一个体植物，无论是变种间杂种或种间杂种，无可怀疑地会时常在它的叶、花、果上整个地或者部分地返归两亲类型。

关于雄性生殖要素对于母本的直接作用　另一类值得注意的事实必须在这里加以考虑：第一，因为它们在生理学上具有高度的重要性，第二，因为它们被假定可以解释某些芽变的情形。我所说的雄性生殖要素的直接作用，不是指的按照普通方式对于胚珠所发生的作用，而是指的对于雌性植株的某些部分所发生的作用；或者在动物的场合中，对于雌性动物以后由于第二个雄性动物而产生出来的子孙所发生的作用。我可以预先说一下，在植物方面，子房和胚珠的外皮显然是雌体的一部分，我们大概不能预期它们会受到一个不同变种或不同物种的花粉的影响，虽然在胚囊之内的、在胚珠和子房之内的胚的发育当然是依赖雄性生殖要素的。

甚至远在 1729 年，就有人观察了③豌豆的白色变种和蓝色变种当彼此靠近种植时，便相互杂交，这无疑是通过蜜蜂的媒介的；并且在秋季发现了蓝色豌豆和白色豌豆长在同一个荚内。魏格曼（Wiegmann）在这一世纪做过一个完全一样的观察。当使某一种颜色的豌豆变种同另一种颜色的豌豆变种进行人工杂交时④，同样的结果出现了若干次。

---

①　《博物学年报》，1848 年，3 月。

②　《果树生理学》，1830 年，第 126 页。

③　《皇家学会会报》，第四十三卷，1744—1745 年，第 525 页。

④　高斯先生，《园艺学会会报》，第五卷，第 234 页；该特纳，《杂种的生成》，1849 年，第 81、499 页。

这些记载使得对这个问题抱有高度怀疑的该特纳仔细地进行了一长串的试验：他选用了最稳定的变种，其结果都确定地指出，当使用一个不同颜色的变种的花粉时，豌豆的种皮颜色就会发生变异。此后这一结论被巴尔克雷牧师[①]所进行的试验证实了。

斯塔福得的拉克斯东先生当从事旨在确定异花粉对于母本植株的影响的豌豆试验时，最近[②]附带地观察了一个重要的事实。他用紫荚豌豆（Purple-podded pea）的花粉使高生甜豌豆（Tall Sugar-pba）受精，前者就像它的名字所表示的那样，具有深紫色的荚，荚皮很厚，当干了的时候就变成浅红紫色；后者具有绿色的荚，荚皮很薄，当干了的时候就变成褐白色。拉克斯东先生栽培高生甜豌豆已经有 20 年了，但从来没有看见过、也没有听到过它会产生一个紫色的荚；尽管如此，由紫荚豌豆的花粉而受精的一朵花产生了一个笼罩着紫红色的荚，拉克斯东先生欣然把这个荚赠送给我。在接近荚的顶端约二英寸长的一部分，以及接近荚柄的较小一部分都有着上述的颜色。为了比较它和紫荚的颜色，先把这两个荚弄干，然后再在水中浸泡，发现它们是完全一样的；而且在二者之中，只是直接位于荚的外皮之下的细胞才具有这种颜色。杂种的荚片也明确地比母本植株的荚片更厚、更结实，但这可能是一种偶然发生的情形，因为我不知道在"高生甜豌豆"中厚度这一性状有怎样程度的变异性。

高生甜豌豆的豆粒当干了的时候，呈现浅绿褐色，并且密布深紫色的小点，这些点是如此之小，以致不通过扩大镜就不能看到它们，拉克斯东先生从来没有看见过或听到这个变种产生过一个紫色的荚；但是，在杂种的荚中有一个豆粒呈现一致的美丽的紫罗兰色，还有一个豆粒不规则地笼罩着浅紫色。环绕豆粒的两层皮的外侧那层皮着有这种颜色。因为紫荚变种的豆粒当干了的时候呈现浅黄绿色，所以最初看来，杂种荚中的豆粒的这种颜色的显著变化似乎不会是由紫荚变种的花粉的直接作用所引起的；但是，如果我们没有忘记后一变种具有紫色的花、紫色斑点的托叶以及紫色的荚；同时如果我们没有忘记高生甜豌豆同样地具有紫色的花、紫色的托叶以及非常细微的紫色小点的豆粒，那么，我们就很难怀疑在两亲中产生紫色的倾向结合起来曾经改变了杂种荚中的豆粒的颜色。在检查了这些标本之后，我杂交了同样的两个变种，于是看到一个荚中的豆荚，而不是荚的本身，比起同样的植物同时产生出来的非杂种荚中的豆粒，有着远为显著的紫红色。我愿提出以下的情形作为一种警告，拉克斯东先生送给过我各种不同的杂交豌豆，它们微小地、甚至巨大地在颜色方面呈现着变异；但是这种变化，如拉克斯东先生所怀疑的那样，是由于从豆粒的透明外皮透出来的子叶的改变了的颜色；因为子叶是胚的一部分，所以这等情形在任何方面都不值得注意了。

现在谈一谈紫罗兰属。紫罗兰属的一个种类时常影响用作母本的另一种类的种子。因为该特纳怀疑过其他观察者以前对于这一类植物所做的同样叙述，所以我毫不犹豫地举出以下的例子。一位著名的园艺学者垂威尔·克拉克少校告诉我说[③]，大型红花的二

---

① 《艺园者记录》，1854 年，第 404 页。

② 同前书，1866 年，第 900 页。

③ 再参阅这位观察者在伦敦国际园艺学和植物学大会（1866 年）上宣读的论文。

年生品系——紫罗兰（*Matthiola annua*）*——的种子是浅褐色的，紫花分枝的皇后品系——紫罗兰（*M. incana*）——的种子是紫黑色的；他发现如果用紫花紫罗兰的花粉使红花紫罗兰受精，它们产生的种子约有 50％是黑色的。他赠送给过我一个红花植株所结的四个荚，其中有两个荚是自花受精的，它们包含的种子是浅褐色的；还有两个荚是由紫花种类的花粉而受精的，它们包含的种子都是深黑色的。黑色种子像它们的父本那样地产生了开花的植株；而浅褐色种子则产生了寻常的开红花的植株；克拉克少校播种了同样的种子，进行了更大规模的观察，所得的结果是一样的。在这个场合里，某一物种的花粉对于另一物种的种子颜色的影响，在我看来，是决定性的。

加列肖①用柠檬的花粉使一种橙的花受精；这样产生出来的一个果实在果皮上带有纵条纹，并且具有柠檬的颜色、风味和其他特性。安得逊②先生用一种猩红色果肉的甜瓜的花粉使一种绿色果肉的甜瓜受精，这样得到的果实中有两个"发生了可以看得出的明显变化；其他四个果实在内部和外部也多少发生了变化"。从前面两个果实中的种子长出来的植株兼有两亲的优良性质。葫芦科植物（Cueurbitaceae）在美国有大量的栽培，一般相信③在那里它们的果实就这样受到异花粉的直接影响；我曾接到过一份关于英国胡瓜的同样报告。人们相信葡萄也这样在颜色、大小和形状上受到了影响；在法国，一种浅色葡萄的液汁由于深色葡萄（Teinturier）的花粉而着上了颜色；在德国，一个变种所结的果实受到了两个邻近种类的花粉的影响；有些浆果只是部分地受到了影响，即变成斑点的了④。

远在 1751 年⑤，就有人观察了当玉蜀黍的不同颜色的变种彼此靠近生长时，彼此的种子会互相受到影响，现在在美国这已成为一般的信念了。萨威博士⑥仔细地进行了这样的试验：他把黄色种子和黑色种子的玉蜀黍播种在一起，于是在同一个穗上有些子粒是黄色的、有些是黑色的、有些是带斑点的，不同颜色的子粒排列有的是不规则的，有的是成排的。喜尔特勃兰教授在小心确定了母本是纯粹的以后，重复地进行了这一试验⑦。他用结有褐色谷粒的种类的花粉使结有黄色谷粒的种类受精，于是在两个穗上混生了黄色谷粒和不鲜明的紫罗兰色谷粒。在第三个穗上只生有黄色谷粒，但是穗轴的一边着上了一种红褐色；所以我们在这里看到了一个重要的事实，即异花粉的影响已经扩张到轴上去了。阿诺尔得（Arnold）先生在加拿大用另一种有趣的方法进行了试验："先让一朵雌花接受一个黄色变种的花粉的作用，然后再让它接受一个白色变种的花粉的作用；结

＊　*Matthiola annua* 系一年生的，*M. incana* 才是 2 年生或多年生的，文中却把前者说成 2 年生的，是否为排版错误，待查。但日译本和德译本也都译作"2 年生"的，现保持原样不动。——译者注

①　《柑橘论》，第 40 页。

②　《园艺学会会报》，第三卷，第 318 页。再参阅第五卷，第 65 页。

③　爱沙·格雷，《科学院院报》（*Proc. Acad. Sc.*），波士顿，第四卷，1860 年，第 21 页。我从美国的其他人士接到过关于同样效果的报告。

④　关于法国的例子，参阅《园艺学会杂志》，第一卷，新辑，1866 年，第 50 页。关于德国的例子，参阅杰克（M. Jack）的记载，曾在汉弗瑞（Henfrey）的《植物学新报》（*Botanical Gazette*，第一卷，第 227 页）上引用。巴尔克雷牧师最近在"伦敦园艺学会"举出过一个在英国的例子。

⑤　《皇家学会会报》，第四十七卷，1751—1752 年，第 206 页。

⑥　加列肖：《繁育的理论》，1816 年，第 95 页。

⑦　《植物学新报》，5 月，1868 年，第 326 页。

果是在一个穗上的每一颗谷粒都是上白下黄的。"①在其他植物中,我们时常观察到的是杂种后代表现了两个种类的花粉的影响,但在这个例子中则是两个种类的花粉影响了母本。

萨巴恩先生说道②,他曾看见过秘鲁孤挺花(*Amaryllis vittata*)的接近球形的蒴果由于应用另一物种的花粉而被改变了,后者的蒴果具有凸出的棱角。关于一个近似的属,一位著名的植物学者马克西摩契(Maximowicz)详细描述过欧洲百合(*Lilium bulbiferum*)和西伯利亚百合(*Lilium davuricum*)彼此使用对方花粉而相互受精的显著结果。每一个物种所结的果实都不像它自己固有的果实,而同受粉物种的果实几乎一样;但是由于意外的事情,只是后一物种的果实受到了仔细的检查,它的种子在翼的发育上是中间的③。

弗瑞芝·缪勒用一种树兰(*Epidendron cinnabarinum*)的花粉使巴西卡特来亚兰(*Cattleya leopoldi*)受精;蒴果包含很少的种子;但是这些种子呈现了一种最奇异的外观,从对它的描述来看,两位植物学者喜尔特勃兰和马克西摩契把这种现象归因于树兰(Epidendron)的花粉的直接作用④。

安得逊·亨利先生⑤用那特利杜鹃(*Rhododendron nuttalli*)的花粉使达豪斯杜鹃(*R. dalhousiae*)受精,前者具有最大形的花朵而且是该属的最高贵的物种。后一物种如果用自己的花粉来受精,所产生的最大荚长 1 2/8 英寸,周围长 1 1/2 英寸;而用那特利杜鹃的花粉来受精,所产生的荚中有三个长 1 5/8 英寸,周围长不下 2 英寸。这里异花粉的效果显然只局限于子房的大小的增加方面;但如以下情形所阐明的,当我们假定大小是从父本传递给母本的蒴果的时候,必须小心。亨利先生用一种筷子芥(*Arabis soyeri*)的花粉使红紫花筷子芥(*A. blepharophylla*)受精,这样产生出来的荚在所有方面都远比雄性杂种或雌性杂种自然地产生出来的荚为大,他非常亲切地把测定的详细结果和略图赠送给我。在以后的一章里,我们将看到杂种植物的营养器官同双亲的性状无关,时常发育得非常之大;上述荚的大小的增加可能是一个类似的事实。得萨泡达告诉我说,有一个被隔离的阿月浑子(*Pistacia vera*)的雌株很容易由邻近的笃耨香(*P. terebinthus*)的植株的花粉而受精,在这个场合里,它的果实只有原来大小的一半,他把这一现象归因于笃耨香的花粉的影响。

关于某一变种的花粉对于另一变种的直接作用,没有一种情形比普通苹果更加可信和更加值得注意的了。在这个场合里,它的果实是由变形的萼下部和花梗上部⑥所组成的,所以异花粉的效果甚至经扩张到子房的范围之外了。关于苹果这样受到影响的一些情形,是

---

① 参阅斯陶克东-胡哥(J. Stockton-Hough)博士,《美国博物学者》(*American Naturalist*),1 月,1874 年,第 29 页。

② 《园艺学会会报》,第五卷,第 69 页。

③ 《圣彼得堡科学院学报》,第十七卷,1872 年,第 275 页。这位作者谈到一些关于茄科植物的果实受到异花粉影响的例子,但是因为似乎没有对于母本进行人工授精,所以我没有详加说明。

④ 《植物学新报》,1868 年,9 月,第 631 页。关于马克西摩契的判断,参阅前述论文。

⑤ 《园艺学报》,1863 年,1 月 20 日,第 46 页。

⑥ 关于这个问题,参阅德开斯内教授的高度权威意见,译文见园艺学会学报,第一卷,新辑,1866 年,第 48 页。

由勃赖德雷(Bradley)在 18 世纪的中叶记载下来的;其他的情形载于旧日的《皇家学会会报》[①];在其中的一个情形中,一种锈色苹果和一个邻近种类彼此在果实上受到了相互的影响;在另一个情形中,一个光皮的种类影响了一个粗皮的种类。另一个事例指出[②],两种很不相同的苹果树彼此生长得很近,它们只在邻接枝条上所结的果实才彼此类似。如果举出圣瓦列利(St. Valery)苹果的情形之后,再引证其他例子便是多余的了,它的花由于雄蕊的退化,不产生花粉,但是当地的少女用许多邻近种类的花粉使它受精;于是它结的果实"彼此在大小、风味和颜色上都不相同,而在性状上却同授粉的雌雄同体的种类相类似"。[③]

在属于大不相同的目的植物的场合中,我根据若干优秀观察者的权威意见阐明了:一个物种或变种的花粉如果被用在一个不同类型的雌体上时,时常会引起种子的外被、子房(即果实)甚至苹果的萼和花梗的上部以及玉蜀黍的穗轴发生变异。有时整个的子房和所有的种子都这样受到了影响;有时只有某些种子(如在豌豆的场合中)或者只有子房的一部分(如带条纹的橙、带斑点的葡萄和玉蜀黍)这样受到了影响。决不可假定使用异花粉就必然地会发生直接的或立刻的作用:实际远非如此;而且它的结果取决于什么条件,也还不知道。奈特先生[④]明确地说道,虽然他几千次地杂交了苹果树和其他果树,但他从来没有看见过果实这样受到过影响。

没有一点理由可以使我们相信,结着由于异花粉而直接发生变化的种子或果实的一个枝条本身曾受到影响,以致此后因而产生变化了的芽;从花和茎的暂时结合看来,这种事情几乎是不可能的。因此,本章开始所举出的在果树的果实中发生芽变的例子,能用异花粉的作用来解释的,如果有一些,也是很少的;因为这等果实普通是由芽接或枝接来繁殖的。远在花准备受精以前必然就要发生的花的颜色变化,以及由于变化了的芽而发生的叶的形状和颜色的变化,也显然不能同异花粉的作用有任何关系。

在前面已经相当详细地提出了有关异花粉对母本的作用的例证,因为这一作用,像我们在下一章所看到的那样,在理论上是具有高度重要性的,同时因为这一作用本身就是一件值得注意的、显然异常的事情。从生理学的观点来看,这也是显然值得注意的,因为雄性生殖要素不仅按照它的固有机能可以影响胚芽,而且同时可以影响母本的各种不同部分,就像它影响从相同的两亲产生出来的实生后代一样。这样我们便知道在接受雄性生殖要素的影响中胚珠并不是非有不可的部分。这种雄性生殖要素的直接作用并不像初看起来那样异常,因为它在许多花的普通受精中是发生作用的。该特纳逐渐增加花粉粒的数目,直到成功地使一种锦葵属(Malva)植物受精为止,并且他证明了[⑤]许多花粉粒最初是在雌蕊和子房的发育(他的用语是饱食)中消耗掉的。再者,当一种植物由于一个大不相同的物种的花粉而受精时,往往是它的子房充分而迅速地发育了,但没有任何

---

①　同前杂志,第四十三卷,1744—1745 年,第 525 页;第四十五卷,1747—1748 年,第 602 页。

②　《园艺学会会报》,第五卷,第 65,68 页。再参阅喜尔特勒勃兰教授,《植物学新报》,5 月 15 日,1868 年,第 327 页,附有彩图。帕威斯(Puvis)也曾搜集了若干其他事例,《关于退化》(De la Dégénération),1837 年,第 36 页;但在所有场合中都不可能把异花粉的直接作用和芽变区别开。

③　得克列尔蒙·托内尔(T. de Clermont-Tonnerre),《巴黎林奈学会纪要》(Mém. de la Soc. Linn. de Paris),第三卷,1825 年,第 164 页。

④　《园艺学会会报》,第五卷,第 68 页。

⑤　《论受精》(Beiträge zur Kenntniss der Befruchtung),1844 年,第 347—351 页。

种子形成；或者种子的外被形成了，但其中没有任何胚的发育。喜尔特勃兰教授最近还阐明了[①]，在几种兰科植物的正常受精中，自花粉的作用对于子房的发育是必要的；而且这种发育不仅远在花粉管触到胚珠之前，而且甚至在胎座和胚珠形成之前就已经进行了；所以在这等兰科植物中，花粉直接地对于子房发生了作用。另一方面，在杂种植物的场合中，我们对于花粉的效力不应有过高的评价，因为胚可能被形成，它的影响会刺激母本的周围组织，然后在很早的期间死亡了，因而就被忽略了。再者，众所熟知，在许多植物中，它的花粉虽然被全部取出了，但它的子房还可以进行充分的发育。最后，前邱园植物园主任史密斯先生（虎克博士告诉我的）关于一种兰科植物（*Bonatea speciosa*）观察到一个奇异的事实，即子房的发育是由于柱头的机械刺激而完成的。尽管如此，根据多数花粉粒"在子房和雌蕊的饱食中"的消耗——根据在不产生种子的杂种植物中子房和种子外被的形成的普遍性——根据喜尔特勃兰教授对于兰科植物的观察，我们便可承认，在大多数的场合中，子房的膨大和种子外被的形成，不是受到受精了的胚芽的干预，而是至少受到了花粉的直接作用的帮助，如果不是全部由它所致使的话。所以，在上面所说的一些情形中，我们势必只能相信：当异花粉应用于一个不同的物种或变种的时候，它具有另外的力量，即影响母本的某些部分的形状、大小、颜色、组织等等。

现在谈一谈动物界的情形。如果我们能想象同一朵花每年都结子，那么以下的情形就不值得大事惊奇了：即具有由于异花粉而发生了变化的子房的花，在下一年如果实行自花受精，就会产生由于以前的雄性影响而发生变化的后代。在动物中确曾发生过密切近似的情形。在屡屡被引用的莫尔登勋爵的一个例子中，一头接近纯种的阿拉伯栗毛母马同一头南非斑马（Quagga）交配，产生了一个新种；后来这头栗毛母马被赠送给高尔·乌兹雷（Gore Ouseley）爵士，它又同一头黑色阿拉伯马交配，产生两匹马驹。这两匹马驹部分地带有暗褐色，腿部的条纹比真正的杂种、甚至比南非斑马还要明显。其中一匹马驹在颈部以及身体的其他一些部分上都具有明显的条纹。在欧洲的所有种类的马，不用说腿部，就连躯干也少有条纹，至于阿拉伯马几乎不知道有这种情形；我是经过长久注意了这个问题之后才这样说的。但是使这个例子更加动人的是，这两匹马驹的鬃毛同南非斑马的类似，即短、硬而直立。因此，南非斑马影响了黑色阿拉伯马的以后的后代的性状，是无可怀疑的了。珍纳·威尔先生向我说过一个严格相似的例子：他的一位邻人，勃赖克喜茨的列茨勃瑞季（Lethbridge）先生有一匹马，以前曾同南非斑马交配过，并且产生了一匹马驹，这匹马以后在摩斯汀（Mostyn）勋爵处饲养。这匹马是暗褐色的，在背上具有一条深色的条纹，在前额和眼睛之间具有模糊的条纹，在前腿的里侧具有明显的条纹，后腿的条纹稍微有点模糊，眉上没有条纹。它的鬃在前额远比马的鬃生长得低，但不像南非斑马或斑马（zebra）的鬃那样的低。它的蹄在比例上比马的蹄要长——因此，当马掌铁匠第一次给这匹马钉马掌时（他不知道它的来源）说道，"如果我不知道我在给一匹马钉掌，大概我会以为我在给一匹驴钉掌

---

① 《兰科植物的果实形成。花粉重复作用之一证明》，见《植物学新报》，第 44 期和第 45 期，10 月 30 日，1863 年；8 月 4 日，1865 年，第 249 页。

呢"。关于我们的家养动物的变种,曾经发表了许多类似的和十分可信的事实[1],并且还有其他一些用通信方式告诉我的事实,这些都明显地阐明了第一个雄者对于雌者以后同其他雄者交配所产生出来的后裔是有影响的。在莫尔顿勋爵之后,在《皇家学会会报》上有一篇论文,只举出其中的一个事例就足可以说明上述的问题了;吉尔斯(Giles)先生用一头深栗色的野公猪同威斯特恩(Western)勋爵的黑白斑埃塞克斯品种(Essex breed)的母猪交配;"产生出来的小猪在外观上兼有公猪和母猪的特征,不过在其中的一些小猪里,公猪的栗色强烈地占有优势"。在公猪死去好久之后,这头母猪又同一头具有它自己那样的黑白斑的公猪——这个种类以非常能够保持它的纯度而从不呈现一点栗色而闻名——进行交配,在这次交配中产生出来的一些小猪就像第一胎小猪那样明显地具有同样的栗色。同样的情形如此常常发生,以致谨慎的育种家们为了不损害以后产生出来的后代,在任何动物的场合中都避免用劣等的雄者同优良的雌者进行交配。

有些生理学者企图用由于母亲的想象曾经受到强烈影响而发生的一种前受胎作用(previous impregnation)来解释上述那些值得注意的结果;不过以后将会看到,任何这等信念的根据都是很薄弱的。其他一些生理学者把这些结果归因于变化了的胚和母体之间所存在的密切结连以及自由流通的血管。但是根据异花粉对于子房、种子外被以及母本的其他部分所发生的作用来推论,则有力地支持了以下的信念:即在动物中,雄性生殖要素并不通过处于雌体之中的胎,而直接地对雌体发生作用。在鸟类中,胚和母体之间并没有密切的联结;然而一位谨慎的观察者贾波犹斯(Chapuis)博士说道,关于鸽子,第一个雄鸽的影响时常会在以后的雏鸽中出现;不过这种说法还有待证实。

本章的结论和提要　本章后一半所举出的一些事实很值得考虑,因为这些事实向我们阐明了一个类型同另外一个类型的结合会以何等众多的异常方式使此后产生出来的实生后代或芽发生变化。

按照普通方式进行杂交的物种或变种所产生的后代发生变异的事情,并不值得惊奇;不过在同一粒种子中两种植物结合在一起而且彼此不相同,这却是奇妙的。如果两

---

① 亚历山大·哈尔威(Alex. Harvey)博士:《杂交育种的显著效果》,1851 年。列吉纳尔得·奥尔东:《论育种的生理学》,1855 年。亚历山大·瓦尔克尔:《近亲婚姻》(*Intermarriage*),1837 年。波洛斯浦尔·卢凯斯(Prosper Lucas)博士:《自然遗传》,第二卷,第 58 页。塞治威克(W. Sedgwick)《英国和外国外科医学评论》,1863 年,7 月,第 183 页。勃龙在他的《自然史》(1843 年,第二卷,第 127 页)一书中搜集了若干关于母马、母猪和狗的情形。马丁先生说(狗的历史,1845 年,第 104 页),他能亲自保证父代对于母代以后在同其他的狗交配中生产出来的小狗是有影响的。一位法国诗人甲奎·萨威尔利 (Jacques Savary) 在 1665 年咏狗的时候,就已经觉察了这种奇异的事实。包威尔班克(Bowerbank)提出过以下的动人的例子:一头黑色无毛的巴尔巴利(Barbary)母狗偶然地同一头长毛褐色的杂种獚狗交配而受胎了,于是它生产了五个小狗,其中有三个是无毛的,有两个是褐色短毛的。另一次它同一头黑色无毛的巴尔巴利公狗交配,"但是祸害已经埋存在母狗之中了,这次,一胎小狗的一半像纯种巴尔巴利,另一半则像第一个父亲的短毛后代"。我在正文中曾提到一个关于猪的例子;最近在德国发表了一个同等动人的例子:《图画农业新报》(*Illust. Landwirth Zeitung*),1868 年,9 月 17 日,第 143 页。值得注意的是,巴西南部的农民(弗瑞芝·缪勒告诉我的)和好望角的农民(两位可信赖的人士告诉我的)都相信,一度生产过骡子的母马,以后如果再同马交配,非常容易生产像骡子那样的具有条纹的马驹。泡加尔特(Pogarth)的威尔干斯(Wilckens)博士举出过一个动人而异常的例子(《农业年报》,*Jahrbuch Landwirthsehaft*,第二卷,1869 年,第 325 页)。一头在颈上生有两个小垂皮的美利奴公羊在 1861—1862 年的冬天同几头美利奴母羊交配,所有母羊都生下了在颈上具有同样垂皮的小羊。1862 年春季那头公羊被杀死了,在它死后,那些母羊同其他美利奴公羊交配,1863 年又同在颈上不生垂皮的南丘公羊(Southdown ram)交配;尽管如此,甚至远到 1867 年,在这些母羊之中还有若干生下了在颈上具有垂皮的小羊。

个物种或两个变种的细胞组织结合起来之后形成了芽，这个芽又兼有两亲的性状，那么这种情形确是值得惊奇的。但是关于这个问题，我不需要在这里重复刚刚说过的。我们还看到，在植物的场合中，雄性生殖要素可能以直接的方式影响母本的组织；在动物的场合中，雄性生殖要素可能引起雌者的将来的后代发生变化。在植物界中，从两个物种或两个变种之间的杂交中产生出来的后代，不论它们是经由种子产生出来的或是经由嫁接产生出来的，都程度不等地常常在第一个世代或此后的世代中返归两亲类型；这种返祖情形可能影响整个的花、果实或叶芽，或者只影响单独一个器官的一半或它的更小的一部分。然而，在某些场合里，这种性状分离与其说是取决于返祖，毋宁说它显然是取决于结合能力的不足，因为最初产生出来的花和果都是部分地呈现了两亲的性状。如果任何人希望把由发芽生殖、分裂、有性结合、亡失部分的再生、变异、遗传、返祖以及其他这等现象所表现出来的许多生殖方式包括在单独一个观点之下，那么他就应当很好地去考虑这里所举出的各种事实。在第二卷的末了一章，我将试着用泛生论（hypothesis of pangenesis）把这些事实联结在一起。

在本章的前一半，我曾举出一长列的植物通过芽变之后，这就是说同种子生殖无关，它们的果实在大小、颜色、风味、毛茸性、形状以及成熟期上发生了变化；它们的花在形状、颜色、重瓣性、特别是在萼的性状上同样地发生了变化；它们的幼枝或新梢在颜色、刺的模样以及生长习性（如攀缘性和垂枝性）上发生了变化；它们的叶子在斑叶的形成、叶子的开张时期以及在茎轴上的排列上发生了变化。所有种类的芽，不论是长在普通枝条上的、还是长在地下茎上的，也不论是单纯的，还是像在块茎和鳞茎上那样地发生了大量变异和得到了充分养分的，全都有在同样的一般性质上突然发生变异的倾向。

在列举出来的例子中，有许多肯定是由于返归了以前曾经出现过而此后在较长的或较短的期间内消失了的那些性状，而不是由于在杂交中获得了那些性状——例如，在一个斑叶植株上的芽产生了单色叶，菊花的各种不同颜色的花返归了原始的黄色。列举出来的许多其他例子大概是由于植物具有杂种的系统，并且芽整个地或者部分地返归了两亲类型的一方[1]。

我们可以认为，菊花由于芽变而开放各种不同颜色的花的强烈倾向，是由于它的变种在某一时期有意识地或者偶然地被杂交了的缘故；关于天竺葵属的某些种类确是如此。大丽菊属的由茅变产生出来的变种，以及郁金香属的"色变"大概也是这种情形。然而，当一种植物由于芽变而返归两亲类型或者其中之一的时候，它时常返归得不完全，而是取得了一种多少有点新的性状——关于这一事实，已经举出了一些例子，不过关于樱桃，卡瑞埃尔还举过另一个例子[2]。

---

[1]　花和果实变成条纹的或斑点的几种方式，值得唤起我们的注意。第一，由于另一变种或物种的花粉的直接作用，例如所举出的橙和玉蜀黍的情形。第二，当两亲不容易结合时，在杂交第一代中所发生的情形，如紫茉莉属和石竹属。第三，通过芽或种子生殖而发生返祖，在杂种植物的以后世代中所发生的情形。第四，由于返归了一种不是原来在杂交中所获得的、而是长久消失了的性状，如白花变种的花常常变成具有其他颜色的条纹；以后我们将会看到这种情形。最后，还有一些情形，例如桃树所产生的果实有一半或四分之一像油桃，这种变化显然仅是由于通过芽或种子生殖所发生的变异。

[2]　《变种的产生》，第 37 页。

然而，有许多芽变的情形不能归因于返祖，而应归因于所谓自发的变异性（spontane-ous variability），这种自发的变异性在从种子培育出来的栽培植物中是很普通的。因为菊花的单独一个变种由芽产生了 6 个其他的变种，并且因为醋栗的一个变种同时结了四种不同的果实，所以几乎不可能相信所有这些变异都是由于返祖。我们简直不能相信，如前一章所指出的，所有产生油桃芽的桃都具有杂种的系统。最后，在具有特殊形状的萼的苔蔷薇的场合中，在具有对生叶的蔷薇的场合中，以及在君子兰等等的场合中，并没有任何一个既知的自然的物种或变种会在一次杂交中产生出我们所说的那些性状来。我们必须把所有这等情形归因于在芽中出现了完全新的性状。从任何外部性状上我们都不能把这样产生出来的变种同实生苗区别开；众所周知，蔷薇属、落叶杜鹃亚属（Azalea）的变种以及许多其他植物的情形就是这样的。值得注意的是，所有发生芽变的植物同样也会由种子发生巨大的变异。

曾经发生过芽变的植物属于如此众多目的，以致我们可以推论几乎每一种植物如果被放在适当的刺激条件之下，大概都有发生变异的倾向。这些条件，根据我们所能判断的来说，主要是取决于长期不断的和高度的栽培；因为几乎所有前面所列举的植物都是多年生的，而且它们在许多土壤中和不同气候下用插条、短匍茎、鳞茎、块茎、特别是用芽接和枝接而被大量地繁殖了。一年生植物发生芽变和在同株上开放不同颜色的花的事例是比较罕见的，霍晋喀克①在三色旋花（Convolvulus tricolor）中看见过这种情形，在凤仙花（Balsam）和一年生的飞燕草属（Delphinium）里，这种情形并不是不普通的。按照肖恩勃克的意见，温带地方的植物，当在圣道明哥的炎热气候下被栽培时，就显著地容易发生芽变。塞治威克先生告诉我说，常常被带到加尔各答的苔蔷薇，在那里总是失掉了它们的苔；但是气候的变化，就像我们在醋栗、穗状醋栗和许多其他情形中所看到的那样，绝不是必不可少的条件。在自然状况下生活的植物很少发生芽变。然而，在自然状况下，据观察斑叶的情形是发生过的；关于栽植在观赏庭园中的一株梣树发生芽变的事情，我曾举出过一个例子，不过能否把这样一株树看成是生活在严格的自然状况之下，还有疑问。该特纳看见过在同一株野生的洋蓍草（Achillea millefolium）上开了白色的和深红色的花；卡斯巴利教授看见过一株完全野生的黄色堇开了两种不同颜色和大小的花②。

野生植物很少发生芽变，而长久用人工方法来繁殖的高度栽培植物根据这种生殖方式产生了许多变种，所以通过以下一系列的事例——在马铃薯的同一块茎上的所有芽眼都按照同样方式发生变异——在一株紫果李树上的所有果实突然都变成黄色的了——在一株重瓣花扁桃树上的所有果实突然都变成桃形的了——在接穗上的所有芽很轻微地受到它们的砧木的影响——在一株移植过的三色堇上的所有花同时在颜色、大小和形状上发生了变化——我们被引导着把每一种芽变的情形都看成是该植物生长在其中的生活条件的直接结果。另一方面，同一变种的植物可能被栽培在邻接的两个苗床上，它们显然是处于完全一样的条件之下的，而在某一个苗床上，就像卡瑞埃尔所主张③的那

---

① 《畸形植物志》，第 164 页。
② 《开尼斯堡农业经济学会杂志》，第六卷，1865 年，2 月 3 日，第 4 页。
③ 《变种的产生》，第 58，70 页。

样，它们将会发生许多芽变，但在另一个苗床上，它们一点也不发生芽变。或者，如果我们看到这样的情形，例如一株桃树当它被无数的人在许多地方栽培了无数年代以后，当它年复一年地产生了上百万的芽以后，所有这些芽显然都是处于完全一样的条件之下的，但它最后突然产生了单独一个在整个性状上完全变化了的芽，那么我们势必作出如下的结论：这种变化同生活条件并没有直接的关系。

我们已经看到从种子产生出来的变种和从芽产生出来的变种在一般外观上彼此密切相似到不能区别的程度。正如某些物种和物种群，当由种子来繁殖时，比其他物种或属更容易发生变异，在某些芽变的场合中也是一样的。例如，根据后一种处理，英格兰皇后菊花产生了不下六个不同的变种，罗利逊唯一天竺葵产生了四个不同的变种；苔蔷薇也产生了其他几种苔蔷薇。蔷薇科植物比任何其他类群的植物更容易由芽发生变异；这可能大部分是由于这一科的非常多的成员被长期栽培了；不过在这同一类群中，桃常常由芽发生变异，而苹果和梨，尽管都是广泛栽培的嫁接树，但根据我所能知道的来说，却提供了非常少的芽变的事例。

相似变异的法则，就像适用于由种子产生出来的变种那样，也可适用于由芽产生出来的变种：蔷薇芽变成苔蔷薇的不止一个种类；山茶花获得六边形的也不止一个种类；并且至少有七八个桃的变种产生了油桃。

遗传法则对于由种子和由芽产生出来的变种几乎可以同样适用。我们知道在这二者之中发生返祖现象是多么普遍，它可以影响、叶、花或果实的整个部分，或者只影响它们的一部分。当返祖的倾向影响了同株上许多芽的时候，这个植株就会产生不同种类的叶、花或果实；不过我们有理由相信这等彷徨变异一般是由种子发生的。众所周知，在许多实生变种中，有些变种远比其他变种能够更加纯粹地传递它们的性状；芽变也是一样，有些变种远比其他变种能够更加纯粹地由下一代的芽保持它们的性状；关于这一点，曾经举出过有关三种斑叶卫矛以及某些种类的郁金香和天竺葵的例子。尽管芽变是突然产生的，这样获得的性状还时常能够由种子生殖来传递；利威尔先生发现苔蔷薇一般可以由种子来繁殖它们自己；而且苔的性状在杂交中曾由一个蔷薇的物种传递给另一个蔷薇的物种。波士顿油桃是由芽变产生的，而它由种子产生了密切近似的油桃。相反地，来自芽变的实生苗曾被证明是极端容易变异的[①]。根据沙尔特的权威意见，我们还听说从一个通过芽变而产生斑叶的枝条上取下来的种子，很微弱地传递了这一性状；相反地，在实生苗时曾经是斑叶的许多植物，则把斑叶这一性状传递给它们的大部分后代。

像上面所列举的那样，我曾搜集了相当多的有关芽变的例子，而且如果再参阅外国的园艺著作，大概还可搜集更多的例子；纵使如此，它们的总数如果同实生变种的总数比起来，还是沧海一粟。从更加容易变异的栽培植物培育出来的实生苗的变异几乎是无限多的，不过它们的差异一般是微小的：只有经过长久的期间，强烈显著的变化才会出现。另一方面，如果植物由芽发生了变异，这种变异的发生虽然比较稀少，但它们常常是、甚至一般是非常显著的，这是一个奇异而不可解的事实。我曾忽然想起，这可能是一种幻觉，并且芽可能常常发生轻微的变化，但由于把它们看成是没有价值的，以致被忽略掉或者未加记载。于是

---

① 卡瑞埃尔：《变种的产生》，第 39 页。

我请教了关于这个问题的两位大权威者，一位是研究果树的利威尔先生，一位是研究花卉的沙尔特先生。利威尔先生对此是有怀疑的，不过他不记得曾经注意过花芽中的很轻微变异。沙尔特先生告诉我说，在花卉植物中确曾发生过这种情形，不过如果进行繁殖，它们一般地在下一年就要失去它们的新性状；然而关于芽变通常会立即取得一种决定的和永久的性状这一点，他是同意我的意见的。如果我们对于桃那样的例子加以深思熟虑之后，我们简直不能怀疑这是一种规律；我们对于桃曾经进行过如此仔细的观察，并且我们曾经繁殖过它的如此不足道的实生变种，然而桃树还是不断地由芽变产生了油桃，只有两次（据我所能知道的）产生了其他变种，即早熟的和晚熟的大型深红桃（Grosse Mignonne peaches）；它们几乎在任何性状上同亲本都没有差别，除了成熟期以外。

我感到惊奇的是，我听沙尔特先生说，他在由芽繁殖出来的斑叶植物中应用了选择的原理，而且他曾这样大大地改进了和固定了几个变种。他告诉我说，有一个枝条最初只在一侧生斑叶，而且这些叶子只有不规则的边缘以及少数的白线和黄线。为了改进和固定这等变异，他发现必须促进那些生长在特征最显著的叶子基部的芽的发育，并且只用这些芽来进行繁殖。如果在三、四个季节中坚持进行这一计划，一般地就能获得一个不同的和固定的变种。

最后，本章所举出的事实证明了：受精种子的胚同形成芽的一小块细胞组织在它们的所有机能上——在遗传的能力及其偶然的返祖上——在遵循着同一法则的同样一般性质的变异能力上——多么密切而显著地彼此相似。这种性状的相似性，毋宁说它们的同一性，非常显著地被下面的事实阐明了；即把一个物种或变种的细胞组织芽接在或枝接在另一个物种或变种之上时，就可能产生一个具有中间性状的芽。我们已经看到变异性并不依靠有性生殖，虽然有性生殖远比芽的生殖更能常常发生变异。我们已经看到芽变并不完全依靠返祖，即返归长久消失了的性状或那些以前在杂交中所获得的性状，而常常是自发地出现的。但是当我们自问任何一个具体的芽变是什么原因时，我们就会陷入疑云之中，在某些场合里我们被迫把它看成是完全由于外界生活条件的直接作用，在其他场合里，我们又深深地相信它们起了一种完全从属的作用，但并不比燃着一块可燃物的火花的性质更为重要。

达尔文基本足不出户，又不喜欢交际，他研究的领域属于生物学，需要大量的标本和样本。仅这本《动物和植物在家养下的变异》就涉及世界各地的数千个物种，显然，这么多的标本、样本和观察记录他不可能一个人完成。幸运的是，遍布世界的博物学家、探险家甚至商人们，都愿意给他寄样本，帮他收集案例，分享自己的研究。

▶ 巴黎建筑上的圣伊莱尔雕像。

▲ 小圣伊莱尔手绘的植物画。

小圣伊莱尔（Saint-Hilaire， 1805—1861），法国著名的博物学家和艺术家，法国皇家农业协会成员。他出版了多部重要的普及读物，书中几千幅插图都是他自己绘画并进行分类。达尔文在他的著作里，反复地引用小圣伊莱尔的研究。小圣伊莱尔的父亲亦是位著名的博物学家，本书中将其称为"老圣伊莱尔"。

约翰·古尔德（John Gould，1804—1881），英国鸟类学家，伦敦动物学学会的动物标本剥制师。因撰写和出版了大量绘有精美插图的世界各地鸟类的书籍而闻名。1838年后与其妻一同前往澳大利亚，在当地发现并且给许多新物种命名。在达尔文"贝格尔号"之旅的动物报告中，古尔德贡献了"鸟类"那一章节。本书中达尔文也引用了古尔德的发现。比如"古尔德观察到，蓝山雀常常搞突然袭击，把树皮剥去，捕食昆虫。喂养的蓝山雀也会如此对待墙纸。这种能力是天生的"。

▲ 古尔德绘制的"达尔文雀"。

▲ 古尔德绘制的鹦鹉。

▲ 古尔德为达尔文著作绘制的插图。

▲ 古尔德绘制的巨嘴鸟。

华莱士（Alfred Russel Wallace，1823—1913），英国博物学家，进化论者，与达尔文共同提出自然选择学说，动物地理学的奠基人。达尔文在本书中多处提到了华莱士，类似这样的句子常常出现："华莱士先生告诉我……""正如华莱士先生非常正确地指出的那样……"

▲ 华莱士1876年出版的*The Geographical Distribution of Animals*一书里的插图，表现了澳大利亚塔斯马尼亚岛上特有的哺乳动物，如今已经灭绝了。

▶ 华莱士发现这种雄鸟具有4支独特的白色长羽，并让画师准确地画了下来。

达尔文用两个章节的内容详细考证了鸽子的表型。他不仅自己养鸽子，也曾加入过两个鸽子俱乐部。他观察人们怎样选择和培育一种鸽子的某个特性，比如红色的嘴部或较大的球胸。最后达尔文提出：选择是产生新族的重要力量，同时，选择又会不可避免地导致那些改良较少类型及中间型的退化及灭绝。人们实现了短期鸽子性状的改进目标后，很难预计其后代性状会如何变化。

▲ 达尔文怀疑数百种狗并非从同一个野生物种——灰狼——选育得来。图为从灰狼人工选育得来的6种狗的新品种。上排：伊比萨猎犬、梗犬、可卡猎犬。下排：猎狐狗、灵狮、獒犬。

达尔文认为，在一切家养猫品种中，大型安哥拉猫或波斯猫是最特别的，它们都是中亚的一种野猫的后代。

▲ 波斯猫

▲ 安哥拉猫

《动物和植物在家养下的变异》是达尔文的第二部著作，在它之前出版的《物种起源》所依据的绝大部分事实均可见于本书。本书也充分表现出达尔文的渊博学识。仅阅读一遍校样就占去了达尔文七个半月的时间，以至于他称该书"令人感到非常厌恶，这部书的价值抵不上我所花费的大量劳动的五分之一"。该书第一版1500册很快销售一空，出版者不得不在半个月后又印了1500册。七年后又出版了经过修改的第二版，并且增补了新材料。

◀ 居维叶作品中的猩猩插图，由小圣伊莱尔绘制。达尔文在本书中也经常引用居维叶关于动物的研究。

◀ 在本书第十八章中，达尔文还用具体的案例分析了改变生活条件给生物的生长带来的各种可能的影响，分析了生物不育性的各种原因，如大多数时候，动物在拘禁中不繁育。比如，达尔文在本书中谈到："更加值得注意的是，猴类在原产地于拘禁中繁育的情形是很罕见的；例如一种卷尾猴在巴拉圭完全被驯化了，但严格说，它的繁育是如此罕见，以致他看到过的产仔雌猴绝不超过两只。"

达尔文认为水螅、蝾螈等生物的某部分在受到损伤后，相应部位都具有一定的再生并且会影响到其附属结构的能力，他称之为"再生力"。当生物等级越低时，这种再生力就越强。现代生物学将这种无性繁殖方式称为"出芽"，酵母菌的出芽繁殖就是典型代表。

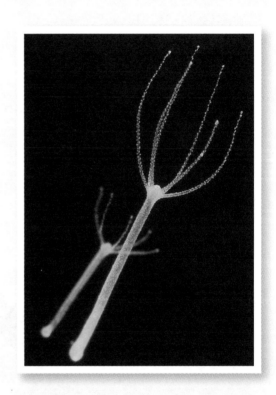

▶ 水螅

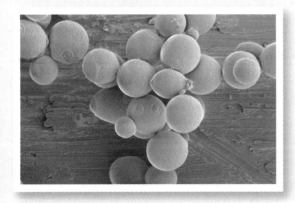

▲ 电子显微镜拍到的酵母出芽生殖

▲ 蝾螈

达尔文在本书中针对各种家养动植物，如马、猪、兔、鸡、鸽子、油桃、天竺葵、矢车菊，等等，都谈到了其杂交后代的"返祖"现象：某些性状在杂交后消失，但在以后的后代中又重现。达尔文最终提出："在遗传的能力及其偶然的返祖上，在遵循着同一法则的同样一般性质的变异能力上，多么密切而显著地彼此相似。"从中，我们看到达尔文在寻找普适的遗传机制，他说的"返祖"和孟德尔发现的基因分离与自由组合定律多么相近！

▲ 杂交得来的不同性状的鸡。

▲ 不同花色的天竺葵。

第十二章

遗　传

· *Inheritance* ·

　　遗传的奇妙的性质——家养动物的系谱——遗传不是由于偶然——不重要性状的遗传——疾病的遗传——眼睛的特性的遗传——马的疾病——寿命和生活力——构造的不对称的偏差——多指性和切断后的剩余指的再生——不感染的双亲生出几个感染的小孩的例子——微弱而彷徨的遗传：在垂枝性方面，在矮生性方面，在果实和花的颜色方面——马的颜色——某些不遗传的例子——被敌对的生活条件、不断反复发生的变异性以及返祖所压服的构造和习性的遗传——结论

遗传是一个大问题，曾被许多作者讨论过。只是波洛斯浦尔·卢凯斯教授的《论自然遗传》(*De l'Hérédité Naturelle*)这一著作就有 1562 页之多。所以我们的讨论必须局限于同家养生物和野生生物的一般变异问题有重要关系的那些方面。显然，不能遗传的变异对于物种的由来并没有投射任何光明，而且对于人类也没有任何用处，不过在多年生植物的场合里却是例外，因为它们可以由芽来繁殖。

如果动物和植物从来没有被家养过，并且我们所观察的只是野生生物，那么我们大概不会听到类生类(like begets like)这种谚语。这个命题像同一株树上的所有芽都是同样的那一命题那样，大概会自明的，虽然这两个命题没有一个是严格正确的。因为，如常常所指出的，大概没有两个个体是完全一样的。所有野生兽类彼此都能区分，这就表明它们之间是有某种差异的；如果眼睛受过很好的训练，牧羊人就可认识每一只羊，并且我们可以在无数的人当中找出我们的朋友。某些作者趋于极端，甚至主张产生微小的差异同产生类似双亲的后代，都同样是生殖力量的必有机能。我们在下一章将会看到，这种观点在理论上是不可能的，虽然在实际中它是真实的。其实类生类这一谚语是从育种者的这样一种信念产生出来的，即他们完全相信优等动物一般会产生优等动物、劣等动物一般会产生劣等动物；但是这种优等或劣等表明了问题中的个体已经稍微地离开了它原来的模式。

整个的遗传问题是奇妙的。当一种新的性状产生出来的时候，不管它的性质怎样，一般都有被遗传的倾向，至少暂时地而且有时极持久地是如此。还有比以下的情形更加不可思议的吗？即原来不是某一物种所具有的某种微小特点，会通过连肉眼都不能看到的微小的雄性细胞或雌性细胞传递下去，以后经过在子宫或卵中所进行的长久发育过程的不断变化，终于在后代成熟时出现，或者甚至在十分年老时出现，像某些疾病的情形。再者，由一头产乳量高的母牛的微小的卵产生了一头公牛，这头公牛的一个细胞同一个卵结合之后，又产生了一头母牛，这头母牛当长大时，就会有很发达的乳腺，产生大量的、甚至具有特殊品质的牛乳，那么还有比这一十分确实的事实更加不可思议的吗？但是，如何兰得(H. Holland)爵士所正确指出的[①]，真正值得惊奇的问题，并不在于一种性状会遗传下来，而在于任何性状曾经没有一点遗传下来。在下一章讨论我所谓的泛生论的假说时，我将试着阐明所有种类的性状之一代传一代的方法。

未曾研究过博物学的一些作者[②]试图指出遗传的力量被过分地夸张了。动物育种者们将会嘲笑这种简单的说法；如果他们谦虚地来作回答的话，大概会问：假如使两个劣等动物交配，获奖的机会在哪里呢？他们大概还会问：半开化的阿拉伯人保持他们的马的

◀信鸽。

[①]　《医学上的意见和感想》(*Medical Notes and Reflections*)，第三版，1855 年，第 267 页。

[②]　巴克勒(Buckle)先生在他的《文化史》(*History of Civilisation*)中对这个问题表示怀疑，因为它缺少统计。再参阅道德哲学教授鲍温(Bowen)先生的意见，见《美国科学院院报》(*Proc. American Acad. of Sciences*)，第五卷，第 102 页。

系谱,是否受着理论概念的指导吗？为什么短角牛的系谱以及最近赫福特(Hereford)品种的系谱被小心谨慎地记录下来而且公开发表呢？最近改进了的动物甚至当同其他品种杂交时也可以安全地传递它们的优良品质,难道这是一种幻想吗？如果没有正当的理由,为什么有人大价购买短角牛(每一头公牛值一千几内亚金币*)并且几乎运到世界的各个角落去呢？灰狗(grey hounds)的系谱也同样地被记录下来了,这等狗的名字,如雪球(Snowball)、少校(Major)等,就像赛马场上的蔼立克马(Eclipse)、赫罗得马(Herod)的名字那样,是为狩猎者所熟知的。甚至关于斗鸡(Gamecock)的系谱,也从以前就被记录下来了,而且可以追溯到一个世纪以前。关于猪,约克郡和坎勃兰(Cumberland)的育种者们"保存了而且印刷了系谱";并且指出这等高度育成的动物是怎样地有价值,我愿提一提布朗先生,1850年他在伯明翰(Birmingham)获得了所有关于小家畜的一等奖,他把自己育成的一个品系的一头小公猪和一头小母猪以43个几内亚金币的代价卖给丢西(Ducie)勋爵;其后又把一头小公猪以65个几内亚金币的代价卖给色斯比牧师(Rev. F. Thursby);他写道,"这头母猪使我收入很多,它生下来的小猪共卖得300镑,现在还饲养着它的四头小猪"[1]。一次又一次地售价不落,这充分证明了遗传下来的性状是优越的。其实整个的育种技术——在现今的一个世纪中根据它就得到了如此巨大的结果,是依赖构造的细小部分之遗传的。但是,遗传并不是一定的;因为,如果它是一定的话,育种者的技术[2]就会被缩小到一定的范围之内,而且对于育种者的可惊的技巧和坚持性就会留下很少的余地,而这些人曾经在家养动物的现今状况中留下了成功的永久纪念碑。

在不大的篇幅内,几乎不可能使那些未曾研究过这个问题的人们充分相信遗传的力量,这种相信是由培育动物、研读曾经发表的有关各种家养动物的论文以及同育种者进行谈话而获得的。我将选择几个在我看来曾经对我的思想发生过最大影响的事实来谈一谈。在人类和家养动物中,有些特点曾经隔了很久以后才在一个个体中出现,或者在世界历史中只出现过一两次,但却出现在子代或孙代的若干个体中。例如,兰勃尔特是一位"豪猪般的人"(Porcupine-man),他的皮肤密布疣状突起,并且定期脱换,他的六个儿子和两个孙子都有同样的情形[3]。在脸上和身体上生有长毛,并且伴同着不完全的牙齿(以后我还要谈到这一点),在一个泰国人的家庭中曾经连续有三代发生过这种情形;但这种情形并不是唯一的,因为,1663年在伦敦曾经展览过一个满脸生毛的妇女[4],而且最近还发生过另一个事例。哈拉姆(Hallam)上校[5]描述过一族两腿猪,"完全没有后腿";这种缺陷向下传了三个世代。其实,表现有任何显著特点的所有族,例如单蹄的猪、莫恰

---

* guinea,英国旧币,合现在的21个先令。——译者注

① 关于灰狗,参阅洛乌(Low)的《英国的家养动物》,1845年,第721页。关于斗鸡,参阅《家禽之书》,推葛梅尔著,1866年,第123页。关于猪,参阅西得内(Sidney)先生的《尤亚特论猪》(*Youatt, on the Pig*),1860年,第11,22页。

② 《种马场》(*The Stud Farm*),塞西尔(Cecil)著。

③ 《皇家学会会报》,1755年,第23页。关于这两个孙子,我只看到过第二手材料。塞治威克先生在一篇此后我将常常引用的论文中说道,四代受到了这种影响,但只限于男性。

④ 巴勃拉·凡贝克(Barbara Van Beck)的绘图,载于乌得勃恩(Woodborn)的《罕见的肖像集》(*Gallery of Rare Portraits*),1816年,第二卷;这是福克斯告诉我的。

⑤ 《动物学会会报》,1833年,第16页。

姆羊（Mauchamp sheep）、尼亚太牛（Niata cattle）等，都是稀有构造偏差曾经长期不断的遗传的事例。

如果我们考虑到：在生活于同一地方内同样的一般生活条件之下的无数生物中只有一个个体这样表现了某些异常的特性，而且同样的异常特性时常在生活于不大相同的生活条件之下的个体中出现，那么我们就会被迫作出这样的结论，即这等特性的产生并不是直接由于周围条件的作用，而是由于未知的法则对于该个体的体制或体质所发生的作用；——这就是说，这等特性之所以产生，同生活条件的关系并不比同它的生命本身的关系更加密切。如果是这样的话，而且如果在子代和亲代中所发生的同样异常性状不能归因于二者曾经生活在同样异常条件之下的话，那么以下的问题就值得考虑了：即这种结果，如某些作者所设想的那样，不能归因于巧合，而必须归因于同一族类的一些成员在它们的体质上承继了一些共同的东西。让我们来假定，在巨大的人口之中，患有一种特别疾病的平均在一百万人中有一个人，所以随便一个人得这种病的先天机会只是一百万分之一。假定这个人口数目为六千万人，共有一千万个家庭，每一个家庭有六口人。根据这些数字，斯托克（Stokes）教授曾经算给我看：在一千万个家庭中，甚至没有一个家庭，其一个亲代和两个子代呈现问题中的特性——这种机会不小于八十三亿三千三百万比一。但是，关于几个子代具有同两个亲代之一的同样稀有特性，可以举出无数的事例；在这种场合里，特别是在孙代被包含在计算之内的场合里，这种机会比起巧合似乎就成为非常大的了，几乎大到不可计算的地步。

当我们想到微小特性的再现时，遗传的证据在某些方面还要更加显著。霍奇金教授以前向我说过，在一个英国人的家庭中，有许多代的某些成员都有一簇头发同其余头发的颜色不同。我知道有一位爱尔兰的绅士，在他的头部的右边的深色头发之中生有一小簇白色头发：他向我保证，他的外祖母在头部的同一边生有同样的一簇白色头发，而他的母亲则在左边生有一簇白色头发。但是，举出很多的事例并不必要；亲代和子代在每一个表情的细微之点上都是相似的，这道出了同样的情形。一个人的笔迹依靠着身体构造、精神状态和训练的一种多么微妙的结合！然而每一个人一定都注意过父与子的笔迹时常是密切相似的，虽然父亲并没有教过他的儿子。一位伟大的笔迹搜集者向我保证，在他的搜集品中有几个父与子的签名，如果不根据签名的日期，简直不能加以区别。德国人赫法克关于笔迹的遗传曾有所论述；他主张，当教英国小孩去写法文的时候，他们自然地墨守英文书写的方式；不过关于这种异常的叙述还须要更多的证据[①]。步态、姿势、音调以及一般的态度，像著名的亨特和卡利斯尔（A. Carlisle）爵士所主张的那样[②]，都是遗传的。我父亲写信告诉过我几个显著的事例，其中之一是，有一个人在他的儿子还是婴孩的时期就死去了，我父亲直到他的儿子长大而且患病之前并没有看见过他，不过我父亲说，在他看来，这个孩子具有他父亲的非常特殊的习性和样子，好像我父亲的老朋友又从坟墓中跑出来了。特殊的样子会变成习惯，关于它们的遗传有若干事例可以举出；

---

① 赫法克：《关于性状》等，1828年，第34页。关于法国的情形，参阅巴利赛在《报告书》（1847年，第592页）中的报告。

② 亨特，在《医学研究》（*Med. Researches*）第530页中引用。卡利斯尔爵士，《皇家学会会报》，1814年，第94页。

例如在常常引用的一个例子中,有一个父亲总是仰天而睡,并且把右足放在左足上,他的女儿当睡在摇篮中的时候,就有了完全一样的习惯,虽然曾经试图校正她的这种习惯,但没有见效①。我举出我亲自看见过的一个事例,它之所以奇妙是因为这是一种同特殊的精神状态、即愉快的情绪相结合的习性。一个男孩子就有这样的奇特习性,当他高兴的时候,他就相互平行地迅速摆动他的手指;当他十分兴奋的时候,他就把手指还在摆动的双手举到面部的两侧,高与眉齐。当这个孩子已经成为老人了,每值高兴之际,还几乎不能制止这种习惯,不过由于这种习惯的荒唐可笑,他把它掩盖起来了。他有八个孩子。其中有一个女孩子在四岁半的时候,每值高兴之际,以完全一样的方式摆动他的手指,更奇怪的是,当她十分兴奋的时候,她就把手指还在摆动的双手举到面部的两侧,同她父亲的动作一模一样,有时甚至在没有别人的时候,她还继续这样做。除了这个人和他的小女孩子以外,我没有听到过其他任何人有这种奇怪的习性;在这个事例中,肯定不是由于模仿。

某些作者怀疑天才和才能所依靠的那些复杂的精神属性是否是遗传的,甚至当双亲也都具有这样的禀赋的时候,他们也这样怀疑。不过一个人读了高尔顿先生的名著《遗传的天才》(*Hereditary Genius*)之后,就会解除这种疑虑了。

不幸的是,一种性质或构造甚至同生命不适合的时候,无论多么有害,也是会遗传的。一个人如果读了许多有关遗传的疾病的文献②之后,就不会对此发生怀疑。古代人非常相信这种意见,像兰岑(Ranchin)所说的,所有希腊人、阿拉伯人以及拉丁人在这一点上都是一致的。关于所有种类的能够遗传的畸形和容易感染各种疾病的倾向,可以举出一个长的目录来。关于痛风(gout),按照加洛得(Garrod)大夫的意见,在医院的临床中所观察的有百分之五十的病例是遗传的,在私人医生的临床病例中其比率还要大。每一个人都知道在某些家庭中多么常常出现疯人,塞治威克先生所举的例子有些是可怕的——例如一个外科医生,他的兄弟、父亲、四个父系的叔、伯父都是疯子,后者因自杀而死掉了;又如一个犹太人,他的父亲、母亲、六个兄弟姐妹,所有都是疯子;还有其他一些例子:同一家庭中的若干成员连续在三四代中都自杀了。关于癫痫、肺病、哮喘,膀胱结石、癌、小伤而大出血、母亲没有奶汁以及难产的遗传,曾经记载了一些显著的病例。关于难产,我可以提一提由一位优秀的观察者所举出的例子③;在这个例子里,问题在于后代,而不在于母亲;在约克郡的一处地方,农民不断地选择臀部大的牛,结果他们育成了

---

① 吉鲁·得别沙连格(Girou de Buzareignues),《关于生殖》(*De la Génération*),第 282 页。我在《人类和动物的表情》一书中举过一个相似的例子。

② 我曾经读过的而且认为最有用的著作,就是卢凯斯博士的伟大著作《论自然遗传》(*Traité de l'Hérédité Naturelle*)1847 年;塞治威克先生,《英国和外国外科医学评论》(*British and Foreign Medico-Chirurg. Review*),4 月和 7 月,1861 年;以及 4 月和 7 月,1863 年;加洛得(Garrod)的关于痛风的叙述曾在这些文章中引用。亨利·何兰得爵士:《医学上的意见和感想》,第三版,1855 年。皮奥利(Piorry):《关于疾病的遗传》(*De l'Hérédité dans les Maladies*),1840 年。亚当:《关于遗传的特性的哲学讨论》(*A Philosophical Treatise on Hereditary Peculiarities*),第二版,1815 年。斯坦因(J. Steinan)博士的《遗传的疾病》(*Hereditary Diseases*)的论文,1843 年。参阅佩吉特论癌的遗传,载于《医学时报》(*Medical Times*),1857 年,第 192 页;高尔得博士在《美国科学院院报》(11 月 8 日,1853 年)中举过一个奇异的例子,说明在四代中的易出血症的遗传。哈兰(Harlan),《医学研究》,第 593 页。

③ 马歇尔,尤亚特在他的关于牛的著作中引用。

一个品系叫做"荷兰屁股"（Dutch-buttocked），"这种牛犊的屁股奇怪的大，母牛常常因此而死掉，每年母牛在生产时死掉的很多"。

关于各种遗传的畸形和疾病的无数细节按下不说，我来谈一谈一种器官、即眼睛，以及它的附属部分，这种器官在人体中是最复杂、最精巧、大概最为人所熟知的[①]。先从附属部分谈起，我曾接到一份报告说，在某一个家庭中亲代之一和他的孩子们都有下垂的眼睑，样子是如此奇特，以致他们不把头向后边扯就不能看见东西。威克斐尔得（Wake-field）的卫德先生告诉过我一个相似的例子：有一个人的眼睑在出生时并不是这样的，而且根据所能知道的来说，他的下垂眼睑并不是由于遗传，但当他还是婴孩的时候，在患了痉挛症之后，他的眼睑开始下垂了，而且他把这种特性传给了他的三个孩子中的两个；同这个报告一齐送给我的还有他的全家照像，在照像中明显地指出了上述的情形。卡利斯尔[②]详细说明了眼睑的一种下垂褶皱是遗传的。何兰得爵士说[③]，"在某一个家庭中，父亲的上眼睑是奇怪的长，他的七、八个孩子生下来就具有同样的畸形眼睑；另外两三个孩子则没有这种眼睑"。我听佩吉特爵士说过，许多人的眼眉中有两三根毛是特别长的，就连这样微小的一种特性在家族中也是遗传的。

关于眼睛本身，英国的卓越权威者鲍曼（Bowman）先生非常亲切地给过我以下的意见，以说明某些可以遗传的缺陷。第一是远视眼（hypermetropia），即病态的远视：在这个场合里，这种器官并不是球形的，而从前到后是过于扁平的，并且常常是过于小的，所以网膜对水晶体的焦点来说是过于靠前了，因而需要一副凸眼镜，才能清楚地看见近的物体；往往甚至看远的物体，也需要它。这种情形常常在亲代之一具有远视眼的同一家庭中的几个孩子中先天地发生，或者在他们很小的时候发生[④]。第二是近视眼（myopia），这种眼睛是卵形，从前到后又过于长了；在这个场合里，网膜位于焦点之后，所以只能清楚地看见很近的物体。这种情形一般不是先天的，而是在青年时代发生的；众所周知，这种倾向可以由亲代传给子代。从球形变成卵形，就像眼膜发炎那样，似乎是一种直接的结果，而且可以有根据地这样相信：它可能是常常由于对患者个人起作用的原因而发生的[⑤]，并且此后变成为可遗传的了。根据鲍曼先生的观察，当双亲都是近视眼的时候，沿着这个方向的遗传倾向就被加强了，于是有些孩子变成近视眼的时期就要比双亲为早，或者比他们近视的程度为深。第三是斜视，这是一个众所熟知的遗传的例证：斜视往往是上述那样的眼睛缺陷的结果；不过它的更加原始的和简单的形态也常常在一个家族中是显著遗传的。第四是白内障（Cataract），即水晶体的不透明，根据普通的观察，许多患者的双亲也患有这种疾病，而且这种疾病在子代发生的时期比在亲代为早。在一个家

---

① 几乎任何其他器官大概都曾经过选择。例如，托姆斯（J. Tomes）《在牙齿外科的体系》（*System of Dental Surgery*），第二版，1873 年，第 114 页中举出许多关于牙的事例，还有人告诉过我其他的例子。

② 《皇家学会会报》，1814 年，第 94 页。

③ 《医学上的意见和感想》，第三版，第 33 页。

④ 我听鲍曼先生说，乌特列西特（Utrecht）的丹得尔斯（Donders）博士巧妙地描述了这种病是遗传的，他的著作于 1864 年由赛丹姆学会（Sydenham Society）以英文发表。

⑤ 吉洛·泰仑（M. Giraud-Teulon）搜集了丰富的统计上的证据，指明近似是由于在近距离看东西所致，见《科学界评论》，9 月，1870 年，第 625 页。

族中患白内障的时常不止一个小孩,这时他们的双亲之一或其他亲属就要表现出进一步的病状。如果一个家族的同代的几个成员都患白内障,那么常常看到的是,这种病症大约都在同年开始:例如,在某一个家族中患者是几个婴孩或青年人;而在另一个家族中患者则是几个中年人。鲍曼先生还告诉我说,他时常看到同一家族的几个成员在右眼或左眼上有各种不同的缺陷;怀特·古柏(White Cooper)先生常常看到限于一只眼睛的视觉特性会在后代的同一只眼睛中再现①。

下面的一些例子引自塞治威克先生一篇优秀论文以及波洛斯浦尔·卢凯斯博士②。黑内障(Amaurosis),无论是先天的或后天的,都可招致全盲,这常常是遗传的;曾经在连续的三代中观察过这种情形。虹膜(iris)的先天缺如同样地也向下传了三代,裂开的虹膜传了四代,后一种情形只限于该家族的男性方面。角膜的不透明以及先天的眼小是遗传的。泡达尔(Portal)记载过一个奇异的例子:一个父亲和两个儿子只要一低下头,就看不见东西了,这显然是由于水晶体和它的囊这时通过异常大的瞳孔而溜到眼的前室的缘故。昼盲,即在明亮下的视力不完全,同夜盲,即只在强光下才能看见东西的特性一样,是遗传的:克犹尼叶(M. Cunier)记载过一个例子,指出一个家族在六代中有八十五个成员是夜盲。叫做色盲(Daltonism)的没有辨别颜色的能力是显著遗传的,它曾经向下传了五代,只限于女性方面。

关于虹膜的颜色:众所熟知,色素的缺如在患白化症的人们(albinoes)当中是遗传的。一只眼睛的虹膜颜色同另一只眼睛不一样,以及斑点的虹膜,都是可以遗传的例子。塞治威克先生根据奥斯旁(Osborne)博士③的权威意见,关于强烈的遗传补充了下面的奇异事例:一个家族的六个儿子和五个女儿的眼睛"都具体而微地同玳瑁色猫的背上斑纹相似"。这个大家族的母亲有三个姐妹和一个兄弟,他们的眼睛都有同样的斑纹,这种特性是由他们的母亲传下来的,而后者系出自一个以遗传这种特性于后代而闻名的家族。

最后,卢凯斯博士强调指出,眼睛的任何一部分没有不可以变成畸形的,而且没有不服从遗传原理的。鲍曼先生同意这种主张的一般真实性;当然这并不意味着所有畸形都一定是遗传的;甚至双亲具有在大多数场合中可以遗传的畸形,大概也是如此。

关于疾病和畸形在人类中的遗传,即使一个事实也没有,在马的场合中我们也可以找到大量的证据。这种情形大概是可以预料到的,因为马的繁殖远比人快,它被小心地配对,它得到高度的重视。我曾查过许多著作,可惊的是,所有国家的兽医都一致相信各种病态的倾向是遗传的。富有广泛经验的作者们详细记载了许多奇特的例子,并且主张:伴随着无数的偶然祸灾而发生的趾骨瘤以致缩小了的蹄、飞筋外肿、赘骨瘤、飞筋内肿、蹄叶炎和前腿的衰弱、喘鸣症即断续而沉重的喘息、黑变症、特殊的眼炎、盲目(法国的优秀兽医胡沙得甚至说可以很快地形成一个盲目的族)、咬槽、后退性和坏脾气,都是遗传的。尤亚特总结性地说道,"马的疾病几乎没有一种不是遗传的";勃尔纳德(M.

---

① 赫伯特·斯宾塞(Herbert Spencer),《生物学原理》,第一卷,第244页。
② 《英国和外国外科医学评论》,4月,1861年,第482—486页;《论自然遗传》,第一卷,第391—408页。
③ 爱尔兰皇家医科大学校长奥斯旁博士在《都波林医学学报》(Dublin Medical Journal)发表了这个例子。

Bernard)补充地说,"对于马的疾病几乎没有一种不是遗传的这种说法,每日都有新的赞成者增加"①。关于牛的肺病、好牙和坏牙、优美的皮,也是如此。安德鲁·奈特根据他自己的经验,主张植物的病也是遗传的;而且林德雷赞同这种主张②。

看到了恶劣的性质是何等可以遗传的之后,所幸的是,健康、体力和长寿同样也是可以遗传的。以前有一种著名的习惯:寻出属于一个拥有许多极长寿成员的家庭中的一个人,作为指定人,他可以取得终身年金。关于体力和忍耐力的遗传,英国的竞赛马提供了一个最好的事例。蔼立克马生过 334 匹优胜马,赫罗得皇帝马生过 497 匹优胜马。鸡尾(Cock-tail)不是纯种马,它的血液只有八分之一或者十六分之一是不纯的,然而这种马在大竞赛中跑胜的事例是很少的。在短距离它们时常跑得像纯种马一样的快,不过,如卓越的练马家鲁滨孙(Robson)先生所主张的,它们气短,不能保持速度。劳伦斯先生也指出,"三分血种(three-part-bred)的马在同纯种马跑两海里竞赛的时候,能够保持'参加决赛的距离'的,恐怕还没有过一个事例"。塞西尔说,当两亲不是著名的无名马,如帕利阿姆(Priam)马,出乎意料地在大竞赛中跑胜了的时候,总可证明它们在父系方面或母系方面都是经过许多世代从第一流的祖先传下来的。欧洲大陆上的卡美仑男爵(Baron Cameronn)在一个德国的兽医期刊上向那些反对英国竞赛马的人们挑战,叫他们指出一匹大陆上的好马,在它的血管中没有英国竞赛马的血液③。

关于动物和植物的家养族所赖以区别的许多微小的、无限多样的性状之遗传,没有多说的必要;因为稳定的族的实际存在,就宣告了遗传的力量。

然而,有少数特殊的情形还值得考虑一下。偏差由于对称的法则大概不遗传,这会被预料到的。但是,安得逊④说,有一只兔子生下了一胎小兔,其中一只只有一个耳朵;从这只兔子形成了一个品系,它们稳定地生产一个耳朵的兔子。他还提到有一条母狗缺少一只腿,它产生了几条具有同样缺陷的小狗。根据赫法克的报告⑤,1871 年在德国的森林中似乎出现了一头只有一根角的雄鹿,1788 年出现了两头,以后年有增加,终于出现了

①　这种种叙述引自以后的书和论文:——尤亚特:《马》(The Horse),第 35,220 页。劳伦斯:《马》(The Horse),第 30 页,卡吉克(Karkeek)在《艺园者记录》,1853 年,第 92 页发表的一篇优秀的论文。布尔克(Burke)先生,《英国皇家农学会杂志》,第五卷,第 511 页。《农艺百科全书》(Encyclop. of Rural Sports)第 279 页。吉鲁·得别沙连格,《哲学的物理学》(Philosoph. Phys.),第 215 页。参阅《兽医杂志》(The Veterinary)中的以下论文:罗勃特(Robert),第二卷,第 144 页;马林泡伊(M. Marrimpoey),第二卷,第 387 页;卡吉克先生,第四卷,第 5 页;尤亚特论狗类的甲状腺,第五卷,第 483 页;尤亚特,第六卷,第 66,348,412 页;勃尔纳德,第十一卷,第 539 页;萨米斯路塞(Samesreuther)《论牛》,第十二卷,第 181 页;波西瓦尔,第十三卷,第 47 页。关于马的盲目,参阅卢凯斯博士的伟大著作,第一卷,第 399 页。贝克尔(Baker)在《兽医杂志》,第十三卷,第 721 页中关于不完全的视力和后退性举出了一个有力的例子。

②　奈特,《苹果和梨的栽培》(The Culture of the Apple and Pear),第 34 页。杜德雷,《园艺》(Horticulture),第 180 页。

③　这些叙述按照次序引自以下的著作:——尤亚特,《马》,第 48 页;达威尔(Darvill)先生,《兽医杂志》,第八卷,第 50 页。关于鲁滨孙,参阅《兽医杂志》,第三卷,第 580 页;劳伦斯先生,《马》,1829 年,第 9 页,塞西尔,《种马场》,1851 年;卡美仑男爵,《兽医杂志》,第十卷,第 500 页。

④　《农学和博物学的重建》(Recreations in Agriculture and Nat. Hist.),第一卷,第 68 页。

⑤　《关于性状》,1828 年,第 107 页。

许多在头部的右侧只生一根角的鹿。有一头母牛由于化脓症而失去了一根角[1]，此后它生下三个牛犊，它们都在头部的同一侧没有角，而只生有一个小骨块，仅仅附着在皮肤上；不过在这里我们侵入了残废的遗传问题。惯于用左手的人，以及不按普通方向螺旋的贝壳，都是离开了正常的不对称状态；众所熟知，这些都是遗传的。

多指性（Polydactylism）　多指和多趾，如各个不同作者所主张的那样，是显著地容易遗传的。多指以五花八门的样子从不包含骨而仅仅是一个皮肤的附属物起，一直级进到两只手[2]。由掌骨支持的、并且具有正式的筋肉、神经和血管的一个多余的指，常常如此完善，以致如果不实际去数一数指头的话，就不会把它认出来的。偶尔有几个多余的指；不过普通只有一个，因而形成了六指。这个多余的指可能生在手的内侧，也可能生在外侧，而形成一个拇指或小指，不过形成小指的情形比较更多一些。一般地，通过相关法则，两只手和两只脚都会同样地发生这种情形。勃尔特·外尔得博士曾把大量的例子列成表[3]，多余的指在手上的比在脚上的更普通，而且在患者方面男人比女人多。所有这些事实都可以用一般尚称正确的两个原理来解释：第一个原理是，在两个部分中愈加专业化的就愈易变异，腕比腿更加高度地专业化；第二个原理是，雄者比雌者更易变异。

具有五个以上的指是一种重大的畸形，因为五个以上的数目对于任何现存的哺乳类、鸟类或爬行类来说都不是正常的。尽管如此，多余的指还是强烈地遗传的；它们曾经向下传过五代；在某些场合里，它们在一代、二代甚至三代都没有出现，而此后通过返祖又再现了。如赫胥黎（Huxley）教授所观察的那样，由于在大多数场合里患者据知并没有同相同的患者结婚，所以使得这些事实就更加值得注意了。在这等场合中第五代小孩大概只有他的第一个六指祖先的血液的1/32。如斯楚塞博士所阐明的，还有其他一些情形也是值得注意的：虽然在每一代中患者同非患者结婚，还有，多余的指往往在出生后不久就被切掉，而且它们很少能够由于使用而被加强，但是这种性质还会在每一代中增强起来。斯楚塞博士举出以下一个事例：在第一代中一个多余的指出现在一只手上；在第二代出现在两只手上；在第三代，三个弟兄的两只手都生有多余的指，而且其中一人在一只脚上也生有多余的趾；在第四代，所有四肢都生有多余的指和趾了。然而我们必须不要过高地估计遗传的力量。斯楚塞博士主张，不遗传的例子以及在没有这种情形的家庭中第一次出现多余指的例子，远比遗传的例子为多。许多其他构造上的偏差，其性质几乎同多指一样的异常，例如，不足的指骨[4]、增厚的关节、拳曲的手指等等，同样也是强烈地遗传的，而且同样曾经过中断之后又返祖了，虽然在后面这等场合里没有任何理由可以

---

① 　勃龙：《自然史》，第二卷，第 132 页。

② 　弗洛利克（Vrolik）于一本在荷兰发表的著作中详细地讨论了这一点，佩吉特爵士亲切地给我译了几段。
再参阅圣伊莱尔的《畸形史》，1832 年，第一卷，第 684 页。

③ 　《马萨乔塞茨医学会》（*Massachusetts Medical Society*），第二卷，第三号；《波士顿博物学会会报》（*Proc. Boston Soc. of Nat. Hist.*），第十四卷，1871 年，第 154 页。

④ 　奥哥尔（J. W. Ogle）博士关于不足的指骨遗传了四代举出一个例子。他参考了各种近代有关遗传的论文，《英国和外国外科医学评论》，4 月，1872 年。

假定双亲都同样是患者①。

在黑人中、在其他人种中以及在几种低等动物中都曾对多指进行过观察，它们都是遗传的。有人描述过鬣蝾螈（*Salamandra cristata*）的后脚生有六趾，据说蛙也曾发生过这种情形。值得注意的是，这种六趾的鬣蝾螈虽然变为成体了，但还保持着幼体的性状；因为它还保有部分的舌骨（hyoidal apparatus），这一器官在变态的作用中本来应被吸收的。还值得注意的是，在人类的场合中，在胚的状态下或者在被抑制的发育状态下的各种各样的构造，如破裂的腭、二叉子宫（bifid uterus）等常常伴随着多指②。猫的后脚上的六指据知曾向下遗传了三代。在几个鸡的品系中，后趾多一倍，而且一般都可以纯粹地遗传下去，当道根鸡同普通的四趾鸡进行杂交时，就很好地阐明了这一点③。关于本来具有少于五指的动物，时常会增加到五个，前腿特别如此，虽然超过这个数目的情形是稀少的；这是因为一个指的发育或多或少地已经处于痕迹状态之中了。例如，狗的后脚本来只有四趾，可是在大型品系中第五趾普通是发育的，虽然发育得并不完全。马本来只有一个趾是充分发育的，其他已经成为痕迹的了，但是曾经有人描述过每一只脚生有两三个分离的小啼的马：在牛、羊、山羊和猪中也曾看见过相似的事实④。

怀特先生描叙过一个三岁小孩的例子，这个小孩在拇指的第一关节处又长出一个拇指。他把较小的一个带有指甲的拇指割去；使他惊奇的是，割掉后它又长出来了，而且又生出指甲。于是把这个小孩送给伦敦的一位著名外科医生去开刀，新长出来的拇指从窝关节（Socket-joint）处被割掉了，但是割掉后它又长出来了，而且又生出一个指甲。斯楚塞博士也提过一个多余拇指部分地再生的例子，这个拇指是在一个小孩三个月的时候被割掉的；已故的法更纳博士写信告诉过我相似的事例。在本书的前一版我还举出过一个多余小指再生的例子；不过巴哈麦尔（Bachmaier）博士告诉我说，几位著名的外科医生在慕尼黑（Munich）人类学会的会议上对我的叙述表示很大的怀疑，于是我进行了更详细的探究。这样，我把得到的全部资料以及那只手在现今状态下的略图提供给佩吉特爵士，

① 关于这几种叙述，参阅斯楚塞博士的意见，见《爱丁堡新学术杂志》（*Edinburgh New Phil. Journal*），7月，1863年，特别是关于遗传的中断。赫胥黎教授，《关于有机界的知识的讲义》（*Lectures on our Knowledge of Organic Nature*），1863年，第97页。关于遗传，参阅卢凯斯博士的《论自然遗传》，第一卷，第325页。圣伊莱尔，《畸形史》，第一卷，第701页。卡利斯尔爵士的意见，见《皇家学会会报》，1814年，第94页。瓦克尔（A. Walker）在《血族婚姻》（*Intermarriage*），1838年，第140页中，举出一个遗传了五代的例子；塞治威克先生在《英国和外国外科医学评论》，4月，1863年，第462页，也举出同样的例子。关于手足的其他畸形的遗传，参阅道贝尔（H. Dobell）博士的意见，见《外科医学报告》（*Medico-Chirurg Transactions*），第四十六卷，1863年；塞治威克先生的意见，同上杂志，4月，1863年，第460页。关于黑人的多指，参阅波利卡得（Prichard）的《人类的体格史》（*Physical History of Mankind*）。戴芬巴哈（Dieffenbach）博士说（《皇家地理学会杂志》，1841年，第208页），这种畸形对卡达姆群岛（Chatham Islands）的波利尼西亚人来说是很普通的；我听到过关于印度人和阿拉伯人的几个例子。

② 梅克尔（Meckel）和圣伊莱尔坚持这一事实。再参阅《关于人类的模式的相似》（*Sur quelques Analogies du Type Humain*），第61页，洛朱（M. A. Roujou）著；我想是在《巴黎人类学会学报》（*Journal of the Anthropolog Soc. of Paris*，1月，1872年）上发表的。

③ 《家禽记录》，1854年，第559页。

④ 这一段中的一些叙述系引自圣伊莱尔的《畸形史》，第一卷，第688—693页。顾得曼（Goodman）先生举出一个母牛的例子，它在每一只后腿上除了普通的痕迹的趾以外，还生有三个发育良好的趾；它同一条普通的公牛交配之后，生下来的牛犊也有多余的趾。这头牛犊后来又生了两个具有多余趾的牛犊，见《剑桥哲学会》（*Phil. Soc. of Cambridge*），11月25日，1872年。

他作出结论说,在这个例子中的再生程度并不比正常的骨时常发生的再生程度为大,特别是肱骨在幼小期间被割断时更加如此。他进而对怀特先生所记载的事实感到十分不满意。实际情形既然如此,所以收回我以前在很大踌躇下提出来的意见,对我来说,是必要的;这个意见的提出主要是以多余指的假定的再生为根据的,即以下面的想法为根据的:人类时常生有多余的指和趾是返归具有五个以上的趾的低等祖先的一个例子。

在这里我愿举出同普通遗传的情形密切近似而稍有不同的一串事实来。何兰得先生说①,同一家族中的兄弟姐妹常常在同一年龄患同样的特殊疾病,而这种疾病以往在这个家族中并没有发生过。他详细记载了三个弟兄在 10 岁时都患糖尿病的情形;他还指出,同一家族中的孩子们当患小儿病的时候,都表现了同样的特殊症状。我父亲向我说过一个例子,有四个兄弟当 60 岁到 70 岁的时候都是在同样的非常特殊昏睡状态下死去的。有一个例子在谈到多指的时候已经被举出来了,即在一个以往没有发生过多指情形的家族里,六个弟兄之中有四个是多指的。德巴伊(Devay)博士说②,二个弟兄娶了两个亲表姐妹,这四个人以及他们的亲属都不呈白化症;可是这两对夫妇生下来的七个孩子都呈完全的白化症。某些这样的情形,如塞治威克先生③所曾经阐明的,大概是返归一个遥远的祖先(关于他已经没有保存什么记录)的结果;这等情形无论如何都是同遗传有直接关系的,所以孩子们无疑会从他们的双亲那里继承了相似的体质,并且由于他们都处在几乎相似的生活条件下,他们在生命的同一期间患有同样的病,就没有什么值得惊奇的了。

以上所举的大部分事实都是用来说明遗传力的,但是现在我必须对那些表示遗传力有时是何等微弱、善变而缺少的例子在本题目的许可范围之内加以分类并进行考察。当一种新特性最初出现时,我们决不能预言它是否可以遗传下去。如果双亲从降生后都表现有同样的特性,那么这种特性的遗传可能性就是强烈的,至少可以遗传给他们的某些后代。我们已经看到,从一个通过芽变而变成斑叶的枝条上采得的种子远比从实生的斑叶植物上采得的种子更能自由地把斑叶的性状遗传下去。在大多数的植物中,遗传的力量显著是取决于个体中的某种内在力量的:例如,威尔摩林④从一种特殊颜色的凤仙花培育出一些实生苗,所有这些实生苗都同它们的亲本相似;但是其中有些实生苗不能把这种新性状遗传下去,而其他的实生苗则在几个连续世代中把这种新性状遗传给所有的后代。关于一个蔷薇的变种,也有同样的情形,威尔摩林发现在六个植株之中只有两个植株能够把所希望的性状遗传下去;还可以举出无数相似的例子。

树的垂枝在某些场合中是强烈地遗传的,但在其他一些场合里,没有任何可以归因的理由,却是微弱地遗传的。我曾选用这种性状作为善变的遗传的一个事例,因为这种性状肯定不是亲种所固有的,并且因为在同一株树上生有雌雄两性的时候,二者都有传递同一性状的倾向。即使假定在某些事例中可能同邻近的同种的树进行了杂交,所有的实生苗也不可能都具有这样的性状。在摩加斯宫廷(Moccas Court)中有一株著名的垂

---

① 《医学上的意见和感想》,1839 年,第 24,34 页。并参阅卢凯斯,《论自然遗传》,第二卷,第 33 页。

② 《血族婚姻的危险》(*Du Danger des Marriages Consanguins*),第二版,1862 年,第 103 页。

③ 《英国和外国外科医学评论》,7 月,1863 年,第 183,189 页。

④ 沃尔洛特,《变种的产生》,1865 年,第 32 页。

枝栎树；它的许多枝条"长达 30 英尺，而这些枝条的任何部分都不比普通绳子粗"：这株树把它的垂枝性状程度大小不等地遗传给所有它的实生苗；某些幼树是如此容易弯曲，以致必须用支柱把它们支起来；而其他一些直到二十年生的时候才呈现出垂枝的倾向①。利威尔先生告诉我说，他用一个深红色的非垂枝的山楂变种的花粉使一株新的比利时垂枝山楂的花受精，于是长出了三株幼树，"现在已到六年生或七年生了，它们呈现了决定性的垂枝倾向，不过还没有到达母本那样的程度"。按照麦克纳勃（MacNab）先生的说法②，在爱丁堡植物园中，来自一株壮丽的垂枝桦树（*Betula alba*）的实生苗，在头十年或十五年中是直生的，然后所有都变得像它们的亲本那样，是垂枝的了。一种垂枝的桃被发现像垂柳的枝条那样，可以由种子来繁殖③。最后在士洛普郡的树篱中发现过一株垂枝的、或者毋宁说是平卧的紫杉（*Taxus baccata*）；这是一株雄树，但在一个枝条上开了雌花，而且结了浆果；把这些浆果种下去之后，产生了 17 株树，所有这些树都具有同亲本一样的特殊习性④。

　　或者曾经这样设想过，这些事实已经充分可以使我们把垂枝习性在所有场合中都看成是严格遗传的了。但是让我们看一看另一方面。麦克纳勃⑤播种了垂枝山毛榉（*Fagus sylvatica*）的种子，但是只成功地培育出一株普通的山毛榉。利威尔先生根据我的要求，从垂枝榆树的三个不同变种培育出大量的实生苗；它的亲本至少有一株由于所在的位置，不能同任何其他的榆树进行杂交；这些幼树现在已有一两英尺高，但没有一株呈现垂枝的样子。利威尔先生以前播种过两万粒以上的垂枝梣树（*Fraxinus excelsior*）的种子，但没有一株实生苗是少许垂枝的：在德国，包哈麦耶尔（M. Borchmeyer）培育了一千株实生苗，得到了同样的结果。尽管如此，契尔西（Chelsea）植物园的安得逊先生播种了 1780 年以前在剑桥郡发现的一种垂枝梣树的种子，结果培育出几株垂枝的梣树⑥。汉斯罗教授还告诉我说，在剑桥植物园中，来自一株雌性垂枝梣树的某些实生苗最初是少许垂枝的，以后便成为完全直生的了：这后一株树——传递它的垂枝习性有一定的程度——可能起源于同一个剑桥的原始祖先的芽；而其他垂枝梣树大概有不同的起源。利威尔先生写信告诉过我一个最显著的例子，它阐明了垂枝习性的遗传是多么善变的，这个例子是：有另一种梣树（*F. lentiscifolia*）的一个变种，现在约二十年生，它以前是垂枝的，但"已长久失去这种习性，每一个枝条都是显著直立的；不过以前从它培育出来的实生苗却是完全平卧的，它的茎距离地面不超过两英寸"。这样，普通梣树的垂枝变种虽然曾经在长久期间内由芽来繁殖，但在利威尔先生所培育出来的两万株以上的实生苗中，它没有能够把垂枝性状遗传给一株实生苗；然而在同一个园子中生长的第二个梣树种的一个垂枝变种虽然不能保持它自己的垂枝性状，但能过度地把垂枝习性遗传给它的实生苗！

---

　　①　拉乌顿的《艺园者杂志》，第十二卷，1836 年，第 368 页。

　　②　沃尔洛特，《变种的产生》，1865 年，第 94 页。

　　③　勃龙：《自然史》，第二卷，第 121 页。米汗（Meehan）先生在《费拉得斐亚自然杂志》（*Proc. Nat. of Philadelphia*），1872 年，第 235 页中作相似的叙述。

　　④　雷顿牧师（Rev. W. A. Leighton），《士洛普郡的植物志》（*Flora of Shropshire*），第 497 页；查理沃茨（Charlesworth），《博物学杂志》，第一卷，1837 年，第 30 页。我有从这些种子产生出来的平卧树。

　　⑤　沃尔洛特，同前书，第 93 页。

　　⑥　关于这几种叙述，参阅拉乌顿的《艺园者杂志》，第十卷，1834 年，第 408,180 页；第九卷，1833 年，第 597 页。

还可以举出许多相似的事实，这些事实指出了遗传原理的善变是多么显著。来自一个刺蘗（B. vulgaris）的红叶变种的所有实生苗都遗传有同样的性状；铜色山毛榉（Fagus sylvatica）的实生苗只有三分之一是紫叶的。一个黄色果实的欧洲鸟樱（Cerasu padus）的变种的实生苗，在100株中没有一株结黄色果实；一个黄色果实的樱状山茱萸（Cornus mascula）的变种的实生苗，只有十二分之一可以保持纯度[①]；最后，我父亲从一株野生的黄色浆果的枸骨叶冬青（Ilex aquifolium）培育出来的所有树都是结黄色的浆果。威尔摩林[②]在开拉勃肥皂草（Saponaria calabrica）的苗床上发现一个非常矮生的变种，并且从它培育出大量的实生苗；其中有些同亲本部分地相似，于是他选择了它们的种子；但它的孙代变得一点也不是矮生的了；另一方面，他发现亮黄花万寿菊（Tagetes signata）的一个矮小的丛性变种生长在普通的变种之中，这两个变种大概已经杂交了；因为从这个矮小植株培育出来的实生苗，大多数在性状上都是中间的，只有两株实生苗同它们的亲本完全相似；但是从这两个植株采取的种子都能非常纯粹地繁殖这个新变种，所以此后再没有必要进行任何选择了。

花卉植物可以纯粹地或者极其善变地遗传花的颜色。许多一年生植物可以纯粹地繁殖：例如，关于一年生紫罗兰（Matthiola annua）的一个族，我曾买过34个已经命名了的变种的德国种子，并且我培育出140个植株，所有这些植株，除了一株以外，都能保持它们的纯度。然而，当我这样说的时候，必须知道在34个已经命名了的亚变种中我只能区别20个种类；而且花的颜色也并不是同袋子上所标记的名字永远一致；但是我说它们能够保持纯度，是因为在25个短行的每一行中每个植株，除了一个例外，都是绝对相似的。再者，我曾得到普通紫菀（asters）和管状紫菀的25个命名了的变种的德国种子，并且我培育出124个植株；其中除了10株以外，在上面所限定的意义上都是纯粹的；我甚至把颜色浓淡不同的植株都看成是不纯的。

奇怪的是，白色变种一般远比任何其他变种更能纯粹地遗传它们的颜色。这个事实同沃尔洛特所观察的一个事实[③]大概有密切的关系，即在正常情况下是白色的花很少再变成其他任何颜色。我发现少花飞燕草（Delphinium consolida）和一年生紫罗兰的白色变种是最纯粹的。其实，从苗圃经营者的种子目录中看一看能够由种子来繁殖的大量白色变种就足可以知道这一点了。紫色甜山豌豆（Lathyrus odoratus）的几个带色品种是很纯粹的；堪特巴利的马斯特先生对于这种植物特别有研究，不过我听他说，它的白色变种是最纯粹的。洋水仙当由种子来繁殖时，它的颜色是非常不稳定的，但是"白色洋水仙由种子来繁殖时，几乎永远产生白花的植株"[④]；马斯特先生告诉我说，黄色变种也会产生黄色的后代，不过有不同浓淡的色调。相反地，桃红色变种和蓝色变种（后者是天然色）就几乎不是那样纯粹的了；因此，像马斯特先生向我说的那样，"我们看到，一个庭园变种可能比一个自然种更会获得永久的习性"；但是还应当补充地说，这是在栽培状况下，因而是在改变了的条件下发生的。

---

① 这几种叙述引自得康多尔，《植物地理学》，第1083页。
② 沃尔洛特：《变种的产生》，第38页。
③ 沃尔洛特：《变种的产生》，第59页。
④ 得康多尔：《植物地理学》，第1082页。

关于许多花卉植物,特别是多年生的,没有再比它们的实生苗的颜色更加容易变化的了,例如,马鞭草(*Verbena*)、香石竹、大丽菊、瓜叶菊(*Cinerarias*)及其他[1],都是如此。我播种过12个已经命名了的金鱼草(*Antirrhinum majus*)的变种的种子,其结果是非常混乱的。在大多数场合中,实生苗的极端容易变化的颜色大概是主要由于在先代中曾经发生过不同颜色的变种之间的杂交。西洋樱草和带色的报春花(*Primula veris* 和 *vulgaris*),从它们的相互的二形构造看来[2],几乎肯定是这样的;并且花卉栽培者说这些花永远不能用种子来纯粹地繁殖的;不过,如果注意防止杂交,任何物种的颜色绝不是不很稳定的;例如,我从一株紫色报春花(司各脱用它自己的花来授精的)培育出23个植株,其中有18株呈现了不同浓淡的紫色,只有五株返归了普通的黄色;再者,我还从一株亮红色的立金花(cowslip)培育出20个植株,这也是由司各脱先生给予了同样处理的,每株在颜色上都同它的亲本完全相似,并且72个孙代植株,除了一株是例外,也同样都同亲本的颜色完全相似。即使是最容易变异的花,它的每一种微妙的色调大概也可以由于在同样土壤中的栽培、长期不断的选择、特别是杂交的防止而被永久固定下来并从种子遗传下去。我是从某种一年生的飞燕草(*Delphinium consolida* 和 *ajacis*)来推论这一点的,它的普通实生苗所表现的颜色变化比我所知道的任何植物都大;然而从少花飞燕草的五个已经命名了的德国变种的种子长出来的94个植株中,只有九株是不纯的;而且多花飞燕草的六个变种的实生苗都是纯粹的,其纯粹的样子和程度同上述的一年生紫罗兰是一样的。一位著名的植物学者主张飞燕草属的一年生物种永远是自花受精的;所以我愿提一提以下的情形:少花飞燕草的一个枝条上的32朵花被一个网遮盖着,它结了27个蒴,每一个蒴平均有17.2粒种子;同时,在同一个网的下面,还有五朵花是人工授精的,这种处理就像由于蜜蜂不断访问而必然发生的效果那样地来进行的,于是结了五个蒴,每一个蒴平均有35.2粒优良种子;这阐明了对于这种植物的充分受精,昆虫的媒介是必要的。关于许多其他花的杂交,还可以举出相似的事实,例如香石竹等,它们的颜色是非常容易变化的。

家养动物同花卉植物一样,没有一种性状比它们的颜色更容易变异的了,而且大概没有一种动物的颜色比马的颜色更容易变异的了。然而,只要在育种中稍微小心一点,任何颜色的族似乎都会很快被育成的。赫法克举出过这样一个结果:四种不同颜色的216匹母马和同样颜色的公马进行了交配,这四种颜色同它们的祖先的颜色并无关系;于是生下了216匹马驹,其中只有11匹未曾遗传有亲代的颜色:奥谭雷茨(Autenrieth)和阿蒙(Ammon)断言在两代之后肯定地会产生一致颜色的马驹[3]。

在少数的场合中,特性的不能遗传显然是由于遗传力太强的缘故。金丝雀(canary-bird)的育种者们向我保证说,要想得到一只优良的淡黄色鸟儿,是不能用两只淡黄色的鸟来交配的,因为这样做,颜色会表现得太强,甚至会成为褐色的;不过其他的育种者们反驳了这种说法。再者,如果两只具有冠毛的金丝雀进行交配,生下来的小鸟很少遗传

---

① 《家庭艺园者》,4月10日,1860年,第18页;9月10日,1861年,第450页。《艺园者记录》,1845年,第102页。

② 达尔文:《林奈学会杂志·植物篇》,1862年,第94页。

③ 赫法克:《关于性状》,等等,第10页。

有这种性状[①]：因为在具有冠毛的鸟中，它们的头部后方有一狭条裸露出来的皮，在这里羽毛向上翻卷，因而形成了冠毛，当双亲都具有这样的性状时，裸露的部分就会变得过大，而且冠毛本身便得不到发展。赫维特先生在谈到花边·塞勃来特·班塔姆鸡（Laced Sebright Bantams）时说道[②]，"为什么要这样，我也不知道，不过我相信那些带有最美丽花边的班塔姆鸡所产生的后代，其花边往往是很不完全的，然而我所展出的那些，常常被证明是成功的，这些都是从带有很多花边的鸡同带有很少花边的鸡的交配中育成的"。

这是一个奇异的事实。虽然在同一家族中常常出现几个聋子哑巴，并且虽然他的堂兄弟和其他亲属也常常是聋子哑巴，但他们的父母很少是聋子哑巴。再举一个例子：在"伦敦聋哑学校"同时有 148 个学生，但其中没有一个学生的父母是聋哑的。还有，当一个聋哑的男人或女人同非聋哑的人结婚之后，他们的孩子很少是聋哑的：在爱尔兰，这样生下来的 203 个孩子，其中只有一个是哑巴。甚至当父母都是聋子哑巴时，如在美国的 41 对夫妇和在爱尔兰的 6 对夫妇，他们生下来的孩子只有两个是聋子哑巴。塞治威克先生[③]当解说这种在直系中的遗传力的显著而幸运的失败时指出，这可能是由于"过度的情形颠倒了发育中的自然法则的作用"。但是在我们目前这样的知识状态下，还是把整个情形简单地看成为难理解的，比较稳妥一些。

虽然许多先天的畸形是遗传的，关于这一点已经举出了一些例子，而且还可以补充一个最近记载的例子，即在一位作者的家庭中豁嘴已经遗传了一个世纪[④]，但其他畸形则很少或者决不遗传。关于许多不遗传的情形，大概是由于在子宫或卵中受到伤损，因而可以把这些情形放在不遗传的伤损或残废的项下。关于植物，可以容易地举出一长列具有极严重而多样的性质的畸形是遗传的；而且关于植物，没有任何理由可以假定畸形是由于对种子或胚的直接伤损而引起的。

关于由伤损而致残废的构造以及由疾病而致变形的构造是否遗传的问题，直到最近还很难作出任何明确的结论。在很多世代中发生的某些残废没有一点遗传的结果。高德龙指出[⑤]，不同种族的人自从太古时代以来，就敲掉他们的上门齿，切断手指的关节，在耳朵或鼻子上穿很大的孔，文身，在身体的各部分砍很深的伤口，然而没有任何理由可以假定这些毁损是曾经遗传过的[⑥]。由于炎症而发生的愈着，由于天花而留下的麻子（以前在许多连续世代中一定都有麻子），并不遗传。有三位信仰"犹太教"的医生向我保证说，犹太人行割礼、即割包皮已有很多年代了。但并没有产生遗传的效果。然而，布鲁曼巴

---

① 贝西斯坦：《德国的博物学》，第四卷，第 462 页。一位伟大的金丝鸟育种家勃连特告诉我说，他相信这些叙述是正确的。

② 《家禽之书》，推葛梅尔著，1866 年，第 245 页。

③ 《英国和外国外科医学评论》，7 月，1861 年，第 200—204 页。塞治威克先生关于这一问题举出了丰富的参考文献，并且进行了充分详细的叙述，我没有必要再引用其他权威者的著作。

④ 斯帕洛尔（Sproule），《英国医学学报》（*British Medical Journal*），4 月 18 日，1863 年。

⑤ 《物种》，第二卷，1859 年，第 299 页。

⑥ 尽管如此，威塞列尔（Wetherell）还在《自然》，12 月，1870 年，第 168 页中说道：十五年以前他在访问西奥（Sioux）的印第安人时，"一个曾在这些部落中度过了他的大部分光阴的医生"告诉他说，"那里的小孩有时生下来就有这些痕迹"。一个管理印第安人地区的美国政府的事务官证实了这一点。

哈断言①，在德国生下来的犹太人常常很难行割礼，所以给他们起了一个名字叫做"天生的割礼"；波瑞耶尔（Preyer）告诉我说，在波恩（Bonn）也是这样的，这等小孩据说是上帝特别宠爱的人。我还听"盖伊医院"的纽曼（A. Newman）教授说过，一个行过割礼的犹太人的孙子没有包皮，但这个小孩的父亲并没有行过割礼。所有这些例子都可能是偶然的巧合，因为佩吉特爵士曾经看到过一个妇人的五个儿子以及她的姐姐的一个儿子都有愈合的包皮，而其中有一个小孩就像"普通行过天生的割礼"的那样；然而在这两个姐妹的家族中无疑是没有犹太人的血统的。伊斯兰教徒也行割礼，但进行的时期比犹太人较晚；北西里伯斯（North Celebes）副总督雷得尔（Riedel）博士写信告诉我说，那里的小孩从六岁到十岁都不穿衣服；他观察到他们之中有许多人的包皮，虽然不是全部，都大大缩短了，他把这种情形归因于割包皮之遗传的效果。在植物界中，栎树以及其他的树从太古时代起就生有瘿瘤体，但是它们并不产生遗传的瘤状物，还有许多其他这样的事实可以举出来。

尽管有上面这些否定的例子，但是关于外科手术的效果时常是遗传的这一点，我们现在还拥有明确的证据。布朗-税奎博士②关于他对豚鼠所作的观察提出了如下的摘要；这个摘要是如此重要，所以我愿意全部加以引用。

"第一，由于脊髓受到损伤而致癫痫的双亲所生下来的动物表现有癫痫。

第二，由于臀神经（Sciatic nerve）被切断而致癫痫的双亲所生下来的动物也表现有癫痫。

第三，由于颈部交感神经被切断而致耳形发生变化的双亲所生下来的动物在耳形上也有变化。

第四，由于颈部的交感神经被切断或者由于上颈部神经节被移去而致眼睑部分关闭的双亲所生下来的动物也有部分关闭的眼睑。

第五，由于索状体（restiform body）受到损伤而致眼球突出的双亲所生下来的动物也有突出的眼球。我曾多次地亲自观察了这一事实，并且我看见眼的这种病态继续向下遗传了四代。这等动物由于遗传而发生了变异，它们的两只眼一般都是突出的，虽然它们的双亲通常只有一只眼是突出的，因为在大多数场合里，只是索状体的一方受到了损伤。

第六，由于写翻（Calamus）*尖端附近的索状体受到损伤而致耳朵发生血肿（Hæmatoma）和干性坏疽的双亲所生下来的动物在耳朵上也会发生血肿和干性坏疽。

第七，由于臀神经被切断或者臀神经和脚神经同时被切断而致知觉脱失的后脚趾被它们自己吃掉的双亲所生下来的动物在三个后脚趾中缺少两个，而且有时三个都没有。在幼小动物中，有时不是完全没有脚趾，而是只有一个、两个或三个脚趾的一部分，虽然在亲代中所失去的不仅是脚趾，而是整个的脚（一部分被吃掉了，一部分由于发炎、浓溃和坏疽而腐烂掉了）。

第八，由于臀神经受到伤损而致脸部和颈部的皮和毛发生各种病态的双亲所生下来

---

① 《皇家学会会报》，第四卷，1799 年，第 5 页。

② 《皇家学会会报》，第十卷，第 297 页。《给英国协会的报告》（Communication to the Brit. Assoc.），1870 年。《医学周刊》，1 月，1875 年，第 7 页。本节系抄自后一论文。奥伯斯坦纳（Obersteiner）在《斯垂克尔的医学杂志》（Stricker's Med. Jahrbücher），1875 年，第二号上似乎曾经证实了布朗-税奎的观察。

* 此处指 Calamus scriptorius（写翻），第四脑室的一部分。——译者注

的动物在同样部位上发生同样的变化。"

特别值得注意的是,布朗-税奎在 30 年中从那些没有施行过手术的豚鼠培育出好几千只豚鼠,但没有一只表现有癫痫的倾向。在那些不是由于臀神经被切断而致它们的脚趾被自己咬掉的双亲所生下来的后代中,他也没有看见过一只豚鼠是没有脚趾的。关于后面这一事实,曾经仔细地记载了 13 个例子,而看到的例子比此还要多;但是布朗-税奎还说这等例子是比较罕见的遗传形式之一。还有一个更有趣的事实。

"在生来就没有脚趾的豚鼠中的臀神经遗传有经过所有不同病态的能力,这些病态是在亲代的臀神经被切断的时候起直到它同外周神经末梢再度愈合之后所发生的。所以,遗传下来的不单是执行一种活动的能力,而是按照一定的次序执行整个一系列活动的能力。"

在布朗-税奎所记载的大多数遗传例子中,只是双亲之一被施行手术,并且受到了这样的影响。为了表示他的信念,他作出这样的结论:"遗传下来的是神经系统的病态",这种病态是由于对双亲施行了手术而发生的。

关于低等动物,波洛斯浦尔·卢凯斯博士搜集了一长列有关损伤可以遗传的例子。举出少数的例子就足够了。一头母牛由于偶然的事故而引起化脓,以致失去一根角,它生下来的牛犊都在头部的同一边没有角。关于马,由于过多地走坏路而引起的脚部骨瘤似乎无疑是可以遗传的。布鲁曼巴哈记载过这样一个例子:一个人的右手上的小指几乎被斫掉,结果长成弯曲的了,他的儿子们的右手上的小指也同样都是弯曲的。一个兵士在结婚前 15 年由于化脓性眼炎失去了他的左眼,他的两个儿子的左眼都是非常小的[1]。一个亲代的一边的一个器官受到了损伤,并且两个或两个以上后代的同一边的同一器官生来就受有同样的影响,在所有这等场合里,仅仅是由于一种偶然巧合的机会几乎是无限大的。甚至生下来的只有一个小孩,而他同他的受到损伤的一个亲代一样,在身体的完全一样的部位上受到影响,在这种场合里由于一种偶然巧合的机会也是大的;罗列斯顿(Rolleston)教授曾给给过我他亲自观察的两个这等例子——有这样两个人,一个在膝部、一个在颊部受到了严重的斫伤,他们生下来的小孩都具有同他们父亲完全一样的斑点或伤痕。关于猫、狗和马曾经记载过许多事例:它们的尾、脚等被切掉了或者被损伤了,并且它们的后代的同一部分也成为畸形的了;但是,相似的畸形的自发出现,并不很罕见,所以这等例子可能是由于偶然的巧合。然而在相反的方面也有一种论点,即"在古代的课税法中,只有没有尾巴的牧羊犬才不课税,因此它们的尾巴永远是被割掉的"[2];现在还有这样牧羊犬的品系存在着,它们生来就没有尾巴。最后,必须承认,损伤的效果,特别是当它们伴随着疾病的时候,恐怕只有当它们伴随着疾病的时候,偶尔是遗传的;特别是自从布朗-税奎的观察被发表之后,就更加如此[3]。

---

[1] 这最后一个例子曾被塞治威克先生在《英国和外国外科医学评论》,4 月,1861 年,第 484 页上加以引用。关于布鲁曼巴哈,参阅上述论文。再参阅卢凯斯博士,《论自然遗传》,第二卷,第 492 页。《林奈学会会报》,第九卷,第 323 页。贝克尔先生在《兽医杂志》,第十三卷,第 723 页里举出了一些奇异的例子。另外一些奇异的例子载于《自然科学年报》,第一辑,第十一卷,第 324 页。

[2] 《狗》,司顿享著,1867 年,第 118 页。

[3] 拟蜂虎(Mot-mot)习惯地从两个中央尾羽的中部咬去羽支,因为在同一羽尾上的这种羽支生来就稍微短一些,所以像沙尔文说(《动物学会会报》,1873 年,第 429 页),这非常可能是由于长期不断被咬去的遗传效果。

不遗传的原因

大量的不遗传例子根据以下原理可以得到解释：即一种遗传的强烈倾向确实存在，但它被敌对的或不利的生活条件所压抑。如果我们的改良猪为了它们自己的生存，被迫在几代中来回行走并且用鼻子掘地，那么大概不会有人去期望它们像现在那样纯粹地把短鼻和短脚以及肥胖的倾向遗传下去。如果挽马被迫生活在寒冷而潮湿的山地，它们大概肯定地不会把巨大的体积和结实的四肢长久遗传下去；实际上，在福克兰岛的野化马中，我们确实有这种证据。在印度的欧洲狗常常不能把它们的纯粹性状遗传下去。我们的羊在热带地方经过少数几个世代之后就会失去它们的绒毛。某些特殊牧场和世界上最古品系之一的大尾巴羊的大尾巴的遗传之间，似乎也存在一种密切的关系。关于植物，我们看到玉米的热带变种当被栽培在欧洲的时候，经过两三个世代之后就会失去它们所固有的性状；相反地，当欧洲变种被栽培在巴西的时候，也是如此。我们的甘蓝能够非常纯粹地由种子来繁殖，但是在热带地方就不能形成叶球。按照卡瑞埃尔[①]的材料，紫叶山毛榉和刺蘗在某些地方远不如在其他地方能够由种子更纯粹地遗传它们的性状。环境条件一改变，定期的生活习性立刻就不能被遗传下去，例如夏性的和冬性的小麦、大麦、大巢菜（vetches）的成熟期就是如此。关于动物也是一样，例如，有一个人，他的叙述是我可以相信的，从一个市镇上得到了一些阿尔斯巴利鸭（Aylesbury ducks）的卵，在那个市镇上这些鸭子是被养在屋子里的，并且为了供应伦敦的市场它们被尽量快地孵育出来；在英国的遥远地方从这些卵孵出来的鸭子在一月二十四日就孵出第一窝小鸭来了，而养在同院中的、按照同样方法处理的普通鸭子直到3月末还没有孵出小鸭；这阐明了孵化期是可以遗传的。不过阿尔斯巴利鸭的孙代在那里就完全失去了早期孵卵的习性，并且和同地的普通鸭子一样地在同一时期孵卵了。

许多不遗传的例子显然是由于生活条件不断地诱发了新的变异性所致。我们已经知道，当种植梨、李、苹果等的种子时，它们的实生苗一般在某种程度上都遗传有类似该种类的性质。同这些实生苗杂交之后，普通会出现少数的、有时是许多的没有价值的野生样子的植株，它们的出现可以归因于返祖的原理。但是几乎不能发现一株实生苗同亲本类型完全相似；这可以用由生活条件所诱发而不断出现的变异性来解释的。我相信这一点，是因为我们已经观察到，某些果树当自根生长时，可以纯粹地繁殖它们的种类；但是当它们被嫁接在其他砧木之上，因而它们的自然状态受到显著影响的时候，它们所产生的实生苗就会发生巨大的变异，在许多性状上离开了亲本的模式[②]。如在第九章所说的，梅兹加发现从西班牙引进某些种类的小麦在德国栽培，经过许多年之后，它们就不能纯粹地繁殖自己；但是，当它们最后习惯于它们的新条件的时候，就会停止变异——这就是说，它们已经变得服从遗传力了。几乎所有不能肯定由种子来繁殖的植物，都是长期

①　《变种的产生和固定》，1865年，第72页。

②　道宁，《美洲的果树》，第5页；萨哥瑞特，《果树生理学》，第43，72页。

由芽、插条、短匍茎等来繁殖的种类，因而它们在所谓个体生活中往往是处于非常多样的生活条件之下的。这样繁殖出来的植物是如此容易变异，像我们在前一章所看到的那样，甚至会受芽变的支配。相反地，我们的家养动物在其个体生活中普通并没有处在这等极端多样的生活条件之下，因而就不容易有极端的变异性；所以它们不会失去遗传其大部分特性的能力。在上面有关不遗传的叙述中，自然不包括杂交品系在内，因为它们的多样性主要取决于来自亲代任何一方或祖先的性状之不平等的发育。

结　论

在本章的前一部分里已经阐明了具有极其多样性质的新性状，不论正常的或不正常的，有害的或不利的，也不论对于最重要器官发生影响的或对最不重要器官发生影响的，都是多么普通地可以遗传下去。对于只是亲本一方所具有的某种特殊性状的遗传，常常是充分的，例如在比较罕见的畸形被遗传的大多数场合里就是如此。不过遗传力是变化多端的。在一些从相同双亲传下来的，而且受到相同处理的个体中，有些完全表现了这种力量，有些则完全缺少这种力量；关于这种差异，没有理由可以举出。损伤或残废的效果偶尔是遗传的；在将来的一章里我们将看到器官的长期不断的使用或不使用会产生一种遗传的效果。甚至那些被看做最容易变化的性状，例如颜色，除了稀有的例外，也会远比我们一般所想象的能够更有力地遗传下去。在所有场合里，值得奇怪的确实不是任何性状的可以遗传，而是遗传力的失去作用。对于遗传有抑制作用的，根据我们所能知道的：第一是不利于某一性状的环境条件；第二是生活条件不断地诱发新的变异性；最后是不同变种在以前某一世代中的杂交以及返祖现象——这就是说，子代有一种不像自己直接亲代而像祖代或更远祖先的倾向。后一问题将在下一章加以讨论。

第十三章

遗传(续)——返祖

Inheritance (Continued)—Reversion or Atavism

返祖的不同形式——纯粹的、即未杂交的品种的返祖,例如:鸽、鸡、无角牛和无角羊以及栽培植物——野化动物和野化植物的返祖——杂交品种和杂交物种的返祖——通过芽繁殖的返祖,通过同一朵花或同一个果实的一些部分的返阻——同一动物的不同身体部分的返祖——作为返祖的一个直接原因的杂交作用,各种不同的例子,关于本能——返祖的其他近因——潜伏的性状——次级性征——身体两侧的不等发育——来自杂交的性状随着年龄的增长而出现——具有一切潜伏性状的胚种是一种奇怪的东西——畸形——反常整齐花在某些场合中是由于返祖

返祖(atavism)是由一个拉丁字"先祖"(atavus)衍变出来的,本章将要讨论的、用这一科学术语所表示的伟大遗传原理已被各国的农学者们和作者们所公认了;这一个字的英文是 Reversion 或 Throwing-back;法文是 Pas en-Arrière;德文是 Rückschlag 或 Rückschritt。如果一个孩子像他的祖父或祖母比像他的父母更厉害,这并不会引起我们的非常注意,虽然这个事实是高度值得注意的;不过,如果一个孩子像某一个远祖或者像某一个旁系的远亲——在后一个场合中我们必须把这种现象归因于所有成员都是从一个共同祖先传下来的——我们就会感到适当程度的惊奇。如果仅仅是亲代的一方表现了某种新获得的和一般可以遗传的性状,而这种性状并不遗传给后代,其原因可能在于亲代的另一方具有优势的遗传力量。但是,如果亲代的双方都具有同样的性状,而子代,不管原因是什么,并不遗传有这种性状,但同它的祖父母相似,那么这就是返祖现象的最简单事例中的一个。我们不断地看到另一个甚至更加简单的返祖例子,虽然这个例子一般并不被放在这个问题之内;这就是:儿子在某种雄的属性方面,例如在男子的胡须、公牛的角、雄鸡的颈羽和鹦冠的特性方面,或者在某种只限于男性所患有的疾病方面,像它的母系祖父比像它的父系祖父更加密切;这是因为母亲并不具有或表现这等雄的属性,而子代必须通过她的血液从他的母系祖父把它们继承下来。

返祖的诸例,虽然在某些场合中混淆在一起了,但仍然可以分为两个主要的大类:第一,一个没有杂交过的变种或族由于变异而丧失了某种先前所具有的性状,以后这种性状又重现出现了。第二类包括所有以下的例子:一个具有某种可区别的性状的个体、一个族或者一个物种,在以前某一个时期曾经杂交过,从这个杂交中产生出来的一种性状消失了一代或数代之后,又突然重新出现了。大概还可以设第三类,这只是在繁殖方法上有所不同,它包括一切由芽而发生的返祖的例子,所以同真正的或种子的生殖并无关系。恐怕甚至还可以设一个第四类,它包括的返祖现象是由同一朵个别的花或果实的一些部分而发生的,并且是在同一个个体动物的不同身体部分当它年老的时候而发生的。不过最先的主要两类对于我们的目的来说将是够用的了。

纯粹的、即未杂交的类型所亡失的性状的返祖　第一类的显著例子在第六章中已经举出来了,这就是在各种不同颜色的鸽子品种中,不时重现具有野生岩鸽的一切特征的青色鸽子。在鸡的场合中也举出过一些相似的例子。关于普通驴,因为它的野生祖先几乎永远都具有腿条纹,所以我们可以肯定在家养驴中这种条纹的不时重现就是一个单纯返祖的例子。但是以后我必须再度谈到这些例子,所以这里先不谈它们。

我们的家养牛和家养绵羊所来自的原始物种无疑是有角的,但是若干无角的品种现在已经很好地确立了。然而在这等品种中,例如在南邱羊中,"找到一些生有小角的公羊羔并不是稀罕的事情"。在其他一些无角的品种中这样重现的角或者"长到充分的大

____

◀绵羊。

小",或者仅仅奇妙地附着在皮肤上并且"松散地悬垂下来,或者脱落"①。加罗威牛(Galloways)和萨福克牛(Suffolk cattle)在晚近一百年或一百五十年以来已经是无角的了;但是不时还会产生出一头有角的牛犊,它的角往往是松散地附着的②。

有理由可以相信,绵羊在它们的早期家养状况下是"褐色或微黑色的";不过甚至在大卫(David)时代有些羊群据说已经白得像雪一般。在希腊、罗马时代,若干古代作者把西班牙的绵羊描述为黑色、红色或黄褐色的③。今日,尽管非常注意去防止以下情形的发生,我们的最高度改良而有价值的品种,例如南邱羊,还会不时地、甚至屡屡地产出杂色的、甚至完全黑色的羊羔。自从著名的贝克威尔(Bakewell)的时代以来,在前一世纪期间,莱斯特羊就受到了非常细心的养育;然而灰脸的、或黑点的、或完全黑色的羊羔还不时出现④。这种情形在改良较少的品种(例如诺福克羊)中的发生就更加频繁了⑤。同绵羊返归暗色的这种倾向有关的一种情形,我愿说一说(虽然我这样做是侵入了杂交品种的返祖的范围,同样也侵入了遗传优势的问题):福克斯牧师听说有七只白色的母南邱羊同一只所谓公西班牙羊交配了,后者在两肋生有两个小黑点,而它们产生的十三只羊羔都是完全黑色的。福克斯先生相信这只公羊属于他自己曾经养过的一个品种,这个品种一向具有黑点或白点;他并且发现用莱斯特羊同这个品种杂交,产生出来的羊羔永远是黑色的:他曾用这等杂种羊继续同纯粹的白色莱斯特羊再杂交了三代,但是所得到的结果总是一样的。福克斯先生还听一位朋友说(他从这个人得到斑点品种的),他曾用白色绵羊继续进行了六七代的杂交,但是生下来的羊羔还永远是黑色的。

关于各种动物的无尾品种也能举出相似的事实。例如,赫维特先生⑥说,秃尾鸡被认为是优良的,它们曾在展览会上得过奖,而从某些秃尾鸡繁育出来的小鸡"在相当多的事例中具有充分发育的尾羽"。调查的结果是,最初育成这等鸡的人说,自从他最初养育它们的时期以来,它们就常常产生有尾的鸡;但是这等有尾的鸡还会再度繁殖秃尾鸡。

在植物界中也有相似的返祖例子发生;例如,"从三色堇(*Viola tricolor*)的最优良的栽培品种采集来的种子,屡屡会产生在叶和花的方面都是完全野生的植株"⑦;但是在这个事例中,返祖并没有达到很古老的时期,因为三色堇的最优良的现存变种的起源都是比较近代的。关于我们大多数的栽培植物,它们都有返归既知的或者可以推测出来的原始状态的某种倾向;如果艺园者不全面地查究他们的苗床和拔除劣株、即他们所谓的'恶

---

① 《尤亚特论羊》,第 20,234 页。在德国观察过同样的事实:松散地悬垂下来的角不时在无角品种出现;贝西斯坦,《德国的博物学》,第一卷,第 362 页。

② 《尤亚特论牛》,第 155、174 页。

③ 《尤亚特论羊》,1838 年,第 17、145 页。

④ 这个事实是福克斯牧师告诉我的,其根据是威尔摩特先生的权威著作;关于这一问题的意见,再参阅一篇文章,见《每季评论》(*Quarterly Review*),1849 年,第 395 页。

⑤ 尤亚特,第 19、284 页。

⑥ 《家鸡之书》,推葛梅尔 1866 年,第 231 页。

⑦ 拉乌顿的《艺园者杂志》,第十卷,1834 年,第 396 页;一位对于这个问题富有经验的艺园者同样地向我保证说,这种情形是时时发生的。

棍',这种情形就更加明显了。已经有人指出,某些少数实生的苹果和梨一般地类似它们所由来的野生树,但显然并不完全一样。在我们的芜菁①和胡萝卜的苗床中,少数植株常常'突然开花'——这就是说,花开得过早;并且它们的根就像在亲种的场合中那样,一般是硬而多筋的。在少数几代间继续进行一点选择,大多数我们的栽培植物借着这种帮助,纵使它们的生活条件没有任何巨大的变化,大概也会被带回一种野生的或接近野生的状态"。巴克曼先生曾经用美洲防风(parsnip)实现过这种情形②;华生先生告诉我说,在三个世代中,他选择了苏格兰羽衣甘蓝(Scotch kale)的最分歧的植株,这恐怕是甘蓝中的改变最小的变种之一;在第三代,一些植株就同现今在英格兰古老城堡附近定居下来的、被叫做土著植物的类型很接近。

野化的动物和植物的返祖 截至现在,在讨论过的一些例子中,返祖的动物和植物并没有暴露在足以引起这种倾向的生活条件的任何重大或突然的变化之下;但是关于已经野化了的动物和植物,其情形就很不相同了。许多作者都以断然的态度一再主张,野化的动物和植物必然返归它们的原种的模式。奇怪的是,这种信念所依赖的证据是非常少的。在我们的家养动物中,有许多是不能在野生状况下生存的;例如,非常高度改良了的鸽子品种不会"野生"或寻求它自己的食物。绵羊从来没有野化过,几乎每一种猛兽大概都会把它们毁灭掉③。在若干例子中,我们还不知道原始的亲种,而且不可能说出是否有任何密切程度的返祖。在任何事例中都不知道什么变种是最先发生的;在某些例子中,有几个变种大概都野化了,而且仅仅是它们之间的杂交大概就有消除它们的固有性状的倾向。我们的家养动物和栽培植物当野化了的时候,一定永远都处于新的生活条件之下,因为,正如华莱士先生④所充分指出的那样,它们势必取得自己的食物,并且暴露在同土著产物的竞争之下。如果我们的家养动物在这样环境中并不发生任何种类的变化,其结果同本书所得到的结论将会是完全相反的。尽管如此,我并不怀疑动物和植物的野化这个简单事实确会引起返归原始状态的某种倾向;虽然这种倾向曾被一些作者们大大地夸大了。

我将大略地谈一谈记载下来的例子。关于马或牛,还不知道它们的原始祖先;在以前几章中曾经指出,它们在不同的地方呈现了不同的颜色。例如在南美野化了的马一般是淡褐色的,在东方野化了的马则是黄棕色的;它们的头变得较大而且较粗糙了,这可能是由于返祖。关于野化的山羊,还没有谨严的描述。在各地野化了的狗几乎无论在什么地方都没有呈现一种一致的性状;不过它们大概是从若干家养族传下来的,并且原始是从若干不同物种传下来的。无论欧洲或拉普拉他的野化猫一律都具有条纹;在某些场合中它们长得异常大,但在其他任何性状上同家猫并没有什么差异。当不同颜色的驯兔在

① 《艺园者记录》,1855年,第777页。

② 《艺园者记录》,1862年,第721页。

③ 包纳(Borner)先生说(《羚羊的狩猎》,*Chamoishunting*,第二版,1860年,第92页),绵羊常在巴威的阿尔卑斯山(Bavarian Alps)野化;不过根据我请求他所作的进一步的调查,他发现它们是不能自己生活的;它们一般会因附着在毛上的冻雪而死亡,并且它们丧失了越过峻峭的斜坡所必须有的技能。有一次,有两只母羊活过了一个冬季,但它们的羊羔则死亡了。

④ 参阅华莱士先生的对于这个问题的卓越意见,见《林奈学会会报》,1858年,第三卷,第60页。

欧洲被驱逐出去之后，它们一般都重新获得了野生兔的颜色；无法怀疑确实有这种情形发生，但是我们应当记住，奇异颜色的和显眼的动物大概很多会受到猛兽的损害，而且会容易遭到射猎；这至少是一位绅士的意见，他曾试图把一个接近白色的变种养在他的森林中；如果是这样被毁灭了的话，它们大概是被普通兔所代替，而不是变成了普通兔。我们已经知道，牙买加的，特别是波托·桑托的野化兔呈现了新的颜色和其他新的性状。一个最著名的返祖的例子，就是关于猪的例子；在返祖的普遍性方面广泛扩大了的信念显然是以这个例子为根据的。这等动物在西印度群岛、南美和马尔维纳斯群岛都已经野化了，它们无论在哪一处地方都获得了暗的颜色、粗的鬃毛以及野猪（Wild boar）的大獠牙；并且幼猪重新获得了纵条纹。但是，纵使在猪的场合中，罗林也描述过居住在南美不同部分的半野生猪在若干点上是有所不同的。猪在路易斯安那（Louisiana）已经野化了①，据说这种猪同家猪在形态上稍有不同，在颜色上有很大的不同，然而同欧洲的野猪并不密切相似。关于鸽和鸡②，还不知道最初发生的是什么变种，同时也不知道这等野化鸟呈现了什么性状。西印度群岛的珠鸡当野化之后，似乎比在家养状况下有更大的变异。关于野化了的植物，虎克博士③强烈地认为它们返归原始状态的普通信念并没有足以称道的证据。高德龙④对洋芜菁、胡萝卜和芹菜进行过描述；不过这等植物在栽培状态下同它们的野生原型几乎没有什么差异，除了多汁性和某些部分扩大了以外——当植物生长在瘠薄的土壤上并且同其他植物进行斗争的时候，上述性状肯定是会消失的。像拉普拉塔的食用蓟（*Cynara cardunculus*）那样大规模野化的栽培植物还没有过。看到过它们在那里的广大地面上长得同马背一样高的每一位植物学者，都被它的特殊外貌打动了；但是，它在任何重要之点上同栽培的西班牙类型是否有差异——据说后者像它的美洲后代那样地不生刺；或者，它同野生的地中海的物种是否有所差异——据说后者不是丛生的（虽然这可能只是由于各种条件的性质所致），我还不知道。

在亚变种、族和物种的场合中返归来自杂交的性状　如果一个具有某种可辨识的特性的个体同一个不具有这种特性的同一亚变种的另一个体相结合，这种特性经过几代之后常常会在后代中重现。每一个人一定都曾注意过或者听老年人说过，小孩子们在外貌或精神素质上，或者在非常微小而复杂的一种性状（如表情）上，同祖父或祖母密切类似，或者同某一个更疏远的旁系亲族密切类似。在前一章已经举出一些事例来说明，很多畸形构造和疾病⑤从一亲传给了一个家族，并且经过两三代之后又在后代中重现。我由通信中得知下述的一个例子，它有良好的根据，我相信它是可以充分信赖的：一只母向导狗（pointer-bitch）产生了七只小狗；四只有青白斑，这种颜色在向导狗中非常少见，以

---

① 丢鲁·得拉玛尔，《报告书》，第四十一卷，1855年，第807页。根据上面的叙述，作者断言野生的路易斯安那猪不是从欧洲的野猪（*Sus scrofa*）传下来的。

② 爱伦船长在他的《奈遮河探险记》（*Expedition to the Niger*）中说道，鸡在安诺邦岛（Annobon）上已经野化了，并且在形态和鸣叫方面都改变了。这个记载是如此贫乏和模糊，以致我认为不值得加以抄录；不过现在我发现丢鲁·得拉玛尔把它作为有关返归原始祖先的一个好例子，并且用它来证明瓦罗在罗马时代所作的叙述是更加模糊的。

③ 《澳洲植物志》，1859年，绪论，第9页。

④ 《物种》，第二卷，第54、58、60页。

⑤ 塞治维克先生关于这一点举出过许多事例，见《英国和外国外科医学评论》，4月和7月，1863年，第448、118页。

致想到她一定曾经同一只灵缇杂交过,因而整窝的小狗都给弄死了;不过猎场看守人被允许留下一只作为稀奇物来养。两年以后,这位主人的一个朋友看到了这只小狗,并且宣称,它非常像他的一只老母向导狗"萨弗"(Sappho),这是他曾经看到的唯一青白斑的纯粹血统的向导狗。这引起了严密的调查,结果证明它就是"萨弗"的四代玄孙;因此,按照普通的说法,在它的血管中只有她的血液的十六分之一。我还可以根据一位京加丁郡(Kincardineshire)的伟大的牛育种家瓦克尔(R. Walker)先生的权威材料再举一个例子。他买过一头公牛,它是一头白腿、白腹、部分白尾的黑母牛的儿子;1870 年这头母牛的六代玄孙(gr. -gr. -gr. -gr. -grandchild)降生了,它具有同样独特的颜色;而所有中间的后代都是黑色的。在这等场合中,几乎不能怀疑和同一变种的一个个体杂交后产生出来的一种性状,在前一例子中经过了三代,在后一例子中经过了五代,又重新出现了。

如果两个不同的族进行杂交,大家都知道,其后代返归祖先类型的一方或双方的倾向是强烈的,而且这种倾向可以持续许多世代。我在杂种鸽以及各种不同的植物中就曾亲自看到过最明显的证据。西得内先生[1]说,在埃塞克斯猪生下来的一窝小猪中,有两只非常像勃克郡(Berkshire)公猪,后者是在二十八年以前用来改进这个品种的大小和体质的。我在贝特雷·赫尔(Beltey Hall)的一个农家庭院中看到一些鸡同马来品种非常类似,陶列特(Toilet)先生告诉我说,他在四十年前曾使他的鸡同马来鸡杂交过;他还说,最初他想把这个血统排除掉,但后来他绝望地放弃了这种企图,因为马来鸡的性状常常再现。

杂交品种中这样返祖的强烈倾向引起了无穷的争论:同一个不同的品种或者仅仅同一个劣等动物进行一次杂交之后,要经过多少代,这个品种才可以被看做是纯粹的,并且免脱一切返祖的危险。没有人设想三代以下就可以满足这种需要了,大多数育种者认为六代、七代或八代是必要的,有些人认为还需要更长的时间[2]。无论在一个品种仅仅由于一次杂交而被弄杂的场合中,或者,为了试图形成一个中间品种,在半杂种动物交配了许多代的场合中,都不能定出任何法则来说明返祖的倾向要经过多久才可以被消除。这取决于两个祖先类型中遗传力量或遗传优势的差异,取决于它们的实际差异量,并且取决于杂种后代所处的生活条件的性质。但是我们必须注意不要把这等返祖——返归在一次杂交中所获得的性状——的例子,同第一类返祖的例子混淆起来,在第一类场合中,重新出现的是,最初为双亲所共有的,但在以前某一个时期已经消失的性状;因为这等性状经过无限多的世代之后还可以再现。

当物种间的交配是充分能育的时候,或者,当它们反复不断地同任何一个纯粹的祖先类型进行杂交的时候,返祖的法则对于物种间杂种就像在变种间杂种的场合中一样地有力,这并没有举例的必要。关于植物,几乎每一个研究过这个问题的人,从弗洛伊德的时代一直到今天,都是主张有这种倾向的。该特纳记载过一些良好的事例;但没有人比

---

① 《尤亚特论猪》,1860 年,第 27 页。

② 卢凯斯博士:《自然遗传论》,(Héréd, Nat.)第二卷,第 314、892 页。参阅一篇实际的优秀文章,见《艺园者记录》,1856 年,第 620 页。我还可以提出大批的参考文献,但没有必要这样做。

诺丹①所举的例子更加动人的了。在不同的类群中这种倾向的程度或力量也是不同的，正如我们即将看到的那样，它部分取决于亲本植物是否经过长期的栽培。虽然返祖的倾向在变种间杂种和物种间杂种的场合中极为普遍，但不能认为这是它们所必然具有的特性；这种倾向还受长期不断的选择所支配；不过在将来讨论"杂交"的那一章中来讨论这一问题将更加适当。根据我们在纯系的族中以及在杂交的变种和物种中所看到的返祖的力量和范围来说，我们可以这样推论：几乎每一种类的性状都能在长久消失之后而重新出现。但不能据此就推论说，某些性状在各个特殊的场合中都会再现；例如，当一个族同另一个具有遗传优势的族进行杂交的时候，就不会有这种情形发生。有时竟会完全缺少这种返祖的能力，至于为什么缺少，我们还无法提出任何原因：例如，有一个法国人的家族，六代间在六百个成员中有八十五人患夜盲症，"不患这种病症的双亲所生下来的孩子而感染这种病的，连一个例子都没有"②。

通过芽繁殖的返祖　通过同一朵花或同一个果实的一些部分的部分返祖或通过同一个体动物的不同身体部分的部分返祖——我们在第十一章里举出过许多同种子生殖无关的，通过芽而发生的返祖例子。例如，一个斑叶的变种、一个卷缩叶的变种或者一个细长裂片的变种的叶芽突然重新呈现了它的固有性状；又如，在一株苔蔷薇上出现了卜洛万蔷薇，或者在油桃树上出现了桃。在这些例子中，有些只是半朵花或半个果实，或者更小的一个部分，或者仅仅一个条纹重新呈现了它们的以前性状；这就是通过一些部分而发生的返祖。威尔摩林③关于由种子繁殖的植物还举出过几个例子，指明它们在花的条纹或斑点上返归了原始颜色：他说，在所有这等例子中，最初形成的一定是一个白花的或灰花的变种，当这个变种用种子繁殖了一个相当长的时期以后，便会有条纹花的实生苗不时出现；此后这些即可以细心地用种子来繁殖。

刚才谈到的条纹和一些部分，就我们所能知道的来说，并不是返归由杂交产生出来的性状，而是返归由变异而消失了的性状。然而这等例子正如诺丹④在他讨论性状的分离时所主张的那样，同第十一章中所载的例子是密切近似的；我们知道，在该章中所列举的杂种植物产生了各半的或条纹的花和果实，或者在同一个根上产生了类似两个祖先类型的不同种类的花。许多具有斑纹的动物大概可以放在这个题目之下。我们在讨论"杂交"的那一章中将会看到，这等例子显然是由某些性状不能容易地混合在一起而引起的结果，并且因为缺少这种融合的能力，其后代或者完全同双亲相似，或者它们的一部分同一亲相似，而另一部分同另一亲相似；要不就是在幼小的时候具有中间的性状，随着年龄的增长则全部地或者部分地返归任何一个祖先类型或两个祖先类型。例如，亚当金雀花

————————

①　弗洛伊德列举了一些奇异的例子，见他的《第三续编》（*Dritte Fortsetzung*），1766 年，第 53、59 页；还见他的著名著作《关于花葵属和加拉帕属的研究报告》（*Memoirs on Lavatera and Jalapa*）。该特纳，《杂种的形成》，第 437、441 页，等。诺丹，《杂种性质的研究》（*Recherches sur l'Hybridité*），见《博物馆新报》，第一卷，第 25 页。

②　塞治威克的引文，见《外科医学评论》（*Med.-Chirurg. Review*），4 月，1861 年，第 485 页。道贝尔博士在《外科医学报告》（第四十六卷）举出过一个相似的例子，其中说道，在一个大家族中，具有粗大关节的手指在五代中传给了若干成员，但是，当这种缺陷一度消失之后，就从来没有再现过。

③　沃尔洛特，《变种》（*Des Variécés*），1865 年，第 63 页。

④　《博物馆新报》，第一卷，第 25 页。亚历山大·勃农显然持有相似的意见（见他的《复壮现象》，雷伊学会，1853 年，第 315 页）。

(*Cytisus adami*)的幼树的叶子和花是介于两个祖先类型之间的;但是当它较老的时候,它的芽则部分地或者全部地不断返归两个祖先类型。在第十一章中所列举的有关旱金莲、仙人鞭、曼陀罗、山豌豆的杂种在成长期间所发生的变化的例子都是相似的。但是,因为这等植物是第一代杂种,并且因为它们的芽经过一段时期之后便长得同它们的亲本相似而不同它们的祖父母本相似,所以这等例子最初看来似乎不能纳入按照普通意义所讲的返祖这一法则之下;尽管如此,这种变化是通过同一植株上的一连串芽的繁殖而完成的,因而它们还可以纳入这一法则之下。

在动物界中也曾观察过相似的事实,而且更加显著,因为它们是以最严格的意义在同一个个体中发生的,并不像植物那样,是通过一连串芽的繁殖而发生的。在动物中,返祖的作用,如果可以这样称呼的话,并不经过一种真正的繁殖,而只经过同一个体的初期生长阶段。例如,我使几只白母鸡同一只黑公鸡杂交过,许多雏鸡在第一年都是完全白色的,但在第二年则获得了黑色的羽毛;另一方面,有些雏鸡在第一年是黑色的,到了第二年则变得具有白斑了。一位伟大的育种者①说道,条斑勃拉玛母鸡只要有一点轻型的勃拉玛鸡的血液,它就会"偶尔产生一只在第一年具有明显条斑的小母鸡,但在第二年,它的肩羽极可能脱换成褐色的,因而就变得同它的原来颜色完全不一样了"。如果轻型的勃拉玛鸡的血统不纯,也会发生这种情形。在由不同颜色的鸽子产生出来的杂种后代中,我看到过完全一样的例子。我有一只浮羽鸽,在它的胸前由倒转的羽毛形成了一个襞状部(frill),我使它同一只喇叭鸽杂交过,在这样育成的小鸽子中有一只最初表现了没有一点襞状部的痕迹,但是当脱换了三次羽毛之后,在它的胸前出现了一小块、但非常明显的襞状部。按照吉鲁②的材料,红色母牛和黑色公牛所产生的牛犊,或者黑色母牛和红色公牛所产生的牛犊,生下来常常是红色的,而以后就变成黑色的了。我有一只狗,它是一只白色母小猎犬(terrier)和一只狐色公斗牛犬(bull dog)的女儿;当它幼小的时候,它是完全白色的,但长到六个月,在它的鼻子上出现了一个黑点,在它的耳朵上出现了一些褐点。当它又长大了一点的时候,它的背部受到了严重的创伤,而在疤上长出来的毛则是一种褐色的,这种褐色显然来自它的父亲。由于大多数生有带色的毛的动物在其负伤的表面上长出来的毛都是白色的,上述这个例子就更加显著了。

在上述的例子中,随着年龄的增长而重现的性状是直接存在于前一世代的;但是有些性状有时在长期消失之后也按照同样的方式重新出现。例如,在哥连得(Corrientes)发源的无角族的牛生下来的牛犊,虽然开始是无角的,但当它们长大了的时候,有时会获得小型的、弯曲的和松散悬垂的角;这等角在此后的年代中偶尔会变得附着在头骨上③。白色的和黑色的斑塔姆鸡一般都是可以纯粹繁殖的,当它们长大了的时候有时会获得番红花色的或红色的羽衣。例如,曾经描述过这样一只第一级的黑色斑塔姆鸡,它在生下后的三个季节中都是完全黑色的,但此后就一年比一年变得更红了;值得注意的是,这种变化的倾向无论什么时候在斑塔姆鸡中发生,"几乎肯定都可以证明它是遗传的"④。杜

---

① 提贝(Teebay)先生,见推葛梅尔先生的《家鸡之书》,1866 年,第 72 页。
② 赫法克引用,见《关于性状》,第 98 页。
③ 亚莎拉:《有关巴拉圭的博物学论文》(*Essais Hist. Nat. de Paraguay*),第二卷,1801 年,第 372 页。
④ 这些事实是根据赫维特先生的权威材料,见《家鸡之书》,推葛梅尔著,1866 年,第 248 页。

鹃鸡、即具有青色斑点的公道根鸡在年老的时候都有一种倾向：即以黄色的或橙色的颈羽代替原来的青灰色的颈羽①。那么，因为原鸡（*Gallus bankiva*）的颜色是红色的和橙色的，并且因为道根鸡和斑塔姆鸡都是从这个物种传下来的，所以我们几乎不能怀疑，随着年龄的增长这等鸡的羽衣偶尔发生的变化是由个体中所存在的一种返归原始模式的倾向所引起的。

作为返祖的直接原因的杂交　长久以来大家就知道了，物种间杂种和变种间杂种经过七代或八代，或者按照某些权威者的意见，甚至经过更多的世代之后，常常返归祖先类型的双方或一方。但是，杂交作用本身对于返祖的刺激，像长久消失了的性状的再现所阐明的那样，我相信迄今为止还决没有得到证明。这样说的根据在于：并不构成直系双亲的特征的、因而不能从它们发生出来的特点常常在两个品种的杂种后代中出现；而当这等同样的品种被禁止杂交时，这些特点就从来不出现，或者非常稀有地出现。因为我认为这个结论是高度引人注意和新奇的，所以我愿详细地提出证据。

最初引起我注意这个问题并且进行多次试验的，是因为包依塔和考尔比说过：当他们使某些鸽的品种进行杂交时，具有野生岩鸽（*C. livia*）那样颜色的鸽子，即普通鹎鸽——石板青色，具有二重的黑色翅带，有时具有黑色的棋盘斑，白腰，尾有黑色横斑，外侧羽毛的边缘呈白色——几乎不可避免地会产生出来。我杂交过的一些品种以及所得到的显著结果已在第六章做过充分的叙述。我选用的鸽子都是属于纯系的和古老的品种，它们没有一点青色的痕迹或上面所列举的任何特征；但是当它们杂交之后，用它们的杂种再进行杂交，产生出来的幼鸽常常或多或少地具有明显的石板青色，并且具有某些或全部的固有特征。我愿唤起读者回忆一个例子，即关于一只同谢特兰野生种几乎没有区别的鸽子，它是一只红色斑点鸽、一只白色扇尾鸽和两只黑色排鹎鸽的孙代，而当这些品种中的任何一个品种纯粹地进行繁殖时，如果产生出一只具有野生岩鸽那样颜色的鸽子，那大概是一件怪事。

我就这样被引导着对于鸡进行了一些试验，这些试验在第七章已经有所记载。我选用的是长期稳定的纯系品种，它们没有任何红色的痕迹，但是在若干杂种中还出现了这种颜色的羽毛；还有一只华丽的鸡，它是一只黑色西班牙公鸡和白色丝羽鸡的后代，这只鸡同野生原鸡的颜色几乎完全一样。稍微知道一点家鸡繁育情形的人都会承认，可以育出成千上万的纯粹西班牙鸡以及纯粹白色丝羽鸡而不具有一棍红色羽毛。根据推葛梅尔先生的权威材料可以举出这样一个事实，即在杂种鸡中屡屡出现条斑的、即横斑的羽毛，许多鹎鸡类的鸟都具有这样的羽毛，这显然同样地也是返归该科某一个祖先以前所具有的一种性状的例子。由于这位优秀观察者的厚意，我得到一个机会去考察一个杂种的颈羽和尾羽，这个杂种是普通鸡和一个很不相同的物种——戟尾鸡（*Gallus varius*）的后代；这等羽毛显著地具有暗金属色的、青色的和灰色的横条纹，而这种性状不可能来自任何一个直系的亲属。

勃连特先生告诉我说，他曾使一只白色的公爱尔斯保利鸭同一只黑色的所谓母腊布拉多鸭杂交过，这两个品种都是纯系的，而他得到的一只小公鸭却同野鸭（*A. boschas*）密

---

① 推葛梅尔著，《家鸡之书》，1866 年，第 97 页。

切相似。在麝香鸭(*Cairina moschata*)中有两个亚品种：一个是白色的，一个是石板色的；我听说这两个亚品种都能纯粹地或者近乎纯粹地繁育。但是福克斯牧师告诉我说，让一只白色的公鸭同一只石板色的母鸭交配，产生出来的永远是像野生麝香鸭那样的白斑黑鸭。我听勃里斯先生说，金丝雀和金色碛缇(*goldfinch*)之间的杂种在它们的背上几乎永远都生有条纹的羽毛；这种条纹一定是来自原始的野生金丝雀。

我们在第四章中已经看到，所谓喜马拉雅兔具有雪白的体部，黑色的耳朵、鼻、尾和脚，它们可以完全纯粹地繁育。据知这个族是由银灰兔的两个变种的结合而形成的。那么，如果一只雌喜马拉雅兔同一只沙色的公兔进行了交配，并且产生了一只银灰兔；这显然是返归亲代变种的一方的例子。喜马拉雅兔的幼兔生下来是雪白色的，暗色的斑只有经过一段时间之后才会出现；但是幼喜马拉雅兔也有偶尔生下来是银灰色的，不过这种颜色不久便消失了；所以这里我们看到在生命的早期存在有同任何最近杂交无关的返归祖先变种的一点痕迹。

在第三章中曾指出，在不列颠的比较荒野地区里，有一些牛的品种是白色的，而耳朵是暗色的；现今养在某些园囿中的半野生牛以及在世界的两处远隔地方完全野化了的牛也同样具有这种颜色。还有，一位有经验的育种者，诺坦普吞邵(Northamptonshire)的比斯雷(J. Beasley)先生[①]用一些细心选择出来的西部高地(West Highland)的母牛同纯系的公短角牛进行杂交。公牛是红色的、红白相间的以及在栗红褐色中密杂灰白色的；高地牛都是红色的，带有浅的、即黄的色调。但相当多的后代是白色的，或者是白色而具有红色耳朵的；比斯雷先生认为这是一个异常的事实而唤起对于它的注意。如果记住双亲中没有一个是白色的，而且它们都是纯系的，那么这种情形非常可能是，它们的后代由于杂交而返归了已往的某些半野生祖先品种的颜色。下述的例子恐怕可以纳入同一个题目之下：母牛在自然状下的乳房不很发达，而且远不如我们的家养牛产乳量大。现在，我们有某种理由可以相信[②]，像阿尔得内牛(Alderneys)和短角牛那样的两个产乳良好的种类之间的杂种常常会变得产乳不好。

在讨论马的那一章中已经列举了一些理由可以使我们相信，马的原始祖先是具有条纹的，而且是黄棕色的；同时还举出了一些详细的材料来阐明，世界各地的一切品种和一切颜色的马沿其脊柱、横切其四腿并且在其肩都屡屡出现暗色的条纹，这种条纹偶尔是双重的或三重的。不过在不同种类的黄棕色马中这种条纹的出现最为常见。在马驹的身上它们有时有明显的表现，而以后便消失了。当具有黄棕色和条纹的马同任何其他种类的马相杂交时，这等特征是强烈遗传的；但我不能证实两个非黄棕色的不同品种相杂交，一般都会产生具有条纹的黄棕色马，虽然这种情形有时确会发生。

驴的腿常常具有条纹，这可以看做是返归野生祖先类型——常常具有这种条纹的阿比西尼亚驴(*Equus taeniopus*)——的表现[③]。家养动物的肩条纹有时是双重的，或者像某些斑马的物种(zebrine species)那样，在其末端是分叉的。有理由可以相信，马驹的腿

---

① 《艺园者记录及农艺新报》，1866年，第528页。

② 同前杂志，1860年，第343页。我高兴地知道，如此富有经验的一位牛的育种家威尔比·乌得(Willoughby Wood)先生对于我所说的杂交可以发生返祖的倾向这一原理表示首肯(《艺园者记录》，1869年，第1216页)。

③ 斯雷特尔：《动物学会会报》，1862年，第163页。

上出现条纹比成长马的腿上出现条纹更加常见。像在马的场合中一样，我没有得到任何明确的证据可以证实，不同颜色的驴的变种相杂交会产生条纹。

现在让我们看一看马同驴的杂交结果。骡在英国虽然远不如驴那样多，但是我曾看到大多数的骡在腿上都具有条纹，而且比任何一个祖先类型的腿条纹更为显著。这等骡一般是浅色的，或者可以说是鹿黄棕色的。在一个例子中肩条纹在其一端分叉得很厉害，在另一个例子中肩条纹虽然是双重的，但在中间是结合在一起的。马丁先生发表过一张画有一匹西班牙骡的图，这匹骡在腿上强烈地具有斑马般的特征①，据他说，骡的腿上特别容易出现这种条纹。按照罗林②的材料，在南美，这等条纹在骡的身上比在驴的身上更加常见而且更加明显。高斯先生③当谈到这些动物时说道，在美国，"大多数，恐怕十分之一，在腿上都具有暗色的横条纹"。

许多年前我在"动物园"中看到过一个奇特的三重杂种（triple hybrid），这个杂种的母亲是一匹栗色马，父亲是雄驴和雌斑马之间的杂种。这个动物在年老的时候几乎不具有任何条纹；但是管理员肯定地向我说道，它在年幼的时候有过肩条纹，同时在侧腹和腿上也有过模糊的条纹。我提出这个例子特别是为了说明条纹在幼年时期要比在老年时期明显得多。

由于斑马的体部和腿部都具有如此显著的条纹，因此大概可以预料到，斑马和普通驴之间的杂种在某种程度上会具有腿条纹，但是，根据格雷博士的"诺斯雷诸事集录"（Knowsley Gleanings）所载的图，而且更加明显地根据圣伊莱尔以及居维叶④的图，腿条纹似乎比其余身体部分的条纹要显著得多；只有我们相信驴通过返祖的力量帮助把这种性状传给它的杂种后代，这个事实才是可以理解的。南非斑马（Quagga）在其身体的前部具有斑马般的带斑，但是它的腿不具条纹，或者只有一点痕迹。但是，莫尔登勋爵⑤从一匹栗色的、接近纯系的母阿拉伯马和一匹公南非斑马育成了一个著名的杂种，它的腿条纹"比南非斑马的腿条纹明显得多而且它的颜色也深得多"。此后，这匹母马同一匹黑色的公阿拉伯进行了交配并且生下了两匹马驹；这两匹马驹，像以前所谈到的那样，都具有明显的腿条纹，而且其中之一在颈部和体部上也具有条纹。

印度野驴（Equus indicus）⑥以脊条纹为其特征，它没有肩条纹或腿条纹；但是甚至在成兽中也偶尔可以看到后述的这等条纹⑦；普尔上校有过充分的机会来进行这种观察，他

---

① 《马的历史》，第 212 页。

② 《法国科学院当代各门科学论文集》，第六卷，1835 年，第 338 页。

③ 《来自阿拉巴玛的书信集》（Letters from Alabama），1859 年，第 280 页。

④ 《哺乳动物志》，1820 年，第一卷。

⑤ 《皇家皇会会报》，1821 年，第 20 页。

⑥ 斯雷特尔：《动物学会会报》，1862 年，第 163 页：这个物种是印度西北部的"哥尔·科尔"（Ghor-khur），并且常常被叫做"帕拉斯的骞驴"（Hemionus of Pallas）再参阅勃里斯先生的优秀论文，见《孟加拉亚细亚学会会报》，第二十八卷，1860 年，第 229 页。

⑦ 野驴的另一个物种是真正的骞驴（Equus hemionus），又叫做"Kiang"，它通常不具肩条纹，据说偶尔也有；这等条纹就像在马和驴的场合中一样，有时是双重的；再参阅：勃里斯先生的上述论文，以及他在《印度狩猎评论》（1856 年，第 320 页）中发表的一篇论文；史密斯，《博物学者丛书》，《马部》，第 318 页；《博物学分类辞典》，第三卷，第 563 页。

告诉我说，当马驹刚生下来的时候，它的头和腿常常具有条纹，但它的肩条纹不如家养驴的那样明显；所有这等条纹，除了脊条纹以外，不久都会消失掉。现在，在诺斯雷育成了一个杂种①，它的母亲就是这个物种*，它的父亲是一匹家养驴，它的四条腿具有明显的横条纹，在每一个肩上具有三条短条纹，并且在脸上甚至具有一些斑马般的条纹！格雷博士告诉我说，同一血统的第二代杂种也具有同样的条纹。

根据这些事实，我们知道，若干马属的物种相杂交有引起在身体各部分、特别是在腿上出现条纹的显著倾向。因为我们还不知道马属的祖先类型是否具有条纹，所以只能把这种条纹的出现假设地归因于返祖。但是，我就杂种鸽和杂种鸡进行了一些试验，其中表明了各种颜色特征通过返祖而重现的许多明确例子，大多数的人考虑到这些例子之后，也会对于马属作出同样的结论；如果是这样的话，我们就必须承认这一类群的祖先在腿、眉和脸上，可能还像斑马那样地在全身，都具有条纹。

最后谈一谈捷哥(Jaeger)教授所举出的一个关于猪的好例子②。他曾使一个日本品种、即畸面品种同普通的德国品种进行杂交，其后代在性状上介于二者之间。于是，他使这些杂种个体中的一个同纯采日本猪再进行杂交，在这样产生出来的一窝小猪中有一只在所有性状上都同野猪相似；这只小猪的鼻子是长的，耳朵是直立的，而且在背部具有条纹。应当记住，日本品种的小猪不具条纹，并且它们的鼻子是短的，耳朵是显著下垂的。

返归长久消失的性状的同样倾向甚至对于杂种动物的本能也是有效的。有一些鸡的品种被称为"终年产卵鸡"，因为它们已经失去了孵卵的本能；同时它们孵卵的情形是如此罕见，以致当这等品种的母鸡抱卵时，我曾看到在家鸡著作中还特别加以报道③。但原种当然是一个优良的孵卵者；关于在自然状况下的鸟类，几乎没有任何本能比这种本能更加强烈。可是，两个都非孵卵者的族产生出来的杂种后代却会成为第一流的抱卵鸡，关于这种情形已经记载过许多例子了，所以这种本能的重现一定要归因于通过杂交而引起的返祖。有一位作者甚至这样说："两个不抱卵的变种相杂交，几乎不可避免地会产生爱抱卵的而且显著坚定的抱卵的杂种。"④另一位作者在举出一个显著的例子之后说道，这个事实只有根据"否定之否定会成为肯定"这一原理才能得到解释。然而我们不能

---

① 格雷博士著：《诺斯雷巡回动物园诸事集录》(*Gleanings from the Knowsley Menageries*)所载的图。

* 即 Equus indicus。——译者注

② 《达尔文的理论及其对于道德和宗教的态度》(*Darwin'sche Theorie und ihre Stellung zu Moral und Religion*)，第 85 页。

③ 关于母西班牙鸡和母波兰鸡抱卵的例子，见《家禽记录》，1855 年，第三卷，第 477 页。

④ 《家鸡之书》，推葛梅尔先生著，1866 年，第 119、163 页。谈到否定之否定的那位作者说道(《园艺学报》，1862 年，第 325 页)，有一只公西班牙鸡同一只母银色条斑汉堡鸡交配，因而育出了两窝小鸡，不过上述两个品种都是不孵卵的鸡，而这两窝小鸡在八只中就有七只在抱卵方面表现得十分顽固。狄克逊牧师(《观赏鸡》，1848 年，第 200 页)说，由金色波兰鸡和黑色波兰鸡的杂交中育成的雏鸡都是"优秀的和坚定的抱卵者"。勃连特先生告诉我说，他从条斑汉堡鸡和波兰鸡的杂交中育出了一些抱卵的母鸡。从一只不孵卵的公西班牙鸡和抱卵的母交趾鸡的杂交中育出过一只杂种鸡，这只杂种鸡被说成是一个"模范的母亲"，见《家鸡记录》，第三卷，第 13 页。另一方面，也有一个例外，即从一只不孵卵的公西班牙鸡和母黑色波兰鸡的杂交中育出过一只不孵卵的母鸡，见《家庭艺园者》。1860 年，第 388 页。

主张从两个不抱卵的品种的杂交中产生出来的母鸡一定会恢复这种本能,正如我们不能主张杂种鸡或杂种鸽一定会恢复它们的原型的红色的或青色的羽衣一样。例如,我从一只母波兰鸡和一只公西班牙鸡——这两个品种都不抱卵——的交配中育成了几只雏鸡,所有小母鸡在最初都没有表现任何抱卵的倾向;不过其中有一只——保存下来的唯一的一只——在第三年对于它的卵很好地进行了孵抱,并且孵出了一窝雏鸡。所以,我们在这里看到原始本能随着年龄的增长又重新出现的情形,正如我们所看到的不同种类的杂种鸡和纯系鸡在长大了的时候有时会重新获得原鸡的红色羽衣一样。

当然,所有我们家养动物的祖先的禀性原来都是野的;如果一个家养的物种同一个不同的物种进行杂交,不管后者是家养的或者仅仅是养驯的动物,产生出来的杂种竟会常常野到这种程度,以致只有根据杂交可以引起部分地返归原始性情的原理,这一事实才是可以理解的。例如,泡伊斯伯爵以前曾从印度输入了几头彻底家养的瘤牛,并且使它们同一个属于不同物种的英国品种进行杂交;他的总管没有受到任何询问就告诉我说。这个杂种动物是奇怪地野。欧洲野猪和中国家猪几乎肯定不是同一个物种。弗·达尔文(F. Darwin)爵士使一只中国母猪同一只已经变得极其驯顺的阿尔卑斯野猪进行杂交,生下来的小猪虽然在它的血管内有一半家养品种的血液,但它"在拘禁中还是极其野的,而且不像普通英国猪那样地吃食残余的饲料"。赫顿船长在印度使一只养驯了的山羊同一只喜马拉雅的野山羊进行杂交,他告诉我说,其后代真是野得令人吃惊。赫维特先生对于使雄雉同属于五个品种的鸡相杂交积有丰富的经验,他说"异常的野性"是所有个体的特征[1];但是关于这个规律,我亲自看见过一个例外。沙尔特先生[2]曾从一只母班塔姆鸡和灰原鸡(*Gallus sonneratii*)的杂交中育出了大量的杂种,他说,"所有都是非常野的"。华特顿先生[3]从一只普通鸭孵抱的卵育出了一些野鸭,小鸭可以彼此自由地进行交配,也可以同驯鸭自由地进行交配;它们是"半野半驯的;它们到窗前来求取饲料,但是它们还非常显著地有所戒备"。

另一方面,从马和驴的杂交中产生出来的骡肯定是一点也不野的,虽然它的顽固和恶癖是众所周知的。勃连特先生曾使金丝雀同许多种类的碛鸡进行过杂交,他告诉我说,他没有看到过它们的杂种在任何方面显著地带有野性;但是积有更丰富经验的珍纳·威尔先生却持有完全相反的意见。他说,黄雀(siskin)在碛鸡中是最驯顺的,但它的杂种在幼小时就像新捉到的鸟那样野,并且由于它们不断地努力逃走而常常跑掉。从普通鸭和麝香鸭的杂交中常常产生杂种,有三位养过这等杂种鸭的人肯定地向我说过,它们并不野;但是加内特(Garnett)先生[4]观察到它的杂种是野的,并且表现有"迁徙的癖性",而这种癖性在普通鸭和麝香鸭中连一点痕迹也没有。关于麝香鸭在欧洲或亚洲逃跑出去而变为野生的,还不知道有一个例子,除了按照帕拉斯的材料,在里海曾发生过这种情形;普通家鸭在富有大湖和沼泽的地区只是偶尔地会变为野生的。尽管如此,关于

---

[1]　推葛梅尔著,《家鸡之书》,1866 年,第 165、167 页。

[2]　《博物学评论》,1863 年,4 月,第 277 页。

[3]　《博物学论文集》,第 917 页。

[4]　奥尔东先生的叙述,见他的《育种的生理学》(*Physiology of Breeding*),第 12 页。

这两种鸭之间的杂种在完全野生状态下被射猎到的例子还是有过大量的记载①，虽然饲养它们要比饲养纯系的普通鸭和麝香鸭少得多。这等杂种不可能是由于麝香鸭同真正野鸭进行过交配而获得了它们的野性；而且在北美据知就是这样的；因此，我们必须这样来推论，它们通过返祖而重新获得了它们的野性以及复活的飞翔能力。

后面这些事实使我们想起世界各地的旅行者屡屡陈述的混血的人类种族所具有的退化状态和野蛮性情。有许多黑白混血儿是优秀的和好心肠的，对此没有人会加以争论；奇洛埃(Chiloe)岛上的居民更温柔典雅的人恐怕是找不到的，他们有各种不同成分的印第安人和西班牙人的混血。另一方面，许多年前，远在我考虑到现在这个问题之前，把我打动的一个事实是，具有黑人、印第安人和西班牙人的复杂血统的人们，不管其原因是什么，很少有好看的表情②。利威斯东——一位可以引用的最正确的权威——曾经谈到赞比西的一个混血儿，据葡萄牙人的描述，他是一个少见的不具人性的怪物；然后利威斯东指出"为什么像他这样的混血儿要比葡萄牙人残暴得多，但情形确系如此"。有一个居民向利威斯东说，"上帝制造了白人，也制造了黑人，但魔鬼制造了混血儿"③。当两个都是低等种族的人通婚时，其后裔似乎是显著恶劣的。例如，具有高贵品质的洪堡对于低等种族并不抱有任何偏见，但他强调地谈到过印地安人和黑人的混血儿、郎赞卜(Zambos)具有恶劣而野蛮的性情；并且各个不同的观察者所得到的结论都是一样的④。根据这些事实，我们或者可以这样来推论，如此众多的混血儿的退化状态，即使主要是由于他们一般在不良的道德条件下养育起来的，但部分地也是由于杂交作用所引起的返归原始的和野蛮的状态。

关于诱发返祖现象的近因的提要 当纯系的动物和植物重现长久消失的性状时，例如，当普通驴生下来在腿上就具有条纹时，当纯系的黑色鸽或白色鸽产出一只石板青色的鸽子时，或者当具有大而圆的花的三色堇产出一株具有小而长的花的实生苗时，我们完全不能举出它的任何近因。当动物野化的时候，返祖的倾向有时在某种程度上是可以理解的，虽然这种倾向曾被大大地夸张过，但无疑是存在的。例如，野化猪暴露在风雨中，这对于猪鬃的成长大概有利，其他家养动物的毛据知也是这样；通过相关作用，牙有重新发育的倾向。不过，有色的纵条纹在小野化猪身上的重现则不能归因于外界条件的直接作用。在这种场合中，或者在其他场合中，我们只能说，生活习性的任何变化显然有利于返归原始状态的倾向，这种倾向是这个物种所固有的或者是潜伏的。

我们在将来一章中将阐明，茎轴顶端的花的位置以及蒴内的种子的位置有时会决定返祖的倾向；而这种情形显然取决于花芽和种子所得到的树液、即养分的数量。芽的位置，无论在枝上或根上的，如前所示，也有时决定这个变种所固有的性状的遗传，或者决定它的返归以前的状态。

---

① 塞勒斯·郎切姆卜斯谈到(《布鲁塞尔皇家科学院院报》，第十二卷，第10号)在瑞士和法国射猎到的这等杂种总在七只以上。得比(M. Deby)确言(《动物学者》，第五卷，1845—46年，第1254页)：在比利时和法国南部曾射猎到若干只。奥杜旁(《鸟类学记》，第三卷，第168页)谈到这等杂种时说道，在北美，它们"时时迷失而变得十分野"。

② 《调查日志》，1845年，第71页。

③ 《赞比西河探险记》(*Expedition to the Zambesi*)，1865年，第25、150页。

④ 勃洛加博士，《人属的杂种性》(*Hybridity in the Genus Homo*)英译本，1864年，第39页。

我们在本章的前一部分看到，当两个族或两个物种杂交时，其后代就有重现长久消失的性状的最强倾向，这等性状既不为双亲所具有，也不为祖父母所具有。当两只属于充分稳定品种的白色鸽，或红色鸽，或黑色鸽进行交配时，其后代几乎肯定都会遗传有同样的颜色；但是，当不同颜色的鸽子进行杂交时，相反的遗传力量显然彼此受到抵消，而双亲所固有的产生石板青色后代的倾向则居于优势。在若干其他场合中也是如此。但是，例如，当驴同印度野驴或者同马——它们的腿不具条纹——进行杂交而其杂种在腿、甚至在脸上具有明显的条纹时，所能说的只是，固有的返祖倾向由于杂交作用在体制中引起某种混乱而得到了发展。

返祖的另一方式更加常见得多，对于杂种后代来说，这的确差不多是普遍的一种方式，这就是返归任何一个纯系祖先类型所固有的性状。按照一般的规律，第一代杂种差不多都是介于两亲之间的，但是第二代杂种及其以后的各代则不断地返归祖先的一方或双方。若干作者主张物种间杂种和变种间杂种包含有双亲的一切性状，这些性状并不融合在一起，而仅是在身体的不同部分以不同的比例混合起来；或者，像诺丹①所说的那样，杂种就是一件剪嵌细工的成品，我们的眼睛辨识不出其中的不调和的要素，它们是如此完善地混合起来了。我们几乎不能怀疑这在某种意义上是真实的，正如当我们看到下述情形的时候一样：一个杂种中的两个物种的要素由于自我吸引力（Self-attraction）、即自我亲和力（Self-affinity）的作用而在同一朵花或同一个果实中分离为种种部分；这种分离是借着种子繁殖或芽繁殖而发生的。诺丹进一步相信，两个物种的要素、即本质的分离特别容易在雄性的和雌性的生殖物质中发生；他就这样来解释在相继的杂种世代中所发生的几乎普遍的返祖倾向。因为，这大概是花粉和胚珠的结合的自然结果，同一物种的要素无论在花粉或胚珠中由于自我亲和力都发生了分离。另一方面，如果包含有某一个物种的要素的花粉碰巧同包含有另一个物种的要素的胚珠结合在一起，那么中间的、即杂种的状态大概还会得到保持，并且不会有返祖现象发生。但是据我猜想，更正确的说法大概是，两个亲种的要素以二重状态存在于每一个杂种之中，即它们是混合在一起的或者是完全分离的。这怎么是可能的，物种的本质或要素这个词儿可能被假定表达了什么意义；关于这些，我将在讨论泛生假说那一章中加以阐明。

但是，正如诺丹所提出的，他的观点不能适用于因变异而长久消失了的性状的重现的情形，而且也几乎不能适用于以下的情形，即有些族或物种在已往某一个期间曾和不同的类型杂交过，而且此后就丧失了一切杂交的痕迹，尽管如此，还偶尔产生返归杂交类型（例如"萨弗"向导狗的玄孙的情形）的个体。返祖的最简单的例子，即物种间杂种或变种间杂种返归祖父母的例子，以几乎完整的连续同纯系的族重现长久消失的性状的例子连接在一起；这样，我们便被引导着作出如下的推论：所有的例子一定以某种共同的纽带而联系在一起了。

该特纳相信只有高度不稔的物种间杂种植物才多少表现有返归祖先类型的倾向。根据他用来杂交的属的性质，这种错误的信念或者可以得解释，因为他承认这种倾向在不同的属中也有所不同。这个叙述还同诺丹的观察直接抵触，也同下述的著名事实直接

---

① 《博物馆新报》，第一卷，第 151 页。

抵触，即完全能稔的变种间杂种高度地表现有这种倾向——按照该特纳的说法，其程度比物种间杂种所表现的还要厉害[①]。

该特纳进一步说，关于非栽培的物种之间的杂种，很少发生返祖，然而关于长久栽培的物种之间的杂种，则屡屡发生返祖。这个结论解释了一个奇妙的矛盾：麦克斯·威丘拉（Max Wichura）[②]专门研究没有受过栽培的柳树，他从来没有看见过一个返祖的例子；他甚至怀疑谨慎的该特纳没有充分保护好他的杂种不受亲种花粉的沾染；另一方面，主要研究葫芦科植物和其他栽培植物的诺丹却比其他任何作者都更加坚决地主张所有物种间杂种都有返祖的倾向。受到栽培影响的亲种的条件是引致返祖的近因之一，这个结论同下述的相反的情形是充分一致的，即家养动物和栽培植物当野化时容易发生返祖；因为在这两种场合中体制和体质都一定受到干扰，虽然其方式很不相同[③]。

最后，我们已经看到，在纯系的族中常常发生性状的重现，但我们不能举出任何近因来；不过当它们野化之后，这种性状的重现可以说是直接或间接由生活条件的变化而引起的。关于杂交品种，杂交作用本身肯定引致了长久消失的性状的恢复，并且引致了那些来自任何一个祖先类型的性状的恢复。由栽培而引起的条件的变化，以及植株上的芽、花和种子的相对位置，都显然有助于这种同样倾向的发生。通过种子繁殖或芽繁殖都可以发生返祖，这一般是在诞生时发生的，但有时只是随着年龄的增长才发生。可能只有个体的裂片或一些部分受到这样的影响。一个生物在某些性状上同一个隔了两三代的、在某些场合中隔了几百代甚至几千代的祖先相似，这的确是一个可惊的事实。在这等场合中，按照普通的说法是，孩子从它的祖父母或者更远的祖先直接把这等性状继承下来了。不过这种见解几乎是不能想象的。但是，如果我们假定每一个性状都完全是从父亲或母亲那里传下来的，而许多性状在一长串的世代里是以潜伏的或休止的状态存在于双亲之中的，那么上述事实就是可以理解的了。关于性状的潜伏方式是怎样的，我们将在刚才提到的那一章里加以讨论。

潜伏的性状 但我必须解释一下潜伏性状的意义是什么。次级性征提供了最明显的说明。在每一个雌体中的一切雄性的次级性征以及在每一个雄体中的一切雌性的次级性征显然都是以一种潜伏状态而存在的，并且准备随时在某些条件下发展。众所熟知：大多数的雌鸟，例如鸡，各种雉、鹧鸪、孔雀、鸭等当老了或害病的时候，或者当施行手术的时候，便呈现许多或全部该物种的雄性的次级性征。在雌雉的场合中，这种情形在某些年龄中远比在其他一些年龄中更加屡屡常见[④]。一只十龄的雌鸭据知呈现了雄鸭的

---

① 《杂种的形成》，第 582、438 页等。

② 《柳的……杂种受精》（*Die Bastardbefruchtung ... der Weiden*），1865 年，第 23 页。关于该特纳对这个问题的意见，参阅《杂种的形成》，第 474、582 页。

③ 魏斯曼（Weismann）教授关于同一个蝴蝶的物种在不同季节产生出不同的类型写过一篇很引人注意的论文（《蝶类之季节的二型性》，第 27、28 页），他在这论文里得到了同样的结论，即任何干扰体制的原因，例如把茧暴露在高温下或者把茧大事摇动，都会引起返祖的倾向。

④ 雅列尔，《皇家学会会报》，1827 年，第 268 页；汉弥尔顿（Hamilton），《动物学会会报》，1862 年，第 23 页。

全部冬季的和夏季的羽衣①。华特顿②举出一个奇特的例子，它指出一只已经停止产卵的母鸡呈现了公鸡的羽衣、鸣声、距以及好斗的性情；当她对敌时，她会竖起她的颈羽而表示要战斗的意思。这样，每一种性状，甚至战斗的本能和方式，只要在这只母鸡的卵巢继续活动的期间，一定是处于休止状态中的。两个种类的鹿当老了的时候，据知获得了角；并且像亨特曾经指出的那样，我们在人类中也看到有一些相似性质的情形。

另一方面，雄性动物被去势之后，其次级性征就要或多或少地完全消失掉。例如，小公鸡如果被去势，就像雅列尔所说的那样，它决不再鸣叫了；鸡冠、肉垂以及距成长不到充分的大，而且颈羽呈现了介于真正颈羽和母鸡羽毛之间的中间外貌。拘禁常常影响生殖系统，并且招致相似的结果，关于这一点曾经记载过一些例子。但是，仅为雌性所固有的性状同样也会被雄性得到；阉鸡抱卵而且会抚养雏鸡；更加奇妙的是，雉和鸡之间的完全不育的雄性杂种也有同样的行为，"它们高兴的是，窥伺母鸡何时离巢而去，以便自己把抱卵的职务担当起来"③。那位可称赞的观察者料米欧（Réaumur）④确言，把一只公鸡长久拘禁在孤独和黑暗之中，就能教育它去照顾雏鸡；这时它会发出特殊的鸣声，并把这种新获得的母性本能保持终生。有许多充分确实的例子指出各种雄性哺乳动物会分泌乳汁，这阐明它们的退化乳腺还以一种潜伏状态保持这种能力。

这样，我们看到，在许多场合中，可能在所有场合中，雌性的或雄性的次级性征都以一种休止的或潜伏的状态存在于相反的性别中，并且准备随时在特殊的环境条件下发展。我们于是可以理解：例如，一头优良的乳牛怎么可能把她的优良性质通过她的雄性后代传递给将来的一些世代；因为我们可以确信，这等性质在雄性的各代中虽然是潜伏的，但是存在的。公斗鸡也是如此，它能把它的勇敢和体力的优越性通过它的雌性后代传递给它的雄性后代；关于人，我们知道⑤，像阴囊水肿（hydrocele）那样的疾病一定只限于男人才会有，而这种疾病却能够通过女性传给孙子。诸如此类的例子，像本章开始时所指出的那样，提供了最简单的返祖的例子；根据这样的信念——同一性别的祖父或祖母和其孙代所共有的性状在相反性别的居间一亲中虽然是潜伏的、但是存在的——这等例子就是可以理解的了。

像我们在以后一章中将要看到的那样，潜伏性状的问题是如此重要，所以我还要举一个例证。有许多动物，它们身体的右侧和左侧的发育是不均等的：大家都知道比目鱼就是这样，它的一侧在厚度、颜色以及鳍形上都同另一侧有所不同，并且在幼鱼成长的期

① 《斯堪底那维亚博物学文库》（*Archiv. Skand. Beiträge Zur Naturgesch*），第八卷，第397—413页。

② 赫维特先生在《园艺学报》（7月12日，1864年，第37页）中曾就母雉举出过相似的例子，见他的《博物学论文集》，1838年。小圣伊莱尔在他的《普通动物学论文集》（*Essais de Zoolog. Gén.*［续布丰，suites à Buffon］，1842年，第496—513页）里于十个不同种类的鸟中搜集了这等例子。亚里士多德似乎十分认识了老母鸡的性情的变化。雌鹿获得角的例子见第513页。

③ 《家庭艺园者》，1860年，第379页。

④ 《孵化的技术》（*Art de faire Eclore*），1749年，第二卷，第8页。

⑤ 何兰得爵士，《医学上的意见和感想》，第三版，1855年，第31页。

间,有一只眼逐渐地从下面扭向上面①。在大部分的比目鱼中盲目的一侧在左面,但在某些比目鱼中盲目的一侧却在右面;虽然在这两种场合中颠倒的、即"失常的鱼"都会偶尔发生;并且在 *Platessa flesus* 中,左侧和右侧无差别地都是上面。关于腹足类(gasteropods)或贝类,右侧同左侧是极不一样的;向右卷的物种占大多数,颠倒发育的也有,但这是罕见而偶然的,只有少数是正常向左卷的;不过豆田螺属(Balimus)的某些物种以及许多阿卡提那(Achatinellae)②向左卷和向右卷的情形是同样多的。我将就大关节动物界举出一个相似的例子:韦鲁卡(Verruca)③的两侧是如此奇怪地不一样,以致不进行仔细的解剖,就极难认出身体反正两侧的同位部分;但发生如此奇异变化的,不论是左侧还是右侧,显然只是一件偶然的事情。我知道有这样一种植物④,它的花按照它着生在穗状花序的这一边或那一边而有不均等的发育。在所有上述例子中,两侧在生长的初期都是完全对称的。那么,如果一个物种无论何时在一侧所具有的不均等发育的倾向同在另一侧一样地强,我们就可以推论这等发育的能力在不发育的一侧虽然是潜伏的,但是存在的。而且因为在许多种类的动物中不时有颠倒发育的情形发生,所以这种潜伏能力大概是很普遍的。

有关休止性状的最好的而且最简单的例子恐怕就是上述那些例子,它们指出:从不同颜色的鸡或鸽育成的雏鸡和雏鸽最初具有某一亲的颜色,但是经过一两年之后便获得另一亲的羽毛的颜色;因为在这个场合中羽衣变化的倾向在小鸟中显然是潜伏的。关于牛的无角品种也是如此,有些无角牛当长大了的时候,便获得了小型的角。纯系的黑色班塔姆鸡和白色班塔姆鸡随着年龄的增长,偶尔会呈现亲种的红色羽毛。这里我再补充一个稍微不同的例子,因为它显著地连接两类的潜伏性状。赫维特先生⑤拥有一只非常优良的塞勃来特·金边班塔姆母鸡,当它老了的时候,它的卵巢得病了,于是呈现了雄性的性状。在这个品种中,雄性除了它们的鸡冠、肉垂、距和本能以外,在所有方面都同雌性相类似;因此可以预料到这只病母鸡大概只会呈现这个品种所固有那些雄性的性状,但是除了这等性状之外,它还获得了足有一英尺长的弯得十分美的镰刀形尾羽,腰部的鞍状羽,以及颈羽——像赫维特先生所说的那样,它获得了"在这个品种中大概是讨厌的"一些装饰。我们知道塞勃来特·班塔姆鸡⑥是在 1800 年左右育成的:先是用普通班塔姆鸡同荷兰鸡进行杂交,又用具有母鸡尾的班塔姆鸡进行再杂交,然后进行仔细的选择;因此,一点也不能怀疑在老母鸡身上出现的镰刀形尾羽以及颈羽是发源于波兰鸡或普通班塔姆鸡的;这样,我们知道不仅是塞勃来特·班塔姆鸡所固有的某些雄性的性状,而且连被消除了六十年左右的发源于这个品种的第一代祖先的其他一些雄性的性状,也

① 参阅斯登斯特鲁普(Steenstrup)的《木叶鲽的斜眼》(*Obliquity of Flounders*),见《博物学年报》,5 月,1865 年,第 361 页。关于这种可惊的现象,我曾在第六版的《物种起源》第 186 页(中译本,三联书店版,第 263 页——译者注)把曼姆(Malm)的解说摘要举出。

② 马登斯(E. von Martens)博士,《博物学年报》,3 月,1866 年,第 209 页。

③ 藤壶科,雷伊学会,1854 年,第 499 页:再参阅有关高等甲壳类的左侧胸肢和右侧胸肢显然变化无常的发育的补充意见。

④ 一种兰科植物(*Mormodes ignea*);达尔文,《兰科植物的受精》,1862 年,第 251 页。

⑤ 《园艺学报》,7 月,1864 年,第 38 页。蒙推葛梅尔先生的厚意帮助,我获得机会来研究这等值得注意的羽毛。

⑥ 《家鸡之书》,推葛梅尔先生著,1866 年,第 241 页。

潜伏在这只母鸡中,而且一旦它的卵巢得病,即行发展起来。

从这几个事实看来,必须承认:某些性状、能力以及本能可以在一个个体中,甚至在一连串的个体中潜伏下来,但我们连它们存在的一点形迹也不能看出来。当不同颜色的鸡、鸽或牛进行杂交并且它们的后代在老年期间改变颜色的时候,或者当杂种浮羽鸽在第三次脱羽之后获得了表示特征的臀状部的时候,或者当纯系班塔姆鸡部分地呈现它们原型的红色羽衣的时候,我们不能怀疑这等性质正如在幼虫中存在有蛾的性状那样,从最初就在各个动物中存在了,虽然这是潜伏的。现在,如果这等动物的后代是在它们随着年龄的增长而获得新性状以前产生的,那么最可能的是,它们会把这等新性状传递给它们的某些后代,而在这种场合中它们的后代看上去大概是从它们的祖父母或更远的祖先承受了这等性状。于是,我们得到了一个返祖的例子——即在子代中重现的祖代性状在亲代中实际是存在的,虽然在幼小期间是完全潜伏的;我们可以安全地作出这样的结论:这就是在所有返祖的场合中发生的情形,不论这是多么远的祖先。

关于通过返祖而出现的所有性状潜伏于各代的这种观点,还有以下的支持,即在某些场合中这等性状只在极幼小的期间才是实际存在的,或者它们在这期间比在成熟期间出现得更加频繁而且更加明晰。我们已经看到,马属的几个物种的面部条纹和腿部条纹就常常是这样的。喜马拉雅兔当杂交时,有时产生返归银灰色祖先品种的后代,并且我们已经看到,纯系的喜马拉雅兔在极幼小期间偶尔重现银灰色的毛皮。由于返祖,黑猫会偶尔产生斑猫,这是我们可以确信的;并且在小黑猫——据知它的谱系长久以来都是纯粹的[①]——的身上,几乎永远可以看到条纹的模糊痕迹,此后便消失了。由于返祖,无角的萨福克牛偶尔产生有角的牛;尤亚特[②]断言,甚至在无角的个体中,"角的痕迹在幼小期间也常常可以感觉得到"。

毫无疑问,以下的情形最初一看似乎是高度不可能的:即在每一代的每一匹马中都有产生条纹的潜在能力和倾向,虽然这在一千代中不见得出现一次;在几世纪以来都可以传递它们的固有颜色的每一只黑色的、白色的或其他颜色的鸽子中,其羽衣具有一种变成青色的和出现某种特有横斑的潜在能力;在一个六指家族中,每一孩子都有产生多余指的能力;以及其他等等情形。然而,看来比此似乎更加根本不可能的情形是:一个无用的痕迹器官,或者甚至只是产生一种痕迹器官的倾向,在几百万代中被遗传下来了;众所熟知,许多生物都发生过这种情形。还有一种看来根本不可能的情形是:每一只家猪于一千代的期间都保持着在适宜条件下发展大獠牙的能力和倾向;而看来比此更加根本不可能的是:幼小的牛犊在无限的世代中保持了从来不突出齿龈以外的门牙。

在下一章的结尾我将对前三章作出一个提要;但是,因为我在这里主要地讨论了返祖的孤立而显著的例子,所以我愿提醒读者千万不要假定返祖是由于环境条件的某种稀有的或偶然的配合。如果一个性状消失了几百代之后又突然重现,毫无疑问,一

[①] 卡尔·沃哥特(Carl Vcgt):《关于人类的讲义》(*Lectures on Man*),英译本,1864 年,第 411 号。

[②] 《论牛》,第 174 页。

定有某种这样的配合发生;但是,可能经常看到的是返归直接的前代——至少在大多数雌雄两性结合的后代中是如此。这种情形在物种间杂种和变种间杂种中已得到普遍的承认,不过这种承认只是根据杂交类型之间的差异致使其后代类似祖父母或易于探知的更远祖先而已。返祖对于某种疾病,像塞治威克所曾阐明的那样,几乎必然是一种规律。因此,我们必须作出这样的结论,这种特殊形式的遗传倾向是一般遗传法则的一个主要部分。

畸形　每一个人都承认,畸形的成长以及程度较轻的异态大部分是由于发育受到阻挠——即由于胚胎状态的持续。不过有许多畸形不能这样来解释;因为有一部分畸形,在胚胎中不能找出它的任何痕迹来,但在同类动物的其他成员中发生的畸形却不时在胚胎中出现,老实讲,这大概可以归因于返祖。然而我在《人类的由来》(*Descent of Man*,第一章,第二版)*中已经尽可能充分地讨论了这个问题,所以我不愿再在这里重复。

当普通具有不规则的构造花变为规则的,即变为反常整齐花时,这种变化一般被植物学者们看做是返归原始状态了。但是,麦克斯威尔·马斯特博士[①]巧妙地讨论了这个问题,他说,例如,一种旱金莲的所有萼片如果都变为绿色的并且具有同样的形态,而不是伸长成距状的那一萼片着有颜色,或者,一种柳穿鱼(*Linaria*)的所有花瓣如果都变为单瓣而规则的,那么这等情形只能归因于发育受到阻挠;因为这等花的所有器官的最初状态都是对称的,而且如果在这一生长阶段受到阻挠,它们大概不会变为不规则的。还有,如果阻挠发生在更早的发育时期,其结果大概只是一簇绿叶而已,恐怕没有人会把这种情形叫做返祖的。马斯特博士把上述这种情形称为规则的反常整齐花;把其他的情形称为不规则的反常整齐花:就像柳穿鱼的所有花瓣变为距状时那样,所有它的同位部分都呈现了同一形态的不规则性。我们没有权利把后述这等情形归因于返祖,除非我们能够阐明祖先类型的、例如柳穿鱼属的祖先类型的所有花瓣曾经全是距状的。因为依据将来一章所要讨论的同原部分有按照同样方式发生变异的倾向这一法则,这种性质的偶然性可能是由于一种异常构造的扩展而引起的。但是,由于两种形态的反常整齐花常常在柳穿鱼的同一个体植株上发生[②],它们之间大概存在着某种密切的关系。如果根据反常整齐花单纯是发育受到阻挠的结果,那就难于理解在生长的很早期间受到阻挠的一种器官怎么会获得机能上的充分完善化——一片花瓣假定这样受到阻挠,怎么会获得它的灿烂的颜色,又怎么会作为花的外被或者作为产生充分花粉的雄蕊而发生作用;然而许多

---

　*　《人类的由来》第一版在1871年、第二版在1874年问世。本书第一版于1868年、第二版于1875年出版。——译者注

　①　《博物学评论》,4月,1863年,第258页。再参阅他的讲演,1860年3月16日发表于"皇家研究所"。关于同一问题,参阅摩坤·丹顿,《畸形学原理》,1841年,第184,352页。拜里采(Peyritsch)博士搜集了大量的很有趣的例子,见《魏恩科学院报告》(*Sitzb. d. k. Akad. d. Wissensch: Wien*),第四十卷,特别是第四十六卷,1872年,第125页。

　②　沃尔洛特:《变种》,1865年,第89页;诺丹,《博物馆新报》,第一卷,第137页。

反常整齐花都有这种情形发生。我们从摩兰的观察①中可以推论出，这种反常整齐花不是由于单纯的偶然变异性，而是由于发育受到阻挠或返祖，根据他的观察来说，具有不规则花的科常常"由于这等畸形的成长而返归它们的规则的形态；相反地，我们从来没有看到过一种规则花出现过一种不规则花的构造"。

像下述那个有趣的例子所阐明的那样，某些花几乎都肯定地通过返祖而变为反常整齐花了，不过其完善化的程度大小有所不同。块茎紫堇（*Corydalis tuberosa*）的两个蜜腺中大概有一个是无色的，不具花蜜，只有另一个蜜腺的一半大，所以在某种程度上它是痕迹状态的；雌蕊弯向那个完善的蜜腺，并且由内花瓣形成的盔状覆盖物使雌蕊和雄蕊只在一个方向脱出，因此，当一只蜜蜂来吸那个完善的蜜腺时，柱头和雄蕊就露出而摩擦到昆虫的身体。在若干近似的属中，例如在荷包牡丹花中，生有两个完善的蜜腺；雌蕊是笔直的，并且按照蜜蜂吸哪一个蜜腺，盔状覆盖物就向哪一边脱出。现在，我已经检查过块茎紫堇的若干花，这些花的两个蜜腺都是同等发达的而且都含有蜜。在这种情形中我们所看到的只是局部退化器官的再发育；不过随着这种再发育，雌蕊变得笔直了，而且盔状覆盖物可以向任何一个方向脱出，所以这等花获得了非常善于适应昆虫媒介作用的荷包牡丹花及其近缘植物的那种完善构造。我们不能把这等相互适应的改变归因于偶然，或者归因于相关的变异性；我们必须把它们归因于返归这个物种的原始状态。

天竺葵属的反常整齐花具有五个完全一样的花瓣，并且没有蜜腺；所以它同一个密切近似的属——老鹳草的对称花（Symmetrical flowers）相类似；不过互生的雄蕊还有时缺少花药，缩短了的花丝只成了一点痕迹，在这一方面它们则同另一个近似属——牻牛儿苗属（*Erodium*）的对数花相类似。

把金鱼草的反常整齐花的类型称为"珍奇之物"是适当的，它的细长的管状花同普通金鱼草的花有可惊的差异；萼和花冠口是由六个相等的萼片组成的，并且包含有六个相等的雄蕊，而不是四个不等的雄蕊。在两个多余的雄蕊中有一个显然是由于极其微小的乳头状突起的发达而形成的；在我检查过的十九株普通金鱼草的花中，它们生于花的上唇瓣的基部。在普通金鱼草和反常整齐花的金鱼草之间的杂种植株中这种乳头状突起有各种不同程度的发育，这充分阐明了它是雄蕊的痕迹。再者，我的花园中有一株黄色大天使花（*Galeobdolon luteum*）*，它的五个相等的花瓣都有同普通下唇瓣那样的条纹，并且包含有五个相等的雄蕊，而不是四个不等的雄蕊；但是这株植物的赠予人契雷（R. Keeley）先生告诉我说，它的花大大地变异了，因为它的花冠是由四到六个裂片形成的，雄蕊为三到六个②。现在，因为金鱼草属和野芝麻属（*Galeobdolon*）所属的这两大科的成员原来都具有五数花，其中有些部分是合生的，其他一些部分是隐蔽的，所以我们不应把第六个雄蕊或花冠的第六个裂片在任何一种场合中看成是由于返祖而发生的，正如我们

---

① 见他的对于某种奇异的整齐反常花的荷包花（Calceolaria）的讨论中，《园艺学报》（2 月 24 日，1863 年，第 152 页）曾加以引用。

* 即 Laminum luteum，即"Yellow Archangel"。——译者注

② 关于唇形科和玄参科的反常整齐花的六裂的其他例子，参阅摩坤·丹顿的《畸形学》，第 192 页。

不应把这两科植物的重瓣花的多余花瓣看成是由于返祖而发生的一样。但是关于反常整齐花的金鱼草的第五个雄蕊，其情形就有所不同了，它是由于一个永远存在的痕迹物的再发育而产生的，并且只就雄蕊来说，它大概向我们揭示了这种花在某一往昔时代中的状态。我们也难以相信其他四个雄蕊和花瓣的发育在很早的胚胎时期受到阻挠之后，它们会在颜色、构造和机能方面达到充分完善的程度，除非这等器官在以前的某一时期曾经正常地经过同样的生长过程。因此我认为大概是这样的：金鱼草属在某一遥远的时代一定生有五个雄蕊，并且开的花在某种程度上同反常整齐花类型现在开的花相类似。反常整齐花这种构造常常是强烈遗传的，反常整齐花的金鱼草和大岩桐就是如此，反常整齐花的球茎紫堇（*Corydalis solida*）①＊有时也是如此；这个事实支持了以下的结论：反常整齐花不仅是一种畸形；不论这个物种的以前状态怎样。

最后，我愿补充一点：有些花一般不被看做反常整齐花，但它的某些器官异常地增多了数目；关于这种情形，曾经记载过许多事例。这等部分的增多不能被看做发育受到阻挠，也不能被看做痕迹物的再发育，因为这里根本没有痕迹物存在，同时这等多余部分把这种植物同它的自然的亲缘植物之间的关系带到更加接近，所以大概应当把它们看做是返归原始状态。

这几个事实以一种有趣的方式向我们阐明了，某些畸形的状态多么密切地连接在一起；即，发育的受到阻挠引起一些部分变为痕迹的，或者完全被压抑下去——现今多少处于痕迹状态的一些部分的再发育，连一点痕迹都无法查得的一些器官的再现——除此之外还有，在动物的场合中偶尔在其一生中保持的某些性状存在于幼小期间，但此后便消失了。有些博物学者认为，所有这等畸形构造都是返归这样受到影响的生物所属的那个类群的理想状态；但是难于想象得出这种说法所表达的意义是什么。其他博物学者以一种更加可能的和更加明确的观点主张，上述几个例子之间的关系的共同纽带实际是，虽然部分地是，返归这个类群的古代祖先的构造。如果这种观点是正确的话，那么我们必须相信能够发展的无数性状都是潜藏在每一个有机体中的。但是，如果假设这等性状的数目在一切有机体中是同等多的，那就错了。例如，我们知道，许多目的植物偶尔会变得生有反常整齐花；在唇形科（Labiatae）和玄参科（Scrophulariaceae）中比在其他目中这种情形更加常见得多；在玄参科的一个属——即柳穿鱼属中，不下 13 个物种被描述为处于这种状态②。根据有关反常整齐花的性质的这种观点看来，并且记住动物界中的某些畸形，我们必须作出如下的结论：大多数的植物和动物的祖先都曾在它们后代的胚种上留下了具有再发育的能力的影响，虽然这等影响此后发生过深刻的改变。

一种高等动物的受精胚种从生殖细胞到老年时期蒙受了如此巨大的一系列变化——像夸垂费什所恰当称谓的"生命的旋风"（*tourbillion vital*）使它不断地受到了激动；这种受精的胚种恐怕是自然界中最奇异的物体。几乎没有对任何一亲本发生了影响

---

① 高德龙，自《斯塔尼斯拉斯科学院纪要》（*Mémoires de I'Acad. de Stanislas*，1868.）翻印。

＊ Corydalis solida，亦称 bulbòsa；即"山延胡索"。——译者注

② 摩坤·丹顿，《畸形学》，第 168 页。

的任何一种变化而不在胚种上留下某种印记的。但是，根据本章所提出的返祖学说来看，胚种变成了一种远为奇异的物体，因为，除去它所经历的可见的变化之外，我们必须相信它还充满了不可见的性状，这些性状是两性所固有的，是身体的左右两侧所固有的，并且是几百代甚至几千代以前雌雄两性的祖先的悠长系统所固有的：同时这等性状像用隐显墨水写在纸上的字那样，只要当它的体制受到了某种已知条件或未知条件的搅扰的时候，就会发展起来。

第十四章

遗传（续）——性状的固定性——遗传优势——性的限制——年龄的相应

Inheritance(Continued)—Fixedness Of Character—Prepotency—Sexual Limitation—Correspondence of Age

　　性状的固定性显然不是由于遗传的古远——在同科的个体中以及在杂交品种和杂交物种中的遗传优势；这在某一性中比在另一性中常常表现得更加强烈；这有时是由于同一性状在某一品种中是显现的而在其他品种中是潜伏的——在受到性的限制的场合中的遗传——在我们的家养动物中新获得的性状常常只由一性遗传下去，有时只由一性而消失掉——在生命的相应时期的遗传——胚胎学的原理的重要性；在家养动物中所表示的；在遗传的疾病的出现和消失中所表示的；有时在子代中比在亲代中发生得更早——以前三章的提要。

在以前两章中我们讨论了，"遗传"的性质和力量，同其力量相冲突的环境条件，"返祖"的倾向及其值得注意的偶发事象。在本章中，我将在材料所允许的范围之内对其他一些有关现象加以充分的讨论。

性状的固定性

育种者们普遍相信，一个品种的任何性状遗传得愈久，它就会愈加充分地被遗传下去。我并不想驳斥遗传单单通过长期的继续就可以获得力量的这种主张是否正确，但是我怀疑这是否能够得到证实。从某一种意义来说，如果任何性状在许多世代中保持不变，这种主张同一种自明之理并没有差别，而生活条件如果保持不变，性状大概会这样继续下去的。再者，当改良一个品种的时候，如果相当长期地注意了排除所有劣等个体，那么这个品种显然有变得更纯的倾向，因为它在许多世代中不曾同劣等动物杂交过。我们在以前已经看到，但没有能够举出什么原因：当一种新性状出现时，它有时一开始就是不变的，或者是很彷徨不定的，或者是完全不能遗传下去。关于构成一个新变种的一群微小差异就是如此，因为有些变种一开始就远比其他变种能够更纯粹地繁殖它们的种类。甚至关于用鳞茎、压条等——在某种意义上可以说它们形成了同一个体的一些部分——来繁殖的植物，大家也都知道通过连续的芽繁殖，某些变种比其他变种能够更纯粹地保持和传递它们的新获得的性状。在这等场合中，以及在下述的场合中，一种性状被遗传下去的力量同它曾被遗传了多久之间似乎并不存在任何关系。有些变种，例如白花和黄花的洋水仙以及白花的甜豌豆，比那些保持天然颜色的变种，能够更忠实地遗传它们的颜色。在第十二章提到的那个爱尔兰人的家族中，特殊的龟甲般的眼睛颜色远比其他任何普通颜色能够更忠实地被遗传下去。安康羊、摩强卜羊以及尼亚太牛都是比较近代的品种，它们却表现了显著强烈的遗传能力。还可以举出许多相似的例子。

所有家养动物和栽培植物都曾发生过变异，但它们本来都是从野生类型传下来的，而野生类型无疑地从无限遥远的时代以来就保持了同样的性状，因此我们知道，几乎没有任何程度的古远可以保证一种性状完全纯粹地被遗传下去。但是在这种场合中，我们可能说变化了的生活条件诱发了某些改变，而不是遗传能力不中用了；不过在遗传能力不中用的每一个场合里，一定会有某种内在的或外在的原因的干涉。一般可以发现，在我们家养生物中已经变异了的、或者还要继续变异的那些器官或部分——即不能保持它们的以前状态的器官或部分——和在同属的自然物种中有所差异的部分是同一部分。因为根据家系变化学说，同属的物种从一个共同祖先分歧出来之后就被改变了，所以它们彼此赖以区别的性状在体制的其他部分保持不变的期间已经发生了变异；也许会有人这样来争论：由于这等性状比较不古远，所以它们现在才在家养下发生变异，或者才不能被遗传下去。但是，在自然状况下的变异同变化了的生活条件似乎有某种密切的关系，在

◀灵缇犬。

这等条件下已经变异了的性状,在由家养所引起的更大变化中,大概是容易变异的,这同它们的古远程度的大小并无关系。

性状的固定性,即遗传的强度,常用不同族间的杂种后代中某些性状的优势来判断;但是遗传优势在这里开始起作用了,而我们即将看到,这同遗传的强和弱是很不相同的一种概念①。曾经常常观察到,不能用我们的改良品种来永久地改变那些栖息在荒凉而多山的地方的动物品种;因为前者起源于近代,所以曾经认为较野品种的比较古远程度就是抵抗用杂交来改进它们的原因;但更可能是由于它们的构造和体质能够更好地适应周围的条件。当植物最初被引进栽培时,曾经发现,它们在数代间都能纯粹地传递它们的性状,这就是说,它们并不变异,曾把这种情形归因于古老性状被强烈地遗传下来;但同等可能或者更大可能的是,这是由于变化了的生活条件需要一个长时间来积累它的作用。尽管有这等考虑,要否认性状遗传得愈久它们就固定得愈牢稳,恐怕还未免轻率;但是我相信这个命题终归是这样——即一切种类的性状,不论新或老,都有遗传下去的倾向,并且那些已经抵抗了所有反对作用而能纯粹地遗传下去的性状,按照一般的规律,将会继续地抵抗它们,因而被忠实地遗传下去。

性状传递中的优势

当属于同科的,但明显到足以识别的诸个体进行杂交时,或者当两个特征显著的族或物种进行杂交时,正如前一章所叙述的那样,通常的结果是,第一代杂种介于两亲之间,或者有一部分同某一亲相似,而另一部分同另一亲相似。但这绝不是一条不变的规律;因为在许多场合中可以发现某些个体、族以及物种在传递它们的外貌方面占有优势。波洛斯浦尔·卢凯斯②巧妙地讨论了这个问题,但由于有时在两性中同等地占有优势,有时在这一性中比在那一性中占有更强的优势,这个问题被弄得极端复杂;同时由于次级性征的存在,这个问题也同样地被弄得复杂了,这是因为次级性征使得杂交品种难于同它们的双亲进行比较。

在某些家族中某一个祖先,以及在他们以后的同一家族的其他人,似乎在通过男系来遗传他们的外貌方面具有强大的能力;否则,我们就不能理解为什么同样的容貌,像在奥地利皇帝的场合中那样,当同许多女性结婚之后常常会被遗传;按照尼布尔(Niebuhr)的材料,某些罗马人家族的精神素质也是如此③。著名的"宠儿"(Favourite)公牛据信④对于短角族有优势的影响。关于英国竞跑马,也曾观察到⑤某些母马一般能传递它们自己的性状,但具有同等纯粹血统的其他母马则让种马的性状居先遗传。我听布朗先生告

---

① 参阅《尤亚特论牛》,第92、69、78、88、163页;《尤亚特论羊》,第325页。卢凯斯,《自然遗传论》,第二卷,第310页。

② 《自然遗传论》,第二卷,第112—120页。

③ 荷兰得爵士:《有关精神生理学的数章》,1852年,第234页。

④ 《艺园者记录》,1860年,第270页。

⑤ 史密斯(N. H. Smith),《关于育种的观察》(*Observations on Breeding*),在《田园狩猎百科全书》中引用,第278页。

诉我说，一只著名的黑色灵缇——"狂人"(Bedlamite)"的仔狗永远都是黑色的，不管同他交配的母狗是什么颜色"；然而这只"狂人""无论在父兽方面或母兽方面都有他的血液中的黑色优势"。

当不同的族杂交时，优势原理的正确性就更明确地表现出来了。尽管改良的短角牛是一个比较近代的品种，但一般都承认它拥有强大的能力来把它的外貌刻印在所有其他品种之上；它在输出方面之所以受到如此高度的评价①，主要就是因为这种能力。葛丹(Godine)举出过一个引人注意的例子：有一个好望角产的山羊般的绵羊品种，它的公羊当同十二个其他品种的母羊杂交之后，产生出来的后代同他自己几乎没有任何区别。但是用这等杂种的两只母羊同一只公美利奴羊交配，产生出来的羊羔则同美利奴品种密切相似。吉鲁·得别沙连格②发现，有两个法国绵羊的族，当其中一个族的母羊在连续的各代中同公美利奴羊进行杂交时，在遗传它们的性状上远比其他一个族的母羊快得多。斯特姆(Sturm)和吉鲁就其他羊的品种以及牛举出过相似的例子，在这等例子中优势是通过雄性这方面的；但是南美的权威材料使我确信，当尼亚太牛同普通牛杂交时，不论用公亚亚太牛或母尼亚太牛，它都占有优势，但是通过雌性方面时优势最强。曼岛猫(Manx cat)是无尾的并且具有长的后腿；威尔逊博士用一只公曼岛猫同普通猫杂交，在生下来的二十三只仔猫中，有十七只是无尾的；但当母曼岛猫同普通公猫杂交时，所有仔猫都是有尾的，虽然它们的尾一般是短而不完善的③。

当使突胸鸽和扇尾鸽进行互交时，突胸鸽族似乎通过雌雄两性都比扇尾鸽占优势，与其说这是由于突胸鸽所具有的任何异常的强大能力，毋宁说大概是由于扇尾鸽的能力薄弱，因为我曾看到排字鸽也比扇尾鸽占优势。虽然扇尾鸽是一个古老的品种，据说它的遗传能力普遍都是薄弱的④；但是我曾在一只扇尾鸽和笑鸽的杂交中看到过一个例外。据我所知，有关雌雄两性的薄弱遗传能力的一个最奇特的事例是关于喇叭鸽的。众所熟知，这个品种至少已经存在130年了；它能完全纯粹地繁育，因为长期饲养许多这种鸽子的人们向我保证过这一点；它的特征是，喙上生有一个奇异羽簇，头上生有羽冠，奇特的鸣声同其他任何品种都完全不一样，并且脚羽很多。我曾使雌雄两性的喇叭鸽同二个亚品种的浮羽鸽、同扁桃翻飞鸽、同斑点鸽并且同侏儒鸽杂交过，我育成了许多杂种，使它们再杂交；虽然羽冠和羽脚被遗传下去了(大多数品种一般都是如此)，但是，关于喙上的羽簇我从来没有看见过有一点痕迹，我也没有听到过它那种奇特的鸣声。包依塔和考尔比⑤确言，用喇叭鸽同其他品种杂交，这是不可避免的结果；但是纽美斯特说⑥，在德国得到过具有羽簇和发出喇叭般鸣声的杂种，虽然这是很罕见的；不过我输入过这样具有羽簇的一对杂种，它们都从来不会发出喇叭般的鸣声。勃连特先生⑦说，一只喇叭鸽的杂种

---

① 勃龙引用：《自然史》，第二卷，第170页。参阅斯特姆的《关于族》(Ueber Rscen)，1825年，第104—107页。关于"尼亚太牛"，参阅我的《调查日志》，1845年，第146页。

② 卢凯斯：《自然遗传论》，第二卷，第112页。

③ 奥尔东先生：《育种生理学》(Physiology of Breeding)，1855年，第9页。

④ 包依塔和考尔比：《鸽》，1824年，第224页。

⑤ 《鸽》，第168、198页。

⑥ 《鸽饲育全书》，1837年，第39页。

⑦ 《鸽之书》，第46页。

后代同喇叭鸽杂交了三代,这时在杂种的血管中流有八分之七的这种血液,然而喙上的羽簇并没有出现。到了第四代,羽簇出现了,这时杂种虽然具有十六分之十五的喇叭鸽的血液,但它还不发出喇叭般的鸣声。这个例子很好地阐明了遗传和优势之间的广大差异;因为我们在这里看到了一个能够忠实地遗传其性状而十分稳定的古老的族,但它同任何其他族杂交时,在遗传其两个主要特征方面都具有极薄弱的能力。

关于鸡和鸽把同一性状遗传给杂种后代时所表现的能力的强弱,我再举另一个例子。丝羽鸡能够纯粹地繁殖,并且有理由相信它是一个很古老的族;但是在我从一只母丝羽鸡和一只公西班牙鸡所育成的大量杂种中,没有一只表现有哪怕一点所谓丝羽的痕迹。赫维特先生确言,关于这个品种同任何其他变种杂交而把丝羽遗传下去的例子还没有过一个。但是,奥尔东先生从一只公丝羽鸡和一只母班塔姆鸡的杂交中育成了许多杂种,其中有三只具有丝羽①。所以肯定的是,这个品种很少有把它的奇特羽衣遗传给其杂种后代的能力。另一方面,有一个扇尾鸽的丝羽亚变种,它的羽毛状态同丝羽鸡的几乎一样:我们已经看到,扇尾鸽当杂交时在遗传它们的一般性质上具有非常薄弱的能力;但是丝羽亚变种当同任何其他小型的族杂交时,不可避免地会把它的丝羽遗传下去!②

著名的园艺家保罗先生告诉我说,他用白色球形蜀葵的、柠檬蜀葵的以及黑色王子蜀葵的花粉使黑色王子蜀葵受精,并且进行反交;但是从这三种杂交中产生出来的实生苗没有一株遗传有黑色王子的黑色。再者,在豌豆杂交工作中具有如此丰富经验的拉克斯东先生给我写信说,"无论什么时候只要在白花豌豆和紫花豌豆之间,或者在白色种子豌豆和紫色斑点种子豌豆之间,要下在白色种子豌豆和褐色或枫色种子豌豆之间完成了一次杂交,其后代似乎把白花的和白色种子的变种的几乎所有特征都丧失了;无论这等变种用作母本或者用作父本,其结果都是这样的"。

当物种杂交时,优势的法则就像在族以及个体的杂交中一样地发生作用。该特纳明确地阐明了③在植物方面也是如此。兹举一例:当圆锥花序烟草(*Nicotiana paniculata*)和长春花烟草(*Nicotiana vincaeflora*)杂交时,前者的性状在杂种中几乎完全消失了;但是当印第安烟草(*N. quadrivalvis*)和长春花烟草杂交时,以前如此占优势的长春花烟草现在在印第安烟草的力量之下就几乎消失了。值得注意的是,像该特纳所阐明的那样,某一个物种比另一个物种在遗传上占有优势这件事同某一个物种能够使另一个物种容易受精与否这件事完全没有关系。

关于动物,胡狼比狗占有优势,弗劳伦斯这样说过,他使这等动物进行过多次杂交;有一次我看到一个胡狼和小猎犬之间的杂种,其情形也是如此。根据考林(Colin)以及其他人士的观察,我不能怀疑驴比马占有优势;在这个事例中,优势在雄驴方面比在雌驴方

---

① 《育种生理学》,第 22 页;赫维特先生,见《家鸡之书》,推葛梅尔著,1866 年,第 224 页。
② 包依塔和考尔比,《鸽》,1824 年,第 226 页。
③ 《杂种的形成》,第 256,290 页等。诺丹举出一个显著的例子:一种曼陀罗(*Datura stramonium*)当同其他两个物种杂交时占有优势(《博物馆新报》,第一卷,第 149 页)。

面表现得更加强烈；所以骡(mule)比驴骡(hinny)[1]*更加同驴密切相似。根据赫维特先生的描述[2]来判断，并且根据我曾看到过的杂种来说，雄雉比家鸡占有优势；不过专就颜色来看，后者具有相当的遗传能力，因为从五个不同颜色的母鸡育成的杂种在羽衣方面表现了巨大的差异。以前我在"动物园"中检查过普通鸭的企鹅变种和埃及鹅(*Anser aegyptiacus*)之间的一些奇异的杂种，虽然我不愿断言家养变种比自然物种占有优势，但是家养变种却把它的不自然的直立姿势强烈地传给了这等杂种。

我知道，有许多作者不把上述这等例子归于某一个物种、一个族或一个个体在遗传其性状给杂种后代方面比其他物种、族或个体占有优势，而把它们归于以下的规律：即父亲影响外在性状，而母亲影响内在性状、即有关生命的器官。但是，许多作者所举出的这等规律表现了巨大的不同，这就差不多证明了它们的错误性。波洛斯浦尔·卢凯斯博士曾经充分地讨论过这点并且指出[3]，没有一条这样的规律(我对他引用的那些还能有所补充)可以应用于所有动物的。关于植物也宣告过有一些同样的规律，而该特纳[4]证明它们都是错误的。如果我们把我们的观点局限于单独一个物种的一些家养族，或者甚至局限于同一属的一些物种，某些这等规律可能是适用的；例如，据说当不同品种的鸡进行杂交并且进行反交时，一般地雄鸡会遗传它的颜色[5]；但是我曾亲自看见过一些显著的例外。据说公羊通常把它的特殊的角和毛传给杂种后代，而公牛可以决定其杂种后代是否有角。

在讨论"杂交"的下一章中，我将有机会来阐明某些性状稀少地或者决不由于杂交而混合在一起，而是以一种不变的状态从任何一个祖先类型被遗传下去；我之所以在这里提到这个事实，是因为它有时在某一方同优势相伴随，因此这种优势便带来了具有异常力量的假象。在同一章中我还要阐明，一个物种或品种从反复的杂交中吸收和消除另一个物种或品种的程度主要取决于遗传的优势。

总之，上面所列举的有些例子——譬如喇叭鸽——证实了在单纯的遗传和优势之间存在着广泛的差异。由于我们的无知，后述这种力量在我们看来大都是完全不定地发生作用的。同一性状，纵使它是一个异常的、即畸形的性状，例如丝羽，当杂交时，由于不同

---

① 佛罗伦斯，《发情期》(*Longévité Humaine*)，第 144 页，关于杂种胡狼。关于骡和驴骡之间的差异，我知道一般都把这种情形归因于公马和母马在遗传它们的性状上有所不同；但是，考林强调地主张驴在这两种杂交中都占有优势，不过其程度有所不同；关于这等反交的杂种，考林在他的《比较生理学概论》(*Traité Phys. Comp.*)中所作的叙述，据我所知，是最充分的。佛罗伦斯的结论是相同的；贝西斯坦的结论也是相同的，见他的《德国的博物学》，第一卷，第 294 页。驴骡的尾巴像马的尾巴比像骡的尾巴厉害得多，一般都用这两个物种以较大的能力遗传构造的这一部分来解释这种情形；但是我在"动物园"中看见过一个复合杂种，它是从一匹母马同驴-斑马杂种的杂交中育成的，它的尾巴同它的母亲的尾巴密切相似。

　＊ 即"驮骡"，为马父和驴母之间的杂种。——译者注

② 在繁育这等杂种中具有如此丰富经验的赫维特先生说(《家鸡之书》，推葛梅尔著，1866 年，第 165—167 页)，所有这等杂种的头部都缺少肉垂、肉冠以及耳肉垂；并且在尾形和一般身体轮廓上都同雄鸡密切相似。这等杂种是从几个品种的母鸡同雄雉的杂交中育成的；但是另一个杂种，根据赫维特先生的描述，是从一只雌雉同一只母"银边班塔姆鸡"的杂交中育成的，这个杂种具有一点肉冠的以及肉垂的痕迹。

③ 《自然遗传论》，第二卷，第二册，第一章。

④ 《杂种的形成》，第 264—266 页。诺丹得到了同样的结论(《博物馆新报》，第一卷，第 148 页)。

⑤ 《家庭艺园者》，1856 年，第 101，137 页。

的物种，或以优势的力量或以非常薄弱的力量被遗传下去。显然是，任何一性的纯系类型，在这一性不比那一性占有更强的优势的所有场合中，都将以一种优势的力量凌驾一个杂种化的和已经变异了的类型而遗传它的性状①。根据上述的几个例子，我们可以作出这样的结论：单是性状的古远决不一定会使它成为优势的。在一些场合中，优势显然取决于同一性状在两个杂交品种的一个品种中是显现的而在另一个品种中是潜隐的；在这样场合中，在两个品种中都潜伏存在的性状当然占有优势。因此，我们有理由相信，在所有的马中都有成为黄棕色的和条纹的潜在倾向；当这种马同任何其他颜色的马杂交时，据说其后代几乎肯定是具有条纹的。绵羊具有变成暗色的同样潜在倾向，并且我们已经看到，具有少数黑点的公羊当同不同品种的白色绵羊杂交时，它以何等优势的力量使其后代着上了颜色。所有鸽子都有变成带着某些表示特征的标志和石板青色的潜在倾向，并且我们知道，如果具有这样颜色的一只鸽子同任何其他颜色的鸽子进行杂交，此后就极难把这种青的色调消除掉。班塔姆鸡提供了一个差不多相似的例子，当它年老的时候，一种获得红色羽毛的潜在倾向就发展起来了。不过关于这个规律也有一些例外：牛的无角品种具有再生角的潜在能力，但是当同有角品种杂交时，它们并不一定产生有角的后代。

关于植物，我们也遇到相似的例子。具有条纹的花虽然可以由种子纯粹地进行繁殖，但它们有变成单一色的潜在倾向；如果它们一度同单一色的变种进行杂交，它们此后就永远不产生具有条纹的实生苗②。另一个例子在某些点上更引人注意：虽然反常整齐花的植物开放正规的整齐花的潜在倾向是如此强烈，以致当一株植物被移植到较瘠薄的或较肥沃的土壤中时③，这种情形常常通过芽而发生。我曾用金鱼草的普通类型的花粉使前一章所描述的反常整齐花的金鱼草（*Antirrhinum majus*）受精；然后又用后者的花粉进行反交。这样我育成了两大苗床的实生苗，其中没有一株是开反常整齐花的。诺丹用一种反常整齐花的柳穿鱼同普通类型杂交，所得到的结果是一样的。我仔细地检查了这两个苗床中九十株杂种金鱼草的花，它们的构造一点也没有受到杂交的影响，除了在少数事例中永远存在的第五个雄蕊的微小痕迹更充分地、甚至更完善地发达了。千万不要假定反常整齐花构造在杂种植物中的全部被消除可以用遗传能力的任何缺少来解释；因为我用反常整齐花的金鱼草的花粉人为地使它自己受精，只有十六株活到冬天，它们完全像亲本一样，全都开反常整齐花。我们在这里看到了一个良好的事例：一种性状的遗传同把它遗传给杂种后代的能力之间存在有广泛的差异。把同普通金鱼草完全相似的杂种植物单独进行播种，那么在一百二十七株实生苗中，有八十八株被证实是普通金鱼草，两株处于反常整齐花和正常状态之间的中间状态，三十七株返归了祖父母一方的构造而完全开反常整齐花。这个例子最初一看似乎对于刚才谈到的那条规律提供了一个例外，那条规律是：如果一种性状在某一类型中是显现的，在另一类型中是潜伏的，那

---

① 关于绵羊的这个问题，参阅威尔逊先生的一些意见，见《艺园者记录》，1863 年，第 15 页。关于英国绵羊和法国绵羊之间的杂交，玛林季·努尔举出过许多显著的事例（《皇家农学会学报》，第十四卷，1853 年，第 220 页）。他发现，他有意识地用杂种化的法国品种同纯系的英国品种进行杂交，因而得到了所希望的影响。

② 沃尔洛特：《变种》，1865 年，第 66 页。

③ 摩坤-丹顿：《畸形学》，第 191 页。

么当这两个类型杂交时,这种性状一般是以优势的力量被遗传下去的。因为在所有玄参科植物中,特别是在金鱼草属和柳穿鱼属中,正如前章所阐明的那样,都有一种变成反常整齐花的强烈的潜在倾向;但是我们也看到,在所有反常整齐花的植物中还有一种更加强烈的倾向去获得它们的正常的不规则构造。所以在同一植物中具有两种相反的潜在倾向。那么,在杂种金鱼草中产生正常的或不规则的花的倾向,就像普通金鱼草那样,在第一代占有优势;而产生反常整齐花的倾向似乎由于中断了一代才获得力量,因而在第二代实生苗中才大规模地占有优势。一种性状怎么可能由于中断了一代才获得力量,这将在泛生说那一章中加以讨论。①

　　总之,遗传优势这个问题是极其错综复杂的,这是由于在不同的动物中其力量变异得非常大,甚至关于同一性状也是如此——由于它或者在两性中有同等的表现,或者在某一性中远比在另一性中表现得更加强烈;在动物中屡屡出现后述这种情形,在植物中并不如此——由于次级性征的存在——由于某些性状的遗传受到了性的限制,我们就要看到这一点——恐怕偶尔也由于对于母体所发生的前受精的作用。因此,迄今还没有人能够对于遗传优势这个问题订出一些一般的规律,这并不足为奇。

在受到性的限制的场合中的遗传

　　新性状常常在一性中出现,并且此后或者完全地遗传给同性,或者遗传给同性的程度远比遗传给另一性的程度大得多。这个问题是重要的,因为关于在自然状况下的许多种类的动物,不论高等的或低等的,它们的同生殖器官没有直接关联的次级性征是显著存在的。关于我们的家养动物,其次级性征同区别亲种的性别的那些性状有广泛的差异;在受到性的限制的场合中的遗传原理解释了这怎么是可能的。

　　卢凯斯博士曾指出②,当一种同生殖器官没有任何关联的特性出现于任何一亲时,它常常完全被遗传给同性的后代,或者同性的后代遗传有这种特性的远比相反一性的后代多得多。例如,在兰勃尔特的家族中,皮肤上角状突起物只从父亲遗传给他的儿子和孙子;关于鳞皮症(ichthyosis)的其他例子,关于多趾,关于趾和趾骨的缺少,也是如此,关于各种疾病,例如色盲,血友病素质(haemorrhagic diathesis)——轻微的受伤即可引起大量的和不可控制的出血,也是如此,不过其程度较轻。另一方面,母亲在若干世代中把多趾和少趾、色盲以及其他特性只遗传给女儿。同一特性可能变得隶属于任何一性,并且长期地只遗传给这一性;不过在某些场合中隶属于一性的情形只是远比隶属于另一性的情形为多。同一特性也可能没有差别地遗传给任何一性。卢凯斯举出其他一些例子来阐明,雄性把他的特性只遗传给他的女儿,而母亲只遗传给她的儿子;即便在这种场合中,我们也看到遗传在某种程度上是受性的支配的,虽然这种情形是反转的。卢凯斯博士在权衡了整个的证据之后做出这样的结论:每一种特性都有遗传给它最初出现于其中的那

---

　　①　《博物馆新报》,第一卷,第137页。
　　②　《自然遗传论》,第二卷,第137—165页。再参阅即将谈到的塞治威克先生的四篇报告。

一性的倾向,不过其程度的大小有所不同。但是,一条更加明确的规律,像我在他处所阐明的那样[1],一般是适用的;这条规律是,如果变异是在生殖机能活跃的生命晚期最初出现于任何一性中,那么它就有单独在这一性中发展的倾向;相反地,在生命早期最初出现于任何一性中的变异普通是遗传给两性的。然而我决没有假定这是唯一的决定性的原因。

这里可以把塞治威克先生[2]所搜集的许多例子的二三细节列举出来。由于某种未知的原因,色盲在雄性中比在雌性中更加常见得多;在塞治威克所搜集的二百个以上的例子中,十分之九是同男性有关的;但是它非常容易地通过妇女被遗传下去。但是在阿尔(Earle)博士所举的例子中,具有亲缘关系的八个家族的成员在五代中都罹有此病:这些家族共有六十一人,男三十二人,其中十六分之九不能识别颜色,女二十九人,其中只有十五分之一患有此症。患有色盲的虽然一般都是男性,但有一个事例指出,它最初在一个女性身上出现,并且在五代中遗传给十三个人,所有这些人都是女性。我们知道,常常同风湿症相伴随的血友病素质,虽然是通过女性被遗传下去的,但有在五代中只遗传给男性的情形。有人说过指骨的缺少在十代中只遗传给女性的情形。在另一个例子中,一个男子的两手和两足都这样缺少指骨和趾骨,而遗传有这样特性的是他的两个儿子和一个女儿;但到了第三代,在孙辈的十九人中,十二个孙子都有这种家族的缺陷,而七个孙女却没有这种缺陷。在受到性的限制的普通场合中,儿子或女儿从他们的父亲或母亲那里遗传到一种特性——不管这种特性是什么,并且把这种特性遗传给相同性别的儿女;但是关于血友病素质,儿子从来不直接从父亲那里遗传到这种特性,而专门通过女儿传递这种潜在的倾向,所以只是女儿的儿子才表现有这种病症;关于色盲以及其他一些例子也常是如此。这样,父亲、孙子和玄孙子将呈现一种特性——祖母、女儿、曾孙女则以一种潜伏的状态遗传这种特性。因此,正如塞治威克先生所指出的那样,我们有一种双重的隔代遗传、即返祖;每一个孙子显然都从祖父那里接受特性并且加以发展,而每一个女儿显然都从祖母那里接受潜伏的倾向。

根据卢凯斯博士、塞治威克先生以及其他人士所记载下来的各式各样的事实来看,无可怀疑的是,最初出现于任何一性中的特性,虽然决不一定或不可避免地同这一性有关联,却有被遗传给同一性别的后代的强烈倾向:但它常常以一种潜伏的状态通过相反的一性而被遗传下去。

现在回转来谈一谈家养动物,我们发现,原非亲种所固有的某些性状常常只局限于或者只遗传给某一性;不过我们并不知道这等性状最初出现的历史。在讨论"羊"的那一章中,我们已经看到某些族的公羊在角的形状上同母羊大有差异,有些品种的母羊是没有角的;它们在尾部脂肪的发育上以及在前额的轮廓上也有差异。根据近似的野生种来判断,我们不能用它们是起源于不同的祖先类型这样的假定来解释这等差异的。在一个印度的山羊品种中雌雄两性的角也表现有巨大差异。公印度瘤牛的背瘤据说比母瘤牛

---

① 《人类的由来》,第二版,第 32 页。

② 《关于在遗传的疾病中的性的限制》(*On Sexual Limitation in Hereditary Diseases*),《英国和外国外科医学评论》,1861 年 4 月,第 477 页;7 月,4 月,第 198 页,1863 年,第 445 页;7 月,第 159 页。再参阅:1867 年的《关于在遗传的疾病中的年龄的影响》。

的大。在苏格兰的猎鹿狗中，雌雄两性在大小上所表现的差异比在任何其他狗的变种中都大①，根据类推的方法来判断，其差异也比在原始亲种中所表现的大。玳瑁毛这种特殊的颜色在雄猫中很少见；这个变种的雄猫是锈色的。

在鸡的各个品种中，雄性和雌性常常有巨大差异；而这等差异同那些区别亲种原鸡的雌雄两性的差异绝不一样；因而它们是在家养中发生的。在斗鸡族的某些亚变种中有一个异常的例子，即母鸡彼此之间的差异比母鸡同公鸡之间的差异大。在一个笼罩着黑色的白色印度品种中，母鸡的皮一定是黑色的，并且它们的骨被有一层黑色的骨膜；相反地，公鸡却从来不、或者极少具有这样的性状。鸽子提供了一个更加有趣的例子；在整个大科中雌雄两性常常没有多大差异，并且祖先类型——岩鸽——的雌雄两性则没有区别；但是我们已经看到，关于突胸鸽，突胸这种特征在雄性中比在雌性中有更加强烈的发展；在某些亚变种中，只是雄性具有黑色的斑点、或黑色的条纹，要不就在其他方面具有不同的颜色。当英国信鸽的雌雄两性分别在不同的槛笼中展出时，它们的喙上肉垂和眼周肉垂的发展所表现的差异是显著的。所以我们在这里看到一个事例：在自然状况下完全不存在这等差异的物种的一些家养族中出现了次级性征。

另一方面，属于自然状况下的物种的次级性征有时在家养下完全消失或者大大缩小。我们知道，改良品种的猪的獠牙同野猪的獠牙比较起来是小型的。有些鸡的亚品种，它们的雄性已经丧失了美丽的悬垂的尾羽和颈羽；还有一些亚品种，它们的雌雄两性在颜色上没有任何差异。横斑的羽衣在鹑鸡类中普通是雌鸟的属性，在某些场合中它被传给了公鸡，杜鹃亚品种就是如此。在另外一些场合中，雄性的性状部分地被传给了雌性，例如母金色点斑汉堡鸡的美丽羽衣，母西班牙鸡的扩大了的肉冠，母斗鸡的好斗禀性，以及在各个品种的母鸡中偶尔出现的充分发达的距。波兰鸡的雌雄两性都装饰有顶毛，雄性的顶毛是由颈羽状的羽毛形成的，这是原鸡属中的一种新的雄性性状。总之，根据我所能判断的来说，新性状在家养动物的雄性中比在雌性中更容易出现②，并且此后完全遗传给或者更加强烈地遗传给雄性。最后，按照在受到性的限制的场合中的遗传原理来看，自然物种的次级性征的保存和增强没有提供特别的难点，因为这种情形大概是通过我所谓的性选择那种选择的方式而发生的。

在生命的相应时期的遗传

这是一个重要的问题。自从我的《物种起源》出版以来，我还没有看到有任何理由可以怀疑该书中对于生物学中的一个极其值得注意的事实——胚胎和成长动物之间存在着差异——所提供的解释的正确性。它的解释是：变异并不一定或者并不一般都在胚胎成长的很早时期中发生，并且这等变异是在相应的年龄中被遗传的。因此，甚至当祖先类型发生了巨大改变之后，胚胎还只有很微小的改变；并且从一个共同祖先传下来的大

---

① 斯克罗普：《猎鹿的狙击技术》（*Arr of Deer Stalking*），第 354 页。
② 我在《人类的由来》（第二版，第 223 页）中曾举出充分的证据来指明雄性动物普遍比雌性动物更容易变异。

不相同的动物的胚胎在许多重要之点上彼此还保持着相似，大概同它们的共同祖先也保持着相似。这样我们便能理解，当分类应当尽可能是系统的时候，为什么胚胎学对于分类的自然体系投射了大量的光明。如果胚胎过的是一种独立的生活，这就是说它变成了幼虫，那么它就势必在同双亲的构造和本能并无关系的构造和本能上适应周围的条件；在生命的相应时期的遗传原理使得这种情形成为可能。

这一原理从某一方面来说，诚然是显而易见的，所以没有受到人们的注意。我们拥有许多动物的和植物的族，当它们彼此或者同它们的祖先类型进行比较时，无论在未成熟状态下或者在成熟状态下，都表现有显著的差异。看一看能够纯粹进行繁育的几个种类的豌豆、蚕豆、玉米的种子，并且观察一下它们在大小、颜色以及形状上表现了何等的差异，而充分成长的植株却几乎没有什么差异。另一方面，甘蓝在叶子和生长方式上表现了巨大的差异，但它们的种子几乎完全没有任何差异；一般可以看出，在不同成长期间的栽培植物之间的差异并不一定有密切的关联，因为植物可能在种子方面有很大的差异，而当充分成长时则差异很小，相反地，它们所产生的种子可能几乎没有区别，而当充分成长时则差异很大。在从单一物种传下来的几个家禽的品种中，卵以及被有绒毛的雏的差异，第一次以及此后脱换的羽衣的差异，肉冠和肉垂的差异，都是遗传的。关于人，乳齿和恒齿的特点是遗传的（关于这一点我收到过详细的材料），长寿也常常是遗传的。还有，在牛和羊的改良品种中，包括牙的早期发育在内的早熟性，以及在某些鸡的品种中，次级性征的早期出现，都可以纳入在相应时期的遗传这同一问题之中。

还能举出无数近似的事实。蚕蛾恐怕提供了一个最好的事例；因为在纯粹地遗传其性状的品种中，卵在大小、颜色和形状上表现了差异；幼虫在脱皮三次或四次上，在颜色上，甚至在眉般的暗色标志上，以及在某些本能的丧失上，表现了差异；茧在大小、形状上，以及在丝的颜色和品质上，表现了差异；这几种差异在成熟的蛾中即形消失，跟着发生的是微小的或仅可辨识的差异。

但可以这样说，在上述场合中一种新的特性如果得到遗传，那一定是在发育的相应阶段，因为卵和种子只能同卵和种子相似，而充分成长的公牛的角只能同牛的角相似。下述的一些例子更明确地阐明了在相应时期的遗传，因为就我们所能知道的来说，它们涉及的那些特性可能在生命的较早期间或较晚期间发生，但是这些特性的遗传是在它们最初出现的那同一时期。

在兰勃尔特的家族中，父亲和儿子是在同一年龄、即在降生后九个星期左右，呈现豪猪般的瘤子①。在克劳弗得先生所描述的一个异常多毛的家族中②，在三代中生下来的孩子都有多毛的耳朵；父亲全身长满毛的期间是在六岁，他的女儿多少早一点，是在一岁；在这两代中，乳齿的出现是在生命的后期，此后恒齿生得非常之少。在一些家族中，毛发的灰色是在特别小的年龄中得到遗传的。这些例子同我即将谈到的那些在生命的相应时期被遗传的疾病是相似的。

---

① 波利卡得：《人类的体格史》（*Phys. Hist of Mankind*），1851 年，第一卷，第 349 页。

② 《阿瓦宫廷出使记》（*Embassy to the Court of Ava*），第一卷，第 320 页。关于第三代，见余鲁（Yule）大尉的《出使阿瓦宫廷述记》（*Narrative of the Mission to the Court of Ava*），1855 年，第 94 页。

扁桃翻飞鸽有一种著名的特性:它的羽衣的丰满美及其特异的性状直到脱羽两三次之后才会出现。纽美斯特描述过一对鸽子,并且绘过它们的图,它们的整个体部除了胸、颈和头以外,都是白色的;但是它的第一次羽衣的所有白色羽毛都有带颜色的边缘。另一个品种更值得注意:它的第一次羽衣是黑色的,翅上具有锈红色的横斑,胸前具有新月形的标志;这等标志此后变为白色的,并且可以保持到第三、四次脱羽的时期;但是过了这一时期之后,白色就扩展到全身,这时它便丧失了它的美[①]。获奖的金丝雀具有黑色的翅和尾;然而这种颜色只能保持到第一次脱羽,所以必须在发生变化之前把它们展览出来。一旦脱羽,这种特点便行绝迹。当然,从这个血统育出的所有金丝雀在第一年都有黑色的翅和尾[②]。曾经有过这样一个奇异而多少相似的记载[③]:有一窝野生的斑色白嘴鸦,最初是于1798年在卡尔芳特(Chalfont)附近看到的,从那时起直到发表报告的那一年、即1837年止,每一年"这一窝总有几只鸟是黑白斑的。这种羽衣的斑色无论如何在第一次脱羽时即行消失;但是在新生的下一窝中总有少数几只是斑色的"。这等变化在鸽、金丝雀以及白嘴鸦中都是于各种不同的生命的相应时期被遗传的,它们之所以值得注意,是因为亲种并不经过这种变化。

遗传的疾病所提供的证据在某些方面不如上述例子那样有价值,因为疾病并不一定同构造的任何变化有关联;但在其他方面,它们的价值却较大,因为对于它们的遗传时期进行了更加仔细的观察。某些疾病显然是以接种(inoculation)那样的一种程序传给孩子的,并且孩子从最初就被感染了,关于这等例子,这里略而不谈。很多种类的疾病通常是在一定的年龄中出现的,例如:跳舞病(St. Vitus's dance)出现在幼年,肺病在壮年的早期,痛风在较晚的时期,中风(apoplexy)在更晚的时期,这些病自然是在同一时期被遗传的。然而,甚至关于这种疾病,例如关于跳舞病,也曾记载过一些事例,阐明异常早地或异常晚地感染这种疾病的倾向是可以遗传的[④]。在大多数场合中,任何遗传的疾病的出现都是由每一个人生命中的某些危险时期以及不利的生活条件所决定的。有许多其他的疾病同任何特殊时期并没有连带关系,但肯定有这样一种倾向,即这等疾病于双亲最初感染的大体一样的年龄在子女身上出现。支持这种主张的,可以举出一系列古代的和近代的优秀权威者。著名的亨特是相信这一点的,皮奥利[⑤]警告医生要在双亲感染任何重大的遗传的疾病的时期中严密注意他们的孩子。波洛斯浦尔·卢凯斯[⑥]在搜集了各种来源的事实之后,断言一切种类的疾病,虽然同生命的任何特殊时期并没有关系,都有在祖先最初感染的那一生命的时期重现于后代的倾向。

因为这个问题是重要的,所以最好举少数几个例子来作说明,而不是作为证据;因为证据必须依赖上述的权威者。在下述例子中,有些被选来说明这样的情形:当同规律发

---

① 《鸽的饲养》,1837年,第24页,第四表,第二图;第21页,第一表,第四图。

② 基得:《关于金丝雀的论文》(*Treatise on the Conary*),第18页。

③ 查理沃茨:《博物学杂志》,第一卷,1837年,第167页。

④ 波洛斯浦尔·卢凯斯,《自然遗传论》,第二卷,第713页。

⑤ 《疾病的遗传性》(*L'Héréd. dans les' Maladies*),1840年,第135页。关于亨特,参阅哈兰的《医学的研究》(*Med. Researches*),第530页。

⑥ 《自然遗传论》,第二卷,第850页。

生一点背驰的时候，子女感染疾病的时期就要多少比双亲为早。在拉康特（Le Compte）的家族中盲目遗传了三代，子辈和孙辈不下二十七人都在同一年龄盲目了；他们的盲目一般在十五岁或十六岁开始进展，到了二十二岁左右视力就完全丧失①。在另一个例子中，父亲和他的四个小孩都在二十一岁的时候盲目了；还有一个例子：祖母是在三十五岁的时候盲目的，她的女儿是在十九岁的时候盲目的，孙辈三人是在十三岁和十一岁的时候盲目的②。关于耳聋也是如此，两个弟兄、他们的父亲以及祖父都是在四十岁的时候耳聋的③。

埃斯奎洛尔（Esquirol）就精神错乱发生在同一年龄中的情形举出若干显著的例子，例如关于祖父、父亲和儿子都在近五十岁时自杀的事情。还可以举出许多其他的例子，例如有这样一个家族，所有人都在四十岁的时候发狂了④。其他脑病有时也遵循同一规律——例如癫痫症和脑溢血症。有一个妇人在六十三岁的时候死于脑溢血；她的一个女儿在四十三岁的时候、还有一个女儿在六十七岁的时候死于脑溢血；后者有十二个孩子，都死于结核性的脑膜炎（tubercular meningitis）⑤。我之所以举出后面这个例子，是因为它例证了常常发生的一种情形，即在遗传的疾病的精确性质中常常发生变化，虽然得这种疾病的还是同一器官。

同一家族的若干成员在四十岁的时候得了哮喘病（Asthma），而其他家族则在幼小时期得这种病。最不相同的疾病，例如狭心症（angina pectoris）、膀胱结石以及各种皮肤病，都在连续的世代中于差不多同一年龄出现。有一个人的小指由于未知的原因开始向内长，他的两个儿子的小指也在同一年龄以同样的方式开始向内弯曲。奇怪而不可解释的神经痛病约在生命的同一时期使双亲和孩子们受到了苦痛⑥。

我将再举其他两个有趣的例子，因为它们例证了疾病在同一年龄中的消失和出现。两个兄弟、他们的父亲、他们的叔父、七个叔伯兄弟以及他们的祖父，都同样地得了一种叫做糠粃疹（pityriassi versicclor）的皮肤病；"这种病严格限于这个家族的男性（虽然是通过女性向下遗传的），它通常在青春期出现，在四十岁或四十五岁左右即行消失"。第二个例子是，有四个兄弟，他们在十二岁左右的时候，几乎每一个人都要患严重的头痛，只有在暗室中横卧下来才能减轻痛苦。他们的父亲、叔父、祖父和叔祖都同样地患头痛，所有能活到五十四岁或五十五岁的人们都在这样的年龄停止头痛。这个家族的女性没有一人患过头痛。⑦

读了上述的记载以及许多有关在三代甚至更多代中同一家族的若干成员于同一年

---

① 塞治威克：《英国和外国外科医学评论》，4月，1861年，第485页。在某些报告中，儿子和孙子为三十七人；但根据塞治威克慷慨赠给我的《巴铁莫尔医学和生理学期刊》（1809）第一次发表的那篇文章来判断，这是错误的。

② 波洛斯浦尔·卢凯斯，《自然遗传论》，第一卷，第400页。

③ 塞治威克，同前书，7月，1861年，第202页。

④ 皮奥利，第109页；波洛斯浦尔，第二卷，第759页。

⑤ 波洛斯浦尔·卢凯斯，第二卷，第748页。

⑥ 波洛斯浦尔·卢凯斯，第三卷，第678，700，702页；塞治威克，同前书，4月，1863年，第449页；7月，1863年，第162页；斯坦因博士，《关于遗传的疾病的论文》，1843年，第27，34页。

⑦ 这些例子是由塞治威克先生根据司徒雷登（H. Stewart）博士的权威材料举出来的，见《外科医学评论》，4月，1863年，第449，477页。

龄发病的其他记载之后，就不可能怀疑疾病在生命的相应时期被遗传的强烈倾向；特别是当在稀有疾病的场合中不能把这种一致的情形归因于偶然时更加如此。当这种规律不适用时，子女的发病就往往比两亲为早；相反的例外则少见得多。卢凯斯博士[1]提到在比较早的时期发生遗传的疾病的若干例子。我已举出一个有关三代盲目的显著事例；鲍曼指出白内障（Cataract）也屡屡有这样的情形发生。关于癌，其遗传似乎特别容易较早。佩吉特爵士特别注意过这个问题，并且把大量的例子制成了表，他告我说，他相信在十个例子中有九个是，后代比前代发病早。他还说，"在同此相反的、即后代的成员比前代发病迟的例子中，我想将会发现其不发癌病的两亲曾经活到极大的年龄。所以未发病的亲代的长寿似乎有左右其后代的死期的力量；于是我们在遗传中显然得到了另一个复杂的要素。

那些阐明某些疾病的遗传时期有时甚至屡屡提早的事实对于一般的家系学说是重要的，因为它们确定了同样的事情大概也会在构造的普通变异中发生。一长系列这等提早的最后结果大概是胚和幼虫的固有性状的渐次消灭，这样，胚和幼虫同成熟的祖先类型的类似大概愈来愈密切。但是，各个个体如果有在过早的年龄丧失其固有性状的任何倾向，那么在这个生长阶段中的破坏将会使有益于胚和幼虫的任何构造得到保存。

最后，根据栽培植物和家养动物的无数的族（它们的种子或卵，它们的老者或幼者彼此之间都有差异，并且同亲种的种子或卵以及老者或幼者也有差异）——根据新性状出现于特别的时期并且此后遗传于同一时期的一些例子——以及根据我们所知道的有关疾病的情形，我们必须相信在生命的相应时期的遗传的伟大原理是真实的。

以前三章的提要　遗传的力量虽然是强的，但它并不妨碍新性状的不断出现。这等性状，不论是有利的或有害的——最不重要的如一朵花的色调、一绺带颜色的头发、或者仅仅是一种态度——或者最重要的如对于脑以及对于如此完善而复杂的一种器官、即眼睛的影响——或者具有如此重大的性质，以致值得叫做畸形的——或者如此特殊，以致在同一个自然纲中在正常情况下没有发生过的——常常在人类、低等动物以及植物中得到遗传。在无数的场合中，只要一亲具有某种特性，这种特性就足可以遗传下去。身体两侧的不相等，虽然同对称的法则相反对，也可以遗传下去。有充分的证据可以证明，毁损和横祸的效果有时可以遗传，当因毁损和横祸而引起疾病时就特别地或完全地更加如此。毫无疑问，亲代长期继续处于有害条件下所得到的恶劣结果有时可以遗传给其后代。正如我们在将来一章将要看到的那样，部分的使用和不使用以及精神习性的效果也是如此。周期的习性（periodical habits）同样也是可以遗传的，但像它所表现的那样，它的遗传力量一般是小的。

因此，我们就得把遗传看做是规律，把不遗传看做是变则。但是在我们看来，这种力量常常由于我们的无知而是反复无常地发生作用的，一种性状以不可解释的强和弱而被遗传下去。同一特性，例如树的垂枝性或丝羽等，可以稳定地遗传给或者完全不遗传给同群的不同成员、甚至同一物种的不同个体，虽然对于它们的处理是一样的。在后述这种场合中，我们知道，遗传的能力是一种性质，这种性质在其附着上完全是个别的。同单一性状一样，区别亚变种或族的若干并发的微小差异也是如此，因为在这等亚变种或族中有些几乎可以

---

① 《自然遗传论》，第二卷，第852页。

像物种那样地进行纯粹繁育,而其他却不能如此。同一规律对于以鳞茎、短匐枝等进行繁育的植物也可适用,在某种意义上它们依然形成了同一个体的一些部分;这样说是因为有些变种通过芽的繁殖远比其他变种能够纯粹地保持或遗传它们的性状。

有些原非亲种所固有的性状的确从极遥远的时代起就被遗传了,因而可以被看做是牢稳地固定下来了。但是长期的遗传就其本身来说是否给予了性状的固定性,还是一个疑问;虽然以下的情形显然是可能的:即长久被纯粹遗传的、即不变的任何性状只要在生活条件保持一致的情况下还可以纯粹地被遗传下去。我们知道,许多物种在它们的自然条件下生活时把同一性状保持了无限的岁月,当它们被家养之后便以极其多种多样的方式发生变异了——这就是说,停止遗传它们的原始形态了;所以没有任何性状看来是绝对固定的。有时我们可以用生活条件反对某些性状的发展来解释遗传的停止;并且像在以枝接或芽接进行栽培的植物中那样,我们更常用那些引起新的微小改变不断出现的一些条件来进行解释。在后述这种场合中,并不是遗传完全停止了,而是新性状继续地添加了。在双亲具有相似性状的某些少数场合中,遗传由于双亲的联合作用似乎得到了如此巨大的力量,以致这种力量被中和了,因而其结果就是新的改变。

在许多场合中,双亲停止遗传它们的外貌是由于品种在以前某一时期杂交了;因而子女便同外来血统的祖父母或者更远的祖先相似。在品种没有杂交过的、但某些旧性状通过变异已经消失的其他场合中,它有时通过返祖而重新出现,所以看来好像是双亲停止遗传它们自己的外貌了。然而在所有场合中,我们可以安全地作出这样的结论:子女从双亲那里遗传了所有自己的性状,在双亲中某些性状就像这一性所具有的那一性的次级性征那样,是潜伏的。如果一朵花或一个果实经过了长期连续的芽繁殖之后而分离成具有祖先类型双方的颜色或其他属性的不同部分,我们不能怀疑这等性状在初期的芽中是潜伏的,虽然我们在那时不能发觉它们,或者只能在非常混杂的状态下发觉它们。具有杂种血统的动物也是如此,它们随着年龄的增长有时表现了来自双亲之一的性状,而这等性状在双亲身上最初连一点痕迹也不能被觉察出来。同博物学者们所谓的该群的典型类型相似的某些畸形显然可以纳入同样的返祖法则之下。有一个的确可惊的事实:雌雄的性要素,芽、甚至充分成长的动物,就像用隐显墨水写的字那样,在杂种的场合中把性状保持数代,在纯系的场合中保持数千代之久,而这些性状无论何时如果处于一定的条件下即可发展起来。

这些条件精确地说来是什么,我们还不知道。但是任何干扰体制或体质的原因似乎就足够了。杂交肯定引起了一种强烈的倾向,即重现长久消失的肉体的或精神的性状。关于植物,在长久栽培之后进行杂交因而它们的体质由于这种原因以及杂交而受到干扰的物种所具有的这种倾向,远比一向在自然条件下生活的并且在那时进行杂交的物种强烈得多。家养动物和栽培植物返归到野生状态的情形也是对返祖说的支持;但是在这等环境条件下的这种倾向曾被大大地夸张了。

当同科的多少有些差异的个体进行杂交时,以及当族或物种进行杂交时,一方正遗传它的性状上常比另一方占优势。一个族可能拥有强烈的遗传力量,但当杂交时。却像我们在喇叭鸽中看到的情形那样,把优势让位给所有其他的族。遗传优势在同一物种的雌雄两性中可能是相等的,但某一性常比另一性表现得更加强烈。遗传优势在决定一个族由于同另一个族反复进行杂交而被改变或者完全被吸收的程度方面起着重要的作用。我们很难说出致使一个族或物种比另一个族或物种占优势的是什么;但它有时取决于同一性状在一亲中是显现的、而在另一亲中是潜在的。

性状最初可能在任何一性中出现,但在雄性中比在雌性中更加常常出现,并且此后遗传给同性的后代。在这种场合中,我们感到可以确信的是,问题中的特性在相反的一性中虽然是潜伏的,但确实是存在的! 因此,父亲可以通过他的女儿把任何性状遗传给孙子;相反地,母亲可以通过她的儿子把任何性状遗传给孙女。这样,我们知道了一个重要的事实:遗传和发育是两种不同的力量。有时这两种力量似乎是对抗的,即不能在同一个个体中结合起来;因为曾经记载下来的几个例子指出,儿子并不是直接从他的父亲那里承继了某一种性状,也不是把这种性状又遗传给他的儿子,而是通过他的没有表现这种性状的母亲把它承继下来,并且通过他的没有表现这种性状的女儿把它遗传下去。由于遗传受到了性的限制,我们知道次级性征是怎样在自然状况下发生的;它们的保存和积累取决于它们对于任何一性的用处。

无论在生命的哪一时期中最初出现的一种新性状,直至到达相应的年龄之前,一般在后代中都是潜伏的,此后便发育起来了。当这条规律不适用时,子代一般比亲代在较早的时期呈现这种性状。根据在相应时期的遗传这个原理,我们便能理解大多数动物为什么从胚胎到成熟显示了如此不可思议的一连串的性状。

最后,关于"遗传"虽然还有很多暧昧不明之处,但我们可以把以下的法则看做已经相当充分地得到了证实。第一,每一种性状,无论新的或旧的,都有一种借着种子生殖或芽生殖而被遗传下去的倾向,虽然这种倾向常常由于各种已知的和未知的原因而受到阻碍。返祖取决于作为两种不同力量的遗传和发育;它通过种子生殖和芽生殖以各种不同的程度和方式发生作用。第二,遗传的优势,可能局限于一性,也可能为两性所共有。第三,当遗传受到性的限制的时候,最初呈现某种性状的那一性一般会承继有这种性状;在许多、可能在大多数场合中,这种情形取决于新性状的最初出现是在相当晚的生命时期。第四,遗传如果是在生命的相应时期,那么遗传的性状就有较早发育的倾向。就像"遗传"法则在家养下所显示的那样,我们在这等法则中看到了通过变异性和自然选择为新的物种类型的产生所作的充分准备。

第十五章

论 杂 交

· *On Crossing* ·

自由杂交消除了近似品种之间的差异——当两个混合品种的个体数量不等时，一个吸收了另一个——遗传优势、生活条件以及自然选择决定着吸收的比率——所有生物的偶然相互杂交；明显的例外——关于不能融合的某些性状；主要的或者完全的是关于那些在个体中曾经突然出现的性状——关于旧族因杂交而改变、新族因杂交而形成——有些杂交族从最初产生超就纯粹地繁育——关于同家养族的形成有关的不同物种的杂交。

CAROLI LINNAEI

EQVITIS DE STELLA POLARI,

ARCHIATRI REGII, MED. ET BOTAN. PROFESS. VPS

ACAD. VPSAL. HOLMENS. PETROPOL. BEROL. IMPE

LOND. MONSPEL. TOLOS. FLORENT. SOC.

SYSTEMA
NATVRAE

PER

REGNA TRIA NATVRAE

SECVNDVM

CLASSES, ORDINES,
GENERA, SPECIES,

CVM

CHARACTERIBVS, DIFFERENTIIS, SYNONYMIS, LO

TOMVS I.

PRAEFATVS EST

IOANNES IOACHIMVS LANGIV

MATH. PROF. PVBL. ORD. HALENS. ACAD. IMP. ET BORVSS. COLL

Numeros et Nomina

Gründler inv. et sc. Hala

AD EDITIONEM DECIMAM REFORMATAM HOLMI

HALAE MAGDEBVRGICAE

TYPIS ET SVMTIBVS IO. IAC. CVRT

在以前两章,当讨论返祖和优势的时候,我必然被引导举出许多有关杂交的事实。在这一章,我将对杂交在相反两个方面所发生的作用加以考察——第一,在消灭性状因而阻止新族的形成方面;第二,在旧族由于性状的结合而发生改变或新族和中间族由于性状的结合而被形成方面。我还要阐明不能融合的某些性状。

同一变种或密切近似变种的成员之间的自由的或无管制的繁育结果是重要的;但是这等结果是如此一目了然;所以无须详加讨论。无论在自然状况下或者在家养状况下,当同一物种或变种混杂地生活在一起并且没有暴露在任何诱起过量的变异性的原因之中时,正是自由杂交主要地把一致性给予了这等个体。防止自由杂交以及有意识地使个体动物进行杂交,就是育种技术的基础。除非把他的动物加以分离,任何一个有理性的人大概都不会期望以任何特殊的方式来改进或改变一个品种的,也不会期望把一个旧品种纯粹地和不混杂地保持下来的。在每一代把劣等动物杀掉,其结果同把它们分离开是一回事。在野蛮的和半开化的地区,如果那里的居民没有把动物分离开的方法,很少或者从来不会有比同一物种的单一变种更多的变种。以前甚至在美国也没有明显区别的绵羊族,因为所有都混合在一起了①。著名的农学家马歇尔②说道,"养在栅栏内的绵羊以及在开阔地方放牧的各个羊群的个体如果没有性状的一致性,一般都有性状的相似性";因为它们自由地在一起交配繁育,并且防止它们同其他种类杂交;然而在英国的未被圈起的地方,非放牧的绵羊,即便是同一群的,也远远不是纯粹的或一致的,因为各个不同品种混合在一起而且杂交了。我们已经看到若干处英国园圃的半野生牛,在各个园圃中它们的性状几乎都是一致的;但在不同的园圃中,由于没有在许多世代中混合起来并且进行过杂交,它们便有某种微小程度的差异。

我们不能怀疑鸽的变种和亚变种的异常多的数量(总数至少有一百五十)部分地是由于它们一度交配之后即行终身为配偶,这一点是同其他家禽有所不同的。另一方面,输入到英国的猫的品种很快就消失了,这是因为它们的夜间漫游习性使得它们几乎不可能避免自由杂交。伦格③举出一个有关巴拉圭猫的有趣例子:在这个王国的各个远隔的地方,显然由于气候的作用,猫都呈现有一种特殊的性状,但在首都附近,像他所主张的那样,由于本地猫同欧洲输入的猫屡屡杂交,这种变化已经受到了阻止。在像上述那样的所有场合中,一次偶然杂交的作用将会由于杂种后代的活力和能育性的增强而被扩大,关于这一事实的证据将在以后提出;其所以如此,是因为这将会导致杂种比纯粹的亲品种增加得更加迅速。

当不同的品种被允许自由杂交时,其结果将是一个异质体(heterogeneous body);例如,巴拉圭的狗绝不是一致的,并且再也不能加入它们的亲族之中了④。动物的一种杂交

◀ 林奈的著作 *Systema Naturae*(1735 年第一版)的扉页。该书的论据常常被达尔文引用。

① 《给农业部的信》(*Communications to the Board of Agriculture*),第一卷,第 367 页。
② 《英格兰北部报告的评论》(*Review of Reports*,*North of England*),1808 年,第 200 页。
③ 《巴拉圭的哺乳动物》(*Säugethiere von Paraguay*),1830 年,第 212 页。
④ 伦格:《哺乳动物》,第 154 页。

体终将呈现的那种性状取决于以下几种偶然事情——即取决于那些属于被允许混合的两个或两个以上的族的个体的相对数量；取决于一个族在传递性状上比另一个族所占的优势；并且取决于它们所处在的生活条件。当两个进行混合的品种最初以接近相等的数量存在时，全体迟早都会密切地混合在一起，但不会很快，这是因为两个品种正如可以预料到的那样，在所有方面都同等地得到了有利的条件。以下的计算[①]阐明了事实确系如此：如果建立了这样一块殖民地，住有同等数量的黑人和白人，并且我们假定他们彼此通婚，生育力是同等的，每年在三十人中有一人死亡、一人降生；于是"到了六十五年，黑人、白人和混血儿的数量大概会成为同等的。到了九十一年白人将占全体数量的十分之一，黑人占十分之一，混血儿，即具有中间肤色的人占十分之八。到了三百年白人将不足百分之一"。

当两个进行混合的族之一在数量上大大地超过另一个族时，数量比较少的族很快就会全部地或者几乎全部地被吸收或消失掉[②]。例如，欧洲的猪和狗曾被大量地引进到太平洋的一些岛屿上，土著的族在五六十年左右的期间就被吸收而消失了[③]；不过引进的族无疑是得到了有利的条件的。鼠可以被看做是半家养的动物。有些亚历山大鼠(*Mus alexandrinus*)在"伦敦动物园"里逃跑出来了，此后在很长期间里看园人不断地捉到杂种鼠，最初是半杂种，以后亚历山大鼠的性状就逐渐减少，最后它的性状终于完全消失了[④]。另一方面，在伦敦的一些地方，特别是在新的鼠屡屡被输入的船坞附近，可以找到褐鼠、黑鼠和亚历山大鼠之间的无数中间变种，而这三种鼠通常是被分类为不同的物种的。

由于反复不断的杂交，一个物种或族需要多少代才能把另一个物种或族吸收掉，对此已经常常有所讨论[⑤]；所需要的代数恐怕大大地被夸张了。有些作者曾主张需要十二代、二十代或者甚至更多的代；但实质上这是不可能的，因为在第十代，其后代大概只有外来血液的 1024 分之 1。该特纳发现[⑥]，关于植物，一个物种在三至五代就能把另一个吸收掉，并且他相信在六至七代总能完成这一点。然而，开洛依德[⑦]在一个事例中谈到，紫茉莉(*Mirabilis vulgaris*)同长花紫茉莉(*Mirabilis longiflora*)在连续的八代中进行了杂交，因为紫茉莉的后代如此密切类似后一物种，以致最谨慎的观察者才能看出"它们是有相当显著差异的"，或者像他所说的那样，他成功地"使它们完成了接近完全的变化"。但是这种说法阐明吸收作用在那时甚至还没有完成，虽然这些杂种植物只含有紫茉莉的256 分之 1。像该特纳和开洛依德那样正确的观察者们所做出的结论，其价值是远远大于那些育种者们在没有科学目的的情况下所做出的结论的。我所遇到的最精确记载是

---

① 怀特：《人类的有规律的级进》(*Regular Gradation in Man*)，第 146 页。

② 爱德华博士，《人种的生理性状》(*Caractères Physiolog. des Races Humaines*)，他在第 24 页首先唤起了对于这个问题的注意，并且进行了巧妙的讨论。

③ 泰尔曼(D. Tierman)和本内特，《航海志》(*Journal of Voyages*)，1821—1829 年，第一卷，第 300 页。

④ 沙尔特先生：《林奈学会学报》，第六卷，1862 年，第 71 页。

⑤ 斯特姆：《关于族……》，1825 年，第 107 页。勃龙，《自然史》，第二卷，第 170 页，举出一个连续杂交后的血统比例表。卢凯斯博士，《自然遗传论》，第二卷，第 308 页。

⑥ 《杂种的形成》，第 463，470 页。

⑦ 《圣彼得堡新报》(*Nova Acta at. Petersburg*)，1794 年，第 393 页，再参阅前书。

由司顿亨①作出的,并且有照像作为说明。汉雷(Hanley)先生使一只母灵缇同一只斗狗而进行杂交;其后代在连续的各代中又同第一流的灵缇进行杂交。正如司顿亨所说的,自然可以这样设想,要想把斗狗的笨重的形态消除掉,大概要进行几次杂交的;但是斗狗的第三代女儿"歇斯特里"(Hysterics)在外部形态上一点也没有表现出这个品种的痕迹。然而她以及和她同胎的狗"虽然跑得快速而且伶俐,但显著缺少强壮性"。我相信伶俐是指旋转的技能而言的。"歇斯特里"同"狂人"之子进行了交配,"但我相信第五次的杂交结果还不如第四次的杂交结果令人满意"。另一方面,关于绵羊,弗列希曼②指出单单一次杂交的作用就可能多么持久;他说,"原来的粗毛绵羊(德国的)一方英寸有 5500 根毛纤维,同美利奴羊杂交过三次或四次之后可以产生 8000 根左右,杂交二十次之后可以产生 27000 根,完全纯粹血统的美利奴羊可以产生 40000 至 48000 根"。所以普通德国绵羊同美利奴羊连续杂交二十次之后还决不能得到像纯系那样纤细的毛。但在所有场合中,吸收的程度将大部取决于对任何特殊性状是否有利的生活条件;我们可以臆测在德国的气候下,除非用细心的选择来进行防止,美利奴羊的毛大概会有不断退化的倾向的;上述显著的例子或者可以这样得到解释。吸收的程度一定还取决于两个杂交类型之间的可区别的差异量,并且像该特纳所主张的,特别取决于一个类型超过另一个类型的遗传优势。我们在前一章已经看到,当两个法国绵羊品种同美利奴羊杂交时,其中之一在传递它的性状上远比另一个品种慢得多;弗列希曼提到的普通德国绵羊在这一点上可能是相似的。在所有场合中,在许多继起的世代中或多或少地都会有返祖的倾向,而且正是这个事实大概引导了一些作家们主张一个族吸收另一个族需要二十代或更多的代才成。当考察两个或更多品种的混合的最后结果时,我们必须不要忘记,杂交的作用在本质上有把并非直系亲本类型所固有的长久亡失的性状招致回来的倾向。

关于对任何两个被允许自由杂交的品种所发生的生活条件的影响,除非它们都是固有的并且已经长期地习惯于它们的生活地方,它们多半都要不等地受到生活条件的影响,而且这将会改变其结果。甚至固有的品种,也很少或者从来没有发生过这样的情形,即两个品种同等地善于适应周围的环境条件;特别是当允许自由漫游而没有受到细心的照管时更加如此,被允许杂交的品种一般都是如此。其结果是,自然选择将会在某种程度上发生作用,最适者将会生存下去,并且这对于决定混合体的最后性状将有所帮助。

在动物的这样一种杂交体于有限制的区域内呈现一种一致性状之前大概需要多久时间,谁也说不出来;我们感到可以确信的是,它们由于自由的相互杂交并且由于最适者的生存最终会变得一致;但是,正如从上述考察可以推论出来的那样,这样获得的性状大概很少是或者从来不会是介于两个亲品种的性状之间的。关于同一亚变种或者甚至近似变种的个体所赖以作为特征的很微小的差异,自由杂交显然可以很快地把这等小差别消除掉。同选择无关的新变种的形成大概也会这样受到阻止;除非同样的变异由于某种强烈容易发生的原因的作用而不断地再现。所以我们可以作出这样的结论:自由杂交在

---

① 《狗》,1867 年,第 179—184 页。

② 麦克奈克(C. H. Macknight)和梅登(H. Madden)博士,《育种的正确原理》(*True Principles of Breeding*),1865 年,第 11 页引用。

所有场合中对于把性状的一致性给予同一家养族以及同一自然物种的一切成员，都起了重要的作用，虽然这大部分是受自然选择和周围条件的直接作用所支配的。

　　关于所有生物偶然相互杂交的可能性　　但是，可以这样问：雌雄同体的动物和植物能发生自由杂交吗？所有高等动物以及已被家养的少数昆虫都是雌雄分体的，因而每生育一次不可避免地要结合一次。有关雌雄同体的动物和植物的杂交，对于现在这部书来说是一个太大的问题，不过我在《物种起源》中已经简单扼要地把我相信以下情形的理由举出来了，即所有生物都偶然杂交，虽然在某些场合中这只是在长的间隔期间内发生的[1]。我只把以下的事实再说一遍：许多植物在构造上虽然是雌雄同体的，但在机能上则是单性的；例如被斯普兰格尔（C. K. Sprengel）叫做雌雄蕊异熟的那些植物，它们的同一朵花的花粉和柱头是在不同时期成熟的；又如被我叫做相互二形的那些植物，它们的花粉不适于叫它们自己的柱头受精；还有许多种类，它们生有奇妙的机械装置，可以有效地防止自花受精。然而有许多雌雄同体的植物，尽管它们没有任何适于杂交的特别构造，但它们几乎像雌雄分体的动物那样自由地进行杂交。甘蓝、萝卜和洋葱都是这样的，我是根据对于它们的试验才知道这种情形的；甚至力究立业的农民也说，必须防止甘兰彼此"陷入恋爱"之中。在柑橘类中，加列肖[2]指出各个种类的改良受到了它们不断的并且几乎定期的杂交的抑制。关于其他无数的植物也是如此。

　　另一方面，有些栽培植物很少或者从不杂交，例如普通豌豆和紫色甜山豌豆（*Lathyrus odoratùs*）就是如此，然而它们的花肯定是适于异花受精的。番茄、茄（*Solanum*）以及野生丁子（*Pimenta vulgaris*?）据说[3]从不杂交，甚至彼此靠弄生长时也是如此。但是应当注意到，所有它们都是外国的植物，而且我们不知道当它们在原产地受到适当的昆虫访问时会有怎样的表现。关于普通豌豆，我曾确定它们在英国由于早期受精（premature fertilization）很少进行杂交。然而有些植物，例如蜂兰（*Ophrys apifera*）以及少数的其他兰科植物，在自然状况下似乎永远是自花受精的；然而这等植物对于异花受精表现了最明显的适合性。再者，某些少数植物据信只产生关闭的花，叫做闭花受精（cleistogene），它们不可能进行杂交。很久以来都认为鞘糠草（*Leersia oryzoides*）[4]是这样的，但是现在知道这种草偶尔产生结子的具备花（perfect flowers）。

　　某些植物，无论是土著的和顺化的，虽然很少或者从来不产生花，或者它们如果产生花却不结子，但没有一个人怀疑显花植物是适于产生花的，而且它们的花是适于结子的。当它们不是这样的时候，我们相信这等植物处于不同的条件下将会实行它们的固有机能，或者相信它们以前曾如此，将来还会如此的。根据相似的论据，我相信上述那种特殊场合中的现在并不杂交的花，将会在不同的条件下偶尔进行杂交，或者它们以前曾如此——影响这种情形的途径一般还是保留着的——在某一未来的期间内还会再杂交，除非它们真的灭绝了。只有根据这种观点，雌雄同体的植物和动物的生殖器官的构造及其

---

　　① 关于植物，喜尔特勃兰就这个问题发表了一篇可称赞的论文（《植物的分类》，1867 年），他所得出的一般结论同我的结论是一样的。此后关于同一问题发表了其他种种论文，特别是赫尔曼·缪勒和道尔皮诺（Delpino）的论文。

　　② 《植物的繁育理论》，1816 年，第 12 页。

　　③ 沃尔洛特：《变种》，1865 年，第 72 页。

　　④ 丢瓦尔·周维（Duval Jouve），《法国植物学会会报》（*Bull. Soc. Bot. de France*），第十卷，1863 年，第 194 页。

作用的许多问题才是可以理解的——例如这样的事实：雄性器官和雌性器官决不会关闭得那样完全以致使得它们同外面接近都不可能。因此我们可以作出这样的结论：把一致性给予同一物种的诸个体的所有手段中的最重要手段，即偶然相互杂交的能力，对于所有生物来说都是存在的，或者以前曾经存在过，也许某些最低等的生物是例外。

关于某些不混合的性状　当两个品种杂交时，它们的性状通常会密切地融合在一起；不过有些性状则拒绝混合，从双亲或一亲以不变的状态遗传下去。当灰色小鼠（mice）同白色小鼠交配时，生下来的仔鼠是黑白斑的，或是纯白的，要不就是纯灰的，但没有中间色的；当白色雄鸠同普通毛领雄鸠交配时，也是如此。在进行斗鸡的育种时，一位伟大的权威者道格拉斯（J. Douglas）先生说道，"我不妨在这里叙述一个奇怪的事实：假如你用一只黑色斗鸡同一只白色斗鸡杂交，你得到的是具有明显颜色的两个品种的鸡"。赫朗爵士多年以来使白色的、黑色的、褐色的以及淡黄色的安哥拉兔进行了杂交，在同一动物中这几种颜色从来没有一次混合过，但在同一胎中常常出现所有这四种颜色[①]。从这样的例子——双亲的颜色完全分别地遗传给后代——开始，我们有所有种类的级进，一直到完全融合为止。兹举一例：一位皮肤白色、头发浅色、但眼睛黑色的先生同一位头发和皮肤都是深色的女士结了婚；他们的三个孩子的头发颜色都是很浅的，但经过仔细的检查，发现在这三个人的浅色头发中间散在着十二根左右的黑色头发。

当短腿的曲膝狗和安康羊各自同普通品种杂交时，其后代并不具有中间的构造，而是同任何一亲相似。当无尾和无角的动物同有尾和有角的动物杂交时，屡屡发生的是其后代或者具有完全形态的尾和角，或者完全缺如，但这绝不是一成不变的。按照伦格的材料，巴拉圭狗的无毛状态或者完全地遗传给或者完全不遗传给其杂种后代；不过关于这个系统的狗，我看到过一个局部的例外：它的皮肤上一部分有毛，一部分无毛，这两部分就像在黑白斑动物中那样明显地分开。当具有五趾的道根鸡同其他品种杂交时，雏鸡常常在一只脚上生有五趾，在另一只脚上生有四趾。赫朗爵士从单蹄猪和普通猪育成的一些杂种猪，其四脚完全不介于中间状态，但是两只脚的蹄是正当地分开的，两只脚的蹄是合在一起的。

关于植物，也曾看到过相似的事实：垂威尔·克拉克少校用大型、红花、粗糙叶的二年生紫罗兰（法国人称之为 cocardeau）的花粉使小型、光滑叶的一年生紫罗兰受精，其结果是，一半实生苗的叶子是光滑的，另一半实生苗的叶子是粗糙的，但没有一片叶子是介于中间状态的。光滑叶实生苗的高大而强壮的生长习性阐明了它们是粗糙叶变种的产物，而不是偶然地由于母本的花粉而产生出来的[②]。从粗糙叶杂种实生苗培育出来的连续世代，其中出现了一些光滑叶植株，这阐明了光滑这种性状虽然不能同粗糙叶混合起

[①]　雅列尔给我的有关赫朗爵士的一封信的摘要，1838年。关于鼹鼠，参阅《博物学会年报》，第一卷，第180页；我还听说过其他相似的例子。关于雄鸠，参阅色依塔和考尔比的《鸽》，第238页。关于斗鸡，参阅《家鸡之书》，1866年，第128页。关于无尾鸡的杂交，参阅贝西斯坦的《德国的博物学》，第三卷，第403页。勃龙，《自然史》，第二卷，第170页，关于马举出了一些近似的事实。关于杂种南美狗的无毛状态，参阅伦格的《巴拉圭的哺乳动物》，第152页；不过我在"动物园"中看见过从同样杂交中产生出来的杂种，它们是无毛的，但有一块一块的毛——这就是说，具有毛斑。关于道根鸡和其他鸡的杂交，参阅《家禽记录》，第二卷，第355页。关于杂种猪，参阅赫朗爵士给雅列尔先生的一封信的摘要。关于其他例子，参阅卢凯斯的《自然遗传论》，第一卷，第212页。

[②]　《伦敦国际园艺学和植物学会议》（*Internat. Hort. and Bot. Congress of London*），1866年。

来并使粗糙叶改变,却永远是潜伏在这个植物的系统之中的。以前曾经谈到的我从反常整齐花的金鱼草同普通金鱼草的相互杂交中育成的无数植物提供了一个近乎相似的例子;因为在一代中所有植株都同普通类型相类似,在第二代的 137 个植株中,只有两株介于中间状态,其余不是同反常整齐花类型完全相似就是同普通类型完全相似。垂威尔·克拉克少校还用紫花皇后紫罗兰的花粉使上述红花紫罗兰受精,约有一半的实生苗在习性上简直同母本没有区别,并且在花的红色上完全没有区别,另一半实生苗开的花是浓紫色的,同父本的花密切相似。该特纳使毛蕊花属的许多白花物种同黄花物种以及变种杂交过;这些颜色从来没有混合过,但其后代开的花不是纯白的就是纯黄的,纯白色的花占的比例较大[①]。赫伯特博士告诉我说,他从芜菁甘蓝(Swedish turnips)同其他两个变种的杂交中育成了许多实生苗,这些实生苗从来不开中间色调的花,而是永远同双亲之一的花色相似。紫色甜山豌豆具有暗红紫色的旗瓣以及紫罗兰色的翼瓣和龙骨瓣,蝴蝶甜豌豆具有浅樱桃色的旗瓣以及几乎白色的翼瓣和龙骨瓣,我曾用后者的花粉使前者受精;有两次我从同一个荚育成的植物完全同两个种类相似;同父本相似的占大部分。它们是如此酷似,要不是最初同父本变种——即蝴蝶甜豌豆——完全一样的植株,像前章所提到的那样,在后一季产生了暗紫点斑和暗紫条斑的花,我会认为其中是有错误的。我从这等杂种植株培育出第二代以及第三代,它们还继续同蝴蝶甜豌豆相似,但在以后的世代中紫色斑点变得更多一些,然而却没有完全返归原始的母本紫色甜山豌豆。下述的例子虽稍有不同,但阐明了同一原理:诺丹[②]从黄花柳穿鱼(Linaria vulgaris)和紫花柳穿鱼(Linaria purpurea)育成了无数杂种,在连续的三代中,同一朵花的不同部分保持了不同的颜色。

从上述那样的例子——第一代完全同任何一亲相似,我们跨进一小步便达到这样的一些例子:在同一个根上生长的不同颜色的花同双亲相似,我们再跨进一步又达到另外的一些例子:同一朵花或一个果实具有两个亲本颜色的条纹或点斑,或者仅具有一个亲类型颜色的条纹或它的其他特有品质。关于物种间杂种和变种间杂种,屡屡地甚至一般地发生的是,其体部的一部分或多或少地同一亲相似,而另一部分同其他一亲相似;这里对于融合的某种抗拒,或者用另外一种说法,即同一性质的有机原子之间的某种相互亲和力,显然又起着作用,因为如果不是这样,体部的一切部分大概会同等地具有中间性状的。还有,当几乎具有中间性状的物种间杂种或变种间杂种的后代全部地或者部分地返祖时,相似原子的亲和或者不相似原子的排斥这一原理一定发生作用。关于这一似乎极其一般的原理,还要在讨论泛生说的那一章中再行谈及。

像小圣伊莱尔对于动物所强烈主张的那样,当物种杂交时,性状不融合而被遗传下去的情形显著是很少发生的;我所知道的只有一个例子,即关于普通鸦和黑头鸦(hooded crow)之间在自然状况下产生出来的杂种,它们虽然是密切近似的物种,但除了颜色之外,别无差异。甚至当受到人工选择而被缓慢形成的因之在某种程度上同自然物种相似

[①] 《杂种的形成》,第 307 页。但是开洛依德(《第三续编》,第 34,39 页)从毛蕊花属的同样杂交中得到了中间的色调。关于芜菁,参阅赫伯特的《石蒜科》,1837 年,第 370 页。

[②] 《博物馆新报》,第一卷,第 100 页。

的两个族杂交、一个类型比另一个类型强烈地占有优势时，我也没有遇到过任何这种十分确定的遗传例子。像同胎仔狗密切类似两个不同品种的那样例子大概是由于复妊（Superfetatioo）——这就是说，由于两个父亲的影响。所有上述以完善状态遗传给某些后代而不遗传给其他后代的性状——例如不同的颜色、无毛的皮肤、平滑的叶、无角或无尾、多余的趾、反常整齐花、矮生构造等等——据知都是在个体动物和个体植物中突然出现的。根据这个事实，并且根据不适于这种特殊遗传形式的、区别家养族和物种的若干微小的集团差异，我们可以作出这样的结论：这同问题中的一些性状的突然出现有某种关联。

关于旧族因杂交而改变和新族由杂交而形成　迄今为止，我们所考察的主要是杂交对于性状一致性的影响，现在我们必须看一看相反的结果。无可怀疑，杂交在若干代严格选择的帮助之下，对于改变旧族和形成新族曾经是一个有效的途径。奥尔福特勋爵曾使他的著名的种狗灵缇同斗牛犬杂交过一次，为的是使前者得到勇敢和坚忍。我听福克斯牧师说，某些向导狗曾同狐缇杂交过，为的是使前者得到冲力和速力。道根鸡的某些品系混合有少量的斗鸡血液；我知道有一位伟大的养鸽者，为了获得喙的较大宽度，他曾使他的浮羽鸽同排字鸽杂交过一次。

在上述场合中，为了改变某种特殊性状，品种只杂交了一次；但是关于大部分现在纯粹繁育的猪的改良族，却进行过反复的杂交——例如，埃塞克斯改良猪的优秀性是靠着同那不勒斯猪的反复杂交而来的，其中恐怕还有某种程度的中国猪的血液的融合[①]。关于我们的英国绵羊也是如此：除了南邱羊以外，几乎所有的族都曾大事杂交过；"其实这就是我们的主要品种的历史"[②]。兹举一例，牛津郡·丹兹羊（Oxfordshire Downs）现在被列为一个确定的品种[③]。它们是在 1830 年左右用"母罕布郡羊，在某些场合中用母南邱羊同公科次沃尔羊"进行杂交而产生出来的：现在公罕布郡羊本身是由土著的罕布郡羊同南邱羊之间的反复杂交而产生出来的；长毛的科次沃尔羊是由于同莱斯特羊进行杂交而被改进的，人们相信莱斯特羊又是从几种长毛绵羊之间的杂交而产生出来的。斯普纳先生在考察了仔细记载下来的种种例子之后，作出了如下的结论，"从杂种动物的合宜的交配中去创立一个新品种是可以行得通的"。在大陆上，牛以及其他动物的若干杂交族的历史已被很好地确定下来了。兹举一例：符腾堡王（King of Wurtemberg）经过了二十五年仔细的育种工作之后，即经过了六七代之后，从一个荷兰品种和瑞士品种的杂交，并同其他品种相结合，育成了一个牛的新品种[④]。塞勃来特·班塔姆鸡同任何其他种类的鸡一样纯粹地进行繁育，它是约在六十年以前从复杂的杂交中育成的[⑤]。有些养鸡者相信暗色勃拉玛鸡构成了一个不同的物种，毫无疑问，它是在美国于最近期间从契他冈

---

①　里卡逊：《猪》，1847 年，第 37，42 页；西得内出版的《尤亚特论猪》，1860 年，第 3 页。

②　参阅斯普纳先生的关于杂交育种的优秀论文，《皇家农学会学报》，第二十卷，第二部；再参阅同等好的一篇论文，何华德（Ch. Hovvard）先生著，见《艺园者记录》，1860 年，第 320 页。

③　《艺园者记录》，1857 年，第 649，652 页。

④　《驯化学会会报》，1862 年，第九卷，第 463 页。关于其他例子，参阅摩尔和加约的《论牛》，1860 年，第 32 页。

⑤　《家禽记录》，第二卷，1854 年，第 36 页。

鸡和交趾鸡的杂交中而被育成的①。关于植物,芜菁甘蓝几乎无可怀疑的是从杂交中育成的;根据权威的材料曾经记载过一个小麦变种的历史,它是从两个不同变种育成的,经过六年的栽培之后,呈现了均一的标准品质②。

　　直到最近,慎重而有经验的育种者们虽然并不反对外来血统的单一混合,却几乎普遍相信试图创立一个介于两个大不相同的族之间的新族是没有希望的:"他们固执地迷信血统纯粹性的理论,认为它是诺亚的方舟*,只有在这条船上才可以找到真正的安全。"③这种信念并非是不可理解的:当两个不同的族杂交时,第一代的性状一般几乎是一致的;即使是这种情形有时也不如此,特别是杂种狗和杂种鸡更是这样,它们的仔狗和雏鸡从最初起有时就是变化多端的。因为杂种动物一般都是体大而强健的,所以大量地养育它们作为直接消费之用。但对于育种,它们被发现是完全无用的;因为它们的性状虽然是一致的,但它们在许多世代中产生出来的后代却是非常变化多端的。育种者绝望了,并且断言他将永远不会育成一个中间族。不过根据已经举出来的例子,并且根据曾经记载下来的其他例子,似乎唯一需要的是耐心;因为斯普纳先生说,"自然对于成功的混合并没有设下障碍;在长年累月中,借着选择和仔细淘汰的帮助,创立一个新品种是有实际可能性的"。经过六七代之后,在大多数场合中都可以得到所希冀的结果,即便在那时也可以预料到偶然返祖或不能保纯的情形还会发生。然而,生活条件如果对于任何一亲的性状决定性地不适宜,那么这种努力肯定将是白费的④。

　　杂种动物的第二代以及此后的世代虽然一般是极度容易变化的,但对于杂交族和杂交种来说,已经观察到一些引人注意的例外。例如包依塔和考尔比⑤断言,从突胸鸽和侏儒鸽的杂交中"可以出现卡威利尔(Cavalier)鸽,我们已经把它列入鸽的纯粹族之中,因为它把它的所有性质都传给了它的后代"。《家禽记录》的编者⑥从一只黑色公西班牙鸡和母马来鸡育成了一些浅蓝色的鸡;并且它们"一代又一代"地纯粹地保持了这种颜色。兔的喜马拉雅品种肯定是从银灰兔的两个亚变种的杂交而形成的;虽然它突然呈现了现在这样的同任何一亲都大不相同的性状,但自此以后它是容易地而且纯粹地被繁殖下来了。我使腊布拉多鸭同企鹅鸭杂交过,并且使它们的杂种同企鹅鸭再进行杂交;在以后三代中育成的大多数鸭子在性状上都是接近一致的,呈褐色,胸的下部具有一个新月形的白斑,喙的基部具有一些白点;所以借着一点选择的帮助,一个新品种可能是容易形成的。关于植物的杂交变种,比东先生说⑦,"梅维尔(Melville)在苏格兰羽衣甘蓝和早熟甘蓝之间所得到的杂种,其纯粹和真实同记载中的任何杂种都是一样的;不过在这个场合

---

　　① 《家鸡之书》,推葛梅尔著,1866 年,第 58 页。

　　② 《艺园者记录》,1852 年,第 765 页。

　　* 传说世界大洪水时诺亚所乘的大船。——译者注

　　③ 斯普纳,《皇家农学会学报》,第二十卷,第二部。

　　④ 参阅考林的《家养动物比较生理学》(*Traité de Phys. Comp. des Animaux Domestiques*),第二卷,第 536 页,在那里对于这个问题做了充分的讨论。

　　⑤ 《鸽》,第 37 页。

　　⑥ 第一卷,1854 年,第 101 页。

　　⑦ 《家庭艺园者》,1856 年,第 110 页。

中无疑进行过选择。该特纳①曾举出过五个有关杂种的例子,它们的后代都是保持不变的;阿迈利亚石竹（*Dianthus armeria*）和少女石竹（*deltoides*）之间的杂种保持纯粹和一致竟达到第十代。赫伯特博士也曾告诉过我有一个刺莲花属的两个物种之间的杂种,它从最初育成起,在若干代中都保持不变。

我们在第一章里已经看到几个种类的狗几乎肯定是从一个以上的物种传下来的,牛、猪以及一些其他家养动物也是如此。因此,在现今的族的形成上,原始不同的物种的杂交大概在初期就发生作用了。根据卢特梅耶的观察,牛也发生过这种情形;不过在大多数场合中,一个类型大概会吸收和消灭另一个类型,因为半开化人恐怕不可能苦心孤诣地借着选择去改变他们的混合的、杂交的和彷徨不定的家畜。尽管如此,那些最善于适应生活条件的动物大概通过自然选择而生存下来了;通过这种途径,杂交在原始家养品种的形成上可能常常起了间接帮助的作用。在近代,专就动物来说,不同物种的杂交对于族的形成或改变,并没有超过多大作用,或者没有起过作用。现在还不知道最近在法国进行杂交的几个蚕的物种会不会产生永久的族。关于能够用芽和插条来繁殖的植物,杂交工作已经创造了奇迹,例如对于许多种类的蔷薇、杜鹃、天竺葵、荷包花以及撞羽朝颜,就是如此。几乎所有这等植物都能用种子来繁殖,其中大部分可以随意地这样进行繁殖;但只有极少数这等植物或者没有一种这等植物可以通过种子繁殖而保持纯粹。

有些作者相信杂交是变异性——即绝对新的性状的出现——的主要原因。有些人甚至到了这样的地步,竟认为它是唯一的原因;但是在讨论"芽变"那一章中所举出的事实证明了这个结论是错误的。关于在任何一亲或在它们的祖先中并不存在的性状屡屡从杂交发生的那种信念是可疑的;它们偶尔如此是可能的,不过在将来讨论"变异性"的原因那一章中来谈这个问题将更加方便。

这一章和以下三章的压缩的提要,以及有关"杂种性质"的一些意见,将在第十九章中提及。

---

① 《杂种的形成》,第 553 页。

第十六章

干涉变种自由杂交的原因
——家养对于能育性的影响

Causes Which Interfere With the Free Crossing of Varieties—Influence of Domestication on Fertility

　　判断变种杂交时的能育性的困难——保持变种区别的各种原因，例如繁育和性选择的期间——杂交时据说不稔的小麦变种——玉蜀黍、毛蕊花、蜀葵、葫芦、甜瓜以及烟草的一些变种在某种程度上变得相互不稔——家养消除了物种杂交时自然具有的不育倾向——未杂交的动物和植物由于饲养和栽培而增大了能育性

　　动物和植物的家养族当杂交时，除了极少的例外，都是十分多产的——在某些场合里甚至比其纯系的双亲更加多产。同样的，从这等杂交中产生出来的后代，像我们在下一章里就要看到的那样，一般也比他们的双亲更具活力并且更加能育。相反地，物种当杂交时却几乎不可避免地在某种程度上是不育的，而且它们的杂种后代也是如此；在这里，族和物种之间似乎存在有一种广大而无法排除的区别。这个问题显然是重要的，因为它同物种的起源有关；以后我们还要进行讨论。

　　不幸的是，对于动物和植物的变种间杂种在若干连续世代中的能育性所做的精确观察非常之少。勃洛加博士[①]曾指出，没有一个人看到过，例如，变种间杂种狗当相互交配时是否无限能育；然而，当自然的类型相杂交时，如果根据仔细的观察发现其后代有一点不育性的影子，那么就会认为它们的物种区别得到了证明。但是，绵羊、牛、猪、狗以及家禽的如此众多的品种以各种方式进行了杂交和再杂交，所以任何不育性如果是存在的话，几乎肯定都会被观察到，因为不育性是有害的。在研究杂交变种的时候，有许多疑问发生。无论什么时候，只要开洛依德，特别是数计过每一个蒴中的种子精确数的该特纳发现了不管怎样近似的两种植物之间存在有一点不育性的痕迹时，这两个类型立刻就会被分类为不同的物种；如果遵循这个法则，那么肯定永远不会证明变种当杂交时有任何程度的不育性。在此之前，我们已经看到狗的某些品种不容易交配，不过关于它们交配时是否会产生充分数目的仔狗，并且仔狗互相杂交时是否完全能育，并没有进行过观察；但是，假定发现存在有某种程度的不育性的话，博物学者们大概会简单地推论这些品种是从原始不同的物种传下来的；这种解释是否正确，几乎无法确定。

　　塞勃来特·班塔姆鸡在生产力上比任何品种都差得多，它起源于两个很不相同的物种之间的杂交并且同第三个亚变种进行了再杂交。但是，如果推论它的能育性的损失同它的杂交起源有任何关联，那就未免太轻率了，因为更加可能的是，这种损失或者可以归因于长期不断的近亲杂交，或者可以归因于同缺少颈羽和镰刀状尾羽相关的不育性的内在倾向。

　　关于有些必须被分类为变种的类型当杂交时有某种程度的不育性，我将举出少数见诸记载的例子，在此之前我愿先说一说有时干涉变种自由杂交的其他原因。譬如说，它们像狗和鸡的某些种类那样，可能在大小上有非常巨大的差异：例如，《园艺学报》的编者说[②]，他能把班塔姆鸡和大型品种养在一起，而不致有多大的杂交危险，但不能和小型品种（如斗鸡、汉堡鸡等）养在一起。关于植物，开花期的差异可以保持变种的区别，玉蜀黍和小麦的各个种类就是如此：例如，考特尔上校说[③]，"特拉威拉小麦（Talavera wheat）的开花期比任何其他种类都早得多，因此它肯定可以继续保持它的纯度"。在马尔维纳斯群岛的不同地方，牛分裂成不同颜色的群；苏利文爵士告诉我说，在那里，高地的牛一般都是白色

◀ 植物园风光。

①　《生理学学报》，第二卷，1859 年，第 385 页。
②　1863 年，12 月，第 484 页。
③　《小麦的变种》，第 66 页。

的，这种牛的繁育要比低地的牛早三个月；这对防止这两种牛群不相混合显然有所帮助。

某些家养族似乎欢喜同它们的种类杂交；这一事实具有某种重要性，因为这是走向本能的情感的一个步骤，这种情感帮助密切近似的物种在自然状况下保持了它们的区别。我们现在有丰富的证据可以证明：如果不是为了这种情感，自然产生的杂种大概会比在这种场合中为多。我们在第一章里已经看到墨西哥的阿鲁考（Alco）狗不喜欢同其他狗的品种杂交；巴拉圭的无毛狗同欧洲狗杂交不像欧洲狗彼此之间的杂交那样容易。在德国，据说雌尖耳狗同其他种类的狗杂交不像同狐杂交那样容易；母澳洲野狗在英格兰吸引野生的雄狐。但是，在各个品种的性本能及其吸引力方面所表现的这等差异，可能完全由于它们是从不同物种传下来的缘故。在巴拉圭，马有很大的自由，一位优秀的观察者[①]相信，同样颜色和同等大小的马喜欢彼此结合，从音得勒·里俄斯（Entre Rios）和东方班达（Banda Oriental）输入到巴拉圭的马同样也是喜欢彼此结合的。塞加西亚（Circassia）有六个不同名的马的亚族；当地的一个地主断言[②]，在这等族中有三个族当自由地生活时，几乎总是拒绝混居和杂交，甚至还要彼此攻击。

已经观察到，在养有重型林肯郡绵羊和轻型诺福克绵羊的一处地方，这两个种类虽然在一起饲养，但当放出去的时候，"用不了多大时候就会完全分开了"；林肯郡绵羊走向肥沃的土壤，诺福克绵羊则走向它们自己的干燥轻土壤；并且当那里还生长着充分的草的时候，"这两个品种区别得就像白嘴鸦和鸽那样地分明"。在这种场合里，不同的生活习性有保持各族的区别的倾向。非罗群岛中有一个岛屿，其直径不超过半海里，据说那里的半野生土著黑绵羊同引进的白色绵羊不容易混居在一起。更加引人注意的一个事实是，晚近起源的半畸形安康羊"据知当同其他绵羊放入到同一个围栏中时，它们就会离开其他羊而自己聚集在一起"[③]。关于在半家养状态下生活的黇鹿，(fallow deer)，本内特说[④]，深色的和浅色的群在"副主教森林"（Forest of Dean），在"高牧场森林"（High Meadow Woods），在"新森林"（New Forest）曾经长期地受到饲养，但从来不知道它们有混血的情形；还可以补充一点，深色的鹿据信是詹姆斯一世（James I）最初从挪威引进的，因为它们有较大的耐寒性。我从波托·桑托岛输入两只野化兔，像在第四章已经描述过的那样，它们同普通兔有所不同；这两只兔被证明都是雄性的，虽然，它们在"动物园"里生活了数年，该园管理人巴列特先生努力使它们和不同的驯化种类交配繁育，但都失败了；不过这种拒绝交配繁育究竟是由于本能的任何变化还是简单地由于它们的极端野性，或者是不是像往往发生的那样，拘禁招致了不育性，还无法决定。

为了试验，我曾使许多最不相同的鸽的品种进行交配，我屡屡看到它们虽然忠实于结婚誓约，但还保有追求自己种类的欲望。因此我曾请教威金先生，他在英国的、把各个品种饲在一起的鸽群比任何人的都大，我问他，假定有足够数量的雄鸽和雌鸽，他是否认为它们愿意同自己的种类交配；他毫不犹豫地答道，事实确系如此。人们已经常常注意

---

① 伦格，《巴拉圭的哺乳动物》，第 336 页。

② 参阅列尔贝特（MM. Lherbette）和得夸垂费什的报告，见《驯化学会会报》，第八卷，7月，1861 年，第 312 页。

③ 关于诺福克羊，参阅马歇尔的《诺福克的农村经济》，第二卷，第 136 页。参阅兰特（L. Landt）的《非罗记述》，第 66 页。关于安康羊，参阅《皇家学会会报》，1813 年，第 90 页。

④ 怀特的《赛尔波恩的博物学》（*Nat. Hist. of Selborne*），本内特编，第 39 页。关于深色的鹿，参阅《英国鹿囿记》（*Some Account of Enclish Deer Parks*），希尔雷（E. P. Shirley）先生著。

到,鹈鸪似乎确是讨厌若干玩赏品种的[1];但所有它们肯定都是从一个共同祖先发源的。福克斯牧师告诉我说,他的白色的和普通的中国鹅群是界限分明的。

这些事实和叙述,虽然其中有些还不能得到证实,却完全是以富有经验的观察者的意见为依据的,它们阐明了,某些家养族由于不同的生活习性被引导着保持着一定程度的区别,并且还有一些家养族像自然状现下的物种那样地喜欢同它们自己的种类交配,虽然其程度远远为轻。

关于由家养族的杂交而引起的不育,在动物的场合中我知道还没有一个十分确定的例子。鉴于鸽、鸡、猪、狗等的一些品种之间在构造上的重大差异,这个事实同许多密切近似的自然物种的杂交不育对照起来看,是特殊的,但我们以后将试图阐明,它并不像最初看来那样特殊。现在回想一下以下的情形可能是有好处的:两个物种之间的外在差异量对于断定他们能否在一起杂交繁育并不是一个安全的指针——某些密切近似的物种当杂交时是完全不育的,而其他一些极不相似的物种却是适度能育的。我已经说过,没有一个关于杂交族的不育性的例子是建筑在令人满意的证据之上的;不过这里有一个最初看来似乎可以信赖的例子。最高权威尤亚特[2]先生说,以前在兰开郡长角牛和短角牛屡屡进行杂交;第一次杂交是极好的,但其生产力并不可靠;第三代或第四代母牛产乳不好;"此外母牛能否受孕非常不可靠;在某些这等半杂种中足有三分之一的母牛是不育的"。最初看来这似乎是一个好例子:但是威金逊(Wilkinson)先生说[3],从同样的杂交中产生出来的一个品种在英国的另一地方确实是固定下来了;如果它缺少能育性,这个事实肯定会被注意到。再者,假定尤亚特先生证实了他的例子,那么大概可以这样争论:这种不育性完全是由于两个亲品种从原始不同的物种传下来的缘故。

关于植物,该特纳说,他曾用红子高玉蜀黍的花粉使黄子矮玉蜀黍的十三个穗受精(其后又有九个)[4];只有一个产生了好种子,但仅有五粒。这等植物是雌雄同株的,所以不需要去势,但是,如果不是该特纳明确地说过他把这两个变种栽培在一起已有许多年了,并且它们并不自然地杂交,我会怀疑在对它们进行处理时发生了某种意外的事情;鉴于这等植物是雌雄同株的并且有丰富的花粉,众所周知它们一般是自由杂交的,所以上述这种情形只有根据这两个变种相互之间有某种程度的不稳性的信念似乎才可以得到解释。从上述五粒种子培育出来的杂种植株具有中间构造,极端容易变异,并且完全能育[5]。同样的,喜尔特勃兰教授[6]却没有能够成功地用某一黄子种类的花粉使一个褐子植株的雌花受精;虽然同一植株的其他花以自己的花粉受了精并且产生了良好的种子。我相信甚至没有人会怀疑这等玉蜀黍的变种是不同的物种;但杂种如果有一点不育性,毫无疑问,该特纳立刻会把它们分类为不同的物种的。这里我愿提一下,关于确定的物种,在第一次杂交的不育性和杂种后代的不育性之间并不一定有任何密切的关联。有些物

---

[1]　《勃鸽》,狄克逊牧师著,第155页;贝西斯坦,《德国的博物学》,第四卷,1795年,第17页。

[2]　《论牛》,第202页。

[3]　威金逊:《对塞勃来特爵士的意见》(*Remarks addressed to Sir Sebright*),1820年,第38页。

[4]　《杂种的形成》,第87,169页。再参阅卷尾的表。

[5]　《杂种的形成》,第87,577页。

[6]　《植物学新报》,1868年,第327页。

种可以容易地杂交,但产生了完全不育的杂种;其他一些物种的杂交极端困难,但产生出来的杂种却是适度能育的。但是,我还不知道有任何一个例子同这个玉蜀黍的例子十分相像,即第一次杂交是困难的,但产生出来的杂种却是完全能育的[①]。

下述的例子更加值得注意,并且显然使该特纳感到困惑,他的强烈愿望是在物种和变种之间划一条明显的线。关于毛蕊花属,他在十八年间作了大量的试验,杂交了不下1085 朵花,同时数计了它们的种子。有许多试验是使高加索毛蕊花(*Verbascum lychnitis*)和北亚毛蕊花(此外还有九个物种及其杂种)的白花变种和黄花变种相杂交。谁也没有怀疑过,这两个物种的白花植株和黄花植株是真正的变种;实际上,该特纳在这两个物种的场合中都会从这一个变种的种子培育出那一个变种。他在他的两种著作中[②]明确地断言,同色花之间的杂交此异色花之间的杂交可以产生更多的种子;所以任何一个物种的黄花变种用它自己种类的花粉来交配比用白花变种的花粉来交配可以产生更多的种子(相反地白花变种也是如此);不同颜色的物种杂交时也是如此。在他著作的卷尾的一张表中列举了一般结果。关于一个事例,他叙述了如下的详细情形[③];但我必须先提一下,该特纳为了避免夸大他的杂交中的不育程度,他总是用从杂交得到的最高数同纯系母本植株所自然给予的平均数相比较。高加索毛蕊花的白花变种当用自己的花粉来自然地受精时,平均 12 个蒴有 96 粒良好种子;而用同一物种的黄花变种的花粉来使白花变种的 20 朵花受精时,其最高数只有 89 粒良好种子;所以按照该特纳的普通算法,其比例是 1000:908。我曾以为能育性如此微小的差异可能用强迫去势的恶劣影响得到解释;但该特纳指出,高加索毛蕊花的白花变种如果先由北亚毛蕊花的白花变种来授精,然后再由这个物种的黄花变种来授精,所产生的种子的比例为 622:438;在这两种场合中都曾施行过去势。那么,由同一物种的不同颜色的变种相杂交所发生的不育性和在不同物种相杂交的许多场合中所发生的不育性是同样的大。不幸的是,该特纳只比较了第一次结合的结果,而关于由北亚毛蕊花的白花变种和黄花变种来授精的高加索毛蕊花的白花变种所产生的两组杂种的不育性,并没有进行比较,因为它们在这一点上可能有所不同。

司各脱先生把他在"爱丁堡植物园"做的一系列有关毛蕊花的试验结果都给我了[④]。他曾就不同的物种重复了一些该特纳的试验,但所得到的结果是不肯定的,有些结果同该特纳的结果是一致的,有些结果则是相反的;尽管如此,要推翻该特纳从大量试验中所得出的结论,这些结果似乎还不够充分。司各脱先生还就同一物种的同色变种和异色变种之间在结合上的比较能育性作了试验。例如他用高加索毛蕊花黄花变种的花粉使它自己的六朵花受精,得到了六个蒴;为了进行比较,他把各个蒴中的良好种子的平均数作为 100,他发现同一黄花变种,如果由白花变种来授精,产生出来的七个蒴平均有 94 粒种子。根据同一原则,高加索毛蕊花的白花变种用它自己的花粉来授精(六个蒴)并且用黄

---

① 希瑞夫先生以前以为(《艺园者记录》,1858 年,第 771 页)从某些小麦变种之间的杂交产生出来的后代,到第四代就变成不稳的了;但他现在承认这是一个错误(《谷类的改良》,*Improvement of the Cereals*,1873 年)。

② 《化石马的知识》,第 137 页;《杂种的形成》,第 92 页,181 页。关于从种子培育这两个变种,参阅第 307 页。

③ 《杂种的形成》,第 216 页。

④ 这些结果以后曾发表于《孟加拉亚细亚学会会报》,1867 年,第 145 页。

花变种的花粉来授精（八个蒴），产生出来的种子在比例上为 100∶94。最后，北亚毛蕊花的白花变种用它自己的花粉来授精（八个蒴）并且用黄花变种的花粉来授精（五个蒴），产生出来的种子在比例上为 100∶79。所以在每一个场合中，同一物种的同色变种的结合比异色变种的结合更加能育；如果把所有例子都汇集在一起，能育性之差为 100 对 86。还作过一些补充的试验，36 个同色的结合产生了 35 个良好的蒴；而 35 个异色的结合只产生了 26 个良好的蒴。除了上述的试验以外，还使紫花的费尼毛蕊花（V. phaeniceum）和同一物种的蔷薇色变种和白色变种进行杂交；这两个变种彼此也进行了杂交，这几个结合所产生的种子比费尼毛蕊花由自己花粉来授精所产生的种子为少。因此，根据司各脱先生的试验可以知道：在毛蕊花属中，同一物种的同色变种和异色变种当杂交时，其行为同密切近似的、但不相同的物种是相像的[①]。

　　同色变种的性亲和力的这种显著事实，像该特纳和司各脱先生所观察的那样，并非很少发生；因为其他人还没有注意过这个问题。下面的例子值得一提，它部分地阐明了避免错误是多么困难。赫伯特博士[②]曾指出，蜀葵的各种颜色的二重变种（double variety）可以准确地从那些靠近生长的植株的种子培育出来。我听说那些培育种子来出售的艺园者们并不把他们的植物分开栽培；因此我得到了十八个已被命名的变种的种子；其中有十一个变种产生了六十二个植株，所有都同它们的种类完全一致；还有七个变种产生了四十九个植株，一半同它们的种类一致，一半不一致。堪特尔巴利的马斯特先生向我说过一个更加显著的例子；他从一片栽培有二十四个已被命名的变种的大苗床上采集种子，这些变种都栽培在密切邻接的行中，每一个变种都能纯粹地繁殖自己，只是有时在色调上微现不同。丰富的蜀葵花粉在同一朵花的柱头准备接受它们之前就已经成熟而几乎完全脱落了[③]；因为沾着花粉的蜜蜂不断地从这一植株飞到那一植株，所以邻接的变种好像难逃杂交。但这种情形并没有发生，因此在我看来，各个变种的花粉对于自己的柱头恐怕比所有其他变种的花粉占有优势，不过关于这一点我还没有证据。斯劳（Slough）的特纳尔先生由于能够成功地栽培这种植物而闻名，他告诉我说，这种花的重瓣阻止了蜜蜂去接近花粉和柱头；他并且发现，甚至人工地使它们进行杂交也有困难。这一解释是否可以充分说明亲缘密切的变种能够非常纯粹地用种子来繁殖它们自己，我不知道。

　　以下的例子值得一提，因为它们同雌雄同株的类型有关，这些类型并不需要去势，因

---

　　①　下列事实发表于开洛依德的《第三续编》，第 34，39 页。最初看来这些事实似乎强有力地证实了司各脱先生和该特纳的叙述；而它们在某种范围内确实做到了这一点。开洛依德根据无数的观察断言，昆虫不断地把花粉从毛蕊花的这一物种和变种带到另一物种和变种；并且我能证实这种断言；然而他发现高加索毛蕊花的白花变种和黄花变种常常混淆地野生在一起；再者，他在他的花圃中把这两个变种大量地栽培了四代，并且它们可以由种子保持它们的纯度；不过当他使它们杂交时，它们产生出来的花具有中间的色调。因此，可以这样设想：这两个变种对于自己变种的花粉比对于其他变种的花粉具有更强的选择亲和力（elective affinity）；我可以补充说，各个物种对于自己花粉的这种选择亲和力是一个完全被确定下来的事实（开洛依德，《第三续编》，第 39 页，并且散见于该特纳的《杂种的形成》）。但是，上述事实的力量由于该特纳的无数试验而被大大地减弱了，因为，不同于开洛依德，他用毛蕊花的黄花变种和白花变种进行杂交时，一次也没有得到过中间色调（《杂种的形成》，第 307 页）。所以白花变种和黄花变种由种子保持它们的纯度这一事实并未证实它们没有由昆虫带来带去的花粉而相互受精。

　　②　《石蒜科》，1837 年，第 366 页。该特纳做过相似的试验。

　　③　开洛依德第一次观察了这一事实，《圣彼得堡科学院院报》，第三卷，第 127 页。再参阅斯普兰格尔，《被发现之秘密》（Das Entdeckte Geheimniss），第 345 页。

而不会受到去势的害处。吉鲁·得别沙连格杂交了三个由他命名的葫芦变种①，并且断言它们相互受精的困难按照它们所表现的差异而增加。我晓得关于这一类群的类型，直到最近还知道的非常不完全；但按照它们的相互能育性对它们进行分类的萨哥瑞特②却认为上述三个类型是变种，而且更高的权威诺丹③也有这种看法。萨哥瑞特④曾经观察到，某些甜瓜，不论其原因是什么，比其他甜瓜有更大的保纯的倾向；对于这一类群有如此丰富经验的诺丹告诉我说，他相信某些变种比同一物种的其他变种能够更加容易地相互杂交；但他没有证实这一结论的正确性；在巴黎附近，花粉的屡屡败育（abortion）是一个大困难。尽管如此，他曾在七年间把西瓜属的某些类型密切接近地栽培在一起，因为可以完全容易地使它们进行人工杂交并且产生能育的后代，所以把它们分类为变种；但当不人工地进行杂交时，这些类型是可以保纯的。另一方面，同一类群的其他变种可以如此容易地进行杂交，像诺丹所反复主张的那样，以致不把它们隔离得很远来栽培，它们一点也不能保纯。

另一个例子虽稍有不同，但可以在这里提一下，因为它是高度值得注意的，并且被优秀的证据所证实了。开洛依德详细地描述过五个普通的烟草变种⑤，它们相互杂交，其后代具有中间的性状，并且同它们的亲本一样地能育；开洛依德根据这个事实推论它们是真正的变种；而且就我所知道的来说，没有人似乎怀疑过事实确系如此。他还用黏性烟草（N. glutinosa）同这五个变种相互地杂交，并且产生了很不育的杂种；但由多年生变种（var. gerennis）培育出来的那些后代，不论把前者用作父本或母本，都不像由其他四个变种产生出来的杂种那样不育⑥。所以这一个变种的性的能力在某种程度上肯定地改变了，以致接近了黏性烟草的性质⑦。

有关植物的这些事实阐明了，在少数场合中某些变种的性能力已经改变到如此地步，以致它们此同一物种的其他变种更难杂交并且产生更少的种子。我们即将看到，大多数动物和植

---

① 即 Barbarines, Pastissons, Giraumous；见《自然科学年报》，第三十卷，1833 年，第 398 和 405 页。

② 《葫芦科植物纪要》，1826 年，第 46、55 页。

③ 《自然科学年报》，第四辑，第六卷。诺丹认为这些类型无疑地是西葫芦（Cucurbita-pepo）的变种。

④ 《葫芦科植物纪要》，第 8 页。

⑤ 《第二续编》（Zweite Forts），第 53 页，这五个变种是：(1) Nicotiand major vulgaris；(2) perennis；(3) transylvanica；(4) 最后一个变种的亚变种；(5) major latifol. fl、alb.

⑥ 开洛依德多么厉害地被这一事实所打动，以致他怀疑在他的一个试验中，黏性烟草的一点花粉可能偶然地同多年生变种的花粉混在一起，这就帮助了它的授精能力。但我们现在从该特纳的著作（《杂种的生成》，第 34,43 页）确定知道，两个物种的花粉决不联合地对第三个物种发生作用：不同物种的花粉同该植物自己的花粉混合在一起，如果后者有足够的数量，那么前者所发生的任何影响将更加减弱。把两个种类的花粉混合起来的唯一作用，就是从同蒴种子产生出来的植株，有的类似这一亲本，有的类似那一亲本。

⑦ 司各脱先生对于用普通报春花的花粉来授精的紫色报春花和白色报春花（Primula vulgaris）的绝对不稔性做过一些观察（《林奈学会会报》，第八卷，1864 年，第 98 页）；不过这些观察还需要证实。我从司各脱先生慷慨赠给我的种子培育出一些紫花长花柱的实生苗，虽然所有它们在某种程度上都是不育的，但它们用普通报春花的花粉比用自己的花粉却能稔得多。司各脱先生同样地描述过一种红花等长花柱的立金花（P. veris，同前杂志，第 106 页），他发现这种立金花同普通立金花杂交，是高度不育的；但我从他的植株培育出来的几个等长花柱的红花实生苗却不如此。立金花的这个变种表现有一种显著的特性，它的雄性器官在每一点上都同短花柱类型的雄性器官相似，同时它的雄性器官在机能上并且部分地在构造上却同长花柱的雌性器官相似；所以我们看到在同一朵花中结合了两个类型的奇特变态。因此，这等花自然地表现有高度的自交能育性，并不足为奇。

物的性机能显著容易地受到它们所暴露于其中的生活条件的影响；此后我们将大略地讨论一下这一事实以及其他事实同杂交变种和杂交物种在能育性方面的差异有什么关系。

家养消除了物种当杂交时一般具有的不育倾向

最初提出这个假说的是帕拉斯[①]，还有几位作者也采纳了这一假说。我简直没有找到任何可以支持这一假说的直接事实；但不幸的是，无论在植物或动物场合中，没有一个人对于古代家养变种和不同物种杂交的能育性同野生亲种同样地杂交的能育性进行过比较。例如，没有一个人对于原鸡和原鸡属或雉属的不同物种杂交的能育性同家鸡和原鸡属或雉属的不同物种杂交的能育性进行过比较；这样的试验在所有场合中大概都会被许多难点环绕着。曾经如此细密地研究过古典文献的丢鲁·得拉玛尔说[②]，在罗马时代，普通骡的繁殖比今日为难；但这一叙述是否可信，我不知道。哥罗兰得（M. Groenland）[③]举出过一个例子，虽稍有不同，但重要到多，即阿季洛卜斯草（山羊草，Aegilops）和小麦之间的杂种以具有中间性状和不稔性而闻名，而这种植物自从 1857 年以来在栽培下一直存续下来了，在每一代中它的能育性都有迅速的、但程度不同的增大。到了第四代，这种植物还保持它们的中间性状，但其能育性却变得同普通栽培小麦一样了。

有利于帕拉斯学说的间接证据在我看来是极其强有力的。我在以前几章中已经阐明，我们的狗的各个不同品种是从几个野生种传下来的；绵羊恐怕也是如此。印度瘤牛、即有背峰的印度牛，属于一个不同于欧洲牛的物种；进一步说，欧洲牛是从两个可以叫做物种或族的类型传下来的。我们有良好的证据可以证明我们的家猪至少属于两个物种型，即野猪（S. Scrofa）和印度野猪（S. indicus）。现在，一种广泛扩大了的比喻引致了如下的信念：如果这几个物种在最初驯化的时候进行杂交，它们在第一次结合以及在其杂种后代中大概会表现有某种程度的不育性。尽管如此，从它们传下来的若干家养族，就我们所能确定地来说，现在都是完全能育的。如果这一推论可以信赖而且显然是正确的话，那么我们必须承认帕拉斯的学说：长期继续的家养有消灭物种在原始状态下杂交时所自然具有的不育倾向。

由家养和栽培所引起的能育性的增大

关于同杂交没有任何关系而是由家养所引起的能育性可以大略地在这里考察一下。这个问题在同生物变化有联系的几点上间接地有关系。像很早以前布丰曾经说过[④]的那

---

① 《圣彼得堡科学院院报》，1780 年，第二部，第 84,100 页。

② 《自然科学年报》，第二十一卷，（第一辑），第 61 页。

③ 《法国植物学会会报》，12 月 27 日，1861 年，第八卷，第 612 页。

④ 小圣伊莱尔引用，《普通博物学》，第三卷，第 476 页。这个原稿送往印刷之后，在赫伯特·斯宝塞的《生物学原理》（第二卷，1867 年，第 457 页以次）中出现了关于这一问题的充分讨论。

样，家养动物比同一物种的野生动物在一年之中繁育的次数为多，而且在一胎中所产的仔数也为多；它们有时还在更早的年龄中生育。如果不是一些作者最近试图阐明能育性的增大或降低同食物量成反比例的话，这个例子几乎不值得进一步加以注意。这个奇怪学说的发生，显然是由于个体动物在得到异常大量食物的供给时以及许多种类的植物在生于过分肥沃的土壤中时变成为不育的了；不过关于后一点，不久我还有机会来谈一谈。几乎没有一个例外：长期惯于规则而丰富的食物供给并且不需劳力去寻找食物的家养动物总是比相应的野生动物更加能育。众所周知，猫和狗的繁育次数是多么多，而且在一胎中所产的仔数又是多么多。据说野生兔（wild rabbit）一般地每年繁育四次，并且每次所产的小兔最多是六只；驯兔（tame rabbit）每年繁育六、七次，每次所产的小兔从四只到十一只；哈利逊·威尔先生告诉过我一个例子：一次所产的小兔竟有十八只之多，而且全都活了。雪貂（ferret）一般虽然受到了如此严密的拘禁，却比它的假想野生原型更加多产。母野猪显著是多产的；它常常每年繁育两次，每次所产的小猪从四只到八只，有时甚至到十二只；但母家猪规则地每年繁育两次，如果允许的话，繁育次数还可以更多一些；每次产仔少于八只的母猪"很少值得注意，对于屠户来说，它肥育得愈快愈好"。食物的量对于同一个体的能育性有影响：例如，在山上生活的绵羊每次所产的羊羔决不会多于一只，如果在低地牧场中放牧它们，常常产生两只羊羔。这种差异显然不是由于高地的寒冷，因为绵羊和其他家养动物据说在拉伯兰（Lapland）是极其多产的。困难的生活也可以延迟动物的受孕期；因为已经发现，在苏格兰的北方诸岛让牛在四岁以前产仔是不利的①。

关于由家养引起能育性的增大，鸟类提供了更好的证据：野生原鸡的母鸽产 6 个到 10 个卵，这个数目同家鸡相比是毫不足道的。野鸭产 5 个到 10 个卵；驯鸭在一年中可产 80 个到 100 个卵。野生灰腿鹅产 5 个到 8 个卵；驯鹅产 13 个到 18 个卵，并且它还产第二次卵；像狄克逊先生说过的那样，"高度丰富的饲料、细心的管理以及适当的温度可以诱发多产的习性，这种习性多少是遗传的"。半家养的鸫鸽是否比野生岩鸽更加能育，我不知道；但更加彻底家养的品种的能育性几乎相当于鸫鸽的能育性的两倍；然而，如果把鸫鸽养在笼中并且给以高度丰富的饲料，它的能育性就会变得同家鸽的能育性一样。我听审判官凯顿（Caton）说，美国的野生火鸡在一岁的时候不产卵，而家养的火鸡在一岁的时候一定产卵。根据一些记载，在家养的鸟类中只有孔雀当在它的原产地印度野生的时候比它在欧洲的寒冷得多的气候中更加能育②。

---

① 关于猫和狗等，参阅伯林格里，《自然科学年报》，第二辑，动物部分，第十二卷，第 155 页。关于雪貂，参阅贝西斯坦，《德国的博物学》，第一卷，1801 年，第 786，795 页。关于兔，同前书，第 1123，1131 页；以及《勃龙的自然史》，第二卷，第 99 页。关于山地的绵羊，同前书，第 102 页。关于母野猪的能育性，参阅贝西斯坦的《德国的博物学》，第一卷，1801 年，第 534 页；关于家猪，参阅尤埃特论猪，西得内版，1860 年，第 62 页。关于拉伯兰，参阅阿塞比（Acerbi）的《北角旅行记》（*Travels to the North Cape*），英译本，第二卷，第 222 页，关于高地的牛，参阅《赫戈论羊》，第 263 页。

② 关于原鸡的卵，参阅勃里斯，《博物学年报》，第二辑，第一卷，1848 年，第 456 页。关于野鸭和驯鸭，《麦克季利夫雷》，《英国的鸟类》，第五卷，第 37 页；《鸭》（*Die Enten*），第 87 页；关于野鹅，洛伊得，《斯堪底那维亚探险记》，第二卷，1854 年，第 413 页；关于驯鹅，《观赏的家禽》，狄克逊牧师著，第 139 页。关于鸽的育种，皮斯特，《鸽的饲育》，1831 年，第 46 页；包依塔和考尔比，《鸽》，第 158 页。关于孔雀，按照得明克的材料（《鸽的普通博物学》，1813 年，第二卷，第 41 页），雌孔雀在印度甚至可以下二十个卵；但按照季尔顿和另一位作者的材料（在推葛梅尔的《家鸡之书》中引用，1866 年，第 280，282 页），她在那里只产四个到九个或十个卵；据《家鸡之书》所载，据说她在英国产五个到六个卵，但另一位作者说，产八个到十二个卵。

关于植物,大概没有一个人会期望小麦在瘠薄的土壤中比在肥沃的土壤中分蘖较多而且每一个穗结生子粒较多;也不会期望豌豆和大豆在瘠薄土壤中可以获得丰收。种子的数量有如此重大的变异,以致难于对它们进行估计;但是,在一个苗圃中如果对胡萝卜和野生植株进行比较,前者似乎可以多产两倍左右的种子。栽培甘蓝比原产于南威尔斯岩石间的野生甘蓝按照计算可以多产三倍的蒴。栽培天门冬(Asparagus)同野生植株相比较,前者产生的浆果多得非常。毫无疑问,许多高度栽培的植物,如梨、凤梨、香蕉、甘蔗等,几乎是或者完全是不稔的;我以为这种不稔性可以归因于过剩的食物以及其他不自然的条件;不过以后我还要谈到这个问题。

在一些场合中,例如在猪、兔等以及由于种子而受到重视的那些植物的场合中,对于更能育的个体的直接选择,恐怕大大地增强了它们的能育性;在所有场合中,这种情形可能是间接地发生的,因为从更能育的个体产生出来的无数后代中有些获得了被保存下来的更良好机会。但是,关于猫、雪貂和狗,以及关于像胡萝卜、甘蓝和天门冬那样的非以多产性而受到重视的植物,选择只能起从属的作用;而且它们的增大了的能育性必须归因于它们长期生活于其中的更有利的生活条件。

第十七章

论杂交的良好效果以及近亲交配的恶劣效果

On the Good Effects of Crossing, and on the Evil Effects of Close Interbreeding

近亲交配的定义——病态倾向的增大——杂交的良好效果以及近亲交配的恶劣效果的一般证据——牛的近亲交配；在同一园圈中长期饲养的半野生牛——绵羊——黇鹿——狗，兔，猪——人类，嫌恶血族婚姻的起源——鸡——鸽——蜜蜂——植物，关于杂交的利益的一盘考察——甜瓜，果树，豌豆，甘蓝，小麦以及森林树木——杂种植物体积的增大，并不完全由于它们的不稔性——关于无论正常地或异常地自交不稔的某些植物，但它们当和同一物种或另一物种的不同个体杂交时无论在雄性方面或雌性方面都是能稔的——结论

对于异族同一变种的个体之间的一次偶然杂交或不同变种之间的一次偶然杂交所发生的体质增强,并不像对于过分近亲交配的恶劣效果那样地进行过大量而屡屡的讨论。但前一点比后一点更加重要,因为其证据更富有决定性。把近亲交配的恶劣结果检查出来是困难的,因为它们是缓慢地积累起来的,并且不同的物种有很大程度的差异;而由杂交所必然发生的良好影响一开始就是显著的。但应当明确理解:专就性状的保持来说,近亲交配的利益是无可争辩的,而且其利益往往胜过体质强壮性微小损失的恶劣结果。关于家养,整个这个问题都具有某种重要性,因为近亲交配会妨碍旧族的改进。因为,它间接地同"杂种性质"(Hybridism)有关系,而且当任何类型变得如此稀少以致只有少数个体残存在一个有限制的区域之内时,它可能同物种的灭绝有关系,所以是重要的。它以重要的方式同自由杂交的影响有关系,消除个体差异,因而对于同一族或同一物种的个体给予了性状的一致性;因为强壮性和能育性如果借此有所提高,那么杂种后代将会增殖并且占有优势,其最终结果远比在其他场合中发生的结果要深刻得多。最后,这个问题因为同人类有关系,所以是高度有趣的。因此,我将对这个问题进行充分的讨论。因为可以证明近亲交配的恶劣效果的事实比有关杂交的良好效果的事实更加丰富,虽然其决定性较小,所以我将从前一类事实开始。

给杂交下一个定义并不困难;但给"近亲交配"下一个定义决不容易,因为,像我们即将看到的那样,同等程度的近亲交配对于动物的不同物种所发生的影响是不同的。父与女、母与子或者兄弟姐妹之间的交配如果连续进行几代,这是近亲交配最可能的密切方式了。不过有些判断者,例如塞勃来特爵士,却相信兄妹交配比父女交配更加相近得多,因为,如果父与女交配,据说他只同他自己的一半血统进行杂交。近亲杂交如果继续得过久,一般相信,其结果是体积、体质强壮性以及能育性的丧失,有时还伴随着畸形的倾向。最近亲的交配,通常在两代、三代、甚至四代中还不会呈现恶劣的结果;不过有几种原因妨碍我们去检查恶劣的结果——例如,恶化是很逐渐的,把这种直接的恶劣结果同在双亲中可能潜在的或明显存在的任何病态倾向的扩大加以区别是困难的。另一方面,杂交的利益,甚至当没有任何很近亲交配的时候,几乎永远是立刻显著的。有良好的理由可以相信,分离了少数几代的和处于不同生活条件之下的具有亲缘关系的个体可能抑制或完全阻止近亲交配的恶劣影响,最有经验的观察者塞勃来特爵士[①]也持有这种意见。现在许多育种家们都相信这一结论;例如卡尔(Carr)先生说[②],这是一个众所周知的事实:"土壤和气候的变化所引起的体质变化,恐怕同注入新血液所引起的体质变化几乎一样大。"我希望在将来的一部著作中来阐明血缘本身并无足轻重,它只是由于一般具有相似体质并且在大多数场合中处于相似条件之下的亲缘相关的有机体而发生作用。

◀英国皇家植物园。

① 《改良品种的技术》,1809 年,第 16 页。
② 《基勒比的兴起及其发展》,赫兹(the History of the Rise and Progress of the Killrby, &c. Herds),第 41 页。

许多人都否认近亲交配会直接产生任何恶劣的结果；但实践的育种家们很少这样否认；而且据我所知，大量育成了迅速繁殖其种类的动物的人决不否认这一点。许多生理学家们把这种恶劣结果完全归因于双亲所共有的病态倾向的结合以及因此而引起的这种倾向的增大；毫无疑问，这是谬误的有力来源。不幸的是，大家都知道：具有恶劣体质以及疾病的强烈遗传倾向（如果实际上不是疾病的话）的人们和各种家养动物都充分能够繁殖它们的种类。另一方面，近亲交配却常常引起不育性；这示明了双亲所共有的病态倾向的扩大完全是另外一回事。即将提出的证据使我相信以下的情形是一个伟大的自然法则，即所有生物同在血统上没有密切关系的个体偶然进行一次杂交，可以获得利益；相反地，长期不断的近亲交配是有害处的。

各种一般的考察在引导我作出这个结论时发生了巨大的影响；不过读者可能更加信赖特殊的事实和意见。有经验的观察者们的权威意见，甚至在他们没有提出其信念的根据时，也多少具有一点价值。现在，曾经繁育过许多种类的动物并且曾就这个问题写过文章的几乎所有的人们，例如塞勃来特爵士、安德鲁·奈特等等[①]，都最强烈地表示相信：长期不断的近亲交配是不可能的。那些编纂农业著作并且同育种者有密切交往的人们，例如敏锐的尤亚特、罗武等等，都曾对于同样的效果强有力地宣布了他们的意见。十分信赖法国权威者的波洛斯浦尔·卢凯斯作出了同样的结论。著名的德国农学家赫尔曼·冯·那修西亚斯曾就这个问题写过一篇论文，这是我看到过的最好的论文，他也表示同意；因为将来我势必引用这篇论文，所以我可以说那修西亚斯不仅精通所有语言的农业著作，此大多数英国人还更熟悉英国品种的谱系，而且他还输入许多我们的改良动物，因而他自己就是一个有经验的育种者。

关于近亲繁殖的恶劣效果，其证据在动物的场合中是最容易得到的，例如鸡、鸽等等就是如此，这些动物繁殖得快，并且由于养在同一地方，所以是处于同样的条件之下的。现在，我曾问过很多这等鸟的育种者，迄今为止，我还没有遇到过一个人，他不彻底相信和同一亚变种的另一品系偶尔进行杂交是绝对必要的。高度改良鸟或玩赏鸟的大多数育种者们都重视它们自己的品系，他们极不愿意使它们杂交，因为他们认为这有恶化的危险。购买另一品系的第一流鸟要花很多钱，而且这种交易是麻烦的；但据我所能听到的来说，所有育种者们，除了那些为着杂交而在不同地方养有大群鸟类的人们，都被迫经过一个时期之后采取这一步骤。

对于我的思想有巨大影响的另一个一般考察是，关于雌雄同体的动物和植物，可能想象它们永远是自我受精的，因而长期进行了近亲交配，但据我所能发现的来说，没有一个物种，其构造可以保证自我受精。相反地，像在第十五章已经大略说过的那样，在许多场合中它们都有一些显著的适应性，以利于或者不可避免地引致同一物种的雌雄同体的个体不时进行一次杂交；据我们所能知道的来说，这等适应的构造对于任何其他目的都是没有意义的。

关于牛，毫无疑问，长期继续进行最近亲交配对于外在性状可能是有利的，并且就其体质来说，并没有任何显著的恶劣结果。贝克威尔的长角牛的例子常被引用，这种牛长

---

① 关于安德鲁·奈特，参阅瓦克尔的《血族通婚》，1838 年，第 227 页。塞勃来特爵士的论文刚才已被引用。

期进行了近亲交配；然而尤亚特说①，这个品种"获得了同普通管理不相调和的娇弱体质"，而且"这个物种的繁殖并不永远是有把握的"。但是短角牛提供了一个有关近亲交配的最显著的例子；例如，著名的公牛"宠儿"（它自己是"福尔佳姆"的半兄妹的后代）同它自己的女儿、孙女以及曾孙女交配；最后一个结合所产生出来的后代，即第四代玄孙女，在她的血管中流有"宠儿"的 15/16（93.75％）的血液。这只母牛同公威灵吞牛（wellington）交配，在后者的血管中流有"宠儿"的 62.5％的血液，于是产生了卡拉瑞沙（Clarissa）；卡拉瑞沙又同公兰开斯特牛（Lancaster）交配，在后者的血管中流有"宠儿"的 68.75％的血液，于是产生了有价值的后代②。尽管如此，育成这等动物的并且热烈鼓吹近亲交配的科林一度使他的牛群同一只加罗威牛进行杂交，从这个杂交中产生出来的一些母牛售价极高。倍芝的牛群被看做是世界上最有名的牛群。十三年以来，他施行了最近亲的繁殖；但在此后的十七年期间，虽然他对自己的牛的系统的价值非常赞赏，但曾三次在他的牛群中注入新的血液；据说他之所以这样做，并不是为了改进他的动物的类型，而是为了它们的减弱的能育性。像一位著名的饲育者③所说的那样，倍芝先生自己的观点是，"在一个恶劣系统中进行近亲繁殖，其结果是毁灭和恶化；但双亲的亲缘关系如果非常接近而且是从第一流动物传下来的，近亲繁殖就可以在一定的范围内施行"。这样，我们知道在短角牛中曾经进行过最近亲的交配；但那修西亚斯在非常仔细地研究了它们的谱系之后说道，关于一位育种者终身严格施行近亲交配的，他还没有发现过一个事例。根据这种研究以及他自己的经验，他作出如下的结论：近亲交配对于改进一个系统来说，是必要的；但是由于不育性和衰弱化的倾向，在实现这个目的时，需要最大的注意。还可以补充一点：另一位高度权威者④断言，从短角牛产生出来的牛犊比从其他亲缘关系比较疏远的牛的族交配中产生出来的牛犊，更多是残废的。

虽然借着仔细选择最优良的动物（像"自然"根据斗争法则所能有效地做到的那样）近亲交配在牛的场合中可以长期继续进行，但是几乎任何两个品种之间的杂交的良好效果可以从后代的体积和活力的增大而立刻显示出来；像斯普纳先生写信向我说的那样，"不同品种的杂交的确可以为屠户改良牛"。这等杂种动物对于育种者来说当然是没有价值的；但许多年来在英国的若干地方为了屠宰而饲育了它们⑤；它们的价值现在已经这样充分地得到承认，以致在肥牛展览上为了容纳它们而单独设一部门。1862 年在伊斯林

① 《牛》，第 199 页。

② 我举出这一点是根据那修西亚斯的权威著作《关于短角牛》（*Ueber Shorthorn Rindvieh*），1857 年，第 71 页（再参阅《艺园者记录》，1860 年，第 270 页）。但是一位伟大的牛的饲育家斯陶尔（J. Storer）先生告诉我说，卡拉瑞沙牛的血统还没有得到充分的确证。在《牛群之书》（*Herd Book*）的第一卷里，卡拉瑞沙牛被认为具有从"宠儿"传下来的六代血统，"这是一个明显的错误"，在该书的此后版本中她被说成只具有四代血统。斯陶尔先生甚至怀疑这四代血统，因为没有母牛的名字被列举出来。再者，卡拉瑞沙只生过"两头公牛和一头母牛，而且在下一代中它的后代便灭绝了。关于近亲交配的相似例子见麦克奈特先生和梅登博士合著的一本小册子：《育种的真正原理》（*On the true Principles of Breeding*），墨尔本，澳大利亚，1865 年。

③ 乌得，《艺园者记录》，1855 年，第 411 页；1860 年，第 270 页。参阅那修西亚斯的《关于短角牛》第 72—77 页中的很明白的表格和谱系。

④ 莱特先生，《皇家农学会学报》，第七卷，1846 年，第 204 页。道宁先生（一位爱尔兰短角牛的成功育种者）告诉我说，"短角牛"的大族的育成者们细心地把它们的不育性和体质的亏损隐蔽起来了。他还说，倍芝先生使他的牛群进行了数年的近亲交配之后，"在一季中就失去了二十八头牛犊，这只是因为体质的亏损"。

⑤ 《尤亚特论牛》，第 202 页。

顿（Islington）举行的大展览会上最肥的牛就是一个杂种。

半野生牛在英国园囿中恐怕已经饲养了四五百年，或者甚至还要更长一些，居雷以及其他的人们把这样的牛提出来作为一个例子来说明在同一兽群的范围之内长期不断地进行近亲交配并没有任何有害的结果。关于奇玲哈姆园囿中的牛，已故的谭克威爵士承认它们是恶劣的种畜[1]。总管哈代（Hardy）先生估计（在 1861 年 5 月给我的一封信中），在五十头的一群中，每年被屠杀的、相斗而亡的以及自行死去的平均数字约为十头，即一对五。因为牛群中的增加是按照同样的平均数字，所以每年的增加率一定也是一对五左右。我可以补充地说，公牛之间的斗争是激烈的，关于这种斗争，现在的谭克威爵士曾向我做过生动的描述，所以那里永远有最强壮公牛的严格选择。1855 年我从汗密尔顿公爵的总管该得纳（D. Gardner）先生那里得到了有关兰开郡公爵园囿中的野生牛的如下记载，这个园囿的范围约有 200 亩。牛的数目变化于 65～80 头之间；每年被杀害（我猜测是由于各种原因）的数目为 8～10 头；所以每年的增加率几乎不能超过一对六。南美的牛都是半野生的，所以提供了一个近乎公平的比较标准，根据亚莎拉的材料，在那里一座牧场中牛的自然增加为总数的三分之一到四分之一，即一对三或一对四；毫无疑问，这种情形专门适于可以杀宰作为食用的成年动物。因此，在同一群的范围内长期进行近亲交配的半野生英国牛的能育力就相对小得多了。在像巴拉圭那样没有被围起的地方，不同牛群之间多少一定会进行杂交的，虽然如此，甚至那里的居民们还相信从远地不时引进动物对于阻止"体积的缩小和能育性的减弱是必要的"[2]。奇玲哈姆牛和汗密尔顿牛自古以来在体积上的缩小一定是可惊的，因为卢特梅耶教授曾指出，它们几乎肯定是巨大原牛（*Bos primigenius*）的后代。毫无疑问，这种体积缩小大部分可以归因于比较不利的生活条件；但是很难认为漫游于大园囿中的，并且在严冬里得到饲养的动物是处于很不利的条件之下的。

关于绵羊，在同一群的范围之内曾经往往长期不断地进行了近亲交配；但是否像在短角牛的场合中那样屡屡地进行了最近亲交配，我不知道。布朗先生五十年以来从没有在他的最优良莱斯特羊群中注入过新的血液。巴福特（Barfford）先生自从 1810 年以后按照同一原则对于福斯叩特羊群进行了处理。他肯定地说道，半世纪的经验使他相信：如果两个亲缘关系密切接近的动物在体质上是十分健全的话，那么近亲交配不会诱发退化；但他又说，他"并不以从最近的亲缘关系进行育种而自傲"。法国的纳兹（Naz）羊群已经饲养了六十年，并没有同一个异种公羊杂交过[3]。尽管如此，大多数伟大的绵羊育种家们还是反对长期进行近亲交配[4]。一位最著名的近代育种家乔纳斯·韦卜（Jonas Webb）分别饲育了五个羊群，这样，"保持了两性之间的关系的必要距离"[5]；更加重要的可能是，分别饲育的羊群大概是处于多少不同的条件之下的。

---

[1] 《英国科学协会报告》，《动物部分》（*Repor British Assoc.，Zoolog. Sect.*），1838 年。

[2] 亚莎拉：《巴拉圭的四足兽》，第二卷，第 354，368 页。

[3] 关于布朗的例子，参阅《艺园者记录》，1855 年，第 26 页。关于福斯叩特羊，参阅《艺园者记录》，1860 年，第 416 页。关于纳兹羊，参阅《训化学会会报》，1860 年，第 477 页。

[4] 那修西亚斯，《关于短角牛》，第 65 页；《尤亚特论羊》，第 495 页。

[5] 《艺园者记录》，1861 年，第 631 页。

　　借着仔细选择的帮助,绵羊的近亲交配虽然可以长期继续进行而没有任何显著的恶劣结果,但农民们为了获得适于屠户所要求的动物,常常使不同品种进行杂交,这明显地阐明了从这种实践中可以得到某种利益。关于这个问题,朱司(S. Druce)先生[1]给我们提供了最好的证据,他详细地列举了具有同样基础的四个纯系品种和一个杂交品种的比较数字,并且列举了它们的羊毛产量和躯体产量。一位卓越的权威者皮尤西先生按照货币价值总计了同等期间内的这种结果(先令以下未计):科次沃尔羊248镑,莱斯特羊223镑,南丘羊204镑,罕布郡丘原羊264镑,杂种羊293镑。以前的著名育种家梭梅维尔勋爵说,他从赖兰得羊(Ryelands)和西班牙羊育成的杂种不论比纯系的赖兰得羊或纯系的西班牙羊都大。斯普纳先生在他的优秀的"论杂交"的论文中作出这样的结论:在合宜的杂交育种中可以得到金钱上的利益,特别当雄者大于雌者时更加如此[2]。

　　因为某些英国园囿是古老的,所以在我看来,那里饲养的贴鹿(Cervus dama)一定曾经长期不断地进行了近亲交配;但根据调查的结果,我发现从其他园囿引进雄鹿来注入新血液却是一项普通的措施。仔细研究过鹿的管理的希尔雷先生[3]认为在一些园囿中自从有史以前就没有混入过外来的血液。但他断言,不断的近亲交配最终对于整个的群肯定是不利的,虽然可能需要很长的时间才能证明这一点;再者,像很常常发生的情形那样,当我们发现引进新血液在改进它们的大小和外观上,特别是在消除佝偻病(如果不是其他的病,当不改换血液的时候鹿时常得这种病)的感染上对于鹿非常有利的时候,我认为,同一个优良系统进行合乎机宜的杂交,无疑是最重要的,而且迟早对于每一个秩序井然的园囿的繁荣确实是不可缺少的。

　　梅奈勒(Mcynell)先生的著名狐缇曾被引用来阐明近亲交配不会产生恶劣的结果;塞勃来特爵士根据他的说法确定了他屡屡使父与女、母与子,而且有时甚至使兄弟姐妹交配繁育。灵缇也曾进行过最近亲交配,不过优秀的育种家们一致认为这可能太走极端[4]。但塞勃来特爵士宣称[5],从近亲交配——他所指的是兄弟姐妹之间的交配,他实际看到的是,强壮的猥狗的后代退化成衰弱而小型的巴儿狗了。福克斯牧师写信向我说过一个例子:在同一家庭中长期饲养的一小群血缇(bloodhound)变成很恶劣的繁育者了了,所有它们几乎在尾部都生有一块骨的扩大物。和不同品系的血缇仅仅进行一次杂交就可恢复它们的能育力,而且消除尾部的畸形倾向。我曾听说关于另一血缇的严格例子,即母血缇必须同公血缇结合。所有高度改良的品种几乎都暗示着长期不断的近亲交配,考虑到狗的自然增殖是多么迅速,除非相信近亲交配减弱了能育力并且增加了感染狗瘟热以及其他疾病的倾向,那么这等高度改良品种的高昂售价就难于理解了。卓越的权威者斯克罗普先生把苏格兰猎鹿狗(以前存在于全国的少数个体都有亲缘关系)的稀有以及在大个上的退化主要归因子近亲交配。

---

　　[1]　《皇家农学会学报》,第十四卷,1853年,第212页。

　　[2]　梭梅维尔爵士,有关《绵羊和农业的材料》,第6页。斯普纳先生,《英国皇家农学会学报》,第二十卷,第二部。再参阅一篇有关同一问题的优秀论文,见《艺园者记录》,1860年,第321页,查里士·何华德著。

　　[3]　《有关英国鹿囿的记载》(Some Account of English Deer Parks),希尔雷著,1867年。

　　[4]　司顿亨:《狗》,1867年,第175—188页。

　　[5]　《改良品种的技术》,第13页。关于苏格兰猎鹿狗,参阅斯克罗普的《猎鹿的技术》,第350—353页。

关于高度繁育的动物，要使它们迅速繁殖，多少是有些困难的，并且所有它们都在体质上陷于虚弱。一位伟大的兔的判断者①说，"长耳雌兔常常过于高度地繁育了，即当它们幼小时被迫作为极有价值的繁育者，它们常常变成为不育者或不好的母亲"。它们常常抛弃幼兔，所以必须有喂奶的兔，但我并不企图把所有这等恶劣的结果都归因于近亲交配②。

在猪的场合中，育种者们对于近亲交配的恶劣结果的意见比在其他任何大型动物的场合中更加一致。改良牛津郡猪（一个杂交族）的伟大而成功的育种者朱司先生写道，"如果不改用不同族的公猪，而用同一品种的公猪，其体质是不能保存下来时"。著名"改良埃塞克斯品种"的育成者菲谢尔·赫伯斯（Fisher Hobbs）把他的猪群分成为三个独立的系统，这是借着"从这三个不同系统进行合宜的选择"③而完成的，他用这个方法把这个品种保持了二十年以上的时间。威斯特恩勋爵是那不勒斯品种的公猪和母猪的第一个引进人。"他使这一对猪进行近亲交配，直到这个品种有灭绝的危险时才停止，近亲交配肯定会产生这种结果（这是西得内先生的意见）。于是威斯特恩勋爵使他的那不勒斯猪同古老的埃塞克斯品种进行杂交，这向改良埃塞克斯品种迈进了第一大步。这里有一个更有趣的例子"。作为一个育种家而驰名的莱特（J. Wright）先生④使同一个公猪同其女儿、孙女以及曾孙女进行杂交，这样进行了七代。结果是，在许多事例中其后代不能繁殖；在其他一些事例中它们产生了少数活着的小猪，在这些小猪中，有些是白痴的，甚至没有吸乳的感觉，而且当它们活动时，不能直线地行走。现在特别值得注意的是，经过这种长期近亲交配过程所产生出来的最后两头母猪，当同其他公猪交配后，却产生了几窝健康的猪。在整个七代间产生出来的外貌最好的母猪是在这个系统最后阶段中的一头；但这头母猪是包含在一窝小猪之中的。它没有同自己系统的公猪交配繁育，而在第一次试验中是同不同血统的公猪交配繁育的。因此，在莱特先生的例子中，长期不断的极近亲交配并没有影响小猪的外形及其优点；但在它们之中有许多小猪的一般体质和智力，特别是繁殖机能，却受到了严重的影响。

那修西亚斯⑤举出一个相似的、甚至更显著的例子：他从英国输入一头大型约克郡品种的怀孕的母猪，并且使其后代进行了三代近亲交配；结果是不好的，因为仔猪的体质

---

① 《家庭艺园者》，1861年，第327页。

② 哈茨先生（《近亲通婚》，*The Marriage of Near kin*，1875年，第302页），从《比利时皇家医学会会报》，（*Bulletin de l'Acad. R. de Méd. de BeIgique*，第九卷，1866年，第287，305页）引用了列格伦所作的若干叙述：兔的兄弟姐妹之间的杂交连续地进行了五、六代，并没有因此引起恶劣的结果。我对于这个记载以及列格伦在他试验中的永远成功感到非常惊异，所以我写信给一位著名的比利时博物学者询问列格伦是不是一位可信赖的观察者。我得到的答复是，人们对于这些试验的真实根据表示了怀疑，所以指定了一个调查委员会，在学会的下次会议上，克洛叩（Crocq）博士做了如下的报告："我认为列格伦自己所说的诸种经验事实上是不可能的。"对于这种公开的非难，并没有任何满意的答复。（《比利时皇家医学会会报》，1867年，第三辑，第一卷，1—5号）

③ 《尤亚特论猪》，西得内版，1860年，第30页；第33页，引自朱司的著作；第29页，关于威斯特恩的例子。

④ 《英国皇家农学会学报》，1846年，第七卷，第205页。

⑤ 《关于短角牛》，第78页。考特尔上校对于捷尔塞的农业做过很多事情，他写信告诉我说，由于他拥有一个猪的优良品种，他使它们进行了最近亲的交配，兄弟姐妹之间进行两次交配，不过几乎所有仔猪都发生了痉挛而突然地死去了。

衰弱，能育性受到损害。在最近产生出来的母猪中，有一头据他看是优良的，这头母猪同它自己的叔父（据知它同其他品种的母猪交配是多产的）交配，产生了一窝六头仔猪，第二次交配，只生产了一窝五头衰弱的仔猪。此后，他使这头母猪同一头小型黑色品种的公猪交配，这头公猪也是从英国输入的；这头公猪同它自己品种的母猪交配，产生了七到九头仔猪。那么，这头大型品种的母猪同它自己的叔父交配是非常低产的，而同小型黑色品种的公猪交配，却在第一窝产生了二十一头，在第二窝产生了十八头；所以在一年之内它产生了三十九头优良的仔猪！

有如在已经提到的若干其他动物的场合中一样，甚至当从适度的近亲交配看不出任何有害结果的时候，叩特（Coate）先生（曾经五次获得"史密斯斐尔得俱乐部展览会"每年颁发的关于最优良猪的金质奖章）还这样说："杂交对于农民是有利的，因为可以从中得到更好的体质和更快的成长；但对我——以出售大多数的猪作为繁育之用的一个人——来说，杂交并不会给予任何利益，因为再度获得像纯粹血统那样的任何东西都需要许多年代。"①

上面谈到的几乎所有动物都是群居的，雄者一定屡屡同它自己的女儿交配，因为就像逐出侵入者那样，它们也把幼小的雄者逐出，直到由于年老和失去精力而被迫让位于某一更强有力的雄者时为止。所以群居性的动物比非群居性的物种不容易受到近亲交配的恶劣影响，并不是不可能的，因此它们可以在群中生活而不会有害于它们的后代。不幸的是，我们不知道像猫那样的非群居性动物比其他家养动物是否会更大程度地受到近亲交配的危害。但据我所能看出的来说，猪并不是严格群居性的，而且我们已经知道它们似乎显著容易受到近亲交配的恶劣影响。关于猪，哈茨（Huth）把这等影响归因于它们的"培育主要是为了脂肪"（第 285 页），即归因于被选择的个体具有衰弱的体质；但是我们必须记住，提出上述例子的人，都是伟大的育种家，他们对于那些可能干涉他们的动物的能育性的原因远比普通人熟悉得多。

在人类的场合中，近亲交配的影响是一个困难的问题，我要稍微谈一谈。各方面的作者在许多观点下曾对这个问题进行过讨论②。泰勒（Tylor）先生③曾指出，世界极其远隔地方的广泛不同的种族都严格禁止近亲通婚——甚至禁止远亲通婚。然而哈茨先生④充分地举出了许多例外。在早期的野蛮时代怎样产生了这等禁止，是一个引人注意的问题。泰勒先生有这样的倾向：把它们归因于血族通婚的恶劣影响已被观察到了；他巧妙地试图解释，在男方和女方的亲属中这种禁止有不同等的延展，关于这种禁止有某种明

---

① 《西得内论猪》，第 36 页。再参阅注释，第 34 页。《里卡逊论猪》，1847 年，第 26 页。

② 达利（Dally）博士发表过一篇优秀的论文（译文见《人类学评论》，*Anthropolog，Review*，5 月，1864 年，第 65 页）批评所有主张血族通婚有恶劣结果的作者。毫无疑问，站在问题这一方面的许多拥护者们由于不精确而损害了他们的理由：例如有人这样说（德瓦伊，《血族婚姻的危险》，1862 年，第 141 页），俄亥俄的法律禁止堂兄弟姐妹结婚，但是我曾向美国做过调查，得到的肯定答复是：这种叙述只是无稽之叙。

③ 参阅他的有趣著作，《人类的早期历史》（*Early History of Man*），1865 年，第十章。

④ 《近亲通婚》，1875 年。如果哈茨只引用那些长期在所提到的各个地方居住的并且证明具有判断力和审慎力的人们的著作，我认为他所举出的证据比这一点或其他一些点甚至更有价值。参阅亚当先生的《血族通婚》一文，见《双周评论》（*Fortnightly Review*），1865 年，第 710 页。再参阅赫法克的《关于性状》，1828 年。

显的变则。但是他承认其他原因——例如友谊的联姻的扩张——可能发生作用。相反地亚当先生断言，近亲通婚的被禁止并且受到嫌忌是由于这样会引起财产承继的混乱以及其他更加奥妙的原因。但我不能接受这等观点，因为像澳洲和南美的未开化人①也都痛恨血族通婚，他们并没有传给后代的财产，也没有对于财产承继混乱的优雅情感，而且不可能仔细想到其后代的遥远恶果。按照哈茨的说法，这种情感是异族通婚的间接结果，因为，这种做法在任何族中停止了并且变成为同族通婚之后，婚姻就严格地限于同族，这时还会保持以前做法的痕迹并非不可能，因此近亲通婚大概会受到禁止的。关于异族通婚本身，麦克嫩南（MacLennan）先生相信，这是由于妇女的稀少而发生的，而妇女的稀少则由于杀害女婴，恐怕还有其他原因的帮助。

哈茨先生明确地阐明了人类在反对血族通婚方面所具有的本能的情感并不比群居性动物为甚。我们还知道，像信奉印度教的印度人所表示的那样，对于招致污秽的事物多么容易发生嫌忌的偏见或情感。虽然在人类中似乎没有反对血族通婚的强烈的遗传的情感，但在原始时代，生疏的妇女比那些一贯相处的妇女大概更可能使男人兴奋；按照克卜勒（Cupple）的材料②，同样的，猎鹿狗是倾心于生疏的母狗的，而母狗则喜欢同它们有过交往的公狗。如果人类在以前具有这样的情感，那么这种情感大概会导致喜欢同最近亲以外的人们通婚，而且由于这等通婚所产生的后代可以活下来的比较多，这种情感可能便被加强了，推论使我们相信情形大概是这样的。

像在文明国家所许可的那种血族通婚（这在家养动物的场合中不看做近亲交配）是否会招致任何损害，除非就这个问题进行一次人口调查，将永远不会得到明确的了解。我的儿子乔治·达尔文在现今可能的范围之内进行过统计的研究③，根据他自己的以及米契尔（Mitchell）博士的研究，他得出这样的结论：有关由此引起的恶劣结果的证据是相互矛盾的，但总的看来，其恶劣结果是很小的。

关于鸡，可以举出一系列的权威者是反对最近亲交配的。塞勃来特爵士肯定地断言，他曾做过许多试验，并且他的鸡当受到这样处理时，它们的腿变长了，身体变小了，同时变为恶劣的繁育者了④。他用复杂的杂交以及近亲交配育成了著名的塞勃来特·班塔姆鸡；自从他那时代以后，在这等动物中进行了太多的近亲交配；现在它们是著名的恶劣繁育者了。我曾看见过从他的系统直接传下来的银色班塔姆鸡，它们变得几乎同杂种一样地不育了；因为那年从两整窝鸡卵中没有孵出过一只小鸡。赫维特先生说，关于这等班塔姆鸡，除了稀有的例外，公鸡的不育性同某些次级雄性征的丧失有最密切的关系；他还说，"我注意到，按照一般规律，雄塞勃来特鸡的尾甚至同雌鸡的性状有最微小的偏差——譬如说，两支主尾羽仅仅长出半英寸，这也会给能育性的增大带来

---

① 葛瑞（G. Grey）的《澳洲探险记》，第二卷，第 243 页；道勃瑞赵法，《南美的阿比朋族》（*On the Abipones of South America*）。

② 《人类的由来》，第二版，第 524 页。

③ 《统计学会学报》（*Journal of Statistical Soc.*），6 月，1875 年，第 153 页；《双周评论》，6 月，1875 年。

④ 《改良品种的技术》，第 13 页。

可能性"①。

　　莱特先生说②，克拉克先生的"斗鸡是非常著名的，它们继续进行近亲交配的结果是斗志全消，站在那里被啄而不作任何抵抗，而且体重减轻到最优等奖的标准以下；不过它们同莱亨（Leighton）先生的品种进行了一次杂交，便再度恢复了以前的勇敢和体重"。应当记住，斗鸡在相斗之前总是要称体重的，所以关于其体重的任何增加或减少，并没有什么假想。克拉克先生似乎没有用兄弟姐妹来交配繁育，这是一种最有害的结合；他在反复试验之后发现，从父与女交配中产生出来的雏鸡比从母与子交配中产生出来的雏鸡在体重上要减轻得多。伊顿地区的伊顿先生是一位著名的鸟类学者，并且是灰色道根鸡的伟大育成者，他告诉我说，它们除非偶尔同另一品系进行一次杂交，否则肯定地要缩小，而且其能育性也要变得较弱。专就大小来说，按照赫维特先生的材料，马来鸡也是如此③。

　　一位有经验的作者④指出：同一位业余养鸡者，像众所熟知的那样，很少可以长久保持他的鸡的优越性；他还说，这无疑是由于他的鸡的系统"具有同样的血液"。因此不可避免的是，他必须偶尔取得另一品系的鸡。但这对于在不同场所饲养一个鸡的系统的人并没有必要。例如饲育马来鸡有三十年历史的、并且在英国比其他任何爱好者获得养鸡奖的次数都多的巴兰斯先生说，近亲交配并不一定会招致衰退；"但一切都决定于如何处理"。"我的计划是保持五、六个不同的鸡群，每年育出二百只或三百只左右的雏鸡，并且从每一群中选出最优良的鸡进行杂交。这样我就可以获得足够的杂交来防止衰退"⑤。

　　由此我们知道，养鸡家的差不多完全一致的意见是，当在同一地方养鸡时，近亲交配继续进行到在大多数四足兽的场合中并没有什么关系的程度，就会迅速地引起恶劣结果。还有，一个普遍被接受的意见是，杂种的雏鸡是最结实的而且是最容易繁育的⑥。仔细注意过所有品种的家禽的推葛梅尔说⑦，如果让母道根鸡同公赫丹鸡或克列布·哥尔鸡进行杂交，"它们在早春产生出来的雏鸡在大小、强健、早熟性以及对于市场的适合性上都优于我们曾经育成过的任何纯系品种的鸡"。赫维特先生认为，品种杂交可以增大体积，这对于鸡来说，是一般的规律。他提出这一意见是在叙述了以下情形之后，即雉和鸡之间的杂种相当地大于任何一方的祖先；还有，金黄色公雉和普通母雉之间的杂种"远比任何一亲大得多"。⑧　关于杂种增大体积这一问题，我立刻还要谈到。

　　关于鸽，像以前所说的那样，育种者们的一致意见是：尽管偶尔使他们十分宝贵的鸽

---

　　①　《家鸡之书》，推葛梅尔著，1866 年，第 245 页。

　　②　《皇家农学会学报》，1846 年，第七卷，第 205 页；再参阅《弗哥逊论鸡》，第 83，317 页；再参阅《家鸡之书》，推葛梅尔著，1866 年，第 135 页，关于近亲交配的程度，斗鸡者发现他们可以冒险地进行近亲交配，即偶尔使母与子交配；"但要注意它们不再重复近亲交配"。

　　③　《家鸡之书》，推葛梅尔著，1866 年，第 79 页。

　　④　《家禽记录》，1854 年，第一卷，第 43 页。

　　⑤　《家鸡之书》，推葛梅尔著，1866 年，第 79 页。

　　⑥　《家鸡之书》，第一卷，第 89 页。

　　⑦　《家鸡之书》，1866 年，第 210 页。

　　⑧　《家鸡之书》，1866 年，第 167 页；《家禽记录》，第三卷，1855 年，第 15 页。

子同另一品系、当然属于同一变种的个体进行杂交是麻烦而费钱的事，这还是不可缺少的。值得注意的是：像在突胸鸽的场合中那样①，当体大是所需求的性状的之一时，近亲交配的恶劣效果远比当小型鸽子（例如短面翻飞鸽）被珍视时出现得迅速的多。高度玩赏的品种，例如这等翻飞鸽以及改良英国信鸽，其极端娇弱性是显著的；它们容易得许多疾病，并且常常在卵中或第一次脱羽时死去；它们的卵一般势必由养母来孵。虽然这等高度宝贵的鸽子一定曾经进行过极近亲杂交，但它们的体质的极端娇弱性恐怕不能由此得到完满的解释。雅列尔先生告诉我说，塞勃来特爵士连续地使一些鹁鸽进行近亲交配，最后由于它们的极端不育性，他差不多失去了这整个的一族。勃连特先生②为了育成一个喇叭鸽的品种，曾试图使一只普通鸽同一只雄喇叭鸽进行杂交，然后再使它们的女儿、孙女、曾孙女和玄孙女和同一只雄喇叭鸽再杂交，最后他得到的一只鸽子具有十六分之十五的喇叭鸽血统；不过到了这时试验失败了，因为"如此近亲的交配使生殖停止了"。富有经验的纽美斯特③也断言，鹁鸽和其他各个品种之间的后代"一般是很能育的和强壮的鸽子"；还有，包依塔和考尔比④根据四十五年的经验劝告人们不妨使他们的品种进行杂交来消遣；因为，他们如果在育成有趣的鸽子方面失败了，他们将会在经济的观点下得到成功，"因为据发现，杂种的能育性比纯系鸽子的为大"。

我只再提一提其他一种动物，即蜜蜂，因为一位著名的昆虫学者曾经把它提出来作为一个不可避免的近亲交配的例子。因为一个蜂巢里只有单独一个雌蜂居住，所以可能考虑到她的雄性的和雌性的后代曾经永远是彼此交配繁育的，特别是因为不同巢的蜜蜂相互敌对，更会如此考虑；一只陌生的工蜂当试图进入另一蜂巢时，几乎永远会遭到攻击。但是推葛梅尔先生曾经阐明⑤，这种本能并不适用于雄蜂，它们被允许进入任何蜂巢；所以关于一只蜂王同一只异巢的雄蜂交配，并没有先天的不可能性。结合一定而且必须在蜂王的结婚飞翔期间中飘飘欲仙地实行，这种情形似乎是为了反对连续的近亲交配而特别准备的。但是经验已经证明，自从黄色带斑的力究立亚族引进到德国和英国之后，蜜蜂是自由杂交的：把力究立亚蜜蜂引进到得文郡的乌得巴利先生发现，距离他的蜂巢有一、二海里之遥的三群仅仅在一季中就同他的雄蜂杂交了。在某一场合中，力究立亚雄蜂必须飞越埃克塞特（Exer）城，并且还要飞越若干中间的蜂巢。在另一个场合中，几只普通黑色的蜂王在一海里乃至三海里半的距离同力究立亚雄蜂进行了杂交⑥。

植　　物

当一个新物种的单独一株植物被引进到任何地方时，如果由种子来繁殖，那么很快

---

① 《论玩赏鸽》，伊顿著，第 56 页。
② 《鸽之书》，第 46 页。
③ 《鸽的饲养》，1837 年，第 18 页。
④ 《鸽》，1824 年，第 35 页。
⑤ 《昆虫学会会报》，8 月 6 日，1860 年，第 126 页。
⑥ 《园艺学报》，1861 年，第 39,77,158 页；1864 年，第 206 页。

地就会育出许多个体,因此那里如果有适当的昆虫存在,杂交大概会发生的。关于那些不由种子来繁殖的新引进的树或其他植物,不在这里予以考虑。关于那些自古以来就已存在的植物,偶尔交换它们的种子,几乎是普遍进行的,借着这种方法,暴露在不同生活条件之下的一些个体——像我们在动物的场合中看到的那样,这可以减低由近亲交配而发生的恶劣效果——会偶尔被引进到各个地区去的。

关于那些属于同一亚变种的个体,在准确和经验方面超越了所有其他观察者的该特纳说道①,他曾多次观察到由这一步骤所产生的良好效果,特别是那些在能稔性上受到损害的外国属,例如西香莲属、半边莲属、吊金钟属,更加如此。赫伯特也说②,"我倒以为用同一变种的另一个体的花粉、至少用另一朵花的花粉使我准备采取种子的花受精,而不是用它自己的花粉去受精,曾经使我得到了利益"。还有,列考克断言,杂种后代比其双亲更富活力而且更加强壮③。

但对于这种一般的叙述很少能够充分信赖:所以我开始了一长串的试验,一直持续了十年左右,我想它们可以确实地阐明同一变种的不同植株的杂交会产生良好效果,并且长期不断的自花受精会产生恶劣效果。因此,以下的问题便可以得到清楚的解释,例如花为什么永远构造得容许、或者有利于、或者需要两个个体的结合。我们将会清楚地理解,为什么有雌雄同株的和雌雄异株的植物的存在——为什么有雌雄异熟的、二形的和三形的植物的存在以及许多其他这等例子。我打算很快地发表这些试验记录,这里我只举出少数的例子作为例证。我施行的计划是,叫植物在同一花盆里、或者在同等大小的一些花盆里、或者靠近地在露地上生长;细心地隔断昆虫;然后使一些花进行自花受精,使同株上的其他花用不同的但邻近的植株的花粉来受精。在许多这等试验中,异花受精的植物远比自花受精的植物结子多得多;我从来没有看见过相反的情形。把这样获得的自花受精的种子和异花受精的种子放在同一玻璃皿中的湿砂土上使它们发芽;当种子发芽之后,把它们一对一对地栽在同一玻璃皿中的相对两侧,它们之间留有表面的间隔,以便同等地感受阳光。在其他场合中,只是把自花受精的种子和异花受精的种子播在同一小皿中的相对两侧。总之,我曾实行过不同的计划,但在每一种场合中我都尽我可能地做到十分小心,所以双方都得到了同等的条件。在属于 52 个属的物种中,我仔细观察了从自花受精的种子和异花受精的种子长出来的植株由发芽到成熟的生长情况;在大多数场合中,它们在生长方面并且在抵抗不利条件方面所表现的差异是显著的而且是具有强烈特征的。重要的是,这两类种子是被播种在或栽植在同一玻璃皿中的相对两侧的,所以实生苗可能彼此进行斗争;因为如果把它们隔离地播种在广大而优良的土壤上,它们的生长往往只有一点点差异。

我大略地把我观察的第一类例子中的两个例子叙述一下。从用上述方法处理的紫色番薯(*Ipomoea purpurea*)采取六粒异花受精的种子和自花受精的种子,它们一发芽,就被一对一对地栽植在两个花盆中的相对两侧,并且插上同等粗细的小杆以备它们攀

---

① 《有关受精知识的论文》(*Beiträge zur Kenntniss der Befruchrung*),1844 年,第 366 页。
② 《石蒜科》,第 371 页。
③ 《关于繁殖》,第 2 版,1862 年,第 79 页。

缘。异花受精的植株中有五株一开始就比对面的自花受精的植株生长迅速；然而第六株却是衰弱的，并且在一个时期内被对方胜过了；不过它的较强壮的体质最后还是占了优势，并且追过了对方。当各个异花受精的植株一达到七英尺小杆的顶点时，就量它的对手，结果是：当异花受精的植株高达七英尺时，自花受精的植株的平均高度只有五英尺四、五英寸。异花受精的植株开花稍微早一点，而且比自花受精的植株开得茂盛。在另一个小花盆的相对两侧播种了大量异花受精的和自花受精的种子，所以它们为了勉勉强强的生存势必进行斗争；在这两小区种子间各按一个小杆；在这里异花受精的植株一开始又表现了它们的优势；它们从来没有完全达到七英尺小杆的顶点，不过同自花受精的植株比较起来，它们的平均高度则为七英尺对五英尺二英寸。这个试验重复了几个连续的世代，采取了完全一样的处理，其结果差不多是一样的。在第二代中，对于异花受精的植抹再度进行异花受精，于是产生了 121 个种子蒴，而对于自花受精的植株再度进行自花受精，结果只产生了 84 个蒴。

黄色沟酸浆（Mimulus tuteus）的某些花进行了自花受精，其他一些花用同一花盆中不同植株的花粉来杂交。它们的种子密播在一个花盆中的相对两侧。实生苗的高度在最初是相等的，但当幼小的异花受精的植株高达半英寸时，自花受精的植株只高达四分之一英寸。但这种不等的程度并不持久，因为当异花受精的植株高达四英寸半时，自花受精的植株高达三英寸，并且直到它们的成长完成时，它们都保持了同样的相对差异。异花受精的植株看起来远比未进行异花受精的植株茂盛得多，并且开花较早；它们产生的蒴也多得多。同前一个例子一样，这个试验在几个连续世代中重复了三次。如果我没有在这等沟酸浆和番薯的全部生长期间观察过它们，我就不能相信以下的情形是可能的：即从同一朵花采取的花粉或者从同一花盆中的不同植株采取的花粉看来只有微小的差异，但在这样产生出来的植株的生长和活力方面，这种微小的差异却造成了如此可惊的不同。从生理学观点看来，这是一种极其值得注意的现象。

关于从不同变种杂交中所得到的利益，已经发表了大量的证据。萨哥瑞特[1]反复强调地谈到由不同变种杂交中所育成的甜瓜是强壮的，并且还说，它们比普通甜瓜容易受精，可以产生大量的优良种子。以下是一位英国艺园者的证据[2]："这个夏季我在栽培甜瓜方面得到了好成绩，它们是在没有保护的状态下栽培的，用的是杂种种子，这比用旧变种的成绩来得好。由三种不同杂交中产生出来的后代（特别是其中一个，它的双亲是我所能选择的最不相似的变种）所结的果实比二十个和三十个稳定变种之间的任何后代所结的果实都更多而且更好。"

安德鲁·奈特[3]相信他的苹果杂交变种的实生苗在强壮和繁茂上增强了；契乌路尔（M. Chevreul）[4]提到萨哥瑞特所育成的某些杂种果树的极端强壮性。

---

① 《葫芦科植物纪要》，第 36, 28, 30 页。

② 拉乌顿的《艺园者杂志》，第八卷，1832 年，第 52 页。

③ 《园艺学会会报》（*Transact. Hort. Soc.*），第一卷，第 25 页。

④ 《自然科学年报》，第三辑，植物部分，第六卷，第 189 页。

奈特使最高的豌豆同最低的豌豆相互地进行了杂交,他说①:"在这个试验中我得到了一个有关品种杂交的刺激效果的显著例子;因为高度很少超过两英尺的最小变种增高到六英尺,而大型和繁茂的种类的高度则减低的很少。"拉克斯东先生给过我一些从四个不同种类之间的杂交产生出来的豌豆种子;这样育出的植株非常强壮,在各个场合中比密切靠近它们生长的亲类型高出一英尺、两英尺或三英尺。

魏格曼(Weigmann)②使几个甘蓝变种进行了多次杂交,他以惊奇的口气谈到杂种的强壮及其高度,凡是看到它们的艺园者都感到惊异。姜得(Chaundy)先生把六个不同的甘蓝变种栽植在一起,因而育成了大量的杂种。这些杂种表现了性状的无限多样性;"但最值得注意的事情是,当所有其他甘蓝和羽衣甘蓝在圃场里被严寒的冬季所毁灭时,这等杂种很少受到损害,并且当没有其他甘蓝的时候,它还可以供应厨房"。

芒得(Maund)先生在"皇家农学会"③展览了杂种小麦及其亲本变种,编者说,它们的性状是中间的,"而且具有较强的生长势,在植物界和动物界中都有这种情形,这是第一次杂交的结果"。奈特也杂交过几个小麦变种④,他说"1795 年和 1796 年,当该岛谷类的整个收成遭到摧残时,这样得到的变种,而且只有这些变种,在邻近逃脱了这场灾害,虽然它们是在几种不同的土壤和地点播种的"。

这里有一个显著的例子:克劳采(M. Clotzsch)⑤杂交了苏格兰赤松(*Pinus sylvestris*)和黑松(*Pinus nigricans*)、蒙古栎(*Quercus robur*)和英国栎(*Q. pedunculata*)、橙木(*Alnus glutinosa*)和山桤木(*A. incana*)以及钻天榆(*Ulmus campestris*)和开张榆(*U. effusa*);这些异花受精的种子以及纯系亲本树的种子都于同时同地播种下去了。结果是,经过八年之后,杂种树比纯系树高出三分之一!

上述事实所涉及的都是无疑的变种,克劳采所杂交的那些树是例外,不同的植物学者们把它们分类为特征显著的族、亚种或物种。从完全不同物种育成的真正杂种虽然在能稔性上有所失,但肯定地会在大小和体质强壮上有所得。引述任何事实都将是多余的,因为所有的试验者们如开洛依德、该特纳、赫伯特、萨哥瑞特、列考克和诺丹都对他们的杂种的非常强壮、高度、大小、生活顽强性、早熟性以及抗性感到惊奇。该特纳⑥以非常强烈的语气就这个问题总结了他的信念。开洛依德⑦关于他的杂种的重量和高度列举了许多精确的测计数字,这是在同双亲类型的测计的比较下进行的,他以惊奇的语气谈到它们的"非常的体积",它们的"巨大的范围以及非常显著的高度"。但是,该特纳和赫伯

---

① 《皇家学会会报》,1799 年,第 200 页。

② 《杂种的形成》,1828 年,第 32,33 页。关于姜得先生的例子,参阅拉乌顿的《艺园者杂志》,第七卷,1831 年,第 696 页。

③ 《艺园者记录》,1846 年,第 601 页。

④ 《皇家学会会报》,1799 年,第 201 页。

⑤ 在《法国植物学会会报》中引用,第二卷,1855 年,第 327 页。

⑥ 该特纳:《杂种的形成》,第 259,518,526 等页。

⑦ 《续编》(*Fortsetzung*),1763 年,第 29 页;《第三续编》(*Dritte Fortsetzung*),第 44,96 页;《圣彼得堡科学院院报》,1782 年,第二部,第 251 页;Nova Acta,1793 年,第 391,394 页;Nova Acta,1795 年,第 316,323 页。

特都曾注意到在很不稔杂种的场合中的一些例外，不过最显著的例外还是麦克斯·威丘拉①举出的，他发现杂种柳树一般在体质上是纤弱的，矮小而短命。

开洛依德说明他的杂种的根、茎等的非常增大是由于不稔性而发生的一种补偿的结果，许多被阉割的动物也是如此，它们比未被阉割的雄者为大。最初一看，这个观点似乎是极端正确的，并且已经为不同的作者们所接受②；但该特纳③很好地指出，完全承认它还是有极大困难的，因为就许多杂种来说，在不稔的程度和增大的体积以及强壮之间并没有平行的关系。已经观察到的繁茂生长的最显著事例是关于那些并非极度不稔的杂种。在紫茉莉属中，某些杂种是异常能稔的，它们的格外繁茂的生长势以及庞大的根④已经被传递给后代了。在所有场合中这种结果可能是部分由于通过生殖器官不完全地或者根本不活动而发生的营养和生命力的节约，但特别是由于杂交可以产生利益的一般规律。因为特别值得注意的是，动物和植物的变种间杂种绝不是不稔的，而它们的能稔性实际常常是增大了，如前所述，它们的大小、抗性以及体质健壮性一般都增高了。在能稔性的提高和降低的相反条件下这样发生的强壮性和体积的增大不少是显著的。

这是一个完全确定的事实⑤：杂种同任何一个纯系亲代交配繁殖永远比它们彼此之间交配繁殖来得容易，杂种同一个不同物种交配繁殖的情形也不罕见。赫伯特甚至想用从杂交产生出来的利益来解释这一事实；不过该特纳用以下的说法更合理地说明了这一事实，他认为杂种的花粉、可能还有它的胚珠在某种程度上受到了损害，而纯系双亲的以及任何第三个物种的花粉和胚珠却是健全的。尽管如此，但像我们就要看到的那样，有一些十分确定而显著的事实阐明了，杂交本身无疑有提高或重建杂种能育性的倾向。

同样的法则，即变种的和物种的杂种后代比亲本类型为大，也以最显著的方式适用于动物的变种间杂种和物种间杂种。巴列特先生拥有这样伟大的经验，他说："在脊椎动物的所有杂种中有一种体积显著增加的现象。"于是他列举了关于动物（包括猴在内）以及关于不同鸟类⑥的许多例子。

关于无论正常地或异常地需要不同个体
或不同物种的花粉来受精的某些雌雄同体植物

现在列举的事实同上述事实有所不同，因为这里所谈的自交不稔性并不是长期不断的近亲交配的结果。然而这些事实同现在这个题目有关，因为已经阐明和不同个体进行杂交或是必要的或是有利的。二形植物或三形植物虽然是雌雄同体的，但为了充分地能

---

① 《杂种的形成》，1865年，第31，41，42页。

② 麦克斯·威丘拉完全接受这一观点（《杂种的形成》，第43页），同巴尔克雷牧师在《园艺学报》（1月，1866年，第70页）上接受这一观点一样。

③ 《杂种的形成》，第394，526，528页。

④ 开洛依德，Nova Acta，1795年，第316页。

⑤ 该特纳：《杂种的形成》，第430页。

⑥ 幕利（Murie）博士引用，见《动物学会会报》，1870年，第40页。

稳,在某些场合里为了任何程度地能稳,却必须相互地进行杂交,即一组类型同其他类型进行杂交。如果没有喜尔特勃兰博士提供了下述例子,我大概不会注意到这些植物的[1]:

藏报春(*Primula sinensis*)是一种相互二形的植物:喜尔特勃兰博士用两个类型彼此的花粉使 28 朵花受精,得到了完全数量的蒴,平均每一个蒴含有 42.7 粒种子;这里我们看到的是完全而正常的能稳性。然后他用同一类型但不同株的花粉使两个类型的 42 朵花受精,所有这些花都结了蒴,平均只含有 19.6 粒种子。最后,我们在这里接触到我们更直接的一点:他用同一类型而且同花的花粉使两个类型的 48 朵花受精,当时他只得到了 32 个蒴,平均含有 18.6 粒种子,每一个蒴所含的种子比在前一场合中少一粒。因此,关于这等异型花的结合(illegifimate union),花粉和胚珠属于同花比花粉和胚珠属于同一类型的两个不同个体,其受精作用较小,而且其能稳性也微低。喜尔特勃兰博士最近用蔷薇色酢浆草(*Oxalis rosea*)的长花柱类型进行了相似的试验,得到了同样的结果[2]。

最近发现:某些植物当在它们的原产地生长于自然条件之下时,不能用同株的花粉来受精。它们有时是如此自交不稳,以致它们虽然能够容易地用不同物种的或者甚至不同属的花粉来受精,但奇怪的是它们用自己的花粉却从来不产生一粒种子。再者,在某些场合中,植物的自己花粉同柱头相有害地发生作用。即将列举的大部分事实都同兰科植物有关,但我开始谈到的植物却属于一个大不相同的科。

喜尔特勃兰博士[3]用同种其他植株的花粉使长在不同植株上的一种紫堇(*Corydalis cava*)的 63 朵花受精;得到了 58 个蒴,平均每一个蒴含有 4.5 粒种子。然后他使同一总状花序上的 16 朵花彼此受精,但只得到 3 个蒴,含有稍微良好种子的蒴只有一个,其中的种子不过两个。最后,他使 27 朵花各自进行自花受粉;他还留下 57 朵花进行天然受精,如果可能发生这种情形,它肯定会发生的,因为花药不仅接触了柱头,而且喜尔特勃兰看到花粉管穿入了它;尽管这 48 朵花没有产生过一个种子蒴! 整个这个例子具有高度的教育意义,因为它阐明了,把花粉放在同花的柱头上或者放在同一总状花序的另一朵花的柱头上,或者放在不同植株的柱头上,同样花粉的作用是多大不相同。

关于外国兰种植物,也有若干相似的例子被观察过,这主要是由约翰·司各脱先生进行的。[4] 巴西春翁西迪姆兰(*Oncidium sphacelatum*)具有有效的花粉,因为司各脱先生用它的花粉使两个不同物种受了精;胚珠也是能稳的,因为用洪都拉斯秋翁西迪姆兰(*O. divarlcatum*)可以容易地使它们受精;尽管如此,用自己花粉来受精的一、二百朵花却没有产生一个蒴,虽然花粉管穿入了柱头。"爱丁堡皇家植物园"的罗勃逊·蒙罗(Robertson Munro)先生也告诉我说(1864 年),他用它们自己的花粉使这个物种的 120 朵花受精,结果没有产生一个蒴,但用洪都拉斯秋翁西迪姆兰的花粉来受精的八朵花却

---

[1]　《植物学新报》,1864 年,1 月,第 3 页。

[2]　《德国科学院月报》(*Monatsberieht Akad. Wiasen.*),柏林,1866 年,第 372 页。

[3]　"国际园艺学大会",伦敦,1866 年。

[4]　《爱丁堡植物学会会报》,1863 年,5 月:这些观察是以摘要方式发表的,其余部分发表于《林奈学会会报》,第八卷,植物部分,1864 年,第 162 页。

产生了四个良好的蒴；还有，洪都拉斯秋翁西迪姆兰的两三百朵花由它们自己的花粉来受精，没有产生一个蒴，但用波状翁西迪姆兰（O. flexuosum）的花粉来受精的 12 朵花却产生了八个良好的蒴；所以在这里我们看到了三个极端自交不稔的物种，从它们的相互受精看来，它们的雄性器官和雌性器官都是完善的。在这等场合中，只有借助于不同的物种，受精才能完成。但是，像我们即将看到的那样，波状翁西迪姆兰的从种子育成的不同植株完全能够彼此受精，因为这是自然的程序；其他物种大概也是这样。再者，司各脱先生发现另一种翁迪西姆兰（O. microchilum）的花粉是有效的，因为他用这种花粉使两个不同物种受了精；他发现它的胚珠是良好的，因为用任何一个这等物种的花粉以及用这个物种的不同株的花粉都可使它们受精；但用同株的花粉却不能使它们受精，虽然花粉管穿入了柱头。利威尔[①]关于危地马拉·翁迪西姆兰（O. Carendishinum）的两个植株记载过一个相似的例子，它们都是自交不稔的，但可以相互受精。所有这些例子都同翁迪西姆兰属有关，不过司各脱先生发现，暗赤色颚兰（Maxillaria atro-rubens）"完全不能用自己的花粉来受精"，但可以用一个大不相同的物种、即污色颚兰（M. squalens）来受精。

因为这等兰科植物是在温室的不自然条件下生长的，所以我断定它们的自交不稔性是由于这种原因。但弗瑞芝·缪勒告诉我说，他在巴西的得斯泰罗（Desterro）使土著的上述波状翁迪西姆兰由自己的花粉以及不同株的花粉来受精；所有前者都是不稔的，而由同种任何其他植株的花粉来受精的那些植株都是能稔的。在最初三天，两类花粉的作用并没有差异；放在同株柱头上的花粉按照普通的途径分裂成花粉粒，发生花粉管，穿入柱头，于是柱头室便闭合起来了；但只有由不同株的花粉来受精的那些花才产生种子蒴。此后又大量重复了这些试验，得到了同样的结果。弗瑞芝·缪勒发现翁迪西姆兰的其他四个土著物种由自己的花粉来受精同样是极端不稔的，但由任何其他植株的花粉来受精却是能稔的；其中有些物种由大不相同的属、如杓兰属（Cyrtopodium）和罗氏兰属（Rodriguezia）的花粉来受精，同样可以产生种子蒴。但是，绉缩翁迪西姆兰（Oncidium crispum）同上述物种有所不同，它的自交不稔性有很大变异，有些植株用自己的花粉可以产生良好的蒴，在两三个事例中其他植株却不能如此，弗瑞芝·缪勒观察到由同株异花的花粉产生出来的蒴比由自花的花粉产生出来的蒴为大。在属于另一部类的兰科植物朱红色树兰（Epidendrum einnabarinum）里，用植株的自己花粉可以产生良好的蒴，但它们所包含的种子在重量上只有用不同株的花粉来受精的蒴所产生出来的种子的一半，在一个事例里是由一个不同物种的花粉来受精的，其情形也是一样；再者，用植株的自己花粉所产生出来的大部分种子，在某些场合里这样产出来的几乎所有种子，都缺少胚。颚兰的一些自花受精的蒴是处于同样状况之下的。

弗瑞芝·缪勒进行的另一观察是高度值得注意的，即关于各种不同的兰科植物，植株的自己花粉不仅不能使花受精，而且对于柱头还会发生有害的或有毒的作用，并且从柱头接受同样的作用。这一点从与花粉接触的柱头面以及花粉本身得到了阐明，它们在

---

① 列考克：《关于繁殖》，第二版，1862 年，第 76 页。

三到五日内变为暗褐色,然后就腐烂了。这种变色和腐烂并不是由寄生的隐花植物所引起的,弗瑞芝·缪勒只在一个事例中观察过这种情形。把植株的自己花粉,并且把同种异株的花粉或者另一物种的花粉或者甚至另一个亲缘关系非常远的一个属的花粉同时放在同一柱头上,就能充分阐明这等变化。例如,把植株的自己花粉以及不同株的花粉并排地放在波状翁迪西姆兰的柱头上,经过五天之后,后者还是完全新鲜的,而植株的自己花粉则变成褐色的了。另一方面,当把波状翁迪西姆兰的不同株的花粉和斑纹树兰(*Epidendrum zebra*,新种?)的花粉一齐放在同一柱头上时,它们的表现是完全一样的,花粉粒分裂,生出花粉管,穿入柱头,所以这两种花粉块经过十一天之后,除了花粉块柄的差异之外,简直没有差别,花粉块柄当然不发生变化。再者,弗瑞芝·缪勒在兰科植物中作了大量的物种间杂交和属间杂交,他发现在所有场合中当花没有受精的时候,它们的花梗先开始凋萎;这种凋萎缓慢地向上发展,经过一两个星期,在一个事例中经过六七个星期,胚芽最终脱落了;但是,甚至在后一种场合中,并且在大多数其他场合中,花粉和柱头还在表面上保持新鲜状态。但是,花粉偶尔会变得微现褐色,这一般是在外面,而不是在同柱头接触的那一面,当使用植株的自己花粉时,同柱头接触的那一面的花粉永远是褐色的。

　　弗瑞芝·缪勒在上述波状翁迪西姆兰和其他两个物种(*O. unicorne*, *pubes*?)以及两个未命名的物种中观察到植株的自己花粉的有毒作用。在罗氏兰的两个物种中,在诺提利亚兰(Nocylia)的两个物种中,在布林顿兰(Burlingtonia)的一个物种中,并且在同一类群的第四个属的一个物种中,也是如此。在所有这等场合中,除去最后一个,正如可以预料到的那样,用同种异株的花粉都可以使这些花受精。关于诺提利亚兰的一个物种,有许多花是由同一总状花序的花粉来受精的;经过两天后,它们都凋萎了,胚芽开始收缩,花粉块变为暗褐色,没有一个花粉粒生出花粉管。所以在这种兰科植物中植株的自己花粉的有害作用比在波状翁迪西姆兰中还来得迅速。同一总状花序上的其他八朵花是由同种异株的花粉来受精的;对于其中的两朵花进行了解剖,发现有无数花粉管穿入了它们的柱头;其他六朵花的胚芽有良好的发育。此后,许多其他的花由自己的花粉来受精,几天之内全都死去而脱落了;但同一总状花序上的未进行受精的一些花却没有脱落而且长期保持了新鲜状态。我们已经看到,在极不相同的兰科植物的杂交组合中,花粉长期地保持了不腐烂;但在这一点上,诺提利亚兰的表现有所不同;因为当把它的花粉放在波状翁迪西姆兰的柱头上时,柱头和花粉都迅递地变为褐色的了,其情况就好像使用植株的自己花粉似的。

　　弗瑞芝·缪勒提出:像在所有这等场合中那样,植株的自己花粉不仅是不稔的(这样便有效地阻止了自花受精),而且像在诺提利亚兰和波状翁迪西姆兰的场合中那样,还阻止了此后施用的不同个体的花粉的作用,这对于那些由于自己的花粉而日益受到有害作用的植株大概是有利的;因为这样,胚芽会迅速地被致死而脱落,这就不至于在营养一个最终没有用处的部分上作进一步的消耗。

　　同一位博物学者发现,在巴西,比格诺尼亚兰(Bignonia)的三个植株紧密地生长在一起。他使其中一株的 29 朵小花由它们自己的花粉来受精,它们没有结一个蒴。然后用一个不同植株——三个植株之一——的花粉使 30 朵花受精，它们只结了两个蒴。最后，用一个不靠近生长的第四株的花粉使 5 朵花受精，所有这 5 朵花都结了蒴。弗瑞芝·缪勒认为这三个靠近生长的植株大概是同一亲体的实生苗，由于它们的亲缘关系很近，所以它们彼此发生的作用很微弱。这个观点是极端可能的，因为此后他在一篇值得注意的论文①中阐明了，有些苘麻属（Abutilon）的巴西物种是自交不稔的，他育成了一些复杂的物种间杂种，这些物种如果有密切的亲缘关系，它们之间的能育性就远比亲缘关系不密切的那些物种低得多。

现在我们谈一谈同刚才举出来的那些例子密切相似的例子，但这同物种只有某些个体是自交不稔的情形毕竟有所不同。这种自交不稔性并不决定于花粉或胚珠的不适于受精，因为已经知道，花粉或胚珠在和同一物种或不同物种的其他植株的结合中是有效的。植物已经获得了如此特殊的一种体质，以致用不同物种的花粉比用自己的花粉更容易使它们受精，这个事实同所有普通物种发生的情形恰恰相反。因为在普通物种的场合中，同一个体植株的雌雄两性生殖要素当然能够相互自由地发生作用；但它们如果和不同物种的雌雄两性生殖要素相结合，它们的构造却使它们或多或少成为不稔的，并且产生或多或少的不稔杂种。

该特纳对于从不同地方引进来的亮毛半边莲（*Lobelia fulgens*）的两个植株进行了试验，他发现②它们的花粉是良好的，因为他用它们的花粉使鲜红色半边莲（*L. cardinalis*）和蓝色半边莲（*L. syphilitica*）受了精；它们的胚珠同样也是良好的，因为用这两个物种的花粉使它们受了精；但亮毛半边莲的这两个植株却不像这个物种一般能够完全容易完成受精那样地用自己的花粉来受精。再者，该特纳发现③一株盆栽的黑色毛蕊花（*Verbascum nigrum*）的花粉可以使 *Verbascum lychnitis* 和 *V. austriacum* 受精；它的胚珠可以由 *V. shapsus* 的花粉来受精，但不能由自己的花粉来受精。开洛依德④还举出一个例子：*Verbascum phaeniceum* 的三个栽培植株两年以来开了许多花；他用不下四个物种的花粉成功地使它们受了精，但用它们自己的显然良好的花粉却不能产生一粒种子；此后，这三个植株以及从种子育成的其他植株呈现了一种彷徨的状态，一时在雄性方面或雌性方面，或在雌雄两性方面是不稔的，一时在雌雄两性方面是能稔的；但其中两个植株在整个夏季都是完全能稔的。

关于木樨草（*Reseda odorata*），我曾发现某些个体用它们自己的花粉是十分不稔的，土著的黄花木樨草（*R. lutea*）也是如此。这两个物种的自交不稔的植株当用同一物种的任何其他个体的花粉来杂交时却是完全能稔的。这些观察以后将在另一著作中予以发表，我还要在该书中说明，弗瑞芝·缪勒曾把花菱草（*Eschscholtzia californica*）的一些

---

① 《捷纳自然杂志》（*Jenaiscbe Zeitschrift für Naturwiss*），第七卷，第 22 页，1872 年；第 441 页，1873 年。这篇论文的大部分曾被译成英文，见《美国自然学者》（*American Naturalist*），1874 年，第 223 页。

② 《杂种的形成》，第 64，357 页。

③ 同前书，第 357 页。

④ 《第二续编》，第 10 页；《第三续编》，第 40 页。司各脱先生同样地使包括两个变种的费尼毛蕊花的 54 朵花由自己的花粉来受精，没有结一个蒴。许多花粉粒发生了花粉管，但只有少数花粉管穿入了柱头；无论如何还是发生了某种轻微的影响，因为有许多子房多少变得发达了：见《孟加拉亚细亚学会学报》，1867 年，第 150 页。

种子送给我,它们在巴西是十分自交不稔的,但在英国却产生了只是稍微自交不稔的植株。

白色百合花(*Lilium candidum*)[1]的某些植株上的某些花似乎用不同个体的花粉比用它们自己的花粉更能自由地受精。再者,马铃薯的变种也是如此。廷兹曼(Tinzmann)[2]对于这种植物做过许多试验,他说,另一变种的花粉有时可以"发挥强有力的影响,我曾发现这样一些种类的马铃薯:它们用自花的花粉来受精,不能结子,但用其他花粉来受精,却能结子"。但是,似乎没有证明对于自花的柱头不发生作用的花粉本身是良好的。

在西番莲属(Passiflora)里,长久以来人们都知道除非用不同物种的花粉来授精,有几个物种是不结果的:例如,摩勃雷[3]先生发现除非用有翅西番莲(*P. alata*)和总状花序西番莲(*p. racemosa*)的花粉相互受精,它们是不结果的;在德国和法国也有人观察过同样的情形[4]。我曾收到过两个报告,其中说明当四角形西番莲(*P. quadrangularis*)用自己的花粉时决不结果,但在一个例子中当用西番莲(*P. cacrulea*)的花粉来受精时,在另一个例子中当用西番莲果(*P. edulis*)的花粉来受精时,却能非常自由地结果。不过在其他三个例子中,这个物种当用自己的花粉来受精时却能自由地结果;这位作者把一个例子中的良好结果归因于室内温度在花受精之后比以前的温度提高了华氏 5°~10°[5]。关于月桂叶西番莲(*P. laurifolia*),一位具有丰富经验的栽培者指出[6],它们的花"一定是由西番莲的或其他某一普通种类的花粉而受精的,因为它们自己的花粉不会使它们受精"。但是,关于这个问题的最详细叙述是由司各脱先生和罗勃逊·蒙罗提出的[7]:总状花序西番莲、西番莲以及有翅西番莲许多年来都在"爱丁堡植物园"中繁茂地开花,虽然反复不断地用它们自己的花粉来受精,却从来没有产生过任何种子;但这三个物种当以各种途径彼此杂交时,它们立即结了种子。在西番莲的场合中,三个植株(其中有两株是在"植物园"生长的)仅仅由于使用彼此的花粉来受精,就全都能稔。在有翅西番莲的场合中,按照同样的途径得到了同样的结果,但这只是三株中的一株。因为已经提到了如此众多的西番莲属的自交不稔的物种,所以应当说一说一年生的纤美西番莲(*P. eracilis*),它的花用自己的花粉和用不同植株的花粉几乎同样是能稔的;例如,自然地自花受精的16 朵花结了果,平均每一个含有 21.3 粒种子,同时由 14 朵异花受精的花结的果含有24.1粒种子。

现在再来谈谈有翅西番莲,1866 年我会收到罗勃逊·蒙罗的关于这种植物的详细叙述。已经谈到三种植物(其中包括英国的一种)是顽固地自交不稔的,蒙罗先生告诉我说还有其他几种植物,经过多年的试验之后,已被发现具有同样的性质。但在其他一些地

---

① 丢沃诺伊(Duvetnoy),该特纳引用,见《杂种的形成》,第 334 页。
② 《艺园者记录》,1846 年,第 183 页。
③ 《园艺学会会报》,第七卷,1830 年,第 95 页。
④ 列考克:《关于繁殖》,1845 年,第 70 页;该特纳,《杂种的形成》,第 64 页。
⑤ 《艺园者记录》,1868 年,第 1341 页。
⑥ 同前书,1866 年,第 1068 页。
⑦ 《林奈学会会报》,第八卷,1864 年,第 1168 页。罗勃逊·罗蒙,《爱丁堡植物学会会报》,第九卷,第 399 页。

方,这个物种当用自己的花粉来受精时,就容易地结果。在泰摩茨城有一株植物,道纳尔得逊(Donaldson)先生以前曾把它嫁接在一个名称不详的不同物种上,嫁接之后,它用自己的花粉产生了大量的果实;所以这种不大的和不自然的变化在这株植物的这种状况下已经恢复了它的自交能稔性!已经发现这种泰摩茨城植物的某些实生苗不仅用它们自己的花粉是不稔的,就是用彼此的花粉以及不同物种的花粉,也是不稔的。这种泰摩茨城植物的花粉不能使同一物种的某些植株受精,但能成功地使"爱丁堡植物园"中的一个植株受精。从后一组合培育出一些实生苗,蒙罗先生用它们自己的花粉使它们的一些花受精;但像母本一向证明的那样,除非由嫁接的泰摩茨城植物来授精,并且我们即将看到,除非由它自己的实生苗来授精,它们是自交不稔的。因为蒙罗先生用它自己的自交不稔实生苗的花粉使自交不稔母本植株上的 18 朵花受精,其显著有如事实所示,得到了充满优良种子的 18 个好蒴!我还没有遇到过一个有关植物的例子,它能像有翅西番莲那样充分地阐明了:完全的能稔性或完全的不稔性取决于多么微小而神祕的原因。

迄今所举出的事实都同以下的情形有关,即纯种当用自己的花粉来受精时,其能稔性会大大减低或者完全遭到破坏,这是同它们当由不同个体或不同物种来受精时的能稔性相比较而言;但在杂种中曾经观察过密切近似的事实。

赫伯特说[1],有九个孤挺花(Hippeastrums)的杂种同时开了花,这些杂种具有复杂的起源,是从几个物种传下来的,他发现"几乎每一朵花接触另一杂种的花粉之后就能大量地产生种子,而接触它们自己花粉的那些花或者完全不结蒴,或者缓慢地结较小蒴,含有较少的种子"。他在《园艺学报》中还说,"把另一杂种孤挺花(不论是多么复杂的杂种)的花粉放入任何一朵花中,几乎肯定会抑制其他花结实"。赫伯特博士在 1839 年写给我的一封信中说道,他已经在连续五年中进行了这些试验,此后他又重复进行,其结果永远是一样的。这样,他被引导对于一个纯种(*Hippeastrum aulicum*)进行了相似的试验,这是他最近从巴西输入的:这个鳞茎抽出了四朵花,其中的三朵花由它们自己的花粉来受精,第四朵花由孤挺花的三个物种(*H. bulbulosum, riginae, vittatum*)的三重杂种的花粉来受精;结果是,"最初三朵花的子房很快就停止生长,过了几天之后,完全死去了;而由杂种的花粉来受精的那朵花则结了蒴,它强壮而迅速地走向成熟,并且结了自由生长的良好种子"。正如赫伯特指出的那样,这诚然是"一个奇怪的事实",但还不像下述事实那样奇怪。

作为这些事实的证明,我愿补充以下一点:梅耶斯(M. Mayes)先生[2]在进行孤挺花属的物种间杂交方面获得了丰富经验之后说道,"我们充分知道,无论纯种或杂种,用自己的花粉不如用其他的花粉可以那样大量地产生种子"。再者,新南威尔斯(New South Wales)的比得威尔(Bidwell)先生[3]断言,颠茄形孤挺花(*Amaryllis belladonna*)用 *Brunswigia*(某些作者所订的 *Amaryllis* 的异名)*josephinae* 或 *B. multiflora* 的花粉来受精比用它们自己的花粉来受精,可以产生多得多的种子。比东先生使曲花(Cyrtanthus)的

---

① 《石蒜科》,1837 年,第 371 页。《园艺学会学报》,第二卷,1847 年,第 19 页。

② 拉乌顿的《艺园者杂志》,第十一卷,1835 年,第 260 页。

③ 《艺园者记录》,1850 年,第 470 页。

四朵花由它们自己的花粉来受精，并且便其他四朵花由伏洛塔花（*Vallota*［*Amaryllis*］*purpurea*）的花粉来受精；到了第七天，"那些接受自己花粉的花在生长上变慢了，并且最终死去了；那些同伏洛塔花杂交的花还继续发育"[①]。但是，后面这些例子是同未杂交的物种有关的，同上述有关西番莲属、兰科植物等例子相似；在这里提到它们只是因为它们都属于石蒜科（Amaryllidaceae）的同一类群。

在对杂种孤挺花的试验中，如果赫伯特发现，只有两三个种类的花粉比它们自己的花粉对于某些种类更加有效的话，那么大概会发生这样的争论：这些种类由于它们的混杂系统，比其他种类具有更密切的相互亲和力；但这种解释难于被接受，因为这些试验是对九个不同的杂种交互进行的；无论用哪一种方式进行杂交，永远可以证明这是高度有益的。我再来补充一个显著而相似的例子，这是勃罗姆雷·康芒（Bromley Common）的罗生（A. Rawson）牧师对于唐菖蒲（Gladiolus）的一些复杂杂种所进行的试验。这位熟练的园艺家拥有这种植物的大量法国变种，彼此仅在花的颜色和大小上有所差异，所有这些变种都是从一个著名的古老杂种（Gandavensis）传下来的，据说它是从那塔尔唐菖蒲（*G. natalensis*）由南非东部唐菖蒲（*G. oppositiflorus*）授粉而传下来的[②]。罗生先生在重复了这些试验之后发现，没有一个变种用它们自己的花粉可以结子，纵使这是取自同一变种（它当然是由鳞茎来繁殖的）的不同植株的花粉，但是，如果用任何其他变种的花粉，所有它们都可以自由地结子。举两个例：Ophir 用它自己的花粉，连一个蒴也不结，但用 Janire，Brenchleyensis，Vulcain 和 Linné 的花粉来受精，却结了 10 个良好的蒴；Ophir 的花粉是健全的，因为 Linné 用它来受精，结了 7 个蒴。相反地，这最后一个变种用它自己的花粉，是极端不稔的，但把它的花粉用于 Ophir，却是完全有效的。罗生先生在 1861 年用其他变种的花粉一共使四个变种的 26 朵花受了精，每一朵花都结了一个良好的种子蒴；但同时用自己的花粉使同样这些植株上 52 朵花受精，却没有结一个种子蒴。罗生先生在一些场合里用其他变种的花粉使互生的花受精，在其他场合里用其他变种的花粉使穗状花序一侧的所有花受精，其余的花则由它们自己的花粉来受精。当它们的蒴接近成熟时我看到过这些植株，它们的奇妙排列立刻使人充分相信这些杂种的杂交产生了巨大的利益。

最后，安提贝斯的包尔内特博士在岩蔷薇（Cistus）的物种间杂交方面曾经做过无数的试验，但还没有发表他的结果，他告诉我说："当任何这等杂种是能稔的时候，就其机能来看，可以说它们是雌雄异株的；因为当雌蕊由自花的或同株上的花粉来受精时，它们总是不稔的。但是，使用的花粉如果取自具有同样杂种性质的不同个体，或者取自一个由反交（reciprocal cross）形成的杂种，它们便常常是能稔的。"

结论——雌雄两性要素虽然都适于生殖，但一些植物还是自交不稔的，这种情形最初一看好像同所有类推都相矛盾。关于物种，所有它的个体虽然是在自然条件下生活，

　　[①]　《园艺学会学报》，第五卷，第 135 页。这样育成的实生苗曾经送给"园艺学会"；但是根据询问的结果，得知它们不幸于翌冬死去了。

　　[②]　比东先生，《园艺学会学报》，1861 年，第 453 页。但列考克说（《关于繁殖》，1862 年，第 369 页），这个杂种是从 *G. psittacinus* 和 *cardinalis* 传下来的；但这同赫伯特的经验相反，他发现前一个物种不能杂交。

但都是处于上述状况之下的,所以我们可以做出这样的结论:它们获得自交不稔性是为了有效地阻止自花受精。这种情形同二形的和三形的植物或花柱异长的植物是密切相似的,这些植物只有用不同类型植物的花粉才能充分地受精,并且像在上述场合中那样,同一物种的任何其他个体也可使它们受精。某些这等花柱异长的植物用同一植株或同一类型的花粉是完全不稔的。关于生活在自然条件下的物种只有某些个体是自交不稔的(例如黄色木樨草),大概是这些植物为了保证偶尔的异花受精而成为自交不稔的,同时其他个体保持自交能稔是为了这个物种的繁殖。这个例子同赫尔曼·缪勒所发现的那些产生两个类型的植物似乎是相似的,即一个类型开的花比较显眼,它们的构造适于由昆虫进行异花受精,另一个类型开的花比较不显眼,适于自花受精。但是,某些上述植物的自交不稔性是随着它们的生活条件而发生的,例如花菱草属、费尼毛蕊毛(它的不稔性随着季节而变异)、有翅西番莲(当嫁接在不同砧木上时它的自变能稔性就恢复了)都是如此。

在上述几个例子中,我们有趣地看到一个级进的系列:有些植物当进行自花受精时,产生充分数量的种子,但其实生苗比较矮小一些——有些植物当进行自花受精时,产生很少的种子——有些植物不产生种子,不过其子房多少有点发育——最后,有些植物的自己花粉和柱头彼此就像毒药般地相互发生作用。我们还有趣地看到,在上述某些例子中,完全的自交不稔性或完全的自交能稔性必须取决于花粉或胚珠的性质中多么微小的一点差异。自交不稔物种的各个个体当由任何其他个体的花粉来受精时,似乎都能产生完全数量的种子(虽然根据有关蒿麻属的概述事实来判断,具有最近亲缘关系者必须除外);但没有一个个体能由自己的花粉来受精。因为各个有机休和同一物种的各个其他个体之间只有某种轻微程度的差异,所以毫无疑问,它们的花粉和胚珠也是如此;在上述场合中,我们必须相信,完全的自交不稔性和完全的自交能稔性取决于胚珠和花粉中何等微小的差异,而不取决于它们在某种特殊方式上彼此有所分化;因为成千上万的个体的两性生殖要素不可能对于每一个其他个体都特殊化了。但是,在上述某些场合中,例如在某些西番莲的场合中,花粉和胚珠之间的足以受精的分化量只是由使用不同物种的花粉才得到的;但这可能是由以下情形造成的,即这等植物由于它们的不自然生活条件而多少成为不稔的了。

拘禁在动物园中的外国动物同上述自交不稔的植物有时处于几乎一样的状况之下;因为,像我们在下一章将要看到的那样,某些猴,大型食肉类动物,几种磯鸡,鹅以及雉都和同一物种的个体一样地可以完全自由交配繁育,甚至能够更加自由地交配繁育。还要举出一些例子来指明,某些雄性的和雌性的家养动物尽管和同一种类的任何其他个体交配是能育的,但它们彼此之间却存在着性的不相合性。

在本章的前一部分中已经阐明,属于同族而不同类的、要不是属于不同族或不同物种的个体之间的杂交可以增加后代的大小,提高其体质的强壮性,除了在杂交物种的场合中,还可以提高其能育性。这个事实已经得到了育种者们的普遍证明(应当注意到,我在这里所谈的并不是近亲交配的恶劣结果),实际上,为了直接消费而育成的杂种动物具有较高价值的情形已经证实了这一点。在一些动物和植物的场合中,杂交的良好结果还由实际的重量和大小得到了证明。由于杂交，纯血统的动物就其特有的品质来说虽然会明显地退化，但是，由于杂交而获得刚才提到的那种利益，似乎没有例外，甚至以前没有进行过任何近亲交配，其情形也是如此；对于可以长期经得住最近亲交配的动物，如牛和羊，这一法则也是适用的。

关于杂交物种，虽然在大小、强壮、早熟和抗性方面有所得（除了稀有的例外），在能育性方面，程度大小不等地有所失；但上述各点的获得不能归因于补偿的原理；因为在杂种后代的增大和增强同其不育性之间并不存在密切的平行现象。还有，已经明确证实了，完全能育的变种间杂种和不育的物种间杂种一样，都得到这些同样的利益。

在高等动物的场合中，关于保证不同种类之间的不时杂交，似乎并不存在特殊的适应性。导致雄者之间进行凶猛竞争的热烈欲望就足够了；因为，甚至在群栖动物的场合中，占有支配地位的老的雄者经过一个时期之后将会被赶下台去，如果同族的一个亲缘关系最密切的成员是胜利的继承者，那么这也不过是一种侥幸而已。许多低等动物——如果是雌雄同体——的构造阻止它们的卵由同一个体的雄性生殖要素而受精；所以两个个体的杂交还是必要的。在其他场合中，和不同个体的雄性生殖要素相接触至少是可能的。关于植物，它们是固定于地中的，不能像动物那样地漫游于各地，对于异花受精，它们的无数适应性完善得令人吃惊，凡是研究过这个问题的人都承认这一点。

长期不断的近亲交配的恶劣结果并不像杂交的良好效果那样容易地得到辨识，因为退化是逐渐的。尽管如此，那些具有最丰富经验的人们还普遍认为，恶劣结果迟早不可避免地要发生，不过不同的动物有不同的速度，特别是关于繁殖迅速的动物更加如此。毫无疑问，一种错误的信念会像一种迷信那样地广泛流行；但难于想象的是，如此众多的敏锐观察者们花了非常大的代价和麻烦而全部陷于错误。一个雄性动物有时可能同它的女儿、孙女等等交配，甚至连续交配七代而没有任何显著的恶劣结果；但关于被视为最近亲交配的兄弟姐妹之间的交配从来没有在若干相等的世代中进行过试验。我们有良好的理由可以相信，把同族的成员养在不同的场所，特别是暴露在多少不同的生活条件下，并且使这些族偶尔进行杂交，近亲交配的恶劣结果可能大大减小或者完全消失。这等恶劣结果是指体质强壮性、大小和能育性的损失而言，但在身体的一般形态方面或在其他优良品质方面并不一定有所退化。我们已经看到，关于猪，第一流动物是经过长期不断的近亲交配而产生出来的，虽然它们当同近亲进行交配时变得极其不育了。能育性的损失，当它发生时，似乎从来不是绝对的，而只是和同一血统的动物的比较而言；所以这种不育性在某种范围内同自交不稔的植物是相似的，这等植物不能由自己的花粉而受精，只有用同一物种的任何其他个体的花粉才是完全能稔的。作为长期近亲交配之结果的这种特殊性质的不育性的事实阐明了，近亲交配的作用并不仅仅是结合和扩大双亲所共有的各种病态倾向；因为具有这等倾向的动物，如果当时不是实际有病的，一般都能繁殖它们的种类。虽然从最近亲属传下来的后代并不一定在构造上都是退化的，但有些作者相信它们有变成畸形的显著倾向；这并不是不可能的，因为减小生命力的每一件事都按着这一途径发生作用。在猪、血缇以及某些其他动物的场合中这种事例已有所记载。

最后，当我们考虑到现在列举的各种事实，它们明显地阐明了杂交可以产生良好结果，并且较不明显地阐明了近亲交配可以产生恶劣结果，同时如果我们记住，在很多有机体的场合中对于不同个体的偶尔结合已经有精巧的设备，那么一项伟大自然法则的存在差不多就得到了证实；这就是，亲缘关系并不密切的动物或植物的杂交是高度有利的，甚至是必不可少的，同时在许多世代中连续进行近亲交配是有害的。

第十八章

改变生活条件的利与不利：不育性的各种原因

On the Advantages and Disadvantages of Changed Conditions of Life: Sterility from Various Causes

由生活条件的微小变化而发生的利益——动物在其原产地以及在动物园中由于生活条件改变而发生的不育性——哺乳类、鸟类以及昆虫类——次级性征和本能的消失——不育性的原因——由于生活条件改变而发生的家养动物的不育性——个体动物的性的不调和——由于生活条件改变而发生的植物的不稔性——花药的不完全——作为不稔性的原因的畸形——重瓣花——无子果实——由于营养器官的过度发育而发生的不稔性——由于长期不断的芽繁殖而发生的不稔性——初发的不稔性、即重瓣花和无子果实的主要原因

由于生活条件的微小变化而发生的利益　当考虑到是否有任何既知事实对于上一章所达到的结论——即杂交可以产生利益，并且所有生物都必须不时杂交是一项自然的法则——可以提供说明的时候，我认为由于生活条件的微小变化而发生利益这一点可能合乎这一目的之用，因为这是一种相似的现象。没有两个个体在体质和构造上是绝对相像的，至于两个变种就更加如此了；当一方的胚由另一方的雄性生殖要素而受精时，我们可以相信，它的作用同一个个体暴露在稍微变化了的条件之下多少有些相似。现在，每一个人一定都已经注意到易地疗养对于病人复原的显著影响，并且没有一个医生怀疑这种疗法的正确性。拥有一点土地的小农确信改换牧场对于他们的牛是有巨大利益的。在植物的场合中，从尽可能不同的土壤或地方交换种子、块茎、鳞茎和插条可以得到巨大利益，在这方面是有强有力的证据的。

关于植物可以这样得到利益的信念，不论论它是否有良好的根据，自从哥留美拉（耶稣纪元不久即行著述）一直至今天，已经稳定地被保持下来了；这种信念现在还流行于英国、法国和德国①。一位敏锐的观察者勃赖德雷在1724年的著述②中说道，"当我们一旦成为一种优良种子的所有者时，我们至少应当把它们送给两三个人家，那里的土壤和地点的差异愈大愈好，每年这种种子的栽培者应该彼此进行交换；利用这种办法，我发现种子的优良性可以保持若干年。因为如果不用这种办法，许多农民的收获就会不好并且成为重大的损失者"，于是他提供了他自己对于这个问题的实际经验。一位近代作者③确言，"在农业中最能明确证实的是：任何一个变种连续生长于同一地区，都会使它容易在质量上发生退化"。另一位作者说，他在同一块土地上密切靠近地播种了两小区小麦，它们原是同一系统的产物，其中一小区的小麦种子是在同一块土地上收获的，另一小区的小麦种子是在隔开一些的土地上收获的，从后面这些种子得到的好收成有显著差异。萨立（Surrey）有一位先生长久以来就从事培育并出售小麦种子的交易，而且他的小麦售价在市场上永远比别人的高，他肯定地向我说，他发现不断地变换他的种子是紧要的事情，为了这个目的，他设置了两处农场，它们的土壤和海拔都有很大差异。

关于马铃薯的块茎，我发现交换它们的秧苗几乎在各地都是实行的。兰开郡的优秀马铃薯栽培者们以前惯于从苏格兰取得块茎，但他们发现，"从沼地（moss-lands）移植，或者相反地进行，一般就足够了"。以前在法国，沃斯季（Vosge）的马铃薯收成五六十年以

◀ 达尔文画像。

---

① 关于英国，参阅下文。关于德国，参阅梅兹加，《谷类作物的性质》（*Getreidearten*），1841年，第63页。关于法国，罗兹列尔-德隆卡姆就这个问题举出了很多参考资料。关于法国南部，参阅高德龙，*Florula Juvenalis*，1854年，第28页。

② 《农业通论》（*A General Treatise of Husbandry*），第三卷，第58页。

③ 《艺园者记录和农业新报》，1858年，第247页；关于第二种叙述，同前书，1850年，第702页。关于同一问题，参阅瓦克尔牧师的《高地农业协会的悬赏论文》（*Prize Essay of Highland Agricult, Soc.*），第二卷，第200页。还有马歇尔的《农业备忘录》（*Minutes of Agriculture*），11月，1775年。

来都按照 120～150 布什尔(Bushel)到 30～40 蒲式耳这样的比例减低；著名的奥勃林(Oberlin)把他得到的可惊的良好结果大部分归因于变换秧苗①。

一位著名的实践艺园者鲁滨孙先生②肯定地说道，他自己会亲眼看到从同一种类、但来自英国的不同土壤和远隔地方的玉葱鳞茎、马铃薯块茎以及各种种子所得到的决定性利益。他进一步说道，关于由插条繁殖的植物，就像天竺葵属、特别像大丽菊属那样，可以从曾经栽培于另一地方的同一变种的植株得到显著的利益；或者，"如果场所范围尤许的话，那么可以从某一种类的土壤中取得插条，栽植在另一种类的土壤里，以便对于植物的利益提供似乎非常必要的变化"。他主张经过一段时间之后这种性质的交换就会"强制栽培者这样进行，不论他是否对此有所准备"。另一位优秀的园艺者费施(Fish)先生做过相似的叙述：他从一位邻人那里得到了荷包花属的同一变种的插条，"它们比他自己所有的插条强壮得多，对于二者的处理是按照完全一样的方式进行的"，他把这种情形完全归因于他自己拥有的植物已经使它们的地点消耗殆尽或者厌倦于那个地点了"。这种情形多少在嫁接的和芽接的果树中明显地发生过；因为按照阿贝(Abbey)的材料，在不同的变种、甚至物种上或者在以前曾经嫁接过的砧木上，比在用作嫁接的变种的种子所产生出来的砧木上，接枝或接芽一般可以更容易地成活；他相信这完全不能由该砧木更好地适于该地的土壤和气候来作解释。但应当补充说明的是，变种被嫁接在或芽接在很不相同的种类上虽然比被嫁接在密切近似的砧木上能够更容易地成活，并且一开始就能更旺盛地生长，不过此后往往会变得不健康。

我曾研究过得谢尔的周密而精细的试验③，这些试验是为反驳变换种子可以得到利益的那种普通信念而进行的；他肯定地指出，同一粒种子被谨慎地栽培在同一农场中（没有提到是否在完全一样的土壤中），可以连续十年而没有任何损失。另一位优秀的观察者考特尔上校④得出同样的结论；但是，他然后明确地补充说道，如果使用同一粒种子，"那么在施用一年堆肥的土地上生长的植株，会变得适于播种在施用石灰的土地上，然后会变得适于播种在施用草木灰的土地上，于是又会变得适于播种在施用混合肥料的土地上，等等"。实际上这就是在同一农场范围之内的有系统的交换种子。

总之，许多栽培者们所支持的交换种子、块茎等等可以产生良好结果的这一信念似乎具有相当充分的基础。几乎不可相信的是，这样产生的利益好像是由于种子在某一土壤中得到了其他土壤中所缺少的某种化学元素，因而大量地影响了这种植物以后的全部生长，特别当它们是很小的种子时，好像就更加不可相信。当植物一旦发芽之后即行固定于同一地点时，大概可以预料到它们由于变换地方而得到的良好效果比不断漫游的动物更加明显；而实际情形显然就是如此。生活取决于或者存在于极其复杂力量的不断活动，它们的作用在某种途径上似乎是受各个有机休生活于其中的环境的微小变化所刺

---

① 奥勃林(Oberlin)的《回忆录》(Mcmoirs)，英译本，第 73 页。关于兰开郡，参阅马歇尔的《报告评论》(Review of Reports)，1808 年，第 295 页。

② 《家庭艺园者》，1856 年，第 186 页，关于鲁滨孙先生的以后叙述，参阅《园艺学报》，2 月 18 日，1866 年，第 121 页。关于阿贝的有关嫁接的意见等等，同前书，7 月 18 日，1865 年，第 44 页。

③ 《法国科学院院报》，1790 年，第 209 页。

④ 《小麦品种》(On the Varieties of Wheat)，第 52 页。

激。像赫伯特·斯宾塞①所说的那样，自然界的所有力量有一种趋于平衡的倾向，并且对于各个有机体的生活来说，这种倾向受到抑制是必要的。这种观点以及上述事实一方面对于品种杂交的良好效果大概可以提供解释，因为胚将会由于新的力量而这样发生微小的改变或受到微小的作用；另一方面，对于延续许多世代的近亲交配的恶劣效果大概也可以提供解释，在这些世代中胚将会从具有几乎同一体质的雄者那里受到作用。

由于生活条件变化而发生的不育性

现在我将试着阐明，动物和植物当离开它们的自然条件时，常常在某种程度上变得不育或者完全不育；甚至当条件没有多大变化的时候，这种情形也会发生。这个结论同我们刚刚做出的结论、即其他种类的较小变化对于生物是有利的，并不一定有矛盾。现在讨论的这个问题具有某种重要性，因为它同变异性的原因有紧密的关联。间接地，恐怕它同物种当杂交时的不育性也有关系；这因为一方面生活条件的微小变化对于植物和动物是有利的，并且变种的杂交可以使它们的后代在大小、强壮性和能育性方面有所增加，所以另一方面生活条件的某种其他变化便成了不育性的原因；同时由于这种情形同样地是从大大改变了的类型或物种而发生的，所以我们便拥有一系列平行而重复的事实，它们之间的关系显然是密切的。

众所周知，许多动物虽然是完全驯化的，但还不能在拘禁中繁育。因此，小圣喜来尔②在不能于拘禁中繁育的驯化动物和能够自由繁育的真正家养动物之间划出了一条宽阔的界线；如第十六章所示，后者一般比在自然状况下更能自由地繁育。大多数动物的驯化是可能的，而且一般是容易的；但经验示明，有规律地繁育它们却是困难的，甚至很少的繁育也是困难的。我对这个问题将详细地进行讨论；但只举那些似乎最有说服力的例子。我的材料取自散在于各种著作中的记载，特别是取自"伦敦动物学会"的职员们亲切为我做出的报告，这份报告具有特别的价值，因为它记录了 1836—1846 年这九年间的所有例子，它们指出：动物交配不产生后代，还有就已经知道的情况来说，它们从不交配。我根据相继发表到 1865 年的各个年度的报告修正了这份报告的原稿③。关于动物的繁育，在格雷博士所写的《诺斯雷动物园拾集》(*Gleanings fom the Menagerics of Knowsley Hall*)那部巨著中列举了许多事实。我还向旧"萨立动物园"的有经验的鸟类饲养者做过特别调查。我应当先说一下，对于动物处理的微小变化有时会造成它们的能育性的

①　斯宾塞先生在他的《生物学原理》(*Principles of Biology*，1864 年，第二卷，第十章)中充分而且巧妙地讨论了这整个问题。我在《物种起源》第一版(1859 年，第 267 页)中谈到：从生活条件的微小变化以及杂交繁育可以产生良好效果，从生活条件的巨大变化以及大不相同的类型之间的杂交可以产生恶劣效果，这一系列的事实"是由某种普通的、但未知的纽带联系在一起，并且同生命原理有本质的关联"。

②　《普通动物学论文集》，1841 年，第 256 页。

③　自从本书第一版问世以后，斯雷特尔先生发表了一张从 1848—1867 年在动物园中曾经繁育过的哺乳动物的物种表(《动物学会会报》，1868 年，第 623 页)。关于偶蹄类，饲养了 85 个物种，其中在 20 年间只少繁育过一次的物种为 1∶1.9；有袋类有 28 种，繁育过的为 1∶2.5；食肉类有 74 种，繁育过的为 1∶3.0；啮齿类有 52 种，繁育过的为 1∶4.7；四季类(Quadrumana)有 75 种，繁育过的为 1∶6.2。

巨大差异；因而在不同动物园中所看到的结果可能有所不同。的确，自从 1846 年以后，我们"动物园"中的某些动物已经变得更加能够生育了。根据弗·居维叶对于"法国植物园"(Jardin des Plantes)的记载①，那里动物的繁育在以前显然不如现在这样自由；例如，在高度多产的鸭族中，那时只有一个物种产生小鸭。

然而最显著的例子是由在原产地饲养的动物提供的，它们虽然完全驯化了，十分健康，并且被允许有某种自由，但绝对地不繁育。伦格②在巴拉圭特别注意过这个问题，他详细列举了六种四足兽都处于这种状态中；他还提到其他两三种动物只有极其稀少的繁育。倍芝先生在他有关亚马逊河的著作中坚决主张相似的情况③；他并且说，当印第安人饲养彻底驯化的当地哺乳类和鸟类时，它们不繁育，这个事实不能由他们的懒散或不关心得到全部解释，因为各个辽远的部落都饲养并且繁育火鸡和鸡。在世界上差不多每一处地方——例如在非洲的腹地以及波利尼西亚诸岛的若干地方——土人极其喜欢驯养当地的四足兽类和鸟类；但他们很少或者从来没有能够成功地使它们繁育。

关于动物在拘禁中不繁育的例子，最显著的是关于象的。在土著的印度人家庭中大量饲养着象，它们可以活到老年，强壮得足以从事最剧烈的劳动；但除去很少的例外，从来不知道它们甚至会交配，虽然雄者和雌者都有定时的发情期。但是，我们如果稍微向东前进到阿瓦，克劳弗得先生④告诉我们说，"它们在家养状态下或者至少在一般饲养雌象的半家养状态下的繁育情形是每天都要发生的"；克劳弗得先生告诉我说，他相信这种差异必须完全归因于允许雌象以某种程度的自由漫游于森林之中。另一方面，根据海勃尔(Heber)主教的记载⑤，被捕获的犀牛在印度的繁育似乎比象容易得多。马属的四个野生种会在欧洲繁育过，虽然这里在它们的生活习性方面遭遇了巨大的变化；但它们的物种一般都彼此进行过杂交。猪族的大多数成员在我们动物园中能够容易地繁育；甚至来自西非酷热平原的红色河猪(*potamochoerus penicillatus*)在动物园中也繁育过两次。在这里西瑞(*Dicotyles torquatus*)也繁育过数次，但另一物种(*D. labiatus*)虽然已经驯化到半家养的地步，据说在巴拉圭的原产地却极少繁育，以致按照伦格的说法⑥，这种情形还需要证实。倍芝先生说，在亚马索拿(Amazonia)，印第安人虽然常常驯养貘，但它们从来不繁育。

反刍类在英国一般可以十分自由地繁育，虽然它们是从大不相同的气候引进的，这在《动物园年报》以及《德尔比勋爵动物园抬集》中都有所叙述。

食肉动物除了其中的蹠行类以外，其自由繁育的程度约当反刍类的一半（虽然不时出现例外）。猫科(*Felidae*)的许多物种曾在各个动物园中繁育，虽然它们是从各种不同气候的地区输入的，而且还是受到严密拘禁的。现任"动物园"主任巴列特⑦先生说，狮子

---

① 《关于发情》(*Du Rut*)，《博物馆年报》，1807 年，第九卷，第 120 页。
② 《巴拉圭的哺乳动物》，1830 年，第 49，106，118，124，201，208，249，265，327 页。
③ 《亚马逊河上的博物学者》，1863 年，第一卷，第 90，103 页；第二卷，第 113 页。
④ 《阿瓦宫廷出使记》，第一卷，第 153 页。
⑤ 《日记》(*Journal*)，第一卷，第 213 页。
⑥ 《哺乳动物》(*Säugethiere*)，第 327 页。
⑦ 《关于大型猫科动物的繁育》(*On the Breeding of the Larger Felidae*)，《动物学会会报》，1861 年，第 140 页。

比该科其他任何物种的繁育更加常见，而且每胎可以产生更多的小狮子。他又说，虎极少繁育；"但是关于雌虎和雄狮之间的繁育，却有若干十分确凿的事例"。许多拘禁中的动物同不同物种交配并且产生杂种，其自由的程度就像同它们自己的物种进行繁育一样，或者甚至还要自由些，这种情形虽似奇怪，但确曾发生。根据法更纳博士以及其他人们的调查，拘禁中的虎在印度好像不繁育，虽然据知它们是交配的。巴列特先生从来不知道猎豹(Fells jubata)在英国繁育，但它在弗兰克福(Frankfort)繁育；在印度它也不繁育，印度大量饲养它们以供狩猎之用；但使它们繁育并不费力，因为只有在自然状况下猎取食物的那些动物才是有用的，而且才是有训练价值的①。按照伦格的材料，在巴拉圭有两个野猫的物种，虽然彻底驯化了，但从来不繁育。猫科的许多品种虽然在"动物园"中可以容易地繁育，但交配之后决不会每次都怀胎；在那份九年间的"报告"中，列举了各个不同的物种，曾经看到它们交配过 73 次，毫无疑问，一定还有许多次没有被看到；但在这 73 次的交配中只有 15 次生产。"动物园"中的食肉类动物以前并不像现在这样自由地暴露在大气和寒冷中，前"动物园"主任米勒(Miller)向我肯定地说道，这种管理上的变化大大增加了它们的能育性。最有才能的判断者巴列特先生说，"值得注意的是，狮子在旅行团体中比在'动物园'中能够更自由地繁育；从转移的地方产生出来的不断兴奋和刺激，或者空气的变化，大概对于这桩事情有相当的影响"。

犬科的许多成员在拘禁中可以容易地繁育。道尔狗(Dhole)是印度最不容易驯化的动物中的一种，法更纳博士在那里养过一对，产生了小狗。另一方面，狐极少繁育，我从来没有听说欧洲狐有过这种情形；但是北美银狐(Canis argentatus)在"动物园"中已经繁育过数次了。甚至水獭在那里也繁育。任人皆知，半家养的雪貂品种多么容易繁育，虽然它们是被关在小得可怜的笼子中的；但灵猫(Viverra)和狸猫(Paradoxurus)的其他物种在"动物园"中却绝对不繁育。獛(Genetta)在这里和"法国植物园"中都曾繁育过，而且产生了杂种。有一种獴(*Herpestes fasciatus*)同样地可以繁育；但以前有人肯定地向我说过，另一种獴(*H. griseus*)在"动物园"中虽然饲养的很多，但从不繁育。

蹠行食肉类在拘禁中的繁育远不像其他食肉类那样地自由，虽然关于这个事实不能举出任何理由。在那份九年间的"报告"中说道，熊被看到在"动物园"中是自由交配的，但在 1848 年以前，受孕的情形极其罕见。在迄今为止所发表的"报告"中，已经说到有三个物种产生了小熊(其中一例是杂种)，但可惊的是，北极白熊也曾产生过小熊。獾(*Meles taxus*)在"动物园"中繁育过数次，但我没有听说在英国其他地方发生过这种情形，这种事一定很罕见，因为在德国的一个事例曾被认为有记载下来的价值②。在巴拉圭，士著的狗(Nasua)虽然成配偶地被饲养了许多年而且完全驯化了，但按照伦格的材料，从来不知道它们繁育过或者有过任何性的性欲；我听倍芝先生说，这种动物或蜜熊(Cercoleptes)在亚马索拿繁育过。其他两个蹠行的属——浣熊(Procyon)和狼獾(Gulo)——虽然常常可以在巴拉圭驯养，但从来不在那里繁育。在"动物园"中，曾看到狗和浣熊的物种交配过，但它们没有产过仔。

　　①　斯利曼(Sleeman)的《印度漫游记》(*Rambles in India*)，第二卷，第 10 页。
　　②　魏格曼的《博物学文库》(*Aschiv für Naturgesch*)，1837 年，第 162 页。

因为家兔、豚鼠和小白鼠当被拘禁在各种气候之下时能够如此大量地繁育，所以可能设想到啮齿目的大多数其他成员大概也可以在拘禁中繁育，但事实并非如此。当阐明繁育能力和亲缘之间如何有关系的时候，值得注意的是，巴拉圭有一种啮齿动物叫做狙貒(Cavia aperea)，它在那里自由地繁育，并且连续产生了各代；这种动物同豚鼠如此密切相似，以致曾被错误地认为是它的祖先类型①。在"动物园"中，有些啮齿动物曾经交配过，但从不产仔；还有些既不交配也不繁育；只有少数是繁育的，例如：豪猪(Porcupine)繁育过不止一次，巴贝利鼠(Barbary mouse)、旅鼠(Lemming)、岑其拉兔以及刺鼠(Dasyprocta aguti)繁育过数次。刺鼠在巴拉圭也产过仔，虽然它们生下来就是死的或是畸形的；但按照倍芝先生的材料，它们在亚马索拿从不繁育，虽然它们常常被驯养于住家的周围。狁狐(Caelogenys paca)在那里也不繁育。我相信普通山兔在欧洲决不于拘禁中繁育，虽然按照最近的记述，它曾同家兔杂交过②。我从来没有听说睡鼠(dormouse)在拘禁中繁育过。但松鼠提供了一个更引人注意的例子：除了一个例外，在"动物园"中没有一个物种繁育过，虽然松鼠的一个物种(S. palmarum)的十四个个体在一起被饲养了若干年。松鼠的另一物种(S. cinerca)曾被看到交配过，但不产仔；这个物种在原产地北美极端驯化之后，也从来没有听说它产过仔③。在德尔比勋爵的动物园中，大量饲养了许多种类的松鼠，但管理人汤普逊先生告诉我说，没有一种在那里繁育过，据他所知，在别处也没有繁育过。我从来没有听说英国松鼠在拘禁中繁育过。但在"动物园"中有一物种，即飞松鼠(Sciuropterus volucella)，繁育过不止一次，这恐怕是预料不到的。它在伯明翰附近也繁育过数次；但雌者在一胎中产的仔从来没有超过 2 只，而在它的原产地美洲，一胎可产 3～6 只④。

在那份有关"动物园"的九年间"报告"中，据说猴类极其自由地交配，但在这一期间，许多个体虽然饲养在一起，却只有 7 次生育。我听说只有美洲猴——弗(Ouistiti)——在欧洲繁育⑤。按照弗劳伦斯的材料，一种狝猴(Macacus)在巴黎繁育，该属的不止一个物种在伦敦都产仔，特别是恒河猴(Macacus rhesus)在任何地方都表现有于拘禁中繁育的特别能力。在巴黎以及在伦敦从这一属产生了杂种。阿拉伯狒狒(Cynocephalus hamadryas)⑥以及一种长尾猴(Cercopithectus)都曾在"动物园"中繁育过，而且后一物种还在诺森勃兰公爵的动物园中繁育过。狐猴(Lemurs)这一科的若干成员在"动物园"中产生过杂种。远远更加值得注意的是，猴类在原产地于拘禁中繁育的情形是很罕见的；

---

① 伦格：《哺乳动物》，第 276 页。关于豚鼠的血统，参阅小圣伊莱尔的《普通博物学》。我曾把我从拉普拉塔的狙貒身上采集的虱子送给利兹(Leeds)的邓尼(H. Denny)先生，他告诉我说，这同在豚鼠身上找到的虱子并不属于同一属。关于狙貒不是豚鼠的祖先，这是一个重要的证据；而且值得提出，因为有些作者错误地认为豚鼠自从家养以后，如果同豚貒进行杂交，就变成不育的了。

② 正如勃洛加博士所描述的(《生理学学报》，第二卷，第 370 页)，兔科(Leporides)的存在虽然已被断然地否定了，但皮季奥(Pigeaux)博士还断言山兔和家兔曾经产生过杂种(《博物学年报》，第二十卷 1867 年，第 75 页)。

③ 《北美四足兽》(Quadrupeds of North America)，奥杜旁和巴哈曼著，1846 年，第 268 页。

④ 拉乌顿的《博物学杂志》，第九卷，1836 年，第 571 页；奥杜旁和巴哈曼的《北美四足兽》，第 221 页。

⑤ 佛罗伦斯：《关于本能》，1845 年，第 88 页。

⑥ 参阅《动物学会年度报告》(Annual Reports Zoolog. Soc.)，1855，1858，1863，1864 年；《时代新闻》，8 月 10 日，1847 年；佛罗伦斯，《关于本能》，第 85 页。

例如一种卷尾猴（Cebus azarae）在巴拉圭屡屡而且完全地驯化了，但伦格说①，它的繁育是如此罕见，以致他看到过的产仔雌猴决不超过两只。对于巴西土人常常驯养的猴类进行过相似的观察②。在亚马索拿，这等动物如此常常地在驯化状态下被饲养着，以致倍芝先生当走过帕拉（Pará）的一条街的时候就数出了 13 个物种，但像他所断言的那样，从来不知道它们于拘禁中繁育过③。

鸟　类

鸟类在某些方面比四足类提供了更好的证据，因为它们繁育较快，而且饲养的数量较大④。我们已经看到，在拘禁中食肉动物的能育性比其他大多数哺乳动物都强。对于食肉鸟类来说，其情形恰恰相反。据说⑤在欧洲用于狩猎的鹰，多至 18 个物种，在波斯和印度还有其他几个物种⑥；它们在原产地一向以最美好的条件被饲养着，并且已经从事狩猎达六年、八年或九年之久⑦，但关于它们产仔的情形却没有任何记载。这等鸟是在以前幼小的时候被捉到的，代价很高，从冰岛、挪威、瑞典输入，因此，如果可能的话，它们大概会被繁殖的。在"法国植物园"，据知没有一种食肉鸟曾经交配过⑧。在动物园中，或者在旧"萨利动物园"中，鹰、兀鹰或鸮都没有产生过能育的卵，只有一次例外：在动物园中神鹰和鸢（Milvus niger）产生过能育的卵。然而有几个物种，即 Aguila fusca，Haliaetus leucocephalus，Falco tinnunculus，F. subbuteo，Buteo vulgaris，在"动物园"中曾被看到交配过。摩利斯（Morris）先生⑨把一只茶隼（Falco tinnunculus）在鸟笼中生育的情形作为唯一的事实来叙述。据知在"动物园"中交配过的一种鸮是鹫鸱（Bubo Maximus）；这个物种表现有在拘禁中繁育的特别倾向；因为在阿兰得尔城（Arundel Castle）有一对这种鸟，它们被养在更接近自然的状况之下，"从来没有落到被剥夺自由的一种动物的那样命运"⑩，实际上它们是产仔的。革尼先生关于这只鸮于拘禁中繁育举过另一事例；并且他还记载了一个例子：鸮的第二个物种，即 Strix passerina.，于拘禁中繁育⑪。

---

① 《哺乳动物》，第 34，49 页。
② 《关于巴西》（Art. Brazil），《小百科全书》（Penny Cyclop.），第 363 页。
③ 《亚马逊河上的博物学者》，第一卷，第 99 页。
④ 自从本书第一版问世以后，斯雷特尔先生发表了一张 1848 至 1867 年在"动物园"中曾经繁育过的鸟类的物种表，见《动物学学会报》，1869 年，第 626 页。关于鸠鸽亚目，饲养了 51 个物种，关于雁属，饲养了 80 个物种，在这两科中，20 年间至少繁育过一次的物种为 1 比 2.6。关于鹑鸡类，饲养了 83 个物种，繁育过的为 1 比 2.7；涉禽类有 57 种，繁育过的为 1 比 9；执握类（Prehensores）有 110 种，繁育过的为 1 比 22；鸣禽类有 178 种，繁育过的为 1 比 25.4；鹰类有 94 种，繁育过的为 1 比 47；啄木鸟类有 25 种，苍鹰类（Herodiones）有 35 种，这两类中没有一个物种繁育过。
⑤ 《田猎百科全书》，第 691 页。
⑥ 按照勃尔恩斯爵士的材料（《卡布尔》，第 51 页），在信德用于狩猎的鹰有 8 个物种。
⑦ 拉乌顿的《博物学杂志》，第六卷，1833 年，第 110 页。
⑧ 弗·居维叶：《博物馆年报》，第九卷，第 128 页。
⑨ 《动物学者》，第七—八卷，1849—1850 年，第 2648 页。
⑩ 克诺克斯（Knox），《萨赛克斯鸟类漫谈》（Ornithological Rambles in Sussex），第 91 页。
⑪ 《动物学者》，第七—八卷，1849—1850 年，第 2566 页；第九—十卷，1851—1852 年，第 3207 页。

关于较小的草食鸟类，许多种类已经在它们的原产地养驯，而且可以活得长久；但是，正如笼鸟的最高权威者[①]所说的那样，它们的繁殖是"非常困难的"。金丝雀表明了这等鸟在拘禁中自由繁育并没有先天的困难；奥杜旁说[②]，北美的一种燕雀（Fringilla ciris）繁育得就像金丝雀那样完善。关于在拘禁中饲养的许多雀类在繁育上的困难是格外显著的，因为可以指出 12 个以上的物种，曾用金丝雀交配并且产生过杂种；但是除了黄雀（Fringilla spinus）以外，几乎没有一种这等鸟繁殖过它们自己的种类。甚至莺（Loxia pyrrhula）同属于异属的金丝雀之间的繁育也像同它自己的物种之间的繁育一样地常见[③]。关于鹨（Alauda arvensis），我曾听说它们在笼中生活了七年，从来没有产过仔；一位伟大的伦敦养鸟家肯定地向我说，他从来不知道关于它们繁育的事例；尽管曾经有过一个例子被记载下来了[④]。在那份来自"动物学会"的九年间"报告"中，列举了 24 个不繁育的燕雀类的物种，在这等物种中据知只有四个曾经交配过。

鹦鹉是活得奇怪长久的鸟；洪堡提到一种南美鹦鹉的引人注意的事实，它们说的是一种绝灭的印第安部落的语言，所以这种鸟保存了亡失语言的唯一遗迹。甚至在这个地区，也有理由可以相信[⑤]鹦鹉曾经活过将近一百年；虽然在欧洲饲养了许多鹦鹉，但它们的繁育是如此罕见，以致这种情形被认为有载于最重要出版物中的价值[⑥]。尽管如此，当布克斯顿（Buxton）先生在诺福克放走了大量的鹦鹉之后，有三对在雨季间繁育了 10 只小鹦鹉；这种成功可以归因于它们的自由生活[⑦]。按照贝西斯坦的材料[⑧]，非洲贯珠舌（Psittacus erithacus）的繁育比其他任何德国品种都更加常见；另外一种鹦鹉（P. macoa）也偶尔产生能育的卵，但成功地把它们孵化出来的情形则罕见；然而这种鸟孵卵的本能有时发达得如此强烈，以致它会孵鸡卵或鸽卵。在"动物园"以及旧"萨利动物园"中有少数物种交配过，但是除了长尾鹦鹉（parrakeets）以外，都不繁育。远远更加值得注意的一个事实是，在圭亚那，像肖恩勃克告诉我说的那样，印第安人常常把两个种类的鹦鹉从巢中拿走，并且大量地饲养它们；它们是如此驯顺，以致可以自由地飞翔于住房的周围，当发出喂食的呼唤时，它们就像鸽子一般地飞回来；但关于它们的繁育，他从来没有听说过一个事例[⑨]。一位居住在牙买加的自然学者希尔[⑩]说，"没有任何鸟比鹦鹉族更容易得到人的信赖了，但关于鹦鹉在这种驯化生活中繁育的事例，还不知道有一个"。希尔先生列举了许多其他在西印度群岛养驯的土著鸟类，它们在这种状况下从不繁育。

---

① 贝西斯坦，《笼鸟志》，1840 年，第 20 页。

② 《鸟类学记》，第五卷，第 517 页。

③ 在《动物学者》（第一—二卷，1843—1845 年）中记载过一个例子。关于黄雀的繁育，见第三一四卷，1845—1846 年，第 1075 页。贝西斯坦，《笼鸟志》，第 139 页，他谈到莺造巢，但极少产仔。

④ 雅列尔的《不列颠鸟类志》，1839 年，第一卷，第 412 页。

⑤ 拉乌顿的《博物学杂志》，第十九卷，1836 年，第 347 页。

⑥ 《博物馆纪要》（*Mémoires du Muséum d'Hist. Nat.*）第十卷，第 314 页；关于鹦鹉在法国的繁育记载了 5 个例子。再参阅《英国动物学会报告》（*Report Brit. Assoc. Zoolog.*），1843 年。

⑦ 《博物学年报》，11 月，1868 年，第 311 页。

⑧ 《笼鸟志》，第 105,83 页。

⑨ 汗考克（Hancock）博士说（查理沃茨的《博物学杂志》，第二卷，1838 年，第 492 页），"奇怪的是，在圭亚那的土著有用鸟类当中，没有发现一种在印第安人部落里是可以繁殖的；但这个地区到处都有普通鸡的饲养"。

⑩ 《皇家港的一周》（*A Week at Port Royal*），1855 年，第 7 页。

鸽的大科对鹦鹉提供了一个显著的对照：在那份九年间的"报告"中，被记载下来的有十三个物种曾经繁育过，更引人注意的是，只有二个物种曾被看到交配而没有产仔。自从上述时期以后，各个年度的报告都记载了各种不同鸽子的许多繁育例子。两种大型的羽冠鸽（Goura coronata 和 victoriae）产生了杂种；尽管如此，关于前一个物种，像克劳弗得先生告诉我说的那样，在派南（Penang）公园饲养了 12 只以上，那里的气候完全适宜，但它们从来没有繁育过一次。有一种鸽（Columba migratoria）在原产地北美永远产两个卵，但在德尔比勋爵的动物园中产的卵从来没有多过一个。有人观察到另一种鸽（C. leucocephala）也是如此[①]。

许多属的鹑鸡类的鸟同样地表现了一种在拘禁中繁育的显著能力。雉类特别如此，但英国物种在拘禁中产卵很少多于 10 个；而在野生状况下，其数量通常为 18—20 个[②]。在鹑鸽类的场合中就像在其他所有"目"的场合中那样，关于某些物种和属在拘禁中的能育性是有显著而无法解释的例外的。有关普通鹦鹉的试验虽然进行了许多，但它们很少繁育，甚至在大鸟笼中饲养时也是如此；而且母鹦鹉从来不孵自己的卵[③]。顾安鸟（Guans）、即凤冠雉科的美洲族显著容易地驯化，不过在这个地区它是很羞怯的繁育者[④]；但是如果加以注意，各个不同的物种以前在荷兰颇能自由地繁育[⑤]。印第安人常常在它们的原产地饲养这一族鸟，它们是处于完全驯化状态之下的，但它们从不繁育[⑥]。大概会预料到松鸡由于它们的生活习性在拘禁中不繁育，特别是因为据说它们很快就衰弱而死去[⑦]。但是关于它们的繁育却记载了许多例子：有一种松鸡（Tetrao urogallus）曾在"动物园"中繁育；当它在挪威受到拘禁时，它的繁育也没有多大困难，在俄国曾经连续地繁育了五代：Tetrao tetrix 同样地在挪威繁育；T. scoticus 在冰岛繁育；T. umbellus 在德尔比勋爵公园中繁育；T. cupido 在北美繁育。

在自由漫游于热带沙漠平原或茂密森林之后，鸵鸟科的成员一旦被关进温暖气候中的狭小笼子里去，那么比它们在习性上所必须遭受的变化还要再大的变化，是几乎不可能想象出来的；但几乎所有种类在各个不同的动物园中都曾屡屡地产仔，甚至从新爱尔兰来的食火鸡（Casuarias bennettii）也是如此。非洲鸵鸟在法国南部虽然完全健康而且可以活得久，但它们产卵从来不会多于 12～15 个，而它在原产地则可产卵 25～30 个[⑧]。这里我们看到能育性于拘禁中受到损害而不是消失的另一事例，飞松鼠、雌雉以及美洲

①　奥杜旁：《美国鸟类志》（American Ornithology），第五卷，第 552,557 页。

②　《摩勃雷论鸡》，第七版，第 133 页。

③　覃明克：《鸠鸽类的普通博物学》，1813 年，第三卷。第 288,382 页；《博物学年报》，第十二卷，1843 年，第 453 页。鹦鹉的其他物种曾经偶尔繁育过；红脚鹦鹉（P. rubra）在法国的一个大庭院中饲养时曾繁育过（参阅《生理学学报》，第二十五卷，第 294 页），1856 年在"动物园"中也曾繁育过。

④　狄克逊牧师：《鹑鸽》，1851 年，第 243—252 页。

⑤　覃明克：《鸠鸽类的普遍博物学》，第二卷，第 456,458 页；第三卷，第 2,13,47 页。

⑥　倍芝：《亚马逊河上的博物学者》，第一卷，第 193 页；第二卷，第 112 页。

⑦　覃明克：《鸠鸽类的普通动物学》，第二卷，第 125 页。关于 Tetrao urogallus，参阅洛伊得的《北欧田猎》（Field Sports of North of Europe），第一卷，第 287,314 页；《驯化学会会报》，第七卷，1860 年，第 600 页。关于 T. scoticus，参阅汤普逊，《爱尔兰的博物学》，第二卷，1850 年，第 49 页。关于 T. Cupido，参阅《波士顿博物学学报》，第三卷，第 199 页。

⑧　玛塞尔·得赛尔斯（Marcel de Serres），《博物学年报》，第二辑，动物部分，第十三卷，第 175 页。

鸽的两个物种也是如此。

正如狄克逊牧师向我说的那样，大部分涉禽类都能显著容易地驯化；不过其中有几种不能于拘禁中活久，所以它们的不育性在这种状况下并不足为奇。鹤的繁育比其他属容易：在巴黎和在英国"动物园"中的一种鹤（*Grus montigresia*）曾经繁育了数次，在"动物园"中的 *G. cinerea* 以及在加尔哥答的 *G. antigone* 也是如此。在这个大"目"的其他成员中，*Tetrapteryx paradisea* 曾在诺斯雷繁育过，青鸡（*Porphyrio*）曾在西西里繁育过，并且欧洲黑水鸡（*Gallinula chloropus*）曾在"动物园"中繁育过。另一方面，属于这个目的几种鸟在它们的原产地牙买加并不繁育；圭亚那的印第安人虽然把喇叭鸟（*Psophia*）养在他的房屋附近，"但据知它们很少或者从不繁育"①。

鸭这一大科的成员就像鸠鸽类和鹑鸡类一样容易地于拘禁中繁育；考虑到它们的水生习性和漫游习性以及食物性质，这种情形是预料不到的。甚至在前些时候，大约有两打物种曾在"动物园"中繁育过；塞勒斯·郎切姆卜斯记载了从该科的 44 个不同成员产生出来的杂种；牛顿教授在其中又加上了少数几个例子②。狄克逊先生③说，"在广大的世界中，从严格的意义来说，不能家养的鹅是没有的"；这就是说，它们都能于拘禁中繁育；不过这一叙述未免太大胆了。同一物种的不同个体的繁育能力有时有所不同；例如奥杜旁④把一种野鹅（*Anser canadensis*）饲养了八年以上，但它们没有交配过；然而同一物种的其他个体都在第二年就产仔了。我只知道一个事例：在全科中有一个物种于拘禁中绝对拒绝繁育，这就是 *Dendrocygna viduata*，虽然按照肖恩勃克的材料⑤。它是容易驯化的，而且基阿那的印第安人常常饲养它们。最后，关于鸥（Gulls），虽然曾经在"动物园"以及在旧"萨利动物园"中饲养了许多，但关于它们在 1848 年以前交配和繁育的事例，还不知道有一个；不过自从那一时期以后，矢尾鸥（*Larus argentatus*）在动物园中以及在诺斯雷已经繁育过许多次了。

我们有理由可以相信，昆虫也像高等动物那样地受到拘禁的影响。众所熟知，天蛾科如果受到这样的待遇，则很少繁育。一位巴黎的昆虫学者⑥饲养了一种天蚕蛾科昆虫（*Saturnia pyri*）的 25 个标本，但从来没有成功地得到一粒能育的卵。在拘禁中饲养的粟蚕蛾科昆虫（*Orthosia munda*）的以及地蚕蛾科昆虫的许多雌者，对于雄者没有吸引力⑦。纽泡特（Newport）先生饲养了两个蛱蝶物种的差不多 100 个个体，但没有交配的；然而，这种情形大概可以归因于它们在飞翔中交配的习性⑧。阿特金逊（Atkinson）先生

---

① 汗考克博士，查理沃茨的《博物学杂志》，第二卷，1838 年，第 491 页；希尔，《皇家港的一周》，第 8 页；《动物园导游》（*Guide to the Zoological Gardens*），斯普特尔著，1859 年，第 11,12 页；《诺斯雷动物园》，格雷博士著，1846 年，第 14 页；勃顿斯，《孟加拉亚细亚学会报告》，5 月，1855 年。

② 牛顿教授：《动物学会会报》，1860 年，第 336 页。

③ 《鸽舍和鸟笼》（*Dovccote and Aviary*），第 428 页。

④ 《鸟类学记》，第三卷，第 9 页。

⑤ 《地理学报》（*Geograph. Journal*），第十三卷，1844 年，第 32 页。

⑥ 拉乌顿的《博物学杂志》，第五卷，1832 年，第 153 页。

⑦ 《动物学者》，第五—六卷，1847—1848 年，第 1660 页。

⑧ 《昆虫学会会报》，第四卷，1845 年，第 60 页。

在印度从来没有能够成功地使塔罗蚕（Tarroo）于拘禁中繁育过①。有许多蛾、特别是天蛾科当在非孵化季节的秋季孵化时，似乎是完全不育的；但后面这个例子多少还有些暧昧不明②。

且不论许多动物于拘禁中不交配或者交配而不产仔的事实，还有另一种证据可以证明它们的性机能受到了搅扰。关于雄鸟当被拘禁时失去它们的特有羽衣，已经记载了许多例子。例如普通红雀（Linota cannabina）当被关进笼子里的时候，便不在胸前出现漂亮的深红色，并且有一只黄道眉（Emberiza passerina）失去了它的头上的黑色。莺和黄鹂据观察呈现了雌鸟的颜色单调的羽衣；白隼又返归了早期的羽衣③。诺斯雷动物园主任汤普逊先生告诉我说，他常常观察到相似的事实。一种雄鹿（Cervus canadensis）的角在从美国出发的航行期间发育不好，但此后在巴黎又生出了完善的角。

当怀胎是在拘禁中发生的时候，产出来的仔常常是死的，或者很快地死去，或者是畸形的。这种情形屡屡在“动物园”中发生，并且按照伦格的材料，巴拉圭的土著动物在拘禁中也是如此。母兽常常没有乳汁。我们还可以把常常发生的导致母兽吃掉其初生后代的那种异常本能———一种不可思议的倒错症（Perversion）的例子——归因于性机能的受到搅扰。

现在已经提出了足够的证据，可以证明当动物初受拘禁时，它们的生殖系统显著有遭到损害的倾向。最初我们自然想把这种结果归因于健康的损失，或者至少归因于活力的损失；但是我们如果考虑到许多动物在拘禁中是多么健康、长寿而且活力强——例如：鹦鹉，用于狩猎的鹰，用于狩猎的猎豹（Chetahs）以及象，那么上述这种观点便差不多是不能接受的。生殖器官本身并没有得病；通常使动物园中的动物死去的疾病绝不是那些影响其能育性的疾病。没有一种家养动物比绵羊更容易得病的了，但它是显著多产的。动物于拘禁中不繁育有时可以完全归因于它们的性本能的衰退：这可能偶尔起作用，但是，的确除非间接地由于生殖系统本身受到搅扰，就没有明显的理由可以说明为什么这种本能在完全驯化的动物中应当特别容易受到影响。再者，关于各种动物于拘禁中可以自由地交配、但从不受孕，已经举出了很多例子；或者它们如果受孕并且产仔，不过其后代在数量上比该物种在自然状况下为少。在植物界中，本能当然没有作用；我们即将看到，当植物被移开它们的自然条件时，它们几乎就像动物那样地受到影响。气候的变换不能是能育性损失的原因，因为从极不相同气候的地区输入到欧洲的许多动物可以自由地繁育，同时当其他动物在原产地受到拘禁时却是完全不育的。食物的变换也不能是主要的原因；因为鸵鸟、鸭以及许多其他动物在这一方面一定遭遇到改变，但它们自由地繁育。食肉鸟类当受到拘禁时是极端不育的，而大部分食肉哺乳动物，除了蹠行类以外，都是适度能育的。食物的量也不能成为一个原因；因为对于有价值的动物肯定会有足够的供给；而没有理由可以假设供给它们的食物比供给我们的保持充分能育性的优良家养动

---

① 《林奈学会会报》，第七卷，第40页。

② 参阅纽曼先生在《动物学者》（1857年，第5764页）所写的一篇有趣论文；华莱士博士，《昆虫学会会报》，6月4日，1860年，第119页。

③ 雅列尔的《英国的鸟类》，第一卷，第506页；贝西斯坦，《笼鸟志》，第185页；《皇家学会会报》，1772年，第271页。勃龙曾经搜集过很多例子（《自然史》，第二卷，第96页）。关于鹿的例子，参阅《小百科全书》，第八卷，第350页。

物还要多得多。最后,根据象、猎豹、各种鹰以及在原产地被允许过着差不多自由生活的许多动物的情形,我们可以推论缺少运动也不是唯一的原因。

生活习性的任何变化,不管这等习性是什么,如果大到足够的程度,就有按照无法说明的途径影响繁殖能力的倾向。这种结果取决于物种的体质比取决于变化的性质为多;因为某些整个的类群比其他类群受到的影响为大;但是例外总会发生,因为在最能育的类群中有些物种拒绝繁育,在最不育的类群中有些物种却自由地繁育。正如有人肯定地向我说过的那样,通常于拘禁中自由繁育的那些动物在最初输入后的一两年之内,很少在"动物园"中繁育。当一般于拘禁中不育的动物偶然繁育了的时候,它们的仔并不承继这种能力;因为如果承继这种能力,那么在展览会上贵重的各种四足兽类和鸟类大概就会变得不稀罕了。勃洛加博士甚至断言[1],"法国动物园"中的许多动物在连续产仔三、四代之后,还是变成不育的了;但这可能是过于近亲交配的结果。有一种值得注意的情形:许多哺乳类和鸟类于拘禁中曾经产生过杂种,其容易的程度同它们繁殖自己的种类完全一样,或者甚至还要容易。关于这一事实,已经举过许多例子[2];这使我们想起,有些植物当被栽培时拒绝由自己的花粉受精,但能够容易地由不同物种的花粉受精。最后,我们必须像结论所限定的那样做出如下的结论:变化了的生活条件对于生殖系统具有发生有害作用的特殊能力。整个这种情形是十分特殊的,因为这等器官虽然没有得病,但它们因此便不能施行或者不能完全地施行其固有机能了。

由于变化了的生活条件而发生的家养动物的不育性 关于家养动物,因为家养主要决定于它们在拘禁中的自由繁育,所以我们不应期待任何中等程度的变化对于它们的生殖系统会发生影响。有些四足兽类和鸟类的野生物种最容易在动物园中繁育,这些四足兽类和鸟类向我们提供了最大多数的家养产物。世界上大部分地方的未开化人都欢喜驯养动物[3];如果任何这等动物能够按期产仔而且同时是有用的话,它们大概立刻就会受到家养。当它们的主人迁移到其他地方的时候;如果发现它们还能经得住各种不同的气候;那么它们的价值将会更大;在拘禁中容易繁育的动物似乎一般都能经得住不同的气候。少数的家养动物,如驯鹿(reindeer)和骆驼,提供了一个例外。许多家养动物能够忍受最不自然的条件而不减低其能育性;例如家兔、豚鼠以及雪貂能够在可怜的狭窄小箱中繁育。少数任何种类的欧洲狗经得住欧洲的气候而不退化,但是像法更纳博士告诉我说的那样,在它们活着的期间,它们都保持了能育性;按照但尼尔博士的材料,带到萨拉热窝的英国狗也是如此。原产于印度炎热丛林中的鸡在世界各地变得比其原始祖先更能育,直到远在北方的格林兰和西伯利亚北部才不如此,鸡在那里不繁育。我在秋季从萨拉热窝直接收到的鸡和鸽都立刻准备交配[4]。我还看到鸽子在从上尼罗(Upper Nile)

---

① 《生理学学报》,第二卷,第 347 页。

② 关于这个问题的补充证据,参阅弗·居维叶,《博物馆年报》,第十二卷,第 119 页。

③ 可以举出很多事例。例如利威斯东说(《旅行记》,第 217 页),巴洛采(Barotse)是一个内地的部落,同白种人素无来往,该地之王极其喜欢驯养动物,每一个小羚羊都要送给他。高尔顿告诉我说,达玛拉斯人(Damaras)也喜欢饲养兽类。南美的印第安人有同样的习惯。韦尔克斯(Wilkes)船长说,萨摩亚群岛(samoan Islands)的波利尼西亚人驯养鸽子;新西兰人,像曼特尔(Mantell)先生告诉我说的那样,饲养各种鸟类。

④ 有关鸡的例子,参阅料米欧,《孵化的方法》(L'Art de faire Eclore),1749 年,第 243 页;赛克斯上校,《动物学会会报》,1832 年。关于鸡在北方不育,参阅拉索姆(Latham)的《鸟类志》,第八卷,1823 年,第 169 页。

输入后的一年内就和普通种类一样地自由繁育。珠鸡原产于非洲炎热而干燥的沙漠地带，当生活在我们潮湿而凉爽的气候中时，它们大量地产卵。

尽管如此，在新条件之下的家养动物还偶尔表现了能育性减低的征候。罗林断言，在赤道戈迪列拉的炎热山谷中，绵羊不能充分地受精[1]，按照梭梅维尔勋爵的材料[2]，他从西班牙输入的美利奴羊一开始并不完全能育。据说[3]母马用料喂大，然后换以青草，最初不繁育。像我们已经看到的那样，据说雌孔雀在英国不像在印度产那样多的卵。金丝雀很难是充分能育的，甚至在今天，第一流能育的金丝雀也不常见[4]。在德里的炎热而干燥的地方，像法更纳博士告诉我说的那样，火鸡的卵虽然被放在雌者之下，也非常不容易孵化。按照罗林的材料，把鹅带到波哥大的极高的高原地带，最初难得产卵，其后也只产少数的卵；能孵化的卵几乎不到四分之一，而且二分之一的小鹅要死去；到了第二代，它们就比较能育了；当罗林这样记述时，它们已经变得同欧洲鹅一样地能育了。关于奎托（Quito）山谷，奥尔东先生说道[5]："山谷中仅有的一些鹅都是从欧洲输入的，并且它们拒绝繁殖。"有人断言，在菲律宾群岛，鹅不繁育，甚至不产卵[6]。更引人注意的一个例子是，按照罗林的材料，当鸡最初被引进到波利非亚（Bolivia）的克斯科（Cmco）时是不育的，但以后变得十分能育了；后来引进的英国斗鸡还没有达到充分能育的地步，因为从一窝鸡卵中育出两三只雏鸡就被认为是幸运的了。在欧洲，严密拘禁对于鸡的能育性有显著影响：在法国已经发现，如果允许鸡有相当的自由，只有百分之二十的卵不孵化；如果允许它们有较少的自由，就有百分之四十的卵不孵化；如果把它们放在严密的拘禁中，则有百分之六十的卵不孵化[7]。所以我们知道，不自然而变化了的生活条件对于大部分彻底家养化的动物的能育性产生了某种影响，其情形同捕获的野生动物是一样的，虽然在程度上轻得多。

某些雄者同雌者不能进行繁育，但据知双方同其他雄者和雌者却完全能育，这种情形并不罕见。我们没有理由假设，这种情形是由于这等动物遭遇到生活习性上的任何变化而引起的；因此这等例子同现在的问题差不多没有什么关系。其原因显然在于交配双方的内在的性的不调和。斯普纳先生（以他的"杂交育种"的论文而闻名）、伊顿的伊顿先生、韦克斯特得（Wicksted）先生以及其他育种者、特别是吉斯菲尔得（Chelsfield）的卫林先生都写信向我说过有关马、牛、猪、狐缇、其他狗和鸽的若干事例[8]。在这等事例中，以前或以后都被证明是能育的雌者却不能同某些雄者进行繁育，这些都曾是她们特别愿意同其交配的雄者。在一个雌者同第二个雄者交配之前，她的体质有时可能发生变化；但在其他场合中，这种解说几乎是不可支持的，据知并非不孕的一个雌者同一个据知也是完全能育的同一雄者交配了七八次，都失败了，二轮车母马有时同纯血统的种马不能进

---

[1]　《法国科学院当代各门科学论文集》，第六卷，1835年，第347页。

[2]　《尤亚特论羊》，第181页。

[3]　米勒斯（J. Mills），《关于牛的论文》，1776，第72页。

[4]　贝西斯坦，《笼鸟志》，第242页。

[5]　《安第斯山和亚马逊河》（*The Andes and Amazon*），1870年，第107页。

[6]　克劳弗得：《印度群岛描述辞典》，1856年，第145页。

[7]　《驯化学会会报》，第九卷，1862年，第380，384页。

[8]　关于鸽，参阅贾波猶斯，《比利时的渡鸽》（*Le Pigeon Voyageur Belge*），1865年，第66页。

行繁育,但此后却同二轮车种马进行繁育,斯普纳先生有意把这种失败归因于公竞跑马的性的能力较小。但是通过卫林先生,我曾从现今一位最伟大的竞跑马育种者那里听到,"一匹母马常常发生这样一种情形:她在一个或两个生殖季节中同一匹具有公认生殖能力的特别种马交配了几次,但证明是不孕的;这匹母马此后同某一匹公马交配,却立刻繁育了"。这些事实是值得记载下来的,因为它们像上述如此众多的事实那样地阐明了动物的能育性取决于多么微小的体质差异。

由于变化了的生活条件以及其他原因而发生的植物的不稔性

在植物界中,不稔性的情形屡屡发生,这同上述动物界中的情形是相似的。但这个问题由于即将讨论的以下几种情况而暧昧不明,即被该特纳命名为某种病害的花莉不完全——畸形——花的重瓣——非常增大了的果实——由芽来进行的长期不断而过度的繁殖。

众所周知,许多植物在我们的花园中或温室中虽然可以最完全健康地生活着,但是很少或者从不结子。我所指的不是那些由于太湿、或太热或肥料太多而只长叶的植物;因为这等植物不开花,而且整个情况是完全不同的。我所指的也不是那些由于缺少热而不能成熟的果实或者由于水分太大而致腐烂的果实。但是许多外国植物的胚珠和花粉看来好像都是完全健康的,却一点也不结子。根据我自己的观察得知,在许多场合中,不稔性仅仅是由于缺少适当的昆虫把花粉运到柱头所致。除了刚才所举的几个例子以外,还有许多这样的植物:它们的生殖器官由于它们居处于其中的生活条件发生了改变而严重地受到影响。

对于许多细节进行叙述会令人生厌。林奈很久以前就观察了高山植物虽然在自然状况下结子[①],但在花园中加以栽培之后,结的子就很少,或者一点也不结。但是例外常常发生:野生葶苈(*Draba sylvestris*)是一种彻头彻尾的高山植物,它们在伦敦附近华生先生的花园中由种子自行繁殖;克纳(Kerner)特别注意过高山植物的栽培,他发现各个不同种类在栽培之后都能自然地播散自己的种子[②]。自然生长于泥炭土中的许多植物,在我们的花园中是完全不稔的。我曾注意过有关若干百合种植物的相同事实,尽管这些植物的生长是旺盛的。

正如我自己观察的那样,施肥过多可以致使某些种类完全不稔。由于这种原因而引起的不稔性的倾向是遗传的;例如,按照该特纳的材料[③],对于大多数禾本科、十字花科和豆科的植物施以过多肥料几乎是不可能的,同时多浆的球根植物也容易受到影响。土壤

---

① 《瑞典法典》(*Swedist Acts*),第一卷,1739 年,第 3 页。帕拉斯做过同样的叙述,见他的《旅行记》(英译本),第一卷,第 292 页。

② 克纳,《高山植物的栽培》(*Die Culture der Alpenpflanzen*),1864 年,第 139 页;华生的《不列颠的赛贝尔》,第一卷,第 131 页;卡美仑也曾写过关于《高山植物栽培》的文章,见《艺园者记录》,1848 年,第 253,268 页,并且提到其中有少数是结子的。

③ 《有关受精知识的论文》,1844 年,第 333 页。

的极端瘠薄比较不容易寻起不稔性；但我发现在一块常常刈割而从不施肥的草地上生长的小三叶草（*Trifolium minus*）和白三叶草（*T. repens*）的矮生植株决不结子。土壤温度和植物灌水期对于它们的能稔性常常有显著的影响，开洛依德在紫茉莉属的场合中观察过这种情形[①]。"爱丁堡植物园"的司各脱先生观察到洪都拉斯秋翁西迪姆兰（*Oncidium diuaricatum*）虽然在一个篮子中繁茂地生长，但不结子，而在水分多一点的花盆中便能受精。一种天竺葵（*pelargonium fulgidum*）自从被引进后的多年以来都自由地结子；然后又变得不稔了；现今如果在冬季把它养在干燥的温室中，它还是能稔的[②]。其他一些天竺葵的变种是不稔的，还有些是能稔的，关于这点我们不能举出任何理由。一株植物的位置上的很微小变化，或者栽植在堤岸上或者栽植在堤岸的基部，有时就会在它的结子方面造成完全的不同。温度对于植物的能稔性对对于动物的能育性显然具有更强的影响。尽管如此，奇怪的是，有少数植物经得任何等重大的变化而不减低其能稔性：例如原产于普拉他中等温暖堤岸上的葱莲（*Zephyranthes Candida*）可以在利玛（Lima）附近的炎热而干燥的地方自行播散其种子，在约克郡它可以抵抗最严酷的霜寒，并且我曾看到从复雪达三周之久的蒴中采集到的种子[③]。来自炎热的印度卡西亚（Khasia）区域的一种小檗（*Berberis Wallichii*）没有受到我们最剧烈的霜寒危害，并且它的果实在我们的凉爽夏季中成熟了。尽管如此，我还认为我们必须把许多外来植物的不稔性归因于气候的变化；例如，波斯和中国的丁香花（*Syringa persica* 和 *chinensis*）虽然在这里完全能抗寒，但从不结子；普通丁香花（*S. vulgaris*）在我们这里可以适当地结子，但在德国的一些地方，它的蒴却从来不含有种子[④]。前一章所举出的有关自交不稔植物的少数例子似乎可以在这里加以介绍，因为它们的状况大概是由于它们遭遇到的生活条件所致。

因为花粉一旦在形成的过程中就不容易受到损害，所以植物的能稔性由于生活条件的微小变化而容易受到影响的倾向更加值得注意；植物可以移植，或者一个具有花芽的枝条可以被切下来放在水中并且其花粉将会成熟。花粉也是一旦成熟之后，可以保持几个星期、甚至几个月[⑤]。雌性器官的感受性较强，因为该特纳[⑥]发现，当双子叶植物受到小心移植而并不衰弱的时候，它们也很少能够受精；盆栽植物甚至也会发生这种情形，如果它们的根已经长出盆底的孔眼之外。但在少数场合中，例如在毛地黄属的场合中，移植并不妨碍受精；按照莫兹（Mawz）的证明，芜菁（*Brassica rapa*）连根被拔出之后放入水中，它的种子可以成熟。几种单子叶植物的花茎被切下来放入水中，同样可以结子。但在这等场合中我认为花已经受精了，因为赫伯特发现[⑦]，在番红花属（Crocus）的场合中，植株在受精之后可以移植或切断，而且其种子还会完成；但是如果在受精以前移植，再施以花粉就没有力量了。

---

① 《圣彼得堡新报》（*Nova acta Petrop.*），1793 年，第 391 页。
② 《家庭艺园者》，1856 年，第 44，109 页。
③ 赫伯特博士：《石蒜科》，第 176 页。
④ 该特纳：《关于受精的知识》，第 560，564 页。
⑤ 《艺园者记录》，1844 年，第 215 页；1850 年，第 470 页。费维尔在他的《物种的变异性》（*La Variabilité des Espèces*，1868 年，第 155 页）一书中就这个问题作出过一个优秀的摘要。
⑥ 《关于受精的知识》，第 252，333 页。
⑦ 《园艺学会学报》，第二卷，1847 年，第 83 页。

经过长久栽培的植物一般能够忍受各种巨大的变化而不减低其能稔性；然而在大多数场合中，这不是家养动物所能忍受的那样巨大变化。值得注意的是，许多植物在这等环境条件下受到如此重大的影响，以致它们的化学成分的比例和性质都有所改变，但它们的能稔性却没有受到损害。例如，像法更纳博士告诉我说的那样，当以下的植物被栽培在印度的平原和山岳地带时，大麻纤维的特性、亚麻种子的含油量、罂粟中的尼古丁（narcotin）和吗啡（morphine）的比例、小麦中淀粉对麸质（gluten）的比例都有巨大的差异；尽管如此，所有它们都保持了充分的能稔性。

雄蕊不完全　该特纳用这个名词来表示某些植物的花药的特殊状态，在这种状态下，花药是枯萎的，或者变成褐色而坚硬的，并且不含良好的花粉。当处于这种情况之下时，它们同大多数不稔的杂种完全相似。该特纳[①]在关于这个问题的讨论中阐明了许多"目"的植物偶尔会受到这样的影响；但石竹科（Caryophyllaceae）和百合科（Liliaceae）受到的影响最大，我认为还可以把杜鹃科（Ericaceae）加入到这等"目"的植物中去。雄蕊不完全（Contabescence）在程度上有所不同，但同一植株上的花所受到的影响程度却一般几乎是一样的。在花芽的很早时期花药就受到了影响，而且在这株植物的全部生活期间都保持同一状态（只有一个记载下来的例外）。这种影响不能借着处理的任何变化得到矫正，并且可以由压条、插条等等、恐怕甚至还可以由种子繁殖下去。在雄蕊不完全的植物中雌性器官很少受到影响，或者仅是在它们的发育中变成为早熟的。这种影响的原因还不明，并且在不同的场合中有所不同。直到我读了该特纳的讨论之前，我把它归因于植物受到了不自然的处理，赫伯特好像也是这样主张；但是它在变化了的条件下的不变性以及雌性器官的不受影响似乎同这一观点有矛盾。我们花园中的几种土著植物变成雄蕊不完全这一事实最初看来似乎同这一观点也有同等的矛盾；但开洛依德相信这是移植的结果。魏格曼所发现的野生石竹属和毛蕊花属的雄蕊不完全的植物生长于干燥而不毛的堤岸上。外国植物显著有受到这种影响的倾向，这一事实似乎也阐明了它在某种方式上是由不自然处理所引起的。在某些事例中，例如在麦瓶草属（Silene）的场合中，该特纳的观点似乎最可能是正确的，那就是说，这种影响是由物种所固有的一种变成雌雄异株的倾向所引起的。我还可以补充另一种原因，即花柱异长植物的异型花结合，因为我曾观察过报春属的三个物种的实生苗以及柳状千屈菜（Lythrum salicaria）的实生苗，它们是由用自己类型的花粉进行异型花受精的那些植株育成的，它们的一些花药或者全部花药都处于雄蕊不完全的状况之下。恐怕还有另外一种原因，即自花受精；因为从自花受精的种子育成的石竹属和半边莲属的许多植物的花药都处于这种状况之下；但这些事例并不是没有争论余地的，因为这两个属都有由于其他原因而受到这种影响的倾向。

相反性质的例子同样地会发生，即有些植物的雌性器官受到不稔性的打击，而雄性器官却保持完全。该特纳[②]描述过日本石竹（Dianthus japonicus）、一种西番莲以及烟草都是处于这种异常状态之下的。

---

① 《关于受精的知识》，第117页以次；开洛依德，《第二续编》，第10页，121页；《第三续编》，第57页。赫伯特，《石蒜科》，第355页。魏格曼，《杂种的形成》，第27页。

② 《杂种的形成》，第356页。

作为不稳性的一种原因的畸形　构造的巨大偏差甚至在生殖器官本身没有受到严重影响的时候有时也会致使植物成为不稳的。但在其他场合中，植物可能变成为极端的畸形，然而还保持它们的充分能稳性。加列肖肯定有丰富的经验①，他常常把不稳性归于这种原因；但可以怀疑的是，在他所举的某些例子中，不稳性是畸形生长的原因，并非其结果。奇妙的圣瓦列利苹果虽然结果，但极少产生种子。以前描述过的寒地秋海棠的不可思议的畸形花虽然好像适于结实，但是不稳的②。报春属的萼色鲜明的物种据说③常常是不稳的，虽然我知道它们是能稳的。另一方面，沃尔洛特举出能够由种子繁殖的多育花（proliferous flowers）的几个例子。有一种罂粟也是如此，由于花瓣的融合，它变成为单瓣的了。还有一种异常的罂粟④，它的雄蕊由无数小型的附加包囊所代替，同样地可以由种子繁殖自己。有一种叫做水杨梅形虎耳草（Saxifraga geum）的植物也是如此，一系列偶发的心皮在它们的雄蕊和正常心皮之间发育了⑤，在这些心皮在的边缘上生有胚珠。最后，关于离开自然构造非常之远的反常整齐花——柳穿鱼的反常整齐花一般似乎是多少不稳的，而以前描述过的金鱼草（Antirrhinum majus）当用自己的花粉进行人工授精时却是完全能稳的，虽然当放任不管它们的时候就是不稳的，因为蜜蜂不能爬进狭窄的管形花。按照高德龙的材料⑥，球茎紫堇（Corydalis solida）的反常整齐花有时是不稳的，有时是能稳的；而大岩桐（Gloxina）可以结大量的种子是众所熟知的。在温室的天竺葵中，撒形花的中央花常常是反常整齐的，马斯特先生告诉我说，他在数年期间试图从这种花得到种子，但都失败了。同样的，我也做过许多失败的尝试，但有时用另一变种的正常花的花粉使它们受精而获得成功；相反地，我也曾几次用反常整齐花的花粉使正常花受精。只有一次我从一朵由另一变种的反常整齐花的花粉来受精的反常整齐花成功地培育出一株植物来；但可以补充一点：这株植物在构造上并没有表现什么特别的地方。因此我们可以断言：没有任何一般的法则可以被制定出来；但是，离开其正常构造的任何巨大偏差，甚至在生殖器官本身没有受到严重影响的时候，也肯定会常常引致性的不能。

重瓣花　当雄蕊转化为花瓣的时候，这株植物在雄性方面就会变成不育的；当雄蕊和雌蕊都发生这样变化的时候，这株植物就会变成完全不稳的。具有很多雄蕊和花瓣的等数花最有变成重瓣的倾向，这恐怕是由于复数器官最富变异性而发生的。但是，只具有少数雄蕊的花以及在构造上是非等数的其他一些花有时会变成重瓣的，我们所看到的林奈豆（Ulex）和金鱼草就是如此。菊科植物开放被称为重瓣的花，这是由于它们中央管花花冠的畸形发育。重瓣性有时同多产性⑦或花轴的继续生长有关。重瓣性是强烈遗传

---

① 《植物繁育的理论》，1816 年，第 84 页；《柑橘类的研究》，1811 年，第 67 页。

② 克罗克尔先生，《艺园者记录》，1861 年，第 1092 页。

③ 沃尔洛特：《变种》，1865 年，第 80 页。

④ 沃尔洛特，同前书，第 88 页。

⑤ 阿尔曼教授，英国科学协会，《植物学者》（Phytologist），第二卷，第 483 页。哈威教授根据发现这种植物的安德鲁先生的权威材料告诉我说，这种畸形可以用种子来繁殖。关于罂粟，参阅该波特（Goeppert）教授，在《园艺学报》，7 月 1 日，1863 年，第 171 页引用。

⑥ 《报告书》，12 月 19 日，1864 年，第 1039 页。

⑦ 《艺园者记录》，1866 年，第 681 页。

的。像林德雷所说的那样①，没有人用促进植物完全健康的方法产生过重瓣花。相反地，不自然的生活条件却有利于它们的产生。有某种理由可以使我们相信，保存多年的种子以及据说是受精不完全的种子比新鲜的和受精完全的种子能够更自由地产生重瓣花②。在肥沃土壤中长期不断的栽培似乎是最普通的激发原因。一种重瓣水仙以及一种重瓣罗马加密儿列菊（Anthemis nobilis）被移植到很瘠薄的土壤之后，据观察就变成为单瓣的了③；我曾看到一株完全重瓣的白色报春花由于在盛花期间进行分株和移植而永远成为单瓣的了。摩兰教授曾观察到花的重瓣和叶的有斑是处于相反状态之下的，但最近有如此众多的例外被记载下来了④，以致这一规律虽是一般的，但不能被看做是不变的。斑叶似乎一般是由植物的衰弱或退化的状态而引起的，从斑叶的双亲育成的大部分实生苗通常在早期就会死去；因此，我们或者可以这样推论：处于相反状态的重瓣花普通是由活力旺盛的状态而引起的。另一方面，极端瘠薄的土壤有时似乎会引超重瓣性，虽然这是罕见的：以前我曾描述过⑤由于阻碍在瘠薄白垩质堤岸上生长的一种龙胆（Gentiana amarella）的野生植株的发育，因而大量地产生了完全重瓣的、蓓蕾般的花。我也曾注意到毛茛、七叶树（Hovse-Chestnut）和省沽油（Ranunculus repens AEsculus pavia，Staphylea）的花在重瓣性方面有不同的倾向，它们都是生长在很不利的条件之下的。列曼（Lehmann）教授⑥发现生长在温泉附近的几种野生植物开重瓣的花。像我们看到的那样，重瓣性是在广泛不同的条件下发生的，关于它的原因，我将试图阐明最可能的观点是：不自然的条件最先提供了不稳性的倾向，然后，根据补偿的原理，由于生殖器官不施行其固有的机能，它们或者发育成花瓣，或者附加的花瓣被形成了。这种观点最近已经受到拉克斯东先生的支持⑦，他提出一些普通豌豆的例子，这些豌豆经过连续不断的大雨之后，又第二次开花，于是产生了重瓣花。

无籽的果实　许多我们的最贵重的果实，从相应的意义来说，虽然是由一些广泛不同的器官构成的，但它们或者是完全不稔的，或者产生极少的种子。众所周知，我们的最优良的梨、葡萄和无花果以及凤梨、香蕉、面包树、安石榴、那不勒斯枸杞（azarole）、君迁子（date-plum）以及柑橘类的一些成员都是如此。这等果树的比较不好的变种惯常地或

　　①　《园艺理论》，第 333 页。

　　②　费尔威塞先生，《园艺学会学报》，第三卷，第 406 页；勃龙引用包西的材料，见《自然史》，第二卷，第 77 页。关于去除花药的效果，参阅雷特纳，鲁利曼（Silliman）的《北美科学学报》（North American Journ. of Science），第二十三卷，第 47 页；沃尔洛特，《变种》，1865 年，第 84 页。

　　③　林德雷的《园艺理论》，第 333 页。

　　④　《艺园者记录》，1845 年，第 626 页；1866 年，第 290,730 页；沃尔洛特，《变种》，第 75 页。

　　⑤　《艺园者记录》，1843 年，第 628 页。我在这篇论文中关于花的重瓣性提出上述的理论。卡瑞埃尔采纳了这个观点，《变种的产生和固定》（Production et. Fix. des Variétés），1865 年，第 67 页。

　　⑥　该特纳引用，《杂种的形成》，第 567 页。

　　⑦　《艺园者记录》，1866 年，第 901 页。

者偶尔地产生种子①。大部分园艺学者都认为果实的大型和异常发育是因，不稔性是果；但是，像我们即将看到的那样，相反的观点似乎是更正确的。

由生长器官或营养器官的过度发育而引起的不稔性　由于某种原因而生长过于茂盛的、并且过剩地产生叶、茎、纤匐枝、吸枝、块茎、鳞茎等的植物有时不开花，纵使开花，也不结子。要使欧洲植物在印度的炎热气候下结子，抑制其生长是必要的；当它们生长到三分之一的时候，就对它们进行处理，把它们的茎和主根切去②。杂种也是如此③；例如，列考克教授有三株紫茉莉，它们虽然生长茂盛并且开花，却完全不稔；不过用一根棍向一株敲打，直到仅仅留下少数枝条之后，它们立刻就结优良的种子了。甘蔗生长旺盛并且产生大量的多浆茎，按照各个观察者的材料，它们从来不在西印度群岛、玛拉加（Malaga）、印度、交趾支那、毛里求斯或马来群岛结子④。大量产生块茎的植物容易陷于不稔，例如，普通马铃薯在一定程度上发生过这种情形；弗尔琼（Fortune）先生告诉我说，中国的甘薯（*Convolvulus batatas*），据他所知道的，从来不结子。罗伊尔博士说⑤，在印度有一种龙舌兰（*Agave vivipara*），当生长在肥沃土壤中的时候，常常产生鳞茎，但不结子；而瘠薄的土壤和干燥的气候则可导致相反的结果。按照弗尔琼先生的材料，在中国，山药（Yam）的叶轴上有异常多的小球茎发育，但这种植物不结子。在这等场合中，例如在重瓣花和无子果实的场合中，由变化了的生活条件而引起的性的不稔是不是导致营养器官过度发育的主要原因，还有疑问；虽然可以提出有利于这一观点的某种证据。更可能的一种观点恐怕是，主要用一种方法、即用芽来繁殖自己的植物对于另一种有性生殖的方法就没有足够的活力或有机物质。

几位著名的植物学者和优秀的实际判断者相信，由插条、纤匐枝、块茎、鳞茎等来进行的长期不断的繁育，且不论这等部分的任何过度发育，可以说是许多植物不开花或只开不稔的花的原因——好像它们已经失掉了有性生殖的习性⑥。毫无疑问，许多植物当这样来繁殖的时候都是不稔的，但这等繁殖方式的长久继续是不是不稔性的真实原因，由于缺少足够的证据，我还不敢冒险表示意见。

我们可以稳妥地推论，植物可以长期地由芽来繁殖，而不必借助于有性生殖；这一推

---

①　林德雷：《园艺理论》，第175—179页；高德龙，《物种》，第二卷，第106页；皮克林，《人种》；加列肖，《植物繁育的理论》，1816年，第101—110页。梅安（Meyen）在《地球环游记》（*Reise um Erde*）中说道，马尼拉（Manilla）的一个香蕉变种充满了种子；卡米索（Chamisso）描述过（虎克的《植物学杂记》，第一卷，第310页）一个马利亚纳群岛（Mariana Islands）的面包树的变种，它有小的果实，常常含有完善的种子。勃尔恩斯在他的《布克拉旅行记》中把安石榴在梅赞得兰（Mazenderan）结子作为一种值得注意的特性来说的。

②　印列丢（Ingledew），《印度农艺和园艺学会会报》，（*Transact. of Agricult. and Hort. Soc. of india*），第二卷。

③　《关于受精》（*De la Fécondation*），1862年，第308页。

④　虎克的《植物学杂记》，第一卷，第99页；加列肖，《植物繁育的理论》，第110页。考得摩伊（Cordemoy）博士，《毛里求斯皇家学会会报》（*Transact. of the R. Soc. of Mauritius*），新辑，第六卷，1873年，第60—67页，他举出决不结子的植物的很多例子，其中有几个是毛里求斯的土著物种。

⑤　《林奈学会会报》，第十七卷，第563页。

⑥　高德龙：《物种》，第二卷，第106页；赫伯特论番红花属（Crocus），见《园艺学会学报》，第一卷，1846年，第254页；外特（Wight）博士根据他在印度看到的情形，相信了这一观点；《马得拉斯文学与自然科学学报》，第四卷，1836年，第61页。

论的根据是,许多一定曾经长期生存于自然状况下的植物就是这样繁殖的。因为在谈这个问题之前我已经得到了根据,所以我将在这里把我搜集到的这等例子举出来。许多高山植物登上的山岳高度超过了它们能够结子的范围①。早熟禾属(Poa)和羊茅属(Festuca)的某些物种当生长在山地牧场的时候,像边沁先生告诉我说的那样,几乎完全由小鳞茎(bulblets)来繁殖自己。卡尔姆举出几种美国树木的更引人注意的例子②,它们在沼地和密林中生长得非常旺盛,所以肯定是完全适应这等地点的,然而很少结过子;但它们当偶然地生长在沼地或森林以外的地方时,却结子了。在瑞典北部和俄国发现有常春藤(ivy),但只在南方它们才开花结果。菖蒲(Acorus calamus)蔓延于地球的大部分,但产生完全果实的情形是如此罕见,以致只有少数植物学者看见过;按照卡斯巴利的材料,全部它的花粉粒都处于没有价值的状态中③。有一种金丝桃(Hypericum calycinum)在我们的灌木林中非常自由地由根茎来繁殖自己,并且在爱尔兰顺化了,它茂盛地开花,但极少产生任何种子,这只是在一定的年代中是如此;在我的花园中,当用隔开生长的一些植株上的花粉来授精时,它也不结任何种子。具有长纤匐枝的一种排草(Lysimachia nummularia)产生种子蒴的情形是如此罕见,以致特别注意这种植物的德开斯内教授④从来没有看见它们结过子。在苏格兰、拉伯兰、格林兰、德国以及美国的新汗卜夏(New Hampshire),有一种苔(Carex rigida)常常不能完成它们的种子⑤。主要由纤匐枝来散布的常春藤(Vinca minor)据说在英国很少结过果⑥;不过这种植物需要昆虫的媒介来受精,可能这里没有适当的昆虫,或者很少。大花水龙(Jussiaea grandiflora)在法国南部已经顺化了,并且由根茎散布得如此广泛,以致阻碍了河上的航行,但它从来不结能稔的种子⑦。辣根(Cochlearia armoracia)顽强地散布于欧洲的各处地方,并且在那里顺化了;它虽然开花,但这些花很少产生蒴;卡斯巴利教授告诉我说,自从1851年以后,他就注意观察这种植物,但从来没有看见过它的果实;它的65%的花粉都是坏的。一种普通毛茛(Ranuaculus ficaria)在英国、法国或瑞士很少结子。但在1863年,我看到在我家附近生长的几个植株结了子⑧。同上述相似的其他例子还可以举出一些;例如,苔和地衣的一些种类从来没有在法国结过子。

---

① 华伦堡(Wahlenberg)列举了八个物种在拉伯兰·阿尔卑斯是处于这种状态之下的:参阅林奈的《拉伯兰游记》(Tour in Lapland)一书的附录,史密斯爵士译,第二卷,第274—280页。

② 《北美旅行记》,英译本,第三卷,第175页。

③ 关于常春藤和番红花属,参阅勃洛姆斐尔得(Bromfield)博士,《植物学者》,第三卷,第376页。关于番红花属,再参阅林德雷和沃契尔(Vancher),并且参阅卡斯巴利如下。

④ 《自然科学年报》,第三辑,动物部分,第四卷,第280页。德开斯内关于巴黎附近的苔类和地衣类也提过相似的例子。

⑤ 特克曼(Tuckermann)先生,息利曼的《美国科学杂志》,第四十五卷,第1页。

⑥ 史密斯:《英国植物志》,第一卷,第339页。

⑦ 普兰肯:《曼皮列植物志》,1864年,第20页。

⑧ 关于在英国不产生种子,参阅克罗克尔先生,《艺园者每周杂志》(Gardener's Weekly Magazine),1852年,第70页;沃契尔,《欧洲植物生理学史》(Hist. Phys. Plantes d'Europe),第一卷,第33页;列克苏,《欧洲植物地理学》,第四卷,第466页;克劳斯(Clos),《自然科学年报》,第三辑,植物部分,第十七卷,1852年,第129页;后一位作者提出其他相似的例子。关于这种植物以及其他近似例子,特别参阅卡斯巴利教授,《萍逢草属》(Die Nuphar),见《哈勒自然科学学会论文集》(Abhaad. Naturw. Gesellsch. Zu Halle),第十一卷,1870年,第40,78页。

　　有些这等当地的顺化植物大概由于过度的芽繁殖以及因此引起的不能产生种子和营养种子，而成为不稔的了。不过其他植物的不稔性更可能是取决于它们生活于其中的特殊条件，例如北欧的常春藤以及美国沼地的树木；然而这等植物一定在某些方面显著地适应于它们所占据的场所，因为它们抵抗了大批的竞争者并且保持着自己的地方。

　　最后，常常伴同重瓣花或果实过度发育的高度不稔性很少是立刻接着发生的。一种初发的倾向被观察到了，连续的选择完成了这种结果。似乎最可能正确的、把上述事实连系在一起并且归纳到这个题目中的一种观点是：变化了的和不自然的生活条件最先引起了不稔性的倾向；因此，生殖器官便不能再充分执行其固有机能，在种子发育上所不需要的有机物质的供给，或者流入这等器官使其成为叶状的，或者流入果实、茎、块茎等等，增加其大小和多浆性。但是，且不谈任何初发不稔性的倾向，当任何一种繁殖方式、即种子繁殖或芽繁殖进行到极度的时候，这两种方式之间便有矛盾。初发不稔性在重瓣花上以及在刚才列举的其他场合中起着重要的作用，我这样来推论主要是根据以下的事实。当能稔性由于完全不同的原因、即杂种性质而消失的时候，正如该特纳[①]所断言的那样，花就有变成重瓣的强烈倾向，而且这种倾向是遗传的。再者，众所熟知，在杂种中雄性器官先雌性器官而变成不稔的，并且在重瓣花中雄蕊最先变成叶状的。后一事实已被雌雄异株植物的雄性花所充分阐明了，按照加列肖的材料[②]，这等植物最先变成重瓣的。该特纳[③]还主张甚至不结任何种子的完全不稔的杂种一般也会产生完全的蒴或果实，诺丹在葫芦科植物中重复观察过同样的事实；所以无论通过什么原因而致不稔的植物还会产生果实是可以理解的。开洛依德对于某些杂种的块茎的大小和发育也表示了无限的惊奇；所有试验者们[④]都曾注意到在杂种中根、纤匐枝以及吸枝增大的强烈倾向。由于在性质上多少是不稔的杂种植物这样便有产生重瓣花的倾向；由于它们的包含种子的部分、即果实，有完全的发育，甚至在不含有种子的时候也是如此；由于它们有时产生巨大的根；由于它们主要由吸枝以及其他这等途径而几乎永远有增大的倾向；并且由于根据本章前些部分所列举的许多事实，得知几乎所有生物当暴露在不自然条件之下时都有多少变成不稔的倾向，所以极其可能的观点似乎是，在栽培植物中不稔性是激发的原因，重瓣花、肥大的无子果实以及在某些场合中的大大发育了的营养器官等等是间接的结果；这些结果在大多数场合中由于人的连续选择而大大地扩大了。

---

　　① 《杂种的形成》，第 565 页。开洛依德（《第三续编》，第 73，87，119 页）也指出，当一个单瓣物种同一个重瓣物种相杂交时，其杂种容易成为极度重瓣的。

　　② 《植物繁育的理论》，1816 年，第 73 页。

　　③ 《杂种的形成》，第 573 页。

　　④ 《杂种的形成》，第 527 页。

WWW.WALLCOO.COM

第十九章

前四章的提要，兼论杂种性质

· Summary of the Four Last Chapters, With Remarks on Hybridism ·

　　杂交的效果——家养对于能育性的影响——极近亲交配——生活条件的变化所产生的良好结果和恶劣结果——变种杂交并不永远能育——杂交时物种和变种之间在能育性上的差异——关于杂种性质的结论——花柱异长植物的异型花结合对于杂种性质提供了解释——只是由于生殖系统的差异而发生的杂交物种的不育性——不是自然选择的积累——家养变种为什么相互不育——关于杂交物种和杂交变种的能育性的差异被强调得过分了——结论

在第十五章中已经阐明，当同一变种、甚至不同变种的个体被容许自由进行杂交时，最终可以获得性状的一致性。但少数性状是不能融合的，不过这些性状并不重要，因为它们常常具有半畸形的性质并且是突然出现的。因此，为了保持我们家养品种的纯粹性，为了利用有计划的选择去改进它们，把它们隔离开显然是必要的。尽管如此，像我们将在以后一章中所看到的那样，在不把它们分成不同群的情况下，通过无意识的选择，个体的全体是可以慢慢改变的。由于同某一近似族进行了一两次杂交，甚至由于同很不相同的族偶尔进行了反复的杂交，家养族常常被有意识地改变了；但是，在几乎所有这等场合中，长期不断而仔细的选择是绝对必要的，这是因为杂种后代由于返祖原理具有过度的变异性。无论如何，在少数事例中，有些变种间杂种自从最初产生以来就保持了一致的性状。

当两个变种被容许自由进行杂交时，并且一个比另一个在数量上多得多，那么前者终于会把后者吸收掉。如果两个变种的存在数量差不多相等，那么大概要经过相当的时间，才会获得一致的性状；而且最终获得的性状主要取决于遗传的优势以及生活条件；因为这等条件的性质一般对于某一个变种会比对于另一个变种更加有利，所以一种自然选择大概就发生作用了。除非人对于杂种后代毫无差别地加以宰杀，某种程度的无计划选择大概也会同样地发生作用。根据这几种考察我们可以推论，当两个或两个以上的密切近似物种为同一部落所有时，它们的杂交不会以常常所想象的那样巨大程度影响其杂种后代的将来性状；虽然在某些场合中是可能发生相当影响的。

按照一般规律，家养可以提高动物和植物的多产性。当最初取自自然状况下的物种进行杂交时，家养可以消除它们所普遍具有的不育倾向。关于后一问题，我们并没有直接的证据；但是，因为我们的狗、牛、猪等的族几乎肯定都是从不同原始祖先传下来的，并且因为这等族现在都是相互能育的，至少比大多数物种的相互杂交是无比能育的，所以我们可以满怀信心地接受这一结论。

关于杂交可以增加后代的大小、活力以及能育性，已经提供了丰富的证据。当以前没有进行过近亲交配的时候，这也是适用的。对于同一变种的、但属于异族的个体，对于不同的变种、亚种，甚至对于物种，这都是适用的。在后一种场合中，虽然获得了大小，但失去了能育性；不过许多物种间杂种在大小、活力以及能育性方面的增加，却不能完全根据生殖系统不活动的补偿原理得到解释。生长在自然状况下的某些植物，受到栽培的其他一些植物，以及具有杂种来源的另外一些植物，虽然是完全健康的，但都是完全自交不稔的；这等植物只有和同一物种或不同物种的其他个体进行杂交，才能刺激它们的能稔性。

另一方面，最近亲属之间的长期不断的密切近亲交配会减低后代的体质活力、大小以及能育性；偶尔会导致畸形，但不一定会导致形态或构造的一般退化。这种能育性的减退阐明了，近亲交配的恶劣结果并不取决于双亲所共有的疾病倾向的扩大，虽然这种

◀老年达尔文。

扩大无疑常常是高度有害的。我们对于密切近亲交配产生恶劣结果的信念在某种程度上是以实际育种者们的经验为根据的,特别是以那些饲育许多迅速繁殖的动物的人们的经验为根据的;但是它也同样地以若干仔细记录下来的试验为根据。对于某些动物,由于选择最富活力而且最健康的个体,密切近亲的交配可以长期进行而无害;但迟早会有恶劣结果发生。但是,恶劣结果的出现是如此缓慢而逐渐,以致容易从观察中漏掉,不过当长期进行近亲交配的动物同一个异族动物进行杂交时,会以几乎即刻的方式重新获得大小、体质活力以及能育性,根据这种方式便能辨识其恶劣结果。

这两大类事实,即杂交可以产生良好结果、密切近亲交配可以产生恶劣结果,以及对于在整个自然界中对于强迫、有利于或者至少容许不同个体偶尔结合的无数适应性的考察,导致了如下的结论:生物为了永存不会自我受精是一条自然的法则。关于植物,安德鲁·奈特最初在 1799 年就明显地暗示了这一法则①,此后不久,那位敏锐的观察者开洛依德在阐明了锦葵科植物(Malvaceae)可以多么充分地适于杂交之后问道,"当同一种类生活于一隅的时候,它们的花彼此不结合,但常常以怎样的途径由其他种类来受精,这不是一种正当的质问吗? 自然的确不会作没有效果的事"。鉴于有如此众多痕迹的和无用的器官,我们虽然可以反对开洛依德的自然不会作没有效果的事这种说法,但是根据有利于杂交的无数装置而提出的论证无疑还是极有价值的。这一法则的最重要结果是,它导致了同一物种的个体的性状一致性。某些两性花可能只在相隔很长的时期之后才进行杂交,栖息于多少相隔的地区内的单性动物只能偶尔地接触和交配,在这两种场合中,杂种后代的较大活力和能育性最终会有给予性状一致性的倾向。但是,当我们超越了同一物种的范围以外,自由杂交就会由于不育性的法则而受到阻止。

在对于杂交产生良好效果以及密切近亲交配产生恶劣效果的原因可能提供解释的事实进行调查的时候,我们已经看到,一方面有一种广泛流行而古老的信念:即动物和植物由于生活条件的微小变化可以获得利益;按照差不多同样的途径,胚种由不同个体的、因而在性质上稍有改变的雄性生殖要素比由完全一样体质的个体的雄性生殖要素所受到的刺激似乎更加有效。 另一方面,已经举出来的无数事实阐明了,动物当最初受到拘禁时,甚至在它们的原产地,而且虽然被容许有很大的自由,它们的生殖机能也常常受到巨大的损害或者完全消失。某些类群的动物比其他类群受到的影响较大,不过在每一个类群中都有显著无常的例外。有些动物在拘禁中从不交配或者极少交配;有些自由地交配,但从不受孕或者极少受孕。次级雄性征、母性机能以及本能偶尔会受到影响。关于植物,当它们最初受到栽培时,也曾观察到相似的事实。我们大概会把重瓣花,味道美好的无子果实,并且在某些场合中把大大发育了的块茎归功于上述性质的初发不稳性以及丰富的营养供给。 长期家养的动物和长期栽培的植物一般都能经得住生活条件的巨大变化,而其能育性并不受到损害;虽然它们有时会稍微受到一点影响。关于动物,在拘禁中多少是罕见的自由繁育能力,再加上它们的实用

---

① 《哲学学会会报》(*Transactions Phil. Soc.*),1799 年,第 202 页。关于开洛依德,参阅《圣彼得堡科学院院报》,第三卷,1809 年(1811 年出版),第 107 页。当读到斯普兰格尔的著名著作《被发现之秘密》(1793 年)的时候,引人注意的是我们看到这位非常敏锐的观察者多么常常不能理解他所描述过的花的构造的完全意义,这是由于他并没有永远想到这个问题的关键,即从不同个体的杂交中可以产生良好结果。

性，便决定了曾经被家养的种类。

我们在任何场合中都不能明确地说出一种动物当最初被捕时其能育性减低的原因，或者一种植物当最初被栽培时其能稔性减低的原因；我们只能推论这是由自然生活条件中的某种变化所引起的。像我们将在之后一章中看到的那样，生殖系统对于这等变化的显著易感性——任何其他器官普通所没有的一种易感性——显然同"变异性"有重要的关系。

刚才举出来的这两类事实之间的双重平行关系不可能不打动我们。一方面，生活条件的微小变化，以及稍微改变了的类型或变种之间的杂交，就多产性和体质活力来说是有利的。另一方面，生活条件的较大程度的或不同性质的变化，以及按照自然方法缓慢地而且巨大地发生了改变的类型之间的杂交——换句话说，物种之间的杂交——就生殖系统来说，并且在某些少数事例中就体质活力来说，是高度有害的。这种平行现象能够是偶然的吗？更正确的说，它没有暗示某种真正关系的纽带吗？就像火除非被煽动起来不会熄灭那样，按照赫伯特·斯宾塞的说法，生命力除非通过其他力量的作用受到搅动或复壮，永远有趋于平衡状态的倾向。

在少数场合中，变种由于繁育期的不同，由于大小的巨大差异，或者由于性选择，有保持特殊的倾向。但是变种的杂交一般可以增加第一次结合以及杂种后代的能育性，决不会减低它们的能育性。所有更加广泛不同的家养变种是否在杂交时永远都是完全能育的，我们还不确实地知道；需要很多的时间和麻烦来进行必要的试验，并且还会有许多困难发生，例如来自原始不同的物种的各个族的系统，以及有关某些类型是否应当分类为物种或变种的疑问。尽管如此，实际育种者们的广泛经验还证明了大多数变种，纵使其中有些被证明以后并不是彼此无限能育的，比大多数密切近似的自然物种在杂交时能育得多。然而根据优秀观察者们的权威材料所提出的少数显著例子阐明了，毫无疑问应当被分类为变种的某些植物类型在杂交时所结的子比亲种在自然状况下所结的子为少。其他变种的生殖力发生了如此深刻的改变，以致它们当同一个不同物种杂交时，多少比其双亲更加能育。

尽管如此，下述事实还是不可争辩的，即在构造上彼此差异巨大的、但肯定是从同一个原始物种传下来的动物和植物的家养变种，例如鸡、鸽、许多蔬菜以及其他大量家养产物的族，在杂交时都是极其能育的；这似乎在家养变种和自然物种之间造成了一个广阔而不能通过的障碍。但是，像我现在将要试图阐明的那样，这种区别并不像初看起来那样大，那样压倒地重要。

杂交时变种和物种之间在能育性上的差异

这一著作对于充分讨论杂种性质的问题并不是适当的场所，我在《物种起源》中已经提出了一个适当充分的提要。在这里我只列举可以依赖的以及同我们现在的论点有关的一般结论。

第一，支配杂种产生的法则在动物界和植物界中是相同的或是近于相同的。

第二,不同物种在第一次结合时的不育性及其杂种后代的不育性,以几乎无限的步骤从零(胚珠决不受孕并且种子葫决不形成)级进到完全能育。我们只有决定把所有完全能育的类型叫做变种,才能逃避有些物种在杂交时是完全能育的这一结论。然而这样高度的能育性是罕见的。尽管如此,处于不自然条件之下的植物有时会以如此奇特的方式发生改变,以致它们和不同物种杂交比用自己的花粉来受精还要能稳得多。两个物种之间第一次结合的成功及其杂种的能育性在很大程度上取决于生活条件的有利。同一血统的并且从同一种子葫培育出来的杂种的固有能稳性常常在程度上有很大不同。

第三,两个物种之间第一次杂交的不育程度同其杂种后代的不育程度并不永远严格平行。关于物种能够容易地杂交,但其杂种过度不育的例子已经知道很多了;相反地,有些物种的杂交非常困难,但其杂种却相当能育。根据物种被特别赋予了相互不育性以便保持它们之间的区别这一观点来看,这是一个不可理解的事实。

第四,当两个物种进行互交时,不育性的程度常常有巨大区别;因为,第一个物种将会容易地使第二个物种受精;但经过数百次试验之后,后者却不能使前者受精。从同样两个物种之间的互交中产生出来的杂种有时在不育性的程度上也有差异。根据不育性是被特别赋予的这一观点来看,这等例子也是完全不可解释的。

第五,第一次杂交以及杂种的不育程度在一定范围内同相结合的类型之一般的或系统的亲和力是平行的。这是因为属于异属的物种极少能够杂交,并且属于异科的物种根本不能杂交。然而,它们的平行性远远不是完全的;因为许多密切近似物种不结合或者极难结合,而其他彼此广泛不同的物种却能完全容易地杂交。其困难的程度也不取决于普通的体质差异,因为一年生的和多年生的植物、落叶的和常青的树,在不同季节开花的、在不同场所栖息的以及在极其相反的气候下自然生活的植物,常常能够容易地杂交。难与易显然完全取决于杂交物种的性的素质(sexual constitution);或者取决于它们的性选择的亲和力,即该特纳所谓的 Wahlverwandtschaft(亲和力)。因为物种很少或者决不会在一种性状上发生改变而不同时在许多性状上发生改变,并且因为系统的亲和力(systematic affinity)包括所有看得见的相似点和不相似点,所以两个物种之间在性的素质上的任何差异都自然或多或少地同它们分类学上的地位有密切关系。

第六,不同物种第一次杂交时的不育性及其杂种的不育性可能在某种不同程度上取决于不同的原因。纯粹物种的生殖器官都是处于完善状态之下的,而杂种的生殖器官则常常是明显退化的。兼有父的体质和母的体质的杂种胚只要在母本类型的子宫、卵或种子中受到营养,它就是处在不自然的条件之下的;因为我们知道不自然的条件常常引起不育性,所以杂种的生殖器官可能在这样早的时期就已经受到了永久的影响。但这原因同第一次结合的不育性并没有关系。第一次结合所产生的后代数目的减少可能常常是由于大多数杂种胚的过早死亡,有时情形确系如此。但我们即将看到,有一项性质不明的法则显然存在,它导致了从多少不育的结合中产生出来的后代是不育的;现在所能说的只是这一点而已。

第七,除了能育性的一个大例外,物种同杂种和变种间杂种在其他所有方面有极其显著的一致性;即在同其双亲的相似性的法则方面,在返祖的倾向方面,在它们的变异性方面,以及在通过反复杂交被任何一个亲类型所吸收的方面。

当我得出这些结论以后,我被引导去研究一个对于杂交性质提供了相当说明的问题,即关于花柱异长植物或二形的和三形的植物进行异型花结合时的能育性。我已经几次谈到这等植物了,我愿意在这里把我的观察的简短提要提出来。属于不同"目"的若干植物表现有两个类型,它们大约以相等的数目存在着,它们彼此之间除了生殖器官以外并没有其他方面的差异;一个类型具有长雌蕊和短雄蕊,另一个类型具有短雌蕊和长雄蕊;二者的花粉粒大小不同。关于三形植物,它们有三个类型,在雌蕊和雄蕊的长度上,在花粉粒的大小和颜色上,以及在其他一些点上,同样也有所不同。因为在这三个类型中每一个都有两组雄蕊,所以共有六组雄蕊和三组雌蕊。这等器官的长度彼此是这样协调,以致在任何两个类型中,每一个类型的一半雄蕊都相当于第三个类型的柱头那样高。我已经阐明了,为了获得这等植物的充分能育性,必需的是某一个类型的柱头须由另一类型的相应高度的雄蕊的花粉来受精,其他观察者也证实了这一结果。所以关于二形物种,有两种结合可以称为同型花结合,它们是充分能育的,有两种结合可以称为异型花结合,它们是或多或少不育的。关于三形物种,有六种结合是同型花结合,它们是充分能育的,有十二种结合是异型花结合,它们是或多或少不育的[①]。

当进行异型花受精时,即用同雌蕊高度不相应的雄蕊的花粉来受精时,各种不同的二形的和三形的植物都表现了不稔性,这种不稔性在程度上有很大差异,一直到绝对的和完全的不稔;就像在不同物种杂交时所发生的情形完全一样。因为在后一场合中不稔性的程度显著地取决于生活条件的利与不利,所以我发现在异型花结合时也是如此。众所熟知,如果把不同物种的花粉放在一朵花的柱头上,并且放它自己的花粉以后,甚至经过相当长的期间以后被放在同一个柱头上,它的作用是如此强烈地占有优势,以致它一般可以消灭外来花粉的影响;同一物种的几个类型的花粉也是这样,因为同型花的花粉和异型花的花粉被放在同一柱头之上时,前者比后者强烈地占有优势。我是根据以下情形肯定了这一点的,即用一个特殊颜色的变种的花粉先使几朵花进行异型花的受精,二十四小时之后再进行同型花的受精,所有实生苗都是同样颜色的;这阐明了同型花花粉虽然是在二十四小时以后施用的,但它完全破坏了或阻止了以前施用的异型花花粉的作用。再者,当同样两个物种相互杂交时,其结果偶尔会有巨大差异,关于三形植物也有同样情形发生;例如,柳状千屈菜的中等花柱类型能够极其容易地用短花柱类型的长雄蕊的花粉进行异型花的受精,并且结了许多种子;但是,短花柱类型当用中等花柱类型的长雄蕊的花粉来受精时,连一粒种子也不结。

在所有这些方面,同一确定物种的一些类型当进行异型花结合时,它们所表现的和两个不同物种杂交时所表现的一样。这引导我对于从若干异型花结合中培育出来的许多实生苗仔细地进行了四年的观察。主要的结果是,这等可以被称作异型花植物的,并不充分能育。从二形物种可能育成长花柱和短花柱的异型花植物,从三形植物可能育成所有三个异型花的类型。于是,这等植物便能在同型花结合的方式下进行正

---

① "关于从二形植物和三形植物的异型花结合产生出来的后代的性状及其类似杂种的性质",我的这一观察材料载于《林奈学会会报》,第十卷,第393页。这是所举出的提要同《物种起源》第六版所举出的大致相似。

当的结合。当这样做了之后，没有明显的理由可以指出，为什么它们结的种子不像它们双亲进行同型花结合时所结的种子那样多。但实际情形并非如此；所有它们都是不稔的，不过其程度有所不同；有些是如此极端而无法矫正地不稔，以致在四个季节中它们连一粒种子，甚至连一个种子萌也不结。这等如此不育的异型花植物虽然是按照同型花结合的方式彼此结合，但它们可以同彼此进行杂交时的物种间杂种严格相比；众所周知，后者一般是不稔的。另一方面，当物种间杂种同任何一个纯粹亲种进行杂交时，其不稔性通常是会大大被减低的；当异型花植株由同型花植株来受精时，情形也是如此。物种间杂种的不稔性同两个亲种第一次杂交的困难并不永远平行，同样的，某些异型花植物的不稔性是非常大的，而产生它们的结合的不稔性绝不是大的。从同一个种子萌育出的物种间杂种，其不稔性的程度是天生有变异的，异型花植物显著地也是如此。最后，许多物种间杂种能够繁茂而持久开花，而其他比较不稔的物种间杂种只开少数的花，并且是衰弱的，矮得可怜；各种二形植物和三形植物的异型花后代也有完全一样的情形发生。

异型花植物和物种间杂种之间虽然在特性和行为上是最密切一致的，但以下的主张几乎并不夸张，即异型花植物就是杂种，不过是在同一物种的范围之内由某些类型的不适当结合产生出来的，而普通杂种却是由所谓不同物种之间的不适当结合产生出来的。我们已经看到，第一次异型花结合和不同物种之间的第一次杂交在所有方面都有最密切的相似性。用一个例子恐怕更能充分地说明这一点；我们姑且假设有一位植物学者发现了三形柳状千屈菜的长花柱类型的两个显著变种（确有这种情形发生），并且他决定用杂交来试验一下它们是不是不同的物种。他大概会发现，它们所结种子只有正常数目的五分之一左右，它们表现了所有其他上述各点，好像它们是两个不同物种似的。但是为了肯定这种情形，他大概会用他的假想的杂交种子来培育植物，他会发现实生苗矮得可怜而且极端不稔，并且在所有其他方面它们表现得同普通物种间杂种一样。于是他可能按照普通的观点主张他确实证明了他的两个变种同世界上任何真实的和不同的物种一样；但他大概是完全错了。

现在所举出的关于二形植物和三形植物的事实是重要的：第一，因为它们阐明了在第一次杂交中以及在杂种中能育性减低的生理学试验并不是区别物种的标准；第二，因为我们可能作出这样的结论：在异型花结合的不稔性和它们的异型花后代的不稔性之间有某一种未知的纽带把它们连接起来了，并且我们被引导把这同一观点扩张到第一次杂交和杂种；第三，因为我们发现同一物种的两三个类型可能存在，而且以外部状态为准它们无论在构造或体质上可能没有任何差异之点，但以某些方法相结合时却是不稔的，我认为这一点似乎特别重要。因为我们必须记住，不稔的是同一类型的、例如两个长花柱类型的个体的性要素的结合；而能稔的却是两个不同类型所固有的性要素的结合。因此，最初看来，这个例子似乎和同一物种的个体的普通结合所发生的情形以及和不同物种杂交时所发生的情形完全相反。然而真实情形是否如此还值得怀疑；但我不准备对这个暧昧的问题进行详细的讨论。

然而根据对于二形植物和三形植物的考察，我们大概可以作如下的推论：不同物种杂交时的不稔性及其杂种后代的不稔性完全取决于它们的性要素的性质，而不是取决于它们的构造或一般体质的任何差异。根据对于相互杂交的考察，我们也被引导作出了同样的结论，即在相互杂交中某一物种的雄者不能同第二个物种的雌者相结合，或者只能非常困难地相结合；而在反交中却能完全容易地相结合。那位优秀的观察者该特纳同样地断言物种在杂交时的不稔仅是由于它们的生殖系统的差异。

当人类选择和改进家养变种时，把它们隔离开是必要的，根据这一原理，处于自然状况下的变种，即初发物种（incipient species）如果通过性的嫌恶或者由于变得相互不育而能防止混合的话，显然它们会因此得到利益。所以，有一个时期我认为，其他人也势必这样认为，这种不育性可能是通过自然选择而获得的。根据这一观点，我们必须假设先有一点点能育性减低的影子，就像其他任何变化那样，在一个物种的某些个体和同一物种的其他个体的杂交中自然发生了；由于这是有利的，相继的微小程度的不育性便慢慢地积累起来了。我们如果承认二形植物和三形植物之间在构造上的差异，例如雌蕊的长度和曲度等等，通过自然选择而变得相互适应了，那么上述观点就更加是可能的，因为如果承认这一点，我们就几乎不能避免地把这一结论引申到它们的相互不育性。再者，为了其他广泛不同的目的，不育性通过自然选择而被获得了，例如中性昆虫对它们的社会构成就是如此。在植物的场合中，雪球（Viburnum opulus）的伞形花上的周围的花以及长毛葡萄百合（Muscari comosum）的穗状花顶端上的花，为了昆虫容易发现和访问它们的具备花，而成为显眼的并且显然因此成为不稔的了。但是，当我们努力把自然选择原理应用在不同物种所获得的相互不育性上时，我们遇到了一些巨大的难点。第一，可以注意的是，物种群或单独一个物种常常栖息于隔离的地区，当它们被带到一起并且进行杂交的时候，可以发现它们或多或少是不育的；那么，这等分离的物种成为相互不育，显然不会有什么利益，因而这不能是通过自然选择而完成的；但恐怕可以这样争论：一个物种如果同某一个同胞交配成为不育的话，那么同其他物种杂交的不育性大概是随之而来的必然结果。第二，在相互杂交时，某一个类型的雄性生殖要素对于第二个类型是极端不育的，而第二个类型的雄性生殖要素却能自由地使第一个类型受精，这种情形不能适合自然选择说正如不能适合物种创造说一样；因为生殖系统的这种特殊状况对于任何一个物种不可能是有利的。

当考察自然选择对于物种相互不育发生作用的可能性时，将会发现最大的难点之一在于从稍微减低的能育性到绝对的能育性之间有许多级进阶段的存在。根据上述原理可以承认，一个初发物种同其亲类型或某一其他变种进行杂交如果有某种微小程度的不育性，对于它大概是有利的；因为这样一来，产生出来的杂种化和退化的后代就比较少了，因而在形成过程中使它们的血液同新种混合起来的程度也比较小了。但是，一个人如果不惮厌烦地去考虑这种最初的不育程度通过自然选择能够提高到较高不育程度所遵循的步骤——这种高度不育性是如此众多物种所共有的，而且对于分化到属的等级或科的等级的物种来说是普遍的——那么他会发现这个问题是非常复杂的。经过深思熟虑之后，我认为这不可能是通过自然选择来完成的。兹以任何两个在杂交中产生少数不育后代的物种为例；那么，有些个体偶尔稍微高度地被赋予了相互不育性，这样，它们向前跨进一小步便接近了绝对不育性，这对于这些个体的生存来说能够有什么利益吗？然而，如果同自然选择说发生关系，这种情形的推进一定曾经不断地使许多新的物种出现了,因为大多数是彼此完全不育的。关于不育的中性昆虫,我们有理由相信它们的构造和能育性的改变是由于自然选择而缓慢地积累起来的,这是因为这样间接地给予了它们所属的群落一种利益,使得它们优于同一物种的其他群落;但是个体动物并不属于社会性的群落,如果它们同某一其他变种杂交而稍微不育的话,大概本身不会由此得到任何利益,也不会间接地给予同一变种的其他个体任何利益,因而不会导致它们的保存。

不过没有必要对于这个问题进行详细的讨论;因为关于植物我们已经有明确的证据证明了杂交物种的不育性是由于同自然选择完全无关的某种原理。该特纳和开洛依德都证明了,从杂交时产生愈来愈少种子的物种,到决不产生一粒种子,但受其他某些物种花粉的影响因而胚珠膨大的物种,可以形成一个系列,一般地这里包括很多物种。选择那些已经停止结子的更加不育的个体在这里显然是不可能的;所以这种不育性的顶点,当只是胚珠受到影响的时候,不能是通过选择而获得的;由于支配各种不同程度的不育性的法则在植物界和动物界中是如此一致,所以我们可以推论其原因在所有场合中都是一样的或者接近一样的,不管这种原因是什么。

因为物种不是通过自然选择的累积作用而成为相互不育的,并且因为我们根据上述以及其他更加一般的考察可以稳妥地断言它们不是通过创造作用而被赋予了这种性质,所以我们必须作出如下的推论:即相互不育性是在它们缓慢形成期间偶然发生的,这种形成同它们的体制中的其他未知变化有关联。关于偶然发生的一种性质,我所指的是这样一些情形:例如动物和植物的不同物种从它们在自然状况下没有接触过的毒物那里所受到的影响是不同的;这种感受性的差异显然是由于它们体制中的其他未知差异而偶然发生的。再者,不同种类的树彼此嫁接的能力以及在第三个物种上的嫁接能力有很大差异,这种能力对于这等树并没有利益,不过是由于木质组织构造的或机能的差异而偶然发生的。当我们记住生殖系统可以多么容易地由于各种原因受到影响——往往由于生活条件的极其微小变化、最近亲的交配以及其他作用而受到影响,我们便不必对以下的情形感到惊奇,即不育性是由不同物种———一个共同祖先的改变了的后代——的杂交而偶然产生出来的。最好把以下的情形记住:例如有翅西番莲(*Passiflora alata*)由于嫁接在不同物种上而恢复了自交能稔性——有些植物正常地或者不正常地是自交不稔,但能够容易地由一个不同物种的花粉来受精——最后,个体家养动物表明了性的彼此不调和。

现在我们终于来到了应予讨论的直接之点:除了某些果树的例外,彼此在外部性状上比许多物种差异更大的家养变种,例如狗、鸡、鸽、若干果树以及蔬菜的变种,在杂交时都是完全能育的,甚至是过分能育的,而密切近似的物种却几乎常常在某种程度上是不育的,这是为什么?我们在某种范围内对于这个问题能够提供完满的解答。且不谈两个物种之间的外在差异量并不是相互不育程度的可靠引导因而在变种场合中的相似差异大概也不是可靠的引导,我们知道在物种的场合中其原因完全在于性组织的差异。且说,家养动物和栽培植物的生活条件对于把生殖系统改变到相互不育具有如此微小的倾向,以致我们有很好的根据来承认帕拉斯的直接相反的学说,即这等条件一般会消除这种倾向；所以物种在自然状况下当杂交时虽有某种程度的不育性，但它们的家养后代却可以变得彼此完全能育。在植物的场合中，栽培非但没有引起相互不育的倾向，反而在几个上面常常提到的十分可靠的例子中某些物种在很不相同的方式下受到了影响，因为它们变成自交不稔的了，但还保有使不同物种受精或由不同物种受精的能力。如果帕拉斯的关于通过长期不断家养可以消减不育性的学说得到承认，而且这几乎是不能不被接受的，那么同样的环境条件非常不可能既诱发了而且又消减了同样的倾向；虽然在某些场合中，对于具有特殊体质的物种来说，不育性可能偶尔这样被诱发出来。这样，像我相信的那样，我们便能理解在家养动物的场合中为什么相互不育的变种没有产生出来；在植物的场合中为什么只有少数这样的例子，即该特纳所观察的玉米和毛蕊花的某些变种，其他试验者所观察的葫芦和甜瓜的变种，以及开洛依德所观察的一种烟草。

关于在自然状况下发生的变种，要期待由直接的证据来证明它们成为相互不育，几乎是没有希望的；因为甚至只有一点不育性的痕迹如果被觉察出来，这等变种就会被差不多每一位博物学者提升到不同物种的等级。例如，该特纳的关于海绿（*Anagallis ar-vensis*）的蓝花类型和红花类型在杂交时是不育的叙述如果得到证实的话，那么我敢说现在以各种证据主张这两个类型仅是彷徨变种的所有植物学者大概都会立刻承认它们是不同的物种。

我认为我们现在这个问题的真正难点并不是家养变种为什么在杂交时变成为相互不育的了，而是只要自然变种充分而永久地改变到物种的等级，相互不育性为什么会如此一般地发生。我们还远远不能清楚地知道它的原因；但我们能够知道物种由于同无数的竞争者进行生存斗争，所以它们在长久时期内所处在的生活条件一定比家养变种更加一致，这就充分可能在结果中造成广泛的差异。因为我们知道，当把野生的动物和植物从它们的自然条件中取出来并且放在被拘束的状态下，它们会多么普遍地成为不育的；一向在自然条件下生活的并且缓慢改变的生物的生殖机能对于不自然杂交的影响大概会按照相似的方式有显著的感受。另一方面，像仅仅由家养这一事实所阐明的那样，家养产物对于它们生活条件中的变化并没有高度的感受，并且现在一般能够抵抗生活条件的反复变化而不减低其能育性，大概可以预料它们会产生这样的变种：即它们的生殖能力不容易由于同其他在家养中发生的变种进行杂交而受到有害的影响。

我认为某些博物学者最近对于变种和物种在杂交时所表现的差异是过于强调了。某些树的近似物种不能彼此嫁接，而所有变种却能彼此嫁接。某些近似动物以很不相同的方式受到相同毒物的影响，但是关于变种，直到最近还不知道有这种例子；然而现在已经证明了对于某些毒物的免疫性有时和同一物种的个体的颜色是相关的。在不同物种中妊娠期一般有很大差异，但关于变种，直到最近还没有观察到这种差异。在某一物种和同属的另一物种之间是有各种生理差异的，无疑还有其他差异，这等差异在变种的场合中并不发生或者极少发生；这等差异显然是完全地或者主要地由于其他体质差异而偶然发生的，正如杂交物种的不育性仅仅由于性系统的差异而偶然发生的一样。那么，后面这等差异，无论对于保存同一地区的生物可能间接地多么有用处，如果同其他偶然的和机能的差异比较起来，为什么会被认为具有根本的重要性？对于这个问题还不能提供充分的解答。因此以下的事实——即不大相同的家养变种除了很少的例外在杂交时都是完全能育的并且产生能育的后代，而密切近似的物种除了很少的例外都是多少不育的，最初看来同近似物种的共同由来的学说几乎不是非常相反的。

第二十章

人 工 选 择

· Selection by Man ·

选择是一种困难的技术——有计划选择、无意识选择以及自然选择——有计划选择的结果——在选择中所赋予的注意——植物的选择——古人以及半开化人所进行的选择——常常受到注意的不重要性状——无意识选择——由于环境条件慢慢变化，所以家养动物通过无意识选择的作用发生变化——不同的育种者对于相同的亚变种所发生的影响——无意识选择对于植物的影响——最受人重视的部分表现了最大差异量，这阐明了选择的效果

选择的力量完全取决于生物的变异性,不论这是人工选择,或是通过生存斗争以及由此引起的最适者生存的自然选择。没有变异性,什么也不能完成;可是微小的个体差异就足以发生作用,这在新物种的产生中恐怕是主要的或唯一的途径。因此,关于变异性的原因和法则的讨论,按照严格的顺序来说,应当放在目前这个题目以及遗传、杂交等等之前;不过现在这样的排列实际上被发现是最方便的。人类并不企图引起变异;虽然由于把有机体暴露在新生活条件下以及由于使已经形成的品种相杂交,他们无意识地实现了这种结果。但有了变异性,人类便可以创造奇迹。像我们以前所看到的那样,除非进行某种程度的选择,同一变种的个体的自由混合很快就会消除已经发生的微小差异,并且对于全部个体给予性状的一致性。在隔离的地区里,长期不断的暴露在不同的生活条件之下,可能不需要选择的帮助就可以产生新族;不过关于生活条件的直接作用这一问题,我将在以后一章里进行讨论。

当动物和植物生来就有某种显著的并且可以坚定遗传的新性状的时候,选择就降低到保存这等个体并且因此防止它们杂交的地步;所以关于这个问题不必再多说什么了。但在绝大多数的场合里,一种新性状或者一种古老性状中的某种优越性最初表现得是模糊的,而且不是强烈遗传的;于是便会体验到选择的充分困难。不屈不挠的忍耐性、最优秀的辨别能力以及正确的判断力,必须经过多年的锻炼才能获得。在心中必须坚定地有明确预定的目标。很少人拥有一切这等能力。特别是关于辨别很微小差异的能力;判断力只有通过长期的经验才能获得;但是,如果缺少任何这等能力,一生的劳动可能就白白浪费了。当著名的育种者们——他们的技巧和判断力从他们在展览会上的成功得到了证明——向我说明他们的表现得完全一样的动物并且举出为什么使这个个体同那个个体进行交配的理由的时候,我感到惊异。伟大的"选择"原理的重要性主要对那些几乎看不见的差异进行选择的能力,尽管到了各个观察者看到这种显著的结果以后,这等差异会被发现是遗传的并且能够被积累起来。

选择原理可以方便地分为三种。有计划选择是这样一种原理:它指导人按照预定的标准去系统地努力改变一个品种。无意识选择是这样一种原理:它的产生是由于人们自然地保存最有价值的和毁掉比较没有价值的品种,而没有改变品种的任何意图;毫无疑问,这种过程可以徐徐地完成重大的变化。无意识选择可以逐渐变成为有计划选择,只有极端的例子才能被明确地分开;因为凡是保存一种有用而完善的动物的人一般都希望从它育成具有同样性状的后代;不过只要他还没有改良这个品种的预定目的,那就可以说他所进行的选择是无意识的①。最后,还有自然选择,它的含义是:最适于复杂的和在长年累月中变化着的生活条件的个体一般都可以生存下来并繁殖其种类。关于家养产

◀中年达尔文画像。

---

① 有人反对无意识选择这个术语,说它是矛盾的;不过请参阅赫胥黎教授关于这个问题的一些最优秀的观察(《博物学评论》,10月,1864年,第578页),他说,当风把沙丘吹积成的时候,它从海岸砂碟中把同等大小的砂子筛取和无意识选择出来了。

物,自然选择会在某种程度上发生作用,但同人类的愿望无关,甚至相反。

有计划选择 改良的四足兽和玩赏鸟类的展览明确地阐明了近代在英国人类用有计划选择所完成的是些什么。关于牛、羊和猪,我们应当把它们的重大改良归功于一长列的著名名字——贝克威尔(Bakewell)、科林(Colling)、埃勒曼(Ellman)、倍芝(Bates)、乔纳斯·韦卜(Jonas Webb)、莱斯特(Leicester)勋爵、威斯特恩(Western)勋爵、斐谢尔·赫勃斯(Fisher Hobbs)及其他。农业方面的作者对于选择的力量是一致同意的:有关这种作用的叙述可以引用很多;只举少数的叙述就足够了。一位敏锐的并且富有经验的观察者尤亚特写道[1],"农学家可以做到的不仅是改变他的畜群的性状,而且是改变它的一切"。一位短角牛的伟大育种者[2]说道,"在肩的解剖中,近代育种者借着改正肩关节的缺点,并且借着把肩的顶端更低地隐藏在短毛之下因而把它后面的凹陷充满,对于凯顿(Ketton)短角牛做了重大的改进……。在不同的时期中眼睛有不同样子;在某一时期眼睛高吊并且突出于头部,在另一时期感觉迟钝的眼睛在头部塌陷下去;但是这等极端的样子又化为一种中间状态,即外观平静的、完善的、澄明明和暴出的眼睛"。

再者,听一听一位猪的优秀判断者[3]说些什么吧:"腿长最好不大于刚刚可以防止猪的腹部在地上拖曳的程度。猪腿是利益最小的一部分,所以除了支持它身体的绝对必要以外,我们对于它再没有什么需要了。"任何人都可以把野猪同任何改良品种比较一下,他将看到腿是多么有效地被缩短了。

除了育种者之外,很少人知道在选择动物时所付出的注意,而且也不知道清楚地和差不多预见地幻想到将来的必要性。斯宾塞勋爵的技巧和判断力是著名的;他写道[4],"所以,在任何人开始牛或羊的育种以前,最相宜的是,他应当决定他所希求获得的形状和性质,并且坚定地追随这个目标"。梭梅维尔在谈到贝克威尔及其后继者所完成的新莱斯特羊的可惊改进时说道,"这好像他们最初画出了一个完善的形象,然后给予它生命"。尤亚特[5]主张在各个畜群中每年进行选拔是必要的,因为许多动物肯定会从育种者的思想中所建立的优良标准退化下来。甚至关于重要性如此小的一种鸟,如金丝雀,很久以前(1780—1790年)就订立了一些规则,并且还规定了完善的标准,按照这种标准,伦敦的养鸟者育成了几个亚变种[6]。一位在鸽子展览会中的伟大获奖者[7]当描述扁桃翻飞鸽时说道,"有许多第一流养鸽者特别喜欢所谓金色碛鸡喙,这是很美丽的;另外一些人说,取一粒充分大小的圆樱桃,然后再找一个大麦粒,把它适宜地按进樱桃中,于是就形成了你所想象的那样喙;这并不是一切,因为,像我以前所说的那样,如果作得适宜,它会形成一个漂亮的头和喙;其他一些人取用一粒燕麦;但是因为我以为金色碛鸡喙是最美丽的,所以我建议没有经验的养鸽者还是取得金色碛鸡的头,并且饲养它作为观察之

---

[1] 《绵羊》,1838年,第60页。

[2] 莱特先生论"短角牛"见《皇家农学会学报》,第七卷,第208,209页。

[3] 里卡逊:《猪》,1847年,第44页。

[4] 《皇家农学会学报》,第一卷,第24页。

[5] 《绵羊》,第520,319页。

[6] 拉乌顿的《博物学杂志》,第八卷,1835年,第618页。

[7] 《论繁育扁桃翻飞鸽的技术》,1851年,第9页。

用"。岩鸽的喙和金色碛鸡的喙表现了可惊的差异,专就外形和比例来说,这个目的无疑是几乎达到了。

不仅要非常细心地研究动物在活着时的情形,而且还要像安得逊所说的那样[1],详细检查它们的尸体,"以便只从屠户所谓的那些能够完全割裂的后代进行繁育"。牛的"肉纹理",具有美丽大理石条纹般的脂肪[2],以及绵羊腹中脂肪的或多或少的积累,都曾受到注意,而且获得了成功。关于鸡也是如此,交趾支那鸡据说在肉的性质方面有很大差异,一位作者[3]当谈到这种情况时说道,"最好的方法是买两只同胞小公鸡,杀掉一只加以烹调;如果它的味道平庸,那么就对于另一只进行同样的处理,再试一次;然而它的味道如果很好,那么用它的兄弟作为食用鸡进行繁育就不会有什么差错了"。

伟大的分工原则同选择发生了关系。在某些地区[4],"公牛的繁育只限于很少数的人去进行,他们聚精会神地致力于这一部门的工作,所以能够年年供给一个种类的公牛去不断地改进这一地区的一般品种"。众所周知,饲育和选择公羊长期以来就是若干卓越育种者们的主要收入来源。在德国的一些地方,这一原则对于美利奴羊已经进行到顶点[5]。"对于进行繁育的动物的适当选择如此受到重视,以致最优秀畜群的主人们并不相信他们自己的判断或牧羊人的判断,而是雇用那些叫做绵羊分级者的人们去判断,他们的专门职业就是对于几个羊群进行选择,这样在羊羔中来保存、如果可能的话来改进双亲的最优良性质"。在撒克逊内(Saxony),"当羊羔断奶的时候,轮流地把每一只羊羔放在桌上,以便对于它的毛和形态进行细密的观察。把最优良的羊羔选择出来作为繁育之用,并且在它身上作出第一个记号。当它们一岁的时候,在剪毛之前,对于上述各点再进行一次严密的检查:在那些没有缺点的羊身上作出第二个记号,其余的就被淘汰了。几个月之后,再进行第三次,即最后一次细查;在最优良的公羊和母羊身上作出第三次,即最后一次记号,不过最微小的一点瑕疵就足以使动物受到淘汰"。这等绵羊的被繁育和受到重视差不多完全是由于它们的毛的优良性;这一结果同在选择中付出的劳力是相适应的。精确计量羊毛纤维粗细度的器具已经被发明了;"澳洲羊毛十二根相当于莱斯特羊毛一根那样粗,前一种羊已经产生出来了"。

在全世界,凡是产丝的地方,对于蚕茧的选择都付出了最重大的注意,从这些茧育出作为繁育之用的蛾。一位细心的养蚕者[6]对于蛾也同样地进行了检查,并且毁掉那些不完善的个体。同我们更加直接有关系的是,在法国,有些家庭专门培育蚕卵来出售[7]。在中国的上海附近,有两块小地区的居民拥有培育蚕卵供给周围地区的特权,这样他们便能专门从事这种职业,并且法律禁止他们从事丝的生产[8]。

成功的育种者们在使鸟类交配时所付出的注意是令人吃惊的。约翰·塞勃来特爵

---

① 《农业的改造》,第二卷,第 409 页。
② 《尤亚特论牛》,第 191,227 页。
③ 弗哥逊,《获奖的家禽》(*Prize Poultry*),1854 年,第 208 页。
④ 威尔逊:《高地农学会会报》(*Transact. Highland Agrlcult. Soc.*),在《艺园者记录》中引用,1844 年,第 29 页。
⑤ 西蒙兹:在《艺园者记录》中引用,1855 年,第 637 页。关于第二句引文,参阅《尤亚特论羊》,第 171 页。
⑥ 罗比内:《蚕》(*Vers à Soie*),1848 年,第 271 页。
⑦ 夸垂费什,《蚕病》(*Les Maladies du Ver à Soie*),1859 年,第 101 页。
⑧ 西门,《驯化学会会报》,第九卷,1862 年,第 221 页。

士的声誉由于塞勃来特·班塔姆鸡而永垂不朽，他经常"用两三天的时间同一位朋友检查、磋商和争论在五六只鸡中哪　一只是最优良的"①。布尔特先生的突胸鸽获得了很多次奖励，并且由专人照料输送到北美，他告诉我说，在他使每一对鸽子进行交配之前，他总要细细地思索几天。因此我们便能理解一位卓越养鸽者的如下建议，他写道②，"这里我特别提醒你们不要饲养太多的鸽的变种，否则你们对于全体将知道的很少，而对于你们应当知道的那一个变种却一无所知"。要饲育所有种类，显然是超过了人类的智力："对于玩赏鸽具有一般良好知识的养鸽者们可能只有少数；而在强不知以为知的情形下进行工作的人们大概比较多。"一个亚变种——扁桃翻飞鸽——的优秀性在于它的羽衣、步态、头、喙和眼；但是一个新手如果试图实现所有这些点，那就未免太不自量了。上述那位伟大的判断者说道，"有些年轻的养鸽者们太想入非非了，他们希图立刻获得上述五种性质；但他们的报酬却是一无所得"。这样，我们便知道就连玩赏鸽的育种也不是一种简单的技术：我们对于这种警语的庄严性可以一笑置之，不过谁嘲笑它，谁就不会获奖。

　　像已经说过的那样，我们的"展览会"充分证明了有计划选择对于动物的效果是什么。像贝克威尔和威斯特恩勋爵那些早期育种者们所拥有的绵羊发生了如此重大的变化，以致不能使许多人相信它们没有杂交过。像考林哈姆（Corringham）所说的③，我们的猪在晚近二十年以来，通过严格的选择以及杂交，已经发生了完全的变态。动物园举行的第一次家禽展览会是在1845年；自从那年以后，改进的效果是巨大的。正如伟大的判断者贝利先生向我说的，以前已经预先规定了公西班牙鸡的肉冠应当是直立的，四五年之后所有优良的公西班牙鸡都具有直立的肉冠了；关于公波兰鸡，也预先规定了它们不应具有肉冠或肉垂，现在，具有肉冠或肉垂的鸡就会立刻受到淘汰；须是预先规定了的，最近（1860年）在"水晶宫"展览的五十七栏的鸡都有须。其他许多例子也是如此。但在所有场合中，判断者预先规定的仅是那些偶然产生的、能够改进的，以及借着选择可以成为稳定的性状。最近几年我们的鸡、火鸡、鸭和鹅在重量上的不断增加是众所周知的；"六磅重的鸭现在是普通的，而以前的平均重量只有四磅"。因为关于形成一种变化所需要的时间往往没有被记载下来，所以值得提一提威金先生，他费了十三年的时间才在扁桃翻飞鸽的身体上按上一个洁白的头，另一位养鸽者说，"这是一种正当地值得他骄傲的胜利"④。

　　贝特雷·赫尔（Betley Hall）的陶列特先生选择那些从优良奶牛传下来的母牛、特别是公牛，其目的完全在于改进他的牛在干酪方面的生产；他用验乳器（lactometer）不断地进行试验，八年来他使产量增加了四分之一。关于不断而缓慢的改进，这里有一个引人注意的例子⑤，不过其目的还没有完全达到：1784年有一个蚕的族被引进到法国，其中千分之一百不能结白茧，但是经过了六十五代的选择之后，现在的黄茧已经减少到千分之三十五了。

　　选择对于植物就像对于动物一样，产生了同样的良好结果。不过其程序比较简单，

---

　　① 《家禽记录》，第一卷，1854年，第607页。
　　② 伊顿，《论玩赏鸽》（A Treatise on Fancy Pigeons），1852年，第十四卷；《论扁桃翻飞鸽》，1851年，第11页。
　　③ 《皇家农学会学报》，第六卷，第22页。
　　④ 《家禽记录》，第二卷，1855年，第596页。
　　⑤ 小圣伊莱尔：《博物学通论》，第三卷，第254页。

因为植物在绝大多数场合中都是雌雄同株的。尽管如此，对于大多数种类，就像对于动物和单性植物一样，非常小心地防止杂交还是必要的；但是关于某些植物，例如豌豆，这种小心并没有必要。关于所有改良的植物——由芽和插条等来繁殖的植物当然例外，几乎不可避免的是，检查实生苗并把离开其固有模式的实生苗毁掉。这就叫做"拔除劣苗"，其实这同淘汰劣等动物一样，也是一种选择的方式。富有经验的园艺学者和农学者不断地劝告每一个人把最优良的植物保存下来，作为产生种子之用。

虽然植物往往比动物所表现的变异显著得多，但是要发觉每一个微小的和有利的变化，一般还需要最严密的注意。马斯特先生说①，当他年劫的时候，为了专心在种用豌豆中发现差异，他花了"多么多的坚忍时刻"。巴内特先生说②，古老的猩红色美国草莓已经栽培了一个世纪以上，连一个变种也没有产生过；另一位作者观察到一件多么奇怪的事：当艺园者最初开始注意这种果实的时候，它开始变异了；毫无疑问，真实的情况是，它经常在变异，但是直到微小的变异得到选择并且由种子来繁殖之前，是不会得到什么显著结果的。对于小麦的最细微的些许差异，几乎就像考特尔上校、特别是哈列特少校在高等动物的场合中那样细心进行的一样，进行了区别和选择。

有关植物的有计划选择的例子，值得提出几个；不过所有古代栽培植物的重大改进，事实上可以归因于长期进行的选择，部分是有计划的，部分是无意识的。在前一章我已经阐明了醋栗的重量怎样通过有系统的选择和栽培而得到了增加。三色堇的花同样地在重量方面和轮廓整齐方面得到了增进。关于瓜叶菊，哥仑内（Glenny）先生③"真是胆大得够可以的了，当花是难看的、星形的而且颜色混沌不清的时候，他定下了一个当时被认为高得荒谬的而且不可能达到的标准，纵使达到这个标准，据说它将破坏花的美，结果我们还是一无所得。他坚持他是对的，事实证明了他是对的"。借着细心的选择，已经若干次地实现了花的重瓣性：威廉逊牧师④把一种白头翁（Anemone coronaria）播种了几年之后，发现一株具有附加的花瓣；他播种了这种种子，他在同一方针下坚定地努力，因而得到了几个具有六七列花瓣的变种。单瓣的苏格兰蔷薇成为重瓣的了，并且在九年或十年间产生了八个优良变种⑤。堪特尔巴利钟形花（Campanula medium）在四代间受到了细心的选择，而成为重瓣的了⑥。巴克曼先生⑦借着栽培和细心选择把从野生种子育成的美洲防风改变成一个新优良变种。借着长年累月的选择，豌豆的早熟性加速了十至二十一天⑧。甜菜提供了一个更加引人注意的例子，自从在法国栽培以来，它的含糖量几乎增加了一倍。这是借着最细心的选择而完成的；对于根的比重进行了正规的试验，把最好的根留下来作为结子之用⑨。

① 《艺园者记录》，1850年，第198页。
② 《园艺学会会报》，第六卷，第152页。
③ 《园艺学报》，1862年，第369页。
④ 《园艺学会会报》，第四卷，第381页。
⑤ 《园艺学会会报》，第四卷，第285页。
⑥ 勃罗姆赫得牧师（Rev. W. Bromehead），《艺园者记录》，1857年，第550页。
⑦ 《艺园者记录》，1862年，第721页。
⑧ 安得逊博士：《蜜蜂》，第六卷，第96页；巴内斯（Batanes）先生，《艺园者记录》，1844年，第476页。
⑨ 高德龙：《物种》，1859年，第二卷，第69页；《艺园者记录》，1854年，第258页。

古人和半开化人的选择

把动物和植物的选择看得如此重要，所以可以反对在古代没有进行过有计划选择的说法。一位著名的博物学者认为，如果设想半开化人会实行任何种类的选择，那是荒谬的。毫无疑问，这一原理已经得到了系统的承认，并且在近一百年内比在任何期间所进行的范围更加广泛得多，并且得到了相应的结果；但是，像我们即将看到的那样，如果设想在最古时期以及半开化人没有认识到选择的重要性和实行过选择，那将是很大的错误。我先说一下，现在所列举的一些事实只是阐明在繁育工作中所付出的注意；但是，实际情形倘真如此，那么选择几乎肯定是在某种范围内实行了。以后我们将能更好地判断，当选择只是偶尔由一个地区的少数居民来进行的时候，它所慢慢产生的巨大效果将会多么深远。

在《创世纪》第三十章中有一节是很著名的，它指出影响绵羊颜色的法则，当时认为这是可能的；据说斑点品种和黑色品种是分开饲养的。在大卫时代，羊毛就像雪一样地白。尤亚特①讨论过《旧约》中的有关繁育各节，他断言在这样早的时期"一定有某些最好的繁育原理被不断而长期地采用了"。按照摩索斯（Moses）的材料，已经指出"你不要叫你的牛和不同种类交配"；但是他们购买骡②，可见其他地方在这样早的时期一定使马和驴进行杂交了。据说③在特洛伊战争（Trojan war）以前的某些年代，埃瑞契骚尼阿斯（Erichthonius）已经拥有许多种母马了，"由于他在选择种马时的细心判断，一个马的品种被育成了，这个品种比周围地区的任何品种都优良"。荷马（第五册）说，阿尼斯（Aeneas）马是从同洛美顿（Laomedon）骏马交配过的母马繁育出来的。柏拉图（Plato）在他的《共和国》一书中向哥劳卡斯（Glaucus）说道，"我知道你为了打猎在家中养了大群的狗。你注意它们的繁育和交配吗？在具有优良血统的动物中，是不是常有比其余更加优越的个体呢"？哥劳卡斯对于这个问题作了肯定的答复④。亚历山大大帝挑选了最优良的印度牛送到马其顿（Macedonia）去改良品种⑤。按照普林尼的材料⑥，皮洛士王（King Pyrrhus）有一个特别有价值的公牛品种；在它们四岁以前，他不叫公牛和母牛在一起，这样，品种就不会退化了。威吉尔在他的《田园诗》（Georgics，第三编）中提出了任何近代农学家所能提出的强烈建议：细心选择被繁育的畜群；"注意种族、血统和种兽；把它作为畜群的牡亲保留下来"——在后代身上打上烙印——选择最纯白的绵羊，检查它们的舌头是否是黑的。我们已经知道罗马人保持他们的鸽子的谱系，如果对于它们的繁育不是用尽心思，这大概是一种无意义的举动。哥留美拉对于鸡的繁育提出了详细的教导："所以

① 《绵羊》，第 18 页。
② 沃尔兹：《文化史》，1852 年，第 47 页。
③ 米特弗得：《希腊史》（History of Greece），第一卷，第 73 页。
④ 达利博士，见《人类学评论》中的译文，5 月，1864 年，第 101 页。
⑤ 沃尔兹，《文化史》，1852 年，第 80 页。
⑥ 《世界史》，第 45 章。

从事繁育的母鸡最好具有上等的颜色，强健的身体，角形而丰满的胸部，大的头，亮红色的直立肉冠。具有五趾的鸡据说是最优良的品种。"[1]按照塔西特斯（Tacitus）的材料，居尔特人对于他们的家养动物的族是注意的；恺撒说，他们用高价向商人购买优良的输入马[2]。关于植物，威吉尔谈到年年选择最大粒种子的情形；西尔斯斯说，"在谷类收获量很少的地方，我们必须挑选最优良的谷类穗子，在其中把用作种子的谷粒分别地保藏起来"[3]。

此后的情形我只简略地谈一谈。约在 19 世纪初叶，查理曼（Charlemagne）特别命令他的官员们要非常小心地照顾他的种马；如果任何种马被证明是劣而老的，就要在它们同母马交配之前于适当时期预先提醒他[4]。甚至在九世纪的文化如此低的爱尔兰，从描述考尔麦克（Cormac）要求赎身的一些古诗中可以看出[5]，来自特殊地方的或具有特殊性状的动物似乎是受到重视的。例如：

> 两只麦克·利尔的猪，
> 丰满的和红肉的一只公羊和一只母羊，
> 都是我亲自从安加斯带来的。
> 我从玛南南的美丽马群中，
> 亲自带来了一匹种马和一匹母马，
> 还从杜鲁姆·凯恩带来了一匹公牛和一匹白母牛。

阿塞尔斯坦（Athelstan）在 930 年从德国收到了作为礼物的竞跑马；并且他禁止英国马输出。约翰王"从弗兰得兹（Flanders）输入了一百匹精选的种马"[6]。威尔斯亲王在 1305 年 6 月 16 日给堪特尔巴利的大主教写过一封信，要求借用任何精选的种马，并答应在配马季节结束之后送还[7]。在英国历史中有许多古代纪录指出各种精选动物的输入情形以及反对输出的愚蠢法律。在亨利第七和第八统治的时候，曾命令米恰尔玛斯（Michaelmas）的长官必须搜索荒地和公地，把所有在一定大小之下的母马一律杀掉[8]。一些早期的英国君王颁布过一些法律来禁止屠杀七岁以前的任何优良品种的公羊，以便它们有时间进行繁育。西班牙的枢密官在 1509 年对于选择作为繁育之用的公羊颁布过一些规定[9]。

据说亚格伯汗皇帝在 1600 年以前用品种杂交的方法"令人吃惊地改变了"他的鸽子；这必然暗示着细心的选择。约在同一时期，荷兰人非常细心地注意了鸽的繁育。贝隆在 1555 年说到，法国的有本事的管理人为了获得白色的鹅和更好的种类，对于小鹅的

---

① 《艺园者记录》，1848 年，第 323 页。
② 列哥尼尔，《居尔特人的公共经济》，1818 年，第 487,503 页。
③ 《老特尔论小麦》，第 15 页。
④ 密切尔（Michel），《关于马群》（Des Haras），1861 年，第 84 页。
⑤ 外德爵士，一篇《关于未经制造的动物遗骸的论文》（An Essay on Unmanufactured Animal Remains），1860 年，第 11 页。
⑥ 汉弥尔顿·史密斯上校，《博物学者丛书》，第十二卷，《马》，第 135,140 页。
⑦ 密切尔，《关于马群》，第 90 页。
⑧ 贝克拉先生，《马志》，兽医部分，第十三卷，第 423 页。
⑨ 拉贝·卡利叶（M. l'Abbé Carlier），《生理学学报》，第二十四卷，1784 年，第 181 页；关于羊的古代选择这篇论文有很多材料，关于在英国不杀小公羊羔，这篇论文是我的根据。

颜色进行了检查。玛卡姆在 1631 年告诉育种者说,"要选择最大的和最优良的兔",并且对此进行过详细的讨论。甚至关于在花园栽培的植物种子,汗莫尔(J. Hanmer)爵士在 1660 年左右写道①,"在选择种子时,最优良的种子是最重的,并且是从最强壮的和最富活力的茎上得到的";于是他指出一项法则,即在植株上只留很少的花来结子;所以甚至在二百年前对于花园植物已经注意到这等细节了。为了阐明在没有指望的场所静静进行的选择,我愿补充一个事例:在前一世纪中叶,古栢先生在北美的辽远地方借着选择,改进了全部他的蔬菜,"所以它们大大地优于其他任何人的蔬菜。例如,当他的萝卜到了合用的时候,他就挑选十个或二十个他最赞许的个体,把它们栽植到距离其他同时开花的个体至少一百码以外。他用同样的方法来处理所有他的其他植物,按照它们的本性变换环境条件"。②

在 18 世纪"耶稣会会员们"(Jesuits)出版了一部有关中国的巨大著作,这一著作主要是根据古代《中国百科全书》编成的,关于绵羊,据说"改良它们的品种在于特别细心地选择那些预定作为繁殖之用的羊羔,给予它们丰富的营养,保持羊群的隔离"。中国人对于各种植物和果树也应用了同样的原理③。皇帝的上谕劝告人们选择显著大型的种子;甚至皇帝还自己亲手进行选择,因为据说"御米",即皇家的米,是往昔康熙皇帝在一块田地里注意到的,于是被保存下来了,并且在御花园中进行栽培,此后由于这是能够在长城以北生长的唯一种类,所以变成为有价值的了④。甚至关于花卉植物,按照中国的传统来说,牡丹(P. moutan)的栽培已经有 1400 年了;并且育成了 200—300 个变种,它受到的珍爱就像荷兰人以前对于郁金香一样⑤。

现在转来谈一谈半开化人和未开化人:我在南美的若干地方看到那里没有牧场栅栏,并且牲畜的价值很小,所以我设想对于它们的繁育和选择绝对没有给予注意;在很大程度上确系如此。然而⑥罗林描述过一个哥伦比亚的裸牛的族,由于它们的脆弱体质,不准它们增加。按照亚莎拉的材料⑦,巴拉圭的马常常生下来是卷毛的,但是因为当地人不喜欢这种马,所以都把它们杀掉了。另一方面,亚莎拉说,在 1770 年降生的一头无角公牛被保存下来了,并且繁殖了它的族。有人告诉我说在东方班达有一个卷毛的品种;并且异常的尼亚太牛自从最初出现以来就在拉普拉塔保持了不同。因此,某些显著的变异得到了保存,其他不大利于细心选择的变异在这些地方就遭到了习惯性的毁灭。我们还看到居民们时常把新的牛引进到他们的所在地,以便防止近亲交配的恶劣效果。另一方面,我由可靠的力面听到,彭巴草原上的高卓人(Gauchos)从来不费力去选择最优良的公牛或种马作为繁育之用,这或者可以说明在阿根廷共和国的广大范围内牛和马的性状是显著一致的。

---

① 《艺园者记录》,1843 年,第 389 页。

② 《给农业部的信》,在达尔文博士的"Phytologia"中引用,1800 年,第 451 页。

③ 《关于中国的报告》(*Mémoirc sur les Chinois*),1786 年,第十一卷,第 55 页;第五卷,第 507 页。

④ 《关于中国农业的研究》(*Rccherches sur l'Agriculture des Chinois*),达威·圣德内斯(L. D'Hervery Saint-Denys),1850 年,第 229 页。关于康熙,参阅胡克的《大清帝国》(*Chinese Empire*),第 311 页。

⑤ 安得逊,《林奈学会会报》,第十二卷,第 253 页。

⑥ 《法国科学院当代各门科学论文集》,第六卷,1835 年,第 333 页。

⑦ 《巴拉圭的四足兽》,1801 年,第二卷,第 333,371 页。

看一看旧世界,在撒哈拉大沙漠(Sahara Desert),"陶瑞格人(Touareg)就像阿拉伯人选择他们的马那样细心地选择那些进行繁育的玛哈利(Mahari,单峰骆驼的一个优良的族)。它们的血统一代一代地传下去,并且许多单峰骆驼都能被夸耀比达雷·阿拉伯(Darley Arabian)的后代具有悠长得多的谱系"[1]。按照帕拉斯的材料,蒙古人努力繁育牦牛,即具有白尾的马尾水牛,因为这些尾巴可以卖给中国官吏作为蝇拂之用;约在帕拉斯七十年以后的慕尔克罗夫特发现白尾的动物还被选择作为繁育之用。[2]

我们在讨论狗的那一章中看到,按照普林尼的材料,在北美不同地方以及圭亚那的未开化人就像古代高卢人(Gauls)那样地使他们的狗同野生犬科动物进行杂交。这样做是为了使他们的狗得到力量和活力,其情况就像养兽者现今在大养兽场中时常使他们的雪貂同野生鸡貂进行杂交一样(雅列尔先生告诉我的),后者是为了"使它们得到更大的凶恶性"。按照瓦罗的材料,以前捕捉野驴同驯驴进行杂交,以改良它们的品种,这就像今日爪哇的土人时常把他们的牛赶进森林奈同野生的爪哇牛(Bos sondaicus)进行杂交一样[3]。在北西伯利亚的奥斯塔克(Ostyaks),不同地区的狗有不同的斑纹,不过无论在任何地区它们都具有黑色的和白色的斑点,却是非常一致的[4];仅仅根据这一事实我们便可推论出那里有细心的繁育工作,特别是当某一地区的狗以其优越性闻名于全境时更加如此。我听说爱斯基摩人的某些部落以他们的狗队具有一致的颜色而自豪。像肖思勃克爵士告诉我说的那样[5],在圭亚那,特鲁玛·印第安人的狗价值很高,并且广为交易:一只优良狗的价格同娶一个妻子用的钱是相等的:它们被饲养在一种笼子里,印第安人"在母狗发情的季节,特别注意防止它们同恶劣种类的公狗进行交配"。印第安人告诉罗勃特爵士说,如果一只狗被证明是恶劣的或无用的,它不是被杀掉,就是由于全然得不到照顾而死去。比火地土人更野蛮的人,几乎是没有的,但我听传道团体的传道士布里奇斯说,"当火地土人拥有一只大型、强壮而活泼的母狗时,他们注意地使它同优良的公狗进行交配,他们甚至注意地喂给它好的食物,为的是使她的仔狗强壮并且得到良好的影响"。

在非洲腹地同白人没有往来的黑人对于改良他们的动物表现了很大的热望;他们"总是选择较大的和较强壮的雄性动物作为传种之用";玛拉哥洛人(Malakolo)对于利威斯东答应送给他们一头公牛感到非常高兴,巴卡洛洛人(Bakalolo)把一只公鸡从罗安达(Loanda)一路带到腹地去[6]。温乌得·雷得(Winwood Reade)先生在法拉巴(Falaba)注意到一匹异常优良的马,黑人的土王告诉他说,"这匹马的所有者以他的繁育工作的技巧而著名"。在非洲更南的地方,安得逊说他知道有一个达玛拉人(Damara)用两匹优良的公牛换了一只他所喜欢的狗。达玛拉人特别喜欢整群的牛具有同样的颜色,他们特别看重公牛同牛角大小的比例。"纳玛瓜人(Namaquas)对于一群一致的鸟兽是十分狂热的;

---

① 《撒哈拉大沙漠》(*The Great Sahara*),垂斯特拉姆(H. B. Tristram)牧师著,1860年,第238页。
② 帕拉斯:《圣彼得堡科学院院报》,1777年,第249页;慕尔克罗夫特和垂贝克,《喜马拉雅地方旅行记》,1841年。
③ 引自拉弗尔斯(Raffles),见《印度原野》,1859年,第196页;关于瓦罗,参阅帕拉斯,同前书。
④ 埃尔曼:《西伯利亚旅行记》,英译本,第二卷,第453页。
⑤ 再参阅《皇家地质学会学报》,第十三卷,第一部分,第65页。
⑥ 利威斯东的《初旅》(*First Travels*),第191,439,565页;再参阅《赞比西探险记》,1865年,第495页。其中有一个关于山羊优良品种的相似例子。

几乎所有南美的人都把牛的价值看做仅次于他们的女人，并且以拥有优良品种的动物而自豪"。"他们很少或者从来不把漂亮的动物作为驮兽用"①。这些未开化人的辨别能力是可惊的，他们能够辨识任何牛属于哪一个族。安得逊先生进一步告诉我说，土人屡屡用一头特殊的公牛同一头特殊的母牛进行交配。

我在记载中找到的半开化人进行选择（其实任何人民都进行选择）的最引人注意的例子，是由戛西拉佐·得·拉韦加（Garcilazo de la Vega）举出的，他是印加人的后裔，在西班牙人征服秘鲁之前，他在那里从事选择工作②。印加人年年举行大狩猎，届时把所有野生动物从广大的周围赶到中心地点。食肉兽最先被杀掉，因为它们是有害的。野生的原驼（Guanacos）和骆马（Vicunas）被杀掉；老的雄兽和雌兽也被杀掉，其他则放任自由。不同种类的鹿受到了检查，老的雄鹿和雌鹿也同样被杀掉；"但是从最美丽而强壮的个体中选择出来的幼小雌兽以及一定数量的雄兽"则被给予了自由。于是这里就有了在自然选择帮助下的人工选择。所以印加人所采取的方式同苏格兰猎人所采取的完全相反，苏格兰猎人不断地杀死最优良的雄鹿，以致引起整个族的退化，他们因此受到了谴责③。关于美洲驼（Llamas）和羊驼（Alpacas），它们曾在印加时代按照颜色被分别饲养过：如果在一群中偶然生下颜色不正的一只，它最终会被放到另一群中去。

在羊驼属（Auchenia）中有四个类型——原驼和骆马，被发现有野生的，无疑是不同的物种；美洲驼和羊驼，据知只有家养的。这四种动物看来如此不相同，以致大多数博物学者，特别是在其原产地研究过这些动物的人们，都主张它们是不同的物种，尽管谁也没有妄想看到过一只野生的美洲驼和羊驼。但是，在秘鲁和在它们向澳洲输出期间仔细研究过这等动物并且对于它们的繁殖做过许多试验的列吉尔（Ledger）先生提出一些论据说④，美洲驼是原驼的家养后代，羊驼是骆马的家养后代；在我看来，这些论据是没有争辩余地的。现在我们知道这等动物在许多世纪以前就经过了系统的繁育和选择，所以对于它们所发生的大量变化是没有什么值得惊奇的。

有一个时期我认为可能是，古代半开化人虽然注意到比较有用的动物在重要之点上的改进，但他们不会注意不重要的性状。不过人类的本性在全世界都是一样的：时尚到处有最高的支配力，并且人对于他偶然拥有的东西，容易看重。我们已经看到，南美的尼亚太牛的短面和朝上翻的鼻孔肯定是没有用处的，但它们被保存下来了。达玛拉人以一致的颜色和非常长的角来评价他们的牛。现在我将阐明我们大部分有用动物的几乎任何特点由于时尚、迷信或某种其他动机都曾受到重视，并且因而被保存下来。关于牛，按照尤亚特的材料⑤，"往昔的记载指出，北威尔斯和南威尔斯的亲王要求一百头红耳白牛作为赔偿。如果是暗色的或黑色的牛，那就要献出 150 头"。所以在威尔斯被英格兰征服以前，那里的人已经注意到颜色了。在中非，凡是用尾巴打地的公牛都被杀死；在南美，有些达玛拉人不吃有斑点的公牛的肉。开弗尔人认为具有音乐声调的动物是有价值

---

① 安得逊的《南美旅行记》，第 232，318，319 页。

② 瓦瓦沙尔（Vavasseur），《驯化学会会报》，第八卷，1861 后，第 136 页。

③ 《狄·赛得的博物学》（*The Natural History of Dee Side*），1855 年，第 476 页。

④ 《驯化学会会报》，第七卷，1860 年，第 457 页。

⑤ 《牛》，第 48 页。

的；"在英领开弗拉利亚（British Kaffraria）的一场交易中，一头小母牛的鸣声会博得如此重大的赞赏，以致引起激烈的占有竞争，并且它会售得相当的价钱"①。关于绵羊，中国人喜欢无角的公羊；鞑靼人喜欢螺旋形角的公羊，因为无角被设想是失去了勇气的②。有些达玛拉人不吃无角绵羊的肉。关于马，在十五世纪末，具有被叙述为一种苹果（Liart pommé）那样颜色的马在法国最有价值。阿拉伯人有一句谚语，"千万不要买四个蹄都是白的马，因为它把寿衣给带来了"③；像我们已经看到的那样，阿拉伯人还轻视黄棕色的马。关于狗也是如此，古时的色诺芬（Xenophon）和另外一些人对于某些颜色是偏爱的；"白色的或石板色的猎狗是不受重视的"④。

转回来谈一谈家禽，古代罗马的饕餮者认为白鹅肝的味道是最好的。在巴拉圭，黑皮鸡之所以被饲养，是因为它们被设想生殖力较强，而且肉最适于病人之用⑤。在圭亚那，像肖恩勃克向我说的那样，土人不吃鸡肉和鸡蛋，但分别地饲养了两个族，那仅是为了装饰之用。在菲律宾，被饲养和已被命名的亚变种不下九个，所以它们一定是分别繁育的。

目前在欧洲，我们最有用的动物的最微小特点，或是由于时尚，或是作为纯粹血统的标志，都受到了仔细的注意。有许多例子可以举出；举两个就够了。"在英国的西部诸郡，对于白猪的偏见之强，就像在约克郡对于黑猪的偏见一样"。关于柏克郡（Berkshire）的一个亚变种，据说"白色只限于四个蹄是白的，两眼之间的一个斑点是白的，并且各肩之后的少数毛是白的"。萨得勒（Saddler）先生拥有三百只猪，其中每一只都有这样的标志⑥。将近18世纪末叶的马歇尔在谈到约克郡的一个牛品种的变化时说道，它们的角已经相当地改变了，这是"晚近二十年以来流行的一种端正的小而尖的角"⑦。在德国的某一部分，哥费尔族（Race de Gfoehl）的牛由于有许多优良性质而受到重视，不过它们必须有特殊曲度和特殊颜色的角，如果它们朝着错误的方向，那就要采用机械的方法；但是居民们认为最高度重要的却是公牛的鼻孔应当是肉色的，睫毛应当是淡色的；这是必要的条件。具有青色鼻孔的牛犊没有人买，要不只能售很低的价钱⑧。所以谁也不必说，任何点或性状会微小到不受繁育者们的有计划的注意和选择的。

无意识的选择　像不止一次已经说明过的那样，我借这个名词所表示的意义是，人把价值最大的个体保存下来，把价值最小的个体毁掉，在他本身来说，并没有改变品种的任何有意识的企图。关于从这种选择产生出来的结果，很难提出直接的证据；不过间接的证据是很多的。其实，除了人在某一场合中是有意识地进行的而在另一场合中是无意识地进行的以外，在有计划选择和无意识选择之间并没有多大差别。在这两种场合中，人都是把那些最有用的或最使他喜爱的动物保存下来了，其他的则遭到毁灭或忽视。但

---

① 利威斯东的《旅行记》，第576页；安得逊，《纳米湖》（Lake Ngami），1856年，第222页。关于开弗拉利亚的交易，参阅《每季评论》，1860年，第139页。

② 《关于中国的报告》（捷修兹著），1786年，第十一卷，第57页。

③ 密切尔：《关于马群》，第47,50页。

④ 汉弥尔顿·史密斯上校：《狗》，见《博物学者丛书》，第十卷，第103页。

⑤ 亚莎拉：《布拉圭的四足兽》，第二卷，第324页。

⑥ 尤亚特的著作，西得内版，1860年，第24,25页。

⑦ 《约克郡的农村经济》，第二卷，第182页。

⑧ 加约，《牡牛》，1860年，第547页。

是,毫无疑问,有计划选择比无意识选择所产生的结果要迅速得多。艺园者在植物中所进行的"去劣"以及根据亨利第八王朝的法律所进行的把所有标准以下的母马全部杀掉,按照字面的普通意义来说,这是一种同选择相反的处置方法,但导致了同样的一般结果。把具有特殊性状的个体毁掉的影响,由下述情况可以得到充分的阐明:即为了保持羊群的白色,把每一只具有一点黑色痕迹的羊羔都杀掉是必要的;还有,在拿破仑的毁灭性战争中,法国人的平均高度受到了影响,在战争中许多高大的人被杀掉了,留下来作父亲的则是一些矮人。某些密切研究过征兵结果的人们的结论至少是如此,自从拿破仑时代以后,军队的标准肯定是降低了两三次。

无意识选择和有计划选择是混淆不清的,所以要把它们分开简直是不可能的。当往昔一位养鸽者最初偶然注意到一只具有异常短喙的鸽子或者一只尾羽异常发达的鸽子的时候,他虽然是在繁殖这个变种的明确意图之下来养育它们,但他不会有育成短面翻飞鸽或扇尾鸽的意图,而且他决不会知道他已经朝着这个目的踏出了第一步。如果他能看到最终结果,他大概会感到吃惊,不过根据我们所知道的养鸽者的习惯来说,他们恐怕不会赞赏这种结果的。英国的信鸽、排字鸽和短面翻飞鸽按照同样的途径大大地改变了,因为我们可以从两方面——从讨论鸽子那一章所举出的历史证据,以及从不同国家引进的鸽子的比较——作出如上的推论。

关于狗也是如此;我们现在的狐缇同古老的英国缇是不相同的;我们的灵缇变得比较轻快了;苏格兰鹿缇也改变了,而且现在是罕见的。我们的喇叭狗同以前用作逗牛的那些喇叭狗是不相同了。我们的向导狗和纽芬兰狗同其原产地的现在的任何土著狗都不密切相似。这等变化的发生部分是由于杂交,但是在每一个场合中其结果还是受最严格选择的支配。尽管如此,我们还没有任何理由来假定人有意识地或者有计划地造成了同现在品种完全一样的品种。因为我们的马变得更快了并且乡村更开拓了和更平坦了,所以需要而且生产了更快的狐缇,但是任何人恐怕都不会预见到它们会变成什么样子。我们的向导狗和谍狗按照时尚和增快速度的要求已经大大地改变了;而谍狗几乎可以肯定是从大型獚狗传下来的。狼灭绝了,猎狼狗也灭绝了;鹿比较稀少了,牛不再被逗了,相应品种的狗回答了这种变化。但我们几乎可以肯定的是:譬如牛不再被逗了,没有一个人会向他自己说,现在我将繁育比较小型的狗,因而创造了目前这样的族。因为环境条件变化了,人们就会无意识地而且缓慢地改变他们的选择路线。

关于竞跑马,对快速性的选择是有计划地进行的,并且我们的马现在容易地超过了它们的祖先。英国竞跑马的增大和不同外貌引起一位在印度的优秀观察者发出了这样的质问,"在1856年的今年,当任何人看到我们竞跑马的时候,他能想象出它们是阿拉伯马和非洲母马的结合结果吗"?① 这种变化的发生,恐怕大部分是通过无意识的选择,即由于在每一代中希图繁育尽可能优良的马的愿望以及训练和高度丰富的喂养,不过对于它们现在这样的外貌并没有任何意图。按照尤亚特的材料②,在奥利瓦·克仑威尔(Oliver Cromwell)时代引进的三匹著名东方种马很快地就影响了英国品种;"一位旧派的哈

---

① 《印度狩猎评论》,第一卷,第181页;《种马场》,塞西尔著,第58页。
② 《马》,第22页。

莱（Harleigh）勋爵报怨说，大型的马匹在迅速地消灭着"。关于多么细心的选择一定曾经受到注意，这是一个最好的证明；因为如果没有这等细心，如此微少注入的东方血统的一切痕迹大概就会很快地被吸收而消失掉。尽管英国的气候从来没有被认为特别适于马，但是长期不断的选择——有计划的和无意识的，以及阿拉伯人在更长的而且更早的时期所进行的选择，终于使我们得到了世界上马的最优良品种。麦考雷（Macaulay）[1]说，"有两个人——新垒大公（Duke of Newcastle）和约翰·范韦克（Jhon Fenwick）——关于这个问题的权威意见受到了很大的尊重，他们宣称曾经从坦吉尔（Tangier）输入的最劣等的出租马预料不到地比我们土著品种产出了更优良的后代。他们大概不相信会有这样一天来到：即邻近地方的诸侯和贵族热切从英国得到马的心情就像英国人曾经热切从巴巴利（Babary）得到马的心情一样"。

伦敦挽马在外貌上同任何自然物种都有非常重大的差异，并且它的体积使许多东部的亲王非常吃惊，它的形成大概是由于最大的而且最有力的马在弗兰得兹和英格兰于许多世代中受到了选择，但没有任何意图或预期创造像我们现在所看到的那种挽马。如果我们追溯到早期的历史，正如夏弗赫生（Schaaffhausen）所说的[2]，我们在古希腊的雕像中可以看到同竞跑马和挽马都不相似的并且同任何现存品种都有差别的马。

在早期，无意识选择的结果，从同一系统所发生的、但由细心的育种者们所分别培育的羊群之间的差异，得到了充分的阐明。尤亚特就巴克莱先生和勃给斯（Burgess）先生的绵羊举出过一个有关这个事实的最优秀事例，"他们的绵羊都从贝克威尔先生的原始系统繁育了五十年以上。凡是熟悉这个问题的人一点也不会怀疑任何羊群的所有者在任何情况下都脱离了贝克威尔先生的羊群的纯粹血统；可是这两位先生所拥有的绵羊之间的差异是如此之大，以致它们在外貌上看来就像两个完全不同的变种似的"[3]。我在鸽子中看到过若干相似而十分显著的例子；譬如，我有一群排字鸽是从塞勃来特爵士的长期繁育的排字鸽传下来的，还有一群是另一位养鸽者所长期繁育的，这两群鸽子明显地有所不同。那修西亚斯——比他更有能力的证人是无法举出的——观察到，短角牛在外貌上虽然是显著一致的（颜色除外），但是个体的性状以及每一个育种者的要求在他的牛上打下了记号，所以不同的牛群彼此还微有不同[4]。赫福特牛在 1769 年之后不久，通过汤姆金斯（Tomkins）[5]的细心选择，就呈现了现在这样的性状，而这个品种最近又分离为两个品系——一个品系具有白色的颜面，据说[6]在其他一些点上微有不同：但没有理由可以相信这种起源不明的分离是有意识地造成的，最可能的是把它归因于不同的育种者们曾经注意了不同之点。还有，1810 年猪的栢克斯郡品种从 1780 年的状态发生了重大变化；自从 1810 年以后，至少有两个同名的不同亚品种发生了[7]。请记住一切动物都是

①　《英国史》，第一卷，第 316 页。
②　《关于物种的稳定性》。
③　《尤亚特论羊》，第 315 页。
④　《关于短角牛》(Uebe Shorthorn Rindvieh)，1857 年，第 51 页。
⑤　罗武，《家养动物》，1845 年，第 363 页。
⑥　《每季评论》，1849 年，第 392 页。
⑦　冯·那修西亚斯，"猪的头盖……初步研究"，1864 年，第 140 页。

多么迅速地增加着,并且有些一定年年被杀掉,有些被保存下来作为繁育之用,于是,如果同一位育种者在长年累月中审慎地决定哪些应当被保存下来,哪些应当被杀掉,那么几乎不可避免的是,他的个人癖好将会影响他的兽群,而他并没有改变品种的任何意图。

无意识选择——即保存比较有用的动物以及忽视或杀掉比较无用的动物,而没有任何想到将来的思想——按照这个字的严格意义来说,一定从极古时代起并且在最不开化的地方时刻继续地进行了。未开化人时常苦于饥馑,并且不时被战争所迫而离乡背土。在这等场合中,他们将把最有用的动物保存下来,几乎是无可怀疑的。当火地人受到缺少食物的严重压迫时,他们宁把年老的妇人杀掉作为食物,而不肯杀掉他们的狗;因为,正如我们确切知道的那样,"老妇无用——狗可捉獭"。同一坚强的感觉大概会引导他们在受到更严重饥馑的压迫时也会把他们更有用的狗保存下来的。奥尔特非尔得先生看到过很多澳洲土人,他告诉我说,"所有他们都很高兴得到一只欧洲的猎袋鼠狗,并且已经知道有几个事例:父亲把他自己的婴儿杀死,以便叫母亲把奶汁喂给小狗吃"。不同种类的狗,对于澳洲人猎取负鼠和袋鼠有用处,对于火地人猎取鱼和獭有用处;在这两处地方最有用的狗的偶然保存最终会导致两个不相同的品种的形成。

关于植物,从最早的文明的黎明期起,已被知道的最优良变种一般在各个时期都得到了栽培,并且它的种子不时被播下;所以从极遥远的时期起就进行了某种选择,而没有任何既定的最优良标准或想到将来。今天,我们经过了几千年来偶然地或无意识地所进行的选择过程而得到了利益。正如前章所指出的,奥斯瓦尔得·喜尔(Oswald Heer)在对于瑞士湖上居民的研究中用一种有趣的方式证明了上述情形;因为他阐明了现在的小麦、大麦、燕麦、豌豆、蚕豆、扁豆以及罂粟的一些变种的谷粒和种子在大小上都超过了新石器时代和青铜时代在瑞士栽培过的那些变种。这等古代人民在新石器时代还拥有一种野生小苹果(Crab),它比现在野生于侏拉(Jura)的那种大得多①。普林尼所描述的梨在品质上显然极端劣于现在的梨。我们还能从另一方面来体会长期不断的选择和栽培的效果,因为任何有理性的人都会期望从真正野生小苹果的种子培育出第一流的苹果或者从野生梨培育出甘美的软化梨来吗? 得康多尔告诉我说,他最近在罗马的一件古代镶木细工上看到一种甜瓜的雕刻:因为如此贪吃的罗马人对于这种果实没有过记载,所以他推论甜瓜自从古罗马时代以后已经大大地被改良了。

到了近代,布丰②把当时栽培的花卉、果树和蔬菜同 150 十年以前的一些最好的图画加以比较之后,不禁对于它们所完成的改进感到惊奇;他并且说,现在不仅花卉研究者、就是乡村的养花人也不会再要这等古代的花卉和蔬菜了。自从布丰那一时代以后,改良工作是在不断而迅速地进行着的。凡是把现在的花卉同不久以前出版的书籍中的图绘加以比较的花卉研究者都会对于它们的变化感到惊奇。一位著名业余花卉研究者③当谈到只在 22 年以前由卡茨(Garth)先生育成的天竺葵属的一些变种时指出,"它们激起了多么热烈的风行:据说我们确实达到了完善化;而到了现在人们对于那时的任何一种花

---

① 再参阅克瑞斯特博士,见芦特梅耶的《湖上家居》,1861 年,第 226 页。

② 该文见《驯化学会会报》,1858 年,第 11 页。

③ 《园艺学报》,1862 年,第 394 页。

都不会看上一眼的。但是对于那些看到了应当做些什么而且做了的人们，我们的感激却一点也不减少"。著名的园艺家保罗先生在写到同一种花的时候说道①，他记得年轻时对于斯威特（Sweet）的著作中的天竺葵图是喜爱的；"但是它们在美丽这一点上同今天的天竺葵相比，又怎样了呢？这里再度说明了自然界的前进不是跳跃的；改进是逐渐的；如果我们忽略了那些很逐渐的前进，我们就一定看不到现在的巨大结果"。这位实际的园艺家对于逐渐的和积累的选择力给予了多么恰当的评价和说明！大丽菊的美丽是按照相似的途径来改进的；改进的路线被时尚所支配，也被花缓慢发生的连续改变所支配②。许多其他花的不断而逐渐的变化也受到了注意：例如一位老花卉研究者③在描述了生长于1813 年的石竹的主要变种之后补充说道，"那时的石竹很少作为庭园花卉来栽培"。如果我们知道欧洲最古的、即在帕雕亚（Padua）的花园仅是在 1545 年④才建立的，那么如此众多的花卉植物的被改良以及大量变种的被育成就愈益使人吃惊了。

最受人重视的部分表现了最大差异量，这阐明了选择的效果　不论是有计划的、或无意识的、或二者结合在一起的长期不断的选择力量用一般的方法都可得到阐明，即比较不同物种的变种之间的差异，它们受到重视是由于它们的不同部分，例如叶、茎、块茎、种子、果实或花。无论哪一部分，只要是最受人重视的，就会看出这一部分表现有最大的差异量。关于为了采取果实而栽培的树，萨哥瑞特说，它们的果实比亲种的为大，然而关于为了采取种子而栽培的那些树，例如关于坚果、核桃、扁桃、栗等等，只是种子本身比较大；他对于这一事实的解释是，在某一种场合中是果实受到了小心的注意和多年的选择，而在另一种场合中则是种子受到了小心的注意和多年的选择。加列肖进行过同样的观察。高德龙坚决主张马铃薯的块茎、葱属的球茎以及甜瓜的果实是多种多样的，而这些植物的其余部分则是密切相似的⑤。

为了判断我对于这个问题的意见正确到怎样程度，我把同一物种的很多变种彼此靠近地进行栽培。广泛不同的器官之间的比较，必然是模糊不清的；所以我只就少数例子举出其结果。以前我们在第九章中曾经看到，甘蓝的变种在叶和茎上表现了多么巨大的差异，这些都是被选择的部分；并且它们在花、荚和种子上是多么密切相似。在萝卜的七个变种中，它们的根在颜色和形状上表现了巨大的差异，但在叶、花和种子上却找不出任何差异。现在，如果我们把这两种植物的变种的花同我们花园中的为了装饰之用而进行栽培的任何物种的花加以比较；或者，如果我们把它们的种子同那些由于种子而受到重视和栽培的玉蜀黍、豌豆、蚕豆等的种子加以比较，它们的对照是多么显明。在第九章中已经阐明，豌豆的变种在植株高度方面有差异，在荚的形状方面有相当差异，在豆的本身方面有巨大差异，除此之外，几乎没有差异，而所有这些正是被选择之点。然而甜豌豆

① 《艺园者记录》，1857 年，第 85 页。
② 参阅威得曼先生对花卉学会的演说，见《艺园者记录》，1843，第 86 页。
③ 《园艺学报》，10 月 24 日，1865 年，第 239 页。
④ 帕瑞斯考特（Prescott）的《墨西哥历史》，第二卷，第 61 页。
⑤ 萨哥瑞特，《果树生理学》，1830 年，第 47 页；加列肖，《植物的繁育理论》，1816 年，第 88 页；高德龙，《物种》，1859 年，第二卷，第 63，67，70 页。我在本书第十章和第十一章中对于马铃薯进行了详细的论述；关于玉葱，我能肯定提出同样的意见。我也曾提出诺丹对甜瓜变种表示赞同到怎样程度。

(Pois sans parchemin)则在荚的方面表现了更大的差异，它们的荚是食用的并且是被重视的。我栽培过普通蚕豆的十二个变种；只有一个变种矮生法恩（Dwarf Fan）在一般外形上表现了相当的差异；两个变种在花的颜色上表现了差异，一个是白变种，另一个是以全部紫色代替了部分紫色；几个变种在荚的形状和大小上表现了相当的差异，不过在豆的本身方面所表现的差异更为巨大，这是被重视的和被选择的部分。例如，陶克蚕豆（Toker's bean）在长度和宽度上都比蚕豆（horse-bean）大两倍半，而且皮薄得多，同时具有不同的形状。

如前所述，醋栗的变种在果实上表现了巨大差异，但在花和营养器官上几乎看不出任何差异。关于李，它们在果实上的差异好像也比在花和叶上的差异为大。另一方面，相当于李的果实的草莓种子几乎完全没有差异；而每一个人都知道，它们的果实——即增大了的花托——表现了多么巨大的差异。苹果、梨、桃在花和叶上表现了相当差异，但就我所能判断的来说，它们的差异却不能同果实方面的差异成比例。另一方面，中国重瓣花的桃阐明了这种桃树的变种已经形成了，它们在花的方面比在果实方面所表现的差异更大。如果桃是扁桃的改变了的后代（这是高度可能的），那么在同一物种中已经完成了可惊的变化量，这表现在前者的多肉果被上和后者的果仁上。

像种子和多肉果被（不论它的同源性质怎样）那样地，如果那些部分彼此具有密切的关系，那么某一部分发生变化，另一部分通常也要随着发生变化，虽然其程度并不一定一样。例如，关于李树，有些变种结的李子是几乎一样的，但它们所含的核在形状上则极端不相同；相反地，另外一些变种结的李子并不一样，但它们的核则几乎没有区别；一般说来，虽然核从来没有被选择过，但在李的几个变种中它们表现了巨大差异。在其他一些场合里，没有显著关系的器官通过某种连锁而一齐发生变异，因而这些器官在没有人的意图之下也容易同时受到选择的影响。例如，紫罗兰的一些变种仅仅由于花的美而受到了选择，但它们的种子在颜色上表现了巨大的差异，同时在大小上多少也表现了差异。莴苣的一些变种仅仅由于叶子而受到了选择，但它们的种子在颜色上也表现了差异。一般说来，通过相关的法则，当一个变种同其相似的变种在任何一种性状上有巨大差异时，它在其他几种性状上也有某种程度的差异。当我把同一物种的许多变种栽培在一起的时候，我观察到上述事实，因为通常我最先把那些在叶子和生长方式上彼此最不相同的变种列成一个表，然后把那些在花上最不相同的变种列成一个表，其次把那些在种子蒴上最不相同的变种列成一个表，最后把那些在成熟种子上最不相同的变种列成一个表；我发现同一个名称一般在两个、三个或者四个连续的表上出现。尽管如此，就我所能判断的来说，变种之间的最大差异量总是由那种部分或器官——即为了它才栽培这种植物——表示出来的。

如果我们记住各种植物的最初栽培都是因为它们对人有用，而它的变异则是以后的、常常是长久以后的事情，那么我就不能假定物种是按照任何特殊途径而被赋予了一种变异的特殊倾向并且它们本来是被选出来的，所以我们不能借此来说明被重视的部分为什么表现了比较大量的多样性。我们必须把这种结果归因于这些部分的变异是曾经连续被保存下来的，因而是不断被扩大的；而其他变异，除了那些通过相关作用而不可避免出现的以外，则受到忽视而消失了。所以我们可以推论，通过长期不断的选择，大概可以使大部分植物产生一些族,彼此在任何性状上的差异就像它们现今在那些受到重视而被栽培的部分上所表现的差异一样。

在动物中我们没有看到同样的情形;不过为了公平的比较并没有饲养过足够数量的物种。绵羊的价值在于它们的毛,几个族的羊毛之间的差异比牛毛之间的差异大得多。绵羊、山羊、欧洲牛或猪都不是由于它们的快速和力大而受到重视;并且我们不拥有在这些方面表现了挽马和竞跑马那样差异的品种。但在骆驼和狗中,快迅和力大是受到重视的;关于前者,我们有快速的单峰骆驼和笨重的骆驼;关于后者,则有灵缇和獒。不过狗的被看重甚至更高程度地由于它们的智力和感觉;每一个人都知道它们在这些方面表现了多么巨大的差异。另一方面,在专为食用而饲养狗的地方,譬如在波利尼西亚群岛和中国,它们被描述是一种极其愚蠢的动物①。布鲁曼巴哈说,"许多狗,譬如猎獾狗(bager-dog),对于特殊目的具有如此显著和如此适宜的一种体格,以致我不得不感到我很难相信这种可惊的形状是由于退化的偶然结果"②。如果布鲁曼巴哈考虑到伟大的选择原理,他大概就不会使用退化这个术语了,而且他对于狗和其他动物变得非常适于为人类服务大概也不会感到惊奇了。

总之,我们可以作出如下的结论:不论最受到重视的是哪一部分或哪一种性状——植物的叶、茎、块茎、鳞茎、花、果实或种子也好,动物的大小、力量、快速、毛被或智力也好——那种性状会被发现几乎不可避免地在样式和程度上表现有最大的差异量。这种结果可以安全地归因于人在长期过程中把对他有用的变异保存下来了,并且忽视了其他变异。

我将对一个重要的问题说几句话,来结束这一章。关于像长颈鹿那样的动物,其整个构造对于某些目的是非常调和一致的,于是有人想象所有这些部分一定是同时改变的;而曾经争论的是,根据自然选择的原理,这几乎是不可能的。不过在这样的争论中。曾经默契地假定变异是突然的而且是巨大的。毫无疑问,如果一种反刍动物的颈是突然大大变长了的,它的前肢和背大概势必会同时变得强有力而发生改变;但不能否认的是,一种动物的颈、或头、或舌、或前肢伸长得很小,而身体的其他部分并没有任何相应的改变;这样改变微小的动物在缺少食物的期间大概会获得微小的利益,能够吃到较高的小枝,因而生存下来了。每日的少量食物,不论多少,在生与死之间就会造成完全不同的情况。由于同样过程的重复,并且由于生存者的偶尔交配,将会朝向长颈鹿的非常调和一致的构造前进一些,虽然这种前进是缓慢的和彷徨不定的。如果具有圆锥形小嘴、球形头、圆形身体、短翅和小脚——这些性状显得非常调和——的短面翻飞鸽曾是一个自然的物种,那么它的整个构造将会被看成是非常适于它的生活的;不过在这种场合中,没有经验的育种者们对于各点是逐次加以注意的,而不是试图同时改进整个的构造。请看一看灵缇那种优美的、对称的和富有活力的完善的肖像吧;没有一个自然的物种可以夸耀有比它更美妙调和一致构造,它有逐渐变细的头、苗条的体部、厚的胸、缩进去的腹、鼠状尾以及肌肉发达的长腿,所有这些都适于极端的快速和追赶弱小的猎物。现在,根据我们看到的动物的变异性,根据我们知道的不同的人在改良家畜时所采用的方法——有些

---

① 高德龙,《物种》,第二卷,第 27 页。
② 《布鲁曼巴哈的人类学论文集》(*The Anthropological Treatises of Blumenbach*),1856 年,第 292 页。

人主要注意某一点,其他的人注意另一点,还有一些人利用杂交来改正缺点等等——我们可以肯定的是,如果我们能够知道第一流灵缇的悠长的祖先系统,直到它的狼般的野生祖先为止,那么我们应当看到无数最微小的级进,有时这是关于这一种性状的,有时是关于那一种性状的,不过所有这些都引向现在那样的完善模式。从这等微小而暧昧的步骤,像我们可以确信的那样,本性在她的改进和发展的伟大行进中也进步了。

同样的理论体系就像对整个体制的适用那样也可适用于各别器官。一位作者①最近主张,"假定对于眼睛那样的器官进行全部改进,必须同时采取十种不同的改进方法,这大概一点也不夸张。以任何一种这等方法来产生任何复杂器官并达到完善化的不可能性,其性质和程度正如把字母胡乱地丢在槕子上来作出一首诗或一个数学演算的不可能性一样"。如果眼睛的改变是突然的和巨大的,那么,毫无疑问,许多部分势必同时发生变化,以便保持这种器官的用处。

但在变化较小的场合中也是这样吗?有些人只有在暗的光线下才能看得清楚,我相信这种状态决定于网膜的敏感性,而且据知是遗传的。例如,如果一种鸟由于能够在黄昏看得清楚而得到某种巨大利益,那么一切具有最敏感的网膜的个体将会得到最大的成功而且最可能生存下去;为什么所有那些偶然具有大一点眼睛的或者瞳孔能够开张得较大的个体不应当同样地被保存下来呢(不论这等改变是否严格同时发生的)?这些个体以后还会杂交并且把它们各自的优越性混合在一起。由于这等微小而连续的变化,一种夜息昼出的鸟的眼大概会被带到鸮眼的状态,后者常常被作为一个有关适应性的最优秀的例子提出来。近视眼往往是遗传的,它可以使一个人在非常近的距离下清楚地看到微小的物体,而对于普通眼睛,这是不能清楚地看到的;这里我们知道,在某些条件下可能有用的一种能力是突然得到的。贝格尔号舰上的几个火地人由于很长久的实践在看远距离的目标时,肯定比我们的水手看得清楚;我不知道这究竟是取决于敏感性,还是取决于焦点调节的能力;不过这种看远的能力可能是由于上述任何一种连续变化的微小扩大。不论在水中或空气中都能看见东西的两栖动物,正如帕拉脱(M. Plateau)②所阐明的那样,需要和拥有按照以下设计所构成的眼睛:"角膜总是扁平的,或者至少在晶体的前方是非常扁平的并且遮蔽着同那个晶体的直径相等的空间,而横的部分可能是能弯曲的。"晶体很接近球形,其中液体同水的密度差不多一样。当一种陆栖动物在它的习性上日益变成水栖的时候,最初在角膜或晶体的曲度上,然后在液体的密度上发生很微小的变化,或者与此相反地,也可能连续地发生很微小的变化;这些变化在对于空气中的视力没有严重损害的情况下,对于动物待在水中大概是有利的。当然不可能推测脊椎动物的眼睛的基本构造原来是根据什么步骤才获得的,因为有关该纲最初祖先的眼睛,我们什么也不知道。关于最低等的动物,最初眼睛所可能经过的变迁状态,在类推的帮助下,是能够得到阐明的,就像我在《物种起源》中曾经试图阐明的那样③。

----

① 莫尔斐(J. J. Murphy)先生对贝尔法斯特(Belfast)博物学会的公开讲演,见《贝尔法斯特北部民权党》(*Belfast Northern Whig*),11月19日,1866年。莫尔斐先生在演讲中是追随皇家天文学会主席波利卡得(Pritchard)牧师的论点体系来反对我的观点的,后者在以前并且更加慎重地在对"诺定昂的英国协会"的布道中发表了他的这种论点体系。

② 关于鱼类和两栖类的视力,见《博物学年报》中的译文,第十八卷,1866年,第469页。

③ 《物种起源》第六版,1872年,第644页。

第二十一章

选择(续)

· *Selection(Continued)* ·

　　自然选择对于家养动物的影响——价值微小的性状往往具有真正的重要性——有利于人工选择的环境条件——防止杂交的便利以及生活条件的性质——密切注意和坚持性是不可缺少的——大量个体的产生是特别有利的——不进行选择，就不会形成不同的族——高度繁育的动物容易退化——人对各个性状的选择有进行到极点的倾向，这会导致性状的分歧，稀罕地也会导致性状的趋同——性状朝着它们已经变异的同一方向继续变异——性状的分歧以及中间变种的灭绝导致家养族的不同——选择力的限制——时间的经过是重要的——家养族发生的途径——提要

自然选择或最适者生存对于家养生物的影响　关于这个问题,我们知道的很少。但是,因为未开化人所养的动物在一年之中势必完全自己去觅食,或者在很大程度上自己去觅食,所以几乎无可怀疑的是,在不同地方,具有不同体质和不同性状的变种最能成功,因而受得到自然的选择。因此,就像不止一位作者所说的那样,未开化人所养的少数动物既有它们主人那样的野性外貌,而且也同自然的物种相似。甚至在具有悠久文化的地方,至少是在比较野蛮的部分,自然选择对我们的家养族也一定是有作用的。明显的是,具有很不相同的习性、体质和构造的一些变种在山上和在肥沃的低地牧场上最能成功。例如,改良的莱斯特羊以前曾被带到兰麦穆尔山脉(Lammermuir Hills);但一位聪明的羊主人报告说,"我们的劣等的瘠薄牧场对于维持如此身体重大的羊是不能胜任的;它们的体躯逐渐变小了:一代不如一代;当春季天气不好的时候,在暴风雨的摧残下,小羊的成活很少超过三分之二"[1]。北威尔斯和赫布里得群岛的山地牛也是如此,据知它们经不住同较大而娇弱的低地品种进行杂交。两位法国博物学者在描述塞加西亚马时说道,它们生活在变化极大的气候之下,必须寻找仅少的牧场,而且经常处在狼的袭击危险中,于是生存下来的只是最强壮的和精力最旺盛的[2]。

每一个人一定都会被斗鸡的无比的优美、力气和活力所打动,它有勇敢的和自信的风度;长而坚定的颈,结实的身体,有力而紧贴的翅膀,肌肉发达的大腿,基部宽大的坚固的喙,生在腿的下部以便进行致命攻击的强而锐的距,以及作为防护之用的致密的、光亮的和铠甲般的羽衣。现在英国斗鸡不仅在许多年代中由于人的仔细选择,同时就像推葛梅尔先生所说的那样[3],还由于一种自然选择,而被改良了;因为最强的、最敏捷的和最有勇气的鸡在斗鸡场中一代又一代地打败了它们的敌手,因而被用作它们这一族的祖先。同类的双重选择对于信鸽(Carrier pigeon)发生了作用,因为在它们的训练期间,劣等的鸽子不能回到家中而走失了,所以纵使没有人的选择,繁殖它们这一族的,也只有优越的鸽子。

在大不列颠,以前几乎每一个地区都有自己的牛的品种和羊的品种;"对于各地的土壤、气候以及它们所赖以为生的该地草场,它们是土生土长的;它们好像是为了这个地区和被这个地区所形成的"[4]。但在这种场合中,我们完全分不开生活条件的——使用或习性的——自然选择的——以及人工选择(我们已经看到,甚至在最不开化的历史时期中人也偶尔地和无意识地进行这种选择)的直接作用所发生的效果。

现在让我们看一看自然选择对于特殊性状的作用。对于自然,虽然难于抵制,但人常常反抗她的力量,而且有时获得成功。从即将提出的事实看来,我们也会知道自然选择对于许多家养产物会发生强有力的影响,如果它们是没有被保护起来的。这一点非常

◀野鸭。

① 《尤亚特论羊》中引用,第 325 页。再参阅《尤亚特论牛》,第 62,69 页。
② 列尔贝特(M. M. Lherbette)和夸垂费什,《驯化学会会报》,第八卷,1861 年,第 311 页。
③ 《家禽之书》,1866 年,第 123 页;推葛梅尔先生,《信鸽》,1871 年,第 45—58 页。
④ 《尤亚特论羊》,第 312 页。

有趣，因为，这样我们便可晓得重要性显然很微小的差异，在一个类型被迫为自己的生存进行斗争的时候，肯定会决定它的存在的。就像我以前所认为的那样，某些博物学者可能曾经认为，在自然状况下发生作用的选择虽然会决定一切重要器官的构造，但不能影响那些我们所认为重要性很小的性状；然而这是我们显著容易犯的一种错误，因为关于什么性状对于各个生物具有真正的价值，我们是无知的。

如果人试图形成这样一个品种，它在构造土或在若干部分的相互关系上具有某种缺陷，他将部分地或完全地陷于失败，或者遭遇很大的困难；事实上他是受到了一种自然选择的抵制。我们已经看到，在约克郡曾经一度试图育成具有巨大臀部的牛，但当母牛产犊的时候如此常常死去，以致这种试图不得不被放弃了。在繁育短面翻飞鸽的时候，伊顿先生①说道，"我确信具有比较漂亮的头和喙的鸽子在卵壳中死去的比孵化出来的为多；理由是，异常短面的鸽子的喙不能达到卵壳而弄破它，因而死去"。这里有一个更引人注意的例子，它指明自然选择只在长的间隔期间发生作用：在普通的季节里尼亚太牛能够同其他牛一样地吃草，但从 1827 年到 1830 年，拉普拉塔的平原不时受到长期的干旱危害，牧场都干死了；到了这样的时候，普通的牛和马成千地死去，但有许多由于吃到小枝和芦苇等便活下来了；而尼亚太牛由于它们的朝上翻的颚以及唇的形状不能那样顺利地吃到这些东西；因而它们如果得不到照顾，就会先于其他牛死去。在哥伦比亚，按照罗林的材料，有一个叫做佩隆的牛的品种，是几乎无毛的；这等牛在它们故乡的炎热地方能够成功地生活，但发现它们对于戈迪烈拉就太脆弱了；然而在这种场合中自然选择只决定了变种的分布范围。多数的人为的族显然决不能在自然状况下生存——例如意大利灵缇——无毛的和几乎无齿的土耳其狗——逆着强风不能良好飞翔的扇尾鸽——视力受到眼周肉垂和巨大羽冠的妨碍的排字鸽和波兰鸡——由于无角而不能同其他雄者进行竞争，因此遗留后代的机会不多的公牛和公羊——不结种子的植物以及许多其他这样的例子。

分类学者一般认为颜色是不重要的：所以让我们看一看颜色对于家养产物的间接影响有多大，并且看一看它们如果被放在自然选择的充分力量之下，颜色对于它们的影响有多大。在以后章节里，我势必阐明，容易蒙受某些毒物作用的最稀奇种类的体质特点同皮肤颜色是相关的。这里我根据外曼教授的高度权威的意见只举一个例子；他告诉我说，关于所有在弗吉尼亚的一个地方的猪都是黑色的，他感到惊奇，于是他作了调查，确知这等猪是以赤根（*Lacknanthes tinctoria*）为饲料的，这种植物把它们的骨染成淡红色的了，除了在黑色变种的场合中，这会引起蹄的脱落。因此，正如一位养猪者所说的那样，"我们从一胎小猪中选择那些黑色的来养育，因为只有它们才有良好的生活机会"。所以我们在这里看到了人工选择和自然选择协同发生作用。我再补充一点，塔仑提诺（Tarentino）的居民只养黑色的羊，因为那里充满了一种金丝桃（*Hypeiicum crispum*）；这种植物对于黑色的羊无害，但对于白色的羊约在两周间就会使它们死去②。

人们相信在人类和下等动物中肤色和易于感染某些疾病是相关的。例如致命的狗

---

① 《论扁桃翻飞鸽》(*Treatise on the Almond Tumbler*)，1851 年，第 33 页。

② 霍依兴格(Heusinger)，《医学杂志》(*Wochenschrift für die Heilkunde*)，柏林，1846 年，第 279 页。

瘟热(distemper)对于白色小猎犬的危害比对于其他任何颜色的小猎犬都厉害①。在北美李树容易感染一种病,道宁②相信这不是由昆虫引起的;紫色果实的种类受到的影响最大,"我们从来不知道绿色果实或黄色果实的变种受过感染,除非其他种类最先长满了瘤"。另一方面,在北美桃树受到黄叶病(Yellows)的危害极大,这种病似乎为该大陆所特有,"当这种病最初发生时,黄肉果实的桃树受害的达十分之九以上。白肉果实的种类受害的就少得多;在这个国家的某些部分从来没有受害过"。在毛里求斯白色甘蔗近年来如此严重地受到一种病的危害,以致许多栽培者被迫放弃了这个变种(虽然从中国输入了一些新鲜的植物来试验)③,而只栽培红色的甘蔗。现在,如果这等植物被迫同其他竞争的植物和敌害进行斗争,那么毫无疑问,被看做不重要性状的果皮和果肉的颜色将会严格地决定它们的生存。

容易受到寄生生物危害的情形也同颜色有关。白色的雏鸡肯定比黑色的雏鸡容易得张嘴病(gapes),这种病是由一种寄生虫侵入气管而引起的④。相反地,经验阐明,在法国结白茧的蚕比结黄茧的蚕能够较好地抵抗致死的菌类⑤。关于植物也观察到相似的事实:从法国输入的一种新而美丽的玉葱虽然靠近其他种类栽植,但只有它受到一种寄生菌危害⑥。白色的马鞭草(Verbenas)特别容易感染露霉病⑦。玛拉加附近,在葡萄病初期,绿色种类受害最大;"红色的和黑色的葡萄即使同病株混杂在一起,也全然不受害"。在法国整群的变种比较地不受害,而其他变种,例如卡塞拉(Chasselas),则没有提供一个侥幸的例外;不过我不知道在这里是否观察到在容易罹病和颜色之间有任何相关⑧。在前一章已经阐明草莓的一个变种多么奇怪地容易感染白粉病。

当高等动物在自然状态下生活时,昆虫在许多场合中肯定地限制了它们的分布范围、甚至它们的生存。在家养状况下,淡色的动物受害最大:条林吉亚(Thuringia)⑨的居民不喜欢灰色、白色或青白色的牛,因为它们受到各种蝇的烦扰要比褐色的、红色的和黑色的牛厉害得多。据说⑩一个黑人的天老儿对于昆虫的咬螫特别敏感。在西印度群岛⑪,据说"唯一适于工作的有角牛是那些黑色很浓的牛。白色的牛受到了昆虫的可怕折磨;同黑色的牛相比,它们是衰弱而呆钝的"。

在得文郡,对于白色的猪有一种偏见,因为人们相信当它们走出去的时候,会受到日灼⑫;我知道有一个人由于同样的理由在肯特也不养白色的猪。花的受到日灼似乎同样地也决定于颜色;例如暗色的天竺葵受害最大;根据各种记载得知,金线锦变种显然经不

① 《尤亚特论狗》,第 232 页。
② 《美国的果树》,1845 年,第 270 页;关于桃,第 466 页。
③ 《毛里求斯文学和科学皇家学会会报》(Proc. Royal Soc. of Arts and Science of Mauritius),1852 年,第 135 页。
④ 《艺园者记录》,1856 年,第 379 页。
⑤ 夸垂费什:《蚕的实际病害》(Maladies Actuelles du Ver à Soie),1859 年,第 12,214 页。
⑥ 《艺园者记录》,1851 年,第 595 页。
⑦ 《园艺学报》,1862 年,第 476 页。
⑧ 《艺园者记录》,1852 年,第 435,691 页。
⑨ 贝西斯坦:《德国的博物学》,1801 年,第一卷,第 310 页。
⑩ 波利卡得:《人类的体格史》,1851 年,第一卷,第 224 页。
⑪ 路易斯(G. Lewis),《西印度群岛居留记》(Journal of Residence in West Indies),《家庭和团体丛书》,第 100 页。
⑫ 《尤亚特论猪》,西得内版,第 24 页。我在人类的场合中提出了相似的事实,见《人类的由来》,第二版,第 195 页。

住其他变种所能享受的那样程度的日光。另一位业余养花者确言，不仅所有暗色的马鞭草，而且猩红色的马鞭草，都会受到太阳的危害："颜色较淡的种类受害较轻，淡青色的种类恐怕是最好的。"三色堇也是如此；炎热的天气对于具有污斑的种类是适宜的，却毁坏了一些其他种类的美丽斑纹①。在荷兰，所有红花的洋水仙在一个极冷的季节里，据观察都表现了很坏的品质。许多农学者们都相信红色小麦比白色小麦在北方的气候下表现得更能抗寒②。

关于动物，白色变种由于显眼，最容易受到兽类和食肉鸟类的侵袭。在法国的和德国的多鹰的部分，人们被劝告不要养白色的鸽子；因为，正如帕门泰尔所说的那样，"在一群鸽子中最先成为鸢的牺牲品的肯定是白色的"。在比利时，关于信鸽的飞翔成立了如此众多的协会，由于同样的理由白色是不受欢迎的一种颜色③。捷哥教授④在钓鱼的时候发现了四只被鹰弄死的鸽子，它们都是白色的；另一次他检查了一个鹰巢，发现被捉到的鸽子的羽毛都是白色的或黄色的。相反地，据说爱尔兰西海岸的大鹫（*Falco ossifragus Linn.*）抓取黑色的鸡，所以"乡下人尽可能避免养这种颜色的鸡"。道汀（M. Daudin）⑤在谈到俄国养兔场中所饲养的白兔时说道，它们的颜色非常不利，因为这样它们便暴露在更多的袭击之下，在晴朗的夜间从远处就能看到它们。肯特的一位绅士在他的森林中饲养一个接近白色的强壮种类，没有得到成功；他用同样的方法来说明它们的早日绝迹。凡是注意一只白猫暗地瞅着它的猎物的人很快就会觉察到它处在多么不利的情况下。

白色的鞑靼樱桃，"不论是由于它的颜色同叶色非常相似，或者由于果实从远处看总是显得不成熟"，并不像其他种类那样容易地受到鸟类的危害。一般可以几乎纯粹由种子产生的黄色果实的树莓"很少受到鸟类的折磨，鸟类显然不喜欢它；所以在红色果实没有受到其他保护的场所可以把鸟巢除掉"⑥。这种不受害性对于艺园者虽然有利，但对于自然状况下的樱桃和树莓大概不利，因为传播种子是依赖鸟类的。我在几个冬季注意了一些黄色浆果的冬青树满被着果实，这些树是由我父亲找到的一株野生树上的种子培育出来的，而在邻近的普通种类的树上却看不见一粒猩红色的浆果。一位朋友告诉我说，在他的花园中生长着一株山梨（*Pyrus aucuparia*），虽然其浆果的颜色并没有什么不同，但总先于其他树上的果实被鸟吃掉。这样，这个山梨的变种比普通变种大概能够更自由地传播；而冬青树的黄色浆果变种大概不如普通变种那样自由地传播。

关于颜色姑置不论，且说其他微小差异对于栽培植物有时被发现也具有重要性，如果它们势必自己同许多竞争者进行战斗，这等微小差异就具有极大的重要性。叫做Pois-

---

① 《园艺学报》，1862年，第476，496；1865年，第460页。关于三色堇，见《艺园者记录》，1863年，第628页。

② 《洋水仙及其栽培》（*Des Jacinthes, de leur Culture*），1768年，第53页；关于小麦，见《艺园者记录》，1846年，第653页。

③ 推葛梅尔：《大地》，2月25日，1865年。关于黑色的鸡，参阅汤普逊的《爱尔兰的博物学》一书中引文，1849年，第一卷，第22页。

④ 《关于达尔文反对魏干得的事件》（*In Sachen Darwin's contra Wigand*），1874年，第70页。

⑤ 《驯化学会会报》，第七卷，1860年，第359页。

⑥ 《园艺学会会报》，第一卷，第二辑，1835年，第275页。关于树莓，参阅《艺园者记录》，1855年，第154页；1863年，第245页。

sans parchemin 的薄皮豌豆比普通豌豆受到鸟类危害的情形普遍得多①。另一方面，具有硬皮的紫荚豌豆在我的花园中逃脱白脸山雀（*Parus major*）的危害，远比其他种类为优。薄壳胡桃受到山雀的危害同样是巨大的②。据观察，这等鸟飞越大榛而不危害它，只危害同一果园中的其他种类的坚果③。

某些梨树变种的树皮是软的，它们严重地受到钻孔的甲虫危害；据知其他变种在抵抗它们的危害方面就好得多④。在北美，果实平滑、即不具茸毛在抵抗谷象虫（Weevil）的危害方面造成了巨大差别，"谷象虫是一切无毛核果类的顽固敌人"；栽培者"常常痛苦地看到几乎所有的果实，实际上往往是全部的果实当达到半熟或三分之二成熟的时候，便从树上脱落了"。因此，油桃比桃受到的危害更大。在北美培育的摩瑞洛樱桃的特殊变种没有任何可以归与的原因，却比其他樱桃树更容易受到这种谷象虫危害⑤。由于某种未知的原因，某些苹果变种正如我们已经看到的那样，在世界各地在不受介壳虫的侵袭方面，具有巨大的优越性。另一方面，有一个特别的例子被记载下来，它指明蚜虫（Aphides）只局限于危害冬季·内利斯（Winter Nelis）梨，对于广大果园中的其他种类却不触及⑥。桃、油桃和杏的叶子上有微小的腺的存在，植物学者们认为这是一点也不重要的性状，因为在从同一亲本传下来的关系密切的一些亚变种中有的有叶腺，有的就没有叶腺；但是有良好的证据⑦可以证明缺少这种腺就会导致白粉病的发生，这种病对于这等树是高度有害的。

在某些变种中香气或营养量的差异，会致使它们比同一物种的其他变种受到各种敌害的更热切的侵袭。莺（*Pyrrhula vulgaris*）危害我们的果树是把花芽吃掉，有人看到一对莺"在两天之内就把一株巨大李树上的几乎所有花芽吃光"；不过苹果和山楂（*Crataegus oxyacantha*）的某些变种⑧更加特别容易地受到莺的危害。在利威尔先生的花园中曾经观察到有关这种情形的一个显著例子，在那里有两行特殊变种的李树⑨必须受到小心的保护，因为在冬季它们的所有花芽通常都要被吃光，而生长在它们附近的其他种类却不受害。梁氏芜菁甘蓝（Laing's Swedish turnip）的根（即增大了的茎）是山兔（hare）所喜爱的，所以它比其他变种受到的危害更大。当普通黑麦和圣约翰日黑麦（St. John's-day-ryc）在一起生长时，山兔和家兔先吃掉普通黑麦⑩。在法国南部，当造成一个扁桃园的时候，播种下去的是苦味变种的坚果，"这是为了它们可以不被野鼠吃掉"⑪，在这里我们看到了苦味的原理对于扁桃的应用。

---

① 《艺园者记录》，1843 年，第 806 页。
② 《艺园者记录》，1850 年，第 732 页。
③ 《艺园者记录》，1860 年，第 956 页。
④ 得乔纽：《艺园者记录》，1860 年，第 120 页。
⑤ 道宁：《北美的果树》，第 266，501 页；关于樱桃，第 198 页。
⑥ 《艺园者记录》，1849 年，第 755 页。
⑦ 《园艺学报》，9 月 26 日，1865 年，第 254 页；参阅第十章中的其他参考文献。
⑧ 塞尔比（selby）先生，《动物学和植物学杂志》（*Mag. of Zoology and Botany*），爱丁堡，第二卷，1838 年，第 393 页。
⑨ 《青梅园艺学报》，11 月 27 日，1864 年，第 511 页。
⑩ 皮尤西：《皇家农学会会报》，第六卷，第 179 页。关于芜菁甘蓝，参阅《艺园者记录》，1847 年，第 91 页。
⑪ 高德龙：《物种》第二卷，第 98 页。

被认为十分不重要的其他微小差异,毫无疑问,有时对于植物和动物有重大的用处。正如以前所说的那样,怀特司密斯氏醋栗(Whitesmith's gooseberry)比其他变种抽叶较迟,这样,它们的花便得不到保护,因而果实常常脱落。按照利威尔先生的材料[①],在某一个樱桃变种中,花瓣向后卷得很厉害,因此,人们观察到它们的柱头被严霜打死了,同时在一个花瓣不卷的变种中,花柱却一点也没有受害。范顿小麦(Fenton wheat)的麦秆高度是显著不等的;一位有才能的观察者认为这个变种是高度丰产的,部分地因为麦穗在地上分布在不同的高度,所以比较不挤在一起。同一位观察者主张,在直生的变种中,当风吹得麦穗在一起冲击时,分出的麦芒由于可以减弱这种冲击,所以是有用的[②]。如果一种植物的几个变种生长在一起并且不加区别地收获它们的种子,那么较强壮和生产力较大的种类,由于一种自然选择,将会比其他种类逐渐占有优势;正如考特尔上校所相信的那样[③],这种情形之所以在我们麦田里发生,如上所述,是因为没有一个变种的性状是完全一致的。艺园者肯定地告诉我说,在我们的花园里,如果不分别保存不同变种的种子,也会发生同样的情形。当野鸭和驯鸭的卵在一起孵化时,小野鸭几乎不可避免地要死去。因为它的身体较小而且得不到公平的食物分配[④]。

现在已经举出了充分数量的事实来阐明,自然选择常常抑制人工选择,不过偶尔也有利于人工选择。此外,这等事实还给我们上了有价值的一课,即我们应当极其慎重地去判断什么性状在自然状况下对于那些从生到死势必进行生存斗争的动物和植物是重要的——它们的生存取决于生活条件,关于这一点我们是深刻无知的。

有利于人工选择的环境条件

选择的可能性是以变异性为依据的,像我们在下一章将要看到的那样,这主要取决于变化的生活条件,不过受无限复杂而未知的法则所支配。家养、甚至是长期连续的家养,偶尔只能引起很微小的变异量,在鹅和火鸡的场合中就是如此。然而,构成各个动物个体和植物个体的特征的微小差异在大多数场合中,可能在所有场合中,对于通过细心而长期的选择来产生不同的族,是可以满足需要的。当同族的牛群、羊群和鸽群等在许多年代中由不同的人来分别繁育而他们并没有改变品种的任何要求时,我们看到选择能够完成怎样的效果,虽然它只对个体差异发生作用。我们在为了不同地区的狩猎所繁育的猎狗之间的差异中[⑤],并且在许多其他这等场合中看到同样的事实。

为了选择必须产生任何结果,显然地不同族的杂交一定要被禁止;因此,容易交配,譬如在鸽的场合中,对于这一工作是高度有利的;而难于交配,譬如在猫的场合中,就会妨碍不同品种的形成。根据几乎同样的原理,捷尔塞小岛上的牛的产乳能力被改进了,

---

① 《艺园者记录》,1866年,第732页。
② 《艺园者记录》,1862年,第820,821页。
③ 《小麦品种》,第59页。
④ 赫维特及其他,《园艺学报》,1862年,第773页。
⑤ 《田猎百科全书》,第405页。

"其迅速的程度是不能在像法国那样的广阔地方得到的"[①]。虽然每一个人都知道自由杂交在一方面是危险的，但过于密切的近亲交配在另一方面则是一种隐蔽的危险。不利的生活条件可以压倒选择的力量。我们的改良的牛和羊的重型品种不能在山地牧场中形成；而且也不能在像马尔维纳斯群岛那样的不毛而荒凉的地方养育挽马，甚至拉普拉塔的轻型马在马尔维纳斯群岛也要迅速地缩小。在法国维持几个英国的绵羊品种似乎是不可能的；因为羊羔一断奶，它们的活力就会随着夏季炎热的增高而衰弱下去[②]；在热带使绵羊生有很长的羊毛是不可能的；不过在种种不同而不利的条件下选择把美利奴品种保持到几乎纯粹的程度。选择的力量是如此巨大，以致最大型的和最小型的狗、羊和鸡的品种，长喙的和短喙的鸽子以及其他具有相反性状的品种，虽然处在同样的气候之下并饲以同样的食物——受到的处理完全一样，它们的构成特征的性质还是增大了。然而，选择作用不是受到使用或习性的效果的抑制就是受到它的支持。如果猪被迫寻找自己的食物，我们的异常改进了的猪就永远不能形成；如果不进行训练，英国的竞跑马和灵缇就不能被改进到现在这样高的优良标准。

因为构造的显著偏差很少发生，所以各个品种的改进一般是对于微小的个体差异的选择结果。因此，最严密的注意、最敏锐的观察能力以及不屈不挠地坚持是不可缺少的。对于准备改进的品种，应当养育它的很多个体，这也是高度重要的；因为这样，在变异按照正确方向出现的方面，便有较好的机会，而且按照不利的途径发生变异的个体便可以毫无拘束地被排除或消灭掉。但关于养育大量个体的事情，生活条件有利于物种的繁殖是必要的。如果孔雀的繁育像鸡那样地容易，那么在此以前我们大概已经得到许多不同的族了。根据苗圃艺园者们在新变种展览会上几乎永远胜过业余者这一事实，我们便可知道培育大量植物的重要性。据1845年的估计[③]，在英国每年从种子培育出来的天竺葵为4000株到5000株之间，然而明确被改进的变种却很少得到。在卡特尔（Carter）先生的位于埃塞克斯（Essex）的土地上整英亩地种植着半边莲属、粉蝶花属（Nemophila）、木樨草属（Mignonette）等那样的花卉植物，作为采种之用，那里"几乎没有一季空过而不培育出一些新种类或改进一些旧种类"[④]。正如比东先生所说的那样，在基由植物园培育了普通植物的很多实生苗，在那里"你可以看到金链花属（Laburnums），绣线菊属（Spiraeas）以及其他灌木的新类型"[⑤]。关于动物，也是如此：马歇尔[⑥]在谈到约克郡某一地方的绵羊时说道："因为它们是属于穷人的，而且大部分是小群的，所以它们从来不能改进。"当有人问到利威尔爵士为什么他能永远成功地获得第一流灵缇时，他答道："我繁育了很多，而且绞死了很多"。正如另一个人所说的，"这是他成功的秘密；在鸡的展览中也可发现同样的情形——成功的竞争者们进行大量的繁育，并且饲养最优良的个体"[⑦]。

---

① 考特尔上校：《皇家农学会学报》，第四卷，第43页。
② 玛林季·努尔：《皇家农学会学报》，第十四卷，1853年，第215、217页。
③ 《艺园者记录》，1845年，第273页。
④ 《园艺学报》，1862年，第157页。
⑤ 《家庭艺园者》，1860年，第368页。
⑥ 《英格兰北部报告的评论》，1808年，第406页。
⑦ 《艺园者记录》，1853年，第45页。

由此可以知道，能够在幼年或短期间进行繁育，例如在鸽和兔的场合中，对于选择是便利的；因为这样就可以很快地看到结果，因而对于工作的坚持便给予了鼓励。曾经产生过很多族的蔬菜作物和农作物大都是一年生或二年生的，这几乎不是偶然的事情；因为它们能够迅速地繁殖，这样便能得到改进。滨菜（Sca-kale）、天门冬、普通朝鲜蓟（artichokes）和菊芋（*Jerusalem artichoke*）、马铃薯以及玉葱因为都是多年生的，所以必须除外；不过马铃薯是像一年生植物那样来繁殖的，所以除了马铃薯以外，刚才列举的其他植物没有一种在英国产生过一个或两个以上的变种。在地中海地区朝鲜蓟常常是由种子来培育的，我听边沁先生说，那里有几个种类。毫无疑问，不能由种子进行迅速繁殖的果树已经产生了大量的变种，虽然这不是不变的族；但根据史前的遗物来判断，这些变种是在比较晚近的时期中产生出来的。

一个物种可能是高度变异的，但是，如果由于任何原因而没有应用选择，不同的族便不会形成。由于鱼类的栖息场所，对于它们的微小变异进行选择是困难的；鲤鱼虽然是极端容易变异的，并且在德国得到了很大的照顾，但正如卢塞尔（A. Russell）爵士告诉我说的那样，它只形成了一个特征显著的族，即光鳞鲤（Spiegelcarpe）；这种鲤鱼同普通鳞的种类被小心地隔离开了。另一方面，一个密切近似的物种，金鱼，由于养在小鱼缸中，并且由于受到了中国人的细心照顾，已经产生了许多族。无论从极古时代起就行半家养的蜜蜂，或被墨西哥土人①培育的胭脂虫（Cochineal insect），都没有产生过族；使蜂王同任何特殊的雄蜂交配是不可能的，使胭脂虫交配是极困难的。另一方面，蚕蛾受到了严格的选择，并且产生了大量的族。猫由于有夜出的习性，不能对它们进行选择繁育，正如以前所说的，它们在同一地方没有产生不同的族。狗在东方是被厌恶的，它们的交配没有受到注意；因而正如莫利兹·瓦格纳（Moritz Wagner）教授②所说的，在那里只有一个种类。英国的驴在颜色和大小上变异很大；但因为它是一种价值很小的动物，而且是由穷人繁育的，所以没有进行过选择，因而没有形成不同的族。我们不应把英国驴的低劣归因于气候，因为印度驴甚至还有比欧洲驴更小的。但是，当选择同驴发生了关系，一切就都变了。化学工程师韦卜（W. E. Webb）先生告诉我说（1860 年 2 月），在哥尔多瓦（Cordova）附近，它们是被细心地繁育的，对于一头种驴付出过 200 镑，因而它们大大地被改进了。在恩塔启（Kentucky），曾从西班牙、莫尔太（Malta）和法国输入驴（作为繁育骡之用）；这等驴的"平均高度很少超过 14 掌幅；但恩塔启人以非常的细心把它们增高到 15 掌幅，有时甚至到 16 掌幅。对于这些的确漂亮的动物所付出的价钱，可以证明它们的需要是多么大。一头大名鼎鼎的雄驴曾经卖到一千镑以上"。这等精选的驴被送往家畜展览会，并且划出一天来展览它们③。

关于植物，也观察到相似的事实：马来群岛的肉豆蔻树（Nutmeg-tree）是高度变异的，但没有进行过选择，因而没有不同的族④。普通木樨草（*Reseda odorata*）由于开的花

---

① 小圣伊莱尔：《博物学通论》，第三卷，第 49 页。《关于胭脂虫》，第 46 页。

② 《达尔文学说及生物的迁徙法则》（*Die Darwin'sche Theorie und das Migrationsgesetz der Organismen*），1868 年，第 19 页。

③ 玛利亚特（Marryat）船长，勃里斯引用，见《孟加拉亚细亚学会学报》，第二十八卷，第 229 页。

④ 奥克斯雷（Oxley）先生，《印度群岛杂志》，第二卷，1848 年，第 645 页。

不引人注目,所以只以它们的香气受到重视,它们"同最初被引进时一样,还停留在没有改进的状态"①。我们的普通森林树是容易变异的,在每一个广大的苗圃内都可以看到这种情形;但是,因为它们不像果树那样地受到人们的重视,而且因为它们在一生的后期结子,所以对它们没有应用选择;因而正如帕垂克·马太(Patrick Matthews)先生②所说的那样,它们没有产生一些不同的族:在不同时期生叶,生长到不同的大小,并且产生适于不同目的的木材。我们只得到一些奇异的和半畸形的变种,毫无疑问,这些变种是突然出现的,就像我们现在看到的它们状态一样。

　　某些植物学者主张,植物不会像一般所设想的那样具有如此强烈的变异倾向,因为许多物种长期在植物园中生长,或者年年无意识地同谷类混合栽培,而它们并没有产生不同的族;不过关于这种情形可以由微小差异没有得到选择和繁殖来进行解释。让现在生长于植物园中的一种植物或任何一种普通杂草大量栽培,并且让一位观察敏锐的艺园者注意每一个微小的变异,播下它们的种子,这时如果还没有产生不同的族,那么上述的主张就是正确的了。

　　对于特殊性状的考察也可以阐明选择的重要性。例如,关于鸡的大多数品种,肉冠的形状和羽衣的颜色都曾受到注意,因而它们显著地构成了各个族的特征;但是关于道根鸡,时尚从来不要求肉冠和颜色的一致;在这等方面一般表现了极端的多样性。在纯种的和亲缘关系密切接近的道根鸡中可以看到蔷薇肉冠、双重肉冠、杯形肉冠等等以及所有种类的颜色;而其他各点,例如一般的体形和多余趾的存在,都曾受到了注意,这些点是不变地存在着的。也曾确定在这个品种中就像在其他品种中一样,颜色是能够破固定下来的③。

　　当一个品种形成或改进之际,总会发现它的成员在那些被特别注意的性状上变异很大,这些性状的每一个细小的改进都受到了热切的探求和选择。例如,关于短面翻飞鸽,喙的短度、头和羽衣的形状——关于信鸽,喙的肉垂的长度——关于扇尾鸽,尾和步熊——关于西班牙鸡,白面和肉冠——关于长耳兔,耳的长度,都是显著容易变异之点。在各种场合中都是如此;对第一流动物所付出的高价,证明了把它们育成到最高度优良标准的困难。玩赏家们已经讨论过这个问题了④,同对于那些现今没有迅速改进的旧品种所给予的奖金比较起来,对于高度改进的品种给予较多奖金是完全有理由的。那修西亚斯讨论到改良的短角牛和英国马臀如说同未被改良的匈牙利牛和亚洲草原的马相比,前者的性状是比较不一致的;他在讨论中提出同上述相似的意见⑤。在正值受到选择之际的部分中这种一致性的缺少主要取决于返祖原理的力量;同样地它在某种程度上也取决于最近变异了的部分的继续变异。我们必须承认同样的部分确可按照同样的方式继续变异,因为,倘不如此,则不能有超过早期的优良标准的改进,我们知道这样的改进不仅是可能的,而且是一般发生的。

---

①　阿贝先生:《园艺学报》,12月1日,1863年,第430页。

②　《关于造船木材》(On Naval Timber),1831年,第107页。

③　贝利:《家禽记录》,第二卷,1854年,第150页。第一卷,第342页;第三卷,第245页。

④　《家庭艺园者》,1855年,12月,第171页;1856年,1月,第248、323页。

⑤　《关于短角牛》,1857年,第51页。

作为连续变异的、特别是作为返祖的一种后果，所有高度改进了的族，如果被忽视或者没有受到不断的选择，就会很快地退化。尤亚特就以前在格拉莫干郡（Glamorganshire）饲养的某种牛举出一个引人注意的这种例子；不过在这个例子中对于牛的饲养并没有给予充分的照顾。贝克尔先生在他的关于马的论文中这样总结地说道："在本文的以前部分中一定可以看到，凡是遭到忽视的时候，品种就会比例地退化。"[①]如果同一个族的相当数量的改进了的牛、羊和其他动物被允许自由地在一起繁育，没有选择，但生活条件也没有变化，那么毫无疑问，在二十代或一百代之后，它们大概决不会再有它们种类的优秀性了；不过根据我们看到的没有受到任何特殊照顾的狗、牛、鸡、鸽等的许多普通族长期保持了几乎一样的性状，我们没有任何理由来相信它们都一概会越出它们的模式。

育种者们一般相信，所有种类的性状由于长期不断的遗传，就会固定下来。但我在第十四章中试图阐明这种信念可以融化为如下的命题，即所有性状，不论是新获得的或古老的，都有遗传下去的倾向，但是那些已经长期抵抗了反作用的影响性状，按照一般的规律，还会继续抵抗它们，因而可以不变地遗传下去。

人对选择实践有进行到极点的倾向

有一项重要的原理是，在选择过程中人几乎必然地希望进行到极点。例如，关于繁育尽可能快的马和狗的某些种类以及尽可能力大的其他种类，关于为了极细羊毛的某些绵羊种类以及为了极长羊毛的其他种类，人的欲望是没有止境的；并且他还希望产生尽可能大而优良的果实、谷物、块茎以及植物的其他有用部分。关于为了消遣而繁育的动物，同一原理甚至更加有力；正如我们在服装方面所看到的情形一样，时尚永远是趋于极端的。这一观点已经明确地为玩赏家们所承认。在讨论鸽子的各章中，已经举出了一些事例，不过这里还要再举一个：伊顿先生在描述了一个比较新的变种、即大天使之后说道，"玩赏家们对于这种鸽子希图做些什么，我不知道，究竟他们希图把它繁育成具有翻飞鸽那样的头和喙呢，还是叫它具有信鸽那样的头和喙呢；听任它们保持现状，并不是进步"。弗哥逊当谈到鸡时说道，"它们的特点，不论是什么，必然会充分发展：一个小特点只会形成丑陋，因为它破坏了现存的对称法则"。所以勃连特先生在讨论比利时金丝雀的亚变种的特点时说道，"玩赏家们永远走极端，他们并不赞赏不定的性质"[②]。

这一原理必然会导致性状的分歧，它对种种家养族的现在状态提供了解释。这样我们便能知道，在各种性状上彼此相反的竞跑马和挽马、灵缇和獒——交趾支那鸡和斑塔姆鸡，具有很长喙的信鸽和具有极短喙的翻飞鸽是怎样从同一系统发生的。因为各个品种的改进是缓慢的，所以劣等变种最先受到忽视，而终于消失了。在少数场合中，借着旧记载的帮助，或者根据在流行其他时尚的地方依然生存的中间变种，我们能够部分地追

---

① 《兽医》，第十三卷，第 720 页。关于格拉莫干郡牛，参阅《尤亚特论牛》，第 51 页。

② 伊顿：《论玩赏鸽》，第 82 页；弗哥逊，《稀有的和获奖的家禽》，第 162 页；勃连特先生，《家庭艺园者》，1860 年 10 月，第 13 页。

踪某些品种所曾通过的级进变化。选择,无论是有计划的或无意识的,永远有走向极点的倾向,再加上中间的和价值较小的类型的受到忽视和缓慢绝灭,它便成为打开人怎样产生了如此奇异结果这一秘密的一把钥匙。

在少数事例中,被用于单独一个目的的选择曾经导致了性状的趋同。所有猪的改进了的和不同的族,正如那修西亚斯[①]所充分阐明的那样,在性状上,即在它们的短腿和口部上,在几乎无毛上,在大而圆的体部上,以及在小的獠牙上,都是彼此密切接近的。在属于不同族的优良牛的相似体形方面,我们看到了某种程度的趋同[②]。我知道的还没有其他这样的例子。

性状的继续分歧取决于同样部分按照同一方向继续变异,并且正如以前所说的,这的确是同样部分按照同一方向继续变异的明显证明。单单是体质的一般变异性或可塑性的倾向肯定是能够遗传的,正如该特纳和开洛依德所阐明的那样,在从两个物种(其中只有一个是容易变异的)产生变异的杂种那样场合中,这种倾向甚至可以从一亲遗传下去。这种情形本质上可能是,当一种器官以任何方式变异了,它将按照同样的方式再变异,如果最初引起该生物发生变异的条件,按照所能判断的来说,保持不变。所有园艺学者或暗或明地都承认这种情形:如果一位艺园者观察到一片或两片附加的花瓣,他感到确信的是,在少数几代中,他将能培育出拥有大量花瓣的重瓣花。从垂枝摩加栎(Moccas oak)培育出来的一些实生苗的匍匐性是如此之强,以致它们只沿着地面爬来爬去。从直生的爱尔兰紫杉培育出来的一株实生苗据描述同亲类型大不相同,"因为它的枝条的直生习性太强了"[③]。在培育小麦新种类上获得高度成功的希瑞夫先生说道,"一个优良变种可以稳妥地被视为一个更优良变种的先驱者"[④]。一位伟大的蔷薇栽培者利威尔先生对于蔷薇做过同样的叙述。经验丰富的萨哥瑞特[⑤]在谈到果树的未来进步时说道,最重要的原理是,"植物超出它们的原始模式愈远,它们就愈有超出这种模式的倾向"。这种说法显然有很大正确性;因为我们用其他方法都不能理解在变种的受到重视的部分和性质之间为什么有可惊的差异量,而其他部分却差不多保持了原始的性状。

上述讨论自然会引出这样一个问题,关于任何部分或性质的变异的可能量有极限吗?因而关于选择所能完成的结果有任何极限吗?将来可以培育出比蔼立克马更快的竞跑马吗?我们的获奖的牛和绵羊还能更进一步改良吗?将来可以有一种醋栗比 1852年在伦敦所产的果实更重吗?法国的甜菜能产生百分比更大的糖分吗?小麦的和其他谷类作物的未来变种将比现在的变种有更大的产量吗?对于这些问题不能作肯定的答复;但是要作否定的答复,无疑地我们应当慎重才是。在变异的某些方面可能已经达到了极限。尤亚特认为在某些绵羊中骨的减少已经到达这样的程度,以致遗留下体质的非

---

① 《猪的族》,1860 年,第 48 页。

② 参阅夸垂费什的关于这个问题的一些优秀意见,《关于人种的单位》(*Unité de l'Espèce Humaine*),1861 年,第 119 页。

③ 沃尔洛特:《变种》,1865 年,第 94 页。

④ 帕·希瑞夫先生:《艺园者记录》,1858 年,第 771 页。

⑤ 《果树生理学》,1830 年,第 106 页。

常纤弱性①。但是,由于我们的牛和绵羊、特别是我们的猪在晚近时期内所获得的巨大改进;由于我们的所有种类的家禽最近几年间在重量上的可惊增加;主张已经达到完善化的人,大概是大胆的。人们常常说,蔼立克马的速度过去决不会、将来也绝不会被任何其他马超过;但是我根据调查,得知最优秀的裁判者认为我们现在的竞跑马跑得更快些②。育成一个比许多旧种类的产量更大的新小麦变种的企图,截至最近被认为是完全无望的;但是哈列特根据细心的选择已经实现了这一企图。关于几乎所有我们的动物和植物,那些判断力最强的人们并不相信已经到达了完善化的极点,甚至关于已经被带到高标准的性状,也是如此。例如,短面翻飞鸽大大地被改变了;尽管如此,按照伊顿先生的说法③,"对于新竞争者来说,现在的活动场所就像一百年以前那样,依然是敞开着的"。一次又一次地说过我们的花卉已经达到了完善化,但很快又达到了更高的标准。比草莓改进得更多的任何果实简直是没有的,然而一位伟大的权威者说道④,"一定不要隐瞒这一点:我们距离我们可能达到的极限还很远"。

毫无疑问,是有一种极限,体制不能超越它而改变,虽然这种改变同健康或生活不发生矛盾。譬如说,陆栖动物能够有的那种极度的快速已经由我们现在的竞跑马得到了;但是,正如华莱士所充分阐明的那样⑤,使我们感兴趣的问题"并不是在任何或所有方向上的不定而无限的变化是否可能,而是像那些确在自然状况下发生的差异是否能够借着选择由变异的积累而产生"。在我们的家养产物中,毫无疑问,已经受到人的注意的体制的许多部分比同属的、甚至同科的自然物种的相应部分有更大程度的改变。在我们的轻型的和重型的狗或马的形态和大小——在我们的鸽子的喙和许多其他性状——在许多果树的大小和性质——同属于同一自然类群的物种的比较中,我们看到了上述情形。

在家养族的形成上时间是一个重要的因素,因为它可以让无数个体产生,并且当这些个体处在多种多样的条件之下时,就会致使它们发生变异。有计划的选择从古代到今天都在不时地实行着,甚至半开化人也实行有计划的选择;在往昔它大概产生了某种效果。无意识选择的效果还要大;因为,在长期间内比较有价值的个体动物将会不时地被保存下来,而比较没有价值的将会受到忽视。在时间的推移中,不同的变种,特别是在文化较低的地方的,将会或多或少地通过自然选择而发生改变。虽然关于这个问题我们掌握的证据并不多或者根本没有证据,但一般都相信新性状随着时间的推移会变得固定下来;并且在长期保持了固定之后,它们在新条件之下再度发生变异似乎是可能的。

自从人第一次对于动物进行家养和对于植物进行栽培以来,时间究竟经过了多久,我们还是开始模糊地知道一点。当人在新石器时代居住于瑞士湖上住所的时候,几种动物已经被家养了,并且种种植物已经被栽培了。语言学告诉我们,在如此古远的时期已

---

① 《尤亚特论羊》,第 521 页。
② 再参阅司顿亨:《英国的田猎》(*British Rural Sports*),1871 年,第 384 页。
③ 《论扁桃翻飞鸽》,第 1 页。
④ 得乔纽:《艺园者记录》,1858 年,第 173 页。
⑤ 《对于自然选择学说的贡献》(*Contributions to the Theory of Natural Selection*)第二版,1871 年,第 292 页。

经有耕地和播种的技术了而且主要的动物已经被家养了,那时梵语(Sanskrit Language)、希腊语、拉丁语、哥特语(Gothic language)、居尔特语以及斯拉夫语还没有从共同的原始语言中分歧出来①。

对于在数千代中以种种方式并在种种地方不时进行的选择的效果,几乎不可能不给予过高的估价。关于绝大多数的品种的历史、甚至比较近代的品种的历史,所有我们知道的,并且在更大程度上所有我们不知道的②,都符合以下的观点,即通过无意识的和有计划的选择,它们的产生缓慢得几乎难于看出。当一个人对于他的动物繁育比通常更加密切注意时,他几乎肯定可以微小程度地改进它们。因而这等动物就会受到近邻的重视,并由他人来繁育它们;于是它们所特有的特征,不论是什么,有时通过有计划的选择而几乎永远通过无意识的选择,将会缓慢但不断地增大。最后一个值得被称为亚变种的品系被人知道的多少比较广泛一点,便得到了一个地方性的名称,并且传播开了。这种传播在古代和文化较低的时代是极端缓慢的,而现在是迅速了。到了新品种呈现一种多少不同的性状时,当时没有受到注意的它的历史将会完全被忘却了;因为正如罗武所说的那样③,"我们知道这等事情被遗忘得多么快"。

一旦一个新品种这样形成时,通过同样的过程,它就有分成新品系和新亚变种的倾向。因为不同的变种对于不同的环境条件是适宜的,并且在不同的环境条件下是有价值的。时尚虽然有变化,但一种时尚如果持续即便是中等长的期间,因为遗传原理如此强有力,所以对于品种大概会发生某种作用。例如,变种继续增加其数目,并且历史向我们阐明,自从最初的纪录以来,它们的增加是多么可惊④。当每一个新变种产生之后,较早的、中间的和价值较小的类型将会受到忽视而死去。当一个品种因没有受到重视而被小量饲养时,它的灭绝几乎不可避免地迟早要发生,这或是由于偶然的毁灭原因,要不就是由于密切的近亲交配;在特征显著的品种中,这是引人注意的事情。一个新家养族的出世或产生是如此缓慢的一种过程,以致它会逃脱人们的注意;它的死亡或毁灭是比较突然的,往往被记录下来,如果过时太久而不加以记录,有时就会后悔莫及了。

若干作者在人为的族和自然的族之间划出了一条广阔的界线。自然的族在性状上是比较一致的,高度具有自然物种的外貌,并且它的起源是古老的。它们的被发现一般是在文化较低的地方,它们的大部分改变大概是由于自然选择,而只在微小程度上是由于人的无意识的和有计划的选择。它们还长期地受到了它们的住地的外界条件的直接作用。另一方面,所谓人为的族在性状上并不这样一致;有些具有一种半畸形的性状,例如在"猎兔上非常有用的歪腿小猎犬"⑤,曲膝狗、安康羊、尼亚太公牛、波兰鸡、扇尾鸽等等;它们所特有的特征一般是突然获得的,虽然此后在许多场合中由于细心的选择而有所增加。还有一些族,必须被称为人为的,因为它们是由于有计划的选择并且由于杂交而大大地改变了,例如英国竞跑马、小猎犬、英国的斗鸡、安特卫普信鸽等等(Antwerp

---

① 麦克斯·缪勒(Max Müller),《语言学》,1861年,第223页。
② 《尤亚特论牛》,第116、128页。
③ 《家养动物》,第188页。
④ 沃尔兹:《文化史》,1852年,第99页及其他。
⑤ 布兰(Blaine),《田猎百科全书》,第213页。

carrier-pigeons），尽管如此，还不能说它们具有不自然的外貌；依我看来，在自然的族和人为的族之间不能划出一条明确的界线。

家养族一般应该呈现不同于自然族的外貌，这没有什么奇怪。人选择和繁殖变异只是为了他自己的使用或嗜好，而不是为了生物自身的利益。人的注意是由特征强烈显著的变异所引起的，这等变异是由于体制中的某种重大的扰乱原因而突然出现的。人所注意的几乎全是外部性状；如果他成功地改变了内部性状——例如，他缩减骨和肉，或者在内脏里积满脂肪，或者给予早熟性等等——那么他同时削弱体质的机会将是很大的。另一方面，如果一种动物在难以想象那样复杂的和容易变化的条件之下势必一生同许多竞争者和敌对者进行斗争，那么在内部器官和外部性状中，在各部分的机能和相互关系中，具有最容易变异的性质的改变，将会受到严格的考验，被保存下来或者被排斥掉。自然选择常常抑制人在改进工作中所作的比较微弱而无常的努力；倘非如此，则人的工作结果和自然的工作结果还会有甚至更大的差别。尽管如此，我们千万不要对于自然物种和家养族之间的差异量给予过高的估计；大多数富有经验的博物学者们都曾常常争论家养族究竟是从一个原始祖先传下来的呢，还是从几个原始祖先传下来的，这明确地阐明了物种和族之间并没有明显的差异。

家养族繁殖它们的种类要比大多数博物学者们所愿承认的纯粹得多，并且它们的存续期间也比大多数博物学者们所愿承认的长得多。育种者们对于这一点没有感到任何怀疑：问一问长期养育过短角牛或赫福特牛、莱斯特羊或南邱羊、西班牙鸡或斗鸡、翻飞鸽或信鸽的人，这等族是否不是从一个共同祖先发生出来的，那么他大概会嘲笑你的。育种者承认，他希望产生具有毛较细的或毛较长的以及肉较多的羊，或是较美丽的鸡，或是具有熟练眼睛刚刚看得出的那种比较长一点的喙的信鸽，以便在展览会上获得成功。他所要走的就这么远，不会比这更远。他没有考虑到由于在长期内把许多微小而连续的改变加在一起，将会产生什么后果；他也没有考虑到把各个系统分歧线的环节连结在一起的无数变种的以往存在。就像在本书前几章中所阐明的那样，他断言所有受到他的长期注意的主要品种都是原始祖先的产物。另一方面，分类的博物学者一般都不晓得育种的技术，也不要求知道若干家养族是怎样而且在什么时候形成的，而且不能看到过它们的中间的级进，因为它们现在并不存在，尽管如此，他们还不怀疑这等族是从单独一个来源发生的。但是，向他问一问他所研究过的密切近似的自然物种是否可能不是从一个共同祖先传下来的，这时他恐怕也会以嘲笑的态度来否定这种想法。因此，博物学者和育种者可以互相学习到有益的一课。

关于人工选择的摘要　　毫无疑问，有计划选择曾经完成了而且将会完成惊人的结果。半开化人在古代就曾偶尔进行过人工选择，现今还在进行着。具有高度重要性的性状和具有微小价值的其他性状曾经受到注意而改变了。关于无意识选择曾经如此常常谈到的一些情形，我没有必要在这里加以重复：我们看到在分别繁育的畜群之间的差异中它所表现的力量，并且看到，当环境条件缓慢地发生了变化的时候，在同一地方的许多动物所发生的缓慢变化中，或者在它们被输入异地之后所发生的缓慢变化中，它所表现的力量。受到人的重视的部分或性质同没有受到人的重视的、因而没有被注意的部分或性质比较起来，前者表现了巨大的差异量，我们在这里看到有计划选择和无意识选择的联合作用。自然选择常常决定人的选择力量。我们有时会犯这样的错误,即想象被分类学者视为不重要的性状不受生存斗争的影响,而且不受自然选择的作用;但是已经举出来的显著例子阐明了这个错误是多么重大。

选择发生作用的可能性在于变异性,正如我们以后将要看到的那样,变异性主要是由生活条件的变化所引起的。由于生活条件同所要求的性状或性质处于对立的状态,有时会造成选择的困难,甚至不可能。由于在长期不断的密切近亲交配中发生了能育性减低和体质衰退,选择有时会受到抑制。有计划选择可能得到成功,最细致的注意力以及辨别力,再加上不屈不挠的耐性,是绝对必要的;这等同样的品质在无意识选择的场合中虽然不是必不可少的,但是高度有用的。培育大量的个体几乎是必要的;因为这样,关于具有所要求的性质的变异的发生,关于具有缺点最微小的或在任何程度上低劣的每一个个体的毫无拘束地被排斥,将有一个良好的机会。因此,时间的长短是一个成功的重要因素。这样,能在幼年繁殖以及在短期间繁殖也对选择有利。容易使动物交配,或者它们栖息于局限的地区内,对于抑制自由杂交都是有利的。不论在什么时候和什么地方,如果不进行选择,就不会在同一地方内形成不同的族。当身体的任何一部分或任何一种性质没有受到注意的时候,它或者保持不变,或者以彷徨不定的方式发生变异,同时其他部分和其他性质可能永久而巨大地发生改变。但是由于返祖以及继续变异的倾向,那些通过选择现今正在进行迅速改进的部分或器官被发现还会发生更大的变异。因此,高度繁育的动物当受到忽视时,很快就会退化;但是我们没有任何理由相信,如果生活条件保持不变,长期不断的选择作用会很快而完全地消失掉。

人在有用的和悦人的性质的选择中,无论这是有计划的或无意识的,总有走到极点的倾向。这是一项重要的原理,因为它导致了性状的继续分歧,并且在一些罕见的场合中也导致了性状的趋同。各个部分或器官有按照已经变异的那种同样方式继续变异的倾向;这就是继续分歧的可能性的依据;这种情形的发生由许多动物和植物在长久期间内的不断而逐渐的改进得到了证明。性状分歧的原理,再结合上所有以前价值较小的和中间的变种的遭到忽视和最后灭绝,阐明了我们若干族之间的差异量和区别。虽然我们可能已经达到了某种性状能够被改变的极限,但我们在大多数场合中,正如我们有理由可以相信的那样,还远远没有达到极限。最后,根据人工选择和自然选择之间的差别,我们便能理解家养族同密切近似的自然物种在一般外貌上为什么常常有所不同,但决非永远有所不同。

我在整个这一章中以及在他处把选择说成是最主要的力量,但是它的作用绝对取决于那种由于我们无知而被称为自发的或偶然的变异性。假定有一位建筑师被迫用从悬崖落下来的而没有经过雕琢的石头来建筑一座大厦,各个碎块的形状可能被称为偶然的,然而各个碎块的形状已经由重力(force of gravity)、岩石性质以及悬崖倾斜度所决定了——所有这些事情和条件都取决于自然法则;但在这等法则和建筑者使用各个碎块的目的之间并不存在任何关系。按照同样的方式,每一种生物的变异是由固定的和不变的法则所决定的;但是这等法则同通过选择力量而缓慢造成的生物构造并没有任何关系,不论这是自然选择或人工选择。

如果我们的建筑师把凸凹不平的楔形碎块用于拱门,把较长的石块用于门楣等等,成功地盖起一座高贵的大厦,那么我们将会对于他的技巧加以称赞,这种称赞的程度甚至比他使用为了这种目的而雕琢好了的石块时还要高。关于选择,不论是人工的或自然的,也是如此;因为变异性虽然是绝对必要的,但是当我们看到某种高度复杂的和非常适应的有机体时,变异性同选择比较起来,前者的重要性便下降到完全从属的地位,这同下述的情形是一样的,即我们想象的建筑师所使用的各个碎块的形状同建筑师的技巧比较起来,前者就不重要了。

第二十二章

变异的原因

· *Causes of Variability* ·

变异性不一定同生殖相伴随——诸作者所提出的原因——个体差异——由于变化了的生活条件而发生的各种变异性——关于这等变化的性质——气候、食物、过多的营养——微小的变化就足够了——嫁接对于实生树的变异性的影响——家养产物对于变化了的生活条件的习惯——变化了的生活条件的积累作用——密切的近亲交配和假定可以引起变异性的母亲的想象力——杂交，新性状出现的一种原因——由于性状的混合以及由于返祖而发生的变异性——关于通过生殖系统直接地或间接地诱发变异性的诸种原因的作用方式和作用时期

FLORA attired by the ELEMENTS.

　　在能力所允许的范围之内，现在我们将对家养产物的几乎普遍的变异性进行考察。这是一个难解的问题，但它对于探刺我们的无知是有益处的。有些作者，例如波洛斯浦尔·卢凯斯，把变异性看做是由于生殖而必然不时发生的事情，并且同生长和遗传一样，也是一项基本的法则。最近还有一些人恐怕无意识地助长了这种观点；他们说遗传和变异性是同等而对立的原理。帕拉斯主张变异性完全取决于基本不同的类型的杂交，在这方面他还有一些追随者。其他作者把变异性归因于食物的过多；在动物的场合中，还归因于运动量的相对的过多以及比较温暖气候的影响。所有这等原因都高度可能是有效的。但是我认为我们必须采取一个更加明朗的观点，并且作出结论说，生物当在若干世代中遭到任何变化时，不论是处在什么样的生活条件下，都有变异的倾向；在大多数场合中，变异的种类取决于生物的性质或体质远比取决于变化了的生活条件的性质在程度上要大得多。

　　有些作者相信各个个体彼此之间有某种微小程度的差异是一项自然的法则；他们可能主张，不仅所有家养动物和栽培植物是如此，而且在自然状况下的所有生物也同样是如此，这种主张显然是正确的。拉伯兰人（Laplander）根据长期的实践可以辨识每一只驯鹿，并且给每一只鹿都起了名字，虽然，像林奈所说的，"在这样多的个体中要把它们彼此区别开，是我办不到的，因为他们多得像蚁冢上的蚂蚁一样"。在德国，牧羊人由于在一百头的羊群中把每一头羊都辨认出来，可以在打赌中获胜，而他们在两周之前决没有看到过这些羊。这种辨别力如果同某些花卉栽培者所获得的辨别力比较起来，就没有什么了。沃尔洛特提到一位艺园者，他能在未开花时辨别山茶属的 150 个种类；曾经肯定地断言，著名的荷兰古代花卉栽培者沃尔亥养过洋水仙属的一千二百个以上的变种，他从鳞茎即可辨识每一个变种，并且几乎从来没有错过。因此我们必须作出这样的结论：洋水仙属的鳞茎以及山茶花属的枝和叶虽然在没有经验的眼睛看来绝对没有区别，但它们的确是有差异的[①]。

　　因为林奈用蚂蚁同驯鹿的数量作了比较，我可以再补充一点。即每一个蚂蚁都知道它的同窝伙伴。有几次我把同一物种（*Formica rufa*）的蚂蚁从这一个蚁冢移到另一个显然有数万个蚂蚁的蚁冢；不过这些不速之客立刻就被发现并且被弄死了。于是我把从一个很大的窝中捉到的一些蚂蚁放进一个瓶子，这个瓶子强烈地薰有阿魏（assafaetida）的香气，二十四小时之后又把它们放回窝中；最初它们受到了它们的伙伴的威胁，但很快就被辨认出来，并且允许它们通过了。因此每一个蚂蚁都认识它的伙伴，这同气味并没有关系；如果同窝的所有蚂蚁没有某种暗号或口令，它们在彼此的感觉上一定表现有某种可区别的性状。

　　同一家庭的兄弟姊妹的不相似以及来自同一个蒴的实生苗的不相似，从双亲的性状

◀达尔文的祖父是个自然科学家，同时也是个诗人，图为他诗作中的插图。

---

　　① 《洋水仙》，阿姆斯特丹，1768 年，第 43 页；沃尔洛特，《变种》，第 86 页。关于驯鹿，参阅林奈的《拉伯兰游记》，史密斯爵士译，第一卷，第 314 页。关于德国牧羊人的叙述，是根据魏恩兰得的权威材料。

的不等混合，以及从祖代性状通过返祖在任何一方的重现，可以部分地得到解释；不过这样我们只是把这个难题推到往昔的时候罢了，因为，是什么造成了双亲或它们祖先的不同？因此，关于内在变异倾向的存在同外在差异无关的那种信念[①]，最初一看好像是确实的。但是，甚至在同一个蒴中被营养的一些种子也不会遇到绝对一致的条件，因为它们从不同点吸收养分；我们将在未来的一章中看到，这种差异有时就足可以影响未来植株的性状了。同一家庭中的接连生出来的孩子们同孪生子比较起来，表现有较大的不相似，后者在外貌、气质以及体质上彼此非常相似；这显然证明了恰在怀孕期间的双亲的状况或此后胚胎发育的性质，对于后代的性状具有直接而强有力的影响。尽管如此，当我们考虑到在自然状况下的生物之间的个体差异时，就像每一个野生动物都能辨识它的伙伴所阐明的那样；并且当我们考虑到家养产物的许多变种的无限多样性时，我们可能十分倾向于大声疾呼，"变异性"必须被看做是由于生殖而必然不时发生的一种根本的事实，虽然像我相信的那样这是错误的。

那些采用后一观点的作者们大概不会承认每一个独立的变异都有它自己的特有的激发原因。虽然我们很少能够追踪出因果之间的明确关系，但即将提出的考察会导致这样的结论：即每一种变化一定都有它自己的特殊原因，而不是被我们盲目地称为偶发事件的结果。下面的一个显著例子是威廉·奥哥尔写信告诉我的。有两个孪生的女子，她们在一切方面都极端相似，双手上的小指都是弯曲的；她们二人的右侧上颚的第二成齿的第二二峰齿（bicuspid tooth）都长错了部位；因为它没有同其他牙齿长在一列上，而是从口盖长在第一二峰齿的后面了。据知不论她们的双亲或家庭的任何其他成员一点也没有表现过同样的特点；不过其中一女的一个男孩子的同一牙齿同样地长错了部位。现在，因为这两个女子受到了完全一样的影响，所以认为是偶然的那种想法立刻就会被打消；并且我们被迫承认这里一定有某种明确而充分的原因存在，这种原因如果出现一百次，它大概会使一百个小孩具有弯曲的小指和长错了部位的二峰齿。当然，这种情形由于返归某一长久被遗忘了的祖先，也是可能的，这样会大大地降低上述论点的价值。我曾被引导去设想返祖的可能性，因为高尔顿先生曾向我说过另外一个有关孪生女子的例子，她们生下来也具有稍微弯曲的小指，这是从外祖母那里遗传来的。

现在我们来考察一下支持下述观点的一般论证，在我看来，这些论证是很有分量的；

---

① 缪勒的《生理学》，英译本，第二卷，第 1662 页。关于孪生子在体质上的相似，威廉·奥哥尔给过我一段陶梭（Trousseau）教授的讲演摘要（《临床医学》，*Clinique Médicale*，第一卷，第 523 页），在这段摘要中记载过一个引人注意的例子：
"我曾照顾过一对孪生子，二人非常相像，如果从侧面看是不可能把他们分别开的。他们的体格也非常相似，如果允许我说，他们的疾病也是非常类似的。其中一人患有风湿性的眼病，他在巴黎新温泉由我诊病的时候向我说道，'现在我的兄弟一定也患有同样的眼病'。于是我给他进行治疗，数日后我收到他的一封信，这时他为了迎接韦恩内（Vienne）的兄弟离开了这里，他的兄弟实际上是这样说的——'我正在患着您那样的眼病'。关于这里所见到的这种奇妙的情形，我完全不能理解：虽然别人没有告诉我说，实际上我还看到其他相似之点，他们二人都患喘病，并且喘到可怕的程度。他们降生于马赛，但不在那里居住，他们在马赛犯了这种病之后就无法忍受，他们常常这样说并且引以为戒，而在巴黎就不那样痛苦。所幸他们在马赛犯了这种病，只要去士伦就可以了。他们常常为了一些事务在国内旅行，他们所注意的事情是找一处可以逃脱一切压迫现象的地方作为最后的住处。"

这种观点是，所有种类和所有程度的变异都是由各个生物、特别是它的祖先暴露于其中的生活条件直接地或间接地所引起的。

　　谁都不会怀疑，家养产物比从来没有离开过自然条件的那些生物更容易变异。畸形会如此不知不觉地渐次成为纯粹的变异，以致不可能把它们分开：所有那些研究过畸形的人们都相信，畸形在家养的动物和植物的场合中远比在野生的动物和植物的场合中普通得多[①]；关于植物，畸形在自然状况和在家养状况下一样，大概是同等显著的。在自然状况下，同一物种的个体都暴露在接近一致的条件下，因为它们被很多竞争的动物和植物严格地抑制在固有的场所；同时它们也长期地习惯于它们的生活条件了；但不能说它们所遇到的条件是完全一致的，它们还有发生某种程度的变异倾向。我们的家养产物所处在的环境条件是大不相同的：它们被保护不受竞争者的侵犯；它们不仅被迁出它们的自然条件，而且常常被迁出它们的故土，但它们屡屡从这一地区被带到另一地区，在那里受到了不同的待遇，所以它们极少在相当长的期间内暴露在密切相似的条件之下。同这种情形相一致，所有我们的家养产物，除了极罕见的例外，都远比自然物种变异得厉害。蜜蜂是自己觅食的，并且在大多数方面遵循了它的自然生活习性，在家养动物中它是变异最少的；家鹅大概是其次变异最少的一种，不过即便是家鹅也几乎比任何野生鸟的变异为大，所以不能完全肯定地把它归入到任何自然物种中去。几乎指不出一种长期栽培的和由种子繁殖的植物不是高度变异的；普通黑麦（*Secale cereale*）几乎比任何其他栽培植物所产出的变种都少而且其特征较不显著[②]；不过值得怀疑的是，这种价值最小的谷类作物的变异是否曾经受到了密切的注意。

　　在前一章中已经充分讨论过的芽变向我们阐明了，变异性同种子生殖可能完全没有关系，也可能同返归长久遗失了的祖先性状完全没有关系。谁也不会主张在一株卜洛万蔷薇上突然出现苔蔷薇是返归以前的状态，因为在自然物种中没有看见过萼上有苔；同样的论证也适用于斑叶和条裂叶；同样地在桃树上出现油桃也不能用返祖原理来解释。但是，芽变同我们的关系更加密切，因为它的发生，在长期高度栽培的植物中远比在较不高度栽培的植物中更加常见得多；在生长于严格自然条件下的植物中，只观察到很少的十分显著的事例。我曾举出过一个有关梣树的事例，这是生长在一位绅士的花园中的；在山毛榉和其他树上偶尔可以看见一些新梢的抽叶时期不同于其他枝条。但英国的森林树几乎不能被看做是生活于严格自然条件之下的；实生苗是在苗圃中育成的，并且在那里受到了保护，它们一定常常被移植到不是该种类的野生树自然生长的地方。如果生长于篱笆中的一株狗蔷薇由于芽变产生了苔蔷薇，或者一株野生西洋李或野生樱桃树抽生了一个枝条结有不同于正常果实的形状和颜色的果实，这大概会被看成为一件怪事。如果这等变异了的枝条被发现不仅能够用接穗而且有时能够用种子来繁殖，这大概会被看成为更大的怪事；但在许多高度栽培的树和草本植物中曾经发生过相似的情形。

---

　　①　小圣伊莱尔：《畸形史》，第三卷，第 352 页；摩坤·丹顿，《植物畸形学》（*Tératologic Végétale*），1841 年，第 115 页。
　　②　梅兹加：《谷类》（*Die Getreidearten*），1841 年，第 39 页。

仅凭这几种考察大概就可以知道,每一种类的变异性都是直接地或间接地由变化了的生活条件所引起的。或者把这种情形置于另一观点之下,如果可能把一个物种的所有个体在许多世代中放在绝对一致的生活条件之下,那么大概就不会有变异发生。

在诱发变异性的生活条件中的变化性质

从古代一直到今天,在可能想象到的那种不同的气候和环境条件下,所有种类的生物当被家养或栽培时,都发生变异了。在属于不同目的兽类和鸟类的家养族中,在金鱼和蚕中,在世界各地养育的许多种类的植物中,我们看到了上述情形。在北非沙漠中君迁子产生了三十八个变种;在印度的肥沃平原上,众所熟知,有何等多的水稻变种和何等多的其他大量植物的变种;只在波利尼西亚的一个岛上,土人就栽培了面包树的二十四个变种、香蕉的二十四个变种以及白星海芋(arum)的二十二个变种;在印度和欧洲,桑树产生了许多供给蚕食的变种;在中国,竹子有六十三个变种,适于种种不同的家庭用途①。这等事实以及还可补充的其他无数事实指明了,生活条件的几乎任何种类的一种变化就足可以引起变异性——不同的变化对于不同的有机体起作用。

安德鲁·奈特②把动物和植物的变异都归因于物种在自然状况下所不能获得的那样丰富的营养供给以及那样良好的气候。然而比较温和的气候绝不是必要的;常常受到我们春霜危害的菜豆以及需要一种篱壁来保护的桃在英格兰都发生了很大变异,这正如柑橘树在意大利北部的情形一样,柑橘树在那里仅仅能够生存③。北极地方的植物和贝类是显著容易变异的④,这一事实同我们现在讨论的问题虽然没有直接关联,但也不能忽视。再者,气候的一种变化,不论它变得比较温和一些或比较不温和一些,看来似乎都不是变异性的最有力的原因之一;因为关于植物,得康多尔在他的《植物地理学》(Géographie Botanique)一书中反复指出,一种植物的原产地是它产生最大数量的变种的地方,在大多数场合中它在那里被栽培得最为长久。

食物性质的变化是否是变异性的有力原因,还值得怀疑。几乎没有一种家养动物比鸽和鸡的变异更大,但它们的食物,特别是高度繁育的鸽的食物,一般是一样的。在这方面,我们的牛和绵羊也没有遇到过任何重大的变化。但是,在所有这等场合中,食物种类

---

① 关于君迁子,参阅沃格尔(Vogel),《博物学年报》,1854 年,第 460 页。关于印度的变种,汉弥尔顿博士,《林奈学会会报》,第十四卷,第 296 页。关于在塔希提(Tahiti)栽培的变种,参阅本内特,见拉乌顿的《博物学杂志》,第五卷,1832 年,第 484 页。再参阅伊利斯(Ellis),《波利尼西亚的研究》(Polynesian Researches),第一卷,第 370、375 页。关于马利亚纳岛(Marianne Island)的露兜树属(Pandanus)的二十个变种以及其他树,参阅《虎克随笔》(Hooker's Miscellany),第一卷,第 308 页。关于中国竹子,参阅胡克(Huc)的《大清帝国》(Chinese Empire),第二卷,第 307 页。

② 《论苹果栽培》(Treatise on the Culture of the Apple),第 3 页。

③ 加列肖:《植物的繁育理论》,第 125 页。

④ 参阅虎克博士的关于北极植物的报告,见《林奈学会会报》,第二十三卷,第二部。最高权威乌得瓦得(Woodward)先生说,北极软体动物是显著容易变异的(见他的《初步论文》,Rudimentary Treatise 1856 年,第 355 页)。

的变换比物种在自然状况下所消费的食物种类的变换大概要小得多①。

在诱发变异性的一切原因中，食物的过剩，不论其性质是否有变化，大概是最有力的。关于植物，过去安德鲁·奈特持有这种观点，现在许赖登（Schliden）也持有这种观点，特别是关于食物的无机要素更是如此②。为了给予一株植物更多的食物，在大多数场合中足可以使它分开生长，这样就会阻止其他植物从它的根部那里抢夺食物。正如我常常看到的那样，奇怪的是，我们的普通野生物种当独自被栽培时，虽然不在高度施肥的土地上，也能多么茂盛地生长；实际上，分开生长就是栽培的第一步。关于食物的过剩可以诱发变异性的信念，一位一切种类的种子的伟大培育者做过如下的叙述③："对于我们有一项不变的规律，即当我们希望保持任何一个种类的种子的纯系时，就叫它们在没有施过粪的瘠薄土壤中生长；但当我们为了数量而栽培它们时，那就相反而行，而有时我们会深深地感到后悔。"按照对于花卉植物的种子拥有丰富经验的卡瑞埃尔的材料，"一般认为具有平均活力的植物是那些能够最好地保持其性状的植物"。

在动物的场合中，正如贝西斯坦所指出的，缺少适当的运动量（同任何特殊器官不使用的直接效果无关）在引起变异性上恐怕起了一种重要的作用。我们可以模糊地知道，身体的有机营养液在生长期间没有被使用，或者由于组织的耗损而没有被使用，那么它们将会过剩；由于生长、营养和生殖是密切连接的过程，所以这种过剩可能妨害生殖器官的正常活动，因而会影响未来后代的性状。但是可以争论：无论食物的过剩或身体的有机液的过多都不一定会诱发变异性。鹅和火鸡已被丰富地饲养了许多代，但它们的变异很小。如此容易变异的果树和蔬菜用植物自从古代以来就被栽培了，虽然它们今后还可能比在自然状况下接受更多的养分，但它们以往在许多代中所接受的养分量一定差不多是一样的；可以设想，它们大概已经变得习惯于这种过剩了。尽管如此，从整体来看，安德鲁·奈特的关于食物过剩是变异性的一种最有力原因这一观点，根据我所能判断的，似乎还是正确的。

不管我们的各种栽培植物是否曾经过剩地接受了养分，所有它们都曾经暴露在各种变化之中。果树被嫁接在不同的砧木上，并且生长在各种土壤中。蔬菜用植物和农作物从这一地方被带到那一地方；在 19 世纪中作物的轮栽以及施肥起了重大的变化。

处理上的微小变化常常足可以诱发变异性。差不多所有栽培植物和家养动物在所有地方和所有时间都发生了变异，仅仅这一事实就可导致上述结论。从在原有气候下生长的、没有经过高度施肥或其他人工处理的普通英国森林树上采得的种子，产生了变异很大的实生苗，这种情形在每一个大苗床上都可以看到。我在前一章中曾经阐明，山楂产生了何等多的特征显著而奇异的变种；然而这种树几乎没有受到任何栽培。我在斯塔

---

① 贝西斯坦关于这个问题有一些好的意见，见《笼鸟志》，1840 年，第 238 页。他说他的金丝雀虽然被饲喂一致的食物，在颜色上还有变异。

② 《植物》，许赖登著，汗弗瑞译，1848 年，第 169 页。再参阅亚历山大·勃农，见《植物学研究报告》（*Bot. Memoirs*），雷伊学会，1853 年，第 313 页。

③ 摩尔丹（Maldon）的哈代先生及其子，见《艺园者记录》，1856 年，第 458 页。卡瑞埃尔，《变种的产生和固定》，1865 年，第 31 页。

福郡细心地检查了大量的两种英国植物,即从来没有受过高度栽培的褐色老鹳草(*Geranium phaeum*)和庇里尼斯老鹳草(*G. pyrenaicum*)。这等植物从一所普通的花园借着种子自发地在开阔的耕地上散布开了;实生苗在几乎每一种性状上,例如花和叶上,都发生了变异,而且超过了我从来没有看到过的那种程度;然而它们过去不会暴露在它们的生活条件的任何重大变化之中。

关于动物,亚莎拉①,以非常惊奇的口气说道,彭巴草原上的野化马总是具有三种颜色中的一种颜色,并且那里的牛总是具有一致的颜色,然而这等动物当在没有遮拦的牧场上繁育时,虽然它们被养在几乎不能称为家养的状况下,而且显然暴露在同它们在野生时几乎完全一样的条件下,尽管如此,它们在颜色上还表现了巨大的变化。再者在印度有几个淡水鱼的物种,它们所受到的人工处理仅仅是把它们养在大桶内;但这种微小的变化就足以诱发变异性了②。

关于树的变异性,一些有关嫁接效果的事实值得我们注意。凯巴尼斯(Cabanis)断言,当某些梨被嫁接在榅桲上,它们的种子比梨的同一变种被嫁接在野生梨上所获得的种子,可以产生更多的变种③。不过,梨和榅桲的亲缘关系虽然如此密切,以致一方能够容易地被嫁接在另一方而且可以获得非常的成功,但它们究竟是不同的物种,所以由此而引起的变异性并不值得惊奇;这使我们可以看到它的原因就是砧木和接穗的很不相同的性质。众所熟知,几个北美的李和桃的变种可以由种子纯粹地繁殖它们自己;但道宁断言④,"当把李或桃的接穗嫁接在另一方的砧木上时,这种嫁接树便被发现失去了它的由种子产生同样变种的特有性质,并且变得同所有其他嫁接树一样了"——这就是说,它的实生苗变得高度容易变异了。还有一个例子值得一提:胡桃树的拉兰得(Lalande)变种在四月二十日到五月十五日之间抽叶,它的实生苗不变地遗传有同样的习性;而胡桃的其他几个变种却在六月抽叶。现在,如果从五月抽叶的拉兰得变种培育出实生苗,并把它们嫁接在另一五月抽叶的变种上,虽然砧木和接穗具有同样早期抽叶的习性,但实生苗却在各种不同的时间里抽叶,甚至有晚至六月五日的⑤。这样的事实非常适于阐明决定变异性的原因是多么暧昧而微小。

我在这里稍微谈一谈在森林中以及在荒地上出现果树和小麦的有价值的新品种的情形;最初看来,这似乎是一件极异常的事情。在法国,有相当数量的最优良的梨是在森林中发现的;这种情形如此常常发生,以致泡陶断言:"栽培果树的改良变种很少是由养树者育成的。"⑥另一方面,在英国,还没有记载过优良梨有野生的事例;利威尔先生告诉

---

① 《巴拉圭的四足兽》,1801年,第二卷,第319页。

② 玛克兰得(M'Clelland)论印度的鲤科(Cyprinidae),见《亚洲研究》(*Asiatic Researches*),第十九卷,第二部。1839年,第266、268、313页。

③ 萨葛瑞特引用,《果对生理学》,1830年,第43页。但德开斯内并不相信这种叙述。

④ 《美洲的果树》,1845年,第5页。

⑤ 卡丹,见《报告书》,12月,1848年,在《艺园者记录》引用,1849年,第101页。

⑥ 亚力克斯·乔丹提出有四种优良梨是在法国森林中发现的,并且谈到其他情形(《里昂科学院纪要》,第二卷,1852年,第159页)。泡陶的意见在《艺园者杂志》中引用,第四卷,1828年,第385页。关于在法国于一个篱笆中发现一个梨的新变种的另一例子,参阅《艺园者记录》,1862年,第335页。再参阅拉乌顿的《园艺百科辞典》(*Encyclop. of Gardening*),第901页。利威尔给过我相似的材料。

我说,他只知道一个有关苹果的事例,即贝斯·普尔(Bess Poole)是在诺定昂郡(Notting-hamshire)的森林中发现的。两国之间的这种差异从法国的比较适宜气候可能得到部分的解释,但主要还是由于在法国森林中生长起来的实生苗非常之多。根据一位法国艺园者的意见①,我推论情形确系如此,他认为这样多的梨树在结果之前都被周期性地砍掉作为柴火,真是国家的不幸。在森林中这样发生的新变种,虽然不能接受任何过剩的养分,但会暴露在突然变化的条件之中,不过这是不是它们产生的原因,很值得怀疑。然而所有这些变种可能都是从生长于邻近果园中的古老栽培种类传下来的②——这种情况可以说明它们的变异性;在大量的变异树中,总有出现一个有价值的种类的良好机会。在北美,果树常常是在荒地上发生的,华盛顿梨(Washington pear)是在树篱中发现的,皇帝桃(Emperor peach)是在森林中发现的③。

关于小麦,有些作者认为④在荒地上发现新变种好像是一件平常的事情;范顿小麦肯定被发现是生长在采石场的玄武岩碎屑堆上的,不过在这等场所植物大概会接受充足的养分。契达姆小麦(Chldham wheat)是从在篱笆上发现的一个麦穗培育出来的;亨特小麦(Hunter's wheat)是在苏格兰的路边发现的,不过这并不是说这个变种是在它被发现的那个地方生长的⑤。

我们的家养产物过去是否对于它们现在生活于其中的条件已经变得如此完全习惯,以致停止了变异,关于这一点,我们还没有足够的方法去判断。但是,事实上我们的家养产物从来没有长期地暴露在一致的条件之中,我们的最古老的栽培植物以及家养动物肯定还在继续变异,因为所有它们在最近都有显著的改进。然而在某些少数场合中植物已经变得习惯于新的条件了。例如,在德国多年以来栽培了来自不同地方的很多小麦变种的梅兹加⑥说道,有些变种最初是极易变异的,但逐渐地就变得稳定了,在一个事例中是经过了二十五年以后才稳定的;看来这种情形好像不是由于选择比较稳定的类型的结果。

关于变化了的生活条件的累积作用 我们有良好的根据可以相信变化了的生活条件的影响是累积的,所以,除非一个物种在几代中受到连续的栽培或家养,对于它是不会发生任何作用的。普遍的经验向我们阐明了,当新的花卉植物最初被引进到我们的花园中时,它们并不变异;但除了极罕见的例外,所有它们最终都要或多或少地发生变异。在少数场合中,必要的代数以及变异进程中的连续步骤曾被记载下来,例如常常被引用的大丽菊的例子就是如此⑦。经过了几年栽培之后,百日草属(Zinnia)仅在最近(1860 年)才开始变异得大一些。"在最初七八年的高度栽培中,天鹅河雏菊(*Brachycome iberidi-*

---

① 丢瓦尔(Duval),《梨树志》(*Hist. du Poirier*),1849 年,第 2 页。
② 根据凡蒙斯的叙述——他在森林中发现一些实生苗,它们同梨和苹果的所有主要栽培族相似(《果树》,*Arb. res Fruitiers*,1835 年,第一卷,第 446 页),我推论这是事实。然而凡蒙斯把这些野生变种看成为原始物种。
③ 道宁,《北美的果树》,第 422 页;弗雷(Foley),《园艺学会会报》,第六卷,第 412 页。
④ 《艺园者记录》,1847 年,第 244 页。
⑤ 《艺园者记录》,1841 年,第 383 页;1850 年,第 700 页;1854 年,第 650 页。
⑥ 《谷类》,1843 年,第 66、116、117 页。
⑦ 萨巴恩:《园艺学会会报》,第三卷,第 225 页;勃龙,《自然界的历史》,第二卷,第 119 页。

folia)保持了原有的颜色；此后它的颜色就变成淡紫色、紫色和其他深色的了"①。关于苏格兰蔷薇，也记载了相似的情形。几位有经验的园艺家们在讨论植物的变异性时，谈到了同样的一般效果。沙尔特先生②说，"每一个人都知道，主要的困难在于突破物种的原始的形态和颜色，每一个人都会注意从种子或者从枝条发生的任何自然变异；如果一旦获得这种变异，无论这是多么微细的一种变化，其结果就有待于他自己来决定了"。在培育梨和草莓的新变种上获得非常成功的得乔纽说③，关于梨，"还有一项原则，即一种模式进入变异的状态愈深，它的继续变异的倾向就愈大；它变异得离开原始模式愈远，它的依然向前变异的倾向就愈大"。当我们以前谈到人通过选择具有按照同一方向继续增大各种改变的力量时，已经对后面那一点讨论过了；因为这种力量依赖同样的一般种类的继续变异性。最著名的法国园艺学家威尔摩林④甚至主张，当希望获得任何特殊的变异时，第一步就是叫植物变异，无论按照任何方式变异都可以，然后继续选择变异最大的个体，即便是它们按照错误方向变异的；因为物种的固定性状一旦被打破，所希望的变异迟早就会出现。

因为几乎所有动物都是在极古远的时代被家养的，当然我们说不出当它们最初被放在新条件之下时，究竟是变异得快或变异得慢。但巴哈曼博士说⑤，他曾看到从野生物种的卵育成的火鸡在第三代便失去了它们的金属光泽并且变得具有白色斑点。雅列尔先生在许多年以前告诉我说，在圣詹姆士公园的池塘中繁育的野鸭，据信从来没有同家鸭杂交过，它们经过少数几代之后便失去了它们的真正羽衣。一位优秀的观察者⑥常常用野鸭的卵来孵鸭，他小心地防止它们同家鸭进行杂交；如上所述，他对于它们逐渐发生的变化作了十分详细的记载。他发现他不能把这等野鸭纯粹地繁育到五六代以上，"因为那时它们被证明大大地不如以前那样美丽了。雄野鸭的白色颈环比以前宽了而且不规则了，并且在小鸭的翅膀上出现了白色羽毛"。它们的身体也增大了；它们的腿不如以前纤细了，而且它们失掉了优雅的步态。这时再从野鸭那里取得新卵，但结果还是一样。在这等鸭和火鸡的场合中，我们看到动物就像植物那样，除非几代被置于家养之下，它们是不会离开它们的原始模式的。另一方面，雅列尔先生告诉我说，在"动物园"中繁育的澳洲狄恩戈狗(Dingos)几乎不可避免地在第一代就会产生具有白色的以及其他颜色的斑点的小狗；不过这等被引进的狄恩戈狗大概是从土人那里得到的。他们是把这等狗放在半家养状况之下的。这肯定是一个值得注意的事实，即变化了的生活条件根据我们所能知道的来说，最初绝对不会发生任何影响；但此后它们会引起物种的性状发生变化。在讨论泛生说的那一章里，我将试图对这一事实进行一点说明。

① 《园艺学报》，1861年，第112页；关于百日草属，《艺园者记录》，1860年，第852页。
② 《菊属及其历史》(*Chrysanthemum, its History*)，1865年，第3页。
③ 《艺园者记录》，1855年，第54页；《园艺学报》，5月9日，1865年，第363页。
④ 沃尔洛特引用，《变种》，1865年，第28页。
⑤ 《对于属和物种的性状的检定》(*Examination of the Characteristics of Genera and Species*)，查理斯东(Charteston)，1855年，第14页。
⑥ 赫维特：《园艺学报》，1863年，第39页。

现在转回来谈一谈假定的诱发变异性的原因。有些作者[1]相信密切的近亲交配引起了这种倾向,并且导致了畸形的产生。在第十七章中举出的少数事实阐明了畸形好像是不时这样被诱发出来的;毫无疑问,密切的近亲交配引起了能育性的减低以及体质的衰退;因此它可能导致变异性的发生;不过关于这一点,我没有足够的证据。相反地,密切的近亲交配如果不是进行到极端有害的程度,决不会引起变异性,而是倾向于把各个品种的性状固定下来的。

以前有一种普通的信念,认为母亲的幻想可以影响胎儿[2],现在还有一些人持有这种信念。这一观点显然不能应用于低等动物,它们下不受精的卵,而且也不能应用于植物。威廉·亨特医生在19世纪告诉我父亲说,在一所大型的"伦敦产科医院"里,每一孕妇在分娩前都被询问是否有什么事情特别影响过她的精神,答案都被记录下来了;孕妇的答案能够同任何畸形构造巧合的事例还没有一个;不过当她知道了构造的性质以后,她常常会提出某种新的原因。关于母亲的幻想力这种信念恐怕是从以下的情形发生的,即母亲第二次结婚后所生的小孩同以前的父亲相像,按照在第十一章中所举的事实,这种情形肯定是会时时发生的。

作为变异性的一种原因的杂交 在本章的前一部分曾经谈到帕拉斯[3]以及少数其他博物学者们主张变异性完全是由于杂交。如果这种主张意味着,在我们的家养族中新性状从来没有自发地出现过,而是直接来自某些原始物种,那么,这是一种不合理的主张;因为它的含义是,像意大利灵缇、巴儿狗、喇叭狗、突胸鸽和扇毛鸽等那样的动物都能在自然状况下生存。不过这个主张可能意味着大不相同的情形,即不同物种的杂交是新性状最初出现的唯一原因,如果没有这种帮助,人就不能形成各个不同的品种。然而,因为在某些场合中新性状的出现是由于芽变,所以我们可以肯定地断言杂交对于变异性并不是必要的。再者,种种动物的品种,例如兔、鸽、鸭等的品种,以及若干植物的变种肯定都是单独一个野生物种的改变了的后代。尽管如此,如果一个类型或两个类型是长期被家养或被栽培的,它们的杂交还可能增添后代的变异性,这同来自两个亲类型的性状的混合并无关系,这意味着新性状的确发生了。但我们千万不要忘记在第十三章中所举的事实,它们清楚地证明了杂交的作用常常导致长久亡失的性状的重现或返祖;在大多数场合中,要对旧性状的重现和绝对的新性状的第一次出现加以区别,大概是不可能的。实际上,不论是新或旧,对于重现这些性状的品种说来,它们都是新的。

该特纳宣称[4],当他使没有栽培过的土著植物相杂交时,他在后代中从来没有看到过一次任何新性状;但从来自亲代的性状的奇妙结合方式看来,它们有时好像是新的。关于这一点,他的经验有极大的价值。另一方面,当他使栽培植物相杂交时,他承认新性状是不时出现的,但他强烈地倾向于把它们的出现归因于普通的变异性,而决不归因于杂交。然而,一个相反的结论,在我看来,可能是更正确的。按照开洛依德的材料,在紫茉

① 德瓦伊:《血族通婚》(*Marriages Consanguins*),第97,125页。在谈话中我发现两三位博物学者持有同样的意见。

② 缪勒曾明确地反对过这种信念,《生理学原理》(*Elements of Phys*),英译本,第二卷,1842年,第1405页。

③ 《圣彼得堡科学院院报》,1780年,第二部,第84页等。

④ 《杂种的形成》,第249、255、295页。

莉属中杂种的变异几乎是无限的,他在种子形态上,在花药颜色上,在子叶的非常大型上,在新而非常特殊的香气上,在早期开花上,在夜晚闭花上,描述了新而奇特的性状。关于这些杂种的一群他说道,它们所表现的性状同那些预料可能从双亲发生的性状恰恰相反①。

关于这个属,列考克教授②强烈地谈到同样的效果,他并且断言秘鲁紫茉莉(*Mirabilis jalapa*)和多花紫茉莉(*M. multiflora*)之间的许多杂种可能容易地被误为不同的物种,他还说,它们同秘鲁紫茉莉的差异在程度上比同该属其他物种的差异为大。赫伯特也曾描述过③某些杂种杜鹃,"在叶子上它们同所有其他物种都不相像,它们好像是一个独立的物种"。花卉栽培者的普通经验证明了,不同而近似的植物——例如矮牵牛属(Petunic)、荷包花属(Calceolaria)、吊金钟属(Fuchsia)、马鞭草属(Verbena)等的物种——的杂交和再杂交会诱发过度的变异性;因此,完全新的性状的出现是可能的。卡瑞埃尔④最近对于这个问题进行过讨论:他说,鸡冠刺桐(*Erythrina cristagalli*)多年以来都是由种子繁殖的,但没有产生过任何变种;于是使它同近似的草本性刺桐(*E. herbacea*)进行了杂交,"现在这种抗拒被克服了,并且产生了变种,它们具有大小、形状和颜色极其不同的花"。有些植物学者甚至主张⑤,当一个属只包含一个物种时,这个物种在栽培后决不变异;这种主张可能是从下述那种一般的而且看来似乎是十分有根据的信念发生的,即认为不同物种的杂交除了混合它们的性状以外,还可以大大地增添它们的变异性。这种如此粗枝大叶的主张是不能被承认的:不过可能正确的是,包含一个物种的属在栽培后的变异性不如包含很多物种的属在栽培后的变异性那样大,而这种情形同杂交的作用并没有关系。我在《物种起源》中曾指出,属于小属的物种在自然状况下所产生的变种一般比属于大属的物种所产生的为少。因此,小属的物种在栽培状况下所产生的变种可能比大属的已经变异的物种所产生的为少。

关于从未栽培过的物种的杂交导致新性状的出现,虽然我们现在还没有充分的证据,但对于那些通过栽培而在某种程度上已经发生变异的物种来说,上述情形显然是会发生的。因此,杂交就像生活条件的任何其他变化那样,在引起变异性上似乎是一个因素,而且可能是一个有力的因素。但是,如前所述,我们很少有方法来对真正新性状的出现和通过杂交作用而引起的长久亡失性状的重现加以区别。关于区别这等情形的困难,我将举一个事例。曼陀罗属(Datura)的物种可分为两个部分,一是具有白花和绿茎的,一是具有紫花和褐茎的;且说,诺丹使光果曼陀罗(*D. laevis*)同多刺曼陀罗(*D. ferox*)进行了杂交,它们都属于白花的种类,从它们育成了205个杂种。在这些杂种中,每一个杂种都生有褐色的茎,并且开白色的花;所以它们同该属的另一部分的物种相似,而同它

---

① 《圣彼得堡新报》,1794年,第378页;1795年;第307、313、316页;1787年,第407页。
② 《关于繁殖》,1862年,第311页。
③ 《石蒜科》,1837年,第362页。
④ 《艺园者记录》中所载的提要,1860年,第1081页。
⑤ 这是老得康多尔的意见,在《博物学分类辞典》中引用,第八卷,第405页。帕威斯,《关于生殖》,1837年,第37页,对同一问题进行过讨论。

们自己的双亲并不相似。诺丹[①]对于这一事实感到如此惊奇，以致他被引导对于这两个亲种进行了仔细观察，他发现多刺曼陀罗的纯粹实生苗在刚刚萌芽之后，它的从幼根到子叶的这一段茎是暗紫色的，当植株长大之后这种颜色就成为一个环，围绕着茎的基部。那么，我在第十三章中曾经阐明一种早期性状的保持和扩大同返祖有如此紧密的关系，所以上述情形显然也是在同一原理下发生的。因此，我们大概应当把紫花和褐茎看成为返归某一古老祖先的以往状态，而不应把它们看成为由于变异性而发生的新性状。

　　且不谈由于杂交而出现的新性状，现在对于在前面一些章中已经谈过的两个亲类型所固有的性状的不等结合和遗传谈几句话。当两个物种或族杂交时，第一代一般是一致的，但此后产生的那些代却呈现了几乎无限多样的性状。开洛依德[②]说，想从杂种获得无数变种的人应当使它们杂交，再杂交。当物种间杂种或变种间杂种由同任何一个纯粹的亲类型进行反复杂交而被还原或吸收时，也有大量的变异性发生；当三个不同物种、特别是当四个不同物种由于连续杂交而混合在一起的时候，还会有更高度的变异性发生。超出四个物种的结合，该特纳[③]（以上的叙述是根据他的权威材料）从来没有完成过一个；不过麦克斯·威丘拉[④]曾把柳类的六个不同物种结合成一个杂种。亲种的性别以一种不可理解的方式影响着杂种的变异程度；因为该特纳[⑤]反复地发现，如果一个杂种被用作父本，任何一个纯粹的亲种或者一个第三物种被用作母本，它们的后代比当同一杂种用作母本并且任何一个纯粹的亲种或者同一个第三物种用作父本时有更大的变异；例如，当美洲瞿麦（*Dianthus barbatus*）和中国石竹（*D. chinensi*）的杂种由纯粹的美洲瞿麦来受精，并且美洲瞿麦由上述杂种来受精，前者的变异就不如后者的变异大。麦克斯·威丘拉[⑥]强烈地主张他的杂种柳也有相似的结果。还有，该特纳断言[⑦]，由同样的两个物种之间的相互杂交培育出来的杂种，它们的变异性有时在程度上有差异；这里唯一的不同就是某一物种先被用作父本，然后被用作母本。总之，我们知道，姑且不谈新性状的出现，连续的杂交世代的变异性也是极端复杂的，这一部分是由于它们的后代不等地兼有两个亲类型的性状，特别是由于它们的后代返归这等性状或者返归更古祖先的那些性状的不等倾向。

　　关于诱发变异性的诸种原因的作用方式和作用时期　这是一个极端暧昧的问题，这里我们需要考虑的只是，遗传的变异究竟是由于某些部分在它们形成之后受到作用，还是由于生殖系统在它们形成之前受到作用；并且在前一场合中，这种作用究竟是在生长或发育的什么时期产生的。我们在以下两章中将看到，种种作用，例如丰富的食物供给、暴露在不同的气候下、部分的增强使用或不使用等等，会延续几个世代，这肯定会改变整

---

①　《报告书》，11 月 21 日，1864 年，第 838 页。

②　《圣彼得堡新报》，1794 年，第 391 页。

③　《杂种的形成》，第 507、516、572 页。

④　《杂种的受精》，1865 年，第 24 页。

⑤　《杂种的形成》，第 452、507 页。

⑥　《杂种的受精》，第 56 页。

⑦　《杂种的形成》，第 423 页。

个的体制或某些器官；显然这种作用是不能通过生殖系统的，至少在芽变的场合中是如此。

关于通过生殖系统而被引起变异的部分，我们在第十八章中已经看到，甚至生活条件的微小变化在引起或大或小的不育性方面都具有显著的力量。因此，通过如此容易受到影响的系统而发生的生物，其本身受到影响，或者，没有遗传或过多地遗传双亲所固有的性状，似乎不是不可能的。我们知道，生物的某些类群，除了各个类群中的例外，它们的生殖系统远比其他类群的生殖系统更容易受到变化了的生活条件的影响；例如，食肉鸟比食肉哺乳类容易受到影响，鹦鹉比鸽子容易受到影响；这一事实同动物和植物的种种类群在家养下变异的显著无常的方式和程度是一致的。

开洛依德[①]曾被以下的情形所打动，即杂种以种种方式进行杂交或再杂交时的过度变异性——这些杂种的生殖力或多或少地受到了影响——和古老栽培植物的变异性之间有平行现象。麦克斯·威丘拉[②]更向前进了一步，他指出有许多高度栽培的植物，例如洋水仙、郁金香、黄色报春花（Auricula）、金鱼草、马铃薯、甘蓝等等，没有任何理由可以相信它们是杂交过的，而它们的花药就像杂种的情形一样，含有许多不规则的花粉粒。他还发现，在某些野生类型中就像在悬钩子属（Rubus）的许多物种中那样，花粉的状态和高度的不育性也有同样的一致性；但在蓝灰色悬钩子（*R. caesius*）和爱达山悬钩子（*R. idaeus*）中（它们并不是高度变异的物种），花粉是健全的。大家还熟知，许多栽培植物——例如香蕉、凤梨、面包树以及其他以前提过的栽培植物——的生殖器官如此严重地受到了影响，以致一般是十分不育的：当它们产生种子时，根据现存的大多数栽培族来判断，它们的实生苗一定有极度的变异。这些事实暗示了生殖器官的状态和变异性的倾向有某种关系；但是我们千万不要断言这种关系是严格的。虽然许多高度栽培植物的花粉可能处于退化的状态之下，但是，正如我们以前看到的那样，它们还会产生更多的种子，我们的古老家养动物比自然状况下的相应物种的生产力更强。孔雀几乎是唯一的鸟，据信它在家养状况下比在自然状况下的能育性为低，并且它的变异程度非常小。根据这些考察可以知道，似乎是生活条件的变化导致了不育性或者导致了变异性，或者同时导致了不育性和变异性；而不是不育性诱发了变异性。总之，影响生殖器官的任何原因大概同样地会影响其产物——即由此产生的后代。

诱发变异性的诸种原因在生命的哪一时期发生作用，同样也是一个暧昧的问题，不同的作者们已对这个问题进行过讨论了[③]。关于由变化了的生活条件的直接作用而引起的可以遗传的改变，即将在下一章中谈到；在某些这等场合中，毫无疑问，诸种原因曾对成熟的或接近成熟的动物发生过作用。另一方面，同较小变异无法明显区别的畸形常常是在母亲的子宫和卵中由于胚胎受到损害而被引起的。例如，小圣伊莱尔断言[④]，在怀孕期间尚须劳苦工作的贫穷妇女，以及精神痛苦并且被迫隐瞒怀孕情况的私生子的母亲，

---

① 《第三续编》，1766 年，第 85 页。

② 《杂种的受精》，1865 年，第 92 页；再参阅巴尔克雷对于同一问题的意见，《皇家园艺学会学报》，1866 年，第 80 页。

③ 卢凯斯博士曾写过有关这一问题的意见的历史；《自然遗传论》，1847 年，第一卷，第 175 页。

④ 《畸形史》，第三卷，第 499 页。

比起处在安乐环境中的妇女远远容易产生畸形的小孩。鸡的卵当被竖放或者受到其他不自然的处理时，屡屡产生畸形的小鸡。然而复杂的畸形似乎与其说在胚胎生活的很早期毋宁说在其晚期更常常发生；不过这种情形可能部分地由于在早期受到损害的某一部分借着它的畸形生长影响了此后发育的其他部分；并且这种情形在晚期受到损害的部分中可能较少发生①。当任何部分或器官通过发育不全而成为畸形时，一般会留下一种痕迹，这种情形也暗示了它的发育已经开始。

昆虫的触角和腿有时是畸形的，而它们的幼虫既没有触角，也没有腿；在这等场合中，正如夸垂费什②所相信的那样，我们能够看到发育的正常进程受到扰乱的正确时期。不过给予幼虫的食物性质有时会影响蛾的颜色，而幼虫本身并不受到影响；所以咸熟昆虫的其他性状通过幼虫间接地被改变，似乎是可能的。我们没有任何理由来假定，已经成为畸形的器官永远在它们的发育期间受到作用；畸形的原因可能在很早的阶段对体制发生作用。甚至可能是雄性生殖要素或雌性生殖要素，或者同时二者，在结合以前就受到了这样的影响，以致导致在生命晚期中发育的器官发生改变；这几乎同小孩从他父亲那里遗传的疾病不到老年不出现的情形一样。

上述事实证明了，在许多场合中，变异性和由变化了的生活条件所引起的不育性之间存在着一种密切的关系；根据这些事实我们便能作出如下的结论：激发的原因常常在尽可能早的时期发生作用，即在受孕发生前对性生殖要素发生作用。根据芽变的发生情形，我们同样地可以推论雌性生殖要素受到影响因而诱发变异性是可能的；因为芽似乎就是胚珠的相似物。但是，雄性生殖要素显然远比雌性生殖要素或胚珠更常常受到变化了的生活条件的影响，至少在肉眼得见的情况下是如此；我们从该特纳的和威丘拉的叙述中得知，如果把一个杂种用作父本，使其同一个纯粹的物种进行杂交，那么它给予后代的变异性在程度上比当同一个杂种被用作母本时为大。最后，变异性肯定可以通过任何一种性生殖要素而被传递下去，不论这种变异性是否原来在这等性生殖要素中被激发起来的，因为开洛依德和该特纳③发现，当两个物种杂交时，如果任何一个是变异的，那么它们的后代就被赋予了变异性。

提要 根据本章所举出的事实，我们可以作出这样的结论：生物在家养下的变异性虽然是非常一般的，但并不是生活中的不可避免的偶发事件，而是由双亲暴露于其中的生活条件所引起的。生活条件的任何种类的变化，哪怕是极端微小的变化，也常常是可以引起变异性。营养的过剩恐怕是一种最有效的激发原因。动物和植物自从最初被家养之后在无限长的时期中继续地变异；但是它们暴露于其中的生活条件决不会长期保持完全一致。在时间的推移中它们能够习惯于某些变化，因而变异就较小了；当最初被家养时，它们的变异甚至可能比在今天还要大。有良好的证据可以证明变化了的生活条件的力量是积累的；所以在任何作用可以被肉眼看见之前，必须有两代、三代或更多的代暴露在新的条件之下。已经发生变异的不同类型的杂交，可以增加后代的进一步变异的倾

---

① 《畸形史》，第三卷，第 392、502 页。今后即将提到的达列斯特的几篇研究报告对于这整个问题特别有价值。
② 参阅他的有趣的著作，《人的变化》(*Métamorphoses de l' Homme*)。
③ 《第三续编》，第 123 页；《杂种的形成》，第 249 页。

向，这是由于双亲性状的不等混合，由于长久亡失性状的重现，并且由于绝对新性状的出现。有些变异是由于周围条件对整个体制或仅仅对某些部分直接发生作用而被诱发的；其他变异似乎是通过生殖系统受到影响而间接地被诱发的，因为我们知道，当种种生物被移开它们的自然条件而成为不育时，就往往是这种情形。诱发变异性的诸种原因对于成熟的有机体，对于胚胎，大概也对于受孕完成前的性生殖要素，发生作用。

第二十三章

外界生活条件的直接的和一定的作用

· *Direct and Definite Action of The External Conditions of Life* ·

由于变化了的生活条件的一定作用，植物在大小、颜色、化学性质以及组织状态上所发生的微小改变——地方病——由于变化了的气候或食物等而发生的显著改变——鸟类的羽衣所受到的特殊营养以及毒物接种的影响——陆栖贝类——自然状况下的生物通过外界条件的一定作用所发生的改变——美洲树和欧洲树的比较——树瘿——寄生菌类的影响——同变化了的外界条件可以发生有力影响的信念相反的考察——变种的平行系列——变异量同生活条件的变化程度并不一致——芽变——由于不自然处理而产生的畸形——提要

　　如果我们自问，为什么这种或那种性状在家养下发生了变异；在大多数场合中，我们无以为答。许多博物学者，特别是法国学派的博物学者把每一种改变都归因于"外界"，这就是说，归因于变化了的气候——变化多端的热和冷、湿和干、光和电，归因于土壤的性质以及各式各样的食物种类和食物量。本章所用的"一定作用"这个词意味着这样一种性质的作用：即同一变种的许多个体当在几代中暴露于生活条件的任何特殊变化之下时，所有个体或者几乎所有个体都按照同样的方式发生改变。习性的作用以及种种器官的增强使用或不使用的作用大概可以包括在这个题目之下；不过在另一章中来讨论这个问题将是方便的。不定作用这个词意味着这样一种作用：它使某一个体在某一途径上变异，使另一个体在另一途径上变异，就像我们常常看到的植物和动物在几代中处于变化了的生活条件下的那种情形。但是我们所知道的变异的原因和法则太少了，所以不能作出无疵的分类。变化了的生活条件的作用，不论它导致一定的结果或不定的结果，同选择的作用完全不是一回事；因为选择取决于人对某些个体的保存，或者取决于它们在各种复杂的自然环境中的生存，而同各个特殊变异的任何根本原因并无关系。

　　首先我将详细地举出我所能够搜集的所有事实，指出下述情形是可能的，即气候、食物等对于家养产物的体制发生了如此一定而有力的作用，以致新变种或族在没有人工选择或自然选择的帮助下也可以这样形成。然后我将举出同这个结论相反的事实和考察，最终我们再尽可能公平地对双方的证据加以衡量。

　　如果我们考虑到在欧洲各个帝国、甚至以往在英国各个地区生存的几乎所有家养动物的不同族，最初我们会强烈地倾向于把它们的起源归因于各个地方的外界条件的一定作用；并且这曾经是许多作者的结论。但我们应当记住，人每年都势必选出哪些动物应被保存，哪些应被屠宰。我们还看到，以往曾经实行过有计划的和无意识的选择，而且现在最不开化的种族也不时实行这等选择，其实行的范围比可以预料到的要大得多。因此，譬如说，英国几个地区之间的生活条件有多大差异才足以改变在各个地区中养育的品种，是难以判断的。可以这样争论：因为无数野生的动物和植物在许多年代中散布于整个大不列颠并且保持了同样的性状，所以几个地区之间的生活条件的差异不能显著地改变牛、羊、猪和马的各种不同的土著族。当我们对那些栖息于气候、土壤性质等差异不大的两处地方（例如北美和欧洲）的密切近似物种加以比较时，我们在区别自然选择的作用和外界条件的一定作用方面所遭遇的同样困难还要大，因为在这种场合中，自然选择会在长期连续的年代中不可避免地并且严格地发生了作用。

　　魏斯曼教授[①]提出，当一个变异的物种进入新而孤立的地方时，虽然变异的一般性质可能同以前一样，但它们不可能以同样的比例数量发生。经过一段或长或短的时间之后，由于变异着的个体的不断杂交，物种就有在性状上变成差不多一致的倾向；但是在长或短这两种场合中按照不同途径变异着的个体的比例并不一样，所以最终结果将是两个

◀石竹。

---

①　《分离在物种形成中的影响》(*Ueber den Einfluss der Isolirung auf die Artbildung*)，1872年。

彼此多少有所不同的类型的产生。在这种场合中,会错误地以为好像生活条件诱发了某些一定的改变,其实它们只是引起了不定的变异性,不过变异的比例数量微有不同。这种观点对于以下的事实可能提供某种说明,即以往在大不列颠若干地区栖息的家养动物,以及最近在几处英国园圃中生存的半野生牛,彼此微有差异;因为这等动物被禁止漫游于全国和杂交,但在各个地区和园圃内则可以自由地进行杂交。

由于对变化了的生活条件会引起构造的一定改变到怎样地步加以判断是困难的,所以举出尽可能多的事实将是适宜的,这样便能阐明在同一地方内或在不同季节中的极端微小差异肯定可以产生些许效果,至少对那些已经处于不稳定状态下的变种是如此。装饰用的花卉植物是适于这个目的的,因为它们是高度变异的,并且受到了仔细的观察。所有花卉栽培者一致认为,在它们生长于其中的人工堆肥性质上、该地土壤性质上以及季节上的很小差异对于某些变种都有影响。例如,一位熟练的判断者当写到香石竹和荷兰石竹(Picotrees)时间道①,"在哪里能够看到克宗海军上将石竹(Admiral Curzon)具有它在得比郡(Derbyshire)那样的颜色、大小和茂盛力? 在哪里能够发现斯劳那样的弗罗拉·嘎兰得(Flora's Garland)? 在哪里浓色的花比在乌尔韦契(Woolwich)和伯明翰开得更漂亮? 然而在任何两个这等地区中的同一变种决没有得到同等程度的优越性,虽然每一个变种都会受到最熟练的栽培者的注意"。于是同一位作者劝告每一个栽培者保持五种不同的土壤和肥料,"努力适合你所栽培的植物的各自口味,因为没有这种注意,一切全面成功的希望将会落空"。关于大丽菊也是如此②;古栢夫人极少在伦敦附近获得成功,但在其他地区却作得非常出色;相反的情形见于其他变种;再者,还有其他变种在种种不同场所可以同等地得到成功。一位熟练的艺园者说③,他得到一个古老而著名的马鞭草变种(*pulchella*)的插条,这些插条由于在一个不同场所繁殖而呈现了微有不同的色调;此后这两个变种都用插条来繁殖,并且小心地分别栽培;但在第二年它们就几乎没有区别,在第三年谁也无法区别它们了。

季节的性质对于某些大丽菊变种特别有影响:有两个变种在1841年是非常好的,而在翌年同样这两个变种就是非常坏的了。一位著名的业余栽培者④断言,有许多蔷薇变种在1861年所表现的性状如此不纯,"以致几乎不可能辨识它们,并且常常以为栽培者遗失了挂在植株上的名牌"。同一位业余栽培者⑤又说,他的黄色报春花(Auriculas)有三分之二在1862年产生了中心花束,这等花束不容易保纯;他补充说道,这种植物的某些变种在一些季节被证明都是好的,而在下一季节被证明都是坏的;同时其他变种发生了恰恰相反的情形。《艺园者记录》的编辑⑥在1845年说道,这一年的许多荷包花都有呈现管状的倾向,真是多么奇怪的事。关于三色堇⑦,斑点种类在炎热气候来到之前不会获得

① 《艺园者记录》,1853年,第183页。
② 威德曼先生,"花卉协会"(Floricultoral Soc.),2月7日,1843年,见《艺园者记录》的报告,1843年,第86页。
③ 鲁滨孙先生:《园艺学报》,2月13日,1866年,第122页。
④ 《园艺学报》,1861年,第24页。
⑤ 同前杂志,1862年,第83页。
⑥ 《艺园者记录》,1845年,第660页。
⑦ 同前杂志,1863年,第628页。

它们的固有性状；而其他变种当炎热气候一来就失去了它们的美丽斑点。

关于叶子，也观察过相似的事实：比东先生断言[1]，他在舒伯兰（Shrubland）六年来从潘契天竺葵（*Punch pelargonium*）培育了两万株实生苗，其中没有一株是斑叶的；但在萨利的塞尔比东（Surbiton），来自同一变种的实生苗有三分之一或者甚至更多的实生苗或多或少是斑叶的。萨利另一地区的土壤有引起斑叶的强烈倾向，这从波洛克爵士给我的材料中可以看出。沃尔洛特[2]说，斑叶草莓只要在干燥土壤中生长就可以保持它的性状，但把它栽植在肥沃而潮湿的土壤中，很快就会失去它的性状。沙尔特先生由于在栽培斑叶植物方面的成功而闻名于世，他告诉我说，1859 年在他的花园中按照普通方法栽植了许多行草莓；在某一行中种种不同距离的几个植株同时变成斑叶的了；把这种情形弄得更加可惊的是，所有这些植株都是按照完全一样的方式变成斑叶的。这等植株被除掉了，但接连三年同一行中的其他植株也变成斑叶的了，而任何邻行中的植株一点也没有受到影响。

植物的化学性质、香气和组织常常由于在我们看来似乎是微小的一种变化而发生改变。据说苏格兰的一种毒人参（Hemlock）不产生"康宁"毒硷（conicine）。毛茛科的一种植物（*Acontium napellus*）的根在严寒气候下变成无毒的了。毛地黄属（*Digitalis*）的药性容易受到栽培的影响。漆树科的一种植物（*Pistacia lentiscus*）在法国南部茂盛地生长，可见那里的气候一定适合它，但它不产乳香。一种月桂树（*Laurus sassafras*）在欧洲失去了它在美洲所固有的香气[3]。还可以举出许多相似的事实，这是值得注意的，因为可能有人设想一定的化学成分无论在质上或量上大概是很不容易变化的。当美国刺槐（*Robinia*）在英国生长时，它的木料几乎是没有价值的，就像栎树在好望角生长时它的木料没有价值的情形一样[4]。正如法更纳博士告诉我说的那样，大麻和亚麻在印度平原上生长茂盛并且产生大量种子，但它们的纤维却是脆而无用的。相反地，大麻在英国不产生那种胶状物质，这在印度大量地被用作麻醉剂。

甜瓜的果实由于栽培和气候的微小差异会大大地受到影响。因此，按照诺丹的意见，改进旧种类比把一个新种类引进任何地区，一般是更好的方法。波斯甜瓜在巴黎附近产生的果实比市场上最坏的种类还要坏，但在波尔多（Bordeaux）它产生的果实却很好吃[5]。甜瓜种子每年都从西藏运往克什米尔（Kashmir）[6]，产生的果实从四磅到十磅，但翌年用在克什米尔结的种子培育出来的植株，其果实只有两三磅重。众所熟知，美国的苹果变种在原产地产生的果实既大而且颜色鲜明，但在英国，这些变种产生的果实就具有不好的品质和阴暗的颜色。在匈牙利有许多菜豆的变种，它们的种子非常美丽，但巴

---

①　《园艺学报》，1861 年，第 64、309 页。

②　《变种》，第 76 页。

③　恩格尔（Engel）：《药用植物的特性》（*Sur les Prop. Médicales des Flantes*），1860 年。第 10、25 页。关于植物的香气的变化，参阅达利勃特（Dalibert）的试验。克曼引用，见《新发明》（*Inventions*），第二卷，第 344 页；法鲁萨克（Ferussac）的尼斯（Nees），《自然科学通报》（*Bull. des Sc. Nat.*），1824 年，第一卷，第 60 页。关于食用大黄（rhu-barb），再参阅《艺园者记录》，1849 年，第 355 页；1862 年，第 1123 页。

④　虎克：《印度植物志》（Flora Indica），第 32 页。

⑤　诺丹：《自然科学年报》，第四辑，植物学部分，第十一卷，1859 年，第 81 页。《艺园者记录》，1859 年，第 464 页。

⑥　慕尔克罗夫特的《旅行记》，第二卷，第 143 页。

尔克雷牧师①发现,它们的美丽在英国简直不能保持,而且在一些场合中颜色大大地变化了。我们在第九章中看到,关于小麦,从法国北部调换到南部,从法国南部调换到北部,对于谷粒的重量产生了多么显著的影响。

当人不能觉察到暴露在新气候或不同处理下的动物和植物有什么变化的时候,有时昆虫就能觉察到一种显著的变化了。有一种仙人掌(Cactus)从广东、马尼拉、毛里求斯,并且从基由植物园的温室被输入到印度,那里还有一个所谓土著的种类,是以往从南美引进的;所有这些植株都属于同一个物种,并且在外貌上是相像的,但胭脂虫只在土著种类上才繁荣,它们在那里大量地繁殖②。洪保③说,"在热带降生的白人在公寓里泰然自若地光着脚走路,而在同一所公寓里,一个最近上岸的欧洲人却受到了一种蚤(Pulex penetraus)的攻击"。所以这种昆虫,还有著名的沙蚤(Chigoe),一定能够觉察最精密的化学分析所不能发现的东西,即欧洲人和降生在热带的白人在血液和组织上的差异。但是沙蚤的辨别力并不像最初看来那样可惊,因为按照利比西(Liebig)的材料④,不同肤色的人虽然住在同一地方,但他们的血液放出的气味却是不同的。

关于某些地区、高度或气候中所特有的疾病在这里大略地提一提,因为这可以阐明外界条件对于人类身体的影响。只限于人的某些种族所特有的疾病同我们没有关系,因为该种族的体质可能起更重要的作用,而这一点大概是由一些未知的原因所决定了的。在这一方面,纠发病(Plica Polonica)处在差不多中间的地位;因为德国人极少感染这种病,他们就住在威斯杜拉(Vistula)的邻近,而威斯杜拉则有非常多的波兰人严重地感染这种病;俄国人也不感染这种病,据说他们同波兰人属于同一原始系统⑤。一个地区的高度常常支配疾病的出现;在墨西哥,黄热病不会蔓延到 924 米以上;在秘鲁,只有住在海拔 600—1600 米之间的人才感染威尔加斯病(Verugas);还可以举出许多其他这样的例子。一种叫做 Bouton d'Alep 的特殊皮肤病在阿勒颇(Aleppo)和一些邻近地区几乎感染了每一个土著的婴孩以及一些外地人;似乎相当充分地证实了这种奇特的疾病取决于喝某些水。在健康的圣赫勒拿(St. Helena)小岛上,猩红热就像鼠疫那样地可怕;在智利和墨西哥也观察到相似的事实⑥。甚至在法国的不同县份中也发现了种种使壮丁不适于在军队中服务的疾病以显著不等的程度流行着,根据鲍丁(Boudin)的观察得知其中有许多是风土病,从来没有人有过另外的怀疑⑦。任何研究疾病分布的人都会吃惊地被以下的情形所打动,即周围环境的一些多么微小的差异就会支配人至少暂时感染的那些疾病的性质和严重程度。

截至目前,我们所提到的那些改变都是极端微小的,并且根据我们所能判断的来说,

---

① 《艺园者记录》,1861 年,第 1113 页。

② 罗伊尔:《印度的生产资源》,第 59 页。

③ 《南美旅行记》(*Personal Narrative*),英译本,第五卷,第 101 页。这一叙述已被卡斯汀(Karsten, Beitrag zur Kenntniss der Rhynchoprion)和其他人证实了。

④ 《有机化学》(*Organic Chemistry*),英译本,第一版,第 369 页。

⑤ 帕利卡得:《人类的体格史》,1851 年,第一卷,第 155 页。

⑥ 达尔文:《调查日志》,1845 年,第 434 页。

⑦ 这些关于疾病的叙述引自鲍丁博士的《地理学及医学统计学》(*Géographie et Statistique Médicale*),1857 年,第一卷,第 44,52 页,第二卷,第 315 页。

在大多数场合中,这些改变都是由生活条件中的同等微小差异所引起的。不过在一系列世代中发生作用的这等条件恐怕会产生一种显著的效果。

在植物的场合中,气候的相当变化有时会产生显著的结果。我在第九章曾举出一个我知道的最显著的例子,即玉蜀黍的变种当从热带地方移到较冷的地方时,或者与此相反,仅在两三代的过程中就会大大地改变。法更纳博士告诉我说,他曾看到英国的皮平·瑞勃斯东苹果,喜马拉雅的栎树、梨属和李属在印度的比较炎热地方都呈现了直生的或尖塔形的习性;这个事实更加有趣,因为一个中国梨属的热带物种自然就生长得这样。虽然在这些场合中,生长方式的变化似乎是由高温直接引起的,但是我们知道,许多直生的树是在它们的温带家乡发生的。在锡兰植物园中,苹果树①"在地下伸出许多匍匐枝,它们继续长出小茎,生长在亲本树的周围"。在欧洲产生叶球的甘蓝在某些热带地方就不能这样②。细毛杜鹃(*Rhododendron ciliatum*)在基由植物园开的花远比在它的原产地喜马拉雅山开的花大得多,而且颜色淡得多,以致虎克博士③只根据它的花几乎不能辨识这个物种。关于花的颜色和大小,还能举出许多相似的事实。

威尔摩林和巴克曼对于胡萝卜和美洲防风(parsnips)的试验证明了丰富的营养对于它们的根产生了一定而遗传的影响,而植株的其他部分却几乎没有任何变化。明矾(alum)直接地影响八仙花属(*Hydrangea*)的花色④。干燥似乎一般有利于植物的多毛性。该特纳发现,杂种毛蕊毛在花盆中生长时,就变得满生软毛。另一方面,马斯特先生说,白毛仙人掌(*Opuntia leucotricha*)"当在潮热中生长时就满被美丽的白毛,而在干热中生长时却不表现这种特性"⑤。不值得详加说明的许多种类的变异,只要植物生长在某些土壤中,就可以得到保持;关于这一点,萨哥瑞特⑥根据他的经验举出过一些事例。强烈主张葡萄变种的不变性的奥达特承认⑦,某些变种当在不同气候中生长或者受到不同处理时,就有轻微程度的变异,例如果实的色泽和成熟期就是这样。有些作者否认嫁接会使变种发生即便是最轻微的差异;但有充分的证据可以证明,果实的大小和风味、叶的存在期以及花的外观常常受到嫁接的轻微影响⑧。

毫无疑问,根据第一章中所举出的事实,欧洲狗在印度是退化了,不论在本能和构造上都是如此;但它们所发生的变化具有这样一种性质,即这等变化就像在野化动物的场合中那样,部分地是由于返归原始类型。在印度的一些地方,火鸡的体积缩小了,"而喙上的下垂附属物非常发达"⑨。我们已经看到野鸭被家养后,它的真正性状便多么迅速地

---

① 《锡兰》,谈嫩特爵士著,第一卷,1859 年,第 89 页。

② 高德龙:《物种》,第二卷,第 52 页。

③ 《园艺学会学报》,第七卷,1852 年,第 117 页。

④ 《园艺学会学报》,第一卷,第 160 页。

⑤ 参阅列考克:《关于植物的绒毛性》,《植物地理学》,第三卷,第 287、291 页,该特纳,《杂种的形成》,第 261 页;马斯特先生,关于仙人掌,《艺园者记录》,1846 年,第 444 页。

⑥ 《果树生理学》,第 136 页。

⑦ 《关于葡萄的研究》,1849 年,第 19 页。

⑧ 该特纳:《杂种的形成》,第 606 页,其中搜集了几乎所有的被记载下来的事实。安德鲁·奈特(《园艺学会学报》,第二卷,第 160 页)甚至主张当少数变种由芽或接穗来繁殖时,在性状上绝对不变。

⑨ 勃里斯先生,《博物学年报》,第二十卷,1847 年,第 391 页。

消失了,这是由于丰富的或变化了的食物的影响,或者由于运动的不足。由于潮湿气候和瘠薄牧场的直接作用,马的体积在马尔维纳斯群岛迅速地变小了。根据我收到的报告,绵羊在澳洲的情形似乎也是这样。

气候对于动物身体的被毛情形有一定影响;在西印度群岛,绵羊的毛大约经过三代就发生重大的变化。法更纳博士说[①],西藏的犛和山羊从喜马拉雅被运到低处的克什米尔,便失去它们的优良绒毛。在安哥拉,不仅山羊,而且牧羊狗和猫都有优良的羊毛般的毛,阿因渥斯(Ainsworth)先生[②]把它们的厚毛归因于严寒的冬天,把丝一般的光泽归因于炎热的夏天。勃尔恩斯肯定地说道[③],卡拉库尔羊当被移到任何其他地方之后,便失去它们特有的黑色卷毛。甚至在英格兰的境界之内,我也确信两个绵羊变种的羊毛由于在不同地点放牧而发生了微小的变化[④]。根据优秀的权威材料[⑤],有人断言在比利时煤矿深处待过几年之后的马便被有天鹅绒般的毛,同鼹鼠的毛几乎一样。这些例子同毛皮在冬季和夏季的自然变化大概有密切的关系。若干动物的无毛变种曾经不时出现;但没有任何理由可以相信这同它们暴露于其中的气候性质有任何关系[⑥]。

我们的改良的牛、绵羊和猪的体积增大、变肥倾向、早期成熟以及形态改变,最初一看,大概是由丰富的食物供给所引起的。这是许多有才能的判断者的意见,这种意见恐怕在很大程度上是正确的。但是专就形态来说,我们千万不要忽略四肢和肺的减少使用所发生的更有力的影响。再者,专就体积来说,我们知道选择比起大量的食物供给显然是一个更有力的动因,因为只有这样,我们才能解释勃里斯先生告诉我的最大型绵羊品种和最小型绵羊品种为什么会存在于同一地方,以及交趾支那鸡和班塔姆鸡、小型翻飞鸽和大型侏儒鸽为什么会同时存在,而它们都被养在一起并饲以丰富的营养物。尽管如此,我们的家养动物还是无疑地由于它们所处在的生活条件而被改变了,这里并没有选择的帮助,而且同一些部分的增强使用或减少使用无关。例如,卢特梅耶教授[⑦]指出,家养动物的骨同野生动物的骨可以从骨的表面和一般外观加以区别。读了那修西亚斯的优秀著作《历史的预备研究》[⑧]之后,几乎不可能怀疑在猪的高度改良族中丰富食物对于一般体形、对于头和面的宽度、甚至对于牙齿产生过显著影响。那修西亚斯非常信赖的一个例子是关于一只纯种伯克郡猪(Berkshire)的,这只猪在长到两个月的时候,它的消化器官得了病,并且被保存到十九个月作为观察之用;这时它失去了该品种所特有的几种特征,并且获得了长而狭的头,同它的小型身体比较起来显得很大,同时还获得了细长的腿。但在这种场合以及其他一些场合中我们不应这样来假定:因为在某一种处理过程中某些性状恐怕通过返祖而消朱了,所以这等消失的性状最初是由于一种相反的处理而直接产生的。

---

① 《博物学评论》,1862年,第113页。
② 《皇家地理学会学报》,第九卷,1839年,第275页。
③ 《布克拉旅行记》,第三卷,第151页。
④ 关于沼地牧草对于羊毛的影响,再参阅高德龙,《物种》,第二卷,第22页。
⑤ 小圣伊莱尔:《博物学通论》,第三卷,第438页。
⑥ 亚莎拉对于这个问题做过良好的叙述,《巴拉圭的四足兽》,第二卷,第337页。参阅一项关于在英国产生的一窝无毛鼹鼠的记载,见《动物学会会报》,1856年,第38页。
⑦ 《湖上住居动物志》,1861年,第15页。
⑧ 《猪的头骨》,1864年,第99页。

在波托·桑托岛上已经野化的家兔的场合中,最初我们强烈地被诱惑把全部变化——体积的大大缩小、毛皮的改变颜色以及某些特征的消失——都归因于它们暴露于其中的新生活条件的一定作用。但在所有这等场合中,我们势必还得考虑或远或近的返祖倾向以及对于最微细差异的自然选择。

食物的性质有时可以一定地诱发某些特性,或者同它们有某种密切的关系。帕拉斯很久以前断言,西伯利亚的肥尾羊当被移出盐性牧地以后便退化了,并且失去了它们的肥大尾巴;埃尔曼[①]最近说,当吉尔吉斯羊被运到奥仑堡(Orenburgh)之后,也有这种情形发生。

众所熟知,大麻子可以使莺和某些其他鸟变黑。华莱士先生写信向我说过一些远远更加显著的同样性质的事实,亚马孙地方的土人用大型鲇鱼的脂肪饲喂普通绿色鹦鹉(*Chrytotis festiva*, Linn.),受到这样待遇的鹦鹉便呈现美丽的杂色,它们的羽毛是红色和黄色的。在马来群岛,基罗罗(Gilolo)的土人按照相似的方式改变了另一种鹦鹉,即*Lorius garrulus*, Linn.,这样便产生了劳瑞王鹦鹉(Lori rajah)。这等鹦鹉在马来群岛和南美当由土人饲以天然的植物性食物时,例如米和香蕉,便保持固有的颜色。华莱士先生还记载过[②]一个更加奇特的事实。"印第安人(南美的)有一种奇妙的技巧,他们借此可以改变许多鸟的羽毛颜色。他们从准备着色的那一部分把羽毛拔掉,然后用小暇蟆皮肤上的乳状分泌物接种在新鲜的伤口上。这样长出的羽毛具有灿烂的黄色,据说把这些羽毛拔掉,再长出的羽毛还具有同样的颜色,并不需新的处理"。

贝西斯坦[③]一点也不怀疑光线的遮蔽可以影响、至少可以暂时地影响笼鸟的颜色。

众所熟知,陆栖软体动物的介壳在不同地区由于石灰的丰富而受到影响。小圣伊莱尔[④]举出一个有关白色蜗牛(*Helix lactea*)的例子,这种蜗牛是最近从西班牙带到法国南部和里约·普拉他(Rio Plata)去的,它们现今在这两处地方呈现了不同的外观,但这是否由食物或气候所引起的,还不知道。关于普通蠔(Oyster),巴克兰(F. Buckland)先生告诉我说,他一般能够区别来自不同地区的介壳;把来自威尔斯的幼蠔放在"土著蠔"居住的场所,它们在两个月的短期内便开始呈现"土著蠔"的性状。考斯达(M. Costa)[⑤]记载过一个显著得多的同样性质的例子,把来自英格兰海岸的幼蠔放入地中海,它们立刻就改变它们的生长方式,并且形成了显著辐射的条纹,就像固有的地中海蠔的介壳上的条纹那样。表现有两种生长类型的同一个体的介壳曾在巴黎的一个学会上展览过。最后,众所熟知,饲以不同食物的幼虫有时自己获得不同的颜色,或者产生具有不同颜色的蛾[⑥]。

---

① 《西伯利亚旅行记》,英译本,第一卷,第 228 页。

② 华莱士:《亚马逊河和内革罗河旅行记》(*Travels on the Amazon and Rio Negro*),第 294 页。

③ 《笼鸟志》,1840 年,第 262、308 页。

④ 《博物学通论》,第三卷,第 402 页。

⑤ 《驯化学会会报》,第八卷,第 351 页。

⑥ 参阅格列斯哥逊关于 *Abraxas grossulariata* 的试验记录,见《昆虫实会会报》,1 月 6 日,1862 年;这些试验已被格林恩(Grcening)先生证实,见《北部昆虫学会会报》(*Proc. of the Northern Entomolog. Soc.*),7 月 28 日,1862 年。关于食物对于幼虫的影响,参阅密切利(M. Michcly)的一项引人注意的记载,见《驯化学会会报》,第八卷,第 563 页。关于引自达尔旁(Dahlbom)的有关膜翅类的相似事实,参阅威斯特乌得的《近代昆虫分类学》(*Modern Class. of Insects*),第二卷,第 98 页。再参阅摩勒(L. Möller)博士的《昆虫类的从属》(*Die Abhängigkeit der, Imecten*),1867 年,第 70 页。

在这里来讨论自然状况下的生物由于变化了的生活条件而发生的一定改变有多大，大概是超越了我的正当范围。我在《物种起源》中对于同这一点有关的事实做过一个简略提要，我曾阐明光线对于鸟羽颜色的影响，在海的附近生活对于昆虫的暗淡色调的影响以及对于植物的多汁性的影响。赫伯特·斯宾塞先生[1]最近从一般的根据出发非常有才能地讨论了这整个问题。例如他主张，在所有的动物中内部组织和外部组织所受到的周围条件的作用是不同的，因而它们在微细的构造上一定有所不同。还有，真叶的上面和下面所受到的光照等等影响是不同的，因而它们的构造显然有所不同，当茎和叶柄执行叶的机能并且占据叶的位置时也是如此。但是正如赫伯特·斯宾塞所承认的那样，在所有这等场合中最困难的是区别外界条件一定作用的效果和通过自然选择所积累的遗传变异，这等变异对于有机体是有用的，并且它的发生同这些条件的一定作用并无关系。

虽然我们这里所考虑的并不是生活条件对于自然状况下的有机体的一定作用，但我可以说，晚近几年以来对于这个问题已经得到了大量的证据。例如在美国，已经明确地证实了，特别是爱伦先生证实了鸟类的许多物种自北向南在颜色、体和喙的大小以及尾长上表现了差异；这等差异似乎必须归因于气温的直接作用[2]。关于植物，我将举出一个多少相似的例子：米汗先生[3]把二十九个种类的美洲树同它们的亲缘关系最近的欧洲树作了比较，它们的生长地点非常接近，并且处在差不多一样的生活条件下。在美洲的物种中他发现，除了极罕见的例外，落叶期都较早，并且在落叶之前呈现较鲜明的颜色；叶的锯齿比较不深；芽较小；树的生长较扩散并且具有较少的小枝；最后，种子较小——所有这些点都是同欧洲的物种作比较。现在，鉴于这等相应的树属于几个不同的目，而且它们适应于大不相同的场所，所以几乎不能假定它们的差异对于它们在"新世界"或"旧世界"有任何特殊的用处；如果是这样，这等差异便不能是通过自然选择而获得的，那就必须归因于不同气候的长期不断的作用了。

树瘿 同栽培植物无关的另一类事实值得我们注意。我指的是树瘿的产生。每一个人都知道野蔷薇上的奇妙的、亮红的和多毛的产物，栎树也产生各种不同的树瘿。栎树的某些树瘿同果实相像，它的一面是蔷薇色的，就像蔷薇色最深的苹果那样。这等亮色对形成树瘿的昆虫或者对于树都不能有什么用处，这恐怕是光的作用的直接结果，其情形就同诺代·斯科细亚（Nova Scotia）或加拿大的苹果比英国的苹果较红一样。按照奥斯汀·萨肯（Osten Sacken）的最近修正，由瘿蜂（Cynips）及其亚属在栎树的几个物种上所产生的树瘿不下五十八种；华尔许（B. D. Walsh）先生说[4]，除此之外他还可以补充许多。一个柳的美国物种，矮柳（*Salix humilis*），有十种不同的树瘿。从各种英国柳的树瘿长出来的叶子在形状上同自然的叶子完全不同。桧树和冷杉的幼小新梢被某些昆

---

① 《生物学原理》，第二卷，1866年。本章是在我读到赫伯特·斯宾塞的著作以前写成的，所以我没有能够大量地利用它；如果我先读过这一著作，大概会这样做的。

② 魏斯曼教授关于某些欧洲蝴蝶得出了同样的结论，见他的有价值的论文《蝶类的季节的二型性》（*Ueber den Saison-Dimorphismus der Schmetterlinge*），1875年。我还可以提出几位其他作者关于这一问题的最近著作，例如克纳的《良种和劣种》（*Gute und Schlechte Arten*），1866年。

③ 《费拉德斐亚自然科学院院报》（*Proc. Acad. Nat. sc. Philadelphia*），1862年1月28日。

④ 参阅华尔许先生的优秀论文，见《费拉德斐亚昆虫学会会报》，1866年12月，第284页。关于柳类，同前书，1864年，第546页。

虫刺了之后,就会产生同花和毬果相似的奇异生长物;并且某些植物的花由于同一原因在外观上完全改变了。在世界的每一个角落里都有树瘿产生;思韦茨先生从锡兰给我送来若干,其中有些就像菊科的花在蓓蕾期间那样地对称,还有一些平滑得而且圆得像一个浆果;有些由长刺保护着,还有一些满被黄色的绒毛,有的是由细胞状长毛形成的,有的是由规则的簇毛形成的。有些树瘿的内部构造是简单的,还有一些是高度复杂的;例如拉卡兹·杜塞尔(M. Lacaze-Duthiers)①画过一个普通的墨树树瘿(ink-gall),它的同心层不少于七个,每一层都由不同的组织所构成,即表皮、亚表皮、海绵状组织、中间组织以及由奇怪厚的木质细胞所形成的坚硬保护层,最后,中心的一团充满了幼虫所吃的淀粉粒。

树瘿是由各个不同的目的昆虫所产生的,但大部分是由瘿蜂的一些物种所产生的。读了拉卡兹·杜塞尔的讨论之后,几乎不可能怀疑昆虫的有毒分泌物可以招致树瘿的生长;每一个人都知道黄蜂和蜜蜂的分泌物的毒性是多么大,它们同瘿蜂属于同一类群。树瘿的生长非常迅速,据说几天之内就可达到充分的大小②;肯定的是,在幼虫羽化之前它们就几乎完全发展了。鉴于许多树瘿昆虫(Gall-insects)是极其小的,所以分泌的毒滴一定非常少;它大概只能对一两个细胞发生作用,这一两个细胞受到异常刺激之后,便由于细胞分裂的进行而迅速增加。正如华尔许所说的③,树瘿提供了良好的、不变的和一定的性状,每一种树瘿都像任何独立的生物那样地可以保持纯粹的形态。当我们听到以下的情形,这一事实就更加值得注意;例如,在矮柳(Salix humilis)上产生的十种不同树瘿,其中有七种是由瘿蝇(Cecidomyidae)所形成的,这等瘿蝇在本质上虽是不同的物种,但它们是如此密切相似,以致在几乎所有场合中都难于把那些充分成长的昆虫加以区别,并且在大部分场合中不可能加以区别④。因为根据广泛的相似,我们可以这样推论:昆虫所分泌的毒物是如此密切相似,以致在性质上大概不会有很大差异;然而这种微小的差异就足以诱发大不相同的结果。在某些少数场合中,瘿蝇的同一物种在柳的不同物种上产生了无法区别的树瘿;有一种瘿蜂(Cynips fecundatrix)据知在它原来不附着的土耳其栎上产生的树瘿同在欧洲栎上产生的一样⑤。后面这些事实明显地证明了毒物的性质在决定树瘿的形态上比被作用的树的物种特性是一个更有力的动因。

因为属于异目的见虫的有毒分泌物对于各种不同植物的生长有特殊的影响力;因为毒物性质的微小差异足可以产生大不相同的结果;最后,因为我们知道,植物所分泌的化学成分由于改变了的生活条件显著地容易改变,所以我们可以相信植物的种种部分通过它自己的改变了的分泌物的动因可能发生改变。例如,把在卜洛万蔷薇上突然出现的苔蔷薇的黏质苔状萼同野蔷薇的被接种的叶子上的红苔树瘿比较一下吧,这种树瘿的每一条丝的分枝就像一株具体而微的云杉(Spruce-fir)那样对称,顶端有腺并且分泌芳香的树

---

① 参阅他的可称赞的著作《树瘿志》(Histoire des Galles),见《博物学年报》,《植物学部分》,第三辑,第十九卷,1853 年,第 273 页。

② 科比(Kirby)和斯宾司(Spence)的《昆虫学》,1818 年,第一卷,第 450 页;拉卡兹·杜塞尔,同前书,第 284 页。

③ 《费拉德斐亚昆虫学会会报》,1864 年,第 558 页。

④ 华尔许先生,《费拉德斐亚昆虫学会会报》,第 633 页;1866 年 12 月,第 275 页。

⑤ 华尔许先生,《费拉德斐亚自然科学院院报》,1864 年,第 545,411,495 页;1866 年 12 月,第 278 页。再参阅拉卡兹·杜塞尔。

胶状物质①。或者把具有毛皮的、多肉的、硬核壳和核仁的桃的果实同具有表皮、海绵层、木质层以及周围组织被淀粉粒充满的一种比较复杂的树瘿比较一下吧。这等正常的和异常的构造显著地表现了某种程度的相似性。或者把上述有关鹦鹉的例子再想一想吧，由于饲以某些鱼或者由于接种蛤蟆的毒物，它们的血液发生了某种变化，通过这种变化它们的羽衣被灿烂地装饰起来了。我决不是希图主张，苔蔷薇或桃核的硬壳或鸟的灿烂颜色实际上是由树液中或血液中的任何化学变化所引起的；但这等树瘿和鹦鹉的例子非常适于向我们阐明，外界的动因可以多么有力地而且充分地影响构造。有了这等事实在我们面前，我们对于任何生物中的任何改变的出现就不必感到惊奇了。

我在这里还愿提一提寄生菌有时对于植物所产生的显著影响。雷赛克②描述过一种百蕊草（Thesium）受到了一种菌的（Oecidlum）的影响，它发生了重大改变并且呈现了某些近似物种、甚至属的一些特征。雷赛克说，假定"原来由菌类所引起的状态在时间的推移中变成了稳定的，那么，如果发现这种植物是野生的，它大概会被看成为一个不同的物种，甚至会被看成为属于一个新属"。我引用这一记载是为了阐明这种植物一定是多么深刻地，然而以一种多么自然的方式由于寄生菌而被改变了。米汗先生③也说，大戟属（Euphorbia）的三个物种和马齿苋（*Portuluca oleracea*）都是自然地平卧生长的，当它们受到这种菌（*Oecidium*）的袭击之后，便成为直生的了。在这种场合中，斑点大戟（*Euphorbia maculata*）也成为多节的了，它的小枝比较平滑，并且叶的形状改变了，在这些方面它同一个不同的物种，即金丝桃叶大戟（*E. hypericifolia*）接近。

同生活条件在引起构造的一定改变上
可以发生有力作用的信念相反的事实和考察

我曾谈到自然生长于不同地方的、处于不同生活条件下的物种所表现的微小差异；最初我们倾向于把这等差异归因于周围条件的一定作用，这大概常是正确的。但必须记住，有许多广泛分布的、暴露在非常多样气候之下的、但保持一致性状的动物和植物的存在。如前所述，有些作者用蔬菜用植物和农作物在大不列颠的不同部分所暴露于其中的生活条件的一定作用来说明它们的变种；但在每一处英国地方发现的植物约有 200 种④；这等植物一定很长期地曾经暴露于气候和土壤的相当差异中，但它们并没有任何差异。再者，有些动物和植物分布于世界的大部分地方，但是保持了同样的性状。

关于高度特殊的地方病的发生、关于由昆虫的毒物接种所引起的植物构造的奇异改变以及其他相似的例子，尽管在上面举出了一些事实，但是还有多数的变异——例如公尼亚太牛和喇叭狗的改变了的头骨，开弗尔牛的长角、单蹄猪的相连的趾、波兰鸡的非常大型的羽冠及其突出的头骨、突胸鸽的嗉囊以及其他这等例子——按照前面所指的意义

---

① 拉卡兹·杜塞尔，同前杂志，第 325、328 页。
② 《林奈学会会报》，第十七卷，1843 年；马斯特博士引用，皇家研究所，3 月 6 日，1860 年。
③ 《费拉德斐亚自然科学院院报》，1874 年 6 月 16 日；1875 年 7 月 23 日。
④ 华生：《不列颠的赛贝尔》，第一卷，1847 年，第 11 页。

来说，还不能归因于外界生活条件的一定作用。毫无疑问，在每一种场合中一定都有某种激发的原因；但是，我们看到无数的个体暴露于几乎一样的生活条件下，而受到影响的仅仅只有一个个体，所以我们可以作出这样的结论：这个个体的体质比它暴露于其中的生活条件还重要得多。诚然，这是一项一般的规律：显著的变异极少发生，在几百万个体中只有一个发生显著的变异，虽然根据我们所能判断的来说，所有它们都可能曾经暴露于几乎一样的生活条件之下。因为最强烈显著的变异不知不觉地渐次变为微小的变异，所以我们便被同一思想线索引导着把各个微小的变异（不论这是怎样被引起的）归因于体质内在差异的远远比归因于周围条件一定作用的要多得多。

当我们考虑到以前所提的一些例子——鸡和鸽虽然在许多世代中被养在几乎一样的生活条件下，但它们曾经按照完全相反的途径发生了变异，而且无疑地将会继续发生变异。例如，有些鸡和鸽的喙、翼、尾、腿生下来就长一点，而其他的鸡和鸽的喙、翼、尾、腿就短一点。借着对于同一笼中的鸟所发生的这等微小的个体差异进行长期不断的选择，大不相同的族肯定能够被形成；长期不断选择的结果是重要的，而它所作的，在我们看来，也不过是把那些自然发生的变异加以保存罢了。

我们在这等场合中看到，家养动物虽然受到了尽可能一致的处理，但它们在无限多的特性上发生了变异。另一方面还有一些事例：无论在自然状况下或家养状况下的动物和植物虽然暴露于很不相同的生活条件中，但它们按照几乎一样的方式变异了。雷雅得先生告诉我说，他看到南非的开弗尔人有一条狗，同一条北极的爱斯基摩狗非常相像。鸽子在印度就像在欧洲那样，表现了同样的广泛多样的颜色；我曾看到来自萨拉热窝、马德拉、英格兰和印度的棋盘斑的和简单横斑的鸽子以及青腰和白腰的鸽子。在大不列颠的不同部分继续地培育了花卉植物的新变种，但展览会的判断者们发现许多这等变种同古老变种几乎是相同的。在北美产生了大量的新果树和烹调用的蔬菜：它们和欧洲变种之间的差异同在欧洲培育的几个变种之间的差异一般是一样的：没有人妄想过美国的气候曾经给予了许多美国变种所赖以被识别的任何一般性状。尽管如此，从根据米汗先生的权威材料所提出的有关美洲森林树和欧洲森林树的上述事实看来，要断言在这两处地方培育的变种随着年代的推移而没有呈现一种不同性状，还是未免轻率了。马斯特博士记载过一个同这个问题有关的显著例子[1]：他由种子培育了木槿（*Hybiscus syriacus*）的无数植株，这些种子是由南卡罗利纳（South Carolina）和圣地（Holly Land）采集来的，亲本植物在那里一定曾经暴露于相当不同的生活条件中；然而来自这两处地方的实生苗分成两个相似的品系，一个品系具有钝形叶和紫色的或深红色的花，另一个品系具有长形叶和多少淡红色的花。

从本书前面几章中所举出的有关平行的变种系列的若干事实看来，我们也可以推论出有机体的体质的影响是比生活条件的一定作用占优势的——这是一个重要的问题，此后还要进行更充分的讨论。已经指出，几种小麦、葫芦、桃和其他植物的亚变种，并且在有限制的范围内鸡、鸽和狗的亚变种，按照密切相应的或平行的方式彼此相似或者相异。在另外一些场合中，某一物种的一个变种同一个不同物种相似；或者两个不同物种的变

---

① 《艺园者记录》，1857 年，第 629 页。

种彼此相似。虽然这等平行的相似性无疑常常是由返归一个共同祖先的以往性状所引起的,但在另外一些场合中,当新性状最初出现时,这种相似性必须归因于相似体质的遗传,因而必须归因于按照同样方式发生变异的倾向。在动物的同一物种中,并且像麦克斯威尔·马斯特博士告诉我说的那样,在植物的同一物种中,同一畸形会出现和重复出现许多次;我们在这里看到同上述多少相似的情形。

我们至少可以这样断言,动物和植物在家养下所发生的变异量同它们所处在的生活条件的变化程度并不一致。因为我们了解家养鸟类的血统比了解大多数四足兽的血统清楚得多,所以我们来浏览一下它们的名单。在欧洲,鸽的变异比几乎任何其他鸟的变异都大;然而它是一个土著的物种,并且未曾暴露于生活条件的异常变化之中。鸡的变异同鸽相等,或者几乎相等,它是印度的炎热薮地的土著。不论印度的土著种孔雀,或者非洲的干燥沙漠中的居住者珠鸡,完全变异了,或者只在颜色上变异了。来自墨西哥的火鸡几乎没有变异。另一方面,欧洲的土著种鸭子产生了一些特征显著的族;因为它是一种水鸟,它一定比鸽、甚至比鸡在习性上遭遇了严重得多的变化,尽管鸽和鸡的变异程度要大得多。鹅也是欧洲的土著,并且像鸭那样是一种水鸟,它的变异比任何其他家养鸟都小,但孔雀除外。

从我们现在的观点看来,芽变也是重要的。在某些少数场合中,譬如当马铃薯的同一块茎上的所有芽眼、或者同一李树上的所有果实、或者同一植株上的所有花突然按照同一方式发生变异时,有人可能主张变异一定是由这等植物暴露于其中的生活条件的某种变化所引起的;但在其他一些场合中,便极端难于这样承认了。因为在亲种中或者在任何近似物种中所没有的新性状却由于芽变而时常出现,所以我们可以否认,至少在这等场合中可以否认它们是由于返祖的那种想法。现在,关于芽变的一些显著例子,譬如关于桃的例子,是非常值得充分加以考虑的。这种树在世界各地成百万株地被栽培了,并且受到了不同的处理,有的是本根生长的,有的是嫁接在种种不同的砧木上的,有的是作为自然树而被栽培的,有的是靠着墙壁或在温室中而被整枝栽培的;然而每一个亚变种的每一个芽都纯粹地保持了它的系统。但偶尔地在英格兰或者在弗吉尼亚的大不相同的气候中,间或有一株桃树产生了一个唯一的芽,这个芽所抽出的枝条后来结了油桃。正如每一个人都知道的,油桃以它的平滑、大小和风味同桃有所差异;它们的差异是如此之大,以致某些植物学者曾经主张它们是不同的物种。这样突然获得的性状是如此稳定,以致由芽变产生出来的油桃曾经由种子繁殖了自己。为了防止推测芽变和种子变异之间有某种基本的区别,我们最好记住从桃的核也同样地产生过油桃;而且相反地,从油桃的核也产生过桃。那么,可能想象出还有比同一株树上的一些芽所暴露于其中的条件更加密切相似的外界条件吗?然而在同一株树上成千上万的芽中,仅有一个芽并没有任何明显的原因却突然产生了一个油桃。但是还有甚至比此更加有力的例子,因为同一个花芽产生了一个果实,它的一半或四分之一是油桃,另一半或四分之三是桃。再者,桃的七八个变种由芽变产生了油桃;这样产生的油桃无疑地彼此稍有差异,但它们毕竟还是油桃。当然一定有某种原因,内在的或外在的,刺激桃芽改变它的本性;但我想象不出还有比上述更好的一类事实适于迫使我们相信:关于任何特殊的变异,我们所谓的外界生活条件同变异着的该生物的体制或体质比较起来,前者在许多场合中都是十分不足道的。

从老圣伊莱尔的工作中以及最近从达列斯特和其他一些人的工作中得知,如果把鸡卵加以摇动,直立,穿孔,部分漆以洋漆等等,就会产生畸形的雏鸡。那么,这等畸形可以说是由上述那样的不自然条件所直接引起的,但这样诱发出来的改变却不具有一定的性质。一位卓越的观察者达列斯特[①]说,"各式各样的畸形物种并不是由特殊的原因所决定的;改变胚胎发育的外界动因仅仅是起一种扰乱作用而已——即颠倒了正常的发育过程"。他在我们所看到的疾病中把这种结果作了比较:例如,突然的寒冷在许多人中只影响某一个人,因而引起伤风,或喉炎、风湿症、或肺炎、肋膜炎。传染性的物质按照相似的方式发生作用[②]。我们可以举出一个更加特殊的事例:有七只鸽子被响尾蛇咬了[③],有些鸽子发生痉挛;有些鸽子血液凝固,而其他鸽子的血液则完全是液态的;有些鸽子的心脏呈现紫色斑点,而其他鸽子的肠呈现紫色斑点等等;还有一些鸽子在任何器官上都没有呈现可见的伤害。众多熟知,饮酒过度在不同的人中招致了不同的疾病;不过酗酒在热带所发生的影响同在寒冷气候中所招致的结果是不同的[④];我们在这种场合中看到相反条件的一定作用。关于外界条件在许多场合中怎样直接地,虽然不是一定地引起构造的改变,上述事实显然给予了我们大概在长期中才能获得的一种完全的概念。

提要 毫无疑问,根据本章所举的事实,生活条件的极微小变化有时而且可能常常以一定的方式对我们的家养产物发生作用;并且,因为变化了的生活条件在引起不定变异性上所发生的作用是积累的,所以它们可能带有一定的作用。因此,构造的相当而一定的改变大概是由在一长系列世代中发生作用的改变了的生活条件所引起的。在某些少数事例中,对于暴露在气候、食物或其他环境条件的显著变化中的所有个体或者几乎所有个体迅速地产生了显著作用。在美国的欧洲人,在印度的欧洲狗,在马尔维纳斯群岛的马,发生过这种情形;在安哥拉的种种动物显然发生过这种情形;在地中海的外来的蠔,从这一种气候被移入另一种气候的玉蜀黍,也发生过这种情形。我们已经看到某些植物的化学成分及其组织的状态是容易受到变化了的生活条件的影响的。在某些性状和某些生活条件之间显然存在着一种关系,所以后者如果变化了,性状也就消失了——例如花的颜色、某些烹调用植物的状态、甜瓜的果实、肥尾羊的尾巴以及其他绵羊的特有羊毛,都是如此。

树瘿的产生以及鹦鹉当被饲以特殊食物或用虾蟆的毒物接种之后所发生的羽衣变化向我们证明了,构造和颜色的多么重大而神秘的变化可能是营养液或组织中的化学变化的一定结果。

现在我们几乎肯定地知道,在自然状况下的生物可能由于它们长期暴露于其中的生活条件而按照种种一定的途径被改变,例如,在美国南部和美国北部的鸟类和其他动物

---

①　《关于人工产生畸形的报告》(*Mémoir sur la Production Artificielle des Monstruosités*),1862 年,第 8—12 页;《关于产生畸形的条件的研究》(*Recherches sur les Conditions,&c.,chez les Monstres*)1863 年。关于老圣伊莱尔的试验,他的儿子做过一个摘要,见《生活,劳动》(*Vie Travaux*),1847 年,第 290 页。

②　佩吉特:《外科病理学讲义》(*Lectures on Surgical Pathology*),1853 年,第一卷,第 483 页。

③　《关于响尾蛇的毒液的研究》(*Researches upon thc Venom of the Rattle-snake*),1861 年 1 月,米契尔博士著,第 67 页。

④　塞治威克先生:《英国和外国外科医学评论》,7 月,1863 年,第 175 页。

的场合中。在美洲树同它们的欧洲代表进行比较的场合中,都是如此。但是在许多场合中,把变化了的生活条件的一定结果同已被证明有用的不定变异通过自然选择的积累加以区别,是极其困难的。如果使一种植物在潮湿地点生活而不在干燥地点生活是有利的话,那么它的体质中的适应变化可能是由环境的直接作用所引起的;虽然我们没有任何根据可以相信,在比普通潮湿一点的地点生活的植物比其他植物更常常发生切合的变异。不论地点是异常地干燥或潮湿,使植物在轻微程度上适应于直接相反的生活习性的变异大概不时发生,根据我们在其他场合中实际看到的情形,我们有良好的理由可以这样相信。

在决定变异的性质方面,被作用的生物的体制或体质比起变化了的生活条件的性质,一般是一个重要得多的因素。这一点的证据是,在不同的生活条件下出现几乎一样的改变,在显然几乎一样的生活条件下出现不同的改变。还有更好的证据是,不同的族,甚至不同的物种屡屡产生密切平行的变种;同一物种屡屡重现同一畸形。我们还看到,家养鸟类的变异程度同它们所遭遇的变化量并没有任何密切的关系。

再来谈一谈芽变。当我们在某一个芽发生变异之前考虑到许多树所产生的无数芽时,对于各个变异的正确原因是什么,我们会感到迷惑。让我们回忆一下安德鲁·奈特所举的那个例子:有一株四十年生的黄色大型美李树,这是一个古老的变种,长久以来它在欧洲和北美曾被嫁接在种种不同的砧木上而进行繁殖,在这株树上唯一的一个芽突然产生了红色美李。我们还应当记住,某些蔷薇和山茶花的不同变种,甚至不同物种——就像在桃、油桃和杏的场合中那样,虽然已经从任何一个共同祖先分离了无数世代,并且栽培在种种不同的生活条件下,它们却由于芽变产生了密切相似的变种。当我们考虑到这些事实时,便会深深相信,在这等场合中变异的性质很少取决于植物暴露于其中的生活条件,并且也不以任何特殊方式取决于它的个体性状,而是大大地取决于该植物所属的整个近似物种群的遗传的性质或体质。这样,我们便不得不作出如下的结论:在引起任何特殊的改变上,生活条件在大多数场合中所起的作用是次要的;就像火花在可燃物突然烧起来时所起的作用一样——火焰取决于可燃物,并不取决于火花①。

毫无疑问,每一个微小的变异都有它的有效原因;试图发现每一个变异的原因,其无望就像断定寒冷和毒物为什么对于每一个人的影响有所不同是一样的。甚至关于由生活条件的一定作用所引起的变异——当暴露在同样生活条件下的所有个体或者几乎所有个体受到同样影响时,我们也极少能够看到原因和结果之间的正确关系。在下一章将阐明,种种不同器官的增强使用或不使用产生了遗传的效果。进一步还会看到,某些变异由于相关作用以及其他法则而被联系在一起了。关于生物的变异性的原因或性质,我们现在所能解说的还不会超越这个范围。

---

① 魏斯曼教授在他的《蝶类的季节的二型性》(1875年,第40—43页)中强烈支持这一观点。

第二十四章

变异的法则——用进废退及其他

· *Laws of Variation—Use And Disuse, Etc.* ·

"形成努力"、即体制的调整力——器官的增强使用和不使用的效果——变化了的生活习性——动物和植物的风土驯化——实现这一点的种种方法——发育的被阻止——痕迹器官

在问题的难点所许可的情况下,我在本章以及以下两章将对支配变异性的几个法则加以讨论。这等法则可以类集在使用和不使用的效果之下,其中包括变化了的习性和风土驯化——发育的被阻止——相关变异——同原部分的融合——重复部分的变异性——生长的补偿——同植物的轴有关的芽的位置——最后,相似变异。这几个问题如此容易渐次互变,以致它们之间的界线常常是任意划出的。

首先大略地讨论一下一切生物或多或少都具有的调整力和恢复力,可能是方便的;以前生理学者们把它叫做"形成努力"(nisus formativus)。

布鲁曼巴哈和其他人①主张,水螅当被切成几段之后,发育成两个或两个以上的完善水螅的原理同高等动物受后结成伤疤的原理是一样的。像水螅这样的例子,同低等动物的自然分裂或分裂生殖以及植物的分芽显然是相似的。在这等极端的例子和仅仅一片伤疤那样的例子之间有各种级进。斯帕拉赞尼②用切掉一只蝾螈的腿和尾巴的方法,在三个月的过程中他六次得到了这等部分;所以一个动物在一季中就再生了 687 个完善的骨。四肢在哪里被切掉的,缺少的部分就恰恰在哪里再生,并且此后不再有这种再生的情形了。当一根病骨被切除以后,新骨时常"逐渐呈现正规的形态,并且肌肉、韧带等附属物会变得同以前一样地完善"③。

然而这种再生力并非永远可以完全地发生作用;蜥蜴的再生尾在鳞的形态上同正常尾有所差异;在某些直翅类昆虫中,它们的大型后腿再生之后,是比较小的④;在高等动物中,同重伤的边缘相结合的白色伤疤并不是由完善的皮肤形成的,因为弹性的组织须在长期以后方能产生⑤。布鲁曼巴哈说,"'形成努力'的活动同有机体的年龄成反比例"。在动物中,体制的等级愈低,它的力量也愈大;低等动物同属于同一纲的高等动物的胚胎相当。纽泡特的观察⑥对于这个事实提供了例证,因为他发现"多足类"(myriapods)的最高发育几乎不能超过完全昆虫的幼虫阶段,前者在最后一次脱皮之前都能再生四肢和触角;真的昆虫的幼虫也能这样,但是除了一个目以外,成虫并不能这样。蝾螈在发育上相当于无尾两栖类的蝌蚪或幼虫,二者都拥有很大的再生力;但成熟的无尾两栖类不拥有再生力。

吸收对于恢复损伤常常起重要的作用。当一根骨折断而不能融合时,骨端就被吸收而成为圆形的,所以形成了假关节;如果骨端融合了,但重迭起来,那么突出的部分就消失了⑦。脱臼的骨会为它自己形成一个新臼(Socker)。错位的腱和暴肿的静脉会在它们

◀ 葡萄。

---

① 《关于生殖的论文》(An Essay on Generation),英译本,第 18 页;佩吉特,《外科病理学讲义》,1853 年,第一卷,第 209 页。

② 《关于动物的再生的论文》(An Essay on Animal Reprodution),英译本,1769 年,第 79 页。

③ 卡本特(Carpenter)的《比较生理学原理》(Principles of Comp. Physiology),1854 年,第 479 页。

④ 查理沃茨的《博物学杂志》,第一卷,1837 年,第 145 页。

⑤ 佩吉特:《外科病理学讲义》,第一卷,第 239 页。

⑥ 卡本特引用,见《比较生理学》,第 479 页。

⑦ 玛瑞(Marey)教授对于体制的所有部分的互相适应力的讨论是卓越的。《动物的机械》(La Machinc Animale),1837 年,第九章。再参阅佩吉特《外科病理学讲义》,第 257 页。

所紧压着的骨上形成新的槽。但是,正如微耳和(Virchow)所说的,吸收是在骨的正常生长期间发生作用的;在幼小期间本是实质的部分随着骨的增大由于骨髓组织而成为中空的了。为了试着理解在吸收作用帮助下的再生的许多充分适应的例子,我们应当记住,几乎体制的所有部分甚至在保持同一形态时,也不断地进行更新;所以不更新的部分大概容易被吸收。

通常被类集在所谓"形成努力"之下的某些例子最初好像是作为另一个问题而出现的;因为不仅是老构造再生,还有新构造形成。例如,在炎症之后,具有血管、淋巴管和神经的"假膜"(false membrance)发育了;或者,胎儿从喇叭管出来并且进入腹部,"自然流出一定量的可塑的淋巴液,这种液形成了有机的膜,具有大量的血管",因而胎儿在此可以得到暂时的营养。在脑水肿(hydrocephalus)的某些病例中,头骨上的开裂和危险的部位充满了新骨,这些新骨由完全锯齿状的接缝联结在一起①。但是大多数的生理学者,特别是欧洲大陆上的生理学者,现在已经放弃了可塑的淋巴液或元体质(blastema)那种信念,并且微耳和②主张每一种构造无论是新的或老的,都是由于以前存在的细胞的增生而形成的。从这种观点来看,"假膜"就像癌和其他瘤那样地只是正常生长的异常发育而已;这样我们便能理解它们为什么同周围的构造相似;例如"浆液腔(serous cavities)中的假膜获得一个由皮膜(epithelium)形成的外被,这个外被同原来的浆液膜的外被完全一样;虹膜的黏着部分可能成为黑色的,这显然是由于像眼色素层(urea)那样的色素细胞产生了"③。

毫无疑问,恢复力虽然并不永远是完善的,却是一种防范各种危急的可称赞的准备,甚至对于那种仅在长的间隔期间内发生的危急也是如此④。然而这种能力并不比各个生物的生长和发育更不可思议,特别是并不比营分裂生殖的那些生物的生长和发育更不可思议。这个问题已在这里提到,因为这样我们便可以推论,当任何一个部分戒器官通过变异和继续选择而大大增大或完全受到压抑时,体制的调整力将继续有使所有部分彼此调和起来的倾向。

论器官的增强使用和不使用的效果

众所熟知,增强使用或增强活动会使肌肉、腺、感觉器官等加强;另一方面,不使用会使它们削弱;关于这一点我们即将提出证据。兰克(Ranke)⑤用试验证实,流向任何正在工作着的部分的血液大大地增强了,当这个部分停止工作时,流向那里的血液又减弱了。

---

① 布鲁曼巴哈在《关于生殖的论文》中举出了这些例子,见第 52、54 页。
② 《细胞病理学》(Cellular Pathology),强司(Chance)博士译,1860 年,第 27、441 页。
③ 佩吉特:《外科病理学讲义》,第一卷,1853 年,第 357 页。
④ 同上书,第 105 页。
⑤ 《器官的血液分配》(Die Blutvertheilung, &c. der Organe),1871 年,捷哥引用,见关于《达尔文反魏干得的事件》,1874 年,第 48 页。再参阅斯宾塞,《生物学原理》,第二卷,1866 年,第 3—5 章。

因此,如果常常工作,血管就会增大,并且该部分就会得到较好的营养。佩吉特[①],也用血液流往某一部分的增强来说明长的、粗的和暗色的毛不时生长在多年的创伤表面或折骨附近;甚至在小孩中也有这样情形。当亨特把一只公鸡的距插入富有血管的鸡冠之后,在一种场合中,它螺旋地长到六英寸长,在另一种场合中,它像角一般地向前伸出,所以这只鸡的喙不能接触地面。按照塞地洛特(M. Sedillot)[②]的有趣观察,当动物的某一腿骨的一部分被切除之后,关联的骨就会增大,直到它达到这两根骨的同等大小为止,它势必执行这两根骨的机能。在狗被切除胫骨的场合中,最明显地表示了这种情形;关联的骨原来几乎是丝状的,大小不及另一根骨的五分之一,但很快地它便达到了同胫骨相等的大小,或者大于胫骨。且说,我们最初难于相信,对于一根直骨发生作用的重量的增加,由于交互地增加和减少其压力,会致使血液在血管中更加自由地流通,这样便会透过骨膜供给骨以更多的营养。尽管如此,斯宾塞先生[③]对于软骨病小孩的弯骨沿着凹面加强的情形所作的观察,还导使我们相信这种情况是可能的。

摇动一株树的茎会使被拉紧的那一部分的木质组织显著地增强生长。萨克斯(Sachs)教授根据他举出的理由相信,这是由于这等部分的树皮所受到的压力被松弛了,而不是像奈特和斯宾塞所说的那样,由于树干运动而引起树液的流通增强了[④]。但是,坚硬的木质组织没有任何运动的帮助也可以发育起来,例如我们看到的紧密附着在一面旧墙上的常春藤就是这样。在所有这等场合中,对于长期不断的选择作用和某一部分增强活动的作用或直接由某种其他原因所引起的作用加以区别是很困难的。斯宾塞先生[⑤]承认这种困难,并且举出树棘和坚果壳作为例子。在这里我们看到极端坚硬的木质组织,是在没有任何运动的可能性下,并且根据我们所能知道的来说也没有任何直接的激发原因,发育起来的;因为这等部分的坚硬性对于植物有显著的用处,所以我们可以把这样结果看成是大概由于所谓自发变异的选择。每一个人都知道,辛勤的劳动可以使手的表皮变厚;当我们听到婴孩在降生很久以前,他的手掌和足跖上的表皮比身体的其他任何部分都厚的时候,例如阿尔比那斯(Albinus)[⑥]以惊叹的心情所观察到的那种情形,我们自然地就会倾向于把这种结果归因于长期不断的使用或压力的遗传作用。我们甚至想把这同一观点扩展到四足兽类的蹄;但是谁敢决定自然选择在这等对于动物显然重要的构造的形成中有多大帮助呢?

在从事各种职业的工匠的四肢上可以看到使用加强了肌肉的情形;当肌肉被加强时,肌肉所附着的腱和骨栉也增大了;同样地血管和神经也一定会这样。另一方面,当一肢不被使用时,像东方的宗教狂者那样,或者当供给它神经力的神经有效地受到破坏时,肌肉便会萎缩。还有,当眼被破坏时,视神经就变得萎缩了,甚至在少数几个月的过程中

---

① 《外科病理学》,1853 年,第一卷,第 71 页。
② 《报告书》,9 月 26 日,1864 年,第 539 页。
③ 斯宾塞:《生物学原理》,第二卷,第 243 页。
④ 同前书,第二卷,第 269 页。萨克斯,《植物学教科书》(*Text-book of Botany*),1875 年,第 734 页。
⑤ 斯宾塞:《生物学原理》,第二卷,第 273 页。
⑥ 佩吉特:《外科病理学讲义》,第二卷,第 209 页。

就会如此①。盲螈(Proteus)有鳃也有肺；许赖勃斯(Schreibers)②发现，当这种动物被迫在深水中生活时，鳃便发展到普通大小的三倍，而肺便部分地萎缩了。另一方面，当这种动物被迫在浅水中生活时，肺便变得较大并且维管较多，而鳃便或多或少地完全消失了。然而，像这样的改变对我们来说并没有多大价值，因为我们实际上并不知道它们有遗传的倾向。

在许多场合中，我们有理由可以相信种种器官的减少使用影响了后代的相当部分。但没有良好的证据可以证明仅仅在一个世代的过程中就会发生这种情形。正如在一般的或不定的变异性的场合中那样，似乎必须有几代蒙受习性的变化，才能得到任何些许结果。我们的家养的鸡、鸭和鹅不仅在个体中而且也在族中几乎失去了飞翔的能力；因为我们没有看到一只小鸡当受到惊吓时像一只小雉那样地飞起来。因此，这使我仔细地把鸡、鸭、鸽和兔的肢骨同它们的野生亲种的肢骨进行了比较。因为我在本书的前几章中已经充分举出了它们的尺寸和重量，所以无须在这里重复叙述这种结果。在家鸽中，胸骨的长度、胸峰的高度、肩胛骨和叉骨的长度、桡骨两端之间的翅膀长度同野鸽的相同部分比较起来，都缩小了。然而翼羽和尾羽的长度增加了，不过这同翼和尾的使用没有什么关联，就像狗的长毛同它习惯地所进行的运动量没有关联一样。鸽的脚，除了长喙的族以外，都缩小了。关于鸡，胸峰是比较不突出的，而且常常是歪的或畸形的；如以腿骨为准，翼骨变得较轻了，并且同祖先类型原鸡的翼骨比较起来，显然稍微短一点。关于鸭，胸峰受到了同上述情形一样的影响，叉骨、喙状骨和肩胛骨如以整个骨骼为准，都减轻了；同野鸭的翼骨和腿骨比较起来，家鸭的翼骨和腿骨如互以为准并且以整个骨骼为准，前者较短而且较轻，后者较长而且较重。在上述场合中，骨的减轻和缩小大概是由于骨受到肌肉减弱的作用而发生的间接结果。我没有比较驯鸭和野鸭的翼羽；但哥劳格尔(Gloger)③确言，野鸭的翼羽顶端差不多可以达到尾端，而家鸭的翼羽顶端几乎常常达不到尾基。他还指出家鸭的腿大大地变粗了，并且说趾间的游泳膜缩小了；不过我还没有发现后面这种差异。

关于家兔，它的身体和全部骨骼一般都比野兔的大而重，并且腿骨也以适当的比例加重了；但是无论取什么作为比较的标准，腿骨或肩胛骨都没有按照其余骨骼增长的比例而增加它们的长度。头骨显著地变得狭小了，并且根据以前所提到的头骨容量的测计看来，我们可以断言，这种狭小是由于脑的缩小而引起的，而脑的缩小则是由于这等受到严密拘禁的动物所过的智力不活动的生活。

我们在第八章中看到，许多世纪以来在严密拘禁中被饲养的蚕从茧出来时就具有歪的翅膀，不能飞，而且常常大大地缩小了，按照夸垂费什的材料，它们甚至是完全痕迹的。翅的这种状态可能大部分由于当野生鳞翅类人为地从茧育出时常常对它们发生影响的同一种畸形；或者这可能部分地由于许多蚕蛾科的雌者所共有的一种遗传的倾向，即它

---

① 缪勒的《生理学》，英译本，第 54、791 页。利得(Reed)教授有过一项引人注意的记载(《生理学和解剖学的研究》*Physiological and Anat. Researches*，第 10 页)；兔的四肢在神经被破坏以后便萎缩了。

② 列考克引用，《植物地理学》，第一卷，1854 年，第 182 页。

③ 《鸟之变化》(*Das Abändern den Vögel*)，1833 年，第 74 页。

们的翅或多或少是痕迹状态的；但是影响的一部分恐怕还可以归因于长期连续的不使用。

从上述事实看来，毫无疑问，古老家养动物的某些骨由于增强使用或减少使用在大小和重量上已经增加了或减少了；但如在本书前几章中所阐明的，它们在形状或构造上并没有改变。关于过着自由生活并且不时进行剧烈竞争的动物，减缩的倾向是比较大的，因为对它们来说，节约每一个部分的发育，大概都是有利的。另一方面，关于高度被饲喂的家养动物，似乎没有生长的经济，也没任何消除多余的细小部分的倾向。关于这一问题以后还要讨论。

现在转来看一看更加一般的观察，那修西亚斯曾阐明，在猪的改良族中，短的腿和鼻，枕骨的关节髁的形状，以及上犬齿以最异常的方式突出于下犬齿之前的颚的位置，都可归因于这等部分没有被充分使用。因为高度被饲养的族不须走来走去寻找食物，也不须用它们的轮状鼻子去掘土[1]。所有都是严格遗传的这等构造改变，构成了几个改良品种的特征，所以它们不是由任何单独一个家养祖先传下来的。关于牛，谭纳（Tanner）教授说道，改良品种的肺和肝"同完全自由的牛的肺和肝比较起来，被发现相当地缩小了"[2]，这等器官的缩小影响了体部的一般形状。在高度饲育的动物中，肺缩小的原因显然是由于它们缺少运动；肝恐怕是由于它们大部靠以为生的营养丰富的人工食物而受到了影响。再者，威尔干斯确言[3]，在若干家养动物的高山品种和低地品种中，由于它们的不同生活习性，身体的各个部分肯定是不同的；例如，颈和前腿的长度以及蹄的形状就是这样。

众所熟知，当动脉被扎住时，接合的支脉由于被迫传送更多的血液，它们的直径增大了；这种增大用单纯的扩张不能得到说明，因为它们的膜壁增强了。关于腺，佩吉特爵士观察到"当一个肾坏了的时候，另一个肾常常变得很大并且做着双倍的工作"[4]。如果我们把长期被家养的母牛的乳房及其泌乳力以及某些山羊品种的几乎接触到地面的乳房同野生的或半家养的母牛和山羊的这等器官加以比较，就可知道它们的差异是巨大的。我们饲养的一头优良母牛每日产乳可达五加仑 * 以上或四十品脱（Pints）；然而，譬如说，由南非的达玛拉斯人饲养的第一流的牛[5]"每日产乳很少超过两三品脱，如果不叫牛犊离开她，她绝对连一点乳也不会给"。我们可以把我们的母牛以及某些山羊的优越性部分地归因于连续选择产乳量最高的动物，部分地归因于分泌腺通过人的技巧而增加活动的遗传效果。

众所周知，近视是遗传的；我们在第十二章中从吉洛-泰仑的统计研究已经看到，观看

---

① 那修西亚斯，《猪的族》，1860 年，第 53,57 页；《猪头骨的基础研究》（Vomudien…… Schweineschädel），1864 年，第 103,130,133 页。卢凯教授支持并且扩大了冯·那修西亚斯的结论，见《畸面猪的头骨》（Der Schädel des Maskenschweines），1870 年。

② 《高地农学会学报》（Journal of Agriculture of Highland Soc.），7 月，1860 年，第 321 页。

③ 《农业周刊》（Landwirth、Wochenblatt.），第 10 号。

④ 《外科病理学讲义》，1853 年，第一卷，第 27 页。

* 每一英国加仑等于 4.546 升。——译者注

⑤ 安得逊：《南非旅行记》，第 318 页。关于南美的相似例子，参阅老圣伊莱尔，《哥雅斯地方旅行记》（Voyage dans la Province de Goyaz），第一卷。第 71 页。

近物的习惯会引起近视的倾向。兽医工作者们一致认为，由于打蹄铁和走硬道，马会患飞节内肿、管骨瘤、趾骨上附着骨质等病症，并且他们几乎同样地一致认为，这等畸形的倾向是遗传的。以前在北卡罗林奈不给马打蹄铁，有人确言，在那时马的腿和脚不患这些病①。

根据所能知道的来说，我们的家养四足兽都是从具有直竖耳朵的物种传下来的；但是我们能够指出的其中至少连一个族也不具有下垂耳朵的种类是很少的。中国的猫、俄国一些地方的马、意大利和其他地方的绵羊、德国以前的豚鼠、印度的牛以及在所有文化悠久的国家中的兔、猪和狗都有下垂的耳朵。关于野生动物，它们不断地使用耳朵像漏斗般地去捕捉每一个过往的声音，特别是去确定声音所来自的方向，正如勃里斯先生所说的，在野生动物中，除了象以外，没有任何物种具有下垂的耳朵。因此，不能把耳朵直竖起来在某程度上肯定是家养的结果；而且很多作者②都把这种不能竖起归因于不使用，因为受到人的保护的动物不会被迫习惯地使用它们的耳朵。汉弥尔顿·史密斯上校③说，在狗的古代雕像中，"除了埃及的一个例外，早期希腊时代的雕刻所表现的猎狗没有一个是完全垂耳的；也没有看到在最古的作品中有半垂耳的雕像；这种性状是在罗马时代的作品中逐渐增大的。高德龙也曾说过，"古代埃及人的猪没有大而下垂的耳朵"④。不过值得注意的是，耳的下垂并不同它的缩小相伴随，相反地，像玩赏兔、山羊的某些印度品种、我们所宠爱的獚狗、血缇和其他狗那样不同的动物，都有非常长的耳朵，所以看来似乎是耳朵的重量，多半在不使用的帮助下，招致了它们的下垂。关于兔，非常延长的耳朵的下垂甚至影响了头骨的构造。

正如勃里斯向我说的，没有一种野生动物的尾巴是卷的；而猪以及狗的某些族却有非常卷的尾巴。所以这种畸形似乎是家养的结果，然而这同尾巴的减少使用是否有任何关联却是难决定的。

辛苦的劳动容易使我们手上的表皮变厚，这是每一个人都知道的。在锡兰的一个地区，绵羊"生有保护膝的角质皮肤硬结，这是由于它们跪下去吃短草的习性而产生的，这就是捷弗纳（Jaffna）羊群同该岛其他部分的羊群的区别之点"；不过没有谈到这种特性是否可以遗传⑤。

胃壁内侧的黏膜同身体的外皮是相连的，所以无怪它的组织会受到食物性质的影响，不过其他更加有趣的变化也同样地会发生。亨特很久以前观察到，三趾鸥（*Larus tri-dactylus*）主要地被喂了一年谷物之后，它的胃壁肌肉变厚了；按照埃得孟特斯东博士的材料，谢特兰群岛上矢尾鸥（*Lurus argentatus*）的胃也周期地发生相似的变化，这种鸥在春季时常出入于谷物田地，并且吃它们的种子。同一位细心的观察者曾注意到长期吃植

---

① 勃利克勒的《北卡罗利纳的博物学》（*Nat. Hist. of North Carolins*），1739 年，第 53 页。

② 利威斯东，尤亚特在《论羊》中引用，第 142 页。霍奇森，《孟加拉亚细亚学会学报》，第十六卷，1874 年，第 1006 页等。另一方面，威尔干斯强烈反对垂耳是不使用的结果这种信念；《德国畜牧年报》（*Jahrbuch der deutschen Viehzucht*），1866 年。

③ 《博物学者丛书》，《狗》，第二卷，1840 年，第 104 页。

④ 《物种》，第一卷，1859 年，第 367 页。

⑤ 《锡兰》，谈嫩特爵士著，1859 年，第二卷，第 531 页。

物性食物的渡鸦（ravcn）的胃起了重大的变化。在受到同样处理的一种鹗（*Strix gral-laria*）的场合中，梅涅垂斯（Ménétries）说道，胃的形状变化了，其内壁变成革质的了，而且肝增大了。关于这等消化器官的改变是否可以随着世代的推移而得到遗传，目前还不知道①。

显然由于食物变换而发生的肠的增长和缩短是一种更加值得注意的情形，因为它是某些动物在家养状况下的特征，所以一定是遗传的。淋巴系、血管、神经和肌肉必然全部跟着肠一起发生变化。按照都本顿的材料，家猫的肠比欧洲野猫的肠长出三分之一；虽然这个物种并不是家猫的祖先，但是正如小圣伊莱尔所说的，家猫的几个物种非常密切近似，所以这种比较大概是适当的。肠的这种增长似乎是由于家猫同任何野生猫科物种相比不是那样严格吃肉的；例如，我曾看到一个法国小猫吃蔬菜就像吃肉那样地欣然。按照居维叶的材料，家猪的肠在比例长度上大大地超过了野猪的肠。在驯兔和野生兔中，这种变化具有相反的性质，这大概是由于给予驯兔以营养丰富的食物而发生的②。

变化了的和遗传的生活习性 专就动物的智力来说，这个问题同本能如此地混淆在一起了，以致我愿在这里提醒读者注意那些有关家养动物的驯熟性的例子——狗的指示目标和衔回猎获物——它们不攻击人所养的小动物——等等。至于这等变化有多少应当单纯地归因于习性，有多少应当归因于按照人所希望的方式发生变异的个体选择（同它们被饲养于其中的特殊环境条件无关），很少能够说出。

我们已经看到动物可以习惯于一种改变的食物；不过还可以补充几个例子。波利尼西亚群岛的和中国的狗吃的全是植物性食物，它们对于这种食物的爱好在某程度上是遗传的③。我们的猎狗不吃猎获的鸟类的骨头，而大多数其他的狗却很喜欢吃这种东西。在世界的某些地方，绵羊主要是用鱼来饲养的。家猪喜欢吃大麦，据说野猪却不喜欢吃它；而这种不喜欢吃是部分地遗传的，因为一些在拘禁中繁育的小野猪对于大麦表现了嫌恶，而同胎的其他小野猪却喜欢吃它④。我有一位亲戚使一只中国母猪同一只阿尔卑斯山的公野猪交配，得到了一些小猪；它们在园圃内自由地生活着，它们是如此驯顺，以致到房中来求食：但它们不吃其他猪所吃的猪食。一种动物当习惯于不自然的食物时——一般这只能在幼小时期受到影响，它就不喜欢固有的食物，斯帕拉赞尼发现一只长期被饲以肉类的鸽子就是如此。同一物种的一些个体吃新食物的容易程度是不同的；据说有一匹马很快就学会吃肉了，而另一匹宁愿饿死也不愿吃一部分肉⑤。有一种蚕（*Bombyx hesperus*）在自然状况下以咖啡叶为食物，但饲以臭椿属（Ailanthus）之后，它们

---

① 关于以前的叙述，参阅亨特的《短论和观察》（*Essays and Observations*），1861年，第二卷，第329页；埃得孟特斯东博士，在麦克季利夫雷的《英国的鸟类》中引用，第五卷，第550页；梅涅垂斯，在勃龙的《自然史》中引用，第二卷，第110页。

② 这等有关肠的叙述，引自小圣伊莱尔的《博物学通论》，第三卷，第427、441页。

③ 怀特：《赛尔波恩的博物学》，1825年，第二卷，第121页。

④ 勃尔达契：《生理学概论》（*Traité de Phys.*），第二卷，第267页，卢凯斯博士在《自然遗传》中引用，第一卷，第388页。

⑤ 这个例子以及其他几个例子是考林举出的，见《家养动物比较生理学》，1854年，第一卷，第426页。

便不吃咖啡叶,而且实际上是饿死了①。

有人发现使海栖鱼习惯于在淡水中生活是可能的;不过鱼和其他海栖动物的这等变化主要是在自然状况下被观察到的,所以它们大概不属于我们现在讨论的问题。正如在本书前几章中所阐明的,妊娠期和成熟期——繁育行为的季节和频率——全都在家养下大大地改变了。在埃及鹅中,有关繁育行为的季节的变化速度已有所记载②。公野鸭只同一个母鸭交配,而公家鸭却是一夫多妻的。某些鸡的品种已经失去了孵卵的习性。马的步态以及某些鸽品种的飞翔方式都被改变了而且被遗传了。牛、马和猪已经学会在东佛罗里达的圣约翰河(St. John's River)中的水下吃嫩草,苦草属(Vallisneria)已在那里充分地顺化了。外曼教授观察到母牛把头浸在水中可以维持"十五秒到三十五秒钟的不同时间"③。在鸡和鸽的某些种类中,鸣声的差异非常之大。有些变种是吵嚷的,有些变种是安静的,例如饶舌鸭和普通鸭或尖耳狗和向导狗就是这样。谁都知道,在狩猎的态度上并且在追求不同种类的猎物或害兽害鸟的热情上,狗的一些品种彼此之间表现了何等差异。

关于植物,生长期是容易变化的而且是遗传的,例如在夏性的和冬性的小麦、大麦和大巢菜的场合中就是这样;不过我们就要在风土驯化那一节中谈到这个问题。一年生植物在新的气候下有时会变成多年生植物,我听虎克博士说,塔斯马尼亚的紫罗兰和木樨草就是这样。另一方面,多年生的有时会变成一年生的,英国的蓖麻属(Ricinus)就是这样,并且根据曼格尔斯(Mangles)船长的材料,三色堇的许多变种也是这样。冯勃尔哥(Von Berg)④从普通一年生的大红毛蕊花(*Verbaycum phaeniceum*)的种子育成了一年生的和二年生的变种。有些落叶性的矮灌木在热带地方变成常绿的了⑤。稻需要大量的水,但在印度有一个变种能够在没有灌溉的情况下生长⑥。燕麦和其他谷类作物的某些变种最适于在某些土壤中生长⑦。在动物界和植物界中可以举出无数相似的事实。我们在这里提到它们,是因为它们说明了密切近似的自然物种的相似差异,并且因为这等生活习性的变化,不论这是由于习性,或是由于外界条件的直接作用,或是由于所谓自发的变异性,大概容易导致构造的改变。

风土驯化 根据上述,自然会把我们引到争论很大的风土驯化问题。这里有两个不同的问题:来自同一物种的变种在不同气候下的生活力是不同的吗?其次,如果是不同的话,它们是怎样变得这样适应的?我们已经看到欧洲狗在印度不能很成功地生活,并且有人确言⑧,谁也不能成功地叫纽芬兰狗在那里活很长久;不过现在可以这样主张,而且这种主张大概是正确的,即这等北方品种同那些在印度繁盛的土著狗是不同的物种。关

---

① 开云的密切利,见《驯化学会会报》,第八卷,1861 年,第 563 页。
② 夸垂费什:《关于人种的单位》,1861 年,第 79 页。
③ 《美国的博物学者》(*The American Naturalist*),4 月,1874 年,第 237 页。
④ 《植物志》,1835 年,第二卷,第 504 页。
⑤ 得康多尔:《植物地理学》,第二卷,第 1078 页。
⑥ 罗伊尔:《喜马拉雅的植物学图解》(*Illustations of the Botany of the Himalaya*),第 19 页。
⑦ 《艺园者记录》,1850 年,第 204、219 页。
⑧ 埃维瑞斯特牧师:《孟加拉学会学报》,第三卷,第 19 页。

于绵羊的不同品种也可提出同样的意见,按照尤亚特的材料[1],没有一个"来自炎热气候的"绵羊品种可以在"动物园"中"活到第二年"。不过绵羊在某种程度上能够风土驯化,因为正好望角繁育的美利奴羊被发现远比从英国输入的美利奴羊适于印度[2]。几乎可以肯定,所有鸡的品种都是由一个物种传下来的;但是,有良好理由可以相信,发生于地中海附近的西班牙品种[3]虽然在英国是那样漂亮和活泼,却比其他任何品种容易受到寒害。从孟加拉(Bengal)引进的阿林狄蚕(Arriady silk moth)和来自中国山东温带地方的樗蚕(Ailanthus silk moth)属于同一物种,因为根据它们在幼虫、茧以及成熟状态中的一致性,我们可以推论出这一点[4];然而它们在体质上有很大差异:印度类型"只能在温暖的纬度繁盛",而另一个类型却是十分富有抗性的,既抗寒又抗雨。

植物比动物对于气候的适应更严格。动物当被家养以后可以抵抗如此重大的气候变化,我们发现在热带和温带有几乎一样的物种;而植物却大不相同。因此在植物的风土驯化方面比在动物的风土驯化方面有更大的研究范围。可以毫不夸张地说,在几乎每一种长久栽培的植物中,都有被赋予适于很不相同气候的体质的变种存在,我将选出少数几个比较显著的例子,因为把所有例子都举出来会冗长得令人生厌。在北美育成了很多果树,并且在园艺出版物中——例如在道宁的著作中——举出了最能抵抗北部诸省和加拿大的严寒气候的变种名单。梨、李和桃的许多美国变种在它们自己的国家里是优良的,但直到最近,据知几乎没有一个变种在英国获得成功;关于苹果[5],没有一个变种得到成功。虽然美国变种比我们的变种能够抵抗严寒的冬季,但这里的夏季是不够热的。在欧洲发生的果树也具有不同的体质,但它们没有受到很多注意,因为这里的苗圃经营者不供应广大的区域。弗列尔梨(Forelle pear)开花早,当它们的花刚开的时候,正值危险期,据观察它们能够抵抗华氏 18°甚至 14°的严寒,这样的温度会使所有其他种类的梨花冻死[6],不论它们是盛开的或在蓓蕾期都是一样。我们根据良好的权威材料得知[7],花的这种抗寒力以及此后结果力并不一定取决于一般的体质活力。再向北去,能够抵抗严寒气候的变种数目便锐减了,这种情形见于能够在斯德哥尔摩(Stockholm)邻近栽培的樱桃、苹果和梨的变种名单[8]。在莫斯科附近,特洛别茨考伊(Troubetzkoy)在开阔地上试验性地栽培过几个梨的变种,只有一个叫做无核梨(*Poire sans pepins*)的变种能够抵抗冬寒[9]。这样,我们便可知道我们的果树在体质上对于不同气候的适应性就像同属的不同物种那样地肯定彼此有所差异。

在许多植物的变种中,对于气候的适应性常常是很有限制的。例如,根据反复的试

---

① 《尤亚特论羊》,1838 年,第 491 页。

② 罗伊尔:《印度的生产资源》,第 153 页。

③ 推葛梅尔:《家鸡之书》,1866 年,第 102 页。

④ 栢特逊(R. Paterson)博士提给加拿大植物学会的一篇论文,在《读者杂志》(*Reader*)中引用,1863 年,12 月 13 日。

⑤ 参阅《艺园者记录》编者的话,1848 年,第 5 页。

⑥ 《艺园者记录》,1860 年,第 938 页。编者的话以及引自德开斯内的材料。

⑦ 布鲁塞尔(Brussels)的得乔纽,《艺园者记录》,1857 年,第 612 页。

⑧ 玛修斯(Ch. Martius)《挪威北部的植物学旅行》(*Voyage Bot. Côtes Sept. de la Norvège*),第 26 页。

⑨ 《干得园艺研究所学报》(*Journal de l'Acad. Hort. de Gand.*),在《艺园者记录》中引用 1859 年,第 7 页。

验证明了"英国的小麦变种适于在苏格兰栽培的简直是绝无仅有"[①]；不过在这种场合中，最初的失败仅仅表现在谷物的产量上，但是最终还表现在质上。巴尔克雷牧师在英国小麦曾经肯定有过好收成的地上播种了印度的小麦种子，所得到的是"极瘦弱的穗"[②]。在这等场合中是把变种从较暖气候引到较冷气候中；在相反的场合中，例如"把小麦直接从法国输入到西印度群岛，它所产生的是完全不孕的穗，要不只有两三粒可怜的子实，而在旁边的西印度群岛的种子却有巨大的收获[③]。这里还有另外一个例子指明了，对于稍微寒冷一点的气候的有限制的适应性；在英格兰有一种小麦可以无差别地当做多性变种或夏性变种来使用，当它被栽培在法国格利南（Grignan）的比较温暖气候之下时，它的表现就恰似真正的冬小麦那样了[④]。

植物学者们相信所有玉蜀黍的变种都属于同一物种；我们已经看到，在北美愈向北去，栽培于各地带的变种就在愈来愈短的期间内开花和结子。所以植株高的和成熟慢的南方变种在新英格兰（New England）不会成功，并且新英格兰的变种在加拿大也不会成功。我还没遇到过任何记述指出，南方变种实际上是由于北方变种能够无害地抵抗的那种程度的寒冷而受到损害或致死的，虽然这是可能的；但是开花早的和结子早的变种的产生值得被看做是风土驯化的一种类型。因此，按照卡尔姆的材料，在美国把玉蜀黍的栽培逐渐远向北方推移，被发现是可能的。正如我们从得康多尔提出的证据所知道的那样，在欧洲玉蜀黍的栽培自从上一世纪末也向北超出了以前境界九十海里[⑤]。根据林奈的权威材料[⑥]，我可以引用一个相似的例子：在瑞典，由当地种子长出的烟草比由外来种子长出的烟草在种子成熟上早一个月，而且比较不易失败。

葡萄和玉蜀黍不同，自从中世纪以来它的实际栽培线稍稍向南退了[⑦]；不过这似乎是由于现在的商业比以前容易进行了，所以从南方输入酒比在北方作酒更方便一些。尽管如此，有关葡萄没有推广到北方这一事实还是阐明了它的风土驯化在几个世纪中没有什么进展。然而几个变种的体质有显著差异——有些变种是有抗性的，而其他变种，例如亚历山大麝香葡萄（muscat of Alexan. dria），需要很高的温度才能成熟。按照拉巴特的材料[⑧]，把葡萄从法国运到西印度群岛，极难成功，而从马德拉和加那利群岛运去的葡萄则繁茂得令人惊叹。

关于橙在意大利的驯化，加列肖举出一项引人注意的记载。许多世纪以来甜橙完全是由嫁接来繁殖的，而且如此常常受到霜害，所以需要保护。在 1709 年的严重霜害之后，特别是在 1763 年的严重霜害之后，死去的树如此之多，以致培育了甜橙的实生苗，使居民感到吃惊的是，它们的果实被发现是甜的。这样培育出来的树比旧有的种类大，生

---

① 《艺园者记录》，1851 年，第 396 页。
② 同前杂志，1862 年，第 235 页。
③ 根据拉达特的权威材料，在《艺园者记录》中引用，1862 年，第 235 页。
④ 爱德华和考林，《自然科学年报》，第二辑，植物学部分，第五卷，第 22 页。
⑤ 《植物地理学》，第 337 页。
⑥ 《瑞典法典》，英译本，1739—1740 年，第一卷。卡尔姆在他的《旅行记》中兴出过一个相似的例子：用来自卡罗利纳的种子在新泽西（New Jersey）培育棉花，见该书第二卷，第 166 页。
⑦ 得康多尔：《植物地理学》，第 339 页。
⑧ 《艺园者记录》，1862 年，第 235 页。

产力高,而且抗性强;现在还继续培育实生苗。因此,加列肖作出这样的结论:关于橙在意大利的驯化,由偶然产生新种类在六十年左右所完成的比嫁接古老变种在许多世纪中所完成的还要多得多[1]。我可以补充一点,利梭[2]描述过一些葡萄牙的橙变种,说它们对于寒冷是极端敏感的,比某些其他变种脆弱得多。

公元前 322 年提奥夫拉斯塔[3]*已经知道桃了。按照罗尔(F. Rolle)博士所引用的权威材料[4],当桃最初被引进到希腊时,是脆弱的,甚至在罗得斯岛上也只是偶尔才结果。如果这种说法是正确的话,那么桃在过去两千年间散布于中欧的时间,其抗性一定大大地变强了。目前不同变种的抗性有很大差异;有些法国变种在英格兰不会成功;在巴黎附近,一个桃的变种(*Pavie de Bonneuil*)纵使在保护下生长,其果实也得在很迟的时候才能成熟;"所以它只适于很热的南方气候"[5]。

我将简单地谈一谈少数其他例子。罗伊(M. Roy)培育的一个大花玉兰(*Magnolia grandiflora*)的变种所能抵抗的温度比其他任何变种所能抵抗的温度要低几度。山茶属在抗寒性上有很大差异。我们的诺赛蔷薇的一个特殊变种"抵抗了 1806 年的严重霜害,丝毫没有受到损害而且健全,但其他诺赛蔷薇普遍地被毁灭了"。在纽约,"爱尔兰紫杉十分富有抗性,但普通紫杉则容易死去"。我还可以补充一点,甘薯(*Convolvulus batatas*)有一些变种既适于温暖气候,也适于寒冷气候[6]。

上面提到的那些植物是当充分成长时被发现能够抵抗异常程度的寒冷和炎热。下述例子所涉及的是幼小时候的植物。在一个人苗床上同龄的幼小南洋杉(Araucarias)密切靠近生长着,并且处于相等的条件下,据观察[7],经过 1860—1861 年的异常严寒的冬季之后,在这苗床上的"死者当中有很多个体生存下来了,严寒对于它们一点也没有影响"。林德雷博士在谈到这个例子以及其他相似的例子之后说道,"最近这次可怕的冬季给我们的教训是,植物的同一物种的个体甚至在抗寒力上也是显著不同的"。在索尔兹巴利(Salisbury)附近,1836 年 5 月 24 日夜降了一次严霜,在一个苗床上的法国菜豆(*Phaseolus vulgaris*)除了三十分之一左右得到幸免之外,全部死掉了[8]。这个月的同一天,但是在 1864 年,在肯特降了一次严霜,我的花园中的包含有 390 个同龄植株并且处于同等条件之下的两行红花菜豆(*P. multiflorus*)除了十二个左右的植株之外,全都变黑而死掉了。在邻接的一行"福氏矮生菜豆"(Fulmer's dwarf beall, *P. vulgaris*)中只有一个植株得到幸免。四天之后又降了一次更厉害的严霜,以前得到幸免的那十二个植株只有三株

---

① 加列肖:《植物繁育的理论》,1816 年,第 125 页;《论柑橘》,1811 年,第 359 页。

② 《关于柑橘历史的论文》(*Essai sur l'Hist. des Orangers*),1813 年,第 20 页等等。

③ 得康多尔,《植物地理学》,第 882 页。

* 希腊的哲学家。——译者注

④ 《达尔文的关于起源的教导》(*Ch. Darwin's Lehre von der Entstehung*),1862 年,第 87 页。

⑤ 德开斯内,在《艺园中记录》中引用,1865 年,第 271 页。

⑥ 关于玉兰,参阅拉乌顿的《艺园者杂志》,第十三卷,1837 年。关于山茶属和蔷薇属,参阅《艺园者记录》,1860 年,第 384 页。关于紫杉,参阅《园艺学报》,3 月 3 日,1863 年,第 174 页。关于甘薯,参阅冯西包尔得(Von Siebold),《艺园者记录》,1855 年,第 822 页。

⑦ 《艺园者记录》,编者,1861 年,第 239 页。

⑧ 拉乌顿的《艺园者杂志》,第十二卷,1836 年,第 378 页。

活下来了;这三个植株并不比其他幼小植株高,而且也不更具活力,但它们完全得到幸免了,就连叶尖也一点没有变褐。把这三个植株同它们周围的变黑的、枯萎的和死去的兄弟植株加以同等看待而一眼看不出它们在抗寒的体质能力上存在着广泛差异,那是不可能的。

本书并不是适当的场所来阐明,自然生长于不同高度或不同纬度的同一物种的野生植物在某种程度土变得风土驯化了,这由它们的实生苗在另一地方培育时所表现的不同生长情况得到了证明。我在《物种起源》中提到过一些例子,我还可以补充许多其他例子。只举一个一定就可以满足需要了:福列斯(Forres)地方的哥利格尔(Grigor)先生[①]说,"从欧洲大陆的种子和苏格兰森林中的种子培育出来的苏格兰赤松(*Pinus sylvestris*)的实生苗大不相同。"在一年生的实生苗中就可以看出它们的差异,在二年生的实生苗中它们的差异就更加显著;不过冬季对于第二年的生长的影响几乎一致地使那些来自大陆的实生苗完全变褐了,而且如此受到损害,以致到了三月它们便成为无人买的东西了,同时来自土著苏格兰赤松的植株处在同样的处理之下并且生长在旁边,它们虽然比前者相当地矮,但颇强壮,而且是完全绿的,所以在一海里以外便能识别出这个苗床和那个苗床了"。关于落叶松,也可观察到密切相似的情形。

在欧洲只有抗性强的变种才受到重视或注意,而需要比较温暖气候的脆弱变种是不被注意的。不过这筹情况也偶尔发生。例如拉乌顿[②]叙述过榆树的一个考恩瓦尔变种(Cornish variety),它几乎是常绿的,它的新梢常常因秋霜而致死,所以它的木料没有什么价值。园艺家们知道有些变种比其他变种要脆弱得多:例如,所有木立花椰菜(broccoli)的变种都比甘蓝脆弱;不过在这方面木立花椰菜的亚变种却表现了很大的差异;淡红色和紫色的种类比白色好望角木立花椰菜的抗性强一点,"不过温度表降到华氏24°以下,它们便不可靠了";发尔赫梭(Walcherern)木立花椰菜不如好望角木立花椰菜脆弱,还有几个变种远比发尔赫梭木立花椰菜更能抵抗严寒[③]。花椰菜(cauliflowers)在印度比甘蓝能够更自由地结子[④]。兹举一个有关花的例子:从一株叫做"白花皇后"(Queen of the Whites)[⑤]的蜀葵培育出来的十一个植株被发现比种种其他实生苗脆弱得多。可以这样设想,所有脆弱变种在比较温暖的气候下大概比我们的变种可以获得更大的成功。关于果树,大家都知道某些变种——例如梨的——比其他变种更适于在温室中进行促成栽培;这阐明了它们的体制的柔顺性或体质上的差异。樱桃树的同一个体受到促成栽培的处理之后,据观察在连续的年代中逐渐改变了它的生长期[⑥]。很少天竺葵能够抵抗温室的热度,不过白花天竺葵(*Alba multiflora*)正如一位最熟练的艺园者所确言的那样,"整个冬季完全抵抗了凤梨温室的热度,就像在普通温室生长那样地一点也不显得更枯萎;

---

① 《艺园者记录》,1865 年,第 699 页。莫乌(G. Maw)举出许多显著的例子(《艺园者记录》,1870 年,第 895 页);他从西班牙南部和北非引进几种植物在英格兰栽培于从北方引进的标本植物之傍;他不仅在它们的冬季抗寒性上表现了巨大差异,而且在它们当中发现有些在夏季的表现上也有巨大差异。

② 《植树园和果树园》,第三卷,第 1376 页。

③ 鲁滨逊先生:《园艺学报》,1861 年,第 23 页。

④ 包那威亚博士,《澳德农业-园艺学会报告》(*Report of the Agri-Hort. Soc. of Oudh*),1866 年。

⑤ 《家庭艺园者》,1860 年,4 月 24 日,第 57 页。

⑥ 《艺园者记录》,1841 年,第 291 页。

白花变种的育成好像是为了使它像许多鳞茎那样地在冬季生长，在夏季休眠"①。白花天竺葵的体质同这种植物的大多数其他变种的体质一定大不相同，这几乎是无可怀疑的；它大概可以抵抗甚至是赤道的气候。

我们已经看到，按照拉巴特的材料，为了成功地在西印度群岛生长，葡萄和小麦是需要风土驯化的。在马得拉斯看到过相似的事实："有两小包木樨草种子同时播种了，一包直接来自欧洲，一包是在邦加罗尔（Bangalore，这里的平均温度比马得拉斯的低得多）收下来的；它们的生长同样良好，不过前者在长出地面几天之后都死掉了，而后者还活着，并且是活力旺盛的、健康的植物。"再者，在海达拉巴（Hyderabad）收下来的洋芜菁（turnip）和胡萝卜的种子比来自欧洲或好望角的种子被发现更适于马得拉斯②。加尔哥答植物园的司各脱先生告诉我说，从英格兰输入的紫色甜山豌豆（*Lathyru vdoratus*）的种子长出的植株具有粗大而硬直的茎，小叶，极少开花，从不结子；从法国的种子培育出来的植株也极少开花，而且所有的花都是不稔的；另一方面，从上印度（Upper India）大吉岭（Darjeeling）附近生长的紫色甜山豌豆培育出来的植株却能成功地在印度平原上栽培，而这种植物原本是由英国引进的；它们大量地开花结子，并且它们的茎是松弛而攀缘的。在上述的某些例子中，正如虎克博士向我说的那样，这种较大的成功恐怕可以归因于种子在比较良好的气候中比较充分地成熟了；不过几乎不能把这种观点扩展到如此众多的例子，这些例子包括以下的情形：植物由于在比它们原产地更热的气候中栽培，就变得适于愈益热的气候。所以我可以稳妥地作出这样的结论，植物在某种程度上能够变得习惯于比它们原产地更热的或更冷的气候；虽然后面的情形更加常常地被观察到。

现在我们来考察一下风土驯化所赖以完成的方法，即通过具有不同体质的变种的出现，以及通过习性的作用。关于新变种，没有任何证据可以证明后代在体质上的变化一定同双亲栖息于其中的气候的性质有什么直接关系。相反地，同一物种的抗性强的和脆弱的变种肯定在同一地方出现的。这样自然发生的新变种按照两种不同的途径变得适于微有不同的气候：第一，无论是在实生苗或充分成长的时候，它们可能具有抵抗严寒的能力，莫斯科梨就是这样；或者具有抵抗高热的能力，天竺葵的某些种类就是这样；或者它们的花可以抵抗严霜，弗列尔梨就是这样。第二，由于开花和结果较早或较迟，植物可以变得适应于大不同于它们原产地的气候。在这两种场合中，人使植物风土驯化的能力仅仅在于选择和保存新变种。但是，在没有人的获得一个抗性较强的变种的任何直接意图之下，借着仅仅由种子培育脆弱的植物，以及借着偶尔试图把这等脆弱植物的栽培逐步远向北方推移，就像在玉蜀黍、橙和桃的场合中那样，风土驯化还可以无意识地完成。

有多少影响应当归因于动物和植物的风土驯化中的遗传的习性或习惯，是一个更加困难得多的问题。在许多场合中，自然选择几乎不能不起作用，并且使得结果复杂了。

---

① 比东：《家庭艺园者》，3 月 20 日，1860 年，第 377 页。"玛勃皇后"（Queen Mab）也能忍耐温室的热度。参阅《艺园者记录》，1845 年，第 226 页。

② 《艺园者记录》，1841 年，第 439 页。

众所周知，山地绵羊可以抵抗那种毁灭低地品种的严酷气候和暴风雪；但是山地绵羊从太古时代起就暴露在这样的气候之中，所有脆弱的个体都被毁灭了，抗性最强的个体被保存下来了。中国的和印度的阿林狄蚕就是这样；谁能说出在现今适于如此大不相同的气候的这两个族的形成中自然选择起了多大作用呢？最初一看，如此完全适于北美的炎热夏季和寒冷冬季的许多果树，在同它们在我们气候中没有成就的对照下，似乎是通过习性而变得适应的；但是如果我们考虑到每年在北美培育了无数实生苗，并且除非生来就有适宜的体质，哪一株实生苗也不会获得成功，那么仅仅是习性可能不会对它们的风土驯化起什么作用。另一方面，如果我们听到在好望角繁育了少数几代的美利奴羊——在印度的比较寒冷地方只培育了少数几代的某些欧洲植物远比直接从英格兰输入的绵羊和种子能够更好地抵抗该地的更热的气候，那么我们必须把某种影响归因于习性。如果我们听到诺丹①的意见，也会被引导作出同样的结论；诺丹说，长期在北欧栽培的甜瓜、南瓜和葫芦的诸族同新近由热带引进的同一物种的诸变种比较起来，前者是相当地早熟的，而且在果实成熟上所需要的热量也少得多。在冬性的和夏性的小麦、大麦和大巢菜的相互转变中，习性在很少几代的过程中便产生了显著作用。同样的情形显然也见于玉蜀黍的变种，从美国南部诸省输入的玉蜀黍，或者引进到德国的玉蜀黍，很快就变得适于它们的新家乡了。来自马德拉的葡萄植株在西印度群岛据说比直接来自法国的葡萄植株可以获得更好的成功，我们在这里看到了个体的某种程度的风土驯化，这同由种子产生新变种并无关系。

农学者们的普通经验具有某种价值，他们常常提醒人们当把某一地方的产物试在另一地方栽培时要慎重小心。中国的古代农业作者们建议应当栽培和保存各个地方的特有变种。在古罗马时代，哥留美拉写道，"土著的家畜比外来的动物要优越得多"②。

我知道使动物和植物风土驯化的企图曾被称为无用的空想。毫无疑问，如果这种企图同被赋予了不同体质的新变种的产生无关，那么在大数场合中这样来说它是应当的。关于由芽来繁殖的植物，习性极少产生任何作用；它显然只通过连续的种子生殖发生作用。由插条或块茎来繁殖的月桂（laurel）、南欧月桂（bay）、一种欧洲的忍冬科灌木（lauresfnus）等等以及菊芋（Jerusalem artichoke）现今在英格兰大概还像最初被引进时那样地脆弱；直到最近还很少用种子来繁殖的马铃薯的情形似乎也是这样。关于由种子来繁殖的植物以及关于动物，除非把抗性较强的个体有意识地或无意识地保存下来，很少有或者根本不会有风土驯化的情形。菜豆常常作为这样的一个例子而被提出来，即这种植物自从最初引进到不列颠以后，其抗性并没有变得更强。然而我们根据最优秀的权威材料得知③，从国外输入的很优良的种子所产生的植株"开花极盛，但几乎所有的花都是发育不全的，而在一旁生长的由英国种子产生的植物却大量地结荚"；这显然阐明了英国植物有某种程度的风土驯化。我们还看到具有显著抗寒力的菜豆实生苗的不时出现；但

---

① 爱沙·格雷引用，《美国科学杂志》，第二辑，1月，1865年，第106页。

② 关于中国，参阅《关于中国的报告》，第十一卷，1786年，第60页。哥留美拉的话系卡利叶引用，见《生理学学报》，第二十四卷，1784年。

③ 哈代及其子：《艺园者记录》，1856年，第589页。

根据我所能听到的来说，谁也没有把这等抗性强的实生苗隔离开过，以便阻止偶尔的杂交，然后采集它的种子，并且年复一年地重复这一过程。然而确实可以反对自然选择对于我们的菜豆的抗性应该发生过决定性的作用；因为在每一个严寒的春季最脆弱的个体一定会冻死，而抗性较强的个体则被保存下来。但是应该记住，抗性的增强完全是由于永远渴望尽量早期收获的艺园者们比以前早几天播种了它们的种子。且说，因为播种期大部取决于各个地区的土壤和高度，并且随着季节而改变；同时因为常常从国外输入新变种，我们能够确信我们的菜豆的抗性没有多少强一点吗？我曾在古园艺著作中查究，但没有能够满意地解答这一问题。

总之，现在所举的事实阐明了，习性虽然对于风土驯化发生一些作用，但体质不同的个体的出现则是一个远远更加有效的动因。因为关于动物和植物没有记载过这样一个事例，即抗性较强的个体受到了长期而不断的选择，虽然这种选择被承认对于任何其他性状的改进是不可缺少的，所以无怪人在家养动物和栽培植物的风土驯化中所作的很少。然而我们无须怀疑，在自然状况下新族和新物种借着在习性帮助下并且在自然选择支配下的变异大概会变得适应于大不相同的气候。

发育的阻止：痕迹的和退化的器官

由于发育受到阻止而发生的构造改变是如此重大而严重，以致应该被称为畸形，这种情形在家养动物中并不常常发生；但是因为它们同正常构造有很大的差异，所以需要大致地谈一谈。例如整个头部由一个柔软的乳头状突起来表示，四肢仅仅由乳头来表示。这种四肢的痕迹有时是遗传的，例如在一只狗的身上就看到过这种情形[①]。

许多较小的畸形似乎是由于发育受到阻止。阻止的原因是什么，除了在直接损害了胚胎的场合中，我们很少知道。受到影响的器官很少全部退化并且一般总留有一点痕迹，根据这一点我们可以推论这种原因一般不在极早的胚胎期间发生作用。一个中国绵羊品种的外耳仅由一点痕迹来代表；另一个品种的尾巴"在某种程度上已为脂肪所代替，而缩小为一个扣子般的小球"[②]。在无尾狗和无尾猫的身上尾巴还留有一点根儿。在鸡的某些品种中，肉冠和肉垂缩小得只有一点痕迹；在交趾支那的品种中，趾几乎全是痕迹的。关于无角的萨福克牛，"角的痕迹常常在幼小时期可以被摸到"[③]；关于在自然状况下的物种，痕迹器官在生命早期的比较大的发育，高度构成了这等器官的特征，关于牛和绵羊的无角品种，另一种奇异的痕迹被观察到了，这就是仅仅附着在皮上的悬挂着的极小的角，它们常常脱落，然后再生长。按照得玛列的材料[④]，关于无角山羊，原来支持角的骨突起只留有一点痕迹。

---

① 小圣伊莱尔：《畸形史》，1836 年，第二卷，第 210,223,224,395 页；《皇家学会会报》，1775 年，第 313 页。

② 帕拉斯，尤亚特在《论羊》中引用，第 25 页。

③ 《尤亚特论牛》，1834 年，第 174 页。

④ 《哺乳动物分类百科全书》，1820 年，第 483 页；关于印度瘤牛换角，参阅第 500 页。关于欧洲牛的同样例子，见第三章。

关于栽培植物，就像在自然物种中所观察到的情形那样，仅仅由痕迹来代表的花瓣、雄蕊和雌蕊并不罕见。许多果实的完全的种子就是这样，例如，阿斯脱拉罕（Astrakhan）附近有一种葡萄，它的种子仅仅是痕迹的，"如此之小并且如此靠近果柄，以致在吃葡萄时觉察不出它们"①。按照诺丹的材料，在葫芦的某些变种中，卷须由痕迹或种种畸形的生长物来代表。在木立花椰花和花椰菜中，大多数的花不能开放并且包含有痕迹的器官。长毛葡萄百合（*Muscari comosum*）在自然状况下，其上部和中央的花具有鲜明的颜色，但是痕迹的；在栽培状况下，这种退化倾向走向下部和外侧，并且全部的花都变成痕迹的了；不过退化的雄蕊和雌蕊在下部的花中不像在上部的花中那样小。另一方面，雪球（*Viburnum opulus*）在自然状况下，其外侧花的结实器官是痕迹状态的，花冠是大型的；在栽培状况下，这种变化蔓延到中央，并且全部的花都受到了影响。在菊科中，所谓花的重瓣是由于中央小花的花冠的巨大发育，一般这要伴随着某种程度的不稔性；据观察②，渐增的重瓣化一定是从周围蔓延到中央——即从如此常常包含有痕迹器官的边花（ray florets）蔓延到心花（disc florets）。我再补充同这个问题有关系的一点，关于紫菀（Asters），从周围小花采的种子被发现可以产生绝大部分的重瓣花③。在上述场合中，我们看到某些部分的痕迹化的自然倾向，这种倾向在栽培中向着或者从植物的轴进行蔓延。为了阐明同一法则怎样支配着自然物种和人工变种所发生的变化，值得注意的是，在一种菊科植物红花属（Carthamus）的物种中，对于冠毛的退化倾向可以从周围扩展到花盘的中央来追踪，正如该科一些成员所发生的花的重瓣化情形一样。例如，按照得朱修（A. de Jussieu）④的材料，这种退化在克里特红花（*Carthamus creticus*）中仅是部分的，但在绵毛红花（*C. lanatus*）中这种退化便扩展了；因为在这个物种中，只有两三粒中央部分的种子具有冠毛，而周围的种子不是完全无毛的就是只有少数几根毛；最后在红花（*C. tinctorius*）中，甚至中央部分的种子也不具冠毛，而完全退化了。

在家养的动物和植物的场合中，如果一种器官消失了，仅仅留下一点痕迹，那么这种消失一般是突然的，例如无角的和无尾的品种就是这样；这等例子可以归类为可以遗传的畸形。但在某些少数场合中，这种消失是逐渐的，并且部分地受到了选择的影响，例如某些鸡的痕迹的肉冠和肉垂就是这样。我们还看到，某些家养鸟的翅膀由于不使用而稍微缩小了，并且某些蚕蛾的翅膀大大地缩小了，只留下一点痕迹，这种缩小大概也受到了不使用的帮助。

关于在自然状况下的物种，痕迹器官是极端普通的。正如若干博物学者所观察的那样，这等器官一般是容易变异的；因为它们是无用的，所以不受自然选择的支配，并且它们或多或少是容易返祖的。同一规律肯定地也适用于在家养下变成痕迹的部分。我们还不知道在自然状况下痕迹器官通过什么步骤才缩小到今天这样的状态；但我们在同一类群的物种中如此不断地看到痕迹器官和完全器官之间的最微细的级进，以致我们被引导去相信这种推移一定是极端逐渐的。像一种器官突然消失那样地突然发生的构造变

---

① 帕拉斯：《旅行记》，英译本，第一卷，第 243 页。
② 比东先生：《园艺学报》，5 月 21 日，1861 年，第 133 页。
③ 列考克：《关于受精》，1862 年，第 233 页。
④ 《博物馆年报》，第六卷，第 319 页。

化是否对于自然状况下的物种有用,是可以怀疑的;因为一切有机体所密切适应的生活条件的变化通常是很缓慢的。纵使由于发育受到阻止一种器官在某一个体中的确是突然消失了,同同一物种的其他个体进行杂交也有招致它部分重现的倾向;所以它的最后减缩只能由某些其他方法亲完成。最可能的观点是,现在的痕迹器官以前由于变化了的生活习性被使用得日益减少,同时由于不使用它便缩小了,直到最后它变得完全无用并且成为多余的了。但是,因为大多数的部分和器官在生命的早期并不进行活动,所以不使用或减少活动在有机体达到稍微大一点的年龄之前不会导致它们的缩小;根据在相应年龄遗传的原理,这种缩小将在同样晚的生长阶段遗传给后代。部分和器官就这样在胚胎中保持了充分的大小,我们知道大部分痕迹器官都是如此。一个部分一旦变成为无用的,另一生长的经济原理就会发生作用,这是因为节约任何无用部分的发育对于暴露在剧烈竞争之下的有机体都是有利的;具有比较不发育的无用部分的个体将比其他个体稍占优势。但是,正如米伐特(Mivart)先生所公正指出的那样,一个部分一旦大大地缩小了,来自进一步缩小的节约就毫无意义了;所以这不能被自然选择所影响。如果这一部分由单纯的细胞组织所形成并且只消费很少的养分,上述一点显然还是适用的。那么,一个已经多少缩小了的部分的进一步缩小怎样才能完成呢?完全的器官和仅仅是一点痕迹的器官之间存在着许多级进这一点阐明了这种情形在自然状况下是反复发生的。我认为罗玛内斯先生[1]对这个问题提出了很好的说明。在用少数几个字所能说出的范围之内,他的观点如下:所有部分的大小都是环绕着平均点或多或少地变异的和彷徨的。且说,当一个部分由于任何原因已经开始减缩了的时候,朝着增加方向的变异很不可能像朝着减缩方向那样大;因为它的以前的缩小阐明了环境条件对于它的发育是不利的;而且没有任何东西来抑制朝着相反方向的变异。如果是这样的话,那么当许多个体具有一种朝着减缩大于朝着增加而彷徨的器官时,它们的长期不断的杂交将会缓慢地、但稳定地导致这种器官的减缩。关于一个部分的完全的和绝对的退化,在有关泛生说那一章中将要加以讨论的另一原理大概会发生作用。

　　在人所养育的动物和植物中,没有剧烈而反复的生存斗争,并且生长的经济原理不会发生作用,所以一个器官的缩小不会这样得到帮助。诚然在某些少数场合中非但不是这样,在自然状况下的亲种的痕迹器官反而在家养的后代中部分地重新发育起来了。例如,母牛同大多数其他反刍动物一样,具有四个活动的乳房和两个痕迹的乳房;但在我们的家养母牛中,两个痕迹的乳房偶尔地相当发育了,而且泌乳。雄性家养动物(包括人在内)的萎缩了的乳房在一些稀有的场合中长到了充分的大小,而且泌乳,这恐怕提供了一个相似的例子。在自然状况下,狗的后脚包含有第五趾的痕迹;在某些大型品种中这等趾虽然是痕迹的,却变得相当地发育了,而且有爪。在普通的母鸡中,距和肉冠是痕迹的,但在某些品种中,它们变得十分发育了,这同年龄和卵巢的疾病并无关系。母马有犬齿,但公马只有齿槽的痕迹,正如卓越的兽医布朗(G. T. Bown)先生告诉我说的那样,这

---

[1]　我在《自然杂志》(Nature,第八卷,第 432,505 页)中提出,处于不利条件下的有机体,其所有部分都有缩减的倾向,在这等环境条件下,由于自然选择并没有达到标准大小的任何部分因为相互杂交大概会缓慢而不断地缩减。罗玛内斯在他相继三次致《自然杂志》的信中(3 月 12 日,4 月 9 日,7 月 2 日,1874 年)提出了他的改进观点。

种齿槽常常包含微小的不规则的骨块。然而这种微小的骨块有时会发育成不完全的齿，突出齿龈以外并且被有一层釉质；它们偶尔会长到母马的犬齿四分之一、甚至三分之一那样长。关于植物，我还不知道痕迹器官的再发育在栽培状况下是否比在自然状况下更加常见。梨树恐怕是这样的，因为当野生时它就生棘，这是由痕迹状态的枝条形成的，并且有保护用途，但当梨树被栽培时，这等棘又复原为枝条了。

第二十五章

变异的法则(续)——相关的变异性

· Laws of Variation(Continued)—Correlated Variability ·

"相关"这一术语的解释——同发育的关联——同各部分的增大或缩小相关的改变——同原部分的相关变异——鸟类的羽脚呈现翼的构造——头和四肢的相关——皮肤和皮肤附属物的相关——视觉器官和听觉器官的相关——植物的各器官的相关变异——相关的畸形——头骨和耳的相关——头骨和羽冠的相关——头骨和角的相关——由于自然选择的累积作用而复杂化的生长相关——同体质特性相关的颜色

Darwin's five-year voyage on HMS Beagle established him as an eminent geologist whose observations and theories supported Charles Lyell's uniformitarian ideas, and publication of his journal of the voyage made him famous as a popular author. *All images reproduced with permission from John van Wyhe ed., The Complete Work of Charles Darwin Online https://darwin-online.org.uk*

In the 'Descent of Man', Darwin applies theory to human evolution and details his theory of sexual selection. The book discusses many related issues, including evolutionary psychology, evolutionary ethics, differences between human races, differences between human sexes, and the relevance of the evolutionary theory to society. *All images reproduced with permission from John van Wyhe ed., The Complete Work of Charles Darwin Online https://darwin-online.org.uk*

Darwin's research on animals and plants was published in a series of books such as the two volumes of 'Animals and Plants under Domestication'. Chapters include findings on domestic cats, dogs, horses, asses, pigs, cattle, sheep, culinary plants, cerealia, fruit and flowers to name a few. *All images reproduced with permission from John van Wyhe ed., The Complete Work of Charles Darwin Online https://darwin-online.org.uk*

Darwin's 1859 book 'Origin of Species' established evolutionary descent modification as the dominant scientific explanation of diversification in nature. Its full title is On the Origin of Species by Means of Natural Selection, or the Preservation of Favoured Races in the Struggle for Life. *All images reproduced with permission from John van Wyhe ed., The Complete Work of Charles Darwin Online https://darwin-online.org.uk*

体制的所有部分在某种程度上都是关联在一起的；但这种关联可能非常微小，以致几乎不存在，群栖动物(compound animals)或同一株树上的芽就是这样。即便在高等动物中，种种部分也不全是密切关联的；因为某一部分可能完全被压抑或成为畸形的，而身体的其他任何部分并不受到影响。但在一些场合中，当一个部分变异了，某些其他部分永远或者几乎永远同时发生变异；这时它们便受相关变异的法则所支配。整个身体对于各个生物的特殊生活习性都是美妙地相互调和的，正如阿该尔公爵(Duke of Argyll)在"法则的统制"(Reign of Law)中所主张的那样，这可以说是对于这个目的相关。再者，在动物的大类群中某些构造总是同时存在：例如特殊形态的胃和特殊形态的齿，这等构造在某种意义上可以说是相关的。不过这等例子同本章所讨论的法则并没有必要的关联；因为我们不知道若干部分的初发的或原始的变异彼此有任何关系：直到获得最后的完全相互适应的构造，微小的改变或个体差异可能先在这一部分然后在那一部分被保存下来；关于这一问题，我们立刻就要谈到。再者，在动物的许多类群中，只有雄者生有用作武器的器官并且装饰着漂亮的颜色；这等性状同雄者的生殖器官显著有某种相关，因为当它们的生殖器官被除掉以后，这等性状就消失了。在第十二章中已经阐明，同样的这种特性可能在任何年龄表现于任何一性，并且此后在相应的年龄完全遗传给同性。在这等场合中，我们看到遗传同时受到了性别和年龄的限制；但我们没有任何理由来假定，变异的最初原因同生殖器官或者同被影响的生物的年龄必然有关联。

在真正相关变异的场合中，我们有时能够看到关联的性质；但在大多数场合中，它是隐蔽的，而且在不同的场合中肯定是不同的。我们很少能够说出，在两个相关的部分中哪一个部分是首先变异的，并且诱发了另一部分的变化；或者这两个部分的变异是不是某种共同原因的结果。相关变异对我们来说是一个重要的问题，因为当某一部分无论是人为地或在自然状况下通过连续选择而发生改变的时候，体制的其他部分将不可避免地也要改变。由于这种相关，显然会发生以下的情形，即在家养的动物和植物中，变种彼此之间的差异很少或者决不表现在仅仅一种性状上。

相关的一个最简单的例子是，在生长的早期阶段发生的改变有影响同一部分的此后发育以及其他关系密切的部分的发育的倾向。小圣伊莱尔[1]说，在动物界的畸形中可能经常观察到这种情形；摩坤·丹顿[2]说，在植物中，除非以后从轴产生出来的器官受到某种影响，轴不会变成畸形的，所以轴的畸形几乎永远件随着附属部分的构造的偏差。我们即将看到，关于狗的短嘴族，骨的基本成分中的某种组织变化阻止了嘴的发育并且使它们缩短了，这影响了此后发育的臼齿的位置。昆虫的幼虫的某种改变大概会影响成虫的构造。但我们必须小心，不要把这一观点引申得太远，因为在正常的发育过程中，某些物种通过了异常的变化过程，而其他密切近似的物种只在构造上发生很少变化便达到成熟。

◀纪念达尔文的邮票和文章。

[1]　《畸形史》，第三卷，第 392 页。赫胥黎教授在一篇讨论有关软体动物的形态学论文中，采用了同一原理来解释软体动物神经系统的排列所表现的显著的、虽然是正常的差异，见《皇家学会会报》，1853 年，第 56 页。
[2]　《植物畸形学原理》(*Eléments de Tératologie Vég.*)，1841 年，第 13 页。

相关的另一个简单例子是,随着整个身体或任何特殊部分的增大或缩小,某些器官在数量上增加了或减少了,或者发生其他改变。例如,养鸽者曾以身体的长度对突胸鸽进行了连续选择,我们看到,它们的椎骨不仅在大小上而且也在数量上一般地都有所增加,而且它们的肋骨也增宽了。翻飞鸽曾以小型身体而受到选择,它们的肋骨和初级飞羽一般在数量上都减少了。扇尾鸽曾以大而阔张的、具有多数尾羽的尾而受到选择,它们的尾椎在大小和数量上都增加了。信鸽曾以喙的长度而受到选择,它们的舌变长了,但同喙的长度并不严格一致。在后述这一品种以及其他大脚的品种中,鳞甲的数目比在小脚的品种中较多。还可以举出许多相似的例子。在德国曾观察到牛的大型品种比小型品种的妊娠期较长。关于所有种类的高度改良品种,同动物年龄有关的成熟期和生殖期都提前了,相应地它们的牙齿这时比以前发育得早了,所以使农学家们感到惊奇的是,根据牙齿的状态来判断动物年龄的古老惯例不再可靠了[①]。

同原部分的相关变异 同原部分有按照同样方式进行变异的倾向;这大概是可以预料到的,因为这等部分的形态和构造在胚胎发育的早期是相同的,并且在卵或子宫中暴露在相似的条件之下。在动物的大多数种类中,身体左侧和右侧的相应的或同原的器官之对称就是最简单的适当例子;不过这种对称有时会落空的,例如,兔只有一耳,雄鹿只有一角,或是许多有角绵羊在头的一侧生有一个多余的角。关于具有整齐花冠的花,所有花瓣一般都按照同一方式进行变异,例如我们在中国石竹花的复杂而对称的形式上所看到的情形就是这样;不过关于不整齐花,花瓣当然是同原的,但这种对称常常落空,例如金鱼草的一些变种或菜豆(*Phaseolus*)的那个具有白色旗瓣的变种就是这样。

在脊椎动物中前肢和后肢是同原的,并且它们有按照同样方式进行变异的倾向,例如我们在马和狗的长腿和短腿的族或粗腿和细腿的族中所看到的情形就是这样。小圣伊莱尔[②]曾指出,人类的多余指有这样一种倾向,它们不仅在左侧和右侧出现,而且也在上肢和下肢出现。梅克尔主张[③],当臂的肌肉在数量或排列上离开其固有的模式时,它们几乎永远模拟腿的肌肉;相反地,变异的腿的肌肉也模拟臂的正常肌肉。

在鸽和鸡的几个不同品种中,脚和外趾生有很密的羽毛,所以在喇叭鸽中,它们好像小翅膀一般。在"羽腿"的班塔姆鸡中,这两只"长靴"或羽毛从腿的外侧并且一般从两个外趾生出,按照赫维特先生的卓越的权威材料[④],这等羽毛超出了翅膀的长度,并且在一个例子中其实长竟达九英寸半!正如勃里斯先生向我说的,这等腿羽同初级飞羽相似,而同某些鸟、例如松鸡和鸮的腿上自然生长的纤细绒羽完全不相似。因此可以这样怀疑:过剩的食物首先引起羽毛的过多,然后同原变异的法则导致腿羽的发育,其位置相当于翅膀的位置,即在跗和趾的外侧。下述引人注意的相关例子使我加强了这种信念,长期以来我认为它是完全不可解释的,即在任何鸽的品种中,如果腿是生羽的,两个外趾就

---

① 西蒙兹,关于牛、绵羊等的年龄,在《艺园者记录》中引用,1854年,第588页。

② 《畸形史》,第一卷,第674页。

③ 小圣伊莱尔引用,同前书,第635页。

④ 《家鸡之书》,推葛梅尔著,1866年,第250页。

部分地由皮连在一起。这两个外趾相当于我们的第三趾和第四趾①。且说,在鸽或任何其他鸟的翅膀中,第一指和第五指都退化了;第二指是痕迹的并且带有所谓的"小翼羽"(bastard-wing);而第三指和第四指则由皮完全地连在一起并且被围绕起来了,这样一同形成了翅膀的末端。所以在羽脚的鸽中,不仅腿的外部表面生有一列像翼羽那样的长羽,而相当于翅膀中由皮完全连在一起的第三指和第四指的那两个外趾也变得部分地由皮连在一起了;这样,根据同原部分相关变异的法则,我们便能理解羽腿和两个外趾间的皮膜的奇妙关联。

安德鲁·奈特②曾说,面或头和四肢通常在一般比例上一齐变异。例如,把挽马和竞跑马的或灵缇和獒的四肢比较一下吧。同獒的头比较起来,灵缇显得是怎样的一种怪物!然而近代的斗牛犬的四肢是纤细的,不过这是一种最近被选择的性状。根据在第六章中所举出的测计我们知道,在鸽的几个品种中,喙的长度和脚的大小是相关的。正如以前所说明的,似乎最可能的观点是,在所有场合中不使用有使脚缩小的倾向,同时通过相关作用喙也变得较短了;但是,在某些少数品种中,喙的长度曾是被选择之点,脚尽管不使用也通过相关作用而增大了。在下述场合中,脚和喙之间据知存在有某种相关:巴列特先生在不同期间收到过几个标本,它们是鸭和鸡之间的杂种,我曾看到一个;可以预料到它们是半畸形状态的普通鸭,所有它们的趾间游泳蹼都完全缺如或十分缩小了,并且所有它们的喙都是狭而畸形的。

随着鸽喙长度的增加,不仅舌的长度亦增加了,同样地鼻孔长度也增加了。但是鼻孔长度的增加恐怕同喙基的绉皮即垂肉的发达有更密切的相关,因为,如果环绕眼睛有大量垂肉,那么眼睑的长度就会大大增加,甚至会增加二倍。

甚至头和四肢之间在颜色上也有某种相关。例如关于马,额部的大型白星或白斑一般伴随着白脚③。关于白色的兔和牛,暗色的斑在耳尖和脚上常常同时存在。在不同品种的黑色的和黄褐色的狗中,眼上方的黄褐色斑点同黄褐色脚几乎必然同时存在。后面这些颜色相关的例子可能由于返祖,也可能由于相似变异——这一问题以后还要谈到——但这并不一定决定它们的原始相关问题。杰克逊(H. W. Jackson)告诉我说,他观察了几千只白脚的猫,他发现所有它们都是多少显著地在颈或胸的前部具有白色的标记。

玩赏兔的大耳向前垂和向下垂似乎是部分地由于肌肉的不使用,部分地由于耳的重量和长度,后者是在许多世代中由于选择而增加的。且说,随着耳的大小的增加以及方向的变换,外耳道骨不仅在外形、方向并且大大地在大小上有所改变了,而且整个的头骨也轻微地改变了。在"半垂耳兔"(即一只耳垂向前方的兔)中可以清楚地看到这种情形,因为它们的头骨的相对两侧并不是严格对称的。我认为这是一个奇妙的相关事例,即硬

① 博物学者们对于鸟类的指的同原持有不同的意见;不过有几个人支持上面提出来的观点。关于这一问题,参阅摩尔斯(E. S. Morse),见《纽约博物学会年报》(*Annals of the Lyceum of Nat. Hisr. of New York*),第十卷,1872年,第16页。

② 瓦克尔:《论近亲婚姻》,1838年,第160页。

③ 《兽医和博物学者》(*The Farrier and Naturalist*),第一卷,1828年,第456页。注意过这一点的一位先生告拆我说,白面的马约有四分之三是白腿的。

的头和像外耳那样的如此柔软而易弯的并且在生理学观点下如此不重要的器官是相关的。毫无疑问,这种结果大部分是由于单纯的机械作用,即由于耳的重量,这同人类婴孩的头骨由于压力容易改变的原理是一样的。

整个身体的皮以及毛、羽、蹄、角和齿的附属物都是同原的。每一个人都知道,皮的颜色和毛的颜色通常一起变异;所以威吉尔劝告牧羊人注意公羊的嘴或舌是不是黑色的,免得羊羔不是纯粹白色的。皮肤、毛发的颜色和皮肤的腺所放出的气味据说①甚至在同种的人中也是有关系的。一般说来,全身的毛在长度、细度和卷曲度上都按照同一途径进行变异。同一规律也适用于羽毛,例如我们看到的鸡和鸽的花边品种和卷毛品种就是这样。在普通公鸡中,颈部和腰部的羽毛永远具有特殊的形状,它们叫做长羽;且说,在波兰品种中,雌雄两性都以头上的羽簇为其特征,并且雄性的这等羽毛通过相关作用总是呈现长羽的形状。翼羽和尾羽虽然是从非同原部分发生的,但它们的长度也一齐变异;所以长翼的或短翼的鸽一般有长尾或短尾。毛领鸽的例子就更加引人注意了,因为它们的翼羽和尾羽非常之长;它们的发生显然同形成头巾的颈后部的长逆毛相关。

蹄和毛是同原的附属物;一位谨慎的观察者亚莎拉②说,在巴拉圭各种颜色的马常常生下来就具有黑人头发那样的卷毛。这种特性是强烈遗传的。但值得注意的是,这等马的蹄"绝对同骡的蹄相像"。它们的鬃毛和尾毛一定比普通的短得多,其长度只有四到十二英寸;所以在这里毛的卷和短,就像在黑人的场合中那样,显然是相关的。

关于绵羊的角,尤亚特③说,"角的重复生长在任何品种中都没有发现有很大价值;它一般伴随着长而粗的毛"。几个热带的绵羊品种具有山羊般的角,它们身上生的是粗毛,而不是绒毛。斯特姆④明确地宣称,在不同的族中,绒毛越卷曲,角越是螺旋的。在第三章中曾经举出了其他相似的例子,在那里我们看到以毛闻名于世的摩强卜羊的祖先具有特殊形状的角。安哥拉的居民们确言⑤,"只有有角的白色山羊才具有非常被人称赞的长而卷的毛;而无角的山羊则具有比较短的毛"。根据这些例子我们可以推论毛或绒毛和角有按照相关方式发生变异的倾向⑥。那些试过水疗的人们都感到不断地使用冷水会刺激皮肤;凡是刺激皮肤,都有增大毛的生长的倾向,这在旧发炎表面附近的毛的畸形生长中已经充分地得到阐明了。且说,罗武⑦教授相信在英国牛的不同族中,厚皮和长毛取决于它们住地气候的湿度。这样我们便可看出潮湿的气候怎样可以影响角——首先直接影响皮和毛,其次通过相关作用影响角。再者,无论在绵羊或牛的场合中,角的存在与否像我们即将看到的那样,通过某种相关对头骨有影响。

---

① 高德龙,《物种》,第二卷,第 217 页。
② 《巴拉圭的四足兽》,第二卷,第 333 页。
③ 《论羊》,第 142 页。
④ 《关于族,杂种》(*Ueber Racen*,*Kreuzungen*),1825 年,第 24 页。
⑤ 引自考诺利(Conolly),见《印度原野》,2 月,1859 年,第二卷,第 266 页。
⑥ 我在第三章中曾说,"毛和角的彼此关系如此密切,以致它们容易一齐进行变异"。威尔干斯博士把我的话译成"具有长而粗的毛的动物一定倾向于有长而多的角"(《达尔文的理论》,见《德国畜牧年报》,1866 年,第一号),于是他公正地对于这一主张进行了争论;不过我真正说过的话,从刚才引用的权威材料看来,我想大概是可靠的。
⑦ 《不列颠群岛的家养动物》,第 307、368 页。威尔干斯就德国家养动物讨论了同一效果(《农业周刊》,第 10 号,1869 年)。

关于毛和齿,雅列尔先生[1]发现三只无毛"埃及狗"和一只无毛小猎犬的许多齿有缺陷。门齿、犬齿和小臼齿的损害最大,但在一种场合中,除了两侧的大型瘤状臼齿以外,所有的齿都有缺陷。关于人,记载过若干显著的例子[2]:遗传的秃头伴随着牙齿的完全的或部分的遗传缺陷。我还可以举一个相似的例子,这是韦得勃思(W. Wedderburn)先生写信告诉我的,他说,在信德的一个信奉印度教的家庭中,十个人在四代期间,上下两颚加在一起,只有四个小而弱的门齿和八个后臼齿。这样受到影响的人在身体上只有很少的毛,并且在生命的早期头就秃了。在炎热的天气中由于皮肤过干,他们受到的损害也很大。值得注意的是,没有一个女儿受到过这样影响;这个事实使我们想起在英格兰男人比女人非常容易秃头。上述家庭中的女儿虽然决不受影响,但它们把这种倾向遗传给儿子。这样的影响只在交替的世代中或在长的间隔期间以后才出现。按照塞治威克先生的材料,在老年重新生长头发那样罕见的场合中,毛和齿也有同样的关联,因为这种情形"通常伴随着齿的重新生长"。我在本卷的前一部分中曾指出,家养公猪的长牙的大事缩小同起某种保护作用的刺毛的减少大概密切关联;野化了的并且完全暴露在暴风雨中的公猪的长牙重新出现大概取决于刺毛的重现。我还可以补充一点,虽然这同我们现在的讨论并没有严格的关联,即有一位农学者[3]确言,"在身体上只有很少毛的猪最容易失去它们的尾巴,这阐明了外皮构造的衰退。同比较多毛的品种进行杂交,可以防止这种情形"。

在上述场合中,毛的缺陷和齿的数量和大小上的缺陷显然有关联。在下述场合中,异常多量的毛同齿的缺陷和过多同样也有关联。克劳弗得先生[4]在缅甸宫廷中看见过一个三十岁的男人,他的全身除了手足以外满生丝一样的直毛,在两肩和脊骨上的毛长达五英寸。在降生时只有耳毛。在二十岁以前,他还没有到达发情期或脱换乳齿;在这期间,它的上颚有五个牙齿,即四个门齿和一个犬齿,下颚有四个门齿,所有的牙齿都是小的。这个男人有一个女儿,生下来就有耳毛;并且毛很快地便扩展到她的全身。当余鲁船长[5]访问缅甸宫廷时,他看到这个女儿长大了:她的相貌奇怪,就连她的鼻子也密生软毛。像她的父亲那样,她只有门齿。皇帝困难地花钱找到一个人同她结婚,她生下两个孩子,其中一个男孩的耳毛在十四个月的时候就长出耳外,并且还生有胡须。因此,这种奇怪的特性已经遗传了三代,并且外祖父和母亲都缺少臼齿,婴孩将来是否也没有臼齿,现在还无法说。

最近在俄国发生过一个类似的例子,一个五十岁的男人和他的儿子满脸生毛。亚力克·勃兰得(Alex Brandt)博士曾给我送来一篇有关这个例子的记载,并附有颊上的极细的毛。这个人的牙齿是不完全的,下颚只有四个门齿,上颚有两个门齿。他的儿子约三岁,除了下颚的四个门齿以外,全无牙齿。正如勃兰得博士在信中所说的,这种情形无疑是由于毛和齿的发育受到了阻止。我们在这里看到,这等阻止一定同普通的生活条件非

---

[1] 《动物学会会报》,1833 午,第 113 页。

[2] 塞治威克:《英国和外国外科医学评论》,4 月,1863 年,第 453 页。

[3] 《艺园者记录》,1849 年,第 205 页。

[4] 《阿瓦宫廷出使记》,第一卷,第 320 页。

[5] 《1855 年出使阿瓦宫廷记》,第 94 页。

常无关,因为一个俄国农民的生活同一个缅甸土人的生活是完全不同的①。

这里还有另一个多少不同的例子,是由华莱士先生根据牙医波尔兰得(Purland)博士的权威材料写信告诉我的:西班牙舞蹈家朱理亚·帕斯特拉娜(Julia Pastrana)是一位非常优雅的妇女,但她有浓密的男性须和多毛的额;她照过相片,并且她的剥制的皮肤在一次展览会上展览过;不过同我们有关系的是她的上颚和下颚有两列不整齐的牙齿,一列位于另一列的内侧,波尔兰得博士取过一个模型。由于牙齿的过多,她的嘴向前突出,并且她的面容像一个大猩猩。这等例子以及那些无毛狗的例子有力地使我们想起以下的事实,即哺乳动物的两个目——贫齿目(Edentata)和鲸目(Cetacea)——的皮肤是最异常的,它们的齿同样也是异常的,不是不完全就是过多。

视觉器官和听觉器官以及种种皮肤附属物一般被承认是同原的;因此,这等部分容易相关地受到异常的影响。怀特·考珀(White Cowper)先生说,"在他注意到的双眼小眼症(microphthalmia)的所有场合中,他总是同时遇到齿系的不完全发育"。某些类型的盲目似乎和毛发的颜色相伴随;一个黑头发的男人同一个淡色头发的女人结婚了,他们的体质都健壮,有九个孩子,生下来全是盲目的,其中五个孩子的"头发是黑的,虹膜是褐色的并且患黑内障(amaurosis);另外四个孩子的头发是淡色的,虹膜是蓝色的,兼患黑内障和白内障(cataract)"。还可以举几个例子来阐明各种眼病和耳病之间存在着某种关联;例如,李勃瑞哈(Liebreich)说,在柏林的 241 个聋哑人中患有一种叫做色素网膜炎(pigmentary retianitis)的罕见疾病的,不下 14 人。怀特·考栢先生和阿尔博士说,不能分辨颜色,即色盲症"常常伴随着相应地不能分辨音乐的声调"②。

这里有一个更奇妙的例子:白猫如果具有蓝色的眼睛,它们几乎永远是聋的。以前我以为这是一个不变的规律,但我听到少数可信的例外。最初两个报告在 1829 年发表,是关于英国猫和波斯猫的:勃瑞牧师有一只雌的波斯猫,他说,"在同一胎的后代中,凡是像母亲那样完全是白色的小猫(蓝眼睛)都像她那样,一定是聋的:而那些在毛皮上稍微有一点色斑的小猫一定都有普通的听觉"③。达尔文·福克斯牧师告诉我说,他在英国猫、波斯猫和丹麦猫中所看到的这种相关的事例总在十二个以上;但他补充说,"正如我几次观察到的,如果一只眼不是蓝色的,这只猫就能听。另一方面,我从来没有看见过具有普通颜色的眼睛的白猫是聋的"。在法国,西切尔(Sichel)④在二十年间观察了同样的事实;他还补充一个值得注意的例子,即在四个月的末尾虹膜开始变黑时,这只猫也最初开始能听了。

猫的这个相关的例子曾经打动了许多人,都认为这是不可思议的。蓝眼和白毛之间的关系并不异常,我们已经看到视觉器官和听觉器官常常同时受到影响。在现在这个事

---

① 我感谢圣彼得堡的巧曼(M. Chauman),他赠给我这个人及其子的照相,他们此后在巴黎和伦敦被展览过。

② 这些叙述引自塞治威克先生,见《外科医学评论》,7 月,1861 年,第 198 页;4 月,1863 年,第 455,458 页。李勃瑞哈,在德瓦伊的《血族通婚》中引用,1862 年,第 116 页。

③ 拉乌顿的《博物学杂志》,第一卷,1829 年,第 66,178 页。再参阅卢凯斯,《自然遗传》,第一卷,第 428 页,关于猫的耳聋的遗传。推特(L. Tait)先生说,只有雄猫才这样受到影响(《自然杂志》,1873 年,第 323 页);但这一归纳一定是轻率的。关于雌猫,在英国的第一个例子是由勃瑞先生记载的,并且福克斯先生告诉我说,他曾由一只蓝眼白猫繁育出一些小猫,它们都是完全聋的;他还看到过其他雌猫也是这样。

④ 《自然科学年报》,《动物学部分》,第三辑,1847 年,第八卷,第 239 页。

例中，其原因大概在于同感觉器官有关联的神经系统的发育受到了轻微的阻止。小猫在最初生下来的九天中似乎是完全聋的，这时它们的眼睛是闭着的；我曾用火钳和煤铲在它们的头上弄出很响的叮当声音，无论在它们睡或醒的时候，都没有产生任何影响。千万不要这样来试验：靠近它们的耳朵喊叫，因为即便在睡着的时候，它们对于呼出的气也是极端敏感的。且说，只要小猫的眼睛还是继续闭着的时候，虹膜无疑是蓝色的，因为在我看到的所有小猫中，这种颜色要保持到眼睑开放之后的一些时候。因此，如果我们假定视觉器官和听觉器官的发育在眼睑关闭的阶段受到了阻止，那么眼睛大概会永远保持蓝色，而耳朵大概也不能听到声音；这样，我们就可以理解这个奇妙的例子了。然而，因为毛的颜色在降生很久以前就被决定了，并且因为眼的蓝色和毛的白色显然是有关联的，所以我们必须相信有某种根本原因在更加早得多的时期发生了作用。

截至现在，我们所举的相关变异性的事例主要是关于动物界的，现在我们谈一谈植物。叶、萼片、花瓣、雄蕊和雌蕊全是同原的。在重瓣花中，我们看到雄蕊和雌蕊按照同样方式进行变异，并且呈现花瓣的形态和颜色。在重瓣耧斗菜(*Aquilegia vulgaris*)中，雄蕊的连续的轮(whorls)变成了丰饶角(comucoplas)，它们一层包着一层，同真的花瓣相似。在重叠花(hose-in-hose flowers)中，萼片模拟花瓣。在某些场合中，花和叶的颜色一齐变异：在所有紫花的普通豌豆变种中，托叶上都有一个紫色标记。

费维尔说，在藏报春(*Primula sinensis*)的变种中，花的颜色显然同叶的底面的颜色相关；他还补充说，具有流苏状花的变种几乎永远有大而气球般的萼[①]。关于其他植物，叶和果实或种子的颜色一齐变异，例如美国梧桐(sycamore)的一个奇妙的淡色叶的变种就是这样，这个变种最近在法国被人描述过[②]；还有紫叶的欧洲榛子也是这样，它的叶、坚果壳、环绕仁的薄皮全是紫色的[③]。果树学者根据实生苗的叶的大小和外观可以在某种范围内推测果实的大概性质；因为，正如凡蒙斯所说的[④]，叶的变异一般伴随着花的、因而果实的某种改变。在具有狭而弯扭的、长度一码以上的果实的蛇甜瓜(Serpem melon)中，植株的茎、雌花的梗和叶的中央裂片全是显著地长形的。另一方面，具有矮小茎的南瓜属(Cucurbita)的几个变种。就像诺丹所说的那样，全都生有同样特殊形状的叶子。莫乌先生告诉我说，具有短缩或不完全的叶的猩红色天竺葵的所有变种都有短缩的花："华美"(Brilliant)和它的亲本"矮人"(Tom Thumb)之间的差异是关于这一点的良好事例。利梭[⑤]描述过一个关于柑橘变种的奇妙例子：这个变种在幼小新梢上生出具有有翅叶柄的圆形叶子，其后在长的、但无翅的叶柄上生出长形叶子；可以怀疑这个例子同果实在发育期间所发生的形态和性质的显著变化有关联。

在下述事例中，我们看到花瓣的颜色和它的形态显然是相关的，并且这都取决于季节的性质。精通这个问题的一位观察者写道[⑥]，"在1842年我注意到，凡是具有任何猩红

① 《科学界评论》，6月5日，1869年，第430页。
② 《艺园者记录》，1864年，第1202页。
③ 沃尔洛特举出几个其他事例，《变种》，1865年，第72页。
④ 《果树》(*Arbres Fruitiers*)，1836年，第二卷，第204、226页。
⑤ 《博物馆年报》，第二十卷，第188页。
⑥ 《艺园者记录》，1843年，第877页。

色倾向的大丽菊都有深的缺口——的确，缺口大到这样的程度。以致它们的花瓣像一个锯；在某些事例中，这种缺刻深达四分之一英寸"。再者，大丽菊的花的尖端如果同其余部分的花色不一样，它们就是很不稳定的；在相当的年代中有些花、甚至全部的花都会变成一致颜色的；已经观察了几个变种①；当这种情形发生时，花瓣就大大地变长了并且失去了固有的形状。然而，这种情形可能是由于在颜色和形态上返归原始物种的缘故。

在这一关于相关作用的讨论中，截至现在我们所取用的例子都是我们能够部分地理解其联结关系的；不过现在我将举一些例子，在这里我们甚至无法推测或者只能模糊地知道这种关系的性质。小圣伊莱尔在他的论"畸形"的著作中主张②"某些畸形很少是同时存在的，其他畸形则常常是同时存在的，还有一些畸形差不多是常常同时存在的，虽然它们之间有重大性质的差异并且看来好像是彼此完全无关的"。我们在某些疾病中看到多少相似的情形：例如，患了一种罕见的副肾（renal capsules）疾病（副肾的机能还不知道），皮肤就会变成青铜色；患有遗传性的梅毒，正如佩吉特爵士向我说的，乳齿和恒齿便呈现一种特殊的形状。罗列斯顿教授也向我说，和结核病的肺内沉淀相关，门齿时常具有维管状。在肺结核和黄萎病（cyanosis）的其他例子中，指甲和指端变成为槲果般的棍状。我相信对于这等以及许多其他相关的疾病的例子，还没有提供过任何解释。

比以前根据推葛梅尔先生的权威材料所提出的事实更加奇妙和更加不易理解的，还能有吗？这就是，所有品种的幼小鸽子当成熟以后如果具有白色、黄色、银青色或黄棕色的羽衣，它们在孵化出来的时候几乎都是无毛的；而其他颜色的鸽子在最初孵化时却被有丰满的绒毛。白色孔雀，正如在英国和法国所看到的那样③，并且像我自己所看到的那样，都小于普通颜色的种类；这种情形不能用白化（albinism）永远伴随着体质衰弱的那种信念来解释；因为白色的或白化的鼹鼠一般都大于普通种类。

转来谈一谈更加重要的性状：彭巴草原的尼亚太牛以它们的短额、向上翻的嘴和弯曲的下颚而引人注意。在头骨中，鼻骨和前颌骨大大缩短了，上颌骨同鼻骨一点也不连接，并且所有的骨都微有改变，甚至枕骨的平面也是如此。根据今后将要举出的有关狗的相似例子看来，鼻骨和邻接骨的缩短大概是头骨的其他改变——包括下颚的向上弯曲——的近因（proximate cause），虽然我们还不能查明这等变化所赖以完成的步骤。

波兰鸡在头上有一个大羽簇；并且它们的头骨穿有无数小孔，所以用一根针就可刺入脑中而一点也不触及头骨。从羽冠鸭和羽冠鹅同样也有穿孔的头骨看来，这种骨的缺陷显然同羽簇有某种关联。有些作者大概把这个例子视为平衡或补偿。我在讨论鸡的那一章中已经阐明，波兰鸡的羽簇最初大概是小的，由于连续的选择它变大了，并且这时位于一个纤维质块之上；最后，它就变得益发大了，头骨本身也变得愈益隆起，直到它获得现在这样的异常构造。通过和头骨隆起的相关，前颌骨和鼻骨的形状、甚至它们的相互接合、鼻孔的形状、额头的宽度、额骨和鳞骨的后面侧突起的形状以及耳的骨内腔的方

---

① 《艺园者记录》，1845年，第102页。

② 《畸形史》，第三卷，第402页。再参阅达列斯特，《关于产生畸形的条件的研究》，1863年，第16、48页。

③ 狄克逊牧师，《观赏鸡》，1848年，第111页；小圣伊莱尔，《畸形史》，第一卷，第211页。

向全都改变了。头骨的内部形状和脑髓的整个形状同样地也以真正不可思议的方式改变了。

在波兰鸡的这个例子之后,再提出以前所举出的有关以下情形的细节大概是多余的:即在鸡的各个不同品种中,肉冠的形状变化影响了头骨,通过相关作用,这成为羽冠、头骨表面的隆起和低陷的原因。

关于我们的牛和绵羊,角和头骨的大小并且和额骨的形状有密切的关联;例如克林[①]发现有角公羊的头骨比同龄的无角公羊的头骨重五倍。当牛变成无角的时候,额骨"向着后头部的宽度大大地缩减了";并且骨板之间的腔"也不那样深了,而且它们没有超出额骨"[②]。

我们最好在这里暂时停下来看一看相关的变异性的效果、部分的增强使用的效果以及通过自然选择的所谓自发变异的积累效果在许多场合中怎样难解难分混淆在一起了。我们可以借用赫伯特·斯宾塞先生的一个例子,他说,当爱尔兰麋获得它的重达一百磅以上的巨大角的时候,构造的很多相互调和的变化大概是不可避免的——这就是说,为了支持住角,头骨变厚了;颈椎加强了,韧带也加强了;为了支持住颈,胸椎变大了,前腿和脚也更强有力了;所有这等部分都被供给了适当的肌肉、血管和神经。那么,构造的这等令人赞叹的相互调和的变化是怎样获得的呢? 按照我所主张的学说,雄麋的角是通过性选择而慢慢得到的——这就是说,由于装备最好的雄麋打败了装备最坏的雄麋,并且遗留下大量的后代。但是,身体的几个部分同时发生变异则毫无必要。每一个雄鹿都表现有个体的特征,在同一地区内,那些具有稍微大一点的角、或比较强的颈、或比较强的身体、或勇气最大的雄鹿将会得到大量的雌鹿,因而可以有大量的后代。它们的后代将会或多或少地遗传有这等同样的性质,它们将会偶尔地彼此进行交配,或者同其他按照某种有利途径发生变异的个体进行交配;在它们的后代中,那些在任何方面被赋予最优良性质的个体将会继续繁殖;这样前进下去,有时在这一个方向,有时在那一个方向,永远朝着雄麋的相互调和得最好的构造前进。为了把这一点搞清楚,让我们回想一下在第十二章中所举出的一种情形,即竞跑马和挽马达到今天这样优良状态所经过的大概步骤;如果我们能够看到其中一种马和早期未改进的祖先之间的中间类型的整个系列,我们就会看到大量这样的动物:它们的整个构造在每一个世代都有不等的改进,有时在这一点改进得多一些,有时在那一点改进得多一些,但总的看来,它们在性状上逐渐接近我们现在的竞跑马或挽马,这等马在一种场合中非常令人赞叹地适于快跑,而在另一种场合中则非常令人赞叹地适于拉车。

虽然自然选择会像上述那样地[③]把雄麋的现在构造给予它,但使用的遗传效果以及

---

① 《家养动物的繁育》,1829 年,第 6 页。

② 尤亚特论《牛》,1843 年,第 283 页。

③ 赫伯特·斯宾塞先生采用了不同的观点(《生物学原理》,1864 年,第一卷,第 452、468 页);他在某一地方说道,"我们有理由相信,当基础的能力增加得愈来愈快的时候,并且当在任何既定的机能中相互合作的器官增多得愈来愈快的时候,通过自然选择的间接平衡所具有的产生特殊适应性的能力就愈来愈小;能够完全做到的只是维持体质对于生活条件的一般适应而已"。这种观点——自然选择在改变高等动物中能够作的不多——使我感到惊奇,因为人工选择无疑地对于家养四足兽和家养鸟类起了很大作用。

各个部分的相互作用的遗传的效果大概同等重要或者更加重要。当角逐渐增加其重量时，颈肌以及颈肌所附着的骨大概在大小和力量土也增加了；这等部分大概又会对于身体和腿发生作用。我们千万不要忽略以下的事实，即头骨和四肢的某些部分，根据类推来判断，从最初大概就有按照相关方式发生变异的倾向。角的增加重量也会直接影响头骨，这同以下的情形是一样的：当狗的腿骨被移去一根之后，势必支持全身重量的另一根就会增粗。但从有关无角牛和有角牛的事实看来，角和头骨大概通过相关原理立刻彼此发生作用。最后，增大了的肌肉和骨的此后消耗大概需要血液的增多供给，因而需要食物的增多供给；这又需要咀嚼、消化、呼吸以及排泄各种能力的增大。

和体质特性相关的颜色

有一种古老的信念：肤色和体质之间有一种关联；我发现有些最高的权威者直到今天还相信这一点[①]。例如，贝斗（Beddoe）用他的表阐明了[②]毛发、眼睛、皮肤的颜色和易患肺病之间有一种关系存在。有人断言[③]，在侵入俄国的法国军队中，来自欧洲南部的具有暗色皮肤的兵士比来自北方的淡色皮肤的兵士可以较好地抵抗严寒；不过这等叙述无疑是容易有错误的。

在讨论"选择"的第二章中*，我已举出几个例子来证明在动物和植物的场合中颜色的差异和体质的差异是相关的，这从对于某些疾病的较大或较小的免疫性，从对于寄生植物或寄生动物的攻击的较大或较小的免疫性，从对于日灼的较大或较小的不感性，以及从对于某些毒物作用的较大或较小的不感性得到了说明。当任何一个变种的所有个体都具有这种性质的免疫性时，我们不知道这和它们的颜色有任何程度的相关；但是当同一物种的几个同样颜色的变种具有这样的特性时，而其他颜色的变种却不能这样免疫，那么我们必须相信这种相关是存在的。例如，在美国许多种类的紫色果实的李远比绿色果实或黄色果实的变种容易感染某一种病。另一方面，各种黄色果肉的桃远比白色果肉的变种容易受到另一种病的危害。在毛里求斯，白色甘蔗远比红色甘蔗容易感染一种特殊病。白色的玉葱和马鞭草最容易感染露霉病；在西班牙，绿色果实的葡萄比其他颜色的变种受到葡萄病的危害较大。暗色的天竺葵和马鞭草所受到的日灼比其他颜色的变种为甚。红皮小麦据信比白皮小麦的抗性较强；在荷兰的一个特殊的冬季里，红花洋水仙比其他颜色的变种受到了更大的损害。关于动物，白色的小猎犬受到犬瘟热病的危害最甚，白色的雏鸡受到气管中寄生虫的危害最甚，白色的猪受到日灼的危害最甚，白色的牛受到蝇的危害最甚：但在法国产生白茧的蚕的幼虫却比产生黄丝的蚕的幼虫受到致死的寄生菌危害较小。

同颜色有关联的对于某些植物性毒物的不感性的例子更加有趣，并且在目前来说，

---

① 波洛斯浦尔·卢凯斯显然不相信这种关联；《自然遗传》，第二卷，第88—94页。

② 《英国医学学报》，1862年，第433页。

③ 鲍丁，《医学地理》（Géograph. Médicale），第一卷，第406页。

* 即本书的第二十一章。——译者注

这还是完全不能解释的。我已经根据外曼教授的权威材料提出了一个显著的事例,即所有的猪,除了黑色的以外,由于在弗吉尼亚吃了赤根而受到严重的危害。按照斯皮诺拉(Spinola)和其他人的材料[1],荞麦(*Polygonum fagopyrum*)在开花时对于白色的或白色斑点的猪高度有害,如果这等猪是暴露在太阳的炎热之下的,但对于黑色的猪却完全无害。按照两项记载,在西西里有一种金丝桃(*Hypericum crispum*)只对白色的绵羊有毒害;但按照利斯(Lecce)的材料这种植物只在生长于沼地时才有毒;这并不是不可能的,因为我们知道植物的生活条件可以多么容易地对于它们的毒质发生影响。

有关波斯东部发表过三项报告,其中指出白色的和白色斑点的马吃了发霉的和由害虫分泌的蜜所沾染的野豌豆就会受到重大损害;生有白毛的每一片皮肤都会发炎而腐烂。罗得威尔(Rodwell)牧师告诉我说,他父亲在一片野豌豆地上放牧了约十五匹二轮车马,这些野豌豆部分地长满了黑蚜虫,毫无疑问,这等部分会沾有蚜虫分泌的蜜而且可能是发霉的;这些马除了两匹以外都是栗色的,并且在面部和骰部有白斑,只有这等白色的部分肿起而结下发炎的痂。那两匹没有白斑的马则完全没有受到损害。在顾恩西,当马吃了欧洲缬形芹(*Aethusa cynapium*)之后,有时会大泻;这种植物"对于鼻和唇有特殊的影响,使它们深深裂开并发生溃疡,特别是对于白嘴的马更加如此"[2]。关于牛,尤亚特和埃尔特(Erdt)发表过的一些例子指出,同任何毒物的作用无关,使体质受到很大扰乱的皮肤病感染了每一处生有白毛的地方(在一事例中是暴露在炎热太阳下之后),但身体的其他部分则完全没有感染。关于马,也观察到相似的例子[3]。

这样,我们便可知道,不仅生有白毛的皮肤同生有其他任何颜色的毛的皮肤显著地有差异,而且某种体质上的巨大差异一定也同毛的颜色有关;因为在上述场合中,植物性毒物致使了所有白色的或白色斑点的动物发烧、头部肿胀以及其他病症而至死亡。

---

① 这个事实以及下述的例子,当没有说到同此相反的情形时,都是引自霍依兴格的一篇很引人注煮的论文,见《医学杂志》,5月,1846年,第277页。沙特加斯特(Settegast)说,白色的或白色斑点的绵羊由于吃了荞麦,像猪那样地受到损害,甚至死去;而黑毛的或暗色毛的个体则一点不受影响。

② 摩哥弗特(Mogford)先生,《兽医》,在《大地》中引用,1月22日,1861年,第545页。

③ 《爱丁堡兽医学报》(*Edinburgh Veterinary Journal*),10月,1860年,第347页。

第二十六章

变异的法则(续)——提要

· *Laws of Variation(Continued)—Summary* ·

同原部分的融合——重复的和同原的部分的变异性——生长的补偿——机械的压力——当诱发变异时,同轴有关的芽的相对位置以及子房中种子的相对位置——近似的或平行的变异——三章的提要

同原部分的融合　　老圣伊莱尔以前提出过他所谓的"彼此亲和的法则"(la loi de l'affinité de soi pour soi),他的儿子小圣伊莱尔就动物界的畸形[①]并且摩坤·丹顿就畸形的植物讨论了并且解说了这一法则。这一法则的含义似乎是,同原部分实际上彼此吸引然后结合。毫无疑问,有许多这样不可思议的例子:这等部分密切地融合在一起了。在双头怪物中恐怕最好地看到了这种情形,它的顶端和顶端、或者脸和脸、或者两面神般地背面和背面、或者斜着侧面和侧面结合起来了。在一个微斜地脸和脸几乎结合起来的双头事例中,四只耳朵都是发育的,并且在一侧是一个完全的脸,这个脸显然是由于两个半脸的融合而被形成的。当两个体部或两个头结合起来的时候,每一根骨、肌肉、血管和神经好像都找到了它的伙伴,并且同它完全融合起来了。勒包尔特(Lereboullet)[②]仔细研究过鱼类的双头畸形的发育,他在十五个事例中观察了两个头逐渐结合成一个头的步骤。大多数有才能的判断者现在都认为,在所有这等场合中同原部分彼此并不吸引,但劳恩先生[③]说,"因为这种结合是在不同器官分化以前发生的,所以它们是彼此连续地被形成的"。他又说,已经分化了的器官大概在任何场合中都不会同同原器官结合起来。达列斯特[④]并没有十分肯定地反对"彼此亲和的法则",但他的结论却是,"如果结合的胚属于同一个卵,畸形的形成就是完全可以理解的;融合是在形成的同一时期,在胚的最初生活时期以外不营结合,细胞或器官都是由一样的元体质构成的"。

同原部分的畸形融合无论是以怎样的方式来完成的,这等例子对于以下的情形总是提出了解释,即常常有些器官在胚胎期间是双重的(在同纲的其他低等成员的一生中都是如此),但此后在正常过程中结合成单独一个中间器官了。关于植物界,摩坤·丹顿[⑤]举出了一长系列的例子,它们阐明了像叶、花瓣、雄蕊、雌蕊和花那样的同原部分以及像芽和果实那样的聚合的同原部分正常地或异常地以完全的对称多么常常地混合在一起了。

重复的和同原的部分的变异性　　小圣伊莱尔主张[⑥],当任何部分或器官在同一动物中重复许多次时,它们特别容易正数量和构造上发生变异。关于数量,我认为这种主张已经完全得到了确认;不过它的证据主要是来自在自然状况下生活的生物,这一点同我们在这里所讨论的没有关系。当像椎骨或牙齿、鱼类的鳍刺、或鸟类的尾羽、或花瓣、雄蕊、雌蕊或种子是非常多的时候,其数量一般是容易变异的。关于重复部分的构造,有关变异性的证据并不那样具有决定性;但就可以相信的来说,这个事实大概决定于重复部

◀蝴蝶兰。

---

① 《畸形史》,1832年,第一卷,第 22、537—556 页;第三卷,第 462 页。

② 《报告书》,1855年,第 855、1029 页。

③ 《皇家外科协会博物馆畸形类目录》(*Catalogue of the Teratological Series in the Museum of the R. Coll. of Surgeons*),1872 年,第 16 页。

④ 《动物学实验文存》(*Archives de Zoolog. Expèr.*),1 月,1874 年,第 78 页。

⑤ 《植物畸形学》(*Tératologie Vég.*),1841 年,第三卷。

⑥ 《畸形史》,第三卷,第 4、5、6 页。

分的生理重要性不如单一部分的大；因而它们的构造所受到的自然选择的监护就比较不严格。

生长的补偿或平衡　歌德（Goethe）和老圣伊莱尔几乎同时提出了这一法则，并把它应用于自然的物种。它的含义是，当大量的有机物质被用来建造某一部分时，其他部分就要陷于饥饿而变得缩小了。若干作者，特别是植物学者，都相信这一法则；还有一些人则反对它。就我所能判断的来说，它时常是适用的；不过它的重要性大概被夸大了。几乎不可能把这种补偿的假定效果和可能导致某一部分增大、同时另一部分缩小的长期不断的选择效果加以区别。无论如何，一个器官在一个邻接器官并不相应缩小的情况下无疑可以大大地增大。回头来看一看以前提出的那个爱尔兰麋的例证，那么可以这样问：由于角的巨大发育，什么部分受到了牺牲呢？

已经看到，生存斗争在家养产物中并不剧烈，结果生长的经济原理就很少起作用，所以我们不应期望在它们当中屡屡找到补偿的证据。然而我们还有一些这等例子。摩坤·丹顿描述过一种畸形的豆[①]，它的托叶非常发达，因而它的小叶显然完全退化了；这个例子是有趣的，因为它代表了一种山豌豆（*Lathyrus aphaca*）的自然状态，这种山豌豆的托叶是大型的，叶缩小成仅仅一条线，作为卷须来发生作用。得康多尔[②]曾说，小根的萝蔔（*Raphanus sativus*）产生很多含油量大的种子，而那些大根的萝蔔种子的含油量并不大；芸薹属的一个物种（*Brassica asperifolia*）也是如此。按照诺丹的材料，大果实的西葫芦产量小；而小果实的西葫芦则产量大。最后，我在十八章中曾试图阐明，在许多栽培植物中，不自然的处理会抑制生殖器官的充分的和固有的作用，这样它们便或多或少成为不稔的了；因而在补偿的情况下果实便大大地增大了，并且重瓣花的花瓣在数量上大大增加了。

关于动物，已经发现育成在一种大量泌乳之后还能充分长肥的母牛是困难的。关于具有大型羽冠和须的鸡，它们的肉冠和肉垂一般都大大地缩小了；虽然对于这一规律还有例外。扇尾鸽的油腺的完全缺如可能同它们的尾的巨大发育有关联。

作为变化的一种原因的机械压力　在某些少数场合中有理由可以相信，仅仅机械的压力就影响了某些构造。弗洛利克和韦勃尔[③]主张，母亲的骨盆形状对于人类的头形有影响。不同鸟的肾脏在形状上大不相同，圣安季（St. Ange）[④]相信这是由骨盆形状所决定的，毫无疑问，骨盆的形状同运动能力又有密切的关系。蛇的内脏位置同其他脊椎动物的内脏位置比较起来，是美妙地被转换了；有些作者把这种情形归因于它们的身体的伸长；但正如在许多上述场合中那样，在这里要把这种直接结果和自然选择所引起的结果分清是不可能的。高德龙主张[⑤]，在紫堇属（Corydalis）中花的内距的退化是由于芽在地下时的很早生长期间彼此紧压并且向茎紧压而引起的。有些植物学者认为，无论种子的或花冠的形状的奇特差异以及某些菊种植物和散形科植物的内小花和外小花的奇特差

①　《植物畸形学》，第 156 页。再参阅我的著作《攀缘植物的运动和习性》，第二版，1875 年，第 202 页。
②　《博物馆纪要》，第八卷，第 178 页。
③　波利卡得，《人类体格史》，1851 年，第一卷，第 324 页。
④　《自然科学年报》，第一辑，第十九卷，第 327 页。
⑤　《报告书》，12 月，1864 年，第 1039 页。

异,都是由于内小花所蒙受的那种压力所致;不过这个结论是可怀疑的。

刚才举出的那些事实同家养产物没有关系,所以同我们没有严格的关系。不过这里有一个比较适当的例子:缪勒[①]曾指出,在狗的短面族中,某些臼齿的位置同其他狗的、特别是同长嘴狗的臼齿位置稍有差异;正如他所说的,齿的排列的任何遗传的变化,就其在分类上的重要性来看,都是值得注意的。这种位置上的差异是由于某些面骨的缩短以及因此而引起的缺少空间所致;而这种缩短则是由于胚胎时期的小猎犬骨的特殊而异常的状态所致。

当诱发变异时,同轴有关的花的相对位置
以及子房中种子的相对位置

在第十三章中对于各种反常整齐花已经有所描述,并且阐明了它们的产生不是由于发育受到阻止就是由于返归原始状态。摩坤·丹顿曾说,主茎顶端或侧枝顶端上的花比边上的花容易成为反常整齐的[②];他并且在其他事例中引用了钟形石蚕(*Teucrium campanulatum*)作为例证。关于我栽培的另一种唇形科植物、即黄色大天使花(*Galeobdolon luteum*),反常整齐花永远产于顶端,那里通常是不开花的。在天竺葵属中,往往花簇中只有一朵花是反常整齐的,当这种情形发生时,我曾在几年中不可避免地观察到这朵花一定是中央花。这种情形如此屡屡发生,以致一位观察者[③]举出了同时开花的十个变种的名称,每一个变种的中央花都是反常整齐的。在花簇中偶尔有一朵以上的花是反常整齐的,这时附加的花当然是侧生的。这等花是有趣的,因为它们阐明了整个构造何等彼此相关。在普通天竺葵中上萼片长成为附着在花梗的蜜腺;两个上花瓣在形状上稍微不同于三个下花瓣,并且是暗色的;雄蕊渐次变长并且向上翻。在反常整齐花中,蜜腺退化了;所有花瓣的形状和颜色都变得相似了;雄蕊的数目一般减少了而且成为直形的,所以整个的花同其近似属牻牛儿苗(*Erodium*)的花相似。当两个花瓣的仅仅一个失去它的暗色标志时,这等变化之间的相关便得到了充分的阐明,因为在这种场合中,蜜腺并不完全退化,但其长度通常是缩短了。[④]

摩兰曾经描述过[⑤]荷包花属(*Calceolaria*)的一种奇异的瓶状花,其长度几乎达四英寸,而且差不多是完全反常整齐的;它生长在植物的顶端,每一边生有一朵正常花;威斯特乌得教授也曾描述过[⑥]三朵相似的反常整齐花,它们全都占据着花枝的中央位置。在兰科植物的一属——蝴蝶兰(*Phalaenopsis*)中,已经看到其顶花变成反常整齐的了。

---

① 《胎儿佝偻病》,《韦尔包克尔医学杂志》(*Würzburger Medicin Zeitschrift*),1860 年,第一卷,第 265 页。
② 《植物畸形学》,第 192 页。
③ 《园艺学报》,7 月 2 日,1861 年,第 253 页。
④ 值得试验一下用同样的花粉使天竺葵的中央花和侧花受精,当然要使它们同昆虫隔离:然后分别播种它们的种子,看一看究竟是这一区还是那一区的实生苗变异最大。
⑤ 在《园艺学报》中引用,2 月 24 日,1863 年,第 152 页。
⑥ 《艺园者记录》,1866 年,第 612 页。关于蝴蝶兰,参阅同杂志,1867 年,第 211 页。

在金链花中,我观察到总状花序的约四分之一产生了失去蝶形构造的顶花。在同一总状花序上的几乎所有其他花凋谢之后,它们才开。最完全反常整齐的例子是六个花瓣各都具有旗瓣纵线条那样的黑色纵线条。龙骨瓣(Keel)似乎比其他花瓣能够抵抗这种变化。丢楚谢(Dutrochet)曾描述过[1]一个法国的完全一样的例子,我相信,关于金链花的反常整齐花,这是被记载下来的仅有两个事例。丢楚谢说,金链花的总状花序原来不产生顶花,所以(正如在大天使花的场合中那样)它们的位置以及构造都是畸形的,并且无疑在某种方式上是相关的。马斯特博士大略地描述过另一种豆种植物[2],即三叶草的一个物种,这个物种的最上方的中央花是整齐的,即失去了它们的蝶形构造。在某些这等植物中,其花序也是多育的。

最后,柳穿鱼属(*Linaria*)产生两种反常整齐花,一种是单瓣的,另一种全部生距。正如诺丹所说的[3],这两种类型常常发生在同一植株上,在这样场合中有距的类型几乎一定生在穗状花序的顶端。

顶花或中央花比其他花更常常成为反常整齐的倾向大概是由于"枝条末端的芽所接受的树液最多;由它长成的枝条比位于下部的枝条较强壮"[4]。我曾讨论过反常整齐花和中央位置的关联,我这样作部分地因为某些少数植物据知正常地产生一朵不同于侧花构造的顶花;但主要地还是因为以下的情形,在这种情形中我们可以看到一种同同一位置相关联的变异性或返祖的倾向。一位对黄色报春花(Auricutas)的伟大判断者[5]说道,当边花开放时,它相当肯定地可以保持它的性状;如果在植株的中央部分开花,那么不管其边缘的颜色怎样,"它们总不同于原来的种类"。这是一个如此有名的事实,以致一些花卉栽培者按时地捏掉中央花簇。在高度改良的变种中,中央花簇离开其固有模式是否由于返祖,我不知道。道勃瑞恩(Dombrain)先生主张,不论各个变种中的不完善具有怎样最普通的性质,中央花簇的这种情形一般是被夸大了。例如,一个变种"时常有在花的中央产生绿色小花的缺点",而在中央花中这等小花变得非常大。在道勃瑞恩先生送给我的一些中央花中,花的所有器官的构造都是痕迹的,形小,并且是绿色的,所以再向前变化一点,所有的花大概都会转变为小叶。在这种场合中我们清楚地看到一种再育(prolification)的倾向——对于没有研究过植物学的人们,我愿意解释一下这个术语,它的意义是,从另一朵花产生出一个枝条,或一朵花、或花序。那么,马斯特博士[6]说,一种植物的中央的或最上方的花一般最容易再育。例如,在黄色报春花的变种中,它们的固有性状的消失和再育的倾向,还有反常整齐花的再育的倾向,全是彼此有关联的,这不是由于发育受到阻止就是由于返归以前的状态。

下面是一个更有趣的例子:梅兹加[7]在德国栽培了几种引自美国炎热地方的玉蜀

---

① 《植物的……报告》,1837 年,第二卷,第 170 页。
② 《园艺学报》,7 月 23 日,1861 年,第 311 页。
③ 《博物馆新报》,第一卷,第 137 页。
④ 雨果·冯摩尔(Hugo Von Mohl):《植物的细胞》,英译本,1852 年,第 76 页。
⑤ 道勃瑞恩牧师:《园艺学报》,1861 年,6 月 4 日,第 174 页;6 月 25 日,第 234 页;1862 年,4 月 29 日,第 83 页。
⑥ 《林奈学会会报》,第二十三卷,1861 年,第 360 页。
⑦ 《禾谷类》,1845 年,第 208、209 页。

黍,正如以前所描述的,他发现在两三代中谷粒的形状、大小和颜色都发生了重大变化;关于两个族,他明确地说道,当各个穗上的下部谷粒还保持其固有的性状时,最上方的谷粒已经呈现了所有谷粒在第三代中所获得的那种性状。因为我们不知道玉蜀黍的原始祖先,所以我们还不能说出这等变化同返祖是否有什么关联。

在下述一些场合中,返祖发生了作用,并且是由荚中的种子位置来决定的。蓝色皇家豌豆(Blue Imperial pea)是蓝色普鲁士豌豆(Blue Prussian pea)的后代,并且它们的种子比亲本的为大,而且荚较宽。堪特马利的马斯特先生是一位谨慎的观察者和豌豆新品种的培育者,他说[1],蓝色皇家豌豆总是有一种返归原始祖先的强烈倾向,这种倾向"是按照这样的方式发生的:荚中最后的(即最上方的)豆粒往往比其余的豆粒小得多;如果细心地采集这等小型种子并且隔离播种,很多小型种子比荚的其余部分的种子在比例上将会更多地返归它们的原始祖先"。再者,贾得(M. Chaté)[2]说道,在培育实生的植株时,他成功地得到了80%的枝条都开重瓣花,只留下少数的次生枝(secondary branches)结子;但他接着又说,"在选出种子的时候,荚的上部种子应被分开并且放在旁边,因为已经确定,位于荚的这个部分的种子所长出的植株将开80%的单瓣花"。那么,从重瓣植株的种子产生出单瓣植株显然是一种返祖的情形。后面这些事实以及中央位置同反常整齐花和再育之间的关联以一种有趣的方式阐明了,多么微小的一种差异——即流向植物的某一部分的体液多一点或少一点——就会决定构造的重要变化。

相似的或平行的变异 我借这个术语来表示,相似的性状不时出现于从一个物种传下来的几个变种或族并且比较罕见地出现于大不相同的物种的后代。我们在这里考虑的并不是像以前所讨论的变异原因,而是变异结果;不过在任何部分都不如在这里提出这一讨论更方便。相似变异的例子,就其起源来说,如果不顾细小的区分,可以分为主要的两类:第一,由于对相似体质的有机体发生作用的未知原因,因而按照相似方式进行变异;第二,由于重现多少遥远一点的祖先所拥有的性状。不过这两种主要的区分常常只能臆测地被划出,并且像我们即将看到的那样,它们渐次互变。

在不是由于返祖的第一类相似变异中,我们有许多这样的例子:属于完全异目的树产生了垂枝的和直生的变种。山毛榉、欧洲榛子和刺蘗产生了紫叶的变种;并且正如勃恩哈狄(Bernhardi)[3]所说的,大量的最不相同的植物产生了具有深缺刻叶或条裂叶的变种。从芸薹属(Brassica)的三个不同物种传下来的变种,它们的茎、即所谓根都扩大为球状块。油桃是桃的后代;桃和油桃的变种在果实的白色的、红色的或黄色的果肉方面——在黏核或离核方面——在花的大或小方面——在叶的锯齿状或圆齿状、具有球形腺或肾形腺或完全不具腺的方面提供了显著的平行现象。应当指出,油桃的各个变种的性状并不是来自相应的桃的变种。一个密切近似的属、即杏的若干变种也是按照差不多一样的平行方式而彼此有所差异。没有任何理由可以相信任何这等变种仅仅重新获得了长久亡失的性状;在大多数变种中肯定不是这样的。

---

[1] 《艺园者记录》,1850年,第198页。

[2] 在《艺园者记录》中引用,1866年,第74页。

[3] 《对于植物种的理解》(*Ueber den Bcgriff der Pflanzenart*),1834年,第14页。

南瓜属的三个物种产生了大量的族，它们的性状如此密切一致，以致像诺丹所主张的那样，它们可以被排列在几乎严格平行的系列中。甜瓜的若干变种是有趣的，因为它们在重要性状上同同属的或近似属的其他物种相似；例如，有一个变种的果实无论外在地和内在地同一个完全不同的物种、即胡瓜（cucumber）的果实如此相似，以致几乎它们没有区别；另一个变种具有圆筒状的果实，扭曲得像一条蛇；另一个变种的种子附着在果肉上；还有一个变种的果实在成熟时突然裂开而成为粉碎；所有这等高度显著的特性都是属于近似属的物种的特性。我们用返归单独一个古老类型几乎不能解释如此众多的异常性状的出现；但我们必须相信，同科的一切成员都从一个早期祖先那里遗传了几乎一样的体质。我们的谷类以及许多其他植物提供了相似的例子。

关于动物，同直接返祖无关的相似变异的例子比较少。我们在巴儿狗（pug-dog）和斗牛犬（bull-dog）那样短嘴族之间的相似上多少看到了这种情形；在鸡、鸽和金丝雀的羽脚族中，在表现同样色调的最不相同的马的族中，在具有黄褐色的眼点和脚的一切黑黄褐色的狗中，我们也多少看到了这种情形，不过在后一种场合中，返祖可能起了一部分作用。罗武曾说[①]，牛的若干变种"被盖上了床单"——这就是说，环绕它们的体部有一条宽阔的带斑，就像一条床单那样；这种性状是强烈遗传的，并且有时是从杂交中发生的；在返归早期模式上这可能是第一步，因为正如在第三章中所阐明的那样，具有暗色的耳、脚和尾端的白牛以前曾经存在过，并且现在以野化的或半野化的状态存在于世界上的几个地方。

在我们的第二个主要的类别中，即在由于返祖的相似变异这一类中，鸽子提供了最好的实例。在所有最不相同的品种中，亚变种不时表现有同原种岩鸽——具有黑翼带、白腰和带斑的尾等等——完全一样的颜色；没有人会怀疑这等性状是由于返祖。关于一些细节也是如此；浮羽鸽的尾原来是白色的，但不时有一只浮羽鸽生下来就具有暗色的和带斑的尾；突胸鸽的初级飞羽原来是白色的，但时常出现一只"剑状翼"的突胸鸽，这就是说，少数初级飞羽成为暗色的了；我们在这等场合中看到岩鸽所固有的、但对该品种来说则是一种新的性状，它们的出现显然是由于返祖。某些家养变种的翼带不像岩鸽那样是单纯黑色的而是美丽地镶着不同色层的边缘，这时它们同同科的某些自然物种（例如 *Phaps chalcoptera*）的翼带表现了显著的相似；从该科的所有物种都是由同一远祖传下来的并且具有按照同一方式发生变异的倾向，这种情形大概可以得到解释。这样，我们大概还能理解笑鸽的咕咕鸣声为什么几乎同雉鸠（turtle-dove）的一样；既然某些自然物种（即 *C. torquatrix* 和 *palumbus*）在飞翔上表现了奇特的样子，所以我们大概还能理解若干族的飞翔为什么各具特点。在其他场合中，一个族不是同一个不同物种相似，而是同某一个其他族相似；例如，某些侏儒鸽像扇尾鸽那样地战栗并且微举其尾；浮羽鸽像突胸鸽那样地使食管上部膨胀。

有一种普通的情况：某些颜色的标志不变地构成了一属的一切物种的特征，但其色调大不相同；同样的情形也见于鸽的变种；例如，有些具有红翼带的雪白变种，有些具有白翼带的黑色变种，而不是具有黑翼带的普通的青色羽衣；还有一些变种的翼带，正如我

---

① 《家养动物》，1845 年，第 351 页。

们已经看到的那样,优美地具有不同色调的层次。斑点鸽的特征是,除了额和尾有一斑点,整个羽衣都是白色的;不过这等斑点可能是红色的、黄色的或黑色的。岩鸽以及许多变种的尾都是青色的,外羽的外缘是白色的;但在僧侣鸽的亚变种中,我们看到一种相反样式的相关,因为它们的尾是白色的,而外羽的外缘则是黑色的[①]。

在鸟类的一些物种中,例如三趾鸥,某些有色的部分好像是差不多洗净了的那样,我曾观察到某些鸽的暗色末端的尾带具有完全一样的外观,某些鸭变种的整个羽衣也是如此。关于植物界也可举出相似的事实。

鸽的许多亚变种在头的后部生有倒逆的并且多少长一点的羽毛,这肯定不是由于返归亲种,因为关于这等构造亲种连一点痕迹也没有表现;但是,如果我们想起鸡、火鸡、金丝雀、鸭和鹅的亚变种在它们的头上不是生有羽冠就是生有逆羽;并且如果我们想起在鸟类的大自然类群中几乎不能指出一个,它的一些成员在头上不具羽簇,那么我们便可推测在这里返归某一极端遥远的类型大概发生了作用。

鸡的若干品种具有点斑的或条斑的羽毛;这筹羽毛不能来自亲种原鸡,虽然这一物种的某一早期祖先具有点斑并且另一祖先具有条斑,当然是可能的。但是,因为许多鹑鸡类的鸟不是具有点斑就是具有条斑,所以比较可能的一个观点是,鸡的若干家养变种从该科一切这样的成员获得了这种羽衣,即这等成员都遗传有按照同样方式进行变异的倾向。同样的原理可以用来解释某些无角绵羊品种的母羊同某些其他中空角的反刍类的母兽相似;也可以用来解释家猫的微具簇毛的耳朵同林狼的耳朵相似;还可以用来解释家养兔的头骨常常在山兔属(Lepus)的不同物种的头骨所赖以区别的同样性状上而彼此有所差异。

我将只举另外一个已经讨论过的例子。既然我们知道驴的野生祖先普通都有腿条纹,所以我们可以确信家驴的腿上不时出现条纹是由于返祖;但这不能解释肩条纹的下端为什么有时是角形地弯曲的或稍微地分叉的。再者,如果我们看到黄棕色的和其他颜色的马在脊、肩和腿上具有条纹,那么根据上述,便会使我们相信它们的重现是由于返归野生的亲种马。但是,如果马具有两三条肩条纹,其中一条的下端偶尔分叉,或者如果它们具有面条纹,要不像马仔那样地几乎全身都具有模糊的条纹,额部的条纹一条压着一条地成角形弯曲,或者在其他部分不规则的分叉,那么把这等分歧的性状归因于原始野马所固有的性状的重现,就未免轻率了。因为马属的三个非洲物种都有大量的条纹,并且因为看到不具条纹的物种的杂交常常导致杂种后代显著地具有条纹——还要记住杂交的作用肯定可以引起长久亡失的性状的重现——所以比较可能的一个观点是,上述条纹并不是由于返归直接的野生亲种马,而是由于返归全属的具有条纹的祖先。

我所以用相当的篇幅对这个相似变异的问题进行讨论,第一,因为大家都很知道,一个物种的一些变种往往同一个不同物种相似——这个事实同上述例子是完全一致的,并且根据家系学说(theory of descent)可以得到解释。第二,因为这等事实是重要的,正如在前一章中所指出的那样,它们阐明了每一个微小的变异都受法则所支配,并且体制的性质对它们的决定远远大于变异着的生物所暴露于其中的生活条件的性质对它们的决定。

---

① 贝西斯坦:《德国的博物学》,第四卷,1795 年,第 31 页。

第三,因为这等事实在某一范围内同一个更加一般的法则有关联,这个法则被华尔许先生①称为"均等变异性的法则"(Law of Equable Variability),他的解释是,"如果一个类群的一个物种的任何既定性状是很容易变异的,那么这种性状在近似物种中就有容易变异的倾向;如果一个类群的一个物种的任何既定性状是完全稳定的,那么它在近似物种中就有稳定的倾向"。

这使我想起在"选择"那一章中所进行的讨论,在那里曾阐明,关于现今正在经历着迅速改进的家养族,最受重视的部分或性状变异最大。这种情形是由于下述情形而自然发生的,即最近被选择的性状继续倾向于返归以前改进较少的标准,并且最初引起该性状进行变异的同一动因(不管这等动因是什么)依然对它们发生作用。同一原理对于自然物种也是适用的,因为正如在我的《物种起源》中所指出的那样,属的性状不如物种的性状容易变异;物种的性状是这样的,自从一属的所有物种由一个共同祖先分枝出来之后,它们由于变异和自然选择而改变了,而属的性状则是这样的,自从更加遥远得多的时代起,它们就保持不变,因而现在是比较不易变异的。这一叙述很接近华尔许先生的"均等变异性的法则"。可以补充地说,次级性征很少构成异属的特征,因为他们在同属的物种中通常有很大差异,并且它们在同一物种的个体中是高度容易变异的;我们在本书的前几章中已经看到次级性征在家养下多么容易变异。

有关变异法则的以上三章的提要

在第二十三章中我们看到,变化了的生活条件偶尔地、甚至常常地以一定的方式对体制发生作用,所以暴露在这样条件之下的所有个体或者几乎所有个体都按照同一方式进行改变。但变化了的生活条件的更加常见得多的结果,不论它们对体制直接地发生作用或通过生殖器官间接地发生作用,都是不定的和彷徨的变异性。在以上三章中,支配这种变异性的法则已被讨论过了。

增强使用使肌肉增大了,跟着使血管、神经、韧带、骨栉以及它们所附着的全部骨都增大了。机能活动的增强使各种腺增大了并且使感觉器官增强了。增强而间歇的压力使表皮增厚了。食物性质的变化时常会使胃膜改变,并且使肠的长度增加或减少。另一方面,连续的不使用则使体制的所有部分衰退和缩小。在许多世代中运动极少的动物的肺缩小了,因而胸部的骨构造以及身体的整个形态都改变了。关于我们的自古以来就被家养的鸟类,它们的翅膀很少使用,并且微有缩小;随着翅膀的缩小,胸骨的高度、肩胛骨、喙状骨以及叉骨全都缩小了。

在家养动物中,一个部分决不会由于不使用而缩小到仅仅是痕迹的地步;然而我们有理由可以相信这种情形在自然状况下常常发生;在后面这种场合中,不使用的效果受到了生长经济的帮助,还受到了许多变异着的个体相互杂交的帮助。自然状况下的和家养状况下的有机体之间的这种差异大概是因为在家养状况下对于任何很大的变化没有

---

① 《费拉德斐亚昆虫学会会报》,10月,1863年,第213页。

足够的时间,同时生长的经济原理不发生作用。相反地,在亲种中原是痕迹的构造有时在我们的家养产物中又部分地重新发育了。在家养下不时出现的痕迹器官似乎永远是由于发育突然受到了阻止;尽管如此,它们还是有趣的,因为它们阐明了痕迹器官是一度完全发达的器官的遗物。

肉体的、周期的和精神的习性,虽然后者在本书中几乎未加讨论,都在家养下变化了,并且这等变化常常是遗传的。生物中的这等变化了的习性,特别是当它们自由生活时,将会常常导致种种器官的增大或缩小,因而导致它们的改变。由于长期连续的习性,特别是由于具有稍微不同体质的个体的不时产生,家养动物和栽培植物在某种范围内变得驯化了,并且适应了新的气候,这种气候是不同于亲种原来生活于其中的气候的。

通过相关变异性的原理,按其最广泛的意义来说,当一个部分变异的时候,其他部分也变异,这或是同时发生的,或是一个跟着一个发生的。例如,在早期胚胎时代改变了的一种器官可以影响此后发育的其他部分。当像喙那样的一种器官增长或缩短的时候,像舌和鼻孔那样的邻接的或相关的部分就有按照同样方式进行变异的倾向。当整个身体增大或缩小的时候,种种部分也改变了;例如关于鸽子,肋骨的数量和宽度增大了或缩小了。在早期发育中是同样的并且暴露在同样条件之下的同原部分有按照同样方式或某种相关方式进行变异的倾向——在身体的左侧和右侧的场合中以及在前肢和后肢的场合中就是这样。视觉器官和听觉器官也是这样;例如蓝眼的白猫几乎永远是聋的。在整个身体中皮肤和种种皮肤附属物,如毛、羽、蹄、角和齿之间有一种显著的关联。在巴拉圭,卷毛的马具有骡蹄那样的蹄;绵羊的毛和角常常一齐变异;无毛狗的齿有缺陷;毛发过多的人具有异常的齿,它们不是缺少就是过多。长翼羽的鸟通常具有长尾羽。当长羽从鸽的腿和趾的外侧长出时,两个外趾就由膜连在一起了;因为整个的腿有呈现翅膀构造的倾向。各种鸡的头上羽冠和头骨的可惊的变化量之间有一种显著的关联。兔的大大伸长了的垂耳和头骨的构造之间也有一种程度较轻的关联。关于植物,叶、花的各部分以及果实常常按照相关的方式一齐变异。

在某些场合中,我们发现有相关的情形而其关联的性质甚至连推测都无法推测出来,关于种种畸形和疾病就是这样。成长鸽的颜色和幼鸽的绒毛存在与否之间的关联也是这样。关于体质特性和颜色的关联已经举出了很多奇妙的事例,这从某一种颜色的个体对于某些疾病、对于寄生物的攻击、对于某些植物性毒物的作用的不感性得到了阐明。

相关作用是一个重要的问题;因为在物种中并且程度较轻地在家养族中,我们不断地发现某些部分为了适于某种有用的目的而大大地改变了;但我们几乎不可避免地发现其他部分同样地也或多或少改变了,而我们在这种变化中并不能看出任何利益。毫无疑问,关于后面这一点必须非常小心,因为我们对于体制的各个部分的用处是无知的,我们难于对这方面的知识给予过高的估价;但根据我们所看到的,我们可以相信许多改变并没有直接的用处,而是随着其他有用的变化相关地发生的。

同原部分在其早期发育中常常融合在一起。重复的同原器官在数量上、大概也在形态上特别容易变异。因为有机物质的供给并不是没有限制的,所以补偿的原理时常发生作用;因此,当一个部分大事发育时,邻接的部分就容易缩小;但这一原理比生长的经济那一更加一般的原理在重要性上大概要小得多。通过单纯的机械压力,坚硬的部分不时影响其邻接的部分。关于植物，轴上的花的位置以及子房中的种子的位置通过体液自由流通的多或少常常会导致构造的变化；不过这等变化往往是由于返祖。无论是怎样引起的改变在某种范围内将受互相调和的能力、即所谓"形成努力"的支配，其实这种能力就是低等动物在分裂生殖和分芽生殖的能力中所显示的那种简单繁殖形态的遗迹。最后，直接或间接控制变异性的法则的作用，可能大部分是由人工选择来支配的，并且会受到自然选择的决定，即有利于任何族的变化将受到支持，而不利的变化将受到抑制。

从同一物种或者从两个或两个以上的近似物种传下来的家养族有返归来自共同祖先的性状的倾向；因为它们遗传有多少相似的体质，所以它们有按照同样方式进行变异的倾向。由于这两个原因，相似的变异时常发生。如果我们考虑到我们还不能完全理解上述几项法则，并且如果我们记住还有如何多的事物尚待发现，我们就不必惊奇于家养产物以错综复杂的和我们不能了解的方式曾经变异了并且依然继续变异着。

第二十七章

关于泛生论的暂定假说

· *Provisional Hypothesis of Pangenesis* ·

绪论——第一部分：在一个观点下联系起来的诸事实，即各种繁殖——切断部分的再生——嫁接杂种——雄性生殖要素对雌性生殖要素的直接作用——发育——身体的诸单位的机能独立性——变异性——遗传——返祖

第二部分：关于这个假说的叙述——必要的假说不可能到怎样程度——用这个假说对第一部分中的几类事实的说明——结论

在前几章中对于诸大类的事实——例如芽变、各种型式的遗传、变异的原因和法则已经进行了讨论；这等问题以及几种生殖法显然彼此有某种关联。我被引导、毋宁说被迫形成这样一种观点：它以一种确实的方式在某种范围内把这等事实联系起来了。哪怕是以一种不完善的方式，每一个人大概都希望向自己说明：某一个遥远祖先所拥有的性状怎么可能在后代中突然重现；肢的增强使用或减少使用的效果怎么能够遗传给子代；雄性生殖要素怎么不仅能够影响卵，而且还不时能够影响母体；一个杂种怎么能够从两种植物的细胞组织的结合（同生殖器官无关）而被产生出来；肢怎么能够精密地在切除的范围内再生，既不太大也不太小；通过像出芽生殖和真正种子生殖那样大不相同的程序怎么能够产生出同样的有机体；最后，在两个近似的类型中，怎么一个在其发育过程中经过了最复杂的变态而另一个则不然，但在成熟时这两个类型怎么在每一个构造细节上都是相似的。我知道我的观点仅是一种暂定的假说或臆测；但在一个更好的被提出以前，它大概可以把现今不能用任何有效理由联系起来的大量事实集合在一起。正如科学史家惠威尔（Whewell）所说的："假说当含有一定部分的不完善性、甚至错误的时候，它们对于科学也可能是常常有用的。"在这种观点下，我冒险地提出了泛生论的假说，它的含义是，整个体制的每一个独立部分都可以繁殖自己。所以胚珠、精子和花粉粒——受精卵、种子和芽——都含有由各个独立部分、即单位放出的大量胚种（germ），并且是由这等胚种组成的[①]。

在第一部分，我将尽量简略地举出似乎需要联系的数类事实；但对于迄今尚未讨论过的问题，则必须以不相称的篇幅来处理。在第二部分，将举出假设；在考察了必要的假设本身不可能到怎样程度之后，我们将会看到它是否可以把种种事实集合在单独一个观点之下。

◀海克尔画的水母。

[①]　这个假说曾经受到了许多作者的严厉批评，把最重要的论文提一提将是公平的。我看到的一篇最好的论文是由得尔皮诺教授写的，题目是《达尔文的泛生说》（*Sulla Darwiniana Teoria della Pangenesi*，1896 年），译文见《科学意见》（*Scientific Opinion*），9 月 29 日，1869 年，及以后几期。他反对这个假说，但批评得公平，我发现他的批评很有用。米伐特先生（《物种的发生》，*Genesis of Species*，1871 年，第十章）是追随得尔皮诺的，但没有补充任何有分量的新的反对意见。贝斯颠（Battain）博士说，这个假说"与其说是新进化哲学的领域，莫如说是旧的遗物"（《生命的起源》，*The Beginings of Life*，1872 年，第二卷，第 98 页）。他指出我不应使用"泛生论"这个术语，因为哥罗斯（Gros）博士以前曾经用过它。利奥内尔·比尔（Lionel Beale）非常刻薄而多少公平地讥诮了整个的理论（《自然杂志》，*Nature*，5 月 11 日，1871 年，第 26 页）。威干得（Wigand）教授认为这个假说是不科学的而且没有价值的（《马尔堡自然科学协会论文全集》，*Schriften der Gesell. der gesammt. Naturwissen. zu Marburg*，第九卷，1870 年）。留斯（G. H. Lewes）似乎认为这个假设可能是有用的，他的完全公正的精神提出了许多有益的批评（《双周评论》，11 月 1 日，1868 年，第 503 页）。高尔顿先生在叙述了他的有价值的实验——关于兔的不同变种的相互输血——之后，做出如下的结论，他认为他得到的结果毫无疑问地同泛生说相反（《皇家学会会报》，第十九卷，第 393 页）。他告诉我说，在他发表那篇论文之后，他更大规模地进行了两代实验，在大量后代中没有表现任何杂种性的形迹。我确曾预料过在血液中大概有芽球存在，但这不是假说的必要部分，它显著地可以应用于植物和最低等的动物。高尔顿先生在致《自然杂志》的一封信中（4 月 27 日，1871 年，第 502 页）也批评了我所使用的种种不正确的词句。另一方面，若干作者却赞同地谈到了这个假说，但引用这等文献是毫无益处的。然而我愿意提一下罗斯（Rose）博士的著作，《疾病的接种论》；《达尔文先生的泛生说的应用》（*The Graft Theory of Discase；being an application of Mr. Darwin's hypothesis of Pangenesis*），1872 年，因为他进行了若干创造性的和巧妙的讨论。

第 一 部 分

生殖可以分为主要的两类，即有性的和无性的。无性生殖通过许多途径来完成——通过各个种类的芽的形成，通过分裂生殖，这就是通过自然的或人为的分裂。众所周知，有些低等动物当被切成许多部分以后，还可以繁殖如此众多的完善个体。里奥内特（Lyonnet）把仙女虫（Nais），即一种淡水蠕虫切成了差不多四十段，所有这些段全都长成了完善的动物①。在某些原生动物中，卵裂（segmentation）所完成的大概还要多得多；在某些低等动物中各个细胞都会繁殖亲类型。琼斯·缪勒（Johannes Müller）认为出芽和分裂之间有一种重要的区别；因为在分裂的场合中，分裂的部分无论多么小，都比芽的发育器加充分，芽是一种比较幼小的形成物；但大多数的生理学者现在都相信这两种过程在本质上是相似的②。赫胥黎教授说，"分裂同出芽生殖的特殊方法并无差别"，克拉克（H. J. Clark）教授详细地阐明了"自行分裂同出芽生殖之间时常是没有矛盾的"。当肢被切除或者当整个身体被分成两分的时候，切除的四肢被称为芽生③；最初形成的乳头状突起是由未发育的细胞组织构成的，这等细胞组织同形成普通芽的细胞组织一样，所以上面的说法显然是正确的。我们从另外一种途径也可看出这两种过程的关联；垂姆勃雷（Trembley）观察到在水螅属（Hydra）中被切断的头的再生——到这种动物长出生殖芽（reproductive gemmae）时就受到了抑制④。

由分裂生殖产生出两个或两个以上的个体和甚至很轻损伤的恢复之间，有如此完全的级进，以致不可能怀疑这两种过程是有关联的。因力在各个生长阶段切断部分由处于同样发育状态的部分所替换，所以我们必须追随佩吉特爵士来承认，"来自胚胎的发育能力同来自创伤的恢复能力是相等的，换句话说，最初达到完善化的力量同完善化失去后再恢复的力量是一样的"。⑤ 最后，我们可以作出这样的结论：几种型式的出芽生殖、分裂生殖、创伤的恢复以及发育在本质上完全是由一种力量产生出来的结果。

有性生殖 雌雄两性生殖要素的结合最初一看似乎在有性生殖和无性生殖之间划了一条显著的界线。但是，藻类的接合显然向我们指出了走向有性结合的第一步，通过这一程序两个细胞的内容结合成能够发育的一团：帕林西姆（Pringsheim）在他那篇关于游动孢子（Zoospores）的论文⑥中指出，接合渐次变成真正的有性生殖。再者，有关孤雌生殖（Parthenogenesis）的现今已经确定下来的例子证明了有性生殖和无性生殖之间的

---

① 佩吉特引用，《外科病理学讲义》，1853 年，第 159 页。

② 拉哈曼博士关于滴虫类（infusoria）也曾观察到，"分裂生殖和出芽生殖几乎不可觉察地渐次互变（《博物学年报》，第二辑，第十九卷，1857 年，第 231 页）"。再者，麦纳（W. C. Minor）先生指出，关于环节动物在分裂生殖和出芽生殖之间所划出的界线并不是基本的（《博物学年报》，第三辑，第十一卷，第 328 页）。再参阅克拉克教授的著作，《自然界的意志》（*Mind in Nature*）纽约，1865 年，第 62、94 页。

③ 参阅旁内特，《博物学》（*Oeuvres d'Hist. Nat.*）第五卷，1781 年，第 339 页，关于蝾螈的切除肢的芽生的意见。

④ 佩吉特：《病理学讲义》，第 158 页。

⑤ 佩吉特：《病理学讲义》，第 152、164 页。

⑥ 译文见《博物学年报》，4 月，1870 年，第 272 页。

界线并不像以前所设想的那样大；因为卵偶尔地、甚在某些场合中常常地在没有同雄者接合下也能发育成完善的生物。在低等动物中，甚至在哺乳动物中，卵表现了孤雌生殖能力的痕迹，因为它们不受精就通过了卵裂的第一阶段[1]。正如拉卜克（J. Lubbock）爵士所阐明的并且现在为赛包尔得（Siebold）所承认的那样，不需受精的假卵（pseudova）同真卵也无法加以区别。还有，据留卡特（Leuckart）说[2]，瘿蚊（Cecidomyia）幼虫的生殖球（germballs）是在卵巢中形成的，但它们不需要受精。还应当注意，在有性生殖中，卵和雄性生殖要素在把任何一亲所拥有的每一个性状遗传给后代方面具有同等的能力。当杂种相互交配时，我们明确地看到了这种情形，因为祖父母双方的性状常常完全地或者部分地在后代中出现。假定雄者传递某些性状并且雌者传递其他性状，这是一种错误；虽然由于未知的原因某一性毫无疑问地时常比另一性具有强得多的传递力。

然而，有些作者主张芽同受精卵在本质上是不同的，芽永远再现亲代的完全性状，而受精卵则产生多种多样的生物。不过这里并没有一条像这样的明确界线。在第十一章提出的很多事实阐明了由芽长成的植物偶尔具有完全新的性状；这样产生出来的变种在一定长的期间内可以由芽来繁殖并且偶尔也可以由种子来繁殖。尽管如此，还必须承认由有性生殖产生出来的生物比无性生殖产生出来的生物容易变异得多；关于这一事实，此后将试着提出部分的说明。在两种场合中的变异性都是由同样的一般原因所决定的，并且是受同样的法则所支配的。因此，从芽产生出来的新变种同从种子产生出来的新变种是无法区别的。虽然由芽产生出来的变种普通在连续的芽生殖中可以保持它们的性状，但它们甚至在一长列的芽生殖之后还偶尔返归以往的性状。芽的这种返祖倾向是芽的后代和种子生殖的后代之间的最显著的几点一致性之一。

但是，有性地产生出来的有机体和无性地产生出来的有机体之间有一种很一般的差异。前者在其发育过程中是经过很低的阶段到达最高的阶段，例如我们在昆虫和许多其他动物的变态中并且在脊椎动物的隐蔽变态中所看到的情形就是这样。另一方面，由出芽或分裂来无性繁殖的动物，是在出芽的或自我分裂的动物所碰巧处在的那一阶段开始发育的，所以并不经过某种低级的发育阶段[3]。此后它们常常在体制上提高了，就像我们在"世代交替"（alternate generation）的许多场合中所看到的那样。当我这样谈到世代交替的时候，我是追随那些博物学者的，他们把这一程序看成在本质上是内在的出芽生殖或分裂生殖的一种。然而像藓类或某些藻类那样的低等植物，按照拉克弗尔（L. Radlkofer）博士[4]的材料，当无性繁殖时，确经逆行的变态。就终极原因来说，我们便能在一定范围内理解由芽繁殖的生物为什么不经过一切早期的发育阶段；因为关于各个有机体，在各个阶段获得的构造必须适应它的特殊习性；如果在某一阶段有可以维持许多个

---

[1]　比巧夫，冯塞包尔得引用，《孤雌生殖》(*Ueber Parthenogencsis*)。Sir zung der math. phy. Classe, Munich, 11月4日，1871年，第240页。再参阅夸垂费什，《自然科学年报》，动物部分，3月，1866年，第167、171页。

[2]　《关于瘿蚊幼虫的无性生殖》(*On the Asexual Reproduction of Cecidomyide Larvae*)，译文见《博物学年报》，3月，1866年，第167、171页。

[3]　阿尔曼教授就螅形目对于这个问题肯定地说道，"在单虫体的接续中没有发生过连续的退化，是一项普遍的规律"。

[4]　《博物学年报》，第二辑，第二十卷，1857年，第153—455页。

体的场所,那么最简的方法将是,它们在这一阶段繁殖起来了,而不是在发育中最初退到大概不适于当时环境条件的比较早期的或比较简单的构造。

根据上述几点考察,我们可以作出如下的结论:有性生殖和无性生殖之间的差异并不像乍看起来那样大;主要的差异在于卵除非同雄性生殖要素结合就不能继续生活和充分发育;但是,甚至这种差异也绝不是永远如此,在孤雌生殖的许多例子中已有所阐明。所以我们自然地被引导去追究,在普通生殖中怎样的终极原因对于雌雄两性生殖要素的结合是必要的。

种子和卵作为植物和动物的散布手段并且在休眠状态下把它们保存一个或一个以上的季节,常常是高度有用的;但未受精的种子或卵以及分离的芽对于这两种目的大概是同等有用的。然而我们能够指出两性的结合、毋宁说属于异性的两个个体的结合所产生两种重要利益;因为,正如我在前一章中所阐明的那样,每一个有机体的构造似乎都特别适于、至少偶尔地适于两个个体的结合。当物种由于变化了的生活条件而成为高度变异的时候,变异着的个体的自由杂交就有保持各个类型适于它在自然界中所固有的场所;而杂交只能由有性生殖来完成;但这样得到的结果对于解释两性交配的最初起源是否具有充分的重要性,却大有疑问。其次,我曾根据大量的事实阐明了生活条件的微小变化对于各个生物都是有利的,与此相似,和一个不同个体的有性结合在胚种中所引起的变化也是有利的;由于观察到在整个自然界中为了这个目的而有的许多广泛扩充了的设备,由于所有种类的杂种有机体像实验所证明的那样都具有较大的活力,并且由于密切的近亲交配当长期继续时所产生的恶劣结果,我被引导去相信,这样得到的利益是很大的。

在受精之前进行过一定发育的胚种除非受到雄性生殖要素的作用为什么就会停止发育而死去;相反地,在某些昆虫的场合中可以活上四五年的,并且在某些植物的场合中也可以活上几年的雄性生殖要素除非对胚种发生作用或同其结合,为什么同样地也会死去,对于这等问题还不能得到确切的解答。然而,雌雄两性生殖要素除非结合就会死亡这一点大概仅仅在于它们所含有的为独立发育之用的形成物质太少了。夸垂费什在凿船虫(Teredo)的场合中[①]就像帕瑞沃斯特(Prcvost)和丢玛斯(Dumas)以前在其他动物的场合中那样地阐明了,使卵受精需要一个以上的精子。这一点同样也被纽泡特阐明了[②],他用很多实验证明了如果把很少量的精子施于蛙类(Batrachians)[*]的卵,它们只能部分地受精,而且胚决不会充分发育。卵裂的速度也受精子数量所决定。关于植物,开洛依德和该特纳得到了差不多一样的结果。后面这一位谨慎的观察者用逐渐增多花粉粒的方法对锦葵属(Malva)进行了一连串的实验,然后他发现[③]甚至三十粒花粉都不能使一粒种子受精;不过当把四十粒花粉施于柱头上时,才有少数小型的种子形成。在紫茉莉(Mirabilis)的场合中,花粉粒特别大,并且子房只含有一个胚珠;这等情况引导诺丹[④]进

---

① 《自然科学年报》,第三辑,1850年,第十三卷。
② 《皇家学会学报》,1851年,第196、208、210页;第245、247页。
* 又名无尾类(Anura)。——译者注
③ 《有关受精知识的论文》,1844年,第345页。
④ 《博物馆新报》,第一卷,第27页。

行了以下的实验：一朵花由三粒花粉来受精，完全成功了；十二朵花由两粒花粉来授精，十七朵花由一粒花粉来授精，其中只各有一朵花结了种子：特别值得注意的是，由这两粒种子产生出来的植株从来没有达到固有的大小，而且开的花非常之小。我们从这等事实可以明显地看出，精子中和花粉粒中所含有的形成物质的量在受精作用上是一个最重要的因素，这不仅对于种子的充分发育是如此，而且对于从这等种子产生出来的植株的活力也是这样。我们在孤雌生殖的某些场合中也看到多少一样的情形，这就是说，在这里雄性生殖要素完全被排除了；因为儒尔丹（M. Jourdan）[①]发现，在未受精的蚕蛾所下的约58,000个卵中，许多通过了早期的胚胎阶段，这说明它们是能够自行发育的，但在总数中只有29个孵化为幼虫。有关量的同一原理似乎甚至适用于人为分裂生殖，因为海克尔[②]发现，把管水母类（Siphonophorae）的分裂的受精卵或幼虫切成许多段，段越小，发育的速度就越慢，而且这样产生出来的幼虫非常不完善，倾向于畸形。所以在分离的雌雄两性生殖要素中，形成物质在量上的不足大概是它们没有延长生存和发育的能力的主要原因，除非它们结合起来并且这样一来彼此都有所增大。认为精子的机能是把生命传递给卵的那种信念似乎是奇怪的，因为未受精的卵已经是活着的，而且一般进行了某种程度的独立发育。由此可以看出有性生殖和无性生殖之间并没有本质的差异；并且我们已经阐明了无性生殖、再生力以及发育是同一伟大法则的全部。

切除部分的再生 这个问题值得稍微进一步予以讨论。大量的低等动物以及某些脊椎动物都有这种不可思议的能力。例如，斯帕拉赞尼把同一蝾螈的腿和尾连续切除了六次，旁内特（Bonnet）[③]这样做了八次；每一次腿都准确地在切除的范围内再生出来，没有一个部分缺少或过多。一种近似动物墨西哥螈（axolotl）的一肢被咬掉了，它以一种畸形状态再生出来，不过当把它切除以后，在那里又长出了完善的肢[④]。在这等场合中新的肢芽生了，并且其发育方式同在幼小动物的正规发育期间一样。例如，关于褐黄色螈（*Amblystoma lurida*），三个趾先发育，然后第四趾发育，其次后脚的第五趾发育，而再生肢的发育也是如此[⑤]。

再生力一般在动物的幼小期间或早期的发育阶段比在成熟期间大得多。蛙类的幼体，即蝌蚪能够再生失去的部分，而成体则不能这样[⑥]。成熟的昆虫没有再生力，除了一个目是例外，而许多种类的幼虫都有这种能力。低等动物再生其失去的部分按照一般规律来说都比体制较高的动物容易得多。关于这一规律，多足类提供了良好的例证；不过

---

　　① 拉卜克爵士引用，《博物学评论》，1862年，第345页。威珍堡从另一种鳞翅类昆虫——*Liparis dispar*——的未受精的雌虫育成过两个连续的世代（《自然杂志》12月21日，1871年，第149页）。这等雌虫最多只能产全数卵的二十分之一，其中有许多卵还是没有价值的。再者，从这等未受精育成的幼虫所拥有的"活力"远比从受精卵育成的幼虫"所拥有的活力小得多"。在孤雌生殖的第三代中，没有一个卵产生幼虫。

　　② 《管水母类的发育史》（*Entwickelungsgeschichte der Siphonophora*），1869年，第73页。

　　③ 斯帕拉赞尼：《关于动物的再生的论文》，梅提（Maty）博士译，1769年，第79页。旁内持，《博物学》，第四版，1781年，第343、350页。

　　④ 沃尔皮安（Vulpian），费维尔引用，《物种的变异性》（*La Variabilité des Espèces*），1868年，第112页。

　　⑤ 赫伊（P. Hoy）博士：《美国博物学者》，1871年，第579页。

　　⑥ 郡塞博士，见奥温的《脊椎动物解剖学》（*Anatomy of Vertebrates*），第一卷，1866年，第567页。斯帕拉赞尼做过同样的观察。

还有一些奇怪的例外——例如纽虫（Nemerteans）虽然是低等体制的，据说它们表现了很小的再生力。在像鸟类和哺乳动物那样的高等脊椎动物中，这种能力是极其有限制的①。

有些动物可以被一切为二或者被切成许多段，每一段都会再生其整体，在这样场合中再生力一定散布于整个身体。尽管如此，列骚那（Lessona）②教授所主张的观点还是有很大正确性的，他认为这种能力一般是局部的和特殊的一种能力，为替换那些在各个特殊动物中显著容易失掉的部分而服务。支持这一观点的最显著例子是，陆栖蝾螈按照列骚那的材料不能再生其失去的部分，而同属的另一物种水栖蝾螈，正如我们刚才看到的那样，都具有异常的再生力；这种动物的肢、尾、眼和颚非常容易被其他法螺（tritons）咬掉③。即便在水栖蝾螈中，这种能力在某种范围内也是局部性的，因为当斐利泡（M. Philipeaux）④把整个前肢连同肩胛骨一齐根除的时候，再生力就完全消失了。还有一个值得注意的事实，它同一般的规律正相反，即水栖蝾螈的幼体所拥有的恢复肢的能力不如成体那样大⑤；不过我不知道它们是否比成体活泼或者用其他方法能够更好地避免失去它们的肢。手杖虫（*Diapheromera femorata*）就像同目的其他昆虫那样在成熟状态中能够再生它的腿，这等腿由于巨大的长度一定是容易失掉的；但这种能力是局部性的（就像在蝾螈的场合中那样），因为斯库得尔（Scudder）博士⑥发现，如果在转股关节（trochantofemoral articulation）内把肢去掉，它绝不会再生。当螃蟹的一只腿被捉住时，这只腿便在基本关节处脱掉，此后则由一只新腿来替换；一般承认这是对于动物安全的一种特殊准备。最后，关于腹足软体动物（gasteropod molluscs），大家都知道它们有再生其头部的能力，列骚那指出它们的头很容易被鱼类咬掉；身体的其余部分是由壳来保护的。甚至在植物中我们也看到多少一样的情形，因为不落的叶子和幼茎不具有再生力，这等部分由新芽的生长可以容易地被替换；而树皮以及树干的下面组织却有巨大的再生力，这大概是由于它们在直径上的增大以及它们容易受到动物咬啮的损害。

嫁接杂种　从世界各地所进行的无数实验可以充分地知道，可以把芽插入砧木，并且这样培育出来的植物所受到的影响程度可以由养分的变化得到解释。从这等接芽培育出来的幼苗并不兼有砧木的性状，虽然它们比来自自根的同一变种的幼苗更容易变异。一个芽还可能突变成特征显著的新变种，而同株的其他芽一点也没有受到影响。所以我们按照普通的观点可以推论，每一个芽就是一个不同的个体，它的形成要素并不会扩张到此后由它发育出来的部分以外。尽管如此，我们在第十一章的有关嫁接杂交的提要中还看到，芽肯定含有形成物质，这种物质偶尔能够同不同的变种或物种的组织中所含有的形成物质结合起来；一种介于双亲类型之间的植物便这样产生了。我们在马铃薯

----

①　一只鹬曾于1853年在"哈尔英国科学协会"上展览过，它失去了跗，据说曾再生过三次；我猜想每一次都是因病失去的。佩吉特爵士告诉我说，他对于辛普生（J. Simpson）爵士记载的一项事实有些感到怀疑，即在人类的场合中，四肢于子宫内再生了（《医学月刊》，*Monthly Journal of Medical Science*，爱丁堡，1848年，新辑，第二卷，第890页）。

②　《意大利自然科学协会会报》（*Atti della Soc. Ital. di Sc. Nat.*）第十一卷，1869年，第493页。

③　列骚那在刚才提到的那篇论文中说，情形确是这样的。再参阅《美国博物学者》，9月，1871年，第579页。

④　《报告书》，10月1日，1866年；6月，1867年。

⑤　旁内特：《博物学》，第五卷，第294页，罗列斯顿在"英国医学协会"第三十六周年纪念会上发表的那篇著名演说中曾加以引用。

⑥　《波士顿博物学会会报》（*Proc. Boston Soc. of Nat. Hist.*）第十二卷，1868—1869年，第1页。

的场合中已经看到，把一个种类的芽插入另一种类，由这个芽产生出来的块茎在颜色、大小、形状以及表面状态土都是介于二者之间的；它的茎、叶、甚至像早熟那样的体质特性也是介于二者之间的。关于这等十分确定的情形，金链花、柑橘、葡萄等也产生嫁接杂种似乎就是充分的证据。但我们不知道在怎样的条件下这种罕见的繁殖法是可能的。我们从这等例子中弄明白一个重要的事实，即形成要素同一个不同个体的形成要素相混合（这是有性生殖的主要特征）并不限于生殖器官才能办到，在植物的芽和细胞组织中也有这种能力；这个事实在生理学上具有最高度的重要性。

雄性生殖要素对于雌者的直接作用 在第十一章中已经提出的大量证据证明了异花粉偶尔以一种直接的方式影响母本。例如加列肖用柠檬的花粉使一种橙的花受精，这样产生出来的果实具有完全是柠檬果皮所特有的那种条纹。关于豌豆，若干观察者看到种皮的颜色、甚至荚的颜色都直接受到了不同变种的花粉的影响。苹果的果实也是如此，它们是由改变了的萼和花梗上部构成的。在普通场合中这等部分完全是由母本形成的。我们在这里看到一个变种的雄性生殖要素或花粉所含有的形成要素不仅能影响它们当然适于影响的那一部分、即胚珠并使其杂种化，而且还能影响一个不同变种或不同物种的部分发育的组织并使其杂种化。这样我们便被带到嫁接杂种的中途，在嫁接杂种中，一个个体的组织所含有的形成要素同一个不同变种或不同物种的组织所含有的形成要素结合起来，便产生了一个中间的新类型，这同雄者或雌者的性器官并无关系。

有些动物在接近成熟以前不繁育，而且它们的所有部分这时才充分发育，在这样场合中雄性生殖要素几乎不可能直接影响雌者。不过我们有一个相似的完全确定的例子，即雄性生殖要素是以这样的方式来影响雌者或它的卵的（像在南非斑马和莫尔登爵士的母马的场合中那样）：当它由另一雄者而受精时，它的后代受到了第一个雄者的影响并使其杂种化。如果精子于雌者体内能够在两次受精行为之间时常有的那一段长的间隔期间内继续活着，那么对于上述情形的解释就简单了；不过谁也不会假定这对于高等动物是可能的。

发育 受精的胚种经过大量的变化才达到成熟：这等变化或是微小而缓慢的，或是巨大而突然的，前者如小孩长成大人，后者如大多数昆虫的变态。在这两极端之间我们看到每一个级进，甚至在同一类中也是如此；例如，像拉卜克爵士所阐明的那样①，有一种蜉蝣类的昆虫（Ephemerous insect），它脱皮二十次以上，每一次在构造上都发生一种微小而决定性的变化；这等变化正如他进一步指出的那样，向我们揭露了发育的正常阶段，这等阶段在大多数其他昆虫中是隐蔽而急促通过的或是受到压抑的。在普通变态中，部分和器官似乎是在下一发育阶段变成相应的部分；但还有另一种发育的形式，奥温教授把它叫做后形成（metagenesis）。在这种场合中，"新部分不是在旧部分的内部表面上形成。可塑力改变了它的作用过程。外壳以及给予先前个体以形态和性状的全部东西都死去而脱掉了；它们并不变成新个体的相应部分。这是由于新而不同的发育程序所致"，

---

① 《林奈学会会报》，第二十四卷，1863 年，第 62 页。

云云①。然而变态可以如此不知不觉地渐次变成后形成，以致这两种程序无法明确地被区别开。例如，在蔓足类（Cirripedes）所发生的后一种变化中，消化管以及一些其他器官都是在既存部分上形成的；但老动物和幼动物的眼却是在身体的完全不同部分发育的；成熟的肢端是在幼体的肢内形成的，也可以说是它们的变态；但它们的基部和整个胸部却是在同幼体的肢和胸成直角的面上形成的；这大概可以被称为后形成。后形成的程序在某些棘皮动物（Echinoderms）的发育中已经进行到顶点了，因为第二发育阶段的动物几乎像芽一样地在第一发育阶段的动物内形成，这时第一发育阶段的动物就像衣服那样地被脱掉了，然而有时还能在短期内继续维持独立的生存②。

如果若干个体（而不是单独一个个体）在既存类型内这样后形成地发育起来，那么这一程序大概可以被称为世代交替（alternate generation）的一种。这样发育起来的幼体可能同装着它的亲类型密切相似，例如瘿蚊的幼虫就是这样，也可能同亲类型不同到可惊的程度，例如许多寄生虫和水母就是这样；但这并没有使这一程序同昆虫变态中的巨大或突然的变化有什么本质上的区别。

发育的整个问题对于现在这个题目是非常重要的。如果一种器官——例如眼——在以前发育阶段没有眼存在的身体的那一部分后形成了，那么我们必须把它看成是一种新的和独立的生长。新构造和旧构造虽然在构造和机能上是相应的，但正如在世代交替的场合中那样，它们的绝对独立性在若干个体于以前类型中形成的时候就愈益明显。同一重要的原理甚至在显然连续生长的场合中大概也起了大规模的作用，当我们考察到变化是在相应的年龄被遗传这一问题时，我们将会看到这一点。

完全不同的另一类事实把我们引导到同样的结论——即连续发育的部分的独立性。众所熟知，属于同目的，因而彼此没有广泛差异的许多动物所通过的发育过程是极端不同的。例如，某些甲虫在任何方面和同目的其他甲虫都没有显著的差异，它们却经历了所谓复变态（hypcrmetamorphosis）——这就是说，它们通过的早期阶段完全不同于普通蛴螬状的幼虫。在蟹类的同一亚目、即长尾类（Macroura）中，正如弗瑞芝·缪勒所说的那样，刺蛄（River crayfish）是在以后所保持的同样形态下孵化的；幼小的蟹祖（Lobster）像糠虾（Mysis）那样地具有裂脚；长臂虾（Palaemon）似乎处于水蚤（Zoea）形态下，而对虾（Peneus）则处于老布里司形态（Nauplius-form）下；这等幼体形态彼此之间的何等可惊的差异已为每一位博物学者所知道了③。还有一些甲壳类动物，正如同一位作者所观察的那样，从同一点出发并且到达几乎一样的终点，但在发育的中途却彼此大不相同。关于棘皮动物，还可举出更加惊人的例子。关于水母（Medusae），阿尔曼教授观察到"螅形目（Hydroida）的分类大概是一件比较简易的工作，如果像错误地所主张的那样，同属的水母形永远发生于同属的螅形：另一方面，同属的螅形永远发生于水母形"。再者，斯垂茨尔·莱特（Strethill Wright）曾说，"在螅形目的生活史中，实囊幼虫形、螅形和水母形的任

---

① 《孤雌生殖》，1849年，第25、26页。赫胥黎教授就这个问题对海盘车的发育提出了一些卓越的意见，他阐明了变态多么奇妙地渐次变成出芽生殖或单体形成，其实后者同变态是一样的。

② 格林（J. Reay Greene）教授，见郡塞的《动物学文献集》（*Record of Zoolog. Lit.*），1865年，第625页。

③ 弗瑞芝·缪勒的《支持达尔文》（*Für Darwin*），1864年，第65、71页。甲壳类的最高权威密尔内—爱德华（Milne-Edwards）主张密切近似属的变态是有差异的《自然科学年报》，第二辑，动物学部分，第三卷，第322页。

何时期都可能不存在[①]"。

按照最优秀的博物学者们现在一般承认酌信念,同目或同纲——例如水母或长尾类甲壳动物——的一切成员都是从一个共同祖先传下来的。在它们世代相传的期间,它们在构造上大大地分歧了,但还保持着很多共同的东西;虽然它们曾经通过了并且依然还要通过不可思议的不同变态,但上述情形发生了。这个事实充分地说明了各种构造在发育过程中多么独立于以前的和后继的构造以外。

身体的诸分子或诸单位的机能独立性　生理学者们一致认为整个有机体是由在某种范围内彼此独立的很多基本部分构成的。克劳得·勃尔纳德(Claude Bernard)说[②],各种器官都有它固有的生命和它的自律性(autonomy);它能发育和繁殖自己,而同邻接的组织没有关系。一位伟大的德国作者微耳和[③]更强调地断言,各个系统是由"大量微小的活动中心所构成的⋯⋯每一个分子都有它自己的特殊作用,纵使对它的活动的刺激来自其他部分,它还独自地完成它的职务⋯⋯每一个单独的皮膜细胞(epithelial cell)和肌肉纤维细胞(muscular fibre-cell)同身体其余部分的关系都是过的一种寄生生活。⋯⋯每一个单独的骨小体(bone-corpuscle)实际上都拥有它的独特的营养条件"。正如佩吉特爵士所说的,每一个分子活到一定时间之后就死亡了,并且在脱落或被吸收之后得到替换[④]。我以为没有一个生理学者会怀疑——譬如说——手指的各个骨小体同脚趾的相应关节的相应骨小体是有差异的;并且几乎不能怀疑甚至身体相应两侧的那些部分虽然在性质上几乎一致,也是有差异的。这种非常的一致性在许多疾病中已经奇妙地得到了阐明,即身体的左侧和右侧的完全一样的部分感染了同样的疾病;佩吉特爵士[⑤]提供一张病骨盆的绘图,其中的骨长成极复杂的样子,但是"一侧的一点一线在另一侧都被表现出来了,其精确就像照镜子一般"。

有许多事实可以支持这种观点——身体的各个微小分子都营独立的生活。微耳和主张一个单独的骨小体或皮肤中一个单独的细胞都会得病。一只公鸡的距被插入一只公牛的耳朵之后,活了八年,并且得到的重量达396克(约14盎司),令人吃惊的长度为24厘米,即9英寸左右;所以这头公牛的头上好像是长了三只角[⑥]。一只猪的尾巴被移植到背的中部,并且重新获得了感觉。奥利叶(Ollier)博士[⑦]从一只幼狗的骨上取了一片骨膜(periosteum)并把它插在一只兔的皮下,于是真的骨发育了。还可以举出大量的同样事实。在卵巢肿疡中常常有头发、完全发育的齿,甚至有第二生齿期的齿[⑧],这是引致同

---

① 阿尔曼教授,《博物学年报》,第三辑,第十三卷,1864年,第348页;莱特博士,同前杂志,第十三卷,1861年,第127页。关于萨斯(Sars)的同样叙述,再参阅第358页。

② 《活的组织》(*Tissus Vivants*),1866年,第22页。

③ 《细胞病理学》(*Cellular Pathology*),强司博士译,1860年,第14、18、83、460页。

④ 佩吉特:《外科病理学讲义》,第一卷,1853年,第12—14页。

⑤ 佩吉特:《外科病理学讲义》,第一卷,1853年,第19页。

⑥ 参阅曼特加莎(Mantegazza)教授的有趣著作,《关于动物的移植》(*Degli innesti Animali*),米兰诺(Milano),1865年,第51页,第三表。

⑦ 《骨之人工形成》(*De la Production Artificielle des Os*),第8页。

⑧ 小圣伊莱尔:《畸形史》,第二卷,第549、560、562页;微尔和,同前书,第484页。推特,《卵巢病理学》(the *Pathology of Diseases of Ovaries*),1874年,第61、62页。

一结论的一些事实。推特先生提到一个肿瘤,其中"发现有 300 个以上的齿,它们在许多方面都同乳齿相似";还有一个肿瘤,"其中生满了头发,这些头发曾是从不大于我的小指端的一小块皮肤生长出来并从那里脱落了的。囊中的毛发如果是从相等于那块头皮的面积生长出来并脱落的,那么生长和脱落这样数量的毛发几乎需要一生的时间才可以"。

身体中的无数自律分子的每一个是否都是一个细胞或一个细胞的产物,是一个更难于决定的问题,即使给这个术语下的定义广泛到把没有壁和核的细胞状休都包括在内①,其情况也是如此。细胞来自细胞(omnis cellula e cellulâ)的学说对于植物是适用的,而且对于动物也是广泛有效的②。这样,细胞理论的伟大支持者微耳和虽然承认有困难,但还主张组织的每一个原子都是从细胞发生的,这些细胞是从既存细胞发生的,而这些既存细胞最初是从卵发生的,他认为卵就是一个大细胞。每一个人都承认依然保持同样性质的细胞是借着自我分裂或增生(proliferation)而增加起来的。但是,当一个有机体在发育期间发生构造的重大变化时,那些假定在各个阶段直接从既存细胞发生的细胞一定在性质上也有重大的变化:细胞学说的支持者们把这种变化归因于细胞所拥有的某种遗传力,而不把它归因于外界的作用。另外一些人主张所有种类的细胞和组织都可由造形液(lymph)和元体质(blastema)形成,而同既存细胞无关。不论哪一个观点是正确的,每一个人都承认身体是由大量的有机单位构成的,一切这等单位都拥有本身的固有属性,并且在某种范围内同所有其他单位没有关系。因此,随便使用"细胞"或"有机单位"或简单地使用"单位"都是方便的。

变异性和遗传　我们在第二十二章中已经看到,变异性和生命或生殖不是同等的原理,变异性是由特殊原因、一般是由在连续世代中发生作用的变化了的生活条件所引起的。这样引起的彷徨变异性显然部分地是由于生殖系统容易受到影响,所以它常常成为不育的;如果它受到的影响不这样严重,那么它就常常缺少把双亲性状传递给后代的那种固有机能。正如我们在芽变的场合中所看到的,变异性并不一定同生殖系统有关联。虽然我们很少能够追踪出关联的性质,但构造的许多偏差无疑是由直接对体制发生作用的变化了的生活条件所引起的,而同生殖系统无关。在某些事例中,当暴露在同样生活条件之下的一切或者几乎一切个体都同样地而且一定地受到影响时,我们就会感到上述情形是确实的,在这方面已经举出了几个事例。但是,为什么双亲暴露于其中的新条件会对后代发生影响,为什么在大多数场合中需要几代这样地暴露在新条件下,绝不是清清楚楚的。

再者,我们怎样能够解释特殊器官的使用和不使用的遗传效果呢?家鸭比野鸭飞的少而走的多,家鸭的肢骨同野鸭的肢骨比较起来已经按照相应的方式有所增减。马被训练走某种步法,而小马遗传有同样的交感运动(consensual movement)。家兔由于严密的拘禁而变得驯顺了;狗由于同人交往而聪明了;拾猎狗(retriever)被教导去取东西和带东西;这等精神的禀赋以及体力全是遗传的。在生理学的范围内没有比这种情形更加不可

----

① 关于细胞的最新的分类,参阅海克尔的《形态学通论》(*Generelle Morpholog.*),第二卷,1866 年,第 275 页。

② 特纳尔博士:《细胞病理学的现状》(*the Present Aspect of Cellular Pathology*),《爱丁堡医学月报》,4 月,1863 年。

思议的了。单独的一个肢或者脑的使用或不使用怎么能够影响位于身体的遥远部分的一小团生殖细胞呢？这种影响的方式是，从这等细胞发育出来的生物遗传有一亲的或双亲的性状。对于这个问题哪怕有一个不完善的解答，大概也会令人满足的。

在讨论遗传的那一章中已经阐明，大量新获得的性状，不论是有害的或有利的，不论具有最低的或最高的生活重要性的，常常都能不变地遗传下去——即使一亲单独拥有某种新特性，也往往如此；总起来说，我们可以作出如下的结论：遗传是规律，不遗传是变则。在某些事例中，一种性状没有被遗传是由于生活条件直接对抗它的发育所致；在许多事例中，则是由于生活条件不断地诱发新的变异性所致，例如嫁接的果树以及高度栽培的花卉植物就是这样。在其余的例子中，不遗传可以归因于返祖；由于返祖，子代同其祖父母或更远的祖先相似，而不同其双亲相似。

遗传是受种种法则的支配的。在任何特别年龄出现的性状具有在相应年龄重现的倾向。它们常常同一年的某些季节相伴随，并且在后代中于相应的季节重现。如果在一性中它们出现于较晚的生命时期，那么它们就有专在同一性中于同样生命时期重现的倾向。

最近提到的返祖原理是最不可思议的"遗传"属性之一。它向我们证明了，普通一齐进行的、因而逃脱了区别的一种性状的遗传及其发育，是两种不同的力量：这两种力量在某些场合中甚至是对立的，因为每一种力量在连续世代中交替地发生作用。返祖并不是罕见的事情，它取决于环境条件的某种异常的或适宜的配合，但它在杂交的动物和植物中如此有规则地发生并且在非杂交的品种中也如此常常出现，所以显然它是遗传原理的一个根本的部分。我们知道，正如在动物野化的场合中那样，变化了的生活条件具有一种唤起长久亡失的性状的力量。杂交作用的本身高度地具有这种力量。还有什么比以下情形更加不可思议的吗？即消失了几十代、几百代、甚至几千代的性状突然重现并且完全地发育了，例如在纯粹繁育的、特别是杂交的鸡和鸽的场合中就是如此，或者黄棕色马身上的斑马般的条纹以及其他这样的情形也是如此。许多畸形可以放入同一项目，例如当痕迹器官重新发育的时候就是这样，或者像某些玄参科植物（Scrophulariaceae）的第五雄蕊那样，当一种被我们确信为该物种的一个早期祖先所具有的，但甚至连一点痕迹都没有留下的器官突然出现的时候，也是这样。我们已经看到返祖在出芽生殖中发生作用；并且我们知道，它在同一个体的发育中偶尔发生作用，特别当它是杂种时更加如此，但并不全然如此——例如在已经描述过的鸡、鸽、牛和兔的罕见例子中就是这样，它们在长大的时候返归了双亲或祖先之一的颜色。

正如以前所说明的那样，我们被引导去相信，每一种偶尔重现的性状在各个世代中都是以一种潜伏状态存在的，其方式同相反两性的次级性征在雌体和雄体内是潜伏的并且当生殖器官受到损害时随时可以发展起来的情形差不多是一样的。从记载下来的一只"母鸡"的例子来看，潜伏于两性中的次级性征同其他潜伏性状的这种比较就更加适切，这只"母鸡"呈现了雄性的性状，这不是它本族所有的，而是一个早期祖先所有的；这样它同时表现了两种潜伏性状的再发育。我们可以确信，在每一种生物中都有大量的长久亡失的性状潜伏着，并且准备在适宜的条件下随时发展。我们怎样才能使这种不可思议的和普通的返祖能力——这种唤起长久亡失性状复活的力量——成为可以理解的并使它同其他事实联系起来呢？

第 二 部 分

每一个人都希望看到现在我所举出的主要事实用某种可以理解的线索联系起来。如果我们作出如下的假定,我们便能做到上述那一点,并且可以提出很多事实来支持主要的假定。次要的假定同样地也能由种种生理学上的理由来支持。普遍承认:细胞或身体的单位借着自我分裂或增生而增加起来,它们保持着同样的性质,并且最终转变成身体的各种组织和实质。但是,除了这种增殖的方法以外,我假定这等单位还会放出微粒,它们散布于整个系统;这等微粒当受到适当营养的支持时,便由自我分裂而繁殖起来,最终发育成的单位同它们所原始来自的单位一样。这等单位可以被称为芽球(gemmules)。它们从系统的一切部分集中起来而构成性生殖要素,并且它们在下一世代的发育形成了新的生物;但它们也能以一种休眠的状态传递给将来的世代,于是发育起来。它们的发育取决于它们同其他局部发育的细胞或初发的细胞之结合,这等细胞是在正规的生长过程中先于它们发生的。我为什么使用结合这个术语呢,当我们讨论到花粉对于母本植株的组织的直接作用时就会知道。芽球被假定是由每一个单位放出的,这不仅在成熟期间是如此,而且在每一个有机体的各个发育阶段也是如此;但它的放出并不一定在同一单位的继续生存的期间。最后,我假定芽球在休眠状态中具有相互的亲和力,导致它们集合成芽或性生殖要素。因此,产生新有机体的并不是生殖器官或芽,而是构成各个个体的单位。这等假定组成了我称为"泛生论"的暂定假说。各方面的作者曾经提出在许多方面同此相似的观点[①]。

第一,这等假定本身可能到怎样的程度;第二,它们把我们所讨论的各类事实联系到并解释到怎样的程度,在对这两点进行阐明之前,举出一个有关这个假说的尽量简单的例证可能是有用处的。如果一种原生动物(Protozoa)就像在显微镜下看到的那样由一小团同质的胶状物形成了,那么由任何部分放出的并在适宜条件下受到营养的微粒或芽球大概就会产生其整体;但是,如果上面和下面在组织上彼此有所差异并且同中心部分有所不同,那么所有这三个部分大概都会放出芽球,这等芽球当由相互的亲和力集合起来时,大概就会形成芽或性生殖要素,并且最终发育成同样的有机体。正是这种观点大概

---

① 留斯先生提到几位持有差不多相似观点的作者(《双周评论》,11 月 1 日,1868 年,第 506 页)。2000 余年以前亚里士多德反对过这种观点,奥温尔博士告诉我说,希波革拉第(Hippocrates)和其他人持有这种观点。雷伊(Ray)在他的《上帝的智慧》(*Wisdom of God*,第二版,1692 年,第 68 页)一书中说道,"身体的各部分似乎协力对于种子有所贡献"。布丰的"有机分子"(organic molecules)最初看来似乎同我的假说中的芽球是一样的(《博物学通论》,1749 年版,第二卷,第 54、62、329、333、420、425 页),但它们本质上是不同的。旁内特说肢具有适于恢复一切可能损失的胚种(《博物学》,第五卷,第一部分,1781 年,第四版,第 334 页);但这等胚种同芽内和生殖器官内的胚种是否一样,还不清楚。奥温教授说,他没有看到他在《孤雌生殖》一书(1849 年,第 5—8 页)中所提出的并且他现在认为是错误的观点同我的泛生论的假说有什么基本不同(《脊椎动物解剖学》,第三卷,1868 年,第 813 页);但有一位评论者却指出它们实际上是多么不同(《解剖学和生理学学报》,5 月,1869 年,第 441 页)。我以前认为赫伯特·斯宾塞的"生理单位"(physiological unit)同我的芽球是一样的(《生物学原理》,第一卷,第四章和第八章,1863—1964 年),但我现在知道并不是这样。最后,根据关于曼特加莎的最近写的一篇评论(Nuova Antologia, Maggio 1868 年)看来,他似乎对于泛生说有先见之明(见他的《卫生学原理》,第三版,第 540 页)。

也可能引申到一种高等动物；虽然在这种场合中，在各个发育阶段由身体的各个部分一定会放出大量的芽球来；这等芽球在正当的继承次序中同既存的初发细胞结合之后，便发育起来了。

正如我们所看到的，生理学者们都主张身体的各个单位虽然大部分是依存于其他单位的，但在某种范围内也是独立的或自律的，并且具有由自我分裂而增殖的能力。我向前进了一步并且假定，各个单位放出游离的芽球，它们散布于整个的系统，并且在适当的条件下能够发育成同样的单位。这种假定不能被视为没有理由的和不可能的。显然性生殖要素和芽都含有能够发育的某种形成物质；并且根据嫁接杂种的产生我们现在知道，同样的物质散布于植物的整个组织，并且能够同另一种不同植物的这等物质结合起来，产生中间性状的新生物。我们还知道，雄性生殖要素能够直接地对母本植物的局部发育的组织发生作用，并且能够对雌性动物的未来后代发生作用。这样散布于植物整个组织中的并且能够发育成各个单位或部分的形成物质一定是借着某些方法在那里产生的；我的主要假定是，这种物质是由各个单位或细胞所放出的微粒或芽球所构成的[①]。

但是我必须进一步假定，芽球在不发育的状态下也能像独立的有机体那样地借着自我分裂来大量繁殖自己。得尔皮诺主张，"如果承认动物细胞借着分裂而增殖的现象是同种子或芽相似的话，那么这是同所有相似的现象都相违背的"。不过这似乎是一种奇怪的反对论调，因为塞瑞特（Thuret）[②]已经看到一种藻类的游动孢子一分为二，而且每一半都发芽。海克尔把一种管水母的分裂卵分为许多片，它们都发育了。芽球在性质上同最低的和最简单的有机体几乎没有很大的差异，不会由于芽球的极端微小，它们就不可能生长和增殖。一位伟大的权威比尔博士[③]说道，"微小的酵母细胞能够放出比直径一英寸的1/100000还要小得多的芽或芽球；他认为这等芽或芽球实际上可以无限地一再分裂"。

天花的脓粒子是如此微小，以致可以由风运载，它们在受到传染的人的身体里一定几千倍地增殖；猩红热的传染物质也是这样[④]。最近有人确言[⑤]，从感染牛瘟的牛排出的一点黏液如果注入健康牛的血液中，它们增加得非常之快，以致在很短的时间内"若干磅的全部血液都被感染了，血液的每一个微粒都含有足够的毒物，在四十八小时之内就可以把这种病传给另一头牛"。

在同一身体内把游离的和未发育的芽球从幼年保持到老年似乎是不可能的，但我们应当记住，种子在地下、芽在树皮中休眠了何等长久的时间。它们一代一代地传递下去似乎越发不可能了；但在这里我们又应当记住，许多痕迹的和无用的器官已经传递了无数世代。我们即将看到，未发育的芽球的长久不断地传递多么充分地解释了许多事实。

因为整个身体内的每一个单位或一群同样的单位都放出芽球，因为这等芽球都包含

---

① 劳恩先生曾经观察了蝇的幼虫的组织中所发生的某些显著的变化（《奎克特显微镜俱乐部学报》，*Journal of Queckett Microscopical Club*，9月23日，1870年），这使他相信"器官和有机体可能是时常由非常微小的芽球——就像达尔文的假说所要求的那样芽球——的集合而发育起来的"。

② 《自然科学年报》，第三辑，植物学部分，第十四卷，1850年，第244页。

③ 《病原体》（*Disease germs*），第20页。

④ 再参阅比尔博士的关于这个问题的几篇有趣论文，见《医学时代新报》（*Medical Time and Gazette*），9月9日，1865年，第273,330页。

⑤ 《皇家调查委员会关于牛瘟的第三次报告》，在《艺园者记录》中引用，1866年，第446页。

在最小的胚珠、各个精子或花粉粒之内,并且因为某些动物和植物产生可惊数量的花粉粒和胚珠①,所以芽球的数量和微小是很难想象的。但是,如果考虑到分子是何等微小,并且考虑到何等众多的分子参加了任何普通物质的最小颗粒的形成,那么有关芽球的这种难题就不是不能解决的了。根据汤姆逊爵士所得到的材料,我的儿子乔治发现一万分之一英寸的玻璃或水的立方体所含有的分子一定在 16000000 兆和 131000000000 兆之间。毫无疑问,由于有机体更加复杂,所以形成有机体的分子比形成无机物的分子还要多,大概许多分子参加了一个芽球的形成;但是,如果我们记住万分之一英寸的立方体比任何花粉粒、胚珠或芽都小得多,那么我们就能看到一个这样的有机体含有何等巨量的芽球。

从各个部分或器官发生的芽球一定彻底地散布于整个系统中。例如,我们知道,甚至秋海棠的一小块叶子也会产生原样的植物;如果一种淡水蠕虫被切成小碎块,每一块都会产生原样的动物。如果再考虑到芽球的微小以及所有有机组织的透过性,那么芽球的彻底分布就没有什么奇怪了。那样的物质在没有血管或导管的帮助下可以容易地从身体的这一部分转移到另一部分,在佩吉特爵士所记载的一位妇人的场合中我们看到了良好的事例,她的头发在每一次连续的神经痛中都失掉了颜色,并且少数几天之后又恢复了颜色。然而,关于植物,可能关于珊瑚那样的群栖动物,芽球普通并不从这个芽散布到那个芽,而是局限于从各个分离的芽发育起来的部分,对于这个事实还没有什么解释可以提供。

在正常发育的次序中,各个芽球对先前的特殊细胞具有选择的亲和力,这种假定受到了许多类推的支持。在有性生殖的一切正常场合中,雌性生殖要素和雄性生殖要素肯定具有相互的亲和力;例如,人们相信菊科植物有一万个物种,如果所有这等物种的花粉同时地或接连地被放在任何一个物种的柱头上,那么毫无疑问,这个物种将会完全无误地选择它自己的花粉。这种选择力越发不可思议的是因为它的获得一定在这一大类群植物的许多物种从一个共同祖先分歧出来之后。根据有关有性生殖的性质的任何观点,胚珠和雄性生殖要素所含有的各个部分的形成物质是按照某种特殊亲和力的法则而相互作用的,所以相应的部分彼此发生影响;例如,短角母牛和长角公牛交配从而产生出来的牛犊,它的角受到了两个类型结合的影响,具有不同颜色的尾部的两只鸟的后代,它的尾部也受到了影响。

正如许多生理学者们所主张的那样②,身体的各种组织明显地阐明了对于特殊有机物质的亲和力,不论这等物质是身体原来有的或外来的,都是如此。在肾脏细胞从血液吸收尿素的场合中,在箭毒(curare)对于神经的影响中,在芫菁(*Lytta uesicatoria*)对于肾脏的影响中,以及在各种疾病——如天花、猩红热、百日咳、鼻疽和恐水病——的毒质

---

① 巴克曼先生在一条鳕(Cod-fish)中找到了 6,867,840 个卵(《陆与水》,1868 年,第 62 页)。一条蛔虫(Ascaris)约产 64,000,000 个卵(卡本特的《比较生理学》,1854 年,第 590 页)。爱丁堡皇家植物园的司各脱先生按照我对某些英国兰科植物所用的同样方法(《兰科植物的受精》,第 344 页)计算了一株 Acropera 的一个蒴中的种子数,发现为 371,250 粒。现在这株植物在一个总状花序上开了若干花,在一个季节中产生了许多总状花序。在一个近似属 Gongora 中,司各脱先生曾经看到二十个蒴长在一个总状花序上;Acropera 的十个这样总状花序将会产生七千四百万个以上的种子。

② 佩吉特:《病理学讲义》,第 27 页;微耳和,《细胞病理学》,强司博士译,第 123、126、294 页;克劳得·勃尔纳德《关于活组织》(*Des Tissus Vivants*),第 177,210,337 页;缪勒的《生理学》,英译本,第 290 页。

对身体的某些一定部分的影响中,我们看到了上述的情形。

还有一种假定,即各个芽球的发育取决于它同刚刚开始发育的、并且在正常生长次序中先于它的另一个细胞或单位的结合。根据我们的假说,植物花粉内的形成物质是由芽球构成的,并且能够同母本植株的部分发育的细胞相结合,而且还能改变后者,我们在讨论这个问题的部分中已经清楚地看到了这种情形。根据我们所能知道的来说,植物的组织只能由既存细胞的增生而形成,所以我们必须作出如下的结论:来自异花粉的芽球不会发育成独立的新细胞,而是渗入和改变母本植株的初发细胞。可以把这一程序同普通受精作用中所发生的情形作一比较,在普通受精作用中花粉管的内容物渗入到胚珠中的密闭胚囊,并且决定了胚的发育。按照这种观点,母本植株的细胞几乎可以正确地说是由异花粉的芽球而受精了。在这样以及所有其他场合中,适当的芽球由于它们的选择亲和力一定在正常次序中同既存初发细胞结合起来了。芽球和初发细胞在性质上的微小差异决不会干涉它们的结合和发育,因为我们在普通繁殖的场合中得知,性生殖要素中的这样细微的分化对于它们的结合和此后的发育以及这样产生出来的后代的活力是显著有利的。

在我们的假说的帮助下,我们对于摆在面前的那些问题所能提供的模糊说明只有那样多;但必须承认还有许多点依然是完全不能解决的。例如,推测身体的每个单位在什么发育期间放出它的芽球,那是徒劳的,因为各种组织的整个发育问题还远远不是清楚的。我们不知道芽球是不是仅仅借着某些未知的方法在某些季节中于生殖器官内集合起来的,或者是不是它们在这样集合起来之后便迅速地在那里增殖起来了,从血液在各个繁育季节中流往这等器官的情形看来,这似乎是可能的。我们还不知道芽球为什么在某些一定的位置集合起来形成芽,导致了树和珊瑚的对称生长。我们没有方法来决定组织的普通磨损究竟是利用芽球来补足,还是仅仅由既存细胞的增生来补足。如果芽球是这样消耗的——从磨损的恢复、再生力以及发育之间的密切关系看来,特别是从许多雄性动物在颜色和构造上所发生的周期变化看来,这似乎是可能的;那么,生殖力和创伤恢复力减退的老年现象大概可以得到某种说明,而且有关长寿的这个暧昧问题大概也可以得到某种说明。除非芽球的确是在生殖器官内小量集合起来之后而大量增殖的,否则去势动物在授精作用中并不放出无数芽球而且并不比完全动物更加长寿这个事实似乎就同芽球在磨损组织的普通恢复中受到消耗的那种信念对立起来了[①]。

从一只公鸡的距被接在一只公牛的耳朵上而长得很大的这样一些例子看来,同样的细胞或单位可能活得很久而且继续增殖,并不会由于同任何种类的游离芽球结合而有所改变。同它们和不同性质的芽球相结合无关,这等单位在正常生长中由于吸收周围组织的特殊养分而有怎样程度的改变,是另一个难解决的问题[②]。如果我们想起植物的细胞当受到制造虫瘿的昆虫的毒物接种之后会有多么复杂而对称的生长,那么我们就会玩味到上述的难点了。关于动物,一般承认种种多倍的瘤和肿瘍是变为异常的正常细胞通过

---

① 雷伊·兰开斯特(Ray Lankester)教授在他的有趣论文《人类和低等动物的寿命比较》中讨论了这里所提出的有关泛生说的几点。

② 罗斯博士在他的《疾病的接种理论》(*Graft Theory of Disease*)一书中(1872 年,第 53 页)提及这个问题。

增生的直接产物①。在骨的正常生长和恢复中，正如微耳和所说的②，组织发生了一整系列出交换和代替。软骨细胞可能直接转变成骨髓细胞，并且这样继续下去；或者可能先变成硬骨组织，然后变成骨髓组织；最后，它们可能先变成骨髓，然后变成骨。这等组织的交换非常富有变化，它们本身如此密切相似，它们的外观又如此完全不同。但是，因为这等组织在任何时期都会这样改变它们的性质，而在它们的营养方面并没有明显的变化，所以，按照我们的假说，我们必须假定来自某一种组织的芽球同另一种细胞结合了，并且引起了连续的改变。

我们有良好的理由可以相信，同一单位或细胞的发育需要几个芽球；否则我们就无法理解单独一个或者甚至两三个花粉粒或精子为什么是不够的。但我们还远远不知道所有单位的芽球同其他芽球是不是分离的，或者有些芽球是不是从最初就结合成小团了。例如，一根羽毛的构造是复杂的，并且因为各个分离的部分对于变异都有遗传的倾向，所以我断言每一根羽毛都会发生大量的芽球；不过可能的是，这等芽球可能集合成一个复合的芽球。同样的意见对于花瓣也适用，花瓣有时具有高度复杂的构造，每一个凸和凹的部分都是为了一种特殊目的而设计的，所以各个部分一定是分别改变的，并且这等改变是遗传的；因此，按照我们的假说，分离的芽球一定是从各个细胞或单位放出来的。但是，因为我们时常看到一半花药或者一小部分花丝变成花瓣的形状，或者萼的一部分或仅仅它的条纹呈现了花冠的颜色和组织，所以在花瓣中各个细胞的芽球可能没有集合成一个复合的芽球，而是游离的。甚至在具有原生质、细胞核、核仁和细胞壁的完全细胞那样的简单场合中，我们也不知道它的发育是否取决于来自各个部分的复合芽球③。

现在已经尽力阐明了上述几个假定在某种范围内是由一些相似的事实来支持的，而且也提到了某些最有疑问之点，我们即将考察这个假说能够多大程度地把"第一部分"所举的各种例子纳入单独一个观点之下。所有生殖法都渐次互变而且在它们的产物方面都是一致的；因为把从芽产生出来的、从自我分裂产生出来的以及从受精胚种产生出来的有机体区别开是不可能的；这等有机体具有发生同样性质的变异的倾向，并且具有进行同样种类的返祖倾向；按照我们的假说，因为所有生殖法都取决于来自全身的芽球的集合，所以我们能够理解这种显著的一致性。孤雌生殖不再是不可思议的了，如果我们不了解来自两个不同个体的性生殖要素的结合所产生的巨大利益，那么不可思议的大概是孤雌生殖的发生没有比实际情形更多。根据任何普通的生殖理论，嫁接杂种的形成、雄性生殖要素对于母本植物的作用，以及对于雌性动物的未来后代的作用，都是重大的异常情形；但根据我们的假说，它们就是可以理解的。生殖器官实际上并不创造性生殖要素；它仅仅以特殊的方法来决定芽球的集合，恐怕还决定它们的增殖。然而这等器官以及它们的附属部分可以执行高度的机能。它们为了独立的暂时生存或者为了相互的结合，可以适应于一方的或双方的生殖要素。柱头分泌液对同一物种的植物花粉所发生的作用完全不同于它对异属或异科的植物花粉所发生的作用。头足类（Cephalopoda）的

---

① 微耳和：《细胞病理学》，强司博士译，1860 年，第 60、62、245、441、454 页。

② 同前书，第 412—426 页。

③ 参阅得尔皮诺和留斯对于这一问题的一些良好批评，见《双周评论》，11 月 1 日，1868 年，第 509 页。

精包（spermataphores）具有非常复杂的构造，以前曾被人们误为寄生虫；某些动物的精子所具有的特质，如果在一种独立的动物中来观察，大概会被认为是由感觉器官所支配的本能——就像当昆虫的精子找到进入细小卵孔的途径时那样。

已经长期观察到①在生长和有性生殖力之间②——在创伤恢复和出芽之间——关于植物，在由芽和根茎等所进行的迅速增殖和种子的产生之间，除了某些例外，存在着对立，这种对立可以由没有足够数量的芽球来同时进行这等程序而得到部分的说明。

在生理学中几乎没有任何事实比再生力更加不可思议的了；例如，蜗牛能够恰好在切除的地方再生它的头，蝾螈能够恰好在切除的地方再生它的眼、尾和腿。这等例子可以由来自各个部分的并且散布于全身的芽球得到说明。我曾听到把这等程序同结晶体的破裂了的棱由于再结晶而得到恢复的情形来比较；这两种程序有很多共同之处，在一个场合中分子的极性（polarity）是有效的原因，在另一个场合中，芽球对于特殊初发细胞的亲和力是有效的原因。但是我们在这里势必遇到两种反对意见，它们不仅应用于一个部分或一个两断个体的再生，而且也应用于分裂生殖和出芽生殖。第一种反对意见是，再生部分所处的发育阶段同被切除的或两断的生物所处的发育阶段是一样的；在芽的场合中，这样产生出来的新生物和出芽的亲代所处的发育阶段是一样的。例如，被切掉尾巴的一只成熟蝾螈不会再生幼体的尾巴；一只蟹不会再生幼体的腿。我们在本章的第一部分中已经阐明，在出芽生殖的场合中，这样产生出来的新生物在发育上不倒退——这就是说，并不通过受精胚种所必须通过的那些早期阶段。尽管如此，按照我们的假说，被切除的或由芽来增殖的有机体一定含有来自每一个早期发育阶段的部分或单位的无数芽球；为什么这等芽球不在相应的早期发育阶段再生被切除的部分或整个的身体？

第二种反对意见是得尔皮诺所主张的，它是：譬如说，被移去一肢的一只成熟的蝾螈或蟹的组织已经分化而且通过了它们的整个发育过程；这等组织怎么能够按照我们的假说去吸引应当再生的那一部分的芽球并同它们结合呢？在回答这两种反对意见时，我们必须记住已经提出的那一证据，它阐明了至少在大多数场合中再生力是一种局部的能力，它的获得乃是为了恢复各个特殊生物容易遭到的特殊损伤；在出芽生殖或分裂生殖的场合中，乃是为了在能够大量得到支持的那一生命期间迅速增殖有机体。这等理由引导我们相信，在所有这样的场合中，为了这个特殊的目的，局部地或者全身保持着一群初发细胞或部分发育的芽球，准备同那些在正常接续中其次发生的细胞所放出的芽球相结合。如果这一点得到承认，那么我们就可以充分地回答以上的两种反对意见了。无论如何，泛生说似乎对于不可思议的再生力提供了相当的说明。

根据刚才提出的观点还可以知道，性生殖要素同芽的差别在于前者在多少迟一点的

---

① 赫伯特·斯宾塞先生，关于这种对立已经做了充分讨论（《生物学原理》，第二卷，第 430 页）。

② 雄鲑据知在很早期间即行繁育。按照斐利卜和丢梅尔的材料，泥螈（Triton）和鳃鲵（Siredon）当保持着幼体期的鳃时就能生殖（《博物学杂志》，第三辑，1866 年，第 157 页）。海克尔最近观察了一个有关水母的奇异例子（《柏林科学院月刊》，2 月 2 日，1865 年），它的生殖器官是活泼的，借着出芽生殖，它产生了大不相同的水母类型；后者还有生殖力。科伦（Krohn）曾经阐明，某些其他水母当性成熟时就用孵芽（gemmae）来繁殖（《博物学杂志》，第三辑，第十九卷，1862 年，第 6 页）。再参阅考利克尔（Kolliker），《海鳃类的形态和发生》（*Morphologie und Entwickelungsgeschichte des Pennatulidenstammes*），1872 年，第 12 页。

发育阶段中不含有初发细胞或芽球，所以最先发育的只是属于最早阶段的芽球。因为幼动物和低等动物一般比老动物和高等动物的再生力大得多，所以看来也似乎是它们比那些已经通过一长系列发育变化的动物更容易保持初发状态的细胞或部分发育的芽球。在这里我还可以补充地说，在大多数或者全部的雄性动物中，虽然能于极早的时期看到它们的卵，但没有理由可以怀疑在成熟期间改变了的部分所放出的芽球能够进入卵中。

关于杂种性质，泛生说同大多数确定的事实是充分符合的。正如以前所阐明的，我们必须相信每一个细胞或单位的发育需要几个芽球。但是，根据孤雌生殖的情况，特别是根据胚胎仅仅是部分形成的那些例子，我们可以推论，雌性生殖要素一般含有差不多足够数量的芽球作为独立发育之用，所以当同雄性生殖要素结合时，这等芽球就过剩了。且说，当两个物种或族进行相互杂交时，它们的后代普通并没有差异，这阐明了性生殖要素在能力上是一致的，并且同雌雄两性生殖要素含有同样芽球的那种观点相符合。物种间杂种和变种间杂种在性状上一般也是介于双亲类型之间的，然而它们偶尔在这一部分上同某一亲密切相似，而在另一部分、甚至全部构造上同另一亲密切相似：这并不是难理解的，如果我们承认受精胚种中的芽球在数量上是过剩的，而且来自某一亲的芽球可能在数量、亲和力或活力上比来自另一亲的芽球多少占有优势。杂种类型时常以条纹或斑驳来表现任何一亲的颜色或其他性状；这种情形发生于第一代，或者通过返祖发生于以后的芽世代和种子世代，关于这一事实已在第十一章中举出了几个例子。在这等场合中，我们必须追随诺丹[1]，并且承认两个物种的"本质"（essence）或"要素"（element）——我似乎可以把这两个术语译为芽球——对于它们自己的种类具有一种亲和力，这样便把它们自己分离为不同的条纹或斑驳；当我们在第十五章中讨论某些性状结合的不可能性时，已经举出了这等相互亲和力可以被相信的理由。当两个类型杂交时，常常发现一个类型在传递它的性状上比另一类型占有优势；我们还可以用以下的假定来说明这种情形，即一个类型在芽球的数量、活力和亲和力上比另一类型占有优势。然而在一些场合中，某些性状在一个类型中是显现的，而在另一个类型中却是潜伏的；例如，在所有鸽子中都有一种变成青色的倾向，当一只青色鸽子同其他任何颜色的鸽子杂交时，青色一般占有优势。当我们考察到"返祖"的时候，对于这种优势型式的说明就会清楚了。

当两个物种杂交时，众所周知，它们不产生充分的或原来的数量的后代；关于这一问题我们只能说，因为各个有机体的发育取决于大量芽球和初发细胞之间的恰好平衡的亲和力，所以我们对于来自两个不同物种的芽球的混合会导致部分的或全部的不发育就不必感到惊奇了。关于从两个不同物种的结合而产生出来的杂种的不育性，我们在第十九章中已经阐明这完全取决于生殖器官受到了特殊的影响；但为什么这等器官应该这样受到影响，我们还不知道，正如我们不知道以下的情形一样：为什么不自然的生活条件虽然同健康没有矛盾，也会引起不育性；或者，为什么连续的密切近亲交配或花柱异长植物的异型花结合会诱发同样的结果。只是生殖器官而不是整个体制受到影响的这种结论同杂种植物中芽的繁殖力不但没有受到损害、甚至有所增强的情形是完全符合的；因为按照我们的假说，这意味着杂种的细胞放出杂种化的芽球，它们集合成芽，但没有在生殖

---

[1]　参阅他对于这个问题的优秀讨论，见《博物馆新报》，第一卷，第151页。

官内集合起来而形成性生殖要素。同样的，许多植物当被放在不自然的生活条件之下时不结子，却能容易地由芽来繁殖。我们即将看到，泛生说同所有杂种动物和杂种植物所表现的强烈返祖倾向是非常符合的。

各个有机体都得通过或长或短的生长和发育的过程才会达到成熟：前一术语只限于大小的增加，而发育则限于变化了的构造。这等变化可能是小的和缓慢得难于觉察的，例如小孩长成人人时就是这样，或者许多蜉蝣类昆虫的变态就是这样，还有少数的变化是强烈显著的，例如大多数其他昆虫就是这样。每一种新形成的部分可能在以前存在的相应部分内形成，在这样场合中它好像是从旧的部分发育出来的，但我认为这是错误的：或者它可能是在身体的不同部分内形成的，例如后形成的一些极端例子就是这样。例如，一只眼可能在以前没有眼的地方发育起来。我们还看到，近似的生物在变态过程中通过大不相同的形态之后时常得到几乎一样的构造；或者相反地，通过几乎一样的早期形态之后，却达到大不相同的成熟形态。在这等场合中，我们难于接受那种普通的观点，即认为最初形成的细胞或单位拥有产生完全不同的形态、部位和机能的新构造的固有力量，而同任何外界动因无关。但根据泛生论的假说，所有这等例子都是清清楚楚的。这等单位在各个发育阶段放出芽球，它们增殖并且传递给后代。在后代中，任何特殊的细胞或单位一经部分地发育，就同以次接续的细胞结合起来了（比喻地说前者是受精了），并且一直这样前进下去。但是，有机体在发育的某一阶段往往遇到生活条件的变化，因而稍微有所改变；从这等改变了的部分放出的芽球将倾向于再生一些按照同样方式进行改变的部分。直到这一部分的构造在某一特殊发育阶段发生重大变化以前，这一程序可能重复进行，不过这并不一定影响以前形成的或以后形成的其他部分。这样我们便能理解在连续变态中、特别是在许多动物的连续后形成中构造的显著独立性。有些疾病是在正常生殖期以后的老年期间发生的，尽管如此，它还是遗传的，例如脑病和心脏病的情形就是如此，在这种场合中我们必须假定，这等器官在早年就受到了影响，并且在这一期间放出了受到影响的芽球；不过这种影响只在——按照严格的意义来说——该部分的长期生长以后才成为显著的或有害的。在照例于老年期间发生的一切构造变化中，我们大概可以看到退化的生长的效果，而不是真正发育的效果。

各个部分的独立形成的原理，由于适当芽球同某些初发细胞的结合，并且由于来自双亲的芽球的过剩和此后芽球的自我增殖，对于大不相同的各类事实提供了说明，而按照任何发育的普通观点，这等事实似乎是很奇怪的。我所指的器官是异常地转位的或增殖的。例如，伊利阿特·考斯（Elliott Couse）博士[①]记载过一个有关畸形雏鸡的例子，这只雏鸡具有一只多余的完全右腿，用关节接合在骨盆的左侧。金鱼常常具有多余的鳍，位于身体的各个部分。当蜥蜴的尾被切掉时，时常再生双重的尾。当蝾螈的脚被旁内特纵向地割裂以后，偶尔会形成多余的趾。范伦泰（Valentin）把一个胚胎的尾端伤了，三天之后它产生了双重骨盆和双重后肢的痕迹[②]。蛙和蟾蜍有时生下来就具有双重的肢，正

---

① 《波士顿博物学会会报》，在《科学意见》中重载，11月10日，1869年，第488页。
② 陶得的《解剖学和生理学丛书》(*Cyclop. of Anat. and Phys.*)，第四卷，1849—1852年，第975页。

如热尔韦所说的[①]，这种双重性不是由于肢以外的两个胚的完全融合所致，因为幼体是无肢的。同样的论点也可应用于[②]生下来就有多重的腿和触角的某些昆虫，因为这等昆虫是从无腿的或无触须的幼虫变态而来的。密尔内·爱德华[③]描述过甲壳动物的一个引人注意的例子，这个甲壳动物的眼柄所支持的不是完善的眼，而仅仅是一个不完善的角膜，从这个角膜的中心发育出一个触角。关于某人，记载过这样一个例子[④]，两次生齿期间他的左第二门齿都由一个双重齿所代替，他从父系的祖父那里遗传了这种特性。还知道有几个这样的例子[⑤]：多余的齿在眼眶里发育起来了，特别是在马中，多余的齿在腭上发育起来了。毛发常常在奇怪的部分中出现，例如"在脑的物质中"[⑥]。某些绵羊品种在额部生着许多角。在某些斗鸡的两只腿上看到的距竟有五个之多。公波兰鸡的羽冠的长羽同颈部的长羽相似，而母波兰鸡的羽冠则是由普通羽毛形成的。在羽脚的鸽和鸡中，从腿和趾的外侧长出来的羽毛同翼羽相似。甚至同一羽毛的基本部分也可能转位；因为关于塞巴斯托堡鹅，羽小支是在羽轴的分裂丝羽上发育的。不完善的指甲时常在人的切除后的残指上出现[⑦]；有一个关于蛇状蜥蜴的有趣事实，它呈现了一系列愈来愈不完善的肢，趾骨之端最先消失，"趾甲转移到残余的基部，甚至转移到不是趾骨的端部"[⑧]。

相似的情形在植物中如此屡屡发生，以致没有使我们感到惊奇。多余的花瓣、雄蕊和雌蕊常常产生。我曾看到在巢菜（Vicia sativa）的复叶下的一个小叶由卷须代替了；而卷须拥有许多特殊的性质，例如自然运动和刺激感应性。萼有时全部地或者以条纹呈现了花冠的颜色和组织。雄蕊如此常常完全地或不完全地变成花瓣，以致这等例子被认为没有被注意的价值而遭到忽视；但是因为花瓣具有特殊的机能，即保护其中的器官，吸引昆虫，并且在不少的场合中以充分适应的装置引导昆虫的进入，所以我们简直不能仅仅用不自然的或过剩的养分来解释雄蕊变成花瓣的情形。还有，偶尔可能发现花瓣的边缘含有植物的一种最高产物，即花粉；例如，我曾看到一种蜂兰（Ophrys）的构造很复杂的花粉块在一个上花瓣的边缘发育了。已经观察到普通豌豆的萼片部分地变成了含有胚珠的心皮，并且它们的顶端变成了柱头。沙尔特先生和麦克斯威尔·马斯特博士在西番莲和蔷薇的胚珠中发现了花粉。芽可能在最不自然的部位——例如花瓣——上发育起来。还可以举出很多相似的事实[⑨]。

我不知道生理学者们怎样看待上述的事实。按照泛生说，转位器官的芽球在错误的部位上发育是由于它们同错误的初发细胞或初发细胞群结合起来的缘故；这大概是由于

---

① 《报告书》，11月14日，1865年，第800页。

② 正如以前夸垂费什在他的《人的变化》（1862年，第129页）中所说的那样。

③ 该特纳的《动物学记录》，1864年，第279页。

④ 塞治威克：《外科医学评论》，4月，1863年，第454页。

⑤ 小圣伊莱尔：《畸形史》，第一卷，1832年，第435，657页；第二卷，第560页。

⑥ 《细胞病理学》，1860年，第66页。

⑦ 缪勒的《生理学》，英译本，第一卷，1833年，第407页。最近有人写信向我说过这样一个例子。

⑧ Dr. Fürbringer，"类似蛇的蜥蜴类的骨头等等"在"Journal of Anat. & Phys."，杂志上被评论过的，1870年5月，第286页。

⑨ 摩坤·丹顿：《植物畸形学》，1841年，第218，220，353页。关于豌豆的例子，参阅《艺园者记录》，1866年，第897页。关于胚珠内的花粉，参阅马斯特博士在《科学评论》（10月，1873年，第369页）中的文章。巴尔克雷牧师描述过在山字草（Clarkia）花瓣上发育的一个芽，见《艺园者记录》，4月28日，1866年。

它们选择亲和力的微小改变而发生的。如果我们想起第十七章中的许多引人注意的例子，即植物绝对拒绝由它自己的花粉来受精，但它们却能充分地由同一物种的任何其他个体的花粉来受精，而且在某些场合中只能由不同物种的花粉来受精，那么我们对于细胞和芽球的亲和力的变异就不应当感到非常惊奇了。这等植物的性选择亲和力（sexual elective affinities）——借用该特纳的术语——显然已经有所改变。因为邻接的或同原的部分的细胞会有差不多一样的性质，所以它们借着变异特别容易获得彼此之间的选择亲和力；这样我们便能在某种范围内理解下面的例子：某些绵羊的头上生有很多角，鸡的腿上生有几个距，其他公鸡的头上生有长羽般的羽毛，并且在鸽的腿上生有翼羽般的羽毛以及趾间的皮膜，因为腿和翼是同原部分。因为植物的所有器官都是同原的并且从一个共同的轴发生的，所以它们自然应当非常容易于转位。应当注意，当任何复合部分——例如多余的肢或触角——从一个错误部位发生时，只是需要少数的最初芽球错误地附着就可以了；因为这等芽球当发育时，在正常接续中就像在切除肢的再生中那样将会吸引其他芽球。如果像蛇的椎骨或多雄蕊花的雄蕊等那样的同原的和构造相似的部分在同一有机体中重复多次，那么密切相似的芽种球一定极多，同样地它们应当结合之点也一定极多；按照上述的观点，我们便能在某种范围内理解小圣伊莱尔的法则，即已经重复的部分极其容易正数量上发生变异。

正如我曾试图阐明的那样，变异性常常取决于变化了的生活条件对生殖器官发生了有害的影响；在这种场合中，来自身体各个部分的芽球大概是以不规则的方式集合起来的，有的过剩，有的不足。芽球的过剩是否会导致任何部分的增大，还不能说；但我们可以知道它们的部分不足并不一定导致该部分的全部退化，却可能引起相当的改变；因为植物的花粉如果被排除，它们就容易杂交，在细胞的场合中也是一样，如果没有适当连续的芽球，正如我们在转位植物中刚刚看到的那样，它们大概会容易地同其他近似的芽球相结合。

关于由变化了的生活条件的直接作用所引起的变异已经举过几个事例了，在这样场合中，身体的某些部分直接受到了新生活条件的影响，因而放出改变了的芽球，这等芽球被传递给后代。按照普通的观点，无论是对胚胎、幼体或成体发生作用的变化了的生活条件为什么能引起可以遗传的变异，则是不可理解的。为什么一个部分的长期不断的使用或不使用的效果或身体和精神的变化了的习性的效果能够被遗传，也是同等地或者甚至更加不可理解的。几乎提不出比这更加复杂的问题了；但是根据我们的观点，我们只是假定某些细胞最后在构造上改变了，并且这等细胞放出了同样改变的芽球。这种情形可能在任何发育期间发生，并且这种改变在相应的期间被遗传下去；因为改变了的芽球在一切普通场合中将同适当的先在细胞相结合，因而将在最初发生改变的同样期间发育起来。关于精神习性成本能，我们对于脑和思考力之间的关系如此深刻无知，以致我们肯定不知道一种固定的习性是否会诱发神经系统的任何变化，虽然这似乎是高度可能的；但是，当这种习性或其他精神属性、即疯狂被遗传时，我们就必须相信某种实际的改变被传递下去了[①]；按照我们的假说，这意味着来自改变了的神经细胞的芽球被传递给后代了。

---

① 参阅何兰得爵士对于这种效果的一些意见，见他的《医学笔记》，1839年，第32页。

为了这样获得的任何改变在后代中出现，一般需要的是一个有机体应当在几代期间暴露于改变了的生活条件或习性之下。这种情形可能部分地由于这等变化最初并没有显著到足以引起注意的程度，但这一说明是不够充分的；我只能根据如下的假定来说明这个事实，我们在返祖项下将会看到这个假说是得到了强烈支持的，即来自各个未变的部分或单位的芽球大量地被传递给连续的世代，并且来自已经改变了的同一单位的芽球在最初引起改变的同样的适宜条件下继续增殖，直到最后它们有足够的多数来压倒和代替旧芽球。

在这里有一个难点可能受到注意：我们已经看到在由有性生殖和无性生殖来繁殖的植物中，它们的变异性质虽然没有重大差异，但它们的变异频度则有重大差异。就变异性取决于生殖器官在变化了的生活条件下的不完全作用来看，我们立刻就能知道为什么无性繁殖的植物远不如有性繁殖的植物容易变异。关于变化了的生活条件的直接作用，我们知道由芽产生出来的有机体不通过早期的发育阶段，所以它们在构造最容易改变的那一生活期间并不像胚胎和幼体那样地暴露于诱发变异性的各种原因之中；但这是不是一个充分的说明，我不知道。

关于由返祖而发生的变异，从芽繁殖的植物和从种子繁殖的植物之间也有相似的差异。许多变种可以确实地由芽来繁殖，但由种子来繁殖，则一般地或者不可避免地返归它们的亲类型。杂种植物在某种范围内可以由芽来繁殖，但由种子来繁殖，则不断有返祖的倾向——这就是说，有失去杂种性状或中间性状的倾向。关于这等事实我还不能提供令人满意的说明。斑叶的植物、具有条纹花的福录考（phloxes）、无子果实的刺蘗全能由茎上的芽或枝上的芽来确实地繁殖；但这等植物的根芽几乎不可避免地失去它们的性状并且返归以往的状态。我们知道茎芽就像独立有机体那样地进行活动，除非根芽同茎芽的差异像茎芽彼此之间的差异那样，否则后面那个事实也是不可理解的。

最后，根据泛生论的假说，我们看到，变异性至少取决于两类不同的原因。第一，取决于芽球的不足、过剩和转位以及长期休眠的芽球的再发育；芽球本身并没有发生任何改变；这等变化将会充分地说明非常彷徨的变异性。第二，取决于变化了的生活条件对于体制的直接作用以及部分的增强使用或不使用；在这种场合中，来自改变了的单位的芽球本身将会改变，当它们充分增殖时，就会代替旧芽球并且发育成新的构造。

现在转来谈一谈"遗传"法则。如果我们假定一种同质的胶状原生动物发生了变异并且呈现淡红色，那么一个分离的微粒当长大时自然会保持同样的颜色；于是我们看到了遗传的最简单型式①。同一观点完全可以引申到构成一种高等动物的整个身体的各式各样的无数单位；分离的微粒就是我们的芽球。我们已经含蓄地对于在相应年龄遗传的重要原理进行了充分讨论。如果我们相信身体各单位的选择亲和力在雌雄两性中、特别是在成熟后微有差异，并且在一性或两性中于不同季节微有差异，所以它们同不同的芽球相结合，那么被性别所限制的以及被季节所限制（例如冬季变白的动物）的遗传性就是可以理解的了。应当记住，我们在讨论器官的异常转位时已经知道，有理由可以相信这

----

① 这是海克尔教授在《形态学通论》中所持的观点，他说："双亲同子代的特殊构成物质有一部是相同的，这等物质在生殖时的分离就是遗传的原因。"

等选择亲和力是容易改变的。

但有一种反对意见，最初看来对我们的假说似乎是致命的，即一个部分或器官在连续的世代中被移去，如果在手术之后不继之以疾病，这个失去的部分会在后代中重现。狗和马的尾巴以往在许多世代中被割掉了，而没有任何遗传的效果；虽然像我们已经看到的，有某种理由可以相信某些牧羊狗的无尾状态是由于这种遗传所致。犹太人自从古代以来就实行割礼，在大多数场合中这种手术的效果不见于后代；虽然有些人主张一种遗传的效果曾偶尔出现。如果遗传取决于来自身体一切部分的广为散布的芽球的存在，那么为什么一个部分的切除或残损，特别是当两性都受到这样影响时，并不一定影响其后代呢？按照我们的假说，对于这个问题的解答大概是，芽球在一长系列的世代中增殖并且传递下去——在马身上重现斑马条纹的场合中，在人类重现其低等祖先所固有的肌肉和其他构造的场合中，并且在许多其他这样的场合中，我们看到了这种情形。所以在许多世代中曾被移去的一个部分的长期不断的遗传并不是真的变则，因为以前来自这一部分的芽球一代一代地增殖并且传递下去。

截至现在我们所谈的只是一些部分被移去之后并不继之以疾病作用的情形；但是，当手术之后继之以疾病作用时，这种缺陷肯定有时是遗传的。在前一章中已经举出了一些事例，例如一头母牛在失去一个角以后跟着就化脓了，她的一些牛犊都在头的同一侧缺少一个角。但是公认的确实证据还是布朗·税奎所举出的关于豚鼠的例子，它们的臀神经被取走之后，它们就咬掉了自己的腐烂的脚趾，它们的后代至少在十三个事例中都在相应的脚上缺少脚趾。在几个这等例子中，因为只有一亲受到影响，所以失去部分的遗传就愈益显著了；但我们知道，先天的缺陷常常只从一亲传递下去——例如，任何性别的无角牛当同完善的牛杂交时，其后代常常是无角的。那么，如果残废继之以疾病作用，按照我们的假说，怎样能够说明这等残废有时是强烈遗传的呢？对于这个问题的解答大概是，残废部分或被切除部分的所有芽球都在恢复过程中逐渐被吸引到疾病的表面，并且在那里被疾病的作用所破坏了。

关于器官的完全不发育必须稍微补充地谈上几句话。当一个部分由于在许多世代中长期不使用而缩小时，生长经济的原理以及相互杂交就像以前所说的那样，具有使它进一步缩小的倾向，但这不会说明，譬如代表雌蕊的细胞组织的微小乳头状突起或者代表牙齿的极端微小的骨块为什么会完全地或者几乎完全地消失掉。在压抑还没有完成的某些场合中，痕迹部分不时通过返祖而重现，按照我们的观点来看，这时来自这一部分的分散的芽球一定依然存在；所以我们必须假定，除了在返祖的偶尔场合中，细胞——由于同它们结合痕迹部分以前发育了——对于这等芽球失去了亲和力。但是，不发育如果是完全的和最后的，那么芽球本身无疑地就会死亡；在任何方面这都不是不可能的，因为活动的和长期休眠的大量芽球虽然在各个生物中得到了营养，但对于它们的数量一定还有某种限制；并且来自缩小的和无用的部分的芽球比那些新近来自机能活动依然充分的其他部分的芽球大概更易死亡，这似乎是自然的。

最后需要讨论的一个问题是返祖，它依据的原理是，传递和发育虽然一般是连合活动的，却是不同的力量；芽球的传递及其此后的发育向我阐明了这是多么可能。我们在许多场合中清楚地看到了这种区别，在这些场合中，祖父把他的女儿不拥有的或者不能但在讨论之前，先对潜伏的或休眠的性状稍微谈几句话大概是适宜的。大多数的或者全部的属于一性的次级性征在另一性中都是休眠的；这就是说，能够发育成雄性次级性征的芽球都包含在雌体之内；相反地，雌性的次级性征也包含在雄体之内；关于这一点，我们在某些雄性性状上得到了证据，当雌性的卵巢得病或者由于年老而不发生作用时，无论肉体的或精神的雄性性状就会出现于雌性。同样的，雌性的性状也出现于去势的雄性，例如公牛的角形以及雄鹿的没有角就是这种情形。甚至由于拘禁而发生的生活条件的微小变化也足可以阻碍雄性性状在雄性动物中发育，虽然它们的生殖器官并不是永久受到损害的。在雄性性状周期地苏醒的许多场合中，这等性状在其他季节中是潜伏的；受到性别限制和季节限制的遗传在这里结合在一起了。再者，直到雄性动物到达适于繁殖的年龄之前，雄性性状一般在雄性动物中是休眠的。以前曾举过一个有关"母鸡"的例子，这只母鸡呈现了不是自己品种的，而是遥远祖先的雄性性状，这个奇妙的例子说明了潜伏性征和普通返祖之间有着密切的关联。

关于那些习惯地产生几个类型的动物和植物，例如华莱士先生所描述的某些蝴蝶有三个雌性类型和一个雄性类型同时存在，再如千屈菜属（*Lythrum*）和酢浆草属（*Oxalis*）的三形性物种，能够产生这等不同类型的芽球在各个个体中一定是潜伏的。

不时产生这样的昆虫，它们身体的一侧或四分之一像雄性，其他一半或四分之三则像雌性。在这等场合中，两侧的构造时常表现了可惊的差异，并且彼此由一条鲜明界线分开。因为来自每一部分的芽球存在于雌雄两性的各个个体中，所以这等场合中的初发细胞的选择亲和力在身体两侧一定有异常的差异。同样的原理几乎对以下的动物发生作用，例如某些腹足类以及蔓足类中的韦尔卡（Verruca），它们的身体两侧正常地是按照大不相同的方式构成的；但是几乎同等数量的个体的任何一侧都是按照同样显著的方式改变了。

按照返祖这个字的普通意义来说，它是如此不断地起作用，以致它显然形成了一般遗传法则的一个重要部分。在无论是由芽来繁殖的或由种子来繁殖的生物中，都会发生返祖的情形，甚至在同一个体的老年时也会时常发生这种情形。返祖的倾向常常是由生活条件的变化而被诱发起来的，并且最明显地是由杂交而被诱发起来的。第一代的杂种类型在性状上一般几乎介于双亲之间；但在第二代中杂种后代普通会返归祖父母的一方或双方，偶尔会返归更加遥远的祖先。我们怎样才能说明这些事实呢？按照泛生论，杂种的每一个单位一定放出大量杂种化的芽球，因为杂种植物能够容易地并且大量地由芽来繁殖；但是根据同一原理，来自两个纯粹亲类型的休眠芽球也同样存在；并且因为这等芽球保持着它们的正常状态，所以它们大概在各个杂种的一生期间能够大量增殖。因此，一个杂种的性生殖要素既会包含纯粹的芽球，也会包含杂种化的芽球；当两个杂种交配时，来自一个杂种的纯粹芽球同来自另一个杂种的同一部分的纯粹芽球的结合一定会导致性状的完全返祖；并且未改变的和未退化的同一性质的芽球大概特别容易结合，这恐怕不是一种过于大胆的假设。纯粹芽球同杂种化芽球的结合大概会导致部分的返祖。

最后,来自两个亲杂种的杂种化芽球大概仅仅产生原始杂种类型①。所有这等返祖的例子和返祖的程度都不断地发生。

在第十五章中已经阐明,某些性状彼此是对立的或者是不容易混合的;因此,当两种具有对立性状的动物进行杂交时,很可能发生的是,单独存在于雄性中的、为了繁殖它的特殊性状的芽球是不充分的,并且单独存在于雌性中的、为了繁殖它的特殊性状的芽球也是不充分的;在这种场合中,来自某一遥远祖先的同一部分的休眠芽球可能容易地得到优势,并且招致长久亡失的性状的重现。例如,当黑鸽同白鸽杂交时,或者黑鸡同白鸡杂交时——不容易混合的颜色——在前一场合中表现为青色羽衣,这显然是来自岩鸽,在后一场合中表现为红色羽衣,这是来自野生原鸡——不时重现。关于未杂交的品种,如果处在有利于某些休眠芽球增殖和发育的条件之下,同样的结果也会发生,例如动物野化之后返归原始性状的情形就是这样。各个性状的发育需要一定数量的芽球,受精需要若干精子或花粉粒的情形已经说明了这是事实;这种情形以及有利于增殖的时机大概说明了塞治威克先生所主张的那些引人注意的例子,即某些疾病有规律地出现于交替的世代中。这同样地也可以或多或少严格地应用于其他可以微弱遗传下去的改变。因此,正如我听说的那样,某些疾病似乎由于在一个世代里中断而得到了力量。休眠芽球在许多连续世代中的传递,正如以前所说的,其本身几乎不比痕迹器官在长年累月中的保留,甚至也不比仅仅产生痕迹器官的一种倾向的保留更加不可能;但没有任何理由可以假定,休眠芽球能够永远传递并繁殖下去。据信芽球是非常微小的而且是无数的,所以在变化和传续的长久过程中来自各个祖先的各个单位的无限数量的芽球是不能得到有机体的支持或营养的。但在适宜条件下的某些芽球比其他芽球应当在长得多的期间内得到保持并且继续增殖,似乎并非不可能。最后,根据这里提出的观点,我们肯定可以洞察下述不可思议的事实,即小孩可能离开双亲的模式,而同祖父母或相距数百代的远祖相似。

结　论

泛生论的假说,正如应用于刚才讨论到的几大类事实那样,无疑是极端复杂的,但这等事实也同样是复杂的。主要的假定是,身体的所有单位除了拥有自我分裂的生长力以外,还放出散布于整个系统的微小芽球。这个假定不能被看做是太大胆的,因为我们根据嫁接杂交的例子得知,某种形成物质存在于植物的组织中,它们能够同其他个体所含有的形成物质相结合并且产生整个有机体的每一个单位。但我们必须进一步假定,芽球生长、增殖并且集合成芽和性生殖要素;它们的发育取决于它们同其他初发细胞或单位的结合。还可以相信它们能够像地下种子那样地在一种休眠状态下传递给连续的世代。

在高等体制的动物中,从全身的各个不同单位放出的芽球一定是难于想象的那样多

---

① 关于这个意见,实际上我是追随诺丹的,他谈到两个杂交物种的要素或本质。参阅他的优秀论文,见《博物馆新报》,第一卷,第151页。

而微小。因为各个部分的各个单位在发育期间是变化的,并且我们知道某些昆虫至少要经过二十次变态,所以这等单位一定放出它的芽球。但是,同样的细胞可能由于自我分裂而长久不断地增加,甚至可能由于吸收特殊养分而有所改变,但它们并不一定放出改变了的芽球。再者,所有生物都含有来自祖父母的或更远祖先的、但不是所有祖先的许多休眠芽球。这等几乎无限多的而且微小的芽球包含在每一个芽、胚珠、精子和花粉粒中。对于这种情形的承认将被宣告是不可能的;但数量和大小仅是相对的难点。有一些独立的有机体仅仅在高倍的显微镜下才能看得见,它们的胚种一定是非常微小的。传染物质的微粒是如此微小,以致可以由风来吹送或附着于平滑的纸上,它们将如此迅速地增殖起来,以致在短期内就会感染大型动物的整个身体。我们还应当考虑到构成普通物质的一个微粒的分子公认是非常多而且微小的。所以,在相信芽球的存在按照我们的假说一定是非常多而且微小的方面所遇到的难点,最初看来似乎是不能克服的,却没有重大的分量。

生理学者们一般承认身体的诸单位是自律的。我进一步假定它们放出生殖的芽球。这样,一个有机体并不是整体地产生它的种类,而是各个分离的单位产生它的种类。博物学者们常常说,植物的各个细胞具有产生整个植株的潜在能力,但它具有这种能力只是靠着它含有来自每一个部分的芽球。如果一个细胞或单位由于某种原因改变了,来自这个细胞或单位的芽球也以同样的方式发生改变。如果我们暂时地接受这个假说,那么我们必须把所有型式的无性生殖——无论是在成熟期发生的或是在幼年期发生的——看做是同有性生殖基本上相同的,并且取决于芽球的相互集合和增殖。被切除的肢的再生以及创伤的愈合是局部完成的同一程序。芽显然含有初发细胞,这等细胞属于出芽的那一发育阶段,并且它们随时可以同来自以次接续细胞的芽球相结合。另一方面,性生殖要素不含有这等初发细胞;除了孤雌生殖的场合以外,雄性生殖要素或雌性生殖要素单独地都不含有适于独立发育的足够数量的芽球。包含着所有型式的变态和后形成的各个生物的发育取决于在各个生命期间放出的芽球,并且取决于它们在相应时期同先在细胞相结合而进行的发育。这等细胞可以说由在正常发育次序中以次发生的芽球而受精了。因此,普通受精的作用同各个生物的各个部分的发育是密切近似的程序。严格地说,小孩并没有长成大人,而是前者所含有的胚种缓慢而连续地发育起来而形成了大人。在小孩以及在大人中都是各个部分产生同样的部分。遗传必须被看做仅仅是一种生长的形式,就像低等体制的单细胞有机体的自我分裂那样。返祖取决于祖先把休眠芽球传递给它的后代,这等休眠芽球偶尔在某些已知或未知的条件下发育起来了。每一种动物和植物都可以比拟为一个充满种子的苗床,其中有些种子很快地发芽了,有些种子休眠一个时期,还有些种子死去了。当我们听说一个人在他的体质中含有一种遗传的疾病种子时,上面的说法就非常正确了。就我所能知道的来说,还没有人做过其他试图把这几人类事实联系在一个观点之下,哪怕像我这种显然不完善的试图也没有人做过。一个生物就是一个小宇宙,由一群自我繁殖的有机体形成,它们是难以想象地那样微小并且多得像天上的星星一样。

第二十八章

结 束 语

· *Concluding Remarks* ·

家养——变异的性质及其原因——选择——性状的分歧和区别——族的灭绝——有利于人工选择的环境条件——某些族的古远性——关于各个特殊变异是不是特别被预先注定的问题

　　因为差不多每一章都附有摘要，并且因为在讨论泛生说的那一章中对于种种问题——例如生殖的形式、遗传、返祖、变异的原因和法则等等，刚刚进行了讨论，所以我在这里，只是对那些可以从全书五花八门的细节中推断出来的比较重要结论，稍作一般的叙述。

　　世界上所有地方的未开化人在驯养野生动物方面都可以容易地获得成功；栖息在最初被人访问的任何地方或岛屿上的那些动物恐怕更容易被驯养。动物的完全被征服一般取决于这种动物在习性上是群居的，并且取决于接受人作为兽群或该族的首领。一种动物在变化了的生活条件下必须是能育的，它才会被家养，而这种情形绝不是永远如此。一种动物除非对人有利益，大概就不值得人们费力去家养它们，至少在早期是这样。由于这等条件，家养动物的数量从来不是很大的。关于植物，我在第九章中已经阐明了它们的各种各样的用途最初大概是怎样被发现的，并且阐明了它们被栽培的早期步骤。当人最初对一种动物或植物进行家养时，他不能知道，当它被转移到其他地方时是否可以繁盛和增殖，所以在他的选择上他不能受到这样的影响。我们看到，驯鹿和骆驼对极端寒冷的和炎热的地方的密切适应并没有阻碍它们的家养。关于他的动物和植物是否在连续世代中变异并且产生新族，人所能预见的还要更少；鹅的微小变异能力并没有阻碍它自古以来的家养。

　　除了极少数例外，所有长期家养的动物和植物都有重大的变异。在怎样的气候中，或者为了怎样的目的来养它，无论是作为人的或兽的食物，作为拉车用或狩猎用，作为衣着用或娱乐用，都没有关系——在所有这等环境条件下产生出来的族彼此之间的差异都比那些在自然状况下被分类为不同物种的类型彼此之间的差异更大。为什么某些动物和植物在家养下比其他动物和植物变异较大，我们还不知道，正如我们不知道为什么有些在变化了的生活条件下比其他变得更加不育。但我们势必主要根据被形成的各族之间的差异的数和量来判断我们家养产物曾经发生的变异量，并且我们能够常常清楚地看到，为什么许多不同的族没有被形成，这就是因为微小的连续变异没有得到不断的积累；如果一种动物或植物没有受到密切的注意、足够的重视以及大量的养育，这等变异将永远不会得到积累。

　　家养产物的彷徨的并且就我们所能判断的来说永无止境的变异性——它们的差不多整个体制的可塑性——是我们从本书前几章所举出的很多细节中得到的最重要教导之一。然而家养的动物和植物所暴露于其中的生活条件的变化几乎不能比许多自然物种在这个世界曾经发生的地质的、地理的和气候的不断变化期间所暴露于其中的生活条件的变化更大；但家养产物大概常常暴露在突然的变化以及较不连续的不一致生活条件之中。因为人曾经家养了如此众多的属于大不相同的种类的动物和植物，并且因为他肯定没有以预知的本能来选择那些变异将会最大的物种，所以我们可以推论所有自然物种如果暴露在相似的生活条件中，平均起来大概都会发生同样程度的变异。今天很少人会

◀加拉帕戈斯群岛风光。

主张,动物和植物是带着一种变异倾向被创造出来的,并且这种倾向为了日后玩赏家育成譬如鸡、鸽和金丝雀那样的奇妙品种而长期保持休眠状态。

从若干原因看来,要判断家养产物曾经发生过的变异量是困难的。在某些场合中,原始祖先已经灭绝了;或者由于它的假定的后代发生了非常的变化,它不能确实地得到辨识。在另外一些场合中,两个或两个以上的类型在被家养之后进行了杂交;于是难于估计现今后代的性状有多少应当归因于变异,有多少应当归因于若干祖先的影响。但是,家养品种由于不同物种的杂交而被改变的程度恐怕被某些作者们过分地夸张了。一个类型的少数个体很少会持久地影响以较大数量存在的另一类型;因为,如果没有细心的选择,外来血统的沾染很快就会被取消,在早期未开化的时代,当我们的动物最初被家养时,大概很少有这种细心的选择。

在狗、牛、猪以及某些其他动物的场合中,有理由可以相信若干家养族都是从明确的野生原型传下来的;尽管如此,少数博物学者和许多育种者把有关家养动物的多源的信念已经扩展到没有根据的程度。育种者们拒绝在单独一个观点下来看整个的问题;有一个人主张我们的鸡至少是从六个原始物种传下来的,我曾听他说过,鸽、鸭和兔的共同起源的证据对于鸡毫无用处。育种者们忽略了在早期未开化的时代不可能有许多物种被家养。他们没有考虑到如果同现在的家养品种相似,那么同所有它们的同类比较起来就会高度异常的物种不可能曾经在自然状况下存在过。他们主张,以往存在过的某些物种已经灭绝了,或者现在还没有被发现,虽然以往曾是被人知道的。最近的大量灭绝这一假定在他们眼中并不是一个难点,因为他们并不根据其他密切近似的野生类型的灭绝的难易来判断它的可能性。最后,他们常常完全不顾整个地理分布的问题,好像这是偶然的结果似的。

虽然根据刚才举出的理由我们对于家养产物曾经发生过的变化量常常难于进行准确的判断,但在所有品种据知是从单独一个物种传下来的场合中——例如关于鸽、鸭、兔以及几乎肯定地关于鸡都是如此——这还是能够被探查出来的;并且在类推的帮助下,对于从若干野生祖先传下来的动物,这也能够在某种范围内被判断出来。如果读过了本书前几章中的以及许多出版物中的细节或者参观了我们的各种展览品,而不被家养动物和栽培植物的极端变异性所深深打动,那是不可能的。体制的任何部分都逃不脱变异的倾向。变异一般对生活的或生理的重要性不大的那些部分发生影响,但密切近似的物种之间所存在的差异也是如此。关于这等不重要的性状,同一物种的诸品种之间的差异往往比同一属的自然物种之间的差异还要大,例如小圣喜来尔曾阐明有关大小的情形就是这样,并且有关毛发、羽毛、角以及其他皮肤附属物的颜色、组织和形态等等也是这样。

往往有人主张,重要的部分在家养下决不变异,但这完全是错误。看一看任何一个高度改良的猪品种的头骨吧,它们的枕骨髁以及其他部分都大大地改变了;或者看一看尼亚太牛的头骨吧。要不观察一下几个家兔品种的伸长了的头骨吧,它们具有不同形状的枕骨孔、寰椎以及其他颈椎。波兰鸡的脑髓以及头骨的整个形状都已经改变了;在鸡的其他品种中,椎骨的数目和颈椎的形状改变了。在某些鸽中,下颚的形状,舌的相对长度、鼻孔和眼睑的大小、肋骨的数目和形状以及食管的大小全都发生变异了。在某些四足兽中,肠的长度大大地增加了或者缩减了。关于植物,我们在各种果核上看到了可惊的差异。在葫芦科植物中,若干高度重要的性状——例如子房上柱头的固定位置、心皮的位置以及子房突出花托以外——都变异了。但把前几章中所举出的事实再说一遍大概没有什么用处。

众所周知,在家养动物中性情、口味、习性、神经反射运动、喧噪或沉静以及声调发生多么重大的变异而且被遗传下去。关于精神特性的变化,狗提供了最显著的事例,这等差异是无法由传自不同野生模式得到解释的。

在任何发育阶段新性状可能出现、旧性状可能消失,并且在相应的阶段得到遗传。我们在各个品种的鸡卵、雏鸡绒毛以及第一羽衣之间的变异中看到了这种情形;在各个蚕品种的幼虫和茧之间的差异中更加明显地看到了这种情形。这等事实看来好像简单,但对于近似自然物种的幼虫状态和成虫状态之间的差异并且对于胚胎学的整个大问题都提供了说明。新性状如果在某一性的生命后期中第一次出现,那么它就有完全附着于这一性的倾向,或者它们可能在这一性中比在那一性中有程度大得多的发展;或者它们在附着于一性之后,可能转移到相反的一性。这等事实以及新性状由于某种未知原因特别容易附着于雄性的情况同动物在自然状况下获得次级性征有重要的关系。

时常有人说,我们的家养族在体质特性上没有差异,但这种说法不能得到支持。在我们改良的牛、猪等等中,成熟期、包括第二次生齿期都大大提前了。妊娠期大大变异了,并且在一两个场合中是按照固定方式改变的。在鸡和鸽的某些品种中,获得绒毛和第一羽衣的时期是有差异的。蚕的幼虫所通过的脱皮次数有变异。在不同品种中,长肥、泌出大量的乳、一次或一生中产生很多幼体或卵的倾向都有差异。我们发现对于气候的适应性有不同的程度,对于某些疾病的感染,对于寄生物的袭击,对于某些植物性毒物的作用,有不同的倾向。关于植物,对某些土壤的适应性,对寒冷的抵抗力,开花期和结果期,生命的持续,在冬季中的落叶期和不落叶期,组织或种子中的某些化合物的比率和性质,全都变异了。

然而在家养族和物种之间还有一种重要的体质差异;我所指的是,当物种杂交时几乎不可避免地会发生或大或小的不育性,并且当大多数不同家养族进行同样杂交时,除了很少数植物以外,都有完全的能育性。这肯定是一个最值得注意的事实,即在外貌上差异极小的许多密切近似物种当杂交时只能产生很少的多少不育的后代,或者根本不产生后代;而彼此差异显著的家养族当结合时却是非常能育的而且产生能育的后代。但这个事实实际上并不像最初看来那样不可解释。第一,在第十九章中已经明确地阐明了杂交物种的不育性主要并不取决于它们的外部构造或一般体质的差异,而是取决于生殖系统的差异,同引起二形植物或三形植物的异型花结合的能育性减低的情形相似。第二,帕拉斯的学说——物种在长期家养之后便失去它们在杂交时不育的自然倾向——已被阐明是高度可能的而且几乎是肯定的。当我们考虑到几个狗的品种的、印度瘤牛和欧洲牛的以及两个猪的主要种类的血统及其现在的能育性时,我们就无法逃避这个结论。因此,如果期望在家养下形成的族应当在杂交时获得不育性,但同时我们又承认家养可以消除杂交物种的正常不育性,那大概是不合理的。为什么在密切近似的物种中它们的生殖系统几乎不可避免地按照如此特殊的方式发生改变,以致不能相互地发生作用——虽然正如同一物种在互交中表现有不同能育性所阐明的那样,在两性中其改变程度有所不同——我们还不知道,但推论其原因非常可能如下。大多数自然物种已经长期地习惯于几乎一致的生活条件,这是家养族所不可比拟的;我们肯定地知道变化了的生活条件对于生殖系统可以发生特殊的和强有力的影响。因此,这种差异可能充分地说明了杂交时的家养族和杂交时的物种在生殖力上所表现的差异。家养族可以突然地从一种气候转移到另一种气候,或者可以被放在大不相同的生活条件之下,并且在大多数场合中都能保持它们的能育性不受损害;但遭遇到较小变化的大批物种便不能繁育,这大概主要是由于上述同样的原因。

杂交家养族的后代和杂交物种的后代,除了能育性这个重要的例外,在大多数方面都是彼此相似的;他们常常以同样的不等程度具有双亲的性状,一亲的性状常常比另一亲的性状占有优势;并且它们都有同样方式的返祖倾向。由于连续的杂交,可以使一个物种把另一个物种完全吸收掉,众所周知,家养族也是如此。家养族还在许多其他方面同物种相似。它们有时几乎或者甚至完全像物种那样稳定地把新获得的性状遗传下去。导致变异的条件和支配变异性质的法则在双方似乎是一样的。变种可以在类群之下分类为类群,正如物种可以被分类在属下,属被分类在在科和目之下一样;这种分类可以是人为的——即以任意决定的性状作为基础——也可以是自然的。关于变种,自然分类肯定是以共同的血统以及诸类型曾经发生的变化量为基础的,关于物种,自然分类的基础显然也是这样。家养变种彼此赖以区别的性状此物种赖以区别的性状容易变异,虽然几乎不比某些多形的物种更甚;但这种较大程度的变异性并不奇怪,因为变种一般在最近期间内都暴露在彷徨不定的生活条件中,而且它们进行杂交也容易得多;在许多场合中它们由于人的有计划的或无意识的选择还在进行着或在最近进行过改变。

按照一般的规律,家养变种比起物种肯定是在重要性较小的部分上彼此有所差异;当重要的差异发生时,它们很少可以牢稳地固定下来;但是,如果我们考虑到人的选择方法,这个事实便是可以理解的。在活的动物和植物中,人不能观察比较重要器官的内部改变;只要同健康和生命没有矛盾,人并不注意它们。对于猪的臼齿的任何微小变化,或者对于狗的一个多余的臼齿,要不对于肠子或其他内部器官的任何变化,育种者怎么会给予注意呢?育种者所注意的是,他的牛应当有五花三层的肉,他的绵羊的腹内应当积累脂肪,并且他完成了这一点。对于子房或胚珠在构造上的任何变化,花卉栽培者怎么会给予注意呢?因为重要的内部器官肯定是容易发生无数的微小变异的,并且因为这等变异大概是遗传的——由于许多奇怪的畸形都是遗传的,所以人毫无疑问地能够引起这等器官发生一定的变异量。当人使一个重要部分发生任何改变时,他一般是无意识地在这一部分同某一其他显著部分相关的情形下而完成的。例如,由于人注意了肉冠的形状或者注意了头上的羽饰,他便使鸡的头骨有了隆起和突起。由于人注意了突胸鸽的外部形态,他便使它们的食管非常地增大了,并且使肋骨的数目增多了而且增宽了。关于信鸽,由于通过不断的选择使上嘴的肉垂增加,人便大大地改变了它的下嘴形状;还有许多情形也是如此。另一方面,自然物种的改变完全是为了它们自己的利益,为了使它们适于无限多样的生活条件,为了避免各种敌害,并且为了对大量的竞争者进行斗争。因此,在这等复杂的条件下,大概常常会发生这样的情形:最容易变异的种类在重要的以及不重要的部分上的改变都是有利的、甚至是必要的;并且这种改变大概可以通过最适者生存被缓慢地、但确实地获得。更加重要的一个事实是,通过相关变异的法则同样地也可发生种种间接的改变。

家养品种常常具有一种异常的或半畸形的性状,例如狗中的意大利灵缇、喇叭狗、布伦海姆狗以及血猩——牛和鸽的一些品种——鸡的几个品种——鸽的主要品种,都是这样。在这等异常的品种中,象在近似自然物种中的那些差异仅少的或者完全没有差异的部分都大大地改变了。这种情形可能由人常常选择、特别是在最初选择显著的和半畸形的构造偏差而得到说明。然而,当我们决定什么偏差应当被称为畸形时必须慎重:几乎毫无疑问,如果公火鸡胸前的马般的毛丛最初在家养种类中出现,大概会被视为一种畸形;公波兰鸡头上的巨大羽饰也被称为畸形,虽然许多种鸟的头上普通都有羽饰;我们大概把英国信鸽的喙基周围的肉垂或绉皮叫做畸形,但我们不把一种乌鸠(*Carpophaga oceanica*)的喙基上的球形肉瘤叫做畸形。

有些作者在人工品种和自然品种之间划了一条宽阔的界线;虽然在极端的场合中这条界线是明显的,但在许多其他场合中它却是被任意决定的;其差异主要取决于被应用的选择方式。人工品种是由人有意识地改进了的品种;它们常常具有不自然的外貌,并且特别容易通过返祖和连续的变异而失去它们的性状。另一方面,所谓自然品种是在半开化地方发现的品种,它们以前栖息于几乎所有欧洲王国的隔离地区中。它们很少受到过人的有意识的选择;常常受到的是无意识的选择,部分地受到自然的选择,因为在半开化地方饲养的动物势必自己去寻找大部分食物。这等自然品种还会直接受到周围条件的差异的作用,虽然这等差异是微小的。

在我们的若干品种之间还有一项更加重要得多的区别,即有些品种是从特征显著的或半畸形的构造偏差发生的,不过这种构造偏差以后可能由于选择而增大起来;而另外一些品种是以如此缓慢和不可觉察的方式被形成的,以致我们如果能够看到它们的早期祖先,我们简直不能说出这个品种最初是在什么时候或怎样发生的。根据竞跑马、灵缇、斗鸡等的历史并且根据它们的一般外貌,我们差不多可以感到确信的是,它们是由于一种缓慢的改进程序而被形成的;我们知道信鸽以及一些其他鸽子的情形都是这样。另一方面,绵羊的安康品种和摩强卜品种肯定是以我们现在看到的差不多一样状态而突然出现的,尼亚太牛、曲膝狗和巴儿狗、跳鸡和卷毛鸡、短面翻飞鸽、钩喙鸭等等也几乎肯定是这样的。许多栽培植物的情形也是如此。这等情形的屡屡出现大概会导致如下的错误信念,即认为自然物种常常是以同样的突然方式而发生的。但是,关于在自然状况下构造突然改变的出现、至少是连续的产生,我们还没有证据;而且可以举出种种一般的理由来反对这种信念。

另一方面,关于极其多样的微小个体差异在自然状况下的不断发生,我们却有丰富的证据;这样,我们便被引导着作出如下的结论:物种一般是由于极其微小差异受到自然选择而发生的。这一程序可以严格地同竞跑马、灵缇和斗鸡的缓慢而逐渐的改进进行比较。因为在各个物种中构造的每一细微之点势必都同它的生活习性严密地适应,所以很少有单独一个部分发生改变的情形;但是正如以前所阐明的那样,相互适应的改变并没有绝对同时发生的必要。然而,许多变异一开始就是被相关法则联系在一起的。因此,甚至密切近似的物种也很少或者决不会仅仅以一种性状而彼此有所差异;同样的意见在某种范围内对于家养族也是适用的,因为它们如果有很大的差异,一般是在许多方面有差异的。

有些博物学者大胆地主张[①],物种是绝对不同的产物,它们决不会借着中间的环节而彼此互变;然而它们又主张家养变种能够永远彼此地或者同它们的亲类型相联系。但是,如果我们能够永远找到狗、马、牛、绵羊等的若干品种之间的环节,那么关于它们究竟是从一个物种还是从几个物种传下来的,大概就不会有如此不断的疑问了。恐怕除非我们追溯到古埃及的纪念碑,灵缇属——如果这样的术语可以用的话——是不能同任何其他品种联系起来的。英国的喇叭狗也形成了一个很不同的品种。在所有这等场合中,杂交品种当然必须除外,因为不同的自然物种同样也能这样被联系起来的。交趾鸡借着怎样的环节才能同其他鸡密切联结来呢?借着寻找那些依然保存在遥远岛屿上的品种,并且借着追溯历史的记载,翻飞鸽、信鸽以及排孛鸽便能同亲岩鸽密切联系起来;但我们不能这样把浮羽鸽或突胸鸽联系起来。各个家养品种之间的不同程度取决于它们曾经发生过的变化量,特别是取决于中间的和价值较小的类型的被忽视以及最后灭绝。

常常有人这样争论:根据家养族的公认的变化,不能对自然物种的据信曾经发生的变化提供任何说明,因为据说家养族仅是临时的产物,一旦野化后,永远会返归它们的原始类型。华莱士[②]先生很好地进行了这种讨论;详情已见第十三章,在那里阐明了野化的动物和植物的返祖倾向是被大大地夸张了,虽然毫无疑问,这种情形在某种范围内是存在的。如果家养动物暴露在新生活条件下并且为了自己的需要被迫同大群的外来竞争者进行斗争,而不在时间的推移中有所改变,那么本书所谆谆提出的一切原理大概都是可以反对的。还应当记住,许多性状在所有生物中都是潜伏的,准备随时在适宜的条件下发展;在最近期间内发生改变的品种中,返祖倾向特别强烈。但某些我们的品种的古远性明确地证明了只要生活条件保持一样它就会几乎保持不变。

有些作者大胆地主张,家养产物容易发生的变异量是有严格限制的;但这种断言的根据很少。不论朝着任何特殊方向的变化量是否有限制,就我们所能判断的来说,一般变异的倾向是没有限制的。正如卢特梅耶和其他人所阐明的那样,牛、绵羊和猪自从最遥远的时代起已在家养下变异了;然而这等动物却是在十分近期内才无比程度地得到了改进,这意味着构造的连续变异性。小麦像我们根据从瑞士湖上住所中找到的遗物所知道的情形那样,是最古老的栽培植物之一,然而在今天新的和更好的变种还屡屡发生。可能决不会产出比今天的公牛更大的和各部分更相称的公牛,或者可能决不会产出比今天的竞跑马更快的竞跑马,也许可能不会产出比伦敦变种更大的醋栗;但是,如果一个人断定在这些方面已经最后达到了极限,那么他大概是一个鲁莽的人。关于花和果实,有人反复地断言已经达到了完善的地步,但是这个标准很快地又被超过了。可能决不会产出这样一个鸽的品种,它的喙短于现在的短面翻飞鸽的喙,或者长于英国信鸽的喙,因为这等鸽的体质是衰弱的而且是不良的繁育者;但喙的短和长是最近150年以来不断改进之点,并且某些最优秀的判断者否认已经达到了目标。根据能够举出的理由,现在已经

---

① 高德龙:《物种》,1859年,第二卷,第44页等。

② 《林奈学会会报》,1858年,第三卷,第60页。

达到最高发达的部分在长期保持不变之后，可能在新生活条件下再朝着增强的方向进行变异。但是，正如华莱士先生①非常正确地指出的那样，关于自然的和家养的产物，朝着某些方向的变化一定有限制；例如，任何陆栖动物的速度一定有限制，因为速度是由克服阻力、移动身体重量以及肌肉纤维的收缩力来决定的。英国的竞跑马可能已经达到了这个界限；但它在速度上已经超过了它自己的野生祖先和所有其他马属的物种。短面翻飞鸽的喙以身体大小为准比该科的任何自然物种的喙都小，信鸽的喙以身体大小为准则比该科的任何自然物种的喙都长。我们的苹果、梨和醋栗的果实比同属的任何自然物种的果实都大；在许多其他场合中也是如此。

由于许多家养品种之间的重大差异，无怪某些少数博物学者断言各个品种都是从一不同的原始祖先传下来的，特别是因为选择原理受到忽视并且作为动物的育种者的人类的高度古远性只是最近才被知道。然而大多数博物学者直率地承认我们的各个品种无论怎样不相似，都是从单独一个祖先传下来的，虽然他们对于育种的技术并不知道很多，不能阐明联系的环节，而且也说不出这些品种是在什么地方和什么时候发生的。但是这等博物学者却以哲学家那样的小心态度宣称，直到他们看到了所有过渡的步骤，他们绝不会承认一个自然物种曾经产生过另一个自然物种。玩赏家们对于家养品种使用了完全一样的语言；例如，一篇有关鸽的优秀论文的作者说，直到过渡类型"实际被看到，并且当人决定这样做时，随时都能重演"，他决不会承认信鸽和扇尾鸽是野生岩鸽的后代。毫无疑问，长年累月加在一起的微小变化能够产生这等重大结果是难于体会的；不过凡是愿意理解家养品种或自然物种的起源的人一定可以克服这一难点。

激发变异性的原因以及支配变异性的法则刚刚被讨论过，所以我只需要在这里把主要之点举出来就可以了。因为家养有机体远比在自然条件下生活的物种容易发生微小的构造偏差和畸形，并且因为分布广阔的物种一般比栖息于特定地域的物种变异较大，所以我们可以推论出变异性主要取决于变化了的生活条件。我们千万不要忽视双亲性状不等结合的效果或返归以往祖先的效果。变化了的生活条件特别倾向于致使生殖器官多少成为不育的，在讨论这一问题的那一章中已经有所阐明；因而这等器官常常不能不变地传递亲代的性状。变化了的生活条件还直接地和一定地对体制发生作用，所以暴露在这等条件之下的同一物种的一切或者几乎一切个体都按照同样的方式发生改变；但是为什么这一部分或那一部分会特别受到影响，我们很少能或者从来不能断定。然而生活条件的变化似乎是不定地发生作用的，其方式就像暴露在寒冷中和吸收同样毒物对于不同个体按照不同途径发生作用一样。我们有理由来推测，高度营养食物的日常过剩或以体制由于运动的消耗为准的食物过剩是一个激发变异性的强有力原因。当我看到由树瘿昆虫的一小滴毒物所引起的对称而复杂的瘤状物时，我们可能就会相信树液或血液的化学性质的微小变化可以导致构造的异常改变。

具有种种附着部分的肌肉的增强使用以及腺或其他器官的增强活动导致了它的增强发育。不使用的效果是相反的。在家养动物中，它们的器官虽然时常通过不发育而成为痕迹的，但我们没有理由来假定这种情形永远完全是由于不使用而发生的。相反地，

---

① 《科学季报》(*Quarterly Journal of Science*)，10 月，1867 年，第 486 页。

在自然物种中,许多器官似乎是由于不使用并且在生长经济的原理以及相互杂交的帮助下而成为痕迹的。完全的不发育只能由最后一章所举出的假说得到说明,即无用部分的胚种或芽球最后毁灭了。物种和家养变种之间的这种差异,可以从不使用对于家养变种发生作用的时间不够充分得到部分说明,还可以从它们免脱任何剧烈生存斗争得到部分说明,生存斗争在各个部分的发育上引起严格的经济,而所有在自然状况下的物种都会遇到这种斗争。尽管如此,同样取决于生长经济的补偿或平衡的法则显然在某种范围内对于我们的家养产物也有影响。

因为体质的几乎每一部分在家养下都会成为高度变异的,并且因为变异容易受到有意识的和无意识的选择,所以很难区别一定变异的选择效果和生活条件的直接作用。例如,我们的水禽猎狗(water-dogs)和势必常常在雪上往来的美国狗可能由于趾的广泛伸张而变得部分有蹼;但更加可能的是,这种蹼就像某些鸽的趾间蹼那样,是自然发生的,并且以后由于最善游泳的狗和最善在雪上往来的狗在许多世代中被保存下来而增大了。一位希望缩小他的班塔姆鸡和翻飞鸽的体积的玩赏家决不会想到使它们挨饿,但会选择自然出现的最小个体。四足兽时常生下来就缺少毛,并且无毛的品种被形成了,但没有理由认为这是由炎热气候所引起的。在热带地方,炎热常常致使绵羊失去它们的毛;另一方面,潮湿和寒冷的作用则可直接刺激毛的生长;但是,谁会妄想去决定北极动物的厚毛皮或它们的白色有多少是由于严酷气候的直接作用? 有多少是由于最受保护的个体在长期连续的世代中的保存?

在所有支配变异性的法则中,相关的法则是最重要的一项。在微小构造偏差以及重大畸形的许多场合中,我们甚至不能推测联结的纽带是什么。但是,在早期发育中密切相似的并且暴露在相似的生活条件之下的同原部分之间——前肢和后肢之间——毛、蹄、角和齿之间,我们能够看到它们显著地有按照同一方式进行改变的倾向。同原部分由于具有同样的性质容易混合在一起,并且当有许多存在时,容易在数量上发生变异。

虽然每一种变异是直接地或间接地由周围条件的某种变化所引起的,但我们决不要忘记被作用的体制性质在结果上是一个更加重要得多的因子。我们在以下的情形中看到这一点,即不同的有机体当被放在同样的生活条件之下时按照不同的方式发生变异,而密切近似的有机体在不同的生活条件下却常常按照几乎一样的方式发生变异。我们在同一变种子长的间隔期间内屡屡重现同一种变化中看到这一点,同样地在相似变异或平行变异的若干显著场合中也看到这一点。虽然在后面这等场合中有些是由于返祖,但其他则不能这样得到说明。

由于变化了的生活条件对于体质所发生的间接作用,这是因为生殖器官这样受到了影响——由于这等生活条件所发生的直接作用,并且它们将致使同一物种的诸个体按照同样方式发生变异,或者依据它们体质中的微小差异致使它们按照不同方式发生变异——由于诸部分的增强使用或减弱使用所产生的效果——以及由于相关作用——我们的家养产物的变异性复杂到极点了。整个的体制成为轻微可塑的了。虽然各种改变一定都有它自己的激发原因,虽然各种改变都服从法则,但是我们如此稀少地能够追踪出原因和结果之间的正确关系,以致我们被诱惑去说变异好像是自然发生的。我们甚至可能把它们称为偶然的,但这一定是仅仅按照以下的意义来说的,即我们断定一块岩石从高处落下全靠它的偶然的形状。

对于同一物种的大量动物暴露在不自然的条件下并且允许它们自由杂交而不加以任何选择的结果，值得大略地考察一下，然后再对于选择发生作用时的结果考察一下。让我们假定有 500 只野生岩鸽被拘禁在原产地的一个鸟舍中，按照普通的饲养方法来饲养它们；并且不允许它们在数量上增加。因为鸽子繁殖得非常之快，我推测每年要杀掉一千只或一千五百只。经过几代这样培育之后，我们感到肯定的是，某些幼鸽会变异，这等变异有被遗传的倾向；因为构造的微小偏差在今天常常发生并且得到遗传。即便把依然继续变异的或已经变异的许多点举出来，大概也会令人生厌的。许多变异是彼此相关地发生的，例如翼长同尾羽相关——初级飞羽、肋骨的数目和宽度同身体的大小和形态相关——鳞甲的数目同脚的大小相关——舌长同喙长相关——鼻孔和眼睑的大小、下颚的形态同肉垂的发育相关——幼鸽的裸毛同未来的羽衣颜色相关——脚的大小同喙的大小相关，还有其他这样的情形。最后，因为我们的鸽子是被假定拘禁在一个鸟舍中，所以它们大概很少使用翅膀和腿，结果骨骼的某些部分——例如胸骨、肩胛骨和脚——将会稍微地缩小。

因为在我们假定的场合中每年势必无差别地杀掉许多鸽子，所以任何新变种很少有足够的长期生存机会来进行繁育。并且因为发生的变异具有极端多样的性质，所以按照同一方式变异的两只鸽子进行交配的机会就非常之少；尽管如此，一只变异着的鸽子甚至当没有这样交配时，也会偶尔把它的性状传递给幼鸽；这等幼鸽不仅会暴露在最初引起该变异出现的同样条件下，此外还会从它们的改变了的一亲遗传有再度按照同一方式进行变异的倾向。所以，如果生活条件决定地倾向于诱发某种特殊的变异，那么所有鸽子在时间的推移中可能都会有同样的改变。但远远更加普通的一个结果大概是，一只鸽子按照某一途径变异，而另一只鸽按照另一种途径变异；一只鸽子可能生下来具有稍微长一点的喙，而另一只鸽子可能具有稍短的喙；一只鸽子可能得到一些黑色的羽毛，而另一只鸽子可能得到一些白色的或红色的羽毛。因为这等鸽子将会继续地相互杂交，所以最后的结果大概是，一大群个体在许多方面彼此有所差异，但仅有微小的差异；然而却比原始岩鸽之间的差异为大。但是形成几个不同品种的倾向并不很小。

如果对于两组鸽子按照刚才描述的方法进行处理，一组在英格兰，另一组在热带地方，并且对于它们供给不同种类的食物，那么在许多世代之后它们会有差异吗？当我们考虑到第二十章中所举出的事实以及欧洲的几乎每一地区的牛、绵羊等品种在以往所存在的差异时，我们就会强烈地倾向于承认这两组鸽子通过气候和食物的影响大概会有不同的改变。但是，在大多数场合中，关于变化了的生活条件的一定作用的证据是不够充分的；我曾有机会检查过伊利阿特爵士由印度送给我的家养种类的大量搜集品，它们同欧洲鸽子是按照显著一样的方式进行变异的。

如果两个品种以同等的数量混合在一起时，那么就有理由来推测它们大概在某种范围内喜欢同自己的种类交配；但它们大概也常常相互杂交。因为杂种后代具有较大的活力和能育性，全体由于杂交将此由于其他方法更快地相互混合起来。因为某些品种比其他品种占有优势，所以相互混合起来的后代在性状上大概不会是严格中间的。我还证明了杂交作用本身会产生返祖的强烈倾向，所以杂种后代大概有返归原始岩鸽状态的倾向；并且随着时间的推移，它们的性状比起在第一种场合中——同一品种的鸽子被拘禁在一起——大概远远不是异质的。

我刚才提到杂种后代在活力和能育性上大概会增进。根据第十七章中所举出的一些事实看来，这个事实是无可怀疑的；并且长期不断的密切近亲交配导致恶劣的结果也是无可怀疑的，虽然关于这一问题的证据非常不易得到。关于所有种类的雌雄同体，如果同一个体的性生殖要素惯常地彼此发生作用，那么可能最密切的近亲交配大概会不断进行的。但我们应当记住，所有雌雄同体的动物的构造，就我所能知道的来说，容许而且常常需要同不同的个体进行杂交。关于雌雄同休的植物，我们不断地遇到适于杂交的精巧而完善的装置。可以毫不夸张地断言，如果食肉动物的钩爪和獠牙的使用或者种子的毛和钩的使用可以安全地从它们的构造推论出来，那么我们便可同等安全地推论出许多花就是为了保证同不同植物进行杂交的特别目的而构成的。根据这种种考察，且不说我进行过的一长列试验的结果，在刚才提及的那一章中所得到的结论——即不同个体的性结合可以产生某种重大利益——必须被承认。

回到我们的例证：迄今我们所假定的是，借着无差别的宰杀来维持鸽子的同样数量；但在它们的保存中稍微容许一点选择，整个的结果就会改变。如果养鸽者观察到他的某一只鸽子有任何轻微的变异并且希望得到一个具有这样特征的品种，那么他根据细心的选择大概会在可惊的短期内得到成功。因为已经一度变异了的任何部分一般会按照同一方向继续变异，所以借着连续地保存特征最强烈显著的个体，就会容易地把差异量增加到一个高度的、预定的优良标准。

如果养鸽者没有形成新品种的任何意图，而只是赞赏譬如说短喙比赞赏长喙为多，那么当他势必减少数量时，他大概一般会把后者杀掉，毫无疑问，他这样随着时间的推移就会明显地改变他的鸽群。如果两个养鸽的人都按照这种方法养鸽，他们大概不可能喜欢完全一样的性状；正如我们知道的，他们大概常常喜欢恰恰相反的性状，并且这两组终于会达到不同的地步。关于被不同育种者饲养的并且受到他们仔细注意的牛、绵羊和鸽的品系或族就曾实际发生过这种情形，而他们本身却没有形成新的和不同的亚品种的任何要求。这种无意识的选择对于高度有用的动物将会特别发生作用；因为每一个人都试图得到最优良的狗、马、母牛或绵羊，而没有想到它们的未来后代，但这等动物还会或多或少确实地把它们的优良性质传递给后代。大概任何人都不会粗心到用他的最劣等的动物进行繁育。甚至未开化人当由于极端需要而被迫杀掉他们的某些动物时，大概也会杀掉那些最劣的，保存那些最好的。关于为了使用而不是单纯为了娱乐而饲养的动物，在不同地区流行着不同的时尚，这导致所有种类的微小特性的保存，因而导致它们的传递。关于果树和蔬菜，将会遵循同样的程序，因为最优良的果树和蔬菜永远会受到最大量的栽培，并且会不时地产生优于双亲的实生苗。

刚才谈到，不同的品系实际上是由育种者在没有获得这种结果的任何意图下而被产生出来的，这对于无意识选择的力量提供了最好的证据。无意识选择大概比有计划选择所导致的结果重要得多，并且在同其密切相似的自然选择的理论观点下也同样是更加重要的。因为在这一程序中，并不把最优良的或最有价值的个体分离开，也不防止它们同同一品种的其他个体进行杂交，而只是选拔和保存，然而这不可避免地会导致它们的逐渐改变和改进；所以它们终于会占有优势，把旧的亲类型排除掉。

关于我们的家养动物，自然选择抑制具有任何有害的构造偏差的族产生出来。由未开化人或半开化人饲养的动物，势必在不同的环境条件下自己去寻找大部分的食物，在这样场合中，自然选择将会起更重要的作用。因此，它们大概常常同自然物种密切相似。

因为人对于拥有在任何方面愈来愈有用的动物和植物的希图是没有止境的，并且因为玩赏家由于时尚的趋向极端总是希望产生愈来愈强烈显著的各个性状，所以通过有计划的和无意识的选择的长期作用，在各个品种中都有一种变得愈来愈不同于其亲代的稳定倾向；当几个品种产生出来并且以不同的品质而受到重视的时候，彼此之间的差异就会愈来愈大。这就导致了"性状的分歧"。因为改良的亚变种和族是缓慢形成的，所以较旧的和改良较少的品种便受到忽视而在数量上减少。当任何品种的少数个体生存于同一地点时，密切的近亲交配由于减低其活力和能育性便助成了它们的最后灭绝。因此，中间的环节便失去了，留存下来的品种在"性状的不同"上便增进了。

在讨论鸽子的那一章中，我们借着历史的证据并且借着有关系的亚变种在遥远地方的存在，证明了若干品种在性状上曾经不断地发生分歧并且许多旧的中间亚品种已经消失。关于家养品种的灭绝，还能举出其他的例子，譬如爱尔兰狼狗、旧英国灵缇以及法国的两个品种——其中一个品种在以往曾高度受到重视[1]——就是这样。皮克林先生说[2]，"在最古老的埃及纪念碑上雕刻的绵羊今天已不被人知道了；大家所知道的已往在埃及的至少一个公牛变种也同样地灭绝了"。古欧洲居民在新石器时代饲养的某些动物和若干植物也是如此。在秘鲁，冯茨德[3]在显然早于印加（Incas）王朝的某些坟墓中发现了该地所不知道的两个玉蜀黍的种类。关于我们的花卉植物和烹调用的蔬菜，新变种的产生及其灭绝曾不断地反复出现。今天改良品种时常以非常快的速度代替了较旧的品种；例如在英国最近发生的关于猪的情形就是这样。由于短角牛的引进，长角牛在它的原产地"好像得了某种疫病似地被一扫而光"[4]。

在某种范围内受自然选择所支配的有计划选择和无意识选择的长期不断的作用会发生怎样巨大的结果，在我们的周围左右都可以看到。把在我们的展览会上展览的许多动物和植物同它们的亲类型——如果我们知道这些类型的话——比较一下吧，要不查一查关于它们以往状况的历史记载吧。大多数家养动物都曾经产生了很多不同的族，但不能容易受到选择的那些动物——例如猫、胭脂虫和蜜蜂——必须除外。按照我们所知道的选择过程来说，我们的许多族的形成是缓慢而逐渐的。如果一个人最初注意了和保存了具有稍微扩大一点的食管的一只鸽子、或具有稍微长一点的喙的一只鸽子、或具有比普通稍微开张一点的尾的一只鸽子，他决不会梦想到他在创造突胸鸽、信鸽和扇尾鸽方面已经走了第一步。人不仅能够创造异常的品种，而且能够创造像竞跑马、挽马、或灵缇和喇叭狗那样的对于某些目的具有非常调和的全部构造的其他品种。引向优良性的全身构造的各个微小变化决没有必要是同时发生的并且受到选择。虽然人很少注意到在

---

① 卢兹·得拉威生（M. Rufz. de Lavison），《驯化学会会报》，12月，1862年，第1009页。

② 《人种》，1850年，第315页。

③ 《秘鲁旅行记》，英译本，第177页。

④ 《尤亚特论牛》，1834年，第200页。关于猪，参阅《艺园者记录》，1854年，第410页。

生理学观点下是重要的那些器官的差异,但人如此深刻地改变了一些品种,以致它们如果在野生状况下肯定会被分类为不同的属。

以下的事实对于选择产生了怎样效果恐怕提供了最好的证明,即在任何动物中、特别是在任何植物中无论哪一部分或性质最受人重视,这一部分或性质在若干族中所表现的差异就最大。在和同一变种的其他不受重视的部分对照之下,把几个果树品种的果实之间的差异量、花卉植物的花朵之间的差异量、蔬菜用植物和农作物的种子、根和叶之间的差异量比较一下,就可以充分地看出上述的结果。根据喜尔①所确定的事实,提供了不同种类的显著证据,即古代瑞士湖上居民为了种子而栽培的大多数植物——小麦、大麦、燕麦、豌豆、蚕豆、扁豆、罂粟——的种子全比我们现存变种的种子为小。卢特梅耶曾阐明早期湖上居民所饲养的绵羊和牛也同样地比我们的现在品种为小。根据在丹麦的贝冢中所发现的最早期的狗的遗骸可以知道它们是极弱的;这种狗在青铜时代由一个较强的种类接替下来了,这个较强的种类在铁器时代由一个更加强壮的种类所接替了。丹麦绵羊在青铜时代具有异常纤弱的腿,并且那时的马比现在的马为小②。毫无疑问,在大多数这等场合中,新而较大的品种是由新游牧民族的迁徙从外地引进来的。但是,在时间的推移中,排斥了以前较小品种的各个较大品种大概不是不同的较大物种的后代;远远更加可能的是,种种动物的家养族是在大欧亚大陆(Great Europaeo-Asiatic Continent)的不同部分逐渐改进的,然后从那里散布到其他地方。我们的家养动物逐渐增大的这个事实是一个格外显著的事实,因为某些野生的和半野生的动物——例如亦鹿、一种野牛(aurochs)、园圃牛以及野猪③——都曾在几乎同样的期间内缩小了。

有利于人工选择的条件是——对于每一种性状的最密切注意——长期不断的坚持——使动物交配或分离的便利——特别当大量饲养时,劣等个体可以自由地被排斥或毁掉并且比较优良的个体可以被保存下来。当保持许多动物和植物时,还有发生特征显著的构造偏差的较多机会。时间的长度是最重要的;因为各个性状的扩大必须借着对同一种类的连续变异进行选择,这样它才会成为强烈显著的,这只有在一长系列的世代中才能完成。借着不断地排斥那些返祖或变异的个体,并且借着保存那些依然遗传有新性状的个体,时间的长度还会让任何新特征固定下来。因此,一些少数动物虽然像印度的狗和西印度群岛的绵羊那样地在某些方面于新生活条件下发生了变异,但是曾经产生过特征强烈显著的族的所有动物和植物还是在极其遥远的时代里就被家养了,这往往在有史以前。其结果是,关于我们的主要家养品种的起源,没有任何记载被保存下来。甚至在今天,新品系或亚品种是如此缓慢地形成的,以致它们的最初出现也逃脱了人们的注意。一个人注意某种特殊的性状,或者单纯是非常细心地使他的动物交配,并且经过一段时间之后他的邻人发觉了一种微小差异;这种差异由于无意识的和有计划的选择而继续增大,最后终于形成一个新的亚品种,接受一个地方的名字而散布出去;但这时它的历史就几乎被忘掉了。当新品种广泛地散布了的时候,它就产生新品系和亚品种,并且最

---

① 《湖上住居动物志》,1865年。
② 莫洛特:《沃多斯自然科学学会》,1860年,第298页。
③ 卢特梅耶:《湖上住居动物志》,1861年,第30页。

优良的新品系和亚品种获得成功并且散布出去,把其他较旧的品种排斥掉;在改良的进行中永远如此前进下去。

当一个特征显著的品种一旦形成的时候,如果它没有被进一步改良的亚品种排斥掉,并且如果没有暴露在那些诱发变异或返归长久亡失性状的重大变化了的生活条件下,那么它显然可能持续一个非常长的时间。我们根据某些族的高度古远性可以推论情形确系如此;但是对于这个问题必须给予某种注意,因为同样的变异可能隔了长期之后还会独立地出现,或在不同的地方出现。我们可以稳妥地假定,曲膝狗的情形就是这样,在古埃及的纪念碑曾经雕刻过一只这种狗——亚里士多德所提到的单蹄猪[①]——哥留美拉所描述的五趾鸡都是这样,油桃肯定也是这样。约在纪元前 2000 年的埃及纪念碑上雕刻的狗向我们阐明了,某些主要的品种在那时就存在了,但非常可疑的是,是否有任何品种同现在的品种完全一样。在纪元前 640 年的一座亚叙人的坟墓上雕刻的一个大型獒据说同现在依然从西藏输入到该地的狗是一样的。真正的灵缇在古罗马时就已经存在了。到了较晚的时期,我们看到,鸽子的大多数主要品种虽然在 200—300 年以前就已经存在了,不过它们都没有把完全一样的性状保持到今天;但在没有改进要求的某些场合中,例如在斑点鸽和印度地面翻飞鸽的场合中,曾经发生过这种情形。

得康多尔[②]对于植物的各个族进行过充分的讨论;他说在荷马时代已经知道黑子罂粟了,古欧洲人已经知道白子胡麻了,希伯来人已经知道甜仁的和苦仁的扁桃了;但似乎并非不可能的是,某些变种可能曾经消失并且又重现了。瑞士湖上居民在非常遥远时期栽培的一个大麦变种、显然还有一个小麦变种现今依然存在。据说[③]从秘鲁的一个古代墓地中发掘出来一个小型葫芦变种的标本,这个变种今天在利玛市场上依然是普通的。得康多尔说,在 16 世纪的书籍和绘画中,甘蓝、菁芜和葫芦的主要族还能被辨识出来:在如此近的时期中这种情形是可能预料到的,但任何这等植物是否同我们的现在亚变种绝对一致,却不一定。然而,据说抱子甘蓝(Brussels sprout),一个在某些地方容易退化的变种,在被认为是它的发生地方已经保纯了四个世纪以上[④]。

按照我在本书以及他处所提出的观点,不仅各个家养族,而且同一大类中的最不相同的属和目——例如哺乳类、鸟类、爬行类和鱼类,全都是一个共同祖先的后代,并且我们必须承认这些类型之间的整个的巨大差异量最初是从单纯的变异性发生的。在这个观点下来考察问题,足可以使一个人惊奇得哑口无言。但是当我们考虑到以下的情形时,我们的惊奇就应当有所减轻;即生物在数量上几乎是无限的,在几乎无限长的时间内,它们的整个体制往往在某种程度上已经被弄成可塑的了,并且在非常复杂的生活条件下任何方面有利的各种微小的构造改变都已经被保存下来了,同时任何方面有害的各种改变都被严格地毁灭了。有利变异的长期不断的积累必然会导致我们在周围的动物和植物中所看到的那样多样化、那样适应种种不同的目的、那样极好地相互调和。因此我把选择说是一种最高的力量,无论是由人应用于家养品种的形成上,或是由自然应用

---

① 高德龙:《物种》,第一卷,1859 年,第 368 页。
② 《植物地理学》,1855 年,第 989 页。
③ 皮克林:《人种》,1850 年,第 318 页。
④ 《园艺学旅行日记》(Journal of a Horticultural Tour),凯洛顿历史学会代表团编,1823 年,第 293 页。

于物种的产生上，都是如此。我愿意把前一章所举的比喻再说一遍：如果一位建筑师建造一座华丽而宽敞的大厦，没有使用琢磨过的石头，而是从悬崖基部的碎石块中选择楔形的石头用于他的拱门，选择长形的石头用于门楣，选择石片用于房顶，那么我们将会称赞他的精巧，并且把他看做是最高的力量。碎石块对于建筑师虽然是不可缺少的，但它们同建筑师所建造的大厦之间的关系和生物的彷徨变异同它们的改变了的后代最终获得的变异而美妙的构造之间的关系是一样的。

某些作者宣称，除非各个微小的个体差异的精确原因被弄清楚之后，自然选择什么也说明不了。如果向一个完全不懂建筑术的未开化人解释，那座大厦是怎样用石头一块压着一块地盖起来的，为什么楔形石块用于拱门、石片用于屋顶等等；并且如果向他指明了每一部分以及整个建筑的用途，他还宣称什么也没有给他说明白，因为不能说出各个碎石块形状的精确原因，这大概是不合理的吧。但这同以下的反对意见是差不多相似的例子，即认为选择什么也说明不了，因为我们不知道各个生物的构造中的各个个体变异的原因。

悬崖基部的碎石块的形状可能被称为偶然的，但这并不是严格正确的；因为每一个石块的形状都取决于一长串的事件，所有这些事件都服从自然的规律；即取决于岩石的性质、沉积的或劈理的线、因隆起和以后剥蚀而成的山形，最后还取决于使碎块落下的暴风雨或地震。但是，关于碎石块的可能被指定的用途，它们的形状可以严格地说是偶然的。在这里我们被引导面对一个重大的难点，谈到它我觉得我正走到我的正式领域以外。全知的"造物主"一定已经预见到由"他"所置放的法则而引起的各种结果。但是，主张"造物主"有意识地注定了——如果我们按照任何普通的意义来使用这些字的话——某些岩石块应当呈现某些形状，以便建筑者可以修建他的大厦，这能够是合理的吗？如果决定各个碎石块形状的种种法则不是为了建筑者而预先决定了的，那么能够以任何较大的可能性来主张"他"为了育种者而特别注定了家养的动物和植物的无数变异中的各个变异吗？——许多这等变异对于人类并没有用处，对于生物本身没有利益并且常常是非常有害的。是"他"注定了鸽子的嗉囊和尾羽应当变异以便养鸽者可以造成他的奇异的突胸品种和扇尾品种吗？是"他"致使狗的构造和智力发生变异以便为了人的残忍的游戏而形成一个具有难制服的凶猛性和适于压服公牛的上下颚的品种吗？但是，如果我们在一种场合中放弃原则——如果我们不承认初期的狗的变异是有意地受到指导的，以便灵缇，例如它的对称的和活力充沛的完全形象可以被形成——那么对于以下的信念便举不出任何理由，即认为性质相同的并且作为同样的一般法则的结果的变异是有意识地和特别地受到指导的，而变异正是通过自然选择形成世界上包括人类在内的最完善适应的动物的基础。无论我们怎样地希望，我们简直不能遵从爱沙·格雷的信念，即认为"变异是沿着某些有利的线受到引导"，正如"沿着一定而有益的灌溉线"的水流一样。如果我们假定各个特殊的变异一开始就是被预先注定了的，那么导致许多有害的构造偏差的体制可塑性以及必然导致生存斗争、因而导致自然选择或最适者生存的过大的生殖力对于我们来说一定是多余的自然法则了。相反地，一位全能的和全知的"造物主"却注定着每一事物并且预见着每一事物。这样，我们便被带到面对着像自由意志和宿命论的难点那样无法解决的难点。

科学元典丛书

请扫描"科学元典"微信公众号二维码，收听音频。